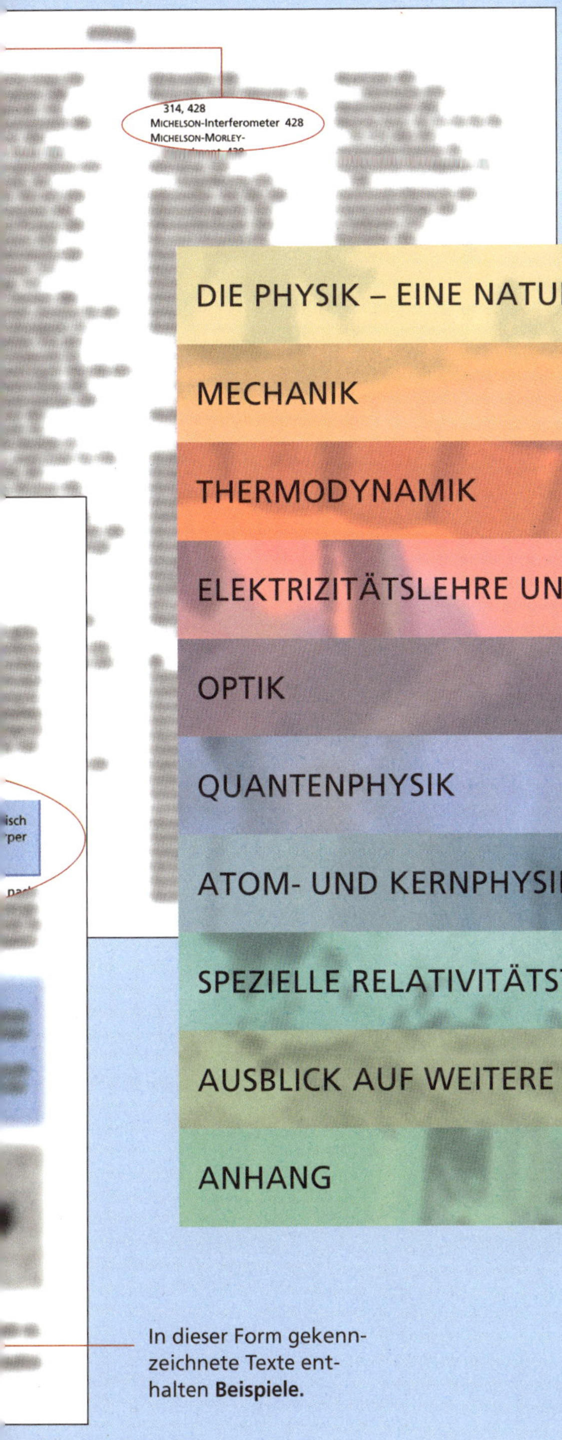




In dieser Form gekennzeichnete Texte enthalten **Beispiele.**

## In der Reihe „Basiswissen Schule" sind erschienen:

Basiswissen Schule
**Angewandte Informatik**
276 Seiten
ISBN 3-411-71511-1

Basiswissen Schule
**Informatik Abitur**
440 Seiten
ISBN 3-411-71621-5

Basiswissen Schule
**Astronomie**
272 Seiten
ISBN 3-411-71491-3

Basiswissen Schule
**Biologie**
376 Seiten
ISBN 3-411-71481-6

Basiswissen Schule
**Chemie**
320 Seiten
ISBN 3-411-71471-9

Basiswissen Schule
**Deutsch**
288 Seiten
ISBN 3-411-71591-X

Basiswissen Schule
**Geographie**
416 Seiten
ISBN 3-411-71611-8

Basiswissen Schule
**Geschichte**
464 Seiten
ISBN 3-411-71581-2

Basiswissen Schule
**Literatur**
464 Seiten
ISBN 3-411-71601-0

Basiswissen Schule
**Mathematik**
390 Seiten
ISBN 3-411-71501-4

Basiswissen Schule
**Mathematik Abitur**
464 Seiten
ISBN 3-411-71741-6

Basiswissen Schule
**Physik**
360 Seiten
ISBN 3-411-71461-1

Basiswissen Schule
**Physik Abitur**
464 Seiten
ISBN 3-411-71751-3

Basiswissen Schule
**Technik**
264 Seiten
ISBN 3-411-71521-9

Basiswissen Schule
**Wirtschaft**
256 Seiten
ISBN 3-411-71531-6

Internet: www.schuelerlexikon.de

DUDEN

Basiswissen Schule

# Physik Abitur

PAETEC Verlag für Bildungsmedien Berlin

Dudenverlag Mannheim · Leipzig · Wien · Zürich

**Herausgeber**
Prof. Dr. habil. Lothar Meyer
Dr. Gerd-Dietrich Schmidt

**Autoren**
Detlef Hoche
Dr. Josef Küblbeck
Prof. Dr. habil. Lothar Meyer
Dr. Rainer Reichwald
Dr. Gerd-Dietrich Schmidt
Dr. Oliver Schwarz

Die Autoren der Inhalte der beigefügten CD-ROM sind im elektronischen Impressum auf der CD-ROM aufgeführt.

**Bibliografische Information der Deutschen Bibliothek**
Die Deutsche Bibliothek verzeichnet diese Publikation in der Deutschen Nationalbibliografie; detaillierte bibliografische Daten sind im Internet über http://dnb.ddb.de abrufbar.



Das Werk wurde in neuer Rechtschreibung verfasst.



Internet: www.schuelerlexikon.de

Redaktion: Prof. Dr. habil. Lothar Meyer (PAETEC GmbH)
Reihengestaltung: Britta Scharffenberg (PAETEC GmbH)
Umschlaggestaltung: Hans Helfersdorfer, Heidelberg
Layout und Zeichnungen: Andreas Biedermann, Nina Gröters, Claudia Kilian, Angela Richter, Claudia Wunderlich (PAETEC GmbH)
Grafiken: Sybille Storch, Jens Prockat
Druck und Bindung: Těšínská tiskárna, Český Těšín

ISBN 3-89818-075-1 (PAETEC Verlag für Bildungsmedien)
ISBN 3-411-71751-3 (Dudenverlag)

# Inhaltsverzeichnis

# 1 DIE PHYSIK – EINE NATURWISSENSCHAFT

## 1.1 Die Entwicklung der Physik als Wissenschaft

Die Geschichte der Wissenschaft Physik reicht zurück bis in die griechische Antike. Bereits vor der Antike haben die Menschen allerdings Erfahrungen und Erkenntnisse gesammelt und systematisiert, deren wissenschaftliche Aufarbeitung und Weiterentwicklung heute in die Wissenschaft Physik einzuordnen ist. So kannten die Menschen in Ägypten zum Beispiel bereits im dritten Jahrtausend vor unserer Zeitrechnung Geräte zum Messen von Entfernungen und Zeiten, wie Sonnen- Wasser- und Sanduhren, Volumen-, Gewichts- und Längenmaße sowie kraftumformende Einrichtungen, wie Rollen, Walzen, Hebel und Räder. Die Menschen begannen, die Gestirne und ihren Lauf zu beobachten sowie den Jahres- und Tagesablauf nach periodischen Bewegungen der Sonne und des Mondes einzuteilen. Etwa 2000 Jahre vor unserer Zeitrechnung entstand in Babylon bereits ein Verzeichnis von Sternbildern und Fixsternen. Die zahlreichen Einzelkenntnisse gewannen die Menschen mehr durch unmittelbare und zufällige Erfahrungen mit der Natur als durch systematisches und zielstrebiges Erforschen von Naturerscheinungen.

Mit diesem Einzelwissen gaben sich die Gelehrten der Antike nicht mehr zufrieden. Sie suchten nach den tiefsten Geheimnissen der Natur, nach den „Urstoffen" und „Urkräften", aus denen die ganze Welt aufgebaut ist und die überall wirken. Sie wollten eine einheitliche und systematische Wissenschaft betreiben und ganze Weltbilder erschaffen.

Die griechischen Gelehrten der Antike gingen davon aus, dass viele Erscheinungen in der Natur nicht von Göttern, sondern von der Natur selbst verursacht sind und dass sich der Mensch diese Naturerscheinungen nutzbar machen kann.

Eine Blüte erlebten die Naturwissenschaften im antiken Griechenland vom 6. Jahrhundert vor unserer Zeitrechnung an. Als einer der Ersten versuchte **THALES VON MILET** (um 624 bis um 546 v. Chr.) alle Erscheinungen auf ein gemeinsames Prinzip zurückzuführen. Wasser sollte der Urstoff für alle Körper sein. Außerdem führte er alle Erscheinungen auf zwei Urkräfte zurück: das Zusammenziehen und das Ausdehnen.

In Griechenland hatten sich mächtige Stadtstaaten herausgebildet, die ihren Reichtum vor allem der Arbeit von Sklaven verdankten. Die freien Bürger hatten Zeit und Muße, sich mit Wissenschaft, Medizin, Geschichte und Kunst zu beschäftigen.

**PYTHAGORAS** (um 560 bis um 480 v. Chr.) war Mathematiker und Philosoph und gründete eine ganze Schule mit Gelehrten, die Pythagoräer. Sie sahen in den mathematischen Beziehungen die Verbindungen zwischen den Gegenständen der Wirklichkeit. Die Pythagoräer gelangten zu beachtlichen mathematischen Erkenntnissen. PYTHAGORAS experimentierte außerdem mit einer gespannten Saite – einem **Monochord** – und fand mathematische Zusammenhänge zwischen der Länge der schwingenden Saite und der Tonhöhe.

Dabei ist beachtenswert, dass die Phythagoräer auf ähnliche Weise zu Erkenntnissen gelangten, wie dies erst wieder zu Zeiten von GALILEI im

17. Jahrhundert üblich wurde, nämlich durch Beobachtung von Einzelerscheinungen, vor allem im Experiment, und deren Verallgemeinerung.

Einer der größten Gelehrten der Antike war **Aristoteles** (384–322 v. Chr., Bild rechts). Er beschäftigte sich mit fast allen Gebieten der Wissenschaft seiner Zeit und brachte sie in ein umfassendes System. Seine Werke wurden ins Lateinische übersetzt und von der Kirche und vielen Wissenschaftlern bis ins Mittelalter als unumstößlich betrachtet. Er prägte die Begriffe **„Physik"** und „Botanik". Besonderen Einfluss auf die Naturwissenschaften seiner Zeit und der Jahrhunderte danach hatten seine Ansichten zu Raum, Zeit, den Bewegungen und dem Leeren (Vakuum).
Aristoteles beschäftigte sich auch mit dem Aufbau der Erde und des Weltalls. In seiner Physik nahm er eine Trennung zwischen Himmel und Erde vor. Himmelskörper und himmlische Bewegungen (Kreisbewegungen) waren gleichbleibend. Die Bewegungen auf der Erde teilte er in natürliche und erzwungene Bewegungen ein.

Das Wort **Physik** kommt vom griechischen Wort „physis" und bedeutet „Natur". Der Begriff Physik umfasste damit ursprünglich das gesamte Naturgeschehen und war die umfassende Wissenschaft von der Natur. Die Wissenschaftler nannten sich „Physiker" oder „Physiologen".

Ein großer Gelehrter seiner Zeit war **Archimedes** (um 287–212 v. Chr.). Er verband die Physik mit der Mathematik und der Technik. Physikalische Gesetze wurden bereits mathematisch formuliert und zum Bau von technischen Geräten und Maschinen genutzt. Er formulierte Gesetze für den Hebel, den Auftrieb, die Dichte und Teilbereiche der Optik, baute ein Planetarium und erfand etwa 40 Maschinen, darunter Kräne, die endlose Schraube und den Flaschenzug. Besonders bemerkenswert ist die Tatsache, dass physikalische Erkenntnisse bewusst zur Lösung von praktischen Problemen genutzt wurden. Mit Archimedes und seinen Zeitgenossen erlebten die Mathematik und Physik der Antike ihren Höhepunkt. Zu dieser Zeit begannen sich auch erstmals Teilgebiete der Physik herauszubilden.

Eine Zusammenfassung der bisherigen Erkenntnisse der astronomischen Forschung nahm **Claudius Ptolemäus** (um 100 bis um 170 n. Chr.) vor. Er sah die Erde im Mittelpunkt der Welt, um die sich alle Himmelskörper bewegten. So formte er das **geozentrische Weltbild.** Sein Buch wurde 827 ins Arabische und später ins Lateinische übersetzt. Das geozentrische Weltbild war – auch durch die Unterstützung der Kirche – bis ins Mittelalter bestimmend. Im ersten Jahrhundert unserer Zeitrechnung übernahm das römische Kaiserreich die führende Stellung in der Welt. In der römischen Antike wurden zwar die wissenschaftlichen Leistungen der griechischen Gelehrten bewahrt und angewendet, jedoch kaum weiterentwickelt. Eine Weiterentwicklung der Physik gab es danach vor allem in der arabischen Welt durch die Völker des Islam.

Claudius Ptolemäus stellte sein Weltbild in dem Werk „Syntaxis mathematike" (Mathematische Zusammenstellung), arabisch auch „Almagest" genannt, vor.

Die Physik als Naturwissenschaft bildete sich in der griechischen Antike heraus, war aber in dieser Zeit insgesamt eher eine Naturphilosophie. Die Physik beschrieb die Natur in erster Linie, wie sie sich unmittelbar und augenscheinlich darbot. Vereinzelt wurden jedoch auch bereits Experimente durchgeführt. Insbesondere durch Archimedes kam es zu einer ersten Verbindung von Mathematik und Physik sowie zu einer bewussten technischen Nutzung von physikalischen Erkenntnissen.

Neues Interesse an der Entwicklung der Physik kam im Frühkapitalismus, insbesondere durch das Interesse der Handwerker und des Bürgertums an praktischen Erkenntnissen, auf. Auch die großen geographischen Entdeckungen im 15. und 16. Jahrhundert und die Hochseeschifffahrt brachten neue Anforderungen an die Kartografie, Astronomie, Zeitmessung und den Kalender. Zunächst kam es in der **Renaissance** zu einer Wiederentdeckung und Aneignung der Kultur und der Wissenschaften der Antike. Leonardo da Vinci (1452–1519) war ein typischer Vertreter dieser Zeit. Neben seinen Leistungen als Maler war er vor allem als Naturforscher und Techniker erfolgreich. Die Verbindung von Wissenschaft und Praxis war für ihn von großer Bedeutung, wollte er doch praktische Probleme lösen. Er konstruierte und baute Geräte und Maschinen. Das Bild zeigt einige Beispiele von Originalzeichnungen. Eine systematische Weiterentwicklung der Naturwissenschaft betrieb er nicht.

Das Wort „Renaissance" kommt aus dem Lateinischen und bedeutet „Wiedergeburt". Es sollte damit das Besinnen auf die Erkenntnisse und Leistungen der Antike zum Ausdruck gebracht werden.

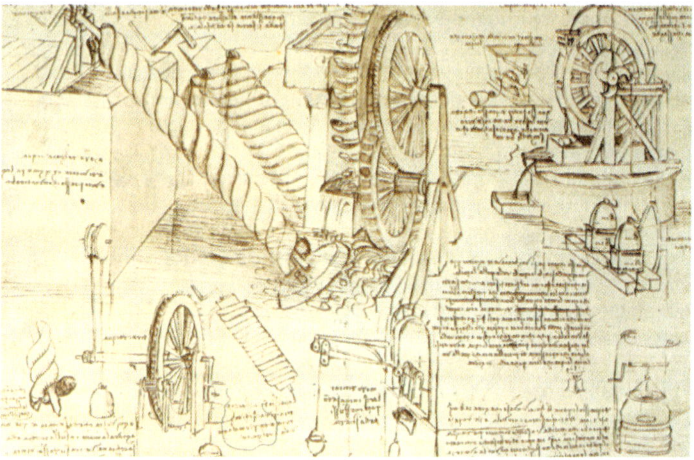

Zu einer solch gravierenden Weiterentwicklung der Physik kam es erst im 16. Jahrhundert durch Galileo Galilei (1564–1642) und Johannes Kepler (1571–1630) sowie später durch Isaac Newton (1643–1727). Diese Weiterentwicklung ging einher mit der Überwindung des geozentrischen Weltbildes des Ptolemäus durch die Erkenntnisse von Nikloaus Kopernikus (1473–1543) sowie Galilei, Kepler und Newton. Das in der Antike bereits vorhandene **heliozentrische Weltbild,** in dem die Sonne im Zentrum unseres Planetensystems steht, wurde wiederbelebt und von Nikolaus Kopernikus in einem geschlossenen System dargestellt.

Galileo Galilei war einer der bedeutendsten Naturwissenschaftler des späten Mittelalters.

Von besonderer Bedeutung für seine Weiterentwicklung und Verbreitung waren die Arbeiten von Johannes Kepler und Galileo Galilei. Johannes Kepler fand die heute nach ihm benannten drei Gesetze der Planetenbewegung (keplersche Gesetze). Galilei entdeckte u. a. das Trägheitsgesetz und die Gesetze für gleichmäßig beschleunigte Bewegungen. Beide überwanden die Trennung von himmlischer und irdischer Physik und fanden Gesetze, nach denen sich sowohl himmlische Körper (die Planeten) als auch Körper auf der Erde bewegen.

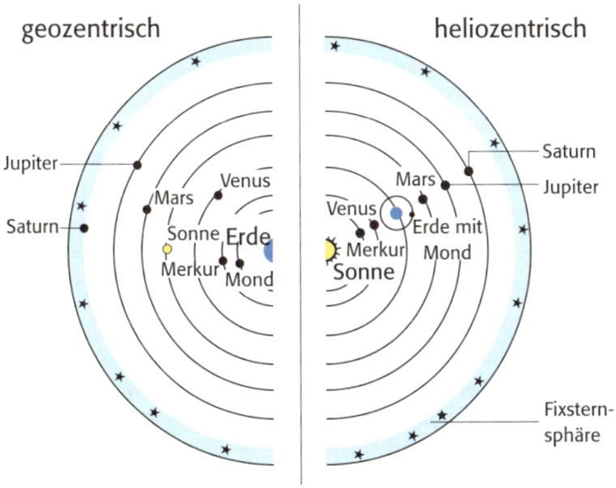


Das **heliozentrische Weltbild** unterschied sich grundsätzlich vom **geozentrischen Weltbild** durch die zentrale Stellung der Sonne. Die Skizze zeigt beide Weltbilder stark vereinfacht.

GALILEO GALILEI führte auch neue Denk- und Arbeitsweisen in die Wissenschaft Physik ein. So wollte er nicht nur die Erscheinungen in der Natur beschreiben, sondern fragte nach dem Wesentlichen in diesen Erscheinungen. Von besonderer Bedeutung war, dass GALILEI versuchte, sowohl der Mathematik als auch dem Experiment einen neuen gewichtigen Stellenwert in der Physik einzuräumen. Das **Experiment** als eine zielgerichtete **Frage an die Natur** bekam eine zentrale Stellung im Erkenntnisprozess und die Physik wurde zu einer Experimentalwissenschaft. Mithilfe der Mathematik konnten physikalische Gesetze exakter erfasst werden und gleichzeitig besser in Experimenten und zur Lösung praktischer Probleme genutzt werden. Damit erhielt auch die Praxis durch GALILEI wieder einen neuen Stellenwert in der Wissenschaft Physik.

Nicht nur durch das **Experiment**, sondern auch durch die Nutzung des Fernrohres als Beobachtungsinstrument zur Erforschung des Himmels zeigte GALILEI die Verbindung von Theorie und Praxis. Er fand mit dem Fernrohr vier Jupitermonde (galileische Monde).

Eine vorläufige Vollendung erfuhr die klassische Mechanik im 17. bzw. 18. Jahrhundert vor allem durch ISAAC NEWTON (1643–1727). NEWTON griff die Erkenntnisse von GALILEI, KEPLER und anderen Wissenschaftlern zu mechanischen Bewegungen auf und formulierte mithilfe der Mathematik die allgemeinen Bewegungsgesetze für beliebige Körper in Raum und Zeit.

Darüber hinaus entdeckte er die Gravitation als universelle Wechselwirkung zwischen Körpern, die die Bewegung von Himmelskörpern bestimmt. Ferner wandte er die Bewegungsgesetze für Körper auf der Erde auch für Bewegungen von Himmelskörpern an und überwand damit die Unterscheidung zwischen einer Physik des Himmels und der Erde. Seine Erkenntnisse stellte NEWTON in einem geschlossenen System von Axiomen (Gesetzen) dar, das als Theorie bezeichnet werden kann. Die **newtonsche Mechanik** war somit die erste Teildisziplin der Physik, die als in sich geschlossene Theorie dar-

NEWTON legte seine Mechanik in dem Werk „Mathematische Prinzipien der Naturlehre“ (Philosophiae Naturalis Principia Mathematica) dar, das 1687 in drei Teilen erschien.

gestellt wurde. NEWTON war damit in gewisser Weise der Begründer der theoretischen Physik bzw. der Formulierung einer naturwissenschaftlichen Theorie.

Das Kausalitätsprinzip bei NEWTON besagt, dass Kräfte die Ursache für entsprechende Wirkungen (Bewegungsänderungen) sind. Das Fernwirkungsprinzip von NEWTON bedeutet, dass auch in sehr großen Entfernungen die Wirkungen sofort eintreten. Das setzt eine unendlich große Ausbreitungsgeschwindigkeit voraus, die es aber nicht gibt.

Die newtonschen Bewegungsgesetze beziehen sich auf Körper, die sich in Raum und Zeit bewegen, wobei Raum und Zeit unabhängig von diesen Körpern existieren (↗ S. 424 f.). Außerdem wurde von NEWTON ein **Kausalitätsprinzip** eingeführt, das jeder Wirkung eine Ursache zuschreibt, wobei die Wirkung auch über sehr große Entfernungen **(Fernwirkungsprinzip)** unmittelbar eintritt. Diese Annahmen sind jedoch nur unter bestimmten Bedingungen gültig, sodass die newtonschen Mechanik ihre Weiterentwicklung bereits in der Elektrodynamik und später vor allem in der Relativitäts- und Quantentheorie erfuhr.

Mit der newtonschen Mechanik entstand die erste abgeschlossene physikalische Theorie. Sie hatte entscheidenden Einfluss auf die Entwicklung der gesamten Physik, die durch eine Mechanisierung gekennzeichnet war. Die dominierende mechanische Naturauffassung wurde erst gegen Ende des 19. Jahrhunderts erschüttert.

An der Pariser Polytechnischen Schule, der „École Polytechnique", lehrten viele berühmte französische Mathematiker und Physiker, wie LAGRANGE, LAPLACE, POISSON, AMPÈRE, FRESNEL, CARNOT und GAY-LUSSAC.

Die industrielle Revolution Ende des 18. und Anfang des 19. Jahrhunderts begann zunächst noch weitgehend unabhängig von der zielgerichteten Nutzung naturwissenschaftlicher Erkenntnisse und wurde im Wesentlichen von Handwerkern und Technikern betrieben. Mit der Weiterentwicklung der Industrie erkannte man jedoch bald, wie nützlich die bewusste und direkte Nutzung naturwissenschaftlicher Erkenntnisse für die Produktion war. Es entstanden polytechnische Schulen, die wie die „École Polytechnique" in Paris zum Zentrum der Entwicklung von Mathematik und Naturwissenschaften wurden.
Verstärkt wurden mathematische Verfahren bei der Behandlung physikalischer Probleme angewendet, sodass es im 19. Jahrhundert zu einer Ausprägung der theoretischen Physik kam.
Gleichzeitig wurde schrittweise erkannt, dass die newtonsche Mechanik nicht auf alle physikalischen Problemstellungen anwendbar war. Zunehmend entwickelten sich dynamische Betrachtungsweisen, die die Erscheinungen in ihrer Veränderung, Umwandlung und Entwicklung sahen, wie zum Beispiel die Thermodynamik, die Wellenoptik, die Elektrodynamik und die Energetik. Vor allem entstand im 19. Jahrhundert die Theorie des elektromagnetischen Feldes durch MICHAEL FARADAY (1791–1867), JAMES CLERK MAXWELL (1831–1879) und HEINRICH HERTZ (1857–1894), die eindeutig nicht mehr auf die newtonsche Mechanik zurückführbar waren.

Bis etwa 1880 hatten sich alle Teilgebiete der Physik so weit entwickelt, dass sie als wissenschaftliche Theorien vollendet erschienen und offenbar nur noch wenige Lücken aufwiesen. In der Produktion wurden nicht nur einzelne wissenschaftliche Erkenntnisse genutzt, sondern ganze physikalisch-technische Bereiche wurden Grundlage für einzelne Industriezweige. Dazu gehört zum Beispiel die Starkstrom-Elektrotechnik, die drahtlose Nachrichtenübertragung durch elektromagnetische Wellen, der optische Gerätebau, aber auch die Weiterentwicklung von Verbren-

nungsmotoren durch die Nutzung von Erkenntnissen aus der Thermodynamik. Die Physik nahm so zu Beginn des 20. Jahrhunderts die dominierende Stellung unter den Naturwissenschaften ein.
Zu dieser Zeit gab es eine Reihe von neuen Entdeckungen, aber auch theoretischen Unzulänglichkeiten und Widersprüchen, die in das Gesamtsystem der klassischen Physik nicht einzuordnen waren. Mit der Wellenoptik kamen Zweifel an den von NEWTON eingeführten Begriffen des absoluten Raumes, der absoluten Zeit und der absoluten Bewegung auf. Durch die Versuche von ALBERT ABRAHAM MICHELSON (1852–1931) und EDWARD WILLIAMS MORLEY (1838–1923) in den Jahren 1881 und 1887 wurde festgestellt, dass die Lichtgeschwindigkeit unabhängig von der Bewegung des Beobachters immer gleich groß ist (↗ S. 428 ff.). Diese und weitere Erkenntnisse mündeten schließlich in die **Relativitätstheorie** von ALBERT EINSTEIN (1879–1955).

Der 14.12.1900, an dem MAX PLANCK seine Strahlungsformel in einer Sitzung der Berliner Physikalischen Gesellschaft vortrug, gilt als Geburtstag der Quantentheorie.

Angeregt durch die Glühlampenindustrie wurde die elektromagnetische Strahlung Ende des 19. Jahrhunderts genauer untersucht. Dabei stellte MAX PLANCK (1858–1947) fest, dass Strahlung ihre Energie nicht kontinuierlich, sondern in kleinen diskreten Portionen, den so genannten Quanten, abgibt. Mit der Interpretation dieser Erkenntnis durch EINSTEIN entstand die **Quantentheorie** (↗ S. 356 ff.). Diese Theorie machte Schluss mit der Jahrhunderte lang vertretenen Auffassung, dass die Natur kontinuierlich ist, also keine Sprünge macht.

Mit der Entdeckung der Röntgenstrahlung 1895 durch WILHELM CONRAD RÖNTGEN (1845–1923) sowie der radioaktiven Strahlung 1896 durch HENRI BECQUEREL (1852–1908) sowie MARIE CURIE (1867–1934) und PIERRE CURIE (1859–1906) wurden zwei neue Strahlungsarten bekannt, deren Ursache im atomaren Bereich lag. Von da führte dann ein direkter Weg zur Entwicklung erster Vorstellungen über den Aufbau der kleinsten Teilchen der Materie, der Atome, durch ERNEST RUTHERFORD (1871–1937) und NIELS BOHR (1885–1962).

Gerade in der Atom-, Kern- und Quantenphysik entdeckte man zunehmend physikalische Gesetze, die statistischen Charakter tragen. Außerdem wurden in diesen Teilgebieten der Physik Erscheinungen entdeckt, die mit den mechanischen Kausalitätsauffassungen von NEWTON nicht in Übereinstimmung zu bringen waren. Damit wurde der mechanische Determinismus erschüttert und es setzten sich zunehmend Ansichten über ein deterministisches Chaos durch. Da chaotische Systeme durch nichtlineare Gleichungen beschrieben werden, entstand ein neues Teilgebiet, die **„nichtlineare Physik"**.

Der mechanische Determinismus geht von einer **starken Kausalität** aus und vertritt die Auffassung, dass gleiche oder ähnliche Ursachen auch gleiche oder ähnliche Wirkungen haben. Beim deterministischen Chaos dagegen wird von einer **schwachen Kausalität** ausgegangen, bei der ähnliche Ursachen zu unterschiedlichen Wirkungen führen können.

Ab 1900 entwickelte sich neben der klassischen Physik die moderne Physik, zu der solche Teilgebiete wie die Atom- und Kernphysik, die Quantenphysik, die Relativitätstheorie und die nichtlineare Physik gehören.

Die Entwicklung der Wissenschaft Physik ist bis heute nicht abgeschlossen und wird es auch in Zukunft nicht sein.

Die **keplerschen Gesetze** der Planetenbewegung ergeben sich z. B. als mathematische Schlussfolgerung aus der newtonschen Mechanik. Diese wiederum ist ein Grenzfall der speziellen Relativitätstheorie für Geschwindigkeiten, die klein gegenüber der **Vakuumlichtgeschwindigkeit** sind.

Neuere Erkenntnisse führen immer wieder zu einer Präzisierung, Umdeutung und Einschränkung der Anwendbarkeit bisheriger Gesetze und Theorien. Ältere Erkenntnisse werden verworfen, präzisiert oder in neue Theorien eingebaut und so besser verstanden. Häufig erscheinen sie auch als Grenzfälle von umfassenderen Theorien.

Die Physik ist eine Naturwissenschaft. Sie beschäftigt sich mit den grundlegenden Erscheinungen und Gesetzen in unserer natürlichen Umwelt und ermöglicht die Erklärung und Voraussage viele Erscheinungen in der Natur und der Technik.

Das Foto zeigt einen Detektor für Elementarteilchen.

Die Physik ist auch eine wichtige **Grundlage der Technik** und der Produktion. Dabei werden physikalische Erkenntnisse zum einen bewusst genutzt, um technische Geräte und Anlagen zu bauen und zu optimieren. Zum anderen ermöglichen neue und bessere technische Geräte und Anlagen auch weitergehende experimentelle Untersuchungen. Viele Anstöße für physikalische Forschungen kamen und kommen aus Wirtschaft, Praxis und Produktion, wie die Geschichte der Physik, aber auch die Gegenwart zeigen.

Andere Naturwissenschaften sind die **Biologie,** die **Chemie,** die **Astronomie** und die **physische Geographie.** Zwischen diesen Naturwissenschaften gibt es vielfältige Wechselbeziehungen. Darüber hinaus existieren zahlreiche Grenzwissenschaften, z. B. die Biophysik, die Biochemie, die Astrophysik oder die Biogeographie.

Naturwissenschaften und Technik haben komplexe Auswirkungen auf das persönliche und gesellschaftliche Leben. Damit haben die Naturwissenschaftler aber auch eine **besondere Verantwortung,** die vor allem darin besteht,

- die Öffentlichkeit über den aktuellen Stand der Forschungen und deren Anwendung sowie über mögliche Auswirkungen auf Umwelt und das Leben der Menschen aufzuklären und damit fundierte Entscheidungen zu ermöglichen,
- möglichst komplex und fachübergreifend alle Auswirkungen ihrer Forschungen und deren Anwendungen zu untersuchen und zu veröffentlichen,
- ihre Autorität als Wissenschaftler für eine ökologisch verantwortbare, humane und zukunftsfähige Anwendung ihrer Erkenntnisse einzusetzen,
- nur Forschungen zu betreiben und zuzulassen, die das Leben von Menschen und Tieren sowie die Umwelt schonen und ökologischen Anforderungen entsprechen,
- die Anwendungen ihrer Erkenntnisse in der Praxis zu beeinflussen und auf mögliche schädliche Folgen für den Menschen und die Umwelt mit Nachdruck aufmerksam zu machen.

Auch für die Physik und die Physiker gilt: Wissenschaft und Technik sollten genutzt werden für all das, was das Leben der Menschen und die Natur insgesamt bewahrt, verbessert, sicherer macht.

# 1.2 Denk- und Arbeitsweisen in der Physik

## 1.2.1 Begriffe und Größen in der Physik

### Begriffe in der Physik

Die Wissenschaft Physik hat das Ziel, in der Natur Zusammenhänge und Gesetze zu erkennen und mithilfe dieser Gesetze Erscheinungen zu *erklären* oder *vorherzusagen*, die man in der lebenden oder nicht lebenden Natur beobachten kann. Körper, Stoffe und Vorgänge in der Natur werden miteinander *verglichen*, um Gemeinsamkeiten, Unterschiede und Regelmäßigkeiten zu erkennen. Objekte mit gemeinsamen und wesentlichen Eigenschaften werden gedanklich zu einer Klasse oder Gruppe zusammengefasst. Diese Gruppe von Objekten erhält in der Regel einen eigenen Namen. Die gedankliche Zuordnung einer Gruppe bzw. einer Klasse von Objekten zu einem Wort nennt man **Begriff.**

> Ein Begriff ist die gedankliche Widerspiegelung einer Klasse von Objekten (Körper, Stoffe, Vorgänge usw.) aufgrund ihrer wesentlichen und gemeinsamen Merkmale.

Damit in den Naturwissenschaften auch alle unter einem Begriff dieselben Objekte mit wesentlichen und gemeinsamen Merkmalen verstehen, werden Begriffe in den Naturwissenschaften eindeutig *definiert*. Beim **Definieren** wird ein Begriff durch die Festlegung wesentlicher, gemeinsamer Merkmale eindeutig bestimmt und von anderen Begriffen unterschieden. Häufig werden dazu ein Oberbegriff und artbildende Merkmale angegeben, wie beim Begriff „Ausbreitungsgeschwindigkeit". Manchmal legt man einfach fest, was unter einem Begriff zu verstehen ist, wie z.B. beim Begriff „Schwingung". In einigen Fällen kann man einen Begriff definieren, indem man alle Objekte (Körper, Stoffe, Vorgänge) aufzählt, die zu diesem Begriff gehören. Dies ist z. B. beim Begriff „Teilchen" der Fall.

Die **Definition** eines Begriffes ist eine willkürliche Sache. Deshalb können Fachbegriffe in verschiedenen Naturwissenschaften auch unterschiedlich definiert werden. Manchmal hat sich im Laufe der Geschichte auch die Definition eines Begriffes geändert, wie das z. B. bei den Begriffen Kraft und Energie der Fall war.

Eine **Schwingung** ist eine zeitlich periodische Änderung einer physikalischen Größe. Die **Ausbreitungsgeschwindigkeit** einer Welle ist die Geschwindigkeit, mit der sich ein Schwingungszustand im Raum ausbreitet.

**Teilchen** sind Atome, Ionen und Moleküle. Ein Wassermolekül ist ein Beispiel für ein Teilchen.
Ein **chemisches Element** ist eine Atomart, deren Atome die gleiche Anzahl Protonen im Kern enthalten. Eisen ist ein Beispiel für ein chemisches Element.

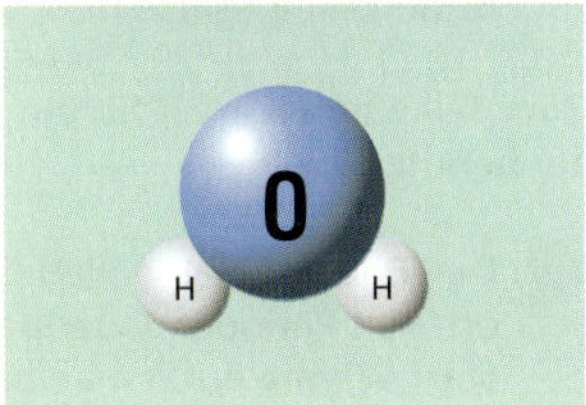


Der Teilchenbegriff wird unterschiedlich verwendet. Manchmal zählt man auch Elementarteilchen wie Elektronen und Protonen zu den Teilchen.

Auch im Alltag benutzt man Begriffe, um sich zu verständigen. Alltagsbegriffe werden nicht exakt definiert, sondern auf der Grundlage von Erfahrungen im Umgang mit Objekten und Wörtern gebildet. Deshalb stimmen **Alltagsbegriffe** und naturwissenschaftliche **Fachbegriffe** häufig nicht bzw. nicht vollständig überein, obwohl dasselbe Wort verwendet wird.

Der Begriff **Arbeit** wird im Alltag für alle Tätigkeiten benutzt, bei denen sich Menschen anstrengen und verausgaben oder Maschinen und Anlagen etwas fertigen. Auch das Lernen in der Schule ist für den Schüler Arbeit. In der Mechanik wird der Begriff **mechanische Arbeit** exakt definiert: *Mechanische Arbeit wird verrichtet, wenn ein Körper bzw. ein System durch eine Kraft bewegt oder verformt wird* (↗ S. 88). Deshalb darf man in der Physik den Begriff mechanische Arbeit nur für Vorgänge verwenden, bei denen Körper durch Kräfte bewegt oder verformt werden. Dazu zählen u.a. auch Tätigkeiten (z. B. das Dehnen eines Expanders oder das Aufschichten von Steinen), für die man im Alltag ebenfalls den Begriff Arbeit benutzt.

In der Wissenschaft, so auch in der Physik, bedient man sich in der Regel der Fachsprache.

Fachbegriffe knüpfen oft an Alltagsbegriffe an, werden aber dann exakt definiert und schränken meist die Anwendbarkeit des Begriffs ein. Deshalb muss man bei der Anwendung von Begriffen stets beachten, ob es sich um naturwissenschaftliche Fachbegriffe oder um Alltagsbegriffe handelt. In der Wissenschaft werden manchmal Begriffe auch unterschiedlich definiert. Das geschieht z. B., wenn ein bereits eingeführter Begriff für eine größere Klasse von Objekten verallgemeinert wird.

Der oben genannte Begriff **mechanische Arbeit** kann z. B. für beliebige, auch nichtmechanische Vorgänge verallgemeinert werden. **Arbeit** wird verrichtet, wenn Energie übertragen oder umgewandelt wird.

Solche Wörter bezeichnet man auch als **Synonyme.**

Manchmal wird ein Wort für verschiedene Begriffe benutzt.

In der Physik versteht man unter **Feld** den *Zustand eines Raumes um einen Körper, in dem auf andere Körper Kräfte wirken.* In der Biologie ist ein Feld eine Ackerfläche, auf der Kulturpflanzen angebaut werden.

Eine **Welle** ist in der Physik *eine zeitlich und räumlich periodische Änderung einer physikalischen Größe*.
In der Technik versteht man darunter einen Teil einer Maschine, mit dessen Hilfe Kräfte bzw. Drehmomente übertragen werden.

Zum Teil werden auch für ein und denselben Begriff verschiedene Wörter benutzt.

Die Dauer einer vollen Schwingung wird als **Schwingungsdauer** oder als **Periodendauer** bezeichnet.
Statt **Wärme** nutzt man auch den Begriff **Wärmemenge.**

## Größen in der Physik

Einen speziellen Teil naturwissenschaftlicher Fachbegriffe bezeichnet man als **physikalische Größen.** Dabei handelt es sich um Begriffe, die man quantitativ erfassen kann. So kann beispielsweise die Temperatur unterschiedlich groß sein, weil Körper unterschiedlich kalt oder warm sein können. Die Temperatur kann also unterschiedliche Werte haben, für die man eine Skala festlegen kann. Die Temperatur ist deshalb eine physikalische Größe. Solche Größen beschreiben messbare Eigenschaften von Objekten.

Für die Größe Temperatur wurden im Laufe der Geschichte unterschiedliche Skalen eingeführt (CELSIUS-Skala, FAHRENHEIT-Skala, RÉAUMUR-Skala, KELVIN-Skala), die auch heute noch genutzt werden.

Eine physikalische Größe beschreibt eine Eigenschaft bzw. ein Merkmal einer Klasse von Objekten, die man quantitativ erfassen kann.

Wie jeder Begriff ist auch eine Größe durch ihre Bedeutung gekennzeichnet. Die **Bedeutung einer Größe** gibt an, welche Eigenschaft bzw. welches Merkmal der Objekte beschrieben wird. Für ein konkretes Objekt kann der Ausprägungsgrad dieser Eigenschaft angegeben werden. Man nennt diesen Ausprägungsgrad auch **Wert einer Größe.**

Im Internationalen Einheitensystem, auch SI genannt, sind sieben Basiseinheiten festgelegt, aus denen die meisten anderen Einheiten abgeleitet werden können.

Das **Volumen** gibt an, wie viel Raum ein Körper einnimmt.
Die **Induktivität** einer Spule gibt an, wie stark ein Wechselstrom durch sie behindert wird. Die **Frequenz** gibt an, wie viele Schwingungen je Sekunde ausgeführt werden.

Um den Wert einer Größe anzugeben, muss eine **Einheit** festgelegt sein. Der Wert der Größe ist dann das Produkt aus Zahlenwert und Einheit, wobei man den Malpunkt weglässt.

5 $m^3$ bedeutet $5 \cdot 1\ m^3$
10 l bedeutet $10 \cdot 1$ l

Bei zusammengesetzten Einheiten wird zwischen den Einheiten meist ein Malpunkt gesetzt, z. B. bei der Einheit Newtonmeter für die mechanische Arbeit: $N \cdot m$.
Zulässig ist auch die Schreibweise Nm.

Für jede Größe ist ein **Formelzeichen** (manchmal auch mehrere) als Abkürzung festgelegt. Mithilfe von Formelzeichen kann man naturwissenschaftliche Gesetze schneller in mathematischer Form formulieren und anwenden.
Zur vollständigen Charakterisierung einer Größe gehört darüber hinaus die Angabe eines **Messgerätes** oder die Beschreibung eines **Messverfahrens** zur Bestimmung des Wertes der Größe oder die Angabe einer **Gleichung zur Berechnung** der Größe.

| Größe | Bedeutung | Formelzeichen | Einheit | Messgerät | Berechnung |
|---|---|---|---|---|---|
| elektrischer Widerstand | Der elektrische Widerstand gibt an, wie stark der elektrische Strom behindert wird. | $R$ | 1 Ohm (1 Ω)<br>$1\ \Omega = \frac{1\ V}{1\ A}$ | Widerstandsmesser (Ohmmeter) | $R = \frac{U}{I}$ |

Einige Größen haben in der Natur einen bestimmten Wert. Man nennt sie auch **Naturkonstanten.** Beispiele dafür sind die **Elementarladung** oder die **Gravitationskonstante.**

Man kann in der Physik Größen nach unterschiedlichen Gesichtspunkten in verschiedene Arten einteilen. So kann man skalare und vektorielle Größen unterscheiden. **Skalare (ungerichtete) Größen** sind Größen, bei denen die Eigenschaft bzw. das Merkmal nicht von der Richtung abhängig ist und nur durch einen **Wert** gekennzeichnet wird.

Temperatur, Ladung, Masse und Dichte sind z. B. skalare Größen.

Andere Größen sind von der Richtung abhängig. Solche Größen nennt man **gerichtete** oder **vektorielle Größen.** Man kennzeichnet sie mit einem Pfeil über dem Formelzeichen und stellt sie grafisch als Pfeil dar. Die Länge des Pfeils gibt dann den Betrag an.

Der Betrag eines Vektors ist nie negativ. Dagegen kann der Wert einer Reihe von skalaren Größen positiv oder negativ sein. Das Vorzeichen wird mitunter auch genutzt, um die Richtung einer Bewegung oder einer Energieübertragung zu kennzeichnen.

Beispiele für vektorielle Größen sind die Geschwindigkeit $\vec{v}$, die Beschleunigung $\vec{a}$ und die Kraft $\vec{F}$.

Bei der **Addition von Größen** muss man beachten, ob es sich um skalare oder vektorielle Größen handelt.

Bei skalaren Größen kann man die Beträge der Größen addieren.

Eine Masse $m_1 = 100\,\text{g}$ Mehl und $m_2 = 50\,\text{g}$ Zucker werden zusammengeschüttet. Die Gesamtmasse des Gemisches beträgt $m = m_1 + m_2 = 150\,\text{g}$.

Bei der Addition vektorieller Größen sind die Richtungen der einzelnen Größen zu beachten.

Dieses Verfahren nennt man auch **Superpositionsprinzip** vektorieller Größen.

Ein Schlitten wird von zwei Kindern mit den beiden Kräften $F_1 = 100\,\text{N}$ und $F_2 = 100\,\text{N}$ in unterschiedlicher Richtung gezogen. Die resultierende Gesamtkraft ergibt sich aus einem maßstäblichen Kräfteparallelogramm.

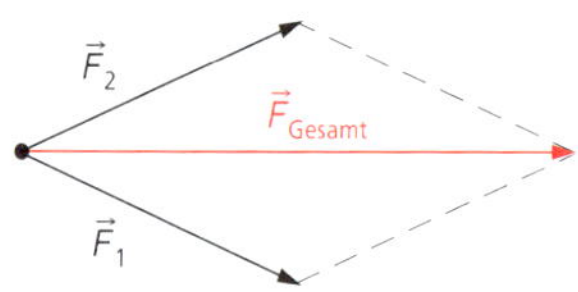


Physikalische Größen kann man danach unterscheiden, ob sie den Zustand eines Körpers oder Systems oder ob sie einen Vorgang oder Prozess beschreiben. Größen, die den Zustand eines Körpers bzw. eines Systems kennzeichnen, nennt man **Zustandsgrößen.** Größen, die einen Vorgang oder Prozess beschreiben, bezeichnet man als **Prozessgrößen.**

**Erhaltungsgrößen** sind die **Energie,** die **elektrische Ladung,** der **Impuls** und der **Drehimpuls.** Nur Zustandsgrößen können Erhaltungsgrößen sein.

Energie, Temperatur, Druck, Impuls und Drehimpuls sind Zustandsgrößen; Wärme, Arbeit und Kraftstoß Prozessgrößen.

Darüber hinaus gibt es **Wechselwirkungsgrößen,** die die Wechselwirkung zwischen Körpern bzw. Systemen beschreiben, und **Erhaltungsgrößen,** die in einem abgeschlossenem physikalischen System konstant sind.

Beispiele für Wechselwirkungsgrößen sind die Kraft, die Arbeit und die Wärme.

### 1.2.2 Gesetze, Modelle und Theorien in der Physik

In Erscheinungen der Natur kann man mithilfe von Beobachtungen und Experimenten Zusammenhänge zwischen einzelnen Eigenschaften von Körpern, Stoffen oder Vorgängen erkennen.

So kann man für einen Kupferdraht durch Messungen feststellen, dass die elektrische Stromstärke im Kupferdraht umso größer ist, je größer die angelegte Spannung ist.
Genauere Untersuchungen an diesem Draht führen zu dem Ergebnis, dass in einem bestimmten Bereich $I \sim U$ gilt.

Wenn sich Zusammenhänge in der Natur unter bestimmten Bedingungen immer wieder einstellen und damit für eine ganze Gruppe oder Klasse von Objekten gelten, dann spricht man von gesetzmäßigen Zusammenhängen, Gesetzmäßigkeiten oder **Gesetzen.**

Ein Gesetz in den Naturwissenschaften ist ein allgemeiner und wesentlicher Zusammenhang in der Natur, der unter bestimmten Bedingungen stets gilt.

Gesetze bestehen in der Regel aus Bedingungs- und Gesetzesaussagen.

Die Bedingungen, unter denen ein Zusammenhang stets gilt, nennt man auch **Gültigkeitsbedingungen.**

So haben Untersuchungen gezeigt, dass der oben beschriebene Zusammenhang $I \sim U$, der an einem konkreten Kupferkabel gefunden wurde, für alle metallischen Leiter gilt, wenn deren Temperatur konstant bleibt. Dies wird im *ohmschen Gesetz* beschrieben:

Für alle metallischen Leiter gilt unter der Bedingung einer konstanten Temperatur ($\vartheta$ = konstant): $I \sim U$.

Dieses physikalische Gesetz gilt für die Klasse aller metallischen Leiter unter der Bedingung $\vartheta$ = konstant. „Metallischer Leiter" und „$\vartheta$ = konstant" sind die Bedingungsaussagen, „$I \sim U$" ist die Gesetzesaussage.

Nicht immer sind Gesetze so vollständig durch Bedingungs- und Gesetzesaussagen beschrieben. Zum Teil muss man die Bedingungsaussagen auch aus dem Zusammenhang erschließen bzw. sind die Gültigkeitsbedingungen noch nicht vollständig bekannt.

Die Entscheidung, ob eine Aussage (z. B. $F = m \cdot a$) eine Gesetzesaussage oder die Definition einer Größe ist, kann oft nur innerhalb einer vollständigen Theorie getroffen werden.

So gilt z. B. für den Widerstand eines metallischen Leiters die Gleichung $R = \rho \cdot \frac{l}{A}$. Die in Tabellenwerken ausgewiesene Stoffkonstante $\rho$ ist aber für die meisten Stoffe temperaturabhängig und in der Regel für 20 °C angegeben. Nutzt man diesen Wert, so gilt der berechnete Widerstand $R$ nur unter der Bedingung $\vartheta$ = 20 °C.

Gesetze gelten stets für eine Klasse von Objekten. Zu ihrer Formulierung werden physikalische Fachbegriffe und Größen genutzt.

Physikalische Gesetze können unterschiedlich genau erfasst und in verschiedener Weise dargestellt sein.

Es gibt Gesetze, die lediglich beschreiben, unter welchen Bedingungen bestimmte Erscheinungen in der Natur auftreten. Solche Gesetze enthalten eine **qualitative** Gesetzesaussage, die mit Worten beschrieben wird.

Das Wort „Qualität" kommt vom lateinischen Wort „qualitas" und bedeutet „Beschaffenheit", „Eigenschaft".

### Temperaturabhängigkeit des Widerstandes:

Der elektrische Widerstand eines Stoffes ist von der Temperatur abhängig.

Es gibt Gesetze, die einen Zusammenhang zwischen Eigenschaften bzw. Größen in der *Tendenz* beschreiben. Sie enthalten eine **halbquantitative** Gesetzesaussage, die in der Regel auch mit Worten beschrieben wird.

### Tonhöhe und Lautstärke von Schall:

| Tonhöhe | Lautstärke |
|---|---|
| Je höher die Frequenz ist, umso höher ist der betreffende Ton. | Je größer die Amplitude ist, umso lauter ist der Ton. |
| 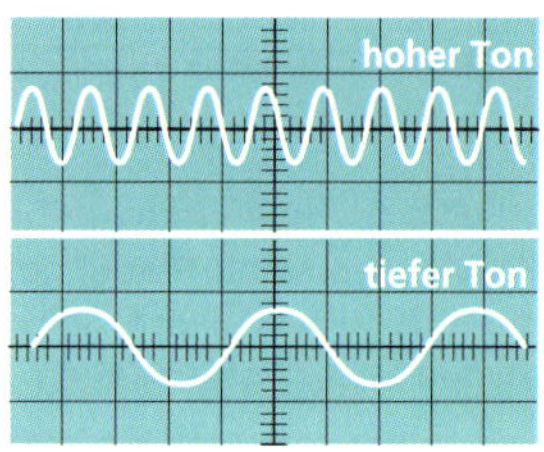 | 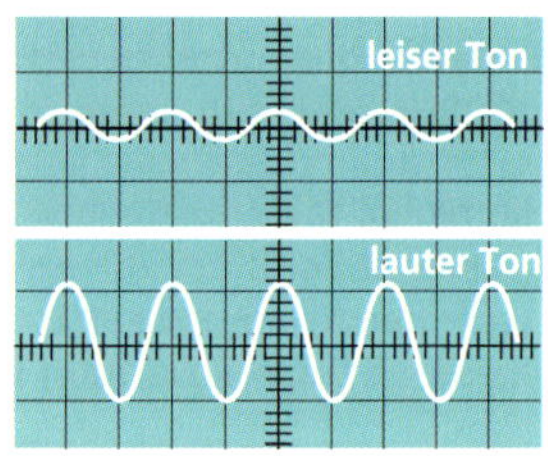 |



Es gibt Gesetze, die einen Zusammenhang zwischen Eigenschaften bzw. Größen mathematisch exakt beschreiben. Sie enthalten eine **quantitative** Gesetzesaussage, die sowohl mit Worten als auch mit mathematischen Mitteln (z. B. Proportionalität, Diagramm, Gleichung) beschrieben werden kann.

Das Wort „Quantität" kommt von lateinischen Wort „quantitas" und bedeutet „Größe, Anzahl, Menge".

### Newtonsches Grundgesetz:

*mit Worten:* Für alle Körper gilt:
Die Beschleunigung eines Körpers ist der auf ihn einwirkenden Kraft direkt proportional.

*als Proportionalität:* $F \sim a$

*als Gleichung:* $\vec{F} = m \cdot \vec{a}$

*als Diagramm:*

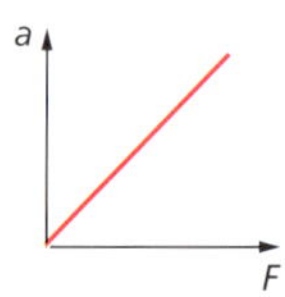

In der Physik unterscheidet man zwischen dynamischen und statistischen Gesetzen. **Dynamische Gesetze** beschreiben, wie sich *einzelne* Objekte oder Systeme unter gegebenen Bedingungen *notwendig* verhalten.

Dynamische Gesetze sind eine wesentliche Grundlage für Kausalitätsbetrachtungen, bei denen es eindeutige Zuordnungen zwischen Ursache und Wirkung gibt (↗ S. 13).

Ein Beispiel für ein dynamisches Gesetz ist das newtonsche Grundgesetz. Kennt man die Masse eines Körpers und die beschleunigende Kraft, die auf ihn wirkt, so kann man eindeutig ermitteln, mit welcher Beschleunigung er sich bewegen wird.

**Statistische Gesetze** beschreiben, wie sich eine *große Anzahl* von Objekten *insgesamt* unter gegebenen Bedingungen verhält. Das Verhalten eines einzelnen Objektes aus dieser Gesamtheit wird mit einem solchen Gesetz nicht erfasst.

Ein Beispiel für ein statistisches Gesetz in der Physik ist das Gesetz des radioaktiven Zerfalls von Atomkernen (Zerfallsgesetz):

$$N = N_0 \cdot e^{-\lambda \cdot t}$$

Dieses Gesetz beschreibt eindeutig, wie sich die Gesamtheit der großen Anzahl von Atomkernen verhält. Nach jeweils einer Halbwertszeit ist etwa die Hälfte der ursprünglich vorhandenen Atomkerne radioaktiv zerfallen. Eine Aussage darüber, wann ein bestimmter Atomkern zerfällt, ist mit diesem Gesetz nicht möglich.

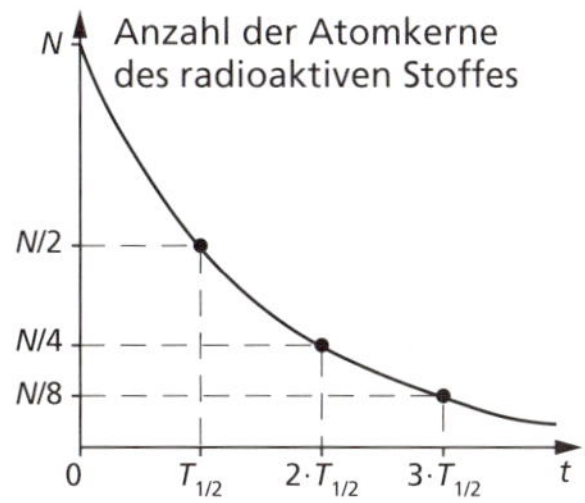


Um Gesetze zu erkennen, werden in der Physik Erscheinungen unter idealisierten Bedingungen betrachtet. Nur unter solchen idealisierten Bedingungen lassen sich die Gesetze einfach und überschaubar formulieren. Für die Beschreibung solcher Idealisierungen nutzt man in der Regel **Modelle.**

Ein Modell ist ein ideelles (gedankliches) oder materielles (gegenständliches) Objekt, das als Ersatzobjekt für ein Original genutzt wird. Es ist eine Vereinfachung des Originals und damit der Wirklichkeit. In einigen Eigenschaften stimmt das Modell mit dem Original überein, in anderen nicht.

Deshalb kann man mit *einem* Modell eine Reihe von Erscheinungen erklären und voraussagen, andere wiederum nicht. Für letztere Erscheinungen muss man ein anderes Modell benutzen. Ein Modell ist nur innerhalb bestimmter Grenzen gültig und sinnvoll anwendbar.

Manchmal wird auch zwischen **Modellen** und **Idealisierungen** unterschieden. Wir verwenden den umfassenderen Begriff Modell.

So kann man z. B. das **Teilchenmodell** als System von Aussagen kennzeichnen. Möglich sind aber auch materielle Teilchenmodelle, z. B. die Modellierung eines Gases durch kleine, sich bewegende Kugeln.

Ein **Modell** ist weder richtig noch falsch, sondern nur für die Erklärung und Voraussage von bestimmten Erscheinungen geeignet und zweckmäßig oder nicht geeignet und unzweckmäßig.

Ideelle Modelle werden auch als **Denkmodelle** bezeichnet.

ISAAC NEWTON (1643–1727) fand grundlegende Gesetze der Mechanik. Die gesamte newtonsche Mechanik basiert auf wenigen Grundaussagen und Gesetzen: der Annahme eines absoluten Raumes und einer davon unabhängigen absoluten Zeit sowie den drei newtonschen Gesetzen (Axiomen).

**Materielle Modelle** sind z. B. die Modelle von Motoren, Generatoren, Transformatoren, Pumpen sowie sonstigen Geräten und Anlagen. Besonders gut lasst sich mit ihnen die Wirkungsweise von technischen Geräten und Anlagen untersuchen und demonstrieren.

**Ideelle Modelle** sind z. B. das Feldlinienbild eines Stabmagneten, das Modell Massepunkt, das Teilchenmodell, Atommodelle und die verschiedenen Modelle für das Licht. Beschrieben werden sie meist durch ein System von Aussagen oder durch zeichnerische Darstellungen.

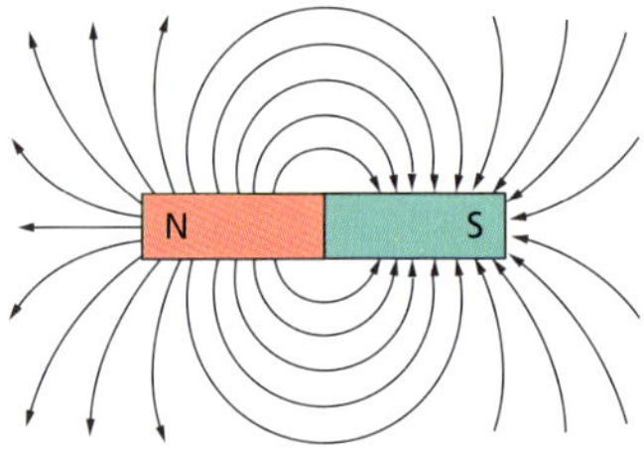


Mit materiellen Modellen kann man auch experimentieren. Mit solchen **Modellexperimenten** kann man innerhalb der Gültigkeitsgrenzen des jeweiligen Modells Erklärungen bestätigen und Voraussagen treffen und die Funktionsweise technischer Geräte untersuchen. In bestimmten Fällen ist es notwendig, für *ein* Original *verschiedene* Modelle zu schaffen und zu nutzen, die unterschiedliche Eigenschaften des Originals mehr oder minder gut beschreiben.

Ein Beispiel dafür sind die verschiedenen Modelle für das Licht (Lichtstrahl, Lichtwelle, Lichtquant). Mit jedem dieser Modelle können gut überschaubar bestimmte Eigenschaften des Lichtes beschrieben werden, z. B. die Reflexion, Brechung und Schattenbildung mit dem Modell Lichtstrahl, die Beugung und Interferenz mit dem Modell Lichtwelle und der fotoelektrische Effekt mit dem Modell Lichtquant.

Für einzelne Teilbereiche der Physik werden Gesetze, Modelle und andere Aussagen zu einer geschlossenen **Theorie** zusammengefasst.

Eine Theorie ist ein System von Gesetzen, Modellen und anderen Aussagen über einen mehr oder weniger großen Teilbereich einer Wissenschaft.

Beispiele für solche Theorien in der Physik sind:

- die newtonsche Mechanik,
- die einsteinsche Relativitätstheorie,
- die kinetische Gastheorie,
- die maxwellsche Theorie der Elektrodynamik,
- die Quantentheorie.

### 1.2.3 Erkenntniswege in der Physik

#### Das Erkennen physikalischer Gesetze

Das Erkennen und Anwenden von Gesetzen in den Naturwissenschaften ist ein äußerst komplexer und in der Regel langwieriger Prozess. Wichtige Naturgesetze und deren Gültigkeitsbedingungen sind in langen, wechselvollen historischen Prozessen entdeckt worden. Diese Prozesse waren oft von Irrtümern und Irrwegen begleitet. In der Regel werden diese Prozesse von **Hypothesen** bestimmt.

Eine Hypothese ist eine wissenschaftlich begründete Annahme oder Vermutung über einen Sachverhalt, deren Wahrheitswert unbekannt ist. Im Laufe des weiteren Erkenntnisprozesses wird eine Hypothese durch Experimente, neue Erkenntnisse oder die Praxis bestätigt oder verworfen.

Hypothesen werden z. B. über die Art mathematischer Zusammenhänge zwischen Größen, über Gesetzesaussagen oder über den Gültigkeitsbereich von Gesetzen und Modellen aufgestellt. Unabhängig vom komplizierten, wechselvollen Weg mit Irrtümern und Irrwegen gibt es immer wieder bestimmte Etappen, die in der Wissenschaft durchschritten werden müssen, um neue Gesetze in der Natur zu erkennen.

| Weg der Erkenntnis neuer Gesetze in der Natur | Ein Beispiel aus der Physik |
|---|---|
| 1. In Natur und Technik gibt es interessante, z. T. auffällige Erscheinungen. Diese Erscheinungen veranlassen zur genauen **Beobachtung.** Durch **Vergleichen** wird versucht, Gemeinsamkeiten, Unterschiede und Regelmäßigkeiten in den Erscheinungen zu erkennen. Erscheinungen werden **klassifiziert,** d. h., Körper, Stoffe und Vorgänge mit gemeinsamen Eigenschaften werden zusammengefasst und **beschrieben.**<br><br>Begriffe werden **definiert** und Größen eingeführt.<br>Im Ergebnis dieser Etappe können Hypothesen darüber aufgestellt werden,<br>– welche Zusammenhänge in den Erscheinungen wirken und<br>– unter welchen Bedingungen diese auftreten.<br><br>Es werden Fragen gestellt, die es genauer zu untersuchen gilt. | In Natur und Technik kann man beobachten, dass sich<br>– belastete Balken biegen,<br>– Seile und Drähte verlängern, wenn man an ihnen zieht,<br>– Bäume im Wind verformen (↗ Bild).<br>Genaue Beobachtungen zeigen, dass sich Körper immer dann verformen, wenn auf sie eine Kraft wirkt. Dabei gibt es Körper, die nach Wegfall der Kraft wieder ihre ursprüngliche Form annehmen und solche, die auch nach Wegfall der Kraft verformt bleiben.<br>Zur Unterscheidung werden die Begriffe **elastische** und **plastische Verformung** verwendet.<br>Es kann folgende Hypothese aufgestellt werden:<br>– Die Verformung eines Körpers ist umso größer ist, je größer die einwirkende Kraft ist.<br>– Dieser Zusammenhang gilt bei allen elastisch verformten Körpern.<br>Welcher Zusammenhang existiert zwischen der Verformung eines elastischen Körpers und der einwirkenden Kraft? |

2. Um die Hypothesen zu prüfen und die Fragen zu beantworten, werden die Erscheinungen wissenschaftlich untersucht.
Dazu führt man in der Regel **Experimente** an einer Reihe von einzelnen Objekten durch, um die vermuteten Zusammenhänge exakter zu erfassen und die Wirkungsbedingungen besser zu erkennen. Vorher werden **experimentelle Fragen** gestellt. Es werden Messwerte aufgenommen und mit mathematischen Mitteln ausgewertet (grafisch oder rechnerisch).

Häufig wird versucht, den Zusammenhang zwischen den Größen bzw. Eigenschaften von Objekten mit mathematischen Mitteln, z. B. als Diagramm, als Proportionalität oder als Gleichung, zu beschreiben. Dazu werden die Messwertereihen rechnerisch ausgewertet und die Diagramme interpretiert.

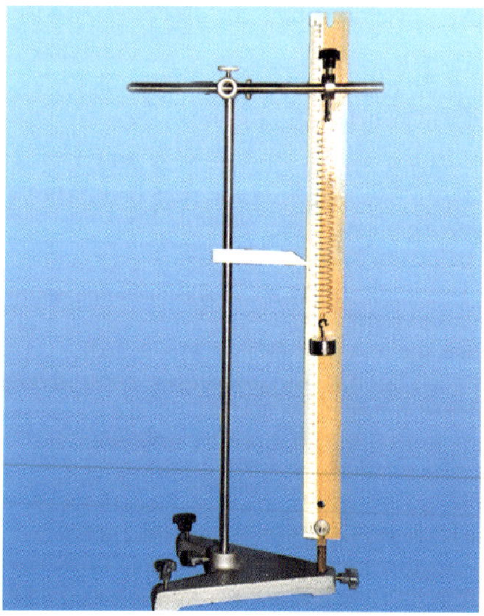

Der Zusammenhang, der zunächst nur an einzelnen Objekten gefunden wurde, wird auf eine ganze Klasse von Objekten **verallgemeinert.** Dabei ist man häufig zunächst auf Hypothesen in Bezug auf die Gültigkeitsbedingungen des Zusammenhangs angewiesen.

In Experimenten wird an verschiedenen Federn aus unterschiedlichsten Materialien folgende **experimentelle Frage** untersucht: Welcher Zusammenhang existiert zwischen der Verlängerung *s* einer Feder und der an ihr angreifenden Kraft *F*?

Feder 1 als Beispiel

| *F* in N | *s* in cm | $\frac{F}{s}$ in $\frac{\text{N}}{\text{cm}}$ |
|---|---|---|
| 0 | 0 | – |
| 1 | 0,8 | 1,25 |
| 2 | 1,7 | 1,18 |
| 3 | 2,4 | 1,25 |
| 4 | 3,3 | 1,21 |
| 5 | 4,1 | 1,22 |
| 6 | 4,7 | 1,28 |

Analoge Messwertereihen werden für weitere Federn aufgenommen und können grafisch dargestellt werden.

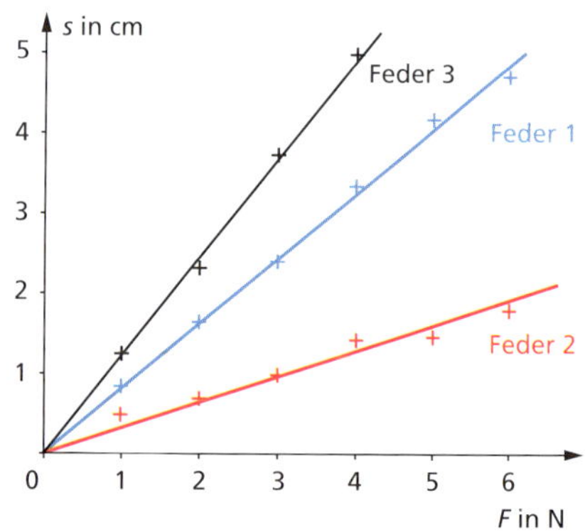


Aus den Messwertereihen und aus den Diagrammen kann man erkennen:

$s \sim F$ oder

$\frac{F}{s} = \text{konstant}$ oder

$F = D \cdot s$

| | |
|---|---|
| Das so vermutlich existierende Gesetz muss vor allem hinsichtlich seiner Gültigkeitsbedingungen weiter überprüft werden. Manchmal erscheint es im Zusammenhang mit dem Erkennen neuer Gesetze sinnvoll, auch neue Begriffe zu **definieren** bzw. **Größen** einzuführen.<br><br>Häufig nutzt man beim Aufstellen bzw. Überprüfen von Hypothesen auch **Modelle** (↗ S. 21). Modelle sind zwar Vereinfachungen der Wirklichkeit, sie stimmen aber in wichtigen Eigenschaften mit dem Original überein, in anderen allerdings nicht. | Man verallgemeinert den Zusammenhang zu folgendem **Gesetz**:<br><br>Für alle elastisch verformten Körper gilt für den Zusammenhang zwischen Kraft und Verformung des Körpers: $F = D \cdot s$<br><br>Man hat festgestellt, dass bei zu großen Kräften zunächst elastisch verformte Körper dann plastisch verformt werden und das Gesetz nicht mehr gilt.<br><br>Der Faktor $D$ im gefundenen Gesetz erhält den Namen „Federkonstante" und wird als neue **Größe** eingeführt. Die Federkonstante ist ein Maß für die Härte einer Feder. |
| 3. Das gefundene Gesetz muss **überprüft** werden. Vor allem muss überprüft werden, ob die Hypothese über die Verallgemeinerung des Zusammenhangs tatsächlich für die beschriebene Klasse von Objekten gilt.<br><br>Mithilfe des Gesetzes werden neue Erscheinungen bzw. Erkenntnisse vorausgesagt und in Experimenten bzw. in der Praxis überprüft.<br><br>Das entdeckte Gesetz wird zur **Erklärung** von Erscheinungen der Natur genutzt. Es können mit dem Gesetz Größen berechnet werden, die man in der Praxis überprüfen kann.<br><br>Unter Nutzung des Gesetzes kann man technische Geräte konstruieren, z. B. Federkraftmesser oder Expander.<br><br>Jede erfolgreiche Anwendung eines Gesetzes in der Praxis ist ein Beleg für die Gültigkeit des gefundenen Gesetzes unter den gegebenen Bedingungen.<br>Jede Ausnahme schränkt den Gültigkeitsbereich ein. | Mithilfe des gefundenen Gesetzes wird vorausgesagt, dass auch für die Verlängerung eines Gummibandes $s \sim F$ gilt. In Experimenten kann man jedoch folgende Messwerte aufnehmen und grafisch darstellen:<br><br>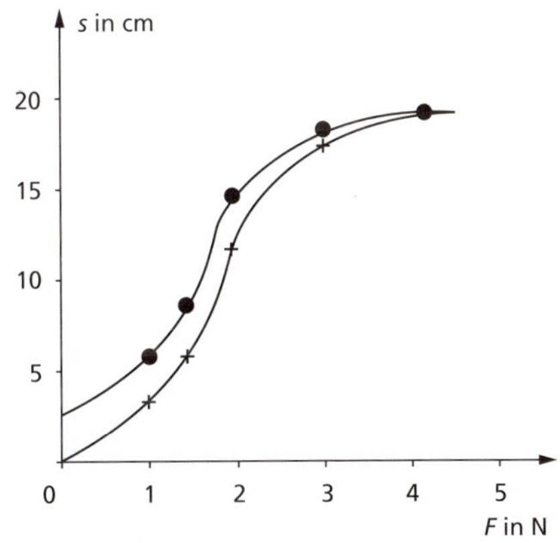<br><br><br>Für ein Gummiband ist das oben gefundene Gesetz nicht anwendbar. Das Gummiband wird nicht vollständig elastisch verformt. Die Gültigkeit des gefundenen Gesetzes muss also für Gummibänder ausgeschlossen werden. |

| | |
|---|---|
| Manchmal führt die Anwendung eines Gesetzes zur Erkenntnis, dass das Gesetz nicht in allen Fällen so wirkt, wie es vorausgesagt wird. Dann müssen die Gültigkeitsbedingungen eingeschränkt oder der Zusammenhang und die Bedingungen noch genauer untersucht werden. | Mithilfe des erkannten Gesetzes kann z. B. ein *Federkraftmesser* konstruiert werden. Seine Wirkungsweise beruht auf diesem Gesetz. Bei der Nutzung des Federkraftmessers ist jedoch zu beachten, dass er nicht überdehnt wird, da die Feder sonst plastisch verformt wird und das zugrunde liegende Gesetz dann nicht mehr gilt.<br>Das Gesetz wird auch bei Stoßdämpfern in Kraftfahrzeugen oder bei Puffern an Eisenbahnwaggons genutzt.<br>Auch bei vielen anderen elastischen Verformungen von Körpern kann das Gesetz angewendet werden. |

Das im Beispiel dargestellte Gesetz wurde 1675 von dem englischen Wissenschaftler ROBERT HOOKE (1635–1703) entdeckt und wird nach ihm **hookesches Gesetz** genannt.

**Das Anwenden physikalischer Gesetze**

Ein wichtiges Ziel der Physik ist das Anwenden physikalischer Gesetze zum Lösen von Aufgaben und Problemen, z. B. zum Erklären und Voraussagen von Erscheinungen, zum Berechnen von Größen, zum Konstruieren technischer Geräte. Auch beim Anwenden physikalischer Gesetze gibt es immer wieder bestimmte Schritte, die durchlaufen werden müssen.

| **Weg der Anwendung von physikalischen Gesetzen** | **Ein Beispiel aus der Technik** |
|---|---|
| 1. Zunächst geht es darum, den Sachverhalt der Aufgabe genau zu erfassen. Man muss sich den Sachverhalt in der Aufgabe gut vorstellen können. Dabei kann auch eine anschauliche Skizze helfen.<br> | **Aufgabe:** Fundamente von Maschinen sind elastische Körper, die zu mechanischen Schwingungen angeregt werden können. Eine Drehmaschine mit einer Masse von 3,5 t drückt ihr Fundament um 1 mm zuammen. Die Federkonstante hat einen Wert von $3{,}4 \cdot 10^6$ N/m.<br>*Mit welcher Frequenz kann die Drehmaschine Eigenschwingungen ausführen?*<br>**Analyse:**<br>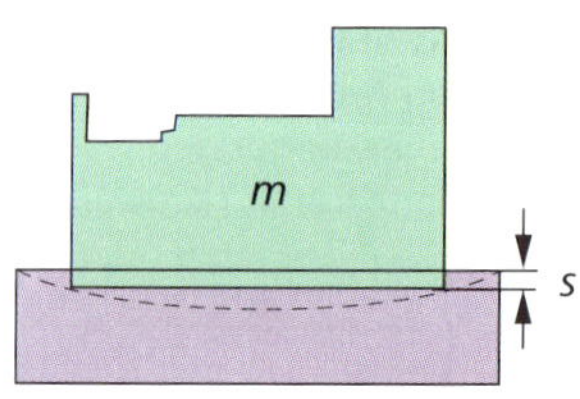 |

<table>
<tr>
<td>2. Der Sachverhalt der Aufgabe wird aus physikalischer Sicht vereinfacht. Unwesentliches wird weggelassen. Wesentliche Seiten werden mit Fachbegriffen beschrieben.<br><br>Zum Sachverhalt der Aufgabe kann eine vereinfachte, schematisierte Skizze angefertigt werden.<br><br>Gesuchte und gegebene Größen und Fakten werden zusammengestellt.</td>
<td>Durch die Gewichtskraft der Maschine wird das Fundament wie eine Feder elastisch verformt, bis sich eine Gleichgewichtslage einstellt. Wird die Maschine nun kurzzeitig, z. B. durch Erschütterungen oder rotierende Teile, aus dieser Gleichgewichtslage ausgelenkt, so kommt es zu mechanischen Schwingungen um die Gleichgewichtslage. Unter der Annahme einer ideal elastischen Verformung kann die Anordnung Maschine-Fundament vereinfacht als Federschwinger betrachtet werden.<br>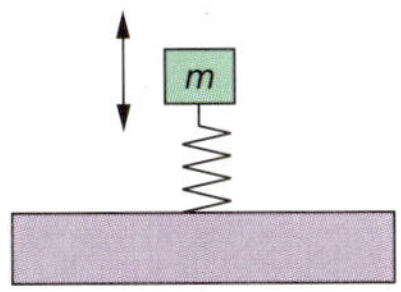<br><br>Gesucht: $f$<br>Gegeben: $m = 3{,}5\ \text{t} = 3\,500\ \text{kg}$<br>$s = 1\ \text{mm}$<br>$D = 3{,}4 \cdot 10^6\ \frac{\text{N}}{\text{m}} = 3{,}4 \cdot 10^6\ \frac{\text{kg}}{\text{s}^2}$</td>
</tr>
<tr>
<td>3. Wesentliche Seiten des Sachverhalts der Aufgabe werden mit physikalischen Gesetzen beschrieben. Dazu muss man gesetzmäßig wirkende Zusammenhänge und Bedingungen für das Wirken bekannter physikalischer Gesetze im Sachverhalt erkennen.</td>
<td>Lösung:<br>Die Frequenz einer Schwingung kann berechnet werden mit der Gleichung $f = 1/T$. Für die Schwingungsdauer gilt unter der Annahme, dass die Anordnung als Federschwinger betrachtet werden kann:<br>$T = 2\pi \cdot \sqrt{\frac{m}{D}}$<br>Somit erhält man als Lösungsgleichung:<br>$f = \frac{1}{2\pi}\sqrt{\frac{D}{m}}$</td>
</tr>
<tr>
<td>4. Die physikalischen Gesetze werden angewendet, um die Aufgabe zu lösen, z.B. eine gesuchte Größe zu berechnen, eine Erscheinung zu erklären oder vorauszusagen.<br>Dazu kann man verschiedene Mittel und Verfahren nutzen, z. B.<br>– das inhaltlich-logische Schließen,<br>– Verfahren und Regeln der Analysis, Vektorrechnung und Stochastik,<br>– Diagramme,<br>– geometrische Konstruktionen,<br>– experimentelle Mittel.</td>
<td>$f = \frac{1}{2\pi}\sqrt{\frac{3{,}4 \cdot 10^6\ \text{kg}}{3\,500\ \text{kg} \cdot \text{s}^2}}$<br>$\underline{f = 4{,}96\ \text{Hz} \approx 5\ \text{Hz}}$<br><br>Ergebnis:<br>Die Anordnung aus Drehmaschine und Fundament kann unter der Annahme einer elastischen Verformung des Fundaments mit einer Eigenfrequenz von etwa 5 Hz schwingen. Die Kenntnis dieser Größe ist wichtig, um Resonanzschäden zu vermeiden, die bei äußerer Anregung mit dieser Frequenz entstehen können.</td>
</tr>
</table>

### 1.2.4 Tätigkeiten in der Physik

Vor allem im Zusammenhang mit dem Erkennen und Anwenden physikalischer Gesetze, mit dem Definieren von Begriffen und dem Arbeiten mit Größen gibt es eine Reihe von wichtigen Tätigkeiten, die immer wieder durchgeführt werden.

#### Beschreiben

Beim Beschreiben wird mit sprachlichen Mitteln zusammenhängend und geordnet dargestellt, *wie* ein Gegenstand oder eine Erscheinung in der Natur beschaffen ist, z. B. welche Eigenschaften ein Körper besitzt, wie ein Vorgang abläuft, wie ein technisches Gerät aufgebaut ist. Dabei werden in der Regel äußerlich wahrnehmbare Eigenschaften der Erscheinung dargestellt.

Im Zusammenhang mit der Erklärung einer Erscheinung beschränkt man sich bei der Beschreibung häufig auf die Darstellung wesentlicher äußerlich wahrnehmbarer Seiten der Erscheinung.

*Beschreiben Sie den Ablauf des Experiments!*
Das Glas wird randvoll mit Wasser gefüllt. Anschließend wird eine Karteikarte so aufgelegt, dass keine Luft zwischen Wasser und Karteikarte gelangt. Dann dreht man das Glas vorsichtig um und hält dabei die Karte fest. Beim Loslassen fällt die Karte nicht herunter.

#### Erklären

Beim Erklären wird zusammenhängend und geordnet dargestellt, *warum* eine Erscheinung in der Natur so und nicht anders auftritt. Dabei wird die Erscheinung auf das Wirken von Gesetzen zurückgeführt, indem man darstellt, dass die Wirkungsbedingungen bestimmter Gesetze in der Erscheinung vorliegen. Diese Wirkungsbedingungen sind wesentliche Seiten in der Erscheinung.

Beim **Erklären** sollte man folgendermaßen vorgehen:
- Beschreiben wesentlicher Seiten der Erscheinung,
- Nennen von Gesetzen und Modellen, die der Erscheinung zugrunde liegen,
- Zurückführen der Erscheinung auf Gesetze und Modelle.

Auch Modelle können zum Erklären herangezogen werden.

*Wie kann man mithilfe des huygensschen Prinzips die Reflexion bzw. die Brechung mechanischer Wellen erklären?*

Trifft eine Wellenfront auf ein Hindernis, so ist nach dem huygensschen Prinzip jeder Punkt, den die Welle erreicht, Ausgangspunkt einer Elementarwelle. Diese Elementarwellen überlagern sich. Die Einhüllende bildet eine neue Wellenfront (↗ S. 313).

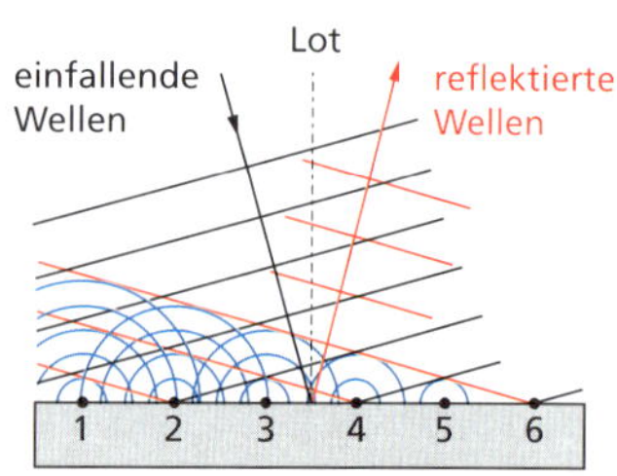

Trifft nun die Wellenfront schräg auf das Hindernis, so gehen zunächst von Punkt 1, dann von Punkt 2 usw. Elementarwellen aus. Die Überlagerung aller Elementarwellen ergibt die neue Wellenfront. Ähnlich ist der Sachverhalt auch dann, wenn Wellen auf die Grenzfläche zwischen zwei Stoffen treffen. Jeder Punkt der Grenzfläche, auf den eine Welle trifft, ist Ausgangspunkt von Elementarwellen, die sich überlagern und neue Wellenfronten bilden. Da sich die Ausbreitungsgeschwindigkeit beim Übergang von einem Stoff in einen anderen in der Regel ändert, erfolgt eine Brechung (↗ S. 317).

**Beschreiben des Aufbaus und Erklären der Wirkungsweise technischer Geräte**

Die Wirkungsweise technischer Geräte lässt sich auf das Wirken physikalischer Gesetze, deren Wirkungsbedingungen im Aufbau realisiert sind, zurückführen.

Beim **Beschreiben des Aufbaus und Erklären der Wirkungsweise technischer Geräte** sollte man folgendermaßen vorgehen:

- Nennen des Verwendungszwecks des Gerätes,
- Beschreiben der für das Wirken der Gesetze wesentlichen Teile des Gerätes,
- Zurückführen der Wirkungsweise auf Gesetze.

*Beschreiben Sie den Aufbau und erklären Sie die Wirkungsweise eines Zungenfrequenzmessers für Wechselstrom!*

Mithilfe eines Zungenfrequenzmessers kann man die Frequenz des Wechselstromes messen. Dazu wird er in einen Wechselstromkreis eingeschaltet.
Der Zungenfrequenzmesser besteht aus einem Elektromagneten und einer Anzahl von Blattfedern unterschiedlicher Länge, die vor dem Elektromagneten und einer Skala schwingen können. Die Blattfedern können aufgrund ihrer elastischen Eigenschaften Eigenschwingungen mit einer bekannten Eigenfrequenz ausführen. Entsprechend dieser Eigenfrequenz sind die Federn vor der Skala angeordnet.
Fließt durch den Elektromagneten ein Wechselstrom, so werden auf die Blattfedern anziehende Kräfte in der Frequenz des Wechselstromes (Erregerfrequenz) ausgeübt.
Für die Blattfeder, deren Eigenfrequenz mit der Erregerfrequenz annähernd übereinstimmt, ist die Resonanzbedingung $f_E = f_0$ erfüllt. Es kommt zu einem heftigen Mitschwingen dieser Feder, während benachbarte Federn nur wenig oder gar nicht schwingen. Für die heftig schwingende Feder kann auf der Skala die Frequenz abgelesen werden.
Am Instrument ist zu sehen: Die Frequenz beträgt 50 Hz.

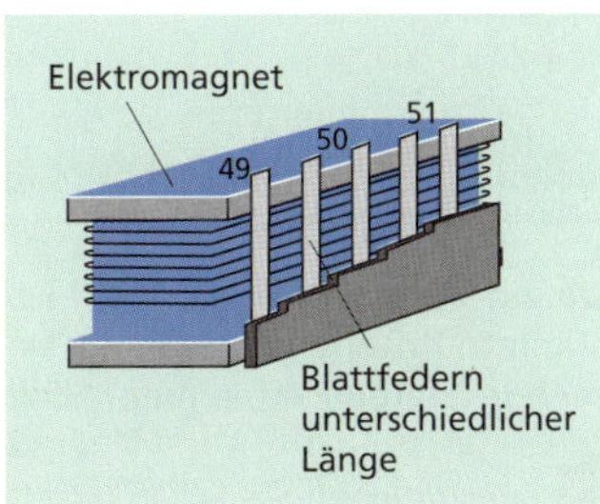

## Voraussagen

**Beim Voraussagen wird auf der Grundlage von Gesetzen und Modellen unter Berücksichtigung entsprechender Bedingungen eine Folgerung in Bezug auf eine Erscheinung in Natur und Technik abgeleitet und zusammenhängend dargestellt.**

Beim **Voraussagen** sollte man folgendermaßen vorgehen:

- Beschreiben wesentlicher Seiten der Erscheinung für das Wirken von Gesetzen und Anwenden von Modellen,
- Nennen von Gesetzen und Modellen, die der Erscheinung zugrunde liegen,
- Ableiten von Folgerungen für die Erscheinung.

Viele elektrische Geräte, z.B. Bildwerfer, Rasierapparate oder Fernsehgeräte, lassen sich auf verschiedene Betriebsspannungen umstellen. Das ist erforderlich, weil in verschiedenen Ländern unterschiedliche Netzspannungen üblich sind.
*Entwerfen Sie eine Schaltung, mit der man ein Gerät von 230 V auf 110 V umstellen kann!*

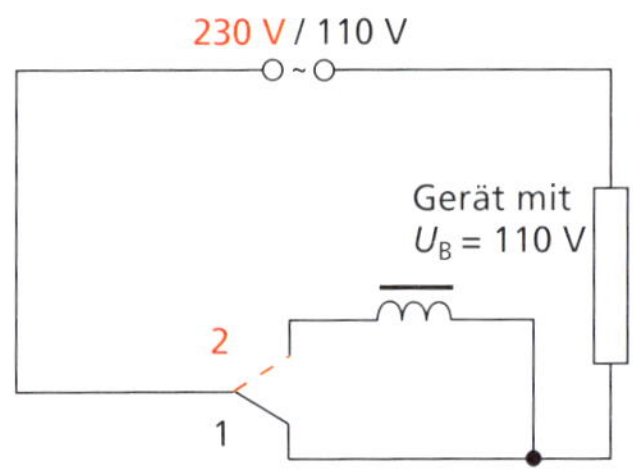


Die Schaltung muss so gewählt werden, dass an dem Gerät immer die notwendige Betriebsspannung anliegt. Stimmen Netzspannung und Betriebsspannung überein, so kann das Gerät ohne besondere Maßnahmen angeschlossen werden. Der Umschalter würde sich in Stellung 1 befinden.
Bei einer Wechselspannung von 230 V kann durch eine vorgeschaltete Spule erreicht werden, dass am Gerät ebenfalls nur 110 V anliegen. Der Umschalter müsste sich dann in Stellung 2 befinden.
*Sagen Sie voraus, wie die Induktivität der Spule verändert werden müsste, wenn das Gerät mit einer Netzspannung von 400 V betrieben werden soll!*

An der Spule muss eine größere Spannung anliegen; sie muss den Strom stärker behindern. Da die Induktivität der Spule ein Maß für die Stärke der Behinderung des Wechselstromes ist, folgt: Wenn das Gerät mit einer Wechselspannung von 400 V betrieben werden soll, muss die Induktivität der Spule vergrößert werden. Das kann man durch eine Spule mit größerer Windungszahl erreichen (↗ S. 251).

## Vergleichen

**Beim Vergleichen werden Gemeinsamkeiten und Unterschiede von zwei oder mehreren Vergleichsobjekten (z. B. Körper, Stoffe, Vorgänge) ermittelt und dargestellt.**

Beim **Vergleichen** sollte man folgendermaßen vorgehen:

- Wählen geeigneter Kriterien für den Vergleich,
- Nennen von Gemeinsamkeiten und Unterschieden,
- Ableiten von möglichen Schlussfolgerungen.

Da ein Vergleich in der Regel einen Zweck verfolgt, wird man dafür bestimmte Kriterien auswählen. Darüber hinaus kann man aus den zusammengestellten Fakten meist Schlussfolgerungen ableiten.

*Vergleichen Sie Schall und Licht miteinander!*

*Gemeinsamkeiten:*
Schall und Licht können reflektiert, gebrochen und gebeugt werden. Sowohl bei Schall als auch bei Licht können Interferenzerscheinungen auftreten.

*Unterschiede:*
Schall benötigt einen Schallträger zur Ausbreitung. Im Vakuum kann er sich nicht ausbreiten. Licht dagegen benötigt keinen Träger zur Ausbreitung. Es breitet sich in Stoffen, aber auch im Vakuum aus.

*Schlussfolgerungen:*
Aufgrund der gemeinsamen Eigenschaften kann man davon ausgehen, dass Schall und Licht Welleneigenschaften besitzen. Dann müssten Frequenz und Amplitude von Schallwellen und Lichtwellen Einfluss auf beobachtbare Erscheinungen haben. Das ist auch der Fall. Die Frequenz bestimmt die Tonhöhe des Schalls bzw. die Farbe des Lichtes. Die Amplitude bestimmt die Lautstärke des Schalls bzw. die Intensität des Lichtes.

**Definieren**

Beim Definieren wird ein Begriff durch die Festlegung wesentlicher, gemeinsamer Merkmale eindeutig bestimmt und von anderen Begriffen unterschieden.

*Definieren Sie den Begriff „mechanische Schwingung"!*
Eine mechanische Schwingung ist eine zeitlich periodische Bewegung eines Körpers um eine Gleichgewichtslage.
Oberbegriff: Bewegung
artbildende Merkmale:
- zeitlich periodische Bewegung
- um eine Gleichgewichtslage

Das Definieren ist eine Tätigkeit, die eng mit physikalischen Begriffen (↗ S. 15), speziell mit Größen und Einheiten, verbunden ist. Wichtig ist daher, dass eine Definition eindeutig und zweckmäßig sein muss und nicht im Widerspruch zu anderen Festlegungen stehen darf.

Beim **Definieren** sollte man folgendermaßen vorgehen:
- Nennen des Oberbegriffs,
- Nennen artbildender Merkmale.

Das Definieren von Begriffen kann z. B. auch durch Aufzählen erfolgen.

**Interpretieren**

Beim Interpretieren wird einer verbalen Aussage, einem Zeichensystem (z. B. einer mathematischen Gleichung oder Proportionalität) oder einer grafischen Darstellung (z. B. einem Diagramm) eine auf die Natur oder Technik bezogene inhaltliche Bedeutung gegeben.

Insbesondere beim **Interpretieren von Gleichungen und Diagrammen** wird den Zeichen und Symbolen sowie den dargestellten Sachverhalten eine physikalischen Bedeutung zugeordnet. Dabei treten Spezifika auf, die nachfolgend an Beispielen erläutert sind.

Beim Interpretieren von Gleichungen geht es darum, die in der Gleichung enthaltenen Zusammenhänge zu erfassen und eventuell auch Folgerungen daraus abzuleiten.

Beim **Interpretieren** von Gleichungen sollte man folgendermaßen vorgehen:

- Nennen der physikalischen Größen und der Bedingungen für die Gültigkeit der Gleichung,
- Ableiten von Zusammenhängen aus der mathematischen Struktur der Gleichung, dabei Durchführung von Fallunterscheidungen im Zusammenhang mit der Konstanz von Größen,
- Eingehen auf direkte und indirekte Proportionalitäten sowie deren Bedingungen,
- Ableiten praktischer Folgerungen.

Die Gleichung für die Ausbreitungsgeschwindigkeit mechanischer Wellen lautet:

$$v = \lambda \cdot f$$

*Interpretieren Sie diese Gleichung für die Ausbreitungsgeschwindigkeit von Wellen!*

Die Gleichung $v = \lambda \cdot f$ beschreibt den Zusammenhang zwischen der Ausbreitungsgeschwindigkeit $v$, der Wellenlänge $\lambda$ und der Frequenz $f$ mechanischer Wellen. Dabei ist zu beachten, dass die Frequenz einer mechanischen Welle nur davon abhängig ist, wie sie erzeugt wird. Sie ändert sich bei der Ausbreitung der Welle nicht, auch dann nicht, wenn die Welle von einem Stoff in einen anderen übergeht. Deshalb sind bei der Interpretation der Gleichung zwei Fälle zu unterscheiden:

1. Unter der Bedingung, dass die Ausbreitungsgeschwindigkeit konstant ist, sich die Welle also nur in *einem* Stoff ausbreitet, gilt:

$$v = \lambda \cdot f \quad |:f \qquad \frac{v}{f} = \lambda \text{ bzw. } \lambda = \frac{v}{f}$$

Aus $v$ = konstant folgt: $\lambda \sim \frac{1}{f}$

Das heißt: Wellenlänge und Frequenz einer mechanischen Welle sind umgekehrt proportional zueinander. Je größer die Wellenlänge ist, umso kleiner ist die Frequenz und umgekehrt. So ist z. B. die Wellenlänge einer Schallwelle umso kleiner, je größer die Frequenz eines Tones ist, wenn sich der Schall nur in einem Stoff (z. B. Luft) ausbreitet. Das bedeutet, je höher ein Ton (große Frequenz) ist, desto kleiner ist die Wellenlänge.

2. Unter der Bedingung, dass die Frequenz konstant ist, gilt:

$$v \sim \lambda$$

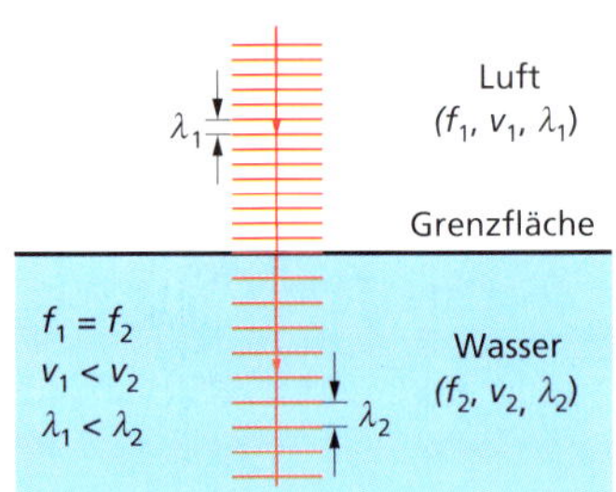


Das heißt, zwischen Ausbreitungsgeschwindigkeit und Wellenlänge besteht eine direkte Proportionalität. So ändert sich beim Übergang einer mechanischen Welle von einem Stoff in einen anderen die Wellenlänge, während die Frequenz konstant bleibt. Beim Übergang einer Schallwelle von Luft in Wasser wird die Wellenlänge z.B. größer, weil die Schallgeschwindigkeit in Wasser größer ist als in Luft.

Beim **Interpretieren von Diagrammen** kommt es vor allem darauf an, den Zusammenhang zwischen den beiden auf den Achsen aufgetragenen Größen zu erfassen.

Am Meer, auf Seen oder Pfützen kann man Wasserwellen beobachten. In den nebenstehenden Diagrammen ist eine spezielle Wasserwelle dargestellt.

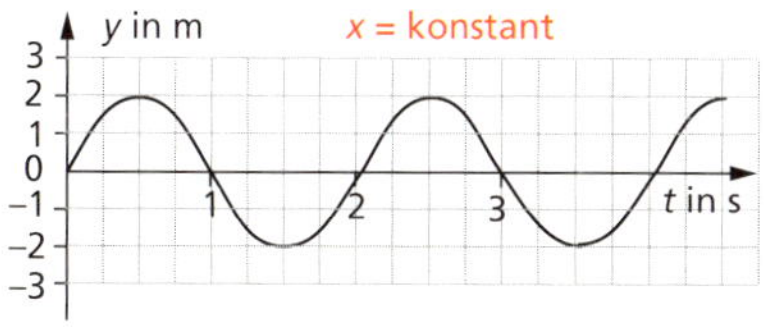


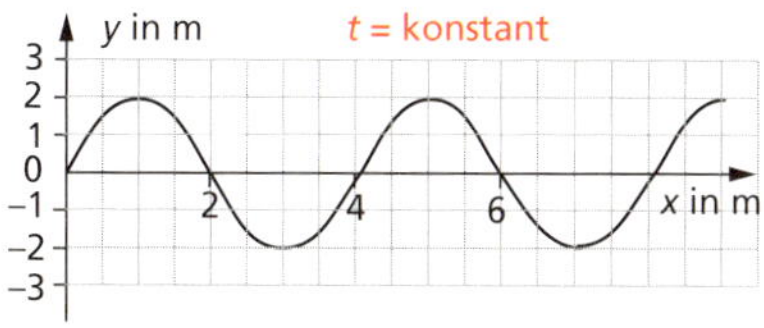


*Interpretieren Sie diese Diagramme!*

Im $y$-$t$-Diagramm ist für einen bestimmten Ort ($x$ = konstant) der Zusammenhang zwischen der Auslenkung $y$ und der Zeit $t$ dargestellt. Die Auslenkung verändert sich mit der Zeit periodisch (sinusförmig). Aus dem Diagramm kann man entnehmen: Die maximale Auslenkung, die Amplitude, beträgt $y_{max} = 2$ m und die Schwingungsdauer $T = 2$ s.

Im $y$-$x$-Diagramm ist zu einem bestimmten Zeitpunkt ($t$ = konstant) der Zusammenhang zwischen der Auslenkung $y$ und dem Ort $x$ dargestellt. Die Auslenkung ändert sich räumlich periodisch, der Kurvenverlauf ist ebenfalls sinusförmig.

Aus dem Diagramm kann man ebenfalls entnehmen, dass die Amplitude $y_{max} = 2$ m beträgt. Darüber hinaus lässt sich die Wellenlänge ablesen. Sie beträgt $\lambda = 4$ m.

Beim **Interpretieren** von Diagrammen sollte man folgendermaßen vorgehen:

- Nennen der physikalischen Größen, die auf den Achsen abgetragen sind, und der Bedingungen, unter denen der dargestellte Sachverhalt gilt,
- Beschreiben des Zusammenhangs zwischen den Größen und Eingehen auf die Art des Zusammenhangs unter Beachtung der Bedingungen,
- Nennen charakteristischer Werte,
- Eingehen auf die physikalische Bedeutung des Anstiegs des Graphen und der Fläche unter dem Graphen.

Beim Interpretieren von Diagrammen ist zu beachten, dass manchmal auch der Anstieg des Graphen und die Fläche unter dem Graphen eine physikalische Bedeutung haben können.

| **Anstieg des Graphen** | **Fläche unter dem Graphen** |
|---|---|
| In einem Weg-Zeit-Diagramm ist der Anstieg des Graphen gleich der Geschwindigkeit. | In einem Kraft-Weg-Diagramm für eine elastisch verformte Feder ist die Fläche unter dem Graphen gleich der Federspannarbeit. |

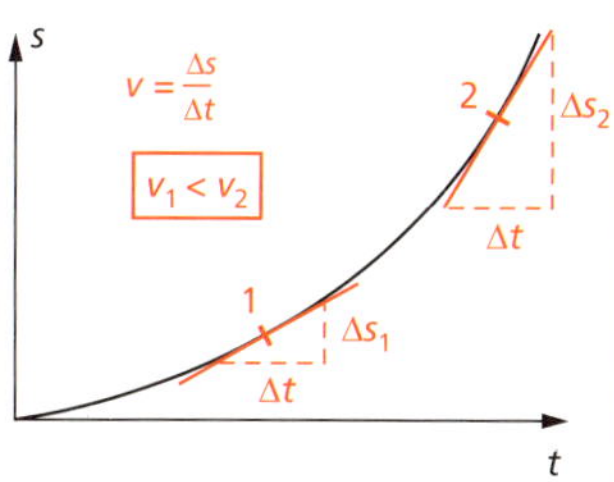


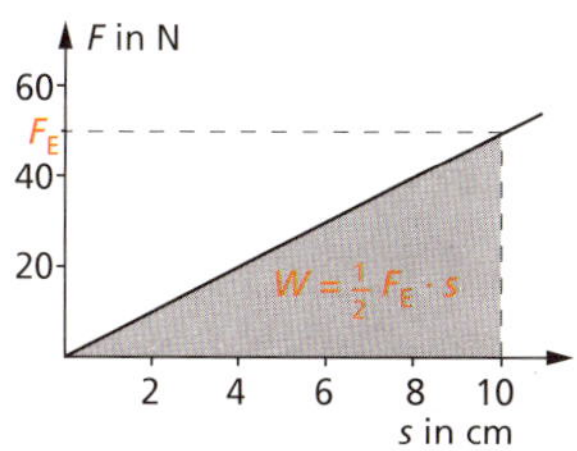


Der Anstieg des Graphen ergibt sich als Quotient aus den beiden Achsengrößen. Die Fläche unter dem Graphen ist multiplikativ mit den Achsengrößen verknüpft.

## Messen

Das **Messen** ist eng mit dem Beobachten und dem Experimentieren (↗ S. 41) verbunden. Beim Beobachten mit Messgeräten werden im Unterschied zu qualitativen Beobachtungen Quantitäten (Mengen, Größen) festgestellt.

Beim Messen wird der Wert einer *Größe,* d.h. der Ausprägungsgrad einer Eigenschaft, mithilfe eines *Messgerätes* dadurch bestimmt, dass die zu messende Größe mit einer festgelegten *Einheit* verglichen wird. Dazu wird in der Regel eine *Messvorschrift* festgelegt.

Messgeräte haben einen bestimmten **Messbereich** und eine bestimmte **Messgenauigkeit.** Die Messgenauigkeit gibt an, mit welchem **Messfehler** der Messwert behaftet ist. Messwerte sind stets nur Näherungswerte für den wahren Wert der Größe.
In der Regel sind die Messwerte um diesen wahren Wert zufällig verteilt. Um die Messfehler möglichst gering zu halten, wiederholt man die Messung mehrmals und bildet den Mittelwert.
Dadurch können zufällige Schwankungen der Messwerte um den wahren Wert der Größe berücksichtigt werden.

In einem Experiment zur Bestimmung der Fallbeschleunigung mit einem Fadenpendel soll die Zeit für jeweils 10 Schwingungen bestimmt werden.

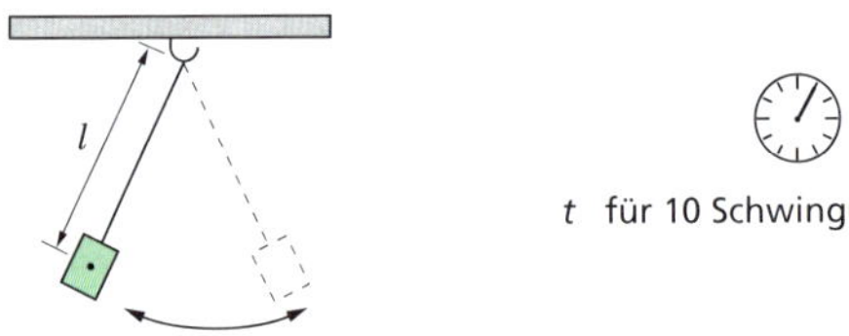


Dazu werden 5 Messungen durchgeführt und der Mittelwert gebildet: $\bar{t} = 1{,}62$ s.

| Messung Nr. | *t* für 10 Schwingungen |
|---|---|
| 1 | 16,4 s |
| 2 | 16,1 s |
| 3 | 16,2 s |
| 4 | 16,0 s |
| 5 | 16,3 s |

Den Mittelwert berechnet man, indem man alle Messwerte addiert und durch die Anzahl der Messungen dividiert (↗ S. 46).

### Weitere Tätigkeiten

Weitere für die Physik charakteristische Tätigkeiten sind das **Beobachten,** das **Erläutern** und das **Begründen.** Beim **Beobachten** werden gezielt Informationen mit den Sinnesorganen aufgenommen. Es ist häufig mit einem Beschreiben des Beobachteten verbunden.
Beim **Erläutern** wird versucht, anderen Menschen einen Sachverhalt an Beispielen verständlich, anschaulich, begreifbar zu machen.
**Begründen** zielt darauf ab, den Nachweis zu führen, dass eine Aussage richtig oder falsch ist.

Genauere Hinweise zum Beobachten, Erläutern und Begründen sind auf der CD gegeben.

### 1.2.5 Lösen physikalisch-mathematischer Aufgaben

Viele Gesetze der Physik werden mithilfe von mathematischen Mitteln (Proportionalitäten, Gleichungen, Diagrammen, ↗ S. 20) beschrieben. Deshalb können auch viele physikalische Aufgaben unter Nutzung mathematischer Mittel gelöst werden. Das prinzipielle Vorgehen beim Lösen physikalisch-mathematischer Aufgaben entspricht dem beim Anwenden physikalischer Gesetze (↗ S. 26). Lediglich in der Phase der Ergebnisermittlung unterscheidet sich das Vorgehen.

**Lösen physikalischer Aufgaben durch inhaltlich-logisches Schließen**

Beim Lösen physikalisch-mathematischer Aufgaben durch inhaltlich-logisches Schließen werden die Eigenschaften proportionaler Zusammenhänge zwischen physikalischen Größen zum Berechnen genutzt. Häufig müssen auch noch die Werte physikalischer Größen unter Nutzung der physikalischen Bedeutung der Größe interpretiert werden.

*Wie weit ist ein Gewitter entfernt, wenn man den Donner 5 s nach dem Blitz wahrnimmt?*
*Leiten Sie eine Faustregel zur Bestimmung der Entfernung eines Gewitters her!*

*Analyse:*
Es wird angenommen, dass der Blitz sofort wahrgenommen wird. Der Schall des Donners breitet sich mit der Schallgeschwindigkeit in Luft ($v$ = 344 m/s bei 20 °C Lufttemperatur) aus.

Gesucht: $s$

Gegeben: $t = 5\ \text{s}$
$v = 344\ \text{m/s}$

*Lösung:*
Eine Schallgeschwindigkeit von 344 m/s bedeutet, dass der Schall in jeder Sekunde einen Weg von 344 m zurücklegt.
Da der Donner erst 5 s nach dem Blitz wahrzunehmen ist, legt der Schall in dieser Zeit einen Weg von

$$s = 5 \cdot 344\ \text{m} = 1\,720\ \text{m}$$

zurück, denn bei konstanter Geschwindigkeit ist $s \sim t$.

*Ergebnis:*
Das Gewitter ist etwa 1,7 km vom Beobachter entfernt, wenn der Donner 5 s nach dem Wahrnehmen des Blitzes zu hören ist.
Da der Schall ca. 3 s benötigt, um sich über eine Entfernung von 1 km auszubreiten ($3\ \text{s} \cdot 344\ \text{m/s} = 1\,032\ \text{m}$), kann man folgende Faustregel ableiten: 3 Sekunden Zeitunterschied zwischen Blitz und Donner entsprechen einer Entfernung von 1 km.

Um solche Aufgaben zu lösen, sollte man sich folgende Fragen überlegen:

1. Wie kann man den Wert einer physikalischen Größe interpretieren?
2. Was für ein Zusammenhang besteht zwischen jeweils zwei Größen im Sachverhalt der Aufgabe?
3. Was folgt aus der Art des Zusammenhangs für die eine Größe, wenn von der anderen Größe Vielfache oder Teile gebildet werden?
4. Auf das Wievielfache bzw. den wievielten Teil ändert sich der Wert einer Größe?
5. Was folgt daraus für die andere Größe?

### Lösen physikalischer Aufgaben durch Nutzung von Verfahren der Analysis

Beim Lösen solcher Aufgaben werden physikalische Gesetze in Form von Gleichungen genutzt sowie Verfahren und Regeln der Analysis und der analytischen Geometrie angewendet.

Um solche Aufgaben zu lösen, sollte man folgendermaßen vorgehen:

- Notieren der bei den gegebenen Bedingungen geltenden Gesetze als Gleichungen,
- Lösen der Gleichungen bzw. des Gleichungssystems durch Nutzung der Differenzial- oder Integralrechnung bzw. durch die Substitutions- oder Additionsmethode,
- Umformen der Gleichung nach der gesuchten Größe,
- Einsetzen der Werte für die gegebenen Größen (gegebenenfalls Umrechnen von Einheiten) und Berechnen der gesuchten Größe,
- Berücksichtigen der Regeln für das Rechnen mit Näherungswerten bei der Angabe des Ergebnisses.

Ein Nachrichtensatellit mit einer Masse von 2,53 t soll auf eine geostationäre Umlaufbahn gebracht werden.

a) *In welcher Höhe über der Erdoberfläche muss sich die Bahn eines solchen geostationären Satelliten befinden?*

b) *Welche Energie ist mindestens erforderlich, um den Satelliten mittels einer Rakete auf die geostationäre Bahn anzuheben?*

*Analyse zu a)*

Auf einer geostationären Bahn befindet sich der Satellit ständig über ein und demselben Punkt der Erdoberfläche. Er bewegt sich dann auf einer äquatorialen Kreisbahn mit derselben Winkelgeschwindigkeit wie die Erde. Die Radialkraft, durch die der Satellit auf der Kreisbahn gehalten wird, ist die Gravitationskraft zwischen Satellit und Erde.

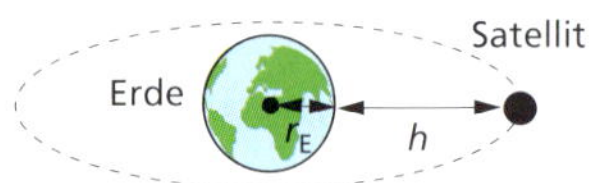


Gesucht: $h$

Gegeben:
$m_S = 2{,}53\ \text{t} = 2{,}53 \cdot 10^3\ \text{kg}$
$m_E = 5{,}97 \cdot 10^{24}\ \text{kg}$
$r_E = 6\,371\ \text{km} = 6{,}371 \cdot 10^6\ \text{m}$
$G = 6{,}673 \cdot 10^{-11}\ \text{m}^3 \cdot \text{kg}^{-1} \cdot \text{s}^{-2}$
$T = 24\ \text{h} = 86\,400\ \text{s}$

*Lösung:*

Für einen geostationären Satelliten gilt:

$$F_r = F_G$$

$$m_S \cdot \frac{v^2}{r} = G \cdot \frac{m_S \cdot m_E}{r^2} \qquad r = r_E + h$$

$$m_S \cdot \frac{v^2}{(r_E + h)} = G \cdot \frac{m_S \cdot m_E}{(r_E + h)^2} \quad | : m_S \qquad v = \frac{2\pi \cdot r}{T} = \frac{2\pi \cdot (r_E + h)}{T}$$

$$\frac{4\pi^2}{T^2} \cdot (r_E + h) = G \cdot \frac{m_E}{(r_E + h)^2}$$

Durch äquivalente Umformungen erhält man:

$$h = \sqrt[3]{\frac{G \cdot m_E \cdot T^2}{4\pi^2}} - r_E$$

$$h = \sqrt[3]{\frac{6{,}67\,\text{m}^3 \cdot 5{,}97 \cdot 10^{24}\,\text{kg} \cdot (86\,400\ \text{s})^2}{10^{11}\ \text{kg} \cdot \text{s}^2 \cdot 4\pi^2}} - 6\,371\ \text{km}$$

$$h = 42\,227\ \text{km} - 6\,371\ \text{km}$$

$$\underline{h = 35\,956\ \text{km}}$$

*Ergebnis:*
Ein geostationärer Satellit muss sich in einer Höhe von etwa 36 000 km über der Erdoberfläche befinden.

*Analyse zu b):*
Die Energie, die mindestens nötig ist, um den Satelliten auf die geostationäre Bahn zu bringen, ist gleich der Arbeit im Gravitationsfeld der Erde von der Erdoberfläche bis zur Umlaufbahn: $\Delta E = W$

Gesucht: $\Delta E$

*Lösung:*
Allgemein gilt für die mechanische Arbeit:

$$W = \int_{s_1}^{s_2} F(s)\,\mathrm{d}s$$

Die Kraft, gegen die die Arbeit verrichtet werden muss, ist die Gravitationskraft, sodass sich für den speziellen Fall ergibt:

$$\Delta E = W_{Hub} \qquad W_{Hub} = \int_{r_E}^{r_E + h} G \cdot \frac{m_S \cdot m_E}{r^2}\,\mathrm{d}r$$

$$\Delta E = G \cdot m_S \cdot m_E \int_{r_E}^{r_E + h} \frac{1}{r^2}\,dr$$

$$\Delta E = G \cdot m_S \cdot m_E \left(\frac{1}{r_E} - \frac{1}{r_E + h}\right)$$

$$\underline{\Delta E = 1{,}34 \cdot 10^{11}\ \text{N} \cdot \text{m} = 1{,}34 \cdot 10^{11}\ \text{J}}$$

*Ergebnis:*
Um den Nachrichtensatelliten auf eine geostationäre Bahn zu bringen, benötigt man mindestens eine Energie von $1{,}34 \cdot 10^{11}$ J. Die berechnete Energie stellt den Mindestbetrag dar, der für den Transport des Satelliten erforderlich ist. Die tatsächlich aufzuwendende Energie muss erheblich größer sein, weil auch Energie für die Bewegung der Trägerrakete und des Satelliten notwendig ist. Hinzu kommen Reibungsprozesse und Beschleunigungsvorgänge, von denen bei der Berechnung ebenfalls abgesehen wurde.

Bei vielen Aufgaben ist es für das Finden eines Gleichungsansatzes nützlich, wenn man die wirkenden Kräfte betrachtet. Bei einem solchen **„Kraftansatz"** kommt man häufig weiter, wenn im Sachverhalt die Summe aller Kräfte null ist, also ein Kräftegleichgewicht vorliegt.

Bei vielen Aufgaben helfen auch **energetische Betrachtungen,** um zu einem Lösungsansatz zu kommen.

**Erhaltungssätze** sind ebenfalls häufig ein zweckmäßiger Ausgangspunkt, um zu einem Ansatz für die Lösung einer Aufgabe zu kommen.

Es gilt:
$\int \frac{1}{r^2}\,dr = -\frac{1}{r}$

Der Wert $1{,}34 \cdot 10^{11}$ J entspricht dem Energieverbrauch von etwa 3 300 Pkw, wenn jeder von ihnen eine Strecke von 100 km fährt und dabei 7 l Benzin verbraucht.

Beim Lösen solcher Aufgaben werden auch Verfahren der Analysis verwendet. Insbesondere werden häufig Funktionsgleichungen in Diagrammen grafisch dargestellt.

### Lösen physikalischer Aufgaben mithilfe von Diagrammen

Beim Lösen solcher Aufgaben werden physikalische Zusammenhänge in **Diagrammen** dargestellt und diese Diagramme unter physikalischen Gesichtspunkten ausgewertet.

Bei Überholvorgängen ist wichtig, dass der Kraftfahrer den Weg, den er beim Überholen zurücklegt, richtig einschätzt.
Ein roter und ein blauer Pkw fahren zunächst beide in einem Abstand von 10 m mit 80 km/h. Dann beschleunigt der hinten fahrende rote Pkw mit 1,2 m · s$^{-2}$ und überholt den blauen Pkw, bis er sich 10 m vor diesem wieder einordnet.
*Nach welchem Weg hat der rote den blauen Pkw eingeholt? Welchen Weg hat der rote Pkw beim Überholen insgesamt zurückgelegt?*

Bei dieser Aufgabe muss der Sachverhalt stark vereinfacht werden, um zu einer Lösung zu kommen.

*Analyse*:
Die Pkw werden vereinfacht als Massepunkte dargestellt. Die Länge der Fahrzeuge wird dabei zunächst nicht berücksichtigt. Außerdem wird angenommen, dass der blaue Pkw sich gleichförmig geradlinig und der rote Pkw sich gleichmäßig beschleunigt geradlinig bewegen.
Der blaue Pkw hat zu Beginn des Überholvorgangs einen Vorsprung von 10 m, der als Anfangsweg $s_0$ betrachtet wird. Zum Zeitpunkt $t_1$ hat der rote Pkw den blauen Pkw eingeholt und den Weg $s_1$ zurückgelegt. Der gesamte Überholvorgang ist zum Zeitpunkt $t_2$ abgeschlossen.

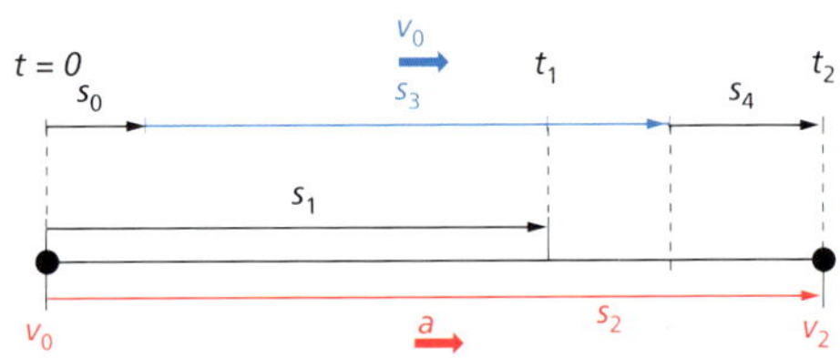


Der rote Pkw legt während des gesamten Überholvorgangs den Weg $s_2$ zurück. Der blaue Pkw legt in dieser Zeit den Weg $s_3$ zurück. Der rote Pkw muss außerdem noch einen Vorsprung von $s_4$ = 10 m herausfahren, um den Überholvorgang zu beenden. Damit ergibt sich für die Wege:

$$s_2 = s_0 + s_3 + s_4$$

Gesucht: $s_1$
$s_2$

Gegeben: $s_0 = 10\ \text{m}$
$s_4 = 10\ \text{m}$
$v_0 = 80\ \frac{\text{km}}{\text{h}} = 22{,}2\ \frac{\text{m}}{\text{s}}$

$a = 1{,}2\ \frac{\text{m}}{\text{s}^2}$

*Lösung*:
Für die **grafische Lösung** wird die Bewegung der Fahrzeuge in einem *s*-*t*-Diagramm dargestellt.
Für den blauen Pkw gilt das Weg-Zeit-Gesetz:

$$s = v_0 \cdot t + s_0$$

Für den roten Pkw gilt das Weg-Zeit-Gesetz:

$$s = \frac{a}{2} t^2 + v_0 \cdot t$$

Für das Zeichnen des Diagramms ist es günstig, die Wege der Pkw nach verschiedenen Zeiten zu berechnen, die Punkte darzustellen und zu verbinden.

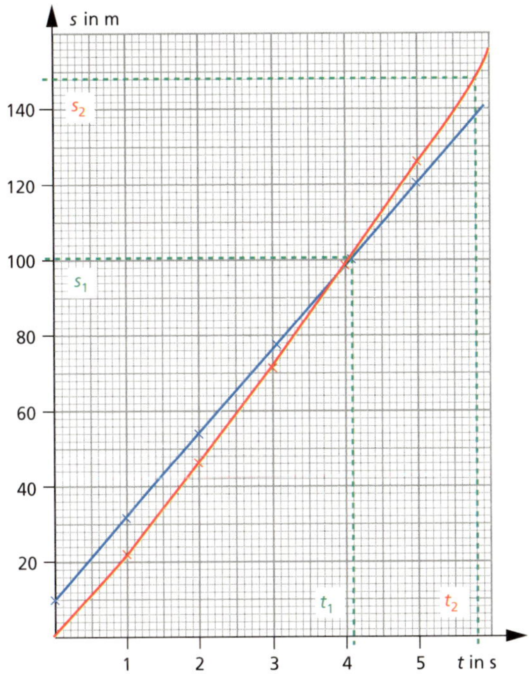


Der Schnittpunkt beider Kurven ist der Punkt, an dem der rote Pkw den blauen eingeholt hat. Bei diesem Punkt befinden sich beide Fahrzeuge zum selben Zeitpunkt nebeneinander. Aus dem Diagramm kann man ablesen:

$t_1 \approx 4{,}1\ \text{s}$ $\qquad$ $\underline{s_1 \approx 100\ \text{m}}$

Der Überholvorgang ist dann beendet, wenn der Abstand beider Kurven 10 m beträgt. Man kann aus dem Diagramm dafür ablesen:

$t_2 \approx 5{,}8\ \text{s}$ $\qquad$ $\underline{s_2 \approx 148\ \text{m}}$

*Ergebnis*:
Nach 100 m Weg hat der rote Pkw den blauen Pkw eingeholt und nach 148 m überholt.

Beim Nutzen grafischer Mittel zum Lösen von Aufgaben sollte man folgendermaßen vorgehen:
- Darstellen der physikalischen Zusammenhänge zwischen Größen in einem **Diagramm,**
- Ablesen wichtiger Wertepaare aus dem Diagramm,
- Interpretieren des Kurvenverlaufs.

Die Aufgabe kann auch durch Nutzung von Verfahren der Analysis gelöst werden.

Beachten Sie, dass in Diagrammen auch die Fläche unter dem Graphen oder der Anstieg des Graphen eine physikalische Bedeutung haben können (↗ S. 33)!

### Lösen physikalischer Aufgaben durch geometrische Konstruktionen

Zum Lösen solcher Aufgaben werden die physikalischen Sachverhalte in maßstäblichen Zeichnungen dargestellt. Aus diesen können dann durch geometrische Konstruktionen Schlussfolgerungen gezogen werden. Genutzt wird dieser Lösungsansatz vor allem bei der Zusammensetzung und Zerlegung vektorieller Größen, in der Optik und bei Zeigerdiagrammen (↗ S. 67 f., 74, 289, 338, 375).

Die angegebenen Bedingungen stellen bereits eine Idealisierung dar. Die Verhältnisse sind wesentlich komplizierter, wenn der Wind schräg auf verschiedene Segel fällt und darüber hinaus die Wirkung des Ruders einbezogen wird.

Ein Segelboot bewegt sich immer in die Richtung, in die die resultierende Kraft wirkt. Senkrecht auf das Segel wirkt der Wind mit einer Kraft von insgesamt 250 N. Der Wind weht von West nach Ost. Gleichzeitig wirkt auf das Boot aufgrund einer nach Nordost verlaufenden Strömung eine Kraft von 100 N.

*Wie groß ist die resultierende Kraft?*
*In welche Richtung bewegt sich das Boot aufgrund der resultierenden Kraft?*

*Analyse:*
Auf das Segelboot wirken zwei Kräfte in unterschiedlichen Richtungen. Es kann angenommen werden, dass diese Kräfte an einem Angriffspunkt angreifen. Weitere Kräfte, die auf das Boot wirken könnten, z. B. durch das Ruder, werden nicht in die Betrachtung einbezogen. Bei dieser Idealisierung können mithilfe eines maßstäblichen Kräfteparallelogramms Betrag und Richtung der resultierenden Kraft ermittelt werden.

*Lösung:*

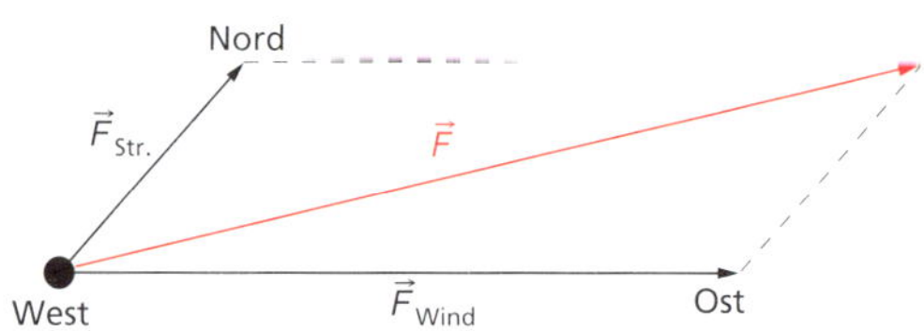


Für die maßstäbliche Zeichnung wird vereinbart: 1 cm ≙ 50 N.
Der Kraftpfeil der resultierenden Kraft ist 6,5 cm lang, die resultierende Kraft beträgt also etwa $F = 325$ N.

*Ergebnis:*
Die resultierende Kraft auf das Boot beträgt 325 N. Es bewegt sich etwa in Richtung Nord-Nordost.

Beim **Lösen physikalisch-mathematischer Aufgaben** ist zu beachten, dass man in der Regel mit **Näherungswerten für Größen** rechnet, die durch Messungen, Schätzungen und Rundungen entstanden sind. Deshalb muss man bei Berechnungen, bei zeichnerischen Lösungen und insbesondere bei der Angabe des Ergebnisses die **Regeln für das Rechnen mit Näherungswerten** beachten.

### 1.2.6 Vorbereiten, Durchführen und Auswerten physikalischer Experimente

Das **Experimentieren** ist eine sehr komplexe Tätigkeit, die in verschiedenen Etappen beim Erkennen und Anwenden von Gesetzen auftritt.
Sie ist eng mit dem Messen (↗ S. 34) verbunden. Das Ziel eines Experiments besteht darin, eine Frage an die Natur oder Technik zu beantworten. Dazu wird eine Erscheinung unter ausgewählten, kontrollierten und veränderbaren Bedingungen beobachtet und ausgewertet. Die Bedingungen und damit das gesamte Experiment müssen wiederholbar sein.

Beim Experimentieren wird eine Erscheinung der Natur unter ausgewählten, kontrollierten, wiederholbaren und veränderbaren Bedingungen beobachtet und ausgewertet.

Mit Experimenten werden z. B. Zusammenhänge zwischen Größen untersucht. Dies dient dem Erkennen von Naturgesetzen und Zusammenhängen.

Bei jedem Experiment ist genau zu überlegen, welche Größen und Bedingungen konstant gehalten werden müssen und welche Größe verändert wird. Nur dann ist auch eine Reproduzierbarkeit des Experimentes möglich.

Wie verändert sich die Winkelgeschwindigkeit eines Körpers mit der Veränderung des Trägheitsmoments?
Welcher Zusammenhang besteht bei einem npn-Transistor zwischen der Basisstromstärke und der Kollektorstromstärke?

Experimente sind auch ein wichtiges Mittel zur Prüfung des Wahrheitswertes von Voraussagen (Hypothesen).

So entwickelte z. B. JAMES CLERK MAXWELL (1831–1879) eine **Theorie elektromagnetischer Felder** und sagte die Existenz elektromagnetischer Wellen voraus. Die Existenz solcher Wellen konnte HEINRICH HERTZ (1857–1892) im Jahr 1886 experimentell nachweisen. Diese Experimente stützten die maxwellsche Theorie. Eine in der 2. Hälfte des 19. Jahrhunderts allgemein akzeptierte Theorie war die **Äthertheorie.** Der Äther sollte ein Stoff sein, der den gesamten Raum ausfüllt und durch den sich Licht ausbreitet. Alle Experimente, die Existenz eines solchen Äthers nachzuweisen, endeten mit einem negativen Ergebnis. Die Äthertheorie musste schließlich fallengelassen werden.

Experimente können auch dazu dienen, den Wert von Konstanten, insbesondere von allgemeinen Naturkonstanten (↗ S. 18), möglichst genau zu bestimmen. Bei solchen Präzisionsmessungen werden physikalische Gesetze und Zusammenhänge angewendet.

Die Bestimmung der Lichtgeschwindigkeit wurde erstmals 1675 durch den dänischen Astronomen OLAF RÖMER (1644–1710) aufgrund astronomischer Beobachtungen durchgeführt. Er erhielt einen Wert von 214 000 km/s. In den folgenden Jahrhunderten wurde diese Größe mit unterschiedlichen Methoden immer genauer bestimmt, z. B. durch H. FIZEAU (1819–1896), L. FOUCAULT (1819–1868) und A. A. MICHELSON (1852–1931).

Der Franzose HIPPOLYTE FIZEAU (1819–1896) war der Erste, dem es gelang, die Lichtgeschwindigkeit mit einem erdgebundenen Experiment zu messen.

**Ablauf eines Experiments** | **Ein Beispiel aus der Physik**

### 1. Vorbereiten des Experiments

Zunächst ist zu überlegen,
- welche Größen zu messen sind,
- welche Größen verändert und welche konstant gehalten werden,
- welche Gesetze angewendet werden können.

Dann ist eine **Experimentieranordnung** zu entwerfen und zu skizzieren, mit der die gewünschten Größen gemessen und Beobachtungen gemacht werden können. Dabei sind die zu nutzenden **Geräte und Hilfsmittel** festzulegen.
In der Planungsphase ist auch zu überlegen, wie das Experiment ausgewertet werden soll, da dies mitunter Einfluss auf die Experimentieranordnung und die **Messgeräte** hat.
Mögliche Fehlerquellen sollten schon in der Planungsphase bedacht werden, weil dies Einfluss auf die Auswahl der Messgeräte sowie auf die Durchführung und die Auswertung hat.

*Untersuchen Sie experimentell Unterschiede zwischen der Leerlaufspannung und der Klemmenspannung von elektrischen Quellen!*

Zu messende Größen:
Leerlaufspannung $U_L$
Klemmenspannung $U_K$

Es werden Leerlaufspannung und Klemmenspannung für verschiedene elektrische Quellen gemessen und miteinander verglichen. Der Stromkreis wird über einen elektrischen Widerstand geschlossen.

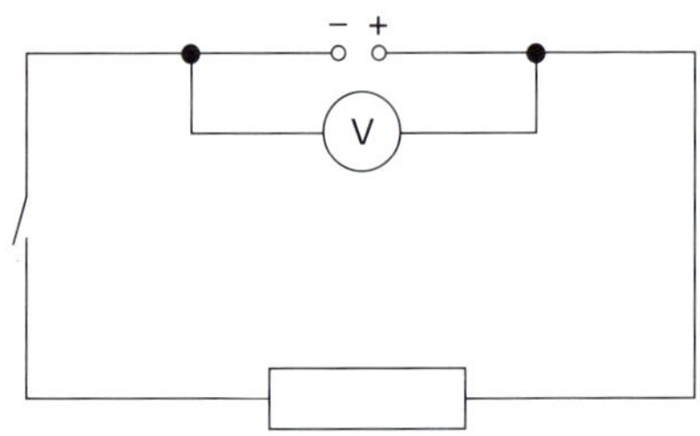


### 2. Durchführen des Experiments

Die **Experimentieranordnung** ist nach der Planung aufzubauen.
Die Messwerte und Beobachtungen werden registriert und protokolliert. Dazu werden häufig **Messwertetabellen** angefertigt.

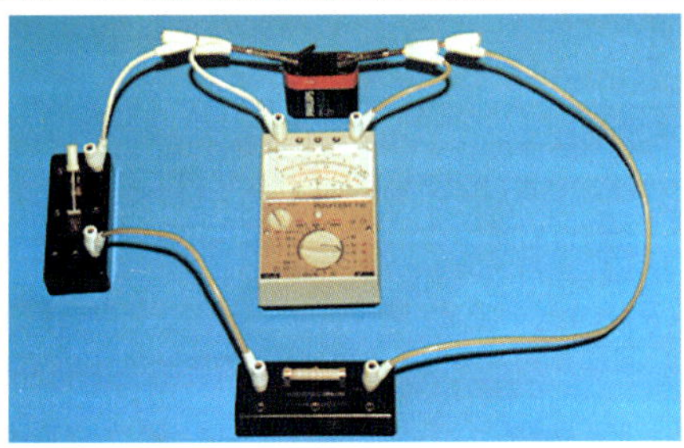

### 3. Auswerten des Experiments

Die protokollierten Messwerte und Beobachtungen werden ausgewertet. Dazu werden häufig Diagramme angefertigt und Berechnungen durchgeführt.
In Bezug auf die experimentelle Frage wird ein Ergebnis formuliert.
Häufig werden Fehlerbetrachtungen zur Abschätzung der Genauigkeit der Messungen und Beobachtungen durchgeführt.
Das experimentelle Ergebnis wird unter Berücksichtigung der Fehlerbetrachtungen bewertet.

| **elektrische Quelle** | $U_L$ **in V** | $U_K$ **in V** |
|---|---|---|
| Monozelle | 1,5 | 1,3 |
| Flachbatterie | 4,5 | 4,0 |
| Stromversorgungsgerät | 8,0 | 7,8 |

Bei allen im Experiment untersuchten elektrischen Quellen ist die Klemmenspannung kleiner als die Leerlaufspannung:

$$U_K < U_L$$

**Protokoll eines Experiments**

**Name:** *Tobias Musterschüler* **Klasse:** **Datum:**

**Aufgabe:**
Welcher Zusammenhang besteht zwischen Stromstärke und Zeit beim Entladen eines Kondensators über einen ohmschen Widerstand?

**Vorbereitung:**

*zu messende Größen:*
- Stromstärke
- Zeit

*konstant zu haltende Größen:*
- Ladespannung
- ohmscher Widerstand (10 kΩ)
- Kapazität des Kondensators

**Schaltplan:**

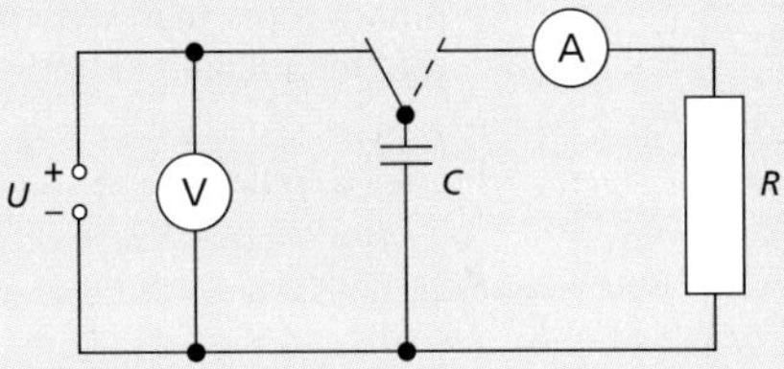


**Durchführung und Auswertung:**

Messwertetabelle:

| ***I* in mA** | 0,8 | 0,7 | 0,6 | 0,5 | 0,4 | 0,3 | 0,2 | 0,1 | 0,06 | 0,02 |
|---|---|---|---|---|---|---|---|---|---|---|
| ***t* in s** | 1,8 | 3,4 | 5,0 | 7,2 | 9,9 | 13,2 | 18,1 | 26,5 | 32,5 | 45,5 |

Diagramm:

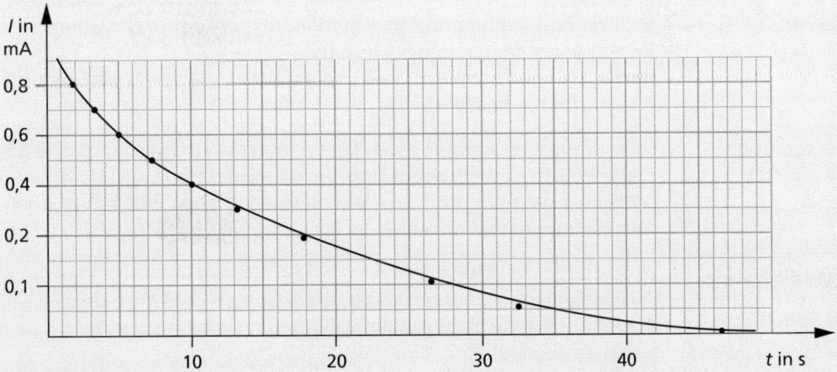


**Ergebnis:**

Bei der Entladung eines Kondensators über einen ohmschen Widerstand besteht ein nichtlinearer Zusammenhang. Die Verringerung der Stromstärke erfolgt anfangs relativ schnell, dann immer langsamer.

Dieser Zusammenhang lässt sich auch mathematisch beschreiben, wobei er allerdings nicht elementar aus wenigen Messwerten ableitbar ist. Für die Stromstärke gilt:

$$I = I_0 \cdot e^{-\frac{t}{R \cdot C}}$$

### Fehler bei physikalischen Messungen

Jede Messung einer physikalischen Größe ist aus den verschiedensten Gründen mit Fehlern behaftet. Der **Messwert** $x_i$ einer physikalischen Größe weicht vom tatsächlichen Wert der Größe, dem **wahren Wert** $x$, mehr oder weniger stark ab.
Um möglichst genaue Messungen durchführen zu können bzw. um die Genauigkeit bereits durchgeführter Messungen einschätzen zu können, muss man die Ursachen für Messfehler, die Größen solcher Fehler und ihre Auswirkungen auf die Genauigkeit des Ergebnisses kennen. Darüber hinaus muss man wissen, wie man in der Formulierung des Ergebnisses die Genauigkeit kenntlich macht.

Jede Messung ist mit Fehlern behaftet. Die Messwerte $x_i$ weichen vom wahren Wert $x$ der betreffenden Größe ab.

In der folgenden Übersicht sind Fehlerursachen und Beispiele genannt.

| Fehlerursache | Beispiele |
|---|---|
| **Experimentieranordnung** | – unzureichende Isolierung bei kalorimetrischen Messungen und damit unkontrollierter Wärmeaustausch mit der Umgebung<br>– Verwendung einer stromrichtigen statt einer spannungsrichtigen Schaltung oder umgekehrt bei der Messung von Spannung und Stromstärke<br>– Vernachlässigung der Widerstände von Zuleitungen bei elektrischen Schaltungen<br>– unzureichende Kompensation der Reibung bei der Untersuchung von Bewegungsabläufen in der Mechanik<br>– Verzögerungen beim Auslösen von Abläufen, die durch die Experimentieranordnung bedingt sind |
| **Messgeräte, Messmittel** | – Jedes Messgerät hat nur einen bestimmten Messbereich und eine bestimmte Genauigkeitsklasse bzw. Fertigungstoleranz.<br>– Messmittel wie Wägestücke, Hakenkörper, Widerstände haben ebenfalls Fertigungstoleranzen. |
| **Experimentator** | – Ablesefehler bei Messgeräten<br>– Auslösefehler bei Zeitmessungen (Reaktionszeit des Menschen)<br>– Fehler durch eine nicht exakte Handhabung von Messgeräten (z. B. ungenaues Anlegen eines Lineals)<br>– Fehler durch Verwendung unzweckmäßiger Messgeräte (z. B. kleine Wassermenge in großem Messzylinder, Thermometer mit 1°-Teilung bei der Messung kleiner Temperaturunterschiede)<br>– Fehler durch Ablesen an falschen Bezugspunkten (z. B. wird statt des Schwerpunktes eines Körpers seine Unter- oder Oberkante als Bezugspunkt für Entfernungsmessungen gewählt) |
| **Umgebung** | – Nichtbeachtung der Temperatur oder von Temperaturschwankungen<br>– Nichtbeachtung des Druckes oder von Druckschwankungen<br>– Schwankungen der Netzspannung, Erschütterungen |

## Arten von Messfehlern

Unterschieden werden grobe, systematische und zufällige Fehler.
**Systematische Fehler** sind solche, die vor allem durch die Experimentieranordnung und durch die Messgeräte verursacht werden und sich meist auch in gleicher Weise auswirken, wenn Messungen mehrmals durchgeführt werden. **Messgerätefehler** werden über die Genauigkeitsklasse oder die Toleranz der betreffenden Geräte erfasst.

Da grobe Fehler grundsätzlich vermeidbar sind, werden sie bei Fehlerbetrachtungen nicht berücksichtigt.

Hat z. B. ein Spannungsmesser die Genauigkeitsklasse 2,5, so bedeutet das bei einem Messbereich von 10 V: Der maximale systematische Fehler beträgt 2,5 % vom Messbereichsendwert, also 2,5 % von 10 V und damit ± 0,25 V.

In einigen Fällen können systematische Fehler rechnerisch erfasst und beim Ergebnis berücksichtigt werden. Beim Messergebnis wird dann der erfasste systematische Fehler einbezogen.

Eine Übersicht über systematische Fehler bei Messgeräten ist auf der CD unter dem Stichwort **„Fehlerbetrachtungen"** zu finden.

Bei Mischungsvorgängen in der Thermodynamik kann die Wärmekapazität des Kalorimeters erfasst und bei der Formulierung des Ergebisses berücksichtigt werden.

Die nicht erfassbaren systematischen Fehler werden bei der Fehlerrechnung bzw. Fehlerbetrachtung berücksichtigt.
**Zufällige Fehler** sind solche, die vor allem durch den Experimentator und durch Umwelteinflüsse (Umgebung) zustande kommen.

Zufällige Fehler lassen sich teilweise abschätzen. So beträgt z. B. der Auslösefehler bei Zeitmessungen mit einer durch die Hand ausgelösten Uhr im Mittel ± 0,25 s.

Bei Skalen wird als zufälliger Fehler die Hälfte des kleinsten Skalenwertes angenommen, also z. B. bei einem Lineal mit mm-Teilung ± 0,5 mm. Bei digitaler Anzeige nimmt man als Fehler eine Abweichung von 1 bei der letzten Ziffer an, z. B. bei einem elektronischen Thermometer: 21,6 °C ± 0,1 °C.

Die Summe aller nicht erfassbaren systematischen und zufälligen Fehler ergibt den Größtfehler der Messung.

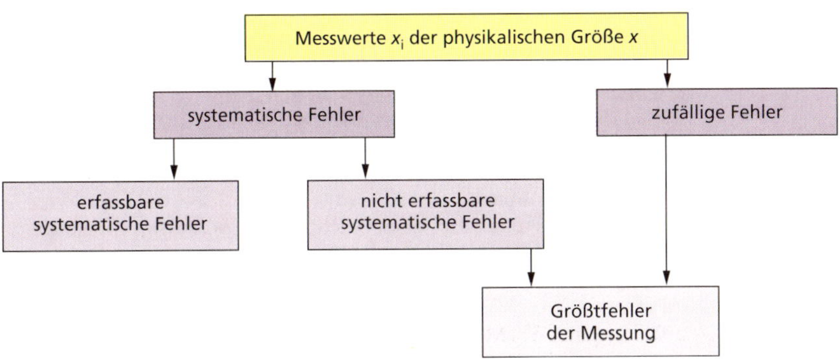

Statt vom Größtfehler spricht man häufig vereinfacht vom Fehler einer Messung.

Dieser **Größtfehler** kann berechnet werden mit der Gleichung:

$$\Delta x = \pm(|\Delta x_{zuf}| + |\Delta x_{sys}|)$$

## Berechnung zufälliger Fehler

Beim Auftreten zufälliger Fehler kann man eine physikalische Größe mehrfach messen. Sind $x_1$, $x_2$, … $x_n$ die einzelnen Messwerte, so ergibt sich als Mittelwert (arithmetisches Mittel):

$$\bar{x} = \frac{\sum_{i=1}^{n} x_i}{n}$$

Maß für die Streuung der Messwerte ist der mittlere Fehler $\Delta\bar{x}$ des arithmetischen Mittels:

$$\Delta\bar{x} = \pm\sqrt{\frac{1}{n(n-1)} \cdot \sum_{i=1}^{n} (x_i - \bar{x})^2} \quad (\text{für } n \geq 10)$$

Bei nur wenigen Messwerten ($n < 10$) kann man als mittleren Fehler ansehen:

$$\Delta\bar{x} = \pm\frac{x_{max} - x_{min}}{n}$$

Mitunter wird die empirische **Standardabweichung** $s$ angegeben, die man folgendermaßen berechnen kann:

$$s = \sqrt{\frac{1}{n-1} \cdot \sum_{i=1}^{n} (x_i - \bar{x})^2}$$

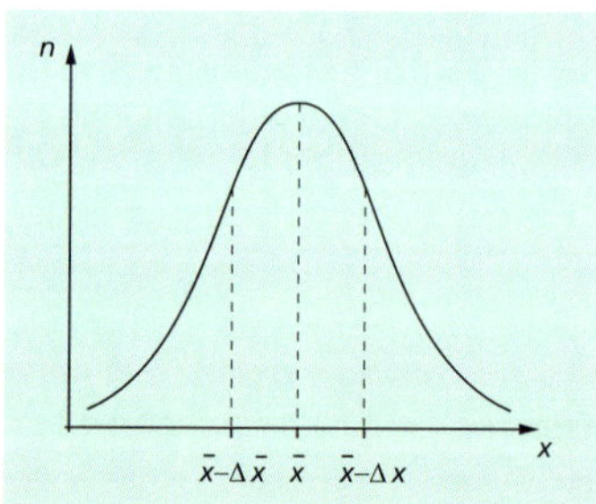


Bei Vorliegen einer großen Anzahl von Messwerten ergibt sich für die Häufigkeitsverteilung meist eine Normalverteilung nach GAUSS (siehe Bild). Es liegen dann 68,3 % der Messwerte im Bereich $\bar{x} \pm s$ und 95,4 % im Bereich $\bar{x} \pm 2 \cdot s$.
In der Industrie wird meist mit 95 % gerechnet. Das entspricht einem Intervall von $\bar{x} \pm 1{,}96\, s$.

## Darstellung von Ergebnissen

Kennt man den Messwert $x$ und den Messfehler $\Delta x$ einer Größe, so kann man den Fehler als absoluten, relativen oder prozentualen Fehler angeben.
Der **absolute Fehler** $\Delta x$ ist ein Maß für die Abweichung der Messwerte vom wahren Wert.
Der **relative Fehler** $\Delta x/x$ verdeutlicht die Abweichung in Bezug auf den Messwert.
Der **prozentuale Fehler** $\frac{\Delta x}{x} \cdot 100\,\%$ ist der in Prozent angegebene relative Fehler.
Die Angabe des Messergebnisses $x_E$ erfolgt dann in folgender Form:

$$x_E = x \pm \Delta x$$

| Messwerte und Fehler | Beispiel |
|---|---|
| Messwert $x$ | Zeit $t = 7{,}6\ \text{s}$ |
| absoluter Fehler $\Delta x$ | $\Delta t = \pm\ 0{,}2\ \text{s}$ |
| relativer Fehler $\Delta x/x$ | $\frac{\Delta t}{t} = \frac{\pm\ 0{,}2\ \text{s}}{7{,}6\ \text{s}} = \pm\ 0{,}026$ |
| prozentualer Fehler $(\Delta x/x) \cdot 100\ \%$ | $\frac{\Delta t}{t} = (\pm\ 0{,}026) \cdot 100\ \% = \pm\ 2{,}6\ \%$ |
| Messergebnis $x_E = x \pm \Delta x$ | $t = (7{,}6 \pm 0{,}2)\ \text{s}$ |

**Fehlerfortpflanzung**

Häufig erhält man ein Ergebnis erst durch Kombination mehrerer Größen. Zum Bestimmen des elektrischen Widerstandes misst man die Spannung $U$ und die Stromstärke $I$ und berechnet daraus den Widerstand $R = U/I$. Beide Größen sind fehlerbehaftet und beeinflussen das Ergebnis. Wie sich die Fehler von gemessenen Größen $x$ und $y$ auf den Fehler einer daraus berechneten Größe $z$ auswirken, zeigt die nachfolgende Übersicht zur Fehlerfortpflanzung.

| Verknüpfung der Größen | Fehler |
|---|---|
| Summe $z = x + y$<br>Differenz $z = x - y$ | $\Delta z = \Delta x + \Delta y$ |
| Produkt $z = x \cdot y$<br>Quotient $z = x/y$ | $\frac{\Delta z}{z} = \frac{\Delta x}{x} + \frac{\Delta y}{y}$ |
| Potenz $z = x^k$ | $\frac{\Delta z}{z} = k \cdot \frac{\Delta x}{x}$ |

Man sollte schon **vor einer Messung** überlegen, wie die einzelnen Größen den Gesamtfehler beeinflussen. Tritt z. B. eine Größe im Quadrat auf, so geht der relative Fehler dieser Größe doppelt in den Gesamtfehler ein. Sie muss demzufolge besonders genau gemessen werden.

Die Geschwindigkeit wird durch die Messung von Weg und Zeit ermittelt:

$s = (20 \pm 0{,}5)\ \text{m}$ $\qquad$ $t = (1{,}6 \pm 0{,}2)\ \text{s}$

Damit erhält man als Geschwindigkeit:

$$v = \frac{s}{t} = \frac{20\ \text{m}}{1{,}6\ \text{s}} = 12{,}5\ \frac{\text{m}}{\text{s}} = 45\ \frac{\text{km}}{\text{h}}$$

Der relative Fehler der Geschwindigkeit ist:

$$\frac{\Delta v}{v} = \frac{\Delta s}{s} + \frac{\Delta t}{t} \qquad \frac{\Delta v}{v} = \frac{\pm 0{,}5\ \text{m}}{20\ \text{m}} + \frac{\pm 0{,}2\ \text{s}}{1{,}6\ \text{s}} = \pm 0{,}15$$

Der absolute Fehler ist dann $\Delta v = (\pm 015) \cdot 45\ \text{km/h} = \pm\ 6{,}75\ \text{km/h} \approx 7\ \text{km/h}$. Das Ergebnis lautet somit:
Die Geschwindigkeit beträgt $v = (45 \pm 7)\ \text{km/h}$.

Auch Fehler müssen sinnvoll gerundet werden. Im Unterschied zu den üblichen Rundungsregeln gilt:

Messfehler werden stets aufgerundet.

## Messfehler und grafische Darstellungen

Häufig werden Messreihen grafisch dargestellt, wobei auch hier die Messfehler zu berücksichtigen sind. Nachfolgend ist als Beispiel ein Weg-Zeit-Diagramm gezeichnet.

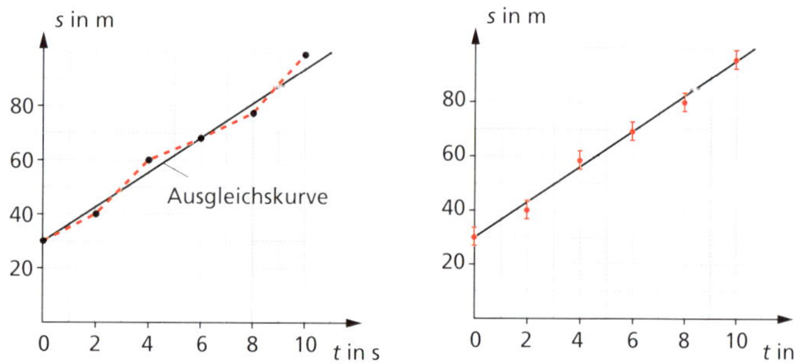


Die Funktionsgleichung der Ausgleichskurve lässt sich auch ermitteln. Genauere Hinweise dazu sind auf der CD unter dem Stichwort „Fehlerbetrachtung“ zu finden.

Da alle Messwerte fehlerbehaftet sind, ist es nicht sinnvoll, die einzelnen Punkte miteinander zu verbinden. Vielmehr wird eine **Ausgleichskurve** gezeichnet (linkes Bild).
Der Verlauf der Ausgleichskurve ergibt sich aus den jeweiligen Bedingungen. Kann der Fehler der Zeitmessung gegenüber dem der Wegmessung vernachlässigt werden, so kann man in jedem Punkt den Größtfehler des Weges in Form eines **Fehlerbalkens** markieren (rechtes Bild). Die Ausgleichskurve verläuft dann durch die Fehlerbalken hindurch.

Die Genauigkeit von Messungen kann nur vor oder während des Messens beeinflusst werden. Hinterher kann man nur noch die Größe der Messfehler ermitteln, aber nicht beeinflussen. Dazu müssen die zufälligen und nicht erfassbaren systematischen Fehler abgeschätzt und eine Fehlerrechnung durchgeführt werden.

## Fehlerbetrachtungen vor und nach Messungen

**Fehlerbetrachtungen vor der Messung** haben das Ziel zu erkennen, welche Messfehler auftreten können und wie man sie minimieren kann. Zu entscheiden sind u. a.:
- Welches Messverfahren wähle ich?
- Wodurch können Messfehler verursacht werden?
- Gibt es Möglichkeiten, Fehler zu korrigieren, zu kompensieren oder zu minimieren?
- Welche Größen müssen besonders genau gemessen werden, weil ihr Fehler den Fehler des Gesamtergebnisses besonders stark beeinflusst.
- Ist es sinnvoll, eine Probemessung oder eine Kontrollmessung durchzuführen?
- Wie können zufällige Fehler von Größen durch mehrfache Messungen und deren statistische Auswertung ermittelt und später in der Fehlerrechnung berücksichtigt werden?
- Ist es sinnvoll und möglich, systematische Fehler durch die Wahl genauerer Messgeräte zu verkleinern?
- Wie kann man systematische Fehler erfassen und beim Ergebnis der Messungen durch Korrektur berücksichtigen?

**Fehlerbetrachtungen nach der Messung** ermöglichen eine Fehlerabschätzung und die Angabe des Messergebnisses mit Fehler.

# MECHANIK 2

## 2.1 Grundeigenschaften von Körpern und Stoffen

Man spricht inzwischen von fünf Aggregatzuständen und zählt neben fest, flüssig und gasförmig auch das Plasma und das BOSE-EINSTEIN-Kondensat dazu.

Uns umgeben zahlreiche Gegenstände, die in der Physik als **Körper** bezeichnet werden. Diese Körper haben eine Reihe von grundlegenden Eigenschaften: Sie nehmen einen Raum ein, haben eine bestimmte Masse, befinden sich in einem der Aggregatzustände, bestehen aus unterschiedlichen Stoffen.

### 2.1.1 Volumen, Masse und Dichte

Drei wichtige physikalische Größen sind das **Volumen** und die **Masse** von Körpern sowie die **Dichte** von Stoffen.

Das Volumen gibt an, wie viel Raum ein Körper einnimmt.
Formelzeichen: $V$
Einheiten: ein Kubikmeter ($1\ m^3$)
ein Liter (1 l)

Weitere Volumeneinheiten sind die Registertonne (bei Schiffen: Bruttoregistertonne) und bei Erdöl das Barrel:

$1\ RT = 2{,}832\ m^3$
$1\ barrel = 158{,}758\ l$

Genutzt werden auch Teile und Vielfache der Einheiten. Zwischen ihnen bestehen folgende Beziehungen:

$1\ m^3 = 1\,000\ l = 10\ hl$
$1\ dm^3 = 1\ l$
$1\ cm^3 = 1\ ml$

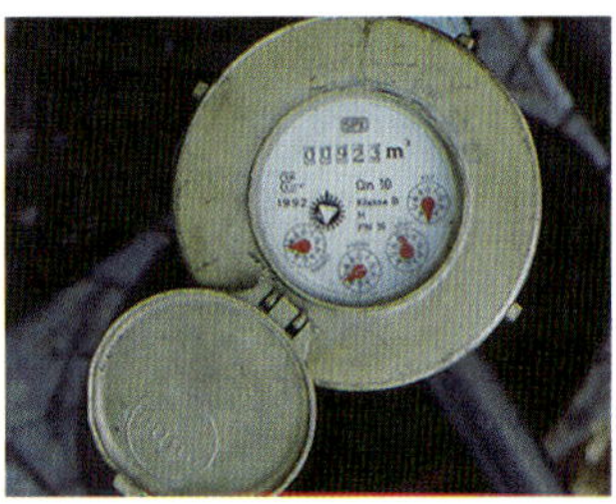

Das Volumen von regelmäßig geformten Körpern kann aus den Abmessungen des Körpers berechnet werden.
Das Volumen von strömenden Flüssigkeiten und Gasen kann man mit **Durchflusszählern** (Wasseruhr, Gasuhr, Bild links) messen.
Das Volumen von pulverförmigen festen Körpern (Zucker, Mehl) oder von ruhenden Flüssigkeiten wird mit **Messzylindern** gemessen. Mit ihrer Hilfe kann man auch das Volumen von kleineren unregelmäßig geformten festen Körpern mit der **Differenzmethode** oder der **Überlaufmethode** ermitteln.

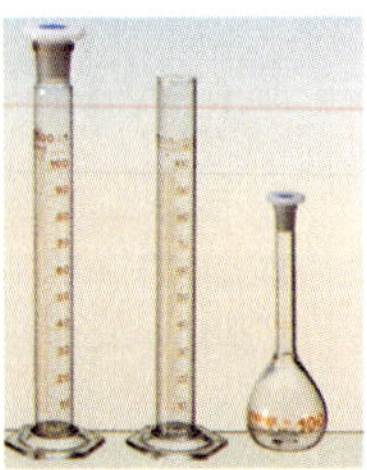

Die Masse gibt an, wie schwer oder wie leicht und wie träge ein Körper ist.
Formelzeichen: $m$
Einheit: ein Kilogramm (1 kg)

Die Einheit 1 kg ist eine der sieben Basiseinheiten des Internationalen Einheitensystems.

Die Masse als Körpereigenschaft ist unabhängig davon, wo sich ein Körper befindet. Sie ist an jedem beliebigen Ort gleich groß. Gemessen wird die Masse mithilfe von **Waagen** unterschiedlicher Bauart.

Für ein abgeschlossenes System (↗ S. 84) gilt in der klassischen Mechanik, also für Geschwindigkeiten klein gegenüber der Lichtgeschwindigkeit, das **Gesetz der Erhaltung der Masse,** das auch als **Masseerhaltungssatz** bezeichnet wird.

In einem abgeschlossenen System ist die Summe der Massen aller Körper konstant.

$$m = \sum_{i=1}^{n} m_i = \text{konstant}$$

Das gilt auch für einen einzelnen Körper. Dabei ist zu beachten: Die Masse eines Körpers ist von seiner Geschwindigkeit abhängig. Für $v \ll c$ ist diese Geschwindigkeitsabhängigkeit der Masse aber vernachlässigbar klein (↗ S. 439).
Masse und Volumen sind bei der physikalischen Größe **Dichte** miteinander verknüpft.

Die Dichte gibt an, welche Masse ein bestimmtes Volumen eines Stoffes bei einer bestimmten Temperatur und einem bestimmten Druck hat.

Formelzeichen: $\rho$
Einheiten: $1\frac{\text{g}}{\text{cm}^3}$, $1\frac{\text{kg}}{\text{m}^3}$, $1\frac{\text{g}}{\text{l}}$

Die Dichte kann berechnet werden mit der Gleichung:

$\rho = \frac{m}{V}$ $m$ Masse des Körpers
$V$ Volumen des Körpers

Die Dichte ist eine Stoffkonstante und hat für einen Stoff einen bestimmten Wert. Bei Stoffgemischen wird meist die **mittlere Dichte** angegeben. Für die Einheiten gilt:

$$1\,\frac{\text{g}}{\text{cm}^3} = 1\,\frac{\text{kg}}{\text{dm}^3} = 1000\,\frac{\text{kg}}{\text{m}^3} = 1000\,\frac{\text{g}}{\text{l}}$$

## 2.1.2 Teilchenanzahl, Stoffmenge und Aufbau der Stoffe

Jeder Körper besteht aus einem oder mehreren Stoffen, jeder Stoff aus Teilchen. Das können Atome, Moleküle oder Ionen sein. Eine bestimmte Stoffportion kann auch durch die **Teilchenanzahl** charakterisiert werden.

Die Teilchenanzahl gibt an, wie viele Teilchen (Atome, Moleküle, Ionen) in einer gegebenen Stoffportion vorhanden sind.

Formelzeichen: $N$
Einheit: 1

Zum Wägen werden heute meist elektronische Waagen mit digitaler Anzeige verwendet.

In der Physik gibt man die Dichte meist für eine Temperatur von 20 °C und den Normaldruck von 101,3 kPa an.
Die Dichte von Flüssigkeiten kann mit **Aräometern** gemessen werden.

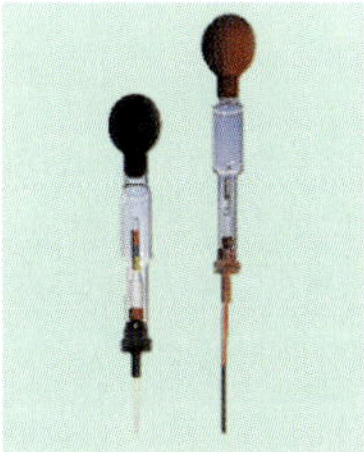

So besteht z. B. 1 g Wasser aus $3{,}35 \cdot 10^{22}$ Molekülen.
40 g Kupfer bestehen aus $3{,}79 \cdot 10^{23}$ Atomen.

Je größer die Teilchenanzahl einer Stoffportion ist, desto größer ist auch ihre Masse. Da die Teilchenanzahl in der Regel sehr hoch ist, wird statt dieser Größe häufig die **Stoffmenge** genutzt.

Die Einheit 1 mol ist eine der sieben Basiseinheiten des Internationalen Einheitensystems.

> Die Stoffmenge charakterisiert eine Teilchenmenge und gibt an, wie viele Teilchen eines Stoffes in einer Stoffportion vorliegen.
>
> Formelzeichen: $n$
> Einheit: ein Mol (1 mol)

Die Bezugsgröße für die Teilchenanzahl ist die **Avogadro-Konstante** $N_A$. Sie gibt an, wie viele Teilchen in 1 mol eines Stoffes vorhanden sind. Es gilt:

Benannt ist die Avogadro-Konstante nach dem italienischen Physiker und Chemiker Amadeo Avogadro (1776–1856).

$$N_A = 6{,}022\,136 \cdot 10^{23} \frac{1}{\text{mol}}$$

Das bedeutet: In 1 mol eines Stoffes sind etwa $6 \cdot 10^{23}$ Teilchen enthalten. Teilchen können dabei Atome, Moleküle oder Ionen sein.

> Für die Stoffmenge gelten folgende Beziehungen:
>
> $$n = \frac{N}{N_A} = \frac{m}{M} = \frac{V}{V_m}$$
>
> $N$ Teilchenanzahl
> $N_A$ Avogadro-Konstante
> $m$ Masse der Stoffportion
> $M$ molare Masse des Stoffes
> $V$ Volumen der Stoffportion
> $V_m$ molares Volumen

*Aus wie vielen Molekülen bestehen 10 g Wasser?*

*Analyse*:
Masse und Avogadro-Konstante sind bekannt, die molare Masse von Wasser kann man einem Tabellenwerk entnehmen.

Gesucht: $N$
Gegeben: $m = 10\ \text{g}$
$N_A = 6{,}022 \cdot 10^{23}\ \text{mol}^{-1}$
$M_{H_2O} = 18\ \text{g} \cdot \text{mol}^{-1}$

*Lösung*:

$$\frac{N}{N_A} = \frac{m}{M} \qquad | \cdot N_A$$

$$N = N_A \cdot \frac{m}{M}$$

$$N = \frac{6{,}022 \cdot 10^{23} \cdot 10\ \text{g} \cdot \text{mol}}{\text{mol} \cdot 18\ \text{g}} = \underline{3{,}35 \cdot 10^{23}}$$

*Ergebnis*:

10 g Wasser bestehen aus $3{,}35 \cdot 10^{23}$ Molekülen.

Aus Überlegungen zur Teilchenanzahl ergibt sich auch die in der Atomphysik genutzte **atomare Masseeinheit** *u*:

$$1\,u = \frac{1\,\text{g}}{6{,}022\,136 \cdot 10^{23}} = 1{,}660\,540 \cdot 10^{-24}\ \text{g}$$

Ein Wasserstoffatom hat ungefähr die Masse 1 *u*. Beträgt die Masse eines Teilchens $x \cdot u$, so beträgt die Masse eines Mols dieser Teilchen genau *x* Gramm.

Die Masse eines Atoms des Kohlenstoff-Nuklids C-12 beträgt $19{,}93 \cdot 10^{-24}$ g = 12 *u*. Somit hat ein Mol C-12 eine Masse von 12 g.

Bei Gasen beträgt das Volumen pro Mol (molares Volumen) bei einem Druck von 101,3 kPa und einer Temperatur von 0 °C immer $V_m$ = 22,4 l/mol. In diesem Volumen befinden sich dann etwa $6 \cdot 10^{23}$ Teilchen.

Stoffe bestehen aus Atomen und Molekülen, Ionen und Elektronen. Häufig spricht man vereinfacht von Teilchen. Mit einem einfachen **Teilchenmodell** lassen sich viele physikalische Erscheinungen deuten.

1. Alle Stoffe bestehen aus Teilchen.
2. Die Teilchen befinden sich in ständiger Bewegung.
3. Zwischen den Teilchen wirken anziehende bzw. abstoßende Kräfte.

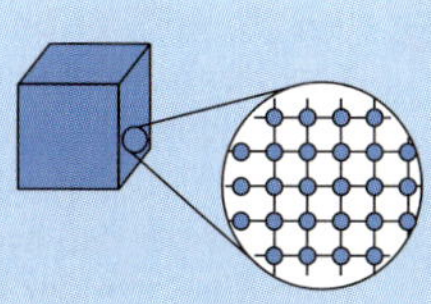

## Die Diffusion

Unter **Diffusion** versteht man die Erscheinung, dass sich Teilchen eines Stoffes aufgrund ihrer Bewegung mit denen eines anderen Stoffes selbstständig vermischen.

Ein wichtiger Beleg für die Bewegung von kleinsten Teilchen war die von dem schottischen Biologen ROBERT BROWN (1773–1858) im Jahr 1827 entdeckte brownsche Bewegung, die A. EINSTEIN (1879–1955) im Jahr 1905 erklären konnte.

Gibt man z. B. Zucker in heißen Tee, so verteilt sich der Zucker allmählich im gesamten Tee. Dieser Vorgang lässt sich mit dem Teilchenmodell deuten (Bild unten).

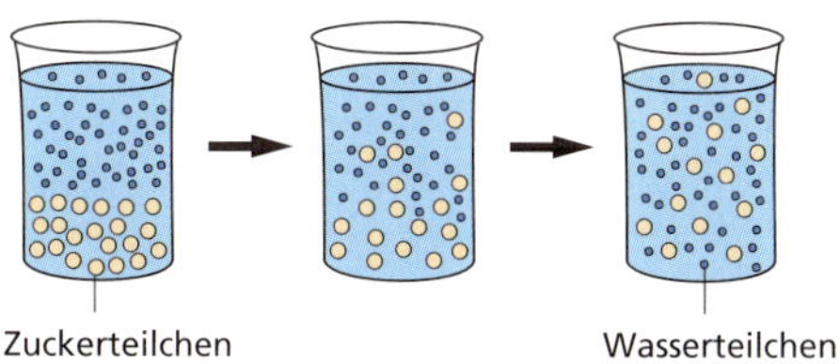


Aufgrund der thermischen Bewegung der Teilchen kommt es zu einer Vermischung. Aus diesem Grunde verteilen sich auch Duftstoffe, z. B. Parfüm, schnell in Luft.

Diffusion tritt nicht nur bei Gasen und Flüssigkeiten, sondern auch bei Festkörpern auf. Genutzt wird sie z. B. bei der Dotierung von Halbleitermaterialien. Dazu sind in der Regel höhere Temperaturen erforderlich.

Bei der Planartechnik wird die Thermodiffusion zum Dotieren von Halbleitern genutzt.

## Die Kohäsion und die Adhäsion

cohaerere (lat.) bedeutet zusammenhängen, adhaerere (lat.) = aneinander haften.

Zwischen den Teilchen von Stoffen wirken anziehende Kräfte. Diese Kräfte können zwischen gleichen oder verschiedenen Stoffen wirken. Diese zwischenmolekularen Wechselwirkungen bezeichnet man als **Kohäsion** bzw. **Adhäsion,** die betreffenden Kräfte als **Kohäsionskräfte** bzw. **Adhäsionskräfte.**

| **Kohäsion** | **Adhäsion** |
|---|---|
| ist die zwischenmolekulare Wechselwirkung bei einem Stoff. | ist die zwischenmolekulare Wechselwirkung zwischen verschieden Stoffen. |
| **Kohäsionskräfte** bewirken u. a. die Festigkeit von festen Körpern aus einem Stoff. | **Adhäsionskräfte** bewirken u. a. das Haften verschiedener Körper aneinander. |
| Ein Stahlträger behält seine Form bei, weil bei Stahl große Kohäsionskräfte wirken. Bei Flüssigkeiten sind sie geringer. Sie nehmen deshalb die Form der jeweiligen Gefäße an. | Adhäsionskräfte wirken z. B. zwischen einer Tafel und der Kreide, zwischen Farbe und Wand. Die Wirkungsweise von Klebstoffen beruht zumeist auf der Adhäsion. |

Auch die Kapillarität oder die Randkrümmung bei Flüssigkeiten in Gefäßen hängen mit der Adhäsion und der Kohäsion zusammen.

## Feste Körper, Flüssigkeiten und Gase

Feste Körper, Flüssigkeiten und Gase weisen jeweils Besonderheiten auf, die in der nachfolgenden Übersicht zusammengestellt sind.

| **Festkörper** | **Flüssigkeiten** | **Gase** |
|---|---|---|
| Die Teilchen schwingen um ihren Platz hin und her. Ihre Packungsdichte ist groß. | Die Teilchen haben keinen bestimmten Platz. Sie sind gegeneinander verschiebbar. Ihre Packungsdichte ist groß. | Die Teilchen bewegen sich im Raum. Ihre Packungsdichte ist relativ gering. |
| 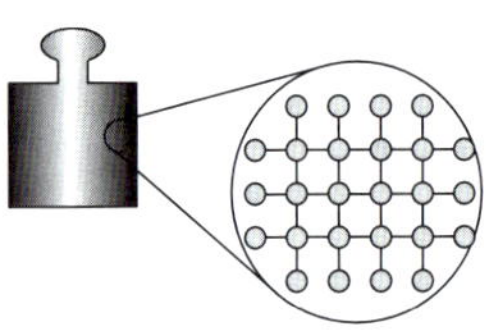 | 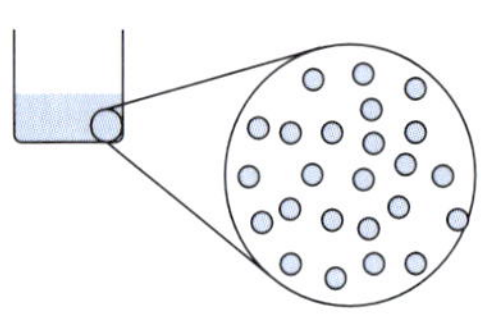 | 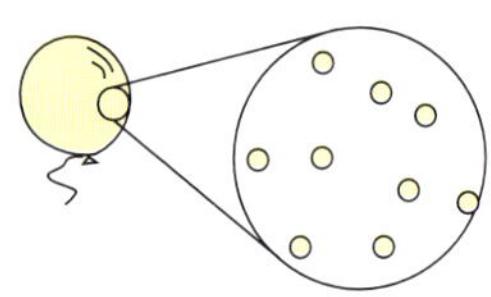 |
| Feste Körper haben eine bestimmte Form und ein bestimmtes Volumen.<br>Sie sind inkompressibel. | Flüssigkeiten haben ein bestimmtes Volumen und nehmen die Form des jeweiligen Gefäßes an.<br>Sie sind inkompressibel. | Gase füllen immer den zur Verfügung stehenden Raum aus.<br>Sie sind kompressibel. |

## Modelle für Körper

Zur Beschreibung von Zusammenhängen, z. B. bei der Bewegung von Körpern oder bei der Wirkung von Kräften auf Körper, hat es sich als zweckmäßig erwiesen, nicht die jeweiligen realen Körper, sondern Modelle von ihnen zu betrachten. Je nachdem, ob man die Abmessungen eines Körpers vernachlässigen kann oder nicht, nutzt man die Modelle **Massepunkt** und **starrer Körper.**

Allgemeine Hinweise zu Modellen in der Physik sind ↗ S. 21 zu finden.

| Massepunkt | starrer Körper |
|---|---|
| Die gesamte Masse des Körpers denkt man sich in einem Punkt vereinigt. Dafür wählt man häufig den Massenmittelpunkt (Schwerpunkt). | Alle Teile des Körpers haben zueinander eine bestimmte, unveränderliche Lage. |
| Von Form und Volumen des Körpers wird abgesehen. | Form und Volumen sind unveränderlich. |
| Das Modell wird z. B. angewendet, um die Bewegung der Erde um die Sonne zu beschreiben. 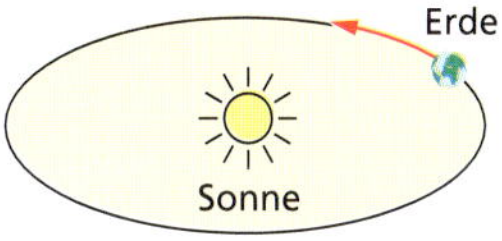  | Das Modell wird z. B. angewendet, um die Rotation der Erde um ihre Achse zu beschreiben. 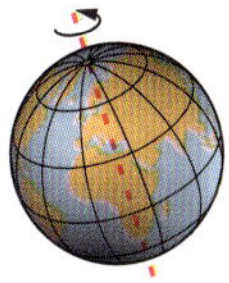 |

Das Modell Massepunkt wird manchmal auch **Punktmasse** oder **Massenpunkt** genannt.

Welches Modell sinnvoll anzuwenden ist, hängt von dem jeweils gegebenen Sachverhalt und der Problemstellung ab.

Neben diesen beiden Modellen nutzt man in der Mechanik weitere Modelle, um Sachverhalte eindeutig und überschaubar beschreiben zu können:

**Ideal elastische Körper,** kurz auch als elastische Körper bezeichnet, sind solche, bei denen unter dem Einfluss von Kräften nur elastische Verformungen auftreten und keine Umwandlung mechanischer Energie in andere Energieformen erfolgt. Wirken keine Kräfte mehr, so nimmt der Körper seine ursprüngliche Form wieder an.

Stahlfedern im elastischen Bereich, Tennisbälle oder ein Sprungbrett können als ideal elastische Körper angesehen werden.

**Ideal unelastische Körper,** kurz auch als unelastische Körper bezeichnet, sind solche, bei denen bei Wechselwirkungen keinerlei elastische Verformungen auftreten. Ein Teil der mechanischen Energie wird in innere Energie umgewandelt. Wirken keine Kräfte mehr, so bleibt die Verformung erhalten.

Eine Kugel aus Knetmasse, der Sand in einer Sprunggrube, die Blechkarosserie eines Autos oder ein verbogener Nagel werden unelastisch verformt, wenn Kräfte auf sie wirken.

Daneben gibt es auch teilelastische Körper, bei denen man den Grad der Elastizität durch eine Zahl zwischen 0 (unelastisch) und 1 (ideal elastisch) charakterisieren kann.

## 2.2 Kinematik

Die Bezeichnung Kinematik ist abgeleitet von kinesis (griech.) = Bewegung. Man spricht deshalb auch von der **Bewegungslehre**.

Die **Kinematik** ist die Lehre von den Bewegungen und deren Gesetzen, ohne dass dabei die Ursachen beachtet werden, die diese Bewegungen hervorrufen oder beeinflussen.

### 2.2.1 Beschreibung von Bewegungen

Unter der Bewegung eines Körpers versteht man seine Orts- oder Lageänderung gegenüber einem **Bezugskörper** oder einem **Bezugssystem.**

Meist wählt man ein **Bezugssystem** so, dass sich Bewegungen mathematisch möglichst einfach beschreiben lassen.

Ein **Bezugssystem** ist ein Koordinatensystem, das an einen Bezugskörper gebunden ist, sowie eine Uhr. Der **Ort eines Körpers** ist eindeutig durch Angabe der Koordinaten zu einem gegebenen Zeitpunkt bestimmt. Die Wahl des Bezugskörpers ist willkürlich. Häufig wird die Erdoberfläche als Bezugskörper genutzt.

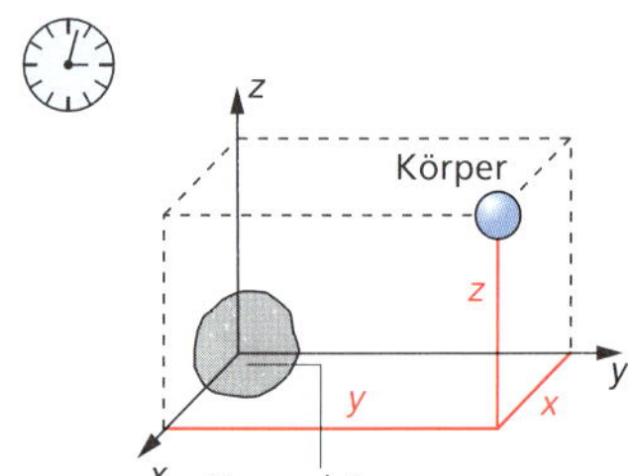


Ein Körper ist bezüglich eines Bezugsystems in Bewegung, wenn er seinen Ort in diesem Bezugssystem ändert. Er ist in Ruhe, wenn er seinen Ort nicht ändert.

Die Relativität der Bewegung war einer der Gründe für den Streit um die Frage, ob die Erde oder die Sonne im Zentrum unseres Planetensystems steht (↗ **Weltbilder**).

Ruhe und Bewegung sind somit relativ und vom gewählten Bezugssystem abhängig. Man spricht deshalb von der **Relativität der Bewegung.**

Eine Person, die in einem fahrenden Zug sitzt, ist in einem mit dem Zug verbundenen Bezugssystem in Ruhe und gleichzeitig gegenüber einem mit der Erdoberfläche verbundenen Bezugssystem in Bewegung.

Die Bewegung eines Körpers in einem Bezugssystem kann auch von einem anderen Bezugssystem aus beschrieben werden. Diese „Transformation" wird als **GALILEI-Transformation** bezeichnet.

Alle Bezugssysteme, die sich gleichförmig und geradlinig zueinander bewegen, sind gleichberechtigt. Es sind **unbeschleunigte Bezugssysteme.** In ihnen gelten die gleichen physikalischen Gesetze, insbesondere auch das Trägheitsgesetz (↗ S. 76). Man bezeichnet solche Bezugssysteme daher als **Inertialsysteme,** abgeleitet vom lateinischen „inertia" = Trägheit.

Bezugssysteme, in denen das Trägheitsgesetz gilt, nennt man **Inertialsysteme** oder **unbeschleunigte Bezugssysteme.** Alle Inertialsysteme sind gleichberechtigt.

Alle nachfolgenden Beschreibungen erfolgen in Bezugssystemen, die man als Inertialsysteme ansehen kann. Abweichungen von dieser Vereinbarung sind deutlich hervorgehoben.

## Einteilung von Bewegungen

Die Bewegung eines Körpers erfolgt längs einer **Bahn,** die man mitunter direkt sehen kann, z. B. als Kondensstreifen (↗ Bild), als Spur im Schnee oder auf Sand.
Zum einen können Bewegungen nach der Form ihrer Bahn – der **Bahnform** – eingeteilt werden.
Zum anderen ist eine Einteilung nach der Art der Bewegung längs der Bahn – der **Bewegungsart** – möglich. In der nachfolgenden Übersicht sind die wichtigsten **Bahnformen** und **Bewegungsarten** zusammengestellt.

Zur einfachen Beschreibung der Bewegung von Körpern nutzt man das Modell Massepunkt (↗ S. 55).

In der Übersicht ist eine Möglichkeit der Einteilung von Bewegungen angegeben. Es gibt auch andere Möglichkeiten.

| **Bahnformen** | | |
|---|---|---|
| **geradlinige Bewegung** | **krummlinige Bewegung** | **Kreisbewegung** |
| Der Körper bewegt sich auf einer geraden Bahn. | Der Körper bewegt sich auf einer krummlinige Bahn. | Der Körper bewegt sich auf einer Kreisbahn. |
| 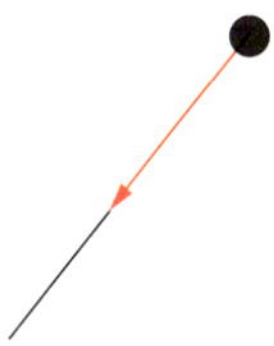 |  |  |
| Zug auf gerader Strecke | Fußballspieler beim Dribbeln | Gondel eines Riesenrades |

| **Bewegungsarten** | |
|---|---|
| **gleichförmige Bewegung** | **ungleichförmige Bewegung** (beschleunigte oder verzögerte Bewegung) |
| Der Körper bewegt sich mit einer konstanten Geschwindigkeit, d. h., Betrag und Richtung der Geschwindigkeit sind konstant. | Der Körper bewegt sich mit veränderlicher Geschwindigkeit, d. h., Betrag oder Richtung der Geschwindigkeit oder beides sind nicht konstant. |
| 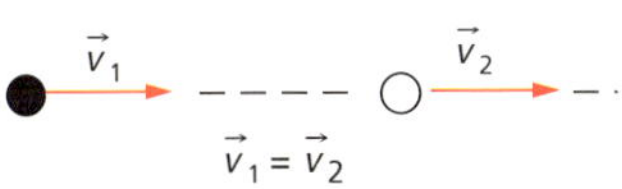  | 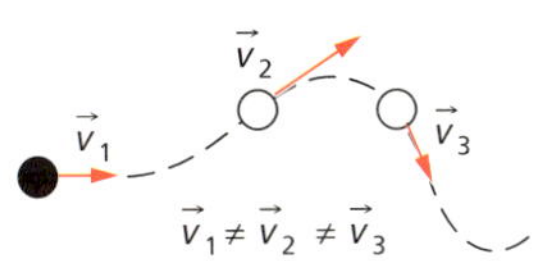  |
| Paket auf einem Förderband | Radfahrer auf kurviger Strecke |

### Physikalische Größen zur Beschreibung von Bewegungen

Hinweise zur Messung der Zeit sind auf der CD zu finden.

Wichtige Größen zur Beschreibung von Bewegungen sind **Ort, Weg, Zeit, Geschwindigkeit** und **Beschleunigung**.

Der **Ort** $x$, an dem sich ein Körper befindet, ist seine Lage in einem Bezugssystem zu einem bestimmten Zeitpunkt.

In der Schwingungslehre ist es üblich, die eine Achse mit $y$ statt mit $x$ zu bezeichnen. Man erhält dann ein $y$-$t$-Diagramm (↗ S. 127 ff.).

In der Kinematik beschränken wir uns zumeist auf Bewegungen in einer Raumrichtung, der $x$-Richtung.
Zur Darstellung nutzt man deshalb häufig ***x*-*t*-Diagramme,** aus denen man entnehmen kann, an welchem Ort $x$ sich ein Körper zum Zeitpunkt $t$ befindet.

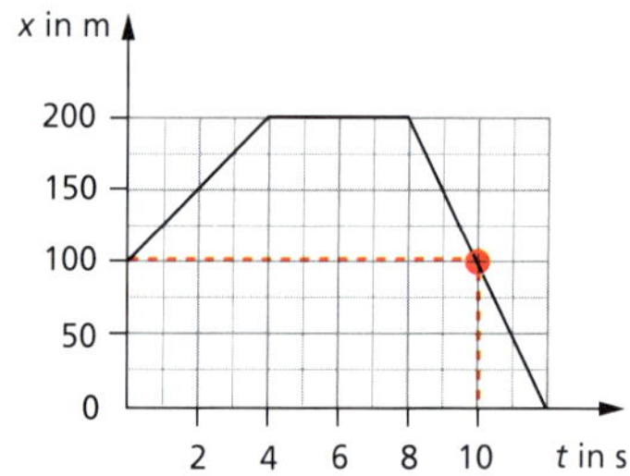


Die Bahn eines Körpers wird aus allen Orten gebildet, die er bei seiner Bewegung durchlaufen hat. Bei der Bewegung eines Körpers auf einer Bahn legt er einen **Weg** zurück.

Der Weg ist eine vektorielle Größe, also durch Betrag und Richtung gekennzeichnet (↗ S. 18).

Der Weg gibt an, wie groß die Länge der Bahn zwischen zwei Orten bei einer Bewegung ist.
Formelzeichen: $\vec{s}$
Einheit: ein Meter (1 m)

Der Weg kann, muss aber nicht identisch mit der **Ortsveränderung** sein.

Bewegt sich ein Körper auf einer kreisförmigen Bahn, dann legt er zwar einen Weg zurück; bei einem vollständigen Umlauf ist aber die Ortsveränderung null.

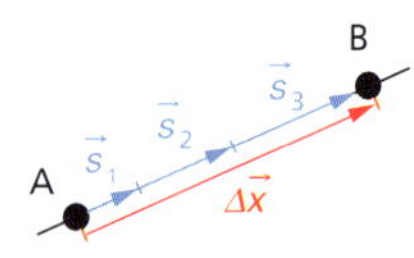


$s = s_1 + s_2 + s_3 = \Delta x$

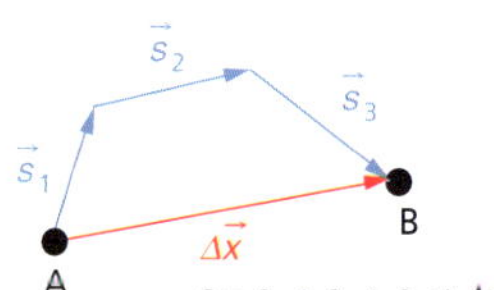


$s = s_1 + s_2 + s_3 \neq \Delta x$

Die Ortsveränderung eines Körpers lässt sich auch mithilfe von **Ortsvektoren** beschreiben.

Mit $\overrightarrow{0A} = \vec{r}_1$ und $\overrightarrow{0B} = \vec{r}_2$ erhält man als Ortsveränderung:

$$\Delta\vec{x} = \vec{r}_2 - \vec{r}_1$$

Eine Aussage darüber, welcher Weg bei der Ortsveränderung zurückgelegt wurde, lässt sich aus einer solchen Darstellung nicht ableiten.

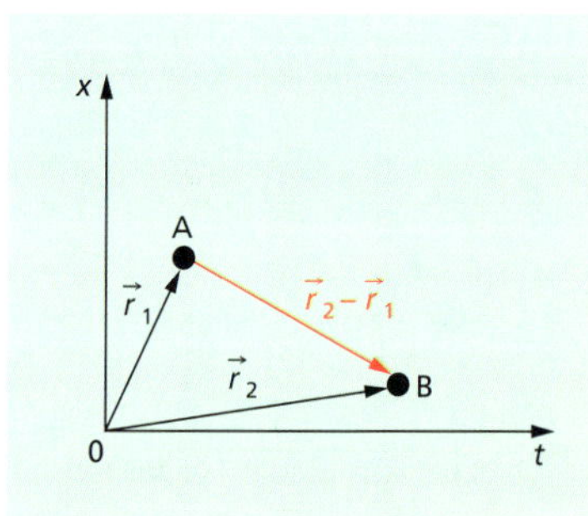


Der Ortsvektor eines Punktes ist der Vektor vom Ursprung eines Bezugssystems zu diesem Punkt.

Die **Geschwindigkeit** kennzeichnet die Schnelligkeit der Bewegung eines Körpers längs einer Bahn.

Die Geschwindigkeit gibt an, wie schnell oder langsam sich ein Körper bewegt.
Formelzeichen: $\vec{v}$
Einheit: ein Meter durch Sekunde $(1\ \frac{m}{s})$
ein Kilometer durch Stunde $(1\ \frac{km}{h})$

Für die Einheiten der Geschwindigkeit gilt:

$$1\ \frac{m}{s} = 3{,}6\ \frac{km}{h}$$

$$1\ \frac{km}{h} = \frac{1}{3{,}6}\ \frac{m}{s}$$

Die Geschwindigkeit ist wie der Weg eine vektorielle Größe (↗ S. 18). Ihr Betrag kann mit **Tachometern** gemessen werden.

Die Geschwindigkeit kann berechnet werden mit der Gleichung:

$\vec{v} = \frac{\Delta \vec{s}}{\Delta t}$ $\Delta \vec{s}$ Wegänderung, $\Delta t$ Zeitintervall

Häufig wird nur mit den Beträgen des Weges und damit auch der Geschwindigkeit gearbeitet.
Bei ungleichförmigen Bewegungen ist zwischen Augenblicksgeschwindigkeit und Durchschnittsgeschwindigkeit zu unterscheiden. Die **Augenblicksgeschwindigkeit** oder **Momentangeschwindigkeit** ist die Geschwindigkeit zu einem bestimmten Zeitpunkt. Die **Durchschnittsgeschwindigkeit** ist die mittlere Geschwindigkeit, die sich aus dem Betrag des Weges und der dafür benötigten Zeit ergibt. Diese Zusammenhänge lassen sich auch im Weg-Zeit-Diagramm (*s*-*t*-Diagramm) darstellen.

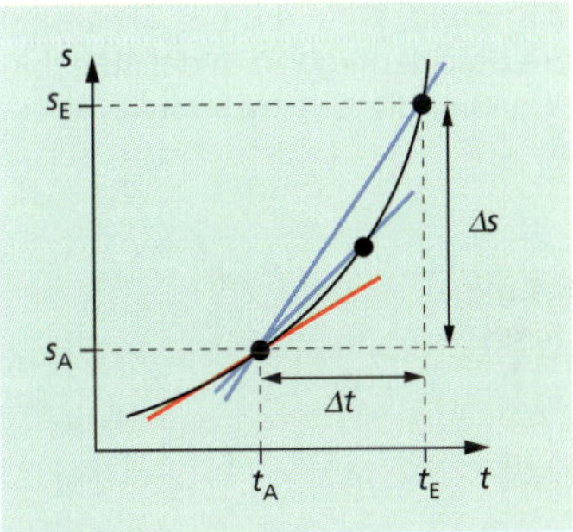


Die **Durchschnittsgeschwindigkeit** ist gleich dem Anstieg der Sekante (blau eingezeichnet). Je kleiner $\Delta t$ ist, umso mehr nähert sich der Anstieg der Sekante dem der Tangente (rot eingezeichnet).
Der Anstieg der Tangente in einem Punkt ist gleich der **Augenblicksgeschwindigkeit** in diesem Punkt. Diese kann man näherungsweise aus dem Verlauf des Graphen ermitteln.

Wählt man das Zeitintervall $\Delta t$ sehr klein, so erhält man mit $\Delta \vec{s}/\Delta t$ näherungsweise die jeweilige Augenblicksgeschwindigkeit. Auch ein Tachometer zeigt stets die Augenblicksgeschwindigkeit an. Diese kann auch mithilfe der Differenzialrechnung ausgedrückt werden:

$$\vec{v} = \lim_{\Delta t \to 0} \frac{\Delta \vec{s}}{\Delta t}$$

$$\vec{v} = \frac{d\vec{s}}{dt} = \dot{\vec{s}}$$

Körper können unterschiedlich schnell ihre Geschwindigkeit ändern. Das wird durch die physikalische Größe **Beschleunigung** erfasst.

Eine beschleunigte Bewegung liegt immer dann vor, wenn sich Betrag oder Richtung der Geschwindigkeit oder beides ändert.

Die Beschleunigung gibt an, wie schnell oder wie langsam sich die Geschwindigkeit eines Körpers ändert.
Formelzeichen: $\vec{a}$
Einheit: ein Meter durch Quadratsekunde $(1\ \frac{m}{s^2})$

Die Beschleunigung ist wie Weg und Geschwindigkeit eine vektorielle Größe (↗ S. 18). Sie kann mit **Beschleunigungsmessern** gemessen werden.

Die Beschleunigung eines Körpers kann berechnet werden mit der Gleichung:

$\vec{a} = \frac{\Delta \vec{v}}{\Delta t}$ $\Delta \vec{v}$ Geschwindigkeitsänderung
$\Delta t$ Zeitintervall

Wählt man das Zeitintervall $\Delta t$ sehr klein, so erhält man mit $\Delta \vec{v}/\Delta t$ näherungsweise die jeweilige **Augenblicksbeschleunigung.** Auch Beschleunigungsmesser zeigen den Betrag der Augenblicksbeschleunigung an. Für diese gilt:

$$\vec{a} = \lim_{\Delta t \to 0} \frac{\Delta \vec{v}}{\Delta t}$$

$$\vec{a} = \frac{d\vec{v}}{dt} = \dot{\vec{v}}$$

$$\vec{a} = \frac{d^2\vec{s}}{dt^2} = \ddot{\vec{s}}$$

Eine Beschleunigung, die sich auf Geschwindigkeitsänderungen längs einer Bahn bezieht, wird auch als **Bahnbeschleunigung** bezeichnet. Sie ergibt sich aus der Änderung des Betrages der Geschwindigkeit längs der Bahn und dem Zeitintervall.
Davon zu unterscheiden sind Beschleunigungen, die durch die Änderung der Richtung der Geschwindigkeit eines Körpers zustande kommen. Ein Beispiel dafür ist die **Radialbeschleunigung** (↗ S. 63).

Bei geradlinigen gleichmäßig beschleunigten Bewegungen, beispielsweise beim freien Fall eines Körpers, ist die Beschleunigung für jeden Ort und Zeitpunkt der Bewegung konstant. Bei ungleichmäßig beschleunigten Bewegungen, z. B. beim Anfahren eines Autos, erhält man bei Anwendung der Gleichung eine **mittlere Beschleunigung.** Eine negative Beschleunigung wird auch als **Verzögerung** bezeichnet.

Ein Pkw bremst in 6 s von 130 km/h auf 85 km/h ab.
*Wie groß ist seine Beschleunigung?*

*Analyse:*
Die mittlere Beschleunigung (Verzögerung) kann mit der Gleichung $\bar{a} = \Delta v/\Delta t$ berechnet werden. Da die Beschleunigung in der Regel in $m/s^2$ angegeben wird, ist es zweckmäßig, die Geschwindigkeiten in m/s umzurechnen.

Gesucht: $\bar{a}$
Gegeben: $v_A$ = 130 km/h = 36,1 m/s
$v_E$ = 85 km/h = 23,6 m/s
$\Delta t$ = 6 s

*Lösung:*

$$\bar{a} = \frac{\Delta v}{\Delta t} = \frac{v_E - v_A}{\Delta t}$$

$$\bar{a} = \frac{23{,}6\ \text{m/s} - 36{,}1\ \text{m/s}}{6\ \text{s}}$$

$$\bar{a} = \frac{12{,}5\ \text{m}}{6\ \text{s} \cdot \text{s}} = -2{,}1\ \frac{\text{m}}{\text{s}^2}$$

*Ergebnis:*
Die mittlere Beschleunigung des Pkw beträgt $-2{,}1\ \text{m} \cdot \text{s}^{-2}$.

Tritt die Differenz einer Größe auf, so ist es in der Physik üblich, immer vom Endwert den Anfangswert zu substrahieren:

$$\Delta \vec{v} = \vec{v}_E - \vec{v}_A$$

Damit ergibt sich bei Geschwindigkeitsvergrößerung ein positives Vorzeichen, bei Verringerung der Geschwindigkeit ein negatives Vorzeichen für die **Beschleunigung.**

## 2.2.2 Gleichförmige geradlinige Bewegungen

Eine **gleichförmige geradlinige Bewegung** liegt vor, wenn sich ein Körper auf einer geraden Bahn mit einer konstanten Geschwindigkeit bewegt.

Beispiele dafür sind eine stehende Person auf einer Rolltreppe oder ein mit konstanter Geschwindigkeit geradlinig fliegendes Flugzeug.

Eine gleichförmige, geradlinige Bewegung lässt sich folgendermaßen charakterisieren:

| | |
|---|---|
| In gleichen Zeiten werden gleiche Wege zurückgelegt. Weg und Zeit sind zueinander proportional. Ein Anfangsweg muss berücksichtigt werden. | $s \sim t$ oder $\frac{s}{t}$ = konstant ($s_0 = 0$)<br>Das **Weg-Zeit-Gesetz** lautet:<br>$s = v \cdot t + s_0$ — $v$ Geschwindigkeit, $t$ Zeit, $s_0$ Anfangsweg |
| Der Quotient aus dem zurückgelegten Weg und der dafür erforderlichen Zeit ist konstant. | $\frac{\Delta s}{\Delta t} = v =$ konstant<br>Das **Geschwindigkeit-Zeit-Gesetz** lautet:<br>$v = \frac{\Delta s}{\Delta t}$ oder $v = \frac{s}{t}$ ($s_0 = 0$) |
| Im Weg-Zeit-Diagramm ergibt sich eine Gerade. Der Anstieg ist gleich der Geschwindigkeit. | bei $s_0 = 0$ 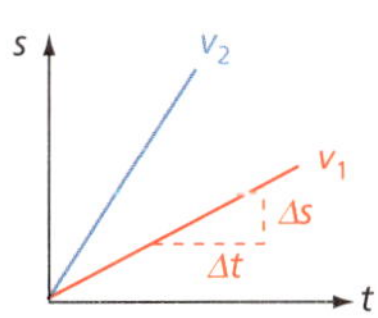  $s = v \cdot t$ — bei $s_0 > 0$ 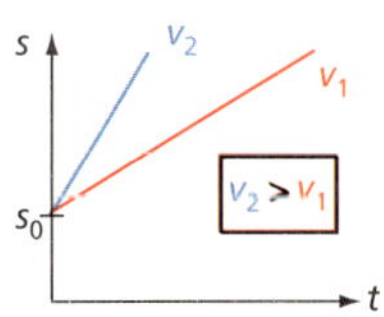  $s = v \cdot t + s_0$ |
| Im Geschwindigkeit-Zeit-Diagramm ergibt sich eine Gerade, die parallel zur $t$-Achse verläuft. Die Fläche unter dem Graphen ist gleich dem zurückgelegten Weg. | 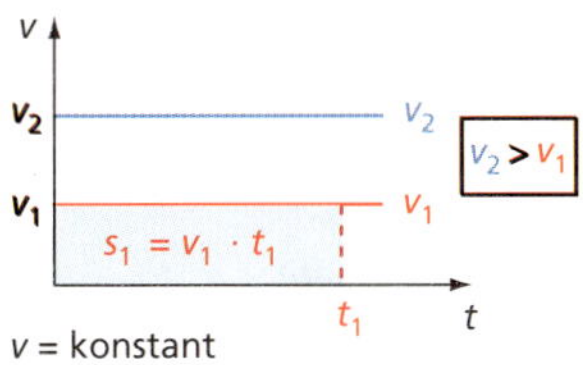  $v$ = konstant |
| Die Beschleunigung längs der Bahn ist null. Im Beschleunigung-Zeit-Diagramm ergibt sich eine Gerade, die mit der $t$-Achse zusammenfällt. | 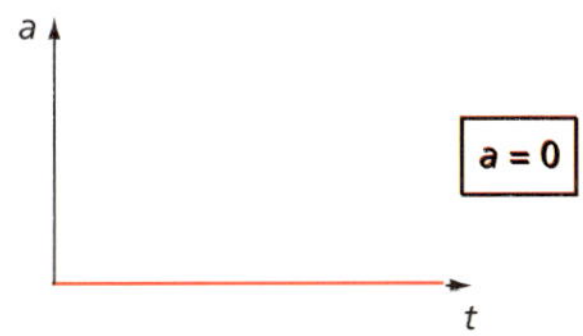  |

Für eine solche Bewegung gilt immer, dass Betrag und Richtung der Geschwindigkeit konstant sind, also:
$\vec{v}$ = konstant

## 2.2.3 Gleichförmige Kreisbewegungen

Eine Kreisbewegung darf nicht mit einer Drehbewegung (↗ S. 95) verwechselt werden. Bei einer Kreisbewegung wird der betreffende Körper als Massepunkt (↗ S. 55) betrachtet. Jeder Punkt eines gleichmäßig um eine Achse rotierenden Körpers führt eine gleichförmige Kreisbewegung aus.

Eine gleichförmige Kreisbewegung liegt vor, wenn sich ein Körper ständig mit dem gleichen Betrag der Geschwindigkeit auf einer Kreisbahn bewegt.

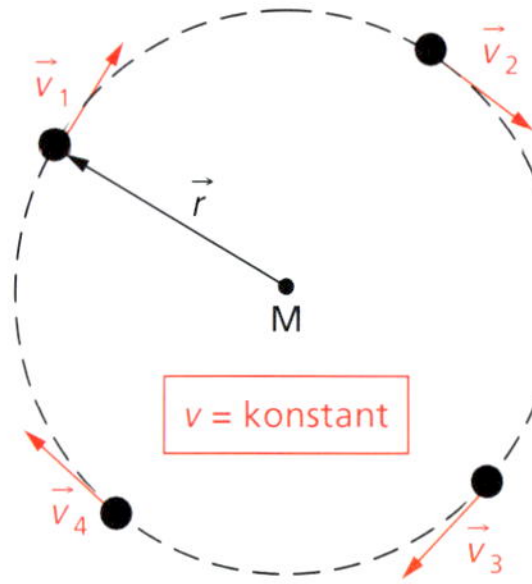


Da sich ständig die Richtung der Geschwindigkeit ändert, ist jede Kreisbewegung eine beschleunigte Bewegung. Zur Beschreibung von Kreisbewegungen nutzt man die **Umlaufzeit** *T*, die **Drehzahl** *n* und die **Frequenz** *f*.
Zwischen diesen Größen bestehen folgende Beziehungen:

$$T = \frac{1}{n} \qquad f = n = \frac{1}{T}$$

Einheit der Drehzahl ist $1\,s^{-1}$. Für die Frequenz wird die nach HEINRICH HERTZ (1857–1894) benannte Einheit Hertz (Hz) genutzt:

$1\,Hz = 1\,s^{-1}$

Bei einer gleichförmigen Kreisbewegung ($v$ = konstant) gilt für die Bahngeschwindigkeit:

$$v = \frac{s}{t} \qquad v = \frac{2\pi \cdot r}{T} \qquad v = 2\pi \cdot r \cdot n = 2\pi \cdot r \cdot f$$

| | | | | | |
|---|---|---|---|---|---|
| $s$ | Weg | $r$ | Radius der Kreisbahn | $n$ | Drehzahl |
| $t$ | Zeit | $T$ | Zeit für einen Umlauf (Umlaufzeit) | $f$ | Frequenz |

Es ist üblich, die Winkelgeschwindigkeit in Bogenmaß anzugeben. Für den Zusammenhang zwischen Gradmaß und Bogenmaß gilt:

$360° \mathrel{\hat=} 2\pi$
$180° \mathrel{\hat=} \pi$
$90° \mathrel{\hat=} \pi/2$

Eine gleichförmige Kreisbewegung lässt sich auch mithilfe der **Winkelgeschwindigkeit** $\vec{\omega}$ beschreiben. Für sie gilt:

$$\vec{\omega} = \frac{\Delta\vec{\varphi}}{\Delta t} = \text{konstant}$$

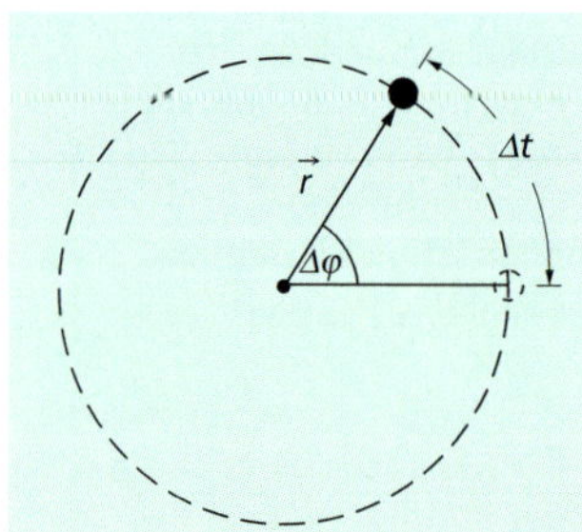


Da für einen vollständigen Umlauf $\Delta\varphi = 2\pi$ und $\Delta t = T$ sind, kann man auch schreiben:

$$\omega = \frac{2\pi}{T} = 2\pi \cdot n = 2\pi \cdot f$$

Die Einheit der Winkelgeschwindigkeit ist $1\,s^{-1}$. Genutzt wird diese Größe vor allem zur Beschreibung der Bewegung rotierender starrer Körper, also bei der Drehbewegung (↗ S. 96).

Für den Zusammenhang zwischen Bahngeschwindigkeit und Winkelgeschwindigkeit gilt:

$v = \omega \cdot r$ — $v$ Bahngeschwindigkeit, $\omega$ Winkelgeschwindigkeit, $r$ Radius der Kreisbahn

Die **Winkelgeschwindigkeit** ist wie die Bahngeschwindigkeit eine vektorielle Größe (↗ S. 18). Sie ist ein axialer Vektor (↗ S. 96).

Bei einer gleichförmigen Kreisbewegung ändert sich ständig die Richtung der Geschwindigkeit. Zu dieser Richtungsänderung ist eine Kraft erforderlich, die in Richtung Zentrum der Bewegung wirkt und eine Beschleunigung in dieser Richtung hervorruft. Diese Beschleunigung, die bei jeder gleichförmigen Kreisbewegung auftritt, wird als **Radialbeschleunigung** $\vec{a}_R$ bezeichnet. Sie ist immer senkrecht zur Bahngeschwindigkeit $\vec{v}$ und damit stets radial, also in Richtung Kreismittelpunkt *M*, gerichtet.

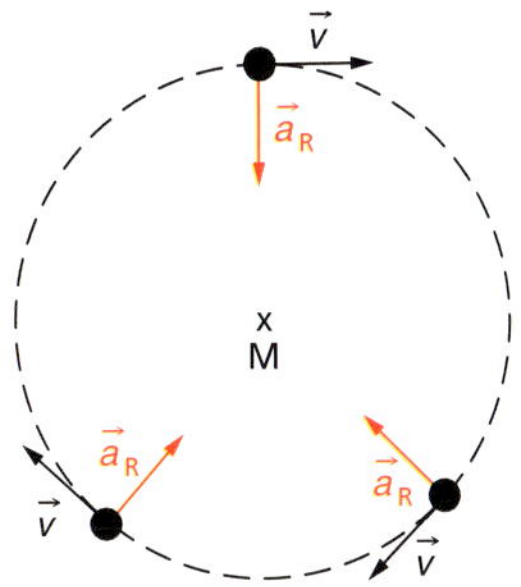


Genutzt werden auch die Bezeichnungen **Zentralbeschleunigung** oder **Zentripetalbeschleunigung.** Die **Radialbeschleunigung** lässt sich mithilfe mathematischer Überlegungen herleiten. Die Herleitung ist auf der CD zu finden.

Die Radialbeschleunigung $a_R$ ist stets in Richtung Zentrum der Kreisbewegung gerichtet. Sie kann berechnet werden mit den Gleichungen:

$a_R = \frac{v^2}{r}$ oder $a_R = \omega^2 \cdot r$ — $v$ Bahngeschwindigkeit, $r$ Radius der Kreisbahn, $\omega$ Winkelgeschwindigkeit

Ein Pkw fährt mit 40 km/h durch eine Kurve mit einem Krümmungsradius von 75 m.
*Wie groß ist die Radialbeschleunigung?*

*Analyse:*
Zur Berechnung kann die Gleichung $a_R = \frac{v^2}{r}$ angewendet werden.

Gesucht: $a_R$
Gegeben: $v = 40\ \text{km/h} = 11{,}1\ \text{m/s}$
$r = 75\ \text{m}$

*Lösung:*

$$a_R = \frac{v^2}{r}$$

$$a_R = \frac{(11{,}1\ \text{m/s})^2}{75\ \text{m}} = 1{,}6\ \text{m/s}^2$$

*Ergebnis:*
Die Radialbeschleunigung des Pkw beträgt 1,6 m/s².

## 2.2.4 Gleichmäßig beschleunigte geradlinige Bewegungen

Die unten genannten Gesetze und Zusammenhänge gelten auch für krummlinige Bewegungen, wenn die **Beschleunigung** längs der Bahn (Bahnbeschleunigung) einen konstanten Betrag hat.

Liegen gleichmäßig beschleunigte Bewegungen mit Anfangsgeschwindigkeit $\vec{v}_0$ und Anfangsweg $\vec{s}_0$ vor, so gelten allgemein die ↗ S. 65 genannten Gesetze.

Eine **gleichmäßig beschleunigte geradlinige Bewegung** liegt dann vor, wenn sich ein Körper mit einer konstanten Beschleunigung auf einer geraden Bahn bewegt. Wir betrachten nachfolgend zunächst nur Bewegungen, bei denen der Anfangsweg $s_0$ und die Anfangsgeschwindigkeit $v_0$ gleich null sind.
Eine solche gleichmäßig beschleunigte geradlinige Bewegung lässt sich folgendermaßen charakterisieren:

<table>
<tr><td>Der zurückgelegte Weg ist dem Quadrat der Zeit proportional.</td><td>$s \sim t^2$ oder $\frac{s}{t^2} = \text{konstant} = \frac{a}{2}$<br>Das Weg-Zeit-Gesetz lautet:<br>$s = \frac{a}{2} \cdot t^2$   $a$ Beschleunigung<br>$t$ Zeit</td></tr>
<tr><td>Die Geschwindigkeit ist der Zeit proportional. Der Quotient aus Geschwindigkeit und Zeit ist gleich der konstanten Beschleunigung.</td><td>$v \sim t$ oder $\frac{v}{t} = \text{konstant} = a$<br>Das Geschwindigkeit-Zeit-Gesetz lautet:<br>$v = a \cdot t$</td></tr>
<tr><td>Im Weg-Zeit-Diagramm ergibt sich ein parabelförmiger Graph. Der Anstieg des Graphen an einer bestimmten Stelle ist gleich der Augenblicksgeschwindigkeit.</td><td>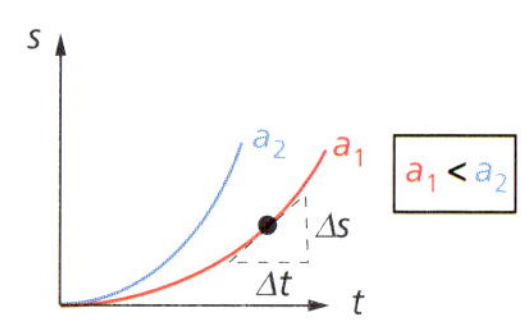
</td></tr>
<tr><td>Im Geschwindigkeit-Zeit-Diagramm ergibt sich eine Gerade durch den Koordinatenursprung. Der Anstieg der Graphen ist gleich der Beschleunigung, die Fläche unter dem Graphen ist gleich dem Weg.</td><td>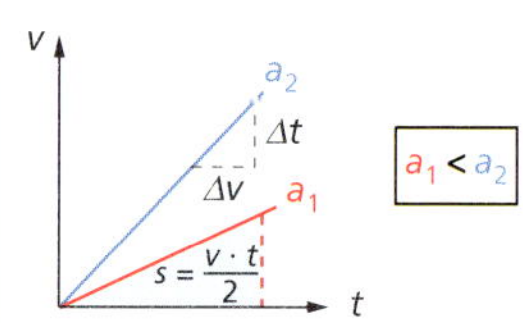
</td></tr>
<tr><td>Im Beschleunigung-Zeit-Diagramm ergibt sich eine Gerade, die parallel zur $t$-Achse verläuft. Die Fläche unter dem Graphen ist gleich der Geschwindigkeit.</td><td>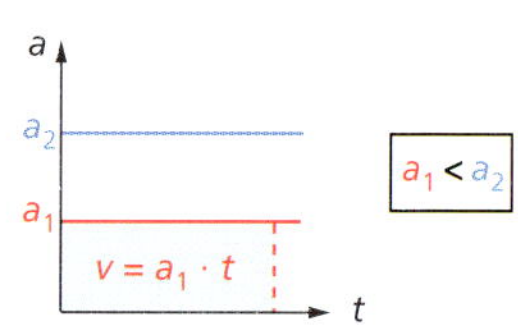
</td></tr>
</table>

Verknüpft man das Weg-Zeit-Gesetz und das Geschwindigkeit-Zeit-Gesetz, so erhält man weitere Beziehungen zwischen Weg *s*, Zeit *t* und Beschleunigung *a*.

Die Gleichungen ergeben sich, wenn man aus $s = \frac{a}{2}t^2$ und $v = a \cdot t$ entweder *a* oder *t* durch Einsetzen in die jeweils andere Gleichung eliminiert.

> Für gleichmäßig beschleunigte Bewegungen ohne Anfangsweg und Anfangsgeschwindigkeit gelten auch folgende Beziehungen:
>
> $s = \frac{v \cdot t}{2}$ $\quad v = \frac{2s}{t}$ $\quad a = \frac{v}{t}$
>
> $s = \frac{v^2}{2a}$ $\quad v = \sqrt{2a \cdot s}$ $\quad a = \frac{v^2}{2s}$

Alle genannten Gleichungen lassen sich auch anwenden, wenn eine gleichmäßig verzögerte Bewegung bis zum Stillstand vorliegt.

Inwieweit man dabei mit Vorzeichen arbeitet, muss vereinbart werden. Allgemein verbindliche Regeln gibt es dafür nicht.

Nach einem Unfall ermittelte die Polizei für ein Motorrad anhand der Bremsspuren einen Bremsweg von 26 m. Für den betreffenden Straßenbelag betrug die maximale Bremsverzögerung 6,8 m/s².
*Wie groß war die Mindestgeschwindigkeit des Motorrades unmittelbar vor dem Unfall? War diese Geschwindigkeit innerhalb einer Ortschaft angemessen?*

*Analyse:*
Wir nehmen an, dass der Fahrer mit maximaler Bremsverzögerung (negativer Beschleunigung) bis zum Stillstand abgebremst hat. Gleichmäßig verzögerte Bewegung vorausgesetzt, können die Gesetze der gleichmäßig beschleunigten Bewegung angewendet werden.

Gesucht: $v$
Gegeben: $s = 26\ \text{m}$
$a = 6{,}8\ \text{m/s}^2$

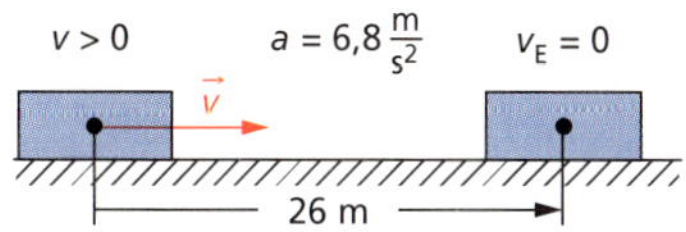


*Lösung:*

$$v = \sqrt{2a \cdot s}$$

$$v = \sqrt{2 \cdot 6{,}8\,\frac{\text{m}}{\text{s}^2} \cdot 26\ \text{m}} = 18\,\frac{\text{m}}{\text{s}} \approx 68\,\frac{\text{km}}{\text{h}}$$

Die Gleichung $v = \sqrt{2a \cdot s}$ ergibt sich aus $s = \frac{a}{2}t^2$ und $v = a \cdot t$ durch Eliminierung von *t*.

*Ergebnis:*
Die Geschwindigkeit des Motorrades betrug 68 km/h und lag damit über der zulässigen Höchstgeschwindigkeit innerhalb eines Ortes, die in der Regel maximal 50 km/h beträgt.

Liegt eine gleichmäßig beschleunigte geradlinige Bewegung mit Anfangsgeschwindigkeit und Anfangsweg vor, dann gelten folgende Gesetze:

> Bei gleichmäßig beschleunigten Bewegungen mit Anfangsweg $\vec{s}_0$ und Anfangsgeschwindigkeit $\vec{v}_0$ gilt:
>
> $\vec{s} = \frac{\vec{a}}{2}t^2 + \vec{v}_0 \cdot t + \vec{s}_0$
>
> $\vec{v} = \vec{a} \cdot t + \vec{v}_0$

Arbeitet man nur mit den Beträgen von Weg, Geschwindigkeit und Beschleunigung, so kann man eine entgegengesetzte Richtung durch unterschiedliche Vorzeichen zum Ausdruck bringen. (↗ S. 69).

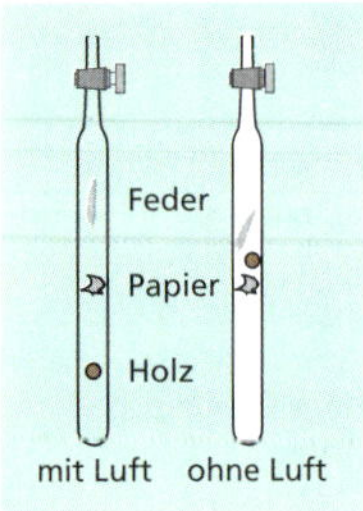


## 2.2.5 Der freie Fall

Unter einem freien Fall versteht man die Fallbewegung eines Körpers ohne Luftwiderstand. Man spricht auch dann vom freien Fall, wenn der Luftwiderstand zwar vorhanden, aber vernachlässigbar klein ist, z. B. beim Fall eines Steines aus geringer Höhe. Als beschleunigende Kraft wirkt beim freien Fall nur die Gewichtskraft.

Der freie Fall ist eine gleichmäßig beschleunigte geradlinige Bewegung ohne Anfangsgeschwindigkeit und Anfangsweg. Die bei ihm auftretende Beschleunigung ist nur vom Ort abhängig. Sie wird als **Fallbeschleunigung** oder als **Ortsfaktor** bezeichnet.

Man rechnet auch häufig mit dem Näherungswert $g = 10\,\frac{m}{s^2}$.

Unter der Bedingung, dass der Luftwiderstand vernachlässigt werden kann, gilt für die mittlere Fallbeschleunigung an der Erdoberfläche:

$$g = 9{,}806\,65\ \frac{m}{s^2} \approx 9{,}81\ \frac{m}{s^2}$$

Die Gesetze des freien Falles sind gleich den Gesetzen der gleichmäßig beschleunigten geradlinigen Bewegung für $a = g$ (↗ S. 64).

Die **Fallgesetze** wurden um 1600 von dem italienischen Naturwissenschaftler GALILEO GALILEI (1564–1642) gefunden.

Für den freien Fall gelten folgende Gesetze:

$$s = \frac{g}{2}t^2 \qquad v = g \cdot t \qquad g = \text{konstant}$$

$$s = \frac{v^2}{2g} \qquad v = \sqrt{2g \cdot s} \qquad g = \frac{v^2}{2s}$$

Mithilfe der nebenstehenden Versuchsanordnung kann man die Unterschiede zwischen einem näherungsweise freien Fall (rechts) und der Fallbewegung eines beliebigen Körpers (links) demonstrieren. Eingezeichnet sind jeweils die Orte, an denen sich die Körper nach gleichen Zeiten befinden.

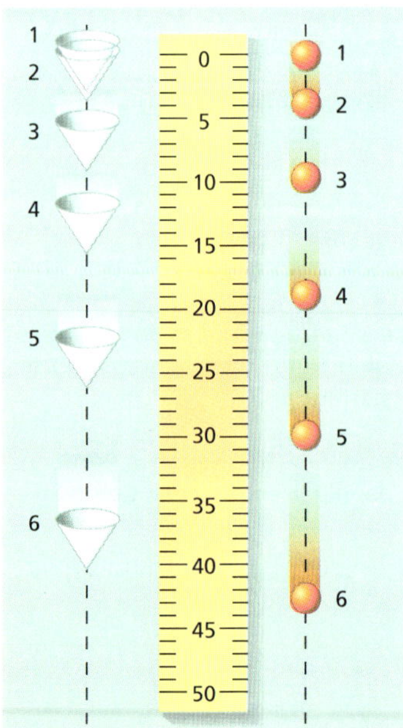


Bei einem Fallschirmspringer oder bei Regentropfen ist der geschwindigkeitsabhängige Luftwiderstand (↗ S. 81) nicht vernachlässigbar. Beim Fall erreichen diese Körper eine maximale Geschwindigkeit, die bei einem Fallschirmspringer bei geschlossenem Schirm etwa 200 km/h und bei einem Regentropfen je nach Tropfengröße bis zu etwa 30 km/h betragen.

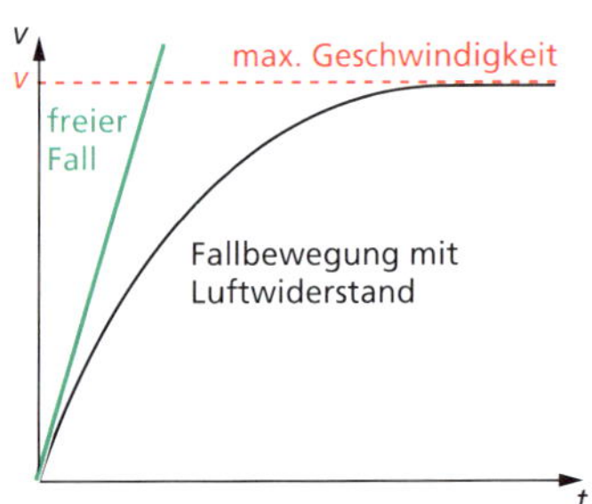

## 2.2.6 Überlagerung von Bewegungen

Ein Körper kann eine Bewegung ausführen, die sich aus mehreren Teilbewegungen zusammensetzt.
So bewegt sich ein Schwimmer in einem Fluss zum einen aufgrund seiner Muskelkraft und zum anderen infolge der Strömung des Wassers.
Ein geworfener Ball bewegt sich aufgrund der ihm verliehenen Anfangsgeschwindigkeit, zugleich fällt er wegen der stets wirkenden Gewichtskraft beschleunigt nach unten.
Für die Überlagerung von Teilbewegungen gilt das **Unabhängigkeitsprinzip.**

Führt ein Körper gleichzeitig zwei reibungsfreie Teilbewegungen aus, so überlagern sich diese Teilbewegungen unabhängig voneinander zu einer resultierenden Bewegung. Weg, Geschwindigkeit und Beschleunigungen addieren sich vektoriell.

$\vec{s} = \vec{s}_1 + \vec{s}_2$ $\quad$ $\vec{v} = \vec{v}_1 + \vec{v}_2$ $\quad$ $\vec{a} = \vec{a}_1 + \vec{a}_2$

Statt von Überlagerung spricht man auch von **Superposition** und vom **Superpositionsprinzip.** Es gilt für Geschwindigkeiten, die klein gegenüber der Lichtgeschwindigkeit sind.

Viele Überlagerungen von Bewegungen lassen sich auf die Überlagerung zweier gleichförmiger Bewegungen oder einer gleichförmigen und einer gleichmäßig beschleunigten Bewegung zurückführen.

### Überlagerung zweier gleichförmiger Bewegungen

Die Teilbewegungen können in gleicher, in entgegengesetzter oder in beliebiger anderer Richtung zueinander erfolgen. Betrag und Richtung der jeweiligen Teilbewegung sind konstant.

**gleiche Richtung**

Eine Person läuft in Fahrtrichtung in einem fahrenden Zug.

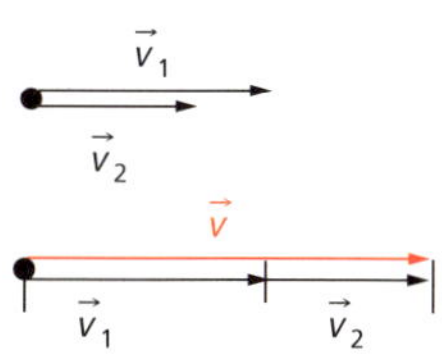


$v = v_1 + v_2$
$s = s_1 + s_2$

**entgegengesetzte Richtung**

Eine Person läuft entgegen der Fahrtrichtung in einem fahrenden Zug.

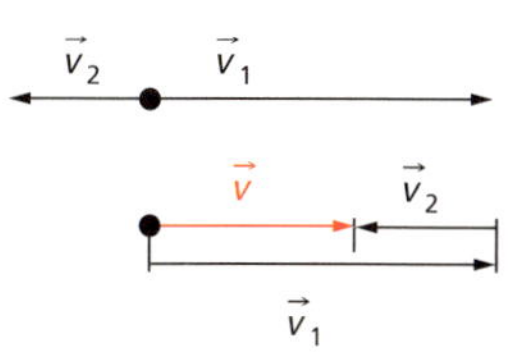


$v = v_1 - v_2$
$s = s_1 - s_2$

Die Zusammenhänge sind für die Geschwindigkeiten zeichnerisch dargestellt. Sie gelten analog auch für die Wege.

Wenn die Geschwindigkeiten bei den beiden entgegengesetzten Teilbewegungen gleich groß sind, dann ist die resultierende Geschwindigkeit null.

**im rechten Winkel zueinander**

Ein Boot fährt senkrecht zur Richtung der Strömung über einen Fluss.

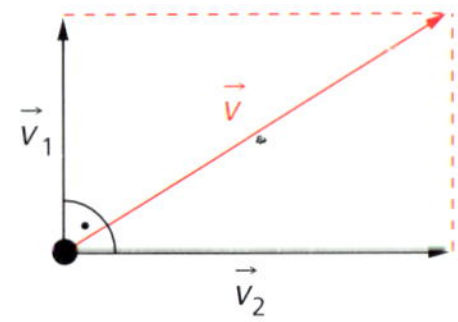


$$v = \sqrt{v_1^2 + v_2^2}$$

$$s = \sqrt{s_1^2 + s_2^2}$$

**in einem beliebigen anderen Winkel α zueinander**

Ein Flugzeug fliegt unter einem beliebigen Winkel $\alpha$ zur Windrichtung.

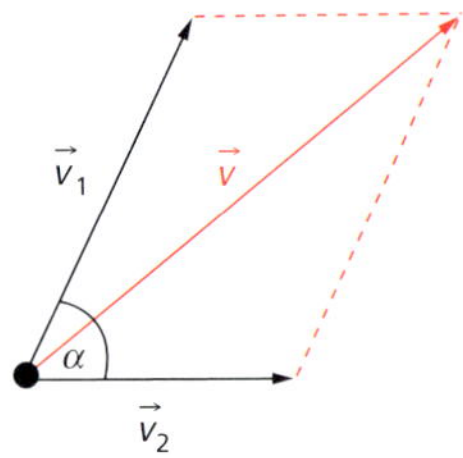


$$v = \sqrt{v_1^2 + v_2^2 + 2v_1 \cdot v_2 \cdot \cos\alpha}$$

$$s = \sqrt{s_1^2 + s_2^2 + 2s_1 \cdot s_2 \cdot \cos\alpha}$$

Die drei oben genannten Fälle erhält man aus dem allgemeinen Fall mit $\alpha = 0°$ (gleiche Richtung), $\alpha = 180°$ (entgegengesetzter Richtung) und $\alpha = 90°$.

Ein Schiff fährt mit 18 Knoten quer zur Strömungsrichtung eines breiten Flusses. Die Strömungsgeschwindigkeit beträgt 0,8 m/s.
*Wie groß ist der in 20 s zurückgelegte Weg?*

*Analyse:*
Die Teilwege setzen sich wie die Geschwindigkeiten vektoriell zusammen.

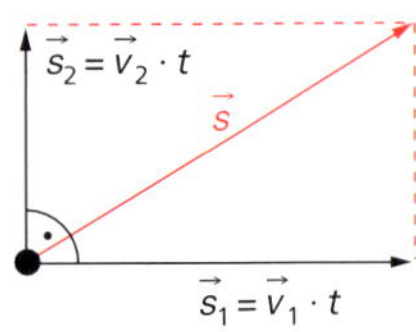


Gesucht: $s$
Gegeben: $t = 20\ \text{s}$
$v_1 = 18\ \text{kn} = 9{,}2\ \frac{\text{m}}{\text{s}}$
$v_2 = 0{,}8\ \frac{\text{m}}{\text{s}}$

Für die in der Schifffahrt gebräuchliche Einheit 1 Knoten (1 kn) gilt:

$1\ \text{kn} = \frac{1\ \text{Seemeile}}{1\ \text{Stunde}}$

$1\ \text{kn} = \frac{1852\ \text{m}}{\text{h}} \approx 0{,}5\ \frac{\text{m}}{\text{s}}$

*Lösung:*

$$s = \sqrt{s_1^2 + s_2^2}$$

$$s = \sqrt{(v_1 \cdot t)^2 + (v_2 \cdot t)^2}$$

$$s = \sqrt{\left(9{,}2\ \frac{\text{m}}{\text{s}} \cdot 20\ \text{s}\right)^2 + \left(0{,}8\ \frac{\text{m}}{\text{s}} \cdot 20\ \text{s}\right)^2}$$

$$\underline{s = 185\ \text{m}}$$

*Ergebnis:*
In 20 s legt das Schiff einen Weg von insgesamt 185 m zurück. Dieser Weg bezieht sich auf ein mit dem Ufer verbundenes Bezugssystem.

### Überlagerung von gleichförmiger und gleichmäßig beschleunigter Bewegung (Würfe)

Die Teilbewegungen können in gleicher, in entgegengesetzter oder in anderer Richtung zueinander erfolgen. $\vec{v}_0$ und $\vec{v}_F$ sind die Geschwindigkeiten der Teilbewegungen, $\vec{v}$ ist die resultierende Geschwindigkeit.

#### gleiche Richtung

Mit konstanter Geschwindigkeit fahrendes Auto beschleunigt gleichmäßig.

Ein Ball wird senkrecht nach unten geworfen (**senkrechter Wurf** nach unten).

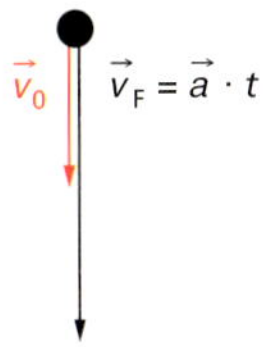


$v = v_0 + a \cdot t$

$s = s_0 + v_0 \cdot t + \frac{a}{2}t^2$

Für den **senkrechten Wurf nach unten** gilt:

$v = v_0 + g \cdot t$

$s = s_0 + v_0 \cdot t + \frac{g}{2}t^2$

#### entgegengesetzte Richtung

Ein Auto fährt mit konstanter Geschwindigkeit und wird gleichmäßig abgebremst.

Ein Ball wird senkrecht nach oben geworfen (**senkrechter Wurf** nach oben).

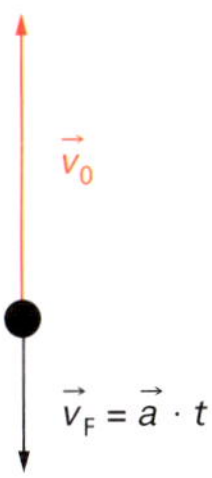


$v = v_0 - a \cdot t$

$s = s_0 + v_0 \cdot t - \frac{a}{2}t^2$

Für den **senkrechten Wurf nach oben** gilt:

$v = v_0 - g \cdot t$

$s = s_0 + v_0 \cdot t - \frac{g}{2}t^2$

Steigzeit: $t_h = \frac{v_0}{g}$

Steighöhe: $s_W = \frac{v_0^2}{2g}$

#### im rechten Winkel zueinander (waagerechter Wurf)

Ein Ball wird in waagerechter Richtung abgeworfen. Es überlagern sich eine gleichförmige Bewegung in waagerechter Richtung und der freie Fall senkrecht dazu.

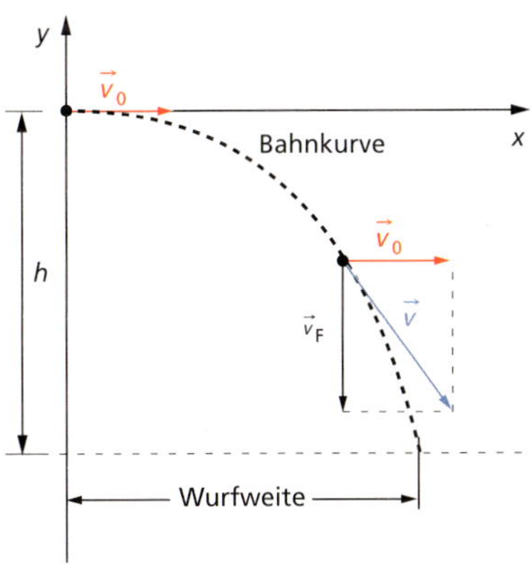


Für die Geschwindigkeiten gilt:

$v_x = v_0$ $\quad$ $v_y = -g \cdot t$

$v = \sqrt{v_0^2 + (g \cdot t)^2}$

Für die Wege gilt:

$x = v_0 \cdot t$ $\quad$ $y = -\frac{g}{2}t^2$

Die Gleichung für die Bahnkurve lautet:

$y = -\frac{g}{2v_0^2} \cdot x^2$ (Wurfparabel)

Wird ein Körper aus der Höhe $h$ abgeworfen, so beträgt die Wurfweite:

$s_W = \sqrt{\frac{2v_0^2 \cdot h}{g}}$

**in einem beliebigen anderen Winkel $\alpha$ zueinander (schräger oder schiefer Wurf)**

Ein Ball wird unter einem beliebigen Winkel $\alpha$ abgeworfen. Es überlagern sich eine gleichförmige Bewegung in Abwurfrichtung und der freie Fall.

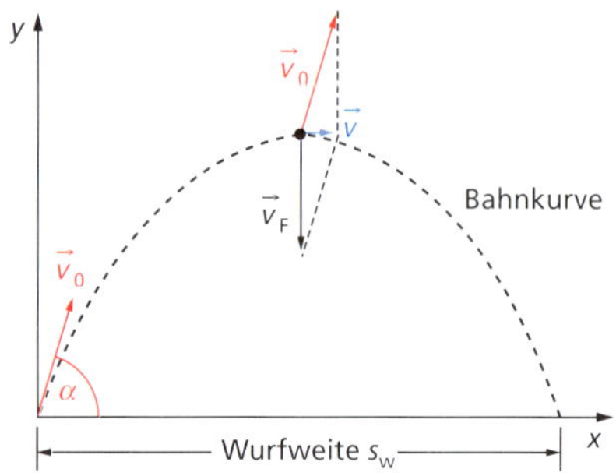


Für die Geschwindigkeiten gilt:

$v_x = v_0 \cdot \cos \alpha$ (1)

$v_y = v_0 \cdot \sin \alpha - g \cdot t$ (2)

Für die Wege gilt:

$x = v_0 \cdot t \cdot \cos \alpha$ (3)

$y = v_0 \cdot t \cdot \sin \alpha - \frac{g}{2} t^2$ (4)

Die Gleichung für die Bahnkurve ergibt sich durch Auflösen von Gleichung (3) nach $t$ und Einsetzen in Gleichung (4):

$y = \tan \alpha \cdot x - \frac{g}{2 v_0^2 \cdot \cos^2 \alpha} \cdot x^2$ (5)

Von Interesse sind die Steigzeit, die Wurfhöhe und die Wurfweite.

**Steigzeit $t_h$**
ergibt sich aus (2) mit $v_y = 0$:

$t_h = \frac{v_0 \cdot \sin \alpha}{g}$

**Wurfhöhe $s_h$**
ergibt sich aus (4) mit $t = t_h$ und $y = s_h$:

$s_h = \frac{v_0^2 \cdot \sin^2 \alpha}{2g}$

**Wurfweite $s_w$**
ergibt sich aus (5) mit $y = 0$:

$s_w = \frac{v_0^2 \cdot \sin 2\alpha}{g}$

Die **Ballistik** ist die Lehre von den Wurf- oder Geschossbahnen und ist abgeleitet von balleria (griech.) = werfen.

Alle genannten Gleichungen gelten unter der Bedingung, dass der Luftwiderstand vernachlässigt werden kann.

Bei vielen realen Bewegungen (z. B. Speerwurf, Diskuswurf, Bewegung eines Fußballs oder eines Golfballes) ist das jedoch nicht der Fall. Die Bahn weicht infolge des Luftwiderstandes erheblich von einer Wurfparabel ab. Solche Bahnkurven bezeichnet man im Unterschied zu **Wurfparabeln** als **ballistische Kurven.**

Ballistische Kurven spielen vor allem im Sport und bei Geschossbahnen eine Rolle.

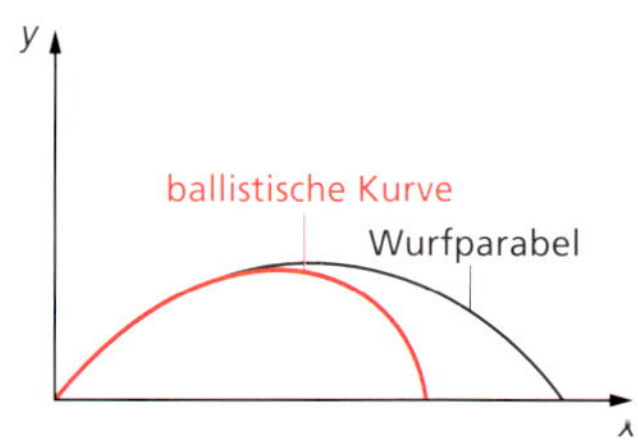


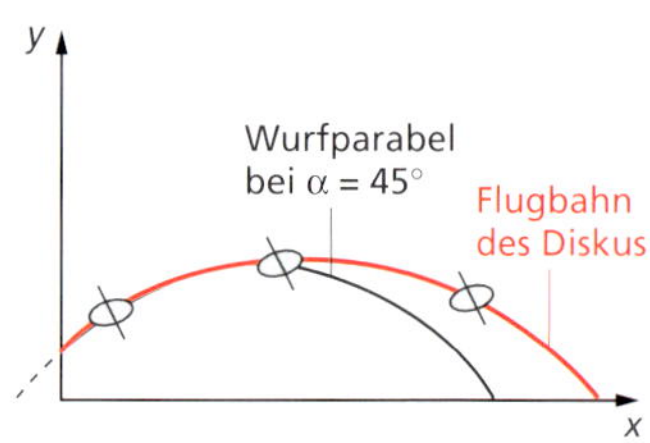


Der Luftwiderstand bewirkt eine deutlich geringere Wurfweite als diejenige, die sich aus der oben genannten Gleichung ergibt. Eine Ausnahme bildet hier der Diskuswurf. Aufgrund seiner im Idealfall stabilen räumlichen Lage, die durch eine Rotation des Diskus entsteht, wirkt vor allem im zweiten Teil des Fluges ein „Luftpolster".

Bei **Würfen im Sport** (Kugelstoßen, Speerwerfen, Diskuswerfen) beträgt der optimale Abwurfwinkel ca. 35°.

# 2.3 Dynamik

Die **Dynamik** ist die Lehre von den Kräften und deren Wirkungen. Sie beschäftigt sich im Unterschied zur Kinematik (↗ S. 56) mit den Ursachen für Bewegungen.

Die Bezeichnung Dynamik ist abgeleitet von dynamis (griech.) = Kraft.

## 2.3.1 Kräfte und ihre Wirkungen

### Kennzeichnung und Wirkungen von Kräften

In Natur und Technik wirkt eine Vielzahl unterschiedlicher Kräfte, von denen eine Auswahl in der nachfolgenden Übersicht dargestellt sind.

| Gewichtskraft | Reibungskraft | Zugkraft |
|---|---|---|
|  Jeder Körper wird von der Erde angezogen. Der Körper wirkt auf seine Unterlage mit einer Kraft, die man **Gewichtskraft** nennt. |  Beim Fahren mit dem Fahrrad wirken immer Kräfte, die die Bewegung hemmen. Solche bewegungshemmende Kräfte sind **Reibungskräfte.** |  Waggons werden durch eine Lokomotive in Bewegung gesetzt. Dabei wirken auf die Waggons **Zugkräfte.** |
| **Windkraft** | **Wasserkraft** | **Schubkraft** |
|  Durch die Kraft des Windes werden Windräder in Rotation versetzt. Die **Windkraft** gewinnt immer mehr Bedeutung für die Gewinnung von Elektroenergie. |  **Wasserkraft** wird genutzt, um Turbinen anzutreiben und in Wasserkraftwerken Elektroenergie zu gewinnen. Die Kraft des Wassers kann auch Zerstörungen hervorrufen. |  Um eine Rakete in Bewegung zu setzen, werden Verbrennungsgase mit großer Geschwindigkeit ausgestoßen. Auf die Rakete wirkt dann eine **Schubkraft.** |

Die Einheit der Kraft ist nach dem englischen Naturforscher ISAAC NEWTON (1643–1727) benannt. NEWTON formulierte auch erstmals die Grundgesetze der Dynamik (↗ S. 76 ff.).

Der Buchstabe $F$ ohne Pfeil bedeutet, dass nur der Betrag der Kraft angegeben wird.

Durch Kräfte kann ein Körper auch zerstört werden.

Die Wirkung von Kräften kann mithilfe kraftumformender Einrichtungen (geneigte Ebene, Rollen, Flaschenzüge, Hebel) verändert werden.

Die Kraft ist ein Maß dafür, welche Bewegungsänderung oder Verformung bei einem Körper hervorgerufen wird.
Formelzeichen: $\vec{F}$
Einheit: 1 Newton (1 N)

Ein Newton ist die Kraft, die einem Körper mit der Masse 1 kg eine Beschleunigung von 1 m/s$^2$ erteilt. Es ist etwa die Kraft, mit der ein Körper der Masse 100 g auf eine ruhende Unterlage drückt oder an einer Aufhängung zieht.

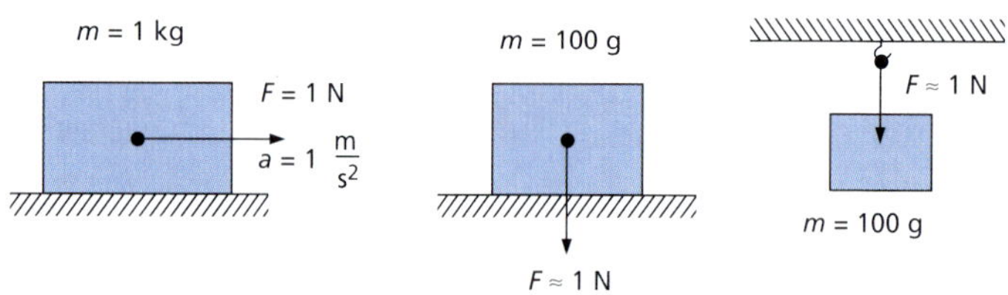


Allgemein gilt für Kräfte:

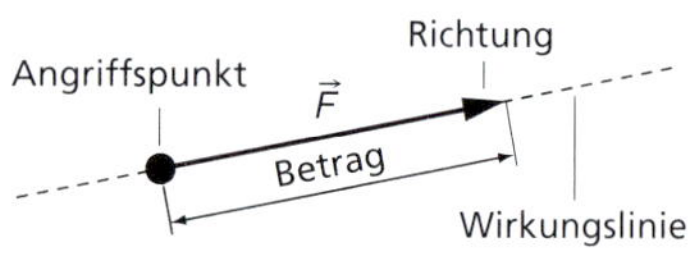


- Die Kraft ist eine **vektorielle gerichtete) Größe.** Sie wird mithilfe von Pfeilen dargestellt.
- Die Kraft ist eine **Wechselwirkungsgröße.** Sie wirkt in der Regel zwischen zwei Körpern. Die beiden Kräfte einer Wechselwirkung haben stets den gleichen Betrag und entgegengesetzte Richtung (↗ S. 78).
- Die Kraft ist nur an ihren Wirkungen erkennbar. Kräfte können eine **Bewegungsänderung** von Körpern, eine **Formänderung** oder beides gleichzeitig hervorrufen.
  Die Wirkung einer Kraft auf einen Körper ist abhängig
  - vom Betrag der Kraft,
  - von der Richtung der Kraft,
  - vom Angriffspunkt der Kraft.

Die Wirkung einer Kraft hängt auch von dem Körper selbst ab, auf den sie einwirkt, z. B. davon, ob er beweglich ist und welche mechanischen Eigenschaften er besitzt. Die Verformungen von Körpern können **plastisch** oder **elastisch** sein. Eine **plastische Verformung** liegt vor, wenn der Körper nach der Krafteinwirkung nicht von allein wieder seine ursprüngliche Form annimmt. Dies ist z. B. nach einem Autounfall, beim Verbiegen eines Nagels oder beim Formen eines Bleches der Fall.
Eine **elastische Verformung** liegt vor, wenn der Körper nach der Krafteinwirkung von allein wieder seine ursprüngliche Form annimmt. Dies ist z. B. bei einem Impander, einem gebogenen Ast oder einer gedehnten Feder im elastischen Bereich der Fall. Beides sind Grenzfälle, die man auch als **ideal plastisch** bzw. **ideal elastisch** bezeichnet.

## Messen von Kräften

Kräfte können in unterschiedlicher Weise gemessen werden. Eine erste Möglichkeit ist die Nutzung von Federn, die elastisch verformt werden. Für solche Federn gilt das **hookesche Gesetz.**

Das Gesetz ist nach dem englischen Naturwissenschaftler ROBERT HOOKE (1635–1703) benannt.

> Unter der Bedingung, dass eine Feder elastisch verformt wird, gilt:
>
> $F \sim s$ oder $\frac{F}{s}$ = konstant oder $F = D \cdot s$
>
> $F$ angreifende Kraft
> $s$ Verlängerung der Feder
> $D$ Federkonstante

Dieser Zusammenhang wird bei **Federkraftmessern** genutzt. Der Messbereich eines Federkraftmessers hängt von der **Härte der Feder** ab. Man spricht hier von **statischer Kraftmessung.**

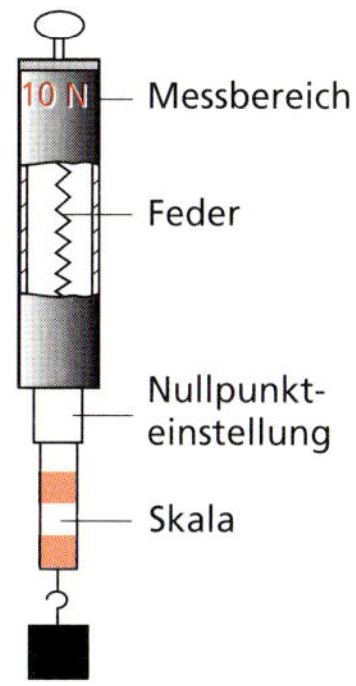


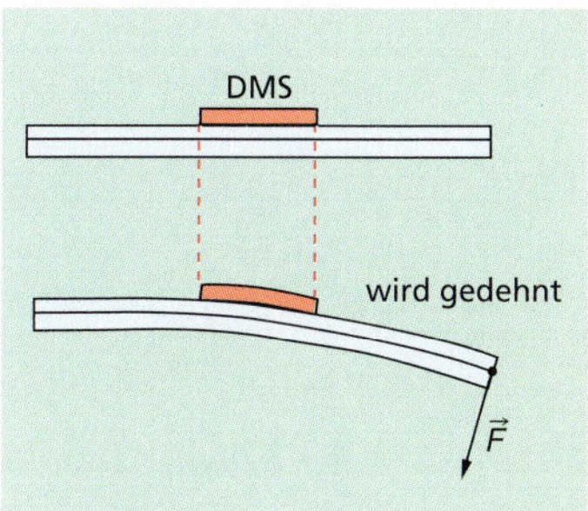


Ein andere Möglichkeit, Kräfte zu messen, besteht in der Nutzung von **Dehnungsmessstreifen** (DMS). Sie bestehen aus einem Widerstandsdraht oder einer Widerstandsfolie, die auf einen verformbaren Träger aufgebracht sind. Verändert sich durch Biegung eines solchen Streifens die Länge und die Dicke des DMS, so verändert sich auch sein elektrischer Widerstand. Je größer die wirkende Kraft ist, desto stärker ist auch die Biegung und desto größer ist die Widerstandsänderung. Sie ist somit ein Maß für die wirkende Kraft. Zur **elektrischen Kraftmessung** klebt man DMS an die Stelle, an der die Kraft gemessen werden soll.

Kräfte kann man mit Federkraftmessern (oben) oder Dehnungsmessstreifen (Skizze unten) messen.

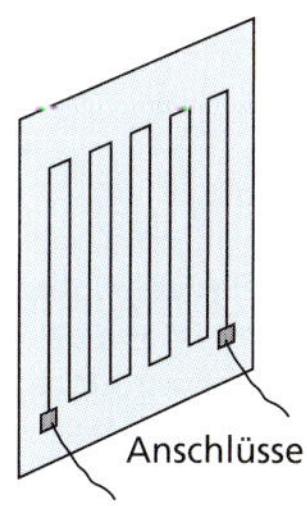


Eine dritte Möglichkeit ist die **dynamische Kraftmessung** unter Nutzung des newtonschen Grundgesetzes (↗ S. 77). Aus der Masse eines Körpers und der Beschleunigung, die durch eine Kraft hervorgerufen wird, kann man den Betrag der beschleunigenden Kraft ermitteln.

| **Kräfte in Natur und Technik** | | |
|---|---|---|
| **Gewichtskräfte** | ein 10-Cent-Stück<br>1 Tafel Schokolade (100 g)<br>1 Liter Wasser<br>Mensch<br>Pkw | 0,04 N<br>1 N<br>10 N<br>500 N ... 800 N<br>≈ 10 000 N |
| **Zug- und Schubkräfte** | Pferd<br>Lokomotive<br>Mondrakete „Saturn V" | 400 N ... 750 N<br>bis 200 000 N<br>34 MN |
| **Gravitationskräfte** | Anziehungskraft Erde–Mond<br>Anziehungskraft Sonne–Erde | $1{,}98 \cdot 10^{20}$ N<br>$3{,}54 \cdot 10^{22}$ N |

## Zusammensetzung von Kräften

Wenn auf einen Körper zwei Kräfte wirken, so setzen sich diese zu einer resultierenden Kraft $\vec{F}$ zusammen. Diese **Resultierende** kann zeichnerisch **(Kräfteparallelogramm)** oder rechnerisch ermittelt werden.

| | | |
|---|---|---|
| **zwei Kräfte wirken in gleicher Richtung** | 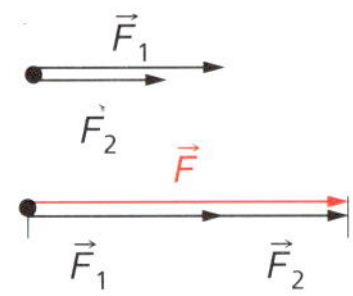 | $F = F_1 + F_2$ |
| **zwei Kräfte wirken in entgegengesetzter Richtung** | 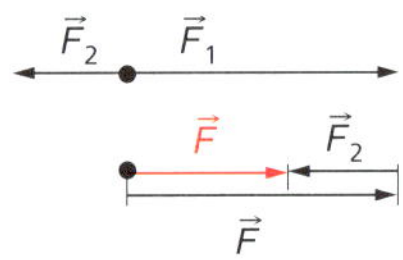 | $F = F_1 - F_2$ |
| **zwei Kräfte wirken im rechten Winkel zueinander** | 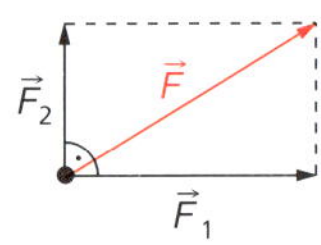 | $F = \sqrt{F_1^2 + F_2^2}$ |
| **zwei Kräfte wirken in beliebiger Richtung zueinander** | 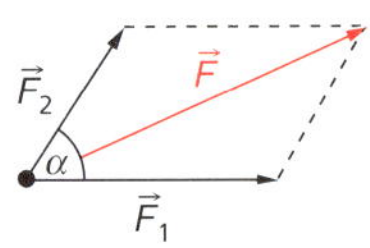 | $F = \sqrt{F_1^2 + F_2^2 + 2F_1 \cdot F_2 \cdot \cos\alpha}$ |

Haben die beiden Kräfte $\vec{F}_1$ und $\vec{F}_2$ den gleichen Betrag, so ist die resultierende Kraft null.

Wirken auf einen Körper mehr als zwei Kräfte, so kann man durch geometrische Addition von jeweils zwei Kräften schrittweise die resultierende Kraft ermitteln.

## Zerlegung von Kräften

Eine Kraft $\vec{F}$ kann in **Teilkräfte** oder **Komponenten** $\vec{F}_1$ und $\vec{F}_2$ zerlegt werden, wenn die Richtungen der Komponenten bekannt sind.

Eine Zerlegung von Kräften kann auch an der geneigten Ebene erfolgen. Die Gewichtskraft $\vec{F}_G$ kann in die **Hangabtriebskraft** $\vec{F}_H$ parallel zur geneigten Ebene und in die **Normalkraft** $\vec{F}_N$ senkrecht zur geneigten Ebene zerlegt werden.

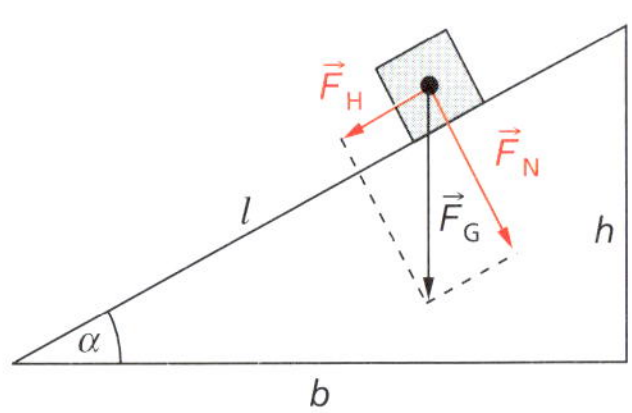


Hangabtriebskraft und Normalkraft können auch berechnet werden. Es gilt:

$$F_H = F_G \cdot \sin\alpha = F_G \cdot \frac{h}{l} \qquad F_N = F_G \cdot \cos\alpha = F_G \cdot \frac{b}{l}$$

Bei einer geneigten oder schiefen Ebene gilt: $0° \le \alpha \le 90°$.
Für die Grenzfälle gilt: Bei $\alpha = 0°$ ist die Gewichtskraft gleich der Normalkraft und $F_H = 0$.
Bei $\alpha = 90°$ ist die Gewichtskraft gleich der Hangabtriebskraft und $F_N = 0$.

Eine Lampe mit einer Gewichtskraft von 50 N soll an der Außenwand eines Hauses mit zwei Streben befestigt werden, wobei die eine Strebe senkrecht zur Hauswand steht und die andere mit ihr einen Winkel von 60° bildet.
*Wie könnten die Streben angeordnet sein?*
*Welche Kräfte wirken auf die Streben?*

*Analyse:*
Die Richtungen der Kräfte sind vorgegeben, wobei es für die eine Strebe zwei Möglichkeiten gibt. Für beide Möglichkeiten sind die Beträge der Komponenten zu bestimmen.

Gesucht: $F_1, F_2$
Gegeben: $F_G = 50\ \text{N}$

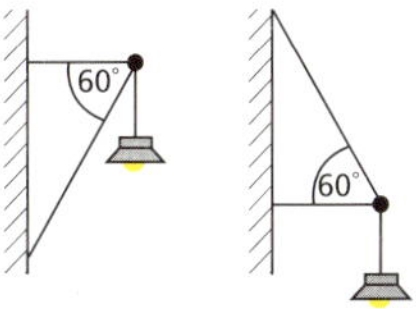


*Lösung:*
Die beiden Komponenten werden für den jeweiligen Fall zeichnerisch bestimmt. Es gilt: 50 N ≙ 1,5 cm.

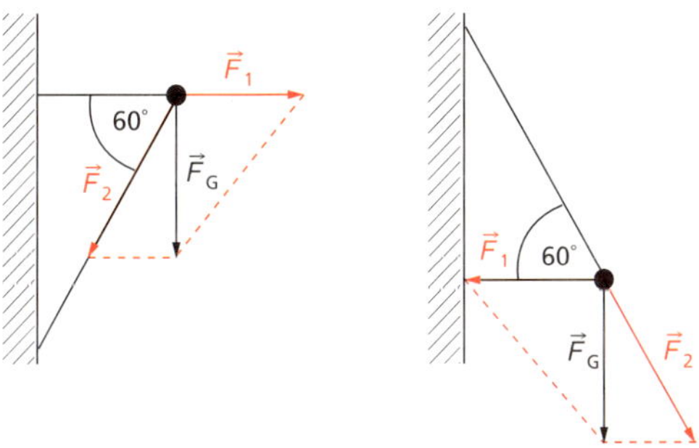


*Ergebnis:*
Je nach der Anordnung der Streben wirken auf sie eine Zug- oder Druckkraft.
Zeigt die zweite Strebe nach unten, so wirkt auf die vertikale Strebe eine Zugkraft von etwa 29 N und auf die schräge Strebe eine Druckkraft von etwa 58 N.
Zeigt die zweite Strebe nach oben, so wirkt auf die vertikale Strebe eine Druckkraft von etwa 29 N und auf die schräge Strebe eine Zugkraft von etwa 58 N.

Bei der zeichnerischen Lösung solcher Aufgaben muss ein Maßstab vereinbart werden. Die Genauigkeit des Ergebnisses hängt von der Zeichengenauigkeit und von der Zweckmäßigkeit des Maßstabes ab.

Sind die Winkel bekannt, so kann man die Komponenten meist auch unter Anwendung trigonometrischer Funktionen berechnen. Im gegebenen Fall gilt:

$$F_1 = \frac{F_G}{\tan 60°} = 28{,}9\ \text{N}$$

$$F_2 = \frac{F_G}{\sin 60°} = 57{,}7\ \text{N}$$

Sind die Richtung der beiden Komponenten vorgegeben, dann gilt:

$$F_1 = F \cdot \frac{\sin \beta}{\sin(180° - \alpha - \beta)}$$

$$F_2 = F \cdot \frac{\sin \alpha}{\sin(180° - \alpha - \beta)}$$

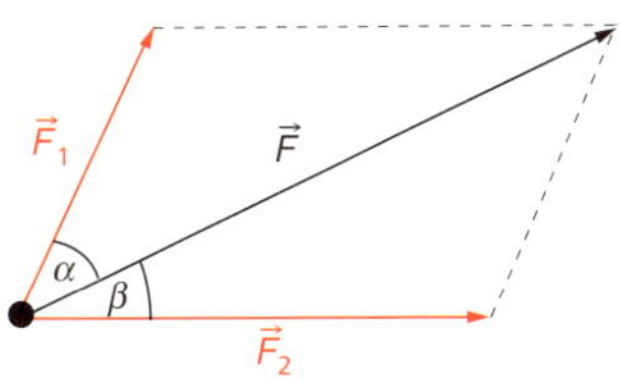

Der italienische Naturwissenschaftler GALILEO GALILEI (1564–1642) entdeckte bei seinen Untersuchungen zu Bewegungen das Trägheitsgesetz.

## 2.3.2 Die newtonschen Gesetze

Die drei newtonschen Gesetze, auch **Grundgesetze der Dynamik** genannt, beinhalten grundlegende Zusammenhänge zwischen Kräften, Geschwindigkeiten und Beschleunigungen. Ihre Formulierungen gehen auf G. GALILEI und I. NEWTON zurück. Mit diesen Gesetzen entstand die newtonsche Mechanik, die erste in sich geschlossene Theorie für einen Bereich der Physik.

### Das Trägheitsgesetz (1. newtonsches Gesetz)

Aufgrund seiner Masse bleibt ein Körper in Ruhe, wenn keine Kräfte auf ihn wirken. Ein bewegter Körper versucht seinen Bewegungszustand beizubehalten. Das kann man eindrucksvoll bei einem Crashtest beobachten (s. Bilder).

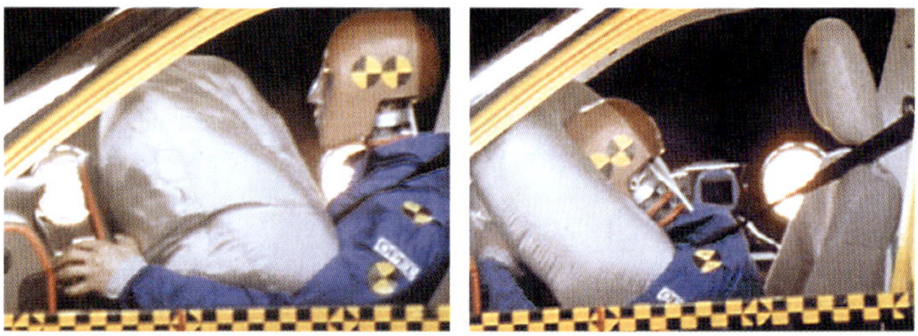

Die Eigenschaft von Körpern, aufgrund ihrer Masse den Bewegungszustand beizubehalten, wird als **Trägheit** bezeichnet. Die Bezeichnung ist von inertia (lat.) = Trägheit abgeleitet. Jeder Körper ist träge und schwer. Während aber die **Schwere** an die Existenz weiterer Körper (↗ Gravitation, S. 115 ff.) gebunden ist, tritt **Trägheit** überall als Körpereigenschaft auf. Das **Trägheitsgesetz** lautet:

Der englische Forscher ISAAC NEWTON (1643–1727) fand weitere grundlegende Gesetze der Mechanik und entwickelte eine Theorie zu Kräften und Bewegungen, die newtonsche Mechanik (↗ S. 11 f.).

Ein Körper bleibt in Ruhe oder in gleichförmiger geradliniger Bewegung, solange die Summe der auf ihn wirkenden Kräfte null ist.

$$\vec{v} = \text{konstant bei } \vec{F}_1 + \vec{F}_2 + \ldots + \vec{F}_n = \sum_{i=1}^{n} \vec{F}_i = 0$$

Bezugssysteme (↗ S. 56), in denen das Trägheitsgesetz gilt, werden als **Inertialsysteme** bezeichnet. Ist ein Bezugssystem ein Inertialsystem, so sind auch alle Bezugssysteme, die sich gleichförmig geradlinig dazu bewegen, Inertialsysteme.

Alle Inertialsysteme sind gleichberechtigt. In ihnen gelten die gleichen physikalischen Gesetze.

Ein mit der Erdoberfläche verbundenes Bezugssystem ist aufgrund der Erdrotation nur näherungsweise ein Inertialsystem.

### Das newtonsche Grundgesetz (2. newtonsches Gesetz)

Das **newtonsche Grundgesetz,** auch als Grundgesetz oder Grundgleichung der Mechanik bezeichnet, beinhaltet den fundamentalen Zusammenhang zwischen der auf einen Körper wirkenden Kraft, seiner Masse und der Beschleunigung, die durch die Kraft hervorgerufen wird.

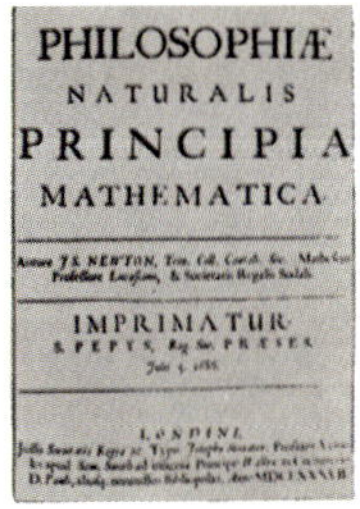


**Isaac Newton** (1643–1727) fasste seine Erkenntnisse zur Mechanik in dem 1687 erschienenen Werk „Mathematische Prinzipien der Naturlehre" zusammen. Die Abbildung zeigt das Titelbild dieses Werkes.

> Zwischen Kraft $\vec{F}$, Masse $m$ und Beschleunigung $\vec{a}$ gilt folgender Zusammenhang:
>
> $$\vec{F} = m \cdot \vec{a}$$

Dabei ist stets zu beachten:

- Mit der Kraft $\vec{F}$ ist immer die beschleunigende Kraft gemeint. Wirkt z. B. auf ein Auto eine Antriebskraft in der einen und eine bewegungshemmende Reibungskraft in der anderen Richtung, so ist die beschleunigende Kraft die Resultierende aus beiden.
- Die Richtungen von beschleunigender Kraft und Beschleunigung sind stets gleich. Dabei ergibt sich die Richtung der Beschleunigung aus der Richtung der Kraft.
- Die jeweilige Geschwindigkeit des beschleunigten Körpers kann größer oder kleiner werden. Bei einer gleichförmigen Kreisbewegung kann sie auch ihren Betrag beibehalten, ändert aber ständig ihre Richtung.

Die bei **Kreisbewegungen** wirkenden Kräfte sind ↗ S. 82 ausführlicher dargestellt.

In Natur und Technik sind zwei spezielle Fälle des newtonschen Grundgesetzes von besonderer Bedeutung.

| **Für $m$ = konstant gilt:** $a \sim F$ | **Für $F$ = konstant gilt:** $a \sim \frac{1}{m}$ |
|---|---|
| 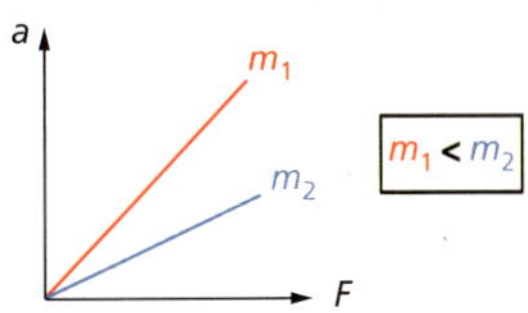 | 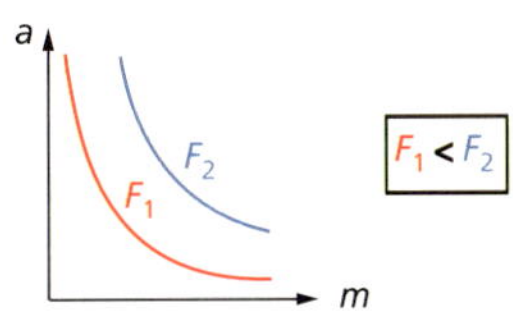 |
| Bei einem Pkw bestimmter Masse ist die Beschleunigung umso größer, je größer die beschleunigende Antriebskraft ist. | Ein Lkw ohne Ladung erreicht bei bestimmter Antriebskraft eine größere Beschleunigung als der gleiche Lkw mit voller Ladung. |

Der dritte mögliche Fall lautet: Für $a$ = konstant gilt $F \sim m$ . Auch dafür gibt es Beispiele: Damit ein schwerer Pkw die gleiche Beschleunigung wie ein leichter erzielt, muss bei ihm die Antriebskraft proportional zur Masse größer sein.

In der Praxis hängt die jeweils wirkende Kraft und damit auch die Beschleunigung vom Übersetzungsverhältnis (vom Gang) ab. Damit ist die erzielbare Beschleunigung in der Anfangsphase (1. und 2. Gang) wesentlich größer als im weiteren Verlauf der Bewegung.

Ein Pkw mit einer Masse von 1 360 kg erreicht aus dem Stillstand in 9,6 s eine Geschwindigkeit von 100 km/h.
*Wie groß ist die durchschnittliche beschleunigende Kraft?*
*Ist sie gleich der vom Motor aufgebrachten Kraft?*

*Analyse:*
Es kann das newtonsche Grundgesetz angewendet werden. Die durchschnittliche Beschleunigung ergibt sich aus der Geschwindigkeitsänderung und dem Zeitintervall.

Gesucht: $F$
Gegeben: $m = 1\,360\ \text{kg}$
$\Delta v = 100\ \text{km/h} = 27{,}8\ \text{m/s}$
$\Delta t = 9{,}6\ \text{s}$

*Lösung:*

$$F = m \cdot a \qquad a = \frac{\Delta v}{\Delta t}$$

$$F = m \cdot \frac{\Delta v}{\Delta t}$$

$$F = 1\,360\ \text{kg} \cdot \frac{27{,}8\ \text{m/s}}{9{,}6\ \text{s}}$$

$$\underline{F = 3\,940\ \text{N}}$$

*Ergebnis:*
Die durchschnittliche beschleunigende Kraft beträgt 3 940 N. Die vom Motor aufzubringende Kraft ist größer, weil auch noch bewegungshemmende Reibungskräfte (Rollreibungskraft der Reifen, Luftwiderstandskraft) wirken.

### Das Wechselwirkungsgesetz (3. newtonsches Gesetz)

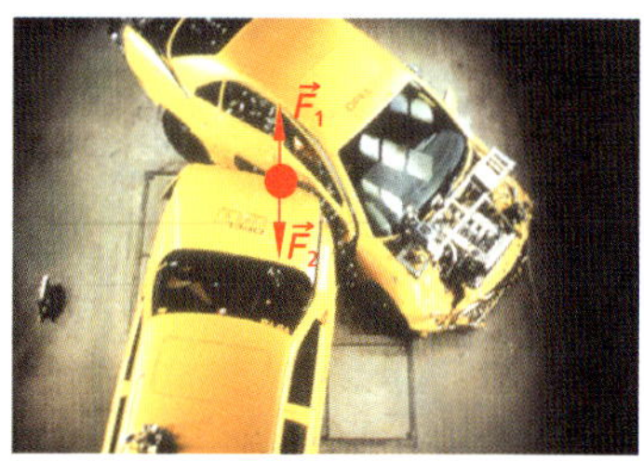


Wirken zwei Körper aufeinander ein, so wirkt auf jeden der beiden Körper eine Kraft. Das ist bei einem Crash von zwei Autos ebenso der Fall wie zwischen der Erde und der Sonne oder der Erde und einem Körper auf ihrer Oberfläche. Die Erde zieht den Körper an, der Körper aber auch die Erde.
Solche zwischen zwei Körpern auftretenden Kräfte werden als **Wechselwirkungskräfte** bezeichnet. Für sie gilt das **Wechselwirkungsgesetz.** Es lautet:

Üblich sind für das Gesetz auch die Kürzel **actio = reactio** oder Wirkung = Gegenwirkung.

> Wirken zwei Körper aufeinander ein, so wirkt auf jeden der beiden Körper eine Kraft. Die Kräfte sind gleich groß und entgegengesetzt gerichtet. Es gilt:
>
> $$\vec{F}_1 = -\vec{F}_2$$

Die **Wechselwirkung** zwischen zwei Körpern ist deutlich zu unterscheiden von dem **Kräftegleichgewicht,** in dem sich ein Körper befinden kann.

| Wechselwirkung | Kräftegleichgewicht |
|---|---|
| Es werden Kräfte betrachtet, die durch das gegenseitige Einwirken *zweier* Körper aufeinander zustandekommen.<br>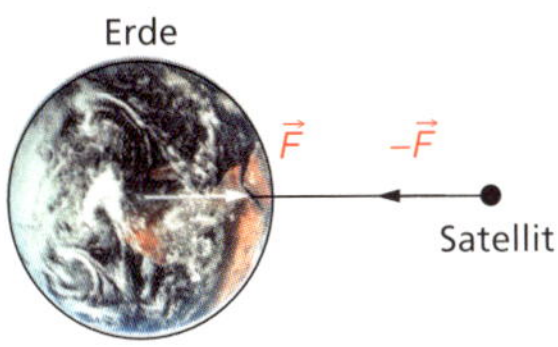<br>Die Erde zieht den Satelliten an, der Satellit zieht mit der gleichen Kraft die Erde an. Die Kräfte haben unterschiedliche Angriffspunkte. | Es werden alle Kräfte betrachtet, die auf *einen* Körper wirken. Sie entstammen meist verschiedenen Wechselwirkungen.<br><br>Zwischen dem Vogel und der Erde wirkt die Gewichtskraft (1. Wechselwirkung). Die Auftriebskraft kommt durch die Wechselwirkung Flügel–Luft (2. Wechselwirkung) zustande. |
| Die Kräfte sind gleich groß und entgegengesetzt gerichtet. | Die Summe aller auf *einen* Körper wirkenden Kräfte ist null. |

Auch bei Wechselwirkungen wird – in Abhängigkeit vom jeweiligen Sachverhalt – häufig nur eine der beiden Kräfte betrachtet. Bei der Wechselwirkung Erde–Körper ist meist nur die auf den Körper wirkende Kraft (Gewichtskraft) von Interesse.
Bei der Wechselwirkung zwischen der Luft und einem Vogel interessiert den Physiker meist nur die nach oben wirkende Auftriebskraft.

Allgemein gilt für das **Kräftegleichgewicht** bei einem Körper:

> Ein Körper befindet sich im Kräftegleichgewicht, wenn die Summe der auf ihn wirkenden Kräfte null ist.

## 2.3.3 Arten von Kräften

Kräfte unterscheidet man häufig nach der Art ihres Zustandekommens oder auch danach, was sie bewirken. Eine eindeutige Systematik für die vielfältigen Arten von Kräften gibt es nicht. Wir betrachten nachfolgend einige Arten, die für die Physik eine wichtige Rolle spielen.

**Gewichtskräfte**

Verschiedene Körper werden von der Erde unterschiedlich stark angezogen. Damit wirken die Körper mit einer bestimmten Kraft auf eine Unterlage oder ziehen an einer Aufhängung. Diese Kraft nennt man **Gewichtskraft.**

Beispiele für Arten von Kräften sind ↗ S. 71 genannt. Weitere Kräfte sind z. B. **Druckkräfte,** Federkräfte (↗ S. 24), **Auftriebskräfte, Gravitationskräfte** (↗ S. 117), Zentralkräfte oder **Radialkräfte** (↗ S. 82) und **Trägheitskräfte** (↗ S. 83).

Die Gewichtskraft gibt an, mit welcher Kraft ein Körper auf eine waagerechte Unterlage wirkt oder an einer Aufhängung zieht.
Sie kann berechnet werden mit der Gleichung:

$$\vec{F}_G = m \cdot \vec{g}$$

$\vec{F}_G$ Gewichtskraft
$m$ Masse
$\vec{g}$ Ortsfaktor (Fallbeschleunigung)

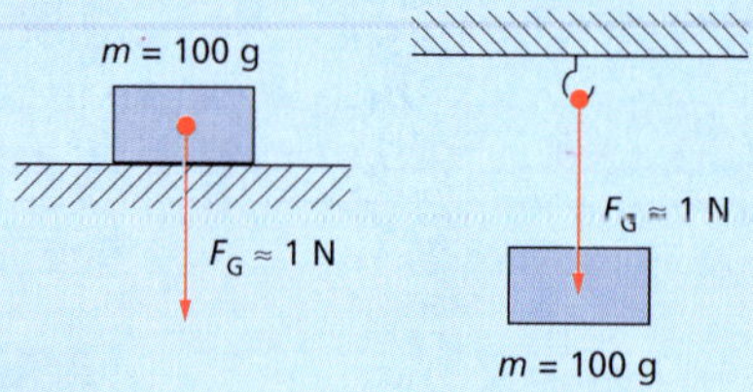


Für Überschlagrechnungen ist es zweckmäßig, mit dem Näherungswert $g = 10\,\frac{N}{kg}$ zu rechnen.

Der ortsabhängige **Ortsfaktor** beträgt im Mittel auf der Erdoberfläche $g$ = 9,81 N/kg = 9,81 N/kg. An den Polen ist er mit 9,83 N/kg etwas größer, am Äquator mit 9,79 N/kg etwas kleiner. Auf anderen Himmelskörpern hat der Ortsfaktor einen anderen Wert als auf der Erde.

Die Einheiten N/kg und m/s² sind identisch, denn es gilt:
$1\,\frac{N}{kg} = 1\,\frac{kg \cdot m}{kg \cdot s^2} = 1\,\frac{m}{s^2}$

Ist die Kraft, mit der ein Körper auf eine Unterlage drückt oder an einer Aufhängung zieht, gleich null, so spricht man von **Gewichtslosigkeit** oder **Schwerelosigkeit.** Es gilt:
- Jeder frei fallende Körper ist schwerelos. Er übt auf eine mit ihm fallende Unterlage keine Kraft aus.
- Körper in einem um die Erde kreisenden Raumschiff oder in einer Raumstation sind schwerelos, weil sie ständig mit der Fallbeschleunigung $g$ in Richtung Erde fallen und damit keine Kraft auf eine Unterlage oder eine Aufhängung ausüben.

*Wie groß ist die Gewichtskraft eines Astronauten auf dem Mond und auf der Erde, wenn er 75 kg wiegt?*

*Analyse:*
Man kann die Gewichtskraft ermitteln, wenn man den betreffenden Ortsfaktor kennt. Er beträgt 1,62 N/kg für den Mond und 9,81 N/kg für die Erde. Die Masse ist überall gleich groß.

Gesucht: $F_{G,\,Mond}$, $F_{G,\,Erde}$
Gegeben: $m$ = 75 kg
$g_{Mond}$ = 1,62 N/kg   $g_{Erde}$ = 9,81 N/kg

*Lösung:*

$F_{G,\,Mond} = m \cdot g_{Mond}$
$F_{G,\,Mond} = 75\text{ kg} \cdot 1{,}62\,\frac{N}{kg}$
$\underline{F_{G,\,Mond} = 122\text{ N}}$

$F_{G,\,Erde} = m \cdot g_{Erde}$
$F_{G,\,Erde} = 75\text{ kg} \cdot 9{,}81\,\frac{N}{kg}$
$\underline{F_{G,\,Erde} = 736\text{ N}}$

*Ergebnis:*
Ein Astronaut mit einer Masse von 75 kg hat auf dem Mond eine Gewichtskraft von 122 N. Das ist etwa $\frac{1}{6}$ der Gewichtskraft auf der Erde, die 736 N beträgt.

Der Ortsfaktor beträgt in 10 km Höhe $9{,}78\,\frac{N}{kg}$,
in 100 km Höhe $9{,}51\,\frac{N}{kg}$,
in 1 000 km Höhe $7{,}33\,\frac{N}{kg}$.
Für die Oberfläche anderer Himmelskörper hat der Ortsfaktor folgende Werte:

| | |
|---|---|
| Merkur: | $3{,}7\,\frac{N}{kg}$ |
| Venus: | $8{,}9\,\frac{N}{kg}$ |
| Mars: | $3{,}7\,\frac{N}{kg}$ |
| Jupiter: | $24{,}9\,\frac{N}{kg}$ |
| Saturn: | $10{,}4\,\frac{N}{kg}$ |
| Sonne: | $274\,\frac{N}{kg}$ |

### Reibungskräfte

Wenn Körper aufeinander haften, gleiten oder rollen, tritt **Reibung** auf. Dabei wird zwischen Haftreibung, Gleitreibung und Rollreibung unterschieden.

| **Haftreibung** | **Gleitreibung** | **Rollreibung** |
|---|---|---|
| liegt vor, wenn ein Körper auf einem anderen haftet. | liegt vor, wenn ein Körper auf einem anderen gleitet. | liegt vor, wenn ein Körper auf einem anderen rollt. |
| 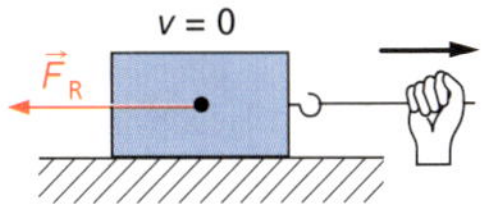 | 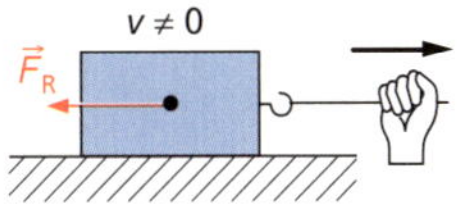 | 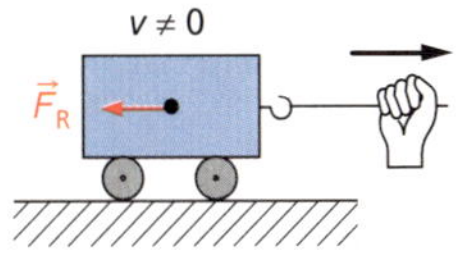 |
| An einem Schlitten wird gezogen, ohne dass er sich schon bewegt. | Ein Schlitten wird einen Weg entlang gezogen. | Ein Auto fährt eine Straße entlang. |

Die Ursache für **Reibungskräfte** liegt in der Beschaffenheit der Oberfläche begründet. Von der Beschaffenheit der Berührungsflächen ist auch der Betrag der Reibungskraft abhängig. Er hängt außerdem vom Betrag der Kraft ab, die senkrecht auf die Unterlage wirkt **(Normalkraft** oder **Anpresskraft).**

Durch Behandlung der Oberfläche können Reibungskräfte vergrößert oder verkleinert werden.

Die Reibungskraft kann berechnet werden mit der Gleichung:

$F_R = \mu \cdot F_N$

| | |
|---|---|
| $F_R$ | Reibungskraft |
| $\mu$ | Reibungszahl |
| $F_N$ | Normalkraft |

Bei einer waagerechten Ebene ist die Normalkraft gleich der Gewichtskraft:

$F_N = m \cdot g$

Bei einer geneigten Ebene ist die Normalkraft eine Komponente der Gewichtskraft (↗ S. 74):

$F_N = F_G \cdot \cos \alpha$

Eine spezielle Reibungskraft ist die **Luftwiderstandskraft,** die z. B. bei Fahrzeugen eine erhebliche Rolle spielt.

Die Luftwiderstandskraft kann berechnet werden mit der Gleichung:

$F_R = \frac{1}{2} c_w \cdot A \cdot \rho \cdot v^2$

| | |
|---|---|
| $c_w$ | Luftwiderstandszahl |
| $A$ | umströmte Querschnittsfläche |
| $\rho$ | Dichte der Luft |
| $v$ | Geschwindigkeit |

Reibungskräfte wirken stets bewegungshemmend, sind also der Bewegungsrichtung entgegengerichtet. Der Kraftstoffverbrauch eines Pkw wird bei höheren Geschwindigkeiten maßgeblich durch die Luftwiderstandskraft beeinflusst. Wegen $F_R \sim v^2$ führt z. B. eine Erhöhung der Geschwindigkeit von 100 km/h auf 140 km/h annähernd zu einer Verdopplung des Betrages der bewegungshemmenden Luftwiderstandskraft.

Mit Geschwindigkeit ist hier immer die Relativgeschwindigkeit zwischen Luft und Fahrzeug gemeint.

## Kräfte bei der Kreisbewegung

Für diese zum Zentrum gerichtete Kraft sind auch die Bezeichnungen **Zentralkraft** oder **Zentripetalkraft** üblich.

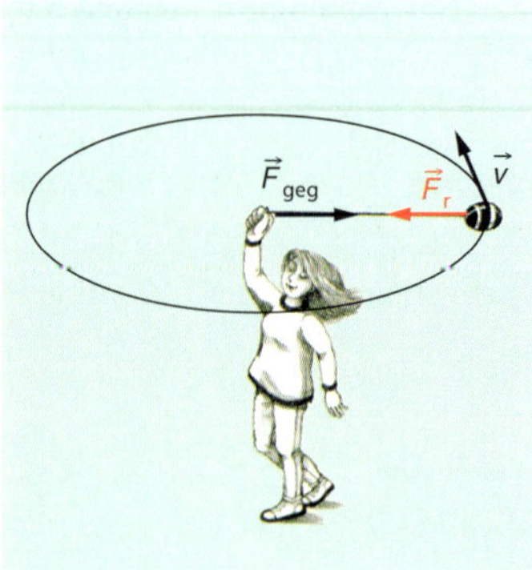


Damit sich ein Körper auf einer Kreisbahn bewegt, muss auf ihn eine Kraft in Richtung des Zentrums der Kreisbewegung wirken. Diese Kraft wird als **Radialkraft** bezeichnet. Die Gegenkraft zur Radialkraft ist gleich groß und wirkt in entgegengesetzter Richtung (s. Bild). Der Betrag der Radialkraft kann mit dem newtonschen Grundgesetz (↗ S. 77) berechnet werden, wenn man als Beschleunigung die Radialbeschleunigung (↗ S. 63) einsetzt.

Bei einer gleichförmigen Kreisbewegung gilt für die Radialkraft:

$$F_R = m \cdot \frac{v^2}{r}$$

$$F_R = m \cdot \omega^2 \cdot r$$

$$F_R = m \cdot \frac{4\pi^2 \cdot r}{T^2}$$

$m$ Masse des Körpers
$v$ Geschwindigkeit des Körpers
$r$ Radius der Kreisbahn
$\omega$ Winkelgeschwindigkeit (↗ S. 62 f.)
$T$ Umlaufzeit

Ein mitbewegter Beobachter führt ebenfalls eine Kreisbewegung aus. Da jede Kreisbewegung eine beschleunigte Bewegung ist (↗ S. 63), bewegt sich auch ein die Kreisbewegung mit ausführendes Bezugssystem beschleunigt.

Alle bisherigen Betrachtungen zu Kräften bei der Kreisbewegung beziehen sich auf ein **ruhendes Bezugssystem.** Eine Beschreibung ist auch in einem **mitbewegten Bezugssystem** möglich.

| ruhender Beobachter | mitbewegter Beobachter |
|---|---|
| Die Beschreibung erfolgt in einem Inertialsystem (↗ S. 56). 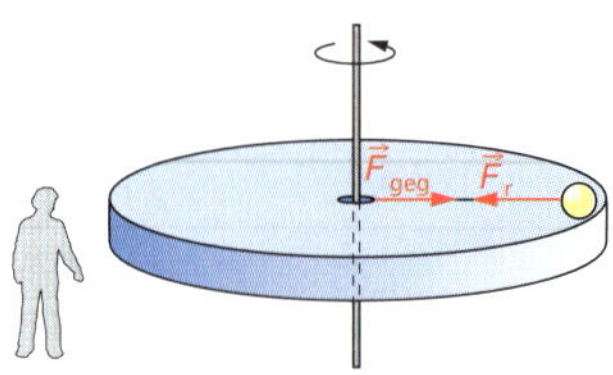 | Die Beschreibung erfolgt in einem beschleunigten Bezugssystem. 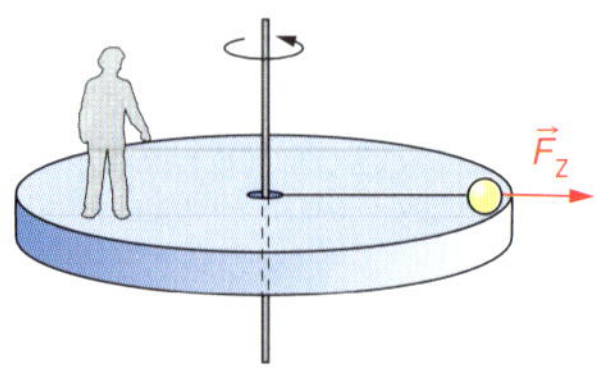 |
| Die Kugel bewegt sich auf einer Kreisbahn. | Die Kugel befindet sich in Ruhe. |
| Die Kugel wird durch die Radialkraft auf der Kreisbahn gehalten. Als Wechselwirkungskraft wirkt die Gegenkraft zur Radialkraft. | Der Beobachter stellt eine nach außen wirkende **Zentrifugalkraft** fest. Zu dieser Kraft gibt es keine Gegenkraft. |
| Reißt der Faden, so bewegt sich die Kugel tangential weiter. | Reißt der Faden, so bewegt sich die Kugel radial weiter. |

Die **Zentrifugalkraft** ist eine Trägheitskraft, die nur in einem beschleunigten Bezugssystem auftritt. Sie hat den gleichen Betrag wie die Radialkraft:

$$F_Z = m \cdot \frac{v^2}{r}$$

$$F_Z = m \cdot \omega^2 \cdot r$$

### Trägheitskräfte

**Trägheitskräfte,** auch **Scheinkräfte** genannt, treten nur in beschleunigten Bezugssystemen auf. Das sind alle Bezugssysteme, die mit Körpern verbunden sind, die eine beschleunigte Bewegung ausführen (anfahrender oder bremsender Bus, Gondel eines Karussells). Da die Erde um ihre Achse rotiert, ist auch ein mit der Erdoberfläche verbundenes Bezugssystem ein beschleunigtes Bezugssystem. Man kann es nur näherungsweise als Inertialsystem ansehen.

Jeder Punkt der Erdoberfläche führt eine Kreisbewegung um die Erdachse, also eine beschleunigte Bewegung aus.

In beschleunigten Bezugssystemen wirken Trägheitskräfte. Zu einer Trägheitskraft gibt es keine Gegenkraft.

Trägheitskräfte werden durch die Trägheit eines Körpers gegenüber Bewegungsänderungen hervorgerufen.

Der Betrag der Trägheitskraft, die auf einen Körper wirkt, hängt von der Masse des Körpers und seiner Beschleunigung ab. Es gilt:

$$\vec{F}_T = -m \cdot \vec{a}$$

Wenn z. B. eine Person in einem anfahrenden Bus steht, dann spürt sie beim Beschleunigen eine Trägheitskraft entgegen der Richtung der Beschleunigung.

Allgemein gilt: Trägheitskräfte haben stets die entgegengesetzte Richtung zur Beschleunigung. Da sich auch jeder Punkt der Erdoberfläche aufgrund der Rotation der Erde um ihre Achse beschleunigt bewegt, wirken auf Körper auf der Erdoberfläche ebenfalls Trägheitskräfte.

Eine Trägheitskraft, die auf der Erdoberfläche zusätzlich auf bewegte Körper wirkt, ist die CORIOLIS-Kraft.

Benannt ist die Trägheitskraft nach dem französischen Physiker und Ingenieur GASPARD GUSTAVE DE CORIOLIS (1792–1843). Sie ist von der geographischen Breite abhängig und hat bei der geographischen Breite $\varphi$ den Betrag $F_c = 2m \cdot v \cdot \omega \cdot \sin \varphi$. $v$ ist die Geschwindigkeit des Körpers, $\omega$ die Winkelgeschwindigkeit der Erde.

Diese Trägheitskraft wirkt senkrecht zur Richtung der Geschwindigkeit des Körpers im rotierenden (beschleunigten) Bezugssystem.
Blickt man auf der Nordhalbkugel in Richtung der Bewegung, so erfolgt durch die CORIOLIS-Kraft eine Ablenkung nach rechts. Die relativ kleine CORIOLIS-Kraft wirkt z. B. auf strömende Luftmassen und auf strömendes Wasser. Das hat zur Folge, dass bei Bewegung von Luft oder Wasser von Süd nach Nord eine Ablenkung in Richtung Osten erfolgt.
Bei einem Pendel erfolgt unter der Einwirkung der CORIOLIS-Kraft eine Drehung der Schwingungsebene.

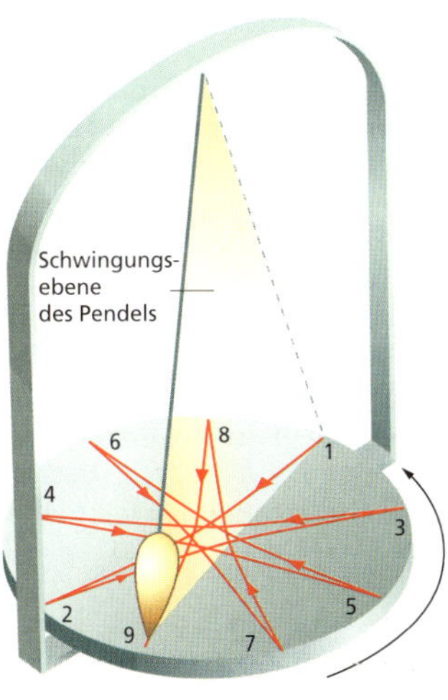


Der französische Physiker LEON FOUCAULT (1819–1868) wies mit einer solchen Anordnung 1851 die Erdrotation nach.

# 2.4 Energie, mechanische Arbeit und Leistung

## 2.4.1 Energie und Energieerhaltung

### Die physikalische Größe Energie

Benannt ist die Einheit 1 J nach dem englischen Physiker JAMES PRESCOTT JOULE (1818–1889). Weitere Einheiten sind ein Newtonmeter und eine Wattsekunde:

1 J = 1 Nm

1 J = 1 Ws

In der Energiewirtschaft nutzt man auch die Steinkohleneinheit und die Rohöleinheit:

1 SKE = 29,3 MJ

1 RÖE = 41,9 MJ

Energie ist die Fähigkeit eines Systems, mechanische Arbeit zu verrichten, Wärme abzugeben oder Strahlung auszusenden.

Formelzeichen: $E$

Einheit: ein Joule (1 J)

Ein **System** ist ein gedanklich von seiner Umgebung abgetrennter Bereich. In ihm können sich Körper oder andere physikalische Objekte (Felder, Elementarteilchen) befinden. Es wird durch die **Systemgrenze** von seiner Umgebung abgegrenzt. Dabei wird zwischen verschiedenen Arten von Systemen unterschieden.

| Art des Systems | Kennzeichen für das System | Beispiele |
|---|---|---|
| offenes System | Systemgrenze ist durchlässig für Energie und Stoff | Motor eines Pkw, Mensch |
| geschlossenes System | Systemgrenze ist durchlässig für Energie und undurchlässig für Stoff | Kühlschrank, Wärmepumpe, Sonnenkollektor |
| abgeschlossenes System | Systemgrenze ist undurchlässig für Energie und Stoff | gut isoliertes, verschlossenes Thermosgefäß |

Bei vielen Energieumwandlungen wird die Energie entwertet, d. h. sie ist dann nicht weiter nutzbar.

Die Energie kennzeichnet den Zustand eines abgeschlossenen Systems. Sie ist eine **Zustandsgröße.** Darüber hinaus gilt:
- Energie kann von einem System auf ein anderes übertragen werden.
- Energie kann gespeichert werden.
- Energie kann von einer Form in andere Formen (↗ S. 85) umgewandelt werden, wobei die verschiedenen Formen für den Nutzer einen unterschiedlichen Wert haben.

Bei allen Prozessen der Umwandlung und Übertragung von Energie gilt das **Gesetz von der Erhaltung der Energie** (Energieerhaltungssatz).

Der Energieerhaltungssatz wurde zuerst von JULIUS ROBERT MAYER (1814–1878) und JAMES PRESCOTT JOULE (1818–1889) formuliert.

In einem abgeschlossenen System ist die Summe aller Energien stets konstant.
Die Gesamtenergie bleibt erhalten.

$$E_{Gesamt} = E_1 + E_2 + \ldots + E_n = \sum_{i=1}^{n} E_i = \text{konstant}$$

$E_1, E_2, \ldots, E_n$ verschiedene Energieformen

| **Energieformen** | | |
|---|---|---|
| **Potenzielle Energie** | **Kinetische Energie** | **Rotationsenergie** |
|  |  |  |
| Körper, die aufgrund ihrer Lage mechanische Arbeit verrichten können, besitzen **potenzielle Energie** $E_{pot}$. | Körper, die aufgrund ihrer Bewegung mechanische Arbeit verrichten können, besitzen **kinetische Energie** $E_{kin}$. | Körper, die aufgrund ihrer Rotation Arbeit verrichten können, besitzen **Rotationsenergie** $E_{rot}$. |
| **Thermische Energie** | **Chemische Energie** | **Strahlungsenergie** |
|  |  |  |
| Körper, die aufgrund ihrer Temperatur Wärme abgeben oder Licht aussenden können, besitzen **thermische Energie** $E_{therm}$. | Körper, die bei chemischen Reaktionen Wärme abgeben, Arbeit verrichten oder Licht aussenden, besitzen **chemische Energie** $E_{ch}$. | Die Strahlung der Sonne und anderer Strahlungsquellen besitzt **Lichtenergie** $E_{licht}$ oder **Strahlungsenergie.** |
| **Elektrische Energie** | **Magnetische Energie** | **Kernenergie** |
|  |  |  |
| Körper, die aufgrund elektrischer Vorgänge Arbeit verrichten, Wärme abgeben oder Licht aussenden, besitzen **elektrische Energie** $E_{el}$. | Körper, die aufgrund ihrer magnetischen Eigenschaften mechanische Arbeit verrichten können, besitzen **magnetische Energie** $E_{magn}$. | Bei der Spaltung von Atomkernen und bei ihrer Verschmelzung wird Energie frei, die als **Kernenergie** $E_{kern}$ bezeichnet wird. |

Ein **Perpetuum mobile** 1. Art ist eine „sich unaufhörlich bewegende Anordnung", die ohne Energiezufuhr dauernd Arbeit verrichtet.

Eine besonders anschauliche Formulierung des Energieerhaltungssatzes geht auf HERMANN VON HELMHOLTZ (1821–1894) zurück:

> Energie kann weder erzeugt noch vernichtet werden, sondern nur von einer Form in andere umgewandelt werden.

Man kann auch formulieren: Es ist nicht möglich, ein Perpetuum mobile 1. Art zu konstruieren. Wichtige Formen der mechanischen Energie sind die potenzielle und die kinetische Energie.

Abgeleitet ist die Bezeichnung von potentia (lat.) = Fähigkeit, Können und energeia (griech.) = Wirksamkeit.

**Potenzielle Energie (Energie der Lage) $E_{pot}$ besitzen gehobene und elastisch verformte Körper.**

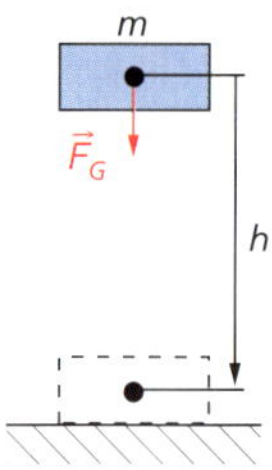


$E_{pot} = F_G \cdot h$

$E_{pot} = m \cdot g \cdot h$

$m$ Masse
$g$ Ortsfaktor
$h$ Höhe

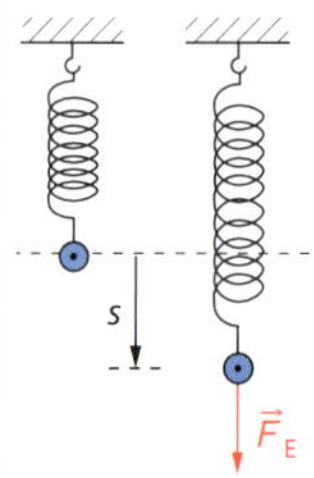


$E_{pot} = \frac{1}{2} F_E \cdot s$

$E_{pot} = \frac{1}{2} D \cdot s^2$

$F_E$ Endkraft
$s$ Verformung
$D$ Federkonstante

Abgeleitet ist die Bezeichnung von kinesis (griech.) = Bewegung und energeia (griech.) = Wirksamkeit. Die Energie eines rotierenden Körpers ist kinetische Energie, wird aber meist als **Rotationsenergie** $E_{rot}$ bezeichnet.

**Kinetische Energie (Energie der Bewegung) $E_{kin}$ besitzen sich bewegende Körper.**

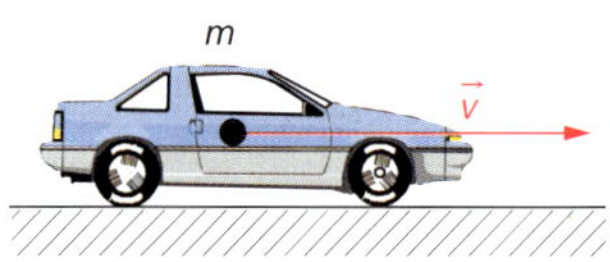


$E_{kin} = \frac{1}{2} m \cdot v^2$ (Translation)

$m$ Masse
$v$ Geschwindigkeit

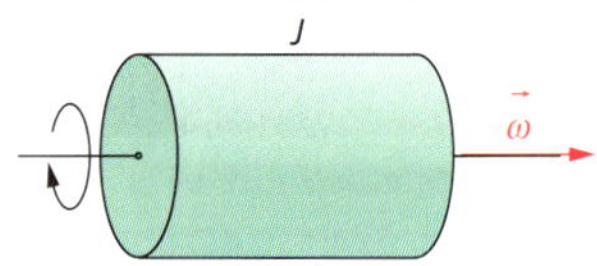


$E_{rot} = \frac{1}{2} J \cdot \omega^2$ (Rotation, ↗ S. 100)

$J$ Trägheitsmoment
$\omega$ Winkelgeschwindigkeit

Für rein mechanische Vorgänge gilt der **Energieerhaltungssatz der Mechanik.**

Als rein mechanisch bezeichnet man Vorgänge, die sich vollständig mit Größen der Mechanik beschreiben lassen und bei denen nur mechanische Energieformen auftreten.

> Unter der Bedingung, dass keine Umwandlung von mechanischer Energie in andere Energieformen erfolgt, gilt für ein abgeschlossenes System (↗ S. 84): Die Summe aus potenzieller und kinetischer Energie ist konstant.
>
> $E_{pot} + E_{kin} = E =$ konstant oder
> $\Delta (E_{pot} + E_{kin}) = 0$

Bei realen Vorgängen ist stets zu prüfen, ob die Gültigkeitsbedingungen für die Anwendbarkeit des Energieerhaltungssatzes der Mechanik zumindest näherungsweise erfüllt sind.

Ein Mädchen springt von einem 5-m-Brett ins Wasser.
*Mit welcher Geschwindigkeit trifft es auf die Wasseroberfläche?*

*Analyse:*
Bei der Bewegung des Mädchens wird die ursprünglich vorhandene potenzielle Energie vollständig in kinetische Energie umgewandelt. Bei der relativ geringen Fallhöhe kann die Umwandlung in thermische Energie aufgrund des Luftwiderstandes vernachlässigt werden. Damit ist der Energieerhaltungssatz der Mechanik anwendbar.

Ein energetischer Ansatz ist bei vielen Aufgaben aus der Mechanik einfacher und besser überschaubar als ein kinetischer Ansatz, so wie er unten dargestellt ist.

Gesucht: $v$
Gegeben: $h = 5\ \text{m}$
$g = 9{,}81\ \frac{\text{m}}{\text{s}^2}$

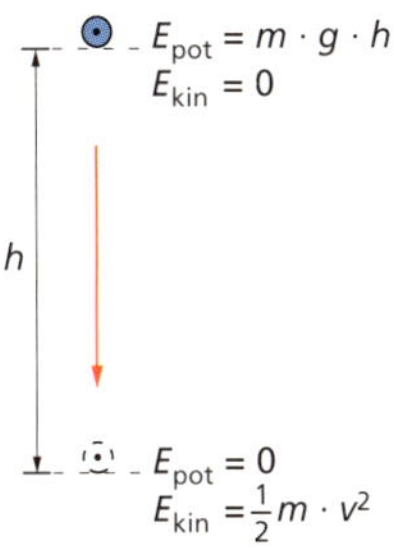


*Lösung:*

$$\frac{1}{2} m \cdot v^2 = m \cdot g \cdot h \quad | \cdot \frac{2}{m}$$

$$v^2 = 2g \cdot h$$

$$v = \sqrt{2g \cdot h}$$

$$v = \sqrt{2 \cdot 9{,}81\ \frac{\text{m}}{\text{s}^2} \cdot 5\ \text{m}}$$

$$\underline{v = 9{,}9\ \frac{\text{m}}{\text{s}} = 36\ \frac{\text{km}}{\text{h}}}$$

*Ergebnis:*
Beim Sprung von einem 5-m-Brett beträgt die Auftreffgeschwindigkeit auf die Wasseroberfläche etwa 10 $\frac{\text{m}}{\text{s}}$.

**Hinweis:** Die Aufgabe kann auch kinematisch gelöst werden, wenn man annimmt, dass das Mädchen 5 m frei fällt. Dann gilt:

$$s = \frac{g}{2} t^2 \quad (1) \qquad \text{und} \qquad v = g \cdot t \quad (2)$$

Stellt man die Gleichung (2) nach $t$ um und setzt das $t$ in Gleichung (1) ein, so erhält man:

$$s = \frac{g}{2} \cdot \frac{v^2}{g^2} \qquad \text{oder} \qquad s = \frac{v^2}{2g} \quad (3)$$

Die Umstellung von (3) nach $v$ ergibt:

$$v = \sqrt{2g \cdot s}$$

Durch Einsetzen der Werte kommt man zum gleichen Ergebnis wie oben.

Insgesamt ist zu beachten, dass die „Anwendungsbreite" des Energieerhaltungssatzes der Mechanik relativ gering ist. Bei vielen Vorgängen wird ein Teil der mechanischen Energie in andere Energieformen umgewandelt, bei Reibungsvorgängen beispielsweise in thermische Energie. Daher muss stets geprüft werden, ob die Gültigkeitsbedingung dieses Energieerhaltungssatzes zumindest näherungsweise erfüllt ist.

## 2.4.2 Die mechanische Arbeit

### Die Größe mechanische Arbeit

Für die Einheiten gilt:

1 Nm = 1 J

1 Nm = 1 Ws

Mechanische Arbeit wird verrichtet, wenn ein Körper bzw. ein System durch eine Kraft bewegt oder verformt wird.

Formelzeichen: $W$

Einheit: ein Newtonmeter (1 Nm)

Durch die mechanische Arbeit wird der Prozess der Energieübertragung beschrieben. Sie ist deshalb im Unterschied zur Energie eine **Prozessgröße** (↗ S. 18). Die Zusammenhänge werden aus der nachfolgenden Darstellung deutlich.

Daraus ergibt sich eine in der Physik übliche Vorzeichenregelung: An einem System verrichtete Arbeit ($\Delta E > 0$) wird mit einem positiven Vorzeichen, von einem System verrichtete Arbeit ($\Delta E < 0$) mit einem negativen Vorzeichen versehen.

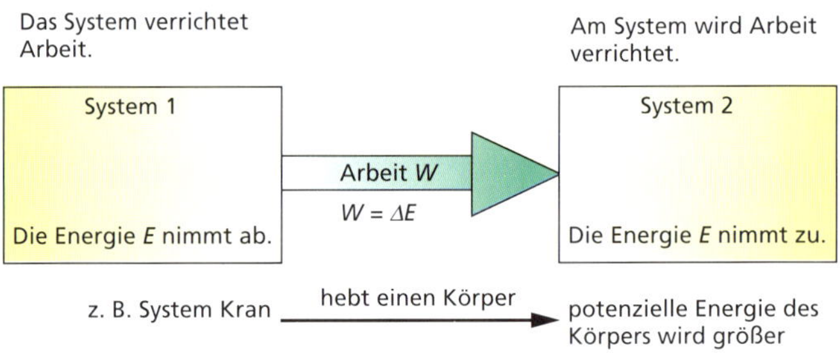


### Arbeit bei konstanter Kraft in Wegrichtung

Vielfach wirkt eine konstante Kraft in Richtung des Weges oder entgegengesetzt dazu (z. B. Antriebskraft von Motoren, Bremskraft, Reibungskraft). Die verrichtete Arbeit hängt dann nur von der einwirkenden Kraft und vom zurückgelegten Weg ab.

Unter der Bedingung, dass die Kraft konstant ist und in Richtung des Weges wirkt, kann die Arbeit berechnet werden mit der Gleichung:

$W = F \cdot s$ — $F$ einwirkende Kraft, $s$ zurückgelegter Weg

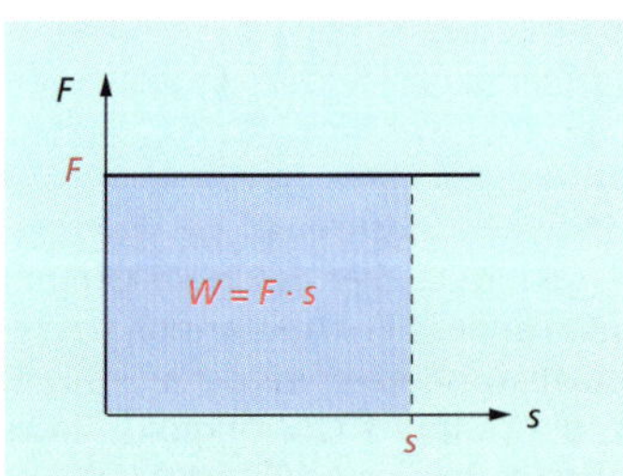


In einem $F$-$s$-Diagramm ist die Fläche unter dem Graphen gleich der verrichteten mechanischen Arbeit. Dieser Zusammenhang gilt für beliebige $F$-$s$-Diagramme.

Er gilt insbesondere auch dann, wenn die Kraft nicht konstant ist. Dann kann die Arbeit durch Auszählen der Fläche bestimmt werden.

| spezielle mechanische Arbeiten bei $F$ = konstant und $\vec{F} \parallel \vec{s}$ | | |
|---|---|---|
| **Hubarbeit** | **Beschleunigungsarbeit** | **Reibungsarbeit** |
| wird verrichtet, wenn ein Körper gehoben wird. | wird verrichtet, wenn ein Körper beschleunigt wird. | wird verrichtet, wenn die Bewegung eines Körpers durch Reibungskräfte gehemmt wird. |
| 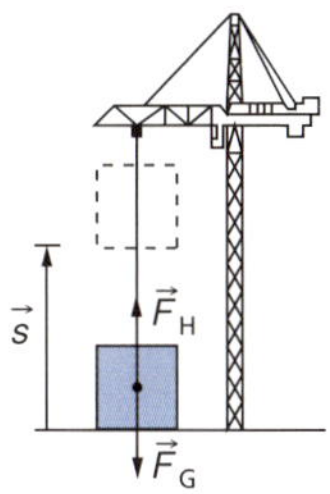  Die potenzielle Energie vergrößert sich: $W_H = \Delta E_{pot}$ | Die kinetische Energie vergrößert sich: $W_B = \Delta E_{kin}$ 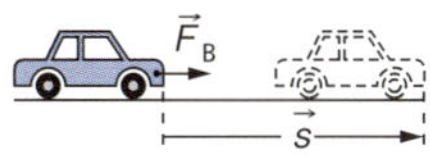  | Die kinetische Energie verkleinert sich: $W_R = \Delta E$ 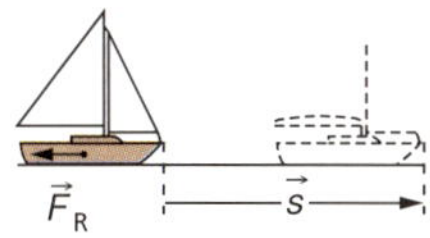  |
| $W_H = F_H \cdot s$ <br> $W_H = m \cdot g \cdot s$ | $W_B = F_B \cdot s$ <br> $W_B = m \cdot a \cdot s = \frac{1}{2} m \cdot v^2$ | $W_R = F_R \cdot s$ <br> $W_R = \mu \cdot F_N \cdot s$ |

**Arbeit bei konstanter Kraft in beliebiger fester Richtung**

Wirkt eine konstante Kraft nicht in Richtung des Weges, sondern unter einem beliebigen Winkel $\alpha$, dann spielt für die Arbeit nur die Komponente der Kraft in Richtung des Weges eine Rolle.

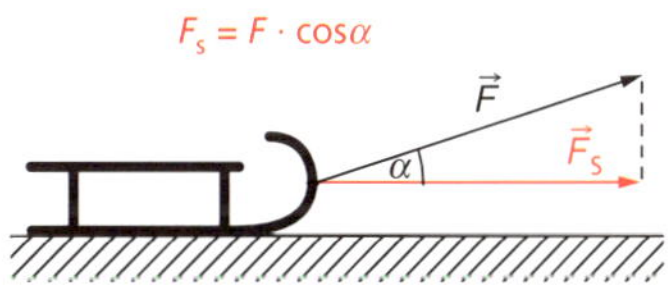


Unter der Bedingung, dass die Kraft konstant ist und in beliebiger, aber fester Richtung wirkt, gilt:

$W = F \cdot s \cdot \cos\alpha$

| | |
|---|---|
| $F$ | einwirkende Kraft |
| $s$ | zurückgelegter Weg |
| $\alpha$ | Winkel zwischen $\vec{F}$ und $\vec{s}$ |

Allgemein ist die mechanische Arbeit gleich dem Skalarprodukt aus Kraft und Weg:
$W = \vec{F} \cdot \vec{s}$

Für $\alpha = 0°$ ergibt sich der ↗ S. 88 genannte Fall. Bei $\alpha = 90°$ ist $\cos\alpha = 0$, demzufolge auch die verrichtete mechanische Arbeit null.

Eine Person, die einen schweren Koffer waagerecht trägt, verrichtet im physikalischen Sinne keine mechanische Arbeit, da $\vec{F}$ und $\vec{s}$ senkrecht aufeinander stehen. Trotzdem ist es anstrengend. Es wird physiologische Arbeit verrichtet.

Bei $90° < \alpha \leq 180°$ ist $\cos\alpha$ negativ. Physikalisch bedeutet das: Auch die mechanische Arbeit ist negativ. Das stimmt mit der Festlegung ↗ S. 88 überein. Wirkt z. B. die Kraft genau in entgegengesetzter Richtung zum Weg, so wie das bei der Reibungskraft der Fall ist, wird vom Körper (vom System) Arbeit verrichtet. Seine mechanische Energie verringert sich.

Betrachtet man z. B. nur die Reibungskraft (s. o.), so wird häufig auf das negative Vorzeichen verzichtet.

### Arbeit bei veränderlicher Kraft

Ist die einwirkende Kraft nicht konstant, so kann man die verrichtete Arbeit ebenfalls aus einem *F-s*-Diagramm oder durch Berechnung ermitteln.

Die Arbeit bei der Kompression oder Expansion von Gasen wird auch als **Volumenarbeit** bezeichnet (↗ S. 183).

| Federspannarbeit | Arbeit bei beliebiger Kraft |
|---|---|
| 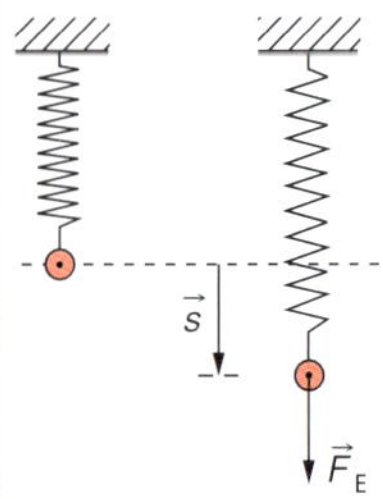  Es gilt:<br>$F \sim s$<br>$F_E = D \cdot s$ | 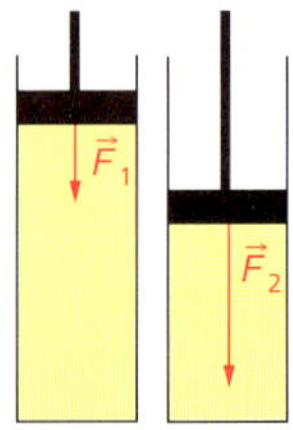  Es gilt:<br>$F = F(s)$ |
| 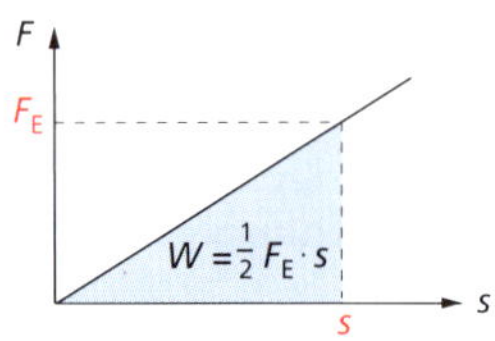  | 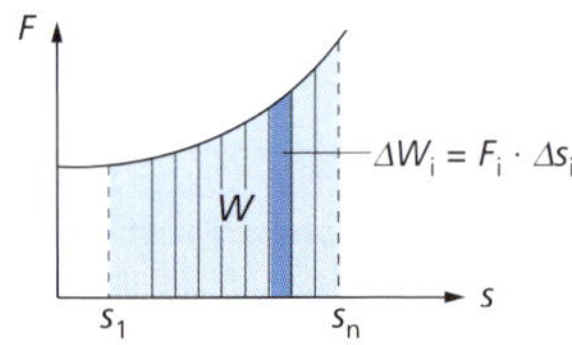  |
| $W = \frac{1}{2} F_E \cdot s = \frac{1}{2} D \cdot s^2$ | $W = \sum_{i=1}^{n} \Delta W_i = \sum_{i=1}^{n} F_i \cdot \Delta s_i$<br>$W = \int_{s_1}^{s_2} F(s) \cdot \mathrm{d}s$ |

Die Räder von Lkw sind mit Schwingungsdämpfern und Federn abgefedert, wobei diese Federn einen speziellen Aufbau haben. Für die Federkraft gilt $F = D \cdot s^2$ mit $D = 2\,000\ \mathrm{N/cm^2}$.

*Wie groß ist die Verformungsarbeit, wenn die Feder von $s_1 = 5$ cm um weitere 10 cm zusammengepresst wird?*

*Analyse:*

Da sich die wirkende Kraft mit dem Weg verändert, kann die Arbeit nur über das Auszählen der Fläche im *F-s*-Diagramm oder mithilfe der Integralrechnung gelöst werden.

Um das *F-s*-Diagramm zeichnen zu können, müssen für einige Wege die zugehörigen Kräfte berechnet werden.

Gesucht: $W$

Gegeben: $D = 2\,000\ \mathrm{N/cm^2}$ $\quad s_1 = 5$ cm

$F = F(s) = D \cdot s^2$ $\quad s_2 = 15$ cm

*Lösung:*

Eine Auszählung der Fläche unter dem Graphen ergibt einen Wert für die mechanische Arbeit von

$W \approx 2 \cdot 10^3\ \text{kN} \cdot \text{cm}$
$W \approx 2 \cdot 10^4\ \text{Nm}$

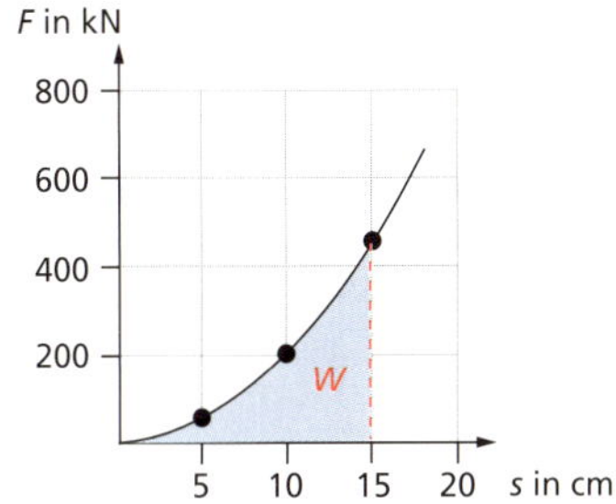


Die Genauigkeit der grafischen Lösung hängt entscheidend von der Exaktheit des Verlaufs des Graphen und vom verwendeten Maßstab ab.

Will man die Verformungsarbeit berechnen, so muss man von der allgemeinen Definition der mechanischen Arbeit ausgehen.

$$W = \int_{s_1}^{s_2} F(s) \cdot \mathrm{d}s$$

$$W = \int_{s_1}^{s_2} D \cdot s^2 \mathrm{d}s = \frac{D}{3}\left[s^3\right]_{s_1}^{s_2} = \frac{D}{3}\left[{s_2}^3 - {s_1}^3\right]$$

$$W = \frac{2\,000\ \text{N}}{3\ \text{cm}^2}\left[(15\ \text{cm})^3 - (5\ \text{cm})^3\right]$$

$$W = 2{,}17 \cdot 10^4\ \text{Nm}$$

*Ergebnis:*
Zum Zusammendrücken der Feder von 5 cm auf 15 cm wird eine Verformungsarbeit von etwa $2{,}2 \cdot 10^4$ Nm verrichtet.

### 2.4.3 Die mechanische Leistung

Mechanische Arbeit kann unterschiedlich schnell verrichtet werden. Die Schnelligkeit des Verrichtens von Arbeit wird durch die physikalische Größe **mechanische Leistung** erfasst.

Die mechanische Leistung gibt an, wie schnell mechanische Arbeit verrichtet wird.

Formelzeichen: *P*
Einheit: ein Watt (1 W)

Sie kann berechnet werden mit den Gleichungen:

$P = \frac{W}{t}$ oder $P = \frac{\Delta W}{\Delta t}$

*W* verrichtete Arbeit
*t* Zeit

Benannt ist die Einheit der Leistung nach dem schottischen Techniker JAMES WATT (1736–1819). Eine manchmal noch in der Umgangssprache verwendete Einheit ist die Pferdestärke (PS):

1 PS = 736 W
1 kW = 1,36 PS

Mithilfe der Differenzialrechnung kann man für die **Augenblicksleistung** auch schreiben:

$P = \frac{dW}{dt} = \dot{W}$

Wird mechanische Arbeit gleichmäßig verrichtet, so ist die vollbrachte Leistung zu jedem Zeitpunkt des Vorganges gleich groß.
Wird die mechanische Arbeit ungleichmäßig verrichtet, so erhält man aus Arbeit und Zeit eine **Durchschnittsleistung.** Die Leistung zu einem bestimmten Zeitpunkt – die **Augenblicksleistung** – kann näherungsweise aus $\Delta W$ und $\Delta t$ bei kleinem Zeitintervall berechnet werden.

### 2.4.4 Der Wirkungsgrad

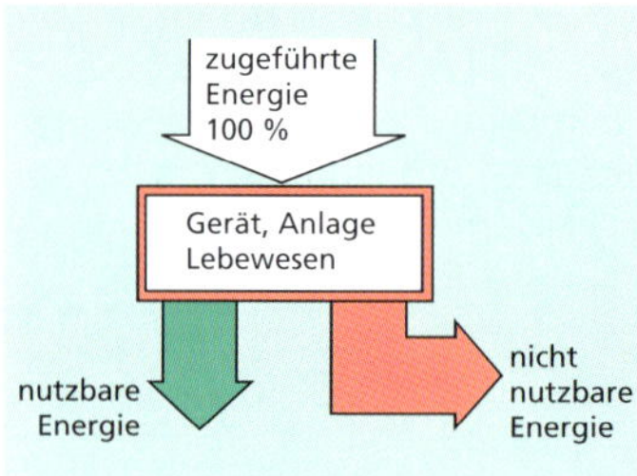


Bei beliebigen Geräten, Anlagen und Lebewesen wird immer nur ein Teil der Energie, die zugeführt wird, in für den jeweiligen Zweck nutzbare Energie umgewandelt. Die andere Energie wird an die Umgebung abgegeben. Die Güte einer Anordnung wird aus energetischer Sicht durch die Größe **Wirkungsgrad** erfasst.

Der **Wirkungsgrad** von Anordnungen ist immer kleiner als 1 bzw. 100 %.
Bei technischen Geräten und Bauteilen schwankt er zwischen 5 % (Glühlampe) und über 95 % (Transformator). Der Mensch hat einen maximalen Wirkungsgrad von etwa 30 %.

Der Wirkungsgrad gibt an, welcher Anteil der aufgewendeten Energie in nutzbringende Energie umgewandelt wird.

Formelzeichen: $\eta$
Einheit: 1 oder Prozent (%)

Der Wirkungsgrad eines Gerätes oder einer Anordnung kann mit folgenden Gleichungen berechnet werden:

$$\eta = \frac{E_{nutz}}{E_{auf}} \qquad \eta = \frac{W_{nutz}}{W_{auf}} \qquad \eta = \frac{P_{nutz}}{P_{auf}}$$

$E_{nutz}, W_{nutz}, P_{nutz}$ nutzbringende Energie, Arbeit, Leistung
$E_{auf}, W_{auf}, P_{auf}$ aufgewendete Energie, Arbeit, Leistung

Ein Wirkungsgrad von 0,4 oder 40 % bedeutet: 40 % der aufgewendeten Energie werden für einen bestimmten Zweck in nutzbringende Energie umgewandelt. Die übrigen 60 % sind für den betreffenden Zweck nicht nutzbar, können aber möglicherweise noch für andere Zwecke genutzt werden.

Bei komplexen Anordnungen ergibt sich der **Gesamtwirkungsgrad** aus den Wirkungsgraden der einzelnen Teile, die man in die Betrachtungen einbezieht.

Beträgt z. B. der Wirkungsgrad eines Kraftwerkes 40 %, der Energieübertragung 90 % und einer Glühlampe 5 %, so ist der Gesamtwirkungsgrad:

$\eta = 0{,}4 \cdot 0{,}9 \cdot 0{,}05$
$\eta = 0{,}018$ (ca. 2 %!)

Der Gesamtwirkungsgrad einer komplexen Anordnung kann berechnet werden mit der Gleichung:

$\eta = \eta_1 \cdot \eta_2 \cdot \ldots \cdot \eta_n$ $\quad \eta_1, \eta_2, \ldots, \eta_n$ Wirkungsgrade der Teile

## 2.5 Mechanik starrer Körper

Bei ausgedehnten Körpern, z. B. bei einem Turm oder einem um eine Achse rotierenden Schwungrad, spielt sowohl die Form der Körper als auch die Verteilung ihrer Masse eine Rolle. Solche Körper können mit dem Modell **starrer Körper** (↗ S. 55) beschrieben werden. Wir betrachten nachfolgend ausschließlich solche Körper, auf die dieses Modell angewendet werden kann.

Modelle für Körper sind ↗ S. 55 im Überblick dargestellt.

### 2.5.1 Statik starrer Körper

Für das Gleichgewicht und die Standfestigkeit von Körpern ist die Lage ihres **Schwerpunktes (Massenmittelpunktes)** entscheidend.

Der Begriff Statik ist abgeleitet vom lateinischen
stare = stehen.
Statik ist die Lehre von den ruhenden Körpern.

> Der Schwerpunkt eines starren Körpers ist derjenige Punkt, in dem man den Körper unterstützen muss, damit die Gewichtskraft kompensiert wird und er sich in Ruhe befindet.

Bei regelmäßig geformten Körpern aus *einem* Stoff, z. B. einem Quader (s. Skizze), liegt der Schwerpunkt S in der Körpermitte. Bei flächenhaften Körpern lässt er sich experimentell ermitteln, indem man die Körper an verschiedenen Punkten A bzw. B aufhängt und jeweils das Lot markiert (Bilder rechts). Der Schnittpunkt der Lote ergibt den Schwerpunkt.

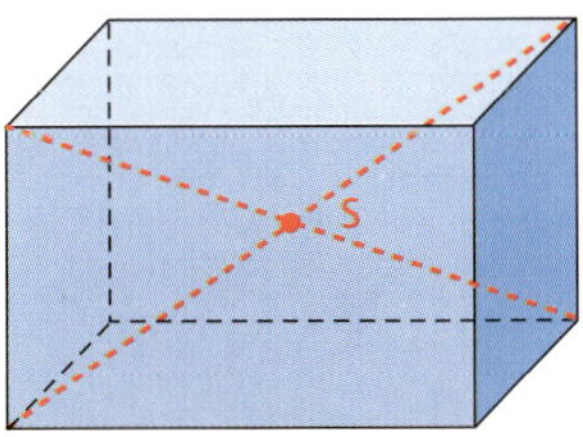


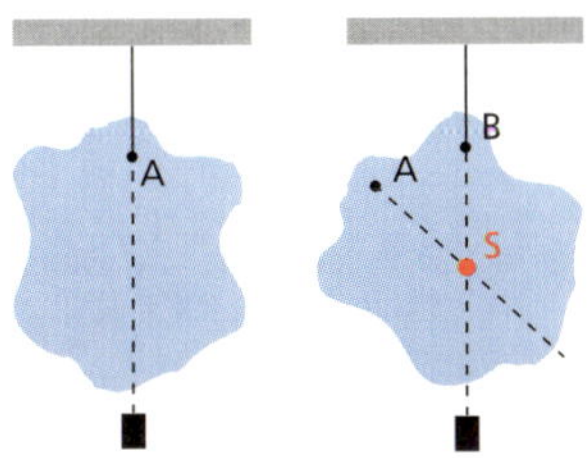


Je nach Form des Körpers kann sein **Schwerpunkt** innerhalb oder auch außerhalb des Körpers liegen.

Ein Körper kann sich in einem **stabilen**, einem **labilen** oder einem **indifferenten Gleichgewicht** befinden.

a) stabil $E_{pot}$ minimal
b) labil $E_{pot}$ maximal
c) indifferent $E_{pot}$ = konstant

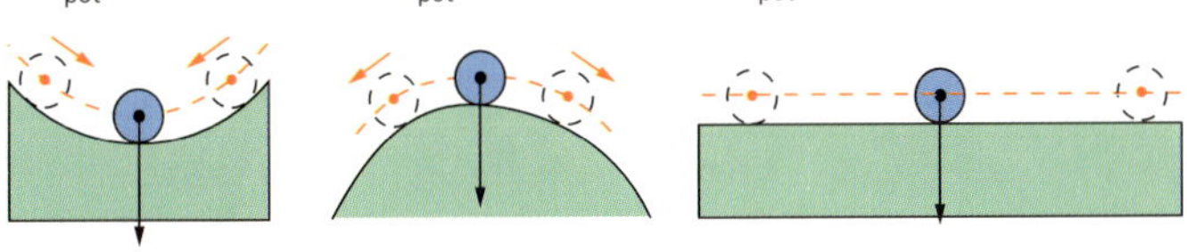

Entscheidend für die Art des Gleichgewichts in einem Ort ist die Lage des Schwerpunktes im Vergleich zu benachbarten Orten.

Energetisch ist ein stabiles Gleichgewicht durch ein Minimum der potenziellen Energie und ein labiles Gleichgewicht durch ein Maximum der potenziellen Energie gekennzeichnet.

Verläuft die feste Drehachse nicht durch den Schwerpunkt , so dreht sich ein beweglich gelagerter Körper solange, bis er eine stabile Lage einnimmt.

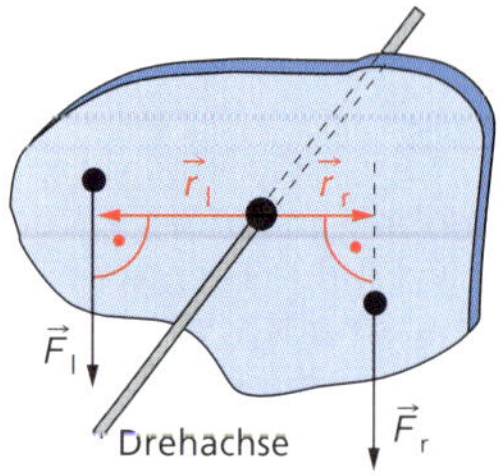


Ist ein Körper drehbar gelagert und geht die Drehachse durch den Schwerpunkt, so befindet sich der Körper in einem indifferenten Gleichgewicht.
Wirken zusätzliche Kräfte, dann gilt:
Ein drehbar gelagerter Körper befindet sich im Gleichgewicht, wenn die Summe aller linksdrehenden Drehmomente (↗ S. 98) gleich der Summe aller rechtsdrehenden Drehmomente ist, also wenn gilt:

$$\sum_{i=1}^{n} r_l \cdot F_l = \sum_{i=1}^{n} r_r \cdot F_r \qquad \text{oder} \qquad \sum_{i=1}^{n} \vec{M}_l = \sum_{i=1}^{n} \vec{M}_r \quad (\vec{F} \perp \vec{r})$$

Entscheidend für die **Standfestigkeit** eines Körpers ist die Lage seines Schwerpunktes bezüglich der Auflagefläche.

Von Bedeutung ist die Standfestigkeit z. B. für Gebäude, Türme, Masten, Kräne, Regale.
Bei allen diesen Beispielen muss ein stabiles Gleichgewicht gewährleistet sein.

| Standfestigkeit eines Körpers | | |
|---|---|---|
| Die am Schwerpunkt S angreifende Gewichtskraft verläuft durch die Auflagefläche. | Die am Schwerpunkt S angreifende Gewichtskraft verläuft genau durch den Rand der Auflagefläche. | Die am Schwerpunkt S angreifende Gewichtskraft verläuft nicht durch die Auflagefläche. |
| 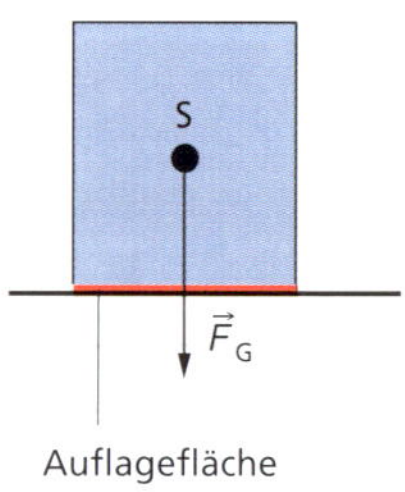  | 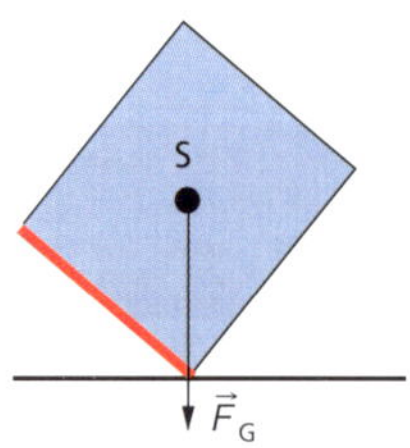  | 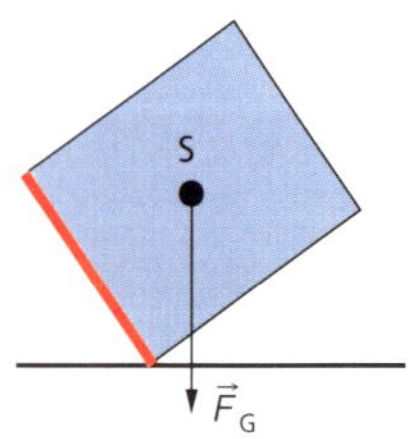  |
| Der Körper befindet sich im **stabilen** Gleichgewicht. | Der Körper befindet sich im **labilen** Gleichgewicht. | Der Körper befindet sich in keinem Gleichgewicht. |
| Wenn er geringfügig gekippt und losgelassen wird, gelangt er wieder in die Ausgangslage. | Wenn er geringfügig seine Lage ändert, kippt er ohne Einwirkung einer zusätzlichen Kraft. | Wenn nicht zusätzlich Kräfte wirken, kippt der Körper um und gelangt in ein neues stabiles Gleichgewicht. |

Beim schiefen Turm von Pisa betrug die maximale Abweichung von der Senkrechten 4,86 m. Inzwischen wurde der Turm stabilisiert.

## 2.5.2 Kinematik rotierender starrer Körper

Die Bewegung starrer Körper kann grundsätzlich in zweierlei Weise erfolgen.

| **Translation (fortschreitende Bewegung)** | **Rotation (Drehbewegung)** |
|---|---|
| Der Körper bewegt sich entlang einer Bahn, wobei die Bahnen einzelner Punkte parallel zueinander verlaufen. 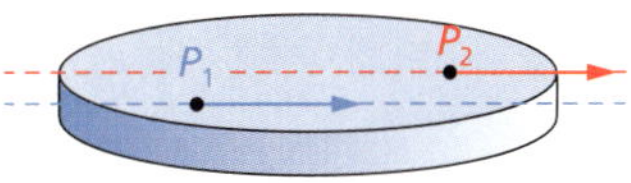  | Der Körper rotiert um eine Drehachse, wobei die Bahnen der einzelnen Punkte Kreisbahnen sind. 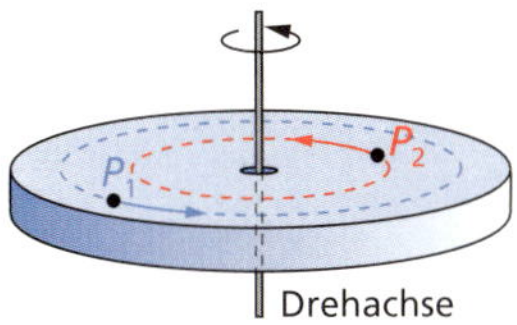  |
| Bewegung eines Fahrzeuges, Verschieben eines Schrankes | Rotation eines Karussells, Bewegung eines Kreisels, rotierende Motorwelle |
| Die Bewegung der einzelnen Punkte kann mit den Bewegungsgesetzen für einen Massepunkt (↗ S. 61, 64) beschrieben werden. | Die Bewegung der einzelnen Punkte kann mit den Gesetzen der Kreisbewegung (↗ S. 62) beschrieben werden. |
| Die Bewegung des ganzen Körpers kann auf die Bewegung eines seiner Punkte (meist des Schwerpunktes) zurückgeführt werden. Genutzt werden die Größen Weg, Geschwindigkeit und Beschleunigung. | Die Bewegung des ganzen Körpers kann mit den Größen Drehwinkel, Winkelgeschwindigkeit und Winkelbeschleunigung beschrieben werden. Die Größen sind für jeden Punkt des starren Körpers gleich groß. |

Die Begriffe Translation und Rotation sind aus dem Lateinischen abgeleitet:

translatum = hinüberbringen,

rotare = sich drehen.

Als Maß für die Drehung eines starren Körpers um eine Drehachse wird der **Drehwinkel** gewählt.

Der Drehwinkel gibt an, um welchen Winkel ein starrer Körper gedreht wird oder sich dreht.

Formelzeichen: $\varphi$
Einheiten: ein Grad (1°) oder Bogenmaß (rad)

In der Physik wird der Drehwinkel meist in Bogenmaß angegeben. Es gilt:

$90° \mathrel{\hat{=}} \frac{\pi}{2}$

$180° \mathrel{\hat{=}} \pi$

$360° \mathrel{\hat{=}} 2\pi$

Die Einheit rad wird häufig weggelassen.

Eine volle Umdrehung entspricht 360° in Gradmaß oder $2\pi$ in Bogenmaß. Allgemein gilt:

$$1\ \text{rad} \mathrel{\hat{=}} \frac{180°}{\pi} = 57{,}3° \qquad 1° \mathrel{\hat{=}} \frac{\pi}{180}\text{rad} = 0{,}017\ \text{rad}$$

Für beliebige Drehbewegungen kann man auch schreiben:

$\omega = \frac{d\varphi}{dt} = \dot{\varphi}$

Alle Teile eines starren Körpers bewegen sich mit der gleichen Winkelgeschwindigkeit.

Die Winkelgeschwindigkeit gibt an, wie schnell sich der Drehwinkel bei einem starren Körper ändert.

Formelzeichen: $\omega$
Einheit: eins durch Sekunde ($1\ s^{-1}$)

Die Winkelgeschwindigkeit kann berechnet werden mit der Gleichung:

$\omega = \frac{\Delta\varphi}{\Delta t}$ — $\Delta\varphi$ Änderung des Drehwinkels, $\Delta t$ Zeitintervall

Die Richtung der Winkelgeschwindigkeit ergibt sich aus Radius und Geschwindigkeit. Sie ist mathematisch das **Kreuzprodukt** aus diesen beiden Größen

$\vec{\omega} = \vec{r} \times \vec{v}$

und damit ein **axialer Vektor,** zeigt also in Richtung Drehachse.

Die Winkelgeschwindigkeit hängt mit der **Umlaufzeit** $T$ (Zeit für einen vollen Umlauf), und mit der **Drehzahl** $n$ zusammen. Es gilt:

$$\omega = \frac{2\pi}{T} = 2\pi \cdot n$$

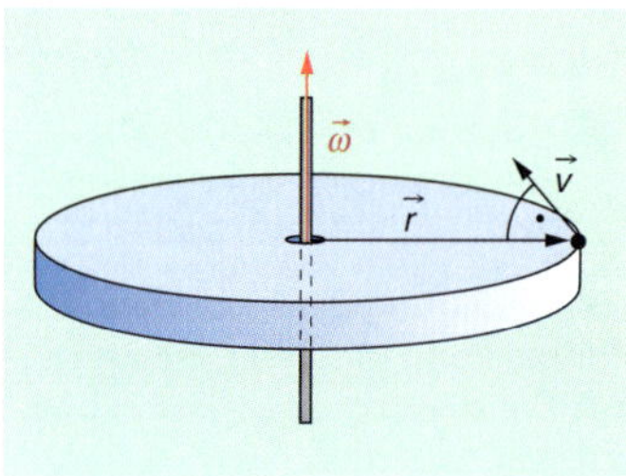


Für den Zusammenhang zwischen der Geschwindigkeit eines Punktes des Körpers, seinem Abstand $r$ von der Drehachse und der Winkelgeschwindigkeit $\omega$ gilt:

$$v = \omega \cdot r$$

Die Winkelgeschwindigkeit ist ein **axialer Vektor.**

Für beliebige Drehbewegungen kann man auch schreiben:

$\alpha = \frac{d\omega}{dt} = \dot{\omega}$

$\alpha = \frac{d^2\varphi}{dt^2} = \ddot{\varphi}$

Die Winkelbeschleunigung ist wie die Winkelgeschwindigkeit ein axialer Vektor.

Die Winkelbeschleunigung gibt an, wie schnell sich die Winkelgeschwindigkeit eines starren Körpers ändert.

Formelzeichen: $\alpha$
Einheit: eins durch Quadratsekunde ($1\ s^{-2}$)

Die Winkelbeschleunigung kann berechnet werden mit der Gleichung:

$\alpha = \frac{\Delta\omega}{\Delta t}$ — $\Delta\omega$ Änderung der Winkelgeschwindigkeit, $\Delta t$ Zeitintervall

Die nachfolgende Übersicht zeigt die Analogie und Zusammenhänge zwischen Größen der Translation und der Rotation.

| **Translation** | **Zusammenhang** | **Rotation** |
|---|---|---|
| Weg $s$ | $s = \varphi \cdot r$ $\quad \varphi = \frac{s}{r}$ | Winkel $\varphi$ |
| Geschwindigkeit $v$ | $v = \omega \cdot r$ $\quad \omega = \frac{v}{r}$ | Winkelgeschwindigkeit $\omega$ |
| Beschleunigung $a$ | $a = \alpha \cdot r$ $\quad \alpha = \frac{a}{r}$ | Winkelbeschleunigung $\alpha$ |

Für die Rotation starrer Körper gelten analoge Gesetze wie für die Translation von Massepunkten (↗ S. 61, 64, 65).

| Translation | Rotation |
|---|---|
| gleichförmige Bewegung<br>$a = 0$<br>$v$ = konstant<br>$s = v \cdot t + s_0$ | gleichförmige Drehbewegung<br>$\alpha = 0$<br>$\omega$ = konstant<br>$\varphi = \omega \cdot t + \varphi_0$ |
| gleichmäßig beschleunigte Bewegung<br>a = konstant<br>$v = a \cdot t + v_0$<br>$s = \frac{a}{2}t^2 + v_0 \cdot t + s_0$ | gleichmäßig beschleunigte Drehbewegung<br>$\alpha$ = konstant<br>$\omega = \alpha \cdot t + \omega_0$<br>$\varphi = \frac{\alpha}{2}t^2 + \omega_0 \cdot t + \varphi_0$ |

Wie bei der **Translation** kann auch bei der **Rotation** eine Bewegung mit Anfangsgeschwindigkeit als eine Überlagerung von gleichförmiger und gleichmäßig beschleunigter Bewegung angesehen werden (↗ S. 69).

Eine Motorwelle ($d$ = 10 cm) läuft gleichmäßig an und erreicht nach 10 s eine Drehzahl von 360 $min^{-1}$.

*a) Wie groß war die Winkelbeschleunigung während des Anlaufens?*

*b) Welche Geschwindigkeit hat dann ein Punkt des Umfangs der Welle?*

*Analyse:*
Es liegt eine gleichmäßig beschleunigte Drehbewegung aus dem Stillstand vor. Für die Berechnung der Winkelbeschleunigung kann ihre Definition (↗ S. 96) genutzt werden. Die Geschwindigkeit eines Punktes ergibt sich aus Winkelgeschwindigkeit und Radius.

Gesucht: $\alpha$, $v$
Gegeben: $d$ = 10 cm, $r$ = 5 cm
$t$ = 10 s
$n$ = 360 $min^{-1}$ = 6 $s^{-1}$

*Lösung:*

a) $\alpha = \frac{\Delta\omega}{\Delta t}$ $\qquad \Delta\omega = 2\pi \cdot 6\ s^{-1}$

$\alpha = \frac{12\pi}{10\ s^2}$

$\underline{\alpha = 3{,}77\ s^{-2}}$

b) $v = \omega \cdot r = 2\pi \cdot n \cdot r$
$v = 2\pi \cdot 6\ s^{-1} \cdot 5\ cm$
$\underline{v = 188{,}5\ cm \cdot s^{-1} \approx 1{,}9\ m \cdot s^{-1}}$

*Ergebnis:*
Die Winkelbeschleunigung während des Anlaufens beträgt etwa 3,8 $s^{-2}$, die Geschwindigkeit eines Punktes des Umfangs der Welle bei einer Drehzahl von 360 $min^{-1}$ etwa 1,9 $m \cdot s^{-1}$.

## 2.5.3 Dynamik rotierender starrer Körper

### Drehmoment und Trägheitsmoment

Bei einer geradlinigen Bewegung hängt die Änderung des Bewegungszustandes eines Körpers vom Betrag und von der Richtung der wirkenden Kraft sowie der Masse des Körpers ab.
Bei einem drehbar gelagerten starren Körper hängt die Änderung des Bewegungszustandes ab
- vom Betrag und von der Richtung der wirkenden Kraft,
- vom Abstand ihres Angriffspunktes von der Drehachse,
- von der Masseverteilung des Körpers bezüglich der Drehachse.

Beschrieben werden diese Abhängigkeiten durch die Größen **Drehmoment** und **Trägheitsmoment.**

Das Drehmoment ist die analoge Größe zur Kraft bei einer Translation (↗ S. 72 ff.). Es hat wie die mechanische Arbeit (↗ S. 88) die Einheit Nm.

Das Drehmoment beschreibt die Drehwirkung einer Kraft auf einen drehbar gelagerten Körper.
Formelzeichen: $M$
Einheit: ein Newtonmeter (1 Nm)

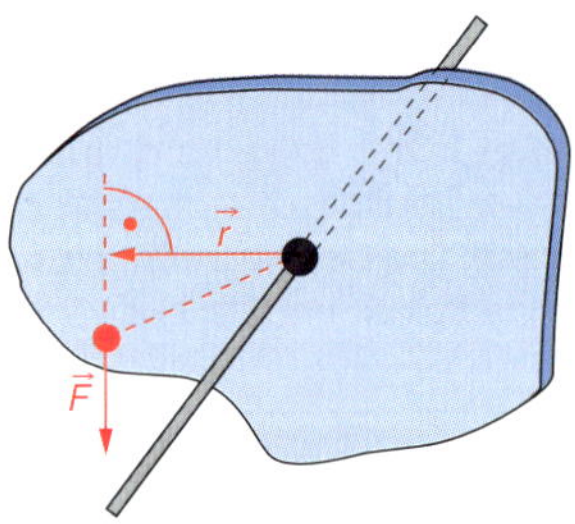


Entscheidend für die Wirkung einer Kraft sind nicht nur ihr Betrag und ihre Richtung, sondern auch der Abstand ihres Angriffspunktes von der Drehachse.
Wir bezeichnen den senkrechten Abstand zwischen der Wirkungslinie der Kraft und der Drehachse als **Kraftarm** $r$.

Das Drehmoment wird auch als Kraftmoment bezeichnet. Es ist eine vektorielle Größe und ist allgemein definiert als Kreuzprodukt aus Abstand $\vec{r}$ und Kraft $\vec{F}$:

$$\vec{M} = \vec{r} \times \vec{F}$$

Das Drehmoment ist damit wie die Winkelgeschwindigkeit ein axialer Vektor.
Für den Betrag gilt allgemein auch:
$M = r \cdot F \cdot \sin \sphericalangle (\vec{r}, \vec{F})$

Unter der Bedingung, dass die Kraft und der Kraftarm senkrecht zueinander sind, gilt:

| | | |
|---|---|---|
| $M = r \cdot F$ | $r$ | Kraftarm |
| | $F$ | wirkende Kraft |

Wirkt eine Kraft in Richtung des Kraftarms, dann ist das Drehmoment null. Die Kraft bewirkt dann keine Drehung des Körpers.

Ist bei einem drehbar gelagerten Körper die Summe aller wirkenden Drehmomente null, so befindet er sich im Gleichgewicht. Es gilt dann auch: Die Summe aller linksdrehenden Drehmomente ist gleich der Summe aller rechtsdrehenden Drehmomente (↗ S. 94).
Drehmomente wirken z. B. bei den Pedalen eines Fahrrades, bei den antreibenden Rädern eines Fahrzeuges, bei Hebeln und allen ihren Anwendungen (Schere, Pinzette, Zange, Schraubenschlüssel, Brechstange, Balkenwaage).

Wirkt auf einen drehbar gelagerten Körper ein bestimmtes Drehmoment, so hängt seine Winkelbeschleunigung von der Masse des Körpers und ihrer Verteilung bezüglich der Drehachse ab. Diese Körpereigenschaft wird durch das **Trägheitsmoment** erfasst.

Das **Trägheitsmoment** ist die analoge Größe zur Masse bei der Translation.

> Das Trägheitsmoment gibt an, wie träge ein drehbar gelagerter Körper gegenüber der Änderung seines Bewegungszustandes ist.
>
> Formelzeichen: $J$
> Einheit: ein Kilogramm mal Quadratmeter ($1\ \mathrm{kg} \cdot \mathrm{m}^2$)

Für einen ausgedehnten Körper muss man die Trägheitsmomente

$$J = \Delta m_i \cdot r_i^2$$

aller Masseteilchen aufsummieren und erhält:

$$J = \sum_{i=1}^{n} \Delta m_i \cdot r_i^2$$

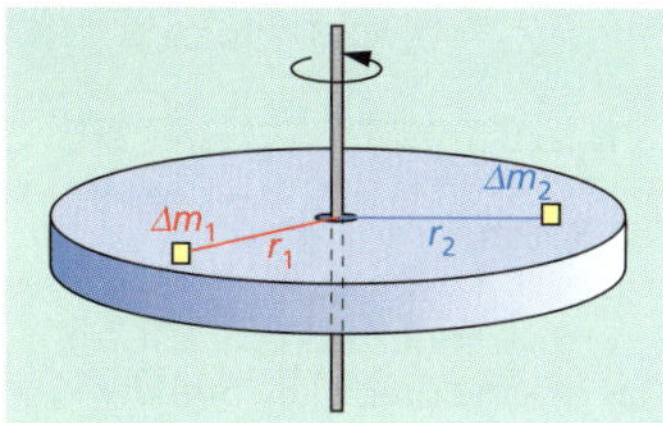


Mithilfe der Integralrechnung kann man unter bestimmten Bedingungen das **Trägheitsmoment** folgendermaßen berechnen:

$$J = \int r^2\, dm$$

Nachfolgend sind die Trägheitsmomente einiger Körper angegeben. Dabei ist zu beachten, dass sich das Trägheitsmoment immer auf eine bestimmte Drehachse bezieht.

**Trägheitsmomente ausgewählter Körper**

Massepunkt

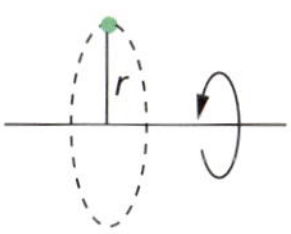


$J = m \cdot r^2$

dünner Kreisring

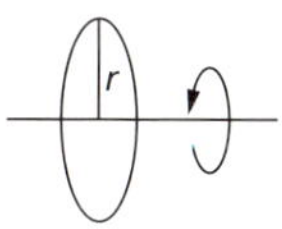


$J = m \cdot r^2$

Vollzylinder

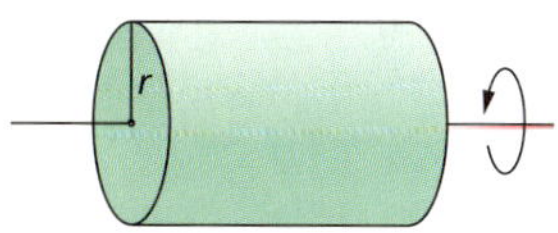


$J = \frac{1}{2} m \cdot r^2$

Kugel

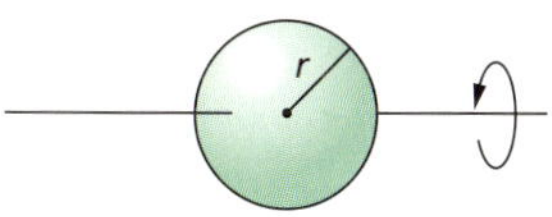


$J = \frac{2}{5} m \cdot r^2$

Hohlzylinder

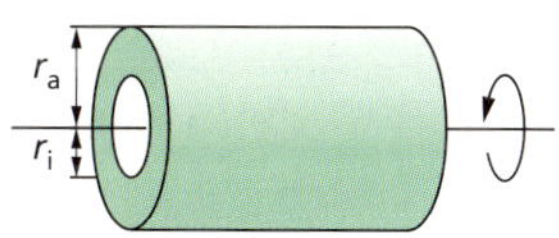


$J = \frac{1}{2} m \left(r_a^{\,2} + r_i^{\,2}\right)$

gerader Kreiskegel

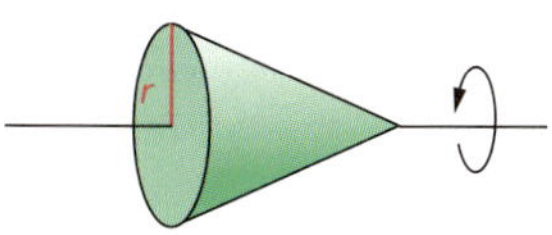


$J = \frac{3}{10} m \cdot r^2$

Quader

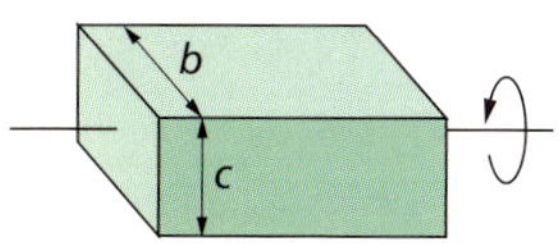


$J = \frac{1}{12} m \left(b^2 + c^2\right)$

Stab

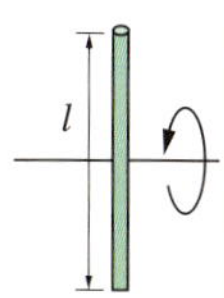


$J = \frac{1}{12} m \cdot l^2$

### Grundgesetz der Dynamik der Rotation

Bei der Translation gilt der grundlegende Zusammenhang $\vec{F} = m \cdot \vec{a}$, das newtonsche Grundgesetz (↗ S. 77). Analog dazu gibt es auch für die Dynamik rotierender Körper einen Zusammenhang zwischen dem auf einem Körper wirkenden Drehmoment, seinem Trägheitsmoment und der Winkelbeschleunigung des Körpers, der als **Grundgesetz der Dynamik der Rotation** bezeichnet wird.

Drehmoment und Winkelbeschleunigung sind axiale Vektoren mit gleicher Richtung, sodass man vektoriell auch schreiben kann:
$\vec{M} = J \cdot \vec{\alpha}$

> Für den Zusammenhang zwischen Drehmoment *M*, Trägheitsmoment *J* und Winkelbeschleunigung $\alpha$ gilt die Gleichung:
> $$M = J \cdot \alpha$$

### Die Rotationsenergie

Ein rotierender Körper, z. B. ein Schwungrad, besitzt **Rotationsenergie.** Das ist eine spezielle Form der kinetischen Energie (↗ S. 86). Bewegt sich ein Masseteilchen $\Delta m_i$ mit der Geschwindigkeit $v_i$ um eine feste Drehachse, dann beträgt seine Bewegungsenergie:

$$\Delta E_i = \frac{1}{2}\Delta m_i \cdot v_i^2 \qquad \text{oder} \qquad \Delta E_i = \frac{1}{2}\Delta m_i \cdot r_i^2 \cdot \omega^2$$

Die Gesamtenergie ist gleich der Summe der Teilenergien:
$$E_{rot} = \sum_{i=1}^{n} \Delta E_i$$
Außerdem gilt (↗ S. 99):
$$\sum_{i=1}^{n} \Delta m_i \cdot r_i^2 = J$$

Die Rotationsenergie des gesamten Körpers ergibt sich als Summe der Energien aller seiner Masseteilchen.

> Die Rotationsenergie eines Körpers kann berechnet werden mit der Gleichung:
> $$E_{rot} = \frac{1}{2}J \cdot \omega^2$$
> *J* Trägheitsmoment
> $\omega$ Winkelgeschwindigkeit

### Analoge Größen und Gesetze

Ähnlich wie in der Kinematik (↗ S. 96) gibt es auch in der Dynamik bei Translation und Rotation analoge Größen und Zusammenhänge.

| Translation | Rotation |
|---|---|
| Kraft *F*<br>Masse *m* | Drehmoment *M*<br>Trägheitsmoment *J* |
| newtonsches Grundgesetz:<br>$\vec{F} = m \cdot \vec{a}$ | Grundgesetz der Dynamik der Rotation:<br>$\vec{M} = J \cdot \vec{\alpha}$ |
| kinetische Energie:<br>$E_{kin} = \frac{1}{2}m \cdot v^2$ | Rotationsenergie:<br>$E_{rot} = \frac{1}{2}J \cdot \omega^2$ |

Ein Vollzylinder und eine Kugel mit gleicher Masse und gleichem Radius rollen aus gleicher Höhe eine geneigte Ebene hinab.
*Welcher der beiden Körper kommt eher unten an?*

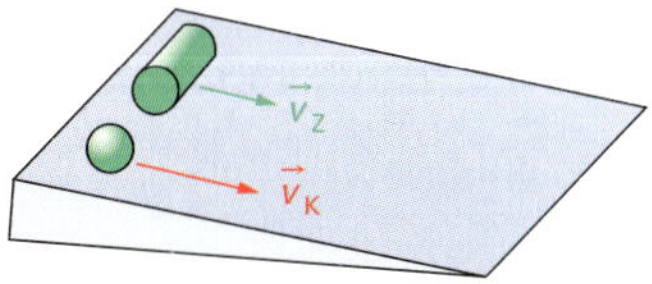


*Analyse:*
Beide Körper bewegen sich beschleunigt abwärts. Dabei wird die für beide Körper gleiche potenzielle Energie in kinetische Energie der Translation und in Rotationsenergie umgewandelt. Wir gehen davon aus, dass die Reibung beide Bewegungen gleichartig beeinflusst. Sie braucht deshalb nicht berücksichtigt zu werden.
Der Körper, der die größere Geschwindigkeit oder Beschleunigung erreicht, kommt eher unten an. Es bietet sich ein energetischer Ansatz an.

Das Ergebnis könnte man auch experimentell ermitteln. Die Erklärung des Ergebnisses ergibt sich aus der nebenstehenden Betrachtung.

Gesucht: Geschwindigkeiten $v_K$, $v_Z$
Gegeben: Gleiche Höhe $h$ des Herabrollens

*Lösung:*
Allgemein gilt für die Energien

$$m \cdot g \cdot h = \frac{1}{2} m \cdot v^2 + \frac{1}{2} J \cdot \omega^2$$

Für den Vollzylinder erhält man mit $J = \frac{1}{2} m \cdot r^2$, $v = v_Z$ und $\omega = \frac{v_Z}{r}$:

$$m \cdot g \cdot h = \frac{1}{2} m \cdot v_Z^2 + \frac{1}{2} \cdot \frac{1}{2} m \cdot r^2 \cdot \frac{v_Z^2}{r^2}$$

$$m \cdot g \cdot h = \frac{3}{4} m \cdot v_Z^2$$

$$v_Z = \sqrt{\frac{4}{3} g \cdot h}$$

Durch analoge Überlegungen erhält man für die Kugel mit $J = \frac{2}{5} m \cdot r^2$:

$$v_K = \sqrt{\frac{10}{7} g \cdot h}$$

Der Vergleich zeigt: $v_K > v_Z$, da $\sqrt{\frac{10}{7}} \approx 1{,}2 > \sqrt{\frac{4}{3}} \approx 1{,}15$.

Beachte: Die maximale Geschwindigkeit eines herabrollenden Körpers ist unabhängig von Masse und Radius des Körpers, hängt aber von der Masseverteilung ab.

*Ergebnis:*
Beim Herabrollen erreicht die Kugel die größere Geschwindigkeit, kommt also eher unten an als der Vollzylinder.

In der Praxis spielt die Rotationsenergie vor allem bei rotierenden **Wellen** und Maschinenteilen, den **Rotoren** von Elektromotoren und Generatoren, **Fahrzeugrädern** oder **Kreiseln** eine Rolle. So muss Energie aufgewendet werden, um einen Körper in Rotation zu versetzen.
In rotierenden Körpern kann auch eine erhebliche Energie gespeichert werden. Das wird vor allem bei **Schwungrädern** genutzt.

## 2.6 Impuls und Drehimpuls

### 2.6.1 Kraftstoß, Impuls und Impulserhaltungssatz

#### Der Impuls eines Körpers

Der Begriff Impuls ist abgeleitet vom lateinischen impellere – anstoßen.
Wir betrachten nachfolgend Körper, die eine translatorische Bewegung ausführen und die mit dem Modell Massepunkt (↗ S. 55) beschrieben werden können.

Den Bewegungszustand eines Körpers, z. B. eines Balles oder eines Autos, kann man mit der physikalischen Größe Geschwindigkeit beschreiben. Will man den Bewegungszustand ändern, dann ist eine Kraft erforderlich, die von der Masse des Körpers abhängt. Auch bei Einbeziehung möglicher Wirkungen von bewegten Körpern spielen Geschwindigkeit und Masse des Körpers eine Rolle.

So ist z. B. bei einem Crashtest die Verformung eines Pkw umso größer, je größer seine ursprüngliche Geschwindigkeit und seine Gesamtmasse sind.
Fährt ein schwerer Lkw mit einer bestimmten Geschwindigkeit auf einen stehenden Pkw auf, so ist die Wirkung größer als beim Auffahren eines leichten Pkw.

Früher wurde für die physikalische Größe Impuls auch die Bezeichnung **Bewegungsgröße** genutzt. Da der Impuls den Bewegungszustand eines Körpers kennzeichnet, ist er eine Zustandsgröße. Darüber hinaus ist er eine vektorielle Größe, deren Richtung mit der der Geschwindigkeit übereinstimmt.

Der **Bewegungszustand** eines Körpers wird sowohl durch seine Geschwindigkeit als auch durch seine Masse gekennzeichnet. Zur Beschreibung dieses Bewegungszustandes nutzt man die physikalische Größe **Impuls,** die als Produkt aus Geschwindigkeit und Masse definiert ist.

Der Impuls eines Körpers kennzeichnet die Wucht, die dieser Körper bei einer Translationsbewegung hat.

Formelzeichen: $\vec{p}$
Einheit: ein Kilogramm mal Meter durch Sekunde ($1\,\text{kg} \cdot \frac{\text{m}}{\text{s}}$)

Der Impuls eines Körpers kann berechnet werden mit der Gleichung:

$\vec{p} = m \cdot \vec{v}$ — $m$ Masse des Körpers, $\vec{v}$ Geschwindigkeit des Körpers

*Vergleichen Sie den Impuls eines Geschosses ($m_G = 12\,g$, $v_G = 830\,\frac{m}{s}$) mit dem eines Balles mit der Masse von 500 g, der sich mit $72\,\frac{km}{h}$ bewegt!*

*Analyse:*
Zu berechnen ist jeweils der Impuls. Er ergibt sich aus der Masse und der Geschwindigkeit. Für einen Vergleich ist es erforderlich, ihn in der gleichen Einheit anzugeben.

Gesucht: $p_G$, $p_B$

Gegeben: $m_G = 12\ g = 0{,}012\ kg$
$v_G = 830\ \frac{m}{s}$

$m_B = 500\ g = 0{,}5\ kg$

$v_B = 72\ \frac{km}{h} = 20\ \frac{m}{s}$

*Lösung:*
Angewendet wird die Definitionsgleichung des Impulses $p = m \cdot v$.

$$p_G = 0{,}012\ kg \cdot 830\ \frac{m}{s} = 9{,}96\ \frac{kg \cdot m}{s}$$

$$p_B = 0{,}5\ kg \cdot 20\ \frac{m}{s} = 10\ \frac{kg \cdot m}{s}$$

*Ergebnis:*
Geschoss und Ball haben etwa den gleichen Impuls von 10 $\frac{kg \cdot m}{s}$.

Haben zwei Körper den gleichen **Impuls,** so verhalten sich ihre **Massen** umgekehrt proportional zu ihren Geschwindigkeiten, denn es gilt:

$$m_1 \cdot \vec{v}_1 = m_2 \cdot \vec{v}_2$$

und damit

$$\frac{m_1}{m_2} = \frac{\vec{v}_2}{\vec{v}_1}$$

Die Wirkung von Körpern mit gleichem Impuls kann völlig unterschiedlich sein.

**Impulsänderung und Kraftstoß**

Um den Impuls $\vec{p} = m \cdot \vec{v}$ eines Körpers zu ändern, gibt es unterschiedliche Möglichkeiten.

| Die Änderung des Impulses eines Körpers kann erfolgen | | |
|---|---|---|
| durch Änderung der Masse des Körpers. | durch Änderung des Betrages der Geschwindigkeit. | durch Änderung der Richtung der Geschwindigkeit. |
| Flugzeug mit $\vec{v}$ = konstant, dessen Masse sich durch Treibstoffverbrauch verringert. | Bergab rollender Radfahrer, dessen Geschwindigkeit sich vergrößert. | Billiardkugel prallt gegen die Bande und wird dort reflektiert. |

Die **Masse** eines Körpers hängt von seiner Geschwindigkeit ab. Für die hier betrachteten Bewegungen kann die relativistische Masseänderung (↗ S. 439) vernachlässigt werden.

Wir betrachten nachfolgend nur den Fall, bei dem man einen Körper als Massepunkt ansehen kann, keine Reibung auftritt und durch eine Kraft der Bewegungszustand des Körpers geändert wird.
Wirkt in einem solchen Fall eine bestimmte Kraft auf einen Körper, z. B. einen Ball, ein, so ist die Wirkung der Kraft von ihrem Betrag, ihrer Richtung sowie von der Dauer der Krafteinwirkung abhängig. Das zeitliche Einwirken einer Kraft auf einen Körper wird durch die physikalische Größe **Kraftstoß** erfasst.

Für die Einheiten gilt:

$$1\,\text{N}\cdot\text{s} = 1\,\frac{\text{kg}\cdot\text{m}\cdot\text{s}}{\text{s}^2}$$

$$1\,\text{N}\cdot\text{s} = 1\,\frac{\text{kg}\cdot\text{m}}{\text{s}}$$

Der Kraftstoß hat also die gleiche Einheit wie der **Impuls** (↗ S. 102).

Der Kraftstoß kennzeichnet die Wirkung einer Kraft über eine bestimmt Zeit auf einen Körper.

Formelzeichen: $\vec{I}$
Einheiten: ein Newton mal Sekunde (1 N · s)

Unter der Bedingung, dass die Kraft im Zeitintervall konstant ist, kann der Kraftstoß berechnet werden mit der Gleichung:

$\vec{I} = \vec{F}\cdot\Delta t$

| | |
|---|---|
| $\vec{F}$ | auf den Körper wirkende Kraft |
| $\Delta t$ | Zeitdauer der Einwirkung |

Ist die einwirkende Kraft nicht konstant, so kann man mit einer mittleren Kraft rechnen oder den Kraftstoß durch Integration ermitteln, wenn *F(t)* bekannt ist.

Der **Kraftstoß** auf einen Körper kennzeichnet einen Vorgang und ist daher eine **Prozessgröße.** Er ist darüber hinaus eine **vektorielle Größe,** dessen Richtung mit der der einwirkenden Kraft übereinstimmt.

| $\vec{F}$ = konstant | $\vec{F} \neq$ konstant |
|---|---|
| 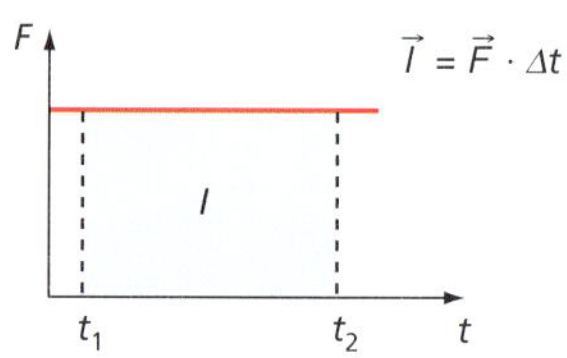  | 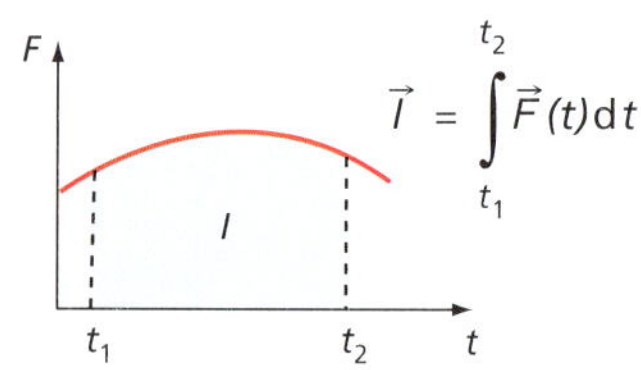  |

## Zusammenhang zwischen Kraftstoß und Impuls

Wir betrachten auch hier nur Körper, die als **Massepunkte** (↗ S. 55) angesehen werden können. Damit sind **Drehbewegungen** ausgeschlossen. Der Körper sei darüber hinaus frei beweglich.

Ein Kraftstoß auf einen Körper ist immer mit einer Impulsänderung verbunden. Mathematisch lässt sich der Zusammenhang folgendermaßen beschreiben:
Auf einen Körper wird ein Kraftstoß $\vec{F}\cdot\Delta t$ ausgeübt, wobei $\vec{F}$ = konstant sei. Setzt man für $\vec{F} = m\cdot\vec{a}$ (newtonsches Grundgesetz), so erhält man:

$$\vec{F}\cdot\Delta t = m\cdot\vec{a}\cdot\Delta t$$

Mit $\vec{a} = \frac{\Delta\vec{v}}{\Delta t}$ ergibt sich

$$\vec{F}\cdot\Delta t = m\cdot\frac{\Delta\vec{v}}{\Delta t}\cdot\Delta t \quad \text{oder} \quad \vec{F}\cdot\Delta t = m\cdot\Delta\vec{v}$$

Links steht der Kraftstoß auf einen Körper, rechts die Änderung seines Impulses. Allgemein gilt folgender Zusammenhang:

In der Übersicht S. 105 oben sind drei charakteristische Fälle der Impulsänderung beschrieben.

Der Kraftstoß $\vec{I}$ auf einen Körper ist gleich der Änderung seines Impulses $\Delta\vec{p}$.

$$\vec{I} = \Delta\vec{p}$$
$$\vec{F}\cdot\Delta t = m\cdot\Delta\vec{v}$$

| | |
|---|---|
| $\vec{F}$ | einwirkende Kraft |
| $\Delta t$ | Zeitdauer der Einwirkung |
| $m$ | Masse des Körpers |
| $\Delta\vec{v}$ | Geschwindigkeitsänderung |

| Kraftstoß in Bewegungsrichtung | Kraftstoß entgegen der Bewegungsrichtung | Kraftstoß in beliebiger Richtung |
|---|---|---|
| 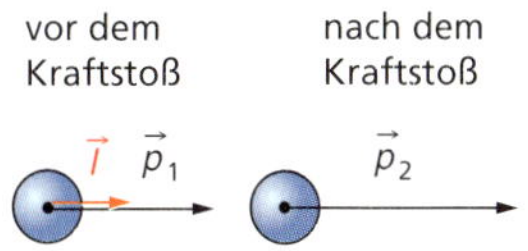 | 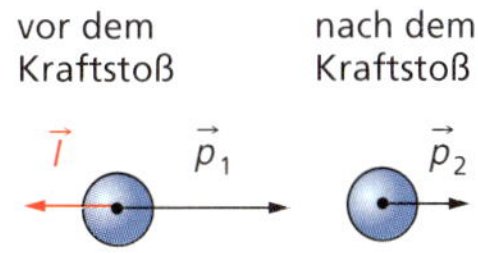 | 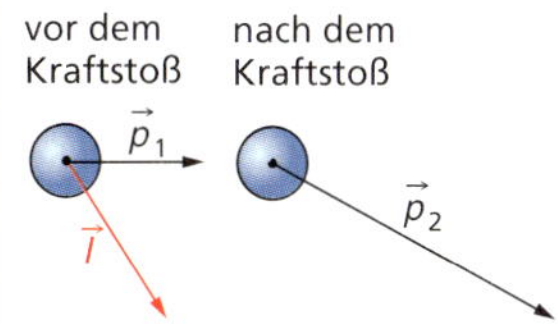 |
| Der Impuls wird größer, die Richtung bleibt erhalten. | Der Impuls wird kleiner, kann auch null werden oder seine Richtung umkehren. | Betrag und Richtung des Impulses ändern sich. |

### Impuls und Kraft

Aus dem Zusammenhang zwischen Kraftstoß und Impulsänderung $\vec{F} \cdot \Delta t = \Delta \vec{p}$ erhält man für die Kraft:

> Die Kraft ist gleich der zeitlichen Änderung des Impulses.
>
> $\vec{F} = \frac{\Delta \vec{p}}{\Delta t}$ $\Delta \vec{p}$ Änderung des Impulses; $\Delta t$ Zeitdauer

Diese Definition der Kraft ist allgemeiner als die Kraftdefinition über die Beschleunigung $\vec{F} = m \cdot \vec{a}$. Sie berücksichtigt auch den Fall, dass sich während eines Vorganges die Masse eines Körpers ändern kann (↗ S. 439).

Ist die auf einen Körper wirkende Kraft nicht konstant, dann kann man die Momentankraft ermitteln, indem man die Zeitdauer immer kleiner wählt. Dann ergibt sich:

$$\vec{F} = \lim_{\Delta t \to 0} \frac{\Delta \vec{p}}{\Delta t}$$

$$\vec{F} = \frac{d\vec{p}}{dt} = \dot{\vec{p}}$$

### Der Impulserhaltungssatz

Wir betrachten ein System aus zwei mit elastischen Federn versehenen Wagen, auf die keine äußeren Kräfte wirken (s. Skizzen unten). Nach dem Wechselwirkungsgesetz gilt für die Kräfte:

$$-\vec{F}_1 = \vec{F}_2 \qquad \text{oder} \qquad -\frac{\Delta \vec{p}_1}{\Delta t} = \frac{\Delta \vec{p}_2}{\Delta t}$$

Die Multiplikation mit $\Delta t$ ergibt:

$$-\Delta \vec{p}_1 = \Delta \vec{p}_2 \qquad \text{oder} \qquad 0 = \Delta \vec{p}_1 + \Delta \vec{p}_2$$

Die beim Zusammenstoß auftretenden Impulsänderungen heben sich gegenseitig auf. Der Gesamtimpuls bleibt gleich.

Ein System, auf das keine äußeren Kräfte wirken, nennt man ein kräftemäßig **abgeschlossenes System** (↗ S. 84).

| vor dem Zusammenstoß | beim Zusammenstoß | nach dem Zusammenstoß |
|---|---|---|
| 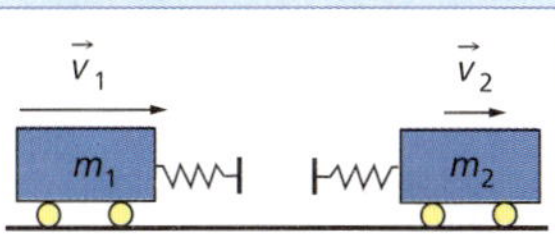 | 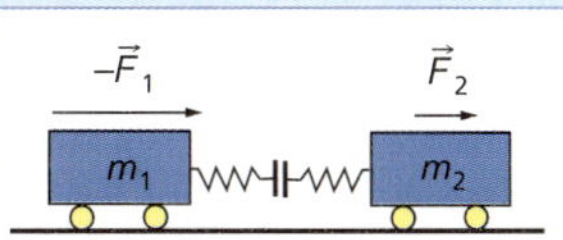 | 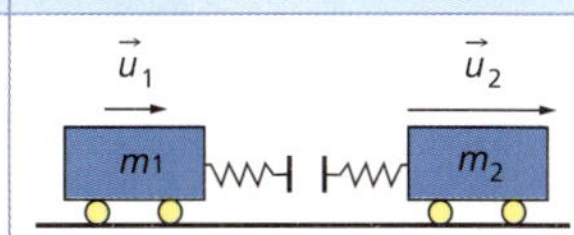 |
| Der Gesamtimpuls beträgt $m_1 \cdot \vec{v}_1 + m_2 \cdot \vec{v}_2$ | Die Impulsänderung ist null. | Der Gesamtimpuls beträgt $m_1 \cdot \vec{u}_1 + m_2 \cdot \vec{u}_2$ |

Aus diesem Beispiel und aus vielfältigen anderen Untersuchungen ergibt sich als grundlegender Erfahrungssatz der **Impulserhaltungssatz.**

Der Impuls ist wie die Energie, die elektrische Ladung oder die Masse eine Erhaltungsgröße, für die ein Erhaltungssatz gilt.

In einem kräftemäßig abgeschlossenen System bleibt der Gesamtimpuls erhalten. Es gilt:

$$\vec{p} = \vec{p}_1 + \vec{p}_2 + \ldots + \vec{p}_n = \sum_{i=1}^{n} \vec{p}_i = \text{konstant}$$

$\vec{p}$ Gesamtimpuls
$\vec{p}_1, \vec{p}_2, \ldots$ Impulse der einzelnen Körper des Systems

Häufig besteht ein System nur aus zwei Körpern, die miteinander wechselwirken. Durch eine solche Wechselwirkung wird der Gesamtimpuls nicht beeinflusst. Er bleibt erhalten.

Bei den beteiligten Körpern sind stets Betrag und Richtung der Geschwindigkeit zu beachten. Bewegen sich Körper längs einer Geraden, dann bringt man die unterschiedliche Richtung der Geschwindigkeiten durch verschiedene Vorzeichen zum Ausdruck.

Für ein kräftemäßig abgeschlossenes System aus zwei Körpern, die miteinander wechselwirken, ist der Impuls vor der Wechselwirkung gleich dem Impuls nach der Wechselwirkung.

$$m_1 \cdot \vec{v}_1 + m_2 \cdot \vec{v}_2 = m_1 \cdot \vec{u}_1 + m_2 \cdot \vec{u}_2$$

$m_1, m_2$ Massen der Körper
$\vec{v}_1, \vec{v}_2$ Geschwindigkeiten vor der Wechselwirkung
$\vec{u}_1, \vec{u}_2$ Geschwindigkeiten nach der Wechselwirkung

Beim Abfeuern einer Waffe spürt man einen kurzen Stoß, der als **Rückstoß** bezeichnet wird.

*Wie kommt der Rückstoß zustande?*

Waffe und Geschoss einschließlich Treibladung können als kräftemäßig abgeschlossenes System mit dem Gesamtimpuls $\vec{p} = 0$ betrachtet werden. Nach dem Auslösen der Waffe wird das Geschoss kurzzeitig stark beschleunigt und verlässt zusammen mit den Gasen der Treibladung den Lauf mit großer Geschwindigkeit. Vernachlässigt man die Gase wegen ihrer meist geringen Masse, dann sind noch Geschoss und Waffe zu betrachten.

| **vor dem Abschuss** | **nach dem Abschuss** |
|---|---|
| $\vec{p}_{Ges} = \vec{p}_{Waffe} + \vec{p}_{Geschoss} = 0$  $\vec{v}_W = \vec{v}_G = 0$ | $\vec{p}_{Ges} = \vec{p}_{Waffe} + \vec{p}_{Geschoss} = 0$ 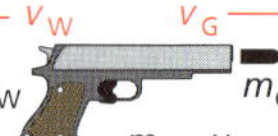  $m_W \cdot v_W - m_G \cdot v_G = 0$ <br> $m_W \cdot v_W = m_G \cdot v_G$ |

Durch die Bewegung des Geschosses in die eine Richtung bewegt sich die Waffe in die entgegengesetzte Richtung. Da aber ihre Masse wesentlich größer als die des Geschosses ist, gilt für die Geschwindigkeiten: Die Geschwindigkeit der Waffe ist wesentlich kleiner als die des Geschosses.

Bei so genannten **rückstoßfreien Geschützen** wird der Rückstoßimpuls durch den Schubimpuls eines Pulvergasstrahls kompensiert, der entgegengesetzt zur Richtung der Geschossbewegung austritt.

### Raketenantrieb und Raketengrundgleichung

Raumflugkörper werden nach dem **Rückstoßprinzip** angetrieben. Diese Antriebsform stellt praktisch die einzige Möglichkeit dar, den Impuls und damit auch die Geschwindigkeit des Raumflugkörpers zu ändern.
Eine Rakete oder ein Raumflugkörper mit Triebwerk stellt ein kräftemäßig abgeschlossenes System dar, für das der Impulserhaltungssatz gilt.

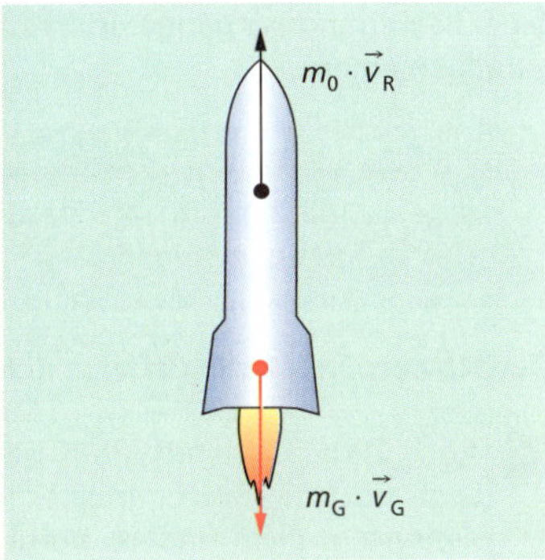


Das Foto zeigt eine Rakete vom Typ Ariane. Das sind Trägerraketen für den Transport von Nutz- und Forschungssatelliten. Die gegenwärtig eingesetzte Version, die Ariane 5, kann Nutzlasten bis 15 t in eine erdnahe und bis 5 t in eine erdfernere Bahn bringen. Gestartet werden diese Raketen im französischen Raumfahrtzentrum Kourou in Französisch-Guayana.

Nach dem Impulserhaltungssatz gilt dann:

$$\vec{p}_{\text{Rakete}} + \vec{p}_{\text{Gase}} = 0 \quad \text{oder} \quad m_0 \cdot \vec{v}_R + m_G \cdot \vec{v}_G = 0$$

Für den Betrag der Geschwindigkeit der Rakete erhält man:

$$v_R = \frac{m_G \cdot v_G}{m_0}$$

Die Gleichung gilt nur für den Fall, dass die Rakete kurzzeitig beschleunigt wird. Bleiben die Triebwerke längere Zeit eingeschaltet, dann kann die Masse der Rakete nicht mehr als konstant angesehen werden, da sich ständig die Masse des Treibstoffes verringert. Das wird bei der **Raketengrundgleichung** berücksichtigt.

Die Geschwindigkeit einer zunächst ruhenden Rakete kann bei Vernachlässigung von Gravitationsfeldern berechnet werden mit der Gleichung:

$$v_R = v_G \cdot \ln \frac{m_0}{m}$$

$v_R$ Endgeschwindigkeit der Rakete
$v_G$ Ausströmgeschwindigkeit der Verbrennungsgase
$m$ Endmasse der Rakete
$m_0$ Anfangsmasse der Rakete

Die Endgeschwindigkeit, die eine Rakete bis zum Ende der Brenndauer von Triebwerken erreicht, nennt man auch **Brennschlussgeschwindigkeit.**

Diese Beziehung wird auch als Schwerpunktsatz bezeichnet. Weitere Aussagen zum Schwerpunkt von Körpern sind ↗ S. 93 f. zu finden.

## Impulserhaltung und Schwerpunkt von Körpern

Für ruhende Körper in einem abgeschlossenen System (↗ S. 84) gilt die Beziehung

$$\frac{m_1}{m_2} = \frac{x_2}{x_1}$$

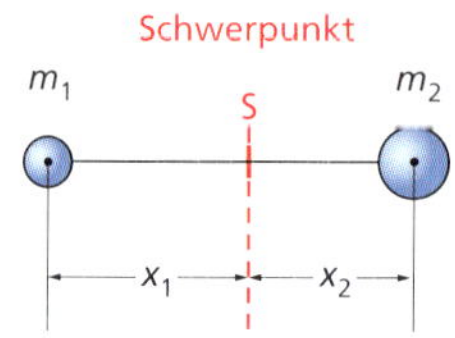


Der Gesamtimpuls der Körper ist null. Wirken nur innere Kräfte, dann gilt für das System der Impulserhaltungssatz. Bewegen sich die Körper geradlinig und gleichförmig voneinander weg, dann gilt die oben genannte Beziehung ebenfalls.
Das bedeutet: Der Schwerpunkt bleibt auch bei gleichförmiger geradliniger Bewegung der Körper erhalten. Diese Aussage lässt sich auf beliebige Bewegungsvorgänge in kräftemäßig abgeschlossenen Systemen verallgemeinern.

**Der Schwerpunkt eines kräftemäßig abgeschlossenen Systems bleibt erhalten, unabhängig davon, welche Bewegungen durch innere Kräfte im System erfolgen.**

Der Schwerpunkt kann dabei in Ruhe sein oder sich bewegen.

Ein Feuerwerkskörper, der in größerer Höhe explodiert, behält seinen Schwerpunkt bei, da nur innere Kräfte wirken.

Auch unser Sonnensystem besitzt einen Schwerpunkt, der seine Lage trotz der Bewegung der Himmelskörper in Bezug auf das Sonnensystem nicht ändert. Vergleicht man die Massen der Planeten, dann zeigt sich: Nur der Planet Jupiter hat wegen seiner extrem großen Masse merklichen Einfluss auf die Lage des Schwerpunktes. Daher werden nachfolgend nur Sonne und Jupiter betrachtet. Für diese Himmelskörper gilt der Schwerpunktsatz.

Nach dem Schwerpunktsatz gilt für diese beiden Körper:

$$\frac{m_S}{m_J} = \frac{a - a_S}{a_S}$$

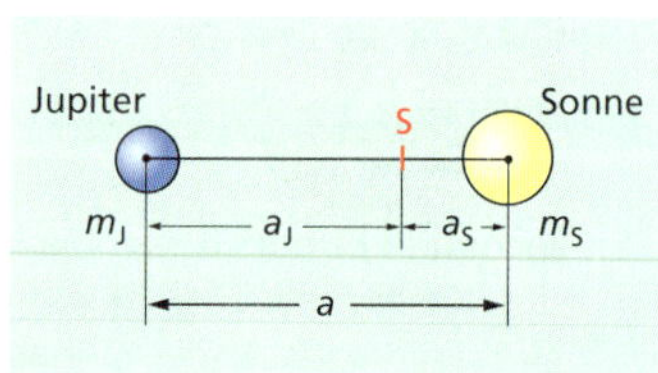


Das Umstellen der Gleichung nach $a_S$ und das Einsetzen der Werte liefert als Lösung:
Der Schwerpunkt des Sonnensystems ist etwa 740 000 km vom Sonnenmittelpunkt entfernt und liegt damit außerhalb der Sonne. Jupiter und Sonne sowie auch die anderen Planeten bewegen sich um diesen Schwerpunkt.
Ein außerirdischer Beobachter würde die Positionsveränderung der Sonne eventuell erkennen und so die Existenz eines massereichen Planeten schlussfolgern können, selbst wenn er diesen Planeten nicht beobachtet hat. Auf diese Weise hat man in den letzten Jahren eine Reihe von Planetensystemen um andere Sterne entdeckt. Das erste solche Planetensystem fanden 1995 M. MAYOR und D. QUELOZ um den Stern 51 Pegasi.

## 2.6.2 Unelastische und elastische Stöße

### Einteilung von Stößen

Stoßvorgänge oder Stöße treten in Natur, Technik und Alltag in vielfältiger Weise auf.

Beispiele für Stöße sind der Aufprall eines Balles auf den Boden, der Schlag gegen einen Tennisball, der Zusammenstoß zweier Fahrzeuge oder von Elementarteilchen, der Aufprall eines Himmelskörpers auf einen anderen oder der Schlag, den ein Boxer seinem Gegner zufügt.

Die beiden Arten von Stößen sind Idealisierungen, die in der Praxis nur näherungsweise auftreten. Daher muss man in jedem einzelnen Fall prüfen, welcher Stoß vorliegt und welche Gesetze dann näherungsweise anwendbar sind.

Nach der **Energiebilanz** unterscheidet man zwischen unelastischen und elastischen Stößen.

| **unelastischer Stoß** | **elastischer Stoß** |
|---|---|
| Bei der Wechselwirkung der Körper treten nur unelastische Verformungen auf. | Bei der Wechselwirkung der Körper treten nur elastische Verformungen auf. |
| Es gilt der Impulserhaltungssatz und der allgemeine Energieerhaltungssatz. Ein Teil der mechanischen Energie wird in andere Energieformen umgewandelt. | Es gilt der Impulserhaltungssatz und der Energieerhaltungssatz der Mechanik, d. h. die mechanische Energie des Systems bleibt erhalten. |
| Zwei Autos stoßen frontal zusammen und werden dabei unelastisch verformt.  | Ein Tennisball wird mit einem Tennisschläger weggeschlagen.  |

Nach der **Lage der Körper zueinander** beim Stoß unterscheidet man zwischen geraden und schiefen Stößen.

| **gerader Stoß** | **schiefer Stoß** |
|---|---|
| 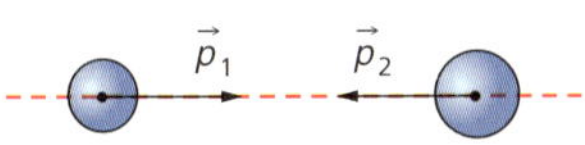  Die Impulsvektoren liegen auf einer Linie. | 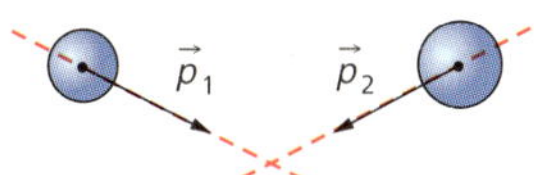  Die Impulsvektoren liegen nicht auf einer Linie. |

Steht darüber hinaus die Verbindungsgerade der Schwerpunkte beider Körper senkrecht auf der Berührungsfläche, die sich beim Stoß ausbildet, dann spricht man von einem **zentralen Stoß.**

### Der zentrale gerade unelastische Stoß

Beim zentralen unelastischen Stoß zweier Körper, z. B. bei einem Auffahrunfall,
- treten keine elastischen Verformungen zwischen den beteiligten Körpern auf,
- bewegen sich die Körper nach dem Stoß mit einer gemeinsamen Geschwindigkeit weiter,
- wird ein Teil der mechanischen Energie in andere Energieformen umgewandelt.

Es ist stets der vektorielle Charakter der Geschwindigkeit zu beachten. Werden nur die Beträge betrachtet, so wird die Richtung der Geschwindigkeit durch das Vorzeichen berücksichtigt.

| Kennzeichnung des Vorganges | mathematischer Zusammenhang |
|---|---|
| Es gilt der Impulserhaltungssatz. 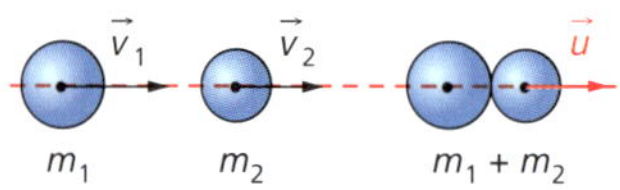  | $m_1 \cdot \vec{v}_1 + m_2 \cdot \vec{v}_2 = (m_1 + m_2)\vec{u}$ Bewegen sich alle Körper in der gleichen Richtung, so gilt: $m_1 \cdot v_1 + m_2 \cdot v_2 = (m_1 + m_2)u$ |
| Die gemeinsame Geschwindigkeit der Körper nach dem Stoß ergibt sich aus dem Impulserhaltungssatz. | $u = \frac{m_1 \cdot v_1 + m_2 \cdot v_2}{m_1 + m_2}$ |
| Die mechanische Energie der Körper verringert sich. | $\Delta E_{mech} = \frac{1}{2}(m_1 \cdot v_1^2 + m_2 \cdot v_2^2) - \frac{1}{2}(m_1 + m_2)u^2$ |

Von Interesse sind auch einige spezielle Fälle, die sich aus dem Verhältnis der Massen bzw. der Geschwindigkeiten der beteiligten Körper ergeben.

| Bedingung | Bewegung nach dem Stoß |
|---|---|
| $m_1 \gg m_2$, Körper 1 stößt mit $v_1$ gegen Körper 2, Körper 2 ruht. | Beide Körper bewegen sich näherungsweise mit der Geschwindigkeit $v_1$ weiter. Ein Lkw stößt gegen einen Pkw. |
| $m_1 = m_2$, Körper 1 und Körper 2 haben die gleiche Geschwindigkeit bei entgegengesetzter Richtung. | Beide Körper sind nach dem Stoß in Ruhe. Pkw stoßen frontal zusammen. |
| $m_1 \ll m_2$, Körper 1 stößt mit $v_1$ gegen Körper 2, der ruht oder sich mit $v_2$ bewegt. | Beide Körper ruhen oder bewegen sich näherungsweise mit der Geschwindigkeit $v_2$ weiter. Ein Geschoss trifft auf einen Körper. |

*Beschreiben Sie eine Möglichkeit der Bestimmung der Geschossgeschwindigkeit!*

Eine Möglichkeit, die Geschwindigkeit eines Geschosses experimentell zu bestimmen, ist die Verwendung eines ballistischen Pendels. Das ist ein Holzklotz, in den das Geschoss eindringen kann und in dem es stecken bleibt.

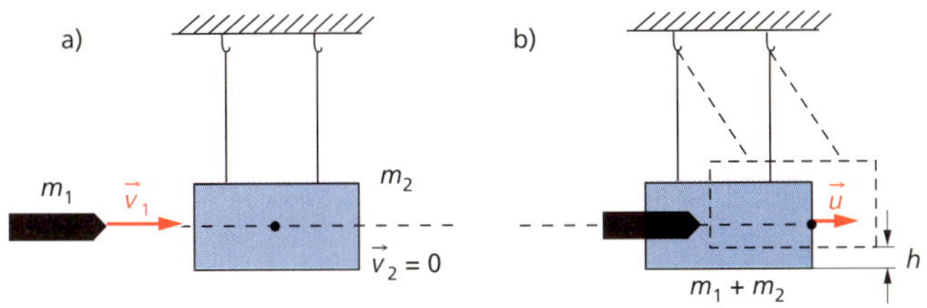


Es liegt ein unelastischer Stoß vor. Betrachtet man Geschoss und Holzklotz als kräftemäßig abgeschlossenes System, dann gilt der Impulserhaltungssatz:

$$m_1 \cdot v_1 = (m_1 + m_2)\,u \quad \text{und damit}$$

$$v_1 = \frac{m_1 + m_2}{m_1} \cdot u \qquad (1)$$

Die gemeinsame Geschwindigkeit $u$ lässt sich z. B. folgendermaßen bestimmen: Beim Auftreffen des Geschosses gerät das ballistische Pendel in Schwingungen. Dann gilt nach dem Energieerhaltungssatz:

$$\frac{1}{2}(m_1 + m_2)u^2 = (m_1 + m_2) \cdot g \cdot h$$

$$u = \sqrt{2g \cdot h} \qquad (2)$$

Setzt man (2) in (1) ein, so erhält man:

$$v_1 = \frac{m_1 + m_2}{m_1}\sqrt{2g \cdot h}$$

Die Massen des Geschosses ($m_1$) und des Holzklotzes ($m_2$) können ebenso wie die Höhe $h$ gemessen werden. Aus den Messwerten kann man die Geschwindigkeit des Geschosses bestimmen.

Geschossgeschwindigkeiten können in einem weiten Bereich variieren. Bei Pistolen und Gewehren liegen sie meist zwischen 200 $\frac{m}{s}$ und 700 $\frac{m}{s}$.

Die **Geschwindigkeit** kann auch folgendermaßen bestimmt werden: Der Holzklotz wird nicht an Fäden aufgehängt, sondern liegt auf einer horizontalen Fläche. Beim Auftreffen des Geschosses bewegt er sich eine bestimmte Strecke $s$. Dabei wird Reibungsarbeit (↗ S. 89) verrichtet. Die kinetische Energie des Geschosses $\frac{1}{2}m_1 \cdot v_1^2$ ist gleich der verrichteten Reibungsarbeit $\mu(m_1 + m_2)\,g \cdot s$ Daraus ergibt sich $v_1$.

## Der zentrale gerade elastische Stoß

Beim zentralen elastischen Stoß zweier Körper, z. B. beim Aufprall einer Billardkugel auf eine andere,

- treten nur elastische Wechselwirkungen auf,
- bewegen sich die Körper nach dem Stoß mit unterschiedlichen Geschwindigkeiten weiter,
- bleibt die mechanische Energie erhalten.

Es ist stets der vektorielle Charakter der **Geschwindigkeit** zu beachten. Werden nur die Beträge betrachtet, so wird die Richtung der Geschwindigkeit durch das Vorzeichen berücksichtigt.

Die Herleitung der Gleichungen für die Geschwindigkeiten beim **elastischen Stoß** ist auf der CD zu finden.

<table>
<tr><th>Kennzeichnung des Vorgangs</th><th>mathematischer Zusammenhang</th></tr>
<tr><td>Es gilt der Impulserhaltungssatz.

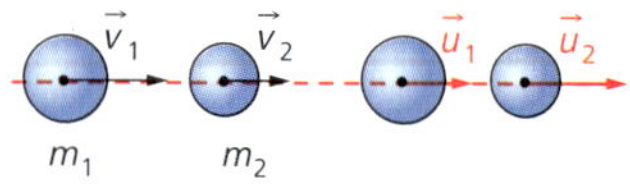

</td><td>$m_1 \cdot \vec{v}_1 + m_2 \cdot \vec{v}_2 = m_1 \cdot \vec{u}_1 + m_2 \cdot \vec{u}_2$

Bewegen sich alle Körper in einer Richtung so gilt:

$m_1 \cdot v_1 + m_2 \cdot v_2 = m_1 \cdot u_1 + m_2 \cdot u_2$</td></tr>
<tr><td>Es gilt der Energieerhaltungssatz der Mechanik. Bei Bewegungen in einer Ebene spielt nur die kinetische Energie eine Rolle.</td><td>$\frac{m_1}{2}v_1^2 + \frac{m_2}{2}v_2^2 = \frac{m_1}{2}u_1^2 + \frac{m_2}{2}u_2^2$</td></tr>
<tr><td>Die Geschwindigkeiten der Körper nach dem Stoß ergeben sich aus den Gleichungen für Impuls und Energie (2 Gleichungen mit 2 Unbekannten)</td><td>$u_1 = \frac{2m_2 \cdot v_2 + (m_1 - m_2)v_1}{m_1 + m_2}$

$u_2 = \frac{2m_1 \cdot v_1 + (m_2 - m_1)v_2}{m_1 + m_2}$</td></tr>
</table>

Ähnlich wie beim unelastischen Stoß gibt es auch beim elastischen Stoß einige spezielle Fälle, die sich aus dem Verhältnis der Massen bzw. der Geschwindigkeiten der beteiligten Körper ergeben.

Ein Beispiel für den Fall $m_1 = m_2$ sind zusammenstoßende Billardkugeln.

Das Auftreffen eines Tischtennisballes auf eine Tischtennisplatte ist ein Stoß gegen eine feste Wand.

<table>
<tr><th>Bedingungen</th><th>Bewegungen nach dem Stoß</th></tr>
<tr><td>$m_1 = m_2$, beliebige Geschwindigkeiten

</td><td>$u_1 = v_2$ $u_2 = v_1$

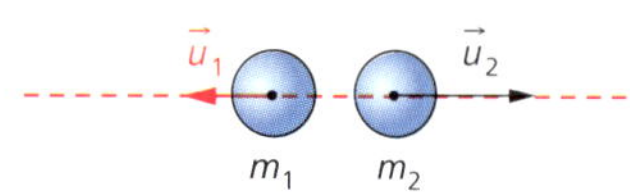

</td></tr>
<tr><td colspan="2">Körper gleicher Masse „tauschen" ihre Geschwindigkeiten.</td></tr>
<tr><td>$m_1 \ll m_2$, Körper 2 ist in Ruhe (Stoß gegen eine feste Wand)

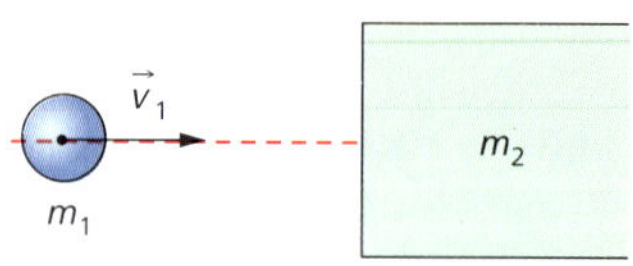

</td><td>$u_1 = -v_1$ $u_2 = 0$

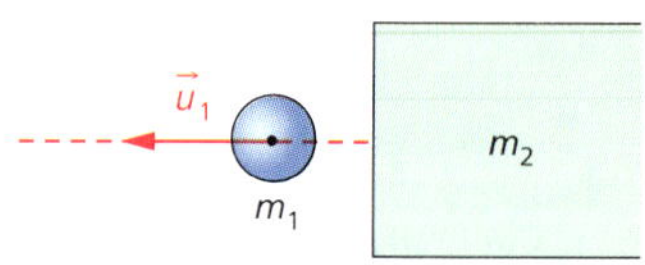

</td></tr>
<tr><td colspan="2">Beim elastischen Stoß gegen eine feste Wand ist der Betrag der Geschwindigkeit vor dem Stoß genauso groß wie nach dem Stoß, die Richtung der Geschwindigkeit ist entgegengesetzt.<br>Trifft ein Körper unter einem beliebigen Winkel $\alpha$ gegen eine feste Wand, dann gilt das Reflexionsgesetz $\alpha = \alpha'$.</td></tr>
</table>

Das Reflexionsgesetz gilt nur für Massepunkte. Trifft z. B. ein Ball schräg auf eine Wand, dann gilt wegen der auftretenden Rotation das Reflexionsgesetz nicht.

## 2.6.3 Der Drehimpuls und seine Erhaltung

Der **Impuls** charakterisiert den Bewegungszustand eines Körpers, den man als Massepunkt ansehen kann, bei einer Translationsbewegung (↗ S. 95, 97). In analoger Weise lässt sich der Bewegungszustand eines um eine Achse rotierenden Körpers oder eines auf einer Kreisbahn umlaufenden Körpers durch die Größe **Drehimpuls** beschreiben.
Der Bewegungszustand eines rotierenden oder umlaufenden Körpers wird durch sein Trägheitsmoment $J$ (↗ S. 99) und seine Winkelgeschwindigkeit $\vec{\omega}$ (↗ S. 96) bestimmt.

Der Drehimpuls charakterisiert den Zustand eines rotierenden Körpers. Es ist eine **Zustandsgröße** und darüber hinaus eine **vektorielle Größe,** deren Richtung mit der der **Winkelgeschwindigkeit** übereinstimmt.

Der Drehimpuls eines Körpers kennzeichnet den Schwung, den ein rotierender oder umlaufender Körper hat.

Formelzeichen: $\vec{L}$

Einheit: ein Kilogramm mal Quadratmeter durch Sekunde ($1\ \frac{kg \cdot m^2}{s}$)

Der Drehimpuls eines rotierenden oder umlaufenden Körpers kann berechnet werden mit der Gleichung:

$\vec{L} = J \cdot \vec{\omega}$

$J$ Trägheitsmoment des Körpers
$\vec{\omega}$ Winkelgeschwindigkeit des Körpers

Formal gelangt man zur Gleichung für den Drehimpuls, wenn man von der Gleichung $\vec{p} = m \cdot \vec{v}$ für den Impuls ausgeht und dort die zur Translation analogen Größen der Rotation einsetzt. Die zur Masse analoge Größe ist bei der Rotation das Trägheitsmoment, die zur Geschwindigkeit analoge Größe die Winkelgeschwindigkeit.

| **Vergleich zwischen Impuls und Drehimpuls** | |
|---|---|
| Der Impuls kennzeichnet die Wucht eines Körpers, der als Massepunkt angesehen werden kann, bei einer Translation. | Der Drehimpuls kennzeichnet den Schwung eines Körpers bei seiner Eigendrehung oder eines umlaufenden Körpers. |
| Der Impuls wird durch Masse und Geschwindigkeit des Körpers bestimmt. 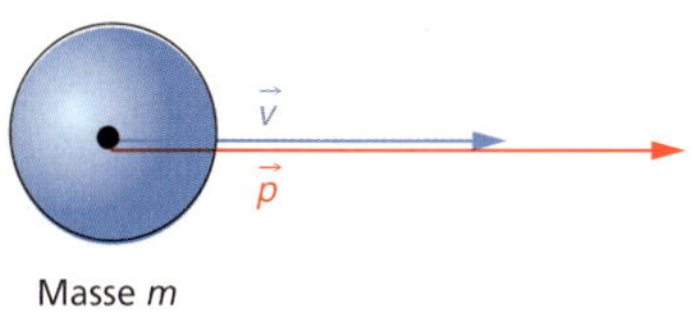  $\vec{p} = m \cdot \vec{v}$ | Der Drehimpuls wird durch Trägheitsmoment und Winkelgeschwindigkeit des Körpers bestimmt. 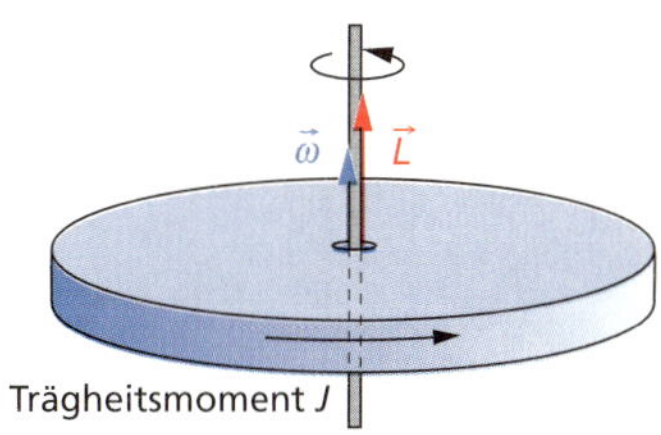  $\vec{L} = J \cdot \vec{\omega}$ |
| Impuls und Geschwindigkeit haben die gleiche Richtung. | Drehimpuls und Winkelgeschwindigkeit haben die gleiche Richtung. |

### Drehimpuls und Drehmoment

Bei der Translation besteht zwischen Impuls und Kraft ein enger Zusammenhang. Die Kraft ist gleich der zeitlichen Änderung des Impulses (↗ S. 105). Analoge Überlegungen kann man auch für Drehimpuls und Drehmoment durchführen.
Wirkt auf einen drehbar gelagerten Körper ein bestimmtes Zeitintervall lang ein Drehmoment $\vec{M}$, dann ändert sich dessen Drehimpuls:

$$\vec{M} \cdot \Delta t = \Delta\vec{L}$$

Diese Gleichung kann man nach $\vec{M}$ umstellen und erhält:

Das Drehmoment, das an einem Körper angreift, ist gleich der zeitlichen Änderung des Drehimpulses.

$$\vec{M} = \frac{\Delta\vec{L}}{\Delta t}$$

$\Delta\vec{L}$ Änderung des Drehimpulses
$\Delta t$ Zeitdauer

Ist das auf einen Körper wirkende Drehmoment nicht konstant, so kann man das momentane Drehmoment ermitteln, indem man die Zeitdauer immer kleiner wählt. Dann ergibt sich:

$$\vec{M} = \lim_{\Delta t \to 0} \frac{\Delta\vec{L}}{\Delta t}$$

$$\vec{M} = \frac{d\vec{L}}{dt}$$

### Der Drehimpulserhaltungssatz

Analog zum Impulserhaltungssatz (↗ S. 106) gilt auch ein **Drehimpulserhaltungssatz.**

Unter der Bedingung, dass keine äußeren Drehmomente wirken, bleibt in einem abgeschlossenen System der Drehimpuls erhalten.

$$\vec{L} = \vec{L}_1 + \vec{L}_2 + \ldots + \vec{L}_n = \sum_{i=1}^{n} \vec{L}_i = \text{konstant}$$

$\vec{L}$ Gesamtdrehimpuls
$\vec{L}_i$ Drehimpulse der einzelnen Körper des Systems

Eine wichtige Anwendung des Drehimpulserhaltungssatzes sind Kreisel und darauf beruhende Instrumente (Kreiselkompass, Fliegerhorizont).

Ein Kunstspringer besitzt nach dem Absprung einen bestimmten Drehimpuls $\vec{L}$ um eine bestimmte Achse. Durch Veränderung der Körperhaltung, z. B. Anziehen der Beine, kann er sein Trägheitsmoment verkleinern und damit seine Winkelgeschwindigkeit vergrößern, denn für $\vec{L}$ = konst. gilt $\omega \sim \frac{1}{J}$. Damit werden z. B. Mehrfachsaltos möglich.

Auch bei der Entstehung von Planetensystemen spielt der Drehimpulserhaltungssatz eine Rolle. Extrem langsam rotierende Gaswolken im All erhöhen ihre Winkelgeschwindigkeit, wenn sie durch Gravitationskräfte (↗ S. 117) kollabieren. Dabei nimmt die Winkelgeschwindigkeit mit Verkleinerung des Trägheitsmomentes zu. Es entstehen schnell rotierende Scheiben um junge Sterne, in denen sich Planeten bilden können.

# 2.7 Gravitation

## 2.7.1 Das Gravitationsgesetz

Die Entdeckung des Gravitationsgesetzes durch den englischen Naturforscher ISAAC NEWTON (1643–1727) war der Endpunkt einer langen und komplizierten historischen Entwicklung. Dabei flossen irdische Beobachtungen über die **Erdanziehungskraft** und Himmelsbeobachtungen über die Bewegungen des Mondes und der Planeten zusammen. Zu beantworten war letztlich die Frage, ob die Kraft, die Erdmond oder Planeten auf eine kreisähnliche Bahn zwingt, wesensgleich mit der Kraft ist, die wir als Erdanziehungskraft kennen und die z. B. bewirkt, dass ein Apfel nach unten fällt, wenn man ihn loslässt.

Abgeleitet ist der Begriff Gravitation von gravis (lat.) = schwer.

Ein Teil dieses komplizierten und langwierigen Erkenntnisprozesses war der Streit um das Weltbild, der in den Auseinandersetzungen um die Richtigkeit des heliozentrischen Weltbildes des NIKOLAUS KOPERNIKUS (1473–1543) gipfelte.

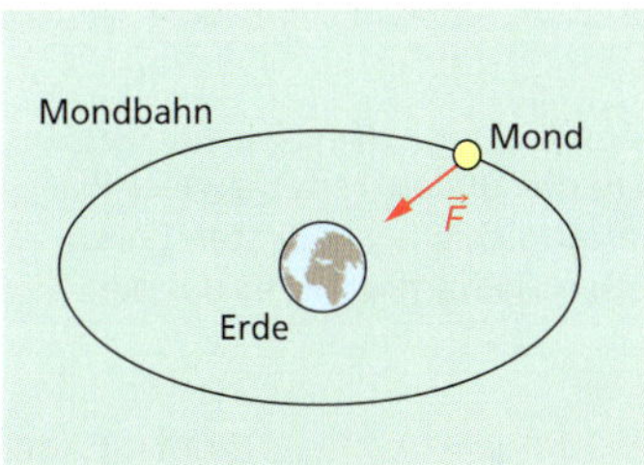

### Die keplerschen Gesetze

Ein entscheidender Schritt auf dem Weg zur Erkenntnis des Gravitationsgesetzes war die Analyse der Bewegungen von Planeten des Sonnensystems und die Formulierung entsprechender Gesetze. Dieser Schritt wurde von JOHANNES KEPLER (1571–1630) unternommen. KEPLER gelangte durch intensive Auswertung von Beobachtungen des dänischen Astronomen TYCHO BRAHE (1546–1601) zu den heute nach ihm benannten **keplerschen Gesetzen,** die nachstehend in moderner Formulierung angegeben sind:

JOHANNES KEPLER (1571–1630) entdeckte die keplerschen Gesetze der Planetenbewegung. Eingebunden in das Denken seiner Zeit, war er zutiefst davon überzeugt, dass die Welt von göttlichen Harmonieprinzipien durchdrungen ist.

### 1. keplersches Gesetz

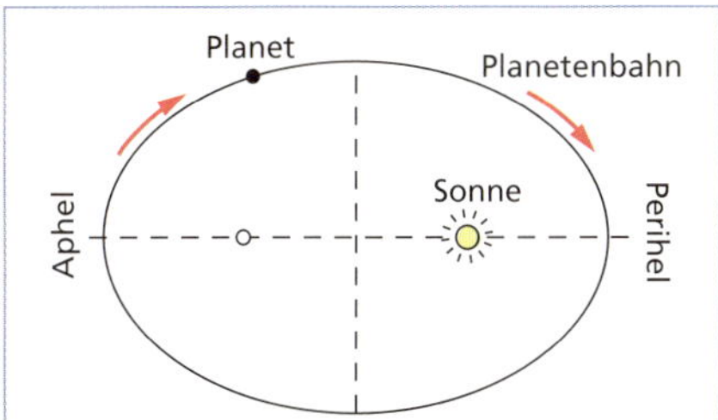


Alle Planeten bewegen sich auf elliptischen Bahnen. In einem gemeinsamen Brennpunkt steht die Sonne.

Daraus folgt, dass sich bei der Bewegung von Planeten um die Sonne der Abstand Planet – Sonne ständig ändert. Für die Erde beträgt die geringste Entfernung von der Sonne $147{,}1 \cdot 10^6$ km (Perihel, Anfang Januar), die größte Entfernung $152{,}1 \cdot 10^6$ km (Aphel, Anfang Juli).

### 2. keplersches Gesetz

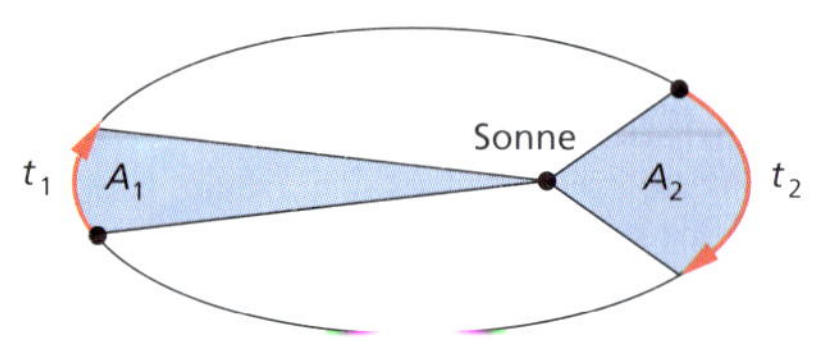


Die Verbindungslinie Sonne – Planet überstreicht in gleichen Zeiten gleiche Flächen.

$$\frac{A_1}{t_1} = \frac{A_2}{t_2}$$

$A_1$, $A_2$ Flächen
$t_1$, $t_2$ Zeiten

Daraus folgt, dass sich ein Planet in Sonnenferne langsamer bewegt als in Sonnennähe.
Für die Erde betragen die Geschwindigkeiten 29,3 $\text{km} \cdot \text{s}^{-1}$ in Sonnenferne (Juni/Juli) und 30,3 $\text{km} \cdot \text{s}^{-1}$ in Sonnennähe (Dezember/Januar).

### 3. keplersches Gesetz

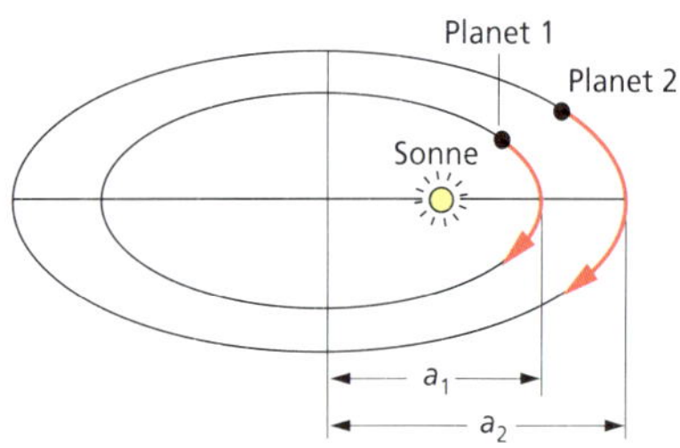


Die Quadrate der Umlaufzeiten zweier Planeten verhalten sich wie die dritten Potenzen der großen Halbachsen ihrer Bahnen.

$$\frac{T_1^2}{T_2^2} = \frac{a_1^3}{a_2^3}$$

$T_1$, $T_2$ Umlaufzeiten der Planeten
$a_1$, $a_2$ große Halbachsen der Planetenbahnen

Aus diesem Gesetz folgt, dass die Bahngeschwindigkeit von Planeten mit wachsendem Abstand von der Sonne abnimmt. Merkur als sonnennächster Planet bewegt sich schneller um die Sonne als die Erde. Die Erde bewegt sich schneller um die Sonne als die sonnenfernen Planeten Saturn oder Pluto.
Aus den keplerschen Gesetzen ergeben sich wichtige Hinweise auf den Charakter der Gravitationskraft. Das gilt vor allem für das 3. keplersche Gesetz.

Geht man davon aus, dass die auf einen Planeten wirkende Kraft gleich der **Radialkraft** ist, dann gilt:
$F = m \cdot \frac{4\pi^2 \cdot r}{T^2}$
(↗ S. 82) und damit
$F \sim \frac{r}{T^2}$ (1)
Für Kreisbahnen folgt aus dem 3. keplerschen Gesetz: $T^2 \sim r^3$
Eingesetzt in (1) ergibt sich:
$F \sim \frac{1}{r^2}$

### NEWTONS Mondrechnung

Neben I. NEWTON (1643–1727) waren im 17. Jahrhundert auch schon andere Gelehrte, z. B. der Astronom EDMUND HALLEY (1656–1743), auf den Zusammenhang zwischen Kraft und Abstand gestoßen (s. Randspalte). Mithilfe der so genannten **Mondrechnung** konnte NEWTON aber zeigen, dass es sich bei der Kraft zwischen Himmelskörpern um die gleiche Art von Kraft handelte, die auch die Körper auf der Erdoberfläche anzog.
NEWTON ging bei seinen Überlegungen von einer näherungsweisen Kreisbewegung des Mondes um die Erde aus. Die in Richtung Erde wirkende Radialbeschleunigung beträgt nach den Gesetzen der Kreisbewegung dann:

$$a = \frac{4\pi^2 \cdot r}{T^2} = 2,73 \cdot 10^{-3}\ \frac{\text{m}}{\text{s}^2}$$

Darin bedeuten $T$ die Umlaufzeit des Mondes um die Erde (27,32 d) und $r$ den mittleren Mondbahnradius (384 400 km).
NEWTON wusste: Der Radius $r$ der Mondbahn ist etwa 60-mal größer als der Erdradius $R$. Für das Verhältnis der Radialbeschleunigung $a$ des Mondes und der Fallbeschleunigung $g$ an der Erdoberfläche gilt näherungsweise: $\frac{a}{g} = \frac{1}{3\,590} \approx \left(\frac{1}{60}\right)^2 = \left(\frac{R}{r}\right)^2$

Sind beide Beschleunigungen auf dieselbe Kraft zurückzuführen, dann müsste für diese Kraft eine Entfernungsabhängigkeit der Form $F \sim \frac{1}{r^2}$ gelten.

In den Jahren 1680–1684 arbeitete ISAAC NEWTON die Theorie der Planetenbewegung aus. Den Zusammenhang $F \sim \frac{1}{r^2}$ fand NEWTON bereits etwa 1665.

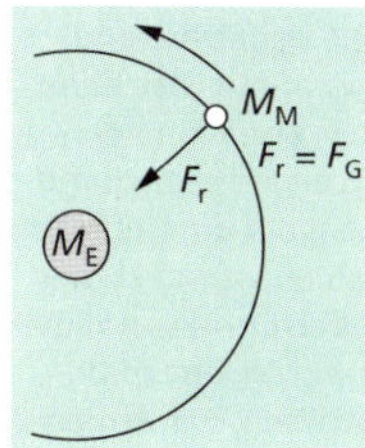


Die Erdanziehungskraft und die im All wirkenden Anziehungskräfte zwischen Himmelskörpern sind auf das Wirken ein- und desselben Gesetzes, des Gravitationsgesetzes, zurückzuführen.

## Das Gravitationsgesetz

Das **Gravitationsgesetz** fand ISAAC NEWTON um 1687. Es lautet:

Zwischen zwei Körpern wirken aufgrund ihrer Massen anziehende Kräfte, die gleich groß und entgegengesetzt gerichtet sind.
Für den Betrag dieser Gravitationskräfte gilt:

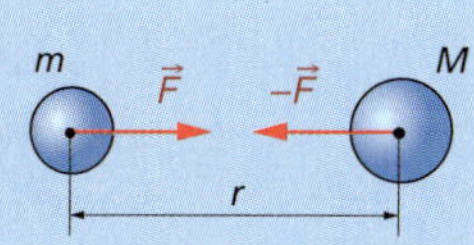


$F = G \cdot \frac{m \cdot M}{r^2}$

| | |
|---|---|
| $G$ | Gravitationskonstante |
| $m, M$ | Massen der Körper |
| $r$ | Abstand der Massenmittelpunkte |

Aufgrund der **Gravitation** ist jeder Körper auf der Erde „schwer“. Aus diesen Überlegungen ergibt sich der Begriff **„schwere Masse“**, der von der **„trägen Masse“** unterschieden wird, die bei Bewegungsänderungen eine Rolle spielt. Schwere und träge **Masse** eines Körpers sind gleich groß.

Die Gravitationskonstante $G$ kann experimentell ermittelt werden. Erstmals gelang das 1798 dem englischen Physiker HENRY CAVENDISH (1731–1810, Bild rechts) mit einer von ihm erfundenen **Drehwaage.** Die Skizze zeigt das Messprinzip.
An einem Draht sind zwei kleine kugelförmige Körper befestigt. Darüber hinaus ist ein Spiegel angebracht, über den die Verdrillung des Drahtes gemessen werden kann.
Zwei große Kugeln sind symmetrisch auf einer drehbar gelagerten Scheibe befestigt. Bei gleichem Abstand von den kleinen Kugeln heben sich die Gravitationskräfte auf. Der Draht wird nicht verdrillt. Nähert man die großen Kugeln den kleinen, so wird der Draht aufgrund der wirkenden Gravitationskräfte verdrillt. Die Stärke der Verdrillung kann gemessen und damit die Gravitationskonstante bestimmt werden.

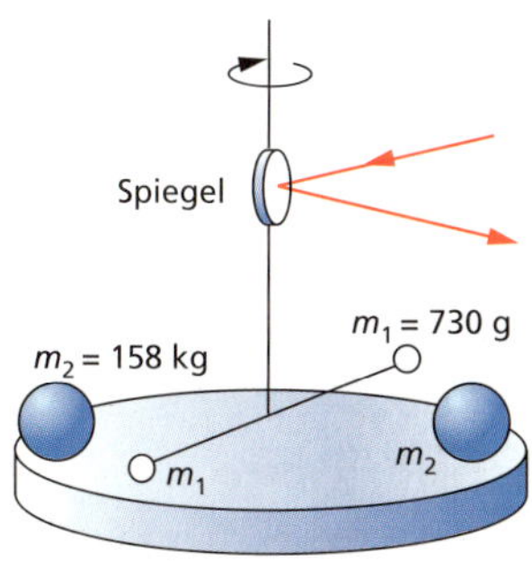

Mithilfe des Gravitationsgesetzes kann man die Erde „wiegen“, also ihre Masse ermitteln.
*Führen Sie eine solche Bestimmung der Erdmasse durch!*

*Analyse:*
Die Gewichtskraft $F_G$ eines Körpers auf der Erdoberfläche ist gleich der Gravitationskraft zwischen ihm und der Erde. Es gilt also:

$$m \cdot g = G \cdot \frac{m \cdot M}{R^2}$$

und damit

$$g = G \cdot \frac{M}{R^2} \quad (1)$$

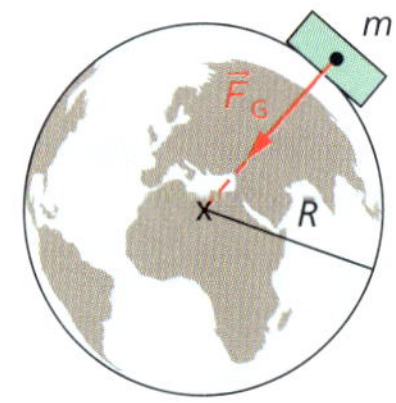

Erde mit der Masse *M*

Die nebenstehend genannte Gleichung (1) kann man beispielsweise dazu nutzen, um die Fallbeschleunigung an der Oberfläche von Himmelskörpern zu berechnen, wenn man deren Masse und Radius kennt.

Mithilfe der nach *M* umgestellten Gleichung kann man die Erdmasse berechnen.

Gesucht: $M$

Gegeben: $G = 6{,}67 \cdot 10^{-11}\ \frac{\text{m}^3}{\text{kg} \cdot s^2}$

$g = 9{,}81\ \frac{\text{m}}{s^2}$

$R = 6\,371\ \text{km} = 6{,}371 \cdot 10^6\ \text{m}$

*Lösung:*

$$M = \frac{g \cdot R^2}{G}$$

$$M = \frac{9{,}81\,\frac{\text{m}}{s^2} \cdot (6{,}371 \cdot 10^6\ \text{m})^2}{6{,}67 \cdot 10^{-11}\,\frac{\text{m}^3}{\text{kg} \cdot s^2}}$$

$$\underline{M = 5{,}97 \cdot 10^{24}\ \text{kg}}$$

*Ergebnis:*
Die Masse der Erde beträgt $5{,}97 \cdot 10^{24}$ kg.

Die Erdmasse ist 81-mal größer als die Mondmasse.
Sie beträgt aber nur $\frac{1}{330\,000}$ der Masse der Sonne.

Das Gravitationsgesetz kann zur Lösung weiterer interessanter Aufgaben genutzt werden, beispielsweise zur Bestimmung der 1. kosmischen Geschwindigkeit (↗ S. 124) oder zur Bestimmung der Bahngeschwindigkeit des Mondes um die Erde. Mithilfe der Gravitation lassen sich auch Erscheinungen wie **Ebbe** und **Flut** erklären.

Als Ansatz ist bei solchen Aufgaben häufig zu wählen:

Radialkraft = Gravitationskraft

$$m \cdot \frac{v^2}{r} = G \cdot \frac{m \cdot M}{r^2}$$

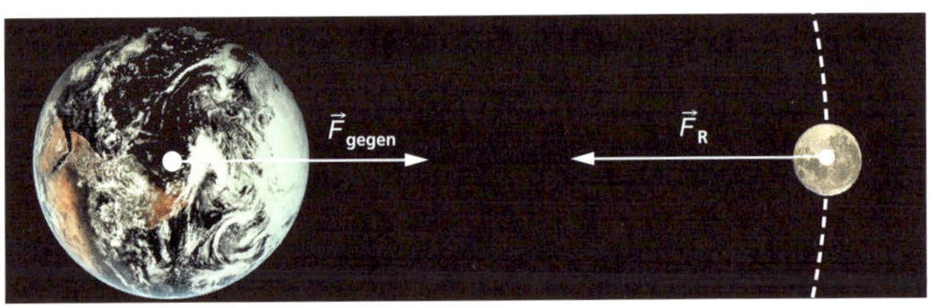

## 2.7.2 Gravitationsfelder

### Beschreibung von Gravitationsfeldern

Lange Zeit konnte die Wissenschaft nicht die Frage beantworten, wie die gravitative Wirkung zwischen Körpern durch den Raum hindurch erfolgt. Dies wurde erst mithilfe der **Feldtheorie** möglich.

Analog dazu existiert um einen geladenen Körper ein elektrisches Feld (↗ S. 214) und um einen Magneten ein magnetisches Feld (↗ S. 229).

> Unter einem Gravitationsfeld versteht man den besonderen Zustand des Raumes um einen massebehafteten Körper.
> In ihm werden auf andere Körper Gravitationskräfte ausgeübt.

Veranschaulichen kann man sich ein Gravitationsfeld ähnlich wie ein elektrisches oder ein magnetisches Feld durch ein **Feldlinienbild.**

| **Gravitationsfeld der Erde** | **Gravitationsfeld in der Nähe der Erdoberfläche** |
|---|---|
| 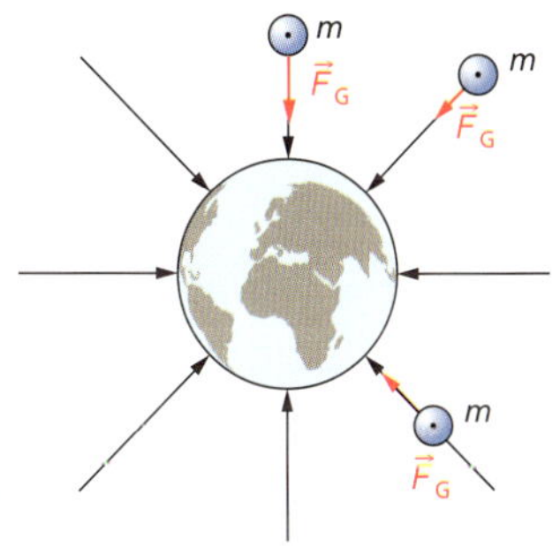  | 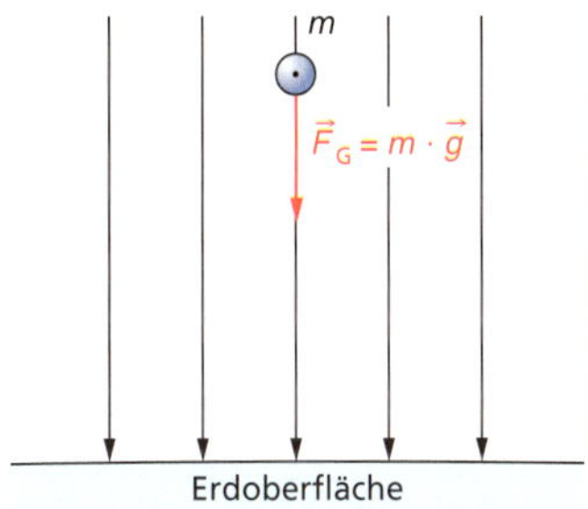  |
| Das Gravitationsfeld der Erde ist ein Radialfeld und damit ein inhomogenes Feld. | In unmittelbarer Nähe der Erdoberfläche kann man das Gravitationsfeld als homogen ansehen. |

Als Richtung der Feldlinien des Gravitationsfeldes wird die Richtung der Kraft auf einen Probekörper angenommen. In die Physik eingeführt wurde das **Feldlinienmodell** durch den englischen Physiker MICHAEL FARADAY (1791–1867).

Die ortsabhängige Stärke eines Gravitationsfeldes wird durch die **Gravitationsfeldstärke** erfasst.

> Die Gravitationsfeldstärke gibt an, wie groß die Gravitationskraft $\vec{F}$ auf einen Probekörper der Masse $m$ im Gravitationsfeld ist.
>
> Formelzeichen: $\vec{g}$
> Einheit: ein Newton durch Kilogramm $\left(1\,\frac{\text{N}}{\text{kg}}\right)$
>
> Die Gravitationsfeldstärke eines Körpers der Masse $M$ kann berechnet werden mit der Gleichung:
>
> $\vec{g} = \frac{\vec{F}}{m}$
>
> $g = G \cdot \frac{M}{r^2}$
>
> $G$ Gravitationskonstante
> $M$ Masse des felderzeugenden Körpers
> $r$ Abstand vom Massenmittelpunkt

Für die Einheiten gilt:
$1\,\frac{\text{N}}{\text{kg}} = 1\,\frac{\text{kg} \cdot \text{m}}{\text{s}^2 \cdot \text{kg}} = 1\,\frac{\text{m}}{\text{s}^2}$

Die Gravitationsfeldstärke wird auch als Ortsfaktor oder als Fallbeschleunigung (↗ S. 66) bezeichnet.

Der Abstand $r$ wird stets vom Massenmittelpunkt des felderzeugenden Körpers aus gemessen.

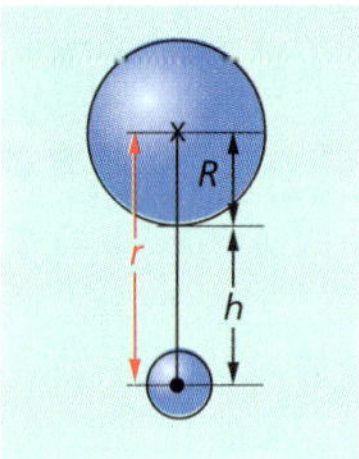


Die Aufgabe lässt sich auch durch inhaltlich-logisches Schließen (↗ S. 35) lösen:

$r = R \cdot \sqrt{2}$

$h = R(\sqrt{2} - 1)$

Hebt man einen Körper von Normalnull (NN) auf 1 000 m an, so verkleinert sich der Ortsfaktor lediglich um 0,000 2 %.

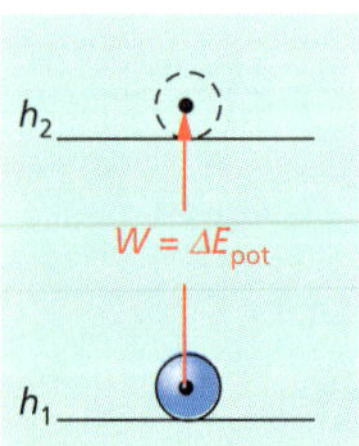


Als **Bezugsniveau** für die potenzielle Energie in Erdnähe wird häufig die Erdoberfläche gewählt. Man kann auch jedes andere Bezugsniveau wählen.

*In welcher Entfernung von der Erdoberfläche ist der Ortsfaktor nur noch halb so groß wie an der Erdoberfläche?*

*Analyse:*
Für den Ortsfaktor an der Erdoberfläche gilt $g_E = 9{,}81\ \frac{m}{s^2}$. Die Entfernung $h$, in der der Ortsfaktor nur noch halb so groß ist, kann mithilfe der Gleichung für die Gravitationsfeldstärke berechnet werden.

Gesucht: $h$

Gegeben:
$R = 6\,371\text{ km} = 6{,}371 \cdot 10^6\text{ m}$
$M = 5{,}97 \cdot 10^{24}\text{ kg}$
$G = 6{,}67 \cdot 10^{-11}\ \frac{\text{m}^3}{\text{kg} \cdot \text{s}^2}$
$g = \frac{1}{2}\ g_E$

Lösung:

$$h = r - R \qquad r = \sqrt{\frac{2G \cdot M}{g_E}}$$

$$h = \sqrt{\frac{2G \cdot M}{g_E}} - R$$

$$h = \sqrt{\frac{2 \cdot 6{,}67\text{m}^3 \cdot 5{,}97 \cdot 10^{24}\text{kg} \cdot \text{s}^2}{10^{11} \cdot \text{kg} \cdot \text{s}^2 \cdot 9{,}81\text{m}}} - 6{,}371 \cdot 10^6\text{m}$$

$$h = 9{,}01 \cdot 10^6\text{ m} - 6{,}371 \cdot 10^6\text{ m}$$

$$h = 2{,}64 \cdot 10^6\text{ m}$$

*Ergebnis*:
Der Ortsfaktor (Gravitationsfeldstärke) hat in 2 640 km Höhe über der Erdoberfläche die Hälfte des Wertes auf der Erdoberfläche.

## Potenzielle Energie und Arbeit im Gravitationsfeld

In der Nähe der Erdoberfläche kann man das Gravitationsfeld der Erde als homogen ansehen (↗ S. 119). Demzufolge ist in diesem Bereich der Ortsfaktor $g$ = konstant. Wird an einem Körper Hubarbeit (↗ S. 89) verrichtet, so vergrößert sich seine potenzielle Energie:

$$W = \Delta E_{pot} = m \cdot g \cdot (h_2 - h_1)$$

Im homogenen Gravitationsfeld in der Nähe der Erdoberfläche ist die Änderung der potenziellen Energie eines Körpers gleich der verrichteten Hubarbeit:

$W = \Delta E_{pot} = m \cdot g \cdot \Delta h$

| | |
|---|---|
| $m$ | Masse des Körpers |
| $g$ | Ortsfaktor |
| $\Delta h$ | Höhenunterschied |

Die verrichtete Arbeit und damit die Änderung der potenziellen Energie ist nur vom Anfangs- und Endpunkt der Bewegung abhängig. Beide Größen hängen nicht von der Bahn ab, auf der die Bewegung erfolgt.
Wird ein Körper um größere Strecken im Gravitationsfeld verschoben, dann kann man das Feld nicht mehr als homogen ansehen (↗ S. 119). Die genannte Gleichung ist dann nicht mehr anwendbar.

Verbindet man in einem Gravitationsfeld Punkte gleicher Gravitationsfeldstärke miteinander, so erhält man Flächen gleichen Potenzials, die man in der Physik auch als **Äquipotenzialflächen** bezeichnet.
In einem Radialfeld sind es Kugelschalen, auf denen die Feldlinien des Gravitationsfeldes senkrecht stehen.

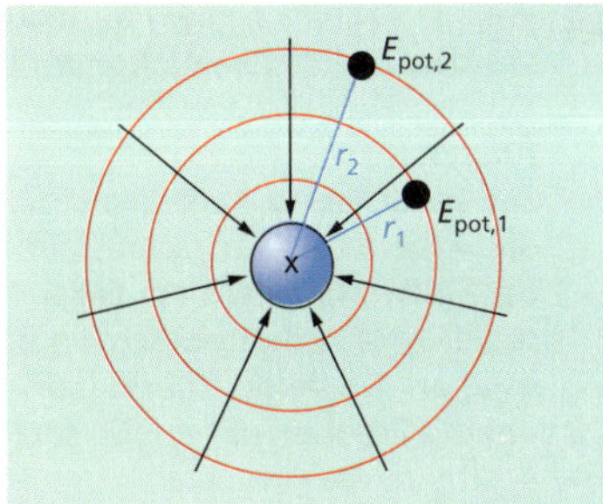


Ein Körper auf **einer Äquipotenzialfläche** hat eine bestimmte potenzielle Energie, unabhängig davon, an welchem Ort auf der Fläche er sich befindet.

Um einen Körper aus der Entfernung $r_1$ in die Entfernung $r_2$ zu verschieben, ist eine bestimmte Arbeit erforderlich. Dabei kann man zwei Fälle unterscheiden.

| **Gravitationskraft und Weg haben stets die gleiche Richtung.** | **Es wird ein beliebiger Weg zurückgelegt.** |
|---|---|
| 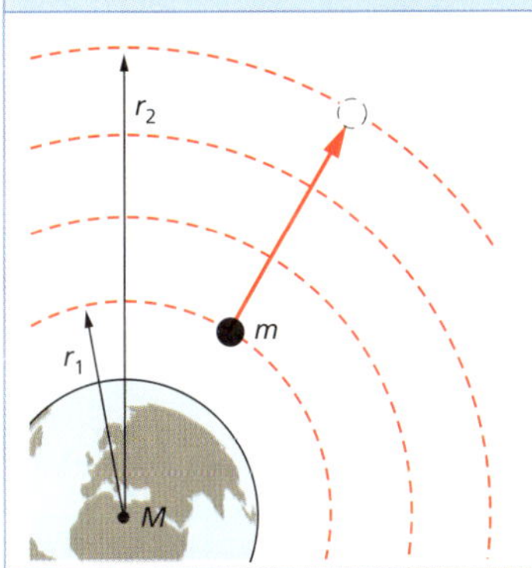 | 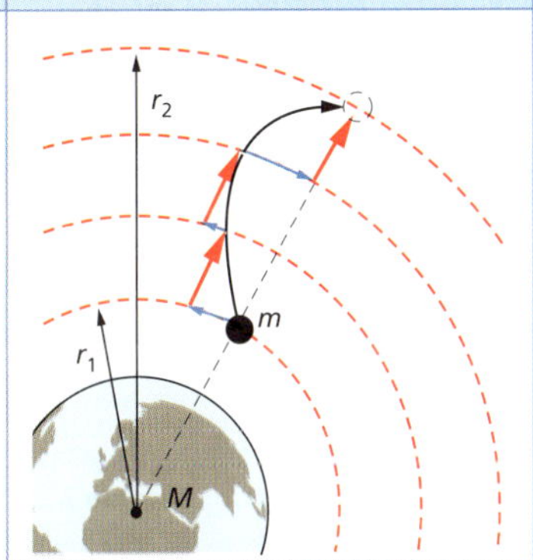 |



Rechts lässt sich der Weg in Teilstrecken längs einer Äquipotenzialfläche (blau) und in solche, die radial verlaufen (rot) zerlegen. Nur die radialen Teile ergeben einen Beitrag für die zu verrichtende Arbeit. Die Wege in radialer Richtung sind in beiden Fällen gleich groß.

In beiden Fällen lässt sich die Arbeit durch Integration ermitteln:

Mit $W = \int_{r_1}^{r_2} F\,\mathrm{d}r$ *und* $F = G \cdot \frac{m \cdot M}{r^2}$ erhält man:

Es gilt:
$$\int \frac{1}{r^2}\,\mathrm{d}r = -\frac{1}{r} + C$$

In einem radialen Gravitationsfeld kann die Arbeit zum Verschieben eines Körpers und damit die Änderung seiner potenziellen Energie berechnet werden mit der Gleichung:

$$W = \Delta E_{pot} = G \cdot m \cdot M \left(\frac{1}{r_1} - \frac{1}{r_2}\right)$$

| | |
|---|---|
| $G$ | Gravitationskonstante |
| $M$ | Masse des felderzeugenden Körpers |
| $m$ | Masse des Körpers im Gravitationsfeld |
| $r_1, r_2$ | Abstand vom Massenmittelpunkt |

Die **Arbeit** ist positiv, wenn sich die **Energie** des Systems Erde-Körper vergrößert, also der Körper von der Erde weg bewegt wird. Im umgekehrten Fall ist sie negativ.

**Meteoroide** sind Kleinstkörper des Sonnensystems, die in die Erdatmosphäre eindringen können. Kleine Meteoroide verdampfen in der Atmosphäre und rufen dabei Leuchterscheinungen hervor, die als **Meteore** (Sternschnuppen) bezeichnet werden. Größere Meteoroide können den Erdboden erreichen. Diese zur Erdoberfläche gelangenden Reste der Meteoroide werden als **Meteorite** bezeichnet. Der größte bekannte Meteorit liegt in Namibia und besitzt eine Masse von mehr als 60 Tonnen.

Bereits der Aufprall eines solchen Meteoroiden könnte verheerende Wirkungen haben. Zum Vergleich:
Eine Energie von $3 \cdot 10^{10}$ J wird auch frei, wenn etwa 1000 l Benzin vollständig verbrennen.

Bei Betrachtungen zur potenziellen Energie in der Nähe der Erdoberfläche wählt man meist die Erdoberfläche als Bezugsniveau und setzt für $h = 0$ die potenzielle Energie $E_{pot} = 0$.

*Welche Arbeit kann ein Meteoroid der Masse 500 kg verrichten, der aus den Tiefen des Alls kommt und auf die Erdoberfläche fällt?*

*Analyse:*
Zur Berechnung kann die ↗S. 121 unten genannte Gleichung für die Arbeit im Gravitationsfeld genutzt werden. Es geht dabei um das Gravitationsfeld der Erde, folglich ist die Masse der Erde einzusetzen. Als Anfangsgeschwindigkeit des Meteoroiden nehmen wir $v = 0$ an. Da der Meteoroid aus sehr großer Entfernung kommt und auf die Erdoberfläche fällt, setzen wir $r_1 \to \infty$ und $r_2 = R$.

Gesucht: $W$
Gegeben: $M = 5{,}97 \cdot 10^{24}$ kg (Masse der Erde)
$r_1 \to \infty$
$r_2 = 6{,}371 \cdot 10^{6}$ m (Radius der Erde)
$G = 6{,}67 \cdot 10^{-11} \frac{m^3}{kg \cdot s^2}$

*Lösung:*

$$W = G \cdot m \cdot M \left(\frac{1}{r_1} - \frac{1}{r_2}\right)$$

Mit $r_1 \to \infty$ erhält man $\frac{1}{r_1} \to 0$ und damit:

$$W = -\frac{G \cdot m \cdot M}{r_2}$$

$$W = -\frac{6{,}67\,m^3 \cdot 500\,kg \cdot 5{,}97 \cdot 10^{24}\,kg}{10^{11}\,kg \cdot s^2 \cdot 6{,}371 \cdot 10^{6}\,m}$$

$$\underline{W = -3{,}13 \cdot 10^{10}\,J}$$

*Ergebnis:*
Ein Meteoroid mit einer Masse von 500 kg kann beim Fall auf die Erde eine Arbeit von etwa $3 \cdot 10^{10}$ J verrichten.

## Potenzielle Energie und Potenzial

Die potenzielle Energie eines Körpers, der sich im Gravitationsfeld eines Zentralkörpers befindet, ist von seiner Masse und davon abhängig, welches Bezugsniveau man für die potenzielle Energie wählt. In der Physik wird häufig die potenzielle Energie im Unendlichen gleich null gesetzt. Um einen Körper der Masse $m$ vom Unendlichen auf den Abstand $r$ zu verschieben, ist die Arbeit

$$W = -G \cdot \frac{m \cdot M}{r}$$

erforderlich. Diese Arbeit entspricht der Änderung der potenziellen Energie und mit $E_{pot,\infty} = 0$ zugleich der potenziellen Energie.

Ist ein Körper der Masse $m$ von einem Zentralkörper der Masse $M$ den Abstand $r$ entfernt, dann besitzt er die potenzielle Energie

$$E_{pot} = -G \cdot \frac{m \cdot M}{r}$$

Betrachtet man z. B. einen Körper der Masse 1 kg im Gravitationsfeld der Erde, so ergibt sich für das Bezugsniveau $E_{pot,\infty} = 0$ der nachfolgend dargestellte Verlauf für die potenzielle Energie.

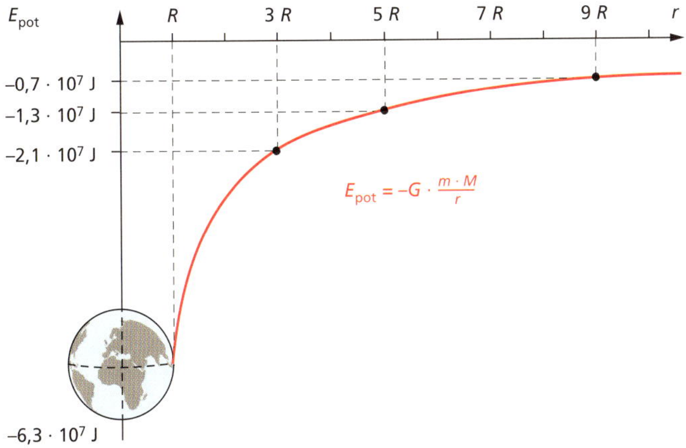


Setzt man dagegen für die Erdoberfläche die **potenzielle Energie** $E_{pot} = 0$, dann ergibt sich allgemein für die potenzielle Energie der Ausdruck:

$E_{pot} = G \cdot m \cdot M\left(\frac{1}{R} - \frac{1}{r}\right)$

und für $r \to \infty$

$E_{pot} = G \cdot m \cdot M \cdot \frac{1}{R}$

Um das Gravitationsfeld eines Körpers unabhängig davon beschreiben zu können, ob sich ein Probekörper in ihm befindet oder nicht, führt man die Größe **Potenzial** ein.

Das Potenzial eines Punktes im Gravitationsfeld eines Zentralkörpers der Masse $M$ ist ein Maß für die Energie eines Körpers im betreffenden Punkt.

Formelzeichen: $V$
Einheit: ein Joule durch Kilogramm $(1\frac{\text{J}}{\text{kg}})$

Das Potenzial in einem Radialfeld kann berechnet werden mit der Gleichung:

$$V = \frac{E_{pot}}{m} = -G \cdot \frac{M}{r}$$

| | |
|---|---|
| $E_{pot}$ | potenzielle Energie |
| $m$ | Masse eines Körpers im Gravitationsfeld |
| $G$ | Gravitationskonstante |
| $M$ | Masse des felderzeugenden Körpers |
| $r$ | Abstand des Punktes vom Massenmittelpunkt des felderzeugenden Körpers |

In analoger Weise wird beim elektrischen Feld das Potenzial eingeführt (↗ S. 221).

Als Bezugspunkt ($V = 0$) für das **Potenzial** kann entweder ein Punkt im Unendlichen oder ein Punkt auf der Erdoberfläche festgelegt werden. Die nebenstehende Gleichung gilt für einen Bezugspunkt im Unendlichen.

Für das Potenzial ergibt sich in der grafischen Darstellung ein ähnlicher Verlauf wie für die potenzielle Energie (s. oben).

Berechnet man mit der oben genannten Gleichung das Potenzial auf der Erdoberfläche ($M = 5{,}97 \cdot 10^{24}$ kg, $r = 6\,371$ km), so erhält man einen Wert von $-6{,}3 \cdot 10^7$ J/kg. Mit Vergrößerung der Entfernung vergrößert sich dieser Wert (↗ Skizze oben).

Die Kenntnis der zum Erreichen einer bestimmten Bahn erforderlichen Geschwindigkeit ist z. B. notwendig, um den genauen Antriebsbedarf ermitteln zu können.

## Die kosmischen Geschwindigkeiten

Damit eine von der Oberfläche eines Himmelskörpers gestartete Raumsonde auf eine Umlaufbahn um diesen Himmelskörper gelangt oder den Anziehungsbereich des Himmelskörpers verlassen kann, muss sie auf eine bestimmte Mindestgeschwindigkeit beschleunigt werden.
Zur Verdeutlichung der Zusammenhänge betrachten wir folgenden vereinfachten Fall: Ein Körper wird von einem hohen Berg aus waagerecht zur Erdoberfläche abgeschossen, wobei die Abschussgeschwindigkeit in weiten Grenzen variiert werden kann.

Bei den nachfolgenden Betrachtungen wird der Luftwiderstand vernachlässigt. Die Erde wird als ideal kreisförmig angesehen. Die rechts stehende Skizze ist eine Darstellung, die auf NEWTON zurückgeht.

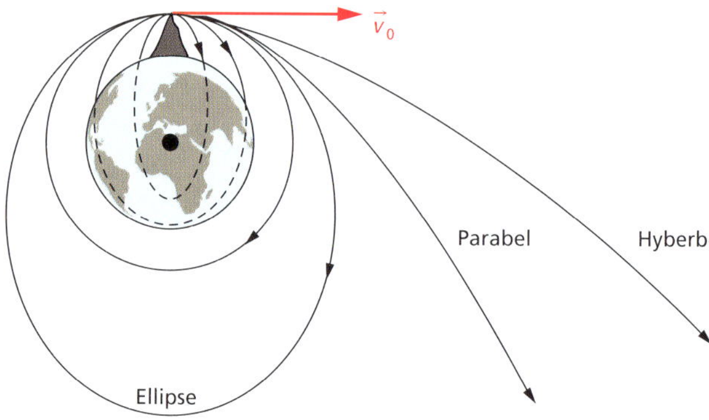


Alle Bahnkurven, die vollständig im Erdfeld verlaufen, sind geschlossen und damit elliptisch oder kreisförmig. Bei kleinen Geschwindigkeiten verläuft die Bewegung natürlich nur bis zur Erdoberfläche.

Ist die Geschwindigkeit gering, dann fällt der Körper auf einer elliptischen Bahn auf die Erdoberfläche.
Bei Vergrößerung der Abschussgeschwindigkeit vergrößert sich die Flugweite immer mehr, bis schließlich der Körper den Zentralkörper (die Erde) auf einer Kreisbahn gerade umläuft.

> Die Geschwindigkeit, die ein Satellit haben muss, damit er einen Zentralkörper gerade umläuft, wird als **1. kosmische Geschwindigkeit** oder als **minimale Kreisbahngeschwindigkeit** bezeichnet.

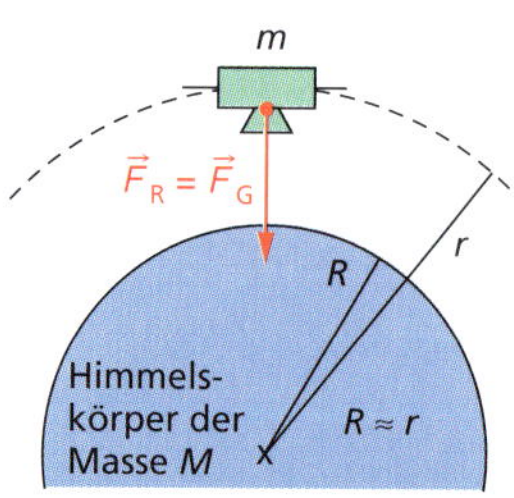


Der Betrag der 1. kosmischen Geschwindigkeit ergibt sich aus folgender Überlegung: Für einen Körper auf einer Kreisbahn ist die Radialkraft gleich der Gravitationskraft:

$$\frac{m \cdot v_K^2}{R} = G \cdot \frac{m \cdot M}{R^2}$$

und damit:

$$v_K = \sqrt{G \cdot \frac{M}{R}}$$

Für andere Himmelskörper ergeben sich für die 1. kosmische Geschwindigkeit andere Werte. So beträgt sie z. B. für den Erdmond 1,68 $\frac{km}{s}$ und für den Planeten Mars 3,54 $\frac{km}{s}$.

Für eine Kreisbewegung, die gerade um die Erde herum erfolgt, ist $R$ gleich dem Erdradius. Damit erhält man als Betrag der 1. kosmischen Geschwindigkeit für die Erde $v = 7{,}9\ \frac{km}{s}$.

Die 1. kosmische Geschwindigkeit (minimale Kreisbahngeschwindigkeit) kann berechnet werden mit der Gleichung:

$$v_K = \sqrt{G \cdot \frac{M}{R}}$$

*G* Gravitationskonstante
*M* Masse des Zentralkörpers
*R* Radius des Zentralkörpers

Wird die waagerechte Abschussgeschwindigkeit eines Körpers über die 1. kosmische Geschwindigkeit hinaus weiter erhöht, dann kann er sich von der Oberfläche des Zentralkörpers entfernen (s. Skizze ↗ S. 124). Es entstehen zunächst elliptische Bahnen, die sich schließlich zur Bahnform der Parabel und weiter zu Hyperbelästen öffnen.

Die Geschwindigkeit, die ein Satellit mindestens haben muss, um das Gravitationsfeld eines Himmelskörpers zu verlassen, wird als 2. kosmische Geschwindigkeit (Fluchtgeschwindigkeit) bezeichnet.

Für die Erde erhält man einen Wert von 11,2 $\frac{km}{s}$, für den Erdmond 2,38 $\frac{km}{s}$ und für den Mars 5,00 $\frac{km}{s}$.
Zwischen 1. und 2. **kosmischer Geschwindigkeit** besteht folgender Zusammenhang:

$$v_F = \sqrt{2} \cdot v_K$$

Der Betrag dieser Geschwindigkeit ergibt sich aus energetischen Betrachtungen. Der Satellit muss beim Start gerade soviel kinetische Energie besitzen, um Hubarbeit bis ins Unendliche verrichten zu können.

Die 2. kosmische Geschwindigkeit (Fluchtgeschwindigkeit) kann berechnet werden mit der Gleichung:

$$v_F = \sqrt{2G \cdot \frac{M}{R}}$$

*G* Gravitationskonstante
*M* Masse des Zentralkörpers
*R* Radius des Zentralkörpers

In der nachstehenden Übersicht sind die Geschwindigkeiten und die Bahnformen für die Bewegung im Gravitationsfeld der Erde zusammengestellt.

| Startgeschwindigkeit | Bahnform | Beispiele |
|---|---|---|
| $v < 7{,}9$ km/s | Körper fällt zur Erde zurück. | Rakete bei Ausfall einer Antriebsstufe |
| $v = 7{,}9$ km/s | Kreisbahn | Satelliten auf niedriger Umlaufbahn |
| $7{,}9 \frac{km}{s} < v < 11{,}2 \frac{km}{s}$ | Ellipse | viele Forschungssatelliten |
| $v = 11{,}2 \frac{km}{s}$ | Parabel | Pioneer-Raumsonden |
| $v > 11{,}2 \frac{km}{s}$ | Hyperbel | |

Zum Verlassen unseres Sonnensystems ist die **3. kosmische Geschwindigkeit** erforderlich, die für die Erde 16,7 $\frac{km}{s}$ beträgt. Durch **Swing-by-Manöver**, also der Nutzung von Gravitationskräften von Himmelskörpern, kann die Geschwindigkeit von Raumflugkörpern vergrößert werden.

Die Bahn von Raumsonden in größerer Entfernung von der Erde wird maßgeblich durch Gravitationskräfte anderer Himmelskörper beeinflusst.

## 2.8 Mechanische Schwingungen und Wellen

### 2.8.1 Entstehung und Beschreibung mechanischer Schwingungen

Häufig sind in Natur und Technik Vorgänge zu beobachten, bei denen Körper periodisch ihre Raumlage oder ihr geometrisches Erscheinungsbild ändern und sich dabei immer wieder ein gleicher oder weitgehend ähnlicher Bewegungsprozess abspielt.

Statt von Gleichgewichtslage spricht man auch von **Ruhelage.**

Eine mechanische Schwingung ist eine zeitlich periodische Bewegung eines Körpers um eine Gleichgewichtslage.

Beispiele für Schwingungen sind auch die Bewegung einer Schaukel, der Unruh einer Uhr oder eines Autos bei unebener Fahrbahn.
Manche Sterne ändern periodisch ihren Radius. Sie pulsieren um eine Gleichgewichtslage.

| **Pendel** | **Stimmgabel** |
|---|---|
| 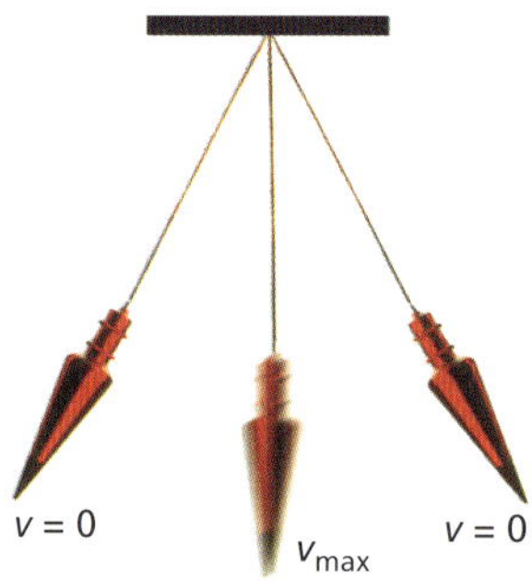 | 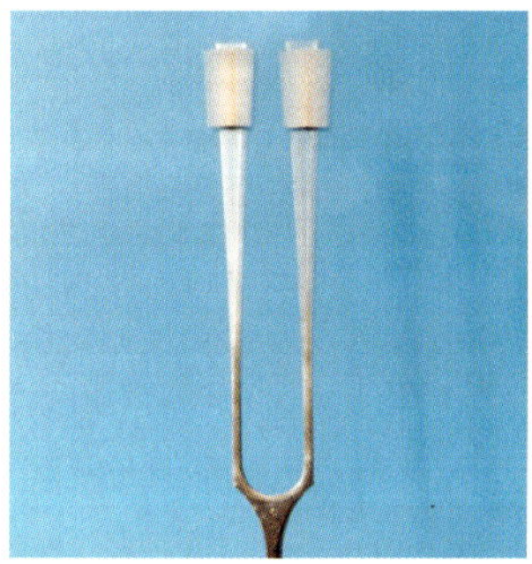 |
| Bei einem Pendel schwingt der gesamte Pendelkörper hin und her. | Teile einer angeschlagenen Stimmgabel bewegen sich periodisch. |

Jede mechanische Schwingung ist eine periodische Bewegung, aber nicht jede periodische Bewegung ist eine Schwingung. Ein solches Beispiel für einen periodischen Vorgang ist die Bewegung der Erde um die Sonne. Es liegt zwar Periodizität vor, es gibt aber keine Gleichgewichtslage.

Bei dieser periodischen Bewegung ändern sich zeitlich verschiedene physikalische Größe, z. B. der Abstand von der Gleichgewichtslage, die Geschwindigkeit, die Beschleunigung, die potenzielle und die kinetische Energie, bei Schallschwingungen der Druck. Deshalb lässt sich eine **Schwingung** allgemein auch folgendermaßen definieren:

Eine Schwingung ist eine zeitlich periodische Änderung physikalischer Größen.

#### Entstehung mechanischer Schwingungen

Voraussetzungen für das Entstehen mechanischer Schwingungen sind:
- das Vorhandensein schwingungsfähiger Körper bzw. Teilchen, die auch als **Oszillatoren** oder **Schwinger** bezeichnet werden,
- die Auslenkung dieser Oszillatoren aus der Gleichgewichtslage (Energiezufuhr),
- das Vorhandensein einer zur Gleichgewichtslage rücktreibenden Kraft.

Allerdings wird ein ausgelenkter Körper durch diese Kraft beschleunigt, sodass er beim Erreichen der Gleichgewichtslage nicht verharrt, sondern sich vielmehr infolge seiner Trägheit über diese Lage hinaus weiterbewegt. Außerhalb der Gleichgewichtslage wirkt wiederum eine rücktreibende Kraft, die ihn bis zum Stillstand abbremst und in Richtung Gleichgewichtslage beschleunigt.

| Gleichgewichtslage | rücktreibende Kraft | Trägheit | rücktreibende Kraft |
|---|---|---|---|
| 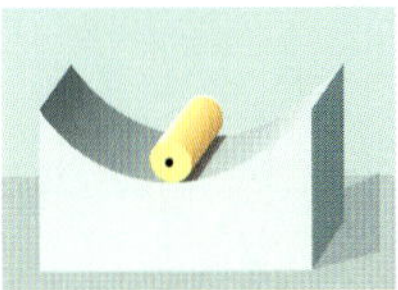 | 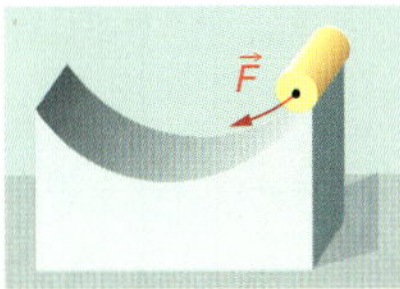  | 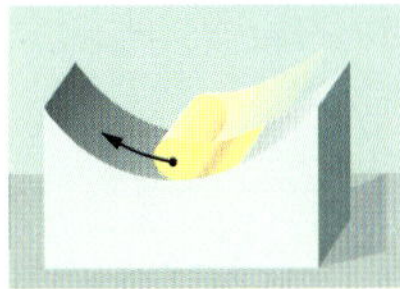 | 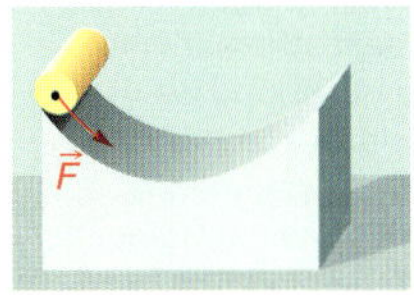  |

Vernachlässigt man die Reibung, dann erfolgt dieser periodische Vorgang unbegrenzt weiter, eine Schwingung hat sich ausgebildet.

### Beschreibung mechanischer Schwingungen

Schwingungen können in verschiedenen Formen auftreten. Es ist deshalb erforderlich, sie möglichst genau zu charakterisieren.
Zunächst kann man untersuchen, in wie vielen Raumrichtungen sich das schwingenden System bewegen kann und wie viele Masseteilchen sich dabei unabhängig voneinander bewegen. Der einfachste Fall ist die Schwingung eines Körpers in nur einer Richtung. Man hat dann eine **lineare Schwingung** vor sich.

Neben linearen Schwingungen gibt es auch flächenhafte und dreidimensionale Schwingungen. **Federschwinger** oder **Fadenpendel** führen lineare Schwingungen aus.

Zeichnet man in ein Diagramm den Zusammenhang zwischen der Auslenkung $y$ aus der Gleichgewichtslage und der Zeit $t$ ein, so erhält man eine Weg-Zeit-Funktion der Schwingung. Dabei ergibt sich ein periodischer Kurvenverlauf, der unterschiedlich aussehen kann.

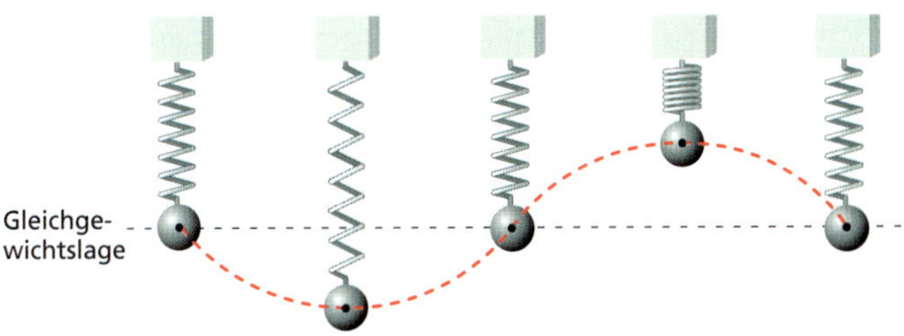


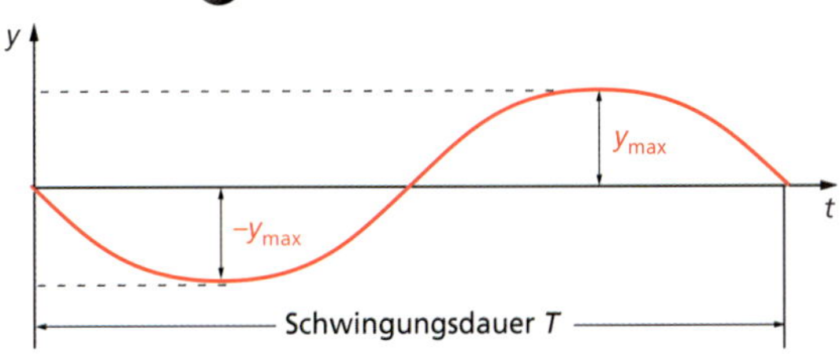


Zeichnet man eine solche Federschwingung auf, so ergibt sich eine Sinusfunktion.

Eine harmonische Schwingung kann mit einer Sinusfunktion mathematisch beschrieben werden (↗ S. 129 f.). Bei nicht harmonischen Schwingungen ist eine mathematische Beschreibung wesentlich komplizierter. *y-t*-Diagramme von Schwingungen können in unterschiedlicher Weise aufgezeichnet werden.

Entspricht der Graph einer Sinusfunktion, dann bezeichnet man die Schwingung als **harmonisch,** andernfalls ist sie **nicht harmonisch.** Wir beschränken uns nachfolgend auf die genauere Betrachtung und Kennzeichnung **harmonischer Schwingungen.**

| **harmonische Schwingung (sinusförmige Schwingung)** | **nicht harmonische Schwingung (nicht sinusförmige Schwingung)** |
|---|---|
| 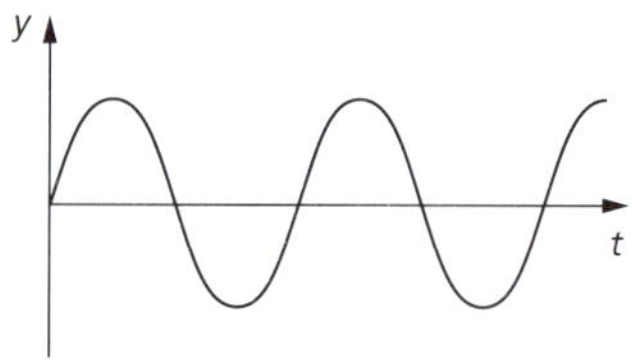 | 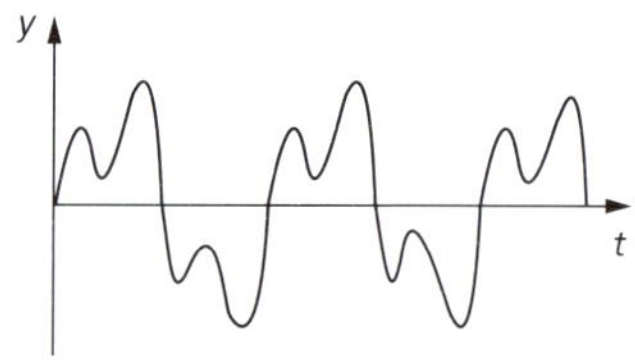 |
| Uhrpendel, Fadenpendel, schwingende Wassersäule | Stimmbänder beim Menschen, Saite einer Gitarre |

Zur mathematischen Beschreibung von mechanischen Schwingungen nutzt man einige physikalische Größen, die in der folgenden Übersicht zusammengestellt sind.

Die Amplitude wird auch als maximale Auslenkung bezeichnet.

Die Einheit für die Frequenz ist nach dem deutschen Physiker HEINRICH HERTZ (1857–1894) benannt worden.

| | | |
|---|---|---|
| Die **Auslenkung (Elongation)** gibt den Abstand des schwingenden Körpers von der Gleichgewichtslage an. | Formelzeichen: $y$ | Einheit: 1 Meter (1 m) |
| Die **Amplitude** einer Schwingung ist der maximale Abstand des schwingenden Körpers von der Gleichsgewichtslage. | Formelzeichen: $y_{max}$ | Einheit: 1 Meter (1 m) |
| Die **Schwingungsdauer (Periodendauer)** gibt die Zeit für eine vollständige Hin- und Herbewegung an. | Formelzeichen: $T$ | Einheit: 1 Sekunde (1 s) |
| Die **Frequenz** einer Schwingung gibt an, wie viele Schwingungen in jeder Sekunde ausgeführt werden. | Formelzeichen: $f$<br>$f = \frac{1}{T}$ | Einheit: 1 Hertz (1 Hz)<br>1 Hz = 1/s |

Sofern keine Reibungseinflüsse existieren, erfolgt eine Schwingung ungedämpft. Reale Schwingungen kommen durch Reibung nach einer gewissen Zeit zum Erliegen. Man nennt sie **gedämpfte Schwingungen.**

Durch periodische Energiezufuhr kann der „Verlust" an mechanischer Energie ausgeglichen werden.

| **ungedämpfte Schwingung** | **gedämpfte Schwingung** |
|---|---|
| 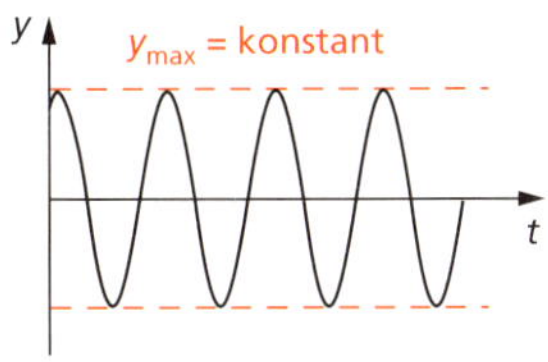  | 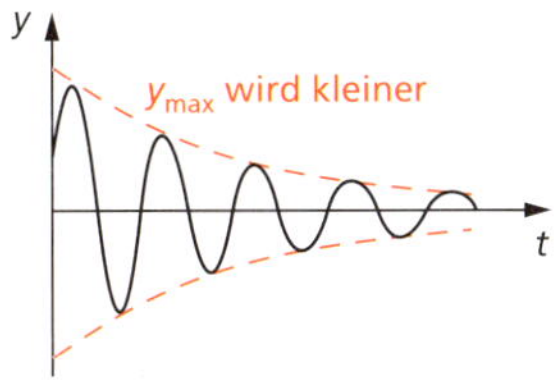  |
| Membran eines Lautsprechers bei einem Ton bestimmter Lautstärke | Fadenpendel bei Berücksichtigung der Luftreibung, Schwingungsdämpfer |
| $E_{pot} + E_{kin}$ = konstant | $E_{mech} \rightarrow E_{th}$ |

Bei einer **gedämpften Schwingung** verkleinert sich zwar die Amplitude, die Schwingungsdauer bleibt aber gleich groß, damit auch die Frequenz.

### Mathematische Beschreibung harmonischer Schwingungen

Ein harmonischer Oszillator führt die gleiche Bewegung aus wie die Projektion einer gleichförmigen Kreisbewegung. Der Radius entspricht der Amplitude $y_{max}$, die Umlaufzeit der Schwingungsdauer $T$. Für die Elongation (Auslenkung) $y$ gilt jeweils:

Das lässt sich auch leicht experimentell zeigen, indem man z. B. die **gleichförmige Kreisbewegung** eines Stativstabes, der auf einer drehbaren Scheibe befestigt ist, auf eine Fläche projiziert.

$$y = y_{max} \cdot \sin \varphi$$

Der Winkel, den man auch als **Phasenwinkel** oder **Phase** bezeichnet, lässt sich mithilfe der Umlaufzeit ausdrücken, denn es gilt:

$$\frac{T}{t} = \frac{2\pi}{\varphi} \text{ oder } \varphi = \frac{2\pi}{T} \cdot t$$

Der Faktor $\frac{2\pi}{T}$ wird als **Kreisfrequenz** bezeichnet, sodass man für den Winkel $\varphi$ auch schreiben kann:

$$\varphi = \omega t$$

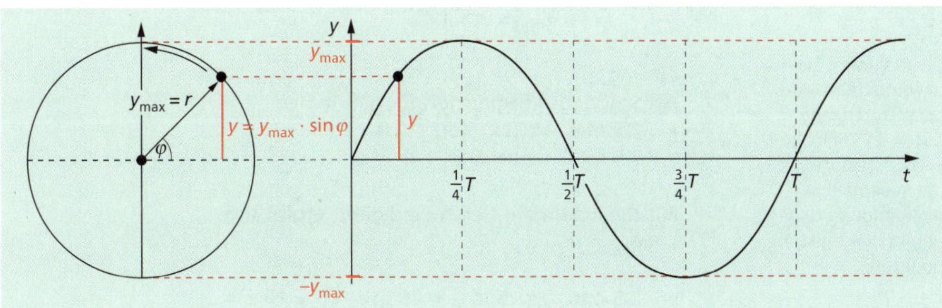

Die **Kreisfrequenz** ist identisch mit der **Winkelgeschwindigkeit** (↗ S. 96).

Die Gleichung für eine harmonische Schwingung lautet:

$y = y_{max} \cdot \sin(\frac{2\pi}{T} \cdot t) = y_{max} \cdot \sin \omega t$

| | |
|---|---|
| $T$ | Schwingungsdauer |
| $t$ | Zeit |
| $\omega$ | Kreisfrequenz |

Hat eine Schwingung zum Zeitpunkt $t = 0$ den Phasenwinkel $\varphi_0$, dann kann man sie beschreiben mit der Gleichung:

$$y = y_{max} \cdot \sin(\omega t + \varphi_0)$$

Die betreffenden Gleichungen bezeichnet man auch als **Geschwindigkeit-Zeit-Gesetz** bzw. **Beschleunigung-Zeit-Gesetz** einer harmonischen Schwingung. In der grafischen Darstellung haben **Geschwindigkeit** und **Beschleunigung** auch einen sinusförmigen bzw. kosinusförmigen Verlauf.

Die **Geschwindigkeit des Oszillators** ergibt sich als Ableitung der Elongation nach der Zeit:

$$v = \frac{dy}{dt} = y_{max} \cdot \omega \cdot \cos(\omega t + \varphi_0)$$

Als Ableitung der Geschwindigkeit nach der Zeit erhält man die **Beschleunigung des Oszillators:**

$$a = \frac{dv}{dt} = \frac{d^2y}{dt^2} = -y_{max} \cdot \omega^2 \cdot \sin(\omega t + \varphi_0) = -y \cdot \omega^2$$

Die Membran eines Lautsprechers schwingt bei einem Ton mit einer Frequenz von 650 Hz und wird dabei maximal um 2,5 mm aus der Gleichgewichtslage ausgelenkt.

a) *Wie lautet die Schwingungsgleichung?*
b) *Welche maximale Geschwindigkeit und Beschleunigung erreicht die Membran?*

*Analyse:*
Bei der Wiedergabe eines Tons führt die Membran eine harmonische Schwingung aus. Die Kreisfrequenz kann aus der gegebenen Frequenz ermittelt werden.

Gesucht: Gleichung für $y$
$v$
$a$

Gegeben: $f = 650\ \text{Hz}$ → $T = \frac{1}{f} = \frac{1}{650}\ \text{s}$
$y_{max} = 2{,}5\ \text{mm}$

*Lösung:*
Als Schwingungsgleichung erhält man:
$y = 2{,}5\ \text{mm} \cdot \sin(2\pi \cdot 650\ \frac{1}{s} \cdot t)$
$y = 2{,}5\ \text{mm} \cdot \sin(4\,084\ \frac{1}{s} \cdot t)$

Für die maximale Geschwindigkeit ergibt sich:
$v = y_{max} \cdot \omega$

$v = 2{,}5\ \text{mm} \cdot 2\pi \cdot 650\ \frac{1}{s} = 10\,210\ \frac{mm}{s} = 10{,}2\ \frac{m}{s}$

Die maximale Geschwindigkeit wird beim Durchgang durch die Gleichgewichtslage erreicht, die maximale Beschleunigung dagegen in den Umkehrpunkten.

Für die maximale Beschleunigung erhält man:

$a = -y_{max} \cdot \omega^2$

$a = -2{,}5\ \text{mm} \cdot (2\pi \cdot 650\ \frac{1}{\text{s}})^2 = -4{,}2 \cdot 10^7\ \frac{\text{mm}}{\text{s}^2} = -4{,}2 \cdot 10^4\ \frac{\text{m}}{\text{s}^2}$

*Ergebnis:*

Die Schwingungsgleichung für die Membran lautet:
$y = 2{,}5\ \text{mm} \cdot \sin(4\,084\ \frac{1}{\text{s}} \cdot t)$. Die Membran erreicht eine maximale Geschwindigkeit von 10,2 m/s und eine maximale Beschleunigung von $4{,}2 \cdot 10^4\ \text{m/s}^2$.

**Rücktreibende Kraft bei harmonischen Schwingungen**

Bei einer harmonischen Schwingung ist die rücktreibende Kraft proportional zur Auslenkung. Es gilt:

$\vec{F} = -D \cdot \vec{y}$

$D$ Richtgröße (Rückstellfaktor)
$\vec{y}$ Elongation (Auslenkung)

Diese Beziehung ergibt sich aus $\vec{F} = m \cdot \vec{a}$.
Mit $\vec{a} = -\vec{y} \cdot \omega^2$ erhält man:
$\vec{F} = m \cdot (-\vec{y} \cdot \omega^2)$
und mit $m \cdot \omega^2 = D$ die Gleichung
$\vec{F} = -D \cdot \vec{y}$

Auch die Umkehrung dieses Satzes ist richtig: Ist in einem schwingungsfähigen System die rücktreibende Kraft proportional zur Auslenkung, dann führt es harmonische Schwingungen aus. Das Minuszeichen in der Gleichung bedeutet, dass die rücktreibende Kraft der Elongation stets entgegengerichtet ist.

**Federschwinger und Fadenpendel**

Bei einem **Federschwinger** gilt im elastischen Bereich das **hookesche Gesetz** $\vec{F} = -D \cdot \vec{y}$. Federschwinger und Fadenpendel führen harmonische Schwingungen aus. Mit $D = m \cdot \omega^2 = m \cdot \frac{4\pi^2}{T^2}$ erhält man durch Umstellen nach $T$ eine Gleichung für die Schwingungsdauer.

**Federschwinger (vertikal, horizontal)**

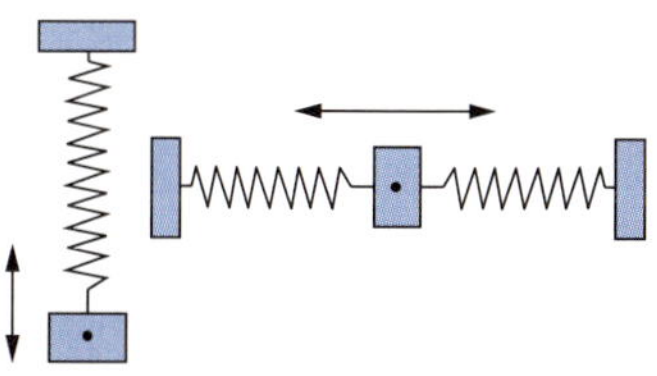

Für die Schwingungsdauer eines Federschwingers gilt:

$T = 2\pi \sqrt{\frac{m}{D}}$

$m$ Masse des schwingenden Körpers
$D$ Federkonstante (Richtgröße)

Auch gespannte Seile (Seile mit Last) oder Maschinen mit ihren elastischen Fundamenten können als **Federschwinger** betrachtet werden.

Beim **Fadenpendel** ist die rücktreibende Kraft die tangential zur Pendelbahn gerichtete Komponente der Gewichtskraft $F_G$ (↗ Skizze S. 132). Dabei ist für kleine Auslenkwinkel die Länge des Kreisbogens $y'$ näherungsweise gleich der linearen Auslenkung $y$. Unter kleinen Auslenkungen verstehen wir Auslenkwinkel von weniger als 10°. Dann beträgt der Unterschied zwischen der linearen Auslenkung $y$ und dem Bogen $y'$ weniger als 0,5 %. Man kann also setzen:

$$y' \approx y$$

Der Zusammenhang $y' \approx y$ wird bei der nachfolgenden Ableitung genutzt.

Ein solches Fadenpendel wird auch als mathematisches Pendel bezeichnet. Kann der schwingende Körper nicht als Massepunkt betrachtet werden, so hat man ein physisches Pendel vor sich.

Für die tangential gerichtete Komponente $F$ der Gewichtskraft gilt:

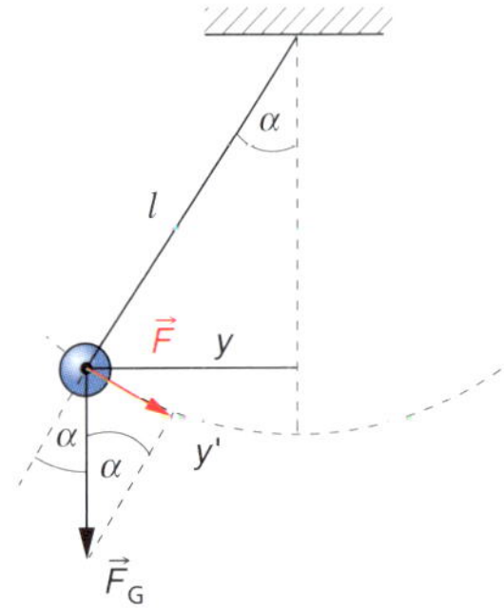


$$F = F_G \cdot \sin\alpha = m \cdot g \cdot \sin\alpha$$

Für $\sin\alpha$ gilt außerdem: $\sin\alpha = \frac{y}{l}$
Damit erhält man für die rücktreibende Kraft $F$:

$$F = m \cdot g \cdot \frac{y}{l} = \frac{m \cdot g}{l} \cdot y$$

Der Term $\frac{m \cdot g}{l}$ ist also die Richtgröße $D$ bei einem Fadenpendel. Für $D$ gilt auch (↗ S. 131):

$$D = m \cdot \omega^2 = m \cdot \frac{4\pi^2}{T^2}$$

Eine Gleichsetzung der Terme für $D$ ergibt:

$$\frac{m \cdot g}{l} = m \cdot \frac{4\pi^2}{T^2}$$

Durch Umstellung nach $T$ erhält man eine Gleichung für die Schwingungsdauer eines Fadenpendels.

Das Pendel einer Uhr oder einer Schaukel kann als Fadenpendel betrachtet werden. Die Gleichung kann auch genutzt werden, um mithilfe eines Fadenpendels die Fallbeschleunigung an einem bestimmten Ort zu bestimmen.

**Fadenpendel**

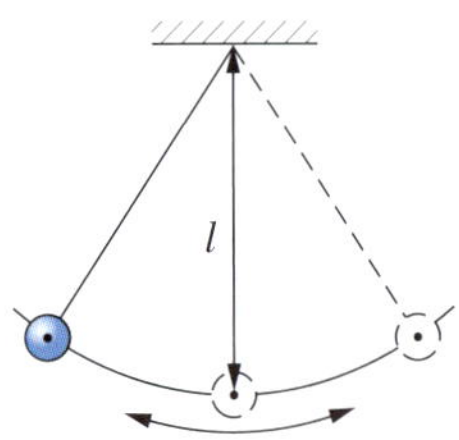


Für die Schwingungsdauer eines Fadenpendels gilt unter der Bedingung kleiner Auslenkungen:

$$T = 2\pi\sqrt{\frac{l}{g}}$$

$l$ Länge des Pendels
$g$ Fallbeschleunigung (Ortsfaktor)

## Gedämpfte Schwingungen

Bei der Schwingung von Körpern treten unterschiedliche Arten von Reibung auf. Dadurch wird den Oszillatoren mechanische Energie entzogen; die Amplitude der Schwingung verringert sich.

Bei einer gedämpften Schwingung ändert sich die Amplitude. Schwingungsdauer und Frequenz bleiben gleich.

Eine gedämpfte harmonische Schwingung kann beschrieben werden mit der Gleichung:

$$y = y_{max,0} \cdot e^{-\delta \cdot t} \cdot \sin \omega t$$

$y$ Elongation
$y_{max,0}$ Amplitude bei $t = 0$
$\delta$ Abklingkoeffizient
$\omega$ Kreisfrequenz
$t$ Zeit

## Resonanz

Wird ein Oszillator einmal angeregt und dann sich selbst überlassen, so führt er freie Schwingungen aus. Die Schwingungen erfolgen mit der Eigenfrequenz $f_0$. Wird dagegen die Energie nicht einmalig, sondern über einen längeren Zeitraum hinweg periodisch zugeführt, so führen die betreffenden Oszillatoren **erzwungene Schwingungen** aus.

Die Bezeichnung Resonanz ist abgeleitet vom lateinischen resonare = nachklingen.

Die Gesetze für erzwungene Schwingungen können mithilfe eines **Drehpendels** (Bild unten links) untersucht werden. Die rücktreibende Kraft wird durch eine Spiralfeder aufgebracht. Ein Motor kann dem Pendel über einen Exzenter periodisch Energie zuführen. Die Erregerfrequenz $f_E$ ist veränderbar. Die Amplitude lässt sich an einer Skala ablesen.

Registriert man die Amplitude des Pendels in Abhängigkeit von der Erregerfrequenz, so erhält man eine **Resonanzkurve,** deren Verlauf vom Grad der Dämpfung abhängig ist (Bild unten rechts). Die Auswertung der Resonanzkurven führt zu charakteristischen Merkmalen erzwungener Schwingungen.

> Die Amplitude der erzwungenen Schwingung ändert sich mit der Erregerfrequenz $f_E$. Es existiert bei $f_E \approx f_0$ ein Maximum der Amplitude. Dieser Fall wird als Resonanz bezeichnet.

Unter der Resonanzbedingung $f_E \approx f_0$ ist die Amplitude besonders groß, wenn die Dämpfung gering ist.
Bei ungenügend gedämpften schwingungsfähigen Systemen kann sich die Amplitude der Schwingungen so weit vergrößern, dass die mechanische Zerstörung des Systems erfolgt. Unter ungünstigen Bedingungen können Windböen, die zufällig periodisch auftreten, höhere Gebäude oder Brücken zum Einsturz bringen. Bei Erdbeben können die periodischen Bodenbewegungen zum Aufschaukeln der Gebäudestruktur bis zum Zusammenbruch führen. Man spricht dann von einer **Resonanzkatastrophe.** Verhindert werden kann sie durch eine wirkungsvolle Dämpfung.

Beispiele für das Auftreten von Resonanz sind das Klirren von Fensterscheiben, das Mitschwingen von Autoteilen oder das Schwingen von Hängebrücken. Die Resonanz ist dabei unerwünscht. Genutzt wird die Resonanz dagegen bei Zungenfrequenzmessern oder bei der Prüfung von Schwingungsdämpfern.

Ein berühmtes Beispiel für eine Resonanzkatastrophe war der Einsturz der 1 km langen Tacoma-Hängebrücke (USA) im Jahr 1940.

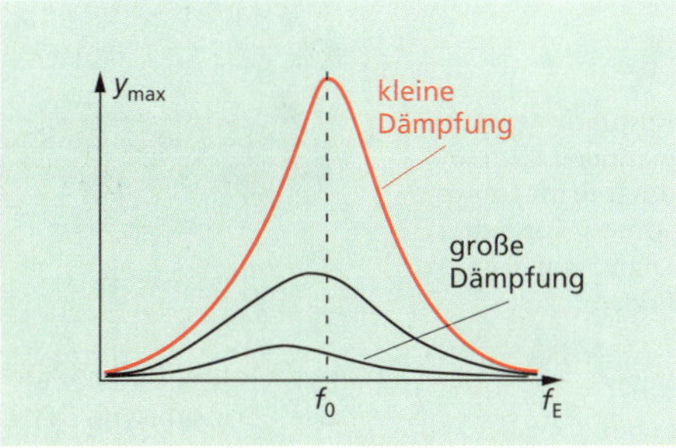

## Zeigerdarstellung von Schwingungen

Harmonische Schwingungen können als Projektion einer gleichförmigen Kreisbewegung betrachtet werden (↗ S. 129). Dabei rotiert ein Radiusvektor gleichförmig. Diese Form der grafischen Darstellung nennt man **Zeigerdiagramm.** Die nachfolgende Darstellung zeigt ein Zeigerdiagramm (links) und das entsprechende $y$-$t$-Diagramm (rechts) für zwei Schwingungen gleicher Frequenz, unterschiedlicher Amplitude und bestimmter Phasendifferenz $\Delta\varphi$.

Bei der Zeigerdarstellung ist die Länge von $r$ gleich der Amplitude, die Elongation zu einem bestimmten Zeitpunkt ist gleich der Projektion auf eine Senkrechte. Die Phase bzw. die Phasendifferenz zwischen zwei Schwingungen kann unmittelbar als Winkel abgelesen werden.

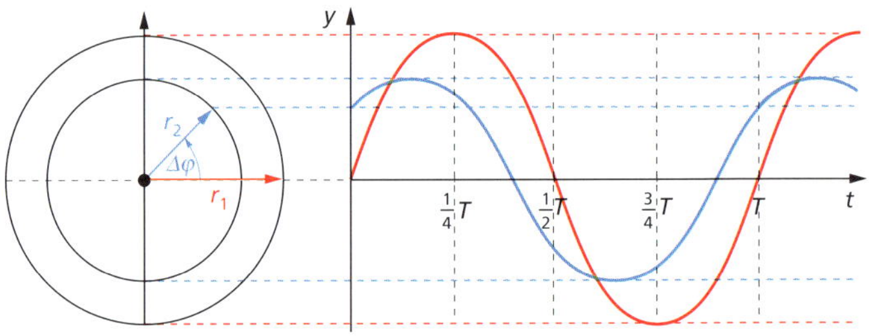


Aus einem Zeigerdiagramm lässt sich die Amplitude sowie für einen bestimmten Zeitpunkt die Phase und die Elongation ablesen. Die Kreisfrequenz (Winkelgeschwindigkeit) des Zeigers muss gesondert angegeben werden.

## Chaotische Bewegung von Schwingern

Man spricht hier auch vom klassischen Determinismus, den man auch folgendermaßen formulieren kann: Gleiche Ursachen haben gleiche Wirkungen oder abgeschwächt: Ähnliche Ursachen haben ähnliche Wirkungen.

Lenkt man ein Fadenpendel oder einen Federschwinger aus der Gleichgewichtslage aus und überlässt den Schwinger sich selbst, so schwingt er immer in bestimmter und vorhersagbarer Weise hin und her. Der Vorgang ist exakt berechenbar und eindeutig vorhersagbar.

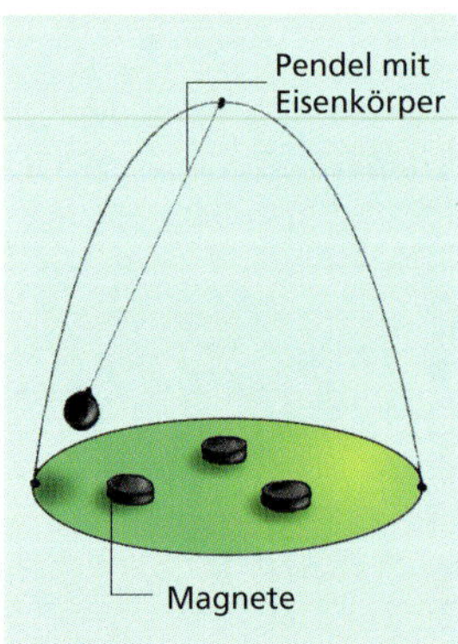


Eine genaue Vorausssage von Vorgängen in Natur und Technik ist aber keineswegs immer möglich. Lässt man z. B. das dargestellte **Magnetpendel** schwingen, so ist nicht vorhersagbar, wie es sich bewegt und bei welchem Magneten es letztendlich stehenbleibt.

In Natur und Technik gibt es viele ähnliche Vorgänge, die man als **chaotische Vorgänge** bezeichnet. Mit der Beschreibung solcher chaotischen Vorgänge befasst sich die **Chaostheorie,** die sich seit den siebziger Jahren das 20. Jahrhunderts entwickelt hat.

Die Chaostheorie spielt nicht nur für die Physik eine Rolle. Auch biologische, astronomische, meteorologische oder ökonomische Systeme zeigen chaotisches Verhalten.

Ausführliche Informationen dazu sind unter dem Stichwort „Deterministisches Chaos“ auf der CD zu finden.

## 2.8.2 Überlagerung von Schwingungen

Wie auch andere Bewegungen können sich Schwingungen überlagern. Das tritt vor allem bei komplexen Systemen auf. Solche komplexen Systeme können Schwingungen in verschiedenen Frequenzen und Amplituden ausführen. Kennt man die Frequenzen und Amplituden der Grundschwingungen, dann kann man die resultierende Schwingung ermitteln. Wir betrachten nachfolgend den speziellen Fall der Überlagerung von zwei linearen harmonischen Schwingungen, die in der gleichen Richtung schwingen und die gleiche Schwingungsdauer bzw. Frequenz haben.

So entsteht z. B. das Geräusch eines Pkw-Motors durch Überlagerung verschiedener **Frequenzen,** mit denen seine Baugruppen vibrieren.

Zeichnet man die Schwingungen unter Berücksichtigung ihrer Phasenwinkel in ein *y*-*t*-Diagramm, dann kann man für jeden Zeitpunkt die resultierende Auslenkung ermitteln, wenn man die Auslenkungen der Einzelschwingungen unter Beachtung ihrer Vorzeichen addiert. Dabei gilt:

Unterscheiden sich die Frequenzen der Einzelschwingungen nur wenig voneinander, so entsteht eine **Schwebung.**

- Überlagern sich zwei harmonische Schwingungen gleicher Frequenz, so entsteht wieder eine harmonische Schwingung mit der gleichen Frequenz. Zwei spezielle Fälle sind in der Übersicht unten dargestellt.
- Überlagern sich zwei harmonische Schwingungen unterschiedlicher Frequenz, so ist die resultierende Schwingung im Allgemeinen keine harmonische Schwingung mehr.

**Schwingungen gleicher Frequenz, Phasendifferenz $\Delta\varphi = 0$**

$y_1 = y_{max,1} \cdot \sin \omega t$
$y_2 = y_{max,2} \cdot \sin \omega t$

**resultierende Schwingung:**

$y = y_1 + y_2$
$y = y_{max,1} \cdot \sin \omega t + y_{max,2} \cdot \sin \omega t$
$y = (y_{max,1} + y_{max,2}) \cdot \sin \omega t$

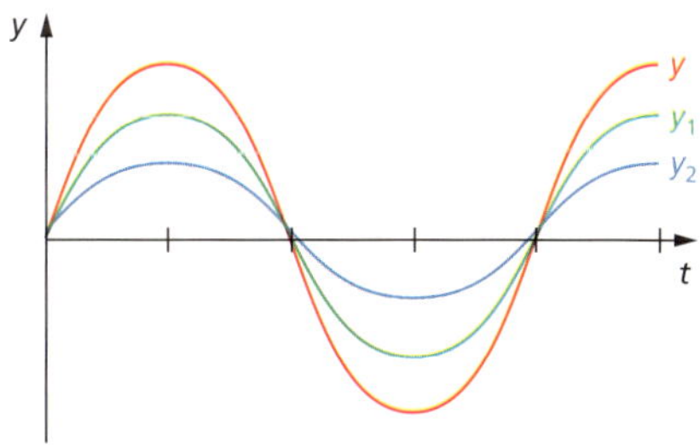


**Schwingungen gleicher Frequenz, Phasendifferenz $\Delta\varphi = \pi$**

$y_1 = y_{max,1} \cdot \sin \omega t$
$y_2 = y_{max,2} \cdot \sin(\omega t + \pi)$

**resultierende Schwingung:**

$y = y_{max,1} \cdot \sin \omega t + y_{max,2} \cdot \sin(\omega t + \pi)$
$y = y_{max,1} \cdot \sin \omega t - y_{max,2} \cdot \sin \omega t$
$y = (y_{max,1} - y_{max,2}) \cdot \sin \omega t$

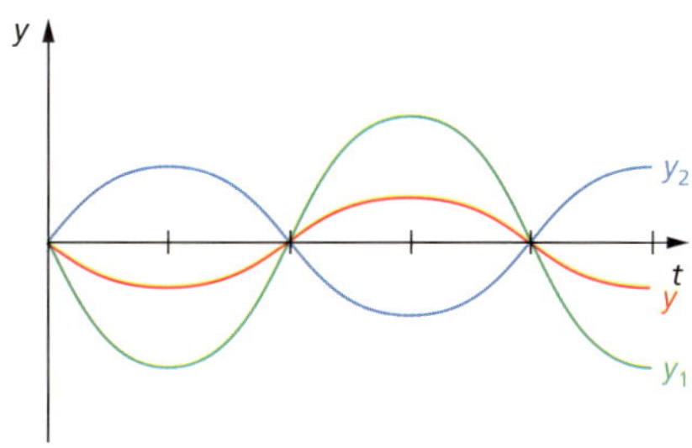


Für $y_{max,1} = y_{max,2}$ erfolgt Auslöschung.

Bei beliebigen Phasendifferenzen kann man die **Zeigerdarstellung** (↗ S. 134) zur Ermittlung der resultierenden Schwingung nutzen.

Die mathematische Herleitung ist relativ aufwändig. Deshalb ist an dieser Stelle die Zeigerdarstellung zu bevorzugen. Das *y-t*-Diagramm ist mitgezeichnet. Darauf kann aber auch verzichtet werden.

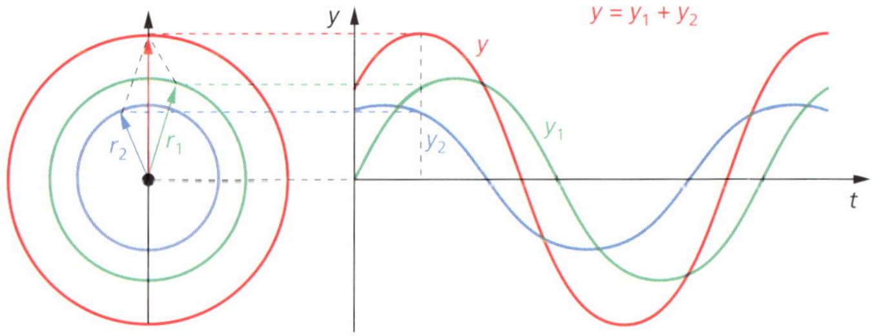


Die Amplitude der resultierenden Schwingung ergibt sich durch vektorielle Addition der Zeiger der Einzelschwingungen. Auch der jeweilige Phasenwinkel $\varphi$ ist ablesbar.

## 2.8.3 Entstehung und Beschreibung mechanischer Wellen

### Entstehung mechanischer Wellen

Schwingungsfähige Körper oder Teilchen (Oszillatoren) können durch Kopplung von einem anderen Oszillator Energie erhalten und so selbst zu Schwingungen angeregt werden. Beispiele dafür sind eine Pendelkette (Bild links) oder eine Wellenmaschine (Bild rechts).

Regt man einen der Oszillatoren an, so wird wegen der Kopplung Energie auf den jeweils nächsten Oszillator übertragen. Die Schwingung pflanzt sich im Raum fort.

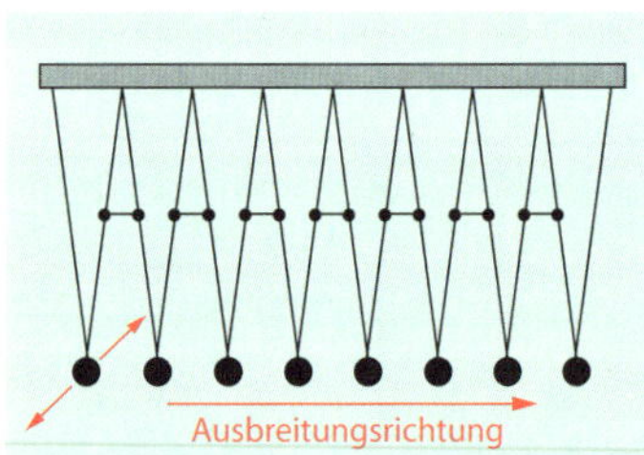


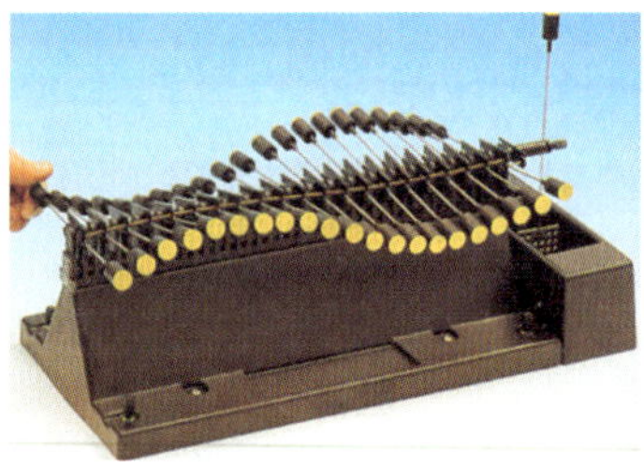

Eine mechanische Welle ist die Ausbreitung einer mechanischen Schwingung im Raum.

Dabei ändern sich für den einzelnen Oszillator so wie bei Schwingungen (↗ S. 128) physikalische Größen, z. B. die Geschwindigkeit und die Beschleunigung, zeitlich periodisch. Zugleich ändern sich diese Größen auch räumlich periodisch, haben also zu einem bestimmten Zeitpunkt für die verschiedenen Oszillatoren unterschiedliche Werte. Deshalb gilt:

Eine Welle ist eine zeitlich und räumlich periodische Änderung physikalischer Größen.

Voraussetzungen für das Entstehen von mechanischen Wellen sind
- das Vorhandensein von miteinander gekoppelten Oszillatoren,
- die Anregung von mindestens einem der Oszillatoren durch Energiezufuhr zu Schwingungen.

Die Kopplung zwischen den Oszillatoren kann in unterschiedlicher Weise erfolgen, z. B. durch Federn oder durch eine andere mechanische Verbindung. Bei **Schallwellen** und **Wasserwellen** wirken vorrangig Stöße zwischen den Teilchen und zwischenmolekulare Kräfte.

Bei einer Welle wird Energie von einem Oszillator zum nächsten übertragen. Es gilt:

> Mit einer Welle wird Energie übertragen, jedoch kein Stoff transportiert.

**Arten mechanischer Wellen**

Je nach dem Verhältnis der Schwingungsrichtung der einzelnen Schwinger und der Ausbreitungsrichtung der Welle zueinander unterscheidet man zwischen **Longitudinalwellen** (Längswellen) und **Transversalwellen** (Querwellen). Eine besondere Form sind **Oberflächenwellen.**

**Längswellen (Longitudinalwellen)**

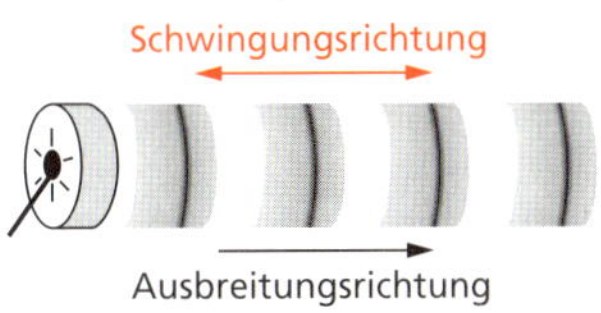


Schwingungsrichtung und Ausbreitungsrichtung stimmen überein.
In Gasen und Flüssigkeiten wirken kaum Kohäsionskräfte, benachbarte Teilchen können daher nur über Stöße wechselwirken.

Beispiele für **Longitudinalwellen** sind Schallwellen und ein Teil der **Erdbebenwellen** (P-Wellen).

**Querwellen (Transversalwellen)**

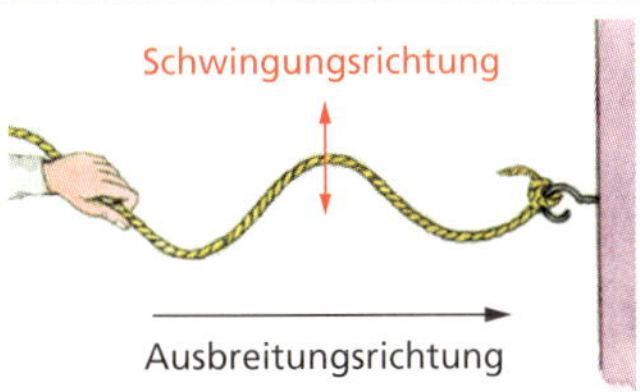


Schwingungsrichtung und Ausbreitungsrichtung verlaufen senkrecht zueinander.
In Festkörper wirken starke Kohäsionskräfte. Es können auch transversale Bewegungen übertragen werden.

Beispiele für **Transversalwellen** sind Seilwellen und ein Teil der Erdbebenwellen (S-Wellen).

**Oberflächenwellen (Kreiswellen)**

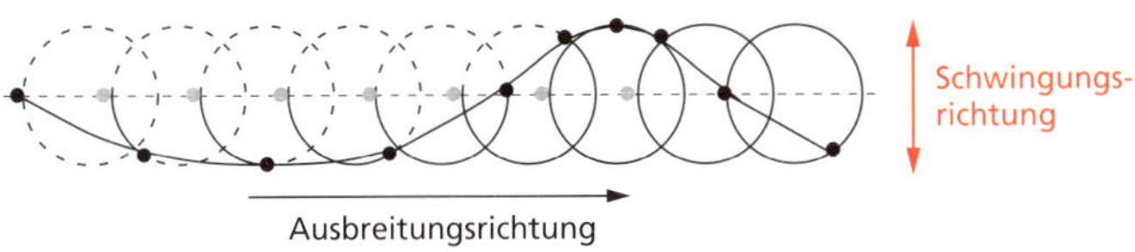


Die Teilchen führen eine kreisförmige Bewegung aus, wobei für das wellenförmige Erscheinungsbild die Bewegungskomponente senkrecht zur Ausbreitungsrichtung entscheidend ist. Es wirken Kohäsionskräfte (Oberflächenspannung) und die Schwerkraft.

Ein Beispiel für **Oberflächenwellen** sind Wasserwellen.

## Beschreibung mechanischer Wellen

Da jeder Oszillator mechanische Schwingungen ausführt, können solche Schwingungsgrößen wie Auslenkung **(Elongation)**, **Amplitude**, **Schwingungsdauer** und **Frequenz** bzw. **Kreisfrequenz** (↗ S. 128 f.) auch für die Beschreibung mechanischer Wellen genutzt werden. Mithilfe dieser Größen kann man das Verhalten einer Welle (eines Oszillators) an einem bestimmten Ort charakterisieren. Zur Beschreibung der räumlichen Ausbreitung werden noch zwei weitere Größen benötigt, die **Wellenlänge** und die **Ausbreitungsgeschwindigkeit.**

Die Wellenlänge und die Ausbreitungsgeschwindigkeit sind abhängig vom Stoff, in dem sich die Welle ausbreitet. Die Frequenz ist nur davon abhängig, wie die Welle erzeugt wird. Bei der Ausbreitung von Wellen ändert sie sich nicht.

Die Wellenlänge ist der minimale Abstand zwischen zwei Oszillatoren, die sich im gleichen Schwingungszustand befinden. Das ist auch der Abstand zwischen zwei benachbarten Wellenbergen oder Wellentälern.

Formelzeichen: $\lambda$
Einheit: ein Meter (1 m)

Mit der Ausbreitungsgeschwindigkeit ist die Geschwindigkeit gemeint, mit der sich eine bestimmte Phase, z. B. ein Wellenberg oder ein Wellental, fortbewegt. Man spricht deshalb auch von der **Phasengeschwindigkeit.**

Neben der Phasengeschwindigkeit ist auch die Geschwindigkeit, mit der sich eine Wellengruppe ausbreitet **(Gruppengeschwindigkeit)** von Bedeutung.

Die Ausbreitungsgeschwindigkeit einer Welle ist die Geschwindigkeit, mit der sich eine bestimmte Phase im Raum ausbreitet.

Formelzeichen: $v$
Einheit: ein Meter durch Sekunde ($1\ \frac{m}{s}$)

Die Darstellung mechanischer Wellen kann auch mithilfe von Diagrammen erfolgen. Dabei kann die Bewegung eines Oszillators wie bei Schwingungen mit einem *y-t*-Diagramm beschrieben werden. Die räumliche Ausbreitung kann man mit einem *y-x*-Diagramm erfassen.

Ein *y-t*-Diagramm zeigt den zeitlichen Verlauf der Bewegung eines Oszillators, ein *y-x*-Diagramm das Momentanbild der Oszillatoren, die sich in unterschiedlichen Phasen befinden. Zur vollständigen Beschreibung einer Welle sind beide Diagramme erforderlich.

| ***y-t*-Diagramm** | ***y-x*-Diagramm** |
|---|---|
| Für einen bestimmten Ort ($x$ = konstant) wird dargestellt, wie sich der betreffende Oszillator in Abhängigkeit von der Zeit bewegt. | Für einen bestimmten Zeitpunkt ($t$ = konstant) wird dargestellt, welche Lage die Gesamtheit der Oszillatoren hat. |
| 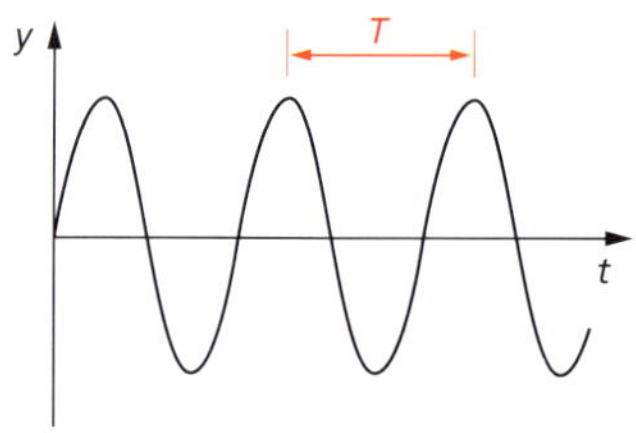  | 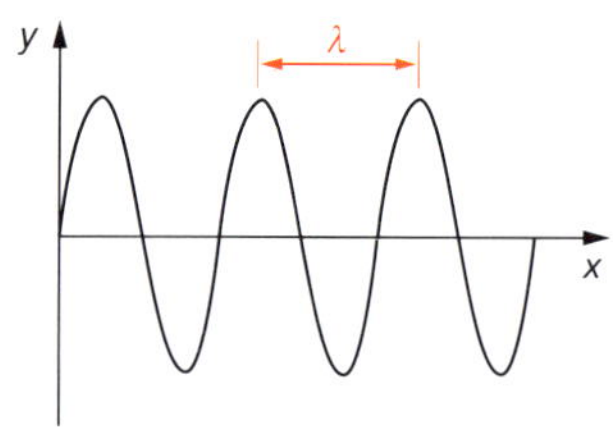  |

Für mechanische Wellen gilt wie für andere Wellen ein grundlegender Zusammenhang zwischen der Ausbreitungsgeschwindigkeit, der Frequenz und der Wellenlänge.

Für alle mechanischen Wellen gilt:

$v = \lambda \cdot f$

| | |
|---|---|
| $v$ | Ausbreitungsgeschwindigkeit |
| $\lambda$ | Wellenlänge |
| $f$ | Frequenz |

Dieser Zusammenhang gilt auch für **elektromagnetische Wellen** (↗ S. 302). Die Ausbreitungsgeschwindigkeit ist dort gleich der Lichtgeschwindigkeit $c$.

**Die Wellengleichung**

Zur mathematischen Beschreibung einer Welle benötigt man einen Ausdruck, der sowohl ihre räumliche als auch ihre zeitliche Ausbreitung beschreibt. Die betreffende Gleichung bezeichnet man als **Wellengleichung.**

Die Wellengleichung für lineare harmonische Wellen lautet:

$y = y_{max} \cdot \sin 2\pi \left(\frac{t}{T} - \frac{x}{\lambda}\right)$

| | | | |
|---|---|---|---|
| $y$ | Auslenkung am Ort $x$ | $T$ | Schwingungsdauer |
| $y_{max}$ | Amplitude | $x$ | Ort |
| $t$ | Zeit | $\lambda$ | Wellenlänge |

Die **Herleitung der Wellengleichung** kann erfolgen, indem man die Auslenkung $y$ an einem Ort $x$ zur Zeit $t$ allgemein ermittelt (↗ CD).

Eine mechanische Welle sei durch die folgenden zwei Diagramme charakterisiert:

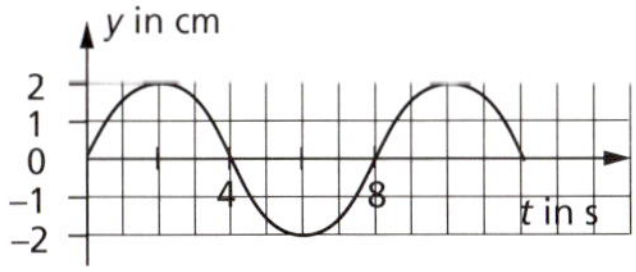


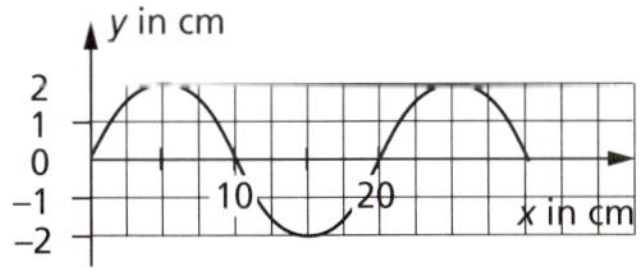


Aus dem $y$-$t$-Diagramm kann man die **Amplitude** und die **Schwingungsdauer** entnehmen. Mit $f = \frac{1}{T}$ erhält man auch die Frequenz.
Aus dem $y$-$x$-Diagramm ergeben sich Amplitude und **Wellenlänge.**

*Wie groß ist die Ausbreitungsgeschwindigkeit dieser Welle?*
*Wie groß ist die Elongation eines Schwingers, der sich 50 cm vom Ausgangspunkt der Welle entfernt befindet, zur Zeit t = 10 s?*

*Analyse:*
Die Ausbreitungsgeschwindigkeit kann aus Wellenlänge und Frequenz ermittelt werden. Beide Größen ergeben sich aus den Diagrammen. Die Elongation lässt sich mithilfe der Wellengleichung berechnen.

Gesucht: $v$
$y$

Gegeben:
$\lambda = 20\ \text{cm}$
$T = 8\ \text{s} \quad \rightarrow \quad f = \frac{1}{T} = 0{,}125\ \text{Hz}$
$x = 50\ \text{cm}$
$t = 10\ \text{s}$
$y_{max} = 2\ \text{cm}$

*Lösung:*
Für die Ausbreitungsgeschwindigkeit erhält man:

$$v = \lambda \cdot f$$
$$\underline{v = 20\ \text{cm} \cdot 0{,}125\ \text{Hz} = 2{,}5\ \frac{\text{cm}}{\text{s}}}$$

Für die Elongation erhält man:

$$y = y_{\text{max}} \cdot \sin 2\pi \left(\frac{t}{T} - \frac{x}{\lambda}\right)$$
$$y = 2\ \text{cm} \cdot \sin 2\pi \left(\frac{10\ \text{s}}{8\ \text{s}} - \frac{50\ \text{cm}}{20\ \text{cm}}\right) = 2\ \text{cm} \cdot \sin 2\pi\,(-1{,}25)$$
$$\underline{y = -2\ \text{cm}}$$

*Ergebnis:*
Die Ausbreitungsgeschwindigkeit der Welle beträgt 2,5 $\frac{\text{cm}}{\text{s}}$ die Elongation des Schwingers hat zur Zeit $t$ = 10 s den Wert –2 cm.

## 2.8.4 Ausbreitung und Eigenschaften mechanischer Wellen

Mithilfe eines Wasserwellengerätes kann man die Interferenz von Wellen zeigen.

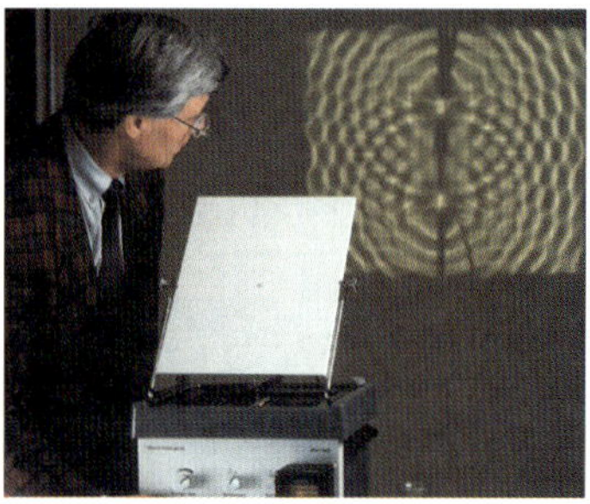

Anhand der kreisförmigen Wasserwelle können wesentliche Eigenschaften von Wellen, die sich flächenhaft oder räumlich ausbreiten, demonstriert werden. Solche Eigenschaften sind **Reflexion, Brechung, Beugung** und **Interferenz.** Entscheidende Zusammenhänge zur Erklärung dieser Eigenschaften fand der niederländische Naturforscher CHRISTIAAN HUYGENS.

### Das huygenssche Prinzip

CHRISTIAAN HUYGENS (1629–1695) entwickelte im Zusammenhang mit Untersuchungen zum Wesen des Lichtes eine Vorstellung zur Wellenausbreitung, die als huygenssches Prinzip bezeichnet wird.

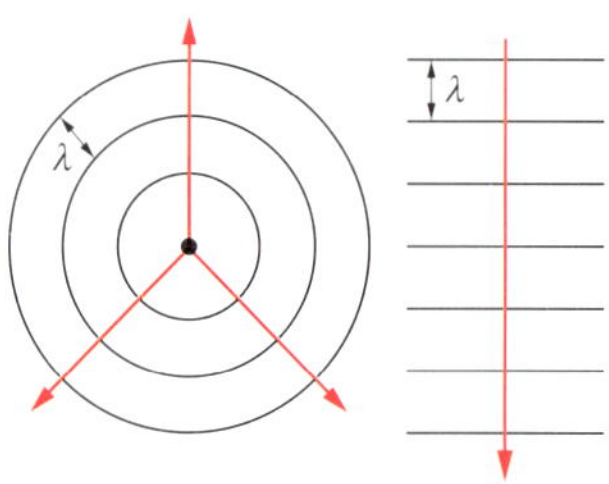


Zur Darstellung der Ausbreitung von Wellen nutzt man **Wellenfronten** und **Wellennormale.** Die **Wellenfronten** (in den Skizzen schwarz) sind Stellen maximaler Auslenkung (Wellenberge). Ihr Abstand voneinander ist gleich der Wellenlänge $\lambda$. Die **Wellennormale** (in der Skizze rot) steht immer senkrecht auf den Wellenfronten. Ihre Richtung stimmt mit der Ausbreitungsrichtung überein. Für die Ausbreitung von Wellen gilt das **huygenssche Prinzip.**

> Jeder Punkt einer Wellenfront ist Ausgangspunkt für kreis- oder kugelförmige Elementarwellen. Diese Elementarwellen besitzen die gleiche Ausbreitungsgeschwindigkeit wie die ursprüngliche Welle. Die Elementarwellen überlagern sich. Die Einhüllende aller Elementarwellen bildet die neue Wellenfront.

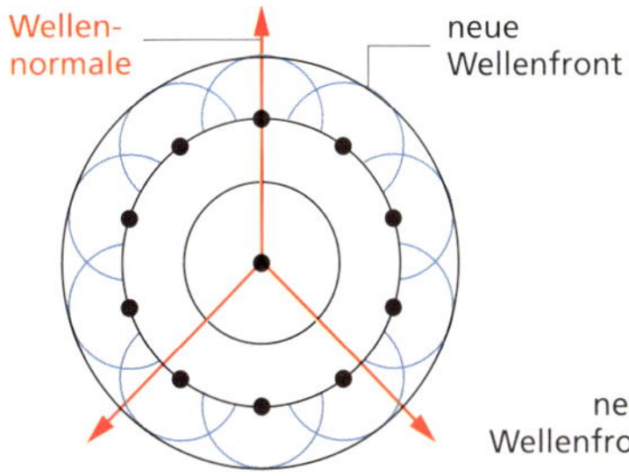


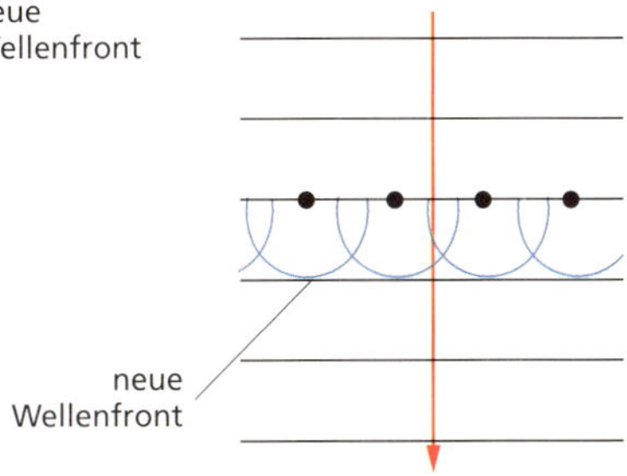


Da die (blau gezeichneten) Elementarwellen von jedem Punkt einer Wellenfront ausgehen, ergibt sich als Einhüllende eine neue Wellenfront.

Das durch A. J. Fresnel erweiterte Prinzip wird als **huygens-fresnelsches Prinzip** bezeichnet und lautet:

> Der Schwingungszustand in einem Punkt eines Raumes wird bestimmt durch die Summe aller Elementarwellen, die von Wellenfronten ausgehen und die in diesem Punkt zusammentreffen.

Augustin Jean Fresnel (1788–1827) war ein französischer Physiker und Ingenieur, der sich vor allem mit der Wellentheorie des Lichtes beschäftigt hat.

### Charakteristische Eigenschaften von Wellen

Nachfolgend sind charakteristische Eigenschaften von Wellen im Überblick dargestellt und mithilfe des huygensschen Prinzips erklärt.

**Reflexion:** Trifft eine Welle auf eine ebene Oberfläche, dann wird sie reflektiert. Es gilt das Reflexionsgesetz.

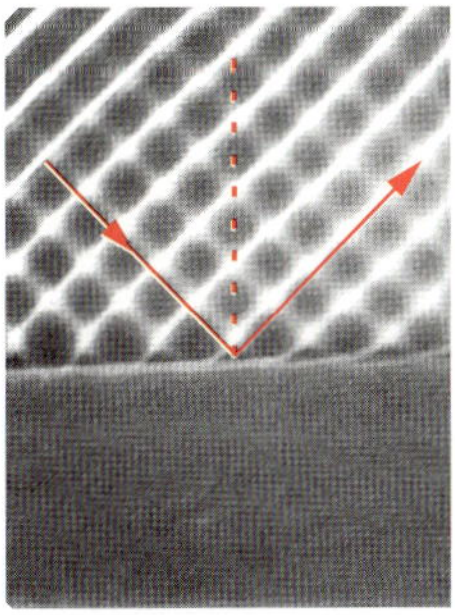

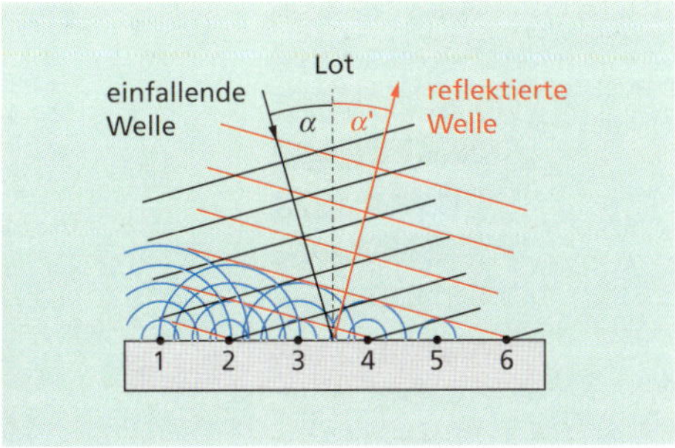


> Bei der Reflexion von Wellen sind der Einfallswinkel und der Reflexionswinkel gleich groß: $\alpha = \alpha'$. Die Wellennormalen der einfallenden und reflektierten Wellen liegen in einer Ebene.

Bei Schallwellen ist die Reflexion als Echo oder als Nachhall wahrzunehmen.

**Brechung:** Trifft eine Welle unter einem Winkel $\alpha \neq 0$ auf eine ebene Grenzfläche zweier Stoffe, in denen sie sich mit unterschiedlichen Geschwindigkeiten ausbreitet, dann ändert sie ihre Ausbreitungsrichtung. Sie wird gebrochen. Es gilt das Brechungsgesetz. Fast immer tritt dabei gleichzeitig auch Reflexion auf, die wir hier aber nicht betrachten wollen.

**Brechung** tritt z. B. auf, wenn Schallwellen auf eine Grenzfläche zwischen Luft und Wasser treffen. Bei Wasserwellen verändert sich die Ausbreitungsrichtung mit der Wassertiefe, da sich die Ausbreitungsgeschwindigkeit mit Verringerung der Tiefe verkleinert.

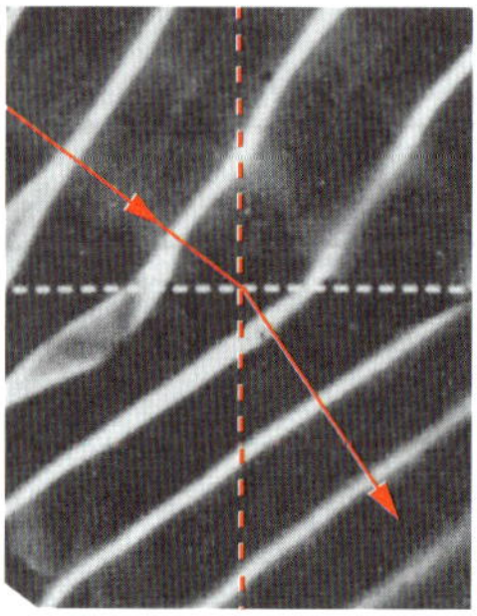

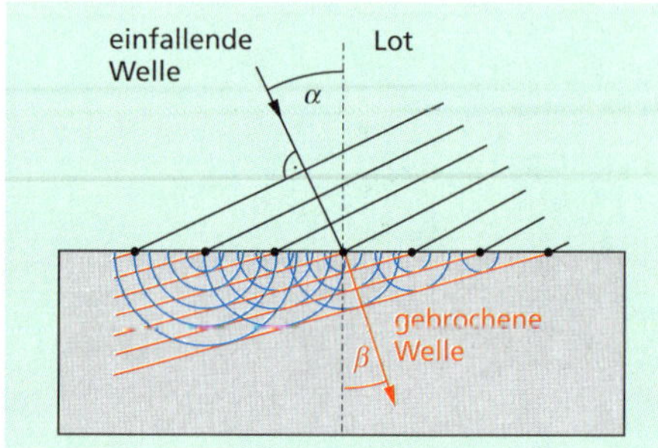


In welcher Richtung die Brechung von Wellen beim Übergang von einem Stoff in einen anderen erfolgt, hängt von den Ausbreitungsgeschwindigkeiten in den betreffenden Stoffen ab.

Beim Übergang von einem Stoff in einen anderen gilt das Brechungsgesetz:

$$\frac{\sin\alpha}{\sin\beta} = \frac{v_1}{v_2}$$

| | |
|---|---|
| $\alpha$ | Einfallswinkel |
| $\beta$ | Brechungswinkel |
| $v_1$, $v_2$ | Ausbreitungsgeschwindigkeiten |

**Beugung** tritt z. B. bei **Schallwellen** auf: Geräusche eines Autos hört man auch, wenn man sich hinter einer Hausecke befindet. Die Intensität der gebeugten Wellen ist aber im Vergleich zu der der ursprünglichen Wellen meist gering.

**Beugung:** Trifft eine Welle auf einen Spalt oder eine Kante, so sind die betreffenden Stellen nach HUYGENS Ausgangspunkt von Elementarwellen. Damit breitet sich die Welle auch in den Schattenraum hinein aus.

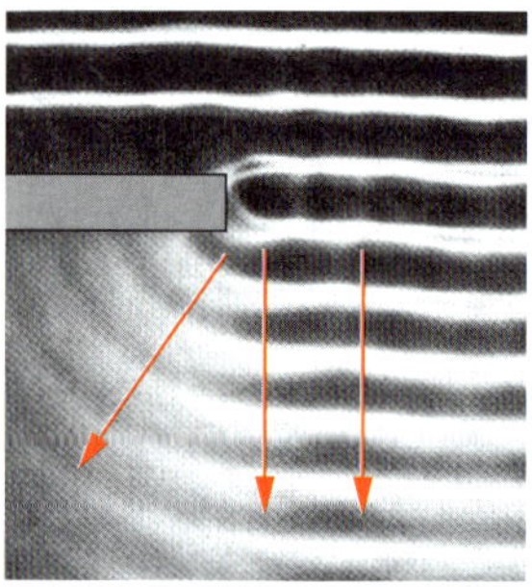

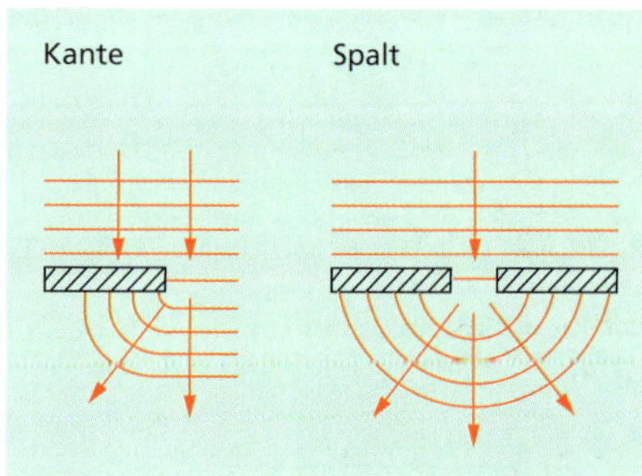


Dringt eine Welle abweichend von ihrer geradlinigen Ausbreitung an Kanten und Spalten in den Schattenraum ein, so spricht man von Beugung.

Statt von Überlagerung spricht man auch von **Superposition**, hergeleitet vom lateinischen superpositum = Überlagerung.

**Interferenz:** Treffen zwei oder mehrere Wellen in einem Ort zusammen, dann regen sie den dort befindlichen Schwinger nach dem huygens-fresnelschen Prinzip (↗ S. 141) zu einer zusammengesetzten Schwingung an. Da es bei der Zusammensetzung von Schwingungen zu Verstärkung, Abschwächung oder Auslöschung (↗ S. 135) kommen kann, ist ein gleiches Verhalten auch bei der Überlagerung von Wellen zu erwarten.

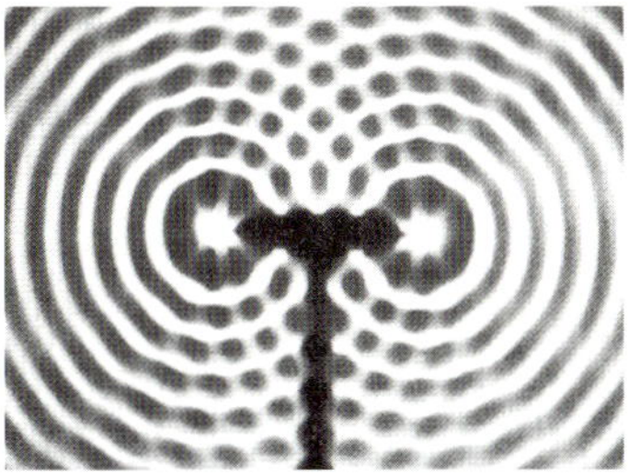

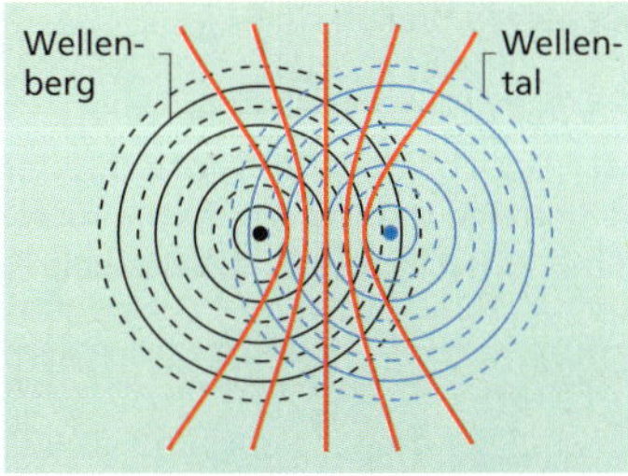


Als Interferenz bezeichnet man die Überlagerung von Wellen. Dabei bilden sich Bereiche der Verstärkung und der Abschwächung bzw. Auslöschung heraus.

Entscheidend ist dabei der **Gangunterschied** zwischen den beiden Wellen. Beträgt er an einem Ort 0, $\lambda$ oder ein Vielfaches davon, dann treffen die Wellen bei gleicher Wellenlänge mit der gleichen Phase zusammen. Es tritt **Verstärkung** auf. Bei einem Gangunterschied von $\frac{\lambda}{2}$ oder einem ungeradzahligen Vielfachen davon tritt **Abschwächung** (Auslöschung) auf.

Stabile Interferenzmuster kann man z. B. mithilfe eines Wasserwellengerätes (↗ Foto S. 140) oder von zwei Lautsprechern erreichen, die Töne gleicher Frequenz aussenden. Solche stabilen Interferenzmuster entstehen, wenn zwischen den beteiligten Wellen eine konstante Phasendifferenz besteht. Man sagt auch: Zwischen den Wellen besteht Kohärenz (↗ S. 337).

### Weitere Eigenschaften von Wellen

Wellen können absorbiert, gestreut oder polarisiert werden. Darüber hinaus kann auch Dispersion auftreten.

Ausführliche Informationen zu diesen Welleneigenschaften sind unter den betreffenden Stichwörtern auf der CD zu finden.

**Absorption:** Beim Durchgang von Wellen durch Stoffe erfolgt eine Abschwächung oder **Absorption,** die sich durch den Absorptionsgrad erfassen lässt. Damit verringert sich die Energie der Welle. Die Energie wird vom Stoff aufgenommen.

**Streuung:** Hindernisse, die im Vergleich zur Wellenlänge sehr klein sind, werden zu Zentren von Elementarwellen, die sich von dort nach allen Richtungen ausbreiten. Dieser Vorgang wird als **Streuung** bezeichnet. Er spielt vor allem in der Optik eine wichtige Rolle (↗ S. 324).

**Polarisation:** Wird bei Transversalwellen unterschiedlicher Schwingungsrichtung eine bestimmte Schwingungsrichtung herausgefiltert, so spricht man von **Polarisation.** Die Wellen schwingen dann in *einer* Schwingungsrichtung. Sie sind linear polarisiert.

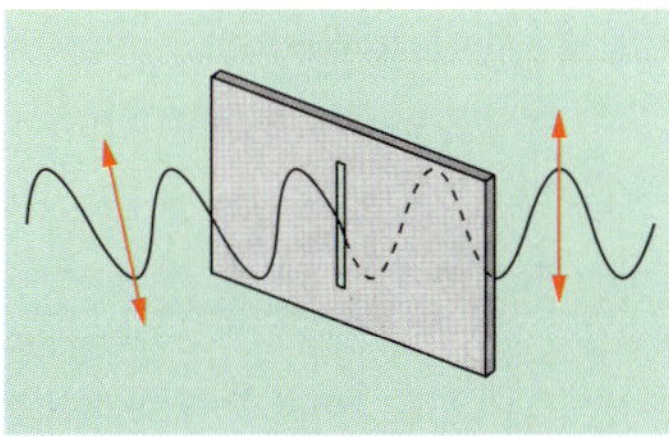

**Dispersion:** Bei der Ausbreitung in einem Stoff hängt die Ausbreitungsgeschwindigkeit einer Welle in der Regel von der Wellenlänge bzw. von der Frequenz ab. Diese Erscheinung wird als **Dispersion** bezeichnet. Sie spielt vor allem in der Optik eine Rolle (↗ S. 317).

Bei Schallwellen in Luft tritt keine Dispersion auf. Es gibt deshalb bei der Übertragung von Sprache oder Musik durch die Luft auch keine Verzerrungen durch Dispersion.

## Stehende Wellen

Eine Transversalwelle wird bei der Reflexion am losen Ende ohne Phasensprung reflektiert. Am festen Ende (↗ Skizze) tritt ein Phasensprung von $\Delta\varphi = \pi$ auf. Experiment und Skizze zeigen die Reflexion am festen Ende.

Wellen breiten sich in der Regel von einem Erreger in den Raum aus. Man spricht dann von **fortschreitenden Wellen.** Werden solche Wellen reflektiert, so können sich hin- und rücklaufende Wellen überlagern. Dabei können sich **stehende Wellen** ausbilden.

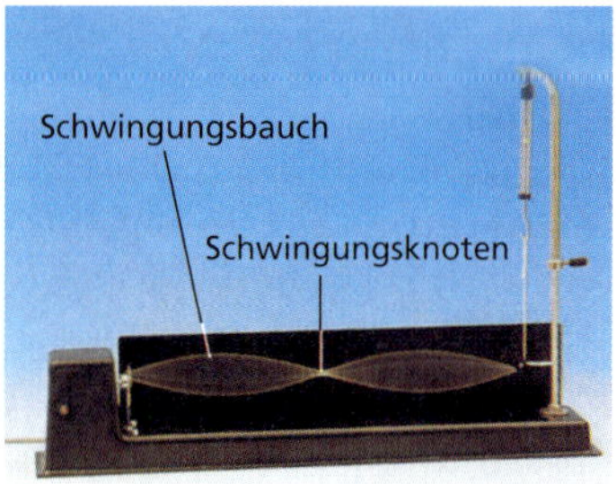


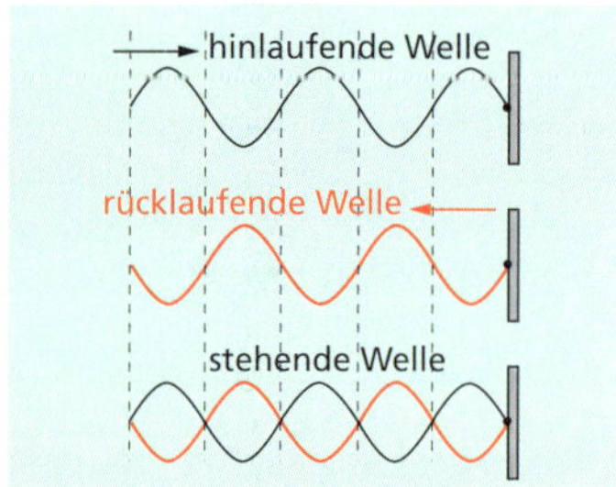


Der Abstand zwischen zwei Schwingungsknoten beträgt immer $\frac{\lambda}{2}$.

Für die beschriebene stehende Welle ist charakteristisch, dass
- der Bereich zwischen den beiden festen Enden (Erreger und Ort der Reflexion) ein ganzzahliges Vielfaches der halben Wellenlänge ist,
- sich an bestimmten Stellen des Raumes Orte mit maximaler Auslenkung **(Schwingungsbäuche)** und solche mit der Auslenkung null **(Schwingungsknoten)** herausbilden.

## Der DOPPLER-Effekt

Benannt ist dieser Effekt nach dem österreichischen Physiker und Mathematiker CHRISTIAN JOHANN DOPPLER (1803–1853), der ihn 1842 bei Schallwellen entdeckte und mathematisch beschrieb. Man bezeichnet deshalb den hier beschriebenen Effekt als akustischen DOPPLER-Effekt. Es gibt auch einen optischen DOPPLER-Effekt (↗ S. 438).

Registriert man mit einem Empfänger die Frequenz bzw. Wellenlänge von Schallwellen, dann stimmen diese Werte nur dann mit den vom Sender abgegebenen überein, wenn Sender und Empfänger zueinander ruhen. Bei einer Relativbewegung zwischen Sender und Empfänger tritt eine Frequenzverschiebung auf, die sich bei Schall als Änderung der Tonhöhe (↗ S. 145) bemerkbar macht.
Zu registrieren ist das z. B., wenn ein hupendes Auto an einer Person vorbeifährt.

Bei einer Relativbewegung zwischen einem Sender und einem Empfänger unterscheidet sich die vom Empfänger registrierte Frequenz $f_E$ von der vom Sender abgegebenen Frequenz $f_S$.

Für einen **ruhenden Empfänger** und einen **bewegten Sender** gilt:

$$f_E = \frac{f_S}{1 \mp \frac{v}{c}}$$ (– beim Annähern, + beim Entfernen voneinander)

Für einen **ruhenden Sender** und einen **bewegten Empfänger** gilt:

$$f_E = f_S \pm \frac{v}{c}$$ (+ beim Annähern, – beim Entfernen voneinander)

$v$ Relativgeschwindigkeit zwischen Sender und Empfänger
$c$ Ausbreitungsgeschwindigkeit der Wellen (Schallgeschwindigkeit)

## 2.8.5 Akustik

Die Lehre vom Schall (Akustik) beschäftigt sich mit der Entstehung, der Ausbreitung, den Eigenschaften und der Nutzung des Schalls.

Schall im engeren Sinn ist alles das, was der Mensch mit den Ohren wahrnehmen kann.

Dazu gehören z. B. Geräusche, Sprache, Musik oder Lärm. Damit wir etwas als Schall wahrnehmen, müssen bestimmte Bedingungen erfüllt sein. Diese lassen sich in einem Diagramm darstellen, aus dem der **Hörbereich** des menschlichen Ohres erkennbar ist.

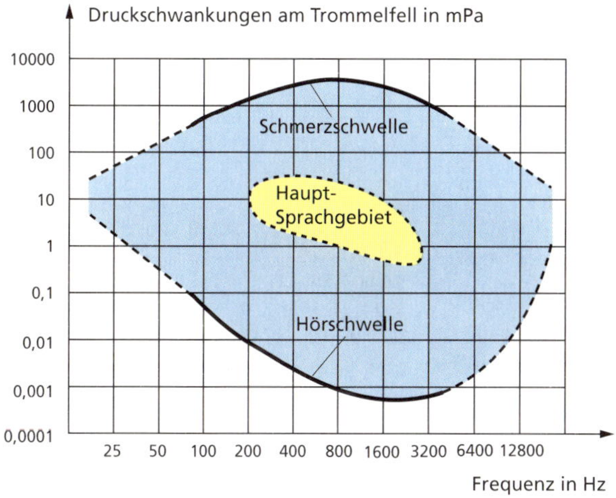


Der Hörbereich des menschlichen Ohres umfasst Frequenzen von 16 Hz bis 20 000 Hz.

Schall mit einer Frequenz von weniger als 16 Hz wird als **Infraschall** bezeichnet.

Schall mit einer Frequenz von über 20 000 Hz (20 kHz) nennt man **Ultraschall.**

Schallwellen sind Longitudinalwellen (↗ S. 137), da die Ausbreitungsrichtung der Welle und die Schwingungsrichtung der Teilchen übereinstimmen. Wie andere mechanische Wellen werden Schallwellen reflektiert und gebrochen. Sie können sich auch überlagern (↗ S. 141 ff.).

Die **Tonhöhe** ist davon abhängig, wie schnell ein Körper schwingt.

Je größer die Frequenz der Schwingung eines Körpers ist, umso höher ist der Ton.

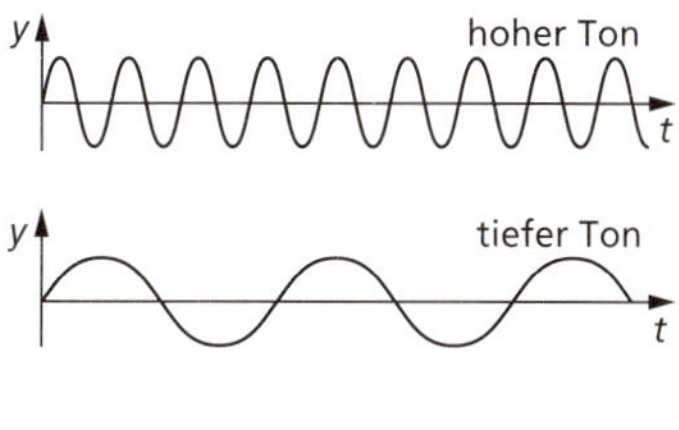


Information zu **Lärm, Musik, Ultraschall** und weiteren Themen zur **Akustik** findet man auf der CD.

Der **Hörbereich** des Menschen wird auch als **Hörfläche** bezeichnet. Sie ist im Diagramm farbig gekennzeichnet.

Mit zunehmendem Alter können Menschen höhere Frequenzen immer schlechter wahrnehmen.

Verschiedene Lebewesen haben nicht nur unterschiedliche **Hörbereiche,** sondern auch einen unterschiedlichen **Stimmumfang.** Der Stimmumfang des Menschen liegt meist zwischen 85 Hz und 1 100 Hz, bei einem Hund zwischen 450 Hz und 1 000 Hz und bei einer Fledermaus zwischen 10 000 Hz und 120 000 Hz.

Die **Lautstärke** ist davon abhängig, mit welcher Amplitude ein Körper schwingt.
Je größer die Amplitude der Schwingung eines Körpers ist, umso lauter ist der Ton.

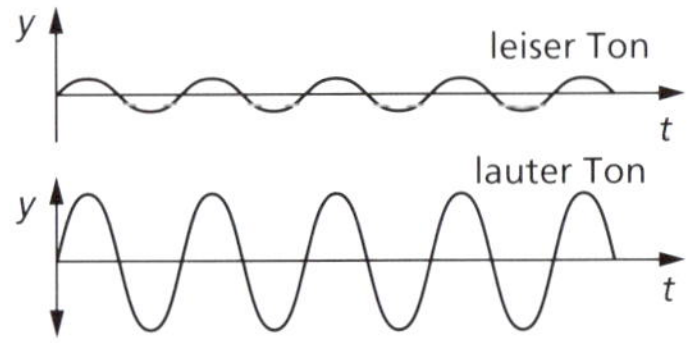


| **Ton** | **Klang** | **Geräusch** | **Knall** |
|---|---|---|---|
| Die Schwingung ist sinusförmig. | Die Schwingung ist periodisch, aber nicht sinusförmig. | Die Schwingung ist unregelmäßig. | Die Schwingung hat zunächst eine große Amplitude und klingt schnell ab. |
| 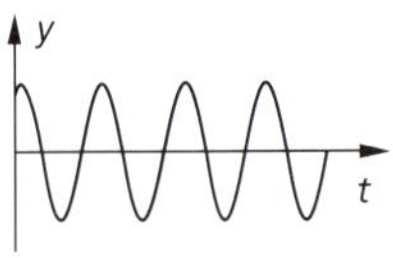  | 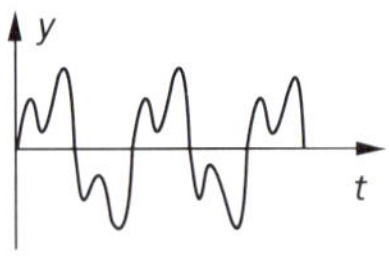  |   | 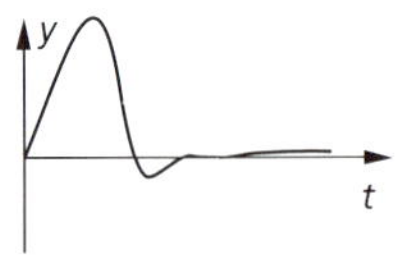  |
|  |  |  |  |
| Eine angeschlagene Stimmgabel erzeugt einen ganz klaren Ton. | Mit Musikinstrumenten kann man verschiedene Klänge erzeugen. | Geräusche entstehen z.B. bei Fahrzeugen und Maschinen. | Beim Explodieren eines Feuerwerkskörpers entsteht ein Knall. |

Bei schwingenden Saiten hängt die Frequenz der Schwingung von verschiedenen Größen ab.

Die Frequenz einer schwingenden Saite kann berechnet werden mit der Gleichung:

$$f = \frac{1}{2\,l}\sqrt{\frac{F}{\rho \cdot A}}$$

| | |
|---|---|
| $l$ | Länge der Saite |
| $A$ | Querschnittsfläche der Saite |
| $\rho$ | Dichte |
| $F$ | Kraft, mit der die Saite gespannt ist |

Geigen oder Gitarren verfügen über verschieden dicke Saiten. Zum Stimmen des Instruments wird die Kraft verändert, mit der die jeweilige Saite gespannt ist.

Informationen dazu sind auf der CD zu finden.

Für praktische Anwendungen besonders bedeutsam ist **Ultraschall,** also Schall mit Frequenzen über 20 kHz. Wichtige Anwendungen sind die **Ultraschalldiagnostik** im medizinischen Bereich, die **Werkstoffprüfung** oder das **Echolot.** Bei Pkw wird Ultraschall für Einparkhilfen genutzt. Dabei wird das Prinzip des Echolots angewendet.

# THERMODYNAMIK 3

## 3.1 Betrachtungsweisen und Modelle in der Thermodynamik

Manchmal spricht man auch von der **Kalorik.** Diese Bezeichnung kommt aus dem Lateinischen: calor = Wärme.

Die **Thermodynamik** oder **Wärmelehre** beschäftigt sich mit dem thermischen Verhalten von Körpern und Stoffen, den dafür geltenden Gesetzen und Beziehungen, den physikalischen Grundlagen von Wärmekraftmaschinen, Energieumwandlungen sowie mit solchen grundlegenden physikalischen Größen wie Temperatur, Wärme, thermische Energie oder Entropie. Letztere ist für die Verständigung über die Richtung des Ablaufs von natürlichen Vorgängen von größter Bedeutung. Ein Teilbereich der Thermodynamik sind die Strahlungsgesetze und solche damit zusammenhängenden Fragen wie das Strahlungsgleichgewicht der Erde oder das Ozonloch und seine Auswirkungen.

Mit dem Begriff **thermodynamisches System** wird nur zum Ausdruck gebracht, dass im betreffenden System thermodynamische Vorgänge und Erscheinungen vor sich gehen bzw. betrachtet werden.

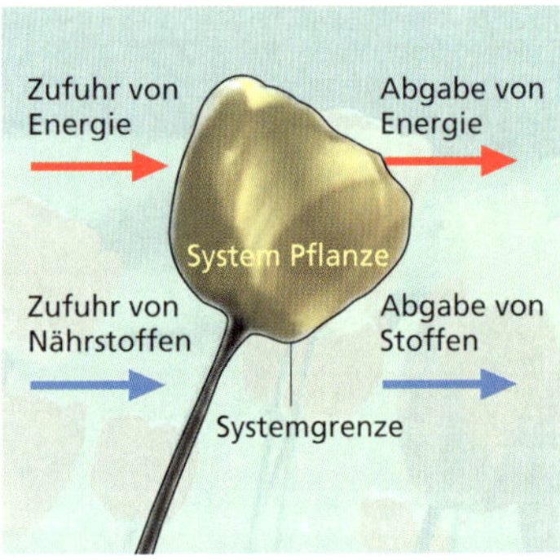


Wie in anderen Teilbereichen der Physik werden in der Thermodynamik offene, geschlossene oder abgeschlossene Systeme (↗ S. 84) betrachtet, die manchmal auch als **thermodynamische Systeme** bezeichnet werden. Im Bild wird ein solcher abgegrenzter Raumbereich dargestellt. Der Zustand eines thermodynamischen Systems und seine Änderungen können in unterschiedlicher Weise beschrieben werden.

> Ein thermodynamisches System ist ein durch eine Systemgrenze von seiner Umgebung abgetrennter Raumbereich, der durch Größen wie Temperatur, Druck, Volumen, Teilchenanzahl oder Geschwindigkeit der Teilchen gekennzeichnet werden kann.

Die Wahl der Systemgrenze erfolgt meist so, dass die Vorgänge im System möglichst gut überschaubar erfasst werden können. Zur Beschreibung der Vorgänge in einem thermodynamischen System wird entweder die **phänomenologische** oder die **kinetisch-statistische Betrachtungsweise** angewendet.

Die Bezeichnung ist aus dem Griechischen hergeleitet: phainomenon (griech.) = Erscheinung, Phänomen.

### 3.1.1 Die phänomenologische Betrachtungsweise

Die **phänomenologische Betrachtungsweise** ist – wie der Name schon sagt – an den Erscheinungen orientiert. Es geht dabei um die Beschreibung von Sachverhalten und Vorgängen mit makroskopisch messbaren Größen, z. B. um die Beschreibung der Volumenänderung von Körpern mit den Größen Temperatur und Wärme oder um die Zustandsänderung eines Gases, dargestellt mit den Größen Volumen, Druck und Temperatur. Erfasst werden damit immer Eigenschaften von Systemen, die mit-

hilfe von makroskopisch messbaren **Zustands-** und **Prozessgrößen** (↗ S. 18) beschrieben werden können.
Wichtige thermodynamische **Zustandsgrößen,** also Größen, die den Zustand eines Systems kennzeichnen, sind die **Temperatur** (↗ S. 151 f.), das **Volumen,** der **Druck,** die **innere Energie** (↗ S. 153) und die **Entropie** (↗ S. 198 ff.). Wichtige **Prozessgrößen,** also Größen, mit denen Vorgänge im System und Austauschvorgänge mit der Umgebung beschrieben werden, sind die von einem System aufgenommene oder abgegebene **Wärme** sowie die am System oder vom System verrichtete **Arbeit.**

Dabei gilt vereinbarungsgemäß:
Die am System verrichtete Arbeit bzw. die dem System zugeführte Wärme ist positiv.
Die vom System verrichtete Arbeit bzw. die von ihm abgegebene Wärme ist negativ. Bei einem abgeschlossenem System erfolgen keine Austauschprozesse mit der Umgebung. Solche Prozesse können aber innerhalb des Systems vor sich gehen.

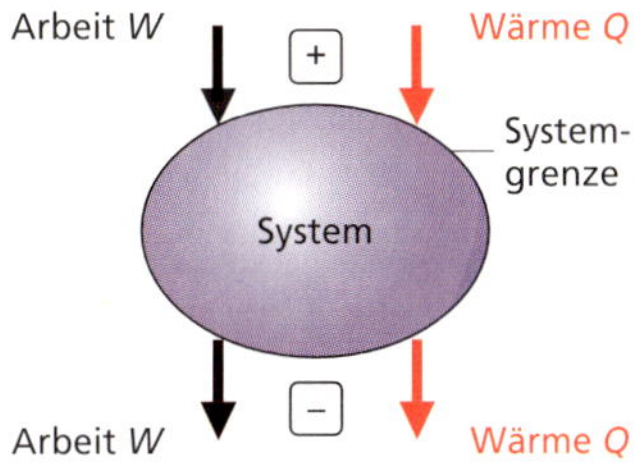


Diese Festlegungen entsprechen der in der Physik üblichen Herangehensweise. Wird z. B. an einem System Arbeit verrichtet, so vergrößert sich dessen Energie. Die Zustandsänderung kann beschrieben werden mit:

$E_E - E_A = \Delta E = W > 0$

> Viele thermodynamische Prozesse und Erscheinungen können mithilfe **makroskopischer Zustands- und Prozessgrößen** beschrieben werden. Diese Art der Beschreibung wird als **phänomenologische Betrachtungsweise** bezeichnet.

Die Volumenänderung von homogenen Körpern bei Temperaturänderung kann mit den Größen Volumen, Temperatur und einer Stoffkonstanten (Volumenausdehnungskoeffizient) beschrieben werden. Quantitativ wird sie erfasst mit der Gleichung:

$$\Delta V = \gamma \cdot V_0 \cdot \Delta T$$

Kennt man die Stoffkonstante $\gamma$, das Ausgangsvolumen $V_0$ und die Temperaturänderung $\Delta T$, so kann man die Volumenänderung berechnen. Das ist für viele praktische Anwendungen völlig ausreichend.

Durch die Gleichung wird das Phänomen Volumenänderung ausreichend beschrieben. Warum bei Temperaturänderung eine Volumenänderung erfolgt, bleibt allerdings offen.

### 3.1.2 Die kinetisch-statistische Betrachtungsweise

Bei der kinetisch-statistischen Betrachtungsweise wird vom Aufbau der Stoffe aus **Atomen** und **Molekülen** ausgegangen. Ihr liegt ein **Teilchenmodell** (↗ S. 54) zugrunde. Die Beschreibung thermodynamischer Systeme erfolgt durch Teilchengrößen, z. B. durch die **Teilchenanzahl** (↗ S. 51), die **Geschwindigkeit** der Teilchen, ihre **kinetische Energie** und ihre **räumliche Verteilung.** Ein makroskopisches System ist durch eine sehr große Teilchenanzahl gekennzeichnet. Aussagen über das Gesamtsystem erfordern deshalb statistische Betrachtungen. Daher stammt die Bezeichnung **kinetisch-statistische Betrachtungsweise.**

Viele thermodynamische Prozesse und Erscheinungen können auch mithilfe von **Teilchengrößen** beschrieben, gedeutet oder erklärt werden. Diese Art der Beschreibung wird als **kinetisch-statistische Betrachtungsweise** bezeichnet. Ihr liegt ein Teilchenmodell zugrunde.

Eine Reihe von thermodynamischen Prozessen und Erscheinungen können sowohl phänomenologisch als auch kinetisch statistisch beschrieben werden. Während das bei der phänomenologischen Betrachtungsweise makroskopisch erfolgt, ermöglicht die kinetisch-statistische Betrachtungsweise die Erklärung bzw. Deutung von Vorgängen und Erscheinungen im mikroskopischen Bereich und damit das Vordringen zum Wesen einer Erscheinung.

Häufig wird nur eine der beiden Betrachtungsweisen angewendet. Darüber hinaus gibt es Prozesse und Erscheinungen, die nur mit einer der Betrachtungsweisen erfasst werden können. Dazu gehört z. B. die Geschwindigkeitsverteilung der Teilchen in einem Gas.

Phänomenologische und kinetisch-statistische Betrachtungsweisen ergänzen einander. Sie können auf ein- und dieselben Prozesse und Erscheinungen angewendet werden.

Ein einfaches Beispiel ist die Längenänderung von Körpern bei Temperaturänderung (↗ S. 159). Phänomenologisch lässt sich diese Erscheinung vollständig mit der Gleichung

$$\Delta l = \alpha \cdot l_0 \cdot \Delta T$$

beschreiben. Auch für praktische Anwendungen reicht es aus, diesen Zusammenhang zu kennen.
Die Frage, warum eine solche Längenänderung bei Temperaturänderung erfolgt, lässt sich nur kinetisch-statistisch beantworten.

**Reale Gase und das ideale Gas**

Zum Gegenstandsbereich der Thermodynamik gehört die Untersuchung des thermodynamischen Verhaltens der Gase. Bei Gasen in Natur und Technik (realen Gasen) haben die Atome bzw. Moleküle ein Volumen. Zwischen den Teilchen treten Wechselwirkungen auf. Die mathematische Beschreibung ist relativ kompliziert. In der Thermodynamik wird deshalb das **Modell ideales Gas** genutzt.

Die Beschreibung von Prozessen und Erscheinungen bei Gasen mit der kinetisch-statistischen Betrachtungsweise wird auch als **kinetische Gastheorie** bezeichnet (↗ S. 170 ff.).

Das **Modell ideales Gas** ist dadurch gekennzeichnet, dass

- die Teilchen eines Gases als Massepunkte betrachtet werden,
- die Teilchen untereinander und mit den Gefäßwänden nur ideal elastische Wechselwirkungen haben.

Allen nachfolgenden Betrachtungen zu Gasen liegt dieses Modell zugrunde. Untersuchungen zeigen: Viele reale Gase verhalten sich annähernd wie das ideale Gas. Das gilt insbesondere für Wasserstoff und Helium unter Normbedingungen sowie für alle anderen Gase bei höherer Temperatur und geringem Druck.

## 3.2 Thermisches Verhalten von Körpern und Stoffen

### 3.2.1 Temperatur, innere Energie und Wärme

#### Die Größe Temperatur und ihre Messung

Eine der grundlegenden Größen der Thermodynamik ist die **Temperatur,** die den thermischen Zustand von Körpern bzw. Systemen kennzeichnet, also eine **thermodynamische Zustandsgröße** ist.

> Die Temperatur gibt an, wie warm oder wie kalt ein Körper ist.
>
> Formelzeichen: $\vartheta$ oder $T$
> Einheiten: ein Grad Celsius (1 °C) oder ein Kelvin (1 K)

Für die CELSIUS-Skala wird das Formelzeichen $\vartheta$ für die KELVIN-Skala das Formelzeichen $T$ verwendet. Temperaturdifferenzen werden meist in Kelvin angegeben.

**Fixpunkte** der CELSIUS-Skala sind 0 °C (Temperatur von schmelzendem Eis) und 100 °C (Temperatur von siedendem Wasser bei Normdruck).
Die Festlegung des **Nullpunktes der KELVIN-Skala** ergibt sich aus thermodynamischen Überlegungen: Nach dem Gesetz von GAY-LUSSAC (↗ S. 163) ändert sich bei konstantem Druck das Volumen eines Gases gleichmäßig mit der Temperatur. Für das ideale Gas ergibt sich, dass bei einer ständigen Verringerung der Temperatur der Schnittpunkt der Graphen bei beliebigem Ausgangsvolumen bei –273,15 °C liegen würde.

Die KELVIN-Skala wurde von dem britischen Physiker WILLIAM THOMSON (1824–1907) entwickelt, der 1892 geadelt wurde und sich dann Lord KELVIN of Largs nannte.
Auf ihn geht auch die Bezeichnung absolute Temperaturskala zurück.

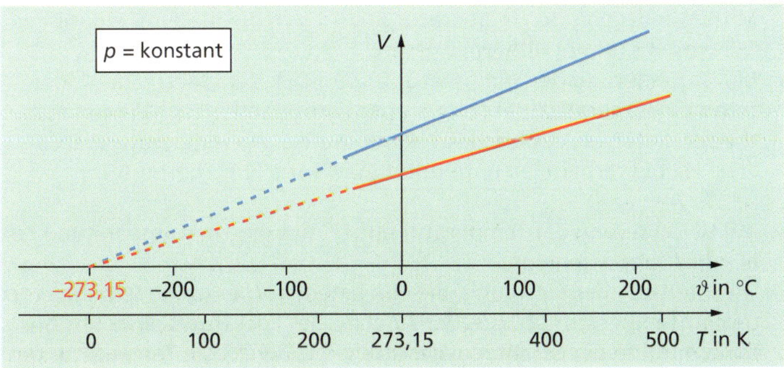

Es ist zugleich diejenige Temperatur, bei der die kinetische Energie der Teilchen eines Systems null wäre. Da keine tiefere Temperatur möglich ist, wird sie auch als **absoluter Nullpunkt** und die in Kelvin angegebene Temperatur als **absolute Temperatur** bezeichnet.

> Der absolute Nullpunkt hat einen Wert von –273,15 °C = 0 K. Er ist Ausgangspunkt der absoluten Temperaturskala (KELVIN-Skala).

Für die Umrechnung von Kelvin in Grad Celsius und umgekehrt gilt:

$$\frac{T}{\mathrm{K}} = \frac{\vartheta}{°\mathrm{C}} + 273{,}15 \qquad \frac{\vartheta}{°\mathrm{C}} = \frac{T}{\mathrm{K}} - 273{,}15$$

Häufig wird mit dem gerundeten Wert von 273 K gerechnet. Damit gilt:

0 °C = 273 K
100 °C = 373 K

Neben der Celsius- und der Kelvin-Skala werden in verschiedenen Ländern auch noch die Fahrenheit-Skala und die Reaumur-Skala genutzt. Die Temperaturskalen sind nach dem Schweden Anders Celsius, dem Briten Lord Kelvin, dem Deutschen Daniel Fahrenheit und dem Franzosen Réne-Antoine Réaumur benannt.

Temperaturen können mithilfe von **Thermometern** direkt gemessen oder auch indirekt bestimmt werden. Zur Temperaturmessung eignen sich im Prinzip alle Vorgänge, bei denen sich eine messbare Größe mit der Temperatur ändert.

<table>
<tr><th>Flüssigkeitsthermometer</th><th>Gasthermometer</th></tr>
<tr><td>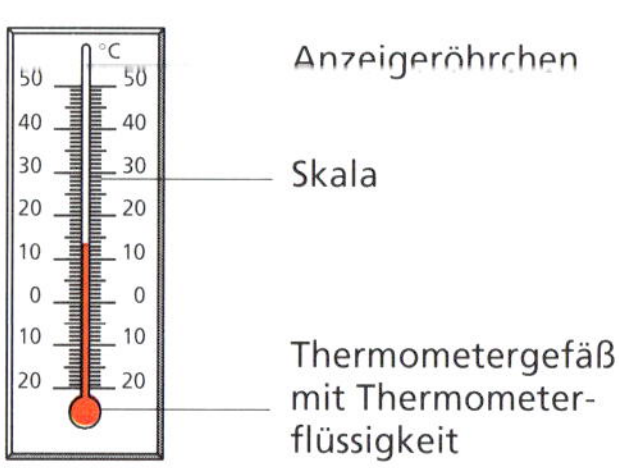
</td><td>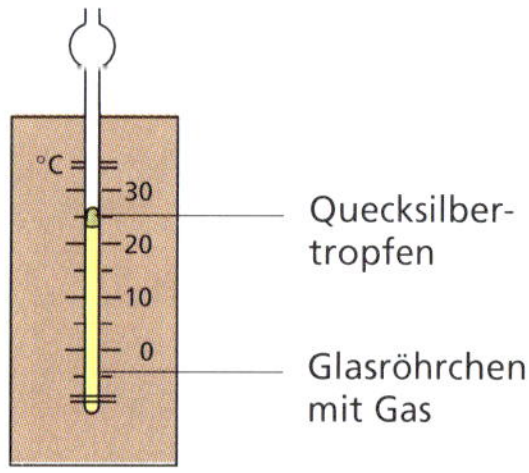
</td></tr>
<tr><td>Genutzt wird die Volumenänderung einer Thermometerflüssigkeit (Quecksilber, Alkohol) mit der Temperatur (↗ S. 158).</td><td>Genutzt wird die Volumenänderung eines Gases bei $p$ = konstant mit der Temperatur (↗ S. 158).</td></tr>
</table>

Die Genauigkeit der verschiedenen Arten der Temperaturmessung ist sehr unterschiedlich.
Beim galileischen Thermometer wird die Änderung der Dichte und damit des Auftriebs mit Temperaturänderung genutzt. Das Foto zeigt ein galileisches Thermometer.

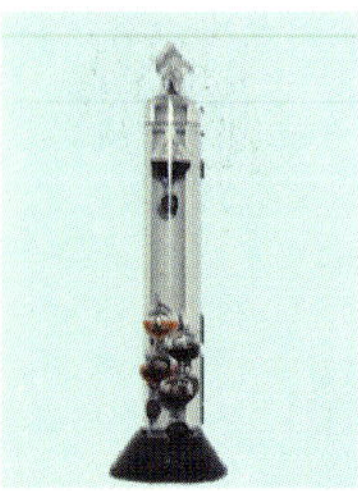

Weitere Möglichkeiten, die Temperatur zu bestimmen sind:

- Mit Veränderung der Temperatur ändert sich die Biegung eines Bimetallstreifens **(Bimetallthermometer).**
- Mit Veränderung der Temperatur ändert sich der elektrische Widerstand eines metallischen Leiters oder eines Halbleiters **(Widerstandsthermometer, elektronisches Thermometer).** Als temperaturempfindliche Halbleiterbauelemente nutzt man vor allem Thermistoren (↗ S. 274).
- Mit Veränderung der Temperatur ändert sich die Thermospannung bei einem **Thermoelement.**
- Die Intensität der Strahlung, die von einem Körper ausgeht, hängt von dessen Temperatur ab. Aus der Analyse des Spektrums eines Strahlers kann mithilfe der **Strahlungsgesetze** (↗ S. 203 ff.) die Temperatur des Strahlers ermittelt werden. Insbesondere lässt sich damit die Oberflächentemperatur von Sternen bestimmen.
- Es gibt Stoffe, die mit der Temperatur ihre Farbe ändern **(Thermofarben).** Auch das kann man für Thermometer nutzen.
- Mit der Temperatur ändert sich die Dichte von Stoffen und damit der **Auftrieb** (galileisches Thermometer, Bild links).
- Mit der Temperatur ändert sich die Festigkeit von Körpern. Das wird bei Temperaturabschätzungen mittels **Segerkegeln** genutzt. Das sind kegelförmige Körper aus speziellem Material, die bei einer bestimmten Temperatur ihre Form ändern.
- Mit der Temperatur ändert sich die Farbe von glühenden Körpern. Anhand von **Glühfarben** kann man die ungefähre Temperatur eines glühenden Körpers abschätzen. Glüht z. B. ein Werkstück aus Stahl dunkelrot, so hat es eine Temperatur von ca. 740 °C.

## Die Größe innere Energie

Die Temperatur eines Systems besagt noch nichts darüber, wie groß die in diesem System gespeicherte Energie ist. Das wird durch die Größe **innere Energie** erfasst.

> Die innere Energie gibt an, wie groß die in einem System gespeicherte Energie ist.
>
> Formelzeichen: *U*
> Einheit: ein Joule (1 J)

Die innere Energie kennzeichnet den energetischen Zustand eines Systems. Sie ist eine **Zustandsgröße.**

Diese innere Energie setzt sich aus unterschiedlichen Bestandteilen zusammen:

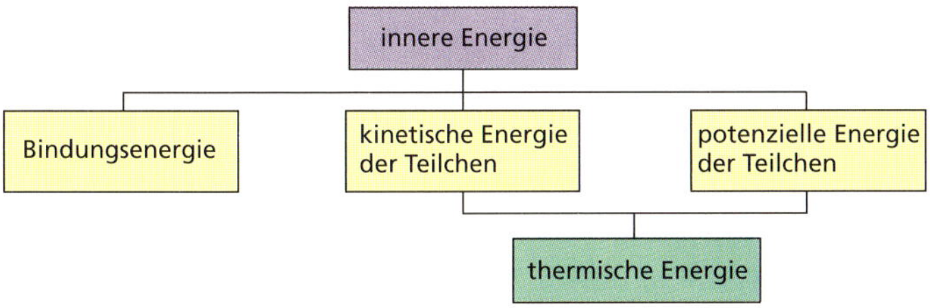


Die kinetische Energie der Teilchen umfasst Translationsenergie, Rotationsenergie und Schwingungsenergie. Beim **idealen Gas** ist die innere Energie gleich der Summe der kinetischen Energien aller seiner Teilchen, also identisch mit der thermischen Energie.

Die **thermische Energie** ist Teil der inneren Energie und wird weitgehend durch die Temperatur bestimmt (↗ S. 177). Da man in vielen Fällen von der Konstanz der anderen Bestandteile ausgehen kann, wird mitunter nur die thermische Energie betrachtet.
Die Bestimmung des absoluten Wertes der inneren Energie ist überaus schwierig und oft nicht notwendig. Für thermodynamische Prozesse reicht es meist aus, die *Änderung* der inneren Energie zu erfassen.

Der Zusammenhang zwischen der Änderung der **inneren Energie** eines Systems, der **Wärme** und der **Arbeit** wird im 1. Hauptsatz der Thermodynamik erfasst (↗ S. 179 ff.).

## Die Größe Wärme

Zwischen Körpern oder Systemen kann Energie übertragen werden.

> Die Wärme gibt an, wie viel thermische Energie von einem System auf ein anderes übertragen wird.
>
> Formelzeichen: *Q*
> Einheit: ein Joule (1 J)

Statt von **Wärme** wird auch von **Wärmemenge** gesprochen. In der Technik ist die Bezeichnung Wärmeenergie üblich. Aus physikalischer Sicht ist dieser Begriff unzweckmäßig.

Da durch die Wärme der Prozess der Energieübertragung zwischen zwei Systemen oder zwei Körpern beschrieben wird, ist sie eine **Prozessgröße,** deren Wert von der Energieänderung abhängig ist.

> Für den Zusammenhang zwischen übertragener Wärme und Energieänderung gilt:
>
> $$Q = \Delta E_{\text{therm}}$$

Mit der Zufuhr von Wärme vergrößert sich auch stets die thermische Energie und damit die innere Energie des betreffenden Körpers oder Systems, mit der Abgabe von Wärme verringert sie sich.

Wird einem Körper Wärme zugeführt, dann kann das folgende Auswirkungen haben:

- Die Temperatur des Körpers erhöht sich.
- Das Volumen des Körpers vergrößert sich.
- Der Druck im Körper ändert sich.
- Der Aggregatzustand des Körpers ändert sich.

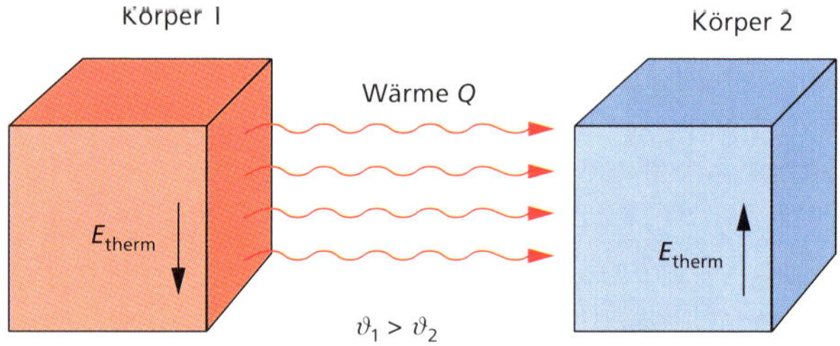


Wärmequellen sind z. B. die Sonne, eine Heizplatte, ein Heizkörper.
Die Verbrennungswärme kann berechnet werden mit der Gleichung:

$$Q = m \cdot H$$

Dabei sind $m$ die Masse und $H$ der Heizwert des Brennstoffs.

Anordnungen, die Wärme an ihre Umgebung abgeben, werden als **Wärmequellen** bezeichnet. Beim Verbrennen von Brennstoffen und Heizstoffen (Kohle, Holz, Heizöl, Benzin, Dieselkraftstoff, Propan, Erdgas) wird ebenfalls Wärme frei, die als **Verbrennungswärme** bezeichnet wird.

## 3.2.2 Wärmeübertragung

Die Übertragung von Energie in Form von Wärme kann durch **Wärmeleitung, Wärmeströmung (Konvektion)** oder **Wärmestrahlung** erfolgen. Häufig treten zwei oder alle drei Arten der Wärmeübertragung auch zusammen auf.

### Die Grundgleichung der Wärmelehre

Die Wärme, die einem Körper zugeführt oder von ihm abgegeben wird, kann mit der **Grundgleichung der Wärmelehre** berechnet werden.

Für Temperaturdifferenzen gilt:

$$\Delta T = \Delta\vartheta$$

Sie werden meist in Kelvin (K) angegeben.

Unter der Bedingung, dass keine Änderung des Aggregatzustandes erfolgt, gilt für die zugeführte oder abgegebene Wärme:

| | | |
|---|---|---|
| $Q = c \cdot m \cdot \Delta T$ | $c$ | spezifische Wärmekapazität |
| | $m$ | Masse des Körpers |
| $Q = c \cdot m \cdot \Delta\vartheta$ | $\Delta T, \Delta\vartheta$ | Temperaturänderung des Körpers |

Die **spezifische Wärmekapazität *c*** ist eine Stoffkonstante. Sie gibt an, wie viel Wärme von einem Körper aufgenommen oder abgegeben werden muss, damit sich die Temperatur von 1 kg des Stoffes um 1 K ändert. Bei Gasen ist zwischen der spezifischen Wärmekapazität bei konstantem Druck $c_p$ und der bei konstantem Volumen $c_V$ zu unterscheiden.
Von allen natürlichen Stoffen hat Wasser mit $c = 4{,}19\ \text{kJ} \cdot \text{kg}^{-1} \cdot \text{K}^{-1}$ die größte spezifische Wärmekapazität. Es ist deshalb besonders gut als Kühl- und Transportmittel für Energie geeignet.

*Welche Wärme ist erforderlich, um 1,2 Liter Wasser von 18 °C auf 90 °C zu erwärmen?*

*Analyse:*
Die erforderliche Wärme kann mithilfe der Grundgleichung der Wärmelehre berechnet werden. Die Masse des Wassers ergibt sich aus dem gegebenen Volumen. Die spezifische Wärmekapazität für Wasser kann der Tabelle entnommen werden.

Gesucht: $Q$
Gegeben: $V = 1{,}2\ \text{l} \rightarrow m = 1{,}2\ \text{kg}$
$\vartheta_1 = 18\ °\text{C}$
$\vartheta_2 = 90\ °\text{C}$
$c = 4{,}19\ \frac{\text{kJ}}{\text{kg} \cdot \text{K}}$

*Lösung:*

$$Q = c \cdot m \cdot \Delta\vartheta$$

$$Q = 4{,}19\ \frac{\text{kJ}}{\text{kg} \cdot \text{K}} \cdot 1{,}2\ \text{kg} \cdot 72\ \text{K}$$

$$\underline{Q = 360\ \text{kJ}}$$

*Ergebnis:*
Um 1,2 l Wasser von 18 °C auf 90 °C zu erwärmen, ist eine Wärme von etwa 360 kJ erforderlich.

Für Wasser gilt:
1 l Wasser hat eine Masse von 1 kg.
1 ml Wasser hat eine Masse von 1 g.

Bei allen Berechnungen ist auf eine **sinnvolle Genauigkeit** zu achten!

**Wärmeaustausch zwischen zwei Körpern**

Wenn zwei Körper unterschiedlicher Temperatur in engen Kontakt miteinander kommen, so gibt der Körper höherer Temperatur Wärme ab, der Körper niedrigerer Temperatur nimmt Wärme auf. Das geht solange vor sich, bis sich eine für beide Körper gleiche **Mischungstemperatur** eingestellt hat (↗ S. 156).
Energetisch lässt sich dieser Vorgang mit dem **Grundgesetz des Wärmeaustauschs** beschreiben.

Bilden zwei Körper ein abgeschlossenes System und erfolgt zwischen ihnen ein Wärmeaustausch, so ist die vom Körper höherer Temperatur abgegebene Wärme gleich der vom Körper niedrigerer Temperatur aufgenommene Wärme:

$$Q_{ab} = Q_{zu}$$

Ein Wärmeaustausch zwischen Körpern erfordert eine bestimmte Zeit. Das ist auch bei Temperaturmessungen zu beachten. Das Thermometergefäß oder der Messfühler muss die Temperatur des Körpers annehmen, dessen Temperatur gemessen werden soll.

Diesen Zusammenhang kann man nutzen, um z. B. die Mischungstemperatur von zwei beliebigen Flüssigkeiten zu ermitteln. Die von der einen Flüssigkeit abgegebene bzw. die von der anderen Flüssigkeit aufgenommene Wärme kann jeweils mithilfe der Grundgleichung der Wärmelehre berechnet werden. Die Indizes 1 und 2 stehen für die zwei verschiedenen Flüssigkeiten:

$$Q_{ab} = c_1 \cdot m_1 \cdot (\vartheta_1 - \vartheta_M) \qquad Q_{zu} = c_2 \cdot m_2 \cdot (\vartheta_M - \vartheta_2)$$

Durch Gleichsetzen, Auflösen der Klammern und Umstellen nach der Mischungstemperatur $\vartheta_M$ erhält man die **richmannsche Mischungsregel.**

Unter der Bedingung, dass keine Aggregatzustandsänderungen erfolgen und ein abgeschlossenes System vorliegt, gilt für die Mischungstemperatur die Gleichung:

$$\vartheta_M = \frac{c_1 \cdot m_1 \cdot \vartheta_1 + c_2 \cdot m_2 \cdot \vartheta_2}{c_1 \cdot m_1 + c_2 \cdot m_2}$$

Für $c_1 = c_2$ gilt:

$$\vartheta_M = \frac{m_1 \cdot \vartheta_1 + m_2 \cdot \vartheta_2}{m_1 + m_2}$$

$\vartheta_M$ Mischungstemperatur
$\vartheta_1, \vartheta_2$ Ausgangstemperaturen der Körper
$m_1, m_2$ Massen der Körper
$c_1, c_2$ spezifische Wärmekapazitäten der Stoffe

GEORG WILHELM RICHMANN (1711–1753), nach dem die Mischungsregel benannt ist, war ein deutscher Naturforscher, der in St. Petersburg tatig war.

10 l Wasser von 20 °C und 2 l Wasser von 80 °C werden gemischt.
*Welche Temperatur haben die 12 l Wasser?*

*Analyse*:
Die Mischungstemperatur kann nach der obigen Gleichung berechnet werden. Da nur ein Stoff miteinander gemischt wird, ist $c_1 = c_2$. Vernachlässigt wird dabei der Wärmeaustausch mit der Umgebung und die Wärme, die von den Gefäßen abgegeben oder aufgenommen wird.

Gesucht: $\vartheta_M$
Gegeben: $m_1 = 10\ \text{kg}$ $\quad \vartheta_1 = 20\ °\text{C}$
$m_2 = 2\ \text{kg}$ $\quad \vartheta_2 = 80\ °\text{C}$

*Lösung*:

$$\vartheta_M = \frac{m_1 \cdot \vartheta_1 + m_2 \cdot \vartheta_2}{m_1 + m_2}$$

$$\vartheta_M = \frac{10\ \text{kg} \cdot 20\ °\text{C} + 2\ \text{kg} \cdot 80\ °\text{C}}{10\ \text{kg} + 2\ \text{kg}}$$

$$\underline{\vartheta_M = 30\ °\text{C}}$$

*Ergebnis*:
Mischt man 10 l Wasser von 20 °C mit 2 l Wasser von 80 °C, so erhält man Wasser mit einer Temperatur von 30 °C.

Bei experimentellen Untersuchungen zum Wärmeaustausch ist darauf zu achten, dass vor Temperaturmessungen die Flüssigkeiten gut durchmischt sein müssen.

## Kalorimetrische Messungen

Mithilfe **kalorimetrischer Messungen** kann man z. B. die spezifische Wärmekapazität eines Stoffes ermitteln und damit auch die Stoffart bestimmen. Dabei ist zu beachten, dass beim Mischen verschiedener Stoffe unterschiedlicher Temperatur nicht nur ein Austausch von Wärme zwischen den beteiligten Stoffen, sondern auch mit dem Gefäß (Kalorimeter) erfolgt, in dem die Mischung erfolgt. In der Energiebilanz wird das durch die **Wärmekapazität** des Kalorimeters berücksichtigt.

Abgeleitet ist diese Bezeichnung vom lateinischen calor = Wärme.
Auch der Begriff Kapazität stammt aus dem Lateinischen: capacitas = Aufnahmefähigkeit, Fassungsvermögen.

Die Wärmekapazität $C$ eines Körpers gibt an, wie viel Wärme ihm zugeführt oder von ihm abgegeben wird, wenn sich seine Temperatur um 1 K ändert.

$$C = \frac{Q}{\Delta T} = m \cdot c$$

Die **Wärmekapazität eines Kalorimeters** kann experimentell ermittelt werden, indem man zwei Wassermengen unterschiedlicher Temperatur mischt und aus den Messwerten den Wert für $C$ berechnet.
Dabei ist zu beachten, dass die Wärmekapazität eines Kalorimeters vom Füllstand abhängig ist.
Bringt man einen Körper der höheren Temperatur $\vartheta_1$ in ein wassergefülltes Kalorimeter der niedrigeren Temperatur $\vartheta_2$, dann wird vom Wasser und vom Kalorimeter Wärme aufgenommen. Die vollständige Energiebilanz unter Berücksichtigung der Wärmekapazität des Kalorimeters lautet dann:

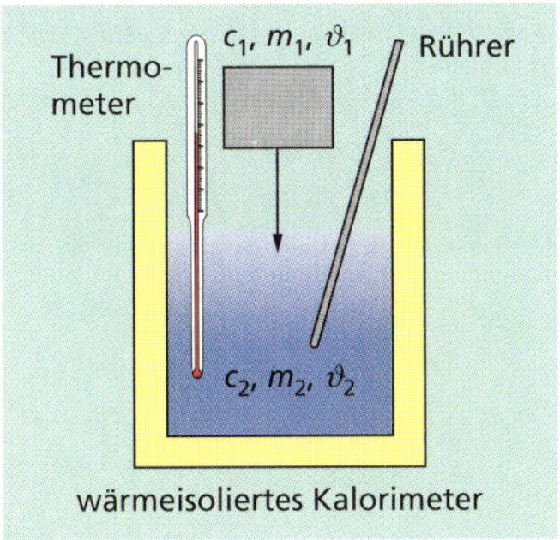


$$m_1 \cdot c_1 \cdot (\vartheta_1 - \vartheta_M) = (m_2 \cdot c_2 + C)\,(\vartheta_M - \vartheta_2)$$

Die Umstellung nach $C$ ergibt eine Gleichung für die Wärmekapazität.

Zu 100 g Wasser von 18 °C, das sich im Kalorimeter befindet, wird 100 g Wasser von 50 °C gegeben. Als Mischungstemperatur werden 32 °C ermittelt.
*Wie groß ist die Wärmekapazität des Kalorimeters?*

*Analyse:*
Das kalte Wasser und das Kalorimeter nehmen Wärme auf, das warme Wasser gibt Wärme ab. Daher kann die oben genannte Gleichung genutzt werden.

Gesucht: $C$
Gegeben: $m_1 = m_2 = 100\text{ g}$
$\vartheta_1 = 50\text{ °C}$ $\quad \vartheta_2 = 18\text{ °C}$ $\quad \vartheta_M = 32\text{ °C}$
$c_1 = c_2 = 4{,}19\text{ kJ} \cdot \text{kg}^{-1} \cdot \text{K}^{-1}$

Lösung:

$$m_1 \cdot c_1 \cdot (\vartheta_1 - \vartheta_M) = (m_2 \cdot c_2 + C)\,(\vartheta_M - \vartheta_2)$$

$$C = \frac{m_1 \cdot c_1 \cdot (\vartheta_1 - \vartheta_M) - m_2 \cdot c_2(\vartheta_M - \vartheta_2)}{\vartheta_M - \vartheta_2}$$

$$\underline{C = 0{,}12\text{ kJ} \cdot \text{K}^{-1}}$$

*Ergebnis:*
Die Wärmekapazität des Kalorimeters beträgt 0,12 kJ · K$^{-1}$.

Bei der Energiebilanz muss man beachten, ob das **Kalorimeter** Wärme aufnimmt oder abgibt. Das hängt von den Temperaturen der beteiligten Körper ab.

Bei Experimenten mit Kalorimetern muss seine **Wärmekapazität** bei der Energiebilanz einbezogen werden.

### 3.2.3 Volumen- und Längenänderung von Körpern

Bei einer bestimmten Temperatur und bestimmtem äußeren Druck nimmt jeder Körper ein bestimmtes Volumen ein. Ändert sich die Temperatur, so ändert sich meist auch das Volumen des Körpers.

Nicht frei ausdehnen kann sich z. B. ein Gas in einer stahlernen Gasflasche. In diesem Falle vergrößert sich mit Erhöhung der Temperatur der Druck im Gas.

Unter der Bedingung, dass sich ein Körper frei ausdehnen kann und der Druck konstant ist, gilt für die Volumenänderung:

| | | |
|---|---|---|
| $\Delta V = \gamma \cdot V_0 \cdot \Delta T$ | $\gamma$ | Volumenausdehnungskoeffizient |
| $V = V_0 (1 + \gamma \cdot \Delta T)$ | $V_0$ | Ausgangsvolumen |
| | $\Delta T$ | Temperaturveränderung |

Der Zusammenhang zwischen Volumen und Temperatur des idealen Gases bei konstantem Druck wird auch als Gesetz von GAY-LUSSAC bezeichnet (↗ S. 163).

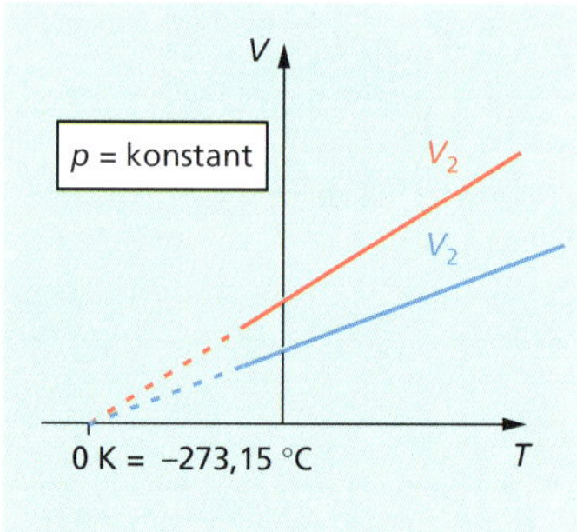


Der Volumenausdehnungskoeffizient ist eine Stoffkonstante, die sich allerdings mit dem Aggregatzustand ändert und die darüber hinaus temperaturabhängig ist.
Für das ideale Gas gilt:

$$\gamma = \frac{1}{273{,}15\ \text{K}} \approx 0{,}003\,66\ \text{K}^{-1}$$

Mit diesem Wert kann auch näherungsweise bei realen Gasen gerechnet werden.

Die **Anomalie des Wassers** ist der Grund dafür, dass Wasser als Thermometerflüssigkeit ungeeignet ist. Unter 4 °C würde die Flüssigkeitssäule im Thermometer wieder ansteigen.
Die Anomalie des Wassers ist auch die Ursache für die charakteristische jahreszeitlich unterschiedliche **Temperaturschichtung** in Seen und Teichen.

Wasser verhält sich anders als fast alle anderen Stoffe. Dieses abweichende thermische Verhalten wird als **Anomalie des Wassers** bezeichnet.

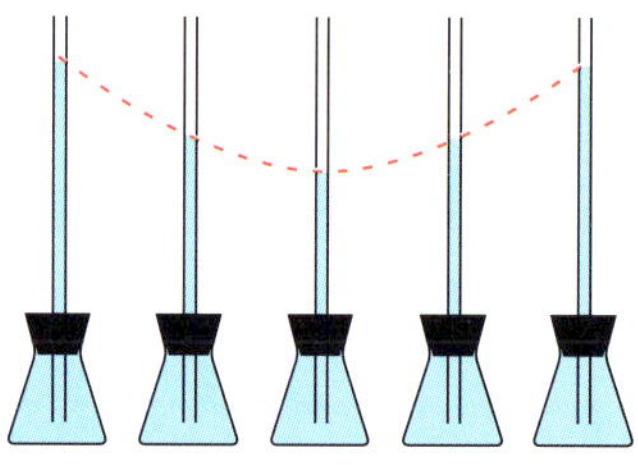


Kühlt man Wasser ab, so verringert sich wie bei fast allen Stoffen sein Volumen.
Bei normalem Luftdruck bei 4 °C ist das Volumen am kleinsten und damit die Dichte des Wassers am größten.
Bei Verringerung der Temperatur unter 4 °C dehnt sich Wasser wieder aus.

Wasser hat bei normalem Luftdruck ($p_0$ = 101,325 kPa) bei 4 °C sein kleinstes Volumen und seine größte Dichte.

Bei 4 °C beträgt die Dichte von Wasser 0,999 973 g/cm$^3$, bei 0 °C beträgt sie 0,999 840 g/cm$^3$, bei 20 °C hat sie den Wert 0,998 205 g/cm$^3$ und bei 90 °C den Wert 0,965 3 g/cm$^3$.
Beim Gefrieren dehnt sich Wasser aus (Sprengwirkung). Eis von 0 °C hat eine Dichte von 0,92 g/cm$^3$, nimmt also bei gleicher Masse ein größeres Volumen ein. Deshalb schwimmt es auf dem Wasser.

Bei Stahlbrücken, Eisenbahnschienen, Rohrleitungen, Hochspannungsleitungen oder Bimetallstreifen erfolgt ebenfalls eine Volumenänderung bei Temperaturänderung. Von praktischer Bedeutung ist hier aber nur die **Längenänderung,** die konstruktiv berücksichtigt werden muss.

Die Längenänderung von festen Körpern wird z. B. bei Bimetallstreifen genutzt, die von Flüssigkeiten bei Flüssigkeitsthermometern.

Unter der Bedingung, dass sich ein fester Körper frei ausdehnen kann, gilt für die Längenänderung:

$\Delta l = \alpha \cdot l_0 \cdot \Delta T$ oder
$l = l_0 (1 + \alpha \cdot \Delta T)$

$\alpha$ Längenausdehnungskoeffizient
$l_0$ Ausgangslänge
$\Delta T$ Temperaturdifferenz

Der Längenausdehnungskoeffizient ist eine temperaturabhängige Stoffkonstante. Zwischen ihm und dem Volumenausdehnungskoeffizienten (↗ S. 158) besteht die Beziehung:

$$\gamma \approx 3\alpha$$

Eine 85 m lange Stahlbrücke wird im Winter bis auf –20 °C abgekühlt und im Sommer bis +35 °C erwärmt.
*Wie groß ist die Längenänderung zwischen Sommer und Winter?*

*Analyse*:
Aus der Temperaturänderung, der Ausgangslänge und dem Längenausdehnungskoeffizienten kann die Längenänderung berechnet werden. Als Ausgangslänge bei –20 °C werden 85 m gewählt, der Längenausdehnungskoeffizient kann einem Tabellenwerk entnommen werden.

Gesucht: $\Delta l$
Gegeben: $l_0 = 85\text{ m}$
$\vartheta_1 = -20\text{ °C} \quad \Delta\vartheta = \vartheta_2 - \vartheta_1 = 55\text{ K}$
$\vartheta_2 = 35\text{ °C}$
$\alpha = 0{,}000\,012\ \frac{1}{\text{K}}$

*Lösung*:

$$\Delta l = \alpha \cdot l_0 \cdot \Delta\vartheta$$

$$\Delta l = 0{,}000\,012\ \frac{1}{\text{K}} \cdot 85\text{ m} \cdot 55\text{ K}$$

$$\underline{\Delta l = 0{,}056\text{ m}}$$

*Ergebnis*:
Die Längenänderung der 85 m langen Stahlbrücke zwischen Sommer und Winter beträgt 5,6 cm.

Beim Bau von Brücken wird die Längenänderung bei Temperaturänderung so berücksichtigt, dass
- mindestens eine Seite der Brücke beweglich (z. B. auf Rollen) gelagert ist,
- im Fahrbahnbelag Dehnungsfugen vorhanden sind.

## 3.2.4 Aggregatzustände und ihre Änderungen

Fast alle Stoffe können fest, flüssig oder gasförmig sein.
In welchem **Aggregatzustand** ein Stoff vorliegt, hängt nicht nur von der Temperatur, sondern auch vom Druck ab.

### Aggregatzustände und Aggregatzustandsänderungen

Stoffe können sich im **festen, flüssigen** und **gasförmigen Aggregatzustand** befinden.

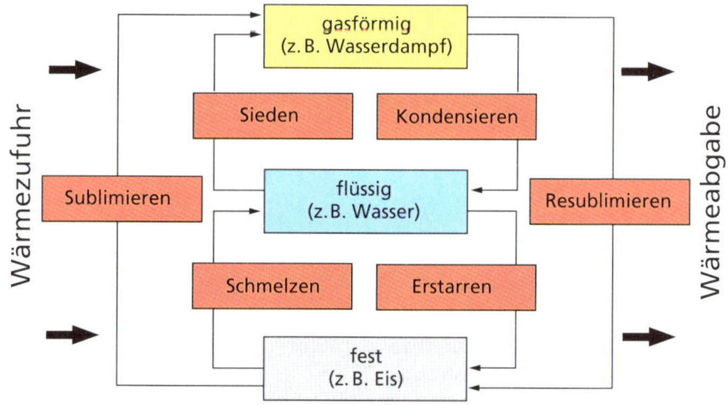


Neben den drei „klassischen" Aggregatzuständen fest, flüssig und gasförmig spricht man manchmal auch von einem vierten **(Plasma)** und fünften **(Bose-Einstein-Kondensat)** Aggregatzustand.

Durch Druckänderung oder durch Zufuhr oder Abgabe von Wärme kann sich der Aggregatzustand eines Körpers ändern. Während des Umwandlungsprozesses ändert sich die Temperatur des Körpers nicht, jedoch seine thermische (innere) Energie und häufig auch das Volumen.

### Schmelzen und Erstarren

Alle nachfolgenden Betrachtungen beziehen sich auf **kristalline Stoffe** mit bestimmter **Schmelztemperatur.** Bei **amorphen Stoffen,** z. B. bei Glas oder Wachs, lässt sich für eine Umwandlungstemperatur nur ein ungefährer Wert oder ein Temperaturbereich angeben.

Wird einem festen Körper Wärme zugeführt, so geht er bei der **Schmelztemperatur** $\vartheta_S$ vom festen in den flüssigen Aggregatzustand über. Durch Wärmeabgabe geht er bei der gleichen Temperatur, der **Erstarrungstemperatur,** in den festen Aggregatzustand über.
Während des Schmelzens und des Erstarrens ändert sich die Temperatur nicht. Es ändert sich aber die Struktur des betreffenden Stoffes und damit seine innere Energie. Beim Schmelzen wird sie größer, beim Erstarren kleiner.

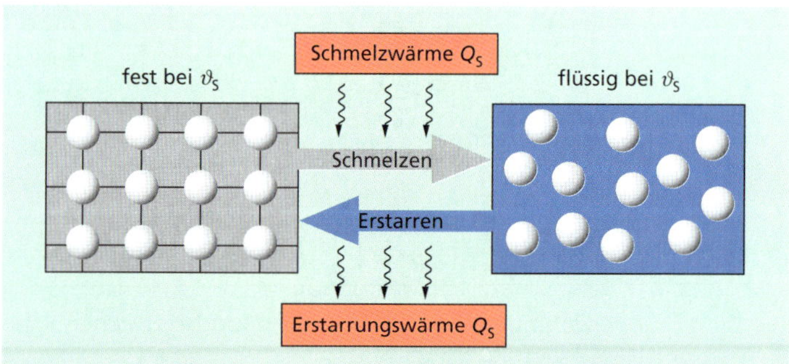

Erwärmt man einen festen Stoff gleichmäßig oder kühlt man eine Flüssigkeit gleichmäßig ab, dann erhält man den im Diagramm dargestellten idealisierten Kurvenverlauf. Die Wärme, die man zum Schmelzen benötigt, wird beim Erstarren als **Erstarrungswärme** wieder freigesetzt.

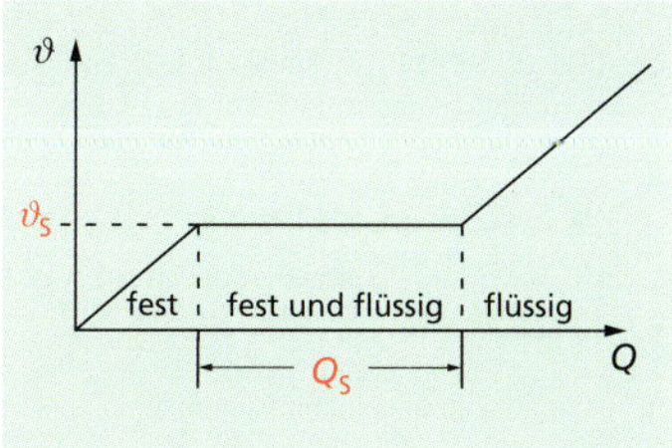


Statt Aggregatzustand ist auch die Bezeichnung feste, flüssige und gasförmige **Phase** üblich. Statt von einer Aggregatzustandsänderung spricht man dann von einer Phasenumwandlung.

Schmelztemperatur und Erstarrungstemperatur $\vartheta_S$ sowie Schmelzwärme und Erstarrungswärme $Q_S$ sind bei einem Stoff und konstantem Druck gleich groß.
Die Schmelzwärme $Q_S$ kann berechnet werden mit der Gleichung:

$Q_S = q_S \cdot m$ — $q_S$ spezifische Schmelzwärme, $m$ Masse des Körpers

Die Schmelztemperatur ist vom Druck abhängig. Bei Körpern, die sich beim Erstarren zusammenziehen, erhöht sich mit zunehmendem Druck die Schmelztemperatur. Bei Körpern, die sich beim Erstarren ausdehnen, verringert sich mit zunehmendem Druck die Schmelztemperatur.

Zur letzten Gruppe gehört Wasser. Bei einem Druckzuwachs von 1 bar = $10^5$ Pa verringert sich die Schmelztemperatur von Eis um 0,007 5 K. Bei hohem Druck, wie er z. B. von Schlittschuhkufen auf Eis ausgeübt wird, schmilzt Eis im negativen Temperaturbereich.

Schmelzwärme wird auch als **Schmelzenergie** oder als **Schmelzenthalpie** bezeichnet. Die Enthalpie ist eine physikalische Größe zur Beschreibung von Energiebilanzen.
Für 1 kg Eis beträgt die Schmelzwärme 334 kJ. Diese Wärme wird frei, wenn 1 kg Wasser vom flüssigen in den festen Aggregatzustand übergeht.

## Sieden und Kondensieren

Wird einer Flüssigkeit Wärme zugeführt, so geht sie bei der **Siedetemperatur** $\vartheta_V$ vom flüssigen in den gasförmigen Aggregatzustand über. Durch Wärmeabgabe geht das Gas bei der **Kondensationstemperatur** wieder in den flüssigen Aggregatzustand über. Während des Siedens und des Kondensierens ändert sich die Temperatur nicht. Es ändert sich aber die Struktur des Stoffes und seine innere Energie. Beim Sieden vergrößert sie sich, beim Kondensieren verkleinert sie sich entsprechend.

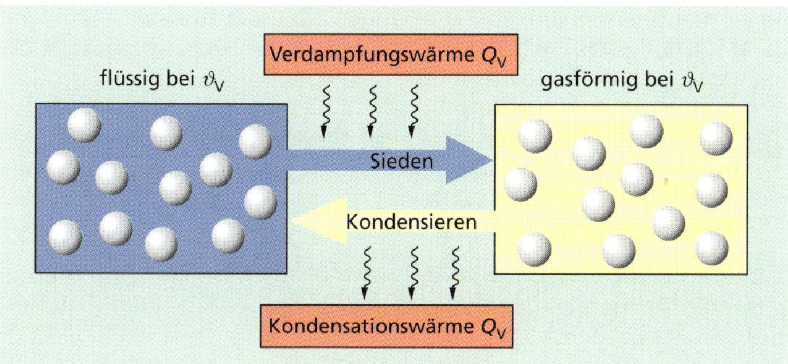

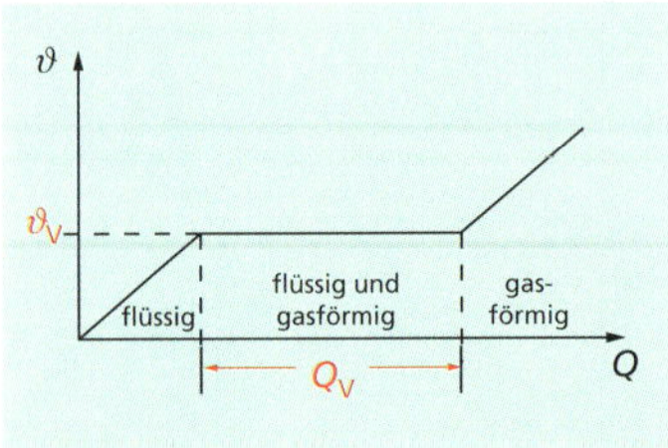


Erwärmt man eine Flüssigkeit gleichmäßig oder kühlt man ein Gas gleichmäßig ab, dann erhält man den im Diagramm dargestellten Kurvenverlauf. Die Wärme, die man zum Verdampfen benötigt **(Verdampfungswärme),** wird beim Kondensieren als **Kondensationswärme** wieder freigesetzt.

Siedetemperatur und Kondensationstemperatur $\vartheta_V$ sowie Verdampfungswärme und Kondensationswärme $Q_V$ sind bei einem Stoff und bei konstantem Druck gleich groß.
Die Verdampfungswärme $Q_V$ kann unter der Bedingung, dass der Druck konstant ist, berechnet werden mit der Gleichung:

$Q_V = q_V \cdot m$

$q_V$ spezifische Verdampfungswärme
$m$ Masse des Körpers

Genutzt wird die Druckabhängigkeit der Siedetemperatur von Wasser z. B. bei **Druckkesseln** und **Schnellkochtöpfen.**

Die Siedetemperatur ist vom Druck abhängig. Für das Sieden von Flüssigkeiten gilt: Je größer der Druck auf die Oberfläche ist, desto höher ist die Siedetemperatur.

Wasser siedet bei normalem Luftdruck ($p$ = 101,325 kPa) bei 100 °C. Bei anderem Druck hat die Siedetemperatur einen anderen Wert.

| **$p$ in kPa** | 10 | 50 | **101** | 500 | 1 000 | 5 000 | 10 000 |
|---|---|---|---|---|---|---|---|
| **$\vartheta_V$ in °C** | 46 | 81 | **100** | 152 | 180 | 264 | 311 |

### Verdunsten

Flüssigkeiten können auch unterhalb der Siedetemperatur in den gasförmigen Aggregatzustand übergehen. Diesen Vorgang nennt man **Verdunsten.**
Auch zum Verdunsten ist Wärme erforderlich (Verdunstungswärme).
Da sie meistens der Umgebung entzogen wird und zu einer Abkühlung der Umgebung führt, wird sie manchmal auch als **Verdunstungskälte** bezeichnet.

Die **Verdunstungskälte** wird z. B. in der Medizin genutzt. Um Haut schmerzunempfindlich zu machen, wird die betreffende Stelle mit einer schnell verdunstenden Flüssigkeit besprüht und kühlt durch deren Verdunsten stark ab.

Beispiele für Verdunsten sind das Trocknen von Wäsche, das Abtrocknen von Straßen nach dem Regen, das Trocknen von Schweiß oder das Trocknen von Farbe.

Die Verdunstung ist umso stärker, je größer die Oberfläche ist, je höher die Temperatur ist und je schneller die verdunsteten Anteile abgeführt werden.

## 3.2.5 Die Gasgesetze

### Allgemeine Zustandsgleichung für das ideale Gas

Eine beliebige abgeschlossene Gasmenge lässt sich durch die Zustandsgrößen Volumen, Druck und Temperatur charakterisieren. Für den Zusammenhang zwischen den Größen gilt die **allgemeine Zustandsgleichung für das ideale Gas.**

> Unter der Bedingung einer abgeschlossenen Gasmenge besteht für das ideale Gas folgender Zusammenhang zwischen Druck, Volumen und Temperatur:
>
> $\frac{p \cdot V}{T}$ = konstant oder $\frac{p_1 \cdot V_1}{T_1} = \frac{p_2 \cdot V_2}{T_2}$
>
> $p$ Druck
> $V$ Volumen
> $T$ Temperatur in K

Dieser grundlegende Zusammenhang wird auch als **allgemeine Gasgleichung, universelle Gasgleichung** oder **allgemeine thermische Zustandsgleichung** bezeichnet.

Für konstantes $p$, $V$ oder $T$ ergeben sich Spezialfälle, die in der nachfolgenden Übersicht dargestellt sind.

| **Druck ist konstant (isobare Zustandsänderung)** | **Volumen ist konstant (isochore Zustandsänderung)** | **Temperatur ist konstant (isotherme Zustandsänderung)** |
|---|---|---|
| 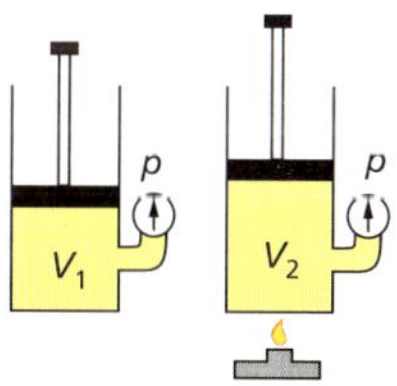 | 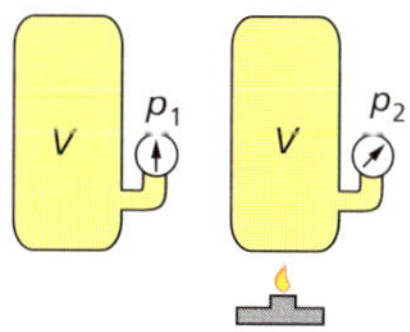 | 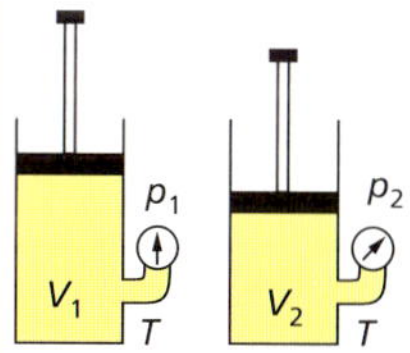 |
| $T_1 < T_2$<br>$V_1 < V_2$<br>Je größer die Temperatur, desto größer das Volumen. | $T_1 < T_2$<br>$p_1 < p_2$<br>Je größer die Temperatur, desto größer der Druck. | $p_1 < p_2$<br>$V_1 > V_2$<br>Je größer der Druck, desto kleiner das Volumen. |
| Unter der Bedingung $p$ = konstant gilt:<br>$\frac{V_1}{T_1} = \frac{V_2}{T_2}$ = konst.<br>(Gesetz von GAY-LUSSAC) | Unter der Bedingung $V$ = konstant gilt:<br>$\frac{p_1}{T_1} = \frac{p_2}{T_2}$ = konst.<br>(Gesetz von AMONTONS) | Unter der Bedingung $T$ = konstant gilt:<br>$p_1 \cdot V_1 = p_2 \cdot V_2$ = konst.<br>(Gesetz von BOYLE und MARIOTTE) |
| Erwärmung der Luft in einem Wohnraum | Erwärmung des Gases in einer Gasflasche | langsames Betätigen einer Luftpumpe |

Entdeckt wurden die Gasgesetze von den Naturwissenschaftlern JOSEPH LOUIS GAY-LUSSAC (1778–1850), GUILLAUME AMONTONS (1663–1705), ROBERT BOYLE (1627–1691) und EDME MARIOTTE (1620–1684).

<table>
<tr><th>isobare Zustandsänderung ($p$ = konstant)</th><th>isochore Zustandsänderung ($V$ = konstant)</th><th>isotherme Zustandsänderung ($T$ = konstant)</th></tr>
<tr><td>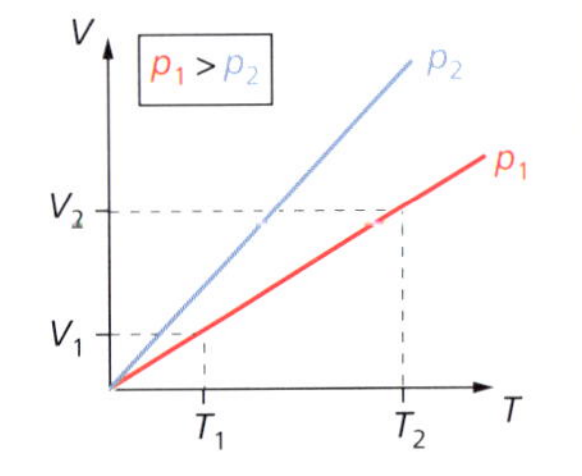
</td><td>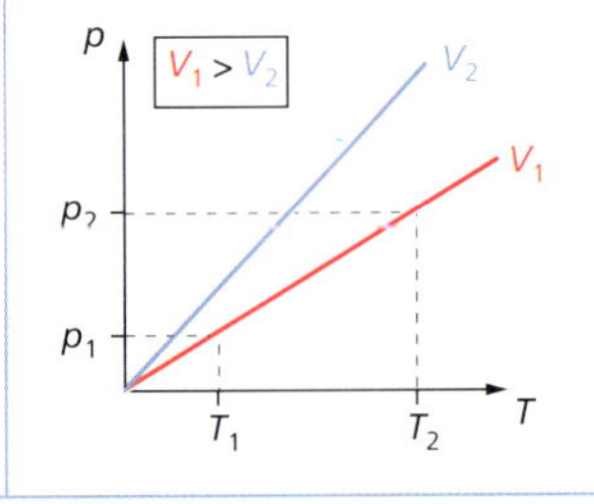
</td><td>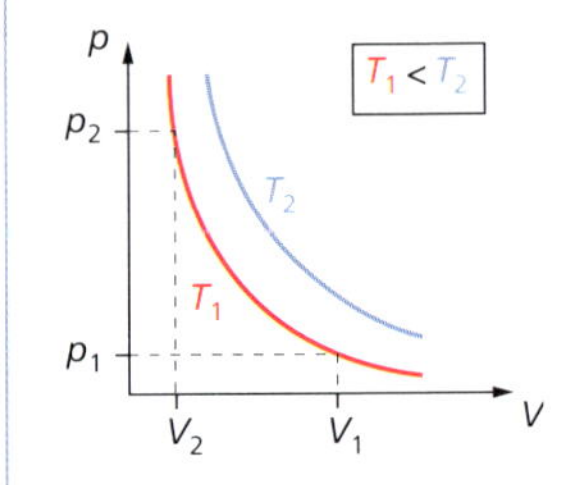
</td></tr>
<tr><td colspan="3">Zustandsänderungen in der Thermodynamik werden meist in p-V-Diagrammen dargestellt. Für die drei speziellen Fälle ergeben sich folgende rot eingezeichnete Graphen:</td></tr>
<tr><td>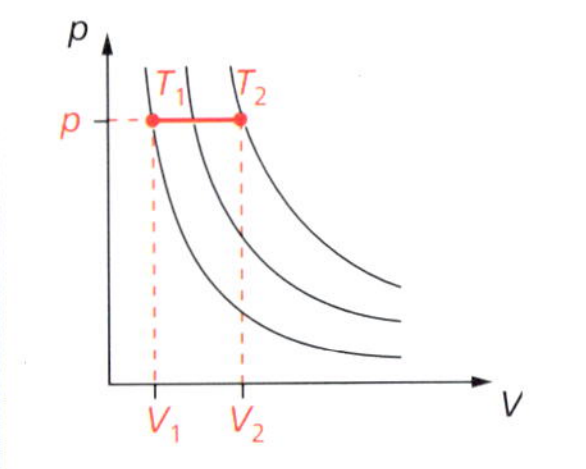
</td><td>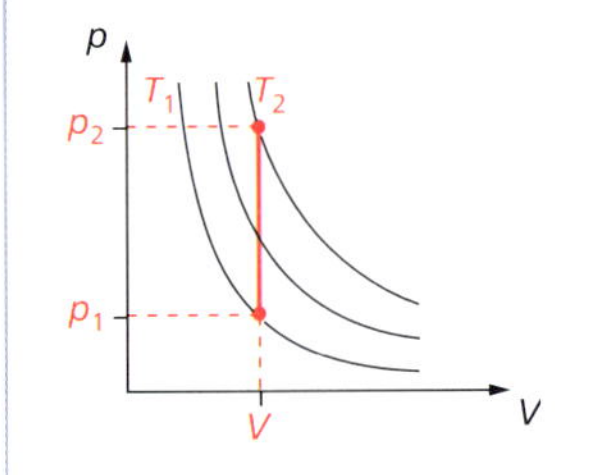
</td><td>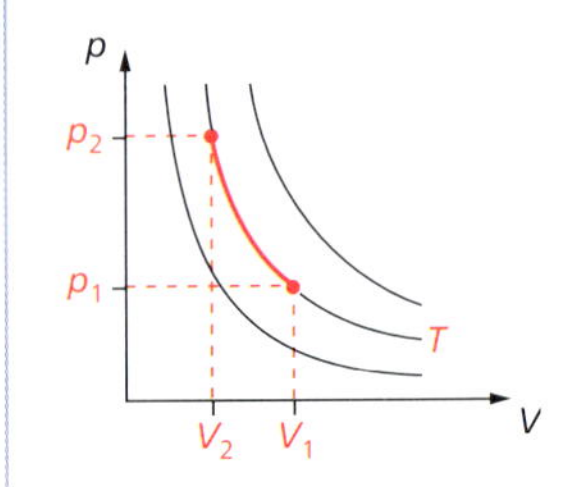
</td></tr>
</table>

Neben den drei genannten Zustandsänderungen ist auch noch eine vierte, die **adiabatische Zustandsänderung,** von Bedeutung.

Bei einer adiabatischen Zustandsänderung ändern sich Druck, Volumen und Temperatur, also im Unterschied zu den anderen Zustandsänderungen alle drei Größen.

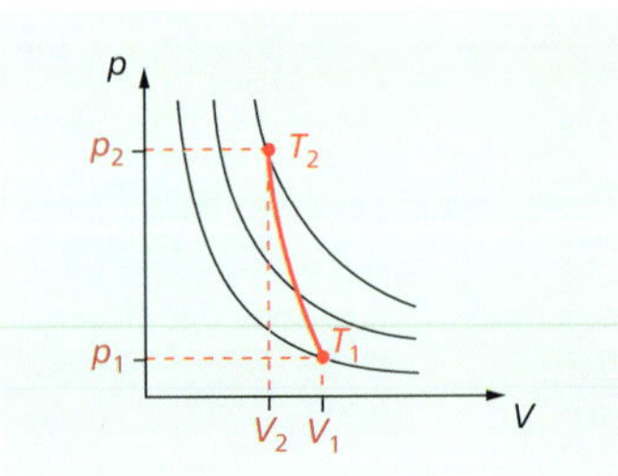


Eine adiabatische Zustandsänderung ist dadurch gekennzeichnet, dass das Gas mit der Umgebung keine Wärme austauscht.
Beispiele für solche Zustandsänderungen sind der Kompressionstakt beim Dieselmotor oder auch das schnelle Zusammenpressen der Luft im Kolben einer Luftpumpe.

Bei 15 °C beträgt der Druck im Reifen eines Pkw 240 kPa. Durch schnelle Autobahnfahrt auf sonnenbeschienener Strecke erhöht sich die Temperatur im Reifen auf 50 °C.
*Auf welchen Wert vergrößert sich der Reifendruck?*

*Analyse:*
Ein Pkw-Reifen ist so konstruiert, dass sich sein Volumen bei Druckänderung im normalen Betriebsbereich kaum verändert. Man kann deshalb von einer isochoren Zustandsänderung ($V$ = konst.) ausgehen.

Da sich Luft annähernd wie das ideale Gas verhält, kann das Gesetz von AMONTONS angewendet werden.

Gesucht: $p_2$
Gegeben: $p_1 = 240\ \text{kPa}$
$T_1 = 288\ \text{K}$
$T_2 = 323\ \text{K}$

*Lösung:*

$$\frac{p_1}{T_1} = \frac{p_2}{T_2}$$

Umstellen nach $p_2$ ergibt:

$$p_2 = T_2 \cdot \frac{p_1}{T_1}$$

$$p_2 = \frac{323\ \text{K} \cdot 240\ \text{kPa}}{288\ \text{K}}$$

$$\underline{p_2 = 269\ \text{kPa}}$$

*Ergebnis:*
Bei einer Temperaturerhöhung um 35 K erhöht sich der Reifendruck von 240 kPa auf etwa 270 kPa, also um etwa 10 %.

Die CELSIUS-Temperatur muss in die absolute Temperatur umgerechnet werden (↗ S. 151). Näherungsweise gilt: $\frac{T}{\text{K}} = \frac{\vartheta}{°\text{C}} + 273$

Rechnet man fälschlicherweise mit der CELSIUS-Temperatur, so würde $p_2 = 800\ \text{kPa}$ sein, also mehr als eine Verdreifachung des normalen Reifendrucks auftreten.

Aus der allgemeinen Zustandsgleichung für das ideale Gas (↗ S. 163) folgt, dass der Term $\frac{p \cdot V}{T}$ für eine abgeschlossene Gasmenge und beliebige Zustandsänderungen immer den gleichen Wert hat. Den Wert der Konstanten kann man berechnen, wenn man von folgenden Annahmen ausgeht:
- Der Druck im Gas ist gleich dem Normdruck $p_0 = 101{,}325\ \text{kPa}$.
- Die Temperatur ist gleich der Normtemperatur $T_0 = 273{,}15\ \text{K}$.
- Das Volumen des idealen Gases bei Normbedingungen (molares Normvolumen) beträgt $V_0 = 22{,}414$ Liter je Mol.

Damit erhält man:

$$\frac{p_0 \cdot V_0}{T_0} = \frac{101{,}325\ \text{kPa} \cdot 22{,}414 \cdot 10^{-3}\ \text{m}^3}{273{,}15\ \text{K} \cdot \text{mol}} = 8{,}314\ \frac{\text{J}}{\text{K} \cdot \text{mol}}$$

Diese Konstante wird als **universelle** oder **allgemeine Gaskonstante *R*** bezeichnet. Beträgt das Volumen $V = n \cdot V_0$, so erhält man als Wert für die Konstante $n \cdot R$.
Damit kann man die allgemeine Zustandsgleichung für das ideale Gas (↗ S. 163) auch folgendermaßen schreiben:

Der Tabellenwert für die universelle Gaskonstante beträgt: $R = 8{,}314\,472\ \frac{\text{J}}{\text{K} \cdot \text{mol}}$

Für eine abgeschlossene Gasmenge des idealen Gases gilt:

$p \cdot V = n \cdot R \cdot T$

- $p$ Druck
- $V$ Volumen
- $n$ Stoffmenge in mol
- $R$ universelle Gaskonstante
- $T$ absolute Temperatur

Die spezifische Gaskonstante ist mit der allgemeinen Gaskonstanten folgendermaßen verknüpft:

$R = \frac{m}{n} \cdot R_s$

Damit gilt:

$R_s = \frac{n}{m} \cdot R = \frac{R}{M}$

In Physik und Technik wird häufiger mit der Masse als mit der Stoffmenge gerechnet. Deshalb wird meist nicht mit der allgemeinen Gaskonstanten $R$, sondern mit der **spezifischen Gaskonstanten** $R_s$ gearbeitet. Damit kann man die allgemeine Zustandsgleichung auch so schreiben:

Für eine abgeschlossene Gasmenge des idealen Gases gilt:

$p \cdot V = m \cdot R_s \cdot T$ — $m$ Masse des Gases; $R_s$ spezifische Gaskonstante

Die spezifische Gaskonstante ist für jedes Gas, das näherungsweise als ideales Gas betrachtet werden kann, eine Stoffkonstante. Sie hängt *nicht* vom Druck und von der Temperatur ab.
Eine weitere Form der allgemeinen Zustandsgleichung des idealen Gases ergibt sich, wenn man statt der Stoffmenge (↗ Gleichung S. 165) die Teilchenanzahl $N$ (↗ S. 52) einbezieht.

Für die Stoffmenge gilt:

$n = \frac{N}{N_A}$

Aus den beiden Konstanten $N_A$ und $R$ ergibt sich die BOLTZMANN-Konstante $k$:

$k = \frac{R}{N_A}$

$k = 1{,}381 \cdot 10^{-23}\ \mathrm{J \cdot K^{-1}}$

Benannt ist sie nach dem österreichischen Physiker LUDWIG BOLTZMANN (1844–1906).

Für eine abgeschlossene Gasmenge des idealen Gases gilt auch:

$p \cdot V = N \cdot k \cdot T$ — $N$ Teilchenanzahl; $k$ BOLTZMANN-Konstante

In einer 40-l-Gasflasche befindet sich Sauerstoff. Bei 20 °C beträgt der Druck 11,6 MPa.
*Wie groß ist die Masse des Sauerstoffs?*

*Analyse:*
Sauerstoff kann als ideales Gas betrachtet werden. Die zur Berechnung erforderliche spezifische Gaskonstante kann man einem Tabellenwerk entnehmen.

Gesucht: $m$
Gegeben: $V = 40\ \mathrm{l} = 4 \cdot 10^{-2}\ \mathrm{m^3}$
$T = 293\ \mathrm{K}$
$p = 11{,}6 \cdot 10^6\ \mathrm{Pa}$
$R_s = 259{,}8\ \mathrm{J \cdot kg^{-1} \cdot K^{-1}}$ (Tabellenwerk)

*Lösung:*

Die Umstellung von $p \cdot V = m \cdot R_s \cdot T$ nach $m$ ergibt:

$$m = \frac{p \cdot V}{R_s \cdot T}$$

$$m = \frac{11{,}6 \cdot 10^6\ \mathrm{N} \cdot 4 \cdot 10^{-2}\ \mathrm{m^3 \cdot kg \cdot K}}{\mathrm{m^2} \cdot 259{,}8\ \mathrm{J} \cdot 293\ \mathrm{K}}$$

$$\underline{m = 6{,}1\ \mathrm{kg}}$$

*Ergebnis:*
In der 40-l-Gasflasche befinden sich bei einer Temperatur von 20 °C und einem Druck von 11,6 MPa etwa 6,1 kg Sauerstoff.

## 3.3 Kinetische Theorie der Wärme

### 3.3.1 Der atomare Aufbau der Stoffe

Feste, flüssige und gasförmige Stoffe bestehen aus Atomen oder Molekülen. Deren Existenz wurde zwar seit langem vermutet, experimentelle Belege konnten aber erst seit Beginn des 20. Jahrhunderts erbracht werden.

Wichtige Ansätze gab es bereits im 19. Jahrhundert. So stellte der englische Naturforscher JOHN DALTON (1766–1844) im Jahr 1808 eine **Atomhypothese** auf, die es ermöglichte, bereits früher entdeckte Gesetze über chemische Reaktionen zu erklären. Diese Atomhypothese lautet:

- Jedes Element besteht aus kleinsten, chemisch nicht weiter zerlegbaren Teilchen, den Atomen.
- Atome eines Elements haben die gleiche Größe, die gleiche Masse und verhalten sich chemisch gleich.
- Atome verschiedener Elemente sind voneinander verschieden.
- Bei der chemischen Verbindung von zwei oder mehreren Elementen verbinden sich die Atome zu neuen Teilchen, den Molekülen.
- Die unterschiedlichen Eigenschaften der chemischen Verbindungen ergeben sich aus der Verschiedenartigkeit ihrer Zusammensetzung und der unterschiedlichen Struktur.

Diese Atomhypothese erwies sich als außerordentlich tragfähig und trug entscheidend zur Entwicklung der Atomtheorie bei.

JOHN DALTON (1766–1844) versuchte, die von ihm aufgestellte **Atomhypothese** durch chemische Messungen zu bestätigen.
Die Existenz von Atomen wurde bereits von dem griechischen Philosophen DEMOKRIT (460–370 v. Chr.) angenommen.

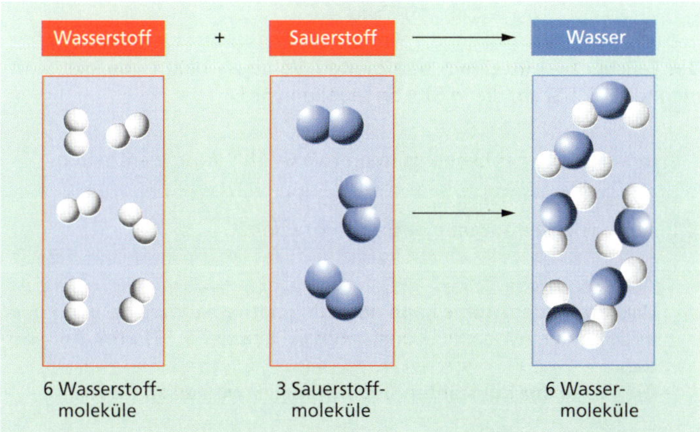


Bei chemischen Reaktionen bleibt die Gesamtmasse unverändert **(Gesetz von der Erhaltung der Masse).** In einer chemischen Verbindung sind die Bestandteile stets in einem bestimmten Massenverhältnis enthalten **(Gesetz der konstanten Proportionen).**

Unterschiede zwischen festen, flüssigen und gasförmigen Stoffen bestehen vor allem bei den zwischenmolekularen Bindungskräften zwischen Atomen bzw. Molekülen, die ein unterschiedliches Form- und Volumenverhalten bewirken (↗ S. 54). Wesentlichen Anteil an der Entwicklung der kinetischen Theorie der Wärme hatten die Physiker LUDWIG BOLTZMANN (1844–1906), JAMES CLERK MAXWELL (1831–1879), RUDOLF CLAUSIUS (1822–1888) und WILLIAM THOMSON, der spätere Lord KELVIN (1824–1907).

## Größe, Masse und Anzahl von Atomen

Atome und Moleküle haben außerordentlich kleine Abmessungen; ihre Anzahl bei den uns umgebenen Körpern ist unvorstellbar groß. Nachfolgend sind die Größenordnungen für den Durchmesser, die Masse und die Anzahl von Atomen angegeben. Der **Durchmesser von Atomen** lässt sich nicht direkt messen, aber indirekt ermitteln. Messungen haben ergeben:

Eine Methode zur Bestimmung des Durchmessers von Atomen ist die Ölfleckmethode.

> Der Durchmesser von Atomen liegt zwischen $10^{-10}$ und $5 \cdot 10^{-10}$ m.

Geht man von der größtmöglichen Packungsdichte aus, dann liegt der **Abstand von Atomen** bei Festkörpern und Flüssigkeiten in der Größenordnung des Atomdurchmessers. Bei Gasen ist der Abstand stets vom Druck abhängig und kann in weiten Grenzen variieren.
Die **Masse von Atomen** kann mithilfe eines **Massenspektrografen** (↗ S. 240) oder über die **relative Atommasse** berechnet werden.

Die relative Atommasse $A_r$ ist der Quotient aus der Masse eines Atoms $m_A$ und der atomaren Masseeinheit $u$ (↗ S. 53):

$$A_r = \frac{m_A}{u}$$

> Die Masse von Atomen liegt zwischen $10^{-27}$ kg und $10^{-24}$ kg.

Die im Periodensystem ausgewiesene relative Atommasse von Aluminium beträgt 26,98. Demzufolge erhält man als Masse eines Aluminiumatoms:

$$m_A = u \cdot A_r$$
$$m_A = 1{,}66 \cdot 10^{-27}\ \text{kg} \cdot 26{,}98$$
$$m_A = 4{,}48 \cdot 10^{-26}\ \text{kg}$$

Die Teilchenzahl in einem bestimmten Volumen hängt von der Stoffmenge (↗ S. 52) ab, die in Mol angegeben wird.

> In einem Mol eines Elements sind etwa $6 \cdot 10^{23}$ Atome enthalten.

Das gilt auch für Gase unter Normbedingungen ($p$ = 101,3 kPa, $T$ = 273 K). Das **molare Volumen** beträgt dann

$$V_m = 22{,}4\ \frac{\text{l}}{\text{mol}}.$$

*Aus wie vielen Atomen besteht 1 kg Eisen?*

*Analyse:*
Die Anzahl der Atome kann über die relative Atommasse (s. o.) oder mithilfe der AVOGADRO-Konstanten (↗ Beispiel S. 52) ermittelt werden.
Die Werte der Konstanten sind in Tabellenwerken zu finden.

Gesucht: $N$
Gegeben: $A_r = 55{,}85$

*Lösung:*
Für die Masse eines Eisenatoms erhält man:

$$m_A = 1{,}66 \cdot 10^{-27}\ \text{kg} \cdot 55{,}85$$
$$m_A = 9{,}27 \cdot 10^{-26}\ \text{kg}$$

Daraus ergibt sich durch eine einfache Dreisatzrechnung als Anzahl der Atome für 1 kg:

$$N = 1{,}08 \cdot 10^{25}$$

*Ergebnis:*
1 kg Eisen besteht aus $1{,}08 \cdot 10^{25}$ Atomen.

Würde man diese Atome wie an einer Perlenketten hintereinander aufreihen, so hätte diese Perlenkette eine Länge von etwa 2 500 Milliarden Kilometern.

**Bewegung von Atomen und Molekülen**

Atome und Moleküle von Stoffen bewegen sich ständig ungeordnet. Dabei kann es sich, je nach dem Aufbau der Stoffe, um Schwingungen oder translatorische Bewegungen oder Rotationsbewegungen handeln.

| Schwingungen | Translation | Rotation |
|---|---|---|
| Schwingungen um eine bestimmte Lage in verschiedenen Raumrichtungen | Geradlinige Bewegung in verschiedenen Raumrichtungen | Rotation von Molekülen um verschiedene Drehachsen. |
| 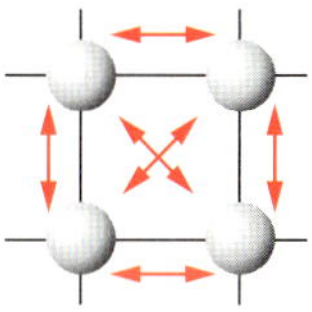 | 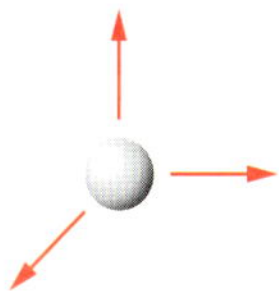 | 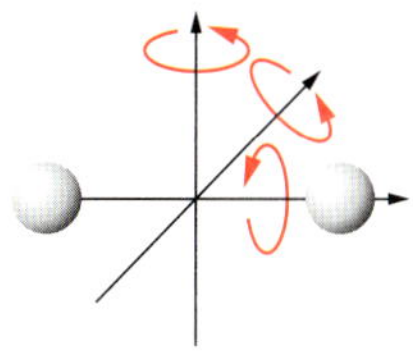 |
| Atome eines Stoffes im Kristallgitter | Atome oder Moleküle in Flüssigkeiten und Gasen | mehratomige Moleküle |

Bei Flüssigkeiten und Gasen kann es auch zu einer Überlagerung von Translation, Schwingungen und Rotation kommen.

> Die ständige ungeordnete Bewegung von Atomen und Molekülen wird als **Molekularbewegung** oder als **thermische Bewegung** bezeichnet.

Ein Beleg für die thermische Bewegung von Atomen bzw. Molekülen ist die von dem schottischen Biologen ROBERT BROWN (1773–1858) entdeckte **brownsche Bewegung.** Diese von BROWN beobachtete Bewegung von kleinen Teilchen (↗ Foto) wird durch die Bewegung der Moleküle hervorgerufen, die ständig auf die im Mikroskop sichtbaren kleinen Teilchen treffen.

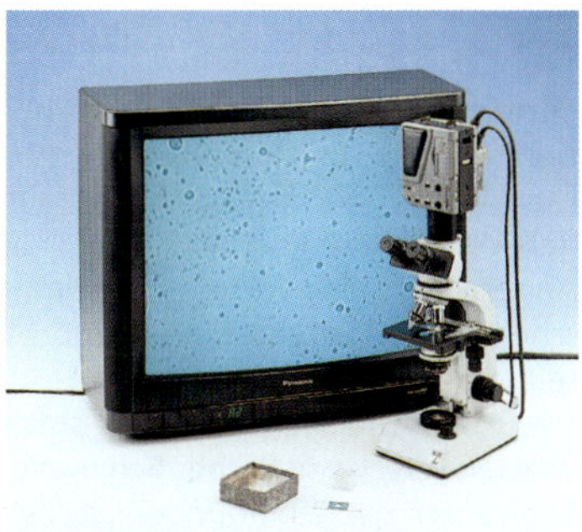

Die durchschnittlichen Geschwindigkeiten der Atome bzw. Moleküle sind stark temperaturabhängig und liegen bei Gasen unter Normbedingungen (↗ S. 165) zwischen 400 m/s und 2 000 m/s (↗ S. 172). Allgemein gilt:
Die Bewegung ist umso heftiger, je höher die Temperatur ist.

## 3.3.2 Kinetische Gastheorie

Wesentlichen Anteil an der Entwicklung der kinetischen Gastheorie hatten der britische Physiker JAMES CLERK MAXWELL (1831–1879) und der österreichische Physiker LUDWIG BOLTZMANN (1844–1906).

Die allgemeine Zustandsgleichung für das ideale Gas (↗ S. 163) und die daraus ableitbaren speziellen Gasgesetze (↗ S. 163) zeigen, dass Gase weitgehend übereinstimmende thermische Eigenschaften haben. In der **phänomenologischen Betrachtungsweise** (↗ S. 148 f.) lassen sie sich mithilfe der Zustandsgrößen Temperatur, Druck und Volumen beschreiben. Zugleich sind die Zustandsgrößen mit Teilchengrößen (Teilchenanzahl, Geschwindigkeit und Energie der Teilchen) verknüpft. Die Einbeziehung von Teilchengrößen ermöglicht die Erklärung des Verhaltens von Gasen und die Deutung von Vorgängen im makroskopischen Bereich. Dazu gehört auch die Herstellung von Beziehungen zwischen makroskopisch messbaren Größen und ihrer mikrophysikalischen Deutung. Angewandt wird hierbei die **kinetisch-statistische Betrachtungsweise** (↗ S. 149 f.), die auf das ideale Gas (↗ S. 150) bezogen wird.

### Räumliche Verteilung von Teilchen

Wir betrachten ein thermodynamisches System, das aus zwei getrennten Raumbereichen besteht. In einem der Raumbereiche befindet sich ein ideales Gas, der andere Raumbereich ist leer (Skizze links).
Beseitigt man die trennende Wand, dann stellt sich nach einiger Zeit die rechts dargestellte räumliche Verteilung ein.

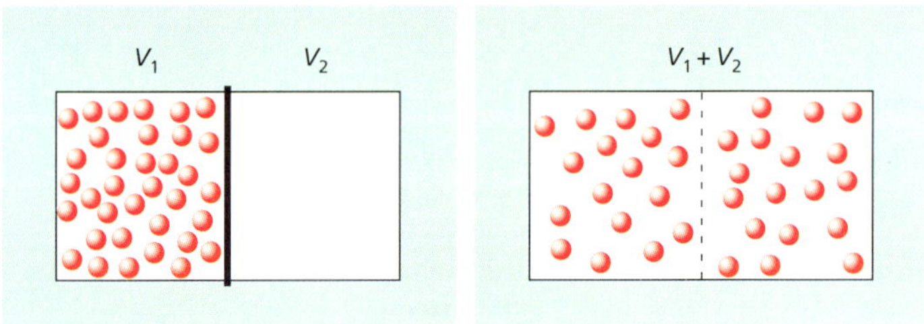


Geht man von einer sehr großen Teilchenanzahl aus, wie es bei makroskopischen Systemen der Fall ist, dann gilt:

Unter der Wahrscheinlichkeit $w$ einer Verteilung versteht man die relative Häufigkeit des Auftretens einer Verteilung. Die Wahrscheinlichkeit, dass sich ein beliebig herausgegriffenes Teilchen im Volumen $V_1 + V_2$ befindet, ist $w = 1$. Das gilt auch für 2 oder für $N$ Teilchen.

> Die **Gleichverteilung** der Teilchen ist die wahrscheinlichste räumliche Anordnung in einem gegebenen Raumbereich.

Betrachtet man die Teilchenanzahl $N$ in einem Volumen $V$, so ist der Quotient $N/V$ die **Teilchenanzahldichte.** Bei einer Gleichverteilung der Teilchen ist die Teilchenanzahldichte in den verschiedenen Raumbereichen näherungsweise konstant.
Andere Zustände als die der Gleichverteilung sind möglich. Ihre Wahrscheinlichkeit ist allerdings umso kleiner, je weiter sie von der Gleichverteilung entfernt sind.
Die Abweichungen von den statistisch wahrscheinlichsten Zuständen werden als **statistische Schwankungen** bezeichnet. Ein Beispiel für Schwankungserscheinungen ist die brownsche Bewegung (↗ S. 169).

Stellt man die Wahrscheinlichkeit der Verteilung in den beiden Raumbereichen $V_1$ und $V_2$ grafisch dar, so ist die Wahrscheinlichkeit dafür, dass sich in jedem der Raumbereiche $N/2$ Teilchen befinden, besonders groß.
Die Wahrscheinlichkeit dafür, dass sich in einem der Raumbereiche alle oder kein Teilchen befinden, ist äußerst gering. Sie geht gegen null.

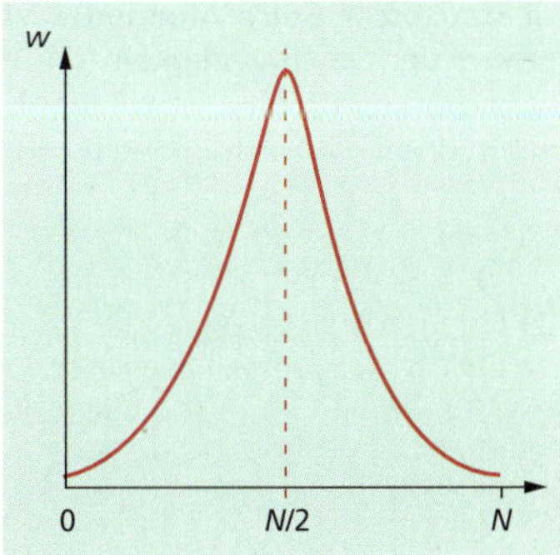


Die Wahrscheinlichkeit, ein bestimmtes Teilchen im Raumbereich $V_1$ zu finden, beträgt $w = \frac{1}{2}$. Das gilt auch für ein zweites Teilchen. Die Wahrscheinlichkeit, beide Teilchen gleichzeitig in $V_1$ zu finden, beträgt nur noch

$$w = \frac{1}{2} \cdot \frac{1}{2} = \frac{1}{4}$$

oder

$$w = \left(\frac{1}{2}\right)^2.$$

Für $N$ Teilchen wäre sie

$$w = \left(\frac{1}{2}\right)^N.$$

## Geschwindigkeitsverteilung von Teilchen

Untersucht man anhand eines Modellgases die Geschwindigkeitsverteilung in einem Gas, dann erhält man eine charakteristische Verteilung, die darüber hinaus von der Temperatur abhängig ist.
Im nachfolgenden Diagramm ist die Geschwindigkeitsverteilung für zwei verschiedene Temperaturen dargestellt.

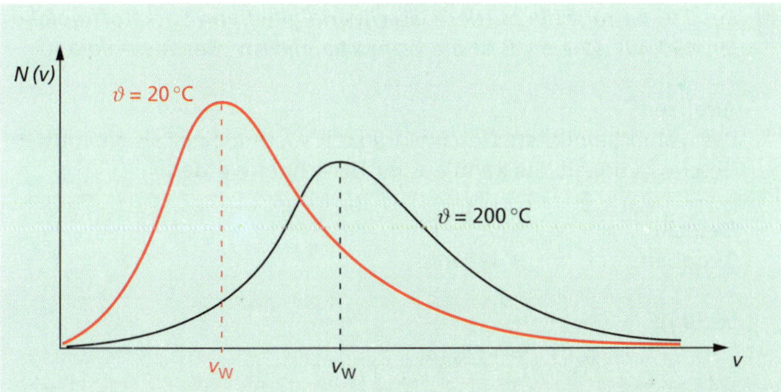


Der britische Physiker JAMES CLERK MAXWELL (1831–1879) leitete um 1860 das Verteilungsgesetz unter Nutzung der Wahrscheinlichkeitstheorie her. Man spricht deshalb auch von der **maxwellschen Geschwindigkeitsverteilung.**

Aus dem Diagramm und vielen anderen Untersuchungen ergibt sich:

> Die Teilchen eines Gases haben unterschiedliche Geschwindigkeiten. Die Geschwindigkeitsverteilung ist temperaturabhängig.

Die Geschwindigkeitsverteilung kann man auch experimentell bestimmen, z. B. mithilfe des Versuches von STERN. Dabei wurde die theoretisch vorhergesagte Geschwindigkeitsverteilung bestätigt.

Insbesondere ist aus dem Diagramm erkennbar, dass die Geschwindigkeitsverteilung nicht symmetrisch ist. Deshalb muss man zwischen verschiedenen Geschwindigkeiten unterscheiden.
Das Maximum des Graphen (s. Diagramm), entspricht der **wahrscheinlichsten Geschwindigkeit** $v_W$, also der Geschwindigkeit, die die meisten Teilchen haben. Da wegen des unsymmetrischen Kurvenverlaufs die Anzahl der Teilchen mit höherer Geschwindigkeit größer ist als die mit kleiner Geschwindigkeit (s. Diagramm), ist die **mittlere Geschwindigkeit** $\bar{v}$ der Teilchen größer als die wahrscheinlichste Geschwindigkeit $v_W$.

Für die drei Geschwindigkeiten gelten die folgenden Beziehungen:

$$v_W = \sqrt{\frac{2R \cdot T}{M}}$$

$$\bar{v} = \sqrt{\frac{8R \cdot T}{\pi \cdot M}}$$

$$\sqrt{\overline{v^2}} = \sqrt{\frac{3R \cdot T}{M}}$$

Mit $\frac{R}{M} = R_s$ (↗ S. 166) erhält man weitere Gleichungen.

Für statistische Betrachtungen ist darüber hinaus der quadratische Mittelwert der Geschwindigkeit (die Wurzel aus dem mittleren Geschwindigkeitsquadrat) $\sqrt{\overline{v^2}}$ von Bedeutung. Die Zusammenhänge zwischen diesen drei Geschwindigkeiten zeigt das nachfolgende Diagramm.

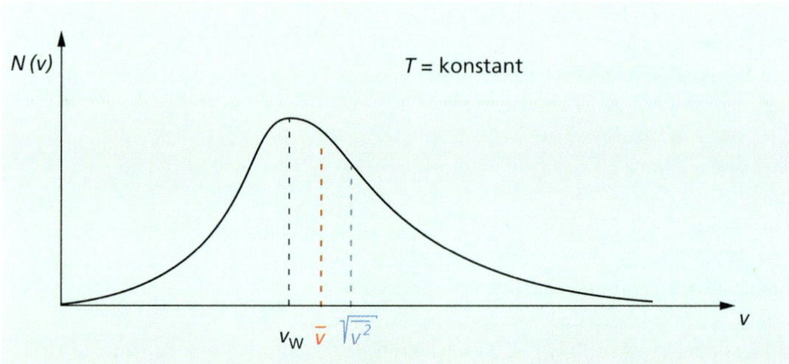


Für diese drei Geschwindigkeiten gilt:

$$v_W : \bar{v} : \sqrt{\overline{v^2}} = 1 : 1{,}13 : 1{,}22$$

*Bei 0 °C beträgt die mittlere Geschwindigkeit von Stickstoffmolekülen 490 m/s. Wie groß ist die wahrscheinlichste Geschwindigkeit?*

*Analyse:*
Die wahrscheinlichste Geschwindigkeit $v_W$ ist kleiner als die mittlere Geschwindigkeit. Sie kann aus ihr berechnet werden.

Gesucht: $v_W$
Gegeben: $\bar{v} = 490$ m/s

Lösung:

$$v_W : \bar{v} = 1 : 1{,}13$$

$$v_W = \frac{\bar{v}}{1{,}13}$$

$$v_W = \frac{4{,}90\ \text{m}}{1{,}13\ \text{s}}$$

$$\underline{v_W = 434\ \text{m} \cdot \text{s}^{-1}}$$

*Ergebnis:*
Die wahrscheinlichste Geschwindigkeit von Stickstoffmolekülen bei 0 °C beträgt 434 m · s$^{-1}$.

**Energieverteilung der Teilchen und Gesamtenergie**

Bei einem idealen Gas haben die Teilchen nur kinetische Energie der Translation. Aus der oben beschriebenen Geschwindigkeitsverteilung ergibt sich eine entsprechende **Energieverteilung.**

Die kinetische Energie *eines* Teilchens beträgt $E_{kin} = \frac{1}{2}m \cdot v^2$. Sie kann, wie die Geschwindigkeit, in einem weiten Bereich schwanken. Für statistische Betrachtungen bedeutsamer ist die mittlere kinetische Energie der Teilchen.

Die mittlere kinetische Energie der Teilchen beträgt:

$\bar{E}_{kin} = \frac{1}{2}m \cdot \overline{v^2}$

| | |
|---|---|
| $m$ | Masse eines Teilchens |
| $\overline{v^2}$ | mittleres Geschwindigkeitsquadrat |

Mit einer Geschwindigkeit von 1 500 m/s und einer Masse von $1{,}67 \cdot 10^{-27}$ kg (Wasserstoffatom) erhält man eine kinetische Energie eines Wasserstoffatoms von etwa $2 \cdot 10^{-21}$ J. Ein Mol Wasserstoff hätte dann eine Energie von $2 \cdot 10^{-21}\ \text{J} \cdot 6 \cdot 10^{23}$ und damit von 1,2 kJ.

Besteht ein Gas aus *N* Teilchen, so ist die gesamte kinetische Energie des Gases das *N*-fache der mittleren kinetischen Energie aller Teilchen. Für das ideale Gas ist das zugleich die **innere Energie.**

Die innere Energie *U* des idealen Gases ist gleich der gesamten kinetischen Energie aller seiner Teilchen.

$U = N \cdot \bar{E}_{kin}$

| | |
|---|---|
| $N$ | Teilchenanzahl |
| $\bar{E}_{kin}$ | mittlere kinetische Energie eines Teilchens |

### Molekularbewegung und Gasdruck

In einem abgeschlossenen Behälter bewegen sich die Teilchen eines Gases völlig unregelmäßig mit unterschiedlichen Geschwindigkeiten und in den verschiedensten Richtungen. Setzt man das ideale Gas voraus, so finden nur elastische Stöße zwischen den Teilchen sowie zwischen Teilchen und Behälterwänden statt.

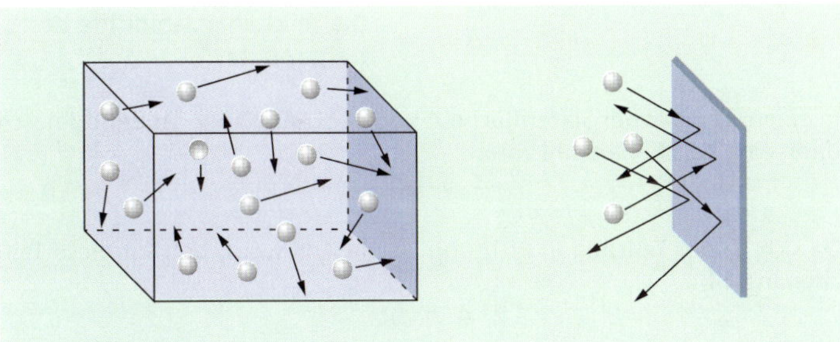

Der Erste, der den Gasdruck mit der Bewegung der Moleküle in Zusammenhang brachte, war der schweizer Mathematiker und Naturforscher DANIEL BERNOULLI (1700–1782).

Der auf eine Fläche wirkende **Gasdruck** kommt durch die Stöße einer Vielzahl von Teilchen zustande.

Er ist umso größer, je größer die Teilchenanzahl und die mittlere Geschwindigkeit der Teilchen sind. Da der Gasdruck eine statistische Größe ist, kann er zeitlich geringfügig schwanken. Makroskopisch messbar sind diese Schwankungen allerdings nicht.

Ist bei senkrechter Anordnung der Kolben beweglich, so ist im Gleichgewichtszustand die von den Teilchen ausgeübte Druckkraft gleich der Gewichtskraft des Kolbens.

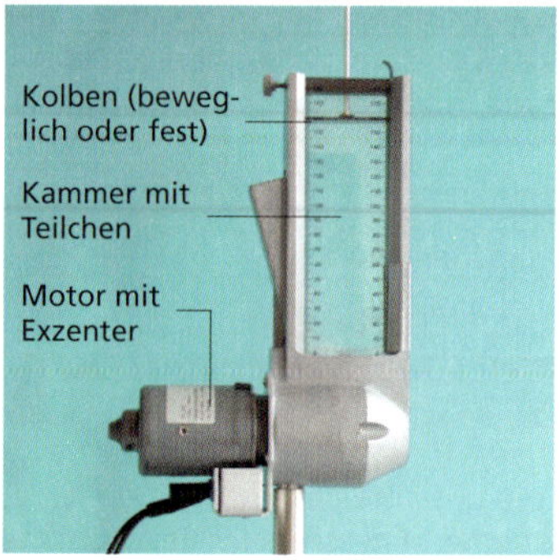


Experimentell veranschaulichen kann man den Gasdruck mithilfe von kleinen Stahlkugeln, die sich in einer Kammer mit durchsichtigen Wänden befinden und die durch einen Motor mit Exzenter in schnelle Bewegungen versetzt werden. Das Foto links zeigt die Versuchsanordnung, die als **„Schüttelapparat"** bezeichnet wird. Die Geschwindigkeit der Teilchen kann man durch Veränderung der Drehzahl des Motors verändern.

### Grundgleichung der kinetischen Gastheorie

Die Zusammenhänge zwischen dem Gasdruck und der Teilchenbewegung kann man quantitativ erfassen, wobei wir von folgenden Annahmen ausgehen:

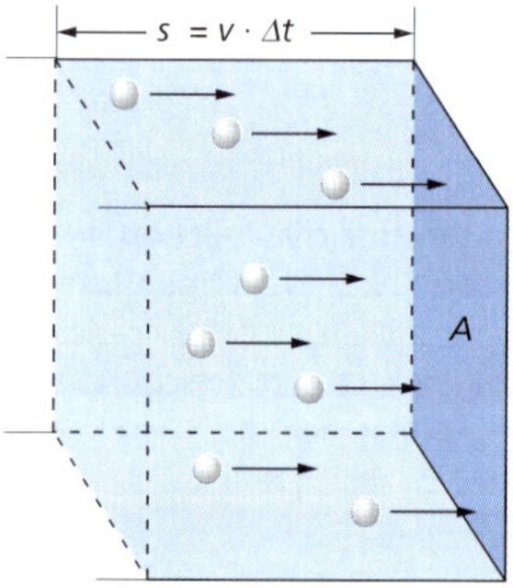


- Betrachtet wird das ideale Gas, bei dem nur elastische Wechselwirkungen mit den Behälterflächen auftreten.
- Die Teilchen haben eine (durchschnittliche) Geschwindigkeit *v*.
- In Richtung jeder der sechs Flächen des Würfels bewegen sich 1/6 aller Teilchen.
- Im Behältervolumen *V* befinden sich insgesamt *N* Teilchen. Die Teilchenanzahldichte beträgt somit *N*/*V*.

In einem Quader der Seitenfläche *A* und der Länge $s = v \cdot \Delta t$ befindet sich dann eine Teilchenanzahl von:

$$\frac{N}{V} \cdot A \cdot v \cdot \Delta t$$

Da sich $^1/_6$ der Teilchen in Richtung Fläche *A* bewegt, beträgt diese Teilchenanzahl:

$$\frac{1}{6}\frac{N}{V} \cdot A \cdot v \cdot \Delta t$$

Jedes Teilchen der Masse *m* und der Geschwindigkeit $\vec{v}$ hat den Impuls $m \cdot \vec{v}$. Nach senkrechtem Stoß gegen die Wand beträgt dieser Impuls wegen der elastischen Wechselwirkung $-m \cdot \vec{v}$, der Betrag der Impulsänderung demzufolge

$$2\,m \cdot v.$$

Der Betrag der Impulsänderung aller Teilchen, die während des Zeitintervalls auf die Wand treffen, beträgt damit:

$$\Delta p_i = \frac{1}{6}\frac{N}{V} \cdot A \cdot v \cdot \Delta t \cdot 2m \cdot v \quad (1)$$

Für den Betrag der Kraft auf die Fläche $A$ gilt allgemein:

$$F = \frac{\Delta p_\mathrm{i}}{\Delta t} \quad (2)$$

Setzt man (1) in (2) ein und vereinfacht, so erhält man:

$$F = \frac{1}{3}\frac{N}{V} \cdot A \cdot m \cdot v^2 \quad (3)$$

Mit $p = F/A$ erhält man für den **Druck** auf die Fläche $A$:

$$p = \frac{1}{3}\frac{N}{V} \cdot m \cdot v^2 = \frac{2}{3} \cdot \frac{N}{V} \cdot \frac{1}{2} m \cdot v^2 \quad (4)$$

Der letzte Term (rot) ist die kinetische Energie eines Teilchens. Beachtet man, dass als Mittelwert der quadratische Mittelwert der Geschwindigkeit (↗ S. 172) angesetzt werden muss, dann erhält man durch Umformen von (4) die **Grundgleichung der kinetischen Gastheorie.**

Die Impulsänderung ist gleich dem Kraftstoß (↗ S. 104):

$$\Delta p_\mathrm{i} = F \cdot \Delta t$$

Beachten Sie: **Impuls** und **Druck** haben beide das Kurzzeichen $p$. Zur Unterscheidung ist hier der Impuls mit $p_\mathrm{i}$ bezeichnet.

Die Grundgleichung der kinetischen Gastheorie lautet:

$$p \cdot V = \frac{2}{3} N \cdot \bar{E}_\mathrm{kin} \qquad \text{oder} \qquad p \cdot V = \frac{1}{3} N \cdot m \cdot \overline{v^2}$$

| | | | |
|---|---|---|---|
| $p$ | Druck des Gases | $m$ | Masse eines Teilchens |
| $N$ | Teilchenanzahl | $V$ | Volumen des Gases |
| $\bar{E}_\mathrm{kin}$ | mittlere kinetische Energie der Teilchen | | |
| $\overline{v^2}$ | mittleres Geschwindigkeitsquadrat | | |

In der Grundgleichung der kinetischen Gastheorie sind makroskopisch messbare Größen mit Teilchengrößen verknüpft. Das ermöglicht die kinetisch-statistische Deutung der Zustandsgrößen eines Gases. Darüber hinaus können aus der Grundgleichung weitere einfache Zusammenhänge hergeleitet werden.

**Geschwindigkeit von Teilchen**

Stellt man die Gleichung $p \cdot V = \frac{1}{3} N \cdot m \cdot \overline{v^2}$ nach der Geschwindigkeit um, dann erhält man:

$$\overline{v^2} = \frac{3p}{\rho}$$

Setzt man $\overline{v^2} \approx \bar{v}^2$, dann erhält man eine einfache Gleichung für die Abschätzung der Geschwindigkeit von Molekülen.

Bei einem Gas, das als ideales Gas angesehen werden kann, beträgt die Geschwindigkeit der Gasmoleküle

$$\bar{v} \approx \sqrt{\frac{3p}{\rho}}$$

| | |
|---|---|
| $p$ | Druck des Gases |
| $\rho$ | Dichte des Gases |

Die Umstellung nach $p$ ergibt:

$$p = \frac{1}{3}\frac{N \cdot m}{V} \cdot \overline{v^2}$$

Das Produkt $N \cdot m$ ist die Masse des Gases, der Quotient aus Masse und Volumen die Dichte:

$$\frac{N \cdot m}{V} = \rho$$

Damit erhält man:

$$p = \frac{1}{3}\rho \cdot \overline{v^2}$$

Gelöst werden kann die Aufgabe auch mit der Gleichung:

$$\bar{v} \approx \sqrt{\frac{3R \cdot T}{M}}$$

Man erhält diese Gleichung durch Verknüpfung der Grundgleichung der kinetischen Gastheorie mit der Zustandsgleichung des idealen Gases.

*Wie groß ist die mittlere Geschwindigkeit von Wasserstoffmolekülen bei Normbedingungen?*

*Analyse:*
Unter Normbedingungen versteht man einen Druck von 101,3 kPa (normaler Luftdruck) und eine Temperatur von 0 °C = 273 K. Die Dichte von Wasserstoff bei diesen Bedingungen kann man einem Tabellenwerk entnehmen.

Gesucht: $\bar{v}$
Gegeben: $p = 101{,}3\ \text{kPa}$
$\rho = 0{,}089\ \text{kg} \cdot \text{m}^{-3}$

*Lösung:*

$$\bar{v} \approx \sqrt{\frac{3p}{\rho}}$$

$$\bar{v} \approx \sqrt{\frac{3 \cdot 101{,}3\ \text{kPa} \cdot \text{m}^3}{0{,}089\ \text{kg}}}$$

$$\underline{\bar{v} \approx 1\,850\ \frac{\text{m}}{\text{s}}}$$

Für die Einheiten gilt:

$1\ \text{kPa} = 1\,000\ \text{Pa}$

$$\frac{\text{Pa} \cdot \text{m}^3}{\text{kg}} = \frac{\text{N} \cdot \text{m}^3}{\text{m}^2 \cdot \text{kg}} = \frac{\text{kg} \cdot \text{m} \cdot \text{m}^3}{\text{s}^2 \cdot \text{m}^2 \cdot \text{kg}} = \frac{\text{m}^2}{\text{s}^2}$$

*Ergebnis:*
Bei Normbedingungen beträgt die Geschwindigkeit von Wasserstoffmolekülen etwa 1 850 m/s.

**Druck eines Gases**

Stellt man die Grundgleichung der kinetischen Gastheorie nach dem Druck $p$ um, so erhält man:

$$p = \frac{2}{3}\frac{N}{V} \cdot \bar{E}_{kin}$$

Der Druck eines Gases wird durch die Teilchenanzahldichte und die mittlere kinetische Energie der Teilchen bestimmt.

**Energie, Temperatur und Teilchenbewegung**

Verknüpft man die Grundgleichung der kinetischen Gastheorie in der Form $p \cdot V = \frac{2}{3} N \cdot \bar{E}_{kin}$ mit der Zustandsgleichung des idealen Gases in der Form $p \cdot V = N \cdot k \cdot T$ durch Gleichsetzen der rechten Seiten, so erhält man folgenden Zusammenhang:

Diese Beziehung gilt für das ideale Gas und damit annähernd für alle einatomigen Gase.

Die mittlere kinetische Energie eines Teilchens hängt von der absoluten Temperatur des Gases ab.

$$\bar{E}_{kin} = \frac{3}{2} k \cdot T$$

$k$ BOLTZMANN-Konstante (↗ S. 166)
$T$ absolute Temperatur

Die Teilchen des idealen Gases können sich in drei Raumrichtungen bewegen. Man nennt diese Bewegungsmöglichkeiten auch **Freiheitsgrade.** Bei einem hantelförmigen Molekül (Skizze rechts) kommen weitere drei Freiheitsgrade der Rotation hinzu, wobei die Rotation um die Längsachse wegen des geringen Trägheitsmomentes (↗ S. 99) vernachlässigt werden kann.

Ein einatomiges Gas hat 3 Freiheitsgrade der Translation. Seine mittlere kinetische Energie beträgt:

$$\bar{E}_{kin} = \frac{3}{2}k \cdot T$$

Ein zweiatomiges Gas hat 3 Freiheitsgrade der Translation und 2 Freiheitsgrade der Rotation. Seine mittlere kinetische Energie beträgt:

$$\bar{E}_{kin} = \frac{5}{2}k \cdot T$$

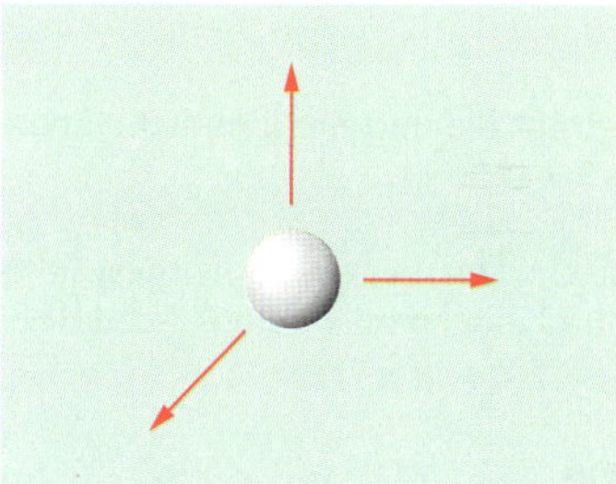

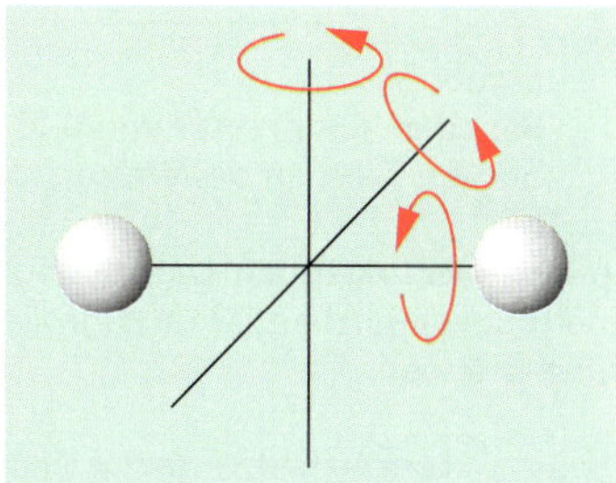

Im statistischen Mittel verteilt sich die Energie gleichmäßig auf die Freiheitsgrade. Auf jeden Freiheitsgrad entfällt eine mittlere kinetische Energie von:

$$\bar{E}_{kin} = \frac{1}{2}k \cdot T$$

$k$ BOLTZMANN-Konstante (↗ S. 166)
$T$ absolute Temperatur

Der S. 176 genannte Zusammenhang zwischen kinetischer Energie und Temperatur lässt sich zur kinetisch-statistischen Deutung der Temperatur nutzen.

Die absolute Temperatur ist ein Maß für die mittlere kinetische Energie der Teilchen eines Gases. Es gilt:

$$T \sim \bar{E}_{kin} \qquad T \sim \overline{v^2}$$

$\bar{E}_{kin}$ mittlere kinetische Energie der Teilchen
$\overline{v^2}$ mittleres Geschwindigkeitsquadrat

Für ein Teilchen oder eine kleine Anzahl von Teilchen kann sinnvollerweise keine makroskopisch messbare Temperatur angegeben werden. Man kann aber eine aus kinetisch-statistischen Betrachtungen resultierende Temperatur zuordnen.

Atomarer Wasserstoff habe eine Temperatur von 0 °C.
*Wie groß ist die mittlere kinetische Energie seiner Teilchen?*

*Analyse:*
Wir gehen davon aus, dass sich Wasserstoff annähernd wie das ideale Gas verhält. Dann kann seine mittlere kinetische Energie aus der absoluten Temperatur und der BOLTZMANN-Konstanten berechnet werden. Für atomaren Wasserstoff als ideales Gas liegen 3 Freiheitsgrade vor. Anzuwenden ist also die Gleichung:

$$\bar{E}_{kin} = \frac{3}{2}k \cdot T$$

Gesucht: $\bar{E}_{kin}$
Gegeben: $T = 273\ \text{K}$
$k = 1{,}38 \cdot 10^{-23}\ \text{J} \cdot \text{K}^{-1}$

*Lösung:*

$$\bar{E}_{kin} = \frac{3}{2}k \cdot T$$

$$\bar{E}_{kin} = \frac{3}{2} \cdot 1{,}38 \cdot 10^{-23}\,\frac{\text{J}}{\text{K}} \cdot 273\ \text{K}$$

$$\underline{\bar{E}_{kin} = 5{,}7 \cdot 10^{-21}\,\text{J}}$$

*Ergebnis:*
Bei einer Temperatur von 0 °C beträgt die mittlere kinetische Energie von Teilchen des Wasserstoffs $5{,}7 \cdot 10^{-21}$ J.

In der nachfolgenden Darstellung ist ein Überblick über ausgewählte thermodynamischen Zustandsgrößen und ihre kinetisch-statistische Deutung gegeben.

| **makroskopische Zustandsgrößen eines Gases** | **kinetisch-statistische Deutung** |
|---|---|
| Druck $p$ | Der Druck auf eine Fläche kommt durch Stöße einer Vielzahl von Teilchen zustande.<br>$p = \frac{2}{3}\frac{N}{V} \cdot \bar{E}_{kin}$<br>$p \sim \frac{N}{V}$ $\quad p \sim \bar{E}_{kin}$<br>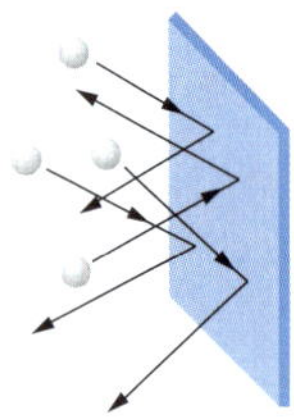 |
| Temperatur $T$ | Die Temperatur ist ein Maß für die mittlere kinetische Energie der Teilchen.<br>$\bar{E}_{kin} = \frac{3}{2}k \cdot T$<br>$T \sim \bar{E}_{kin}$ $\quad T \sim \overline{v^2}$<br>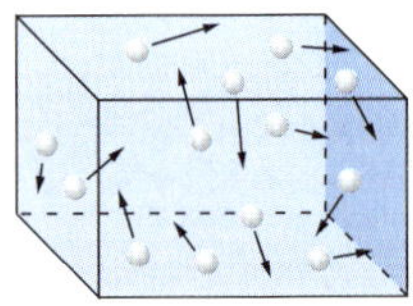 |
| Energie $E$ | Die mittlere kinetische Energie der Teilchen ist von ihrer Geschwindigkeit bzw. von der Temperatur des Gases abhängig.<br>$\bar{E}_{kin} = \frac{1}{2}m \cdot \overline{v^2}$<br>$\bar{E}_{kin} \sim \overline{v^2}$ $\quad \bar{E}_{kin} \sim T$<br>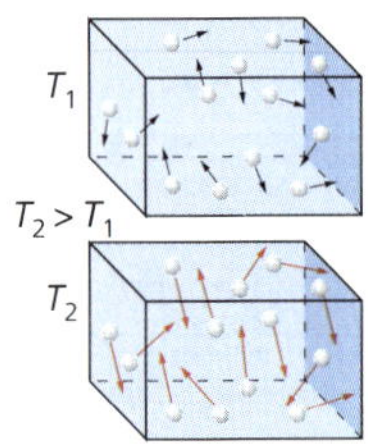 |
| innere Energie $U$ | Für das ideale Gas ist die innere Energie gleich der Summe der mittleren kinetischen Energien aller Teilchen.<br>$U = N \cdot \bar{E}_{kin}$ $\quad U = \frac{3}{2}N \cdot k \cdot T$ $\quad U = \frac{3}{2}p \cdot V$ |

## 3.4 Hauptsätze der Thermodynamik

Die **Hauptsätze der Thermodynamik** sind grundlegende Erfahrungssätze, auf denen erhebliche Teile der Thermodynamik aufbauen. Die in der zweiten Hälfte des 19. Jahrhunderts bis zum Anfang des 20. Jahrhunderts formulierten Gesetze sind vielfach experimentell bzw. durch die Erfahrung bestätigt. Eine ihrer Besonderheiten besteht darin, dass sie in sehr unterschiedlicher Weise formuliert werden können. Das gilt insbesondere für den 2. Hauptsatz. Wichtige Formulierungen gehen auf solche bedeutenden Physiker wie RUDOLF CLAUSIUS (1822–1888), WILLIAM THOMSON (Lord KELVIN, 1824–1907), MAX PLANCK (1858–1947) und WALTHER NERNST (1864–1941) zurück.

Die Bezeichnung **„Hauptsatz"** ist ein historisch geprägter Begriff. Es handelt sich bei den Hauptsätzen der Thermodynamik um grundlegende **physikalische Gesetze.**

### 3.4.1 Der 1. Hauptsatz der Thermodynamik

#### Innere Energie, mechanische Arbeit und Wärme

Wir betrachten eine Gasmenge, die sich bei bestimmter Temperatur und bestimmtem Druck in einem abgeschlossenen Zylinder befindet (Skizze unten links). Dieses Gas besitzt dann eine bestimmte **innere Energie** *U*, die sich aus der Summe der kinetischen Energien seiner Teilchen ergibt. Für die Veränderung der inneren Energie des Gases gibt es zwei Möglichkeiten:

- Schiebt man den Kolben unter Verrichtung mechanischer Arbeit in den Zylinder (mittlere Skizze), dann wird die Geschwindigkeit und daher auch die kinetische Energie der am Kolben reflektierten Atome größer als vor ihrem Aufprall. Dies folgt aus den Gesetzen des elastischen Stoßes (↗ S. 112), denn der Kolben bewegt sich auf die Teilchen zu. Insgesamt erhöht sich also durch Verrichten **mechanischer Arbeit** die **innere Energie** des Gases.

- Führt man dem Zylinder bei fest stehendem Kolben **Wärme** zu, dann werden die Teilchen der Gefäßwände in heftigere thermische Schwingungen versetzt (Skizze rechts). Die auf die Gefäßwände prallenden Gasatome nehmen einen Teil dieser Schwingungsenergie auf und erhöhen dadurch ihre kinetische Energie.

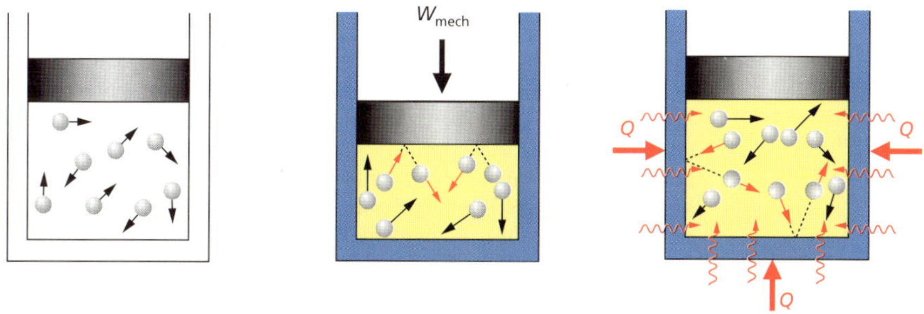

Die erste Formulierung dieses Hauptsatzes geht auf RUDOLF CLAUSIUS (1822–1888) zurück, der um 1850 erstmals eine Gleichung dafür angab.

Das bedeutet: Durch Zufuhr von Wärme lässt sich die innere Energie des betrachteten Gases ebenfalls erhöhen.
Sofern die dargestellten Vorgänge in umgekehrter Richtung vonstatten gehen, gilt: Verrichtet das Gas mechanische Arbeit oder gibt es Wärme ab, so sinkt seine innere Energie. Durch Verallgemeinerung auf beliebige Stoffe und physikalische Systeme gelangt man zum **1. Hauptsatz der Thermodynamik.**

Tauscht ein System mit seiner Umgebung Wärme aus, verrichtet es mechanische Arbeit oder wird an ihm mechanische Arbeit verrichtet, dann ändert sich seine innere Energie. Die Änderung der inneren Energie ist gleich der Summe aus mechanischer Arbeit und Wärme.
Es gilt:

$\Delta U = W + Q$

$\Delta U$ Änderung der inneren Energie
$W$ mechanische Arbeit
$Q$ Wärme

Dabei gelten die in der Physik üblichen Festlegungen für die Vorzeichen:

- Die am System verrichtet Arbeit bzw. die zugeführte Wärme ist positiv. Die innere Energie des Systems wird dabei größer, d.h. $\Delta U > 0$.
- Die vom System verrichtet Arbeit bzw. die abgegebene Wärme ist negativ. Die innere Energie des Systems wird dabei kleiner, d.h. $\Delta U < 0$.

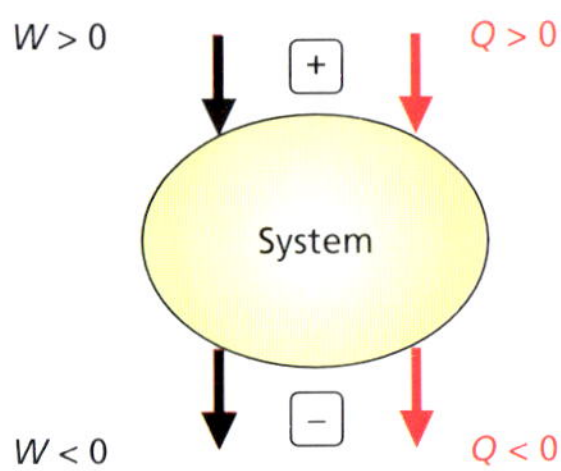


Der 1. Hauptsatz der Thermodynamik ist eine **spezielle Form des allgemeinen Energieerhaltungssatzes.** Dieser besagt, dass in einem abgeschlossenen System die Gesamtenergie konstant ist und Energie lediglich von einer Energieform in andere Energieformen umgewandelt werden kann. Während der allgemeine Energieerhaltungssatz für beliebige Energieformen gilt, bezieht sich der 1. Hauptsatz der Thermodynamik auf thermische und mechanische Energieformen.

### Das Perpetuum mobile 1. Art

Bereits 1775 erklärten die Pariser Akademie der Wissenschaften und die Royal Society in London, dass sie keinen Vorschlag für ein Perpetuum mobile mehr prüfen werden.

Die Versuche, eine Maschine zu konstruieren, die dauernd Arbeit verrichtet, ohne dass ihr Energie zugeführt wird, reichen viele Jahrhunderte zurück. Eine solche Anordnung nennt man ein **Perpetuum mobile 1. Art.** Abgeleitet ist dieser Begriff vom lateinischen perpetuum = dauernd, ewig und mobilis = beweglich.
Sofern nur thermische und mechanische Energieformen beteiligt sind, erkennt man: Ein solches Perpetuum mobile widerspricht dem 1. Hauptsatz der Thermodynamik. Bezieht man beliebige Energieformen ein, so widerspricht es auch dem allgemeinen Energieerhaltungssatz. Trotzdem gab und gibt es immer wieder Versuche, solche Maschinen zu bauen.

Mithilfe des historisch bedeutsamen Begriffs „Perpetuum mobile" kann man den 1. Hauptsatz der Thermodynamik auch folgendermaßen formulieren:

Ein Perpetuum mobile 1. Art gibt es nicht.

Nach dem 1. Hauptsatz könnte aber eine Maschine genau so viel Arbeit verrichten, wie innere Energie in ihr gespeichert ist. Selbst das ist jedoch nicht möglich (↗ S. 202).

**Die Äquivalenz von Wärme und mechanischer Arbeit**

Das schnelle Aufpumpen eines Fahrradreifens führt zu einer spürbaren Erwärmung der Luftpumpe. Ein Bohrer mit hoher Drehzahl kann sich stark erwärmen. Auch das Reiben der Hände führt zu einer Erwärmung. Lenkt man ein Pendel durch Verrichten mechanischer Arbeit $W$ aus und überlässt es dann sich selbst, dann wird es nach einer gewissen Zeit infolge der Reibung wieder zum Stillstand kommen. Allgemein gilt:
Bei konstanter Temperatur und damit gleicher innerer Energie eines Systems ($\Delta U = 0$) gilt nach dem 1. Hauptsatz der Thermodynamik:

$$\Delta U = 0 = W + Q \text{ und damit}$$
$$W = -Q \text{ oder } Q = -W$$

Mechanische Arbeit kann in Wärme und Wärme in mechanische Arbeit umgewandelt werden. Die physikalischen Größen mechanische Arbeit und Wärme sind zueinander äquivalent.

Eine Konsequenz dieser Feststellung ist: Wärme und Arbeit haben die gleichen Einheiten

$1\ \text{J} = 1\ \text{Nm} = 1\ \text{Ws}.$

Der genannte Satz bedeutet nicht, dass bei jedem Prozess mechanische Arbeit vollständig in Wärme umgewandelt wird und schon gar nicht, dass Wärme vollständig in mechanische Arbeit umgewandelt werden kann. Er sagt lediglich aus, dass Wärme und Arbeit gleichwertige physikalische Größen sind. Der quantitative Zusammenhang wurde historisch durch das **mechanische Wärmeäquivalent** erfasst.

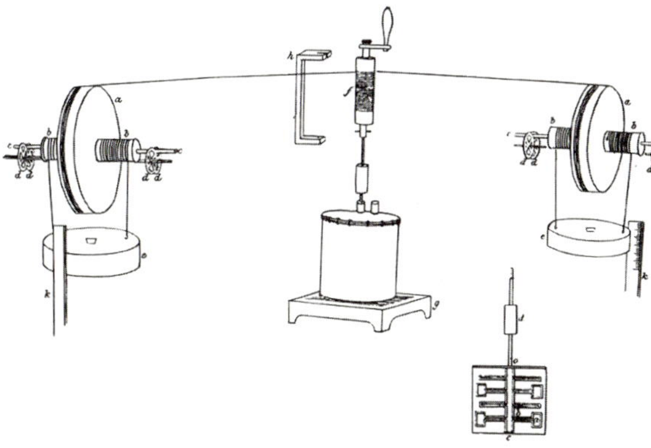

JAMES PRESCOTT JOULE (1818–1889) führte zahlreiche Versuche zur Bestimmung des mechanischen Wärmeäquivalents durch. Das Bild zeigt eine seiner Versuchsanordnungen. Durch herabsinkende Massestücke wird ein Rührwerk betrieben und erwärmt Wasser.

In der Aufgabe ist ein Verfahren beschrieben, mit dem J. P. JOULE das mechanische Wärmeäquivalent mit erstaunlicher Genauigkeit ermittelt hat.

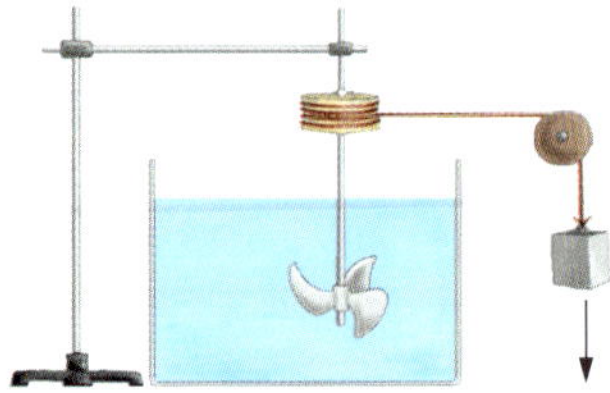

Durch ein langsam herabsinkendes Massestück wird ein Rührwerk angetrieben.
*Beschreiben Sie die Vorgänge, die sich dabei abspielen!*

Infolge der Gewichtskraft sinkt das Massestück nach unten und verrichtet dabei Arbeit am Rührwerk. Zugleich verringert sich dabei seine potenzielle Energie entsprechend. Durch das Umrühren der Flüssigkeit vergrößert sich deren Temperatur. Es wird also durch die mechanische Arbeit der gleiche Effekt erzielt wie durch direkte Zufuhr von Wärme.

*Wie groß ist die Temperaturerhöhung, wenn sich im Gefäß 100 ml Wasser befinden, das Massestück 5,0 kg schwer ist und 2,0 m herabsinkt?*

*Analyse:*
Wir betrachten das Gefäß mit Wasser, den Rührer und das Massestück als ein abgeschlossenes System. Reibungseffekte an der mechanischen Aufhängung werden vernachlässigt. Dann wird die gesamte Arbeit, die vom Massestück verrichtet wird, für die Erhöhung der inneren Energie des Wassers genutzt. Diese Energieänderung ist einer Wärme äquivalent, sodass man setzen kann:

$$W = Q$$

Gesucht: $\Delta T$
Gegeben: $V_W = 100\ \text{ml} \rightarrow m_W = 0{,}1\ \text{kg}$
$m_G = 5{,}0\ \text{kg}$
$h = 2{,}0\ \text{m}$
$g = 9{,}81\ \text{N/kg}$
$c = 4{,}19\ \frac{\text{kJ}}{\text{kg} \cdot \text{K}}$

*Lösung:*
Setzt man für die Arbeit $W = m_G \cdot g \cdot h$ und für die Wärme $Q = m_W \cdot c \cdot \Delta T$ ein, so erhält man:

$$m_G \cdot g \cdot h = m_W \cdot c \cdot \Delta T$$

Bei den Einheiten ist zu beachten: Kilojoule (kJ) sollte in Joule (J) umgerechnet werden. Außerdem gilt:
1 J = 1 Nm

Die Umstellung nach $\Delta T$ ergibt:

$$\Delta T = \frac{m_G \cdot g \cdot h}{m_W \cdot c}$$

$$\Delta T = \frac{5{,}0\ \text{kg} \cdot 9{,}81\ \text{N} \cdot 2{,}0\ \text{m} \cdot \text{kg} \cdot \text{K}}{0{,}1\ \text{kg} \cdot \text{kg} \cdot 4{,}19 \cdot 10^3\ \text{J}}$$

$$\underline{\Delta T = 0{,}23\ \text{K}}$$

*Ergebnis:*
Unter den angegebenen Bedingungen würde sich das Wasser um 0,2 K erwärmen.

## Berechnung der mechanischen Arbeit und der Wärme beim idealen Gas

Die nachfolgenden Betrachtungen beziehen sich auf das ideale Gas und die jeweils genannten Bedingungen. Sie sind näherungsweise auch auf reale Gase anwendbar.

### Mechanische Arbeit

In einem Zylinder, der durch einen Kolben abgeschlossen ist, befindet sich eine bestimmte Menge Gas. Der Kolben wird mit einer konstanten Kraft langsam um die kleine Wegstrecke $\Delta s$ hineingeschoben. Dabei wird mechanische Arbeit verrichtet. Der Druck im Gas soll zunächst als konstant angesehen werden. Für die mechanische Arbeit gilt bei konstanter Kraft (↗ S. 88):

$$W = F \cdot \Delta s$$

Mit $F = p \cdot A$ erhält man:

$$W = p \cdot A \cdot \Delta s$$

Der Term $A \cdot \Delta s$ ist gleich der Volumenänderung $\Delta V = V_2 - V_1$, sodass sich bei Beachtung des Vorzeichens bei Volumenverkleinerung ergibt:

$$W = -p \cdot \Delta V$$

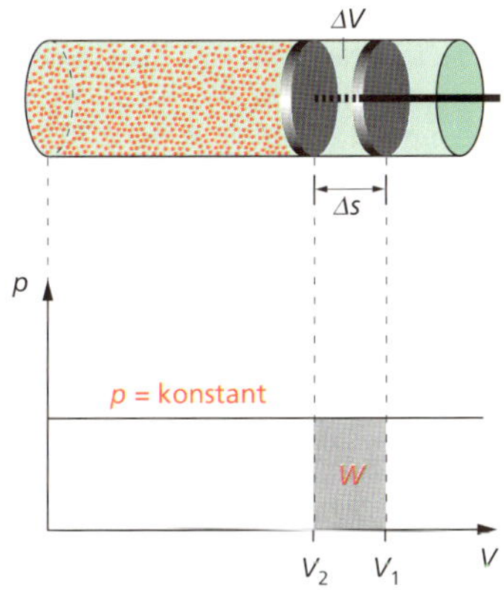


Ist der Druck nicht konstant, so gilt das auch für die Kraft. Demzufolge muss zur Berechnung der Arbeit die allgemeine Gleichung

$$W = \int_{s_1}^{s_2} F \, ds$$

genutzt werden. Durch die analogen Überlegungen wie oben erhält man:

$$W = -\int_{V_1}^{V_2} p\,(V) \mathrm{d}V$$

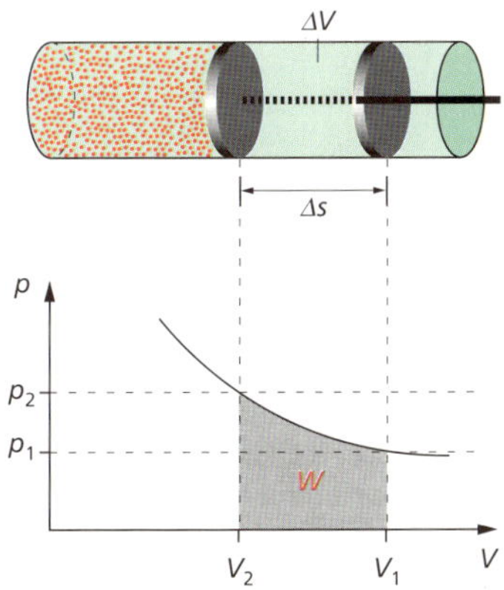


Das Beispiel bezieht sich auf einen isothermen Prozess ($T$ = konstant). Für einen solchen Prozess gilt (↗ S. 163):

$p \cdot V$ = konstant

Da sich durch die Arbeit, die am Gas oder vom Gas verrichtet wird, das Volumen des Gases ändert, bezeichnet man diese Art von Arbeit als **Volumenarbeit** oder als **Volumenänderungsarbeit.** Für das Vorzeichen gilt die ↗ S. 180 genannte Regelung.

Da Arbeit am System verrichtet wird, gilt für den beschriebenen Fall: $W > 0$

Die Volumenarbeit kann berechnet werden mit den Gleichungen

$W = -p \cdot \Delta V$ (für $p$ = konst.) *oder* $W = -\int_{V_1}^{V_2} p\,(V)\mathrm{d}V$

$p$ Druck im Gas $V$ Volumen des Gases

Eine in einer Luftpumpe eingeschlossene Luftmenge wird durch langsames Hineindrücken des Kolbens von 80 $cm^3$ auf 20 $cm^3$ komprimiert. Der anfängliche Druck beträgt 1000 hPa.

*a) Zeichnen Sie für diese Zustandsänderung das p-V-Diagramm!*
*b) Wie groß ist die zur Kompression erforderliche Arbeit?*

Eine langsame Kompression oder Expansion kann man näherungsweise als **isotherme Zustandsänderung** ansehen. Bei schneller Kompression liegt meist eine **adiabatische Zustandsänderung** vor.

*Analyse:*
Für eine isotherme Zustandsänderung ($T$ = konstant) gilt $p \cdot V$ = konstant oder $p_1 \cdot V_1 = p_2 \cdot V_2$. Daraus ergeben sich Wertepaare für $p$ und $V$. Die mechanische Arbeit kann man durch Auszählen der Fläche unter dem Graphen ermitteln oder mit der oben genannten Gleichung berechnen, wobei zu beachten ist, dass sich der Druck mit Veränderung des Volumens ändert.

*Lösung:*
a) Es ergeben sich z. B. folgende Wertepaare:

| **$V$ in $cm^3$** | 80 | 60 | 40 | 20 |
|---|---|---|---|---|
| **$p$ in hPa** | 1000 | 1333 | 2000 | 4000 |

Damit erhält man folgendes Diagramm:

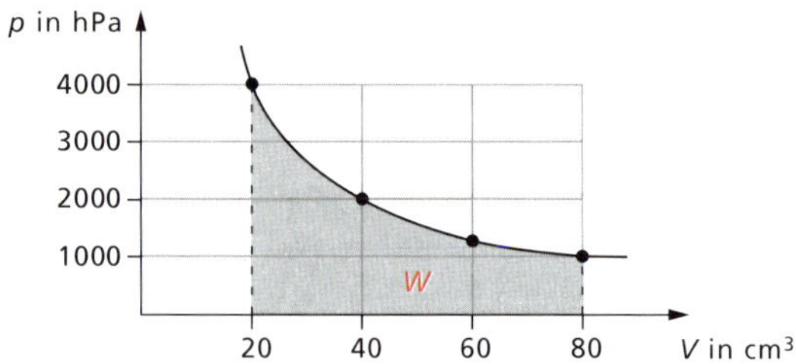


Es empfiehlt sich, die auf den Achsen abgetragenen Einheiten so umzurechnen, dass man eine gebräuchliche Einheit für die **mechanische Arbeit** erhält.

b) Durch Auszählen der Fläche unter dem Graphen erhält man für die mechanische Arbeit einen Betrag von etwa 11 Nm. Für die Berechnung ist folgende Gleichung anzuwenden:

$$W = -\int_{V_1}^{V_2} p\,(V)\mathrm{d}V$$

Mit $p\,(V) = \frac{p_1 \cdot V_1}{V}$ erhält man: $W = -p_1 \cdot V_1 \cdot \int_{V_1}^{V_2} \frac{1}{V}\mathrm{d}V$

Die Integration ergibt:

$$W = [-p_1 \cdot V_1 \cdot \ln V]_{V_1}^{V_2} = (-p_1 \cdot V_1) \cdot (\ln V_2 - \ln V_1)$$

$$W = -1000 \text{ hPa} \cdot 80 \text{ cm}^3 \cdot (-1{,}39)$$

$$\underline{\underline{W = 11{,}1 \text{ Nm}}}$$

*Ergebnis:*
Beim Komprimieren der Luft muss eine Arbeit von etwa 11 Nm verrichtet werden.

$\ln V_2 - \ln V_1 = \ln \frac{V_2}{V_1}$
Für die Einheiten gilt:
$1 \text{ hPa} \cdot 1 \text{ cm}^3$
$= 10^2 \text{ Pa} \cdot 10^{-6} \text{ m}^3$
$= 10^{-4} \frac{\text{N} \cdot \text{m}^3}{\text{m}^2}$
$= 10^{-4} \text{ Nm}$

### Wärme bei konstantem Volumen

Wir betrachten ein Gefäß mit unbeweglichem Kolben. Das Gas kann damit bei Wärmezufuhr nicht expandieren und daher auch keine mechanische Arbeit verrichten ($W = 0$). Wird Wärme auf das Gas übertragen, dann muss das nach dem 1. Hauptsatz zur Erhöhung der inneren Energie führen:

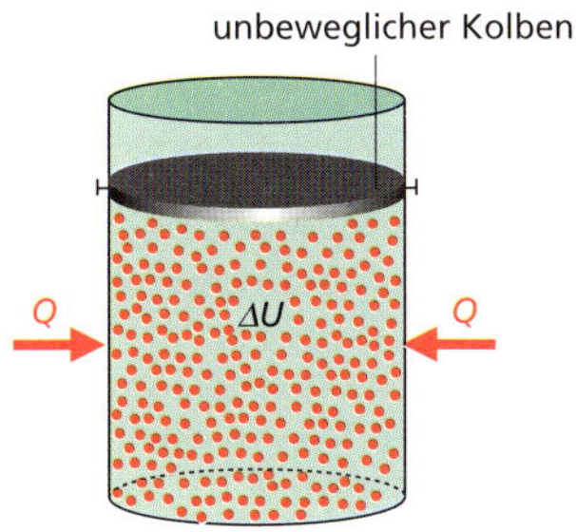


$$\Delta U = Q = m \cdot c_V \cdot \Delta T$$

Aus der **Zustandsgleichung des idealen Gases** (↗ S. 163) folgt für $V$ = konstant:

$\frac{p}{T}$ = konstant
oder
$p \sim T$

Mit Erhöhung der Temperatur nimmt folglich der Druck im Gas zu.

Für die spezifische Wärmekapazität muss derjenige Wert genommen werden, der experimentell bei konstantem Gasvolumen ermittelt wurde.

Unter der Bedingung, dass sich das Volumen eines Gases nicht ändert, gilt für die Änderung der inneren Energie $\Delta U$ des Gases:

$\Delta U = Q = m \cdot c_V \cdot \Delta T$

- $m$ Masse des Gases
- $c_V$ spezifische Wärmekapazität bei konstantem Volumen
- $\Delta T$ Temperaturdifferenz

### Wärme bei konstantem Druck

Führt man einem thermodynamischen System Wärme zu, dann wird sich nach dem 1. Hauptsatz im Allgemeinen seine innere Energie erhöhen und es wird infolge von Expansion mechanische Arbeit verrichten. Es gilt demzufolge bei Wärmezufuhr und konstantem Druck:

$$\Delta U = W + Q$$

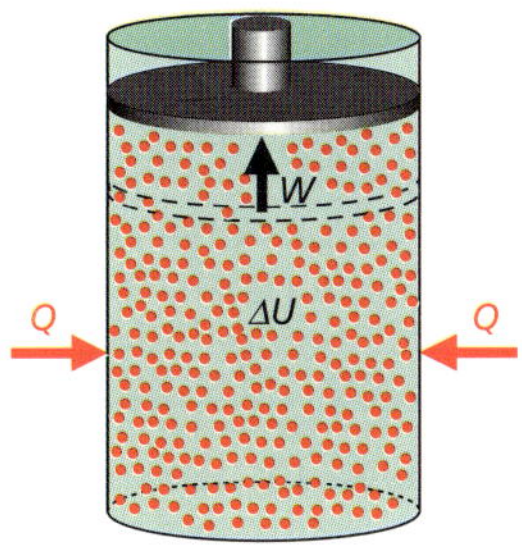


Aus der **Zustandsgleichung des idealen Gases** (↗ S. 163) folgt für $p$ = konstant:

$\frac{V}{T}$ = konstant
oder
$V \sim T$

Mit Erhöhung der Temperatur wächst folglich das Volumen des Gases.

Der Quotient $c_p : c_V$ wird als **Adiabatenexponent** bezeichnet. Für zweiatomige Gase hat er einen Wert von etwa 1,4. Die Differenz von $c_p$ und $c_V$ für ein Gas ist gleich der **spezifischen Gaskonstanten** $R_s$:

$$R_s = c_p - c_V$$

Die zugeführte Wärme kann wie üblich mit der Gleichung $Q = m \cdot c_p \cdot \Delta T$ berechnet werden.

Unter der Bedingung, dass sich der Druck in einem Gas nicht ändert, gilt für die zugeführte oder abgegebene Wärme $Q$:

$$Q = m \cdot c_p \cdot \Delta T$$

$m$ Masse des Gases
$c_p$ spezifische Wärmekapazität bei konstantem Druck
$\Delta T$ Temperaturdifferenz

**Der 1. Hauptsatz der Thermodynamik für verschiedene Zustandsänderungen des idealen Gases**

Das ideale Gas kann isochoren, isothermen, isobaren oder adiabatischen Zustandsänderungen (↗ S. 163 f.) unterliegen. Auf jede dieser Zustandsänderungen kann der 1. Hauptsatz der Thermodynamik angewendet werden. Es ergibt sich damit eine Aussage über das energetische Verhalten und die Austauschprozesse beim jeweiligen System.

**Isochore Zustandsänderung:** Bei einer solchen Zustandsänderung bleibt das Volumen $V$ = konstant. Daher wird auch keine Volumenarbeit verrichtet. Es ist also $W = 0$. Somit folgt aus dem 1. Hauptsatz:

$$\Delta U = Q = m \cdot c_V \cdot \Delta T$$

Das Treibgas in einer Sprayflasche kann nicht expandieren. Wird einer solchen Flasche Wärme zugeführt, dann erhöht sich die Temperatur und die innere Energie des Gases. Mit der Temperatur steigt ebenfalls der Gasdruck. Damit besteht bei zu großer Erwärmung Explosionsgefahr. Deshalb findet man auf solchen Flaschen den unbedingt einzuhaltenden Hinweis, dass sie keinesfalls Temperaturen über 50 °C ausgesetzt werden dürfen.

Unter ungünstigen Umständen kann eine fast leere Gasflasche gefährlicher auf Wärmezufuhr reagieren als eine gefüllte, weil gilt:

$$\Delta T \sim \frac{1}{m}$$

**Isotherme Zustandsänderung:** Bei einer solchen Zustandsänderung bleibt die Temperatur $T$ = konstant. Damit ändert sich auch die innere Energie nicht ($\Delta U = 0$). Daher wird die gesamte dem Gas zugeführte Wärme in mechanische Arbeit oder umgekehrt, die gesamte am Gas verrichtete Arbeit in Wärme umgewandelt. Aus $\Delta U = W + Q$ folgt mit $\Delta U = 0$:

$$Q = -W \qquad \text{oder} \qquad W = -Q$$

Wärme und Arbeit sind bei isothermen Zustandsänderungen entgegengesetzt gerichtet. Fließt Wärme in das System, dann verrichtet es mechanische Arbeit. Wird am System mechanische Arbeit verrichtet, dann gibt es Wärme an die Umgebung ab.

Ein Beispiel für einen solchen isothermen Prozess ist näherungweise die Ausdehnung des Dampfes im Kolben einer Dampfmaschine.

Die Gleichung zur Berechung der Arbeit kann man, ausgehend von der allgemeinen Arbeitsdefinition (↗ S. 90), herleiten.

Die Herleitungen der genannten Gleichungen für die mechanische Arbeit bei einer **isothermen Zustandsänderung** sind auf der CD unter dem Stichwort „isotherme Zustandsänderung" zu finden (↗ auch S. 184).

Bei einer isothermen Zustandsänderung des idealen Gases gilt für die mechanische Arbeit $W$:

$W = m \cdot R_s \cdot T \cdot \ln \frac{V_2}{V_1}$ oder $W = p_1 \cdot V_1 \cdot \ln \frac{V_2}{V_1}$

| | | | |
|---|---|---|---|
| $m$ | Masse des Gases | $p_1$ | Druck im Ausgangszustand |
| $R_s$ | spezifische Gaskonstante | $V_1$ | Volumen im Ausgangszustand |
| $T$ | Temperatur des Gases | $V_2$ | Volumen im Endzustand |

**Isobare Zustandsänderung:** Bei einer solchen Zustandsänderung bleibt der Druck $p$ = konstant. Man kann eine isobare Zustandsänderung modellhaft in drei Teilschritte zerlegen:

Ein Beispiel für eine **isobare Zustandsänderung** ist die Erwärmung der Luft in einem Zimmer.

a) Dem Gas wird bei konstantem Druck Wärme zugeführt:

$$Q = m \cdot c_p \cdot \Delta T$$

b) Durch die Wärmezufuhr erhöht sich zunächst die innere Energie des Gases bei konstantem Volumen:

$$\Delta U = m \cdot c_V \cdot \Delta T$$

c) Anschließend führt die Temperaturerhöhung im Gas zu einer Expansion, bei der vom Gas mechanische Arbeit verrichtet wird:

$$W = -p \cdot \Delta V$$

In der Realität laufen diese drei Teilschritte gleichzeitig ab. Das Resultat ist jedoch mit dem betrachteten Modellvorgang identisch. Damit ergibt sich aus dem 1. Hauptsatz $\Delta U = Q + W$:

$$m \cdot c_V \cdot \Delta T = m \cdot c_p \cdot \Delta T - p \cdot \Delta V$$

In einem Zylinder mit beweglichem Kolben sind 5 kg trockene Luft eingeschlossen. Welche Arbeit wird verrichtet, wenn diese Luft im Zylinder von 15 °C auf 60 °C erwärmt wird?

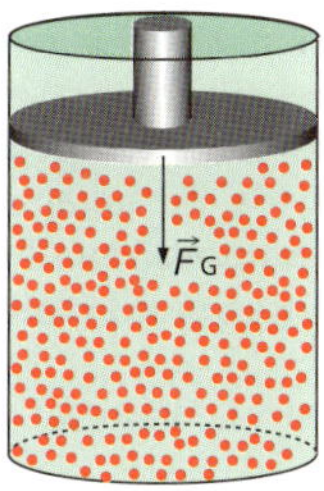


*Analyse:*
Wir gehen davon aus, dass die Zustandsänderung isobar verläuft, der Druck also konstant bleibt, da er nur durch die Gewichtskraft des beweglichen Kolbens bestimmt wird. Damit kann die oben genannte Gleichung für eine isobare Zustandsänderung angewendet werden. Zu beachten ist dabei, dass bei Erwärmung die Arbeit vom Gas verrichtet wird. Die spezifischen Wärmekapazitäten für Luft bei konstantem Druck und konstantem Volumen müssen einem Tabellenwerk entnommen werden.
Angenommen wird auch, dass sich der Kolben im Zylinder reibungsfrei bewegt.

Nur trockene Luft verhält sich näherungsweise wie das **ideale Gas.** Bei Luft mit bestimmter Luftfeuchtigkeit treten z. B. durch Kondensation und Verdunstung zusätzliche Effekte auf, die beim Wetter eine erhebliche Rolle spielen.

Für Temperaturdifferenzen gilt:

$\Delta\vartheta = \Delta T$

Gesucht: $W$

Gegeben:
$m = 5\ \text{kg}$
$\vartheta_1 = 15\ °\text{C}$
$\vartheta_2 = 60\ °\text{C} \rightarrow \Delta T = 45\ \text{K}$
$c_p = 1{,}01\ \frac{\text{kJ}}{\text{kg} \cdot \text{K}}$
$c_V = 0{,}72\ \frac{\text{kJ}}{\text{kg} \cdot \text{K}}$

Lösung:

$$\Delta U = Q + W$$
$$m \cdot c_V \cdot \Delta T = m \cdot c_p \cdot \Delta T + W$$

Die Umstellung nach der Arbeit $W$ ergibt:

$$W = m \cdot c_V \cdot \Delta T - m \cdot c_p \cdot \Delta T = m \cdot \Delta T\,(c_V - c_p)$$
$$W = 5\ \text{kg} \cdot 45\ \text{K} \cdot (0{,}72 - 1{,}01)\ \frac{\text{kJ}}{\text{kg} \cdot \text{K}}$$
$$W = -65{,}3\ \text{kJ}$$

Für die Einheiten gilt:

1 kJ = 1 000 J
1 J = 1 Nm

*Ergebnis:*
Vom Gas im Zylinder wird beim Erwärmen der Luft um 45 K eine Arbeit von ca. −65 300 Nm verrichtet. Das negative Vorzeichen bedeutet: Es wird Arbeit vom Gas verrichtet.

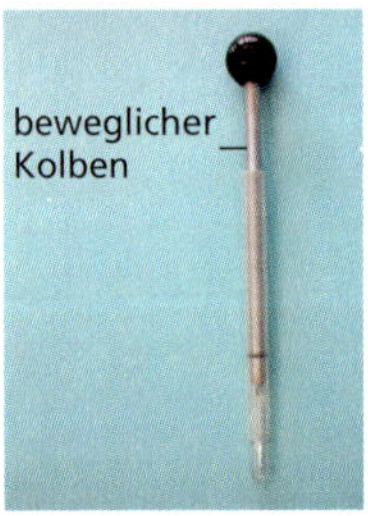


In einem pneumatischen Feuerzeug wird durch sehr schnelles Hineinstoßen eines Kolbens eine solche Temperatur erreicht, dass sich ein benzingetränkter Wattebausch entzündet und sich dann das Gas explosionsartig ausdehnt.

**Adiabatische Zustandsänderung:** Bei einer solchen Zustandsänderung erfolgt kein Wärmeaustausch mit der Umgebung. Es gilt also $Q = 0$. Das ist über einen längeren Zeitraum hinweg technisch schwer realisierbar. Es gibt aber eine Reihe schnell ablaufender Prozesse, die sich in guter Näherung adiabatisch verhalten, weil dem physikalischen System keine Zeit bleibt, einen größeren Anteil Wärme durch Wärmeleitung, Wärmeströmung oder Wärmestrahlung mit der Umgebung auszutauschen.

Im Zylinder eines **Dieselmotors** wird das gasförmige Kraftstoff-Luft-Gemisch schlagartig und damit nahezu adiabatisch verdichtet. Dabei erhöht sich seine innere Energie und damit seine Temperatur bis zur Zündtemperatur des Kraftstoff-Luft-Gemisches. Weitere Beispiele für adiabatische Kompression findet man bei Turbinen und Kompressoren. Auch in einem **pneumatischen Feuerzeug** (Bild links) findet eine adiabatische Kompression statt.

Aus dem 1. Hauptsatz der Thermodynamik $\Delta U = W + Q$ folgt mit $Q = 0$:

$$\Delta U = W$$

Bei einer **adiabatischen Kompression** vergrößert sich die innere Energie und damit die Temperatur z. T. erheblich, wie die Beispiele Dieselmotor und pneumatisches Feuerzeug zeigen. Die Vergrößerung der inneren Energie ist gleich der am System verrichteten Arbeit. Bei einer **adiabatischen Expansion** verringert sich dagegen die innere Energie und damit die Temperatur. Die Verringerung der inneren Energie ist gleich der vom System verrichteten Arbeit.

**Zustandsänderungen des idealen Gases im Überblick**

| **Zustandsänderung** | **energetischen Verhalten des Systems** | **Verhalten von Druck, Volumen und Temperatur** | **Beispiele für Energieströme** |
|---|---|---|---|
| isochor<br>($V$ = konstant) | $W = 0$<br>$\Delta U = Q$<br>mit $Q = m \cdot c_V \cdot \Delta T$<br><br>Wärme wird in innere Energie oder innere Energie wird in Wärme umgewandelt. | $V$ = konstant<br>$\frac{p}{T}$ = konstant<br><br>Bei Wärmezufuhr vergrößern sich $p$ und $T$, bei Wärmeabgabe verkleinern sie sich. | Erwärmung des Gases in einer Gasflasche<br>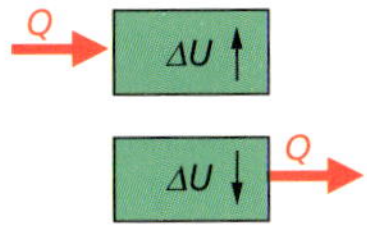 |
| isotherm<br>($T$ = konstant) | $\Delta U = 0$<br>$Q = -W$ oder $W = -Q$<br><br>Wärme wird in mechanische Arbeit oder mechanische Arbeit wird in Wärme umgewandelt. | $T$ = konstant<br>$p \cdot V$ = konstant<br><br>Bei Wärmezufuhr nimmt $V$ zu und $p$ ab, bei Wärmeabgabe nimmt $p$ zu und $V$ ab. | Ausdehnung des Dampfes im Kolben einer Dampfmaschine<br>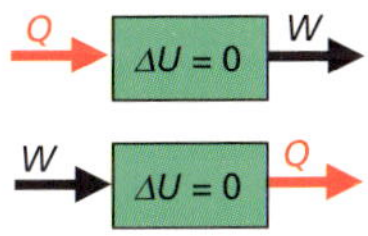 |
| isobar<br>($p$ = konstant) | $\Delta U = Q + W$<br>mit<br>$\Delta U = m \cdot c_V \cdot \Delta T$<br>$Q = m \cdot c_p \cdot \Delta T$<br>$W = -p \cdot \Delta V$<br><br>Es gibt unterschiedliche Möglichkeiten, z. B. Wärme wird in innere Energie und Arbeit umgewandelt. | $p$ = konstant<br>$\frac{V}{T}$ = konstant<br><br>Bei Wärmezufuhr werden $V$ und $T$ größer, bei Wärmeabgabe kleiner. | Erwärmung der Luft in einem Zimmer<br>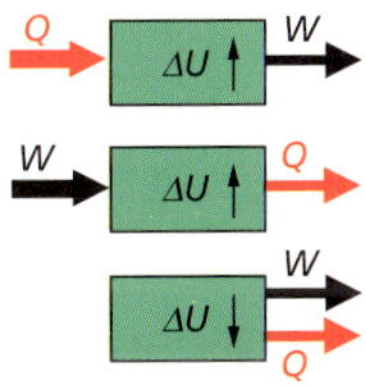 |
| adiabatisch<br>($Q = 0$) | $Q = 0$<br>$\Delta U = W$<br><br>Innere Energie wird in mechanische Arbeit oder mechanische Arbeit in innere Energie umgewandelt. | $\frac{p \cdot V}{T}$ = konstant<br>(alle drei Größen ändern sich)<br><br>Bei mechanischer Arbeit am System wachsen $p$ und $T$, $V$ nimmt ab. | Verdichtungstakt bei einem Verbrennungsmotor<br>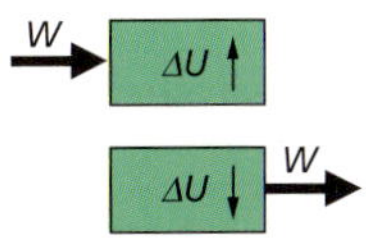 |

## 3.4.2 Kreisprozesse

Die ersten Versuche zur Konstruktion einer Dampfmaschine machte der Franzose DENIS PAPIN (1627–1712) um 1690, lange bevor der 1. Hauptsatz bekannt war. Eine Weiterentwicklung war die atmosphärische Dampfmaschine des Engländers THOMAS NEWCOMEN (1663–1729). Bedeutende Fortschritte erzielte im 18. Jahrhundert der schottische Techniker JAMES WATT (1736–1819).

Aus dem 1. Hauptsatz der Thermodynamik folgt: Durch Zufuhr von Wärme kann man erreichen, dass ein thermodynamisches System seine innere Energie ändert oder mechanische Arbeit verrichtet. Diese Einsicht ermöglicht die Konstruktion von Maschinen, die bei Wärmezufuhr mechanische Arbeit verrichten. Man bezeichnet solche Maschinen als **Wärmekraftmaschinen.**

Beispiele für Wärmekraftmaschinen sind die historisch bedeutsamen **Dampfmaschinen,** die in Kraftwerken genutzten **Dampfturbinen** und **Gasturbinen,** die verschiedenen Arten von **Motoren** (Ottomotor, Dieselmotor, Heißluftmotor), die in Flugzeugen genutzten **Strahltriebwerke** sowie auch **Kühlmaschinen.**

Damit in einer solchen Wärmekraftmaschine kontinuierlich Wärme in mechanische Arbeit umgewandelt wird, müssen in ihr periodische Vorgänge so ablaufen, dass
- immer wieder der Ausgangszustand hergestellt wird und
- dabei mechanische Arbeit abgegeben wird.

Das ist nur durch eine geschickte Abfolge verschiedener Zustandsänderungen möglich.

Dabei ist zwischen realen Kreisprozessen (z. B. beim Ottomotor) und idealen Kreisprozessen (für das ideale Gas) zu unterscheiden.

Man bezeichnet eine Abfolge von Zustandsänderungen, bei der wieder der Ausgangszustand erreicht wird, als **Kreisprozess.** Nach einem vollständigen Kreisprozess gilt: Die Änderungen von Temperatur, Druck, Volumen und innerer Energie sind null.

Solche Kreisprozesse laufen in allen Wärmekraftmaschinen ab.

### Der carnotsche Kreisprozess

Benannt ist dieser Kreisprozess nach dem französischen Wissenschaftler SADI CARNOT (1796–1832).

Bei allen Wärmekraftmaschinen wird ein möglichst hoher Wirkungsgrad angestrebt. S. CARNOT fand und beschrieb einen idealen Kreisprozess, der unter allen möglichen dieser Prozesse den größten Wirkungsgrad besitzt. Der **carnotsche Kreisprozess** setzt sich aus vier Zustandsänderungen zusammen, die in der nachfolgenden Übersicht beschrieben sind.

| Zustandsänderung | Beschreibung des Vorganges | Darstellung |
|---|---|---|
| 1. Isotherme Expansion | Ein Zylinder mit beweglichem Kolben wird mit einer Wärmequelle verbunden. $Q_1$ wird auf das Gas übertragen. Es dehnt sich bei der Temperatur $T_1$ aus und verrichtet die Arbeit $W_1$. | |
| 2. Adiabatische Expansion | Das Gas im Zylinder dehnt sich adiabatisch aus. Seine Temperatur verringert sich auf $T_2$, es wird die Arbeit $W_2$ verrichtet. | |
| 3. Isotherme Kompression | Am Gas wird die Arbeit $W_3$ verrichtet. Bei der Temperatur $T_2$ wird die entstehende Wärme $Q_3$ an die Umgebung abgegeben. | |
| 4. Adiabatische Kompression | Am Gas wird die Arbeit $W_4$ verrichtet. Die Temperatur erhöht sich auf den Anfangswert $T_1$. Damit ist der Ausgangszustand wieder erreicht. | |

Die Zustandsänderungen kann man in einem $p$-$V$-Diagramm darstellen:

- Die Fläche unter ABC entspricht der bei Expansion verrichteten Arbeit.
- Die Fläche unter CDA entspricht der bei Kompression zugeführten Arbeit.
- Die Differenz beider Flächen (grau markiert) ergibt die nach außen abgegebene Arbeit $W$.

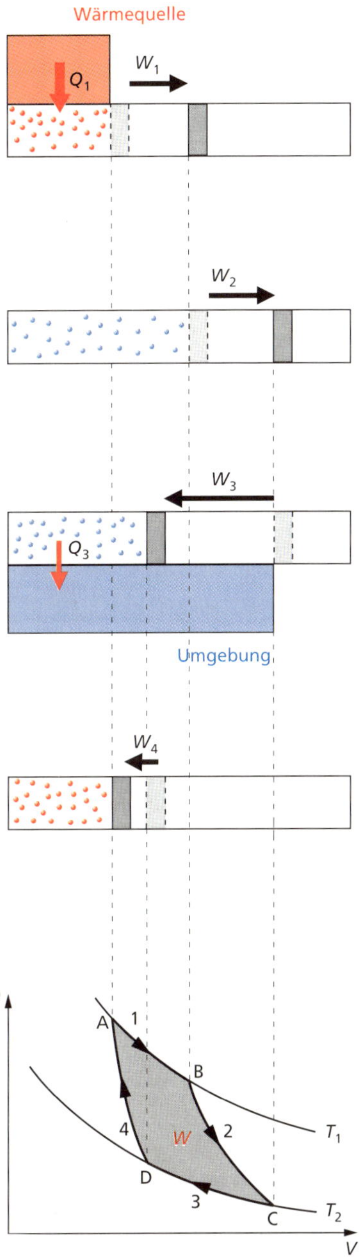

Insgesamt wird beim carnotschen Kreisprozess nur ein Teil der zugeführten Wärme in mechanische Arbeit umgewandelt. Diese Aussage gilt für beliebige Kreisprozesse bei Wärmekraftmaschinen.

Bei einem Kreisprozess erfolgt die Umwandlung von Wärme in mechanische Arbeit nie vollständig, sondern stets nur teilweise.

**Weitere Kreisprozesse**

Benannt ist dieser Kreisprozess nach dem schottischen Pfarrer und Gelehrten ROBERT STIRLING (1790–1868). Er wird beim STIRLING-Motor, auch Heißluftmotor genannt, genutzt. Dabei ist zu beachten: Meist wird heute als Arbeitsstoff nicht Luft, sondern Helium genutzt.

Neben dem carnotschen Kreisprozess gibt es weitere Kreisprozesse, die bei Wärmekraftmaschinen genutzt werden. Das sind z. B. der **stirlingsche Kreisprozess,** der **Gasturbinenprozess** oder der Kreisprozess bei einem **Viertakt-Verbrennungsmotor**. Der besonders einfach überschaubare **stirlingsche Kreisprozess,** ebenfalls ein idealer Kreisprozess, stellt eine Abfolge von isothermen und isochoren Zustandsänderungen dar.

1. In einem Zylinder wird Gas der Temperatur $T_1$ Wärme zugeführt. Das Gas expandiert isotherm unter Verrichtung mechanischer Arbeit vom Volumen $V_1$ auf das Volumen $V_2$ (siehe $p$-$V$-Diagramm unten).

2. Das Gas wird isochor unter Abgabe von Wärme auf die Temperatur $T_2$ abgekühlt.

3. Am Gas wird mechanische Arbeit verrichtet. Dabei wird es solange komprimiert, bis es das Ausgangsvolumen $V_1$ wieder erreicht hat. Bei der isothermen Kompression muss es Wärme an die Umgebung abgeben.

4. Durch Zufuhr von Wärme wird das Gas isochor auf die Anfangstemperatur $T_1$ erwärmt. Damit ist der Ausgangszustand wieder erreicht.

Der Vorteil eines nach dem stirlingschen Kreisprozess arbeitenden **Heißluftmotors** (Foto links) besteht in seinem einfachen Aufbau und in dem hohen Wirkungsgrad, der Nachteil in der geringen Leistung. Solche Heißluftmotoren werden gegenwärtig nur in speziellen Bereichen genutzt, z. B. in Kombination mit Solaranlagen.

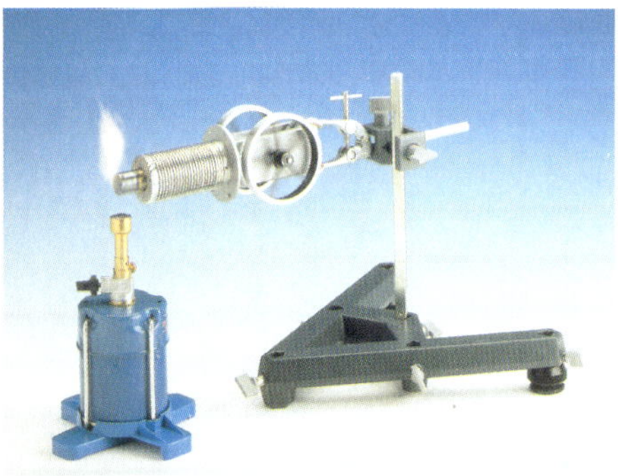

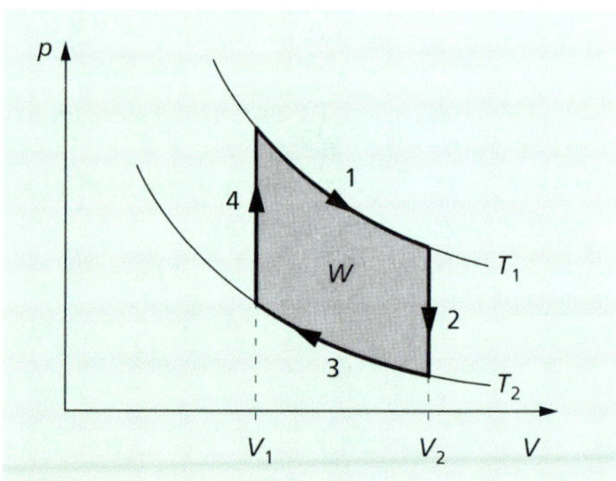

### Der thermische Wirkungsgrad

Wärmekraftmaschinen sind Energiewandler, bei denen Wärme zugeführt und mechanische Arbeit verrichtet wird.

> Der Wirkungsgrad einer Wärmekraftmaschine gibt an, welcher Anteil der zugeführten Wärme als mechanische Arbeit genutzt werden kann.
>
> $\eta = \frac{W}{Q}$ $W$ verrichtete Arbeit $Q$ zugeführte Wärme

Weitere Hinweise zum **Wirkungsgrad** sind ↗ S. 92 zu finden. Der Begriff „thermischer Wirkungsgrad" verdeutlicht nur die Anwendung auf einen speziellen Bereich der Thermodynamik.

Untersuchungen zeigen, dass der Wirkungsgrad von Wärmekraftmaschinen nur von den Temperaturen $T_1$ und $T_2$ (*p-V*-Diagramme ↗ S. 191, 192) abhängig ist, bei denen Wärme zugeführt bzw. abgegeben wird. Für den **maximalen Wirkungsgrad,** der bei Kreisprozessen erreicht wird, gilt:

> Der thermische Wirkungsgrad einer Wärmekraftmaschine kann berechnet werden mit den Gleichungen
>
> $\eta = 1 - \frac{T_2}{T_1}$ oder $\eta = 1 - \frac{|Q_{ab}|}{Q_{zu}}$
>
> $T_1$ Temperatur bei Wärmezufuhr $Q_{ab}$ abgegebene Wärme
> $T_2$ Temperatur bei Wärmeabgabe $Q_{zu}$ zugeführte Wärme

Die **Temperatur** $T_1$ ist höher als die Temperatur $T_2$. Demzufolge ist

$\frac{T_2}{T_1} < 1$

und damit der **Wirkungsgrad** stets positiv und kleiner 1.

Der Wirkungsgrad ist demzufolge besonders hoch, wenn die Temperatur $T_1$ möglichst hoch und die Temperatur $T_2$ möglichst niedrig ist, die Temperaturdifferenz also möglichst groß ist. Darüber hinaus ist zu beachten: Die angegebenen Gleichungen gelten nur für einen idealen Kreisprozess. Reale Wärmekraftmaschinen besitzen infolge der Reibung und der Wärmeverluste einen z. T. wesentlich niedrigeren Wirkungsgrad.

Beträgt z. B. bei einem Dieselmotor $\vartheta_1 = 650\,°C$ und $\vartheta_2 = 120\,°C$, so erhält man als Wirkungsgrad:

$$\eta = 1 - \frac{393\ K}{923\ K} = 0{,}57$$

Der real erreichte Wirkungsgrad liegt aber nur bei etwa 0,4 oder 40 %.

Einzusetzen ist immer die absolute Temperatur in Kelvin:

0 °C = 273 K

### Wärmepumpen

Eine Wärmekraftmaschine, die mechanische Arbeit verrichten soll, nimmt bei hoher Temperatur Wärme auf, verrichtet mechanische Arbeit und gibt bei tiefer Temperatur Wärme ab. Es lassen sich auch Maschinen bauen, mit deren Hilfe man diesen Wärme- und Arbeitsfluss umkehren kann. Die Maschinen nehmen bei tiefer Temperatur Wärme auf, ihnen fließt mechanische Arbeit zu und sie geben bei einer höheren Temperatur Wärme ab. Solche Maschinen werden als **Wärmepumpen** bezeichnet. Der Energiefluss bei diesen beiden Arten von Maschinen ist S. 194 oben gegenübergestellt.

**Wärmepumpen** werden in zunehmendem Maße vor allem zur Heizung von Gebäuden genutzt. Die Wärme wird dem Grundwasser, dem Boden oder der Luft entnommen.

| **Energiefluss bei einer Wärmekraftmaschine, die Arbeit verrichten soll.** | **Energiefluss bei einer Wärmepumpe, bei der Arbeit zugeführt wird.** |
| --- | --- |
| 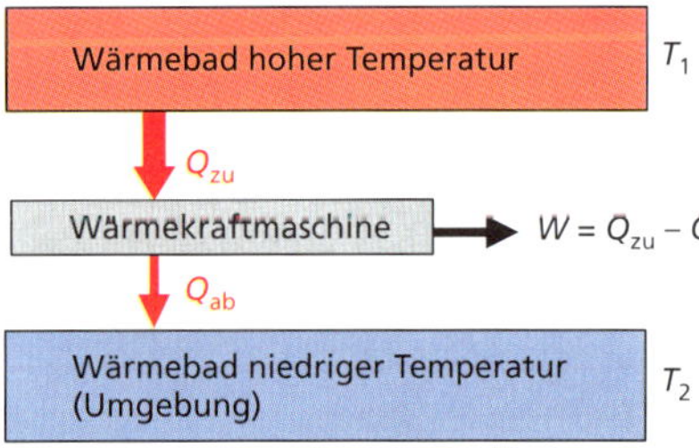  | 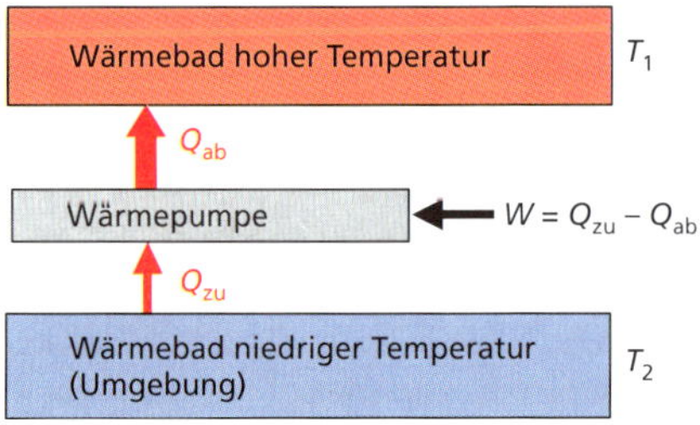  |

Eine Wärmepumpe durchläuft wie Wärmekraftmaschinen einen Kreisprozess mit vier Zustandsänderungen:

1. Ein Arbeitsstoff der Temperatur $T_1$ nimmt Wärme aus der Umgebung auf und vergrößert isotherm sein Volumen.
2. Anschließend wird der Arbeitsstoff durch einen Kompressor schnell und damit nahezu adiabatisch verdichtet, wobei seine Temperatur auf den Wert $T_2$ ansteigt. Dazu muss Kompressionsarbeit (Volumenarbeit) verrichtet werden.
3. Bei der höheren Temperatur $T_2$ gibt der Arbeitsstoff Wärme ab und wird weiter isotherm verdichtet.
4. Anschließend wird der Arbeitsstoff schlagartig und damit wieder nahezu adiabatisch entspannt und kühlt auf die Ausgangstemperatur $T_1$ ab.

**Wärmepumpen** und **Kühlschränke** besitzen den gleichen grundsätzlichen Aufbau. Während aber eine Wärmepumpe im Außenraum Wärme aufnimmt und sie mit höherer Temperatur im Innenraum abgibt, wird bei einem Kühlschrank innen Wärme aufgenommen und an die Umgebung abgegeben, also Wärme von innen nach außen transportiert.

Der Stoff- und Energiefluss und das *p-V*-Diagramm dieses Prozesses sind in den Skizzen unten dargestellt. Der Vergleich mit dem carnotschen Kreisprozess (↗ S. 190 f.) zeigt: Die hier beschriebene Wärmepumpe durchläuft den carnotschen Kreisprozess in umgekehrter Richtung.
Reale Wärmepumpen arbeiten meist mit schon bei niedrigen Temperaturen verdampfenden bzw. kondensierenden Arbeitsstoffen, da beim Sieden bzw. Kondensieren besonders viel Wärme vom Arbeitstoff aufgenommen bzw. abgegeben werden kann.

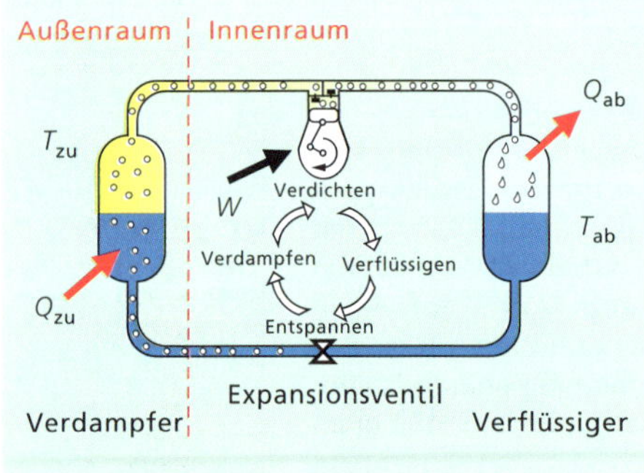


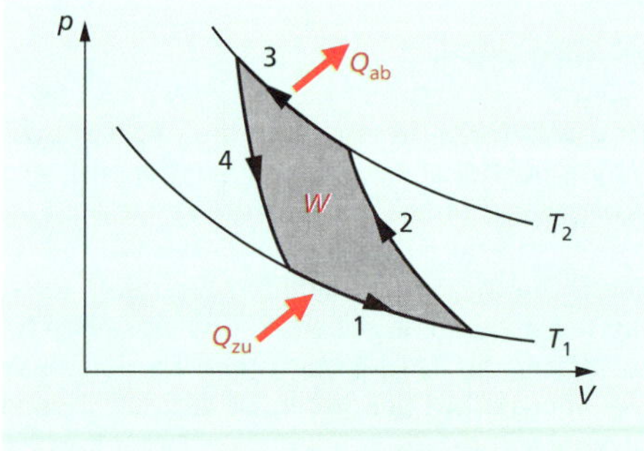

**Ottomotor**

Ottomotoren, benannt nach dem deutschen Erfinder NIKOLAUS AUGUST OTTO (1832–1891), gibt es als Zweitakt- und als Viertaktmotoren. Sie werden zum Antrieb von Motorrädern, Pkw, Booten usw. genutzt.
Die wichtigsten Teile eine Ottomotors sind in der Skizze dargestellt.

Den ersten mit einem Benzinmotor betriebenen „Motorwagen" konstruierten im Jahre 1886 CARL BENZ (1844–1929), GOTTLIEB DAIMLER (1834–1900) und WILHELM MAYBACH (1846–1929).

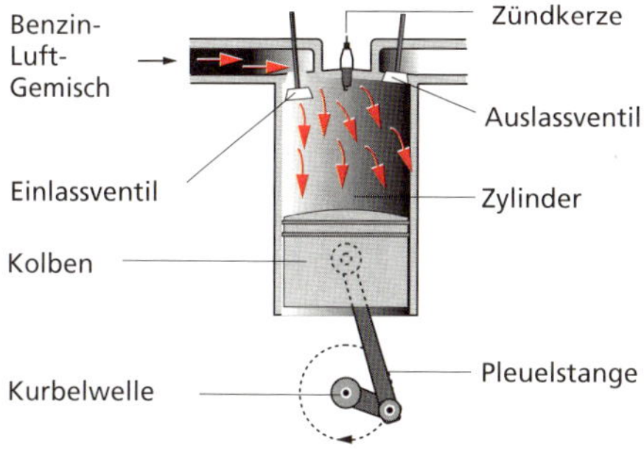


Bei einem Ottomotor wird im Vergaser ein Benzin-Luft-Gemisch erzeugt und in den Zylinder eingebracht. Dieses Benzin-Luft-Gemisch wird im Zylinder durch elektrische Funken zwischen den Elektroden der Zündkerze gezündet. Es verbrennt, dehnt sich dabei aus und bewegt den Kolben.
Die Skizzen zeigen die prinzipielle Wirkungsweise eines Viertakt-Ottomotors.

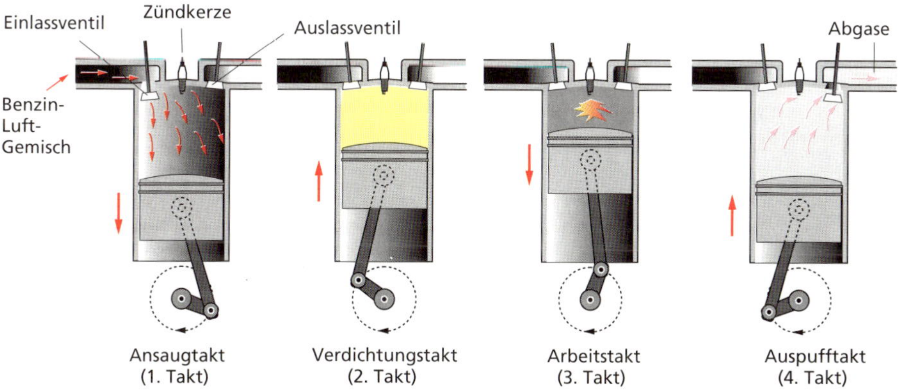


Ottomotoren gibt es auch als **Zweitaktmotoren.** Sie werden z. B. bei Mopeds und bei Motorrädern genutzt. Die wesentlichen Unterschiede gegenüber dem Viertaktmotor bestehen darin, dass

- aufgrund einer anderen Zylinderkonstruktion auf die Ventile verzichtet werden kann,
- das Ansaugen und Verdichten (1. Takt), sowie das Verrichten von Arbeit und das Ausstoßen der Abgase (2. Takt) in insgesamt 2 Takten erfolgt.

Eine weitere Art von Verbrennungsmotor ist der Wankelmotor, benannt nach seinem Erfinder FELIX WANKEL (1902–1988).

## Dieselmotor

Der erste Dieselmotor wurde 1897 konstruiert. Ab 1923 wurden die ersten Lkw und ab 1935 die ersten Pkw mit Dieselmotor gebaut. Der erste Pkw mit einem solchen Motor war der Mercedes-Benz 260 D.

Eine weitere Art von Motor ist der **Heißluftmotor** oder **Stirlingmotor** (↗ S. 192).

Dieselmotoren, benannt nach dem deutschen Erfinder RUDOLF DIESEL (1858–1913), gibt es ebenfalls als Zweitakt- und Viertaktmotoren. Sie werden u. a. zum Antrieb von Pkw, Lkw und Schiffen genutzt.

Im Unterschied zum Ottomotor besitzt der Dieselmotor keine Zündkerze und keinen Vergaser.

Vielmehr wird die im Zylinder angesaugte Luft so stark verdichtet, dass ihre Temperatur auf 500 °C bis 700 °C steigt. Bei dieser Temperatur wird der Treibstoff (Diesel) mithilfe einer Einspritzpumpe in den Zylinder eingespritzt. Der Treibstoff entzündet sich und verbrennt.

Die nachfolgenden Skizzen zeigen die prinzipielle Wirkungsweise eines Viertakt-Dieselmotors.

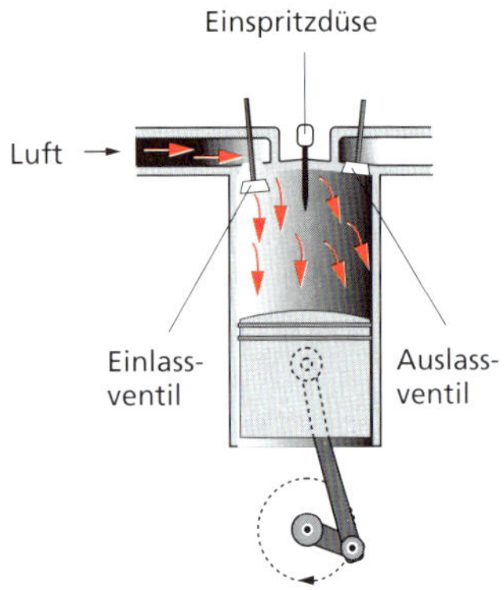


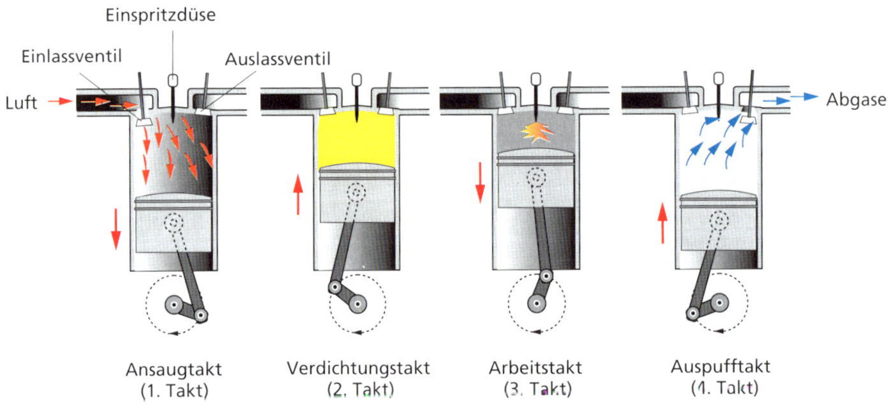


## Dampfmaschine

JAMES WATT erfand u. a. den Fliehkraftregler, den Kondensator zur Abkühlung des Dampfes und ein Getriebe zur Umwandlung der Hin- und Herbewegung in eine Drehbewegung.

Eine historisch bedeutsame Wärmekraftmaschine ist die **Dampfmaschine,** die von dem Engländer JAMES WATT (1776–1819) so weiterentwickelt wurde, dass sie als Antriebsmaschine genutzt werden konnte. Umfangreich verwendet wurde sie z. B. bei Dampflokomotiven, aber auch als Antriebsmaschine in Fabriken, im Bergbau und bei Schiffen.

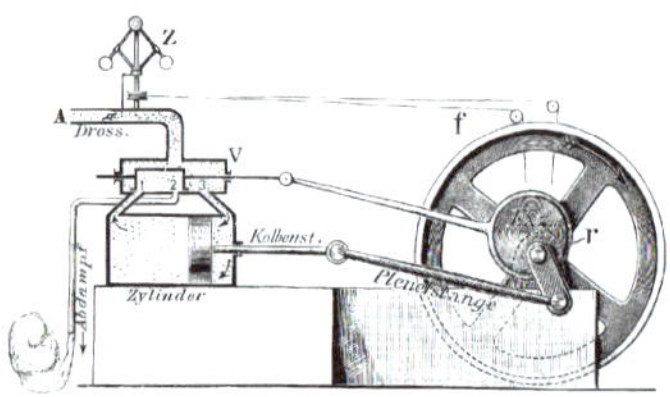

## 3.4.3 Der 2. und 3. Hauptsatz der Thermodynamik

### Reversible und irreversible Vorgänge

In einem Gedankenexperiment lassen wir zwei verschiedene Kugeln aus der gleichen Höhe zu Boden fallen. Die eine Kugel bestehe aus völlig elastischem Gummi, die andere aus Knetmasse. Während die eine Kugel annähernd wieder ihren Ausgangszustand erreicht, bleibt die andere Kugel am Boden liegen.

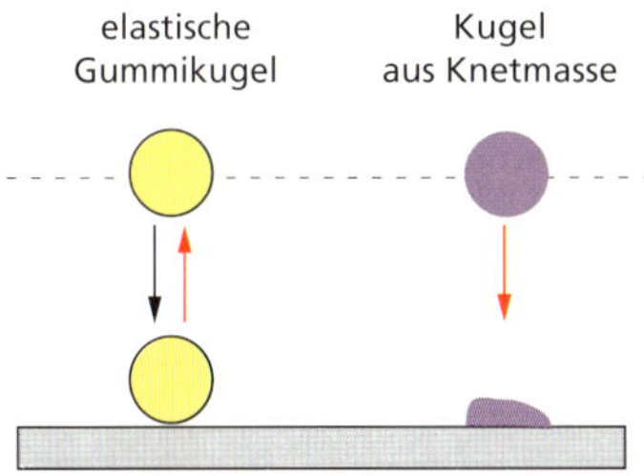


Vorgänge in Natur und Technik, die von einem Ausgangszustand aus von allein wieder zu diesem Ausgangszustand führen, bezeichnet man als **reversible Vorgänge.**

Statt von reversiblen Vorgängen spricht man auch von **umkehrbaren Vorgängen.** Würde man einen solchen Vorgang filmen und den Film rückwärts ablaufen lassen, dann würde man keinen Unterschied zum tatsächlichen Vorgang erkennen.

Die Bewegung der Kugel aus elastischem Gummi, die Schwingungen eines Federschwingers über einen kürzeren Zeitraum hinweg oder die Bewegung der Erde um die Sonne sind Vorgänge, bei denen nach einer bestimmten Zeit der Ausgangszustand von allein wieder erreicht wird. Es sind näherungsweise reversible Vorgänge.

Neben diesen reversiblen Vorgängen gibt es auch viele Prozesse, die von selbst nur in einer bestimmten Richtung ablaufen. Ein Beispiel ist die oben dargestellte Kugel aus Knetmasse: Es ist nie beobachtet worden, dass eine unelastisch verformte Kugel von allein wieder ihre ursprüngliche Gestalt annimmt und in die Ausgangslage zurückkehrt.

Vorgänge in Natur und Technik, die von einem Ausgangszustand aus unbeeinflusst in einer bestimmten Richtung ablaufen und bei denen von allein der Ausgangszustand nicht wieder ereicht wird, nennt man **irreversible Vorgänge.**

Statt von irreversiblen Vorgängen spricht man auch von **nicht umkehrbaren Vorgängen.** Solche Vorgänge sind immer mit einer Abgabe von Wärme an die Umgebung verbunden.

Die Fotos zeigen Beispiele für solchen irreversiblen Vorgänge.

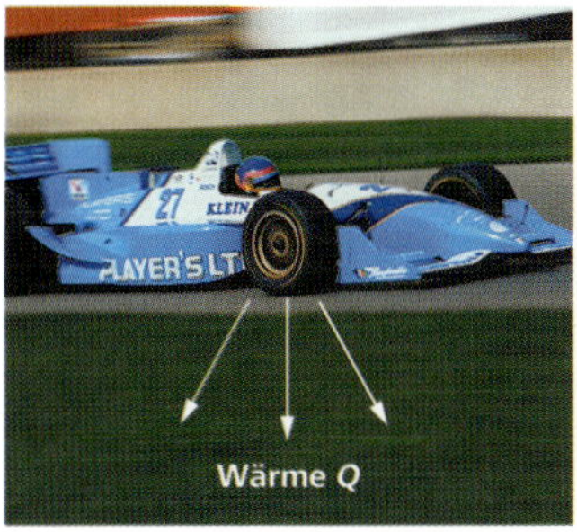


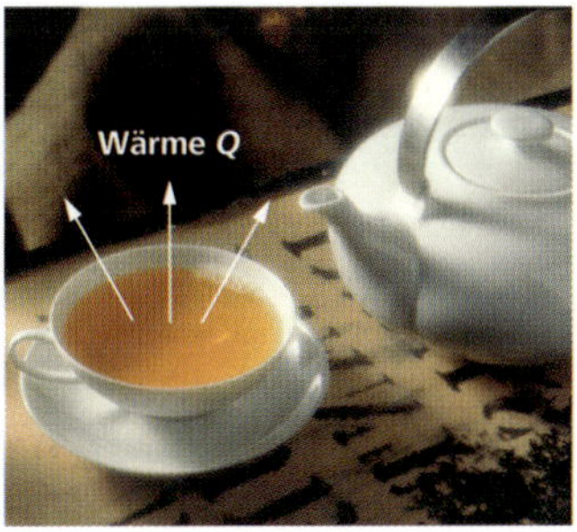

Ein Auto bremst ab (↗ Bild S. 197). Die an den Bremsbacken freigesetzte Reibungswärme wird an die Umgebung abgegeben. Aber noch nie wurde beobachtet, dass die Bremsen des Fahrzeuges aus der Umgebung Wärme aufnehmen und diese in Bewegungsenergie des Fahrzeuges umwandeln.
Eine Tasse mit heißem Tee (↗ Bild S. 197) kühlt langsam ab. Auch dabei wird Wärme an die Umgebung abgegeben. Der umgekehrte Prozess - die Aufnahme von Wärme aus der Umgebung und die Erwärmung des Tees über die Umgebungstemperatur - tritt nicht auf.

Auch bei irreversiblen Vorgängen lässt sich der Ausgangszustand wieder herstellen. Beim Auto müsste man Kraftstoff verbrennen, um es zu beschleunigen. Beim Tee müsste Wärme zugeführt werden. Das sind aber Vorgänge, die nicht von allein erfolgen.
Betrachtet man reversible und irreversible Vorgänge aus energetischer Sicht, dann gilt: Alle diese Vorgänge genügen dem Energieerhaltungssatz und speziell dem 1. Hauptsatz der Thermodynamik. Es gilt aber auch:

Für reversible Vorgänge gilt der Energieerhaltungssatz der Mechanik. Genauere Untersuchungen zeigen aber: Reversible Vorgänge treten nur als Grenzfälle irreversibler Vorgänge auf.

Der Energieerhaltungssatz erlaubt keine Entscheidung darüber, ob ein Vorgang reversibel oder irreversibel ist.

Um die Irreversibilität eines konkreten Prozesses genauer beschreiben zu können, ist die Einführung einer neuen physikalischen Größe erforderlich.

## Die Entropie

Der Begriff **Entropie** wurde 1865 von RUDOLF CLAUSIUS (1822–1888) in die Physik eingeführt. Abgeleitet ist er vom griechischen

entrépein = umwenden, umwandeln.

CLAUSIUS selbst nutzte für die Größe auch den Terminus **Verwandlungswert.**

Die **Entropie** ist eine Größe, die für die Beschreibung von Vorgängen eine ähnliche Bedeutung wie die Energie hat.

Die Entropie ist eine physikalische Größe, mit deren Hilfe man die Irreversibilität eines Vorganges kennzeichnen kann.

Formelzeichen: $S$
Einheit: ein Joule durch Kelvin ($1 \frac{J}{K}$)

Zur Klärung des Begriffsinhalts betrachten wir folgenden Modellversuch:

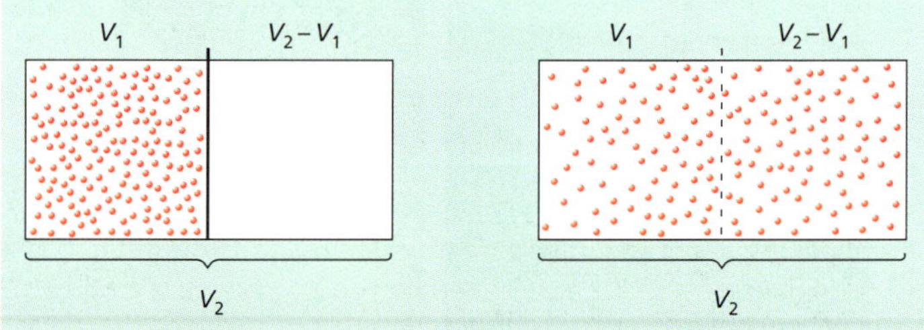

In dem mittels einer Trennwand abgegrenzten Volumen $V_1$ befinden sich sehr viele Gasteilchen. Nach Entfernen der Trennwand werden sich die Gasteilchen im gesamten Volumen $V_2$ ausbreiten, wobei eine Gleichverteilung (↗ S. 170 f.) die wahrscheinlichste Verteilung ist. Die **Wahrscheinlichkeit,** dass sich alle Teilchen wieder im ursprünglichen Volumen $V_1$ versammeln, ist äußerst gering.

Ein zufällig herausgegriffenes Teilchen befindet sich mit einer Wahrscheinlichkeit von $w_2 = 1$ im Gesamtvolumen $V_2$. Die Wahrscheinlichkeit, es im halb so großen Volumen $V_1$ anzutreffen, ist nur $w_1 = \frac{1}{2}$. Dasselbe gilt auch für ein beliebiges zweites Teilchen. Die Wahrscheinlichkeit, beide Teilchen gleichzeitig in $V_1$ zu finden, beträgt dann nur noch:

$$w_1 = \frac{1}{2} \cdot \frac{1}{2} \qquad \text{oder} \qquad w_1 = \left(\frac{1}{2}\right)^2$$

Für $N$ Teilchen wäre diese Wahrscheinlichkeit:

$$w_1 = \left(\frac{1}{2}\right)^N$$

Allgemein gilt: Ist $w_1$ die Wahrscheinlichkeit für einen Ausgangszustand und $w_2$ die Wahrscheinlichkeit für einen Endzustand, dann gibt das Verhältnis $W = w_2/w_1$ an, wie viel mal wahrscheinlicher der Endzustand als der Ausgangszustand eintreten wird.

Der Term

$$W = \frac{w_2}{w_1} \geq 1$$

wird auch als **thermodynamische Wahrscheinlichkeit** bezeichnet, weil er sich auf Prozesse der Thermodynamik bezieht.

Die Wahrscheinlichkeit $W = w_2/w_1$ ist ein Maß für die Irreversibilität eines Prozesses. Je größer sie ist, desto unwahrscheinlicher ist die Rückkehr in den Ausgangszustand.

Dieser Zusammenhang wird zugleich für die Definition der physikalischen Größe **Entropie** genutzt.

Aus verschiedenen Gründen hat man sich entschlossen, nicht die Wahrscheinlichkeit $W$, sondern den natürlichen Logarithmus von $W$ als Maß für die Irreversibilität eines Prozesses zu nutzen.

Je größer für ein System die Wahrscheinlichkeit $W = w_2/w_1$ ist, desto größer soll die Änderung der Entropie $\Delta S$ des Systems sein, wenn es vom Ausgangszustand in den Endzustand gelangt. Es gilt:

$$\Delta S \sim \ln W$$

Der oben beschriebene Modellversuch ergibt eine anschauliche Deutung der Entropieänderung: Vergrößert sich die Wahrscheinlichkeit des Zustandes eines Systems, so vergrößert sich auch seine Entropie, indem es von einem Zustand höherer Ordnung in einen solchen geringerer Ordnung übergeht. Damit ergeben sich für einen **irreversiblen Vorgang** drei Merkmale:

1. Wärme wird an die Umgebung abgegeben.
2. Das System gelangt in einen Zustand größerer Unordnung.
3. Die Energie und die Teilchen des Systems streben der wahrscheinlichsten Verteilung, der Gleichverteilung, zu.

Im 19. Jahrhundert wurde breit die Frage diskutiert, ob das Universum einen **Wärmetod** erleidet.

Bei dem beschriebenen Vorgang erfolgt eine isotherme Expansion.

## Messung der Entropie

Den Zusammenhang $\Delta S \sim \ln W$ kann man zwar für quantitative Betrachtungen, nicht aber für praktikable Messungen der Entropieänderung verwenden. Eine Messvorschrift ergibt sich aus folgender Überlegung:

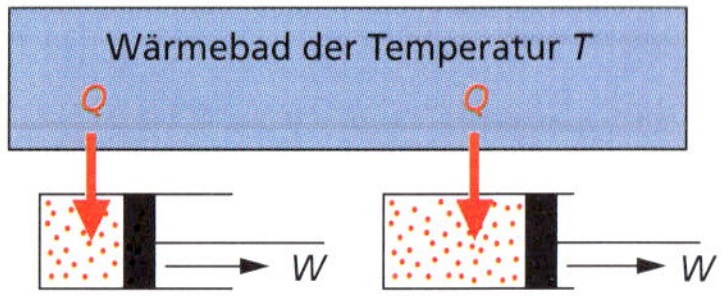


Ein heißer Körper der Temperatur $T$ gibt Wärme an ein Gas in einem Zylinder ab. Der frei bewegliche Kolben verschiebt sich. Die Gasteilchen verteilen sich auf einen größeren Raumbereich, die Entropie nimmt zu. Je mehr Wärme vom Gas aufgenommen wird, desto weiter dehnt sich das Gas aus und desto stärker nimmt seine Entropie zu. Es gilt:

$$\Delta S \sim Q$$

Bei hoher Temperatur vergrößert sich das Gasvolumen bei Zufuhr einer bestimmten Wärme $Q$ weniger stark als bei niedrigerer Temperatur.

Dabei sind zwei Umstände besonders zu beachten:
- Die Volumenänderung im Gas hängt davon ab, bei welcher Temperatur $T$ die Wärme zugeführt wird. Deshalb wird die Wärme auf die jeweilige Temperatur bezogen, also statt der Wärme $Q$ der Quotient aus Wärme und jeweiliger Temperatur $Q/T$ betrachtet.
- Der Vorgang muss sehr langsam ablaufen, damit keine Reibungswärme entsteht und die Wärmebilanz verfälscht. Der Vorgang ist somit reversibel.

Insgesamt kann man die Entropieänderung durch die Gleichung

$$\Delta S = \frac{Q}{T}$$

ermitteln, wobei $Q$ die Wärme ist, die das System bei einer bestimmten Temperatur $T$ aufnimmt oder abgibt.

Der Term $\ln W$ ist eine reine Zahl, die Einheit von $Q/T$ ist J/K (Joule/Kelvin). Beide Darstellungen lassen sich durch einen Proportionalitätsfaktor $k$ in Übereinstimmung bringen. Dieser ist nach dem österreichischen Physiker LUDWIG BOLTZMANN (1844–1906) benannt worden. Es ist die BOLTZMANN-Konstante:
$k = 1{,}381 \cdot 10^{-23}\ \mathrm{J} \cdot \mathrm{K}^{-1}$

**Man kann die Entropieänderung einerseits durch den Term $Q/T$, andererseits durch die Proportionalität zu $\ln W$ kennzeichnen. Für die Änderung der Entropie $\Delta S$ gilt:**

$$\Delta S = k \cdot \ln W \qquad \text{oder} \qquad \Delta S = \frac{Q}{T}$$

| | | | |
|---|---|---|---|
| $k$ | BOLTZMANN-Konstante | $Q$ | Wärme |
| $W$ | Wahrscheinlichkeit | $T$ | absolute Temperatur |

*Wie verändert sich die Entropie eines Körpers beim Schmelzen bzw. beim Erstarren?*

Während sich beim Schmelzen der Ordnungszustand der Teilchen verringert, vergrößert er sich beim Erstarren. Für die Entropie bedeutet das: Beim Schmelzen vergrößert sich die Entropie des Körpers um den Betrag $\Delta S = Q_S/T_S$, beim Erstarren verringert sie sich um eben diesen Betrag. $Q_S$ ist die Schmelzwärme, $T_S$ die Schmelztemperatur.

*Wie groß ist die Entropieänderung beim Schmelzen von 1 kg Eisen?*

*Analyse:*
Eisen schmilzt bei einer Temperatur von 1 540 °C. Während des Schmelzens bleibt seine Temperatur konstant. Die zum Schmelzen erforderliche Wärme ist die Schmelzwärme, die mit der Gleichung $Q_S = q_S \cdot m$ berechnet werden kann.

Gesucht: $\Delta S$
Gegeben: $\vartheta = 1\,540\,°C \rightarrow T = 1\,813\ K$
$m = 1\ kg$
$q_S = 275\ kJ/kg$

*Lösung:*
Für die Entropieänderung gilt die Gleichung:

$$\Delta S = \frac{Q}{T} \qquad Q = q_S \cdot m$$

$$\Delta S = \frac{q_S \cdot m}{T}$$

$$\Delta S = \frac{275\ kJ \cdot 1\ kg}{kg \cdot 1\,813\ K}$$

$$\Delta S = 0{,}15\ kJ/K$$

Ergebnis:
Beim Schmelzen von 1 kg Eisen erhöht sich seine Entropie um 0,15 kJ/K.

Es muss immer die absolute Temperatur (in Kelvin) genutzt werden:
0 °C = 273 K

**Der Temperaturausgleich**

Zwei Körper unterschiedlicher Temperatur werden in engen Kontakt miteinander gebracht. Dann erfolgt ein Temperaturausgleich, wobei die Wärme immer vom heißeren zum kälteren Körper fließt.

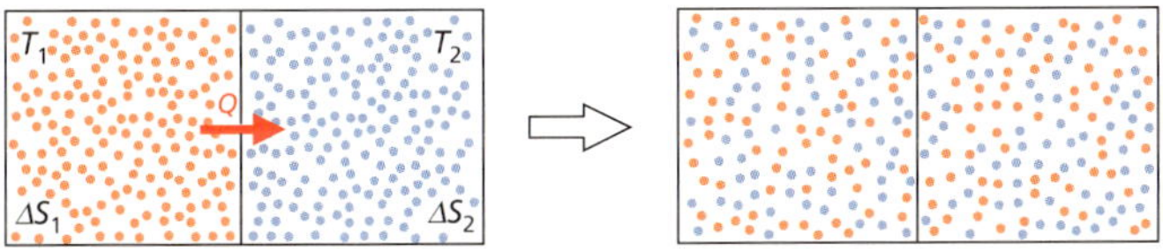


Die gesamte Entropieänderung beträgt für den Beginn des Wärmeausgleichs:

$$\Delta S = \Delta S_1 + \Delta S_2 = -\frac{Q_1}{T_1} + \frac{Q_2}{T_2} = Q_1\left(\frac{1}{T_2} - \frac{1}{T_1}\right)$$

Da $T_1 > T_2$ ist, folgt für $\Delta S > 0$. Die Entropie nimmt also beim Temperaturausgleich zu. Der Zustand der Gleichverteilung der Temperatur ist der wahrscheinlichste. In einem beliebigen Raumbereich können dann aber trotzdem statistische Schwankungen der Temperatur auftreten.

Weitere Beispiele für Vorgänge mit Entropiezunahme sind das Sieden von Stoffen, die Durchmischung **(Diffusion)** von Stoffen oder die Volumenvergrößerung.

Für die Wärmebeträge gilt:
$|Q_1| = |Q_2|$

### Der 2. Hauptsatz der Thermodynamik

Während der **1. Hauptsatz der Thermodynamik** eine Aussage über energetisch mögliche Prozesse macht, gibt der **2. Hauptsatz der Thermodynamik** Auskunft über die Richtung von Prozessen in abgeschlossenen Systemen, die sich selbst überlassen sind. Er lautet:

> In einem abgeschlossenen System kann sich die Entropie niemals verkleinern. Sie kann nur konstant bleiben oder zunehmen: $\Delta S \geq 0$.

Gehen in einem System keine oder nur reversible Vorgänge vor sich, dann ist $\Delta S = 0$. Bei beliebigen irreversiblen Vorgängen ist $\Delta S > 0$.

In der Literatur findet man auch viele andere Formulierungen dieses 2. Hauptsatzes der Thermodynamik, die aber alle gleichwertig sind:

- Die historisch älteste Formulierung geht auf RUDOLF CLAUSIUS (1822–1888) zurück und lautet: Wärme kann niemals von selbst aus einem Körper niederer Temperatur in einen Körper höherer Temperatur übergehen.
- Eine weitere, ebenfalls auf R. CLAUSIUS zurückgehende Formulierung heißt: Die Energie eines Körpers kann nicht allein an Wert gewinnen. Es gibt die Tendenz zur Entwertung der Energie.
- MAX PLANCK (1858–1947) formulierte den 2. Hauptsatz folgendermaßen: Es ist unmöglich, eine periodisch arbeitende Maschine zu bauen, die nichts weiter bewirkt, als eine Last zu heben und einen Wärmespeicher abzukühlen.
  Eine solche Maschine nennt man ein **Perpetuum mobile 2. Art.** Kürzer ist dann die folgende Formulierung des 2. Hauptsatzes:

> Ein Perpetuum mobile 2. Art ist unmöglich.

Im Unterschied zum Perpetuum mobile 1. Art (↗ S. 180 f.) ist ein Perpetuum mobile 2. Art mit dem Energieerhaltungssatz und damit mit dem 1. Hauptsatz vereinbar, widerspricht aber dem 2. Hauptsatz der Thermodynamik.

Schließlich formulierte LUDWIG BOLTZMANN (1844–1906) den 2. Hauptsatz folgendermaßen:

> Die Natur strebt aus einem unwahrscheinlicheren dem wahrscheinlicheren Zustand zu.

Der wahrscheinlichste Zustand ist immer der der größtmöglichen Unordnung.

### Der 3. Hauptsatz der Thermodynamik

Der **3. Hauptsatz der Thermodynamik**, auch **nernstsches Wärmetheorem** genannt, macht eine Aussage über das Verhalten von Stoffen in unmittelbarer Nähe des absoluten Nullpunktes, also von 0 K. Nach H. A. LORENTZ (1853–1921) kann man diesen Hauptsatz folgendermaßen formulieren:

> Es ist unmöglich, durch irgendeinen Vorgang den absoluten Nullpunkt zu erreichen.

Dieser 3. Hauptsatz der Thermodynamik wurde erstmals 1906 von dem deutschen Physikochemiker WALTHER NERNST (1864–1941) formuliert.

## 3.5 Temperaturstrahlung und Strahlungsgesetze

### Temperaturstrahlung

Die Alltagserfahrung besagt: Wärme wird nicht nur bei direktem Kontakt von Körpern übertragen, sondern auch durch elektromagnetische Strahlung (↗ S. 309).

Elektromagnetische Strahlung, die ein Körper aufgrund seiner Temperatur aussendet, wird als **Temperatur-** oder **Wärmestrahlung** bezeichnet.

Temperaturstrahlung wird nicht nur von der Sonne (↗ Bild links) oder von sehr heißen (glühenden) Körpern abgegeben, sondern z. B. auch vom Menschen und anderen Lebewesen, wie die thermografische Aufnahme eines Pferdes (↗ Bild rechts) zeigt.

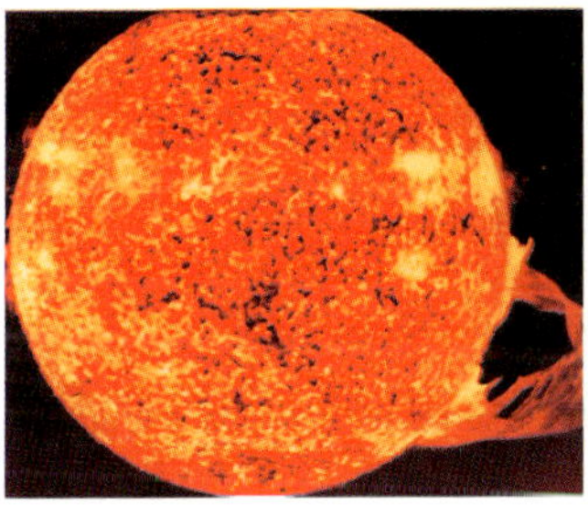

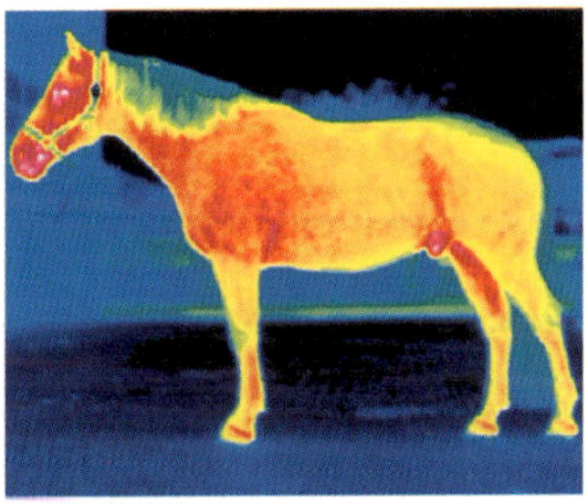

Temperaturstrahlung kann mit **Strahlungspyrometern,** Thermosäulen oder durch fotografische Verfahren **(Infrarotfotografie, Thermografie)** registriert, gemessen oder sichtbar gemacht werden.

Dabei fließt Wärme in Form von Temperaturstrahlung immer so, dass der resultierende **Wärmefluss** vom heißen zum kalten Körper gerichtet ist, wie das die Darstellungen unten zeigen. Wie intensiv ein Körper mit bestimmter Temperatur Strahlung aussendet oder aufnimmt, hängt vom Stoff (Material), seiner Oberflächenbeschaffenheit und vom untersuchten Wellenlängenbereich der Strahlung ab. Helle und glatte Oberflächen nehmen wenig Strahlung auf und geben auch wenig ab. Schwarze und raue Oberflächen dagegen nehmen viel Wärmestrahlung auf und geben auch viel ab.

Die Hauptbereiche der Temperaturstrahlung der Sonne sind infrarotes, sichtbares und ultraviolettes Licht. Ihr Anteil an der Sonnenstrahlung beträgt ca. 93 % (48 % sichtbares Licht, 38 % IR, 6,8 % UV).

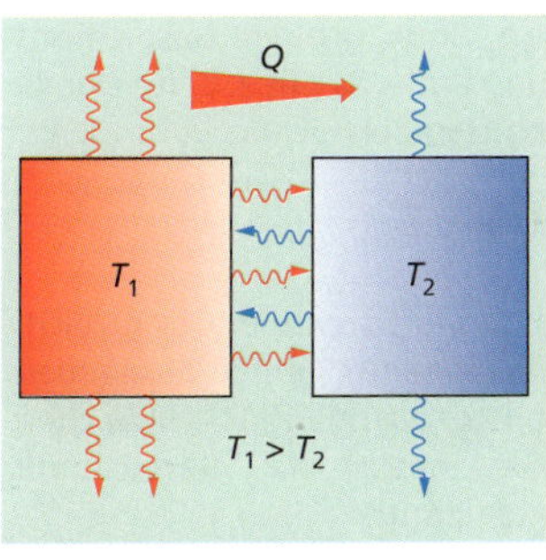


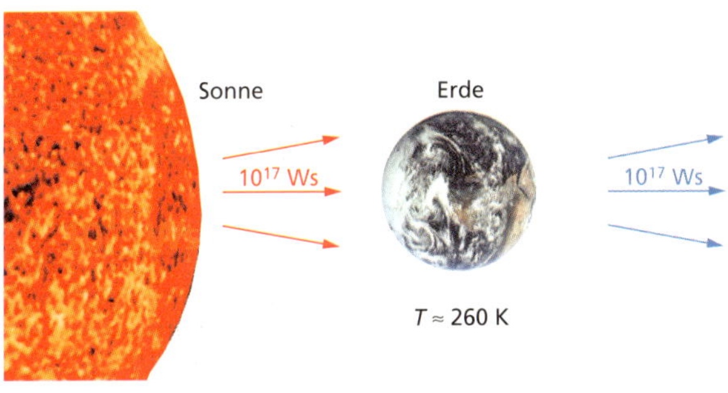

Modelliert werden kann ein schwarzer Körper durch einen innen mit Ruß oder matter schwarzer Farbe versehenen Hohlkörper mit kleiner Öffnung, der gegen die Umgebung wärmeisoliert ist.

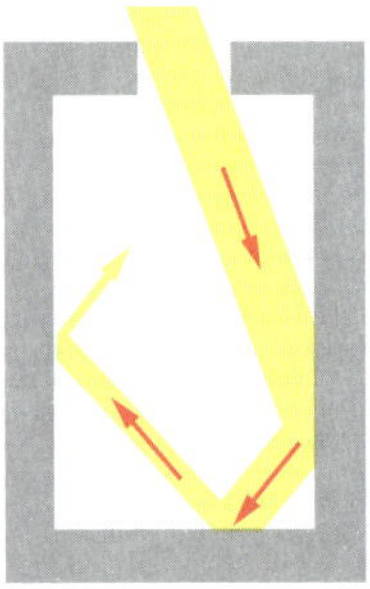

## Der schwarze Körper

Bei der Formulierung der Strahlungsgesetze geht man von einem idealisierten Körper aus, der Temperaturstrahlung mit der höchstmöglichen Intensität emittiert (aussendet) und der die gesamte einfallende Strahlung absorbiert (aufnimmt). Demzufolge würde ein solcher Körper schwarz erscheinen. Man nennt ihn deshalb **schwarzen Körper** oder **schwarzen Strahler.** Ein solcher schwarzer Körper ist ein Modell.

## Emissions- und Absorptionsvermögen von Körpern

Man charakterisiert das Vermögen von Körpern, Strahlung zu emittieren bzw. zu absorbieren, durch den **Emissionsgrad *e*** bzw. den **Absorptionsgrad *a*.** Ist $P_s$ die Strahlungsleistung, die ein schwarzer Körper der Temperatur $T$ emittiert, und $P_e$ die Strahlungsleistung eines realen Körpers mit der gleichen Temperatur, dann gilt für den Emissionsgrad $e$ eines Körpers:

$$e = \frac{P_e}{P_s}$$

Analog gilt für den Absorptionsgrad $a$ eines Körpers:

$$a = \frac{P_a}{P_s}$$

Für den schwarzen Körper gilt: $e = a = 1$.

## Das kirchhoffsche Strahlungsgesetz

Gustav Robert Kirchhoff (1824–1877) entdeckte 1859 das nach ihm benannte Strahlungsgesetz. Die Herleitung dieses Gesetzes ist auf CD zu finden.

Emissionsgrad $e$ und Absorptionsgrad $a$ eines realen Körpers hängen von der Beschaffenheit des jeweiligen Körpers, seiner Temperatur und dem untersuchten Wellenlängenbereich ab. Kirchhoff stellte fest:

Für einen beliebigen Körper sind Emissionsgrad $e$ und Absorptionsgrad $a$ gleich groß: $e = a$

Unter Einbeziehung der oben genannten Terme kann man für einen beliebigen Körper als kirchhoffsches Strahlungsgesetz auch formulieren:

$$P_e = P_s \cdot e \qquad \text{und} \qquad P_a = P_s \cdot a \qquad \text{mit } P_e = P_a$$

Dunkle und raue Oberflächen haben einen großen Absorptionsgrad, nehmen also viel Wärmestrahlung auf. Das gilt z. B. für dunkle Kleidungsstücke ebenso wie für Asphaltstraßen.

## Das Strahlungsgesetz von Stefan und Boltzmann

Bei Untersuchungen zur Temperaturstrahlung entdeckte der österreichische Physiker Joseph Stefan (1835–1893) im Jahre 1879 einen Zusammenhang, der von seinem Landsmann Ludwig Boltzmann (1844–1906) theoretisch begründet wurde und deshalb heute die Bezeichnung Strahlungsgesetz von Stefan und Boltzmann trägt.

Die Strahlungsleistung eines schwarzen Körpers hängt nur von der Größe seiner Oberfläche und von seiner Temperatur ab. Es gilt:

$$P = \sigma \cdot A \cdot T^4$$

$\sigma$ $= 5{,}67 \cdot 10^{-8}\ \mathrm{W \cdot m^{-2} \cdot K^{-4}}$
$A$ Oberfläche, von der Strahlung ausgeht
$T$ absolute Temperatur

Die Konstante $\sigma$ wird als STEFAN-BOLTZMANN-Konstante bezeichnet.

Aus dieser Gleichung ergibt sich: Die Verdopplung der Temperatur eines Strahlers führt zu einer 16fachen Strahlungsleistung.

*Die mittlere Temperatur an der Erdoberfläche beträgt +15 °C. Welche Temperatur würde an der Erdoberfläche herrschen, wenn kein Treibhauseffekt vorhanden wäre?*

*Analyse:*
Die Erde befindet sich in einem Strahlungsgleichgewicht (↗ S. 203). Die auf die Erde treffende Strahlungsleistung der Sonne beträgt $P_{\odot} = A \cdot S$, wobei $A$ die Querschnittsfläche der Erde und $S$ die Solarkonstante sind. Da ca. 30 % der einfallenden Strahlung sofort reflektiert werden, dürfen für das Strahlungsgleichgewicht nur 70 % der einfallenden Strahlung berücksichtigt werden.
Die von der Erde abgegebene Strahlung $P_E$ kann mit dem Gesetz von STEFAN und BOLTZMANN berechnet werden.

Gesucht: $T_E$
Gegeben: $S = 1\,370\ \mathrm{W \cdot m^{-2}}$
$A = \pi \cdot r_E^2$
$A_E = 4\pi \cdot r_E^2$
$\sigma = 5{,}67 \cdot 10^{-8}\ \mathrm{W \cdot m^{-2} \cdot K^{-4}}$

*Lösung:*
Im Strahlungsgleichgewicht gilt:

$$0{,}7\, P_{\odot} = P_E$$
$$0{,}7\, A \cdot S = \sigma \cdot A_E \cdot T_E^4$$

Stellt man nach $T_E$ um und setzt man für $A$ und $A_E$ die angegebenen Werte ein, so erhält man:

$$T_E = \sqrt[4]{\frac{0{,}7\,S}{4\,\sigma}}$$
$$T_E = \sqrt[4]{\frac{0{,}7 \cdot 1\,370 \cdot 10^8\ \mathrm{W \cdot m^2 \cdot K^4}}{4 \cdot 5{,}67 \cdot \mathrm{m^2 \cdot W}}}$$
$$\underline{T_E = 255\ \mathrm{K}}$$

*Ergebnis:*
Ohne Atmosphäre hätte die Erdoberfläche eine durchschnittliche Temperatur von 255 K oder –18 °C. Das wäre eine Temperatur, bei der sich kein Leben hätte entwickeln können.

Die Atmosphäre schutzt die Erdoberfläche und damit das Leben auf ihr nicht nur vor schädlicher Strahlung, sondern bewirkt auch den natürlichen Treibhauseffekt, ohne den sich kein Leben auf der Erde entwickelt hätte.
Davon zu unterscheiden ist der **zusätzliche** oder anthropogene Treibhauseffekt, der durch das Wirken des Menschen hervorgerufen wird und der Anteil an der allmählichen Erwärmung der Erde hat, die mit gravierenden Folgen verbunden sein kann.

## Das wiensche Verschiebungsgesetz

Dieses Gesetz wurde von dem deutschen Physiker WILHELM WIEN (1864–1928) im Jahre 1896 entdeckt.

Glühende Oberflächen senden eine aus vielen Wellenlängen zusammengesetzte elektromagnetische Strahlung aus. Die intensivste Strahlung des Körpers ergibt sich aus dem **wienschen Verschiebungsgesetz,** das rechts im Diagramm dargestellt ist. Es lässt sich auch in Form einer Gleichung angeben.

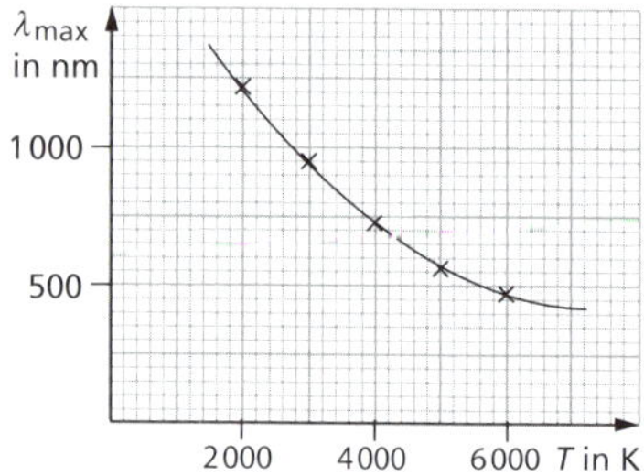


> Die Wellenlänge der intensivsten Strahlung hängt nur von der Temperatur des schwarzen Körpers ab. Es gilt:
>
> $$\lambda_{max} = \frac{b}{T}$$
>
> $b$ = $2{,}90 \cdot 10^{-3}$ m · K (wiensche Konstante)
> $\lambda_{max}$ Wellenlänge der intensivsten Strahlung
> $T$ absolute Temperatur

So hat beispielsweise die Sonne eine Oberflächentemperatur von etwa 5800 K. Damit ergibt sich als Wellenlänge für die intensivste Strahlung:

$$\lambda_{max} = \frac{2{,}90 \text{ m} \cdot \text{K}}{10^3 \cdot 5800 \text{ K}} = 500 \cdot 10^{-9} \text{ m} = 500 \text{ nm}$$

Das ist sichtbares Licht im grünen Bereich. Bei der Wendel einer Glühlampe mit einer Temperatur von etwa 2300 °C liegt die Wellenlänge der intensivsten Strahlung mit 1260 nm im infraroten Bereich.

## Das plancksche Strahlungsgesetz

MAX PLANCK (1858–1947) trug die theoretische Begründung seines Strahlungsgesetzes am 14. Dezember 1900 in einer Sitzung der Physikalischen Gesellschaft in Berlin vor. Dieser Tag gilt als Geburtstag der Quantentheorie (↗ S. 356 ff.).

Das **plancksche Strahlungsgesetz** beantwortet die Frage, welchen Anteil die einzelnen Wellenlängen zur Energie der gesamten Strahlung eines schwarzen Körpers beitragen.
Besonders anschaulich lässt sich das in der grafischen Darstellung erkennen (s. Bild rechts):
Je höher die Temperatur eines schwarzen Körpers ist, umso intensiver gibt er bei einer bestimmten Wellenlänge Energie ab. Außerdem nimmt der Anteil der kurzwelligen Strahlung mit wachsender Temperatur zu. Die mathematische Formulierung dieses Gesetzes ist recht kompliziert. Auf ihre Angabe wird hier deshalb verzichtet.

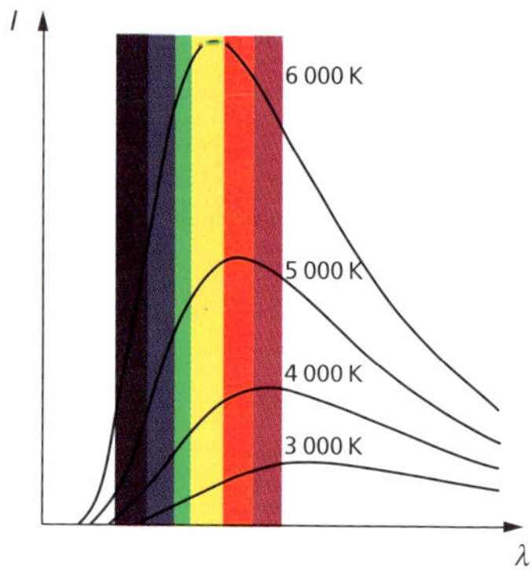

# ELEKTRIZITÄTSLEHRE UND MAGNETISMUS | 4

# 4.1 Das elektrische Feld

## 4.1.1 Elektrische Ladungen

Die Bezeichnungen plus (+, positiv) und minus (–, negativ) gehen auf den amerikanischen Wissenschaftler und Staatsmann BENJAMIN FRANKLIN (1706–1790) zurück.

Alle Körper sind aus Atomen bzw. Molekülen aufgebaut. Atome wiederum bestehen aus einer Atomhülle mit negativ geladenen **Elektronen** und einem Atomkern, der u. a. positiv geladene **Protonen** enthält. Ein Atom, das die gleiche Anzahl von Protonen im Atomkern und Elektronen in der Atomhülle besitzt, ist **elektrisch neutral.** Auch ein Körper, der insgesamt genau so viele Protonen wie Elektronen hat, ist elektrisch neutral. Durch unterschiedliche Vorgänge können Elektronen von einem Atom bzw. Körper auf ein anderes Atom bzw. Körper übergehen.

Teilchen, die elektrisch geladen sind, bezeichnet man auch als **Ionen.** Negativ geladene Ionen heißen **Anionen,** positiv geladene Ionen **Kationen.**

Bei der **Dissoziation** (↗ S. 267) von Kochsalz (NaCl) bilden sich Ionen.

Ein Chloratom wird durch die Aufnahme eines Elektrons zu einem negativ geladenen Chlorid-Ion.

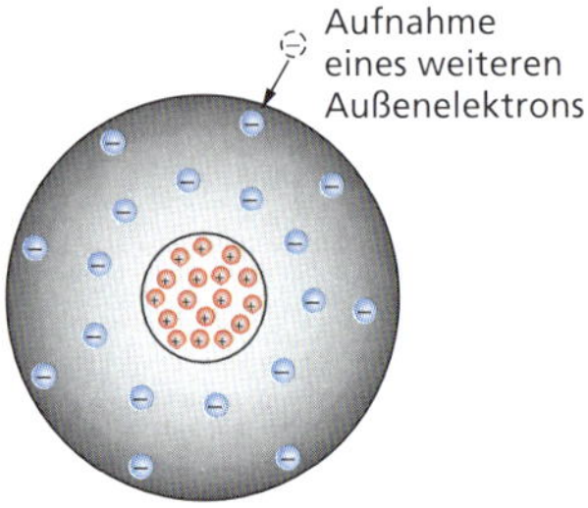


Ein Natriumatom wird durch die Abgabe eines Elektrons zu einem positiv geladenen Natrium-Ion.

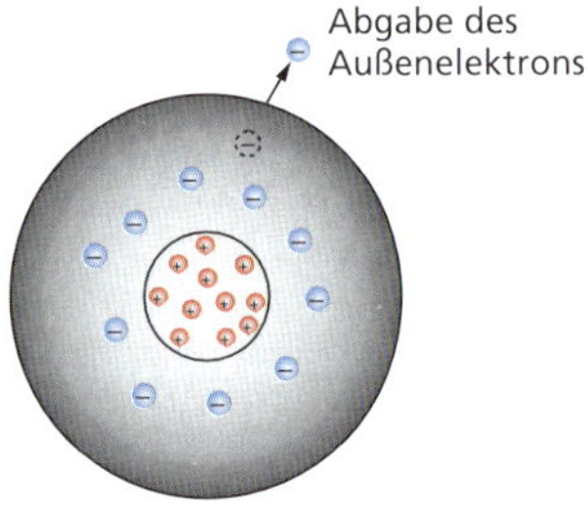


Die Ladungstrennung durch elektrochemische Vorgänge wird bei galvanischen Elementen und bei Akkumulatoren genutzt. Reibungselektrizität wird bei Bandgeneratoren und Influenzmaschinen zur Ladungstrennung verwendet.

Eine **Ladungstrennung** kann durch elektrochemische Vorgänge (s. oben), durch das Berühren oder Reiben von Körpern aneinander, durch thermoelektrische Vorgänge oder durch Influenz (↗ S. 212) erfolgen.

> Es gibt positive und negative elektrische Ladungen. Ein elektrisch neutraler Körper hat gleich viele Elektronen und Protonen. Negativ geladene Körper haben einen Elektronenüberschuss, positiv geladene Körper einen Elektronenmangel.

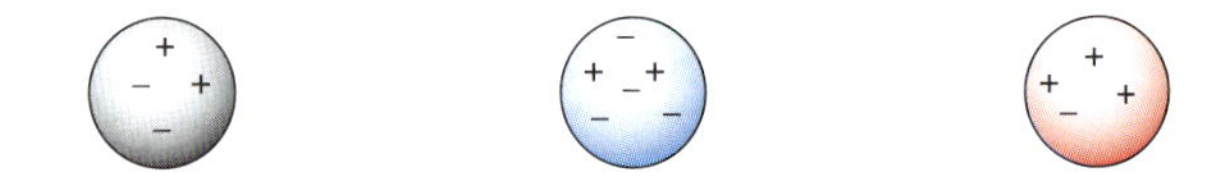


Solche Ladungstrennungen und die damit verbundene elektrische Aufladung von Körpern treten auch in der Natur auf. So kommt es z. B. in Gewitterwolken aufgrund von Reibungseffekten zur Ladungstrennung, die so stark sein kann, dass ein Ladungsausgleich in Form von **Blitzen** erfolgt.

### Die Größe elektrische Ladung

Wie stark ein Körper elektrisch geladen ist, wird durch die physikalische Größe **elektrische Ladung** beschrieben.

> Die elektrische Ladung eines Körpers gibt an, wie groß sein Elektronenüberschuss oder sein Elektronenmangel ist.
>
> Formelzeichen: $Q$
> Einheit: ein Coulomb (1 C)

Die Einheit der Ladung ist nach dem französischen Naturforscher CHARLES AUGUSTIN DE COULOMB (1736–1806) benannt. Für die Einheit gilt:

$1\,\text{C} = 1\,\text{A} \cdot \text{s}$

Jede elektrische Ladung ist ein Vielfaches der **Elementarladung *e*:** $e = 1{,}602 \cdot 10^{-19}$ C. Sie kann in unterschiedlicher Weise bestimmt werden.

> Die elektrische Ladung eines Körpers kann berechnet werden mit der Gleichung:
>
> $Q = N \cdot e$ $N$ Anzahl der Ladungen
> $e$ Elementarladung

Je nachdem, ob ein Körper positiv oder negativ geladen ist, kann man dem Zahlenwert der Ladung ein positives oder ein negatives Vorzeichen geben.

Ladung wird auch bei Stromfluss durch einen Leiter oder einen Elektrolyten transportiert.
Wie viel Ladung durch die Querschnittsfläche hindurchtritt, hängt von der Stromstärke und der Zeit des Stromflusses ab.

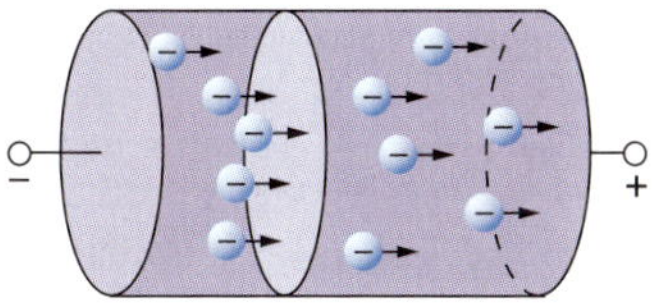


| Stromstärke $I$ = konstant | Stromstärke $I \neq$ konstant |
|---|---|
| 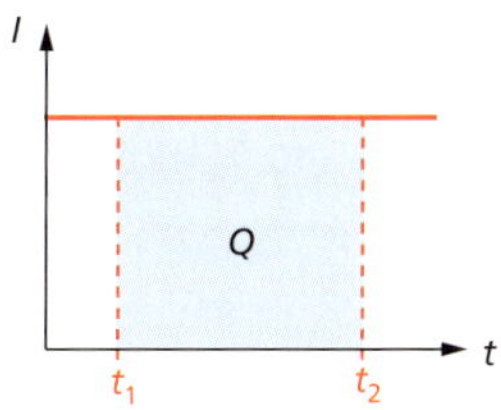  | 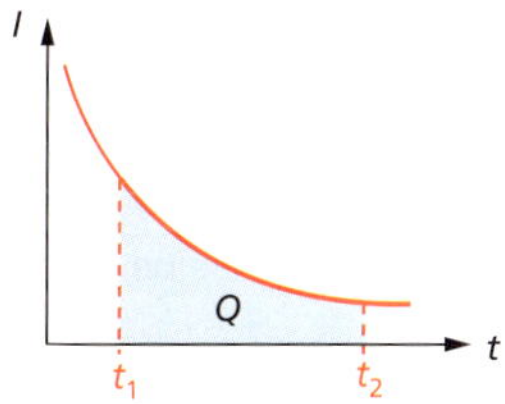  |
| $Q = I \cdot \Delta t$ | $Q = \int_{t_1}^{t_2} I(t)\,\text{d}t$ |
| Glühlampe oder beliebiger anderer Leiter im Gleichstromkreis | Entladen eines Kondensators, Aufladen eines Akkumulators |

Üblich ist auch die Schreibweise $Q = I \cdot t$. Mit $t$ ist dann die Zeit gemeint, in der ein Strom konstanter Stärke fließt.

Die Daten von Glühlampen und Leuchtstofflampen werden meist in der genannten Form angegeben. Die Stromstärke bei Betriebsspannung kann man aus Leistung und Spannung ermitteln:

$P = U \cdot I$

und damit

$I = \frac{P}{U}$

Eine Taschenlampe mit einer Glühlampe 6 V/2,4 W wird drei Minuten lang genutzt.
*Wie viele Elektronen bewegen sich dabei durch einen Leiterquerschnitt des Stromkreises?*

*Analyse:*
Es wird bei einer batteriebetriebenen Taschenlampe von einer konstanten Spannung der Batterien und damit von einer konstanten Stromstärke ausgegangen. Die Stromstärke kann man aus Leistung und Spannung ermitteln.

Gesucht: $N$ (Anzahl der Elektronen)
Gegeben: $U = 6\ \text{V}$
$P = 2{,}4\ \text{W}$
$\Delta t = 3\ \text{min} = 180\ \text{s}$
$e = 1{,}6 \cdot 10^{-19}\ \text{C}$

*Lösung:*
Für die Ladung $Q$ gilt bei $I$ = konstant:

$$Q = I \cdot \Delta t$$

Mit $Q = N \cdot e$ und $I = \frac{P}{U}$ erhält man:

$$N \cdot e = \frac{P}{U} \cdot \Delta t$$

$$N = \frac{P \cdot \Delta t}{U \cdot e}$$

$$N = \frac{2{,}4\ \text{W} \cdot 180\ \text{s}}{6\ \text{V} \cdot 1{,}6 \cdot 10^{-19}\ \text{C}}$$

$$\underline{N = 4{,}5 \cdot 10^{20}}$$

Für die Einheiten gilt:

$1\ \text{W} = 1\ \text{V} \cdot \text{A}$

$1\ \text{C} = 1\ \text{A} \cdot \text{s}$

Damit erhält man insgesamt für die Einheiten:

$\frac{\text{W} \cdot \text{s}}{\text{V} \cdot \text{C}} = \frac{\text{V} \cdot \text{A} \cdot \text{s}}{\text{V} \cdot \text{A} \cdot \text{s}} = 1$

Das Ergebnis ist also eine Zahl.

*Ergebnis:*
Bei einem Stromkreis mit einer Glühlampe 6 V/2,4 W fließen bei Betriebsspannung in drei Minuten $4{,}5 \cdot 10^{20}$ Elektronen durch den Leiterquerschnitt. In einer Sekunde wären das $2{,}5 \cdot 10^{18}$ Elektronen.

### Elektrischer Strom als bewegte Ladung

Der Zusammenhang zwischen der elektrischen Ladung und der Stromstärke kann auch zur **Definition der Stromstärke** genutzt werden.

> Die Stromstärke ist der Quotient aus der durch einen Leiterquerschnitt hindurchtretenden elektrischen Ladung und der Zeit.
>
> $I = \frac{\Delta Q}{\Delta t}$ oder $I = \frac{\mathrm{d}Q}{\mathrm{d}t}$
>
> $Q$ elektrische Ladung
> $t$ Zeit

Bei einer Stromstärke von 1 A bewegen sich in einer Sekunde ca. $6 \cdot 10^{18}$ Elektronen durch einen Leiterquerschnitt.

**Verhalten geladener Körper**

Zwischen elektrisch geladenen Körpern wirken anziehende oder abstoßende Kräfte.

| Gleichartig geladene Körper stoßen einander ab. | Ungleichartig geladene Körper ziehen einander an. |
|---|---|
| 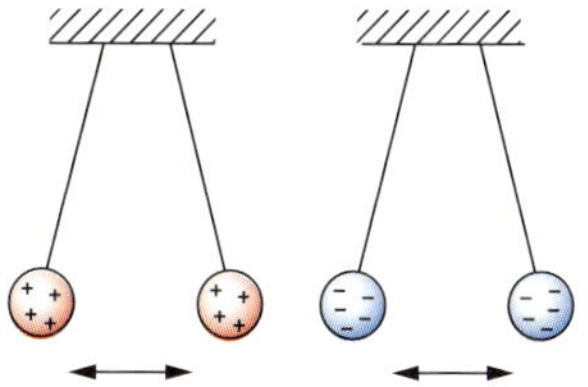 | 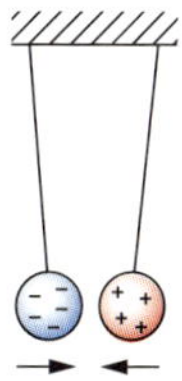 |

Der Betrag der Kraft zwischen zwei geladenen Körpern hängt von der Größe der Ladungen und vom Abstand der Körper voneinander ab. Die Zusammenhänge sind im **coulombschen Gesetz** erfasst.

Unter der Bedingung näherungsweise punktförmig geladener Körper gilt für die anziehenden oder abstoßenden Kräfte die Gleichung:

$$F = \frac{1}{4\pi \cdot \varepsilon_0 \cdot \varepsilon_r} \cdot \frac{Q_1 \cdot Q_2}{r^2}$$

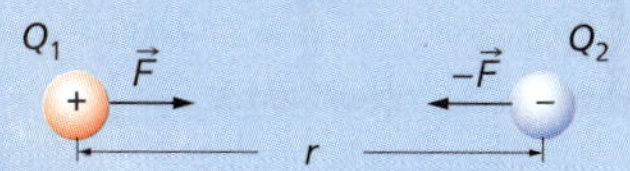


$\varepsilon_0$ elektrische Feldkonstante
$\varepsilon_r$ Permittivitätszahl oder Dielektrizitätszahl (für Luft: $\varepsilon_r = 1$)
$Q_1$, $Q_2$ Ladungen der beiden Körper
$r$ Abstand der Massenmittelpunkte

Gefunden wurde dieser Zusammenhang von dem französischen Naturforscher CHARLES AUGUSTIN DE COULOMB (1736–1806). Das coulombsche Gesetz weist Analogien mit dem **Gravitationsgesetz** (↗ S. 117) auf. Die elektrische Feldkonstante hat einen Wert von $\varepsilon_0 = 8{,}854 \cdot 10^{-12} \frac{\text{A} \cdot \text{s}}{\text{V} \cdot \text{m}}$.

Mit Elektronen oder Ionen wird auch elektrische Ladung übertragen. Dabei kann es zu **Ladungsverschiebung, Ladungstrennung, Ladungsteilung** oder **Ladungsausgleich** kommen.

Lässt man eine leitende Kugel zwischen zwei unterschiedlich geladenen Platten hin- und herpendeln, so erfolgt allmählich ein Ladungsausgleich zwischen den beiden Platten. Die Ladung wird „portionsweise" zwischen den Platten verschoben. Ein solcher Ladungsausgleich kann auch in anderer Weise erfolgen.

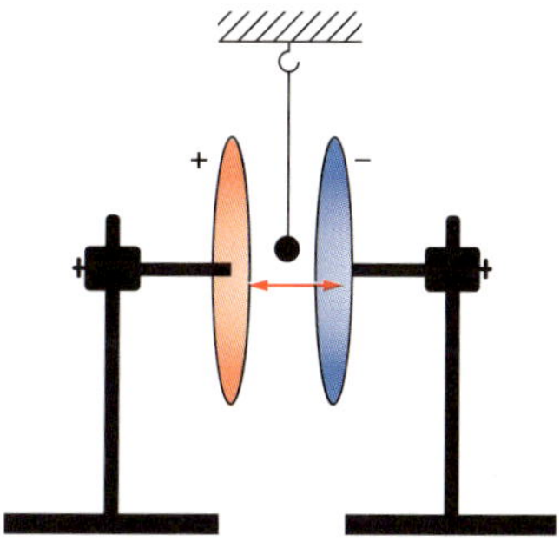

Durch einen Blitz erfolgt ein Ladungsausgleich zwischen geladenen Wolken bzw. Wolke und Erde.

Verbindet man zwei unterschiedlich geladene Platten mit einen Leiter, dann erfolgt in kürzester Zeit ein Ladungsausgleich.

**Influenz und dielektrische Polarisation**

In Leitern sind frei bewegliche und damit verschiebbare Ladungsträger (Elektronen) vorhanden.

Bringt man einen geladenen Körper in die Nähe eines leitenden, nach außen ungeladenen Körpers, so wirken zwischen den Ladungen Kräfte. Sie bewirken auf dem leitenden Körper eine Ladungsverschiebung und damit eine Ladungstrennung, die als **Influenz** bezeichnet wird.

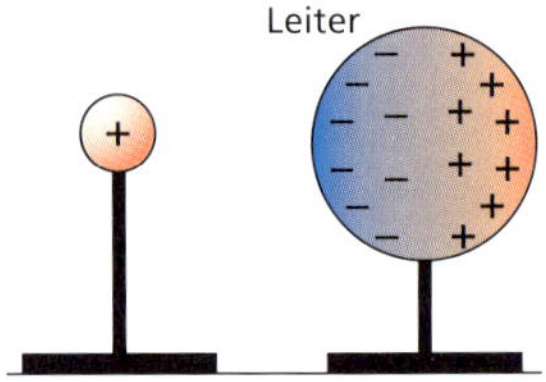


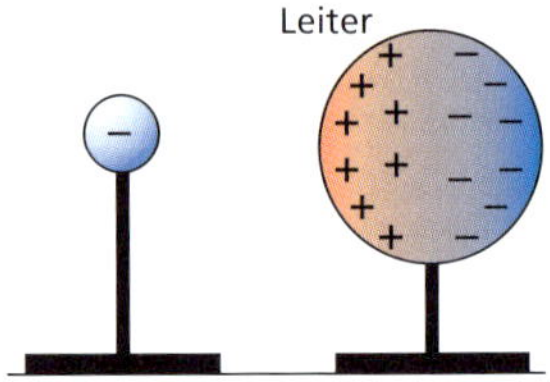


Die Bezeichnung Influenz ist abgeleitet von influere (lat.) = hineinfließen.

Influenz ist der Vorgang der Ladungstrennung bei einem leitenden Körper unter dem Einfluss eines anderen geladenen Körpers aufgrund der zwischen Ladungen wirkenden Kräfte.

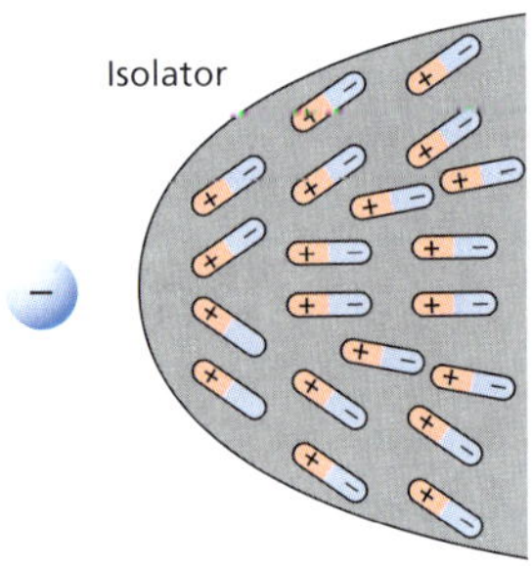


Bringt man einen geladenen Körper in die Nähe eines Isolators, so kommt es aufgrund der Kraftwirkungen zwischen Ladungen zu einer Ausrichtung der gebundenen Ladungen. Es bilden sich kleinste **elektrische Dipole.** Damit kann sich die Oberfläche eines Isolators z. B. positiv (s. Skizze) aufladen.

Nähert man z. B. einen negativ geladenen Kunststoffstab Papierschnitzeln, so tritt dort dielektrische Polarisation auf. Die Papierschnitzel werden angezogen.

Der Vorgang der Ladungsverschiebung auf Isolatoren unter dem Einfluss eines anderen geladenen Körpers aufgrund der zwischen Ladungen wirkenden Kräfte wird als **dielektrische Polarisation** bezeichnet.

### Gesetz von der Erhaltung der Ladung

Ähnlich wie für Energie, Impuls, Drehimpuls oder Masse gilt auch für die elektrische Ladung ein **Erhaltungssatz.**

> In einem abgeschlossenen System bleibt die Gesamtladung erhalten:
>
> $$Q = Q_1 + Q_2 + \ldots + Q_n = \sum_{i=1}^{n} Q_i = \text{konstant}$$
>
> $Q$ Gesamtladung
> $Q_i$ Teilladungen

Dieses Gesetz gilt insbesondere auch für Prozesse der Ladungstrennung. Die Gesamtladung ändert sich nur dann, wenn Ladungen durch die Oberfläche des betrachteten Volumens hindurchtreten, also ein Strom fließt.

**Erhaltungssätze** machen eine Aussage über die Konstanz einer physikalischen Größe in einem abgeschlossenem System.

### Nachweis und Messung von Ladung

Ein Gerät zum Nachweis elektrischer Ladung ist das **Elektroskop** oder **Elektrometer.** Kommt ein geladener Körper mit dem Metallstab eines Elektroskops in Berührung, so findet zwischen beiden ein Ladungsausgleich statt. Metallzeiger und Metallstab laden sich dabei gleichartig auf. Es kommt infolge von abstoßenden Kräften zum Zeigerausschlag.

| negativ geladenes Elektroskop | positiv geladenes Elektroskop |
|---|---|
| 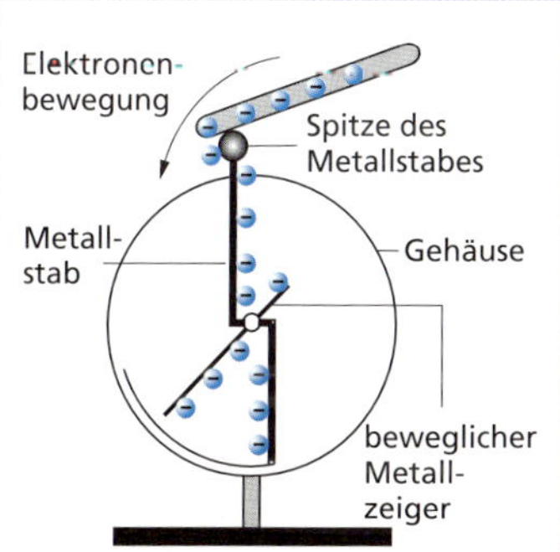 | 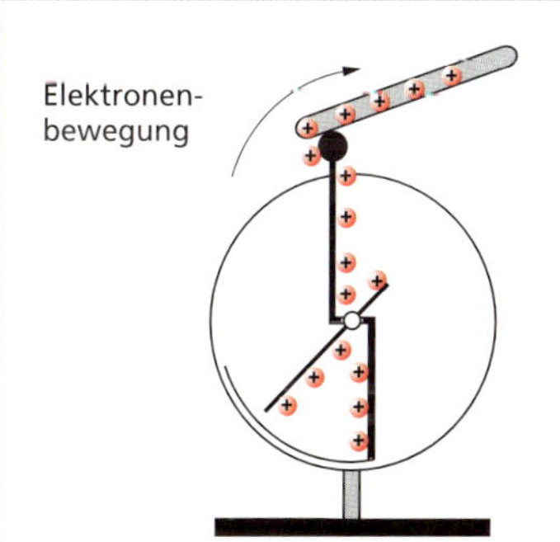 |



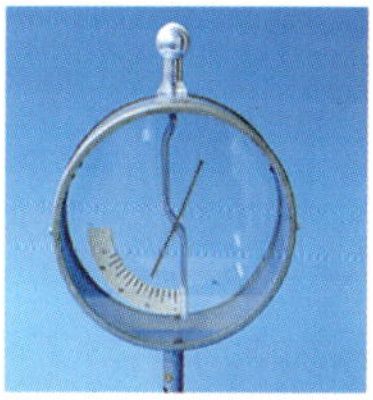

Ein mit Skala versehenes **Elektroskop** wird auch als **Elektrometer** bezeichnet. Es gibt sie in unterschiedlichen Bauformen.
Die **Ladungsmessung** kann man auch mithilfe einer Stromstärkemessung (↗ S. 209) oder eines Galvanometers durchführen.

Bei einem Elektroskop kann es auch infolge von Influenz zu einem Zeigerausschlag kommen. Dies kann man beobachten, wenn in die Nähe der Spitze des Metallstabes ein geladener Körper gebracht wird. Dann kommt es infolge Influenz zu einer Ladungstrennung und damit zu einem Zeigerausschlag.

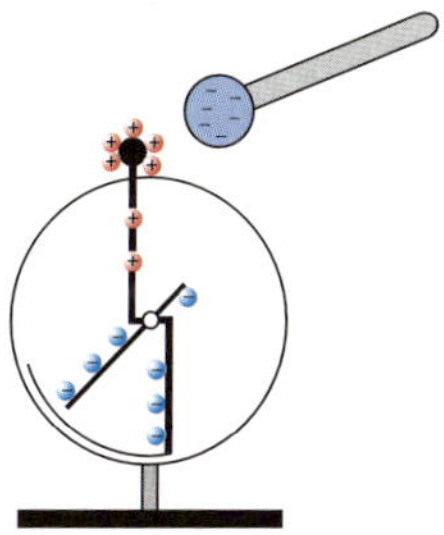

## 4.1.2 Elektrische Felder

### Kennzeichnung, Nachweis und Arten von Feldern

Längere Zeit war umstritten, ob geladene Körper aufgrund ihrer Ladung unmittelbar aufeinander wirken **(Fernwirkungstheorie)** oder ob das elektrische Feld eines Körpers einen anderen geladenen Körper beeinflusst **(Nahwirkungstheorie).**

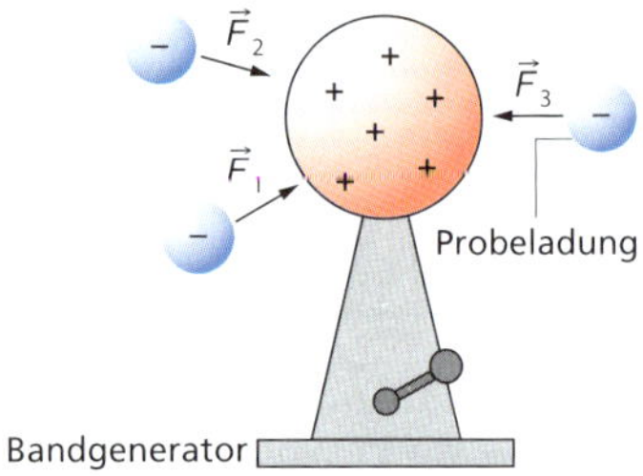


Im Raum um einen elektrisch geladenen Körper werden auf andere elektrisch geladene Körper Kräfte ausgeübt. Dieser Raum befindet sich in einem besonderen Zustand. In ihm existiert ein **elektrisches Feld.** Wir betrachten nachfolgend zeitlich konstante elektrische Felder **(statische Felder).**

Ein elektrisches Feld ist der Zustand des Raumes um einen elektrisch geladenen Körper, in dem auf andere elektrisch geladene Körper Kräfte ausgeübt werden.

Das Modell der Feldlinien wurde von MICHAEL FARADAY (1791–1867) in die Physik eingeführt. Er erwarb sich große Verdienste um die Physik der Felder.

Ein elektrisches Feld ist nur an seinen Wirkungen erkennbar und nachweisbar. Elektrische Felder können mithilfe von **Feldlinienbildern** dargestellt werden. Ein **Feldlinienbild** ist ein Modell für das elektrische Feld. Es macht Aussagen über Beträge und Richtungen der Kräfte auf Probekörper im elektrischen Feld.

Für das Feldlinienbild als Modell des elektrischen Feldes gilt:

- Je größer die Anzahl der Feldlinien in einem bestimmten Gebiet des Feldes ist, desto stärker ist die dort wirkende Kraft auf einen geladenen Körper.
- Die Richtung der Feldlinien gibt die Richtung der wirkenden Kraft auf einen geladene Körper an. Dabei ist die Art der Ladung zu beachten.

Die Richtung der Feldlinien verläuft vereinbarungsgemäß von + nach –.

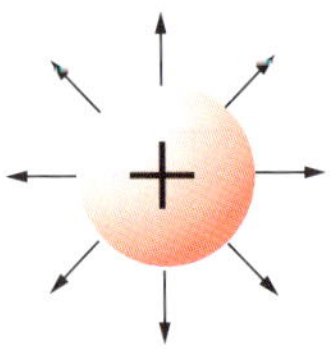

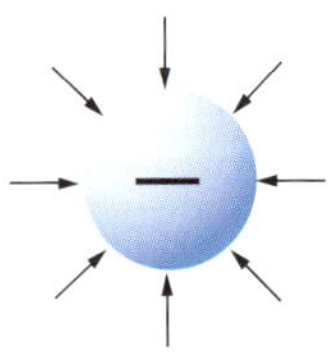

Feldlinien lassen sich auch experimentell veranschaulichen, wenn sich Grieskörnchen in Öl in einem elektrischen Feld befinden. Unter der Wirkung des elektrischen Feldes kommt es zur elektrischen Polarisation (↗ S. 212). Die Grieskörnchen richten sich in Richtung der Feldlinien aus.

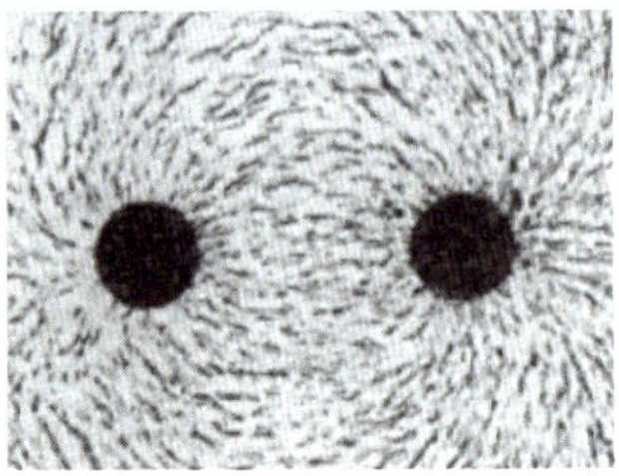

Man unterscheidet homogene und inhomogene Felder.
Ein **homogenes Feld** liegt vor, wenn es an allen Stellen gleich stark ist, also die Kraft auf einen Probekörper überall gleich groß ist.
Ein **inhomogenes Feld** liegt vor, wenn es von Ort zu Ort unterschiedlich stark ist, die Kraft auf einen Probekörper also verschieden ist.

| **homogenes Feld** | **inhomogene Felder** | |
|---|---|---|
| Feld zwischen zwei ungleichartig geladenen Platten | Feld zwischen zwei geladenen Kugeln | Feld um eine geladene Kugel (Punktladung) |
| 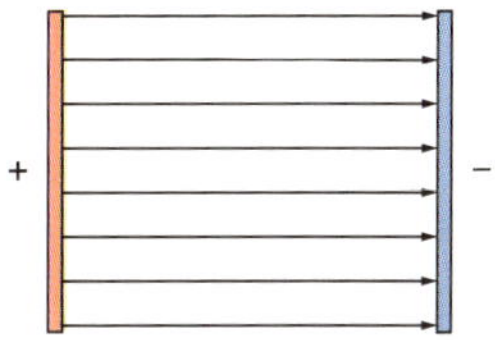 | 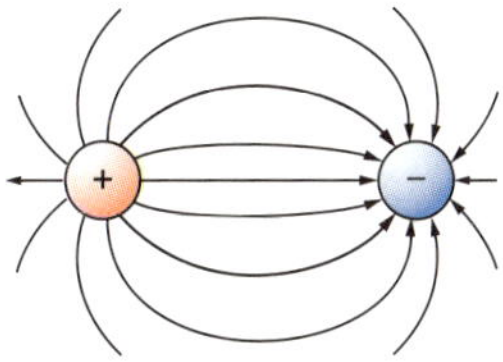 | 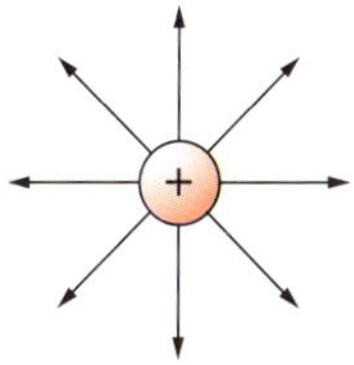 |

Das Feld zwischen zwei ungleichartig geladenen Platten ist nur im Bereich zwischen den Platten homogen. Das inhomogene Feld um eine Punktladung wird auch als **Radialfeld** oder als **radialsymmetrisches Feld** bezeichnet.
Feldlinien beginnen und enden an Ladungen, die auch – wie bei dem oben dargestellten Radialfeld – weit entfernt sein können.

Im Modell Feldlinienbild gilt:
In einem homogenen Feld verlaufen die Feldlinien parallel zueinander, in einem inhomogenen Feld dagegen nicht.

Dabei treten die Feldlinien aus Leiteroberflächen im elektrostatischen Gleichgewicht immer senkrecht ein oder aus. Wäre das nicht der Fall (siehe untere Feldlinie), dann würde eine tangentiale Kraftkomponente solange eine Verschiebung der Ladung hervorrufen, bis auch $\vec{F}_3$ senkrecht zur Oberfläche wirkt.

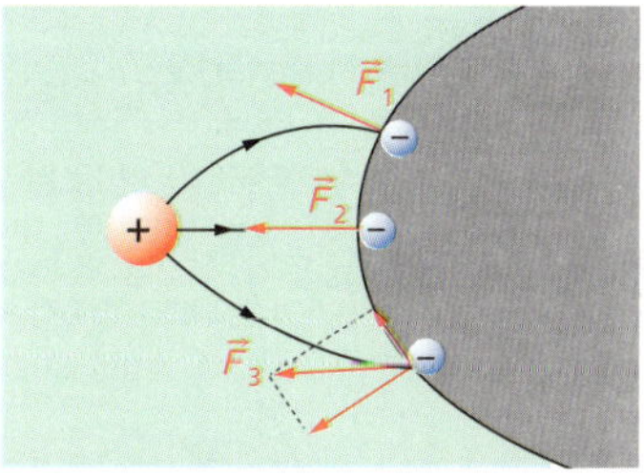


Nach dem Verlauf der Feldlinien von Ladung zu Ladung kann man ein elektrisches Feld auch folgendermaßen charakterisieren:

> Ein statisches elektrisches Feld ist ein wirbelfreies Quellenfeld.

Im Unterschied dazu ist ein magnetisches Feld (↗ S. 231) ein quellenfreies Wirbelfeld. Das bedeutet: Die Feldlinien sind dort geschlossene Linien ohne Anfang und Ende.

Wirbelfrei bedeutet, dass die Feldlinien keine geschlossene Linien sind, sondern Anfang und Ende haben. Die Quellen des Feldes sind die elektrischen Ladungen.
Für die Wirkungen von Feldern gilt:

- Auf einen geladenen Körper wird im elektrischen Feld eine Kraft ausgeübt.
- Bei Stoffen im elektrischen Feld tritt Influenz (↗ S. 212) oder dielektrische Polarisation (↗ S. 212) auf.
- In geschlossenen Stromkreisen bewirkt ein elektrisches Feld die gerichtete Bewegung von Ladungsträgern (Stromfluss).

## Abschirmung elektrischer Felder

Bei vielen Kabeln erfolgt eine **Abschirmung elektrischer Felder** durch eine metallische Hülle oder durch ein Drahtgeflecht.

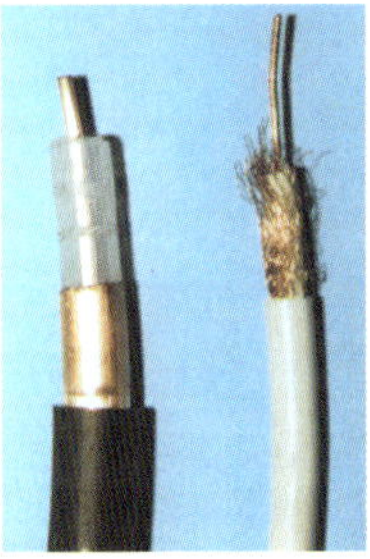

Elektrische Felder können mithilfe von Leitern abgeschirmt werden. Bereits MICHAEL FARADAY (1791–1867) wies 1836 nach, dass eine solche Abschirmung nicht nur durch massive Leiter, sondern auch durch Metallgitter und -streben erfolgt. Eine Anordnung von Leitern, durch die ein Raum von elektrischen Feldern abgeschirmt wird, nennt man **faradayschen Käfig.**

Ein Beispiel für einen solchen faradayschen Käfig ist die Karosserie eines Autos. Auch bei einem Blitzeinschlag bleibt der Raum im Inneren feldfrei. Personen sind damit geschützt. Das gilt selbst für Cabrios bei geschlossenem Dach. Faradaysche Käfige nutzt man auch, um Kabel oder elektronische Geräte vor störenden elektrischen Feldern abzuschirmen.

## Die elektrische Feldstärke

Der Betrag der Kraft hängt von der Stärke des Feldes im betreffenden Punkt und von der Ladung des Probekörpers ab. Die Richtung der Kraft wird durch die Feldrichtung und die Art der Ladung bestimmt.

Zur genaueren Kennzeichnung elektrischer Felder kann man Betrag und Richtung der Kraft bestimmen, die auf einen geladenen Körper in diesem Feld wirkt.

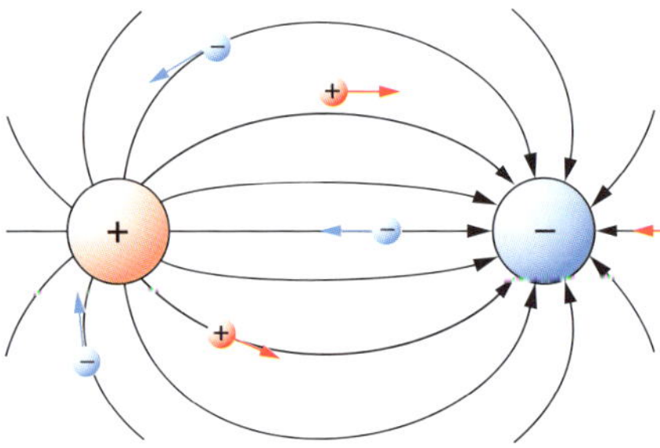


Die Stärke und die Richtung des elektrischen Feldes kann durch die Größe **elektrische Feldstärke** beschrieben werden.

Für die Einheit gilt:

$$1\,\frac{N}{C} = 1\,\frac{kg \cdot m^2}{s^2 \cdot A \cdot s} = 1\,\frac{V \cdot A \cdot s}{A \cdot s \cdot m} = 1\,\frac{V}{m}$$

Die elektrische Feldstärke in einem Punkt gibt an, wie groß die Kraft je Ladung in diesem Punkt ist.

Formelzeichen: $\vec{E}$

Einheiten: ein Newton durch Coulomb $(1\,\frac{N}{C})$

ein Volt durch Meter $(1\,\frac{V}{m})$

Die elektrische Feldstärke kann berechnet werden mit der Gleichung:

$\vec{E} = \frac{\vec{F}}{Q}$

$\vec{F}$ Kraft auf einen positiv geladenen Körper
$Q$ Ladung dieses Körpers

Mit dieser Festlegung stimmt die Richtung der **Feldstärke** in einem Punkt mit der Richtung der Feldlinie durch diesen Punkt überein.
Die Kraft $\vec{F}$, die auf einen geladenen Körper in einem Feld wirkt, wird auch als **Feldkraft** bezeichnet.

Bei einem homogenen elektrischen Feld ist die elektrische Feldstärke an allen Stellen gleich groß. Sie hängt bei einem elektrischen Feld zwischen zwei parallel zueinander stehenden Platten (Plattenkondensator) nur vom Abstand der Platten und der Spannung zwischen ihnen ab.

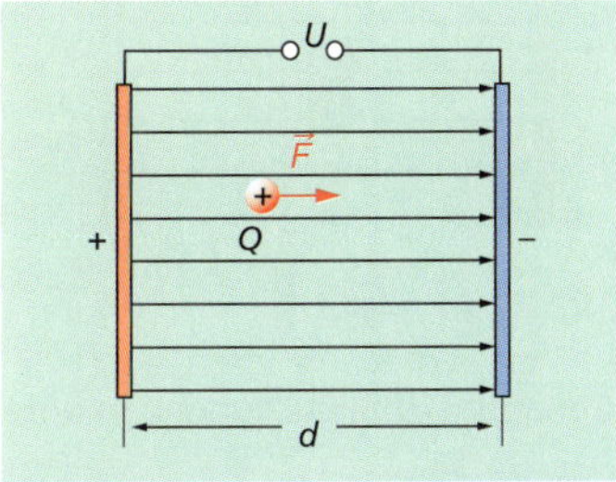


Für das homogene Feld im Innern eines Plattenkondensators kann die elektrische Feldstärke berechnet werden mit der Gleichung:

$E = \frac{U}{d}$

$U$ Spannung zwischen den Platten
$d$ Abstand der Platten

Zwischen zwei Kondensatorplatten mit einem Abstand von 3,2 cm liegt eine Spannung von 1,5 kV.
*Wie groß ist die Kraft auf einen Körper mit einer Ladung von 20 nC?*

*Analyse:*
Zur Berechnung können die oben genannten Gleichungen für die elektrische Feldstärke genutzt werden.

Gesucht: $F$
Gegeben: $d = 3{,}2\ \text{cm} = 0{,}032\ \text{m}$
$U = 1{,}5\ \text{kV} = 1\,500\ \text{V}$
$Q = 20\ \text{nC} = 2 \cdot 10^{-8}\ \text{C}$

*Lösung:*
Aus $F = Q \cdot E$ und $E = \frac{U}{d}$ erhält man:

$$F = Q \cdot \frac{U}{d}$$

$$F = 2 \cdot 10^{-8}\text{C} \cdot \frac{1\,500\ \text{V}}{0{,}032\ \text{m}}$$

$$\underline{F = 9{,}4 \cdot 10^{-4}\ \text{N}}$$

*Ergebnis:*
Auf den geladenen Körper wirkt eine Kraft von $9{,}4 \cdot 10^{-4}$ N.

Für die Einheiten gilt:

$$1\,\frac{\text{C} \cdot \text{V}}{\text{m}} = 1\,\frac{\text{A} \cdot \text{s} \cdot \text{V}}{\text{m}} = \frac{\text{Ws}}{\text{m}} = \frac{\text{Nm}}{\text{m}} = \text{N}$$

### Elektrische Feldstärke und dielektrische Verschiebung

Bringt man einen elektrischen Leiter in ein elektrisches Feld, so erfolgt Influenz (↗ S. 212). Sie ist umso stärker, je stärker das Feld ist.

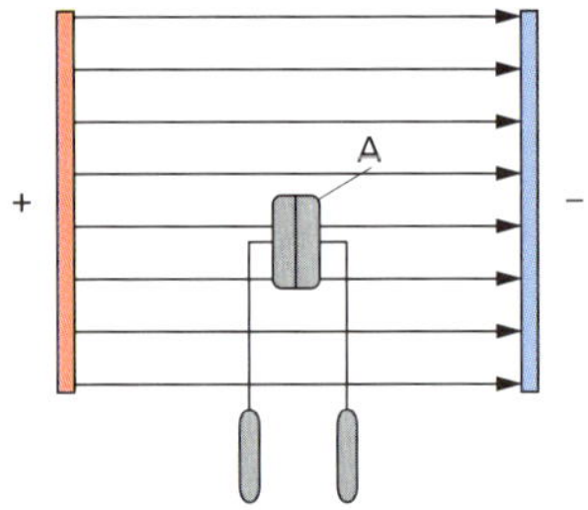


Den Zusammenhang zwischen der Feldstärke und der durch Influenz hervorgerufenen Ladung kann man folgendermaßen untersuchen:
Zwei ungeladene metallische Blättchen der Fläche *A* werden aneinander liegend in ein elektrisches Feld gebracht. Dort werden sie voneinander getrennt und anschließend ihre Ladung gemessen.

Genauere Untersuchungen in unterschiedlichen Feldern zeigen:

Die auf einer bestimmten Fläche *A* durch Influenz hervorgerufene Ladung *Q* ist proportional zur elektrischen Feldstärke.

Damit hat man eine weitere Möglichkeit zur Kennzeichnung der Stärke eines elektrischen Feldes durch die Größe *Q*/*A*.

In der Literatur findet man für diese Größe auch die Bezeichnung **elektrische Verschiebungsdichte, Flächenladungsdichte** oder **elektrische Flussdichte** in Analogie zu einer entsprechenden Größe zur Charakterisierung des magnetischen Feldes (↗ S. 233).

Die **dielektrische Verschiebung** ist ein Maß für die auf einer Fläche durch Influenz hervorgerufenen Ladung und damit zugleich ein Maß für die Stärke des betreffenden elektrischen Feldes.

Formelzeichen: *D*

Einheit: ein Coulomb durch Quadratmeter $(1\frac{C}{m^2})$

Durch die elektrische Verschiebung und die elektrische Feldstärke wird ein und dasselbe Objekt – ein elektisches Feld – charakterisiert. Demzufolge muss es zwischen den Größen einen engen Zusammenhang geben.

Zwischen der dielektrischen Verschiebung *D* und der elektrischen Feldstärke *E* besteht folgender Zusammenhang:

$\vec{D} = \varepsilon_0 \cdot \varepsilon_r \cdot \vec{E}$

$\varepsilon_0$ elektrische Feldkonstante
$\varepsilon_r$ Permittivitätszahl

### Elektrische Feldstärke eines Radialfeldes

Die elektrische Feldstärke eines Radialfeldes (↗ S. 215) kann man folgendermaßen ermitteln: Um eine geladene Kugel mit der Ladung *Q* werden zwei große Halbkugelschalen mit dem Radius *r* gelegt. Die durch Influenz auf den Halbkugelschalen hervorgerufene Ladung ist genau so groß wie die Ladung der Kugel.

Dann gilt für die dielektrische Verschiebung (↗ S. 218):

$$D = \frac{Q}{A} = \frac{Q}{4\pi \cdot r^2}$$

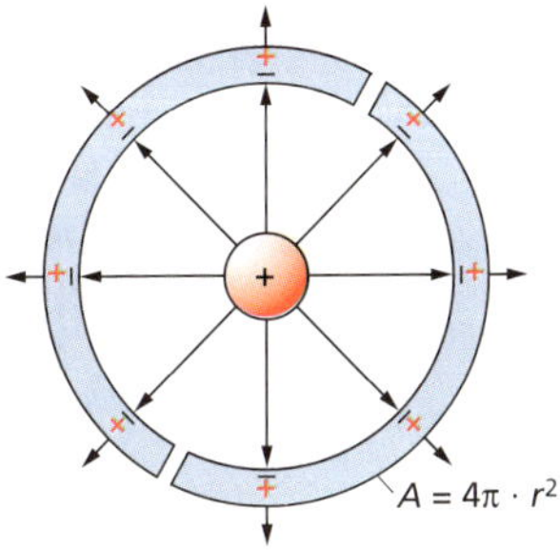


Setzt man den Ausdruck für $D$ in den ↗ S. 218 genannten Zusammenhang zwischen $D$ und $E$ ein und stellt die Gleichung nach $E$ um, so erhält man für die elektrische Feldstärke eines Radialfeldes die Gleichung:

$$E = \frac{1}{4\pi \cdot \varepsilon_0 \cdot \varepsilon_r} \cdot \frac{Q}{r^2} \quad (1)$$

Befindet sich in einem Radialfeld mit der felderzeugenden Ladung $Q_1$ ein geladener Körper mit der Ladung $Q_2$, dann beträgt die Feldkraft auf diesen geladenen Körper:

$F = E \cdot Q_2$ oder mit Gleichung (1)

$$F = \frac{1}{4\pi \cdot \varepsilon_0 \cdot \varepsilon_r} \cdot \frac{Q_1 \cdot Q_2}{r^2}$$

Das ist das ↗ S. 211 genannte coulombsche Gesetz.

Wirken auf einen geladenen Körper mehrere elektrische Felder, dann gilt für die resultierende Kraft das **Superpositionsprinzip.**

> Beim Wirken mehrere Felder ergibt sich die resultierende Kraft auf einen geladenen Körper als Vektorsumme der einzelnen Feldkräfte.

Auch um die Erde besteht ein elektrisches Feld, das zur Erde gerichtet ist. Die Erde trägt eine negative Ladung. Im Idealfall (ebene, unbebaute und unbewachsene Fläche) ist das Erdfeld ein Radialfeld. Durch Bäume oder Häuser treten erhebliche Deformationen des Feldes auf.
Die durchschnittliche elektrische Feldstärke in der Nähe des Erdbodens beträgt etwa 130 V/m. Sie kann in weiten Grenzen schwanken.

### Arbeit im elektrischen Feld

Bewegt man einen elektrisch geladenen Körper unter Kraftaufwendung in einem elektrischen Feld oder wird er infolge der Feldkraft bewegt, so wird an dem geladenen Körper mechanische Arbeit verrichtet.

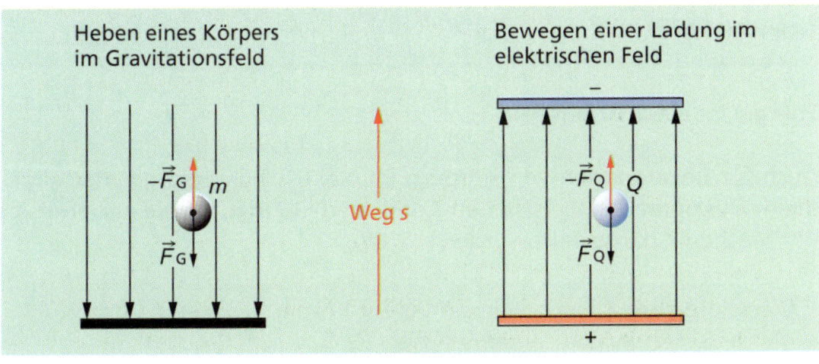


Das Bewegen eines geladenen Körpers im elektrischen Feld ist vergleichbar mit dem Heben eines Körpers im Gravitationsfeld (↗ S. 119). In beiden dargestellten Fällen wird Arbeit im Feld verrichtet.

Diese Arbeit kann in einfacher Weise berechnet werden.

In einem homogenen elektrischen Feld (↗ S. 214) ist die Feldkraft auf einen geladenen Körper konstant. Sie ergibt sich aus der Gleichung für die Feldstärke (↗ S. 217) zu $F = Q \cdot E$. Damit erhält man für die Arbeit im Feld:

Analog dazu wird die mechanische Arbeit bei konstanter Kraft und bei Kraft in Wegrichtung berechnet mit der Gleichung:

$W = F \cdot s$

> Bei der Bewegung eines geladenen Körpers in Richtung der Feldlinien beträgt die im homogenem elektrischen Feld oder vom homogenem elektrischen Feld verrichtete Arbeit:
>
> $W = Q \cdot E \cdot s$ oder
> $W = Q \cdot U$
>
> $Q$ Ladung des Körpers
> $E$ konstante Feldstärke
> $s$ Weg parallel zu den Feldlinien
> $U$ Spannung zwischen Ausgangspunkt und Endpunkt

Bei der Bewegung eines geladenen Körpers in einem beliebigen inhomogenen Feld ist die Feldkraft nicht konstant.

Liegt ein **Radialfeld** vor, dann kann die Arbeit ähnlich wie im Gravitationsfeld der Erde folgendermaßen berechnet werden:

$$W = \int_{r_1}^{r_2} F(r)\,\mathrm{d}r$$

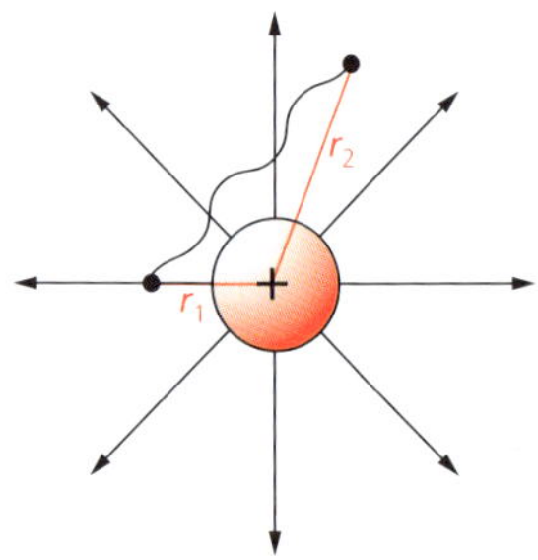


Für die Arbeit im Gravitationsfeld gilt eine analoge Beziehung (↗ S. 121).

Unter Nutzung des coulombschen Gesetzes (↗ S. 211) erhält man

$$W = \frac{Q_1 \cdot Q_2}{4\pi \cdot \varepsilon_0 \cdot \varepsilon_r} \int_{r_1}^{r_2} \frac{1}{r^2}\,\mathrm{d}r = \frac{Q_1 \cdot Q_2}{4\pi \cdot \varepsilon_0 \cdot \varepsilon_r} \left(\frac{1}{r_1} - \frac{1}{r_2}\right)$$

Unabhängig von der Art des elektrischen Feldes gilt:

> Die im elektrischen Feld oder von ihm verrichtete Arbeit an einem geladenen Körper hängt nur vom Anfangspunkt und vom Endpunkt der Bewegung ab. Sie ist unabhängig von der Bahn zwischen diesen beiden Punkten.

### Energie im elektrischen Feld

Es muss zwischen der Energie eines Körpers im elektrischen Feld und der Energie des Feldes selbst (Feldenergie) unterschieden werden.

Auch für Bewegungen von Körpern im elektrischen Feld gilt der allgemeine Zusammenhang zwischen Arbeit und Energie, so wie er bereits in der Mechanik dargestellt wurde (↗ S. 88):

> Die von einem Körper oder an einem Körper verrichtete Arbeit ist gleich der Änderung seiner Energie:
>
> $$W = \Delta E$$

Wird z. B. ein positiv geladener Körper mit der Ladung $Q$ entgegen der Richtung der Feldlinien eines homogenen Feldes der Feldstärke $E$ den Weg $s$ entlang bewegt, so wird die Arbeit $W = Q \cdot E \cdot s$ verrichtet.
Die **potenzielle Energie** des geladenen Körpers im elektrischen Feld vergrößert sich um den gleichen Betrag. Entsprechend verkleinert sie sich bei Bewegung in entgegengesetzter Richtung.
Bei beliebigen elektrischen Feldern wird als Bezugspunkt häufig ein Punkt im Unendlichen gewählt und die Arbeit an einem positiv geladenen Körper betrachtet. In diesem allgemeinen Fall gilt für die potenzielle Energie eines Körpers der Ladung $Q$ in einem Abstand $r$ von einer felderzeugenden Ladung:

$$E_{pot} = -Q \int_{\infty}^{r} E(r)\,dr$$

Wie in der Mechanik wird die potenzielle Energie auch im elektrischen Feld auf ein bestimmtes Niveau bezogen. Das kann z. B. eine bestimmte Äquipotenzialfläche (s. u.) sein.

### Das elektrische Potenzial und die elektrische Spannung

Ähnlich wie beim Gravitationsfeld (↗ S. 122) wird auch beim elektrischen Feld ein **Potenzial** definiert.

> Unter dem elektrischen Potenzial $\varphi$ eines Punktes in einem elektrischen Feld versteht man den Quotienten aus der potenziellen Energie des Körpers im Feld und der Ladung dieses Körpers.
>
> Formelzeichen: $\varphi$
> Einheit: ein Joule durch Couloumb ($1\frac{J}{C}$)

Für die Einheiten gilt:

$$1\frac{J}{C} = 1\frac{V \cdot A \cdot s}{A \cdot s} = 1\,V$$

In einem homogenen elektrischen Feld beträgt demzufolge das Potenzial in einem Punkt $P_1$:

$$\varphi = \frac{Q_P \cdot E \cdot s}{Q_P} = E \cdot s\,,$$

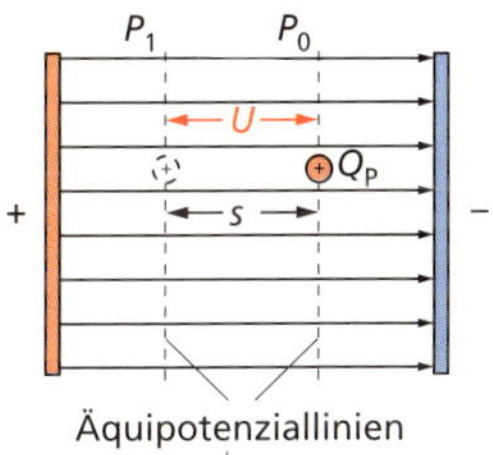


wenn man im Ausgangspunkt das Potenzial $P_0$ mit null annimmt.
In einem Radialfeld wird als Bezugspunkt für das Nullpotenzial meist ein Punkt im Unendlichen gewählt. Dann beträgt das Potenzial im Abstand $r$ von einer felderzeugenden Ladung

$$\varphi = \frac{1}{4\pi \cdot \varepsilon_0 \cdot \varepsilon_r} \cdot \frac{Q}{r}$$

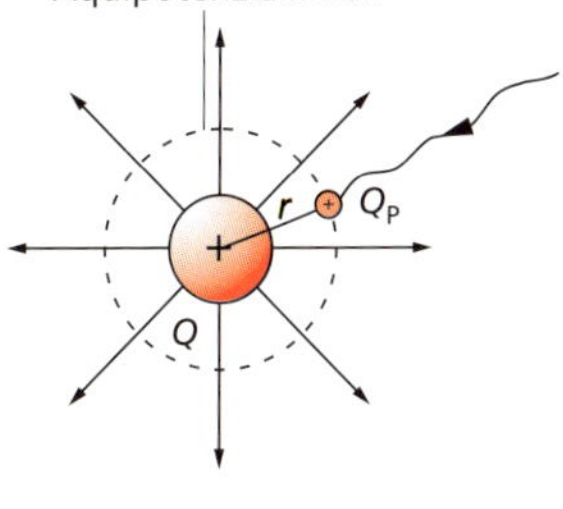


Manchmal ordnet man, ähnlich wie beim Gravitationsfeld, auch beim elektrischen Feld der Erdoberfläche das Potenzial null zu.

Linien oder Flächen gleichen Potenzials nennt man **Äquipotenziallinien** oder **Äquipotenzialflächen.** Sie stehen stets senkrecht zu den Feldlinien.

Das **Potenzial** in einem Punkt hängt nur vom Ort und von der elektrischen Feldstärke (Größe der felderzeugenden Ladung) ab. Es ist unabhängig von der Probeladung $Q_P$.

Für ein homogenes Feld im Inneren eines Plattenkondensators mit dem Plattenabstand $d$ gilt:

$U = E \cdot d$

Die elektrische Spannung zwischen zwei Punkten eines elektrischen Feldes ist gleich der Potenzialdifferenz.

$U = \Delta\varphi = \varphi_2 - \varphi_1$ — $\varphi_1$ Potenzial im Punkt 1, $\varphi_2$ Potenzial im Punkt 2

Die Potenzialdifferenz und damit die Spannung ist unabhängig davon, welcher Bezugspunkt als Null-Potenzial gewählt wurde.
Liegen zwei Punkte auf einer Äquipotenzialfläche, so ist die Spannung zwischen ihnen null.

Zwischen den beiden Platten eines Plattenkondensators liegt eine Spannung von 22,5 V. Der Abstand zwischen den Platten beträgt 3,0 cm.

a) *Wie groß ist die elektrische Feldstärke zwischen den Platten?*
b) *Ein positiv geladener Körper mit einer Ladung von $6 \cdot 10^{-8}$ C wird um 2,0 cm parallel zu den Feldlinien verschoben. Wie groß ist die Änderung seiner potenziellen Energie?*
c) *Wie groß ist das Potenzial der positiv geladenen Platte, wenn man das der negativ geladenen Platte null setzt?*

*Analyse:*
Beim elektrischen Feld eines Plattenkondensators handelt es sich um ein homogenes Feld. Es können die dafür geltenden Zusammenhänge angewendet werden.

$E$ ist sowohl das Kurzzeichen für die **elektrische Feldstärke** als auch für die **Energie.** Es ist nur aus dem Zusammenhang erkennbar, welche Größe jeweils gemeint ist.

Gesucht: $E, \Delta E_{pot} = W, \varphi$
Gegeben: $U = 22{,}5\ \text{V}$
$d = 3{,}0\ \text{cm} = 0{,}030\ \text{m}$
$s = 2{,}0\ \text{cm} = 0{,}020\ \text{m}$
$Q = 6 \cdot 10^{-8}\ \text{C}$

*Lösung:*
a) Für die Feldstärke im homogenen elektrischen Feld gilt:

$$E = \frac{U}{d} \qquad E = \frac{22{,}5\ \text{V}}{0{,}030\ \text{m}} = 750\ \frac{\text{V}}{\text{m}}$$

b) Die Änderung der Energie ist gleich der verrichteten Arbeit:

$$\Delta E_{pot} = W = Q \cdot E \cdot s$$
$$\Delta E_{pot} = 6 \cdot 10^{-8}\ \text{C} \cdot 750\ \frac{\text{V}}{\text{m}} \cdot 0{,}020\ \text{m} = 9 \cdot 10^{-7}\ \text{Nm}$$

Für die Einheiten gilt:

$$1\,\frac{\text{C} \cdot \text{V} \cdot \text{m}}{\text{m}} = 1\ \text{C} \cdot \text{V} = 1\ \text{A} \cdot \text{s} \cdot \text{V} = 1\ \text{Ws} = 1\ \text{Nm} = 1\ \text{J}$$

c) Das Potenzial ergibt sich aus Feldstärke und Plattenabstand:

$$\varphi = E \cdot d$$
$$\varphi = 750\ \frac{\text{V}}{\text{m}} \cdot 0{,}030\ \text{m} = 22{,}5\ \text{V}$$

*Ergebnis:*
Die elektrische Feldstärke zwischen den Platten des Kondensators beträgt 750 V/m, die Änderung der potenziellen Energie bei Verschiebung eines Körpers im elektrischen Feld $9 \cdot 10^{-7}$ J und das Potenzial der positiv geladenen Platte 22,5 V.

### Kondensator als Ladungs- und Energiespeicher

Ein Kondensator ist ein Bauelement zur Speicherung elektrischer Ladung bzw. elektrischer Energie. Er besteht aus zwei leitenden Schichten, die durch einen Isolator, **Dielektrikum** genannt, voneinander getrennt sind. Die einfachste Bauform ist ein **Plattenkondensator.**

| | | |
|---|---|---|
| 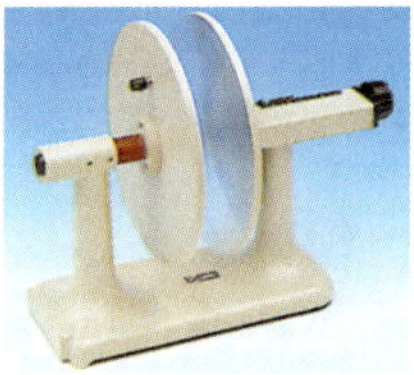 | 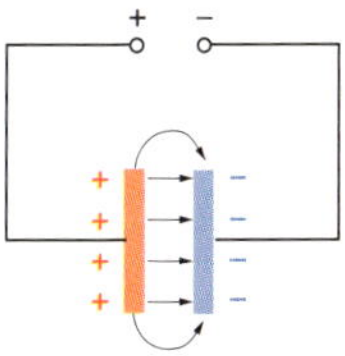  |  |
| Plattenkondensator mit Luft als Dielektrikum | elektrisches Feld eines Plattenkondensators | Schaltzeichen eines Kondensators |

Abgeleitet ist der Begriff **Kondensator** von condensare (lat.) = verdichten.
Weitere **Bauformen von Kondensatoren** sind Wickelkondensatoren, Keramikkondensatoren, Drehkondensatoren und Elektrolytkondensatoren.

Wird ein Kondensator an eine Gleichspannungsquelle angeschlossen, so fließt ein **Ladestrom,** beim Entladen ein **Entladestrom.**

| **Schaltung** | **Verlauf der Spannung** | **Verlauf der Stromstärke** |
|---|---|---|
| 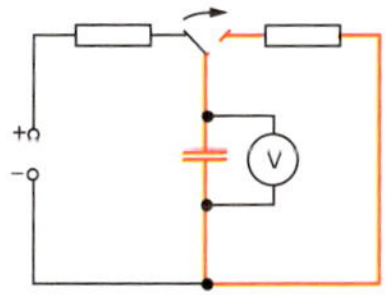  | 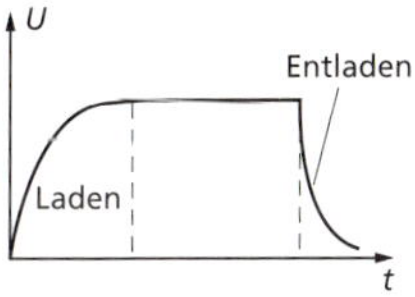  | 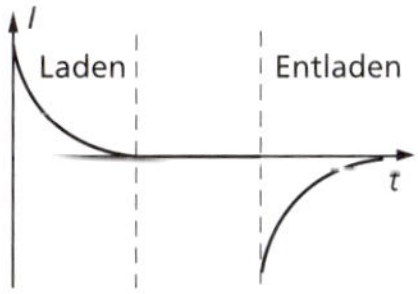  |

Die Speicherfähigkeit eines Kondensators für elektrische Ladung wird durch die physikalische Größe **Kapazität** angegeben.

Abgeleitet ist der Begriff Kapazität von capacitas (lat.) = Aufnahmefähigkeit, Fassungsvermögen.

Die Kapazität eines Kondensators gibt an, wie viel elektrische Ladung der Kondensator bei einer Spannung von 1 V speichern kann.

Formelzeichen: $C$

Einheiten: 1 Farad (1 F)
1 Coulomb durch Volt $(1\ \frac{C}{V})$

Sie kann berechnet werden mit der Gleichung:

$$C = \frac{Q}{U}$$

$Q$ elektrische Ladung
$U$ elektrische Spannung

Die Einheit 1 F ist nach dem englischen Naturforscher **Michael Faraday** (1791–1867) benannt. Für die Einheiten gilt:

$$1\ \text{F} = 1\ \frac{\text{C}}{\text{V}} = \frac{\text{A} \cdot \text{s}}{\text{V}}$$

Bei einem **Plattenkondensator** ist die Kapazität umso größer, je größer die Flächen der Platten und je kleiner der Abstand zwischen ihnen ist.

Die **Permittivitätszahl,** auch **Dielektrizitätszahl** genannt, ist eine Materialkonstante, die die Beeinflussung der Kapazität durch das Dielektrikum angibt.
Für Luft gilt: $\varepsilon_r = 1$
Bei Verwendung von speziellen keramischen Werkstoffen kann sich die Speicherfähigkeit bei gleicher Plattenfläche und gleichem Abstand um den Faktor 10 … 10 000 erhöhen.

Die Kapazität eines Plattenkondensators kann berechnet werden mit der Gleichung:

$C = \varepsilon_0 \cdot \varepsilon_r \cdot \frac{A}{d}$

| | |
|---|---|
| $A$ | Fläche einer Platte |
| $d$ | Abstand der Platten |
| $\varepsilon_0$ | elektrische Feldkonstante |
| $\varepsilon_r$ | Permittivitätszahl |

Für die Schaltung von Kondensatoren gelten folgende Gesetze:

| **Parallelschaltung** | **Reihenschaltung** |
|---|---|
| 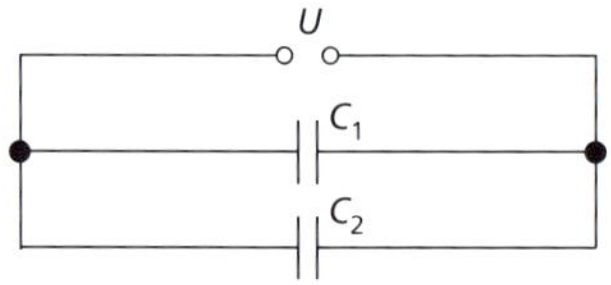  $C = C_1 + C_2 + \ldots + C_n$ | 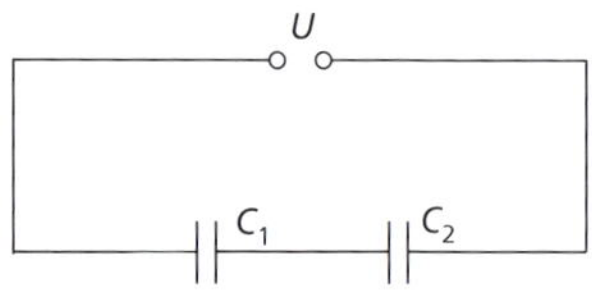  $\frac{1}{C} = \frac{1}{C_1} + \frac{1}{C_2} + \ldots + \frac{1}{C_n}$ |
| $U = U_1 = U_2 = \ldots = U_n$ | $U = U_1 + U_2 + \ldots + U_n$ |
| $Q = Q_1 + Q_2 + \ldots + Q_n$ | $Q = Q_1 = Q_2 = \ldots = Q_n$ |

Das Aufladen eines Kondensators bedeutet das Aufbauen eines elektrischen Feldes zwischen seinen Platten. Dazu ist Energie erforderlich, die dann nach dem Energieerhaltungssatz im elektrischen Feld gespeichert ist. Allgemein gilt:

Ein elektrisches Feld besitzt Energie. Sie wird als **Feldenergie** bezeichnet.

Wie viel Energie z. B. im Feld eines geladenen Kondensators gespeichert ist, hängt von seiner Kapazität und der Ladespannung ab.

Im *U*-*Q*-Diagramm ist die Fläche unter dem Graphen gleich der beim Aufladen verrichteten Arbeit und damit auch gleich der im Feld gespeicherten Energie.

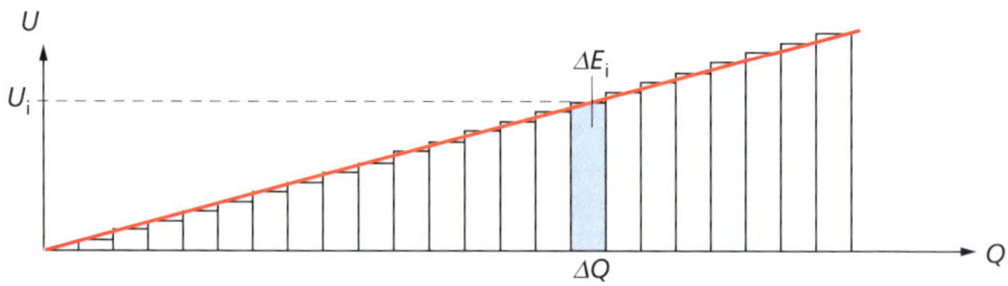


Beim Aufladen wird Ladung zu den Platten transportiert. Für ein Ladungselement $\Delta Q$ ist diese Arbeit:

$$W_i = \Delta Q \cdot U_i$$

Die Gesamtarbeit ergibt sich aus der Summe aller Teilarbeiten.

Für den dargestellten speziellen Fall ergibt sich:

$$W = \frac{1}{2}Q \cdot U \text{ und mit } Q = C \cdot U$$

$$W = \frac{1}{2}C \cdot U^2$$

Da die verrichtete Arbeit gleich der Energieänderung ist, gilt:

Allgemein gilt:

$$W = \int_0^Q U\,dQ$$

Die in einem Kondensator gespeicherte Feldenergie kann berechnet werden mit den Gleichungen:

$$E = \frac{1}{2}Q \cdot U$$

$$E = \frac{1}{2}C \cdot U^2$$

$Q$ Ladung des Kondensators
$U$ Spannung am Kondensators
$C$ Kapazität des Kondensators

Bei Blitzgeräten von Fotoapparaten werden Kondensatoren als Energiespeicher genutzt.

a) *Wie groß ist die im Kondensator gespeicherte und beim Auslösen des Blitzes frei werdende Energie, wenn der eingebaute Kondensator eine Kapazität von 100 µF hat und die Ladespannung 6 V beträgt?*

b) *Warum kann ein zweiter Blitz erst nach einer bestimmten Zeit ausgelöst werden?*

*Analyse:*

a) Die im Kondensator gespeicherte Energie kann aus Kapazität und Ladespannung berechnet werden.

Gesucht: $E$
Gegeben: $C = 100\ \mu F = 10^{-4}\ F$
$U = 6\ V$

*Lösung:*

$$E = \frac{1}{2}C \cdot U^2$$

$$E = \frac{1}{2} \cdot 10^{-4}\ F \cdot (6\ V)^2$$

$$\underline{E = 1{,}8\ mJ}$$

*Ergebnis:*
Im Kondensator des Blitzgerätes ist eine Energie von 1,8 mJ gespeichert.

Für die Einheiten gilt:

$$1\ F \cdot V^2 = 1\frac{C}{V} \cdot V^2 = 1\ A \cdot s \cdot V = 1\ J$$

b) Unmittelbar nach dem Zündvorgang ist der Kondensator entladen. Die Feldenergie ist null. Für den erneuten Aufladevorgang ist eine bestimmte Zeit erforderlich, die von der Kapazität des Kondensators und vom ohmschen Widerstand im Stromkreis abhängig ist. Erst nach vollständigem Aufladen ist das Blitzgerät wieder betriebsbereit.

Die im Kondensator gespeicherte Energie wird bei einem Blitzgeräte in sehr kurzer Zeit freigesetzt. Nimmt man als Entladezeit beim Blitzen 0,1 ms an, so beträgt die Leistung :

$$P = \frac{1{,}8\ mJ}{0{,}1\ ms} = 18\ W$$

### 4.1.3 Geladene Teilchen in elektrischen Feldern

Die Elementarladung $e$ (↗ S. 209) hat einen Wert von

$$e = 1{,}602 \cdot 10^{-19}\ \text{C}.$$

Sie kann mithilfe des MILLIKAN-Versuches bestimmt werden.

Befinden sich geladene Teilchen in einem elektrischen Feld, so wirkt auf sie eine Feldkraft $F = E \cdot Q$. Da es sich bei den geladenen Teilchen meist um Elektronen mit der Elementarladung $e$ handelt, werden alle nachfolgenden Betrachtungen darauf bezogen.

**Elektronen im homogenen Längsfeld**

Die Beschleunigung geladener Teilchen nutzt man bei Elektronenstrahlröhren und Beschleunigern.

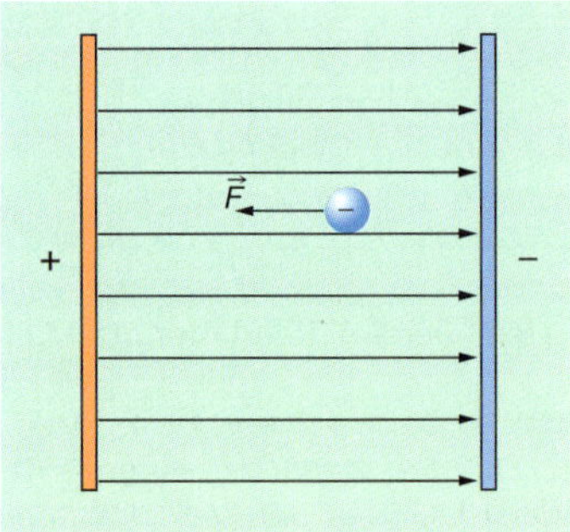


Befindet sich ein Elektron in einem homogenen elektrischen Feld, so wirkt die konstante Feldkraft:

$$F = E \cdot e$$

Freie Beweglichkeit vorausgesetzt, wird das Elektron entgegen der Feldrichtung beschleunigt. Für die Beschleunigung gilt:

$$a = \frac{F}{m} = E \cdot \frac{e}{m}$$

Der Term $\frac{e}{m}$ wird als **spezifische Ladung** bezeichnet. Für Elektronen gilt:

$$\frac{e}{m} = 1{,}759 \cdot 10^{11}\ \frac{\text{C}}{\text{kg}}$$

Dabei wird Feldenergie in kinetische Energie des Elektrons umgewandelt. Beträgt die **Beschleunigungsspannung** zwischen zwei Punkten des elektrischen Feldes $U$, so gilt:

$$U \cdot e = \frac{1}{2} m \cdot v^2$$

Löst man die Gleichung nach der Geschwindigkeit auf, dann erhält man:

**In einem homogenen Längsfeld hängt die Geschwindigkeit von Elektronen von der Beschleunigungsspannung und der spezifischen Ladung ab. Es gilt:**

$$v = \sqrt{2U \cdot \frac{e}{m}}$$

$U$ Beschleunigungsspannung
$\frac{e}{m}$ spezifische Ladung des Elektrons

Besitzen die Elektronen bereits eine Anfangsgeschwindigkeit, so gilt für die Gesamtgeschwindigkeit $v_G$:

$$\vec{v}_G = \vec{v}_0 + \vec{v}$$

Beträgt z. B. in einer Elektronenstrahlröhre die Beschleunigungsspannung 25 kV, dann erhält man für die Geschwindigkeit der Elektronen nach Durchlaufen dieser Spannung:

$$v = \sqrt{2U \cdot \frac{e}{m}}$$

$$v = v = \sqrt{2 \cdot 25 \cdot 10^3\,\text{V} \cdot 1{,}759 \cdot 10^{11}\,\frac{\text{C}}{\text{kg}}}$$

$$\underline{v = 9{,}4 \cdot 10^7\ \frac{\text{m}}{\text{s}}}$$

Für die Einheiten gilt:

$$\sqrt{\frac{\text{V} \cdot \text{C}}{\text{kg}}} = \sqrt{\frac{\text{V} \cdot \text{A} \cdot \text{s}}{\text{kg}}} = \sqrt{\frac{\text{J}}{\text{kg}}} = \sqrt{\frac{\text{kg} \cdot \text{m}^2}{\text{kg} \cdot \text{s}^2}} = \sqrt{\frac{\text{m}^2}{\text{s}^2}} = \frac{\text{m}}{\text{s}}$$

Das ist immerhin eine Geschwindigkeit, die ca. 30 % der Vakuumlichtgeschwindigkeit beträgt.

**Elektronen im homogenen Querfeld**

Tritt ein Elektron mit einer Anfangsgeschwindigkeit $\vec{v}_0$ senkrecht zu den Feldlinien in ein homogenes elektrisches Feld ein, dann wirkt ebenfalls eine konstante Feldkraft mit dem Betrag $F = E \cdot e = \frac{U}{d} \cdot e$.

Diese Feldkraft bewirkt eine Ablenkung des Elektrons aus der ursprünglichen Ausbreitungsrichtung. Das Elektron bewegt sich auf einer parabelförmigen Bahn. Die Ablenkung kann mithilfe von Gesetzen ermittelt werden.

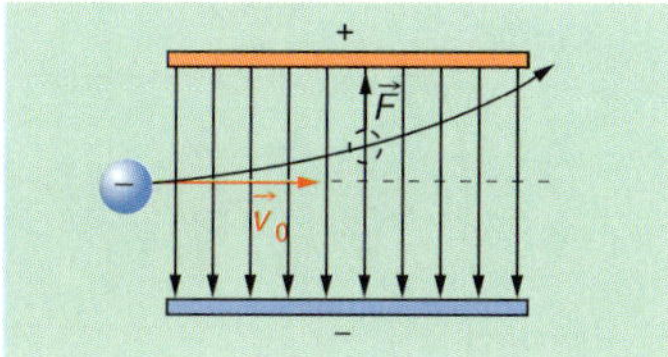


Die Bewegung des Elektrons ist vergleichbar mit der Bewegung eines Körpers beim waagerechten Wurf (↗ S. 69). Dort wirkt die konstante Gewichtskraft.

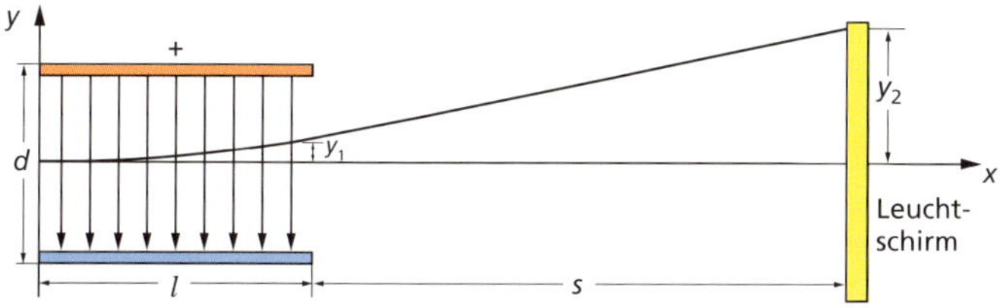


Innerhalb des Feldes überlagert sich eine gleichförmige Bewegung in $x$-Richtung mit einer gleichmäßig beschleunigten Bewegung in $y$-Richtung:

$$x = v_0 \cdot t \quad (1) \qquad y = \frac{1}{2} a \cdot t^2 = \frac{1}{2} E \cdot \frac{e}{m} \cdot t^2 = \frac{1}{2} \frac{U}{d} \cdot \frac{e}{m} \cdot t^2 \quad (2)$$

Die Herleitung der Gleichung ist analog zur Herleitung der Bahnkurve beim waagerechten Wurf (↗ S. 69).

Eliminiert man aus den Gleichungen (1) und (2) den Parameter $t$, so erhält man:

$$y = \frac{1}{2} \cdot \frac{e}{m} \cdot \frac{U}{d} \cdot \frac{1}{v_0^2} \cdot x^2$$

Die Ablenkung $y_1$ ergibt sich mit $x = l$ zu:

$$y_1 = \frac{1}{2} \frac{e}{m} \cdot \frac{U}{d} \cdot \frac{1}{v_0^2} \cdot l^2$$

Die Ablenkung $y_2$ auf einem Leuchtschirm beträgt dann:

$$y_2 = \frac{e}{m} \cdot \frac{U}{d} \cdot \frac{l}{v_0^2} \left(\frac{l}{2} + s\right)$$

Die Gleichungen für die Ablenkung von Ladungsträgern im elektrischen Feld können in unterschiedlicher Art und Weise hergeleitet werden.

Setzt man die Geschwindigkeit $v_0 = \sqrt{2 U_B \cdot \frac{e}{m}}$ ein, so erhält man:

$$y_2 = \frac{1}{2} \cdot \frac{U}{d} \cdot \frac{l}{U_B} \left(\frac{l}{2} + s\right)$$

Die Ablenkung eines Elektronenstrahls hängt bei gegebener Dimensionierung der Ablenkplatten von der Ablenkspannung $U$ und von der Beschleunigungsspannung $U_B$ (Geschwindigkeit der Elektronen) ab. Sie ist unabhängig von der spezifischen Ladung.

**Elektronenstrahlröhren** werden nach ihrem Erfinder CARL FERDINAND BRAUN (1850–1918) auch als **braunsche Röhren** bezeichnet.
Bei **Oszillografenbildröhren** nutzt man meist die elektrostatische Ablenkung, bei **Fernsehbildröhren** die Ablenkung durch magnetische Felder (↗ S. 236).

Genutzt wird die Ablenkung von Elektronen in homogenen Querfeldern in **Elektronenstrahlröhren,** insbesondere in Bildröhren von **Oszillografen.** Die Skizze zeigt den Aufbau einer solchen Röhre.

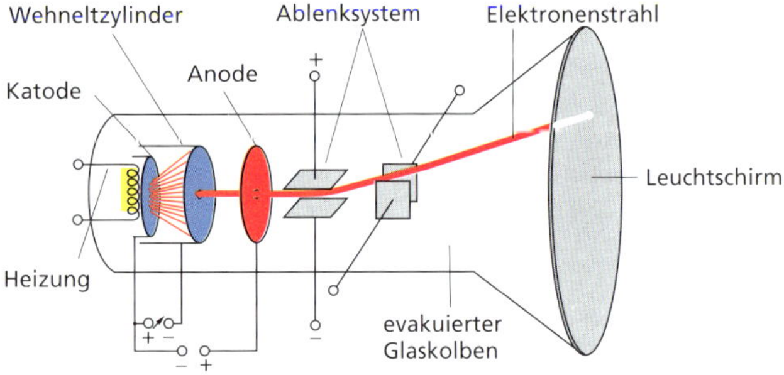


Elektronen mit einer Energie von 420 eV treten senkrecht zu den Feldlinien in ein homogenes elektrisches Feld ein. Dieses Feld existiert zwischen zwei Platten, die 5,0 cm lang sind und einen Abstand von 2,6 cm voneinander haben.

a) *Welche Geschwindigkeit haben die Elektronen beim Eintritt in das elektrische Feld?*
b) *Wie groß muss die Ablenkspannung sein, damit die Ablenkung des Elektronenstrahls am Ende der Ablenkplatte 1,8 mm beträgt?*

*Analyse:*
Wir gehen von einer ungehinderten Bewegung der Elektronen aus. Die Geschwindigkeit der Elektronen ergibt sich aus ihrer Energie. Die Ablenkspannung kann aus der Ablenkung ermittelt werden.

Gesucht: $v, U$
Gegeben: $E = 420\ \text{eV}$ $\quad l = 5{,}0\ \text{cm}$
$d = 2{,}6\ \text{cm}$ $\quad y_1 = 1{,}8\ \text{mm}$

Ein **Elektronenvolt** (1 eV) ist die Energie, die eine Elektron nach Durchlaufen einer Spannung von 1 V besitzt.
$1\ \text{eV} = 1{,}602 \cdot 10^{-19}\ \text{Ws}$

*Lösung:*
a) Aus der Definition der Einheit Elektronenvolt ergibt sich: $U = 420$ V. Damit erhält man als Geschwindigkeit der Elektronen:

$$v = \sqrt{2U \cdot \frac{e}{m}} = \sqrt{2 \cdot 420\ \text{V} \cdot 1{,}579 \cdot 10^{11}\ \frac{\text{C}}{\text{kg}}} = 1{,}2 \cdot 10^{7}\ \frac{\text{m}}{\text{s}}$$

b) Durch Umstellen der ↗ S. 227 genannten Gleichung erhält man:

$$U = 2y_1 \cdot \frac{m}{e} \cdot d \cdot \frac{v_0^2}{l^2}$$

$$U = 2 \cdot 1{,}8 \cdot 10^{-3}\ \text{m} \cdot \frac{1 \cdot \text{kg}}{1{,}759 \cdot 10^{11}\ \text{C}} \cdot 0{,}026\ \text{m} \cdot \frac{(1{,}2 \cdot 10^{7}\ \frac{\text{m}}{\text{s}})^2}{(0{,}05\ \text{m})^2} = \underline{27{,}2\ \text{V}}$$

*Ergebnis:*
Elektronen mit einer Energie von 420 eV besitzen eine Geschwindigkeit von $1{,}2 \cdot 10^{7}\ \frac{\text{m}}{\text{s}}$. Bei einer Ablenkungspannung von etwa 27 V beträgt die Ablenkung im Feld 1,8 mm.

# 4.2 Das magnetische Feld

## 4.2.1 Magnetische Felder von Dauer- und Elektromagneten

Das Phänomen des Magnetismus ist schon seit dem Altertum bekannt. Elektromagnetismus wurde erstmals 1820 durch den dänischen Physiker HANS-CHRISTIAN OERSTED (1777–1851) nachgewiesen.

> Magnete sind Körper, die andere Körper in ihrer Umgebung (Körper aus Eisen, Nickel oder Cobalt, stromdurchflossene Leiter) magnetisch beeinflussen.

Dabei wird zwischen **Dauermagneten** und **Elektromagneten** unterschieden. Dauermagnete bestehen aus **ferromagnetischen Stoffen.** Sie weisen winzige Strukturen auf, die sich wie kleine Magnete verhalten. Im unmagnetisierten Zustand sind diese **Elementarmagnete** ungeordnet. Unter dem Einfluss eines Magneten können sie sich ausrichten. Der betreffende Körper wird selbst zum Magneten.

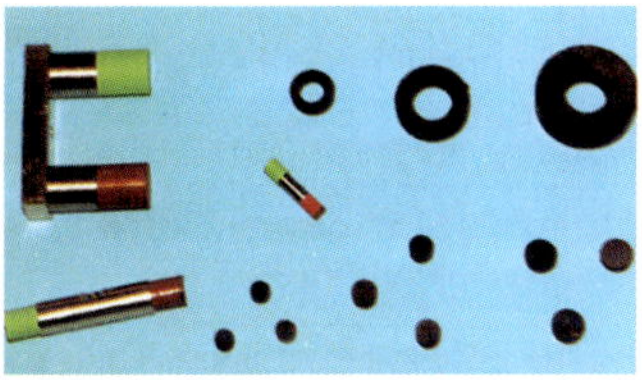

Dauermagnete unterschiedlicher Form

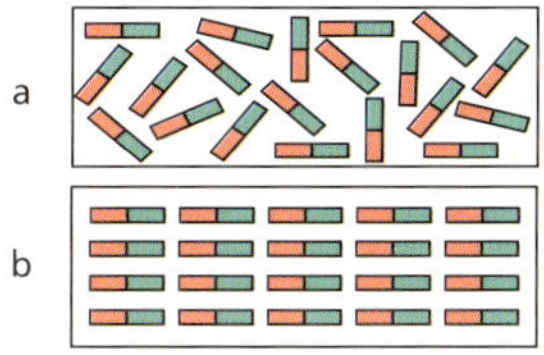


Unmagnetisiertes (a) und magnetisiertes (b) Eisen im Modell

Eine magnetische Wirkung tritt auch um stromdurchflossene Leiter, insbesondere stromdurchflossene Spulen auf. Solche Anordnungen werden als **Elektromagnete** bezeichnet.
Ein Magnet übt auf andere Magnete und auf Körper aus ferromagnetischen Stoffen Kräfte aus. Die Bereiche mit der größten magnetischen Kraft werden als **Magnetpole** bezeichnet.

| **Gleiche Magnetpole stoßen sich ab.** | **Ungleiche Magnetpole ziehen sich an.** |
|---|---|
| 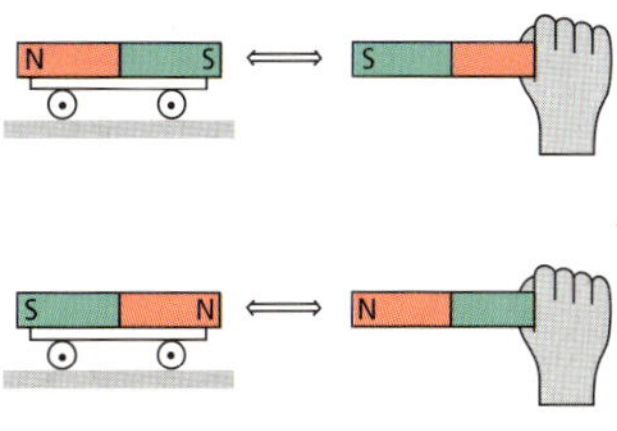 | 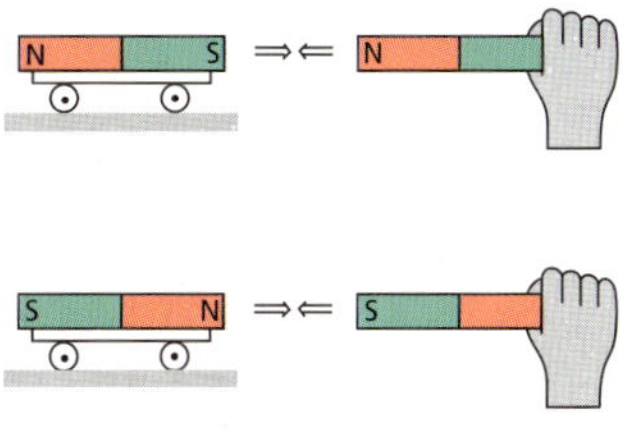 |




HANS CHRISTIAN OERSTED entdeckte 1820, dass ein stromdurchflossener Leiter eine Magnetnadel beeinflusst.

Dauer- oder **Permanentmagnete** werden heute meist aus Legierungen und Oxidwerkstoffen (Barium- und Eisenoxid, Neodym) hergestellt. Sie können in beliebige Formen gebracht werden.

In der Technik genutzte **Elektromagneten** bestehen zumeist aus einer Spule mit Eisenkern.

Körper aus ferromagnetischen Stoffen werden von einem Magneten angezogen.
Drehbare Körper richten sich im Bereich eines Magneten in bestimmter Weise aus.

Auch wenn man einen Magneten zerteilt, hat jeder Teil wieder zwei Pole, einen Nordpol und einen Südpol. Keramische Magnete können auch mehr als ein Polpaar haben, wie das Feldlinienbild des Magneten aus einem Fahrraddynamo zeigt.

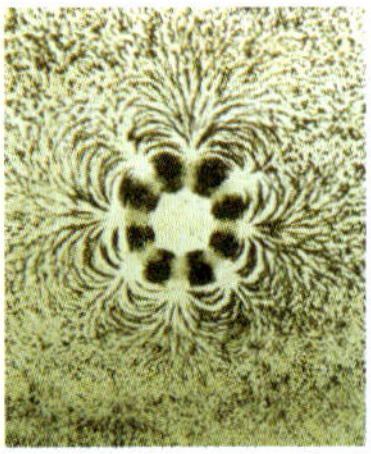

Jedem Magneten kann mindestens ein **Nordpol** und ein **Südpol** zugeordnet werden.

Der Raum um einen Magneten, in dem auf andere Magneten oder auf Körper aus ferromagnetischen Stoffen Kräfte ausgeübt werden, befindet sich in einem besonderen Zustand. In ihm existiert ein **magnetisches Feld.**

Ein magnetisches Feld ist der Zustand des Raumes um einen Magneten, in dem auf andere Magnete bzw. Körper aus ferromagnetischen Stoffen Kräfte ausgeübt werden.

Ein magnetisches Feld ist nur an seinen Wirkungen erkennbar und nachweisbar.
Magnetische Felder können wie elektrische Felder mithilfe von **Feldlinienbildern** dargestellt werden (↗ S. 214). Ein Feldlinienbild als *Modell* des magnetischen Feldes macht Aussagen über die Kräfte auf Probekörper (z. B. kleine Magnete). Dabei gelten analoge Aussagen wie für Feldlinienbilder elektrischer Felder (↗ S. 214).
Der Verlauf von Feldlinien lässt sich experimentell mithilfe kleiner Magnete oder mithilfe von Eisenfeilspänen darstellen.

| **Kleine Magnete richten sich im Magnetfeld aus.** | **Eisenfeilspäne ordnen sich im Magnetfeld zu Ketten an.** |
|---|---|
| 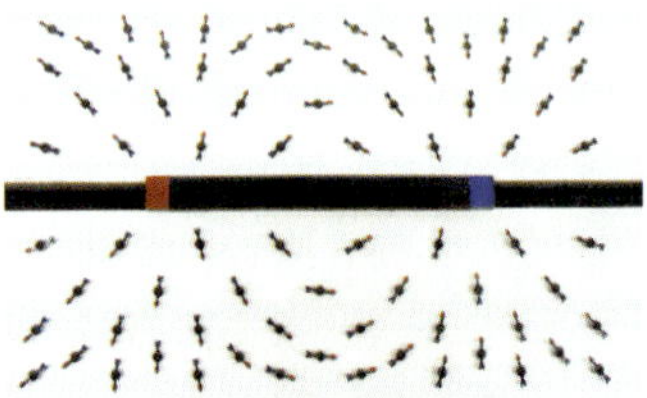 |  |

Ein Feldlinienbild ist ein Modell des real existierenden magnetischen Feldes.

Kleine Magnetnadeln richten sich im magnetischen Feld so aus, dass sie parallel zu den Feldlinien sind. Die Richtung der Feldlinien gibt bei Permanentmagneten die Richtung der Kraft auf einen magnetischen Nordpol an.

| **Feldlinienbild eines Stabmagneten** | **Feldlinienbild eines Hufeisenmagneten** |
|---|---|
| 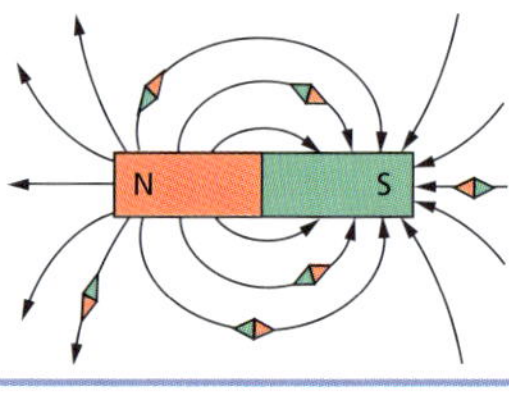 | 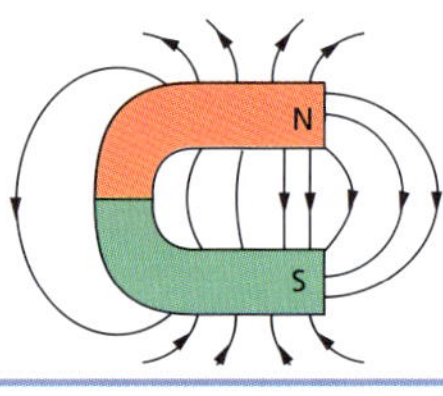 |

| Feldlinienbild um einen stromdurchflossenen Leiter | Feldlinienbild einer stromdurchflossenen Spule |
|---|---|
| 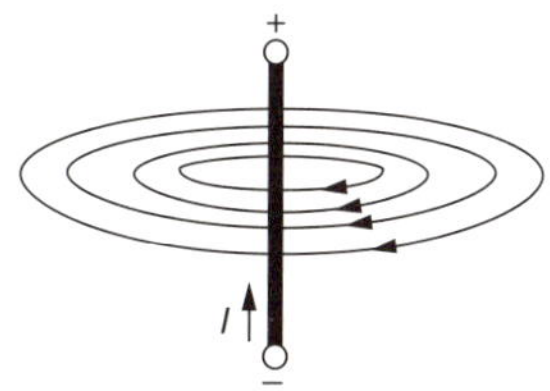  | 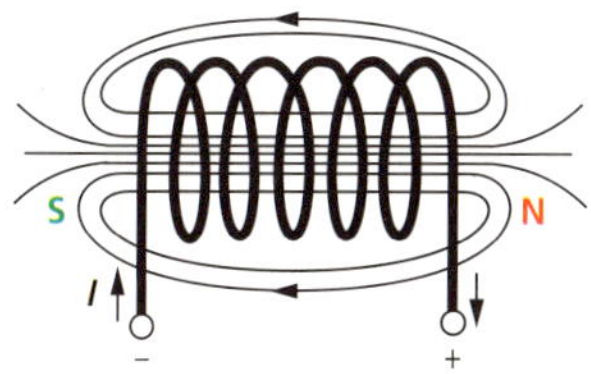  |

Magnetische Feldlinien sind im Unterschied zu elektrischen Feldlinien geschlossen. Sie haben keinen Anfang und kein Ende. Deshalb kann man nach dem Verlauf der Feldlinien ein Magnetfeld im Unterschied zu einem elektrischen Feld (↗ S. 215) auch folgendermaßen charakterisieren:

> Das magnetische Feld ist ein quellenfreies Wirbelfeld.

Diese Aussage gilt auch für Permanentmagnete, selbst wenn man dort aus Gründen der Zweckmäßigkeit meist keine geschlossenen Linien zeichnet.

Die Richtung der Feldlinien ergibt sich aus folgender Regel: Zeigt der Daumen der linken Hand in Richtung des Elektronenstromes (von – nach +), dann geben die gekrümmten Finger die Richtung der Feldlinien an.

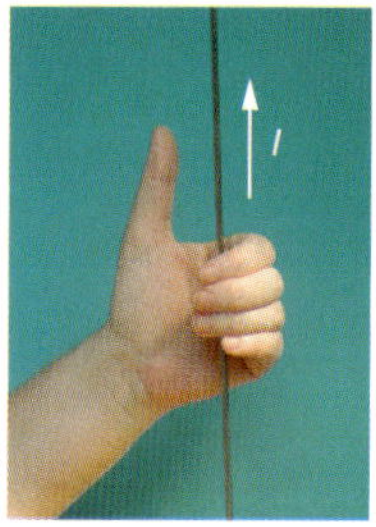


**Das Magnetfeld der Erde**

Die Erde ist ein großer, wenn auch relativ schwacher Magnet. Die magnetischen Pole liegen in der Nähe der geografischen Pole, wobei sich im Norden der magnetische Südpol und im Süden der magnetische Nordpol befinden. Die Lage der Pole ändert sich mit der Zeit.
In Erdnähe ist die Form des Erdmagnetfeldes vergleichbar mit dem Magnetfeld eines Stabmagneten (↗ S. 230).
Untersuchungen mithilfe von Satelliten haben ergeben, dass das Erdmagnetfeld durch die von der Sonne ausgehende Strahlung von geladenen Teilchen (Sonnenwind) erheblich deformiert wird und dass es auf der sonnenabgewandten Seite weit in den Raum hinausreicht. Das Erdmagnetfeld beeinflusst erheblich die Bewegung geladener Teilchen (↗ S. 239).

Ursachen des **Erdmagnetfeldes** sind Ströme im Erdinneren, die durch eine Art selbsterregten Dynamo zustande kommen.

| Magnetfeld der Erde in Erdnähe | Magnetfeld der Erde in größerer Entfernung von ihr |
|---|---|
| 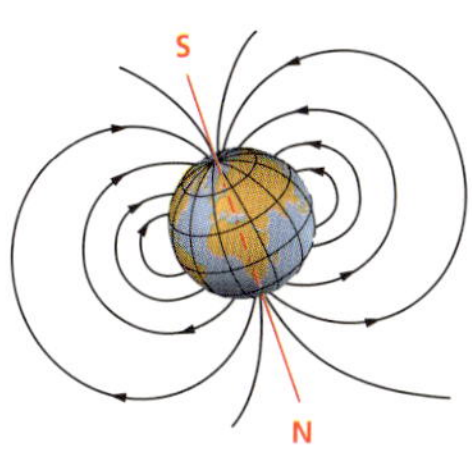  | 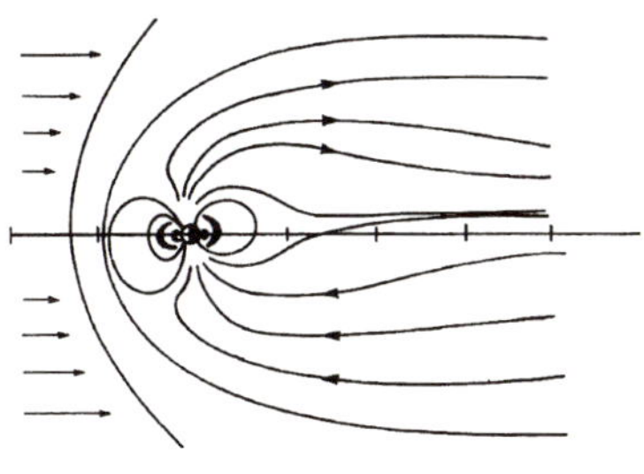 |

Durch den Sonnenwind wird das Erdmagnetfeld in Richtung Sonne regelrecht „zusammengedrückt“. Der Schweif in Gegenrichtung reicht weit in den Weltraum hinaus.

## 4.2.2 Beschreibung magnetischer Felder durch Feldgrößen

Befindet sich ein stromdurchflossener Leiter in einem Magnetfeld, so wird auf ihn eine Kraft ausgeübt. Diese Kraft hängt ab

- von der Stärke des Magnetfeldes, in dem sich der Leiter befindet,
- von der Stromstärke und
- von der Länge des Leiters.

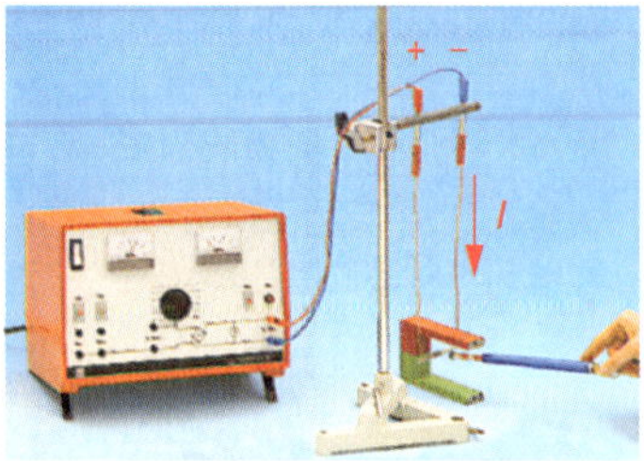


Die Richtung der Kraft ist senkrecht zur Richtung des magnetischen Feldes und senkrecht zur Stromrichtung.

Die Richtung der Kraft kann mithilfe der Linke-Hand-Regel (↗ S. 236) bestimmt werden:
Zeigt der Daumen der linken Hand in Richtung des Elektronenstromes und der Zeigefinger in Richtung des magnetischen Feldes, so gibt der Mittelfinger die Richtung der Kraft an.

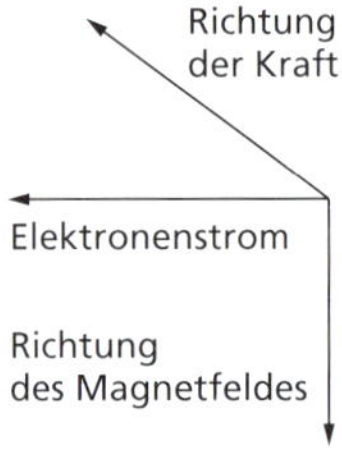


Mitunter nutzt man statt der Linke-Hand-Regel auch die Rechte-Hand-Regel (↗ S. 236).

Eine genauere Untersuchung der Zusammenhänge in einem homogenen Magnetfeld ergibt:

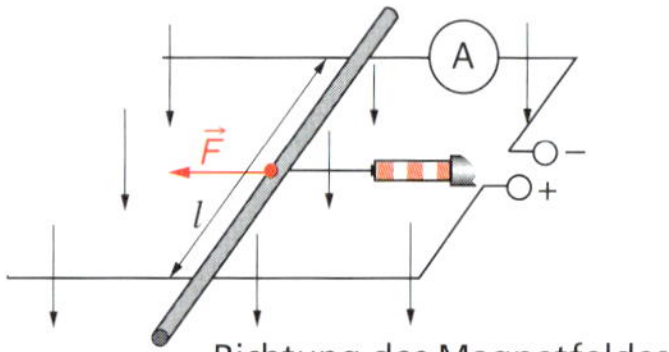


- Bei konstanter Länge $l$ ist die Kraft umso größer, je größer die Stromstärke ist:
  $$F \sim I$$
- Bei konstanter Stromstärke ist die Kraft umso größer, je länger der stromdurchflossene Leiter ist, der sich im Magnetfeld befindet:
  $$F \sim l$$

Die Zusammenfassung der Proportionalitäten ergibt:

$$F \sim I \cdot l \text{ oder } \frac{F}{I \cdot l} = \text{konstant}$$

Weitere Untersuchungen zeigen: In einem stärkeren Magnetfeld ist der Quotient größer, in einem schwächeren kleiner. Er ist somit geeignet, die Stärke eines Magnetfeldes zu kennzeichnen. Aus historischen Gründen bezeichnet man die Größe als **magnetische Flussdichte.**

Statt von magnetischer Flussdichte wird auch von **magnetischer Induktion** gesprochen.

Die magnetische Flussdichte gibt an, wie stark ein Magnetfeld ist.

Formelzeichen: $B$
Einheit: ein Tesla (1 T), $1\text{ T} = 1 \frac{\text{N}}{\text{A} \cdot \text{m}}$

Unter der Bedingung, dass sich ein stromdurchflossener Leiter senkrecht zu den Feldlinien eines Magnetfeldes befindet, kann die magnetische Flussdichte berechnet werden mit der Gleichung:

$$B = \frac{F}{I \cdot l}$$

$F$ Kraft auf den stromdurchflossenen Leiter
$I$ Stromstärke
$l$ Länge des Leiters

Benannt ist die Einheit der magnetischen Flussdichte nach dem kroatischen Elektrotechniker und Physiker NICOLA TESLA (1856–1943). Die Richtung der magnetischen Flussdichte ist gleich der Richtung der Feldlinien des magnetischen Feldes.

Befindet sich der stromdurchflossene Leiter nicht senkrecht zu den Feldlinien, sondern unter einem beliebigen Winkel $\alpha$ zu ihnen, dann gilt:
$F = B \cdot I \cdot l \cdot \sin \alpha$ oder vektoriell geschrieben $\vec{F} = l(\vec{I} \times \vec{B})$.

Wie beim elektrischen Feld gibt es auch beim magnetischen Feld eine zweite Größe. Die Kennzeichnung magnetischer Felder kann auch mithilfe der **magnetische Feldstärke** erfolgen.

Meist wird nur noch mit der magnetischen Flussdichte gearbeitet.

> Die magnetische Feldstärke ist ein Maß dafür, wie stark ein Magnetfeld ist.
>
> Formelzeichen: $H$
> Einheit: ein Ampere durch Meter $(1\,\frac{A}{m})$

Zwischen den beiden Größen zur Beschreibung magnetischer Felder besteht, ähnlich wie bei den Feldgrößen des elektrischen Feldes (↗ S. 218), ein enger Zusammenhang.

> Die magnetische Flussdichte $B$ und die magnetische Feldstärke $H$ sind folgendermaßen verknüpft:
>
> $\vec{B} = \mu_0 \cdot \mu_r \cdot \vec{H}$
>
> $\mu_0$ magnetische Feldkonstante
> $\mu_r$ Permeabilitätszahl

Die magnetische Feldkonstante hat einen Wert von $\mu_0 = 1{,}257 \cdot 10^{-6}\,\frac{V \cdot s}{A \cdot m}$

Ein Leiter von 4 cm Länge befindet sich in einem Magnetfeld und wird von einem Strom der Stärke 5,1 A durchflossen. Auf ihn wirkt eine Kraft von $2{,}2 \cdot 10^{-2}$ N.
*Wie groß ist die magnetische Flussdichte des Feldes?*

*Analyse:*
Da kein Winkel zwischen Leiter und Richtung des Magnetfeldes angegeben ist, gehen wir davon aus, dass beide senkrecht zueinander sind. Dann kann die S. 232 genannte Definitionsgleichung für die Flussdichte angewendet werden.

Gesucht: $B$
Gegeben: $l = 4\text{ cm} = 0{,}04\text{ m}$
$I = 5{,}1\text{ A}$
$F = 2{,}2 \cdot 10^{-2}\text{ N}$

*Lösung:*
Für den Fall $l$ und damit $I$ senkrecht zu $B$ gilt für die Flussdichte:

$$B = \frac{F}{I \cdot l}$$

$$B = \frac{2{,}2 \cdot 10^{-2}\text{ N}}{5{,}1\text{ A} \cdot 0{,}04\text{ m}}$$

$$\underline{B = 0{,}11\text{ T}}$$

Für die Einheiten gilt: $1\,\frac{N}{A \cdot m} = 1\text{ T}$

*Ergebnis:*
Die magnetische Flussdichte beträgt 0,11 T. Die magnetische Feldstärke, berechnet mit $H = \frac{B}{\mu_0}$, würde dann 87 500 $\frac{A}{m}$ betragen.

Sind zwei parallel zueinander liegende Leiter vorhanden und werden beide von Strom durchflossen, so beeinflussen sich diese beiden Leiter: Bei gleicher Stromrichtung wirkt eine anziehende Kraft, bei entgegengesetzter Stromrichtung eine abstoßende Kraft.

Die **Permeabilitätszahl** ist eine Stoffkonstante. Sie gibt an, wie viel Mal so groß die magnetische Flussdichte wird, wenn sich in ihrem Inneren statt eines Vakuums bzw. Luft ein Stoff befindet.

Diese besondere Spulenanordnung geht auf den deutschen Physiker HERMANN VON HELMHOLTZ (1821–1894) zurück. Man bezeichnet sie deshalb als HELMHOLTZ-Spulen.

### Das Magnetfeld um stromdurchflossene Leiter und Spulen

Die Stärke des Magnetfeldes um einen geraden stromdurchflossenen Leiter ist umso größer,
- je größer die Stromstärke ist,
- je kleiner der Abstand vom Leiter ist.

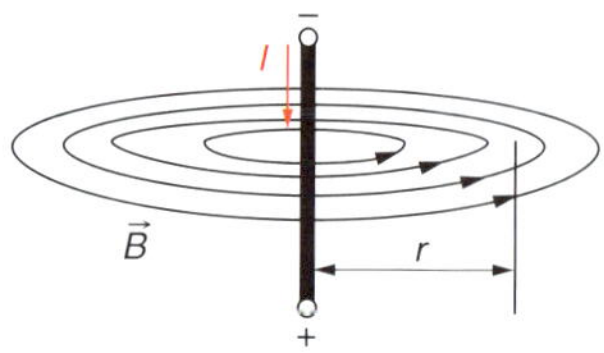


Für das Magnetfeld eines geraden stromdurchflossenen Leiters gilt:

$$B = \mu_0 \cdot \mu_r \cdot \frac{I}{2\pi \cdot r} \quad (\mu_r = 1 \text{ für Luft})$$

Bei einer Spule hängt die magnetische Flussdichte entscheidend davon ab, welcher Stoff sich in der Spule befindet. Im Vergleich zu einer luftgefüllten Spule kann eine stoffgefüllte Spule eine vielfach größere magnetische Flussdichte im Inneren aufweisen.

> Die magnetische Flussdichte im Inneren einer langen, stromdurchflossenen Spule kann berechnet werden mit der Gleichung:
>
> $B = \mu_0 \cdot \mu_r \cdot \frac{N \cdot I}{l}$
>
> $\mu_0$ magnetische Feldkonstante — $I$ Stromstärke durch die Spule
> $\mu_r$ Permeabilitätszahl — $l$ Länge der Spule
> $N$ Windungszahl der Spule

Mithilfe einer speziellen Spulenanordnung kann man ein weitgehend homogenes Magnetfeld erzeugen. Zwei kurze Spulen mit großem Radius $R$ werden parallel zueinander im Abstand $s$ aufgestellt. Die Überlagerung der Magnetfelder beider Spulen ergibt in Achsennähe ein weitgehend **homogenes Magnetfeld,** das gut für experimentelle Untersuchungen genutzt werden kann. Für solche Spulen (HELMHOLTZ-Spulen) gilt:

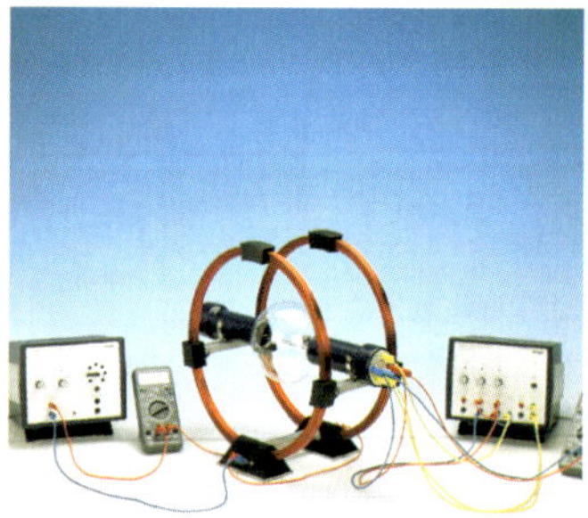

$$B = \mu_0 \cdot \frac{N \cdot R^2}{(R^2 + s^2)^{\frac{3}{2}}} \cdot I$$

Ebenso wie das elektrische Feld besitzt das magnetische Feld Energie.

> Die Energie, die im Magnetfeld einer stromdurchflossenen Spule gespeichert ist, kann berechnet werden mit der Gleichung:
>
> $E = \frac{1}{2} L \cdot I^2$
>
> $L$ Induktivität der Spule (↗ S. 251)
> $I$ Stromstärke durch die Spule

### 4.2.3 Geladene Teilchen und Stoffe in magnetischen Feldern

**Die LORENTZ-Kraft**

Bewegen sich geladene Teilchen senkrecht zu den magnetischen Feldlinien, so wird auf sie im Magnetfeld eine Kraft ausgeübt. Diese Kraft wird als **LORENTZ-Kraft** bezeichnet.

Die LORENTZ-Kraft ist die Kraft, die auf einzelne bewegte Ladungsträger in einem Magnetfeld wirkt.

Der Betrag dieser Kraft kann unter der Voraussetzung, dass Bewegungsrichtung und Richtung des Magnetfeldes senkrecht zueinander stehen, folgendermaßen ermittelt werden:
In einem Leiter bewegen sich Elektronen mit einer mittleren Driftgeschwindigkeit $v$. Die $N$ Elektronen im Bereich eines Leiterstückes der Länge $l$ bewegen sich in der Zeit $t$ durch einen Leiterquerschnitt, haben also die Geschwindigkeit $v = \frac{l}{t}$. Dann beträgt die Stromstärke im Leiter:

$$I = \frac{Q}{t} = \frac{N \cdot e}{t} \qquad (1)$$

Die Kraft auf ein Leiterstück der Länge $l$ in einem Magnetfeld beträgt (↗ S. 232):

$$F_L = B \cdot I \cdot l \qquad (2)$$

Setzt man (1) in (2) ein, so erhält man: $F_L = B \cdot N \cdot e \cdot \frac{l}{t}$

Mit $N \cdot e = Q$ und $\frac{l}{t} = v$ ergibt sich $F_L = Q \cdot v \cdot B$.

Unter der Voraussetzung, dass die Bewegung geladener Teilchen senkrecht zur Richtung des Magnetfeldes verläuft, kann der Betrag der LORENTZ-Kraft berechnet werden mit der Gleichung:

$F_L = Q \cdot v \cdot B$

| | |
|---|---|
| $Q$ | Ladung des Teilchens |
| $v$ | Geschwindigkeit der geladenen Teilchen |
| $B$ | magnetische Flussdichte |

Die LORENTZ-Kraft wirkt senkrecht zur Bewegungsrichtung und senkrecht zur Richtung des Magnetfeldes (vgl. ↗ S. 232).

Aus der Gleichung und den Bedingungen ergeben sich folgende Schlussfolgerungen:
- Da die LORENTZ-Kraft so wie die Radialkraft (↗ S. 82) immer senkrecht zur Bewegungsrichtung wirkt, ändert sich nur die Richtung, nicht aber der Betrag der Geschwindigkeit der Teilchen.
- In einem homogenen Magnetfeld ($\vec{B}$ = konstant) ist die Kraft konstant. Die geladenen Teilchen bewegen sich auf kreisförmigen Bahnen.
- Die Kräfte auf positiv und negativ geladene Teilchen gleicher Ladung sind entgegengesetzt gerichtet, haben aber bei gleicher Geschwindigkeit und gleicher magnetischer Flussdichte den gleichen Betrag.

Benannt ist diese Kraft nach dem niederländischen Physiker HENDRIK ANTON LORENTZ (1853–1928), der sie 1895 in die Elektrodynamik einführte.

Für Elektronen und Protonen beträgt die Ladung
$Q = e$
$= 1{,}602 \cdot 10^{-19}$ C

Sie wird auch als Drei-Finger-Regel oder als UVW-Regel bezeichnet.
Nutzt man die rechte Hand, dann zeigt der Daumen in Richtung der Bewegung positiv geladener Teilchen. Die Regel wird dann Rechte-Hand-Regel genannt.

Die Richtung der Kraft auf geladene Teilchen und damit auch auf stromdurchflossene Leiter ergibt sich aus der **Linke-Hand-Regel.**

| | |
|---|---|
| Daumen: | Richtung des Elektronenstromes von – nach + (**U**rsache) |
| Zeigefinger: | Richtung des magnetischen Feldes (**V**ermittlung) |
| Mittelfinger: | Richtung der Kraft (**W**irkung) |

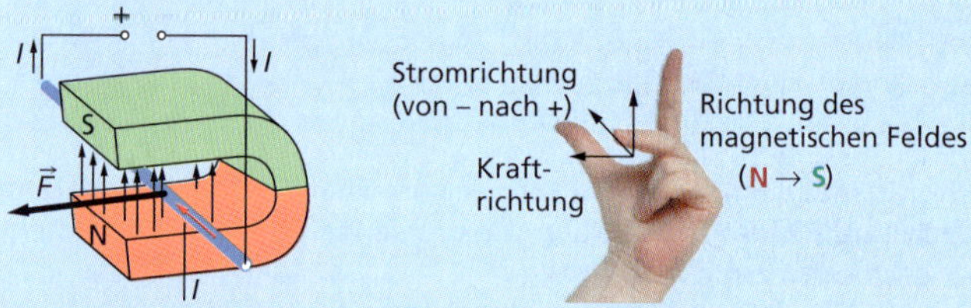


Bewegen sich die geladenen Teilchen nicht senkrecht, sondern unter einem beliebigen Winkel $\alpha$ zur Richtung des Magnetfeldes, dann gilt für die LORENTZ-Kraft:

Statt sin $\alpha$ schreibt man auch häufig:
sin $\sphericalangle(\vec{v}, \vec{B})$

$$F_L = Q \cdot v \cdot B \cdot \sin\alpha \quad \text{oder allgemein } \vec{F} = Q \cdot (\vec{v} \times \vec{B})$$

Daraus folgt:
- Bewegen sich geladene Teilchen parallel zu den Feldlinien des magnetischen Feldes ($\alpha = 0$), so ist die LORENTZ-Kraft null. Die Teilchen werden in ihrer Bewegung nicht beeinflusst.
- Bei senkrechtem Eintritt in das Feld wirkt die LORENTZ-Kraft als Radialkraft. Die geladenen Teilchen bewegen sich auf kreisförmigen Bahnen (Skizze links).
- Bei schrägem Eintritt in das Magnetfeld (Skizze rechts) wirkt ebenfalls die LORENTZ-Kraft, aber mit dem Betrag $F = Q \cdot v_s \cdot B$. Dabei ist $v_s$ die Geschwindigkeitskomponente senkrecht zu den Feldlinien. Die Geschwindigkeitskomponente $v_P$ parallel zu den Feldlinien bewirkt, dass die Kreisbahn im dargestellten Fall nach rechts „auseinandergezogen" wird und damit eine spiralförmige Bahn entsteht.

Bei dieser und allen folgenden Darstellungen bedeutet:

Das Magnetfeld zeigt in die Blattebene hinein. Die umgekehrte Richtung wird durch Punkte markiert.

| **Bewegung senkrecht zu den Feldlinien des Magnetfeldes** | **Bewegung schräg zu den Feldlinien des Magnetfeldes** |
|---|---|
| 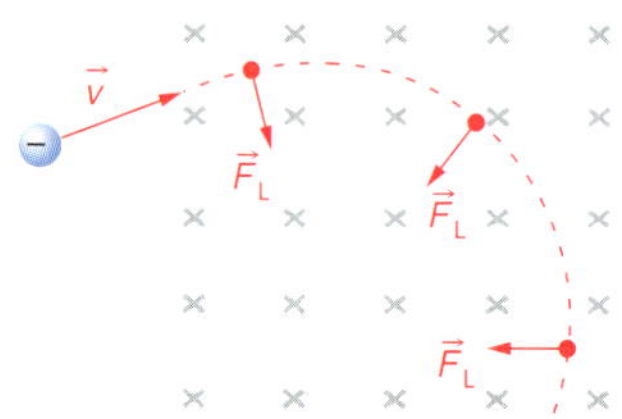  | 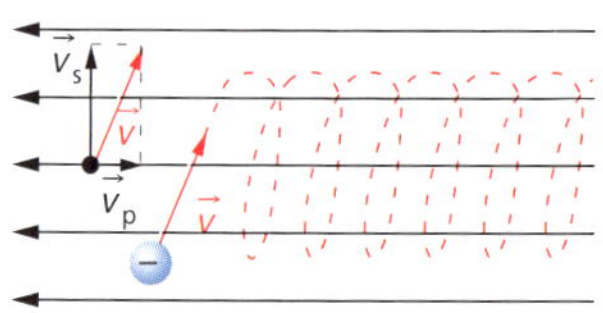  |
| Die Elektronen bewegen sich auf einer kreisförmigen Bahn. | Die Elektronen bewegen sich auf einer spiralförmigen Bahn. |

## Bestimmung der spezifischen Ladung und der Masse von Elektronen

Die Ablenkung von Elektronen in homogenen Magnetfeldern kann genutzt werden, um ihre spezifische Ladung zu bestimmen. Dazu werden in einer speziellen Röhre, die sich im homogenen Magnetfeld von HELMHOLTZ-Spulen (↗ S. 234) befindet, Elektronen im elektrischen Feld beschleunigt und im magnetischen Feld abgelenkt.

In analoger Weise können auch die spezifische Ladung und die Masse von Protonen oder von anderen geladenen Teilchen ermittelt werden.

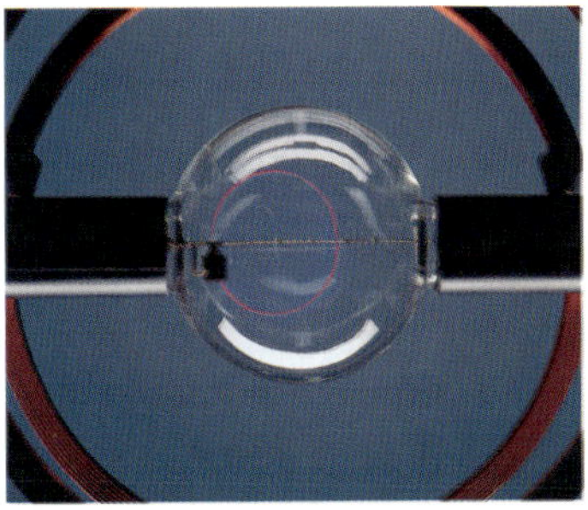

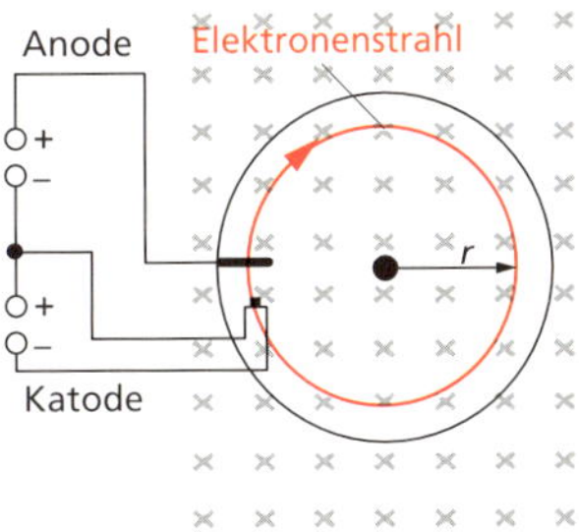


Durch eine Gasfüllung wird die Bahn der Elektronen sichtbar: Die schnellen Elektronen regen das Gas zum Leuchten an.

Aus einer Glühkatode treten Elektronen aus und werden im elektrischen Feld durch eine Spannung $U$ beschleunigt. Dabei erreichen sie die Geschwindigkeit $v = \sqrt{2U \cdot \frac{e}{m}}$ (1). Durch das homogene Magnetfeld werden sie auf eine Kreisbahn gezwungen. Die LORENTZ-Kraft wirkt dabei als Radialkraft. Es gilt:

$$m \cdot \frac{v^2}{r} = e \cdot v \cdot B \quad (2)$$

Dividiert man durch $v$ und setzt (1) in (2) ein, so erhält man:

$$\frac{m \cdot \sqrt{2U \cdot \frac{e}{m}}}{r} = e \cdot B$$

Quadrieren der Gleichung und Umstellen nach $\frac{e}{m}$ ergibt:

$$\frac{e}{m} = \frac{2U}{B^2 \cdot r^2}$$

Alle rechts stehenden Größen sind messbar, damit die spezifische Ladung $\frac{e}{m}$ experimentell ermittelbar.

Die **magnetische Flussdichte** kann man entweder mit einer **HALL-Sonde** (↗ S. 239) direkt messen oder aus der räumlichen Anordnung der HELMHOLTZ-Spulen bei Kenntnis der **Stromstärke** durch die Spulen berechnen (↗ S. 234).

Bei einer Beschleunigungsspannung von 200 V und einer magnetischen Flussdichte von 1,0 mT wird ein Durchmesser des Elektronenstrahls von 9,5 cm ermittelt.
*Bestimmen Sie aus diesen experimentellen Daten die spezifische Ladung des Elektrons!*

*Analyse:*
Wir gehen davon aus, dass die Bedingungen für die Anwendbarkeit der abgeleiteten Gleichung (homogenes Magnetfeld, $\vec{v} \perp \vec{B}$, Geschwindigkeit der Elektronen unmittelbar nach Austritt aus der Katode null) erfüllt sind. Dann kann die obige Gleichung zur Berechnung der spezifischen Ladung von Elektronen genutzt werden.

Für die Einheiten gilt:

$$1 \frac{V}{T^2 \cdot m^2} = 1 \frac{V \cdot m^4}{V^2 \cdot s^2 \cdot m^2} = 1 \frac{m^2}{V \cdot s^2} = 1 \frac{kg \cdot m^2}{V \cdot s^2 \cdot kg} = 1 \frac{N \cdot m}{V \cdot kg} = 1 \frac{Ws}{V \cdot kg} = 1 \frac{V \cdot A \cdot s}{V \cdot kg} = 1 \frac{A \cdot s}{kg} = 1 \frac{C}{kg}$$

Gesucht: $\frac{e}{m}$

Gegeben: $U = 200\ \text{V}$

$B = 1{,}0\ \text{mT} = 10^{-3}\ \text{T}$

$d = 9{,}5\ \text{cm} \rightarrow r = 4{,}75\ \text{cm} = 4{,}75 \cdot 10^{-2}\ \text{m}$

*Lösung:*

$$\frac{e}{m} = \frac{2U}{B^2 \cdot r^2}$$

$$\frac{e}{m} = \frac{2 \cdot 200\ \text{V}}{(10^{-3}\ \text{T})^2 \cdot (4{,}75 \cdot 10^{-2}\ \text{m})^2}$$

$$\underline{\underline{\frac{e}{m} = 1{,}77 \cdot 10^{11}\ \frac{\text{C}}{\text{kg}}}}$$

*Ergebnis:*

Aus den Messungen ergibt sich für die spezifische Ladung des Elektrons ein Wert von $1{,}77 \cdot 10^{11}\ \text{C} \cdot \text{kg}^{-1}$.

Der Tabellenwert der spezifischen Ladung des Elektrons beträgt $1{,}759 \cdot 10^{11}\ \text{C} \cdot \text{kg}^{-1}$. Kennt man die Elementarladung, so kann die Masse des Elektrons ermittelt werden.

Die spezifische Ladung des Elektrons beträgt $\frac{e}{m} = 1{,}759 \cdot 10^{11}\ \frac{\text{C}}{\text{kg}}$, seine Masse (Ruhemasse) $m_E = 9{,}109 \cdot 10^{-31}\ \text{kg}$.

### Der HALL-Effekt

Benannt ist der Effekt nach dem amerikanischen Physiker EDWIN HERBERT HALL (1855–1938), der ihn 1879 entdeckte.

Die Erscheinung, dass geladene Teilchen, die sich im Magnetfeld bewegen, beeinflusst werden, zeigt sich auch bei stromdurchflossenen Leitern. Wird ein flächenhafter stromdurchflossener Leiter senkrecht zur Driftgeschwindigkeit der Elektronen von einem Magnetfeld durchsetzt, so kann man zwischen den Punkten A und B (siehe Skizze) eine Spannung nachweisen.

Die Richtung der Kraft auf die Elektronen kann man mithilfe der Linke-Hand-Regel (↗ S. 236) ermitteln. Sie werden nach unten abgelenkt.

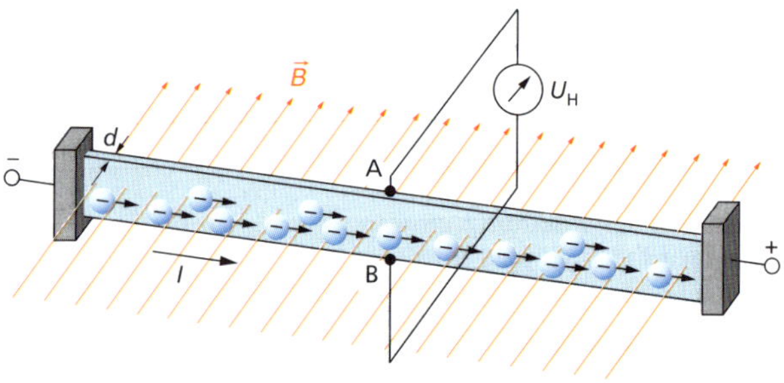


Diese Spannung wird als **HALL-Spannung** bezeichnet. Das Zustandekommen lässt sich mithilfe der LORENTZ-Kraft deuten: Infolge ihrer Bewegung im Magnetfeld werden die Elektronen im skizzierten Fall nach unten abgelenkt. Es kommt im Punkt B zu einer Vergrößerung und im Punkt A zu einer Verringerung der Elektronenanzahl, demzufolge zu einer Spannung zwischen diesen beiden Punkten.

Der Betrag der HALL-Spannung hängt von der Stromstärke, der magnetischen Flussdichte und der Dicke *d* des Leiters (↗ s. Skizze S. 238) ab.

Die HALL-Spannung kann berechnet werden mit der Gleichung

$U_H = R_H \cdot \frac{I \cdot B}{d}$

| | |
|---|---|
| $R_H$ | HALL-Konstante (Stoffkonstante) |
| $I$ | Stromstärke |
| $B$ | magnetische Flussdichte |
| $d$ | Dicke des Leiters |

Den genannten Zusammenhang kann man nutzen, um die magnetische Flussdichte und damit die Stärke von Magnetfeldern direkt zu messen. Eine solche Anordnung wird als **HALL-Sonde** bezeichnet.

Die genannte Gleichung für die HALL-Spannung lässt sich theoretisch herleiten. Der Faktor $R_H$ ist eine Stoffkonstante und ist gleich dem Kehrwert der Ladungsträgerdichte im betreffenden Leiter:

$$R_H = \frac{V}{N \cdot e}$$

### Bedeutung von Kräften auf geladene Teilchen

Kräfte auf geladene Teilchen in magnetischen Feldern spielen in Natur und Technik eine wichtige Rolle und werden in vielfacher Weise genutzt.
Die **Strahlungsgürtel der Erde** kommen zustande, weil energiereiche Teilchen vom Magnetfeld der Erde eingefangen werden und in bestimmten Höhen längs der Feldlinien zwischen den Polen hin- und herschwingen. Das Auftreffen energiereicher Strahlung in Polnähe auf Luftmoleküle führt zur Erscheinung der **Polarlichter,** die vor allem in polaren Regionen häufig zu beobachten sind.
Technisch genutzt wird die LORENTZ-Kraft beispielsweise zur Ablenkung von Elektronenstrahlen in **Fernsehbildröhren,** bei **Teilchenbeschleunigern** wie dem **Zyklotron** und dem **Synchrozyklotron** oder bei **magnetischen Flaschen,** mit denen man ein Plasma in einem Raumbereich regelrecht einschließen kann.
Bei **Elektronenmikroskopen** nutzt man **magnetische Linsen,** die auf Elektronenstrahlen ähnlich wirken wie optische Linsen auf Licht.

Entdeckt wurden die Strahlungsgürtel der Erde in Auswertung von Satellitenmessungen 1958 von dem US-amerikanischen Astronomen und Physiker JAMES ALFRED VAN ALLEN (geb. 1914).

Magnetische Flaschen spielen z. B. bei Untersuchungen zur Kernfusion eine wichtige Rolle, da der Einschluss eines Plasmas im Magnetfeld „berührungslos" erfolgt, d. h. ohne dass es die Wandung berührt.

### Bewegungen von geladenen Teilchen in kombinierten elektrischen und magnetischen Feldern

Die bisherigen Betrachtungen beziehen sich auf die Bewegung von geladenen Teilchen in elektrischen oder magnetischen Feldern. Für verschiedene Zwecke ist es sinnvoll, diese Felder miteinander zu kombinieren.
Die gleichzeitige Ablenkung von geladenen Teilchen in elektrischen und magnetischen Feldern kann man nutzen, um
- Präzisionsmessungen der spezifischen Ladung *Q/m* und damit der Masse *m* von Teilchen (Elektronen, Protonen, ionisierten Atomen und Molekülen) durchzuführen,
- Teilchen mit kleinsten Massedifferenzen voneinander zu trennen.

Den ersten Nachweis eines Isotops mittels Ablenkung durch elektrische und magnetische Felder führten 1912 die britischen Physiker FRANCIS WILLIAM ASTON (1877–1945) und Joseph JOHN THOMSON (1856–1940). 1919 entwickelte ASTON einen Massenspektografen mit gekreuztem elektrischen und magnetischen Feld (s. Skizze). Für seine Arbeiten erhielt er 1922 den Nobelpreis für Chemie.

Eine Anordnung, mit der geladene Teilchen kleinster Massedifferenzen voneinander getrennt werden können, wird als **Massenspektroskop** oder als **Massenspektrograf** bezeichnet. Die Skizze zeigt den prinzipiellen Aufbau und den Bahnverlauf bei positiv geladenen Ionen.

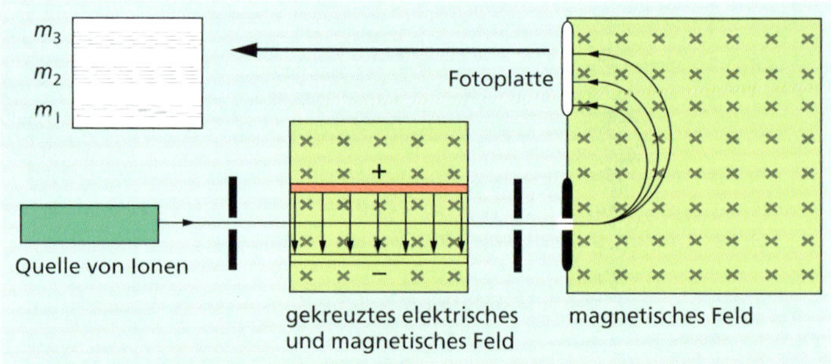


Von einer **Ionenquelle** treten geladene Ionen aus, die zunächst unterschiedliche Geschwindigkeiten besitzen. Sie treten in ein gekreuztes elektrisches und magnetisches Feld ein. Positiv geladene Ionen werden vom elektrischen Feld nach unten, vom magnetischen Feld nach oben abgelenkt. Nur die Ionen, bei denen die beiden Feldkräfte gleich groß sind, durchlaufen das gekreuzte Feld geradlinig. Das ist der Fall, wenn gilt:

$$F_{el} = Q \cdot E = Q \cdot v \cdot B = F_{magn} \text{ und damit}$$

$$v = \frac{E}{B}$$

Teilchen mit anderen Geschwindigkeiten werden nach oben oder unten abgelenkt und gelangen nicht in das magnetische Feld.

Das bedeutet: Alle geladenen Teilchen, die das gekreuzte Feld geradlinig durchlaufen, haben die gleiche Geschwindigkeit $v = E/B$. Das gekreuzte Feld wirkt als **Geschwindigkeitsfilter.**
Anschließend treten die geladenen Teilchen in ein zweites homogenes Magnetfeld konstanter Stärke ein. Die Ablenkung in diesem Magnetfeld erfolgt durch die LORENTZ-Kraft. Es gilt:

$$Q \cdot v \cdot B' = m \cdot \frac{v^2}{r}$$

Mit $v = \frac{E}{B}$ erhält man die Gleichung:

$$\frac{Q}{m} = \frac{E}{r \cdot B \cdot B'}$$

So besteht z. B. Wasserstoff aus den drei Isotopen $^1_1H$ (99,985 %), $^2_1H$ (Deuterium; 0,015 %) und $^3_1H$ (Tritium; 0,0001 %). Ihre Massen verhalten sich wie 1 : 2 : 3.

Der Radius der Kreisbahn im magnetischen Feld ist bei konstanter Stärke des elektrischen und der magnetischen Felder nur von der spezifischen Ladung der Teilchen abhängig.
Aus *E, r, B* und *B'* lässt sich die **spezifische Ladung** bestimmen. Kennt man die Ladung der Ionen, kann man aus der spezifischen Ladung die **Ionenmasse** berechnen.
Die Entwicklung der **Massenspektroskopie** war ein wichtiger Schritt auf dem Weg zur Erforschung von Atomkernen. Mithilfe massenspektroskopischer Untersuchungen fand man heraus, dass fast alle Elemente aus verschiedenen Isotopen (↗ S. 402) bestehen.

## Stoffe im magnetischen Feld

Die Stärke des Magnetfeldes um eine Spule hängt davon ab, welcher Stoff sich in der Spule befindet (↗ S. 234). Allgemein gilt:

> Die Veränderung der magnetischen Flussdichte $B$ in einem Stoff gegenüber der magnetischen Flussdichte $B_0$ im Vakuum wird durch die Permeabilitätszahl $\mu_r$ erfasst. Es gilt:
>
> $\mu_r = \frac{B}{B_0}$ oder $B = \mu_r \cdot B_0$

Nach dem Wert von $\mu_r$ unterscheidet man drei Gruppen von Stoffen.

| ferromagnetische Stoffe | paramagnetische Stoffe | diamagnetische Stoffe |
|---|---|---|
| $\mu_r \gg 1$ | $\mu_r > 1$ | $\mu_r < 1$ |
| Eisen, Nickel, Cobalt, spezielle Legierungen | Aluminium, Platin, Luft ($\mu_r = 1{,}00000037$) | Antimon, Gold, Wasser, Zink, Kupfer, Glas |
| Magnetfelder werden stark beeinflusst. | Magnetfelder werden durch diese Stoffe nur wenig beeinflusst. | |

Die spezifischen Eigenschaften ferromagnetischer Stoffe kommen durch die Ausrichtung der **weißschen Bereiche** zustande.
Von großer technischer Bedeutung sind **magnetisch weiche und harte Stoffe** sowie der **Restmagnetismus,** der bei ferromagnetischen Stoffen auftritt.

Ausführliche Informationen zu **Stoffen im Magnetfeld** sind auf der CD zu finden.

## Vergleich statischer elektrischer und magnetischer Felder

| statisches elektrisches Feld | statisches magnetisches Feld |
|---|---|
| existiert um elektrisch geladene Körper | existiert um Dauermagnete und um stromdurchflossene Leiter |
| kann mithilfe von Feldlinienbildern beschrieben werden; Die Feldlinien beginnen und enden an Ladungen. | kann mithilfe von Feldlinienbildern beschrieben werden; Die Feldlinien sind geschlossene Linien. |
| ist ein wirbelfreies Quellenfeld | ist ein quellenfreies Wirbelfeld |
| **feldbeschreibende Größen:**<br>elektrische Feldstärke: $E = \frac{F}{Q}$<br>dielektrische Verschiebung: $D = \varepsilon_0 \cdot \varepsilon_r \cdot E$ | **feldbeschreibende Größen:**<br>magnetische Flussdichte: $B = \frac{F}{I \cdot l}$<br>magnetische Feldstärke: $H = \mu_0 \cdot \mu_r \cdot B$ |
| wirkt auf geladene Teilchen mit der Feldkraft:<br>$F = Q \cdot E$ | wirkt auf geladene Teilchen bei $\vec{v} \perp \vec{B}$ mit der Feldkraft:<br>$F = Q \cdot v \cdot B$ |
| besitzt Energie, z. B. beim Feld eines geladenen Kondensators:<br>$E = \frac{1}{2}Q \cdot U = \frac{1}{2}C \cdot U^2$ | besitzt Energie, z. B. beim Feld einer stromdurchflossenen Spule:<br>$E = \frac{1}{2}L \cdot I^2$ |

## 4.3 Elektromagnetische Induktion

Wichtige Untersuchungen zum Elektromagnetismus führte auch A.M. AMPÈRE (1775–1836) durch. Er entdeckte 1820 die Kräfte zwischen stromdurchflossenen Leitern.

1819 fand HANS CHRISTIAN OERSTED (1777–1851) den Zusammenhang zwischen elektrischem Strom und Magnetismus: Jeder stromdurchflossene Leiter ist von einem Magnetfeld umgeben. In den nachfolgenden Jahren untersuchte M. FARADAY (1791–1867) intensiv den Zusammenhang zwischen Magnetfeldern und Strömen, ausgehend von der Frage: Kann man mithilfe von Magnetismus elektrischen Strom erzeugen? Das führte ihn 1831 nach etwa 10-jähriger Forschungsarbeit zur Entdeckung der elektromagnetischen Induktion und des Induktionsgesetzes.
Das Induktionsgesetz ist eine entscheidende physikalische Grundlage für die gesamte Elektrotechnik. So beruht z. B. die Wirkungsweise von Generatoren und Transformatoren auf diesem Gesetz.

### 4.3.1 Grundlagen der elektromagnetischen Induktion

Befindet sich ein beweglicher stromdurchflossener Leiter in einem Magnetfeld, so wirkt auf ihn eine Kraft (Skizze links). Er bewegt sich. Das wird auch als **elektromotorisches Prinzip** bezeichnet.
Wird dagegen ein Leiter senkrecht zu den Feldlinien im Magnetfeld durch eine Kraft bewegt (Skizze rechts), so kann man zwischen den Enden des Leiters eine Spannung feststellen. Diese Umkehrung des elektromotorischen Prinzips wird als **Generatorprinzip** bezeichnet.

Die Richtung der Kraft bzw. die Richtung des Elektronenstromes kann mithilfe der Linke-Hand-Regel (↗ S. 236) bestimmt werden. Bei der Bewegung eines Leiters im Magnetfeld gilt: Zeigt der Daumen der linken Hand in Bewegungsrichtung und der Zeigefinger in Richtung des Magnetfeldes, dann gibt der Mittelfinger die Richtung der Elektronenbewegung an.

<table>
<tr><th>elektromotorisches Prinzip</th><th>Generatorprinzip</th></tr>
<tr><td>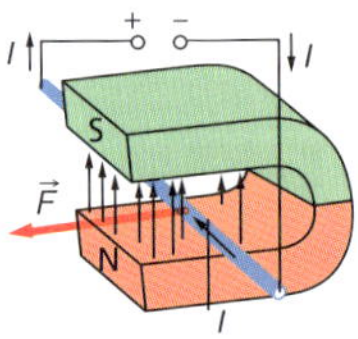
</td><td>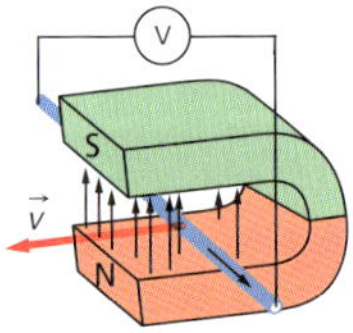
</td></tr>
<tr><td>Auf einen stromdurchflossenen Leiter im Magnetfeld wirkt eine Kraft.</td><td>Bei einem bewegten Leiter im Magnetfeld entsteht eine Spannung.</td></tr>
</table>

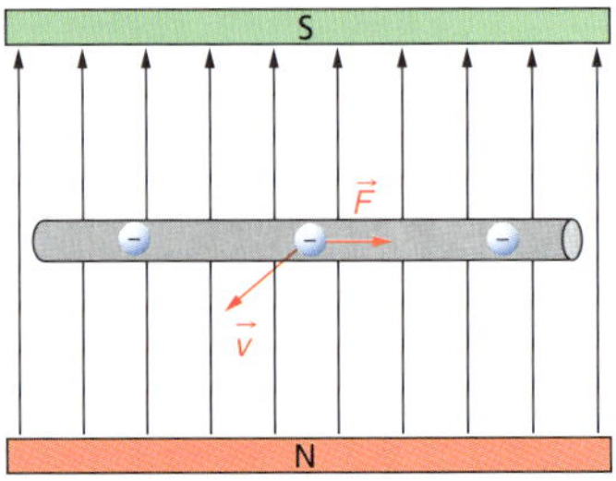


Die Ursache für die Entstehung einer Spannung ist die LORENTZ-Kraft, die bei Bewegung eines Leiters im Magnetfeld auf die Leitungselektronen im Leiter wirkt. Die LORENTZ-Kraft bewirkt, dass sich die Elektronen an dem einen Ende des Leiters sammeln. Dort besteht Elektronenüberschuss, am anderen Ende Elektronenmangel, damit zwischen den beiden Enden ein Ladungsunterschied und folglich eine Spannung.

Der Betrag der Spannung ergibt sich aus folgender Überlegung: Auf die Elektronen im Leiter wirkt die LORENTZ-Kraft. Ist die Ladungsverschiebung beendet, dann wirkt weiter die LORENTZ-Kraft $F_L = B \cdot e \cdot v$. Zugleich wirkt in entgegengesetzter Richtung eine elektrische Feldkraft, denn zwischen den beiden unterschiedlich geladenen Enden des Leiters besteht ein elektrisches Feld. Im Gleichgewichtszustand gilt:

$$F_L = F_{Feld}$$

Setzt man für die LORENTZ-Kraft und die Feldkraft ein, so erhält man:

$$B \cdot e \cdot v = e \cdot \frac{U}{l}$$

Die Umstellung nach der Spannung $U$ ergibt:

$$U = B \cdot l \cdot v$$

Besteht zwischen den Enden eines Leiters der Länge $l$ eine Spannung $U$, so beträgt die Feldstärke im Leiter $E = \frac{U}{l}$ und die Feldkraft auf ein Elektron $F = e \cdot E = e \cdot \frac{U}{l}$.

Wird ein Leiter der Länge $l$ in einem homogenen Magnetfeld senkrecht zu den Feldlinien gleichförmig bewegt, so kann die zwischen seinen Enden auftretende Spannung berechnet werden mit der Gleichung:

| | | |
|---|---|---|
| $U = B \cdot l \cdot v$ | $B$ | magnetische Flussdichte |
| $(\vec{B} \perp \vec{v})$ | $l$ | Länge des Leiters |
| | $v$ | Geschwindigkeit des Leiters |

Solche Spannungen treten auch auf, wenn Spulen in Magnetfeldern bewegt werden oder wenn sich das von einer Spule umfasste Magnetfeld ändert.

Die Erscheinung, dass zwischen den Enden eines Leiters bei Bewegung im Magnetfeld oder bei einer Änderung des Magnetfeldes eine Spannung entsteht, wird als **elektromagnetische Induktion** bezeichnet. Die Spannung wird **Induktionsspannung** genannt. Der bei geschlossenem Stromkreis fließende Strom heißt **Induktionsstrom.**

Der Begriff „Induktion" ist abgeleitet von inducere (lat.) = hineinführen.

| **Induktion im zeitlich konstanten Magnetfeld** | **Induktion im zeitlich veränderlichen Magnetfeld** |
|---|---|
| 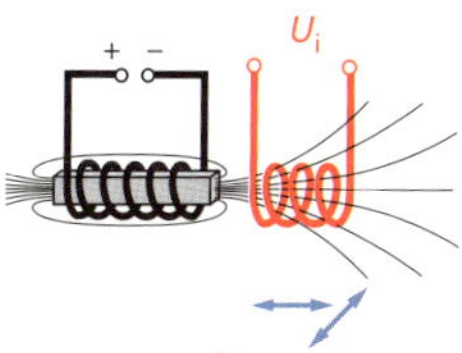  Bewegung | 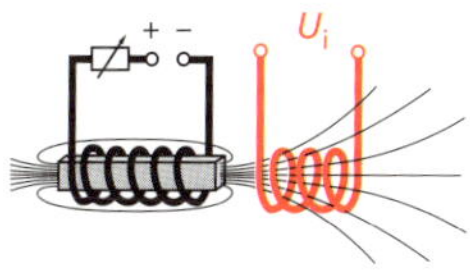  Änderung der Stromstärke |
| Durch Bewegung einer Spule im Magnetfeld wird eine Spannung induziert. | Durch Änderung der Stärke des Magnetfeldes wird in der Spule eine Spannung induziert. |

Alle experimentellen Untersuchungen zur elektromagnetischen Induktion zeigen:

**In einer Spule wird eine Spannung induziert, wenn sich das von der Spule umfasste Magnetfeld ändert.**

Der Betrag der Induktionsspannung ist von verschiedenen Faktoren abhängig. Nachfolgend sind die beiden charakteristischen Fälle dargestellt, die auch für die Technik von Bedeutung sind.

### Betrag der Induktionsspannung bei zeitlich konstantem Magnetfeld

Alle nachfolgenden Betrachtungen werden am Beispiel einer rechteckigen Leiterschleife durchgeführt. Eine solche Leiterschleife kann aufgefasst werden als eine Windung einer Rechteckspule, eine Spule demzufolge als Reihenschaltung von Leiterschleifen.

Ein zeitlich konstantes Magnetfeld kann durch einen Dauermagneten oder einen Elektromagneten bei konstanter Stromstärke hervorgerufen werden. Angenommen wird ein homogenes Magnetfeld. Die Leiterschleife befindet sich senkrecht zum Magnetfeld. Wird die Leiterschleife in das Magnetfeld hineinbewegt, so entsteht eine Induktionsspannung. Wirksam ist dabei die Länge $l$.

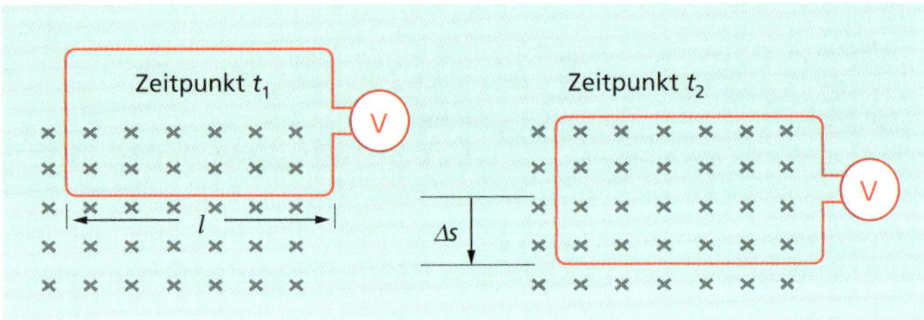


Die Fläche einer Leiterschleife, die von einem Magnetfeld senkrecht durchsetzt wird, bezeichnet man als **wirksame Fläche.**

Die im Leiterstück induzierte Spannung beträgt (↗ S. 243):

$$U_i = B \cdot l \cdot v$$

Die Geschwindigkeit $v$ ergibt sich aus $v = \frac{\Delta s}{\Delta t}$. Durch Einsetzen erhält man:

$$U_i = B \cdot l \cdot \frac{\Delta s}{\Delta t}$$

Die Zusammenhänge lassen sich auch deduktiv aus der allgemeinen Formulierung des **Induktionsgesetzes** (↗ S. 246) ableiten.

Das Produkt $l \cdot \Delta s$ ist gleich der Änderung der Fläche, die vom Magnetfeld durchsetzt wird. Es gilt also $l \cdot \Delta s = \Delta A$. Damit erhält man:

$$U_i = B \cdot \frac{\Delta A}{\Delta t}$$

Befindet sich die Leiterschleife nicht senkrecht, sondern unter einem beliebigen Winkel $\varphi$ zu den Feldlinien, dann ist die **wirksame Fläche** $A_W$ kleiner als die Spulenfläche $A$. Sie hat den Betrag:

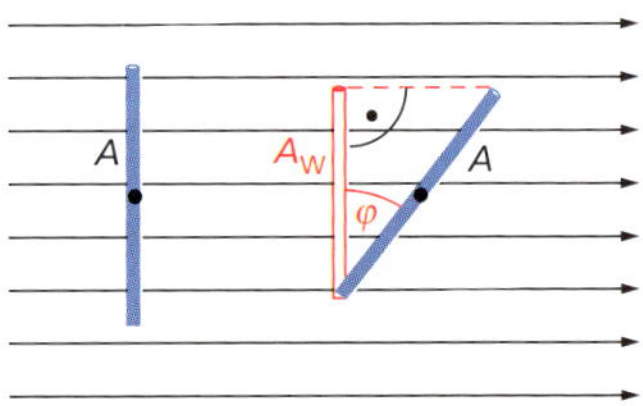


$$A_W = A \cdot \cos \varphi$$

Wird statt einer Leiterschleife eine Spule mit $N$ Windungen verwendet, so addieren sich die Teilspannungen. Die induzierte Spannung ist $N$-mal so groß wie bei einer einzelnen Leiterschleife.

Im **zeitlichen konstanten Magnetfeld** hängt die induzierte Spannung von der Änderungsgeschwindigkeit der wirksamen Fläche ab. Für Spulen gilt:

$$U_i = N \cdot B \cdot \frac{\Delta A}{\Delta t}$$

$N$ Windungszahl der Spule
$B$ magnetische Flussdichte
$\Delta A$ Änderung der wirksamen Fläche
$\Delta t$ Zeitintervall

In differenzieller Schreibweise lautet die Gleichung:

$$U_i = N \cdot B \cdot \frac{dA}{dt}$$

$\frac{dA}{dt}$ bzw. $\frac{\Delta A}{\Delta t}$ ist die Änderungsgeschwindigkeit (zeitliche Änderung) der Fläche. Genutzt wird diese Art der Spannungserzeugung bei **Generatoren** (↗ S. 252 f.).

**Betrag der Induktionsspannung bei zeitlich veränderlichem Magnetfeld**

Ein zeitlich veränderliches Magnetfeld entsteht, wenn sich bei einem Elektromagneten die Stromstärke ändert, z. B. durch Ein- und Ausschalten des Stromes oder durch Nutzung einer Wechselspannungsquelle. Ein solches Magnetfeld entsteht auch beim Verschieben eines Eisenkerns in einer Spule. Ändert sich das von einer Leiterschleife oder einer Spule umfasste Magnetfeld mit der Zeit, so wird ebenfalls eine Spannung induziert.
Ursache für die Induktionsspannung ist in diesem Falle nicht die Bewegung zwischen Induktionsspule und Magnetfeld, sondern die zeitliche Änderung des von der Spule umfassten magnetischen Feldes. Experimentelle Untersuchungen zeigen, dass der Betrag der induzierten Spannung von der Schnelligkeit der Änderung der magnetischen Flussdichte abhängt.

Im zeitlich veränderlichen Magnetfeld hängt die induzierte Spannung von der Änderungsgeschwindigkeit der magnetischen Flussdichte ab. Für Spulen gilt:

$$U_i = N \cdot A \cdot \frac{\Delta B}{\Delta t}$$

$\Delta t$ Zeitintervall
$N$ Windungszahl der Spule
$A$ wirksame Fläche
$\Delta B$ Änderung der magnetischen Flussdichte

In differenzieller Schreibweise lautet die Gleichung:

$$U_i = N \cdot A \cdot \frac{dB}{dt}$$

$\frac{dB}{dt}$ bzw. $\frac{\Delta B}{\Delta t}$ ist die Änderungsgeschwindigkeit (zeitliche Änderung) der magnetischen Flussdichte. Genutzt wird diese Art der Spannungserzeugung bei **Transformatoren** (↗ S. 254 f.). Alle hier genannten Zusammenhänge lassen sich auch deduktiv aus der allgemeinen Formulierung des **Induktionsgesetzes** (↗ S. 246) ableiten.

**Der magnetische Fluss**

Aus den oben genannten Gleichungen ist erkennbar, dass der Betrag der Induktionsspannung sowohl von der zeitlichen Änderung der wirksamen Fläche $\Delta A/\Delta t$ als auch von der zeitlichen Änderung der magnetischen Flussdichte $\Delta B/\Delta t$ abhängt.
Beide Änderungen können auch gleichzeitig auftreten und führen dann ebenfalls zu einer Induktionsspannung. Es ist deshalb sinnvoll, für eine kürzere und zugleich allgemeine Formulierung des Induktionsgesetzes die beiden Größen Fläche $A$ und magnetische Flussdichte $B$ miteinander zu verknüpfen. Das geschieht durch die Größe **magnetischer Fluss**.

Benannt ist die Einheit des magnetischen Flusses nach dem deutschen Physiker WILHELM EDUARD WEBER (1804–1891), der in Göttingen eng mit CARL FRIEDRICH GAUSS (1777–1855) zusammenarbeitete. Beide Forscher bauten 1833 den ersten elektrischen Telegrafen. WEBER wurde als einer der „Göttinger Sieben" 1837 seines Amtes enthoben. Er hatte mit 6 weiteren Professoren gegen die Aufhebung der liberalen Verfassung protestiert.

Der magnetische Fluss ist ein Maß für das die Fläche einer Leiterschleife oder Spule durchsetzende Magnetfeld.

Formelzeichen: $\phi$
Einheit: ein Weber (1 Wb), $1\ \text{Wb} = 1\ \text{V} \cdot \text{s}$

Unter der Voraussetzung, dass die Fläche senkrecht zum Magnetfeld liegt, kann der magnetische Fluss berechnet werden mit der Gleichung:

$\phi = B \cdot A$ — $B$ magnetische Flussdichte; $A$ Fläche (wirksame Fläche)

Anschaulich gedeutet werden kann nach M. FARADAY diese Größe folgendermaßen:

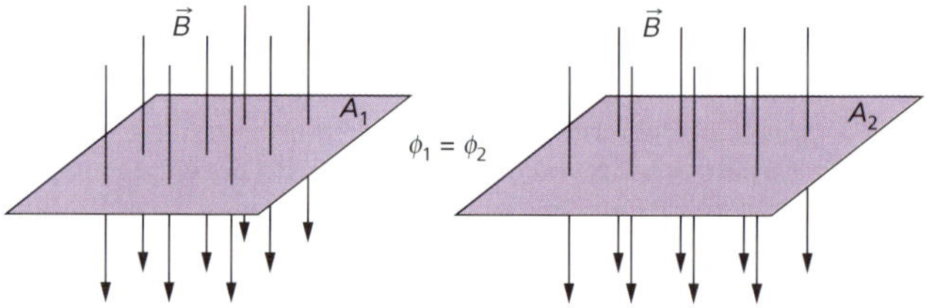


Die magnetische Flussdichte ist ein Maß dafür, wie dicht die Feldlinien liegen. In den Skizzen ist die Flussdichte links größer als rechts. Dabei ist $A_1$ kleiner als $A_2$. Der **magnetische Fluss** dagegen ist ein Maß für die Anzahl der Feldlinien, die senkrecht durch eine Fläche hindurchtreten. Demzufolge wäre der magnetische Fluss in beiden Fällen gleich groß.

### 4.3.2 Das Induktionsgesetz

Mithilfe der Größe magnetischer Fluss lässt sich das **Induktionsgesetz** so formulieren, dass es alle Spezialfälle umfasst.

Das Vorzeichen der Spannung hängt vom Vorzeichen der Änderung des magnetischen Flusses ab. Unter Berücksichtigung des lenzschen Gesetzes (↗ S. 248) wird deshalb das Minuszeichen eingeführt.

In einer Leiterschleife oder Spule wird eine Spannung induziert, solange sich der magnetische Fluss durch die Leiterschleife oder Spule zeitlich ändert. Der Betrag der Induktionsspannung kann berechnet werden mit der Gleichung:

$U_i = -N \cdot \frac{\Delta\phi}{\Delta t}$ — $N$ Windungszahl der Spule; $\Delta\phi$ Änderung des magnetischen Flusses; $\Delta t$ Zeitintervall

In differenzieller Form kann man das Induktionsgesetz folgendermaßen schreiben:

$$U_i = -N \cdot \frac{d\phi}{dt} = -N \cdot \frac{d(B \cdot A)}{dt} = -N \cdot \left(\frac{dA}{dt} \cdot B + A \cdot \frac{dB}{dt}\right)$$

*Wie groß ist die Induktionsspannung zwischen den Enden einer Spule mit 750 Windungen, die sich in einem Magnetfeld mit einer magnetischen Flussdichte von 30 mT befindet?* Die Spule hat eine Länge von 15 cm und einen Durchmesser von 4 cm. Das Magnetfeld wird innerhalb von 0,1 s gleichmäßig auf null verringert.
Die Längsachse der Spule schließt mit den Feldlinien einen Winkel von 30° ein.

*Analyse:*
Es ändert sich die magnetische Flussdichte zeitlich. Die wirksame Fläche ist konstant. Dabei muss berücksichtigt werden, dass die wirksame Fläche kleiner als die Spulenfläche ist. Die Spulenfläche kann aus dem Spulendurchmesser berechnet werden. Die wirksame Fläche ergibt sich mit $A_W = A \cdot \cos\varphi$.

Gesucht: $U_i$
Gegeben: $N = 750$
$d = 4\text{ cm} = 0{,}04\text{ m}$
$\Delta B = -30\text{ mT} = -3 \cdot 10^{-2}\text{ T}$
$\Delta t = 0{,}1\text{ s}$
$\varphi = 30°$

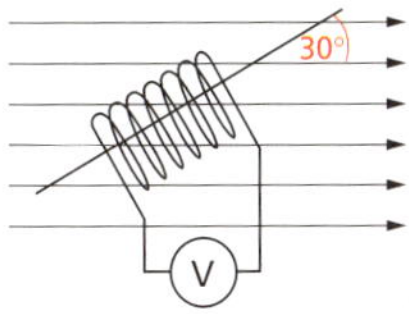


*Lösung:*

$$U_i = -N \cdot A \cdot \frac{\Delta B}{\Delta t}$$

Mit $A = \frac{\pi \cdot d^2}{4} \cdot \cos\varphi$ erhält man:

$$U_i = -N \cdot \frac{\pi \cdot d^2}{4} \cdot \cos\varphi \cdot \frac{\Delta B}{\Delta t}$$

$$U_i = -750 \cdot \frac{\pi \cdot (0{,}04\text{ m})^2}{4} \cdot \cos 30° \cdot \frac{-3 \cdot 10^{-2}\text{ T}}{0{,}1\text{ s}}$$

$$\underline{U_i = 0{,}24\text{ V}}$$

*Ergebnis:*
Unter den gegebenen Bedingungen wird zwischen den Enden der Spule eine Spannung von 0,24 V induziert.

*Wie verändert sich diese Spannung bei sonst gleichen Bedingungen, wenn die Spule einen Eisenkern mit einer Permeabilitätszahl von 500 hat?*
Durch den Eisenkern wird das Magnetfeld in der Spule und damit das von der Spule umfasste Magnetfeld um den Faktor $\mu_r$ (Permeabilitätszahl) verstärkt, denn für eine solche Spule gilt:

$$B = B_0 \cdot \mu_r$$

Demzufolge ändert sich auch die magnetische Flussdichte wesentlich stärker als in dem Fall, in dem sich Luft in der Spule befindet. Die induzierte Spannung ist ebenfalls um den Faktor $\mu_r$ größer, hat damit also einen Betrag von ca. 120 V. Das ist allerdings nur dann der Fall, wenn der Eisenkern durch das äußere Magnetfeld vollständig magnetisiert wird und keine Streuverluste auftreten.

Das Induktionsgesetz wurde 1831 von dem englischen Physiker MICHAEL FARADAY (1791–1867) entdeckt und wird deshalb auch als **faradaysches Induktionsgesetz** bezeichnet. FARADAY war einer der bedeutendsten Naturforscher des 19. Jahrhunderts. Viele von ihm geprägte Begriffe (z. B. **Elektrode, Katode, Anode, Ion, Elektrolyt** oder **Feld**) sind heute Bestandteil der Fachsprache. Seine Auffassung über die einheitliche Natur elektrischer und magnetischer Kräfte sowie der Lichterscheinungen eilten dem Denken seiner Zeit weit voraus.

## 4.3.3 Lenzsches Gesetz und Selbstinduktion

### Das lenzsche Gesetz

Für Induktionsvorgänge gilt wie für alle anderen Vorgänge in abgeschlossenen Systemen der Energieerhaltungssatz (↗ S. 84).

| **Induktion im zeitlich konstanten Magnetfeld** | **Induktion im zeitlich veränderlichen Magnetfeld** |
|---|---|
| 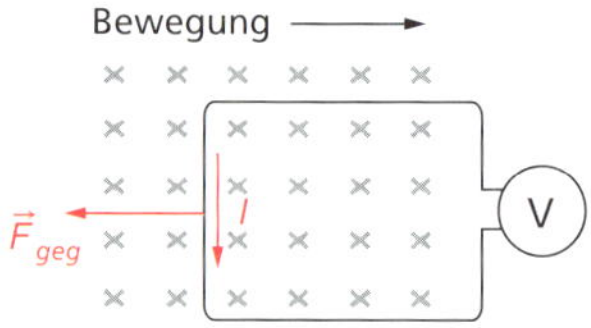  | 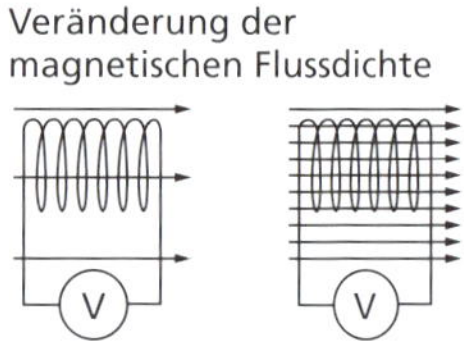  |
| Wird eine Leiterschleife bewegt, so wird eine Spannung induziert und damit ein Strom hervorgerufen. | Vergrößert sich die magnetische Flussdichte, so wird eine Spannung induziert und damit ein Strom hervorgerufen. |
| Der Induktionsstrom ist so gerichtet, dass er eine Kraft entgegen der Bewegungsrichtung hervorruft. | Der Induktionsstrom ist so gerichtet, dass er ein Magnetfeld hervorruft, das der Verstärkung des magnetischen Flusses entgegenwirkt. |
| Es wird mechanische Energie in elektrische Energie umgewandelt. | Es wird Energie des magnetischen Feldes in elektrische Energie umgewandelt. |

HEINRICH FRIEDRICH EMIL LENZ (1804–1865) war ein deutscher Physiker, der ab 1836 als Professor für Physik an der Universität St. Petersburg tätig war.

Die experimentellen Ergebnisse zur Richtung des Induktionsstromes fasste der Physiker H. F. E. LENZ 1833 zu einem Gesetz zusammen, das als **lenzsche Regel** oder als **lenzsches Gesetz** bezeichnet wird.

Der Induktionsstrom ist stets so gerichtet, dass er der Ursache seiner Entstehung entgegenwirkt.

Das lenzsche Gesetz ist eine Formulierung des **Energieerhaltungssatzes** für die elektromagnetische Induktion. Aus historischen Gründen – LENZ entdeckte das Gesetz 1833, der Energieerhaltungssatz wurde von J.R. MAYER erstmals 1841 formuliert – wird es als gesondertes Gesetz betrachtet. Die oben genannte Formulierung hat darüber hinaus den Vorteil, dass man mithilfe dieses Gesetzes viele Erscheinungen anschaulich erklären kann.

Dass man mechanische Energie aufwenden muss, um elektrische Energie zu gewinnen, merkt man z. B. beim Radfahren. Bei eingeschaltetem Dynamo muss man unter sonst gleichen Bedingungen kräftiger treten.

## Wirbelströme

Induktionsspannungen und -ströme treten nicht nur bei Leiterschleifen und Spulen auf. Ändert sich das Magnetfeld, das von einem massiven Metallkörper umfasst wird, so tritt ebenfalls elektromagnetische Induktion auf. Aufgrund der räumlichen Ausdehnung der Leiter entstehen Ringströme, die als **Wirbelströme** bezeichnet werden.

| **zeitlich konstantes Magnetfeld** | **zeitlich veränderliches Magnetfeld** |
|---|---|
| 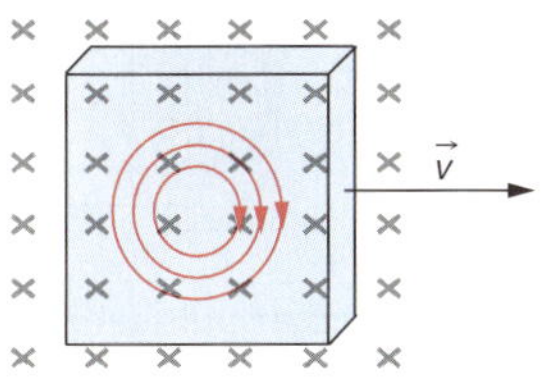  | 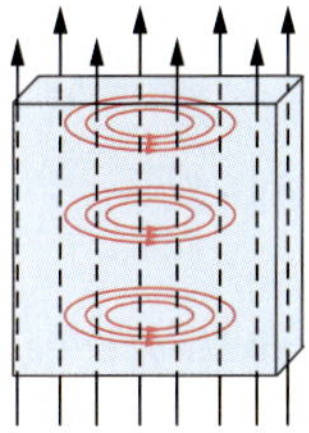 |
| Wirbelströme sind abhängig von der Bewegungsrichtung und der Richtung des Magnetfeldes. | Wirbelströme sind abhängig von der Änderungsrichtung der magnetischen Flussdichte und der Richtung des Magnetfeldes. |

Durch **Dynamobleche** können Wirbelströme weitgehend verhindert werden. Das sind dünne, gegeneinander isolierte Bleche. Die Kerne von **Transformatoren** setzt man deshalb aus solchen Dynamoblechen zusammen.

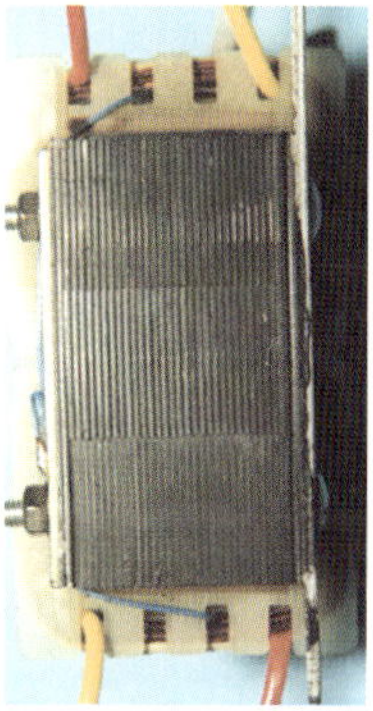

Wirbelströme sind teilweise erwünscht, teilweise auch unerwünscht. Erwünscht sind Wirbelströme bei solchen technischen Anwendungen wie dem **Induktionshärten** von metallischen Werkstücken (Bild links) oder **Wirbelstrombremsen** (Bild rechts).

| | |
|---|---|
|  | 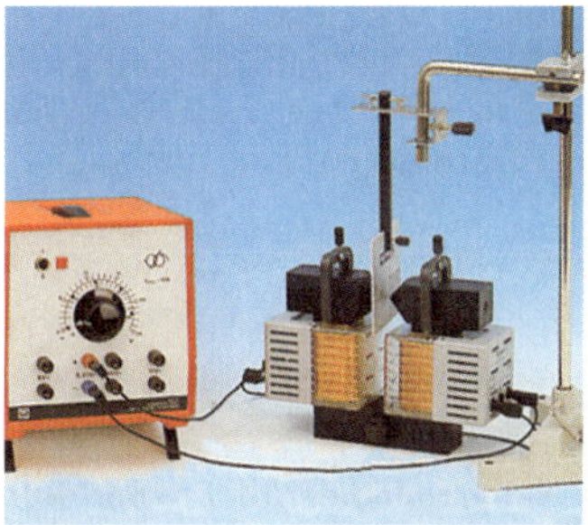 |
| Durch Induktionsströme wird das Werkstück zum Glühen gebracht. | bei Bewegung im Magnetfeld wird eine metallische Scheibe stark abgebremst. |

Wirbelstrombremsen werden z. B. auch zur Dämpfung der Zeigerbewegung in Messgeräten **(Drehspulmessgerät, Dreheisenmessgerät)** genutzt.
Die Wirbelströme sind nach dem lenzschen Gesetz (↗ S. 248) so gerichtet, dass sie der Ursache ihrer Entstehung (Bewegung) entgegenwirken, also die Bewegung abbremsen.

Genutzt werden Wirbelströme auch bei **Induktionsherden** und bei **Induktionszählern** (Elektrizitätszählern).
Unerwünscht sind sie bei **Transformatoren, Generatoren** oder **Elektromotoren,** da sie dort zu erheblichen Energieverlusten führen können.

Eine solche Anordnung wird auch als **Induktionskanone** bezeichnet, weil der Aluminiumring mit erheblicher Geschwindigkeit nach oben geschleudert werden kann.

Ein Aluminiumring liegt auf einer Spule mit Eisenkern. Wird der Schalter geschlossen, bewegt sich der Aluminiumring nach oben. Bei Verwendung eines geschlitzten Ringes passiert dagegen nichts.
*Wie sind diese Effekte zu erklären?*

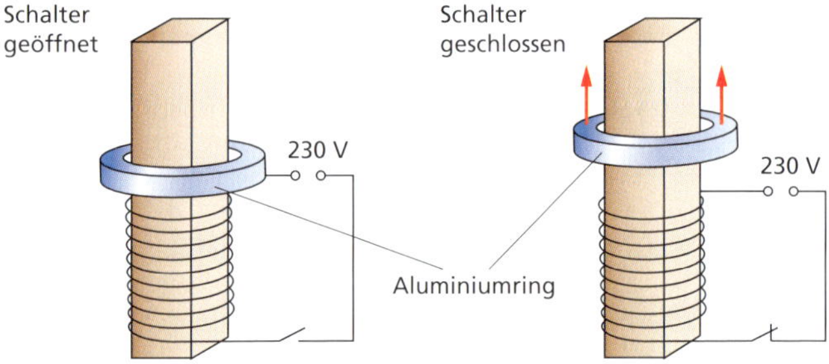


Ein analoger Effekt tritt auf, wenn man einen Aluminiumring bifilar aufhängt und einen Stabmagneten hineinstößt. Der Metallring weicht aus.

Wird der Schalter geschlossen, so baut sich um die Spule sehr schnell ein Magnetfeld auf. Dieses sich ändernde Magnetfeld umfasst auch den Aluminiumring, in dem nach dem Induktionsgesetz eine Spannung und damit ein Strom induziert wird. Das durch den Induktionsstrom hervorgerufene Magnetfeld wirkt nach dem lenzschen Gesetz seiner Ursache (Anwachsen der magnetischen Flussdichte) entgegen. Beide Magnetfelder haben somit eine entgegengesetzte Richtung. Demzufolge wirkt eine abstoßende Kraft. Ist der Aluminiumring geschlitzt, kann es in ihm nicht zur Ausbildung von Wirbelströmen kommen. Der beschriebene Effekt tritt nicht auf.

## Selbstinduktion

Wird ein Stromkreis mit Spule geschlossen, so wird um diese Spule ein Magnetfeld aufgebaut. Dieses sich ändernde Magnetfeld umfasst auch die Spule selbst und induziert in ihr eine Spannung und einen Strom. Dieser Effekt tritt auch beim Öffnen des Stromkreises und bei Verwendung von Wechselspannung auf.

Die in der Spule selbst induzierte Spannung und der damit verbundene Strom überlagern sich mit der im Stromkreis vorhandenen Spannung der Spannungsquelle und dem dadurch hervorgerufenen Strom.

Die Erscheinung, dass in einer felderzeugenden Spule selbst eine Spannung und ein Strom induziert werden, bezeichnet man als **Selbstinduktion.**

Für eine Spule ergibt sich der Betrag der Selbstinduktionsspannung aus dem Induktionsgesetz in der Form:

$$U_i = -N \cdot A \cdot \frac{\Delta B}{\Delta t}$$

Setzt man für die magnetische Flussdichte in einer langen Spule $B = \mu_0 \cdot \mu_r \cdot \frac{I \cdot N}{l}$ ein, so erhält man:

$$U_i = -N \cdot A \cdot \frac{\Delta(\mu_0 \cdot \mu_r \cdot \frac{I \cdot N}{l})}{\Delta t}$$

Die einzige Größe, die sich zeitlich ändert, ist die Stromstärke. Folglich kann man auch schreiben:

$$U_i = -\mu_0 \cdot \mu_r \cdot \frac{N^2 \cdot A}{l} \cdot \frac{\Delta I}{\Delta t}$$

Der konstante Faktor vor dem zweiten Quotienten charakterisiert den Bau der Spule und wird als **Induktivität** bezeichnet.

Die Induktivität einer Spule gibt an, wie stark die Änderung der Stromstärke in der Spule aufgrund der Selbstinduktion behindert wird.

Formelzeichen: $L$
Einheit: ein Henry (1 H)

Die Induktivität einer langen Spule kann mit folgender Gleichung berechnet werden:

$$L = \mu_0 \cdot \mu_r \cdot N^2 \cdot \frac{A}{l}$$

- $A$ Querschnittsfläche der Spule
- $l$ Länge der Spule
- $N$ Windungszahl der Spule
- $\mu_0$ magnetische Feldkonstante
- $\mu_r$ Permeabilitätszahl

Mit der Induktivität $L$ gilt für die Selbstinduktionsspannung in einer langen Spule:

$$U_i = -L \cdot \frac{\Delta I}{\Delta t}$$

Eine quadratische Spule ($l$ = 20 cm, Kantenlänge 5 cm) hat 1000 Windungen und einen Eisenkern ($\mu_r = 300$).
*Wie groß ist die Induktivität dieser Spule?*

*Analyse*:
Es kann die oben genannte Gleichung angewendet werden.

Gesucht: $L$
Gegeben: $l$ = 20 cm = 0,2 m
$a$ = 5,0 cm = 0,05 m
$N$ = 1 000
$\mu_r$ = 300
$\mu_0 = 1{,}257 \cdot 10^{-6}\ \mathrm{V \cdot s \cdot A^{-1} \cdot m^{-1}}$

*Lösung*:

$$L = \mu_0 \cdot \mu_r \cdot N^2 \cdot \frac{A}{l} \qquad A = a^2 \qquad A = 0{,}0025\ \mathrm{m}^2$$

$$L = \frac{1{,}257 \cdot 10^{-6}\ \mathrm{V \cdot s} \cdot 300 \cdot 1000^2 \cdot 0{,}0025\ \mathrm{m}^2}{\mathrm{A \cdot m} \cdot 0{,}2\ \mathrm{m}} = 4{,}7\ \mathrm{H}$$

*Ergebnis*:
Die Spule hat eine Induktivität von 4,7 H.

Bei differenzieller Schreibweise steht statt $\frac{\Delta I}{\Delta t}$ der Ausdruck $\frac{dI}{dt}$.

Die Einheit 1 H ist nach dem amerikanischen Physiker JOSEPH HENRY (1797–1878) benannt. Es gilt:
$1\ \mathrm{H} = 1\ \frac{\mathrm{V \cdot s}}{\mathrm{A}}$

Eine Spule hat eine Induktivität von 1 H, wenn bei einer Änderung der Stromstärke von 1 A in einer Zeit von 1 s die Spannung 1 V durch Selbstinduktion in ihr induziert wird.

Das Ergebnis bedeutet: Bei einer Stromstärkeänderung von 1 A in einer Zeit von 1 s wird eine Spannung von 4,7 V in der Spule induziert.

Liegt eine Wechselspannung an, so erfolgt in der Spule ständig Selbstinduktion. Die Spule behindert den Stromfluss und wirkt als induktiver Widerstand (↗ S. 286).

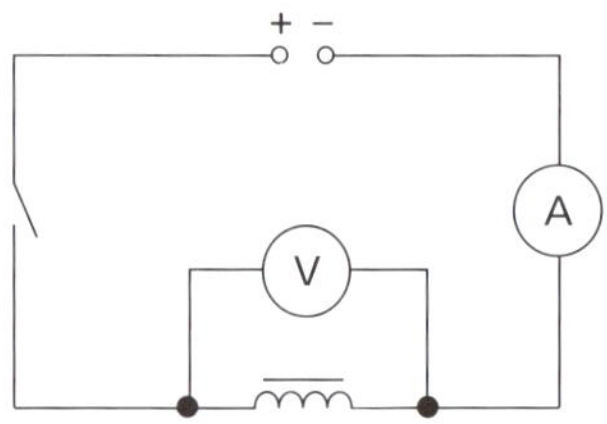


Liegt ein Stromkreis mit Spule vor, so bewirkt die Selbstinduktion einen charakteristischen Verlauf von Stromstärke und Spannung beim Schließen und Öffnen des Stromkreises. Dieser Verlauf ist in dem *I-t-* und *U-t*-Diagramm dargestellt.

Beim Einschalten verzögert die Selbstinduktionsspannung den Anstieg der Stromstärke, beim Ausschalten bewirkt sie ein Weiterfließen.

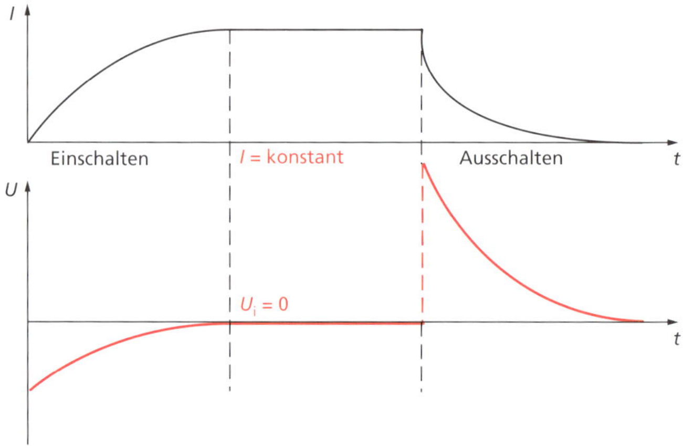


Besonders hohe Spannungen treten beim Öffnen eines Stromkreises auf. Das wird z. B. bei Zündspulen genutzt.

Leuchtstofflampen benötigen z. B. eine Zündspannung von 300 V–450 V, werden aber an 230 V Wechselspannung angeschlossen. Die Zündung erfolgt mithilfe von Starter und Zünspule, die im Sockel eingebaut sind.

Selbstinduktion tritt in allen Stromkreisen mit Spulen auf. Insbesondere bei Ausschaltvorgängen können dabei hohe Induktionsspannungen entstehen und kurzzeitig starke Induktionsströme fließen.
Diese Induktionsspannungen können z. B. genutzt werden, um **Leuchtstofflampen** oder **Glimmlampen** zu zünden.

### 4.3.4 Generatoren

Die verschiedenen Arten von Generatoren unterscheiden sich in ihrem technischen Aufbau, nicht aber in der prinzipiellen Wirkungsweise.

Eine wichtige Anwendung der elektromagnetischen Induktion ist der **Generator.** Er dient der Umwandlung von mechanischer Energie in elektrische Energie. Dabei wird bei einer Drehbewegung kinetische Energie in elektrische Energie umgewandelt.
Man unterscheidet **Wechselstromgeneratoren** und **Gleichstromgeneratoren**. Außerdem können Generatoren als **Innenpolmaschinen** oder **Außenpolmaschinen** gebaut sein.

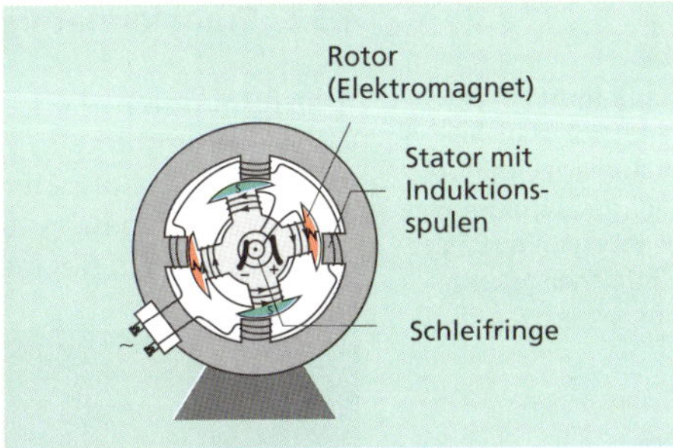


**Wechselstromgeneratoren** dienen der Erzeugung von Wechselspannung und Wechselstrom (↗ S. 282). Dabei wird das faradaysche Induktionsgesetz (↗ S. 246) genutzt. Die technische Realisierung erfolgt in der Regel so, dass innerhalb von feststehenden Induktionsspulen ein durch Elektromagnete hervorgerufenes Magnetfeld rotiert **(Innenpolmaschine).** Bei gleichförmiger Rotation eines homogenen Magnetfeldes um eine Spule oder einer Spule in einem Magnetfeld entsteht eine sinusförmige Wechselspannung.

Einen der ersten handgetriebenen Generatoren baute 1832 HIPPOLYTE PIXII (1808–1835). Für die technische Nutzung waren die Entwicklung des **dynamoelektrischen Prinzips** durch WERNER VON SIEMENS (1816–1892) und der Bau der **Dynamomaschinen** von entscheidender Bedeutung.

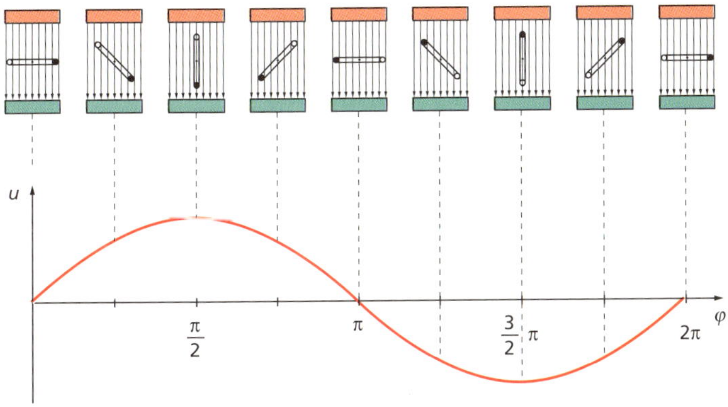


Betrachten wir zur Vereinfachung die gleichförmige Rotation einer Leiterschleife der Fläche $A$ in einem homogenen Magnetfeld. Durch die Rotation ändert sich ständig die wirksame Fläche (↗ S. 244). Die induzierte Spannung beträgt nach dem Induktionsgesetz für eine Leiterschleife:

Auch ein **Fahrraddynamo** ist eine kleine Innenpolmaschine. Dabei rotiert ein tonnenförmiger Permanentmagnet im Inneren einer Statorspule, die am Gehäuse befestigt ist.

$$U_i = -\frac{d\phi}{dt} = -\frac{d(B \cdot A)}{dt} = -B \cdot \frac{dA}{dt}$$

Die wirksame Fläche der Leiterschleife beträgt $A_w = A \cdot \cos\varphi$, wobei der Winkel $\varphi$ auch mithilfe der Winkelgeschwindigkeit (↗ S. 244) ausgedrückt werden kann. Mit $\varphi = \omega \cdot t$ erhält man $A \cdot \cos\varphi = A \cdot \cos\omega t$ und damit als Induktionsspannung:

$$U_i = \quad -B \cdot A \frac{d(\cos\omega t)}{dt}$$

Die Differenziation ergibt: $U_i = B \cdot A \cdot \omega \cdot \sin\omega t$

Bei gleichförmiger Rotation einer Spule der Windungszahl $N$ erhält man den $N$-fachen Wert für die Induktionsspannung.

Der Begriff ist abgeleitet von transformare (lat.) = umformen. Transformatoren werden auch als **Umformer** bezeichnet.

## 4.3.5 Transformatoren

**Transformatoren** dienen dazu, die Werte von Wechselspannung bzw. Wechselstromstärke zu verändern. Es gibt sie in unterschiedlichen Bauformen (Kerntransformatoren, Manteltransformatoren) und auf den jeweiligen Zweck zugeschnitten (Hochspannungstranformatoren, Hochstromtransformatoren, Netzgeräte, Schweißtransformatoren, Zündspulen).

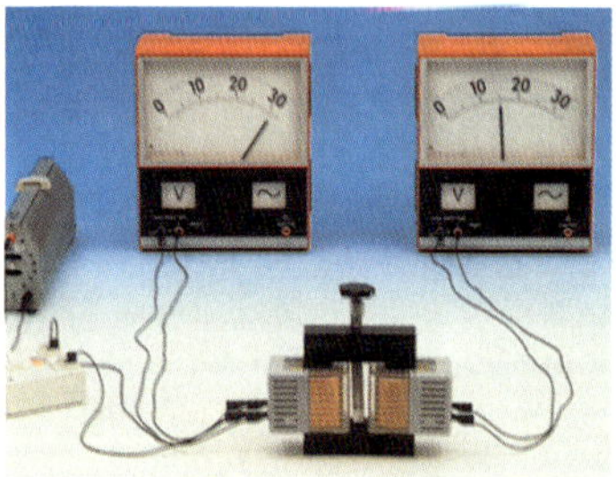

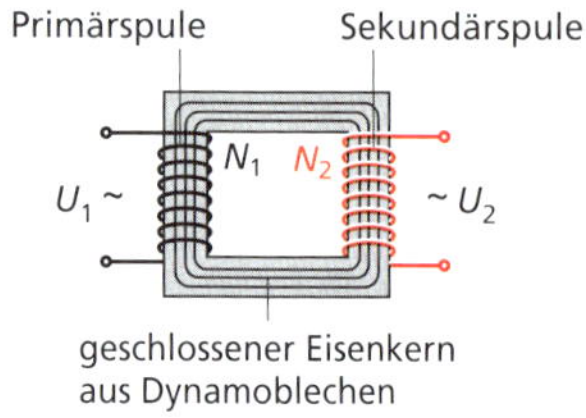


Schaltzeichen für einen Transformator:

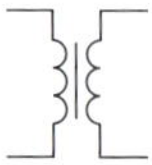

Nach der Art der Schaltung unterscheidet man zwischen **unbelasteten** und **belasteten Transformatoren.**

Die Belastung eines Transformators steigt mit der Sekundärstromstärke. Von einem stark belasteten Transformator spricht man, wenn der Widerstand im Sekundärstromkreis gegen null geht (Kurzschlussfall).

| **unbelasteter Transformator** | **belasteter Transformator** |
|---|---|
| 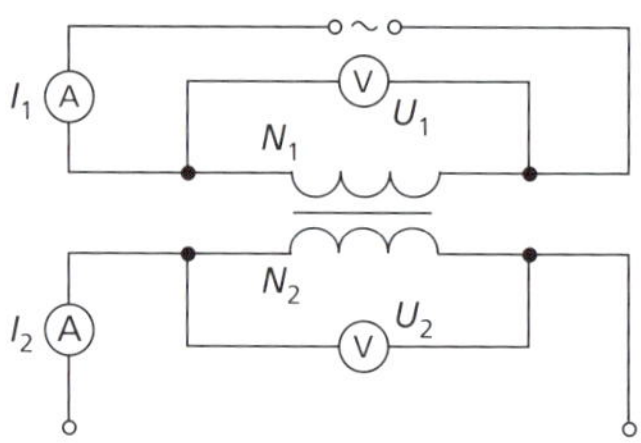  | 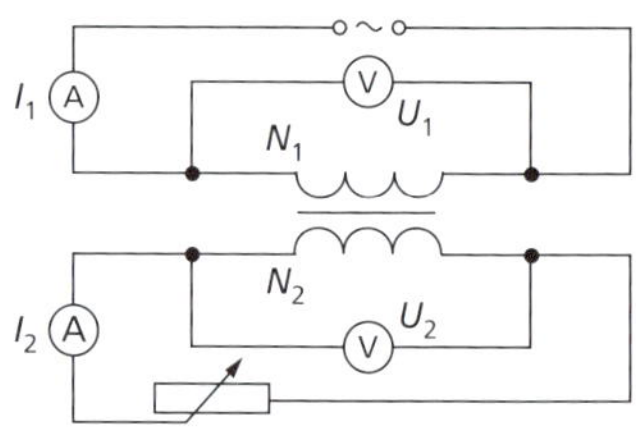  |
| Im Sekundärstromkreis fließt kein Strom: $I_2 = 0$ | Im Sekundärstromkreis fließt ein Strom: $I_2 > 0$ |

Darüber hinaus ist zwischen einem **idealen** und einem **realen Transformator** zu unterscheiden.

Reale Transformatoren erreichen heute einen Wirkungsgrad von bis zu 98 %. Der Wirkungsgrad hängt aber von der Belastung ab.

| **idealer Transformator** | **realer Transformator** |
|---|---|
| Die dem Primärkreis zugeführte Energie ist gleich der im Sekundärkreis nutzbaren Energie. Es treten keine Energieverluste auf. | Die im Primärkreis zugeführte Energie ist größer als die im Sekundärkreis nutzbare Energie. Ein Teil der Energie wird in thermische Energie umgewandelt. |

Bei einem unbelasteten idealen Transformator wird in der Primärspule ständig eine Spannung induziert, die nach dem lenzschen Gesetz der Spannung der Spannungsquelle entgegenwirkt.

Es gilt somit für die Primärspule:

$$U_1 = -N_1 \cdot \frac{d\phi}{dt} \qquad (1)$$

Die Sekundärspule wird vom gleichen sich ändernden Magnetfeld durchsetzt. Die Induktionsspannung beträgt dort nach dem Induktionsgesetz:

$$U_2 = -N_2 \cdot \frac{d\phi}{dt} \qquad (2)$$

Stellt man Gleichung (1) nach $d\phi/dt$ um und setzt in Gleichung (2) ein, so erhält man:

$$U_2 = -N_2 \cdot \left(-\frac{U_1}{N_1}\right) \quad \text{oder umgestellt:} \quad \frac{U_1}{U_2} = \frac{N_1}{N_2}$$

Bei einem unbelasteten idealen Transformator (Leerlauf) gilt:

$$\frac{U_1}{U_2} = \frac{N_1}{N_2}$$

$U_1$, $U_2$ Primär- bzw. Sekundärspannung
$N_1$, $N_2$ Primär- bzw. Sekundärwindungszahl

Reale unbelastete Transformatoren (Leerlauf) „verbrauchen" Energie, da auch in diesem Falle im Primärstromkreis ein geringer Strom fließt und ein Teil der Energie in thermische Energie umgewandelt wird.

Bei einem belasteten idealen Transformator (↗ S. 254) fließt ein Sekundärstrom. Im betrachteten Idealfall ist die vom Sekundärkreis abgegebene Wirkleistung (↗ S. 292) genauso groß wie die vom Primärkreis aufgenommene Wirkleistung:

$$P_1 = P_2$$
$$U_1 \cdot I_1 \cdot \cos \varphi_1 = U_2 \cdot I_2 \cdot \cos \varphi_2$$

Im Kurzschlussfall ist die Phasenverschiebung gleich. Damit gilt:

$$U_1 \cdot I_1 = U_2 \cdot I_2 \quad \text{oder} \quad \frac{I_1}{I_2} = \frac{U_2}{U_1}$$

Ersetzt man das Verhältnis der Spannungen durch das der Windungszahlen, so erhält man:

Für einen stark belasteten idealen Transformator (Kurzschluss) gilt:

$$\frac{I_1}{I_2} = \frac{N_2}{N_1}$$

$I_1$, $I_2$ Primär- bzw. Sekundärstromstärke
$N_1$, $N_2$ Primär- bzw. Sekundärwindungszahl

Experimentelle Untersuchungen zeigen, dass bei einem belasteten Transformator eine Vergrößerung der Belastung (Verkleinerung des Widerstandes im Sekundärstromkreis) und damit eine Erhöhung der Sekundärstromstärke zu einer Vergrößerung der Primärstromstärke führt. Diese Erscheinung wird als **Rückwirkung** bezeichnet. Dieser Begriff bezieht sich auf die Beinflussung des Primärstromkreises durch den Sekundärstromkreisen.

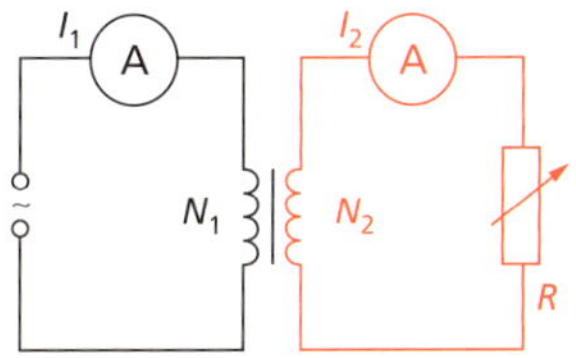


Ursache der Rückwirkung beim belasteten Transformator ist der mit dem Sekundärstrom verbundene magnetische Fluss im Eisenkern, der nach dem lenzschen Gesetz dem primären magnetischen Fluss entgegenwirkt. Eine Verringerung des Gesamtflusses im Eisenkern führt zu einer kleineren Induktionsspannung in der Primärspule, die der angelegten Spannung entgegenwirkt. Somit vergrößert sich die Primärstromstärke.

Bei vorgegebenem Verhältnis der Windungszahlen $N_1/N_2$ hängt die Sekundärspannung $U_2$ nur von der Primärspannung $U_1$ ab.
Die Primärstromstärke $I_1$ wird dagegen von der Sekundärstromstärke $I_2$ beeinflusst.

Man kann auch sagen: Die primärseitige Energieaufnahme des Transformators passt sich der sekundärseitigen Belastung an.
Transformatoren werden in vielen Geräten und Anlagen genutzt. Sie sind das Kernstück von **Netzgeräten** oder **Netzadaptern** und werden z. B. in Fernsehgeräten, bei elektrischen Klingeln, bei Zündanlagen von Kfz, Fehlerstromschutzschaltern (FI-Schaltern) oder Schweißgeräten verwendet.
Von besonderer Bedeutung sind Transformatoren für den Betrieb von **Stromverbundnetzen.** Mithilfe von Hochspannungstransformatoren wird die Spannung so hoch transformiert, dass die elektrische Energie aus den Kraftwerken effektiv und mit möglichst wenig Verlusten zu den Verbrauchern übertragen werden kann.

Eine elektrische Klingel kann z. B. eine Betriebsspannung von 8 V und eine Halogenlampe von 12 V haben. An der Bildröhre eines Fernsehgerätes muss eine Spannung von etwa 15 kV anliegen, um den Elektronenstrahl zu beschleunigen. Alle diese Geräte werden mit einem Transformator an 230 V Netzspannung angeschlossen.

Würde man die Leistung eines 500 MW-Blocks bei einer Spannung von 230 V übertragen wollen, so müsste ein Strom der Stärke

$$I = \frac{P}{U} = \frac{500 \cdot 10^6 \text{ W}}{230 \text{ V}} = 2\,174\,000 \text{ A}$$

fließen. Bei der Generatorspannung von 20 kV wären es immer noch 25 000 A, bei 380 kV dagegen nur noch etwa 1 300 A. Entsprechend verringern sich mit Erhöhung der Spannung die **Leitungsverluste.**

Die **Leitungsverluste** in Fernleitungen betragen:

$$P = I^2 \cdot R$$

Sie sind umso geringer, je kleiner die Stromstärke ist. Das erreicht man durch Hochtransformieren der Spannung.

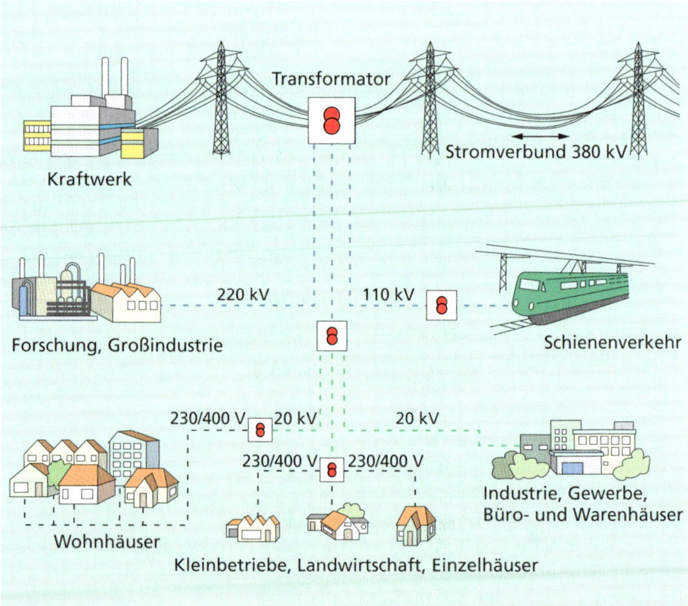


In Europa gibt es große Stromverbundnetze, die die stabile Versorgung von Haushalten und Wirtschaft mit elektrischer Energie sichern.

## 4.4 Der Gleichstromkreis

Ein Stromkreis, in dem ein Strom in einer bestimmten Richtung fließt, wird als **Gleichstromkreis** bezeichnet. Stromstärke bzw. Spannung können dabei zeitlich konstant oder zeitlich veränderlich sein. Die Diagramme zeigen charakteristische Beispiele.

| zeitlich konstanter Gleichstrom | pulsierender Gleichstrom | rechteckiger Gleichstrom |
|---|---|---|
| 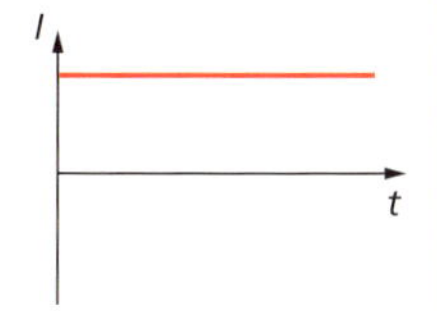 | 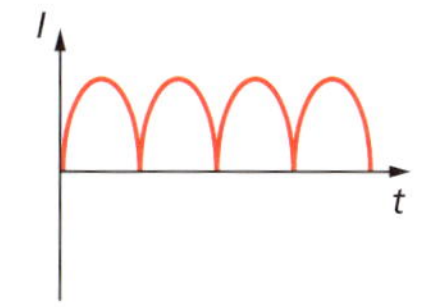 | 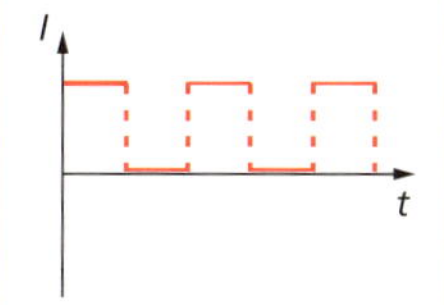 |

Pulsierender Gleichstrom entsteht bei der **Zweiweggleichrichtung** von **Wechselstrom.** Rechteck-Spannungen und -ströme spielen in der **Digitaltechnik** eine wichtige Rolle.

Ein zeitlich konstanter Gleichstrom fließt dann, wenn sich eine **Gleichspannungsquelle** in einem Stromkreis befindet. Solche Gleichspannungsquellen sind z. B. alle galvanischen Elemente (Batterien, Akkumulatoren, Gleichspannungsgeneratoren oder Stromversorgungsgeräte).

### Elektrische Stromstärke, Spannung und Widerstand

Ein einfacher Gleichstromkreis kann durch die drei Größen **elektrische Stromstärke, elektrische Spannung,** und **elektrischer Widerstand** beschrieben werden.

| elektrische Stromstärke | elektrische Spannung | elektrischer Widerstand |
|---|---|---|
| gibt an, wie viel elektrische Ladung sich in jeder Sekunde durch den Querschnitt eines Leiters bewegt. | gibt an, wie stark der Antrieb des elektrischen Stromes es. | gibt an, wie stark der Strom im Stromkreis behindert wird. |
| Formelzeichen: *I*<br>Einheit: ein Ampere (1 A)<br>Messgerät: Amperemeter | Formelzeichen: *U*<br>Einheit: ein Volt (1 V)<br>Messgerät: Voltmeter | Formelzeichen: *R*<br>Einheit: ein Ohm (1 Ω)<br>Messgerät: Ohmmeter |
| $I = \frac{\Delta Q}{\Delta t}$ $\quad I = \frac{Q}{t}$<br><br>$Q$ elektrische Ladung<br>$t$ Zeit | $U = \frac{W}{Q}$<br><br>$W$ Arbeit im elektrischen Feld<br>$Q$ elektrische Ladung | $R = \frac{U}{I}$ $\quad R = \rho \cdot \frac{l}{A}$<br><br>$\rho$ spezifischer elektrischer Widerstand<br>$l$ Länge des Leiters<br>A Querschnittsfläche |
| Benannt ist die Einheit der Stromstärke nach dem französischen Naturforscher ANDRÉ MARIE AMPÈRE (1775–1836) | Benannt ist die Einheit der Spannung nach dem italienischen Naturforscher ALESSANDRO VOLTA (1745–1827) | Benannt ist die Einheit des Widerstandes nach dem deutschen Naturforscher GEORG SIMON OHM (1789–1854) |

Als dritte Größe wird mitunter die **elektrische Arbeit** einbezogen. Dann gilt:

$W = \Delta E$

$W = U \cdot I \cdot t$

Benannt sind die Einheiten nach dem schottischen Erfinder und Techniker JAMES WATT (1736–1819).

## Elektrische Energie und Leistung

Bei Stromfluss durch Bauelemente wird elektrische Energie in andere Energieformen (thermische Energie, Strahlungsenergie) umgewandelt. Die quantitative Beschreibung der Energieumwandlungen erfolgt mithilfe der Größen **elektrische Energie** und **elektrische Leistung.**

| elektrische Energie | elektrische Leistung |
|---|---|
| ist die Fähigkeit des elektrischen Stromes, mechanische Arbeit zu verrichten, Wärme abzugeben oder Licht auszusenden. | gibt an, wie viel elektrische Energie in der Zeiteinheit in andere Energieformen umgewandelt wird. |
| Formelzeichen: $E$<br>Einheit: eine Wattsekunde (1 Ws)<br>Messgerät: Elektrizitätszähler | Formelzeichen: $P$<br>Einheit: ein Watt (1 W)<br>Messgerät: Leistungsmesser |
| Für $U$ = konstant und $I$ = konstant gilt:<br>$E = U \cdot I \cdot t$<br>$U$ elektrische Spannung<br>$I$ elektrische Stromstärke<br>$t$ Zeit | Für $U$ = konstant und $I$ = konstant gilt:<br>$P = \frac{E}{t} = U \cdot I$<br>$E$ elektrische Energie<br>$t$ Zeit |
| Die Messung der elektrischen Energie erfolgt mit **Elektrizitätszählern** (Kilowattstundenzählern). | Die Messung der elektrischen Leistung erfolgt mit **Leistungsmessern** (Wattmetern). |

Sind mehrere Bauelemente in Reihe oder parallel geschaltet, so gelten die in der nachfolgenden Übersicht dargestellten Gesetze.

| Reihenschaltung von Widerständen | Parallelschaltung von Widerständen |
|---|---|
| 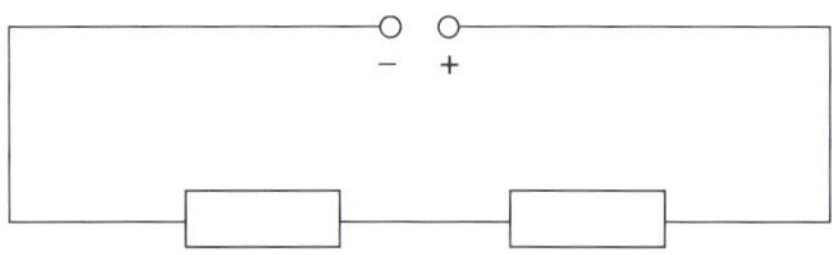  | 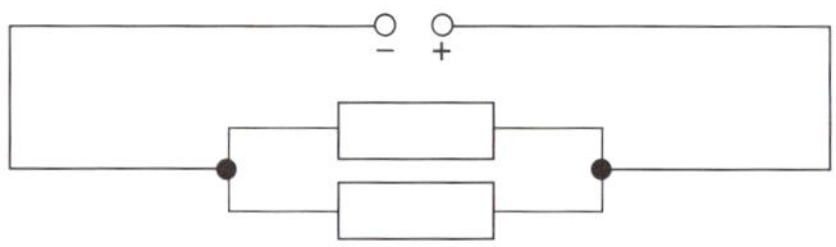  |
| $I = I_1 = I_2 = \ldots = I_n$ | $I = I_1 + I_2 + \ldots + I$ |
| $U = U_1 + U_2 + \ldots + U_n$ | $U = U_1 = U_2 = \ldots = U_n$ |
| $R = R_1 + R_2 + \ldots + R_n$ | $\frac{1}{R} = \frac{1}{R_1} + \frac{1}{R_2} + \ldots + \frac{1}{R_n}$ |
| $E = E_1 + E_2 + \ldots + E_n$ | $E = E_1 + E_2 + \ldots + E$ |
| $P = P_1 + P_2 + \ldots + P_n$ | $P = P_1 + P_2 + \ldots + P_n$ |
| Für zwei Bauelemente gilt:<br>$\frac{U_1}{U_2} = \frac{R_1}{R_2}$ (Spannungsteilerregel) | Für zwei Bauelemente gilt:<br>$\frac{I_1}{I_2} = \frac{R_2}{R_1}$ (Stromteilerregel) |

### Anwendung der Gesetze in Gleichstromkreisen

Die Gesetze in Gleichstromkreisen werden z. B. bei **Potenziometerschaltungen,** bei der **Messbereichserweiterung** von Messgeräten sowie bei spannungsrichtigen und stromrichtigen **Messschaltungen** angewendet.

**Spannungsteilerschaltung (Potenziometerschaltung)**

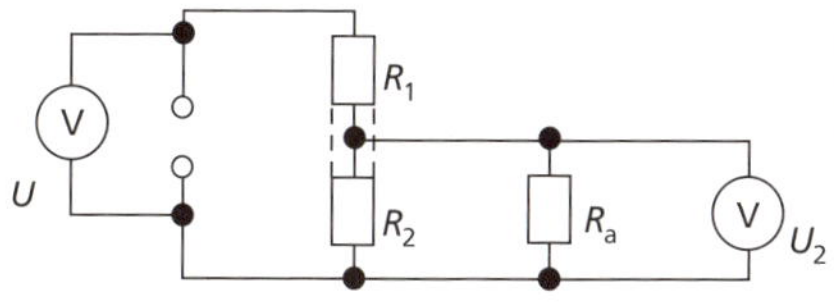


| | |
|---|---|
| $U$ | Gesamtspannung |
| $U_2$ | Teilspannung |
| $R_1$, $R_2$ | Teilwiderstände |
| $R_a$ | Lastwiderstand |

$$U_2 = \frac{R_2}{R_1 + R_2 + \frac{R_1 \cdot R_2}{R_a}} \cdot U$$

**Potenziometerschaltungen** werden genutzt, um die Spannung kontinuierlich von null bis zu einem Maximalwert verändern zu können.

Um mit elektrischen Messgeräten sowohl möglichst kleine als auch möglichst große Spannungen und Stromstärken zu messen, werden die Messbereiche der Geräte mit Vor- oder Nebenwiderständen erweitert.

**Messbereichserweiterung eines Strommessers**

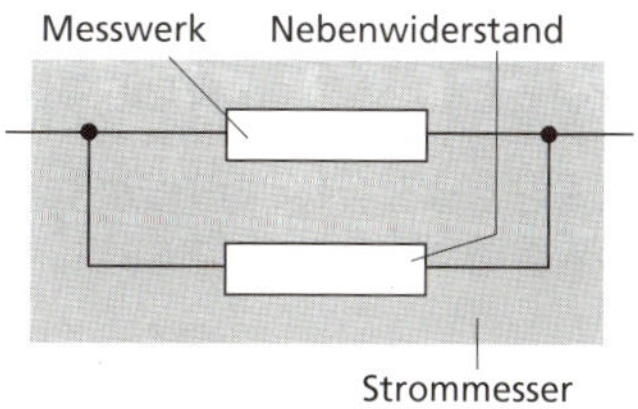


**Messbereichserweiterung eines Spannungsmessers**

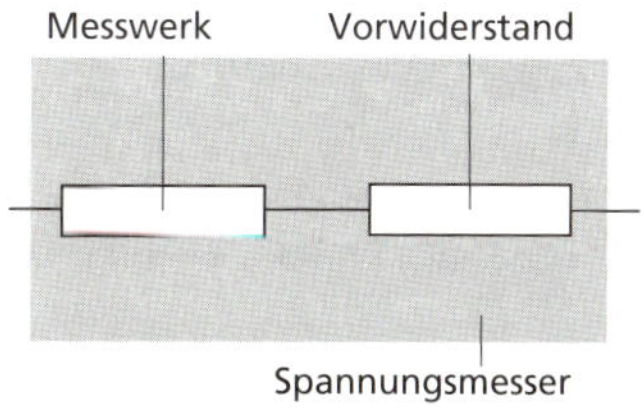


Soll bei einem **Strommesser** der Messbereich um den Faktor 10 erweitert werden, so muss der Nebenwiderstand $^1/_9$ des Widerstandes des Messwerkes betragen. Bei einem Spannungsmesser müsste der Vorwiderstand 9-mal so groß sein.

Die Innenwiderstände der Messgeräte beeinflussen die Genauigkeit der gemessenen Spannungen und Stromstärken. Durch die Art der Schaltung kann man die Messfehler klein halten.

**stromrichtige Messschaltung**

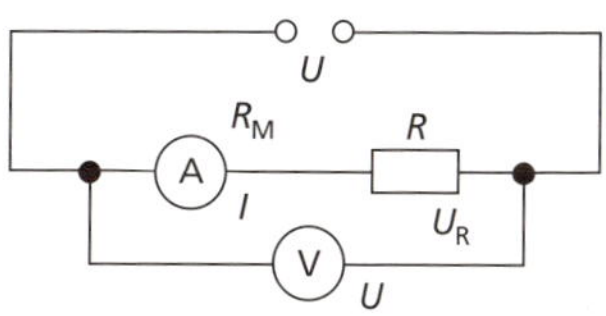


$U_R = U - I \cdot R_M$

Korrektur nicht erforderlich, wenn $R_M \ll R$.

**spannungsrichtige Messschaltung**

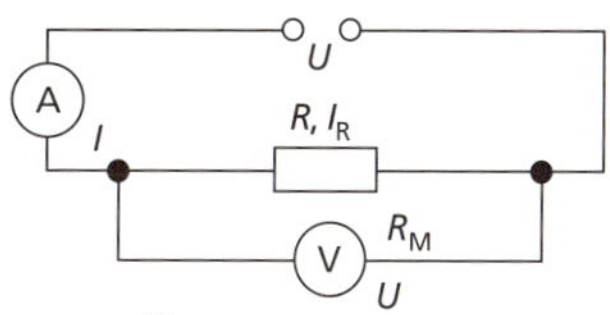


$I_R = I - \frac{U}{R_M}$

Korrektur nicht erforderlich, wenn $R_M \gg R$.

Um die Beeinflussung des Stromkreises durch Messgeräte möglichst gering zu halten, sind diese so konstruiert, dass **Strommesser** einen möglichst kleinen und **Spannungsmesser** einen möglichst großen Innenwiderstand haben.

Mit einem Vielfachmessgerät kann man sowohl sehr kleine als auch sehr große Stromstärken messen.
Bei einem bestimmten Messgerät lässt das Messwerk selbst jedoch nur eine Stromstärke bis maximal 0,1 A zu. Wird es stärker belastet, kann die Stromstärke nicht mehr abgelesen werden und das Messgerät kann zerstört werden. Das Messwerk selbst hat einen Widerstand von 50 Ω.
*Wie kann der Messbereich erweitert werden, um eine Stromstärke bis zu 1 A messen zu können?*

Bei elektrischen Quellen ist zwischen der **Leerlaufspannung** $U_L$ (Spannung bei geöffnetem Stromkreis) und der **Klemmenspannung** $U_K$ (Spannung bei Stromfluss) zu unterscheiden. Es gilt:
$U_L > U_K$

*Analyse*:
Den Messbereich eines Strommessers erweitert man durch einen Nebenwiderstand, der parallel zum Messwerk geschaltet wird. Dadurch teilt sich der Gesamtstrom in zwei Teilströme auf, wobei nur ein Teilstrom durch das Messwerk fließt: $I_1 = I - I_2$.

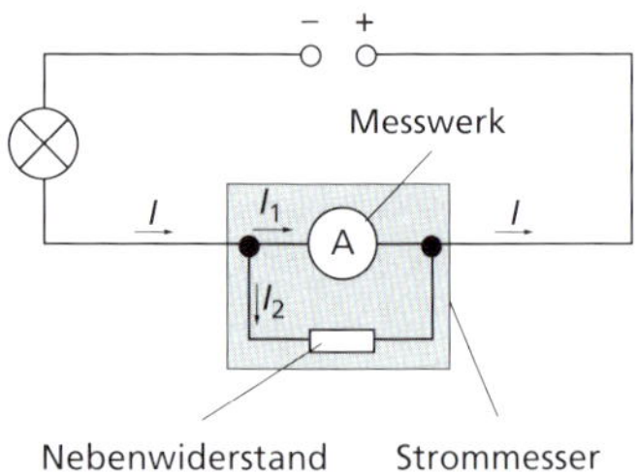


Gesucht: $R_2$ (Widerstand des Nebenwiderstandes)
Gegeben: $R_1 = 50\ \Omega$
$I_1 = 0{,}1\ \text{A}$
$I = 1\ \text{A}$

*Lösung*:

$$R_2 = \frac{U}{I_2}$$

$U$ ist gleich der Spannung am Messwerk. Sie ergibt sich aus $U = R_1 \cdot I_1$ zu 5 V.
Die Stromstärke $I_2$ erhält man aus $I_2 = I - I_1$ zu 0,9 A. Damit ergibt sich für den Nebenwiderstand:

$$R_2 = \frac{5\ \text{V}}{0{,}9\ \text{A}}$$

$$\underline{R_2 = 5{,}6\ \Omega}$$

Für die Einheiten gilt:
$\frac{1\ \text{V}}{1\ \text{A}} = 1\ \Omega$

## Die kirchhoffschen Gesetze

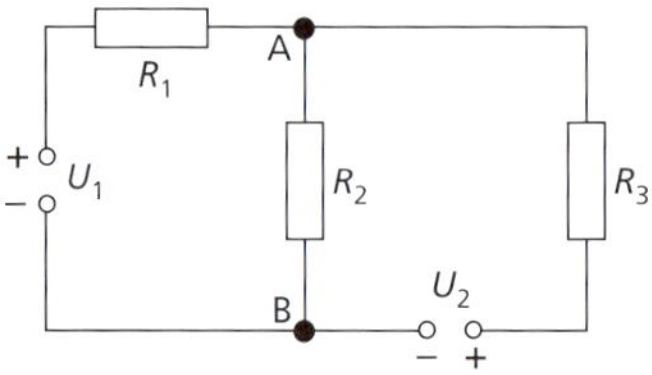


Mit den ↗ S. 258 genannten Gesetzen für die Reihen- und Parallelschaltung von Bauelementen lassen sich viele Aufgaben lösen, Sachverhalte erklären und Voraussagen treffen. Nicht vollständig erfasst werden damit aber elektrische Schaltungen, in denen sich z. B. mehrere Spannungsquellen befinden (siehe Skizze) oder an einem Verzweigungspunkt (Knoten) mehrere Ströme zu- oder abfließen.

Benannt sind diese Gesetze nach dem deutschen Physiker **GUSTAV ROBERT KIRCHHOFF** (1824–1887), der sie 1845/46 als 21-jähriger Student formulierte.

Für solche **Netzwerke** formulierte KIRCHHOFF die nach ihm benannten **kirchhoffschen Gesetze** oder **kirchhoffschen Regeln.**

| **1. kirchhoffsches Gesetz (Knotenpunktsatz)** | **2. kirchhoffsches Gesetz (Maschensatz)** |
|---|---|
| 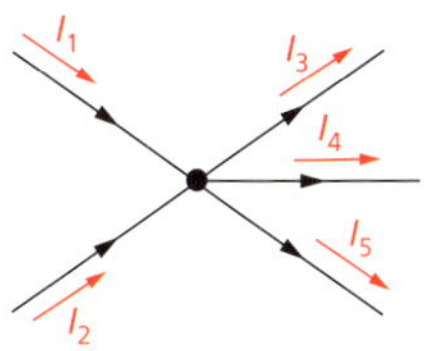 | 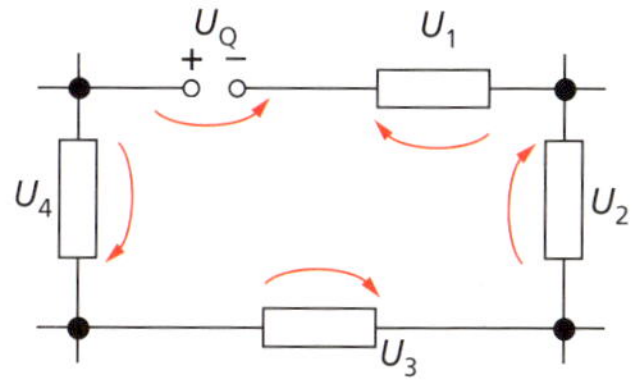 |
| In jedem Knoten ist die Summe der zufließenden Ströme gleich der Summe der abfließenden Ströme. $\sum I_{zu} = \sum I_{ab}$ $\sum_{i=1}^{n} I_n = 0$ | Die Summe aller Quellenspannungen ist gleich der Summe aller Spannungsabfälle. $\sum U_Q = \sum U$ $\sum_{i=1}^{n} U_i = 0$ |

Beim **Maschensatz** ist zu beachten, dass der Spannung eine Richtung und damit ein Vorzeichen zugeordnet ist. Zweckmäßigerweise wird die Messrichtung so festgelegt, dass sie mit der Stromrichtung übereinstimmt.
Beim **Knotenpunktsatz** müssen die Richtungen der Ströme und damit deren Vorzeichen beachtet werden.

### Ersatzschaltungen

Komplizierte **Netzwerke** lassen sich häufig auf einfache Reihen- oder Parallelschaltungen zurückführen.

Unter einer **Ersatzschaltung** versteht man eine vereinfachte Darstellung einer komplizierten elektrischen Schaltung.

**Blockschaltbilder** kann man ebenfalls als stark vereinfachte Ersatzschaltungen auffassen.

Ersatzschaltungen werden genutzt, um komplizierte Schaltungen übersichtlicher und durchschaubarer zu machen. Dabei werden gleichartige Bauelemente (Widerstände, Spannungsquellen) zusammengefasst, wobei durch die Vereinfachung die Funktionsweise der Schaltung erhalten bleiben muss.

Nachfolgend ist ein Beispiel für eine Vereinfachung dargestellt. Verschiedene gleichartige Bauelemente werden schrittweise zusammengefasst.

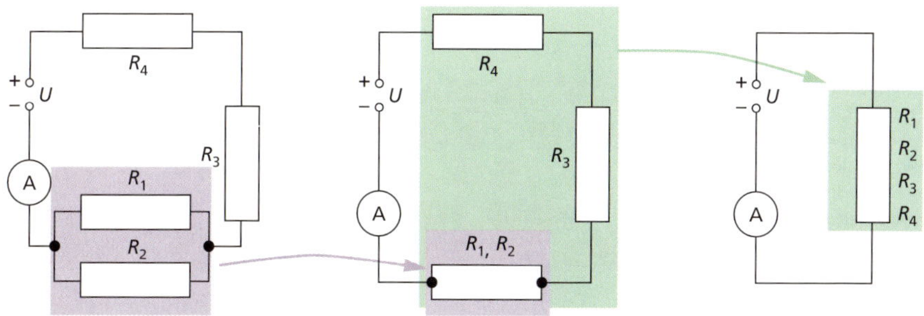

## 4.5 Elektrische Leitungsvorgänge

Fließt in einem Stoff oder im Vakuum ein elektrischer Strom, so spricht man von einem **elektrischen Leitungsvorgang.**

> Unter einem elektrischen Leitungsvorgang versteht man eine gerichtete Bewegung von Ladungsträgern, z. B. von Ionen oder Elektronen, unter dem Einfluss eines elektrischen Feldes.

Bewegliche Ladungsträger bedeutet, dass sie nicht an Atome oder Moleküle gebunden sind und sich unter dem Einfluss eines elektrischen Feldes in bestimmter Richtung bewegen können.

Solche elektrischen Leitungsvorgänge können in Metallen, Flüssigkeiten, Gasen, im Vakuum sowie in Halbleitern auftreten.
**Voraussetzungen** dafür sind
- das Vorhandensein von beweglichen Ladungsträgern,
- die Existenz eines elektrischen Feldes.

Der **Verlauf eines elektrischen Leitungsvorganges** hängt ab von
- der Art und der Anzahl der beweglichen Ladungsträger (Ladungsträgerdichte) in einem Raumbereich,
- der Behinderung der gerichteten Bewegung der Ladungsträger durch andere Teilchen (elektrischer Widerstand),
- der Stärke des elektrischen Feldes im jeweiligen Raumbereich.

Grundsätzlich unterscheidet man drei Gruppen von Stoffen.

Ein bewegliches Elektron existiert bei Metallen auf 1 Atom, bei Halbleitern auf $10^4$–$10^7$ Atome und bei Nichtleitern auf mehr als $10^{10}$ Atome.

| **Leiter (Metalle, Elektrolyte, Gase)** | **Halbleiter** | **Nichtleiter (Isolatoren)** |
|---|---|---|
| besitzen eine große Anzahl beweglicher Ladungsträger (Elektronen, Ionen). | besitzen bewegliche Ladungsträger (Elektronen, Defektelektronen). | besitzen nur wenige oder keine beweglichen Ladungsträger. |

### 4.5.1 Elektrische Leitungsvorgänge in Metallen

In Metallen liegt **Metallbindung** vor. Die nicht gebundenen Elektronen stehen als bewegliche Ladungsträger für Leitungsvorgänge zur Verfügung. Beim Vorhandensein eines elektrischen Feldes bewegen sie sich in einer Vorzugsrichtung, die durch die Feldrichtung bestimmt ist.

Die Metallbindung ist eine Art der chemischen Bindung, die durch anziehende Kräfte zwischen Metall-Ionen und freien Elektronen verursacht wird. Die beweglichen Außenelektronen bezeichnet man auch als **Elektronengas.**

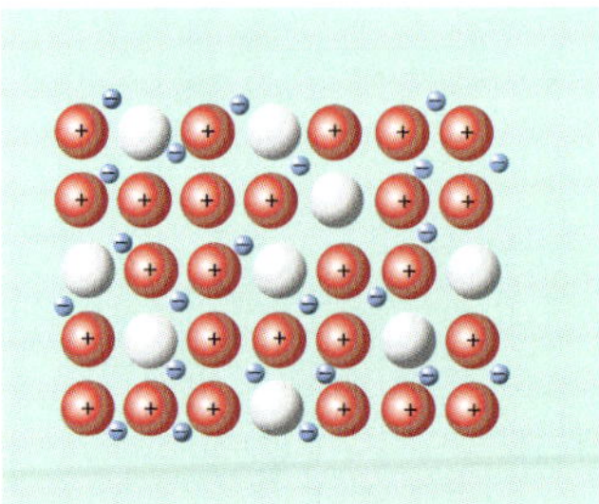

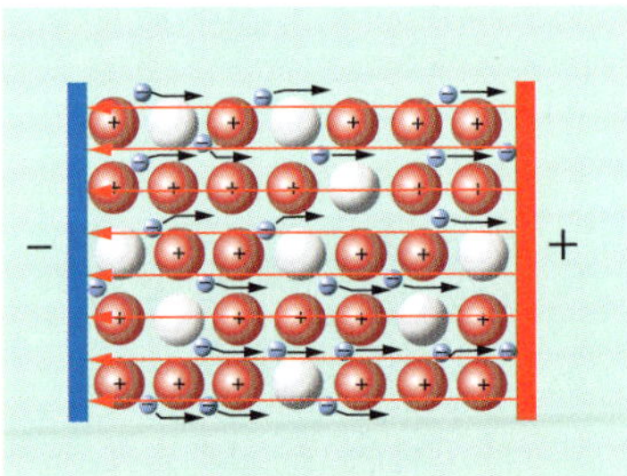

In metallischen Leitern besteht der elektrische Strom aus Elektronen, die sich in einer Vorzugsrichtung bewegen.

Im Mittel kann man ihnen eine konstante **Driftgeschwindigkeit** zuordnen. Der Zusammenhang zwischen der Stromstärke und der Driftgeschwindigkeit ergibt sich durch folgende Überlegungen: Aus dem Volumen $A \cdot v \cdot \Delta t$ tritt in der Zeit $\Delta t$ die Ladung $\Delta Q = n \cdot e \cdot A \cdot v \cdot \Delta t$ durch die Querschnittsfläche $A$ des Leiters. $n$ ist dabei die **Ladungsträgerdichte** (= Anzahl der Ladungsträger/Volumen).

metallischer Leiter

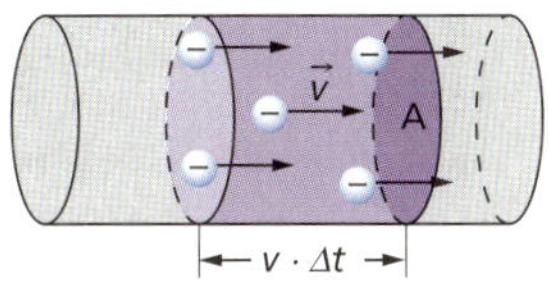


Mit $I = \frac{\Delta Q}{\Delta t}$ erhält man für die Stromstärke:

$$I = \frac{n \cdot e \cdot A \cdot v \cdot \Delta t}{\Delta t} = n \cdot e \cdot A \cdot v \qquad (1)$$

Aus dem ohmschen Gesetz $I = \frac{U}{R}$ ergibt sich mit $R = \rho \cdot \frac{l}{A}$:

$$I = \frac{U}{R} = \frac{U \cdot A}{\rho \cdot l} \qquad (2)$$

Gleichsetzen von (1) und (2) ergibt:

$$n \cdot e \cdot A \cdot v = \frac{U \cdot A}{\rho \cdot l}$$

Durch Umstellen nach der Driftgeschwindigkeit $v$ erhält man:

$$v = \frac{1}{\rho \cdot n \cdot e} \cdot \frac{U}{l}$$

Der Quotient $\frac{U}{l}$ ist die elektrische Feldstärke $E$ (↗ S. 217) im Leiter. Somit gilt:

Für ein Metall bestimmter Temperatur ist die **Driftgeschwindigkeit** der Elektronen der elektrischen Feldstärke im Leiter proportional.

$v \sim \frac{U}{l}$ oder $v \sim E$

$U$ Spannung am Leiter
$l$ Länge des Leiters
$E$ elektrische Feldstärke im Leiter

Der Quotient aus Driftgeschwindigkeit $v$ und elektrischer Feldstärke $E$ wird als **Beweglichkeit** $u$ der Elektronen bezeichnet. Allgemein gilt:

Die Beweglichkeit $u$ von Ladungsträgern hängt von der Driftgeschwindigkeit und der elektrischen Feldstärke ab. Es gilt:

$u = \frac{v}{E}$

$v$ Driftgeschwindigkeit
$E$ elektrische Feldstärke

Einen experimentellen Nachweis für die Existenz beweglicher Elektronen erbrachte der amerikanische Physiker RICHARD CHALE TOLMAN (1881–1948) im Jahre 1916. Er ließ eine Drahtspule stark beschleunigt um ihre Längsachse rotieren und dann plötzlich abbremsen. Dabei konnte er zwischen den Enden der Spule eine Spannung nachweisen (TOLMAN-Versuch).

Aus den Gültigkeitsbedingungen des ohmschen Gesetzes folgt, dass die Überlegungen für eine bestimmte Temperatur ($\vartheta$ = konstant) gelten.

Die Beweglichkeit von Ladungsträgern kann experimentell bestimmt werden.

Die **Driftgeschwindigkeit** darf nicht mit der Ausbreitungsgeschwindigkeit des elektrischen Feldes im Leiter verwechselt werden. Sie bewirkt, dass sich beim Anlegen einer Spannung die Elektronen im gesamten Leiter fast gleichzeitig zu bewegen beginnen.

Als Beispiel betrachten wir einen 1 m langen Leiter aus Kupfer, an dem eine Spannung von 1 V gelegt wird. Dann findet man in Tabellenwerken als **Beweglichkeit** der Elektronen in Kupfer bei 20 °C:

$$u = 3{,}1 \cdot 10^{-3}\ \frac{\mathrm{m}^2}{\mathrm{V \cdot s}} = 3{,}1 \cdot 10^{-3}\ \frac{\mathrm{m/s}}{\mathrm{V/m}}.$$

Das bedeutet: Bei einer elektrischen Feldstärke von $1\ \mathrm{V \cdot m^{-1}}$ beträgt die Driftgeschwindigkeit der Elektronen in einem Leiter aus Kupfer $3{,}1 \cdot 10^{-3}\ \mathrm{m \cdot s^{-1}}$ oder $3{,}1\ \mathrm{mm \cdot s^{-1}}$, denn es gilt $v = u \cdot E$.
Auch in anderen Metallen liegt die Driftgeschwindigkeit der Elektronen in der Größenordnung von Millimetern je Sekunde.

Ersetzt man in der Gleichung $I = n \cdot e \cdot A \cdot v$ (↗ S. 263, Gleichung (1)) die Stromstärke $I = \frac{U}{R}$ und die Driftgeschwindigkeit $v = u \cdot E = u \cdot \frac{U}{l}$ und stellt die Gleichung dann nach dem Widerstand $R$ um, so erhält man:

Der Term $\frac{1}{n \cdot e \cdot u}$ wird als **spezifischer elektrischer Widerstand** bezeichnet. Sein Kehrwert ist die **spezifische elektrische Leitfähigkeit** $\sigma$:

$$\sigma = \frac{1}{\rho} = n \cdot e \cdot u$$

Der elektrische Widerstand eines Leiters kann berechnet werden mit den Gleichungen:

$$R = \frac{1}{n \cdot e \cdot u} \cdot \frac{l}{A}$$

$$R = \rho \cdot \frac{l}{A}$$

- $n$ Ladungsträgerdichte
- $e$ Elementarladung
- $u$ Beweglichkeit der Ladungsträger
- $l$ Länge des Leiters
- $A$ Querschnittsfläche des Leiters
- $\rho$ spezifischer elektrischer Widerstand

Bei konstanter Temperatur sind Ladungsträgerdichte und Beweglichkeit und damit auch der elektrische Widerstand konstant. Bei Erhöhung der Temperatur verringert sich die Beweglichkeit der Ladungsträger. Der Widerstand wird größer.

Bei dieser Art der Darstellung gilt: Der Widerstand ist umso größer, je kleiner der Anstieg des Graphen ist.

| ***I-U*-Kennlinie bei $\vartheta$ = konstant** | ***I-U*-Kennlinie bei $\vartheta \neq$ konstant** |
|---|---|
| 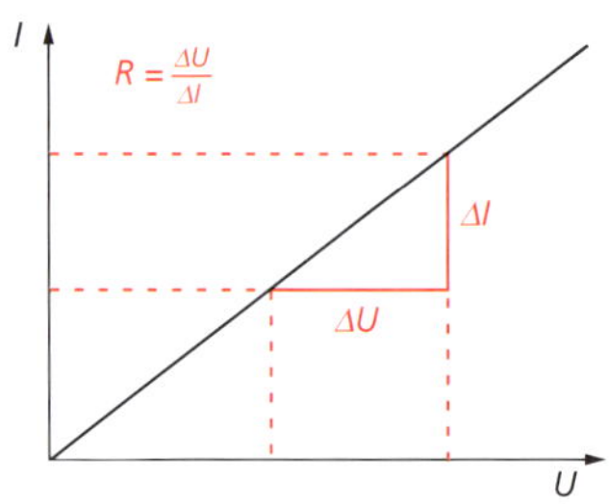 | 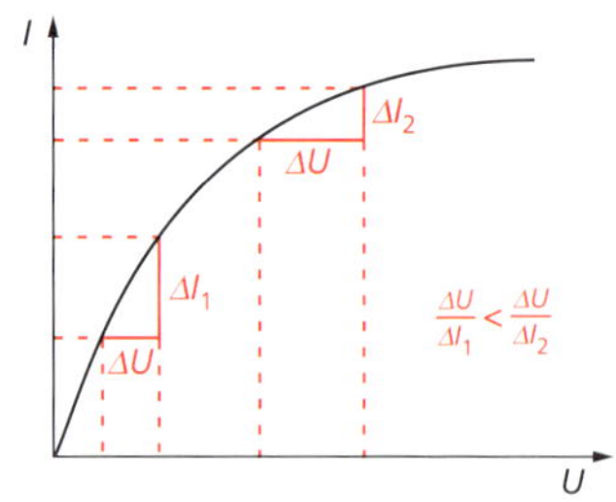 |
| Der Widerstand ist konstant. | Der Widerstand vergrößert sich. |





Die Temperaturabhängigkeit des Widerstandes ist stoffabhängig und wird durch Temperaturkoeffizienten erfasst.

In welchem Maße sich der Widerstand bei Metallen mit Erhöhung der Temperatur vergrößert, ist stoffabhängig.

## Metalle im Bändermodell

Die Leitfähigkeit von Stoffen kann mithilfe des **Bändermodells** gedeutet werden.

Für einzelne Atome werden die Energiezustände in einem Energieniveauschema (↗ S. 392) dargestellt.

> Das Bändermodell ist ein Modell für die Energiezustände von Elektronen in einem Festkörper.

In einem Festkörper führt das Zusammenwirken vieler Atome dazu, dass keine scharfen Energieniveaus wie bei einzelnen Atomen auftreten (↗ S. 392), sondern breite Energiebereiche, die man als **Bänder** bezeichnet. Das energiereichste, noch vollständig mit Elektronen besetzte Band nennt man **Valenzband** V. Das folgende, teilweise mit Elektronen besetzte oder leere Band, heißt **Leitungsband** L. Die Elektronen in diesem Leitungsband sind beweglich und damit für die elektrische Leitfähigkeit bestimmend. Die Skizze zeigt charakteristische Unterschiede zwischen einzelnen Atomen und den verschiedenen Gruppen von Festkörpern.

Im Valenzband V sind sämtliche Elektronen an ihre Atome gebunden.

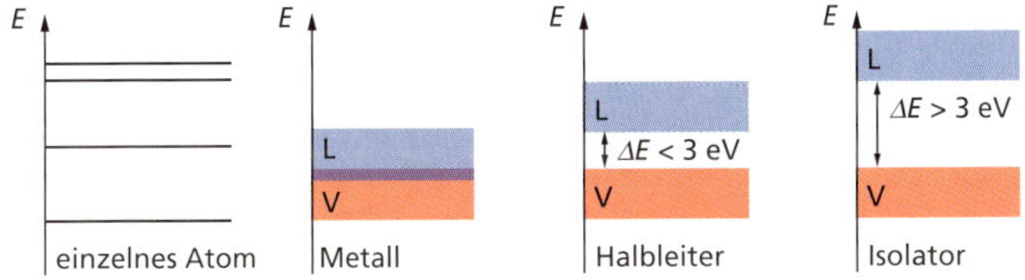


Die Breite des verbotenen Bandes beträgt z. B. für die Halbleiter Germanium 0,72 eV und Silicium 1,1 eV.

Die elektrische Leitfähigkeit von Metallen wird dadurch bewirkt, dass Valenz- und Leitungsband aneinandergrenzen oder sich teilweise überlappen. Das Leitungsband ist mit Elektronen besetzt. Bei Halbleitern und Isolatoren ist das Leitungsband bei 0 K leer, bei Zimmertemperatur teilweise besetzt.

Die höchste Energie des Valenzbandes bei 0 K wird als **Fermi-Energie** bezeichnet. Benannt ist sie nach dem italienischen Physiker Enrico Fermi (1901–1954).

## Supraleitung

Bei Metallen erhöht sich mit der Temperatur der elektrische Widerstand, bei Verringerung der Temperatur verkleinert er sich kontinuierlich. Bei sehr tiefen Temperaturen nimmt der Widerstand bei einer Reihe von Festkörpern ab einer bestimmten **Sprungtemperatur** den Wert null an.

> Unter **Supraleitung** versteht man die Erscheinung, dass bei sehr niedrigen Temperaturen der elektrische Widerstand bestimmter Festkörper verschwindet.

Bei Sprungtemperaturen von unter 10 K war an eine technische Nutzung der Supraleitung kaum zu denken. Das änderte sich 1986 mit der Entdeckung der **Hochtemperatur-Supraleiter** durch den deutschen Physiker Johannes Georg Bednorz (*1950) und den schweizer Physiker Karl Alex Müller (*1927). Heute kennt man Supraleiter mit einer Sprungtemperatur bis etwa 133 K = −140 °C. Sie lassen sich mit flüssigem Stickstoff kühlen.

Entdeckt wurde die Supraleitung 1911 durch den niederländischen Physiker Heike Kamerlingh-Onnes (1853–1926) bei Untersuchungen an Quecksilber. Dieses Element hat eine Sprungtemperatur von 4,2 K.

| **Traditionelle Supraleiter** | | **Hochtemperatur-Supraleiter** | |
|---|---|---|---|
| **Stoff** | **Sprungtemperatur in K** | **Stoff** | **Sprungtemperatur in K** |
| Aluminium | 1,2 | $(LaBa)_2CuO_4$ | 33 (1986) |
| Quecksilber | 4,2 (1911) | $YBa_2Cu_3O_7$ | 92 (1996/97) |
| Blei | 7,2 | $Bi_2Sr_2Ca_2Cu_3O_{10}$ | 122 |
| BiPb | 8,8 | $HgBa_2Ca_2Cu_3O_8$ | 135 |
| $Nb_3Sn$ | 18,1 | | |

Benannt ist diese Theorie nach den Wissenschaftlern, die sie entwickelt haben. Es waren die amerikanischen Physiker JOHN BARDEEN (1908–1991), LEON N. COOPER (*1930) und JOHN ROBERT SCHRIEFER (*1931). Sie erhielten dafür 1972 den Nobelpreis für Physik.

Mithilfe supraleitender Spulen lassen sich sehr starke Magnetfelder mit Flussdichten bis etwa 25 Tesla erzielen. Eingesetzt werden solche supraleitenden Magnete z. B. in Teilchenbeschleunigern (DESY in Hamburg, CERN in Genf) sowie in der Medizin bei **Kernspintomografen.**

Bei der Supraleitung treten einige spezielle Effekte auf:

- Unterhalb der Sprungtemperatur wirkt ein veränderter Leitungsmechanismus. Beschrieben wird er durch die 1957 veröffentlichte **BCS-Theorie,** eine quantenmechanische Theorie. Nach dieser Theorie bilden sich bei tiefen Temperaturen Paare von Elektronen **(COOPER-Paare),** durch die der Ladungstransport verlustfrei erfolgt.
- Findet zwischen einem supraleitenden Körper und einem Magneten eine Relativbewegung statt, so wird in dem Supraleiter ein Strom induziert, dessen Stärke nicht abnimmt.
- Bringt man einen Supraleiter oberhalb der Sprungtemperatur in ein Magnetfeld und kühlt ihn dann ab, so entsteht im supraleitenden Zustand wieder ein Strom, der zeitlich unbegrenzt fließt. Der Effekt, dass im konstanten Magnetfeld Ströme entstehen, wird nach seinen Entdeckern, den deutschen Physikern FRITZ WALTHER MEISSNER (1882–1974) und ROBERT OCHSENFELD (1901–1993), als **MEISSNER-OCHSENFELD-Effekt** bezeichnet. Das äußere Magnetfeld wird durch ein entgegengerichtetes Feld im Supraleiter kompensiert (Bild links).
  Ein Supraleiter verhält sich damit wie ein Diamagnet (↗ S. 241), der von einem Permanentmagneten abgestoßen wird. Das bedeutet: Ein Magnet schwebt über dem Supraleiter (Foto rechts).

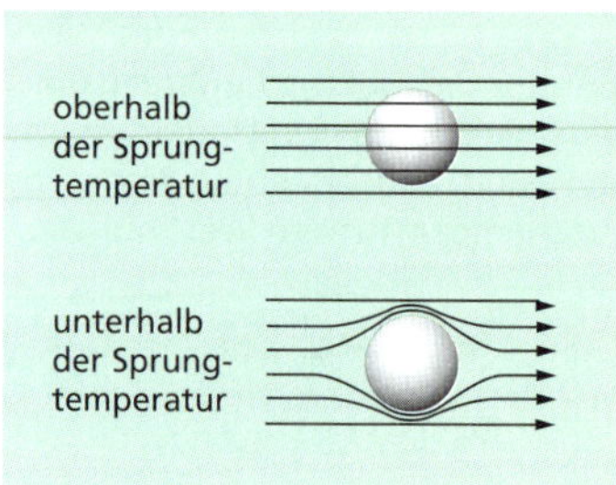

Benannt ist der JOSEPHSON-Effekt nach dem amerikanischen Physiker BRIAN DAVID JOSEPHSON (*1940, Nobelpreis 1973).

- Die Ströme verlaufen bei Supraleitern weitgehend in der Oberfläche. Die Eindringtiefe in den Leiter ist gering.
- COOPER-Paare bewegen sich durch eine sehr dünne Isolationsschicht zwischen zwei Supraleitern, wobei der Strom vom äußeren Magnetfeld abhängig ist (JOSEPHSON-Effekt). Diesen Effekt kann man nutzen, um magnetische Flussdichten bis etwa $10^{-15}$ T zu messen.

## 4.5.2 Elektrische Leitungsvorgänge in Flüssigkeiten

In Flüssigkeiten kann eine elektrische Leitung stattfinden, wenn frei bewegliche positive und negative **Ionen** vorhanden sind und ein elektrisches Feld anliegt.
Solchen Ionen entstehen in wässrigen Lösungen von Säuren, Basen und Salzen durch **Dissoziation**. Die Ladung der Ionen hängt von der Wertigkeit der jeweiligen Stoffe ab.

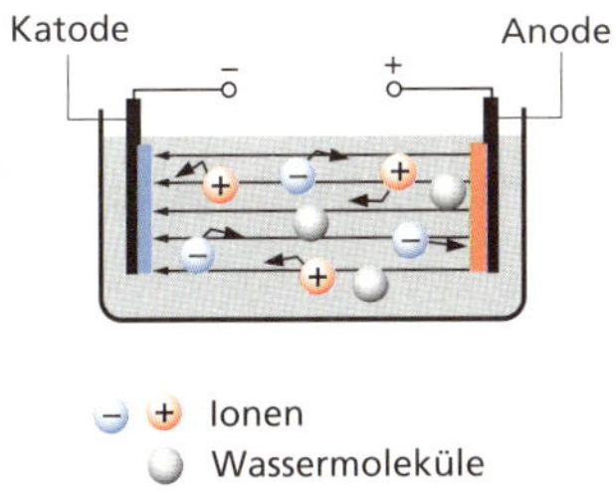


Der Begriff **Ion** stammt aus dem Griechischen und bedeutet das Wandernde. Die positiv geladenen Ionen, die zur Katode wandern, nennt man **Kationen.** Die negativ geladenen Ionen, die zur Anode wandern, heißen **Anionen.** Geprägt und in der Physik eingeführt hat alle diese Begriffe MICHAEL FARADAY (1791–1867).

Leitende Flüssigkeiten werden als **Elektrolyte** bezeichnet. Den genannten Vorgang der Ionenwanderung einschließlich der damit verbundenen stofflichen Veränderungen nennt man **Elektrolyse.** Beim Anlegen einer Spannung und damit beim Vorhandensein eines elektrischen Feldes bewegen sich die Ionen entsprechend ihrer Ladung und der Richtung des Feldes zur Anode oder zur Katode und lagern sich dort ab.

In Elektrolyten besteht der elektrische Strom aus positiv und negativ geladenen Ionen, die sich in entgegengesetzter Richtung bewegen.

Die **Beweglichkeit der Ionen** hängt wie bei Metallen (↗ S. 263 f.) vom Stoff, von der Temperatur und von der elektrischen Feldstärke im betreffenden Bereich ab. Sie kann wie bei Metallen berechnet werden mit der Gleichung $u = \frac{v}{E}$.

Bei 20 °C beträgt z. B. die Beweglichkeit von Kupfer-Ionen $0{,}051\,\frac{\mathrm{mm}^2}{\mathrm{V \cdot s}}$ die von Hydroxid-Ionen $0{,}18\,\frac{\mathrm{mm}^2}{\mathrm{V \cdot s}}$. Damit ist die Beweglichkeit von Ionen bei dieser Temperatur um einen Faktor von etwa $10^{-5}$ geringer als bei guten Leitern (↗ S. 264).

Betragen der Abstand von Anode und Katode 10 cm und die anliegende Spannung 1 V, so hat die Driftgeschwindigkeit für Kupfer-Ionen bei 20 °C einen Betrag etwa $\frac{1}{2000}\,\frac{\mathrm{mm}}{\mathrm{s}}$.

Eine Besonderheit von Leitungsvorgängen in Flüssigkeiten besteht darin, dass mit Ladung auch Stoff transportiert wird und sich dieser Stoff an den Elektroden ablagert oder als Gas freigesetzt wird. Der Zusammenhang zwischen der Masse des abgeschiedenen Stoffes und der transportierten Ladung ist im **1. faradayschen Gesetz** erfasst.

Die Masse eines aus einem Elektrolyten abgeschiedenen Stoffes ist der transportierten elektrischen Ladung proportional.

$m = c \cdot Q$

$m$ Masse des abgeschiedenen Stoffes
$c$ elektrochemisches Äquivalent
$Q$ elektrische Ladung

Gefunden wurden die **Gesetze der Elektrolyse** um 1833 von dem englischen Naturforscher MICHAEL FARADAY (1791–1867). Sie werden deshalb als **faradaysche Gesetze** bezeichnet.

Bei konstanter Stromstärke gilt $Q = I \cdot t$. Damit kann man das Gesetz auch formulieren: $m = c \cdot I \cdot t$. Genutzt wurde es früher zur Definition der Stromstärke 1 A: Ein Strom hat die Stärke 1 A, wenn er bei gleichmäßiger Stärke in einer Sekunde 1,118 mg Silber abzuscheiden vermag.

Das **2. faradaysche Gesetz** stellt den Zusammenhang zwischen der transportierten Ladung und den Ionen des jeweiligen Stoffes her, die diese Ladung bewegen.

Die FARADAY-Konstante hat einen Wert von:

$F = 9{,}648\,53 \cdot 10^4 \frac{\mathrm{C}}{\mathrm{mol}}$

Mithilfe des 2. faradayschen Gesetzes ist es auch möglich, die Elementarladung *e* zu bestimmen.

> Die transportierte und an einer Elektrode abgegebene bzw. aufgenommene Ladung ist der Wertigkeit der Ionen und der Stoffmenge proportional.
>
> $Q = n \cdot z \cdot F$
>
> $n$ Stoffmenge in Mol (↗ S. 52)
> $z$ Wertigkeit der Ionen
> $F$ FARADAY-Konstante

Leitungsvorgänge in Flüssigkeiten werden in vielfältiger Weise genutzt, z. B. in **Batterien** und **Akkumulatoren,** zur Oberflächenveredlung von Körpern durch **Galvanisieren** (Vergolden, Verchromen, Versilbern, Verkupfern), bei der **Elektrotauchlackierung** von Metallteilen, bei der **Schmelzflusselektrolyse** zur Aluminiumherstellung oder bei der **Elektroraffination** von Metallen.

Beim **Galvanisieren** wird in der Regel mit geringen Spannungen (1–2 V) und Stromstärken bis 1000 A gearbeitet. Die Schichtdicke der Überzüge hängt vom Verwendungszweck ab und liegt im Mikrometer-Bereich, z. B. bei Gold zwischen 0,3 µm und 1 µm, bei Chrom zwischen 10 µm und 25 µm.

| **Verkupfern eines Gegenstandes** | **Elektrolackierung** |
|---|---|
| 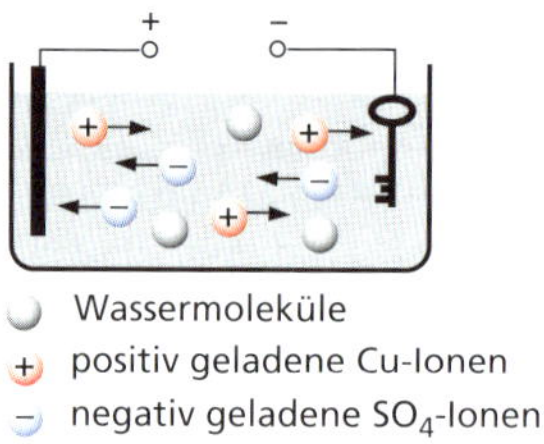  |  |
| Die positiv geladenen Cu-Ionen lagern sich in einer dünnen Schicht am metallischen Gegenstand ab. | An der als Anode geschalteten Karosserie lagern sich die negativ geladenen Wasser-Lack-Teilchen ab. |

## 4.5.3 Elektrische Leitungsvorgänge in Gasen

Ein Gas unter Normbedingungen, also z. B. die Luft in unserer Umgebung, ist ein guter Isolator.

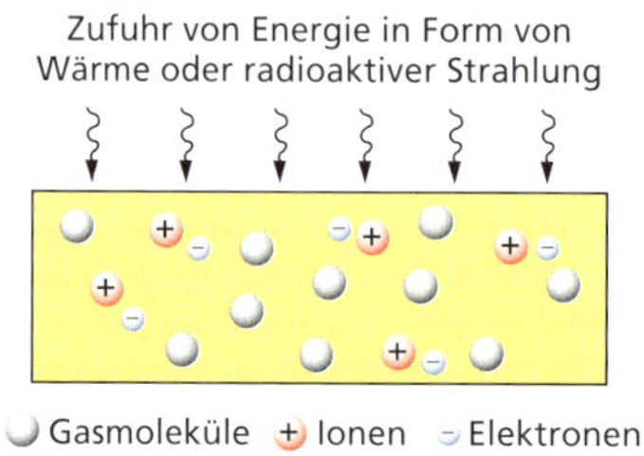


Eine merkliche elektrische Leitung in Gasen findet nur statt, wenn durch äußere Einflüsse bewegliche Ladungsträger erzeugt werden.
Eine erste Möglichkeit dazu ist die **Ionisation** des Gases. Dabei werden z. B. durch Energiezufuhr in Form von Wärme oder Strahlung einzelne Elektronen aus den Gasmolekülen herausgelöst. Es entstehen Elektronen und positive Gas-Ionen als bewegliche Ladungsträger.

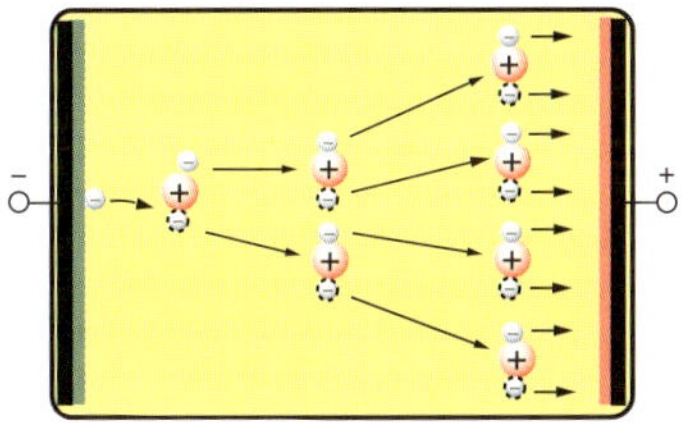

Eine zweite Möglichkeit zur Erzeugung beweglicher Ladungsträger ist die **Stoßionisation** in Gasentladungsröhren (↗ Skizze). Sie kommt zustande, wenn freie Elektronen bei niedrigem Druck durch das elektrische Feld so stark beschleunigt werden, dass sie beim Auftreffen auf Gasmoleküle von diesen Elektronen abspalten können. In einem lawinenartigen Prozess entstehen Elektronen und positiv geladene Gas-Ionen. Untersucht man ein Gas bezüglich seiner Leitfähigkeit genauer, so ergibt sich ein charakteristischer Zusammenhang zwischen der an einer Gasentladungsröhre anliegenden Spannung und der Stromstärke.

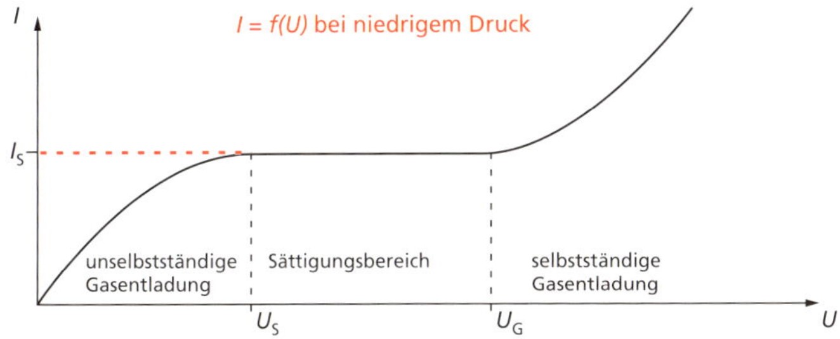


Oberhalb einer bestimmten Grenzspannung $U_G$, die vom Druck und von der Art des Gases in der Elektronenröhre abhängt, kommt es zu **selbstständiger Gasentladung,** die mit verschiedenen Leuchterscheinungen verbunden ist.

Diese unterschiedlichen Leuchterscheinungen lassen sich demonstrieren, wenn man an die Elektroden einer Elektronenröhre eine Hochspannung anlegt und den Druck in der Röhre allmählich verringert. Man beobachtet zunächst vor der Katode ein **Glimmlicht.** Es kommt infolge der Anregung von Gasmolekülen durch schnelle Elektronen zustande. Darüber hinaus leuchtet das Gas in einem Großteil der Röhre. Diese **positive Säule,** ein leuchtendes Plasma, kommt zustande, weil Elektronen auf ihrem Weg zur Anode immer wieder mit Gasmolekülen in Wechselwirkung treten und diese zur Emission von Licht anregen.

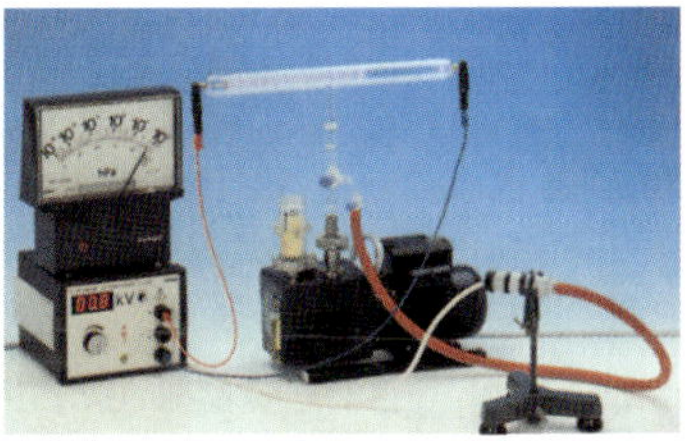

Bei weiterer Verringerung des Druckes im Gas verschwinden die Leuchterscheinungen wegen der geringen Anzahl der dann noch vorhandenen Gasmoleküle.

Bei hinreichend hohen Spannungen können auch bei normalem Luftdruck Leitungsvorgänge stattfinden. Charakteristisch sind **Spitzenentladungen** (Elmsfeuer) und **Funkenentladungen.** Eine spezielle Funkenentladung sind **Blitze.** Technisch überaus bedeutsam sind auch **Lichtbögen.**

Elektronen als Ladungsträger können in Gasen auch durch Emission (↗ S. 270) erzeugt werden.

Bis zur Spannung $U_S$ erfolgt die Leitung durch die (zufällig) vorhandenen Elektronen und Ionen. Bei weiterer Vergrößerung der Spannung gelangen alle Ladungsträger zu den Elektroden, es fließt ein konstanter Sättigungsstrom. Bei noch höherer Spannung kommt es zur Ionisation der Gasmoleküle und damit zu einem starken Anstieg der Stromstärke.

Genutzt werden Gasentladungen z. B. bei **Glimmlampen, Leuchtröhren, Leuchtstofflampen, Quecksilberdampflampen** oder **Natriumdampflampen.** Die Farbe des Lichtes hängt von der Art des Gases und bei Verwendung von Leuchtstoffen von diesen Stoffen ab.

Bei zwei Kugeln von je 1 cm Durchmesser beträgt die Funkenschlagweite bei etwa 30 kV ca. 1 cm.

### 4.5.4 Elektrische Leitungsvorgänge im Vakuum

Die **Glühemission** wurde 1883 von THOMAS ALVA EDISON (1847–1931) bei Experimenten mit Glühlampen entdeckt.

Im Vakuum kann nur dann ein elektrischer Leitungsvorgang stattfinden, wenn durch äußere Einflüsse Elektronen als frei bewegliche Ladungsträger erzeugt werden und ein elektrisches Feld anliegt. Die Erzeugung von Ladungsträgern (Elektronen) kann z.B. durch den **glühelektrischen** oder **lichtelektrischen Effekt** erfolgen. Dabei wird in das Vakuum eine Platte aus Metall oder Metalloxid als Elektrode gebracht. Durch Erhitzen bzw. Bestrahlen mit Licht erhalten einzelne Elektronen der Elektrode so viel Energie, dass sie sich aus der Metalloberfläche lösen können. Sie stehen dann als bewegliche Ladungsträger zur Verfügung.

Die **Fotoemission** wurde 1888 von WILHELM HALLWACHS (1859–1922) erstmals beim Bestrahlen einer Zinkplatte mit Licht beobachtet (↗ S. 356).
1905 konnte ALBERT EINSTEIN (1879–1955) den lichtelektrischen Effekt theoretisch begründen (↗ S. 358) und erhielt u. a. dafür 1921 den Nobelpreis für Physik.

| **Glühemission (glühelektrischer Effekt)** | **Fotoemission (lichtelektrischer Effekt)** |
|---|---|
| 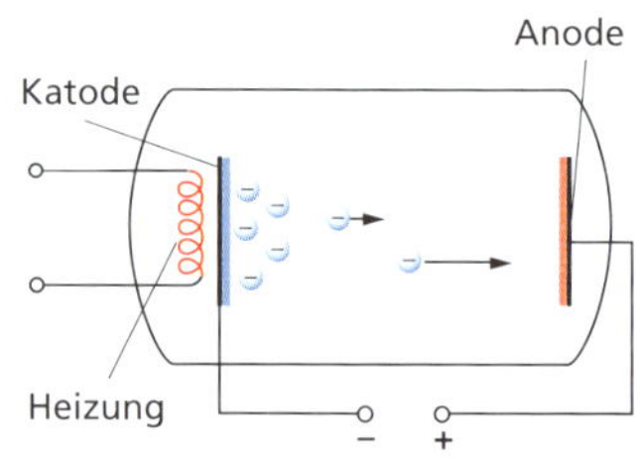  | 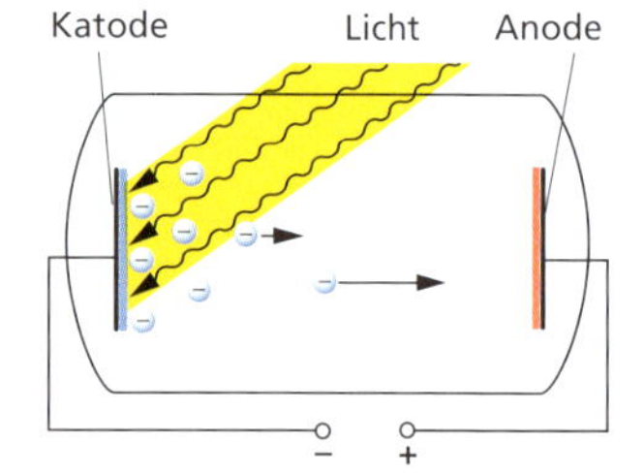  |

**Im Vakuum besteht der elektrische Strom aus Elektronen.**

Leitung im Vakuum wurde vor allem in der ersten Hälfte des 20. Jahrhunderts in **Elektronenröhren** (Röhrendiode, Triode, Tetrode, Pentode) genutzt. Solche Elektronenröhren werden heute nur noch für spezielle Zwecke verwendet. Sie sind in den meisten Anwendungsbereichen von Halbleiterbauelementen verdrängt worden.

Der Wehneltzylinder ist nach seinem Erfinder ARTHUR WEHNELT (1871–1944) benannt.

Angewendet wird die Leitung im Vakuum heute vor allem in **Elektronenstrahlröhren** (Fernsehbildröhren, Oszillografenbildröhren, Röntgenröhren). Die Skizze zeigt den Aufbau einer Fernsehbildröhre.

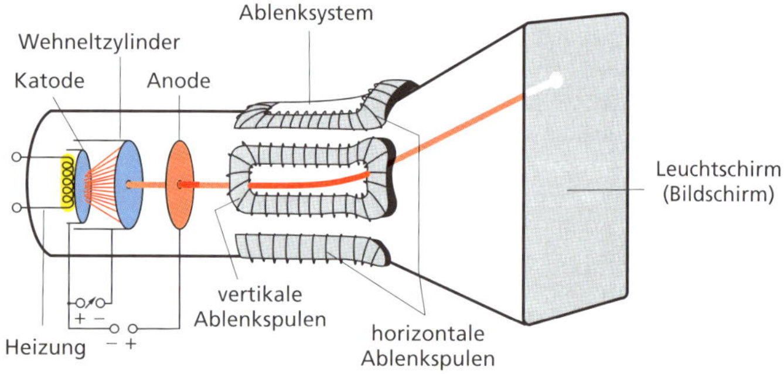

## 4.5.5 Elektrische Leitungsvorgänge in Halbleitern

Halbleiterbauelemente wie Thermistoren, Dioden, Transistoren oder integrierte Schaltkreise sind Grundelemente der meisten modernen technischen Geräte und Anordnungen. Die breite technische Nutzung von Halbleitern begann erst nach der Entdeckung des **Transistoreffekts** (1948) und war eng verbunden mit der Entwicklung von Technologien zur Herstellung von Halbleitermaterialien ab Beginn der fünfziger Jahre des 20. Jahrhunderts.

Die physikalischen Grundlagen für Halbleiterbauelemente wurden in der **Festkörperphysik** erforscht, mit dem Bereich der technischen Umsetzung beschäftigt sich die **Elektronik.**

### Eigenleitung in Halbleitern

Technisch wichtige Halbleiter sind die Elemente Silicium, Germanium, Selen und Tellur sowie zahlreiche Verbindungen aus Elementen der III. und V. Gruppe bzw. der II. und VI. Gruppe des Periodensystems der Elemente (z. B. Galliumarsenid GaAs, Indiumphosphat InP).

Der spezifische elektrische Widerstand von Halbleitern hängt stark von der Reinheit des Materials und von der Temperatur ab. Er liegt bei reinen Stoffen im Bereich der Leitfähigkeit von Elektrolyten.

Von reinen Halbleitern spricht man, wenn auf mehr als $10^9$ Atome ein Fremdatom oder ein Gitterfehler kommt.

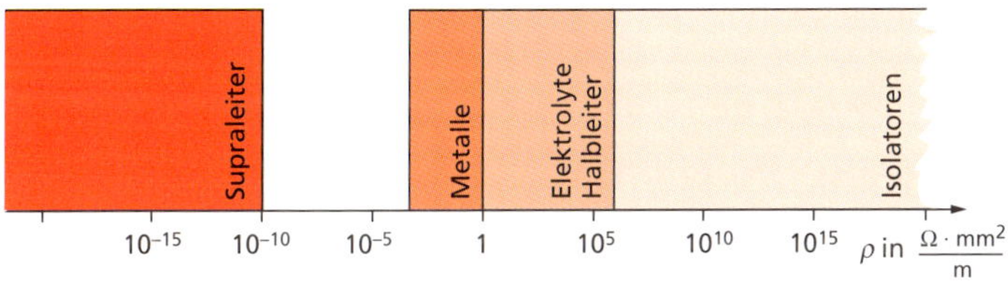


Der spezifische elektrische Widerstand beträgt bei 20 °C bei reinem Silicium $2 \cdot 10^5 \ \frac{\Omega \cdot mm^2}{m}$ und bei reinem Germanium $4 \cdot 10^7 \ \frac{\Omega \cdot mm^2}{m}$.

Für Halbleiter gilt im Vergleich zu Metallen: Die **Beweglichkeit** der Ladungsträger ist größer, die **Ladungsträgerdichte** aber wesentlich kleiner. In einem reinen Halbleiter werden die Bindungen zwischen den Atomen durch Elektronenpaare realisiert. Es liegt eine **Atombindung** vor. Bei sehr tiefen Temperaturen sind alle Elektronen gebunden. Bei Zimmertemperatur können einzelne Elektronen die Bindung verlassen. Sie stehen als bewegliche Ladungsträger zur Verfügung.

Die **Beweglichkeit** von Elektronen liegt bei Metallen (20 °C) bei $10^{-3} \ \frac{m^2}{V \cdot s}$, bei Halbleitern ist sie mehr als 100-mal größer.

| **räumliche Anordnung der Siliciumatome** | **Darstellung der Anordnung in einer Ebene** |
|---|---|
| 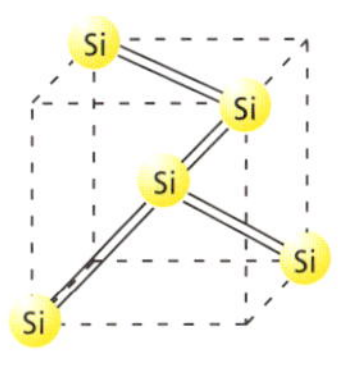 | 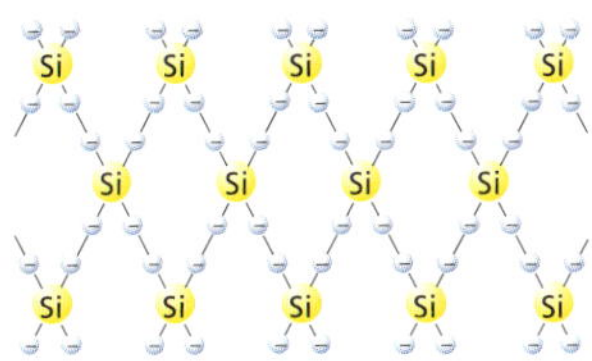 |

Die Darstellung der Anordnung von Atomen kann in räumlichen oder ebenen **Gittermodellen** oder in **Packungsmodellen** erfolgen.
Für die Veranschaulichung von Leitungsvorgängen sind ebene Gittermodelle zweckmäßig.

Verlässt ein Elektron seinen Platz in der Bindung, so entsteht dort eine **Fehlstelle,** die als **Defektelektron** oder **Loch** bezeichnet wird. Den Vorgang der Entstehung eines beweglichen Elektrons und eines Loches nennt man **Paarbildung,** den umgekehrten Vorgang **Rekombination.**

Bei einer bestimmten Temperatur ist die Beweglichkeit von Elektronen in der Regel größer als die von Löchern.

In einem reinen Halbleiter halten sich Paarbildung und Rekombination die Waage. Die Leitung in einem reinen Halbleiter wird als **Eigenleitung** bezeichnet. Sie erfolgt durch Elektronen und Löcher.

**Eigenleitung mit Elektronen und Defektelektronen (Löchern)**

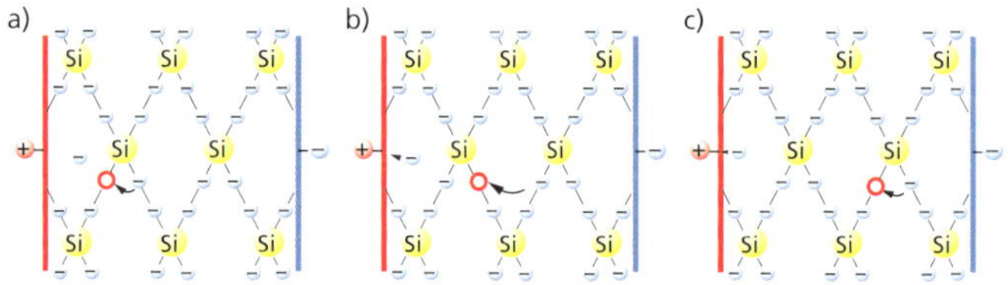


Die Elektronen wandern nach links, die Löcher nach rechts.

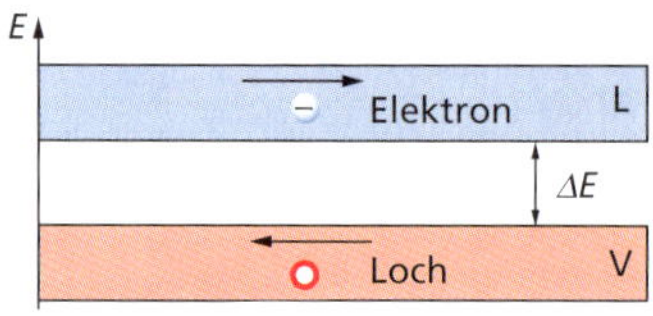


Im Bändermodell (↗ S. 265) lässt sich die Eigenleitung folgendermaßen deuten:
Bei 0 K ist das Leitungsband L unbesetzt. Bereits bei Zimmertemperatur reicht die innere Energie einiger Elektronen aber aus, um vom Valenzband V ins Leitungsband L zu gelangen. Diese Elektronen bewegen sich unter dem Einfluss eines elektrischen Feldes gerichtet. Im Valenzband V bleiben Löcher zurück, die von Elektronen des Valenzbandes besetzt werden können und dadurch in der zu den Elektronen entgegengesetzten Richtung wandern.

Der energetische Abstand $\Delta E$ zwischen Valenzband und Leitungsband liegt bei Halbleitern bei weniger als 3 eV. Ein typischer Wert ist 1 eV.

### Störstellenleitung in Halbleitern

Für die technische Nutzung spielt die Eigenleitung nur eine geringe Rolle. Praktisch bedeutsam wurden Halbleiter erst, als es gelang, ihr Leitvermögen durch den Einbau von Fremdatomen in hochreines Halbleitermaterial gezielt zu beeinflussen.

Der gezielte Einbau von Fremdatomen in Halbleiterkristalle wird als **Dotieren** bezeichnet.

Das Dotieren von Halbleitern ist ebenso wie die Herstellung von hochreinen Halbleitern ein komplizierter technischer Prozess. Meist nutzt man zum Dotieren die Thermodiffusion.

Zum Dotieren von Silicium nutzt man Elemente der III. Hauptgruppe (z. B. Bor, Gallium oder Indium) bzw. der V. Hauptgruppe des Periodensystems (z. B. Phosphor, Arsen oder Bismut). Dadurch entstehen **Störstellen** mit freien Elektronen bzw. Löchern.

| n-Halbleiter | p-Halbleiter |
|---|---|
| 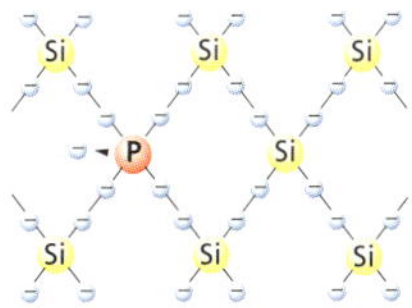  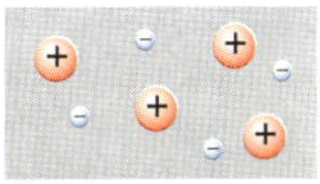 <br>⊕ Phosphor-Ion<br>⊖ freies Elektron<br><br>Wird ein Phosphoratom (5-wertig) in Silicium dotiert, kann ein Außenelektron des Phosphors nicht gebunden werden und steht als *freies Elektron* für eine *n-Leitung* zur Verfügung. | 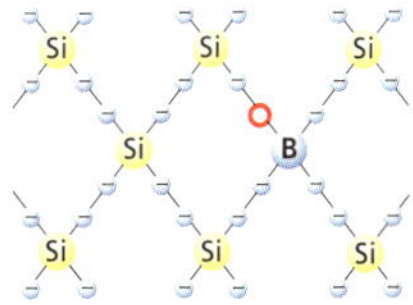  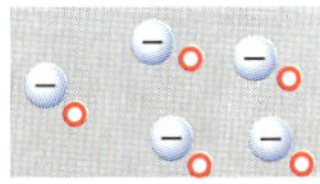 <br>⊖ Bor-Ion<br>o Defektelektron (Loch)<br><br>Wird in ein Siliciumkristall ein Boratom (3-wertig) dotiert, kann ein Außenelektron eines Siliciumatoms nicht gebunden werden. Es bleibt ein *Loch*, das für eine *p-Leitung* zur Verfügung steht. |

Durch Dotieren lässt sich die Leitfähigkeit von Halbleitern gezielt erhöhen. Nach der Art der dann dominierenden Leitung unterscheidet man zwischen **n-Leitung** (Elektronenleitung) und **p-Leitung** (Löcherleitung).

n- und p-Leitung wird auch als **Störstellenleitung** bezeichnet, da Grundlage dieser Leitung der gezielte Einbau von Fremdatomen (Störstellen) ist.

Im Bändermodell lässt sich die n- und p-Leitung folgendermaßen deuten:

| n-Leitung | p-Leitung |
|---|---|
| 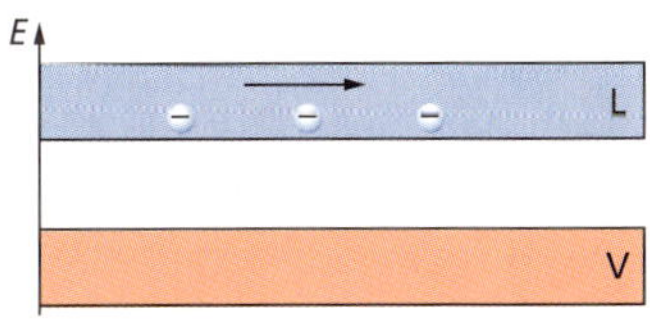  Elektronen im Leitungsband bewirken einen Strom von Elektronen von + nach –. | 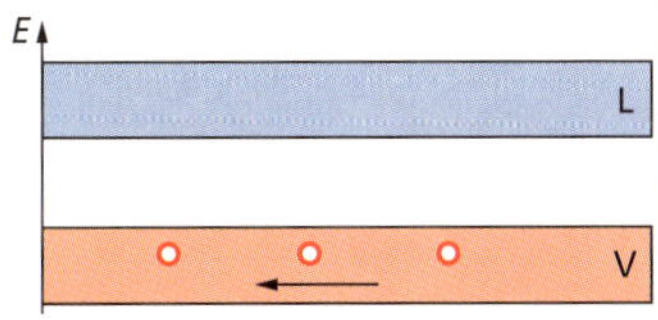  Löcher im Valenzband bewirken einen Strom von Defektelektronen von – nach +. |

## Beeinflussung des Leitungsvorganges durch Wärme und Licht

Bei speziellen Halbleitermaterialien kann die Leitfähigkeit durch Temperaturänderung oder durch Bestrahlung mit Licht stark beeinflusst werden. Aus solchen Materialien werden Halbleiterbauelemente hergestellt, bei denen diese Effekte genutzt werden. Beispiele dafür sind **Thermistoren** und **Fotowiderstände.**

**Thermistoren** (abgeleitet vom englischen **therm**ally sensitive res**istor**) sind stark temperaturabhängige Widerstände aus halbleitenden Metalloxiden mit negativem Temperaturkoeffizienten (**Heißleiter,** NTC-Widerstand, abgeleitet vom englischen **n**egative **t**emperature **c**oeffizient resistor) oder positivem Temperaturkoeffizient (**Kaltleiter,** PTC-Widerstand, abgeleitet vom englischen **p**ositive **t**emperature **c**oeffizient resistor).

Für fast alle **Halbleiter** gilt: Je höher die Temperatur ist, desto größer ist die Leitfähigkeit. Das resultiert daraus, dass sich zwar mit steigender Temperatur die Beweglichkeit der Ladungsträger verringert, ihre Konzentration aber stärker zunimmt.

| **Thermistoren** | | **Fotowiderstände (LDR)** |
|---|---|---|
| **Heißleiter (NTC-Widerstand)** | **Kaltleiter (PTC-Widerstand)** | |
| Mit steigender Temperatur $\vartheta$ verringert sich der Widerstand. | Mit steigender Temperatur $\vartheta$ vergrößert sich der Widerstand. | Mit zunehmender Beleuchtungsstärke $E$ verringert sich der Widerstand. |
| 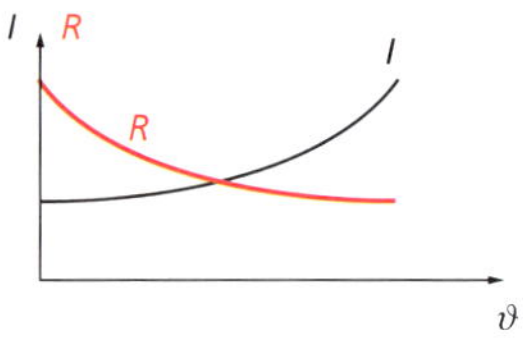 | 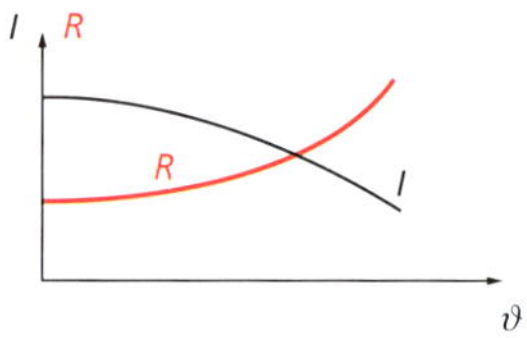 | 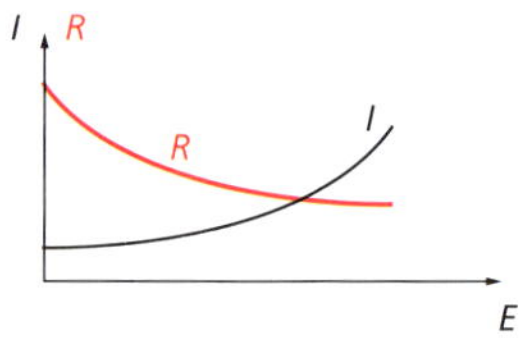 |

**Der pn-Übergang**

Dioden und Transistoren bestehen aus einer Kombination von p- und n-leitenden Halbleitern. Für ihre Wirkungsweise spielt der Übergang zwischen dem p-leitenden und dem n-leitenden Gebiet, kurz als **pn-Übergang** bezeichnet, eine entscheidende Rolle.
Im Bereich zwischen dem p-Leiter und dem n-Leiter kommt es zur Diffusion von Elektronen in den p-Leiter und von Löchern in den n-Leiter. Es entsteht eine **Grenzschicht** mit speziellen Eigenschaften.

Die großen, negativ bzw. positiv geladenen Teilchen sind die ortsfesten Ionen der Dotierungsstoffe. Die kleinen Teilchen sind die beweglichen Elektronen bzw. Löcher.

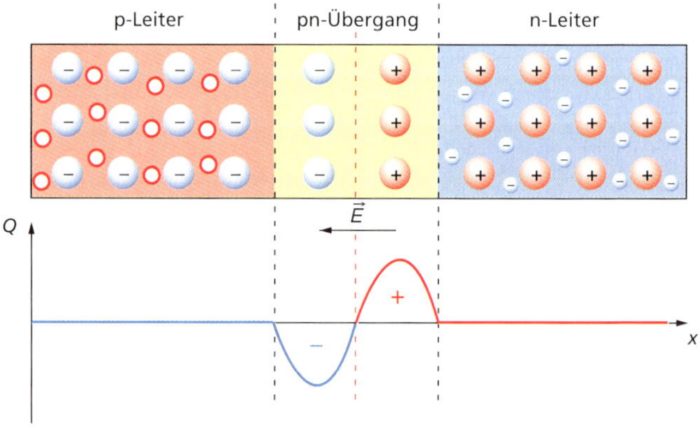


Für diese Grenzschicht, den pn-Übergang, gilt:

- Aufgrund von Rekombination sind im pn-Übergang keine Elektronen und Löcher vorhanden. Der pn-Übergang wirkt wie eine **Sperrschicht**.
- Im pn-Übergang existiert ein elektrisches Feld, dass von n-Leiter zum p-Leiter gerichtet ist. Aufgrund seiner Entstehung durch Diffusion wird es auch als **Diffusionsfeld** bezeichnet. Es verhindert das weitere Eindringen von Elektronen in den p-Leiter und von Löchern in den n-Leiter.

## Die Diode

Eine Halbleiterdiode besteht aus p- und n-leitenden Halbleitern mit einem dazwischen liegenden pn-Übergang.

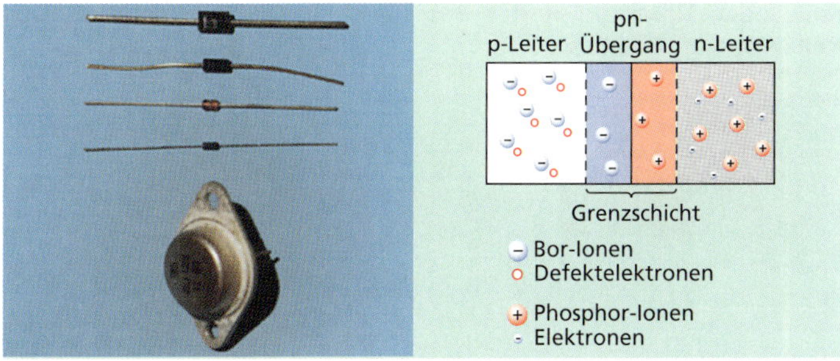


Früher nutzte man statt Halbleiterdioden spezielle **Elektronenröhren**, die Röhrendioden. Als Schaltzeichen für eine Diode wird verwendet:

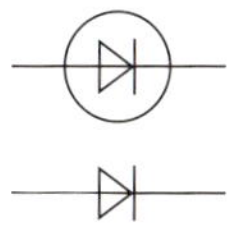

Untersucht man experimentell die Stromstärke in Abhängigkeit von einer außen anliegenden Spannung, dann zeigt sich:

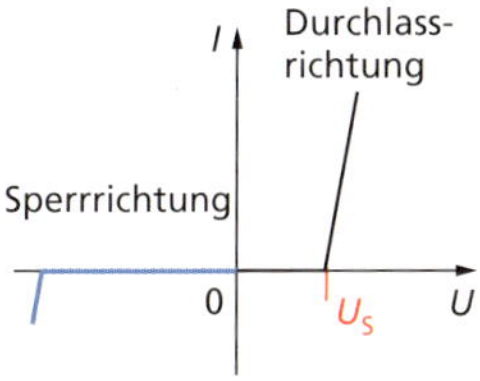


- Liegt am p-Leiter der Pluspol der Spannungsquelle, so fließt bei geringer Spannung zunächst kein Strom. Das Diffusionsfeld (↗ S. 274) wirkt dem äußeren Feld entgegen.
- Ab der **Schwellenspannung** $U_s$ überwiegt das äußere Feld. Der pn-Übergang wird mit Ladungsträgern überschwemmt. Die Diode ist in **Durchlassrichtung** geschaltet.
- Liegt am p-Leiter der Minuspol der Spannungsquelle, so wirken Diffusionsfeld und äußeres Feld in gleicher Richtung. Der an Ladungsträgern verarmte pn-Übergang wird breiter. Die Diode ist in **Sperrrichtung** geschaltet.

Die **Schwellenspannung** beträgt für Silicium ca. 0,7 V und für Germanium ca. 0,35 V.

> Eine Diode lässt den elektrischen Strom nur in einer Richtung, der Durchlassrichtung, hindurch.

Aus dieser Eigenschaft ergibt sich das Hauptanwendungsgebiet von Dioden: Sie werden als **Gleichrichter** genutzt und ermöglichen auch den Bau von **Konstantspannungsquellen.** Informationen dazu sind auf der CD zu finden.

| Diode in Durchlassrichtung | Diode in Sperrrichtung |
|---|---|
| 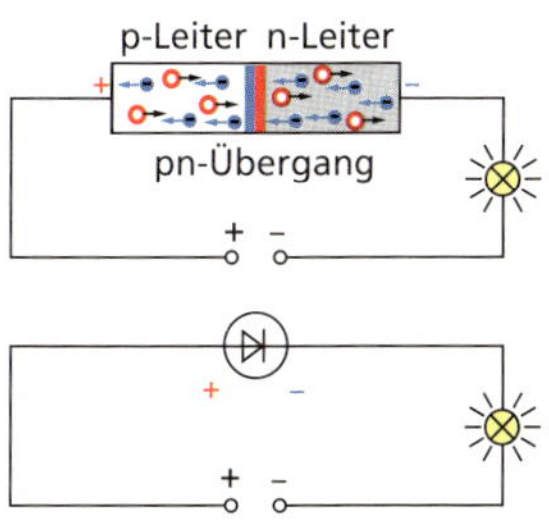  | 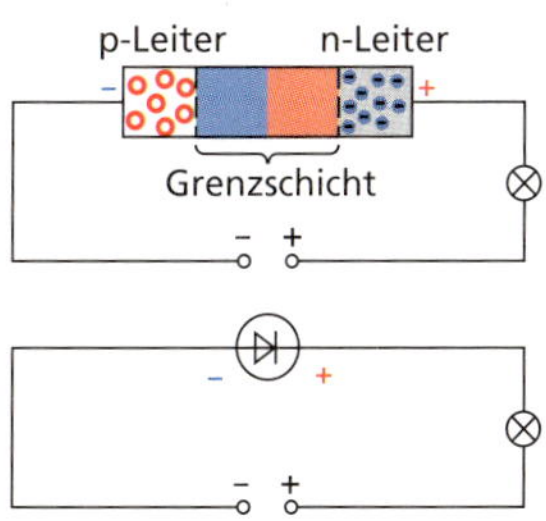  |

Der Begriff Transistor ist vom englischen **trans**fer re**sistor** = übertragender Widerstand abgeleitet.

Schaltzeichen von Transistoren:

npn-Transistor

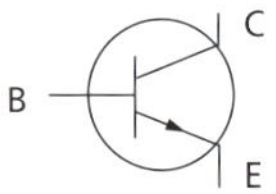


pnp-Transistor

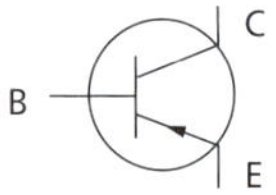


Mit der Entdeckung des Transistoreffekts durch die drei US-amerikanischen Physiker WILLIAM SHOCKLEY (1910–1989), WALTER HOUSER BRATTAIN (1902–1987) und JOHN BARDEEN (1908–1991) in den Jahren 1947/48 wurde ein entscheidender Durchbruch bei der Entwicklung der Halbleiter-Elektronik erzielt. 1948 wurde der erste Transistor von ihnen zum Patent angemeldet. 1956 erhielten die drei Physiker für ihre Leistungen den Nobelpreis für Physik.

## Der bipolare Transistor

Der bipolare Transistor ist ein Halbleiterbauelement, das aus drei unterschiedlich dotierten Schichten besteht und damit zwei pn-Übergänge besitzt. Man unterscheidet zwischen **npn-Transistoren** und **pnp-Transistoren.** Jeder Transistor besitzt drei Anschlüsse, den **Emitter** E, den **Kollektor** C und die **Basis** B.

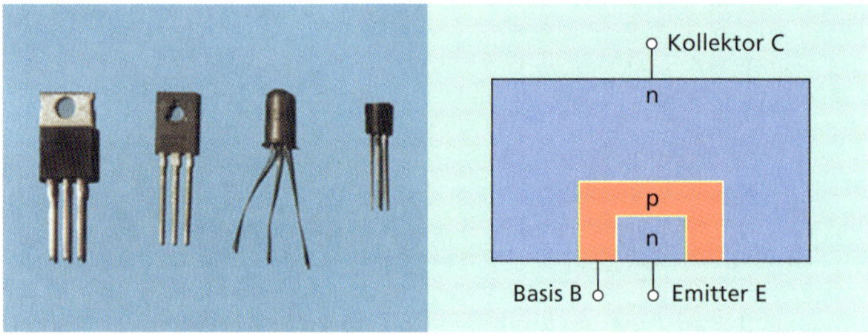


Über die drei Anschlüsse können die Widerstände der beiden pn-Übergänge und damit die Stromflüsse durch den Transistor gesteuert werden. Dazu schaltet man den Transistor so, dass zwei Stromkreise entstehen. Vergleichbar ist das mit der Reihenschaltung von zwei Dioden.

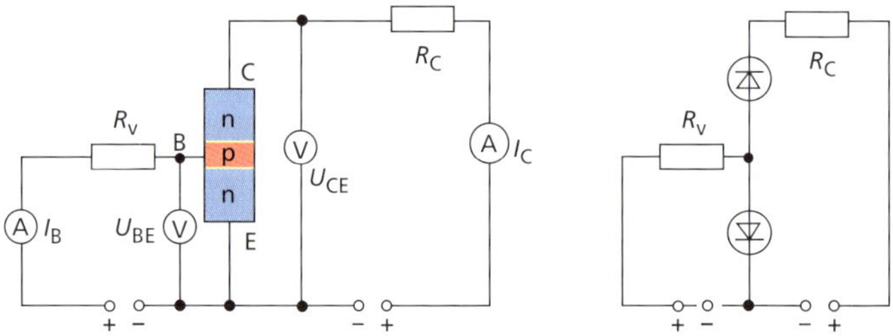


Basisstromkreis (Steuerstromkreis) Kollektorstromkreis (Arbeitsstromkreis) vergleichbare Schaltung zweier Dioden

Die Wirkungsweise eines Transistors ergibt sich aus der Schaltung und den Besonderheiten seines Aufbaus:

- Liegt nur eine Spannung zwischen Emitter und Kollektor an, so ist stets einer der beiden pn-Übergänge in Sperrrichtung geschaltet. Es fließt kein Strom.
- Wird der Übergang zwischen Emitter und Basis in Durchlassrichtung geschaltet und liegt die Spannung $U_{BE}$ über der Schwellenspannung (↗ S. 275), so fließt ein Basisstrom.
- Durch den Basisstrom wird die sehr dünne Basisschicht mit Ladungsträgern überschwemmt. Aufgrund der relativ großen Spannung zwischen Emitter und Kollektor gelangt der überwiegende Teil dieser Ladungsträger (Elektronen) durch den pn-Übergang zum Kollektor und bildet den Kollektorstrom $I_C$.

Der beschriebene Effekt der Steuerung des Kollektorstromes durch den Basisstrom wird als **Transistoreffekt** bezeichnet.

> Durch Anlegen einer Basis-Emitter-Spannung wird ein bipolarer Transistor zwischen Emitter und Kollektor elektrisch leitend. Im Kollektorstromkreis fließt dann ein elektrischer Strom. Ein Transistor kann damit als **elektronischer Schalter** genutzt werden.

Der Zusammenhang zwischen den Strömen ist aus der Skizze links und der $I_C$-$I_B$-Kennlinie (Steuerkennlinie) erkennbar.

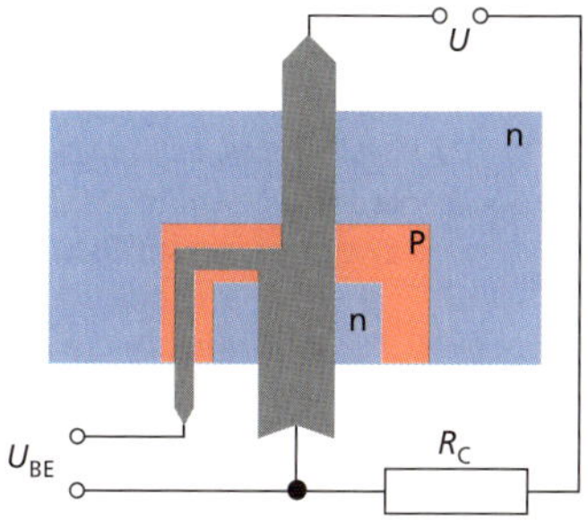


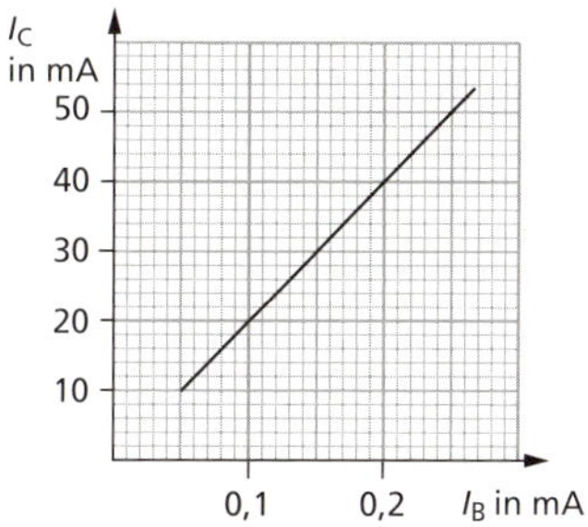


Die Zusammenhänge zwischen den verschiedenen Strömen und Spannungen beim Transistor lassen sich in einem Kennlinienfeld darstellen. Dabei werden für einen Transistor die Zusammenhänge zwischen den Größen $U_{BE}$, $U_{CE}$, $I_B$ und $I_C$ erfasst. Genauere Informationen dazu sind auf der CD zu finden.

Eine kleine Änderung der Basisstromstärke führt zu einer erheblich stärkeren Änderung der Kollektorstromstärke. Ebenso führt eine kleine Änderung der Eingangsspannung $U_{BE}$ zu einer größeren Änderung der Spannung an einem äußeren Widerstand $R_C$ im Kollektorstromkreis.

Vorausgesetzt wird dabei immer die richtige Beschaltung des Transistors und das Vorhandensein entsprechender elektrischer Quellen.

> Mit einem Transistor lassen sich Stromstärke, Spannung und damit auch elektrische Leistung verstärken. Ein Transistor kann als **Verstärker** genutzt werden.

Die Verstärkung wird durch Faktoren erfasst, die je nach Transistortyp in einem weiten Bereich schwanken können.

| **Stromverstärkung** | **Spannungsverstärkung** | **Leistungsverstärkung** |
|---|---|---|
| $B = \frac{\Delta I_C}{\Delta I_B}$ | $V_U = \frac{\Delta U_C}{\Delta U_{BE}}$ | $V = B \cdot V_U$ |

Die Stromverstärkung liegt bei Transistoren meist zwischen 20 und 1000.

An einem Transistor werden folgende Werte gemessen:

(1) $U_{BE} = 0{,}75\ \text{V}$ $I_B = 0{,}10\ \text{mA}$ $I_C = 20\ \text{mA}$ $U_{CE} = 6{,}5\ \text{V}$ $U_C = 2{,}4\ \text{V}$

(2) $U_{BE} = 0{,}85\ \text{V}$ $I_B = 0{,}15\ \text{mA}$ $I_C = 30\ \text{mA}$ $U_{CE} = 3{,}1\ \text{V}$ $U_C = 5{,}8\ \text{V}$

Damit erhält man für diesen Transistor:

$B = \frac{10\ \text{mA}}{0{,}05\ \text{mA}} = 200$ $V_U = \frac{3{,}4\ \text{V}}{0{,}1\ \text{V}} = 34$ $V = 200 \cdot 34 = 6800$

## Der Feldeffekttransistor

**Feldeffekttransistoren** (FET) sind der Typ von Transistoren, der seit etwa 1970 für integrierte Schaltungen verwendet wird. Die Herstellungstechnologie **(Planartechnik)** ermöglicht es, auf kleinstem Raum eine große Anzahl von Transistoren unterzubringen. Darüber hinaus erfolgt die Steuerung dieser Transistoren leistungsfrei.

Der Feldeffekttransistor (FET) ist ein **unipolarer Transistor.** Diese Bezeichnung rührt daher, dass bei ihm beim Leitungsvorgang entweder Elektronen *oder* Löcher beteiligt sind, während beim Bipolartransistor Elektronen *und* Löcher eine Rolle spielen.
Es gibt inzwischen eine Vielzahl von verschiedenen Arten von FET. Wir betrachten als Beispiel einen MOSFET (**m**etal-**o**xide-**s**emiconductor-**f**ield-**e**ffect-**t**ransistor).

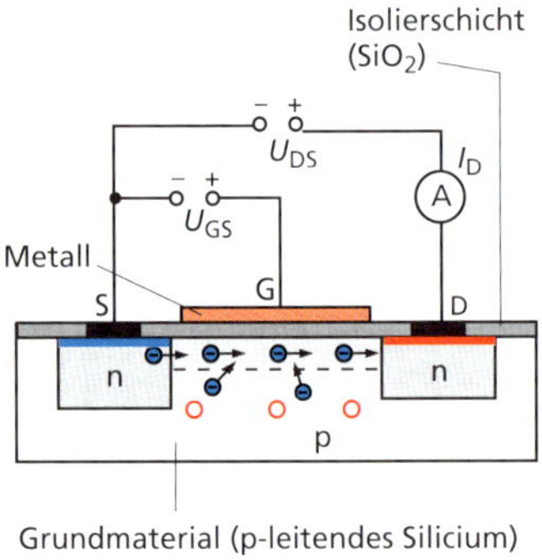


Die Skizze zeigt den Aufbau und die Schaltung eines solchen MOSFET. Auf einem Grundmaterial aus p-leitendem Silicium befinden sich zwei n-leitende Bereiche, die durch einen dünnen Kanal miteinander verbunden sind. Oberhalb dieses Kanals befindet sich eine Metallelektrode. Die drei Anschlüsse eines FET werden als **Source** S (Quelle, Zufluss), **Drain** D (Senke, Abfluss) und **Gate** G (Tor) bezeichnet. Der Arbeitsstromkreis wird zwischen Source S und Drain D geschaltet.

Die Wirkungsweise eines FET lässt sich folgendermaßen beschreiben:
- Liegt nur eine Spannung zwischen S und D an, dann fließt kein Strom.
- Wird an das Gate G eine positive Spannung angelegt, so entsteht ein nach unten gerichtetes elektrisches Feld. Es bewirkt, dass Elektronen aus dem Grundmaterial in den Kanal gelangen und sich dort die Ladungsträgerdichte stark erhöht. Der Kanal wird leitend; zwischen S und D fließt ein Strom, dessen Stärke von der Gate-Spannung abhängt.

Transistoren werden nicht nur als diskrete Bauelemente genutzt, sondern sind Bestandteil integrierter Schaltungen. Damit ist ihr Anwendungsbereich außerordentlich vielfältig. Auf der CD sind unter dem Stichwort **Transistor** einige typische Beispiele dargestellt. Nebenstehend ist ein einfacher **Mikrofonverstärker** dargestellt.

Transistoren können als elektronische **Schalter** oder als **Verstärker** verwendet werden. Bei der Verwendung als Schalter wird der Transistoreffekt (↗ S. 277) genutzt. Beim Verstärker wendet man an, dass man durch Stromverstärkung oder Spannungsverstärkung eine Leistungsverstärkung erreichen kann.

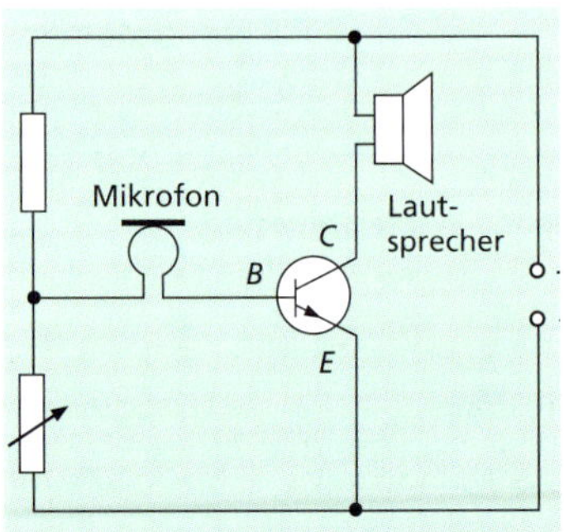


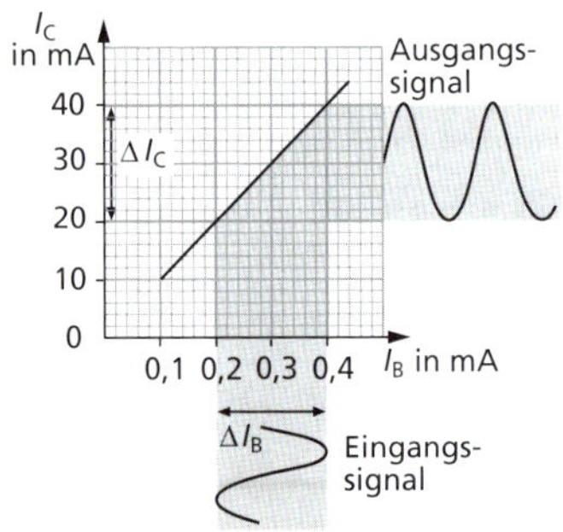

## Ausgewählte elektronische Bauelemente im Überblick

### Thermistor

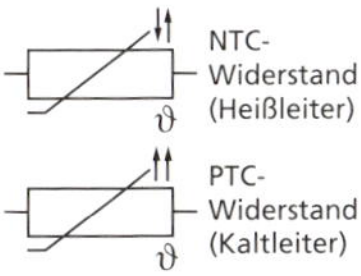


Thermistoren sind stark temperaturabhängige Widerstände aus halbleitenden Metalloxiden. Ihr Widerstand vergrößert oder verkleinert sich mit steigender Temperatur.

### Fotowiderstand

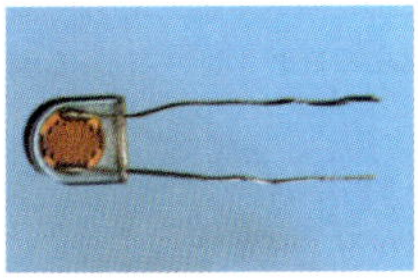
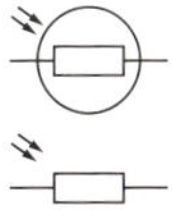

Fotowiderstände sind beleuchtungsabhängige Widerstände, z. B. aus Cadmiumsulfid, die auf ein Trägerplättchen aufgebracht sind. Ihr Widerstand verkleinert sich mit der Beleuchtungsstärke.

### Gleichrichterdiode

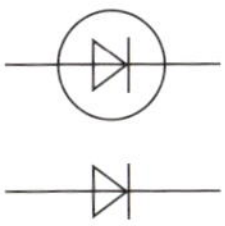

Gleichrichterdioden sind Bauelemente mit einem pn-Übergang, die in Sperrrichtung einen großen und in Durchlassrichtung einen kleinen Widerstand haben.

### Leuchtdiode (LED)

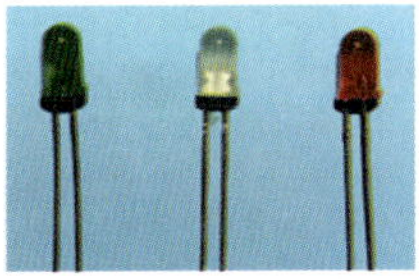
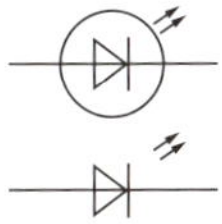

Leuchtdioden, z. B. aus GaAs, werden in Durchlassrichtung betrieben. Bei der Rekombination im pn-Übergang wird Energie frei, die in Form von Strahlung abgegeben wird.

### Fotodiode

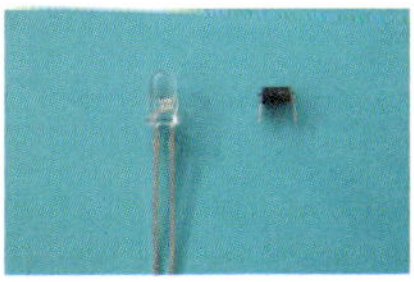
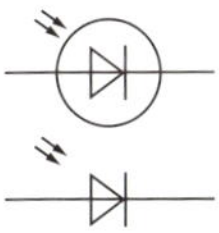

Fotodioden werden in Sperrrichtung betrieben. Bei Beleuchtung des pn-Übergangs mit Licht erfolgt eine Paarbildung. Die Stromstärke steigt an.

### Fotoelement, Solarzelle

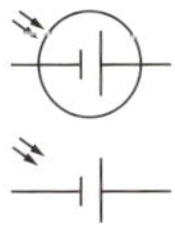

Solarzellen sind flächenhafte Anordnungen von Fotoelementen. Bei einem Fotoelement entsteht bei Lichteinstrahlung zwischen p- und n-Anschluss eine Spannung.

### bipolarer Transistor

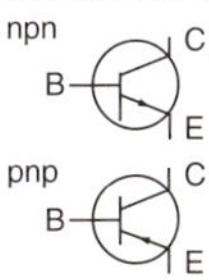


Bipolare Transistoren sind Bauelemente, bei denen ein Arbeitsstromkreis durch einen Steuerstromkreis beeinflusst wird. Sie werden als Schalter und Verstärker genutzt.

### unipolarer Transistor

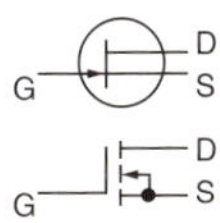


Unipolare Transistoren sind Bauelemente, bei denen durch ein elektrisches Feld ein Arbeitsstromkreis beeinflusst wird. Sie werden als Schalter und Verstärker genutzt.

### 4.5.6 Analoge und digitale Signalverarbeitung

Allgemein ist ein **Signal** eine durch Mess- oder Nachweisgeräte erfassbare Veränderung einer physikalischen Größe.

In Natur und Technik ändern sich viele Größen kontinuierlich, z. B. die Temperatur der Luft oder die Helligkeit im Freien. Die Messung solcher Größen ergibt stetige Verläufe. Man spricht von **analogen Signalen.**

Die Gesamtheit der Verfahren und Geräte, bei denen analoge Signale verwendet werden, bezeichnet man als **Analogtechnik.**

Für die Übertragung und Verarbeitung von Signalen ist es häufig günstiger, mit **digitalen Signalen** zu arbeiten, also mit Signalen, die durch zwei Zustände gekennzeichnet sind. Die Übertragung solcher Signale ist weniger störempfindlich als die analoger Signale. Darüber hinaus ist eine einfache Weiterverarbeitung mit Computern möglich.

Die zwei Zustände bei digitalen Signalen werden unterschiedlich bezeichnet, gemeint ist aber inhaltlich das Gleiche:
- ein oder aus
- high (h) oder low (l)
- L oder O
- 1 oder 0

Die Gesamtheit der Verfahren und Geräte, bei denen digitale Signale verwendet werden, bezeichnet man als **Digitaltechnik.**

<table>
<tr><th>analoge Signale</th><th>digitale Signale</th></tr>
<tr><td>sind durch kontinuierliche Änderungen gekennzeichnet.<br>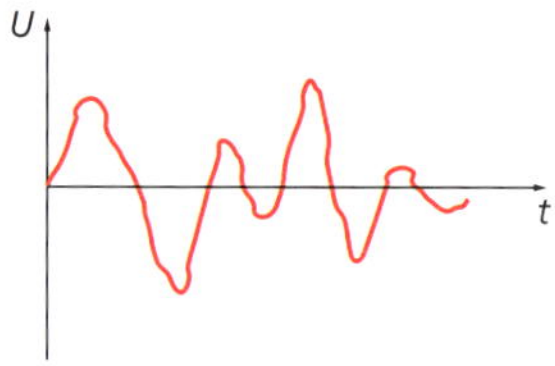</td><td>sind durch zwei Zustände gekennzeichnet.<br>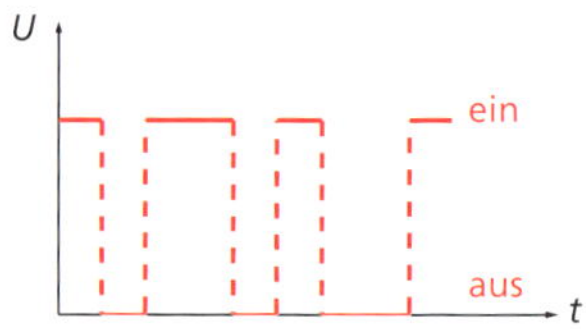</td></tr>
</table>

Welche Signale man jeweils erhält, ist weitgehend von den genutzten technischen Geräten abhängig. Analoge und digitale Signale können aber ineinander umgewandelt werden.

**AD-Wandler** und **DA-Wandler** sind komplexe Schaltungen, die sich in unterschiedlicher Weise realisieren lassen.

Die Umwandlung analoger in digitale Signale erfolgt mithilfe von **Analog-Digital-Wandlern (AD-Wandler),** die von digitalen Signalen in analoge durch **Digital-Analog-Wandler (DA-Wandler).**

Bei vielen modernen Messgeräten werden nichtelektrische Größen in elektrische Größen, insbesondere in Spannungs- oder Stromstärkewerte, umgewandelt.

Zur Verstärkung schwacher Signale nutzt man häufig **Operationsverstärker** (OV).

Bei elektrischen Thermometern bewirkt eine Temperaturänderung eine Änderung der Stromstärke, die ihrerseits in eine digitale Anzeige umgesetzt wird. Helligkeitsschwankungen werden in einem Belichtungsmesser in Spannungsschwankungen umgewandelt. Bei automatischen Türöffnern ergibt ein Druck eine Spannungsänderung.

In der Messtechnik erfolgt die Erfassung solcher Größen, wie der Temperatur, der Masse, der Geschwindigkeit, der Helligkeit, des Druckes oder der Feuchtigkeit durch **Sensoren.**

**Sensoren** sind Bauelemente zur Messwert- und Datengewinnung, bei denen nichtelektrische Größen in elektrische Signale umgewandelt werden.

Sensoren sind meist mit komplexen elektronischen Schaltungen kombiniert, die in Abhängigkeit vom Verwendungszweck sehr unterschiedlich aufgebaut sein können.

Pflanzen in Gewächshäusern brauchen für das optimale Wachstum eine bestimmte Bodenfeuchtigkeit, die man automatisch regeln kann. Die Skizze zeigt eine einfache Reglerschaltung.

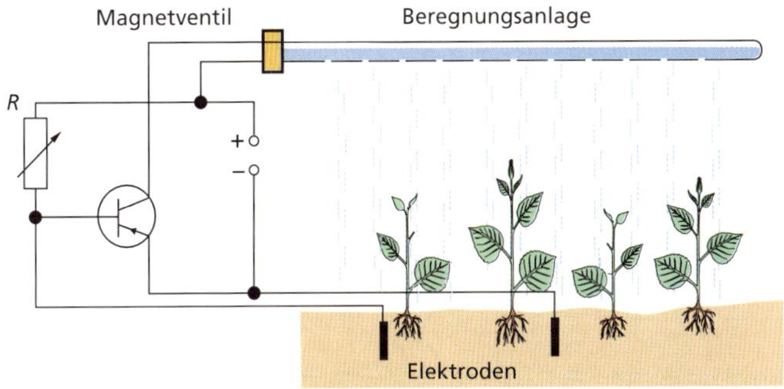


Der Widerstand zwischen den beiden Elektroden hängt von der Bodenfeuchtigkeit ab. Er beeinflusst zugleich die Spannung zwischen Basis und Emitter des Transistors.

Bei feuchter Erde ist der Widerstand klein. Die Spannung sinkt unter die Schwellenspannung (↗ S. 275). Das Magnetventil im Kollektorstromkreis wird geschlossen. Beim Trocknen der Erde vergrößert sich der Widerstand und damit auch die Basis-Emitter-Spannung. Mit Erreichen der Schwellenspannung fließt im Kollektorstromkreis ein Strom, der das Öffnen des Magnetventils bewirkt. Die Beregnungsanlage wird wirksam.

| Sensor | zu messende Größe | Einflussgröße | Nutzung |
|---|---|---|---|
| Thermistor (↗ S. 274) | Temperatur | Widerstand | Temperaturmessung, elektrische Thermometer |
| Fotowiderstand, Fotodiode (↗ S. 274) | Helligkeit (Beleuchtungsstärke) | Widerstand | Belichtungsmesser, Schalter für Straßenbeleuchtung |
| Dehnungsmessstreifen (DMS, ↗ S. 73) | Kraft, Druck | Widerstand | Kraftmesser, Druckmesser |
| Bimetallstreifen | Temperatur | Länge | Bimetallschalter |
| Thermoelement | Temperatur | Spannung | Temperaturmessung, Strahlungsmessung |
| Drehwiderstand | Winkel | Widerstand | Winkelmessung |
| Piezokristall | Druck | Spannung | Druckmessung |

## 4.6 Der Wechselstromkreis

Das Stromversorgungsnetz, an das Haushalte und Industriebetriebe angeschlossen sind, wird vorrangig durch Generatoren gespeist. In ihnen werden Spannungen infolge der Rotation von Spulen induziert. Bei der gleichförmigen Rotation einer Spule oder einer Leiterschleife in einem homogenen magnetischen Feld entsteht eine **sinusförmige Wechselspannung** (↗ S. 253). Die Spannung ändert periodisch ihre Polarität; der durch sie hervorgerufene Strom wechselt daher ebenfalls periodisch seine Richtung. Allgemein gilt:

Strom gleicher Flussrichtung wird dagegen als Gleichstrom bezeichnet. Es ist auch dann ein Gleichstrom, wenn seine Stärke nicht konstant ist, wie das z. B. bei pulsierendem Gleichstrom bei einer einfachen Gleichrichterschaltung der Fall ist.

> Strom, der seine Flussrichtung periodisch wechselt, wird als Wechselstrom bezeichnet.

Ob es sich bei einem gegebenen Strom um Gleich- oder Wechselstrom handelt, lässt sich anhand des **Stromstärke-Zeit-Diagramms** erkennen (s. Skizzen).

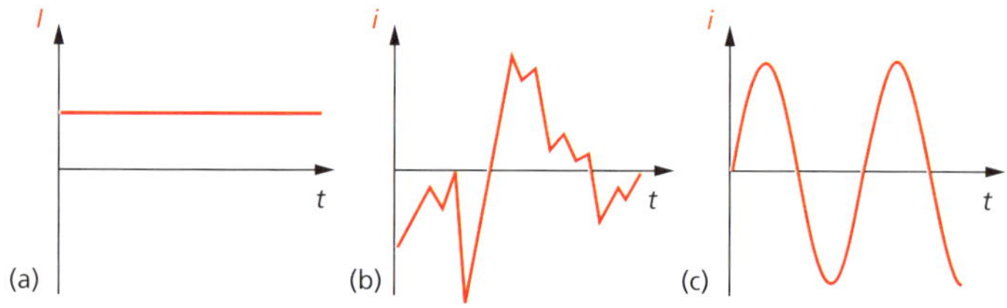


Im Unterschied zur Gleichstromstärke $I$ und zur Gleichspannung $U$ bezeichnet man die betreffenden Größen im Wechselstromkreis mit $i$ und $u$.

Beim Beispiel (a) handelt es sich um Gleichstrom, (b) ist kein Wechselstrom im genannten Sinne, da keine Periodizität vorliegt. Bei (c) handelt es sich um sinusförmigen Wechselstrom, so wie er auch im Stromnetz vorliegt. Möglich sind aber auch andere Formen, z. B. Wechselstrom mit rechteckförmigem zeitlichen Verlauf, der in der Digitaltechnik eine wichtige Rolle spielt.

### 4.6.1 Größen zur Beschreibung eines sinusförmigen Wechselstromes

Für einen festen Ort im Stromkreis verhält sich ein sinusförmiger Wechselstrom wie eine Schwingung. Daher kann man zu seiner Beschreibung viele Größen nutzen, die auch in der Schwingungslehre bei mechanischen Schwingungen (↗ S. 128 ff.) verwendet werden. Nachfolgend sind die wichtigsten Größen zur Beschreibung von sinusförmigen Wechselströmen und Wechselspannungen dargestellt.

Netzwechselspannung hat eine Frequenz von $50\ \text{Hz} = 50\ \text{s}^{-1}$ und damit eine Schwingungsdauer von $T = 0{,}02\ \text{s}$.

> Die **Frequenz** $f$ des Wechselstromes gibt an, wie viele Perioden je Sekunde durchlaufen werden. Es gilt:
>
> $f = \frac{1}{T}$ $T$ Dauer einer Periode

Wie bei jedem sinusförmigen Zeitverlauf kann man auch die Änderungen von Spannung und Stromstärke als Projektion einer gleichförmigen Kreisbewegung auffassen (↗ S. 129). Diese bei mechanischen Schwingungen nahe liegende Betrachtungsweise ist für den Wechselstrom zwar unanschaulich, ermöglicht aber seine einfache mathematische Darstellung mithilfe der Größe **Kreisfrequenz** und die Arbeit mit Zeigerdiagrammen (↗ S. 289 f.).

> Die Kreisfrequenz ist ein Maß für die Schnelligkeit der Änderung der Stromstärke bzw. der Spannung.
>
> Formelzeichen: $\omega$
> Einheit: eins durch Sekunde ($1\ s^{-1}$)
> Sie kann berechnet werden mit der Gleichung:
>
> $\omega = 2\pi \cdot f = \frac{2\pi}{T}$ — $f$ Frequenz, $T$ Schwingungsdauer

Das Produkt aus Kreisfrequenz und Zeit ergibt einen Winkel in Bogenmaß (↗ S. 129):
$\omega \cdot t = \frac{2\pi}{T} \cdot t = \varphi$
Damit kann in der Zeigerdarstellung $\omega$ auch als Winkelgeschwindigkeit gedeutet werden, mit der der Zeiger rotiert.

Der zeitliche Verlauf von Spannung und Stromstärke lässt sich analog zu harmonischen mechanischen Schwingungen (↗ S. 129 f.) mithilfe der Sinus- bzw. der Kosinusfunktion beschreiben. Die Maximalwerte von Spannung und Stromstärke entsprechen der Amplitude, ihre Momentanwerte der jeweiligen Elongation (Auslenkung).

Für die Spannung im Wechselstromkreis gilt:

$$u = u_{max} \cdot \sin \omega t$$

Für die Stromstärke erhält man:

$$i = i_{max} \cdot \sin \omega t$$

In der angegebenen Form haben Spannung und Stromstärke zur gleichen Zeit ihre maximalen Werte. Die **Phasenverschiebung $\varphi$** zwischen ihnen ist null. Sie kann aber auch einen anderen Wert haben. Dann sind z. B. die Maximalwerte von Spannung und Stromstärke gegeneinander verschoben. So gilt für die Spannung im untenstehenden Fall (rechts):

$$u = u_{max} \cdot \sin (\omega t - \varphi)$$

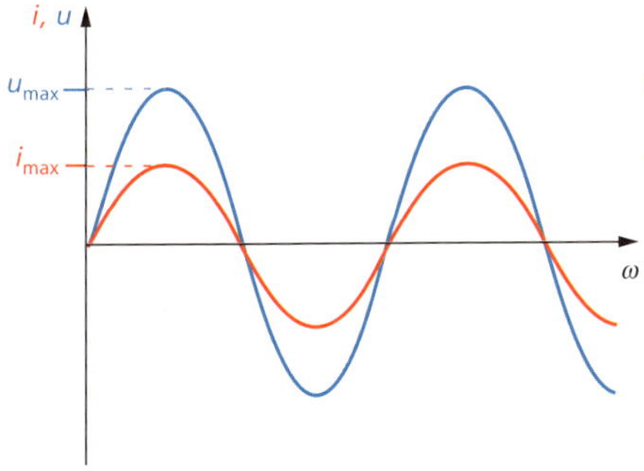


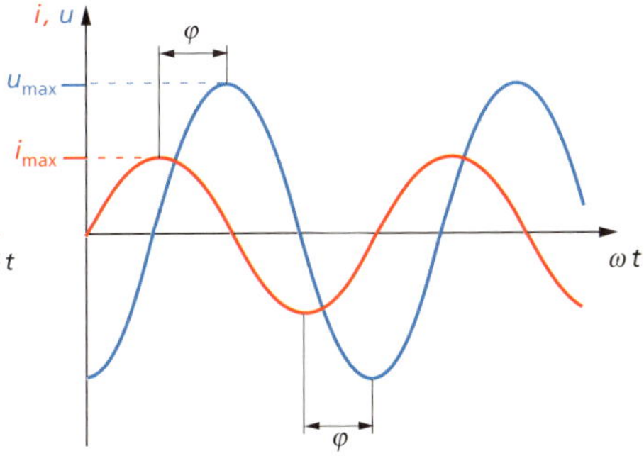

| Typische Frequenzen für Wechselströme in der Technik | | |
|---|---|---|
| **Frequenzbereich** | **Bezeichnung** | **technische Nutzung** |
| 0 Hz–20 kHz | Niederfrequenz | Energieversorgung (Netzfrequenz: 50 Hz) |
| 20 kHz–300 kHz | Mittelfrequenz | Langwellen-Rundfunkempfänger, Quarzuhren |
| 300 kHz–3 GHz | Hochfrequenz | Computer, Rundfunk- und Fernsehtechnik, Mikrowellengeräte |
| > 3 GHz | Höchstfrequenz | Nachrichtensatelliten |

### Mittelwerte und Effektivwerte für Stromstärke und Spannung

Im Wechselstromkreis ist für Stromstärke und Spannung zwischen Maximalwerten, mittleren Werten und Effektivwerten zu unterscheiden. Mittlere Werte und Effektivwerte ergeben sich aus unterschiedlichen Überlegungen.
Die **mittlere Stromstärke** hängt eng mit der transportierten Ladung $Q$ zusammen. In einem $I$-$t$-Diagramm entspricht die Ladung der Fläche unter dem Graphen (s. Skizzen).

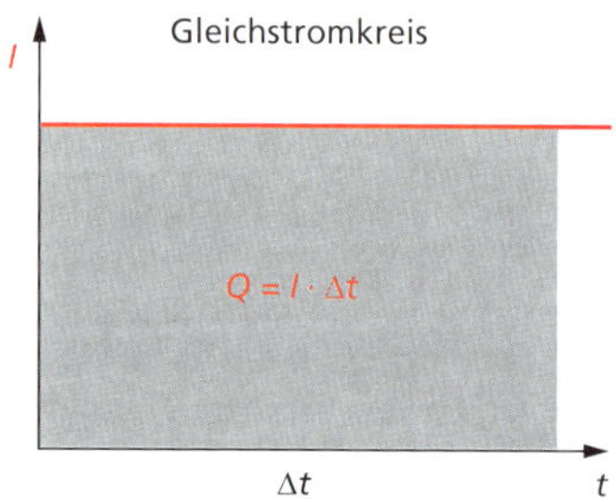


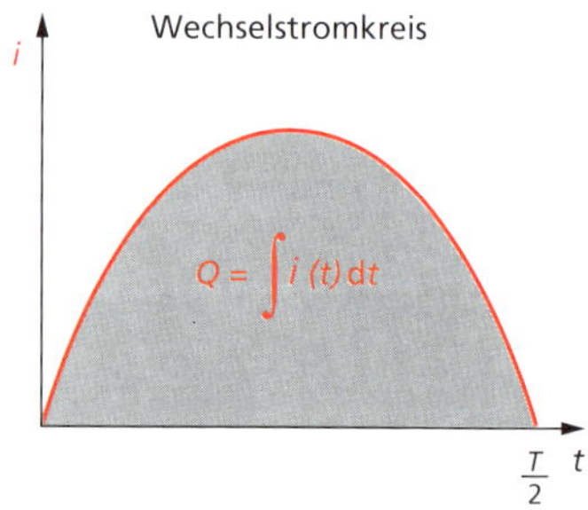


Betrachtet man in einem Wechselstromkreis nur die positive Halbwelle und ermittelt durch Integration die Fläche, die der Ladung entspricht, so erhält man:

Es gilt:
$\int \sin \omega t \, dt = -\frac{1}{\omega} \cdot \cos \omega t$

$$Q = \int_0^{\frac{T}{2}} i_{max} \cdot \sin \omega t \, dt = \left[-\frac{i_{max}}{\omega} \cdot \cos \omega t\right]_0^{\frac{T}{2}} = \frac{2 i_{max}}{\omega}$$

Dividiert man $Q$ durch die Zeitdauer einer Halbwelle, so erhält man die **mittlere Stromstärke:**

$$\bar{i} = \frac{Q}{\frac{T}{2}} = \frac{2 i_{max} \cdot 2}{\omega \cdot T} = \frac{2}{\pi} \cdot i_{max}$$

$$\bar{i} = 0{,}64 \, i_{max}$$

Für die mittlere Stromstärke im Wechselstromkreis gilt:

$\bar{i} = \frac{2}{\pi} \cdot i_{max} = 0{,}64\ i_{max}$ $i_{max}$ Maximalwert der Stromstärke

Die mittlere **Stromstärke** entspricht der Stromstärke von gleichgerichtetem **Wechselstrom.** Man bezeichnet sie daher auch als **Gleichrichtwert.**

Auf eine analoge Weise lässt sich eine **mittlere Spannung** berechnen. Für diese erhält man:

$$\bar{u} = \frac{2}{\pi} \cdot u_{max} = 0{,}64\ u_{max}$$

Für den **Leistungsumsatz** im Wechselstromkreis, z.B. an einem ohmschen Widerstand, sind die **Effektivwerte** von Stromstärke und Spannung maßgeblich. Es sind diejenigen Werte für Stromstärke und Spannung im Wechselstromkreis, bei denen die gleiche Leistungsabgabe erfolgt wie bei eben diesen Werten im Gleichstromkreis.

Damit gilt für die Leistung im **Gleichstromkreis** und im **Wechselstromkreis** ohne Phasenverschiebung:

$$P = U \cdot I$$

Die Ableitung für die Effektivwerte ist auf der CD zu finden.

Für die **Effektivwerte** von Stromstärke und Spannung gilt:

$I = \frac{i_{max}}{\sqrt{2}} \approx 0{,}7\ i_{max}$ $U = \frac{u_{max}}{\sqrt{2}} \approx 0{,}7\ u_{max}$

Um einen Wechselstrom zu kennzeichnen, nutzt man in der Regel die Effektivwerte $U$ und $I$.

So beträgt in Deutschland die Netzwechselspannung $U = 230$ V. Das ist der Effektivwert der Spannung. Der Maximalwert beträgt demzufolge:

$$u_{max} = 230\ \text{V} \cdot \sqrt{2} = 325\ \text{V}$$

Der effektive Wert der Netzspannung darf zwischen +6 % (243 V) und −10 % (207 V) schwanken. Innerhalb dieser Grenzen funktionieren auch alle mit Netzspannung betriebenen Geräte sicher.

## 4.6.2 Ohmsche, induktive und kapazitive Widerstände im Wechselstromkreis

### Ohmsche Widerstände

Ohmsche Widerstände bewirken sowohl im Gleichstromkreis als auch im Wechselstromkreis eine Umwandlung von elektrischer Energie in thermische Energie, die in Form von Wärme oder Licht an die Umgebung abgegeben wird. Man bezeichnet sie deshalb als **Wirkwiderstände**, die in ihnen umgesetzte Leistung als **Wirkleistung.** Bei einem Drahtwiderstand hängt der frequenzunabhängige Widerstand bei bestimmter Temperatur nur vom Stoff, von der Länge des Drahtes $l$ und von seiner Querschnittsfläche $A$ ab. Es gilt:

$$R = \rho \cdot \frac{l}{A}$$

Benannt sind diese Widerstände nach dem deutschen Lehrer und Physiker GEORG SIMON OHM (1789–1854).

Der Widerstand ist im Gleichstromkreis genau so groß wie im Wechselstromkreis, wenn man den induktiven und den kapazitiven Widerstand vernachlässigt, der bei realen ohmschen Widerständen vorhanden sein kann. Zwischen Spannung und Stromstärke tritt keine Phasenverschiebung auf.

Der Draht einer Spule besitzt auch immer einen ohmschen Widerstand, der im Gleichstromkreis und im Wechselstromkreis gleich groß ist. Ohmscher und induktiver Widerstand der Spule ergeben deren Gesamtwiderstand im Wechselstromkreis (↗ S. 289). In der Regel ist der induktive Widerstand einer Spule wesentlich größer als ihr ohmscher Widerstand.

Alle Aussagen zu den Wechselstromwiderständen beziehen sich auf reine ohmsche, induktive und kapazitive Widerstände. Reale Bauelemente haben nur näherungsweise solche reinen Widerstände.

Für die Einheiten gilt:

$1\ \text{Hz} \cdot \text{H} = 1 \frac{\text{V} \cdot \text{s}}{\text{s} \cdot \text{A}} = 1 \frac{\text{V}}{\text{A}} = 1\ \Omega$

### Induktive Widerstände

Untersucht man experimentell den Widerstand einer Spule im Gleich- und Wechselstromkreis, dann zeigt sich: Der elektrische Widerstand ist im Wechselstromkreis wesentlich größer als im Gleichstromkreis. Ursache dafür ist die **Selbstinduktion** (↗ S. 250). Die Selbstinduktionsspannung ruft nach dem lenzschen Gesetz (↗ S. 248) einen Induktionsstrom hervor, der der Ursache seiner Entstehung entgegengerichtet ist. Damit wirkt eine Spule im Wechselstromkreis wie ein Widerstand.

Der im Wechselstromkreis aufgrund der Induktivität $L$ wirkende Wechselstromwiderstand wird als **induktiver Widerstand** bezeichnet.

Formelzeichen: $X_L$
Einheit: ein Ohm (1 Ω)

Im Unterschied zum ohmschen Widerstand, bei dem elektrische Energie in andere Energieformen umgewandelt wird, geht bei einem induktiven Widerstand jeweils kurzzeitig folgender Prozess vor sich: Elektrische Energie wird in Energie des Magnetfeldes umgewandelt und umgekehrt. Insgesamt bleibt die Energie im Stromkreis erhalten. Man bezeichnet deshalb einen solchen Widerstand auch als **Blindwiderstand.**

Der induktive Widerstand einer Spule kann berechnet werden mit der Gleichung:

$X_L = 2\pi \cdot f \cdot L = \omega \cdot L$

$f$ Frequenz des Wechselstromes
$\omega$ Kreisfrequenz
$L$ Induktivität der Spule (↗ S. 251)

Eine Spule mit einer Induktivität von 4 H wird an Netzwechselspannung angeschlossen.
*Wie groß ist ihr induktiver Widerstand?*

*Analyse:*
Netzwechselspannung hat eine Frequenz von 50 Hz. Der induktive Widerstand kann nach der oben genannten Gleichung berechnet werden.

Gesucht: $X_L$
Gegeben: $f = 50\ \text{Hz}$
$L = 4\ \text{H}$

*Lösung:*

$X_L = 2\pi \cdot f \cdot L$

$X_L = 2\pi \cdot 50\ \text{Hz} \cdot 4\ \text{H} = 1260\ \Omega$

*Ergebnis:*
Die Spule hat einen induktiven Widerstand von etwa 1260 Ω.

### Kapazitive Widerstände

Ein Kondensator ist für Gleichstrom ein unendlich großer Widerstand. Legt man Wechselspannung an, so kommt es zu einem ständigen Auf- und Entladen des Kondensators. Der Kondensator verhindert den Stromfluss nicht mehr, er wirkt vielmehr wie ein endlicher Widerstand.

> Der in einem Wechselstromkreis aufgrund der Kapazität *C* wirkende Wechselstromwiderstand wird als **kapazitiver Widerstand** bezeichnet.
>
> Formelzeichen: $X_C$
> Einheit: ein Ohm (1 Ω)

Wie beim induktiven Widerstand wird elektrische Energie kurzzeitig in Energie des elektrischen Feldes umgewandelt und umgekehrt. Der kapazitive Widerstand ist deshalb ebenfalls ein **Blindwiderstand,** der ebenso wie der induktive Widerstand frequenzabhängig ist.

> Der kapazitive Widerstand eines Kondensators kann berechnet werden mit der Gleichung:
>
> $$X_C = \frac{1}{2\pi \cdot f \cdot C} = \frac{1}{\omega \cdot C}$$
>
> $f$ Frequenz des Wechselstromes
> $\omega$ Kreisfrequenz
> $C$ Kapazität des Kondensators

Bei sehr hohen Frequenzen ist der kapazitive Widerstand eines Kondensators vernachlässigbar klein.

### Phasenverschiebungen im Wechselstromkreis

Untersucht man den Verlauf der Spannungs- und der Stromstärkekurve, dann zeigt sich:
- An einem ohmschen Widerstand sind Spannung und Stromstärke in Phase. Die Phasenverschiebung ist null.
- An einer Spule eilt die Spannung der Stromstärke um 90° voraus.
- An einem Kondesator eilt die Stromstärke der Spannung um 90° voraus.

Dieser Sachverhalt lässt sich auch mithilfe von **Zeigern** darstellen, so wie das in den Skizzen unten dargestellt ist.

Hinweise zur Zeigerdarstellung sind ↗ S. 134 zu finden.

| ohmscher Widerstand | induktiver Widerstand | kapazitiver Widerstand |
|---|---|---|
| $\varphi = 0$ 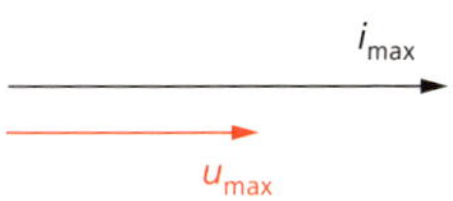  | $\varphi = +\frac{\pi}{2}$ (+90°, $+\frac{T}{4}$) 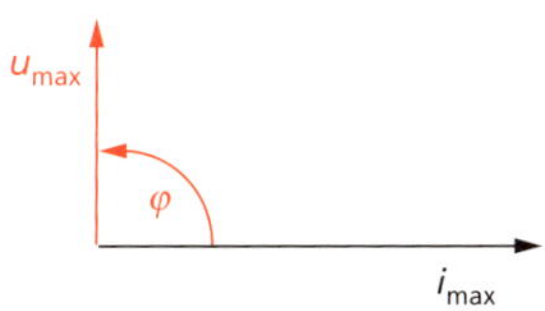  | $\varphi = -\frac{\pi}{2}$ (−90°, $-\frac{T}{4}$) 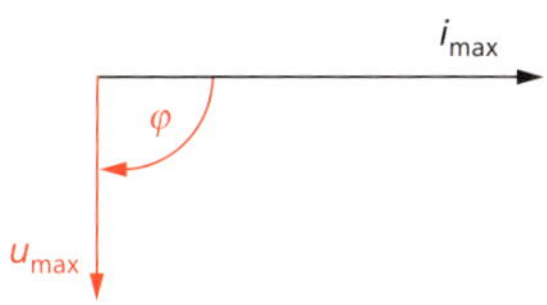  |

**Widerstände im Wechselstromkreis**
(Alle Aussagen beziehen sich auf reine ohmsche, induktive und kapazitive Widerstände.)

| **ohmscher Widerstand** | **induktiver Widerstand** | **kapazitiver Widerstand** |
|---|---|---|
| 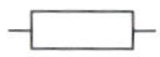 |  |  |
| elektrische Energie $E$<br>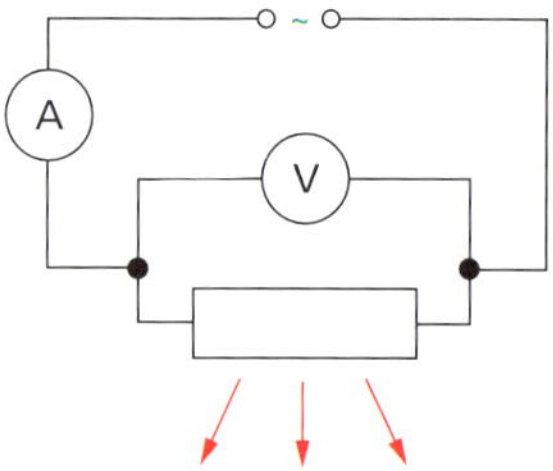<br>Wärme, Licht<br>$E \rightarrow E_{th} + E_L$<br>(Wirkwiderstand) | elektrische Energie $E$<br>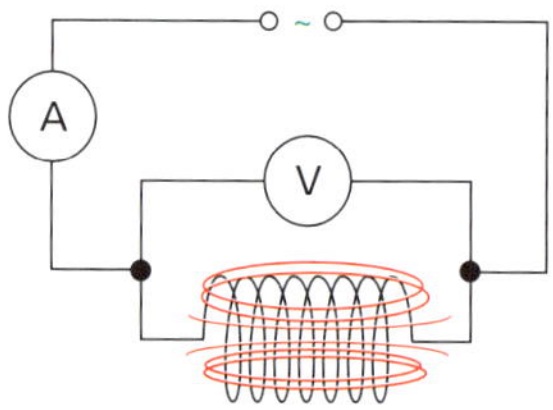<br>Energie des magnetischen Feldes $E_{mag}$<br>$E \leftrightarrow E_{mag}$<br>(Blindwiderstand) | elektrische Energie $E$<br>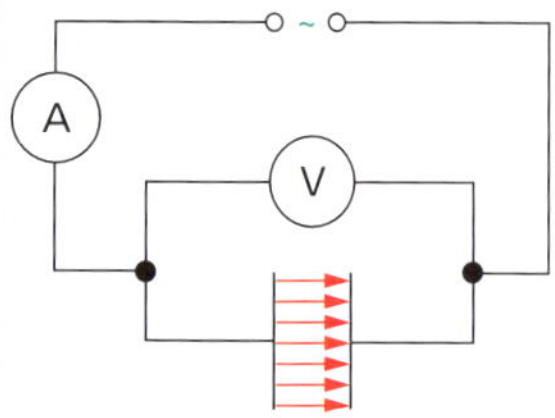<br>Energie des elektrischen Feldes $E_{elektr}$<br>$E \leftrightarrow E_{elektr}$<br>(Blindwiderstand) |
| $R = \frac{U}{I}$ | $X_L = \frac{U}{I}$ | $X_C = \frac{U}{I}$ |
| metallischer Leiter:<br>$R = \rho \cdot \frac{l}{A}$ (bei $\vartheta$ = konstant) | Spule:<br>$X_L = \omega \cdot L$ | Kondensator:<br>$X_C = \frac{1}{\omega \cdot C}$ |
| 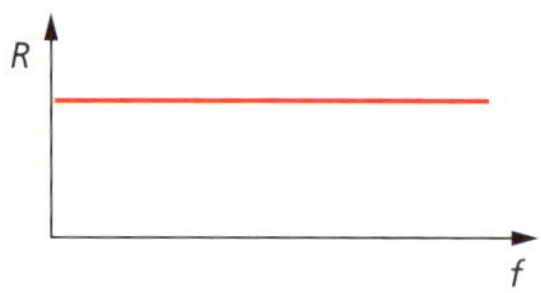<br>$R$ ist unabhängig von $f$. | 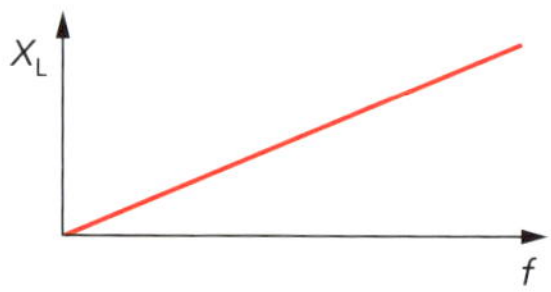<br>$X_L \sim f$ | 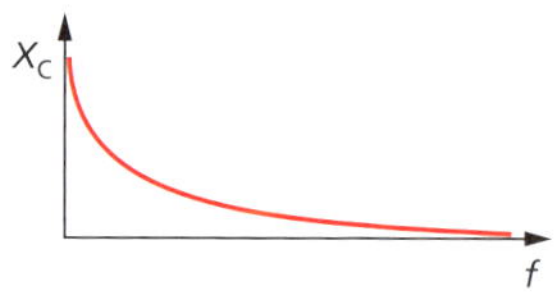<br>$X_C \sim \frac{1}{f}$ |
| Zwischen Spannung und Stromstärke tritt *keine* Phasenverschiebung auf:<br>$\varphi = 0$<br>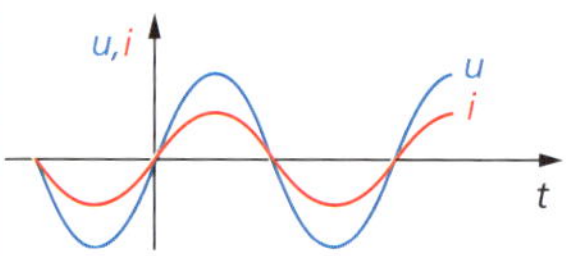 | Die Spannung eilt der Stromstärke um $\frac{\pi}{2}$ voraus:<br>$\varphi = +\frac{\pi}{2}$ $(+90°, +\frac{T}{4})$<br>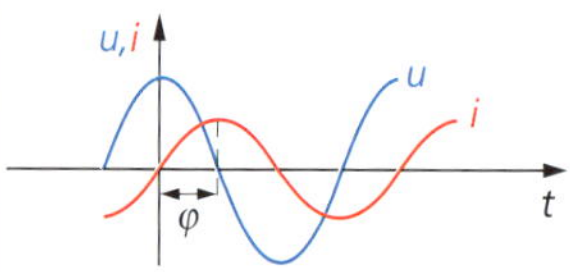 | Die Stromstärke eilt der Spannung um $\frac{\pi}{2}$ voraus:<br>$\varphi = -\frac{\pi}{2}$ $(-90°, -\frac{T}{4})$<br>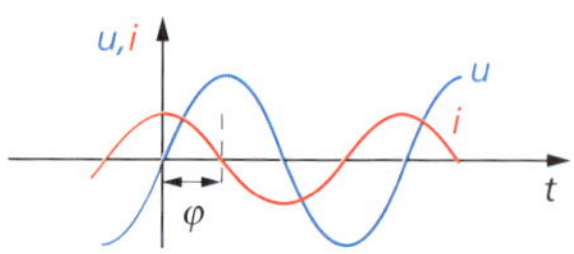 |

## 4.6.3 Zusammenwirken von Widerständen im Wechselstromkreis

In vielen Stromkreisen sind ohmsche Widerstände, Spulen und Kondensatoren vorhanden, die in Reihe oder parallel zueinander geschaltet sein können. Für solche Schaltungen von ohmschen, induktiven und kapazitiven Widerständen gelten im Wechselstromkreis andere Gesetze als für Widerstände im Gleichstromkreis.

Schon bei einer realen Spule ist zu beachten, dass sie im Wechselstromkreis nicht nur einen induktiven, sondern auch einen ohmschen Widerstand besitzt. Sie kann aufgefasst werden als eine Reihenschaltung von reinem ohmschen und reinem induktiven Widerstand.

### Reihenschaltung von ohmschem, induktivem und kapazitivem Widerstand

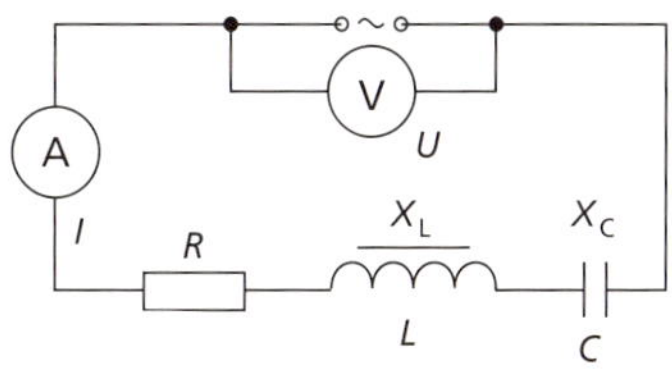


Bei einer Reihenschaltung hat die Stromstärke bei allen Bauteilen den gleichen Betrag. Die Spannungen an der Spule und am Kondensator sind aber um 180° gegeneinander phasenverschoben und heben sich teilweise oder ganz auf. Die resultierende Gesamtspannung ergibt sich somit nicht durch Addition der Teilspannungen, sondern in einem Zeigerdiagramm durch vektorielle Addition unter Berücksichtigung der Phasenverschiebung. Für die Gesamtspannung $U$ erhält man damit:

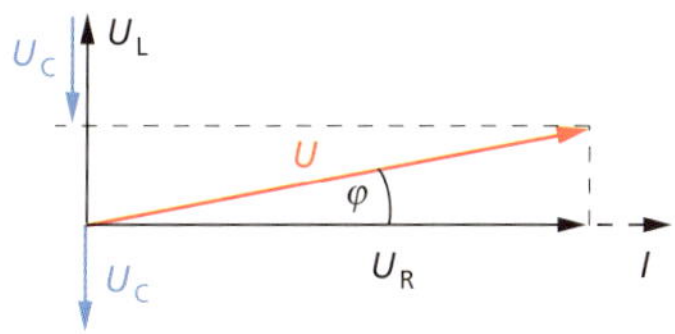


$$U = \sqrt{U_R^2 + (U_L - U_C)^2}$$

Diese Phasenbeziehungen sind ↗ S. 287 f. dargestellt.

Damit kann man den **Wechselstromwiderstand** $Z$ für eine solche Reihenschaltung, auch **Scheinwiderstand** genannt, berechnen:

$$Z = \frac{U}{I} = \frac{\sqrt{U_R^2 + (U_L - U_C)^2}}{I}$$

Setzt man für die Spannung das Produkt aus jeweiligem Widerstand und Stromstärke ein, so erhält man:

$$Z = \sqrt{R^2 + (X_L - X_C)^2} \quad \text{oder} \quad Z = \sqrt{R^2 + X^2} \text{ mit } X = X_L - X_C$$

Diese Beziehung ergibt sich auch unmittelbar aus dem Zeigerdiagramm für die Widerstände (Skizze rechts) bei Anwendung des Satzes des PYTHAGORAS. Mit $X_L = \omega \cdot L$ und $X_C = \frac{1}{\omega \cdot C}$ erhält man für den Gesamtwiderstand $Z$ bei der Reihenschaltung den Ausdruck:

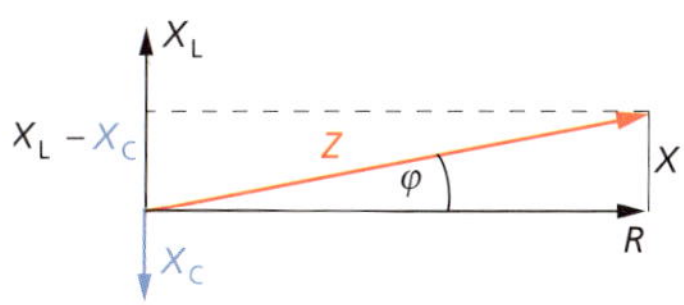


$$Z = \sqrt{R^2 + \left(\omega \cdot L - \frac{1}{\omega \cdot C}\right)^2}$$

Der Wechselstromwiderstand wird auch als Scheinwiderstand $Z$ bezeichnet. Er ist vom Wirkwiderstand $R$ und von den Blindwiderständen $X_L$ und $X_C$ zu unterscheiden.

Für die Gesamtstromstärke gilt ähnlich wie für die Gesamtspannung bei der Reihenschaltung:

$$I = \sqrt{I_R^2 + (I_C - I_L)^2}$$

Der Scheinwiderstand ergibt sich aus:

$$Z = \frac{U}{I}$$

### Parallelschaltung von ohmschem, induktivem und kapazitivem Widerstand

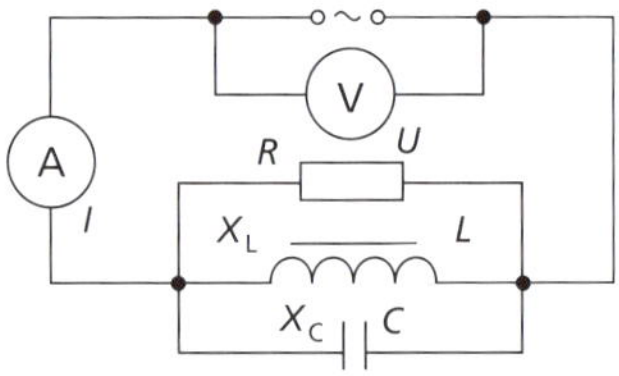


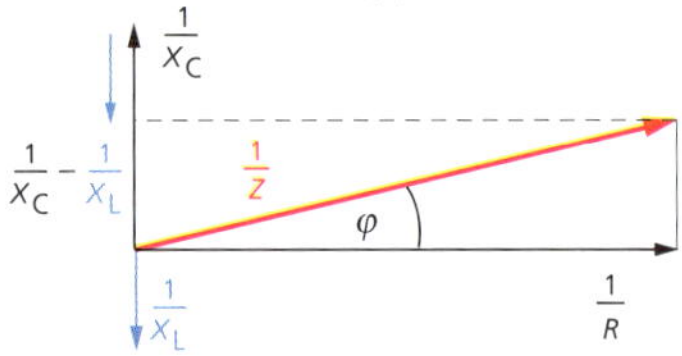


Bei einer Parallelschaltung liegt an jedem Bauteil die gleiche Spannung an. Am ohmschen Widerstand sind Spannung und Stromstärke in Phase, die Ströme durch Spule und Kondensator sind um 180° gegeneinander verschoben. Damit erhält man die Gesamtstromstärke analog zur Gesamtspannung bei der Reihenschaltung (↗ S. 289). Aus der Zeigerdarstellung (Skizze rechts) kann man entnehmen, dass für den **Scheinwiderstand *Z*** gilt:

$$\frac{1}{Z} = \sqrt{\frac{1}{R^2} + \left(\frac{1}{X_C} - \frac{1}{X_L}\right)^2} \quad \text{oder} \quad Z = \frac{1}{\sqrt{\frac{1}{R^2} + \left(\frac{1}{X_C} - \frac{1}{X_L}\right)^2}}$$

Die **Phasenverschiebung** $\varphi$ ergibt sich ebenfalls aus dem Zeigerdiagramm für die Widerstände. Zusammenfassend gilt:

| Größe | Reihenschaltung | Parallelschaltung |
|---|---|---|
| **Wirkwiderstand *R*** | $R = R_1 + R_2$ | $\frac{1}{R} = \frac{1}{R_1} + \frac{1}{R_2}$ |
| **Blindwiderstand *X*** | $X = \omega \cdot L - \frac{1}{\omega \cdot C}$ | $\frac{1}{X} = \omega \cdot C - \frac{1}{\omega \cdot L}$ |
| **Scheinwiderstand *Z*** | $Z = \sqrt{R^2 + X^2}$ | $Z = \frac{1}{\sqrt{\frac{1}{R^2} + \frac{1}{X^2}}}$ |
| **Phasenverschiebung *φ*** | $\tan \varphi = \frac{X_L - X_C}{R} = \frac{\omega \cdot L - \frac{1}{\omega \cdot C}}{R}$ | $\tan \varphi = R\left(\frac{1}{X_C} - \frac{1}{X_L}\right) = R\,(\omega \cdot C - \frac{1}{\omega \cdot L})$ |

Wichtige Formen solches Filter sind z. B. der *RC*-Hochpass, der *RL*-Hochpass, der *RC*-Tiefpass und der *RL*-Tiefpass.

Da die Ausgangsspannung frequenzabhängig ist, spricht man auch von frequenzabhängigen Spannungsteilern.

Durch eine Kombination von ohmschem Widerstand und Spule bzw. Kondensator erhält man Schaltungen, die Wechselspannungen bzw. Wechselströme eines bestimmten Frequenzbereiches entweder stark dämpfen oder möglichst ungehindert hindurchlassen. Solche Schaltungen wirken somit als **Filter,** wobei man zwischen **Hochpass** und **Tiefpass** unterscheidet.

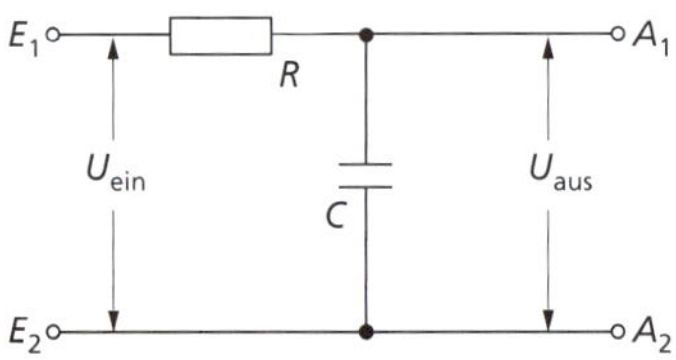


Bei einem *RC*-Tiefpass (s. Skizze) gilt für die Spannungen:

$$\frac{U_{aus}}{U_{ein}} = \frac{1}{\sqrt{1 + (\omega \cdot R \cdot C)^2}}$$

Das bedeutet: Je höher die Frequenz ist, desto kleiner ist die Ausgangsspannung am Kondensator.

Eine Glühlampe 230 V/75 W ist mit einem Kondensator von 6 µF in Reihe geschaltet. An der Schaltung liegt Netzspannung.

a) Ermitteln Sie den Blindwiderstand und den Scheinwiderstand der Schaltung!
b) Wie groß sind Stromstärke und Spannungen an den Bauteilen?
c) Ermitteln Sie aus dem Zeigerdiagramm die Phasenverschiebung!

*Analyse:*
Es liegt eine Reihenschaltung von ohmschem und kapazitivem Widerstand vor. Der induktive Widerstand ist null. Damit kann man die Gesetze des Wechselstromkreises auf diesen speziellen Fall anwenden.

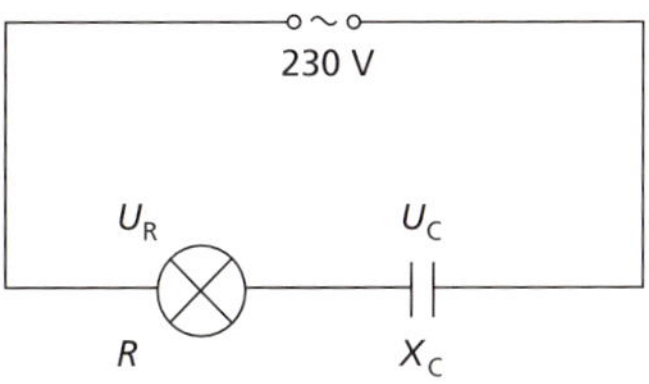


Netzspannung hat in Deutschland eine Frequenz von 50 Hz, der Effektivwert der Spannung beträgt 230 V.

Gesucht: $X_C$, $Z$, $I$, $U_R$, $U_C$, $\varphi$
Gegeben: $U = 230\ \text{V}$
$C = 6\ \mu\text{F}$
$f = 50\ \text{Hz}$
$P = 75\ \text{W}$

*Lösung:*
a) Der Blindwiderstand ist der kapazitive Widerstand des Kondensators:

$$X_C = \frac{1}{\omega \cdot C} = \frac{1}{2\pi \cdot f \cdot C}$$

$$X_C = \frac{1}{2\pi \cdot 50\ \text{Hz} \cdot 6\ \mu\text{F}} = 531\ \Omega$$

Für die Einheiten gilt:
$1\ \text{Hz} = 1\ \text{s}^{-1}$
$1\ \mu\text{F} = 10^{-6}\ \text{F} = 10^{-6}\ \frac{\text{A} \cdot \text{s}}{\text{V}}$

Für den Scheinwiderstand $Z$ erhält man:

$$Z = \sqrt{R^2 + X_C^{\ 2}}$$

$X_C$ ist bekannt. $R$ ergibt sich aus $R = \frac{U}{I}$ mit $I = \frac{P}{U}$ zu:

$$R = \frac{U^2}{P} = \frac{(230\ \text{V})^2}{75\ \text{W}} = 705\ \Omega$$

Damit erhält man für den Scheinwiderstand:

$$Z = \sqrt{(705\,\Omega)^2 + (531\,\Omega)^2} = 883\ \Omega$$

b) Die Stromstärke ergibt sich aus dem Scheinwiderstand $Z$ und der in einem unverzweigten Stromkreis konstanten Stromstärke zu:

$$I = \frac{U}{Z} = \frac{230\ \text{V}}{883\ \Omega} = 0{,}26\ \text{A}.$$

Für die Einheiten gilt:
$1\ \frac{\text{V}}{\Omega} = 1\ \frac{\text{V} \cdot \text{A}}{\text{V}} = 1\ \text{A}$

Die jeweilige Teilspannung erhält man aus der Stromstärke und dem betreffenden Widerstand.

$U_R = I \cdot R$

$U_R = 0{,}26\ \text{A} \cdot 705\ \Omega = 183\ \text{V}$

$U_C = I \cdot X_C$

$U_C = 0{,}26\ \text{A} \cdot 531\ \Omega = 138\ \text{V}$

Die **Phasenverschiebung** kann man auch berechnen mit den Gleichungen:

$\tan \varphi = \frac{X_C}{R}$

$\tan \varphi = \frac{U_C}{U_R}$

c) Die Phasenverschiebung kann man entweder aus dem Zeigerdiagramm für die Spannungen oder dem für die Widerstände ermitteln. Wir wählen das für die Spannungen.
Aus dem maßstäblichen Zeigerdiagramm kann man ablesen:

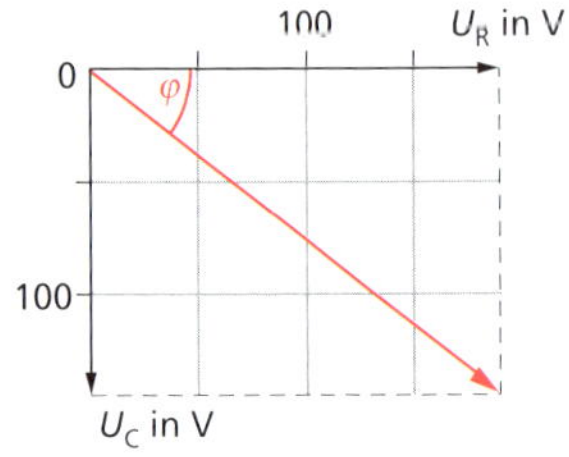


$\varphi = -37°$

Das Minuszeichen ergibt sich aus der Festlegung, dass die Abszissenachse die Bezugsachse ist.

*Ergebnis:*
Die Widerstände im Wechselstromkreis betragen $X_C = 531\ \Omega$, $R = 705\ \Omega$ und $Z = 883\ \Omega$. Bei einer Stromstärke von 0,26 A haben die Teilspannungen Werte von $U_R = 183$ V und $U_C = 138$ V. Es tritt eine Phasenverschiebung von $\varphi = -37°$ auf.

Bei einer **Reihenschaltung** im Wechselstromkreis kann die Summe der Teilspannungen wesentlich größer als die anliegende Gesamtspannung sein.

**Leistung im Wechselstromkreis**

Analog zu den Widerständen ist bei der Leistung im Wechselstromkreis zwischen der **Wirkleistung,** der **Blindleistung** und der **Scheinleistung** zu unterscheiden.
Die **Wirkleistung** ist die im Wechselstromkreis an ohmschen Widerständen (Wirkwiderständen) „nach außen“ umgesetzte Leistung. Die **Blindleistung** ist dagegen die in den Blindwiderständen $X_L$ und $X_C$ kurzzeitig zum Aufbau des magnetischen bzw. elektrischen Feldes erforderliche Leistung, die beim Abbau der Felder wieder an den Stromkreis abgegeben wird. Ihr zeitlicher Mittelwert ist daher null. Die **Scheinleistung** ist die geometrische Summe aus Wirk- und Blindleistung.

Um diese drei Leistungen in der Elektrotechnik unterscheiden zu können, gibt man sie mitunter in unterschiedlichen Einheiten an:

*P* in Watt (W)
*Q* in Var (var)
*S* in Voltampere (VA)

Stellt man die Leistungen analog den Widerständen, unter Berücksichtigung der Phasenverschiebung, in einem Zeigerdiagramm dar, so erhält man das rechts stehende Diagramm. Aus ihm ist ablesbar:
Für die **Wirkleistung** *P* gilt:

$$P = U \cdot I \cdot \cos \varphi$$

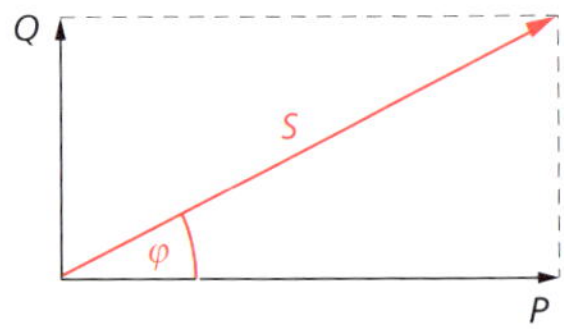


Für die **Blindleistung** *Q* gilt:

$$Q = U \cdot I \cdot \sin \varphi$$

Der Faktor $\cos \varphi$ bei der Wirkleistung wird als **Leistungsfaktor** bezeichnet.

Die **Scheinleistung** *S* erhält man damit zu:

$$S = \sqrt{P^2 + Q^2} = \sqrt{U^2 \cdot I^2 (\sin^2 \varphi + \cos^2 \varphi)}$$

$$S = U \cdot I$$

## 4.7 Elektromagnetische Schwingungen und Wellen

### 4.7.1 Elektromagnetische Felder

Bereits beim magnetischen Feld (↗ S. 234) und auch bei der elektromagnetischen Induktion (↗ S. 242 ff.) wird deutlich, dass es zwischen elektrischen und magnetischen Feldern enge Verbindungen gibt:

- Der durch ein elektrisches Feld hervorgerufene Strom in einem geradlinigen Leiter oder in einer Spule ist mit einem Magnetfeld verbunden (↗ S. 234).
- Bei der Änderung eines Magnetfeldes um eine Leiterschleife oder eine Spule wird eine Spannung induziert, damit also ein elektrisches Feld hervorgerufen (↗ S. 243).

Diese letzte Aussage soll etwas genauer untersucht werden. Nach dem Induktionsgesetz wird in einer Leiterschleife eine Spannung induziert, wenn sie von einem zeitlich veränderlichen magnetischen Fluss durchsetzt wird. (↗ S. 246). Im gegebenen Fall ändert sich die magnetische Flussdichte $B$ mit der Zeit:

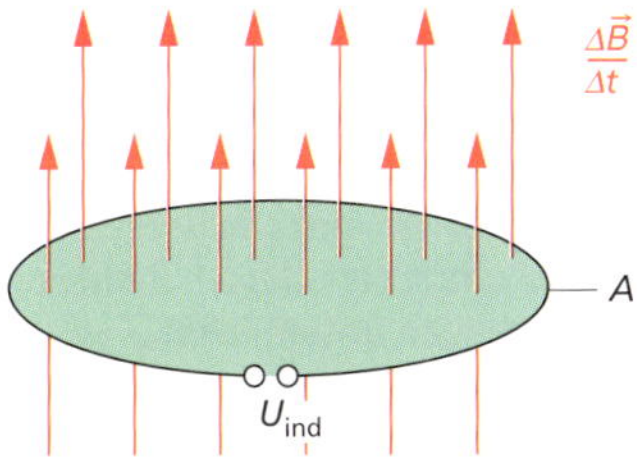


$$U_i = -A \cdot \frac{\Delta B}{\Delta t}$$

Diese Gleichung gilt für $\vec{B} \parallel \vec{A}$ . Allgemein ist:

$$U_i = -\frac{\Delta \phi}{\Delta t} = -\frac{\Delta (B \cdot A)}{\Delta t}$$

Für technische Anwendungen (Transformatoren, Generatoren) ist das Induktionsgesetz in dieser Form zweckmäßig, da man die Induktionswirkung so auffassen kann, als würde durch sie eine Spannungsquelle in einem Stromkreis gebildet.

Allerdings ist eine elektrische Spannung $U$ als Potenzialdifferenz $\Delta\varphi$ zweier Punkte im elektrischen Feld definiert. Daher ist zu erwarten, dass ursächlich nicht als Erstes eine Spannung, sondern vielmehr zunächst ein elektrisches Feld durch ein zeitlich veränderliches Magnetfeld hervorgerufen wird. Für diesen Vorgang ist die Anwesenheit einer Leiterschleife am Ort der Magnetfeldänderung nicht nötig. Der Sachverhalt ist in der Skizze dargestellt. Sofern man aber eine Leiterschleife mit freien Elektronen in das induzierte elektrische Feld bringt, dann bewegen sie sich in Feldrichtung. Es entsteht ein Strom und zwischen den Enden der Leiterschleife eine Spannung.

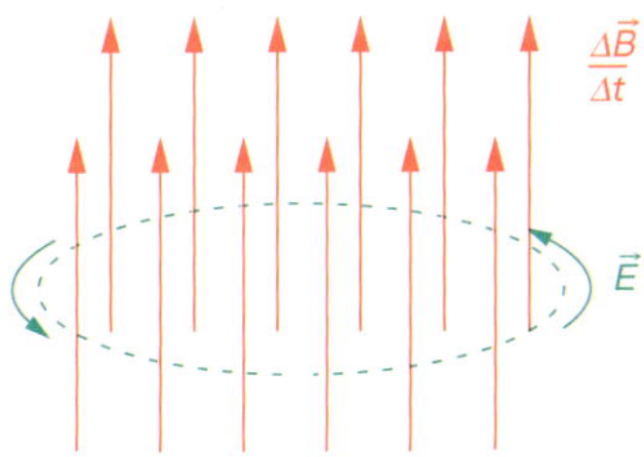


Die Theorie elektromagnetischer Felder, auch **elektromagnetische Feldtheorie** genannt, wurde ab 1855 von dem schottischen Physiker JAMES CLERK MAXWELL (1831–1879) entwickelt und mathematisch ausgearbeitet.

Sie basiert auf der von MICHAEL FARADAY (1791–1867) entwickelten Feldtheorie.

Die Bedingung, dass die magnetische Flussdichte $\vec{B}$ eine Fläche $A$ senkrecht durchsetzt, kann man verschieden formulieren:

a) $\vec{B}$ und die senkrecht zur Fläche stehende Flächennormale $\vec{A}$ haben die gleiche Richtung: $\vec{B} \parallel \vec{A}$

b) $\vec{B}$ steht senkrecht zur Fläche $A$: $\vec{B} \perp A$

Ist $\vec{E} \parallel \vec{s}$, so gilt für ein homogenes elektrisches Feld:

$U = E \cdot s$

Wenn das zeitlich veränderliche magnetische Feld homogen ist, kann man davon ausgehen, dass das induzierte elektrische Feld überall im Kreisring die gleiche Stärke besitzt und parallel zum Verlauf der Leiterschleife orientiert ist. Beträgt die Länge des geschlossenen Ringes $s$, dann ist $U_i = E \cdot s$ und das Induktionsgesetz kann in folgender Form geschrieben werden:

$$E \cdot s = -A \cdot \frac{\Delta B}{\Delta t}$$

Das bedeutet für den Zusammenhang zwischen magnetischem und elektrischem Feld:

**Ein zeitlich veränderliches magnetisches Feld ist untrennbar mit einem elektrischen Feld verbunden.**

Die Richtung der elektrischen Feldstärke bzw. der magnetischen Flussdichte ist gleich der Richtung der Feldlinien.

Elektrisches Feld und magnetisches Feld stehen dabei senkrecht zueinander. Die Richtungen der Felder sind durch die Richtungen der elektrischen Feldstärke bzw. der magnetischen Flussdichte gegeben.
Fließt in einem elektrischen Leiter ein Strom, dann ist er von einem Magnetfeld umgeben, dessen Richtung sich aus der jeweiligen Stromrichtung ergibt (Skizze unten links).
Baut man in den Wechselstromkreis einen Kondensator ein, dann unterbricht dieser Kondensator den Stromfluss im Kreis nicht. Er wirkt lediglich als kapazitiver Widerstand. Folglich müsste man annehmen, dass sich das Magnetfeld, welches die Zuleitungen umgibt, ohne Unterbrechung im Kondensator fortsetzt (Skizze unten Mitte).
Mit einem empfindlichen Magnetfeldmesser kann man das bestätigen.
Allerdings bewegen sich zwischen den Kondensatorplatten keine Ladungsträger. Es breitet sich dort lediglich ein zeitlich veränderliches elektrisches Feld aus. Damit ergibt sich aber, wie rechts unten dargestellt:

Zur Messung der magnetischen Flussdichte verwendet man HALL-Sonden (↗ S. 239).

**Ein zeitlich veränderliches elektrisches Feld ist untrennbar mit einem magnetischen Feld verbunden.**

Auch hier stehen elektrische und magnetische Feldlinien senkrecht zueinander. Das magnetische Feld „umschließt“ das elektrische Feld, so wie das in der rechten Skizze dargestellt ist.

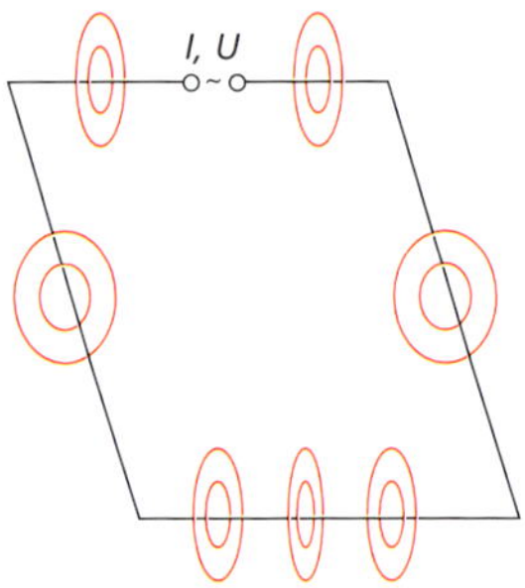


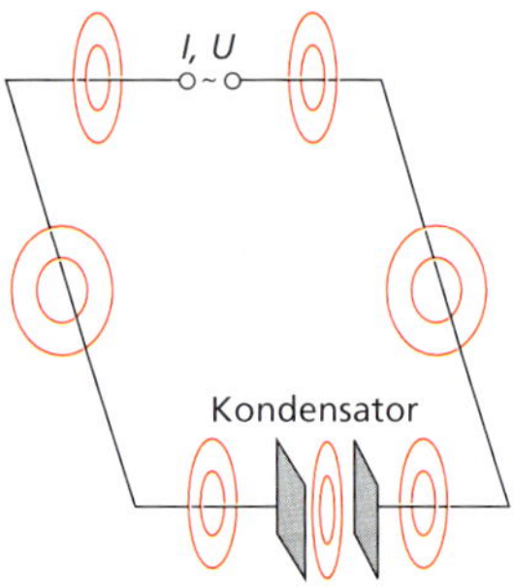


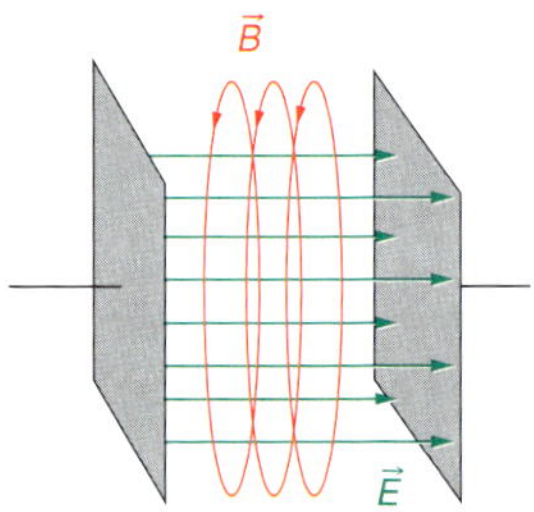

### Kennzeichnung elektromagnetischer Felder

Da ein zeitlich veränderliches Magnetfeld ein elektrisches Feld induziert und ein zeitlich veränderliches elektrisches Feld ein Magnetfeld erzeugt, kann man formulieren:

> Elektrische und magnetische Felder können sich gegenseitig induzieren.

Die wechselseitige Induzierbarkeit elektrischer und magnetischer Felder ermöglicht folgenden, zuerst von JAMES CLERK MAXWELL (1831–1879) vorhergesagten Prozess:
In einem von Wechselstrom durchsetzten Kondensator entsteht ein zeitlich veränderliches elektrisches Feld. In der Skizze a ist ein Zeitpunkt dargestellt. Dieses sich ändernde elektrische Feld ruft nun seinerseits ein Magnetfeld hervor, dessen Stärke ebenfalls zeitabhängig ist (Skizze b). Demzufolge muss durch dieses veränderliche Magnetfeld ein weiteres elektrisches Feld induziert werden, welches nun seinerseits das Magnetfeld umgibt (Skizze c).
Durch eine unaufhörliche Kette wechselseitiger Induktionsvorgänge bildet sich schließlich ein **elektromagnetisches Feld,** welches immer größere Teile des umliegenden Raumes erfasst. Wenn ein solches elektromagnetisches Feld existiert, dann lässt es sich folgendermaßen charakterisieren:

Die genannten Vorstellungen entwickelte J. C. MAXWELL im Rahmen seiner elektromagnetischen Feldtheorie.

> Ein elektromagnetisches Feld ist der Zustand eines Raumes, in dem elektrische und magnetische Felder existieren, die untrennbar miteinander verknüpft sind und sich wechselseitig bedingen.

Ein elektrisches und ein damit verbundenes magnetisches Feld verlaufen immer senkrecht zueinander, anders formuliert: **Elektrische Feldstärke $\vec{E}$ und magnetische Flussdichte $\vec{B}$** stehen senkrecht aufeinander.

Als Erster zog um 1860 J. C. MAXWELL die Möglichkeit in Betracht, dass sich elektromagnetische Felder wellenförmig im Raum ausbreiten können und dass Lichtwellen elektromagnetische Wellen sind. Diese von MAXWELL theoretisch vorhergesagten **elektromagnetischen Wellen** wurden 1886–1888 von dem deutschen Physiker HEINRICH HERTZ (1857–1894) experimentell nachgewiesen und in ihren Eigenschaften untersucht. Erzeugung und Eigenschaften der elektromagnetischen Wellen, die zu Ehren von H. HERTZ auch als **hertzsche Wellen** bezeichnet werden, sind in Abschnitt 4.7.3 (↗ S. 301 ff.) dargestellt.

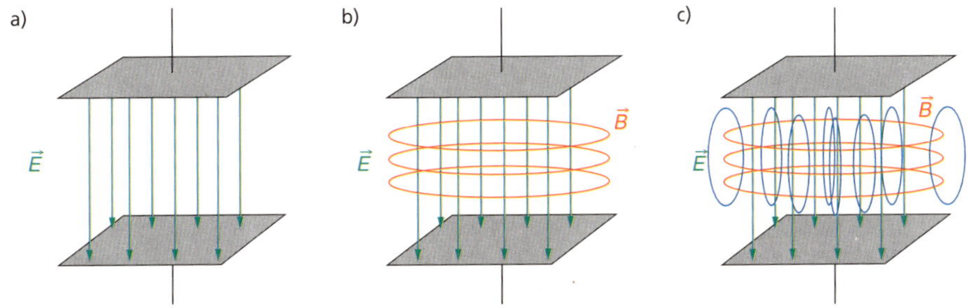

<table>
<tr><th colspan="2">Die wechselseitige Erregung elektrischer und magnetischer Felder</th></tr>
<tr><th>zeitlich konstante Änderung eines elektrischen Feldes</th><th>zeitlich konstante Änderung eines magnetischen Feldes</th></tr>
<tr><td>Ein elektrisches Feld, das sich zeitlich konstant ändert, erzeugt ein magnetisches Feld, das eine konstante Feldstärke hat.<br>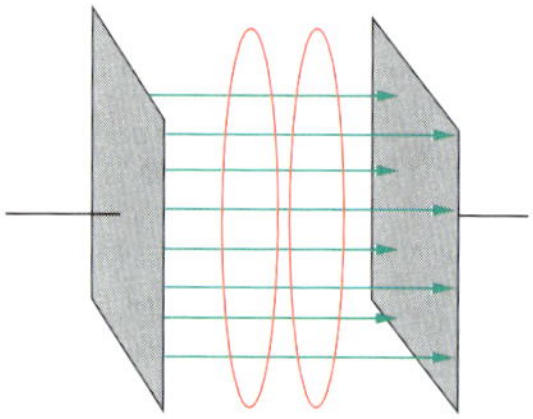<br>Wird in einem Kondensator durch gleichmäßige Zunahme der Spannung das elektrische Feld gleichmäßig verstärkt, entsteht um dieses elektrische Feld ein Magnetfeld konstanter Stärke.</td><td>Ein magnetisches Feld, das sich zeitlich konstant ändert, erzeugt ein elektrisches Feld, das eine konstante Feldstärke hat.<br>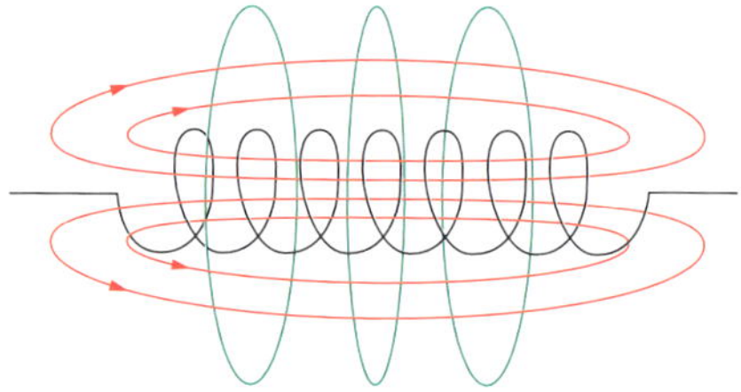<br>Wird durch eine gleichmäßige Zunahme der Stromstärke das Magnetfeld einer Spule gleichmäßig verstärkt, dann entsteht um dieses Magnetfeld ein elektrisches Feld konstanter Stärke.</td></tr>
<tr><td colspan="2">In beiden Fällen endet der Vorgang mit der Herausbildung eines weiteren Feldes. Im umgebenden Raum entstehen keine weiteren Veränderungen.</td></tr>
<tr><th>zeitlich nicht konstante Änderung eines elektrischen Feldes</th><th>zeitlich nicht konstante Änderung eines magnetischen Feldes</th></tr>
<tr><td>Ist die zeitliche Änderung des elektrischen Feldes nicht konstant, dann erzeugt es ein magnetisches Feld, das ebenfalls eine veränderliche Feldstärke besitzt. Dieses Feld ruft dann seinerseits ein neues elektrisches Feld hervor.<br>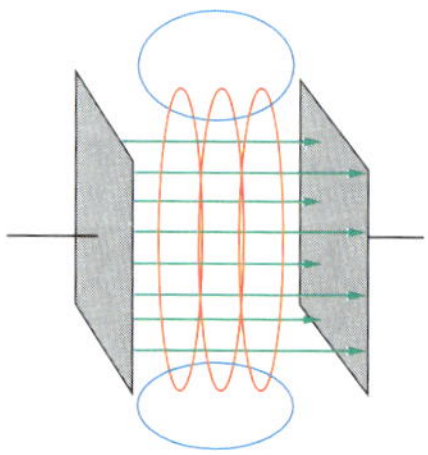<br>Ein Kondensator im Wechselstromkreis bildet ein elektrisches Feld aus, dessen Änderung zeitlich nicht konstant ist.</td><td>Ist die zeitliche Änderung des magnetischen Feldes nicht konstant, dann erzeugt es ein elektrisches Feld, das ebenfalls eine veränderliche Feldstärke besitzt. Dieses Feld ruft dann seinerseits ein neues magnetisches Feld hervor.<br>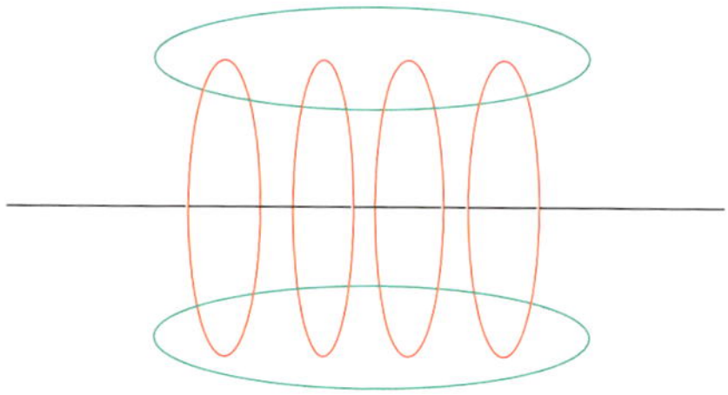<br>Ein Draht im Wechselstromkreis ist von einem Magnetfeld umgeben, dessen Änderung zeitlich nicht konstant ist.</td></tr>
<tr><td colspan="2">In beiden Fällen wird eine Kette von Folgeinduktionen ausgelöst. Die elektrischen und magnetischen Felder breiten sich im Raum aus. Eine elektromagnetische Welle entsteht.</td></tr>
</table>

Sinusförmiger Wechselstrom ist sehr gut dazu geeignet, Felder zu erzeugen, deren Stärke mit veränderlicher Geschwindigkeit schwankt. Einschalt- und Ausschaltvorgänge oder Entlade- und Aufladevorgänge bewirken einen ähnlichen Effekt.
Alle diese Prozesse haben eine Gemeinsamkeit: Die bewegten Ladungsträger, die den felderzeugenden Strom bilden, werden beschleunigt oder abgebremst. Auch durch zahlreiche Experimente ist belegt:

Werden Ladungsträger beschleunigt oder abgebremst, dann entstehen sich im Raum ausbreitende elektrische und magnetische Felder (elektromagnetische Wellen).

Durch schnelles Abbremsen von Elektronen entsteht z. B. die Röntgen-Bremsstrahlung (↗ S. 363).

## 4.7.2 Elektromagnetische Schwingungen

### Erzeugung elektromagnetischer Schwingungen

Um mechanische Wellen zu erzeugen, wird einem mechanischen Schwinger Energie zugeführt. Durch Kopplung der Schwinger breitet sich die mechanische Schwingung im Raum aus. Es entsteht eine mechanische Welle.
Analoge Überlegungen gelten für elektromagnetische Schwingungen und Wellen:
Um elektromagnetische Wellen technisch zu erzeugen, wird man zunächst eine **elektromagnetische Schwingung** hervorrufen und dann eine Möglichkeit suchen, dass sich diese elektromagnetische Schwingung im Raum ausbreitet.
Überträgt man die Definition von mechanischen Schwingungen (↗ S. 126) auf das elektrische bzw. magnetische Feld, dann kann man formulieren:

Eine **elektromagnetische Schwingung** ist die zeitlich periodische Änderung der Stärke des elektrischen und des magnetischen Feldes an einem vorgegebenen Ort.

Die Definition könnte auch mit den Größen **elektrische Feldstärke** $E$ und **magnetische Flussdichte** $B$ (oder magnetische Feldstärke $H$) formuliert werden.

Eine geeignete Anordnung, mit deren Hilfe man elektromagnetische Schwingungen erzeugen kann, ist eine Reihenschaltung aus einem Kondensator (kapazitiver Widerstand) und einer Spule (induktiver Widerstand). Eine solche Anordnung wird als **Schwingkreis** bezeichnet.
Energie kann durch eine elektrische Quelle zugeführt werden. Bei Schalterstellung 1 wird der Kondensator aufgeladen und damit elektrische Energie im Feld des Kondensators gespeichert. Bringt man den Schalter in Stellung 2, so wird der Schwingkreis von der elektrischen Quelle getrennt und es gehen folgende Veränderungen vor sich:

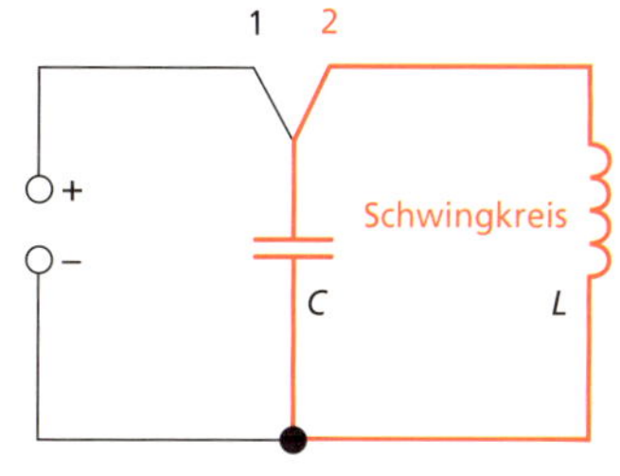

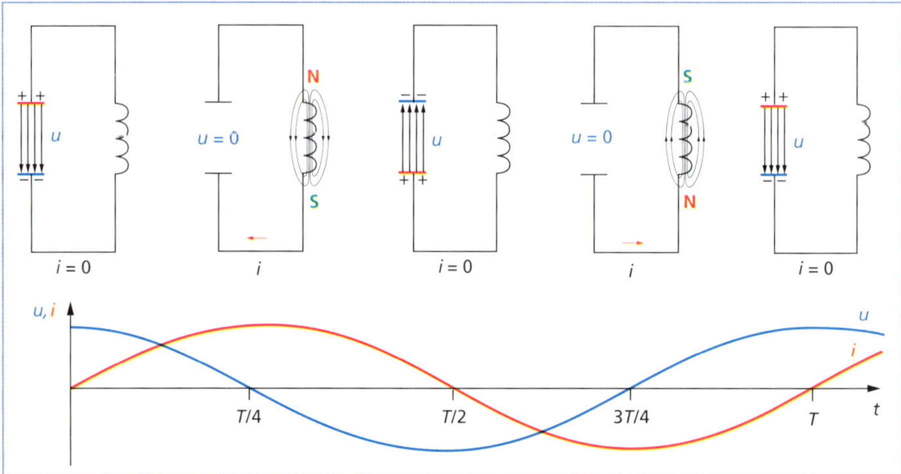


| | | | | |
|---|---|---|---|---|
| Der Kondensator ist geladen. Die Energie ist im elektrischen Feld des Kondensators gespeichert. | Durch den Stromfluss entsteht um die Spule ein magnetisches Feld, in dem die Energie gespeichert ist. | Durch Induktion in der Spule entsteht eine Spannung und ein Strom, die zu einer entgegengesetzten Aufladung des Kondensators führen. | Der Kondensator entlädt sich in umgekehrter Richtung. Durch den Strom entsteht um die Spule wieder ein Magnetfeld. | Durch Induktion entsteht wieder ein Stromfluss, der zur erneuten Aufladung des Kondensators führt. |

Dabei wird angenommen, dass der ohmsche Widerstand im Stromkreis $R = 0$ ist.

### Die thomsonsche Schwingungsgleichung

Ein Schwingkreis ist eine Reihenschaltung von kapazitivem und induktivem Widerstand. Für eine solche Reihenschaltung gilt:

$$Z = \sqrt{\left(\omega \cdot L - \frac{1}{\omega \cdot C}\right)^2} = \omega \cdot L - \frac{1}{\omega \cdot C}$$

Soll im Schwingkreis ein möglichst großer Strom fließen, dann muss der Widerstand minimal sein. Bei diesem Fall, dem so genannten **Resonanzfall,** sind induktiver und kapazitiver Widerstand gleich groß, der Scheinwiderstand also null. Damit kann man schreiben:

$$\omega \cdot L = \frac{1}{\omega \cdot C} \qquad \text{oder} \qquad \omega^2 = \frac{1}{L \cdot C} \text{ und damit } \omega = \frac{1}{\sqrt{L \cdot C}}$$

Mit $\omega = 2\pi \cdot f$ erhält man:

$$2\pi \cdot f = \frac{1}{\sqrt{L \cdot C}} \qquad \text{oder} \qquad f = \frac{1}{2\pi\sqrt{L \cdot C}}$$

Setzt man für $f = \frac{1}{T}$ ein und stellt die Gleichung nach $T$ um, so erhält man die **thomsonsche Schwingungsgleichung.**

Unter der Bedingung, dass der ohmschen Widerstand im Schwingkreis null ist, gelten für die Eigenfrequenz *f* des Schwingkreises bzw. für die Schwingungsdauer *T* folgende Gleichungen:

$$f = \frac{1}{2\pi\sqrt{L \cdot C}}$$

$$T = 2\pi\sqrt{L \cdot C}$$

*L* Induktivität der Spule
*C* Kapazität des Kondensators

Gefunden wurden die Gleichungen von dem britischen Physiker William Thomson (1824–1907), dem späteren Lord Kelvin. Ihm zu Ehren wurde die Bezeichnung **thomsonsche Schwingungsgleichung** gewählt.

Berücksichtigt man den in einem Schwingkreis stets vorhandenen ohmschen Widerstrand *R*, so ergibt sich gegenüber dem bisher betrachteten Fall mit $R = 0$ eine Verkleinerung der Frequenz und damit eine Vergrößerung der Schwingungsdauer. Für die Eigenfrequenz des Schwingkreises gilt dann:

$$f = \frac{1}{2\pi}\sqrt{\frac{1}{L \cdot C} - \frac{R^2}{4L^2}}$$

Der Quotient $\frac{R}{2L}$ wird als **Abklingkoeffizient** bezeichnet, da von ihm die Stärke der Dämpfung abhängig ist.

Ein Tonfrequenzgenerator besitzt einen Schwingkreis und erzeugt einen Ton mit der Frequenz 800 Hz. Die Spule des Schwingkreises hat eine Induktivität von 0,4 H.
*Welche Kapazität hat der Kondensator des Schwingkreises?*
*Wie groß müsste die Kapazität des Kondensators sein, wenn der Generator einen Ton mit halber Frequenz erzeugen soll?*

*Analyse*:
Unter der Bedingung, dass man vom ohmschen Widerstand der Spule absieht, gilt die thomsonsche Schwingungsgleichung.

Gesucht: $C_1$ für 800 Hz
$C_2$ für 400 Hz
Gegeben: $f_1 = 800\ \text{Hz} = 800\ \frac{1}{\text{s}}$; $f_2 = 400\ \text{Hz} = 400\ \frac{1}{\text{s}}$

$L = 0{,}4\ \text{H} = 0{,}4\ \frac{\text{V} \cdot \text{s}}{\text{A}}$

Für die Einheiten gilt:

$1\ \text{H} = 1\ \frac{\text{V} \cdot \text{s}}{\text{A}}$

*Lösung*:
Aus $f_1 = \frac{1}{2\pi \cdot \sqrt{L \cdot C_1}}$ erhält man

$$C_1 = \frac{1}{4\pi^2 \cdot L \cdot f_1^2}$$

$$C_1 = \frac{1 \cdot \text{A} \cdot \text{s}^2}{4 \cdot 3{,}14^2 \cdot 0{,}4\ \text{V} \cdot \text{s} \cdot 800^2} = 99\ \text{nF}$$

Für die Einheiten gilt:

$1\ \frac{\text{A} \cdot \text{s}}{\text{V}} = 1\ \text{F}$

$1 \cdot 10^{-9}\ \text{F} = 1\ \text{nF}$

Für den zweiten Kondensator erhält man:

$$C_2 = 396\ \text{nF, denn } C \sim \frac{1}{f^2}$$

Der Zusammenhang $f^2 \sim \frac{1}{C}$ oder $C \sim \frac{1}{f^2}$ ergibt sich aus der Gleichung $f = \frac{1}{2\pi \cdot \sqrt{L \cdot C}}$

*Ergebnis*:
Für einen Ton mit einer Frequenz von 800 Hz muss der Kondensator des Schwingkreises eine Kapazität von 99 nF haben. Für einen 400-Hz-Ton muss die Kapazität 396 nF betragen.

## Gedämpfte und ungedämpfte elektromagnetische Schwingungen

Es handelt sich dabei um freie Schwingungen bzw. Eigenschwingungen mit der Eigenfrequenz $f_0$, die durch Induktivität und Kapazität bestimmt ist.

Wird einem geschlossenen Schwingkreis einmalig Energie zugeführt, z. B. durch Aufladen des Kondensators, so kommen die elektromagnetischen Schwingungen im Schwingkreis nach einer bestimmten Zeit zum Erliegen. Es liegt eine **gedämpfte Schwingung** vor. Ursache dafür ist der ohmsche Widerstand im Schwingkreis, durch den elektrische Energie in thermische Energie umgewandelt wird.

| **gedämpfte Schwingung** | **ungedämpfte Schwingung** |
|---|---|
| 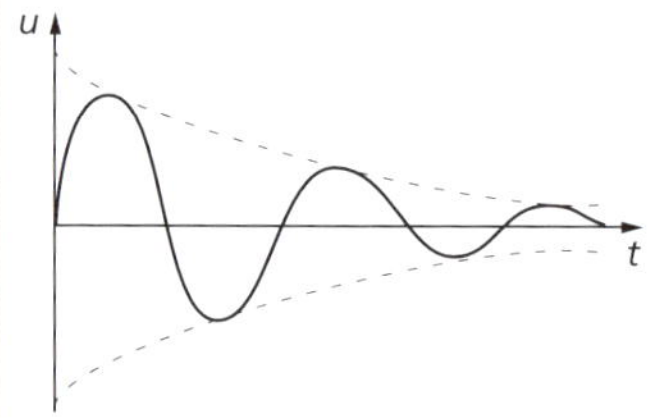  | 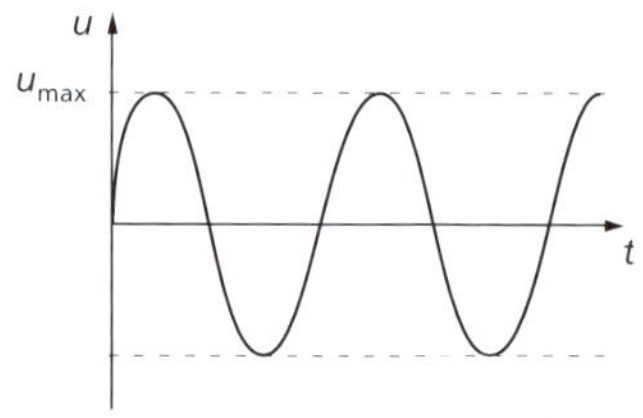  |

Resonanz bei elektromagnetischen Schwingungen kann erwünscht oder unerwünscht sein. Erwünscht ist sie z. B. beim Abstimmkreis in einem Rundfunkempfänger. Unerwünscht ist sie bei der Rückkopplung einer Verstärkeranlage mit einem Mikrofon.

Um eine **ungedämpfte Schwingung** zu erhalten, muss dem Schwingkreis im zeitlichen Mittel ständig soviel Energie zugeführt werden, wie in thermische Energie umgewandelt wird. Das kann man erreichen, indem man z. B. durch eine induktive Kopplung dem Schwingkreis von außen Energie zuführt. Der Schwingkreis führt dann **erzwungene Schwingungen** aus. Ein Maximum der Amplitude wird dann erreicht, wenn die Erregerfrequenz genau so groß wie die Eigenfrequenz des Schwingkreises ist.
In diesem Fall liegt **Resonanz** vor. Die Amplituden von Wechselspannung und Wechselstromstärke im Schwingkreis erreichen ein Maximum.

> Die Resonanzbedingung für erzwungene Schwingungen lautet:
>
> $f_E = f_0$ — $f_E$ Erregerfrequenz; $f_0$ Eigenfrequenz

Die meißnersche Rückkopplungsschaltung wurde 1913 von dem deutschen Techniker ALEXANDER MEISSNER (1883–1958) entwickelt. Er verwendete eine Elektronenröhre als Schalter. Transistoren waren in dieser Zeit noch nicht entwickelt.

Um in einem Schwingkreis ungedämpfte Schwingungen zu erhalten, muss von außen die Energie in der Eigenfrequenz und in der richtigen Phase zugeführt werden. Günstig ist dabei, wenn diese Energiezufuhr durch den Schwingkreis selbst gesteuert wird. Das kann man z. B. durch die **meißnerschen Rückkopplungsschaltung** erreichen. Dabei verwendet man heute einen Transistor als Schalter zur Steuerung.

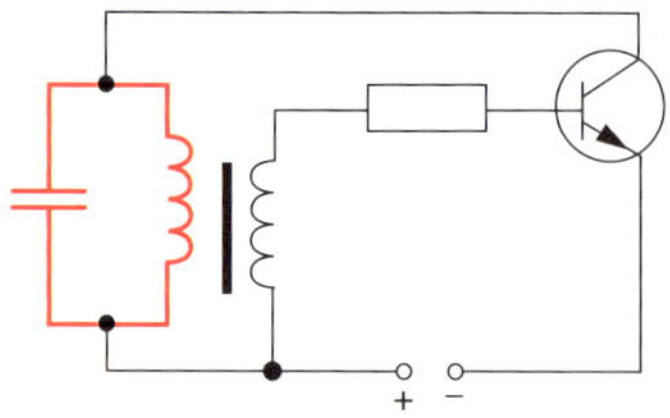


Diese Schaltung wird u. a. in **Tongeneratoren** angewendet, um Schall oder Ultraschall zu erzeugen. Sie kann auch zur Erzeugung hochfrequenter Schwingungen verwendet werden.

## 4.7.3 Hertzsche Wellen

Das Spektrum elektromagnetischer Wellen umfasst einen breiten Frequenz- bzw. Wellenlängenbereich (↗ S. 309). Wir konzentrieren uns nachfolgend auf den Teilbereich der **hertzschen Wellen** (↗ S. 306, 309) und stellen an diesem Beispiel Entstehung, Ausbreitung und Eigenschaften dar. Die hertzschen Wellen umfassen den Bereich der elektromagnetischen Wellen, der bei Rundfunk und Fernsehen genutzt wird.

Benannt ist dieser Wellenlängenbereich nach dem deutschen Physiker Heinrich Hertz (1857–1894), der 1886–1888 erstmals die von James Clerk Maxwell (1831–1979) theoretisch vorhergesagten elektromagnetischen Wellen erzeugte und ihre Eigenschaften experimentell untersuchte.

### Entstehung und Ausbreitung hertzscher Wellen

Der Schwingkreis in der bisher beschriebenen Bauform ist nur sehr bedingt zur Erzeugung hertzscher Wellen geeignet. Zum einen ist nach der thomsonschen Schwingungsgleichung die Frequenz bei großen Kapazitäten und Induktivitäten gering. Zum anderen sind elektrisches und magnetisches Feld nahezu vollständig auf Kondensator bzw. Spule beschränkt, also voneinander isoliert.
Um die Frequenz zu erhöhen, muss man die Induktivität und die Kapazität im Schwingkreis verringern. So kann man bei der Spule die Wicklungen „auseinanderziehen" und kommt damit im Extremfall zu einem geradlinigen Leiter. Beim Kondensator kann man die Fläche der Kondensatorplatten verkleinern und ihren Abstand maximal vergrößern. Nimmt man alle diese Veränderungen nacheinander vor, dann bleibt am Ende lediglich ein gerader Stab übrig, den man als offenen Schwingkreis oder als **Dipol** bezeichnet (s. Skizzen).

Für die **Induktivität** einer langen Spule gilt:

$$L = \frac{\mu_0 \cdot \mu_r \cdot N^2 \cdot A}{l}$$

Die **Kapazität** eines Plattenkondensators ergibt sich zu:

$$C = \varepsilon_0 \cdot \varepsilon_r \cdot \frac{A}{d}$$

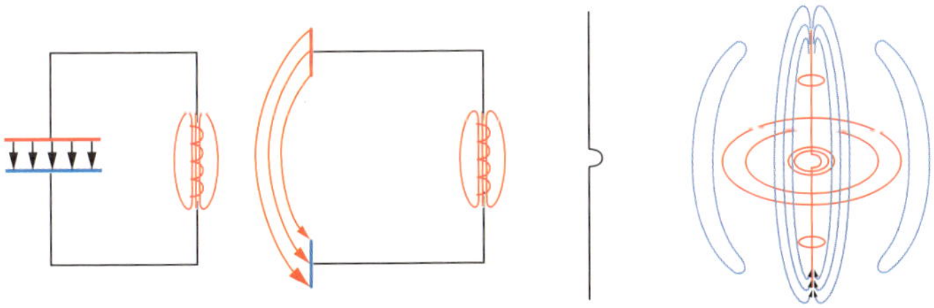

geschlossener Schwingkreis | Öffnen des Schwingkreises | offener Schwingkreis (Dipol) | Abstrahlen elektromagnetischer Wellen

> Ein offener Schwingkreis mit kleiner Induktivität und Kapazität wird auch als Dipol bezeichnet.

Neben der Frequenzerhöhung erreicht man mithilfe eines Dipols darüber hinaus, dass elektrisches und magnetisches Feld nicht mehr räumlich voneinander getrennt sind, sondern sich beide um den Dipol herum bilden und sich von dort aus in den Raum hinein ausbreiten.

> Ein Dipol (Sendedipol) kann als Quelle elektromagnetischer Wellen dienen.

In unmittelbarer Nähe eines Dipols sind elektrisches und magnetisches Feld gegeneinander verschoben, so wie es S. 301 dargestellt ist. Man spricht vom **Nahfeld.**
In größerer Entfernung vom Dipol, beim **Fernfeld,** ist die Lage der Felder zueinander so, wie es rechts skizziert ist. Sie schwingen gleichphasig und senkrecht zueinander.

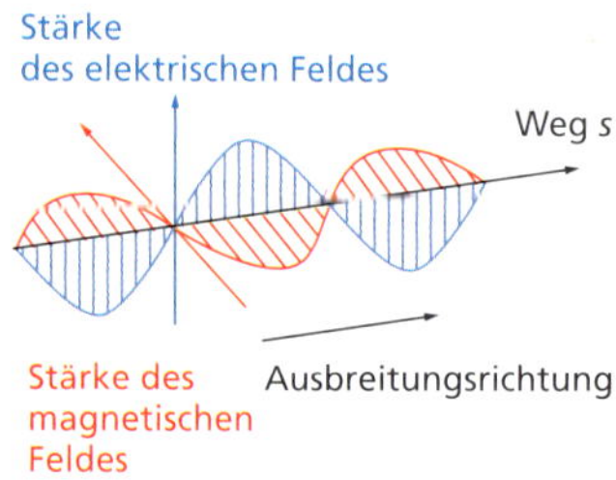


Vergleicht man in der Skizze S. 301 die Ausbreitungsrichtung der Welle vom Dipol weg mit den Richtungen von elektrischem und magnetischem Feld, so ist zu erkennen: Beide Felder ändern ihre Stärke senkrecht zur Ausbreitungsrichtung. Wie anderen Wellen kann ihnen eine **Ausbreitungsgeschwindigkeit**, eine **Wellenlänge** und eine **Frequenz** zugeordnet werden.

Eine elektromagnetische Welle ist die Ausbreitung einer elektromagnetischen Schwingung im Raum. Elektromagnetische Wellen sind Transversalwellen, für die gilt:

$c = \lambda \cdot f$

- $c$ Ausbreitungsgeschwindigkeit
- $\lambda$ Wellenlänge
- $f$ Frequenz

Die Anordnung von elektrischem und magnetischem Feld um einen Dipol ist in den nachfolgenden Skizzen in der zeitlichen Abfolge dargestellt.

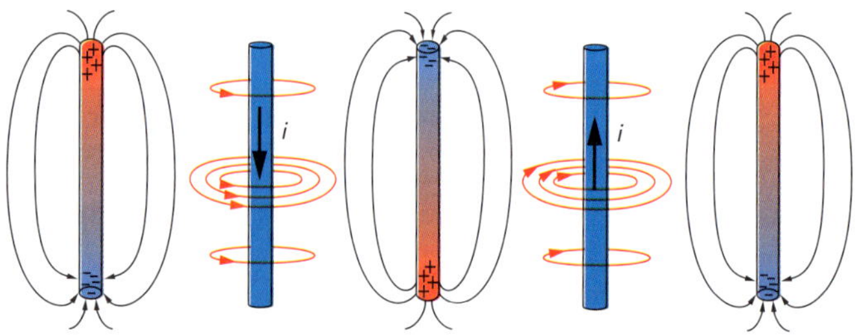


Vergleicht man den sinusförmigen Verlauf von Stromstärke bzw. Spannung mit einer vollständigen Periode einer Welle, dann ist erkennbar: Sowohl bei Spannung als auch bei Stromstärke ist $\frac{\lambda}{2}$ dargestellt, wenn auch phasenverschoben.

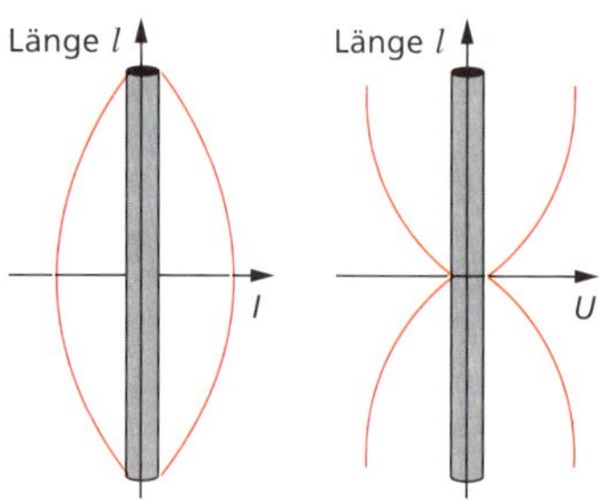


Im Dipol werden Ladungsträger (Elektronen) beschleunigt und abgebremst. Daraus ergibt sich eine charakteristische Verteilung von Stromstärke und Spannung längs des Dipols. An den Enden des Dipols ist die Stromstärke null, die Spannung ist zwischen den Enden maximal. In der Mitte des Dipols ist die Stromstärke am größten. Die Spannung ist dann null.

Dieser charakteristische Verlauf von Stromstärke und Spannung an einem Dipol, so wie er oben skizziert ist, bestimmt entscheidend das Schwingungsverhalten.

**Resonanz bei einem Dipol** und damit maximale Amplituden treten nur dann auf, wenn sich entlang eines Dipols eine stehende Welle ausbilden kann. Das ist dann der Fall, wenn die Länge des Dipols ein ganzzahliges Vielfaches der halben Wellenlänge ist:

$$l = n \cdot \frac{\lambda}{2} \qquad (n = 1, 2, \ldots)$$

Für $n = 1$ ist die Länge des Dipols $\frac{\lambda}{2}$. Die betreffende Schwingung wird als **Grundschwingung** bezeichnet.

Kennt man die Ausbreitungsgeschwindigkeit elektromagnetischer Wellen, dann erhält man mit $f = \frac{c}{\lambda}$ und $\lambda = 2\,l$ $(n = 1)$:

> Die Resonanzfrequenz $f$ eines Dipols für seine Grundschwingung beträgt:
>
> $f = \frac{c}{2l}$ — $c$ Ausbreitungsgeschwindigkeit, $l$ Länge des Dipols

Um elektromagnetische Wellen abzustrahlen, wird ein Dipol z. B. induktiv an einen Schwingkreis gekoppelt (↗ S. 308).

Ein solcher Dipol wird auch als **Sendeantenne** oder kurz als **Antenne** bezeichnet.

### Andere Möglichkeiten zur Erzeugung elektromagnetischer Wellen

Elektromagnetische Wellen entstehen überall dort, wo Ladungsträger beschleunigt werden (↗ S. 297). Technisch nutzt man neben Dipolen noch andere Varianten.

In einem **Klystron (Magnetron)** werden einzelne Elektronen zu Elektronenpaketen verdichtet und zu Schwingungen angeregt. Auf diese Weise lassen sich elektromagnetische Wellen mit Frequenzen im Gigahertzbereich erzeugen. Magnetrons werden z. B. bei **Mikrowellengeräten** als Strahlungsquelle genutzt.

Bei Mikrowellengeräten wird mit einer Frequenz von $f = 2{,}45$ GHz gearbeitet. Das ist die Eigenfrequenz von Wassermolekülen, die Bestandteil von Nahrung sind.

Treffen schnelle Elektronen auf ein Hindernis, so werden sie schlagartig abgebremst. Dabei entsteht die so genannte **Bremsstrahlung.** Sie wird z. B. zur Erzeugung von **Röntgenstrahlung** (↗ S. 363) genutzt.

In großen ringförmigen **Teilchenbeschleunigern** bewegen sich geladene Partikel auf gekrümmten Bahnen und unterliegen dabei der Radialbeschleunigung. Die hier gebildete elektromagnetische Strahlung nennt man **Synchrotronstrahlung.**

Informationen zu Beschleunigern sind auf der CD zu finden.

### Eigenschaften hertzscher Wellen

Elektromagnetische Wellen und auch hertzsche Wellen umfassen einen großen Frequenz- bzw. Wellenlängenbereich (↗ S. 309). Bei der Untersuchung ihrer Eigenschaften zeigt sich, dass sie **wellenlängenabhängige** und **wellenlängenunabhängige Eigenschaften** besitzen. Wir konzentrieren uns nachfolgend auf die wellenlängenunabhängigen Eigenschaften hertzscher Wellen.

Die spezifischen Eigenschaften von Licht sind in der Optik, die von Röntgenstrahlung ↗ S. 365 dargestellt.

Noch vor ca. 100 Jahren herrschte unter den Physikern die Auffassung vor, dass es einen Trägerstoff für elektromagnetische Wellen, den Äther, gäbe. Die Ätherhypothese hat sich als nicht zutreffend erwiesen (↗ S. 424, 428).

Hertzsche Wellen breiten sich geradlinig auch durch den leeren Raum hindurch aus.

Ihre Ausbreitungsgeschwindigkeit ergibt sich aus Wellenlänge $\lambda$ und Frequenz $f$ zu $c = \lambda \cdot f$. Sie ist zugleich mit der elektrischen und der magnetischen Feldkonstanten verknüpft.

Für die **Ausbreitungsgeschwindigkeit** $c$ hertzscher Wellen gilt

im Vakuum: $c = \frac{1}{\sqrt{\varepsilon_0 \cdot \mu_0}}$ in Stoffen: $c = \frac{1}{\sqrt{\varepsilon_0 \cdot \varepsilon_r \cdot \mu_0 \cdot \mu_r}}$

$\varepsilon_0$ elektrische Feldkonstante $\varepsilon_r$ Permittivitätszahl
$\mu_0$ magnetische Feldkonstante $\mu_r$ Permeabilitätszahl

Mit $\varepsilon_0 = 8{,}854\,188 \cdot 10^{-12}\ \mathrm{A \cdot s \cdot V^{-1} \cdot m^{-1}}$ (elektrische Feldkonstante) und $\mu_0 = 1{,}256\,637 \cdot 10^{-6}\ \mathrm{V \cdot s \cdot A^{-1} \cdot m^{-1}}$ (magnetische Feldkonstante) erhält man für die Ausbreitungsgeschwindigkeit elektromagnetischer Wellen im Vakuum $c = 299\,792\ \mathrm{km \cdot s^{-1}}$.

Man kann folgern: Breitet sich ein Wellenphänomen mit ca. $300\,000\ \mathrm{km \cdot s^{-1}}$ aus, so handelt es sich um elektromagnetische Wellen.

Die Ausbreitungsgeschwindigkeit einer Welle dient als wichtiges Entscheidungskriterium, mit dem man herausfinden kann, um welche spezielle Wellenart es sich in einem konkreten Fall handelt.

Mit hertzschen Wellen wird Energie transportiert.

Diese Energie verteilt sich gleichmäßig auf das elektrische und das magnetische Feld. Sie ist umso größer, je größer die elektrische Feldstärke $E$ und die magnetische Flussdichte $B$ sind.
Hertzsche Wellen besitzen analoge Eigenschaften wie mechanische Wellen (↗ S. 141 ff.): Sie können Stoffe durchdringen und werden dabei z.T. absorbiert, an Grenzflächen reflektiert oder gebrochen. Es können Beugung und Interferenz auftreten. Elektromagnetische Wellen sind polarisierbar.

Die Eigenschaften hertzscher Wellen lassen sich gut mit Mikrowellen demonstrieren. Das Foto zeigt einen Mikrowellensender.

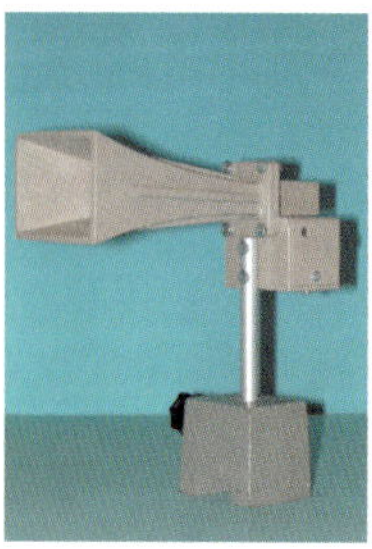

Isolatoren können von Wellen durchdrungen werden, während metallische Leiter diese abschirmen.

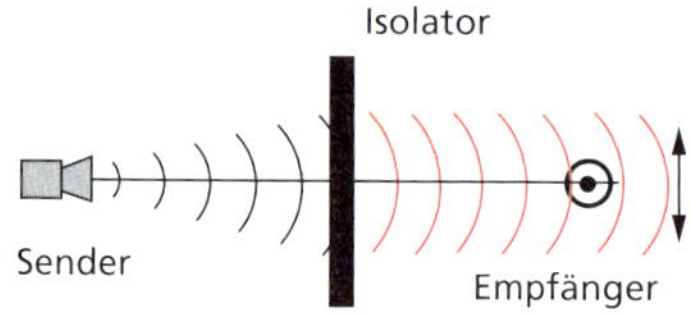


In einem Zimmer kann man Fernseh- und Radiosender empfangen, in einem Gebäude aus Stahlbeton kann es Probleme geben, weil die hertzschen Wellen abgeschirmt werden. Das gilt auch für das Innere eines Pkw oder für Tunnel.

Schwächung elektromagnetischer Wellen tritt auch durch Absorption auf, etwa bei größerer Entfernung von einem Sender.

An metallischen Leitern werden hertzsche Wellen **reflektiert.** Es gilt das **Reflexionsgesetz** $\alpha = \alpha'$.

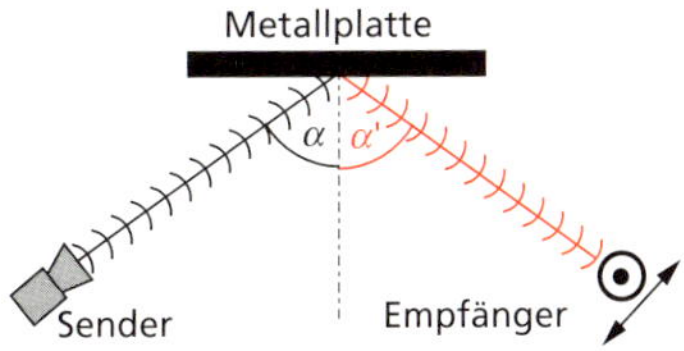


In einem Auto benötigt man eine Außenantenne, da die Blechkarosse des Autos hertzsche Wellen reflektiert und damit abschirmt.

Fernseh- und Satellitenantennen besitzen für einen optimalen Empfang so genannte **Reflektoren,** die das Reflexionsgesetz ausnutzen. Reflektierende Schichten gibt es auch in der Atmosphäre.

Beim Übergang von einem Isolator in einen anderen können hertzsche Wellen ihre Ausbreitungsrichtung ändern. Sie werden **gebrochen**. Es gilt das **Brechungsgesetz** (↗ S. 142).

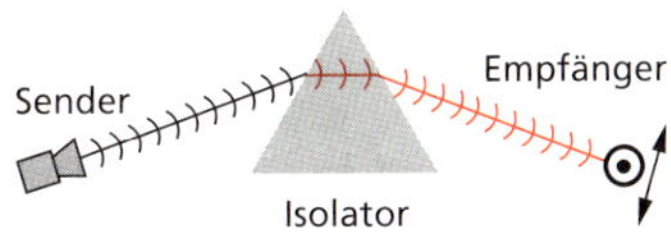


An Hindernissen können hertzsche Wellen **gebeugt** werden und so ihre Ausbreitungsrichtung ändern.

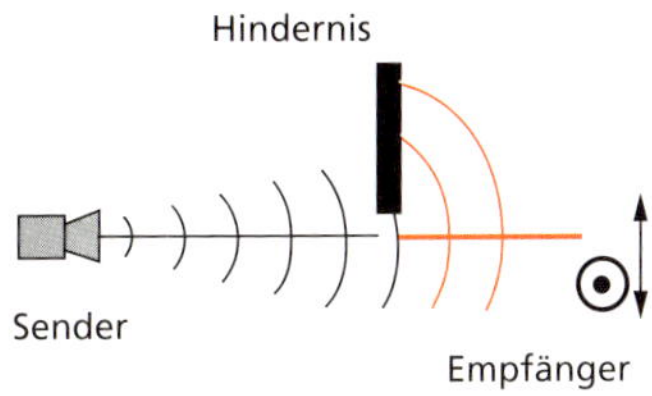


Durch Beugung ist ein Fernsehempfang z. T. auch hinter Bergen und hohen Gebäuden möglich.

Ob und wie stark Durchdringung, **Reflexion, Beugung** und **Brechung** bei hertzsche Wellen auftreten, hängt von **Frequenz** und **Wellenlänge** dieser Wellen und von den beteiligten Körpern bzw. Stoffen ab.

Hertzsche Wellen können sich auch **überlagern**, sodass eine resultierende Welle als Addition der Ausgangswellen entsteht **(Interferenz).** Dabei kommt es zu typischen Interferenzerscheinungen wie Verstärkung und Auslöschung.

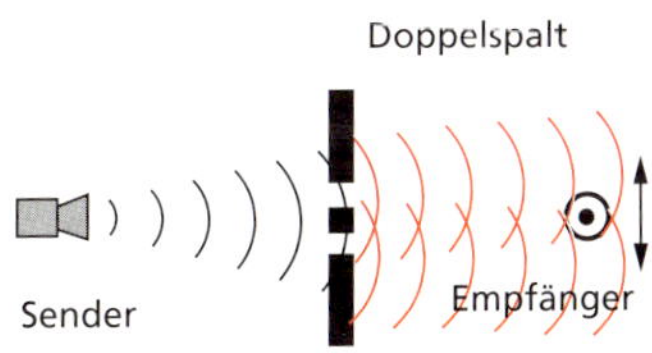


Bei Radiosendern kann man diese Interferenzerscheinungen mitunter wahrnehmen. Sie äußern sich in der Veränderung der Lautstärke.

Bei **hertzschen Wellen** treten analoge Interferenzerscheinungen wie bei mechanischen Wellen (↗ S. 142 f.) und bei Licht (↗ S. 363 ff.) auf.

Hertzsche Wellen können auch **polarisiert** werden, z. B. durch ein engmaschiges Netz aus Metalldrähten. Die Feldvektoren schwingen dann hinter dem Gitter nur in einer Ebene. Ist die Schwingungsrichtung von der elektrischen Feldstärke $E$ parallel zu den Stäben des Gitters, tritt die Welle nicht hindurch. Sie wird reflektiert. Bei senkrechter Stellung von $E$ zu den Stäben läuft die Welle weitgehend ungehindert durch das Gitter hindurch.

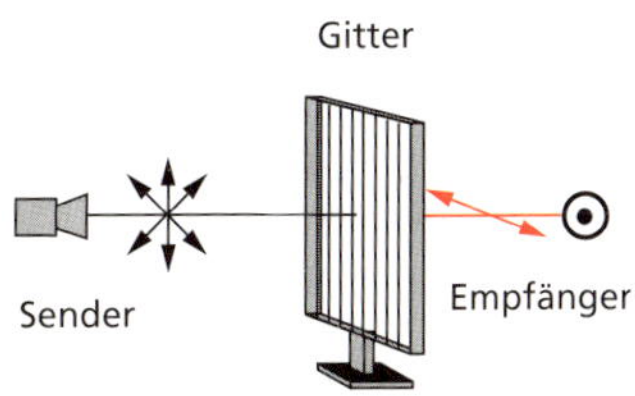


Bei zeichnerischen Darstellungen stellt man in der Regel nur die Schwingungsrichtung der elektrischen Feldstärke $\vec{E}$ dar. Hertzsche Wellen, die von Dipolen abgestrahlt werden, sind linear polarisiert.

## Einteilung hertzscher Wellen und Überblick über ihre technische Nutzung

Eine Übersicht über das gesamte elektromagnetische Spektrum ist S. 309 zu finden.

Die vor allem bei der Informationsübertragung (Rundfunk, Fernsehen) genutzten hertzschen Wellen umfassen einen Frequenzbereich von etwa 30 kHz bis 30 GHz. Die Wellenlängen liegen demzufolge zwischen 10 km und 1 cm. Hertzsche Wellen teilt man in unterschiedliche Bereiche ein. In der Übersicht sind die in der **Technik** vorrangig genutzten Bereiche angegeben, die nicht identisch sind mit den Frequenz- und Wellenlängenbereichen, die man üblicherweise in der Physik angibt.
Für Anwendungen nutzt man die unterschiedlichen Eigenschaften hertzscher Wellen bei verschiedenen Frequenzen bzw. Wellenlängen.

| Bereich | Frequenz *f* | Wellenlänge $\lambda$ | Anwendungen |
|---|---|---|---|
| Langwellen (LW oder LF) | 148,5 kHz – 283,5 kHz<br>290 kHz – 527 kHz | 2 km – 1 km<br>1000 m – 600 m | Rundfunk<br>Schiffsfunk<br>Funkpeilung |
| Mittelwellen (MW oder MF) | 526,5 kHz – 1606,5 kHz | 600 m – 200 m | Rundfunk |
| Kurzwellen (KW oder MF) | 3,95 MHz – 26,1 MHz | 75 m – 10 m | Rundfunk<br>Flugfunk<br>Amateurfunk<br>CB–Sprechfunk |
| Meterwellen (VHF) | 48,25 MHz– 62,25 MHz<br>87,5 MHz–108 MHz<br>175,25 MHz– 217,25 MHz | 6,2 m – 4,8 m<br>3,4 m – 2,8 m<br>1,7 m – 1,4 m | Fernsehen VHF Band I<br>UKW–Rundfunk<br>Fernsehen VHF Band III |
| Dezimeterwellen (UHF) | 0,3 GHz – 3 GHz<br><br>471,25 MHz – 599,25 MHz<br>607,25 MHz – 783,25 MHz | 10 dm – 1 dm<br><br>6,3 dm – 5 dm<br>4,9 dm – 3,8 dm | Richtfunk auf der Erde, Radar<br>Fernsehen UHF Band IV<br>Fernsehen UHF Band V |
| Zentimeterwellen (Mikrowellen, SHF) | 3 GHz – 30 GHz | 10 cm – 1 cm | Richtfunk von Nachrichten-Satelliten<br>Funkastronomie |

Radar (**R**adio **d**etecting **a**nd **r**anging = Funkortung und Entfernungsmessung) wurde in den dreißiger Jahren des 20. Jahrhunderts entwickelt.

Hertzsche Wellen dienen vor allem zur Übertragung von Rundfunk und Fernsehen. Eine wichtige Anwendung hertzscher Wellen ist auch der **Radar.** Dabei werden hertzsche Wellen hoher Frequenz (ca. $10^8$ Hz) in Form sehr kurzer Impulse abgestrahlt, an einem Hindernis reflektiert und wieder empfangen. Aus der Laufzeit der Impulse kann die Entfernung berechnet werden. Geortete Objekte erscheinen auf einem Radarbildschirm als helle Punkte.

### Senden und Empfangen hertzscher Wellen

Elektromagnetische Schwingungen können nur dann als hertzsche Wellen von einem Sender abgestrahlt werden, wenn sie eine relativ hohe Frequenz (mindestens 100 kHz) besitzen. Man nennt diese auch **Hochfrequenz-Schwingungen (HF-Schwingungen).** Sprache und Musik, also Schallschwingungen, besitzen nur eine Frequenz bis maximal 20 kHz. Diese Schallschwingungen kann man mit einem Mikrofon in elektromagnetische Schwingungen umwandeln. Man nennt diese auch **Niederfrequenz-Schwingungen (NF-Schwingungen).** Sie sind aufgrund der geringen Frequenz für das Aussenden als hertzsche Wellen nicht geeignet.
Um Sprache, Musik und Bilder mithilfe hertzscher Wellen zu übertragen, bedient man sich deshalb des Verfahrens der **Modulation.** Dabei wird eine hochfrequente Schwingung als „Träger" für niederfrequente Schwingungen (Sprache, Musik) genutzt, da diese als hertzsche Welle abgestrahlt werden kann.
Die hochfrequente Schwingung wird dabei im Takte der niederfrequenten Schwingung so verändert, dass die Information der niederfrequenten Schwingung mit übertragen wird. Dies geschieht z. B. dadurch, dass man die Amplitude der HF-Schwingung im Takte der Amplitude der NF-Schwingung verändert **(Amplitudenmodulation).**

Dargestellt sind die „klassischen" analogen Verfahren. Heute wird in zunehmenden Maße die **Digitaltechnik** zur Übertragung von Rundfunk- und Fernsehprogrammen genutzt.

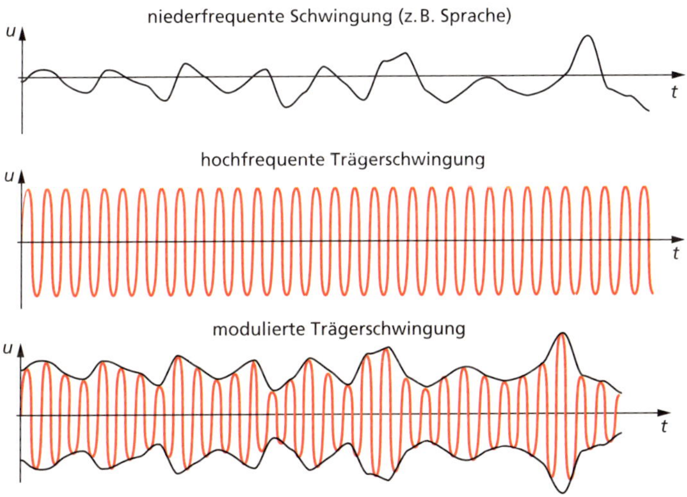


Neben der **Amplitudenmodulation** gibt es auch das Verfahren der **Frequenzmodulation.**
Dabei wird nicht die Amplitude, sondern die Frequenz der Trägerschwingung verändert.

Hertzsche Wellen werden über Antennen (Dipole) ausgestrahlt und empfangen. Diese **Sende- und Empfangsdipole** sind offene Schwingkreise (↗ S. 301).
Beim **Senden** von hertzschen Wellen wird der Sendedipol (Antenne) durch einen weiteren Schwingkreis zu elektromagnetischen Schwingungen angeregt. Dabei sind Schwingkreis und Dipol so aufeinander abgestimmt, dass beide mit derselben Eigenfrequenz schwingen können. Es tritt somit Resonanz (↗ S. 133) und damit eine maximale Abstrahlung elektromagnetischer Wellen auf.

**Prinzip eines Senders**

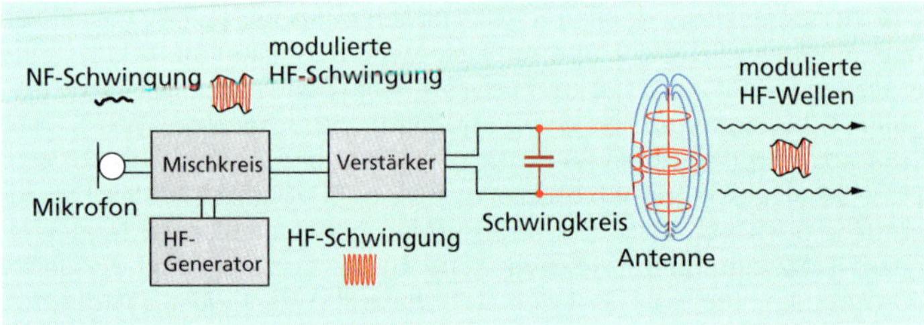


Mithilfe des Drehkondensators kann man die Kapazität und damit die Frequenz des Schwingkreises (↗ S. 299) verändern.

Beim **Empfang** hertzscher Wellen wird der Empfangsdipol durch elektromagnetische Wechselfelder in der Umgebung zu Schwingungen angeregt. Diese Schwingungen werden wiederum auf einen Schwingkreis im Empfänger, den **Abstimmkreis,** übertragen.

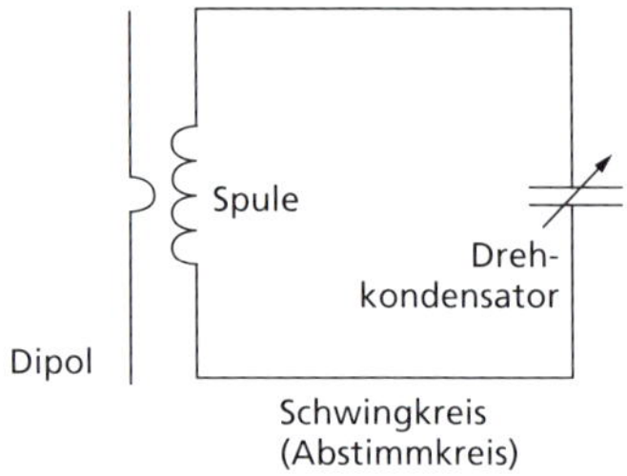


Die Amplitude der Schwingung ist von Erreger- und Eigenfrequenz abhängig.

a) $f_E \neq f_0$

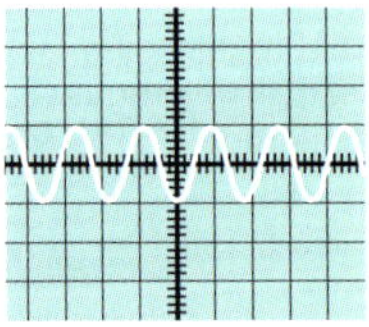

b) $f_E = f_0$

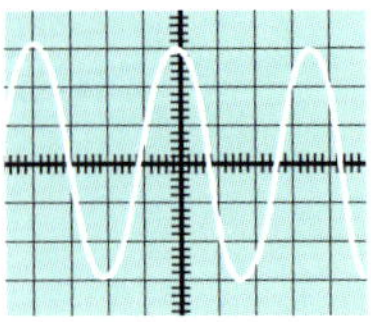

**Empfangsdipole** werden so gewählt, dass sie annähernd dieselbe Eigenfrequenz besitzen wie der Sendedipol. Auf einen Empfangsdipol treffen jedoch hertzsche Wellen unterschiedlicher Frequenzen. Um genau einen Sender auszuwählen, wird mithilfe eines Abstimmkreises im Empfänger die Eigenfrequenz des gewünschten Senders eingestellt. Durch Resonanz ist die Amplitude der elektromagnetischen Schwingung im Abstimmkreis dann am größten, wenn sie mit der Sendefrequenz des gewünschten Senders übereinstimmt, wenn also gilt: $f_E = f_0$.

Die modulierte hochfrequente Trägerschwingung muss im Empfänger wieder in HF- und NF- Schwingungen getrennt werden, damit die NF-Schwingungen im Lautsprecher hörbar gemacht werden können. Diesen Vorgang nennt man **Demodulation.** In der Regel werden die NF-Schwingungen im Empfänger noch **verstärkt,** damit z. B. Sprache und Musik gut hörbar werden.

**Prinzip eines Empfängers**

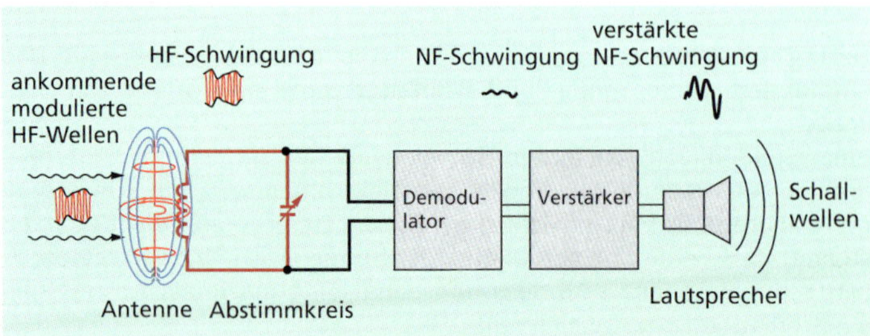

### 4.7.4 Das Spektrum elektromagnetischer Wellen

Das Spektrum elektromagnetischer Wellen umfasst einen großen Frequenz- und Wellenlängenbereich, von dem nur ein Teil technisch genutzt wird. Es ist nachfolgend die in der **Physik** übliche Einteilung angegeben.

| **Art der Wellen** | **Frequenz $f$ in Hz** | **Wellenlänge $\lambda$ in m** | **Eigenschaften** | **Anwendungen** |
|---|---|---|---|---|
| **Technischer Wechselstrom** | 30–300 | $10^7 - 10^6$ | leichte Erzeugbarkeit, einfache Übertragbarkeit mithilfe von Leitern | Gewinnung und Übertragung elektrischer Energie, Antrieb elektrischer Maschinen und Anlagen |
| **Tonfrequenter Wechselstrom** (Niederfrequenz) | $3 \cdot 10^2 - 3 \cdot 10^4$ | $10^5 - 10^4$ | Frequenzbereich entspricht dem des für den Menschen hörbaren Schalls | Übertragung von Sprache und Musik mit Leitungen (Telefonie) |
| **Hertzsche Wellen**<br>Langwelle (LW)<br>Mittelwelle (MW)<br>Kurzwelle (KW)<br>Ultrakurzwelle (UKW, VHF, UHF) | <br><br>$3 \cdot 10^4 - 3 \cdot 10^5$<br>$3 \cdot 10^5 - 3 \cdot 10^6$<br>$3 \cdot 10^6 - 3 \cdot 10^7$<br>$3 \cdot 10^7 - 3 \cdot 10^9$ | <br><br>$10^4 - 10^3$<br>$10^3 - 10^2$<br>$10^2 - 10$<br>$10 - 0{,}1$ | gute Ausbreitung in Luft, teilweise Reflexion an Schichten der Atmosphäre, Reflexion an Leitern | Radio<br>Mobilfunk<br>Fernsehen<br>Radar |
| **Mikrowellen** | $3 \cdot 10^9 - 10^{13}$ | $0{,}1 - 3 \cdot 10^{-5}$ | Eindringen in viele Stoffe und dabei Absorption durch diese Stoffe | Mikrowellenherd<br>Mikrowellentherapie |
| **Infrarotes Licht** | $10^{13} - 3{,}8 \cdot 10^{14}$ | $3 \cdot 10^{-5} - 7{,}8 \cdot 10^{-7}$ | tiefes Eindringen in menschliche Haut, gute Absorption durch viele Stoffe | Wärmestrahlung (Infrarotstrahler) Infrarotfernbedienung |
| **Sichtbares Licht** | $3{,}8 \cdot 10^{14} - 7{,}7 \cdot 10^{14}$ | $7{,}8 \cdot 10^{-7} - 3{,}9 \cdot 10^{-7}$ | vom Menschen mit dem Auge wahrnehmbar | Beleuchtung von Räumen (Lampen) |
| **Ultraviolettes Licht** | $7{,}7 \cdot 10^{14} - 3 \cdot 10^{16}$ | $3{,}9 \cdot 10^{-7} - 10^{-8}$ | dringt in äußere Hautschichten ein und ruft Veränderungen hervor (Bräunung, Sonnenbrand) | UV–Strahler (Höhensonne) |
| **Röntgenstrahlung** | $3 \cdot 10^{16} - 5 \cdot 10^{21}$ | $10^{-8} - 6 \cdot 10^{-14}$ | unterschiedliches Durchdringen von weichem Gewebe und Knochen | Röntgendiagnostik und -therapie |
| **Gammastrahlung** und **kosmische Strahlung** | $> 3 \cdot 10^{18}$ | $< 10^{-11}$ | großes Durchdringungsvermögen von massiven Körpern | Fehlersuche in Stahlträgern oder in massiven Werkstücken |

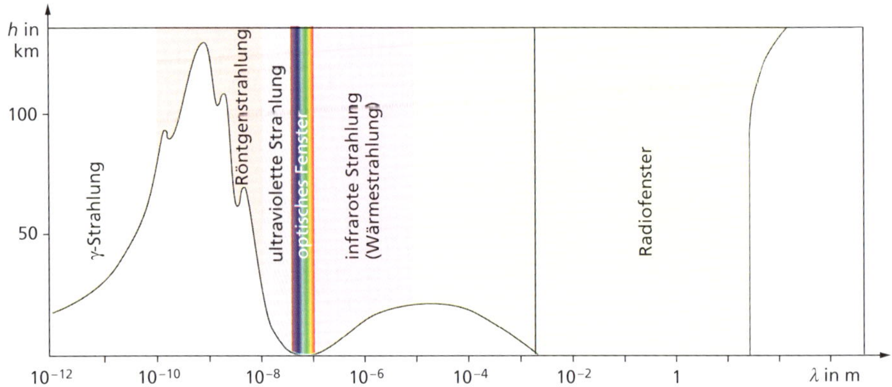


Die Übersicht oben zeigt dass Absorptionsvermögen der Erdatmosphäre für elektromagnetische Wellen, die „von außen" auffallen.

Für **Astronomie** und **Weltraumfahrt** ist von Bedeutung, welche elektromagnetischen Wellen die Erdatmosphäre nahezu ungeschwächt bis zum Erdboden durchdringen. Aus der Übersicht oben ergibt sich:

> Die Atmosphäre der Erde ist nur für sichtbare elektromagnetische Wellen und einen Teil der hertzschen Wellen nahezu vollständig durchlässig.

1932 entdeckte KARL GUTHE JANSKY (1905–1950), dass kosmische Objekte auch Strahlung im Radiofrequenzbereich aussenden.

Die betreffenden Bereiche werden als **optisches Fenster** und als **Radiofenster** bezeichnet. Für die astronomische Forschung bedeutet dies, dass man viele Jahrhunderte lang nur im optischen Bereich beobachten konnte und sich die Radioastronomie erst nach 1932 entwickelte.
Andere Wellenlängenbereiche kann man nur untersuchen, wenn die dafür gebauten Empfänger außerhalb der dichteren Atmosphärenschichten betrieben werden. Da die Menschheit erst seit wenigen Jahrzehnten über die Technologien zur Raumfahrt verfügt, handelt es sich z. B. bei der Röntgen- oder Gammaastronomie um recht junge Forschungsgebiete. In der nachfolgenen Übersicht sind dazu einige Informationen gegeben.

| **Radioteleskope** | **Röntgenteleskope** | **Infrarotteleskope** |
|---|---|---|
|  |  |  |
| Das Radioteleskop Effelsberg verfügt über einen beweglichen Spiegel von 100 m Durchmesser. | Die Röntgensatelliten ROSAT und CHANDRA (Bild) erfassen die Röntgenstrahlung kosmischer Objekte. | Das Flugzeugobservatorium SOFIA registriert die von kosmischen Objekten ausgehende Infrarotstrahlung. |

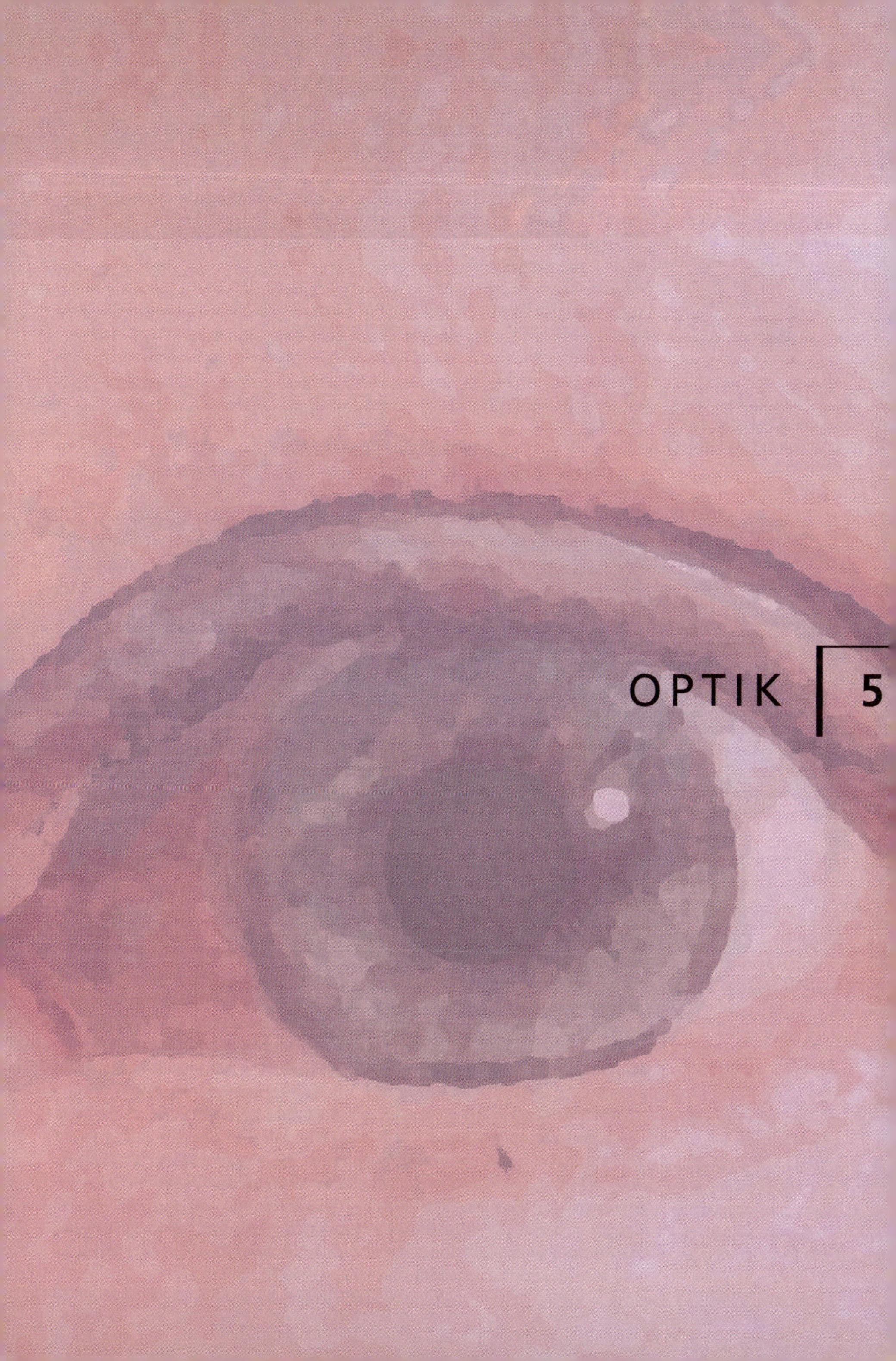

# OPTIK 5

## 5.1 Modelle für das Licht

Entscheidende Schritte bei der Entwicklung von Vorstellungen über das Licht waren die von ISAAC NEWTON (1643–1727) entwickelte **Korpuskulartheorie,** die von CHRISTIAAN HUYGENS (1629–1695) entwickelte **Wellentheorie** und die von ALBERT EINSTEIN (1879–1955) aufgestellte **Photonentheorie.**

Die Frage, was Licht ist, lässt sich in elementarer Weise nicht beantworten. Wir wissen nur: Licht ist aus physikalischer Sicht eine überaus komplizierte Erscheinung und verhält sich teilweise wie eine Welle und teilweise wie etwas Portionshaftes (Teilchen). Es ist deshalb nicht verwunderlich, dass in der Geschichte der Physik sehr unterschiedliche Auffassungen über das Wesen des Lichtes vertreten und verschiedene Modelle genutzt wurden. Auch heute arbeitet man in der Optik mit verschiedenen Modellen, wobei jedes dieser Modelle nur einige Merkmale bzw. Eigenschaften des Originals (des Lichtes) erfasst und darüber hinaus nur innerhalb bestimmter Grenzen gültig und sinnvoll anwendbar ist.

### 5.1.1 Das Modell Lichtstrahl

Das Licht einer Lichtquelle breitet sich geradlinig nach allen Seiten aus, wenn es nicht durch andere Körper daran gehindert wird. Den Weg des Lichtes und damit auch den Weg des Energiestromes von der Lichtquelle aus kann man sich durch Halbgeraden veranschaulichen, die als **Lichtstrahlen** bezeichnet werden.

Der Bereich der Optik, in dem man das **Modell Lichtstrahl** anwendet, wird als **Strahlenoptik** oder als **geometrische Optik** bezeichnet.

Lichtstrahlen sind ein Modell zur Darstellung des Weges, den Licht zurücklegt.

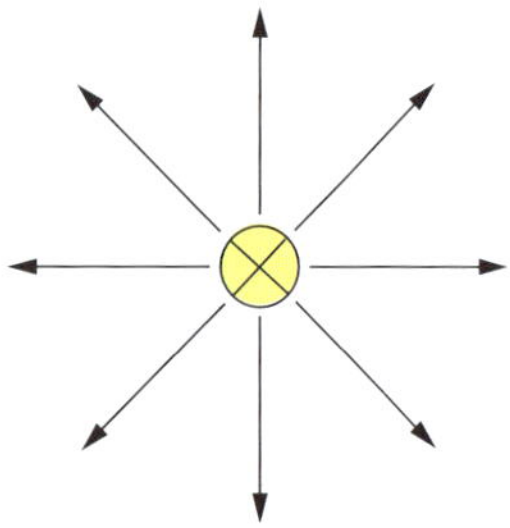

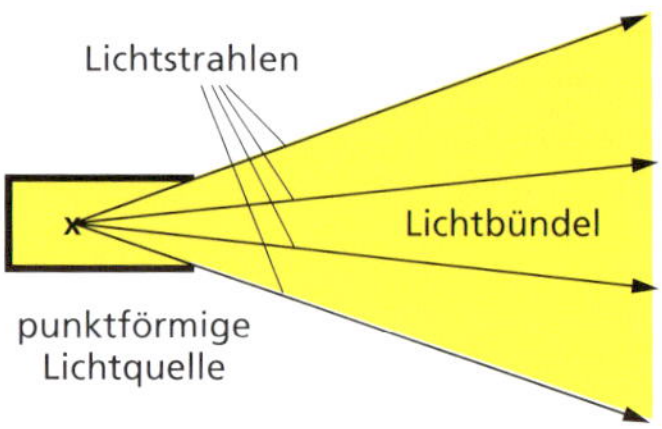


Das Modell Lichtstrahl ist gut geeignet für die Beschreibung der geradlinigen Ausbreitung des Lichtes von einer Lichtquelle aus, der Schattenbildung hinter lichtundurchlässigen Körpern sowie der Reflexion und der Brechung. Es ist auch ein zweckmäßiges Modell für die Beschreibung des Lichtweges an Spiegeln, durch Prismen und Linsen sowie bei vielen optischen Geräten. Zu unterscheiden ist dabei zwischen dem realen Objekt Licht bzw. Lichtbündel und dem Modell Lichtstrahl. Die Begrenzung von **Lichtbündeln** erfolgt meist durch **Blenden.**

Zur Darstellung eines Lichtbündels reicht es meist aus, nur die **Randstrahlen** zu zeichnen.

Der französische Mathematiker und Jurist PIERRE FERMAT (1601–1665) hat dieses Modell um das so genannte **fermatsche Prinzip** erweitert.

Das **fermatsche Prinzip** ist ein Extremalprinzip, d. h. eine physikalische Größe nimmt ein Minimum oder ein Maximum an. Solche Prinzipien werden in der Physik oft mit Erfolg angewendet.

> Licht legt den Weg von der Lichtquelle zum Empfänger stets auf dem zeitlich kürzesten Weg zurück.

Daraus ergibt sich bei konstanter Ausbreitungsgeschwindigkeit in einem homogenen Stoff eine geradlinige Ausbreitung, weil eine Gerade die kürzeste Verbindung zwischen zwei Punkten ist.

### 5.1.2 Das Modell Lichtwelle

Trifft Licht auf enge Spalte, sehr kleine Öffnungen oder Kanten, so tritt Beugung auf, also eine wellentypische Erscheinung (↗ S. 142). Licht zeigt unter bestimmten Bedingungen Welleneigenschaften, die mit dem Modell Lichtstrahl nicht zu erfassen sind. Für die Beschreibung wellentypischer Erscheinungen bei Licht wird deshalb ein **Wellenmodell** genutzt. In den Skizzen sind zwei Beispiele für Beugung dargestellt. Auch Interferenz oder Polarisation sind nur im Wellenmodell erklärbar.

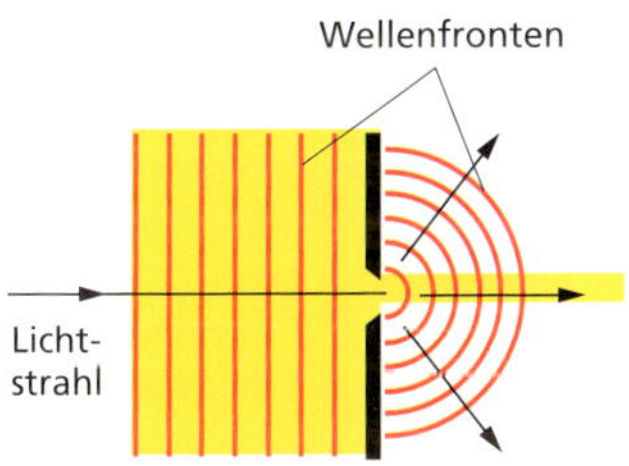


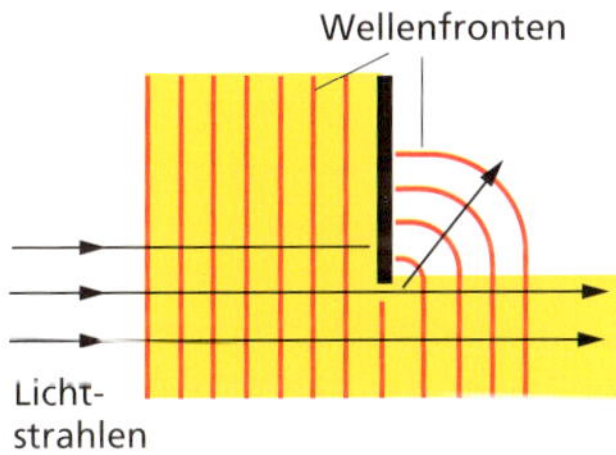


Der Bereich der Optik, in dem man das Modell Lichtwelle anwendet, wird als **Wellenoptik** bezeichnet.

> Licht kann als elektromagnetische Welle aufgefasst werden. Die Frequenz beschreibt die Farbe des Lichtes, das Quadrat der Amplitude ist ein Maß für die Intensität des Lichtes.

Unter **Intensität des Lichtes** versteht man die vom Licht pro Zeit übertragene Energie je Fläche. In der Physik ist dafür auch die Bezeichnung **Bestrahlungsstärke** $I$ üblich. Es gilt:

$$I = \frac{P}{A}$$

Dabei ist $P$ die Strahlungsleistung, $A$ die Fläche.

Bei Anwendung des Wellenmodells bezieht man häufig des **huygenssche Prinzip** (↗ S. 140) mit ein, nach dem jeder Punkt einer Wellenfront Ausgangspunkt einer Elementarwelle ist, die in ihrer Gesamtheit eine neue Wellenfront bilden. Wie aus der Skizze erkennbar ist, bestehen zwischen den genannten Modellen auch Zusammenhänge: Lichtstrahlen verlaufen stets senkrecht zu den Wellenfronten. Sie sind identisch mit **Wellennormalen.**

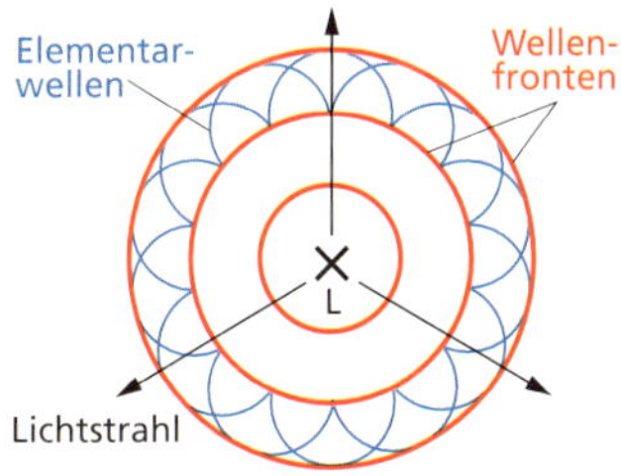


Für quantitative Überlegungen, z. B. bei der Überlagerung von Lichtwellen, kann man das **Zeigermodell** verwenden.

Ausführlich ist das **Zeigermodell** auf der CD dargestellt.

## 5.2 Ausbreitung des Lichtes in Stoffen und im Vakuum

Licht kann sich von Lichtquellen aus in Stoffen und im Vakuum ausbreiten. Trifft es auf Grenzflächen aus verschiedenen Stoffen, so können Reflexion und Brechung auftreten. Beim Durchgang durch Stoffe kann Licht gestreut und absorbiert werden.

### 5.2.1 Die Lichtgeschwindigkeit

Die Frage, wie schnell sich Licht ausbreitet, blieb viele Jahrhunderte unbeantwortet. Während z. B. GALILEO GALILEI (1564–1642) von der Endlichkeit der Lichtgeschwindigkeit überzeugt war, hielt sie z. B. der Astronom JOHANNES KEPLER (1571–1630) für unendlich groß.
Der Erste, der auf der Grundlage astronomischer Beobachtungen die Lichtgeschwindigkeit bestimmte, war der dänische Astronom OLAF RÖMER (1644–1710).
Die erste Messung auf der Erde gelang 1849 dem französischen Physiker HIPPOLYTE FIZEAU (1819–1896). FIZEAU nutzte dazu die unten skizzierte Experimentieranordnung.
Das Licht wurde von einer Lichtquelle aus über einen halbdurchlässigen Spiegel zwischen zwei Zähnen eines Zahnrades hindurch auf einen Spiegel gelenkt, dort reflektiert und gelangte dann durch die gleiche Lücke des Zahnrades und den halbdurchlässigen Spiegel zum Auge des Beobachters. Als Abstand zwischen Zahnrad und Spiegel wählte FIZEAU 8 633 m. Das Zahnrad hatte 720 Zähne. Wurde es in immer schnellere Umdrehung versetzt, so trat erstmals bei einer Drehzahl von 12,6 $s^{-1}$ eine Verdunklung auf. Das vom Spiegel reflektierte Licht traf dann genau auf einen Zahn des Zahnrades. Die Zeit für das Drehen des Zahnrades von einer Lücke zu einem Zahn betrug:

$$t = \frac{1}{2 \cdot 720 \cdot 12{,}6}\ \mathrm{s}$$

Während dieser Zeit hatte das Licht die Messstrecke zweimal durchlaufen. Die Lichtgeschwindigkeit ergab sich damit zu:

$$c = \frac{s}{t} = 2 \cdot 8\,633\ \mathrm{m} \cdot 2 \cdot 720 \cdot 12{,}6\ \mathrm{s}^{-1} = 313\,270\ \mathrm{km} \cdot \mathrm{s}^{-1}$$

Durch weitere Messungen und genauere Messverfahren wurde diese wichtige Naturkonstante immer genauer bestimmt.

RÖMER ermittelte aus mehrjährigen Beobachtungen der Verfinsterung von Jupitermonden beim Umlauf um den Jupiter um 1675 die Lichtgeschwindigkeit zu 214 000 km · $s^{-1}$. Messungen der Lichtgeschwindigkeit wurden später auch von LEON FOUCAULT (1819–1868) und ALBERT ABRAHAM MICHELSON (1852–1931) durchgeführt. MICHELSON ermittelte 1927 einen Wert von (299 796 ± 4) km · $s^{-1}$.

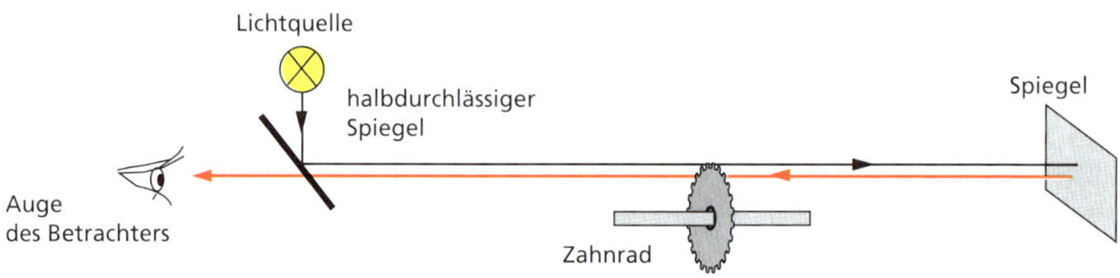

Heute kann man die Lichtgeschwindigkeit sehr genau im Labor messen. Da die verwendeten Strecken kurz sind, muss die Laufzeit sehr genau gemessen werden. Man verwendet eine Leuchtdiode, die in sehr kurzen Abständen Lichtblitze aussendet. Diese werden auf zwei Empfängern, die in verschiedener Entfernung angebracht sind, registriert und auf einem Oszilloskop angezeigt. Die Verschiebung der Signale im Oszilloskopbild wird verwendet, um die Laufzeit des Lichtes zu bestimmen. Bringt man in den Lichtweg einen anderen Stoff, so kann man die Lichtgeschwindigkeit in diesem Stoff messen.

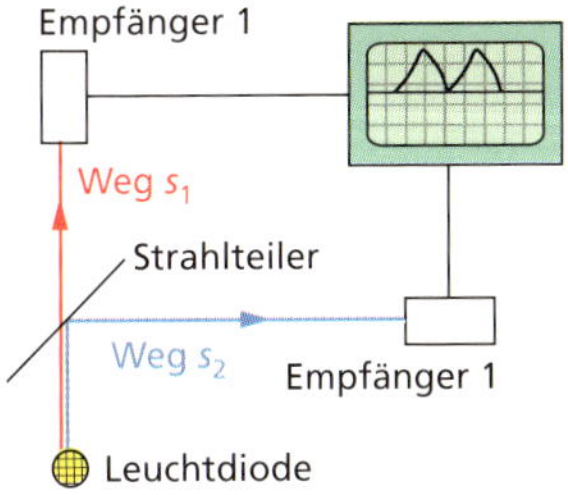


In Luft unter Normbedingungen hat die Lichtgeschwindigkeit einen Wert von 299 711 km · s$^{-1}$. Für das Vakuum und die Luft rechnet man meist mit dem Näherungswert 300 000 km · s$^{-1}$.

Die Lichtgeschwindigkeit im Vakuum beträgt $c = 299\,792{,}458$ km · s$^{-1}$.

Die Vakuumlichtgeschwindigkeit ergibt sich auch aus der elektrischen und der magnetischen Feldkonstanten (↗ S. 304). In Stoffen ist sie kleiner.

In Wasser beträgt die Lichtgeschwindigkeit 225 000 km · s$^{-1}$, in leichtem Kronglas 199 000 km · s$^{-1}$ und in Diamant 124 000 km · s$^{-1}$.

1983 wurde auf der 17. Generalkonferenz für Maß und Gewicht die Vakuumlichtgeschwindigkeit als eine **Grundkonstante** mit dem oben genannten Wert festgelegt. Auf diese Festlegung bezieht sich die heute gültige **Definition des Meter** als Länge der Strecke, die Licht im Vakuum während einer Dauer von 1/299 792 458 s durchläuft.

Das Meter ist eine von sieben Basiseinheiten des Internationalen Einheitensystems.

## 5.2.2 Reflexion und Brechung von Licht

### Reflexion von Licht

Trifft Licht auf die Grenzfläche zwischen zwei lichtdurchlässigen Stoffen, dann wird ein Teil des Lichtes an der Grenzfläche reflektiert, der andere Teil wird gebrochen. Das Verhältnis dieser beiden Anteile hängt unter anderem vom Einfallswinkel und von der Beschaffenheit der Grenzfläche ab. Für die Reflexion des Lichtes gilt das **Reflexionsgesetz.**

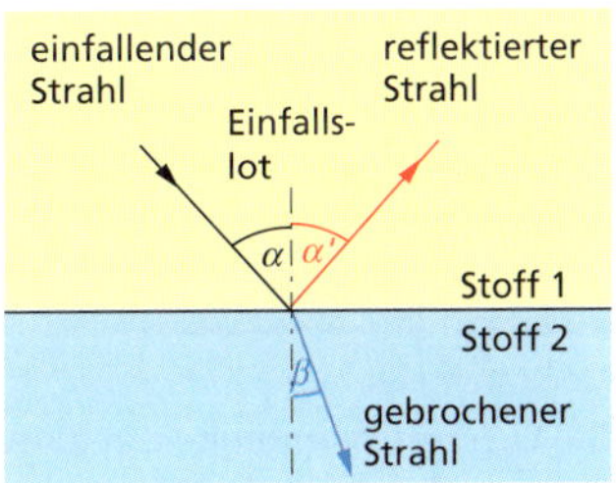


Ist der zweite Stoff lichtundurchlässig, so tritt nur Reflexion und Absorption (↗ S. 324) auf.

Wenn Licht an einer Fläche reflektiert wird, so ist der Einfallswinkel $\alpha$ gleich dem Reflexionswinkel $\alpha'$. Dabei liegen einfallender Strahl, Einfallslot und reflektierter Strahl in einer Ebene.

Das Reflexionsgesetz wird bei allen Arten von Spiegeln genutzt (↗ S. 326 f.).

Eine Erklärung für den Verlauf des Lichtes bei der **Reflexion** kann auch mit dem **fermatschen Prinzip** (↗ S. 313) gegeben werden.

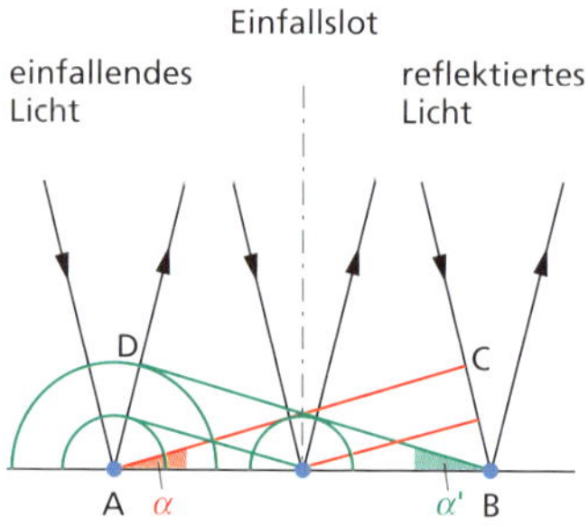


Wie bei mechanischen Wellen (↗ S. 141) lässt sich auch bei Licht die Reflexion mit dem **Wellenmodell** beschreiben und erklären. Jeder Punkt, der von einer Wellenfront getroffen wird, ist Ausgangspunkt einer Elementarwelle, wobei sich die Elementarwellen mit der gleichen Geschwindigkeit wie die Wellen ausbreiten. Daher sind die Dreiecke ABC und BDA kongruent, demzufolge auch die Winkel $\alpha$ und $\alpha'$ gleich groß.

### Brechung von Licht

Für die Brechung von Licht beim Übergang von einem Stoff in einen anderen gilt das **Brechungsgesetz**.

Die **Brechzahl** ergibt sich aus den Lichtgeschwindigkeiten der betreffenden Stoffe. Es gilt:

$$n = \frac{c_1}{c_2}$$

Wenn Licht an einer Grenzfläche von einem lichtdurchlässigen Stoff in einen anderen lichtdurchlässigen Stoff übergeht, so gilt für den Einfallswinkel $\alpha$ und den Brechungswinkel $\beta$:

$$\frac{\sin \alpha}{\sin \beta} = \frac{c_1}{c_2} \quad \text{oder} \quad \frac{\sin \alpha}{\sin \beta} = n$$

$c_1, c_2$ Lichtgeschwindigkeiten in den Stoffen 1 und 2
$n$ Brechzahl

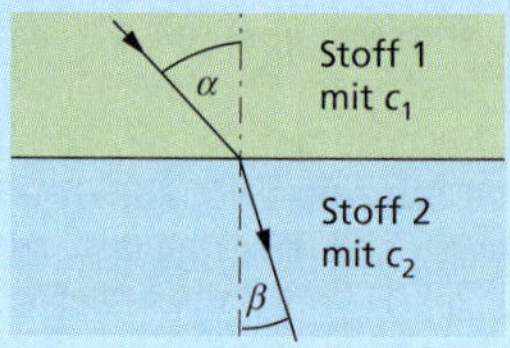


Wie Licht gebrochen wird, hängt demzufolge vom Verhältnis der Lichtgeschwindigkeiten (↗ S. 314) in den beiden Stoffen ab.

Die Begriffe „optisch dünner" und „optisch dichter" beziehen sich auf die **Lichtgeschwindigkeit** (↗ S. 314 f.). In einem optisch dichteren Stoff ist die Lichtgeschwindigkeit kleiner als in einem optisch dünneren Stoff.

| Übergang vom optisch dünneren zum optisch dichteren Stoff | Übergang vom optisch dichteren zum optisch dünneren Stoff |
|---|---|
| $c_1 > c_2 \quad \rightarrow \quad \alpha > \beta$<br>Das Licht wird zum Lot hin gebrochen. | $c_1 < c_2 \quad \rightarrow \quad \alpha < \beta$<br>Das Licht wird vom Lot weg gebrochen. |
| Luft–Glas<br>Luft–Wasser | Glas–Luft<br>Wasser–Luft |

Die Lichtgeschwindigkeit in *einem* Stoff und damit auch die Brechzahl ist von verschiedenen Faktoren abhängig.
So gilt z. B. für Luft, dass die Lichtgeschwindigkeit sich mit Verringerung der Dichte (des Luftdruckes) vergrößert. In großer Höhe ist deshalb die Lichtgeschwindigkeit (etwas) größer als an der Erdoberfläche. Da sich die Dichte von Luft mit der Temperatur ändert, verändert sich auch die Lichtgeschwindigkeit mit der Temperatur.

Darüber hinaus ist die Lichtgeschwindigkeit und damit die Brechzahl in Stoffen von der Wellenlänge abhängig.

Die Erscheinung, dass die Brechzahl eines Stoffes von der Wellenlänge abhängig ist, wird als Dispersion bezeichnet.

Eine Folge der Dispersion ist die Auffächerung von weißem Licht, also Licht unterschiedlicher Wellenlänge, in seine farbigen Bestandteile beim Durchgang durch ein Prisma (↗ S. 351). Dabei gilt: Für fast alle Stoffe ist die Brechzahl $n$ für kurzwelliges (blaues) Licht größer als für langwelliges (rotes) Licht. Das bedeutet: In der Regel wird blaues Licht stärker gebrochen als rotes Licht.

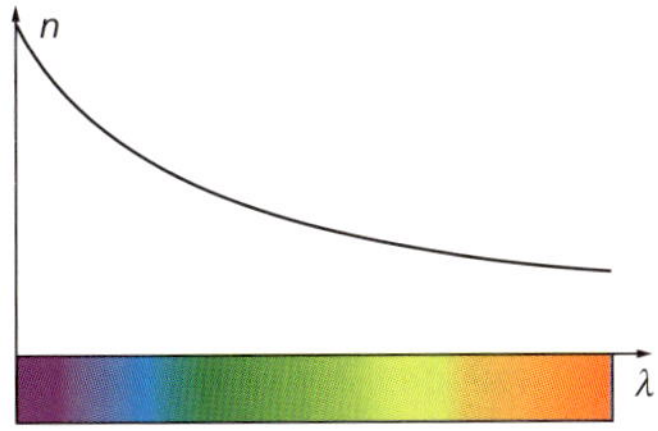


**Ableitung des Brechungsgesetzes**

Wie die Reflexion lässt sich auch die Brechung von Licht analog zu mechanischen Wellen (↗ S. 140 ff.) mit dem Wellenmodell beschreiben und erklären. Jeder Punkt der Grenzfläche, der von einer Welle getroffen wird, ist nach dem huygensschen Prinzip (↗ S. 140) Ausgangspunkt einer Elementarwelle, die sich in den Stoff hinein ausbreitet. Die Ausbreitungsgeschwindigkeit der Elementarwellen ist gleich der Lichtgeschwindigkeit im jeweiligen Stoff. Geht eine Welle der Wellenlänge $\lambda_1$ vom Vakuum oder von Luft in einen Stoff mit der Brechzahl $n$ über, dann ist die Lichtgeschwindigkeit in diesem Stoff $c_2 = c_1/n$ und damit auch die Wellenlänge $\lambda_2/n$. Diese Überlegungen gelten auch für die Elementarwellen.

Die Wege $c_1 \cdot t$ und $c_2 \cdot t$, die in der Zeit $t$ zurückgelegt werden sind wegen $c_1 \neq c_2$ verschieden lang. Mithilfe der Winkel $\alpha$ und $\beta$ kann man schreiben:

$$\overline{AC} = \frac{c_1 \cdot t}{\sin \alpha} \qquad (1)$$

$$\overline{AC} = \frac{c_2 \cdot t}{\sin \beta} \qquad (2)$$

Die Gleichsetzung von (1) und (2) ergibt:

$$\frac{c_1 \cdot t}{\sin \alpha} = \frac{c_2 \cdot t}{\sin \beta} \text{ oder}$$

$$\frac{\sin \alpha}{\sin \beta} = \frac{c_1}{c_2}$$

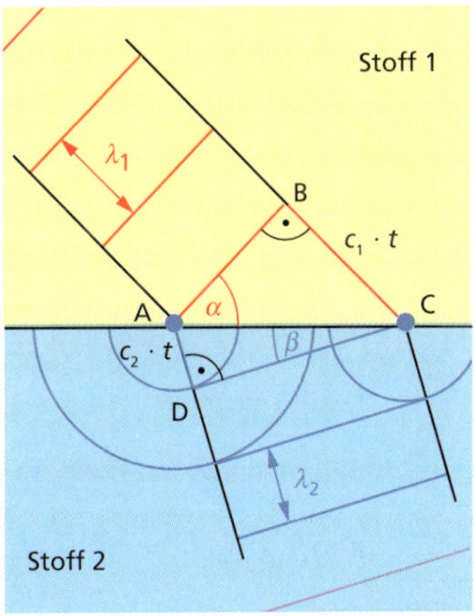


Das Brechungsgesetz kann auch auf andere Weise hergeleitet werden, z. B. unter Anwendung des fermatschen Prinzips oder mithilfe des newtonschen Korpuskularmodells (↗ S. 312).

**Luftspiegelungen** treten an Grenzflächen zwischen kalter und warmer Luft auf.

Die in Tabellenwerken angegebene Brechzahl von Stoffen bezieht sich auf die Vakuumlichtgeschwindigkeit und eine Wellenlänge von 589 nm (gelbe Natrium-Linien), also auf den mittleren Bereich des sichtbaren Lichtes.

$\alpha$ ist der Einfallswinkel und $\beta$ der Brechungswinkel, denn $\overline{AC}$ steht senkrecht zum Einfallslot und $\overline{AB}$ bzw. $\overline{CD}$ senkrecht zur Wellennormalen.

Weitere Hinweise zum **Reflexionsgesetz** und zum **Brechungsgesetz** sind auf der CD zu finden.

Licht fällt aus der Luft unter einem Einfallswinkel von 30° auf eine 5 cm dicke Glasplatte aus schwerem Kronglas.

a) *Wie groß ist der Brechungswinkel beim Übergang Luft–Glas?*
b) *Wie groß ist die Ablenkung des Lichtes aus seiner ursprünglichen Richtung?*

Die beiden Winkel $\beta$ (Brechungswinkel für Luft–Glas, Einfallswinkel für Glas–Luft) sind Wechselwinkel an Parallelen.

Eine solche Parallelverschiebung tritt nur auf, wenn das Licht schräg auf eine planparallele Platte trifft. Bei dünnen Platten, z. B. Fensterscheiben, ist der Effekt aber so gering, dass man ihn in der Regel nicht bemerkt.
Bei senkrechtem Einfall ist keine Parallelverschiebung zu beobachten.

*Analyse:*
Das Licht wird an der Grenzfläche Luft–Glas und Glas–Luft gebrochen. Der Brechungswinkel bei Luft–Glas ist gleich dem Einfallswinkel bei Glas–Luft. Damit verlässt der Lichtstrahl die Glasplatte unter dem gleichen Winkel $\alpha$, unter dem er auf sie gefallen ist.
Der Brechungswinkel $\beta$ ergibt sich aus dem Brechungsgesetz, die Ablenkung $x$ kann dann mit geometrischen Mitteln berechnet werden.

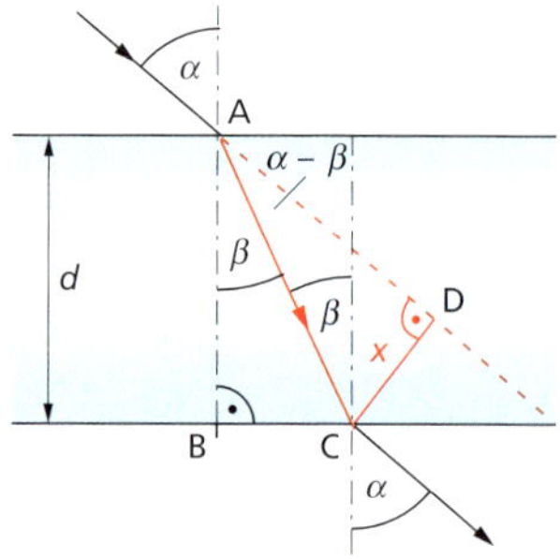


Gesucht: $\beta$, $x$
Gegeben: $\alpha = 30°$
$d = 5$ cm
$n = 1{,}61$

*Lösung:*
a) Die Umstellung des Brechungsgesetzes in der Form $\frac{\sin\alpha}{\sin\beta} = n$ nach $\sin\beta$ ergibt:

$$\sin\beta = \frac{\sin\alpha}{n}$$

$$\sin\beta = \frac{\sin 30°}{1{,}61} = 0{,}3106 \rightarrow \underline{\beta = 18{,}1°}$$

b) Im Dreieck ACD (s. Skizze) gilt:

$$\sin(\alpha - \beta) = \frac{x}{\overline{AC}} \rightarrow \qquad x = \overline{AC} \cdot \sin(\alpha - \beta) \qquad (1)$$

Die Strecke $\overline{AC}$ kann man im rechtwinkligen Dreieck ABC folgendermaßen berechnen:

$$\cos\beta = \frac{d}{\overline{AC}} \rightarrow \qquad \overline{AC} = \frac{d}{\cos\beta} \qquad (2)$$

Setzt man (2) in (1) ein, so erhält man:

$$x = \frac{d \cdot \sin(\alpha - \beta)}{\cos\beta} = \frac{5\text{ cm} \cdot \sin(30° - 18{,}1°)}{\cos 18{,}1°} = \underline{1{,}08\text{ cm}}$$

*Ergebnis:*
Der Brechungswinkel beträgt 18,1°. Der Lichtstrahl wird um etwa 1,1 cm parallel verschoben. Dieser Effekt ist immer dann zu beachten, wenn Licht schräg auf eine planparallele Schicht trifft.

## Totalreflexion

Tritt Licht unter einem Winkel $\alpha \neq 0$ von einem Stoff 1 in einen Stoff 2 über und ist die Lichtgeschwindigkeit $c_2$ größer als $c_1$, dann ist der Brechungswinkel größer als der Einfallswinkel. Wird der Einfallswinkel kontinuierlich vergrößert, so erreicht der Brechungswinkel schließlich den Wert $\beta = 90°$. Bei weiterer Vergrößerung des Einfallswinkels wird sämtliches Licht an der Grenzfläche reflektiert. Es tritt **Totalreflexion** auf. Beobachten lässt sich diese Erscheinung z. B. beim Übergang des Lichtes von Wasser in Luft (siehe Foto). In der Skizze rechts ist der Sachverhalt für ausgewählte Winkel dargestellt.

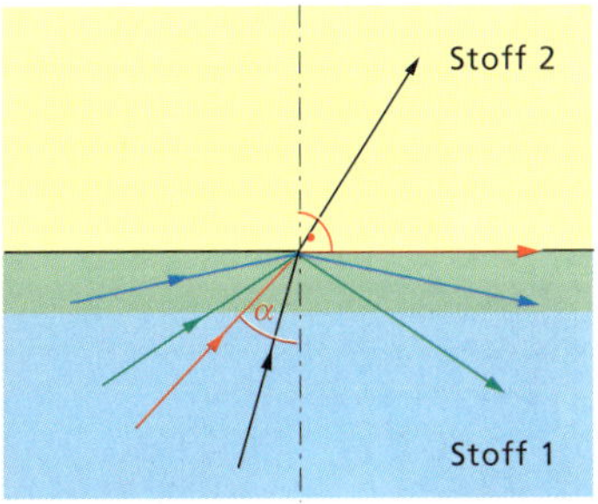


Die **Totalreflexion** von Licht an der Grenzfläche Wasser–Luft kann man z. B. beobachten, wenn man bei einem Aquarium schräg von unten gegen die Wasseroberfläche sieht.

> Die Erscheinung, dass beim Übergang des Lichtes von einem optisch dichteren Stoff (z. B. Glas) in einen optisch dünneren Stoff (z. B. Luft) bei bestimmten Winkeln sämtliches Licht an der Grenzfläche reflektiert wird, nennt man **Totalreflexion.**

Der Einfallswinkel, bei dem der Brechungswinkel gerade 90° beträgt, heißt **Grenzwinkel der Totalreflexion** $\alpha_G$.

> Für alle Winkel $\alpha > \alpha_G$ tritt Totalreflexion auf. Der Grenzwinkel der Totalreflexion $\alpha_G$ beträgt:
>
> $\sin \alpha_G = \frac{c_1}{c_2}$ — $c_1, c_2$ Lichtgeschwindigkeiten in den Stoffen 1 und 2 $(c_1 < c_2)$

Dieser Grenzwinkel ergibt sich aus dem **Brechungsgesetz** (↗ S. 316): Mit $\beta = 90°$ und damit $\sin \beta = 1$ erhält man die genannte Gleichung.

*Wie groß ist der Grenzwinkel der Totalreflexion für den Übergang von Licht aus Wasser in Luft?*

*Analyse*:
Gesucht ist der Einfallswinkel $\alpha$, bei dem der Brechungswinkel gerade 90° beträgt. Die zur Berechnung erforderlichen Lichtgeschwindigkeiten können einem Tabellenwerk entnommen werden.

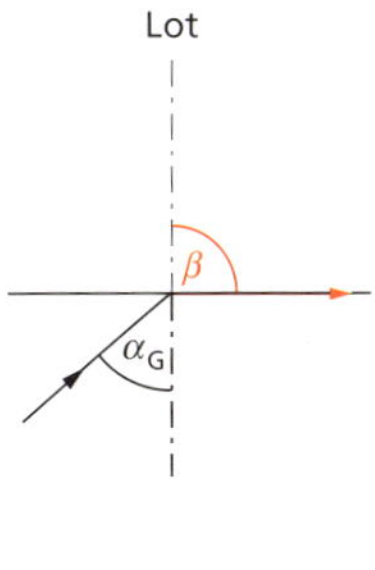


Gesucht: $\alpha_G$
Gegeben: $c_1 = 225\,000$ km/s
$c_2 = 299\,711$ km/s $\approx 300\,000$ km/s

*Lösung*:

$$\sin \alpha_G = \frac{c_1}{c_2}$$

$$\sin \alpha_G = \frac{225000\ \text{km/s}}{300000\ \text{km/s}}$$

$$\sin \alpha_G = 0{,}750$$

$$\alpha_G = 48{,}6°$$

*Ergebnis*:
Für den Übergang Wasser–Luft beträgt der Grenzwinkel der Totalreflexion 48,6°. Für alle Einfallswinkel größer als 48,6° erfolgt damit Totalreflexion.

Genutzt wird die Totalreflexion bei verschiedenen Arten von Prismen (S. 321) sowie bei Glasfaserkabeln, die zur Informationsübertragung von Telefongesprächen, Computerdaten, Fernsehbildern und Rundfunkprogrammen eingesetzt werden.

Das rechts abgebildete Glasfaserkabel besteht aus insgesamt 4000 Glasfasern, die jeweils zu Bündeln zusammengefasst sind. Die einzelnen Glasfasern haben Durchmesser von 0,005 mm bis 0,5 mm.

Glasfasern bestehen aus Glas, das etwa 50000-mal durchsichtiger als Fensterglas ist. Umgeben ist der hochdurchsichtige Glasfaserkern von einem Mantel aus optisch dünnerem Glas. Die hohe Durchsichtigkeit des Glasfaserkerns sorgt dafür, dass das Licht über weite Strecken kaum geschwächt wird. Durch den Glasfasermantel wird erreicht, dass das Licht an den Rändern total reflektiert wird und damit in der Glasfaser verbleibt.

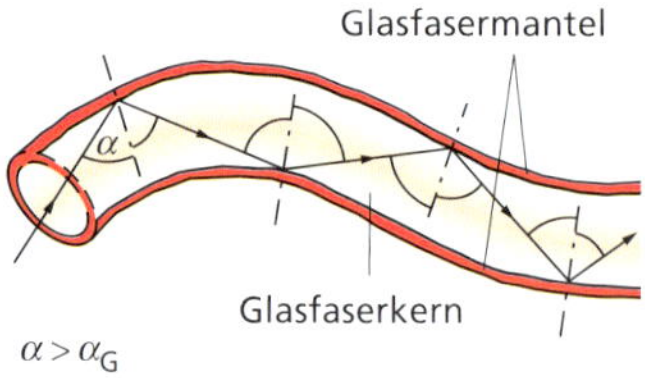


In der **Medizin** und in der Technik werden biegsame Glasfaserkabel in **Endoskopen** verwendet, um durch eine natürliche oder operativ erzeugte Körperöffnung das Licht einer Lichtquelle ins Körperinnere und umgekehrt Bilder aus dem Körperinneren nach außen zu transportieren.
Die **Nachrichtentechnik** wurde durch die Nutzung von Glasfaserkabeln regelrecht revolutioniert. Das Grundprinzip der Nachrichtenübertragung mit Glasfaserkabeln besteht darin, dass digitale elektrische Signale in Lichtimpulse umgewandelt, diese Impulse mit Glasfaserkabeln übertragen und dann wieder in digitale oder analoge elektrische Signale zurückgewandelt werden.

Die Informationsübertragung mit Licht ermöglicht den Transport größerer Datenmengen, da man z. B. für die Übertragung eines Telefonsgesprächs nur eine Lichtfrequenz benötigt.

### Brechung an Prismen

Dreiseitige Prismen aus Glas, die zumeist regelmäßig oder rechtwinklig sind, werden zur **Umlenkung** von Licht genutzt.

| **Umlenkprisma mit zweifacher Brechung** | **Umlenkprisma mit Totalreflexion** |
|---|---|
| 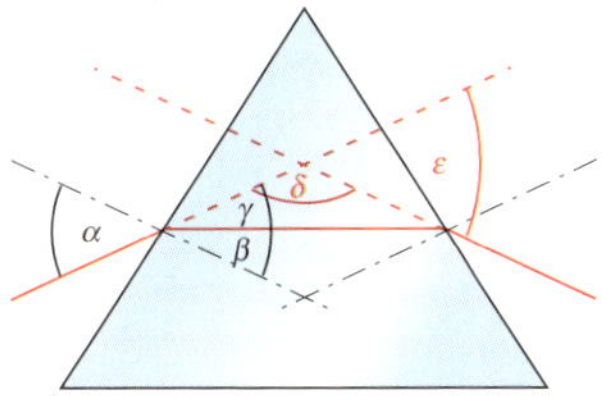 | 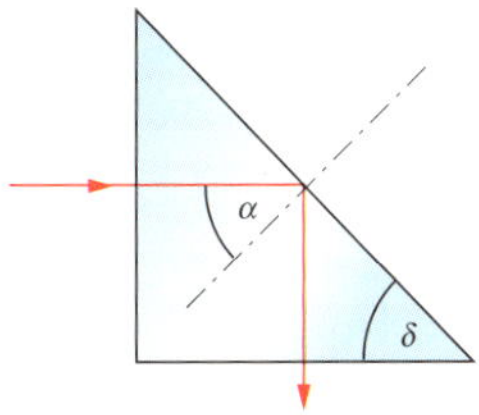 |
| Bei symmetrischem Strahlengang erhält man die kleinste Ablenkung. Für den Ablenkungswinkel gilt: $\varepsilon = 2(\alpha - \beta)$ | Bei symmetrischem Strahlengang beträgt die Ablenkung 90°. Es gilt: $\delta = 90° - \alpha$<br>$\alpha$ muss größer als der Grenzwinkel der Totalreflexion sein. |

**Prismen** werden auch genutzt, um weißes Licht infolge Dispersion in seine farbigen Bestandteile zu zerlegen (↗ S. 317).

Für den Winkel $\varepsilon$ gilt:

$$\begin{aligned}\varepsilon &= 180° - \delta \\ &= 180° - (180° - 2\gamma) \\ &= 2\gamma = 2(\alpha - \beta)\end{aligned}$$

Prismen, bei denen die Lage von einfallenden und reflektierten Strahlen gerade umgekehrt ist, nennt man auch **Umkehrprismen.**

| **Umkehrprisma mit zweifacher Totalreflexion** | **Umkehrprisma mit zweifacher Brechung und Totalreflexion** |
|---|---|
| 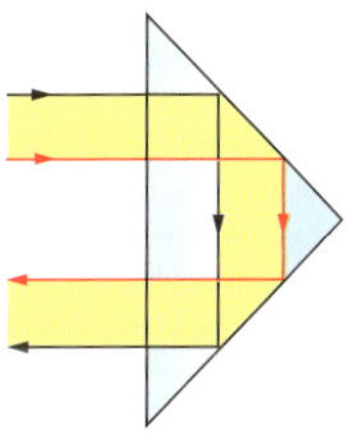 | 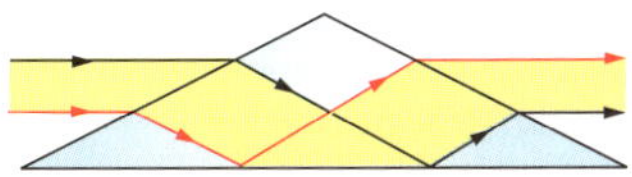 |

Die gezeichneten Strahlenverläufe in den Skizzen gelten nur für einfarbiges Licht.
Bei Verwendung von weißem Licht kann zusätzlich **Dispersion** auftreten (↗ S. 317).

Prismen werden vor allem bei Ferngläsern und Fotoapparaten genutzt.

| | |
|---|---|
|  | 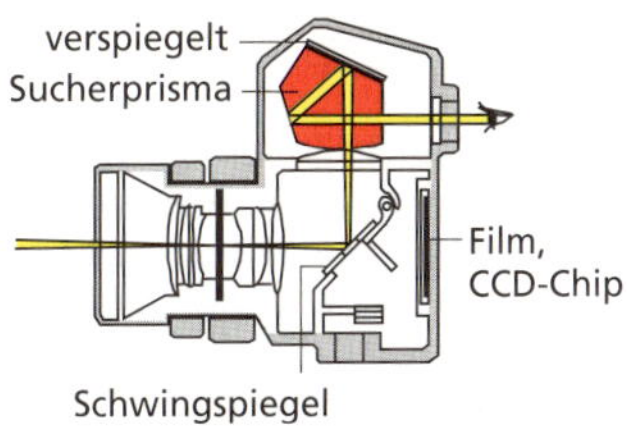 |

Links ist ein geöffnetes Minifernglas mit zwei Prismen, rechts das **Umkehrprisma** in einer Spiegelreflexkamera abgebildet.

Licht dringt von außen in eine Glaskugel ein.
*Zeigen Sie, dass dieses Licht in der Kugel nicht total reflektiert werden kann!*

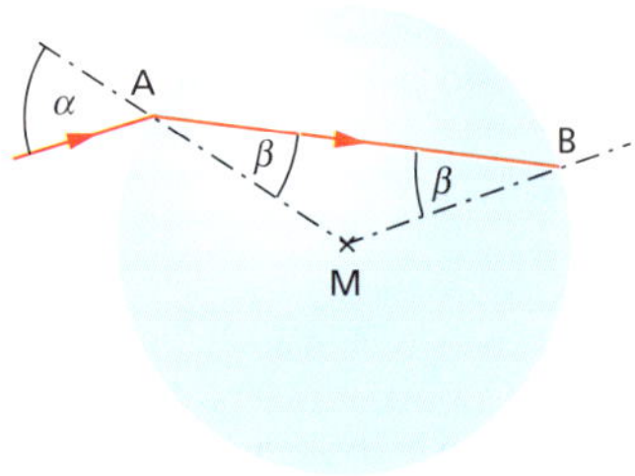


Im Punkt A fällt Licht unter dem Einfallswinkel $\alpha$ auf die Kugel und dringt mit dem Brechungswinkel $\beta$ in die Kugel ein. Das Lot verläuft jeweils radial. Das Dreieck ABM ist gleichschenklig. Deshalb trifft der Lichtstrahl in B unter einem Einfallswinkel $\beta$ auf die Grenzfläche Glas–Luft. Beim Punkt A folgt aus der Umkehrbarkeit des Lichtweges, dass der Winkel $\beta$ kleiner sein muss als der Grenzwinkel der Totalreflexion. Folglich kann auch bei Punkt B keine Totalreflexion stattfinden. Das meiste Licht tritt aus der Kugel wieder aus.

### Naturerscheinungen, die auf Brechung und Totalreflexion beruhen

Unter günstigen Bedingungen beobachtet man unter einem Winkel von etwa 52° noch einen zweiten Regenbogen, den **Nebenregenbogen.**

Betrachtet man bei tief stehender Sonne eine Regenwand, wobei man die Sonne im Rücken hat, dann kann man oft einen **Regenbogen** beobachten, der immer die gleiche Farbfolge aufweist. Der Mittelpunkt des Regenbogens liegt auf einer von der Sonne durch das Auge des Beobachters gezogenen Geraden. Der Regenbogen selbst ist Teil des Grundkreises eines Kegels mit der Spitze im Auge des Beobachters und einem Öffnungswinkel von ca. 42°. Die Farbfolge beginnt innen bei Violett-Blau und endet außen bei Rot. Häufig sieht man auch nur einen Teil des Kreisbogens. Die gleiche Erscheinung kann man auch bei Springbrunnen oder Wasserfällen beobachten.

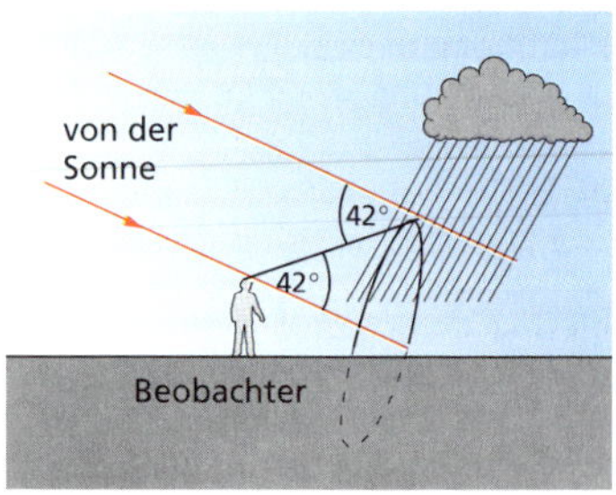


Eine erste umfassende Erklärung des Zustandekommens eines Regenbogens stammt von dem französischen Mathematiker und Naturforscher René Descartes (1596–1650), auch Cartesius genannt.

Tritt Sonnenlicht in einen kugelförmigen Wassertropfen ein, dann wird der blaue Anteil stärker gebrochen als der rote Anteil (s. Skizze S. 323 oben). Der größte Teil des Lichts tritt an der Rückseite des Tropfens wieder aus, ein kleinerer Teil wird reflektiert und verlässt dann den Regentropfen, wobei nochmal Brechung auftritt.
René Descartes stellte nun fest, dass die Ablenkung des Lichts sehr stark vom Einfallswinkel des nahezu parallelen Sonnenlichts abhängt.

Lässt man z. B. rotes Licht von der Symmetrieachse beginnend immer weiter oben einfallen, dann nimmt der Winkel zwischen einfallendem und ausfallendem Strahl zuerst zu und dann wieder ab. Er wird nie größer als 42°. Bei diesem Winkel findet man besonders viel zurückgestrahltes Licht.

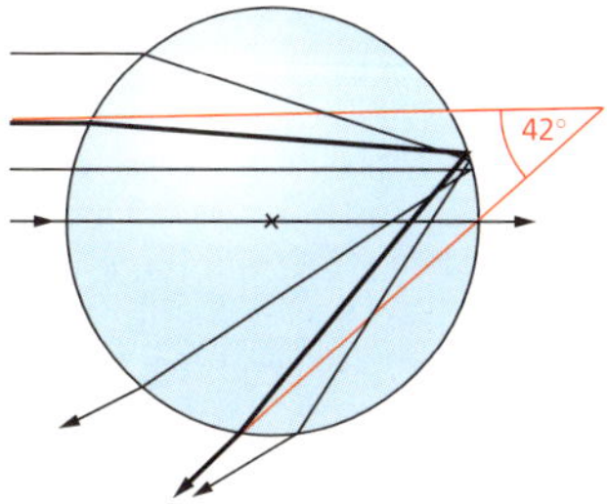


Bei blauem Licht beträgt der betreffende Winkel 41°.

Wenn man nun gegen die Tröpfchenwand schaut, dann bildet das einfallende Licht zum Beobachter für weiter oben liegenden Tröpfchen einen größeren Winkel als für weiter unten liegende Tröpfchen (s. Skizze).

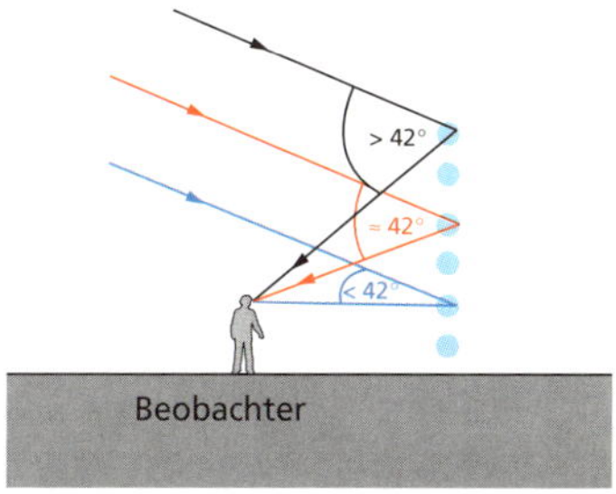


Weit oben befindliche Tröpfchen liefern in Richtung Beobachter kein zurückgestrahltes Licht. Deshalb ist es oberhalb des Regenbogens relativ dunkel. Im Bereich von etwa 42° befindet sich der obere (rote) Rand des Regenbogens. Darunter liegen die anderen Farben.

Im Innern des Regenbogens gibt es schwache Zurückstrahlung aller Farben. Deshalb ist der Himmel dort relativ hell.

Bei einem **Nebenregenbogen** erfolgt in den Wassertropfen eine zweifache Reflexion.

Genauere Untersuchungen zeigen, dass auch die Tröpfchengröße Einfluss auf das Aussehen eines Regenbogens hat. Dabei spielen unterschiedliche Weglängen und darauf folgende **Interferenz** (↗ S. 336 ff.) eine Rolle. Das beeinflusst auch das Aussehen eines Regenbogens.

Durch **Brechung in der Atmosphäre** treten weitere Effekte auf. Sterne sieht man in der Regel an einer anderen Stelle, als sie sich tatsachlich befinden (Skizze links). Ursache dafür ist die kontinuierliche Brechung des von einem Stern kommenden Lichtes beim Durchgang durch die Atmosphäre. Wir sehen den Stern an der Stelle, von der das Licht geradlinig herzukommen scheint.

Die Sonne erscheint in der Nähe des Horizonts manchmal abgeflacht (Foto rechts) und, ähnlich wie der Mond, besonders groß. Diese scheinbare Größenänderung ist eine Sinnestäuschung. Die Abflachung der Sonne kommt zustande, weil das Licht vom unteren Sonnenrand wegen des größeren Einfallswinkels stärker angehoben wird als das vom oberen Rand der Sonne.

Eine weitere Erscheinung sind **Luftspiegelungen (Fata Morgana)**, die durch **Totalreflexion** an Luftschichten zustande kommen.

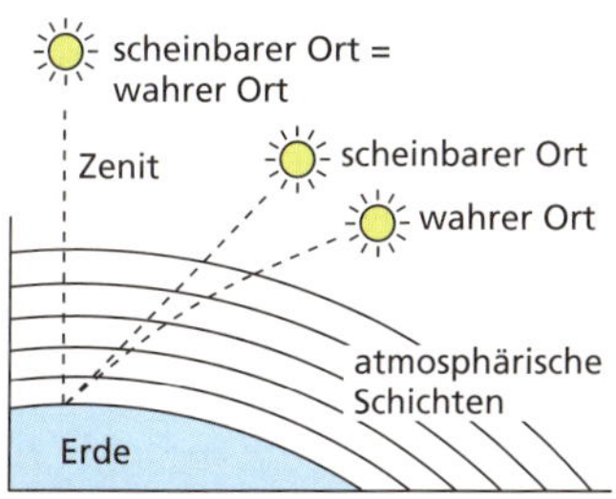

### 5.2.3 Streuung und Absorption von Licht

Licht wird nicht nur an Grenzflächen reflektiert und gebrochen, sondern es tritt auch mit den Stoffen, die es durchdringt, in Wechselwirkung. Durch eine solche Wechselwirkung entsteht **Streuung.**

Unter der Streuung von Licht versteht man seine Ablenkung aus der geradlinigen Bahn durch kleine Partikel, Moleküle und Atome.

Das gestreute Licht ist teilweise polarisiert (↗ S. 347). Dieses polarisierte Streulicht wird z. B. von Bienen zur Orientierung genutzt. Bei Fotoaufnahmen erzielt man durch Nutzung eines Polarisationsfilters einen tiefblauen Himmel.

Gibt man in ein Gefäß mit Wasser einige Tropfen Milch und durchstrahlt das Gefäß in einer Richtung mit weißem Licht, dann beobachtet man quer zur Beleuchtungsrichtung eine Blaufärbung der Flüssigkeit. Schaut man entgegen der Beleuchtungsrichtung durch das Gefäß, dann erscheint es rot gefärbt. Beim Durchgang durch die Flüssigkeit wird mehr blaues Licht gestreut. Deshalb sieht die Flüssigkeit von der Seite blau aus. Dieses blaue Licht fehlt im durchgehenden Licht, sodass dieses Rot wirkt.

Der englische Physiker JOHN WILLIAM STRUTT (1842–1919), der spätere Lord RAYLEIGH, fand um 1870, dass die Intensität $I$ des an Molekülen gestreuten Lichtes von der Wellenlänge abhängig ist:

$$I \sim \frac{1}{\lambda^4}$$

Analoge Effekte treten beim Durchgang von Sonnenlicht durch die Atmosphäre auf. Die Intensität des an den Gasteilchen gestreuten Lichtes hängt von der Wellenlänge ab: Blaues (kurzwelliges) Licht wird stärker gestreut als rotes (langwelliges) Licht. Dadurch sehen wir den wolkenlosen Himmel blau. In Horizontnähe erscheint er meist heller.

Der deutsche Physiker ADOLF MIE (1868–1957) stellte um 1900 fest, dass die Streuung von Licht an Aerosolen weitgehend unabhängig von der Wellenlänge ist.

Ursache dafür ist die Streuung an bodennahen **Aerosolen.** Das gestreute weiße Licht überlagert sich mit dem blauen Licht aus der Streuung an Gasteilchen. Morgens und abends muss das Licht einen besonders langen Weg durch die Atmosphäre zurücklegen. Das blaue Licht wird weggestreut; es bleibt rotes Licht übrig (**Morgenrot, Abendrot**).

Weitere Hinweise zur Absorption findet man bei den Strahlungsgesetzen (↗ S. 204).

Die Aufnahme von Licht und damit auch der Energie des Lichtes durch Stoffe wird als Absorption bezeichnet.

## 5.3 Bilder und optische Geräte

### 5.3.1 Bildentstehung an Spiegeln und Linsen

#### Entstehung und Arten von Bildern

Betrachten wir mit den Augen einen Gegenstand, so sehen wir von ihm in der Regel ein scharfes Bild, weil jedem Gegenstandspunkt ein Bildpunkt auf der Netzhaut unseres Auges zugeordnet ist. Bringt man dagegen einen Schirm vor einen Gegenstand, so erhält man kein Bild, weil von jedem Gegenstandspunkt Licht in die unterschiedlichsten Richtungen ausgeht (Skizze links). Erst wenn man den Strahlengang z. B. durch eine Lochblende einschränkt, erhält man eine eindeutige Zuordnung zwischen Gegenstands- und Bildpunkt und damit ein Bild (Skizze rechts).

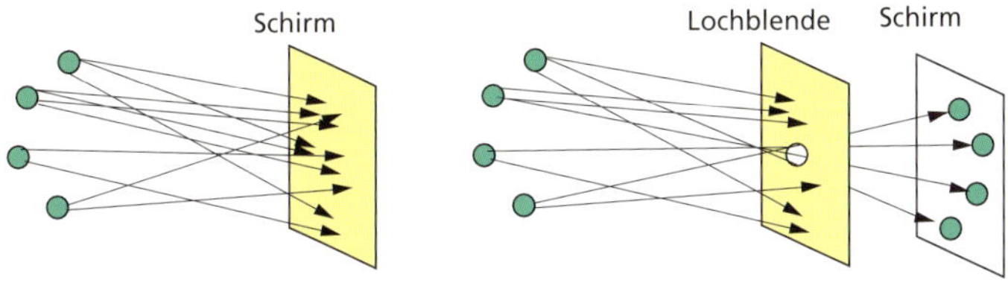


Das scharfe Bild eines Gegenstandes entsteht, wenn jedem Gegenstandspunkt eindeutig ein Bildpunkt zugeordnet werden kann.

Das kann man z. B. durch Blenden, Spiegel oder Linsen erreichen. Beim menschlichen Auge sorgt ein optisches System aus Hornhaut, Augenflüssigkeit und Augenlinse dafür, dass ein Bild eines Gegenstandes auf der Netzhaut entsteht und von dort die Informationen zum Gehirn weitergeleitet und verarbeitet werden.
Grundsätzlich sind zwei Arten von Bildern zu unterscheiden.

Bilder von Gegenständen, die man auf einem Schirm auffangen kann, nennt man **reelle Bilder.**

Ein reelles Bild entsteht, wenn man mit einem Diaprojektor das Bild eines Dias auf einer Projektionswand erzeugt oder wenn das Bild eines Gegenstandes auf der Netzhaut abgebildet wird.

Bilder von Gegenständen, die man nicht auf einem Schirm allein auffangen, aber mit den Augen beobachten oder auch fotografieren kann, nennt man **virtuelle Bilder.**

Betrachtet man sich im Spiegel, so sieht man sein Spiegelbild. Dieses Spiegelbild kann man auch fotografieren, nicht aber auf einem Schirm auffangen. Das Spiegelbild ist ein virtuelles Bild.

Nach diesem Prinzip arbeitet die **Lochkamera.** Je kleiner die Lochblende ist, umso schärfer und umso lichtschwächer ist das Bild. Seine Größe hängt von der Entfernung Blende – Schirm und von der Gegenstandsgröße ab.

Zu den Besonderheiten der menschlichen Wahrnehmung gehört es, dass wir einen Gegenstandspunkt dort sehen, wo das Licht, das ins Auge fällt, herzukommen scheint. Wird z. B. das von einem Gebäude kommende Licht an einer glatten Wasserfläche reflektiert, so scheint das Licht vom Spiegelbild auf der Wasseroberfläche herzukommen.

## Bildentstehung an Spiegeln

Blickt man auf einen **ebenen Spiegel,** so sieht man sein Spiegelbild. Das Licht, das von einem Gegenstand ausgeht, fällt auf den Spiegel und wird dort reflektiert. Für einen Beobachter scheint es von dem Bild zu kommen.

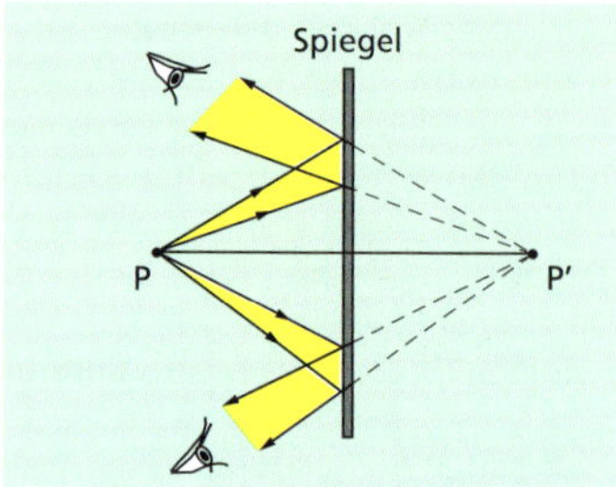


**Für einen ebenen Spiegel gilt: Es entsteht ein virtuelles Bild, wobei Bild und Gegenstand bezüglich des Spiegels symmetrisch zueinander sind.**

Das bedeutet: Das Bild ist genau so groß wie der Gegenstand, aufrecht und seitenrichtig. Es befindet sich vom Betrachter aus hinter dem Spiegel, wobei Gegenstandspunkte und zugehörige Bildpunkte gleich weit vom Spiegel entfernt sind.

Die erforderliche Größe des Spiegels hängt nicht davon ab, wie weit man vom Spiegel entfernt ist.

*Wie groß muss ein ebener Spiegel sein, damit man sich vollständig darin sehen kann?*

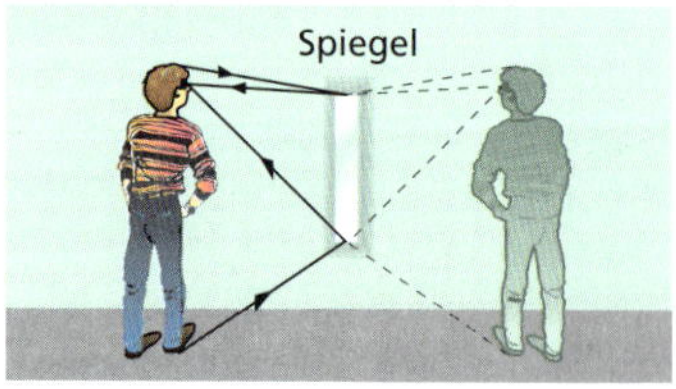


Um sich in einem Spiegel vollständig zu sehen, muss das Licht von den Haarspitzen und den Fußspitzen über den Spiegel in die Augen fallen, so wie das in der Skizze dargestellt ist.
Ist die Spiegelebene parallel zum Gegenstand, dann ist nach dem Strahlensatz die Höhe des Spiegels gleich der halben Höhe des Bildes und damit auch des Gegenstandes. Das bedeutet: Will man sich vollständig sehen, dann muss der Spiegel mindestens halb so groß wie die Person sein.

Ausführliche Hinweise zu Hohlspiegeln und Wölbspiegeln einschließlich charakteristischer Strahlenverläufe sind auf der CD zu finden.

Soll das Spiegelbild eines Gegenstandes vergrößert oder verkleinert sein, so muss man **gewölbte Spiegel** verwenden. Dabei ist zwischen **Hohlspiegeln (Konvexspiegeln)** und **Wölbspiegeln (Konkavspiegeln)** zu unterscheiden.
Eine spezielle Form von Hohlspiegeln sind **Parabolspiegel,** die z. B. bei Autoscheinwerfern oder Taschenlampen verwendet werden. Sie haben die spezielle Eigenschaft, dass das vom Brennpunkt ausgehende Licht so reflektiert wird, dass es anschließend nahezu parallel verläuft.

| **parabolischer Hohlspiegel (Parabolspiegel)** | **kugelförmiger Hohlspiegel (Kugelspiegel)** | **kugelförmiger Wölbspiegel (Kugelspiegel)** |
|---|---|---|
| 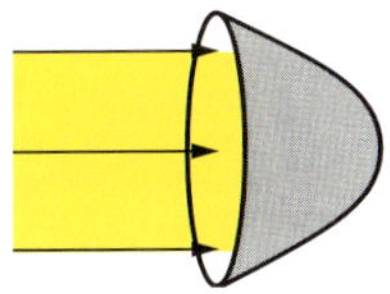 | 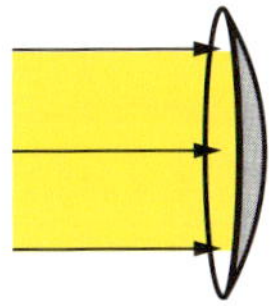 | 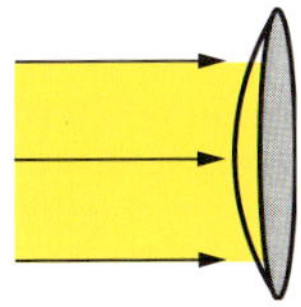 |
| Autoscheinwerfer, Taschenlampenspiegel | Kosmetikspiegel | Weihnachtsbaumkugel |

Ob ein Spiegel als Hohlspiegel oder als Wölbspiegel wirkt, hängt von der Richtung des Lichteinfalls ab.

Hohlspiegel und Wölbspiegel unterscheiden sich wesentlich im Strahlenverlauf des Lichtes.

| **kugelförmiger Hohlspiegel** | **kugelförmiger Wölbspiegel** |
|---|---|
| 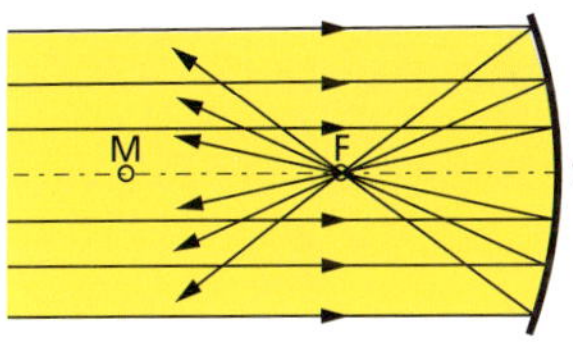 | 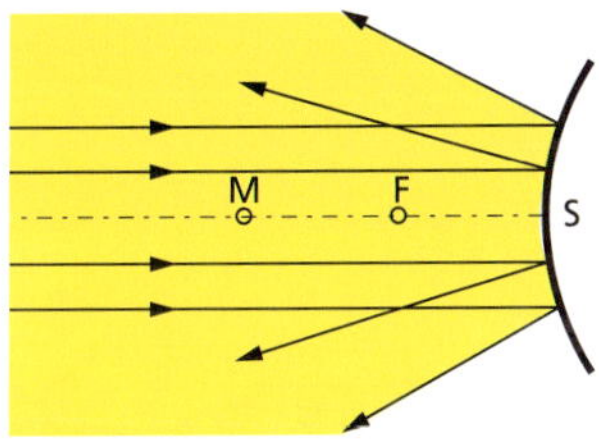 |
| Paralleles Licht wird nach der Reflexion zunächst in einem Punkt (Brennpunkt) konzentriert. | Paralleles Licht wird in keinem Punkt konzentriert, sondern bildet einen divergenten Lichtkegel. |
| 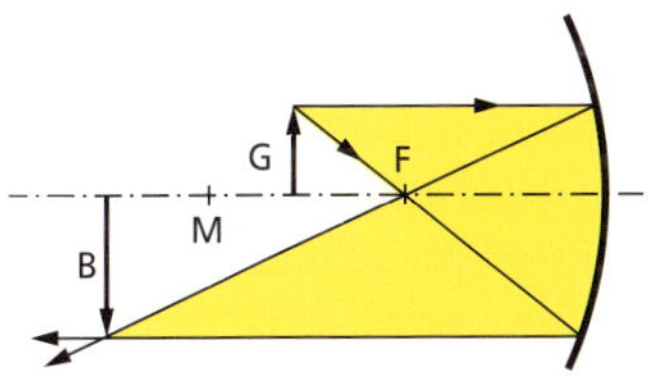 | 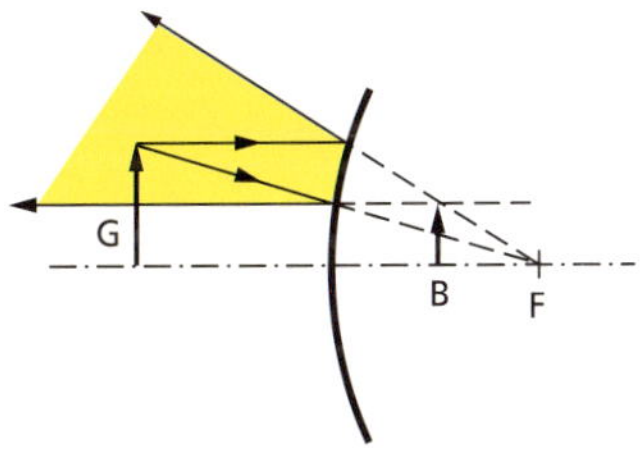 |
| Befindet sich der Gegenstand zwischen einfacher und doppelter Brennweite, dann ist das Bild<br>– vergrößert,<br>– umgekehrt,<br>– seitenvertauscht,<br>– reell. | Befindet sich der Gegenstand in beliebiger Entfernung vom Spiegel, dann ist das Bild<br>– verkleinert,<br>– aufrecht,<br>– seitenrichtig,<br>– virtuell. |

*F* ist der Brennpunkt des Spiegels, der Abstand $\overline{SF}$ die Brennweite, M der Krümmungsmittelpunkt. Ist *r* der Radius der Spiegelfläche, dann gilt:

$$r = \overline{SM}$$

$$\overline{SF} = f = \overline{FM} = \frac{1}{2} r$$

Die gezeichneten Strahlenverläufe gelten nur für achsennahe Strahlen.

Zur Bildkonstruktion nutzt man wie bei Linsen (↗ S. 329) Parallelstrahlen, Brennpunktstrahlen und Mittelpunktstrahlen. Parallelstrahlen werden zu Brennpunktstrahlen und Brennpunktstrahlen zu Parallelstrahlen. Mittelpunktstrahlen werden in sich selbst reflektiert.

## Bildentstehung an Linsen

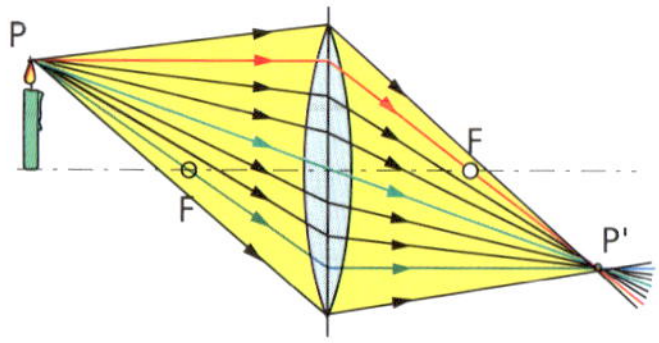


Wesentlich hellere und schärfere Bilder als mit Lochblenden gewinnt man mit **Linsen.** Eine Sammellinse ist so aufgebaut, dass das Licht, welches von einem bestimmten **Gegenstandspunkt *P*** ausgeht, durch unterschiedlich starke Brechung wieder in einem Punkt, dem **Bildpunkt *P'*,** gesammelt wird. Damit erreicht man die für die Bildentstehung notwendige eindeutige Zuordnung zwischen Gegenstandspunkten und Bildpunkten (↗ S. 325).
Je nach dem Strahlenverlauf unterscheidet man zwei große Gruppen von Linsen, die in der nachfolgenden Übersicht dargestellt sind.

Auf den Fotos ist zu erkennen, dass bei Linsen sowohl Brechung als auch Reflexion auftritt. Betrachtet wird nachfolgend nur die Brechung des Lichtes. Sie ist entscheidend für die Bildentstehung durch Linsen.

| **Sammellinsen (Konvexlinsen)** | **Zerstreuungslinsen (Konkavlinsen)** |
|---|---|
| 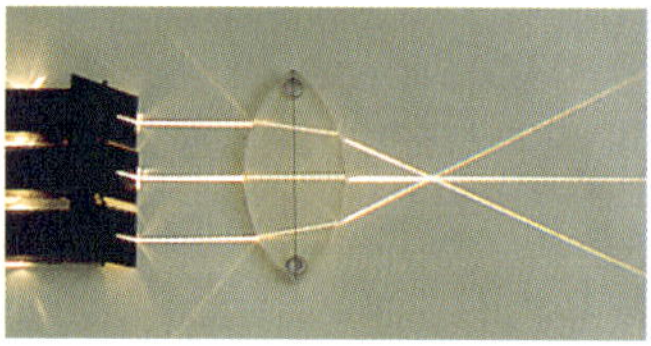 | 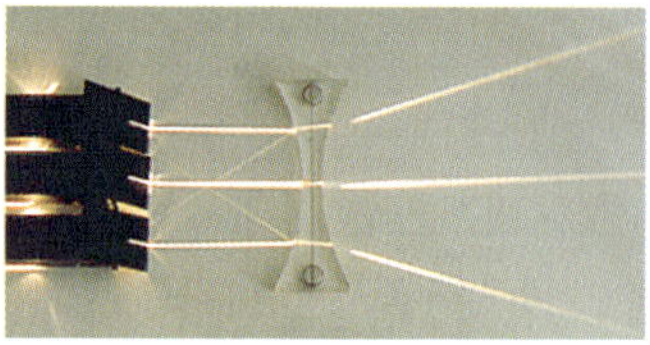 |
| 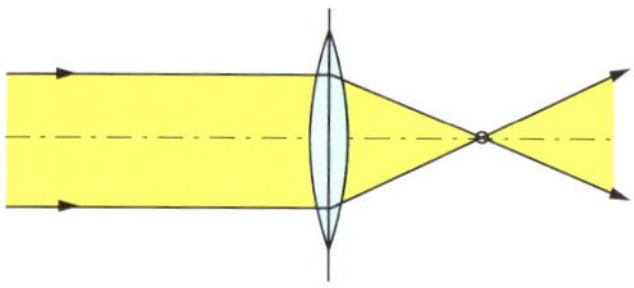 | 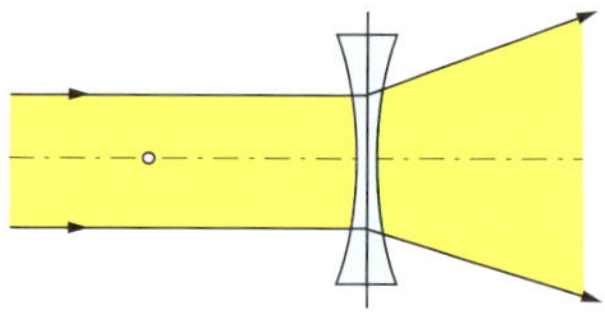 |
| Sammellinsen aus Glas oder Kunststoff sind in der Mitte dicker als am Rand. | Zerstreuungslinsen aus Glas oder Kunststoff sind in der Mitte dünner als am Rand. |
| 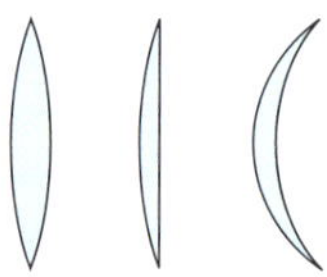 | 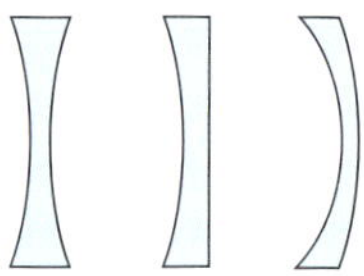 |

Die Bezeichnungen Sammellinse und Zerstreuungslinse kennzeichnen die optische Wirkung einer Linse. Die Bezeichnungen Konvexlinse und Konkavlinse kennzeichnet nur die äußerlich wahrnehmbare Form.

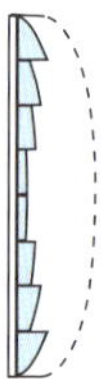

Eine besondere Form von Linsen sind **FRESNEL-Linsen.** Das sind dünne, leichte und großflächige Linsen, meist aus Kunststoff, die die gleiche Brechung des Lichtes bewirken wie entsprechende dicke Linsen.
Dabei wird die Entdeckung des französischen Physikers AUGUSTIN JEAN FRESNEL (1788–1827) genutzt, dass entscheidend für die Stärke der Brechung des Lichtes nicht die Dicke der Linse, sondern ihre Krümmung ist. Solche Linsen werden z. B. bei Tageslichtprojektoren verwendet.

Wir konzentrieren uns nachfolgend auf die Betrachtung von dünnen Sammellinsen. Das sind Linsen, bei denen man die zweifache Brechung des Lichtes durch eine einmalige Brechung an der Linsenebene ersetzen kann.

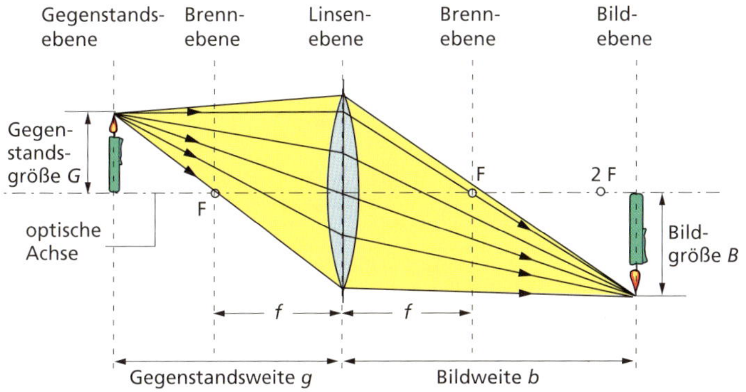


Die wichtigsten Bezeichnungen sind der Skizze zu entnehmen. Um das Bild eines Gegenstandes zu konstruieren, verwendet man meist **Parallelstrahlen, Brennpunktstrahlen** und **Mittelpunktstrahlen.**

Wenn diese Strahlen an einer Sammellinse gebrochen werden, so gilt unter der Bedingung dünner Linsen und achsennaher Strahlen:

- Ein **Parallelstrahl** wird so gebrochen, dass er dann durch den Brennpunkt verläuft.
- Ein **Brennpunktstrahl** wird so gebrochen, dass er dann parallel zur optischen Achse verläuft.
- Ein **Mittelpunktstrahl** geht ungebrochen durch eine Sammellinse.

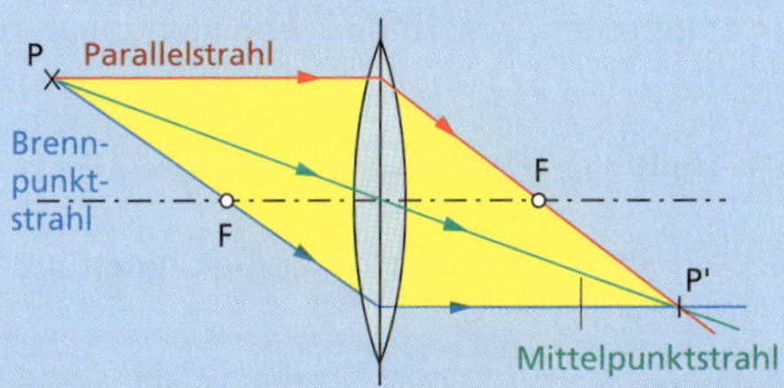


Die genannten Strahlen sind zwar für die Bildkonstruktion sehr gut geeignet, sind aber für die Bildentstehung völlig unwichtig. Trifft z. B. ein Parallelstrahl von einem Gegenstandspunkt wegen der Größe des Gegenstandes überhaupt nicht auf die Linse, dann ergibt sich trotzdem ein Bildpunkt, den man mithilfe anderer Strahlen finden kann. Entscheidend für die Helligkeit eines Bildpunktes ist all das Licht, was von einem Gegenstandspunkt ausgeht und durch die Linse fällt. Das bilderzeugende Lichtbündel wird nur durch Blenden oder die Fassung der Linse begrenzt.

Ausführliche Informationen zu **Zerstreuungslinsen** sind auf der CD zu finden.

Bei einer **Sammellinse** hat die Brennweite immer einen positiven Wert, bei **Zerstreuungslinsen** dagegen einen negativen Wert. $f = +100$ mm bedeutet: Es liegt eine Sammellinse mit einer Brennweite von 100 mm vor.

Für **Zerstreuungslinsen** gelten die analogen Beziehungen. Bei Brennpunktstrahlen ist lediglich zu beachten, dass sie sich immer auf den Brennpunkt auf der anderen Seite der Linse beziehen.

Zur zeichnerischen Konstruktion eines Bildpunktes sind jeweils nur zwei Strahlen erforderlich.

Eine kleine oder eine halbe Linse führen nicht etwa zu einem „abgeschnittenen" Bild, sondern lediglich zu einem dunkleren Bild.

In der Technik, z. B. bei Fotoapparaten, Fernrohren oder Mikroskopen, arbeitet man mit Linsensystemen, die sich wie eine Sammellinse oder eine Zerstreuungslinse verhalten.

Zwischen Gegenstandsgröße, Bildgröße, Gegenstandsweite, Bildweite und Brennweite der Linse gibt es enge Zusammenhänge. Sie ergeben sich aus einfachen geometrischen Betrachtungen an dünnen Linsen.

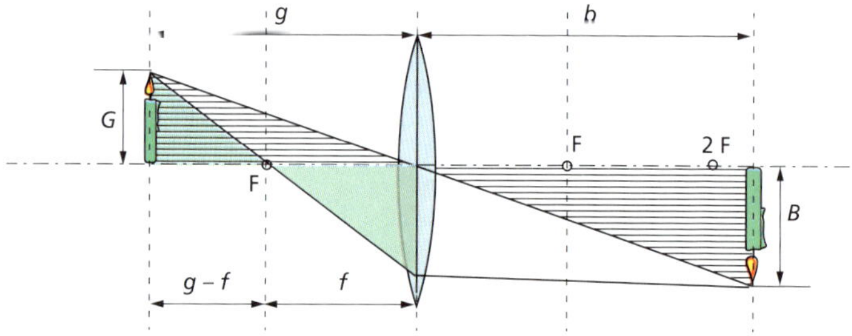


Aus der gestrichelten Figur folgt nach dem Strahlensatz:

$$\frac{B}{G} = \frac{b}{g}$$

Dieser Quotient wird als **Abbildungsmaßstab** bezeichnet.

Für den Abbildungsmaßstab an dünnen Linsen gilt:

$$A = \frac{B}{G} = \frac{b}{g}$$

| | |
|---|---|
| $B$ | Bildgröße |
| $G$ | Gegenstandsgröße |
| $b$ | Bildweite |
| $g$ | Gegenstandsweite |

Aus der in der Skizze oben grün markierten Figur ergibt sich ebenfalls nach dem Strahlensatz:

$$\frac{G}{B} = \frac{g-f}{f} = \frac{g}{f} - 1$$

Ersetzt man den Quotienten $\frac{G}{B}$ nach dem Abbildungsmaßstab durch $\frac{g}{b}$, so erhält man:

$$\frac{g}{b} = \frac{g}{f} - 1 \quad \text{und nach Umformung:} \quad \frac{1}{b} = \frac{1}{f} - \frac{1}{g}$$

Durch Umstellung erhält man die **Abbildungsgleichung** für dünne Linsen.

Bei Berechnungen ist die Brennweite für eine Sammellinse positiv, die für eine Zerstreuungslinse negativ.
Bei virtuellen Bildern (↗ S. 331) muss die Bildweite negativ angegeben werden.

Für die Bildentstehung an dünnen Linsen gilt die Abbildungsgleichung:

$$\frac{1}{f} = \frac{1}{g} + \frac{1}{b} \quad \text{oder} \quad f = \frac{g \cdot b}{g + b}$$

| | |
|---|---|
| $f$ | Brennweite |
| $g$ | Gegenstandsweite |
| $b$ | Bildweite |

Die Gleichung bezieht sich auf die Gegenstandsweite und damit auf die Bildweite, bei der ein **scharfes Bild** entsteht. Davor oder dahinter entstehen auch Bilder. Bringt man einen Schirm an die verschiedenen Stellen, so ist das Bild nur an einer Stelle scharf, an allen anderen unscharf.

| Ort des Gegenstandes | Bild und Bildkonstruktion | Eigenschaften des Bildes |
|---|---|---|
| außerhalb der doppelten Brennweite einer Sammellinse<br><br>$g > 2f$ | 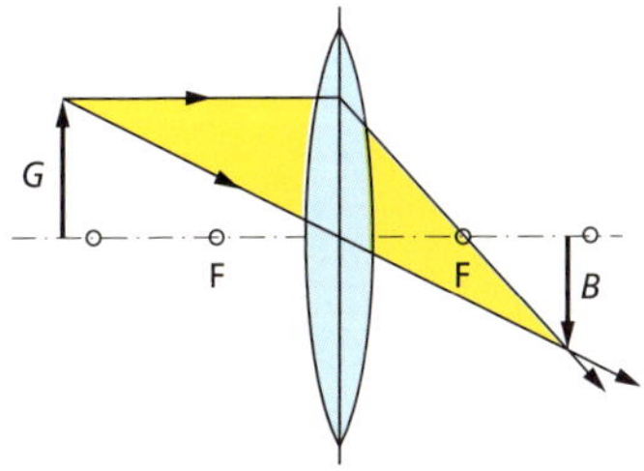 | – verkleinert<br>– umgekehrt<br>– seitenvertauscht<br>– reell (wirklich) |
| in der doppelten Brennweite einer Sammellinse<br><br>$g = 2f$ | 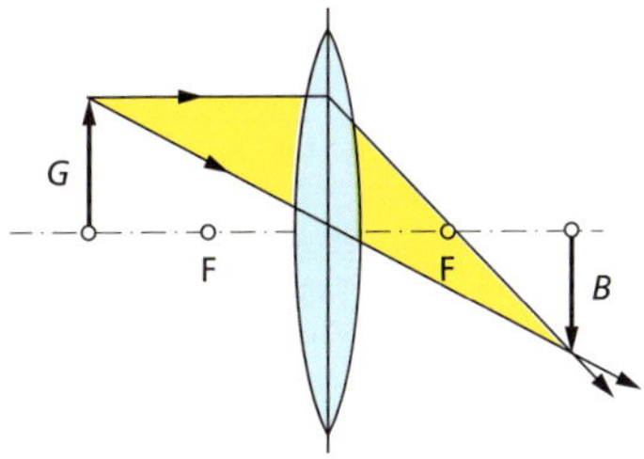 | – gleich groß<br>– umgekehrt<br>– seitenvertauscht<br>– reell (wirklich) |
| zwischen einfacher und doppelter Brennweite einer Sammellinse<br><br>$2f > g > f$ | 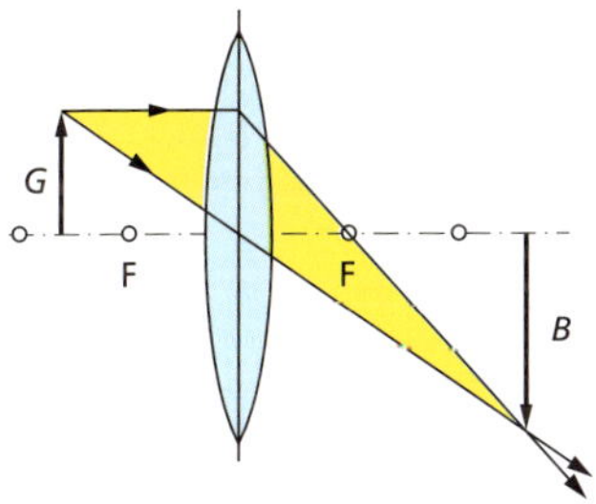 | – vergrößert<br>– umgekehrt<br>– seitenvertauscht<br>– reell (wirklich) |
| in der einfachen Brennweite einer Sammellinse<br><br>$g = f$ | 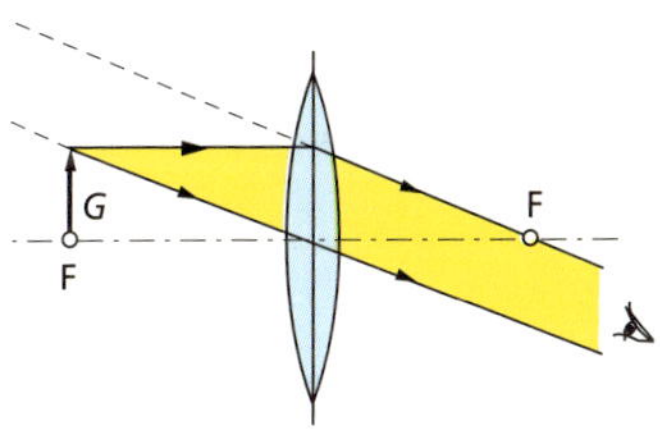 | – kein scharfes Bild (Bild im Unendlichen)<br>– gebrochene Strahlen verlaufen parallel<br>– Linse voll mit der Farbe des Gegenstandes bedeckt |
| innerhalb der einfachen Brennweite einer Sammellinse<br><br>$g < f$ | 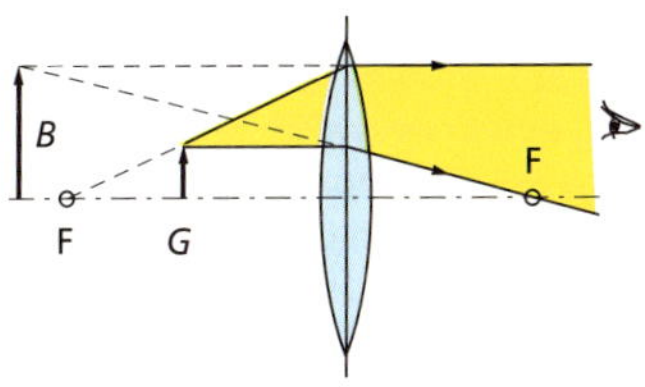 | – vergrößert<br>– aufrecht<br>– seitenrichtig<br>– virtuell (scheinbar) |

Bei Zerstreuungslinsen entsteht unabhängig von der Gegenstandsweite immer ein verkleinertes und virtuelles (scheinbares) Bild.

| Ort des Gegenstandes | Bild und Bildkonstruktion | Eigenschaften des Bildes |
|---|---|---|
| beliebig vor einer Zerstreuungslinse | 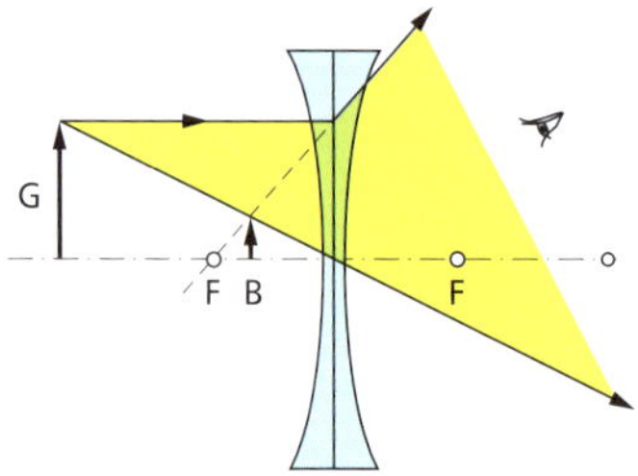 | – verkleinert<br>– aufrecht<br>– seitenrichtig<br>– virtuell |

*Von einer Sammellinse soll die Brennweite experimentell bestimmt werden. Welche Möglichkeiten dafür gibt es?*
Die Brennweite einer Sammellinse kann in unterschiedlicher Weise bestimmt werden.

Die Genauigkeit der Messung kann verbessert werden, wenn man mit achsennahen Strahlen arbeitet und sehr sorgfältig paralleles Licht einstellt.

*1. Möglichkeit:*
Die Linse wird mit achsenparallelem Licht bestrahlt. Der Konzentrationspunkt des Lichtes ist der Brennpunkt. Sein Abstand von der Linsenebene ist die Brennweite *f*.

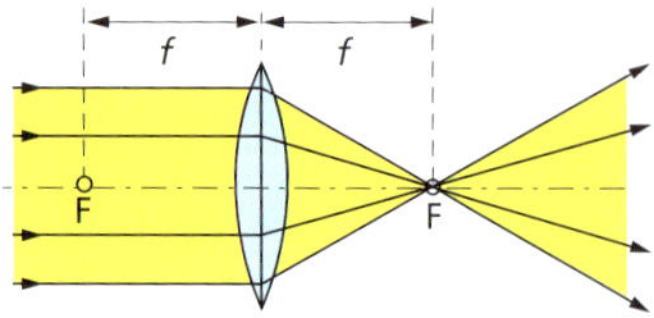


Die **Messgenauigkeit** hängt vor allem von der genauen Einstellung der Bildweite ab. Eine Messreihe ist zu empfehlen.

*2. Möglichkeit:*
Mit der Linse wird ein Gegenstand scharf auf einem Schirm abgebildet. Gegenstandweite $g$ und Bildweite $b$ können gemessen und daraus mithilfe der auf S. 330 genannten Abbildungsgleichung die Brennweite berechnet werden:

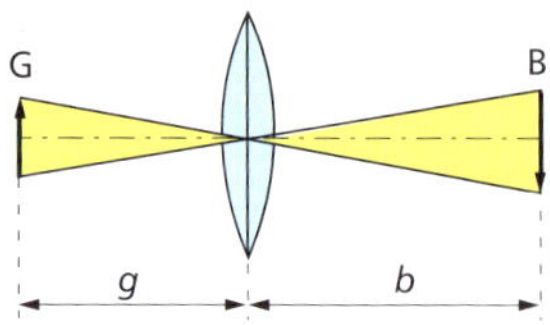


$$f = \frac{g \cdot b}{g + b}$$

Benannt ist die Methode nach dem Astronomen FRIEDRICH WILHELM BESSEL (1784–1846). Genutzt wird dabei die Umkehrbarkeit des Lichtweges.

*3. Möglichkeit:*
Es kann auch die **besselsche Methode** genutzt werden. Sie beruht darauf, dass es bei der Erzeugung eines reellen Bildes zwei mögliche Standorte für die Linse gibt. Es gilt dann:

$$f = \frac{z^2 - d^2}{4z}$$

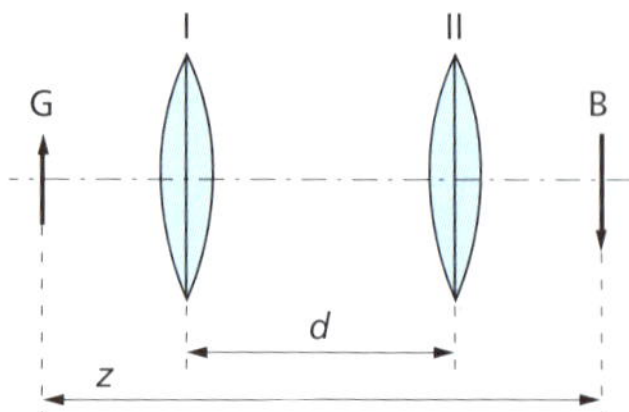

## 5.3.2 Optische Geräte

### Das menschliche Auge

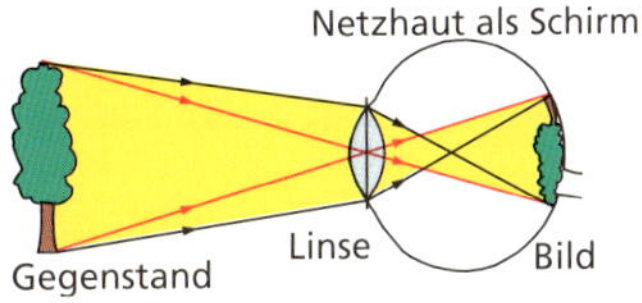


Das menschliche Auge ist ein kompliziertes optisches System, das aus Hornhaut, Augenflüssigkeit, Augenlinse und Glaskörper gebildet wird und insgesamt wie eine Sammellinse mit einer hinteren Brennweite von etwa 23 mm wirkt. Die Augenlinse wird durch Muskeln so gekrümmt, dass auf der Netzhaut ein scharfes, umgekehrtes, seitenvertauschtes und reelles Bild entsteht. Dieses wird durch Lichtsinneszellen (Stäbchen und Zäpfchen) registriert und als Signale über den Sehnerv zum Gehirn übertragen. Aus Erfahrung nehmen wir das Bild aufrecht und seitenrichtig wahr.
Die Anpassung an unterschiedlich weit entfernte Gegenstände erfolgt mithilfe der Augenlinse, die Anpassung an die Intensität des einfallenden Lichtes durch die Pupille, eine Blende mit veränderlicher Öffnung.

> Ein gesundes Auge kann Gegenstände ohne Anstrengung in einer minimalen Entfernung von 25 cm (deutliche Sehweite) scharf abbilden.

Die Größe des Netzhautbildes und damit der Größeneindruck, den wir von einem Gegenstand haben, wird durch den Sehwinkel bestimmt.

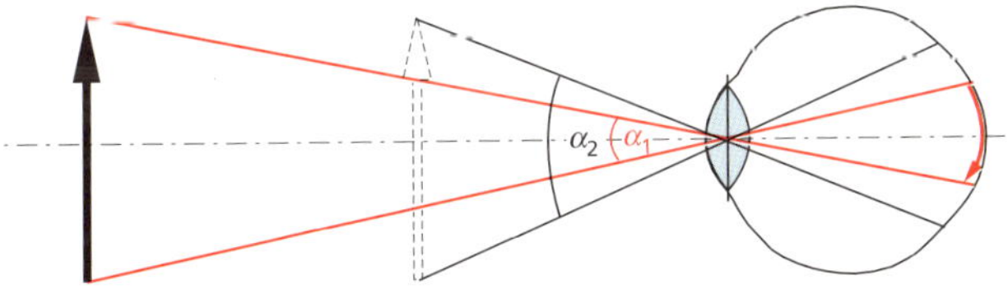


Häufige Sehfehler sind Weitsichtigkeit und Kurzsichtigkeit.

| **Weitsichtigkeit** | **Kurzsichtigkeit** |
|---|---|
| Gegenstände in der Nähe können nicht scharf abgebildet werden. | Gegenstände in der Ferne können nicht scharf abgebildet werden. |
| 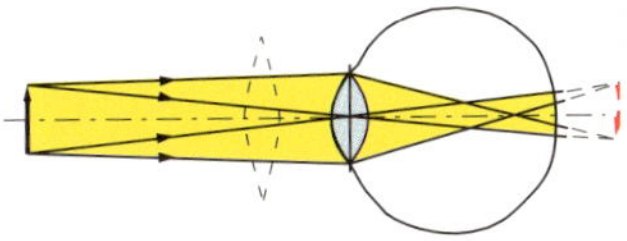 | 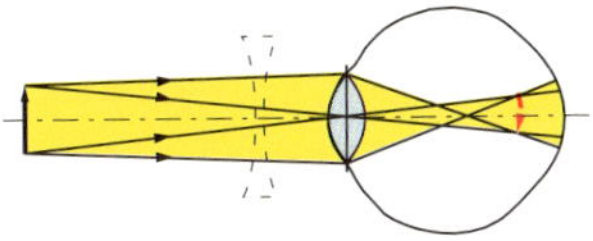 |
| Korrektur durch Sammellinse (positive Dioptrienzahl) | Korrektur durch Zerstreuungslinse (negative Dioptrienzahl) |

Bei zeichnerischen Darstellungen ersetzt man das optische System des **Auges** durch eine Sammellinse.

Stäbchen reagieren auf Hell-Dunkel-Reize, die weniger empfindlichen Zäpfchen auf Farben.

Die Festlegung der deutlichen Sehweite auf 25 cm ergibt sich aus der Erfahrung.

Der Sehwinkel ergibt sich aus der Entfernung eines Gegenstandes vom Auge und seiner Größe. Er wird durch Verwendung von **Lupen**, **Mikroskopen** und **Fernrohren** verändert.

**Weitsichtigkeit** wird auch als **Übersichtigkeit** bezeichnet. Eine spezielle Form ist die Altersweitsichtigkeit.

Die Stärke von Brillengläsern wird in Dioptrien (dpt) angegeben. Das ist die Einheit der **Brechkraft** *D*, für die gilt: $D = \frac{1}{f}$ ($f$ in Meter)

Bei vielen Vogelarten ist das **Auflösungsvermögen des Auges** wesentlich größer als beim Menschen. Den Wert von 1′ für das Auflösungsvermögen des menschlichen Auges fand ROBERT HOOKE (1635–1703) bereits im Jahre 1674.

Das Auflösungsvermögen des menschlichen Auges, also die Fähigkeit, zwei Gegenstandspunkte noch getrennt wahrzunehmen, wird durch die Dichte der Lichtsinneszellen in der Netzhaut und durch Beugungseffekte (↗ S. 342 f.) bestimmt, die an der Pupille auftreten. Ein normalsichtiges Auge kann gerade noch zwei Punkte als getrennt wahrnehmen, die 1 m vom Auge entfernt sind und einen Abstand von 3 mm voneinander haben Das entspricht einem Sehwinkel von etwa einer Bogenminute (1′).

## Lupen

Eine Lupe dient dazu, Gegenstände vergrößert zu sehen. Der Gegenstand befindet sich innerhalb der Brennweite der Sammellinse. Das wirksame Lichtbündel wird durch die Augenlinse begrenzt.

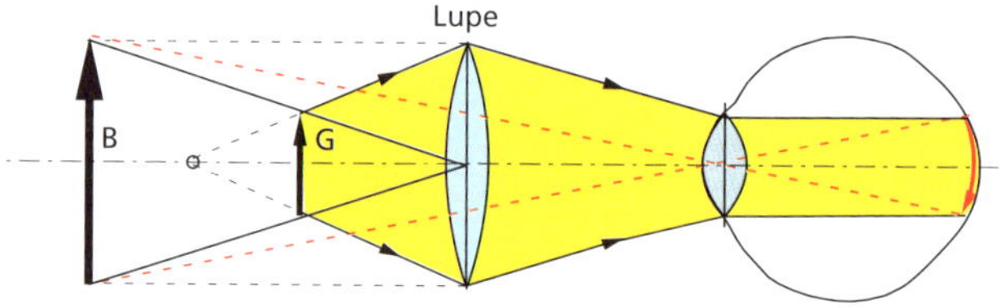


Es entsteht ein vergrößertes, aufrechtes, seitenrichtiges und virtuelles Bild, das mit dem Auge betrachtet wird. Allgemein gilt:

**Vergrößerung** und **Abbildungsmaßstab** sind zwei unterschiedliche Größen. Die Vergrößerung bezieht sich immer auf den Sehwinkel.

> Die **Vergrößerung *V* eines optischen Gerätes** ist das Verhältnis des Tangens des Sehwinkels mit optischem Gerät zu dem ohne optisches Gerät.
>
> 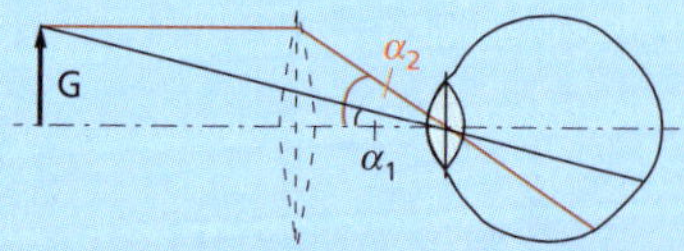
> 
>
> $V = \frac{\tan\alpha_2}{\tan\alpha_1}$
>
> $\alpha_1$ Sehwinkel ohne optisches Gerät
> $\alpha_2$ Sehwinkel mit optischem Gerät

Mit **Lupen** erreicht man sinnvolle Vergrößerungen von bis zu 15. Stärkere Vergrößerungen führen meist zu einer mangelhaften Bildqualität.

Die so genannte **Normalvergrößerung** einer Lupe erhält man, wenn man den Gegenstand etwa in die Brennebene der Lupe bringt und sich die Augen in der deutlichen Sehweite (25 cm) vor der Lupe befinden.

> Für die Vergrößerung einer Lupe (Normalvergrößerung) gilt:
>
> $V = \frac{25\ \text{cm}}{f}$ $f$ Brennweite der Lupe

Weitere weit verbreitete optische Geräte sind **Fotoapparate, Digitalkameras, Videokameras** und **Diaprojektoren.**

## Mikroskope

Stärkere Vergrößerungen als mit Lupen erreicht man mit **Mikroskopen.** Ein Mikroskop besteht aus zwei Sammellinsen, dem **Objektiv** und dem **Okular.** Der Gegenstand wird zwischen die einfache und doppelte Brennweite des Objektivs gebracht, sodass durch das Objektiv ein bereits vergrößertes reelles Bild im Tubus des Mikroskops erzeugt wird.

Dieses Zwischenbild befindet sich innerhalb der Brennweite des Okulars. Damit wirkt das Okular als Lupe; man beobachtet mit den Augen ein stark vergrößertes, umgekehrtes, seitenvertauschtes, virtuelles Bild des Gegenstandes.

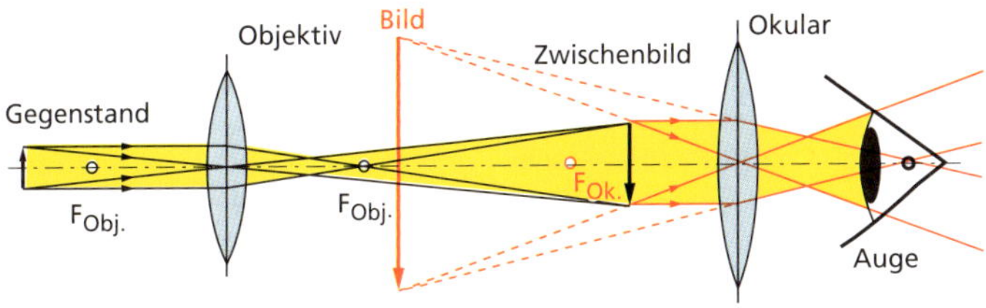


Die **Vergrößerung** eines Mikroskops hängt von den Brennweiten von Objektiv und Okular sowie von der Tubuslänge (Abstand der Brennpunkte von Objektiv und Okular) ab.

Für die Vergrößerung eines Mikroskops gilt:

$$V = V_{Objektiv} \cdot V_{Okular} = \frac{t \cdot s}{f_{Obj} \cdot f_{Ok}}$$

$t$ Tubuslänge
$s$ deutliche Sehweite

Weitere Hinweise zum Auflösungsvermögen eines Mikroskops sind ↗ S. 342 f. gegeben.

**Fernrohre**

Um weit entfernte Gegenstände deutlicher zu sehen, werden Fernrohre genutzt. Mit einem Fernrohr wird eine Vergrößerung des Sehwinkels und damit auch ein größeres Bild auf der Netzhaut des Auges erreicht.
Ein **astronomisches** oder **keplersches Fernrohr** besteht aus zwei Sammellinsen. Mit dem **Objektiv** wird ein reelles Bild des weit entfernten Gegenstandes (Zwischenbild) erzeugt. Dieses Zwischenbild wird mit dem Okular betrachtet, wobei das **Okular** wie eine Lupe wirkt. Insgesamt entsteht ein verkleinertes, umgekehrtes, seitenvertauschtes und virtuelles Bild des Gegenstandes. Der Sehwinkel ist aber größer als ohne Fernrohr.

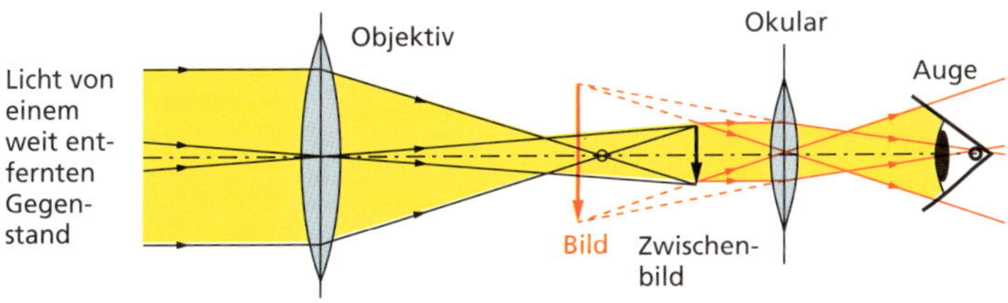


Für die Vergrößerung eines keplerschen Fernrohres gilt:

$$V = \frac{f_{Obj.}}{f_{Ok.}}$$

$f_{Obj.}$ Brennweite des Objektivs
$f_{Ok.}$ Brennweite des Okulars

Die ersten **Mikroskope** wurden von dem niederländischen Naturforscher ANTONY VAN LEEUWENHOEK (1632–1723) und von dem englischen Naturforscher ROBERT HOOKE (1635–1703) gebaut.

Mit **Lichtmikroskopen** sind Vergrößerungen bis etwa 2 000 sinnvoll.
Eine wesentlich höhere Vergrößerung erreicht man mit **Elektronenmikroskopen** (↗ S. 373), bei denen andere physikalische Gesetze genutzt werden.

Der beschriebene Aufbau geht auf den Astronomen JOHANNES KEPLER (1571–1630) zurück. Eine andere Bauweise mit einer **Sammellinse** und einer **Zerstreuungslinse** verwendete GALILEO GALILEI (1564–1642). Ein solches Fernrohr wird als galileisches Fernrohr bezeichnet. Es liefert ein aufrechtes Bild.

Das **Auflösungsvermögen** eines Fernrohres wird vor allem vom Durchmesser des Objektivs bestimmt.

## 5.4 Beugung und Interferenz von Licht

### Beugung von Licht

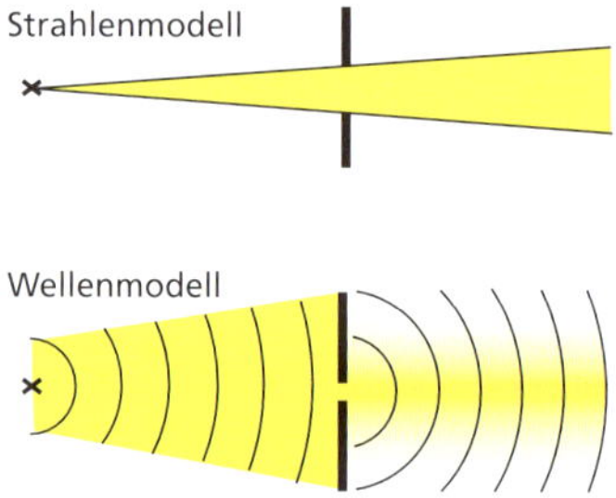


Beobachtet man einen schmalen Spalt vor einer Lichtquelle, dann müsste man ihn nach dem Modell Lichtstrahl als hellen, scharf begrenzten Lichtfleck sehen. Tatsächlich ist aber hinter dem Spalt in allen Richtungen Licht nachweisbar, so wie das in der zweiten Skizze dargestellt ist.
Diese scheinbare Ablenkung des Lichtes aus seiner geradlinigen Ausbreitungsrichtung ist mit dem Modell Lichtstrahl nicht erklärbar.
Im Wellenmodell ist nach dem huygensschen Prinzip jeder Punkt der Öffnung, der von einer Wellenfront getroffen wird, Ausgangspunkt einer Elementarwelle, die sich nach allen Seiten ausbreitet.

**Beugung** tritt auch bei mechanischen Wellen, z. B. bei Schallwellen, auf (↗ S. 142).

Die Intensität des gebeugten Lichtes ist meist sehr gering. Deshalb ist die Beugung von Licht an einem schmalen Spalt, einer Kante oder einem dünnen Draht nur in gut abgedunkelten Räumen beobachtbar.

> Die Ausbreitung des Lichtes hinter schmalen Spalten, Kanten und kleinen Hindernissen auch in die Schattenräume hinein wird als **Beugung** bezeichnet.

Die Beugung ist eine wellentypische Erscheinung. Da sie bei Licht auftritt, kann man folgern: Licht hat Welleneigenschaften.

### Interferenz von Licht

Wie bei Wasser- oder Schallwellen (↗ S. 143) kann man auch bei Licht **Interferenz** beobachten.

> Unter **Interferenz des Lichtes** versteht man die Überlagerung von Lichtwellen mit Bereichen der Verstärkung und der Abschwächung bzw. Auslöschung.

Bei ausgedehnten Lichtquellen senden **Atome** Wellenzüge aus, die eine zufällige Phasenlage und unterschiedliche Schwingungsebenen zueinander haben. Es kommen dadurch keine stabilen Interferenzmuster zustande.

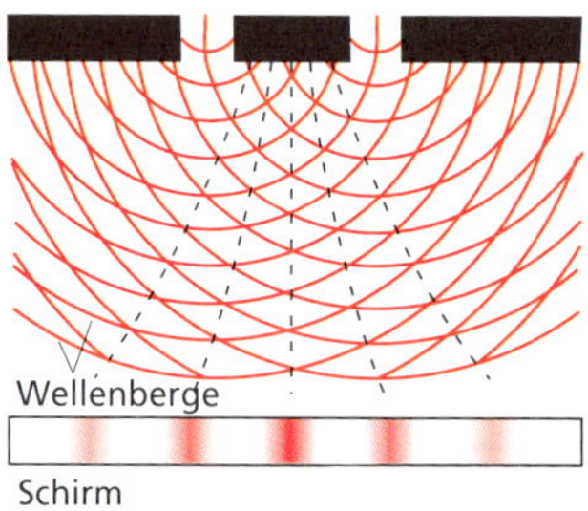


Beobachtbare Interferenzmuster treten aber bei Licht nur unter bestimmten Bedingungen auf. Das hängt mit der Spezifik der Lichtaussendung durch Atome zusammen (↗ S. 391). Damit beobachtbare Interferenzmuster entstehen, müssen die betreffenden Wellen bei gleicher Frequenz eine feste Phasenbeziehung zueinander haben. Solche Wellen heißen **kohärent.**

kohärente Wellenzüge | inkohärente Wellenzüge

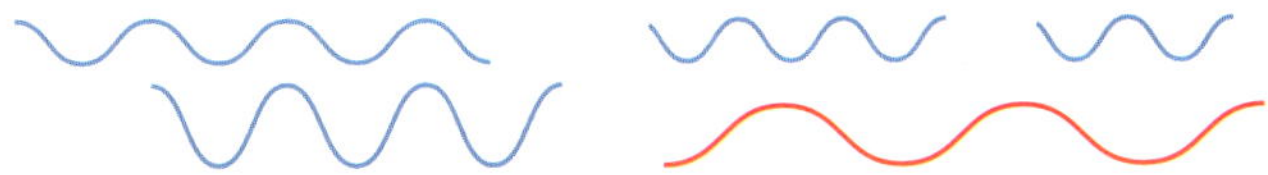

**Kohärentes Licht** erhält man, indem man das Licht einer Lichtquelle durch geeignete Anordnungen (Spalte, Gitter, Spiegel, Prismen) teilt und diese Teile zur Überlagerung bringt, denn das Licht, das von einer Stelle einer Lichtquelle ausgeht, ist mit sich selbst kohärent. Eine andere Möglichkeit ist die Verwendung einer kohärenten Lichtquelle (Laser).
**Monochromatisches Licht** erhält man durch Farbfilter oder von monochromatischen Lichtquellen (Laser, Leuchtdioden).

Stabile Interferenzmuster kommen nur bei Verwendung von kohärentem Licht zustande.

Sie sind besonders einfach zu beschreiben, wenn man Licht einer Wellenlänge und damit einer Farbe (monochromatisches Licht) verwendet.

### Interferenz am Doppelspalt

Beleuchtet man zwei eng benachbarte Spalte mit kohärentem, monochromatischem und parallelem Licht, dann können beide Spalte als Zentren von huygensschen Elementarwellen betrachtet werden. Die beiden Wellensysteme überlagern sich und ergeben ein stabiles, räumlich verteiltes Interferenzmuster mit Schwingungsbäuchen (Verstärkung, hell) und Schwingungsknoten (Auslöschung, dunkel), so wie das in der Skizze S. 336 unten dargestellt ist.
Zu einem beliebigen Punkt haben die von den beiden Zentren ausgehenden Wellen bestimmte Wege zurückzulegen. Die Differenz zwischen diesen Wegen nennt man **Gangunterschied** $\Delta s$. Von diesem Gangunterschied hängt der Schwingungszustand im jeweiligen Punkt ab.

| **konstruktive Interferenz** | **destruktive Interferenz** |
|---|---|
| Verstärkung:<br>Es ist ein Schwingungsbauch vorhanden (hell).<br>$\Delta s = k \cdot \lambda \qquad (k = 0, \pm 1, \pm 2, \ldots)$ | Abschwächung bzw. Auslösung:<br>Es ist ein Schwingungsknoten vorhanden (dunkel).<br>$\Delta s = k \cdot \frac{\lambda}{2} \qquad (k = \pm 1, \pm 3, \pm 5, \ldots)$ |

Bringt man einen Schirm an, so sind auf ihm helle und dunkle Streifen zu beobachten. Gegenüber der Mitte der Spalte liegt das helle Maximum 0. Ordnung. Symmetrisch dazu liegen die Maxima bzw. Minima 1., 2., ... Ordnung.

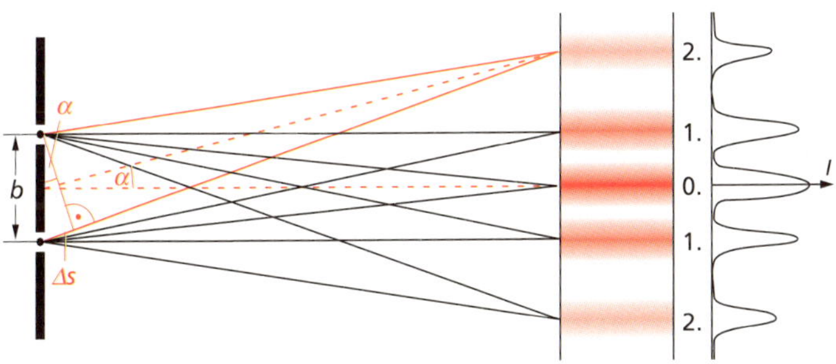


Den Abstand der Streifen und damit die Lage der Maxima bzw. Minima kann man durch geometrische Überlegungen ermitteln (↗ S. 338). Rechts ist die Intensität *I* des Lichtes (↗ S. 313) im Beugungsbild dargestellt.

Da die Entfernung Doppelspalt-Schirm wesentlich größer ist als der Abstand $b$ der beiden Spalte, ergibt sich ein (fast) rechtwinkliges Dreieck (in der Skizze links rot markiert). Für dieses Dreieck ergibt sich:

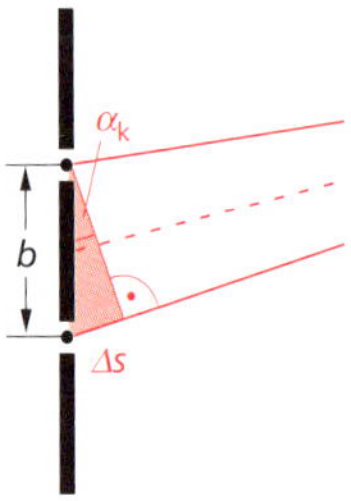


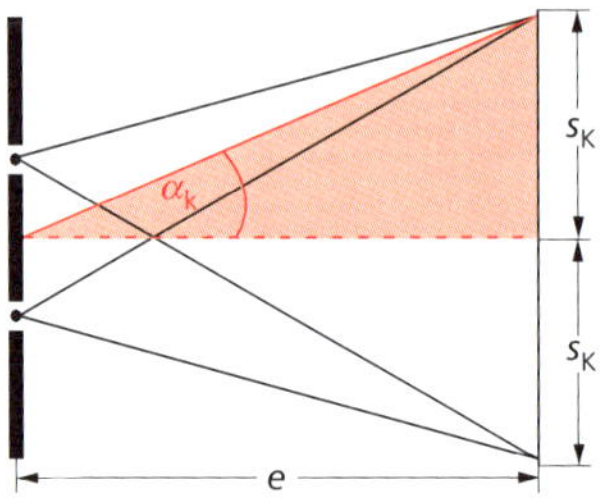


$\sin\alpha_k = \frac{\Delta s}{b}$

Außerdem gilt (s. Skizze rechts):

$\tan\alpha_k = \frac{s_k}{e}$

Da der Abstand $e$ zwischen Doppelspalt und Schirm wesentlich größer als der Abstand $s_k$ zwischen den Interferenzstreifen ist, hat der Winkel einen sehr kleinen Wert. Für kleine Winkel $\alpha$ ist $\tan\alpha \approx \sin\alpha$, sodass man auch setzen kann:

$$\sin\alpha_k = \frac{s_k}{e}$$

Ist der Spaltabstand kleiner als die Wellenlänge des Lichtes, so erhält man nur das Maximum 0. Ordnung, weil für $k \geq 1$ dann $\sin\alpha > 1$ wäre.

Daraus ergibt sich für die Lage der Maxima bzw. Minima:

Bei einem Doppelspalt hängt die Lage der Interferenzstreifen vom Spaltabstand $b$ und von der Wellenlänge $\lambda$ ab.

Maxima: $\sin\alpha_k = \frac{k \cdot \lambda}{b} = \frac{s_k}{e}$ $(k = 0, \pm 1, \pm 2, \ldots)$

Minima: $\sin\alpha_k = \frac{k \cdot \lambda}{2b} = \frac{s_k}{e}$ $(k = \pm 1, \pm 3, \pm 5, \ldots)$

Verwendet man weißes Licht, so liegt z. B. das Maximum 1. Ordnung für blaues Licht näher am Maximum 0. Ordnung als für rotes Licht, da $\lambda_{blau} < \lambda_{rot}$.

Ausführliche Hinweise zum Zeigermodell sind auf der CD zu finden.

Die **Intensität des Lichtes** an einer beliebigen Stelle des Schirmes kann man mit dem **Zeigermodell** bestimmen, wenn man den jeweiligen Gangunterschied kennt. Da die Zeigerlänge gleich der Amplitude und die Intensität des Lichtes proportional dem Quadrat der Amplitude ist, ergibt sich die Intensität im **Zeigermodell** anschaulich als Fläche des Quadrats über dem resultierenden Zeiger.

| $\Delta s = \lambda$ | $\Delta s = \frac{\lambda}{2}$ | $\Delta s = \frac{\lambda}{3}$ |
|---|---|---|
| Zeiger in gleicher Richtung | Zeiger in entgegengesetzter Richtung | Zeiger schließen einen Winkel von 120° zueinander ein. |
|  |  | 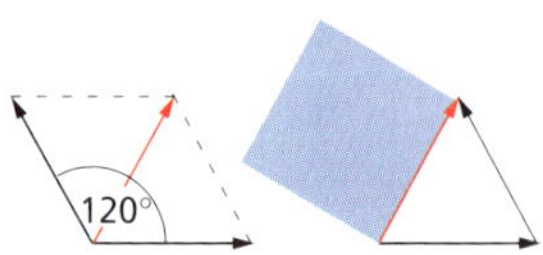  |
| maximale Intensität $I_{max}$ | Intensität $I = 0$ (Auslöschung) | mittlere Intensität ($I = \frac{1}{4} \cdot I_{max}$) |

Auf einen Doppelspalt mit einem Spaltabstand von 0,1 mm fällt paralleles Laserlicht der Wellenlänge $\lambda = 670$ nm. Auf einem 3 m entfernten Schirm beobachtet man Maxima und Minima.
*Wie groß ist der Abstand zwischen den Maxima 0. und 2. Ordnung?*

*Analyse:*
Angewendet werden kann die Beziehung für die Maxima beim Doppelspalt, wobei für ein Maximum 2. Ordnung $k = 2$ ist.

Gesucht: $s_2$
Gegeben: $b = 0{,}1 \text{ mm} = 10^{-4} \text{ m}$
$\lambda = 670 \text{ nm} = 6{,}7 \cdot 10^{-7} \text{ m}$
$e = 3 \text{ m}$
$k = 2$

*Lösung:*
Aus der Gleichung $\frac{k \cdot \lambda}{b} = \frac{s_k}{e}$ ergibt sich durch Umstellung nach $s_k$:

$$s_k = \frac{e \cdot k \cdot \lambda}{b}$$

$$s_2 = \frac{3 \text{ m} \cdot 2 \cdot 6{,}7 \cdot 10^{-7} \text{ m}}{10^{-4} \text{ m}} \approx \underline{4 \cdot 10^{-2} \text{ m}}$$

*Ergebnis:*
Der Abstand zwischen den Maxima 0. und 2. Ordnung beträgt 4 cm.

**Interferenz** durch Beugung am Doppelspalt lässt sich gut überblicken und auch mathematisch leicht beschreiben. Die Maxima auf einem Bildschirm sind aber relativ lichtschwach und nicht scharf ausgeprägt. Für experimentelle Untersuchungen verwendet man deshalb statt eines Doppelspaltes ein **Gitter** (s. unten).

**Interferenz am Gitter**

Verwendet man statt eines Doppelspaltes viele Spalte mit jeweils gleichem Abstand, so erhält man ein optisches Gitter. Je nach Bauart unterscheidet man zwischen Transmissionsgittern und Reflexionsgittern, allgemein spricht man auch von Beugungsgittern. Ein einfaches Transmissionsgitter kann man sich auch herstellen, indem man parallele schwarze Linien auf ein Blatt Papier zeichnet und diese fotografiert.

| Transmissionsgitter | Reflexionsgitter |
|---|---|
| 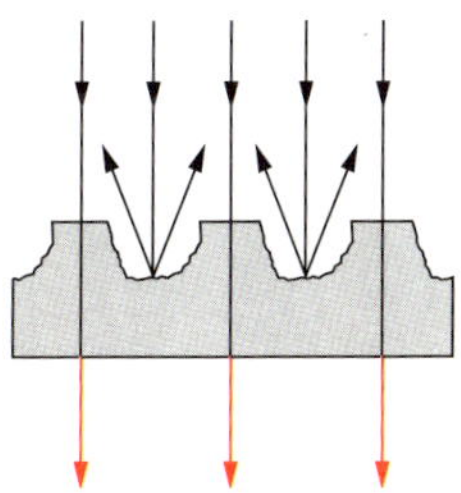 | 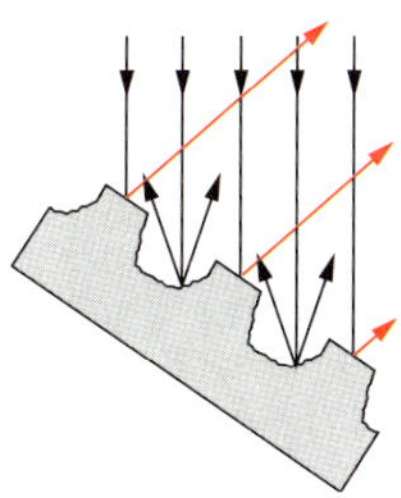 |
| Das hindurchtretende Licht interferiert. Gitterkonstante bis 3 µm. | Das reflektierte Licht interferiert. Gitterkonstante bis 1,25 µm. |

Die ersten optischen **Gitter** entwickelte JOSEPH VON FRAUNHOFER (1787–1826). FRAUNHOFER entdeckte auch dunkle Linien in Sonnenspektren, die man heute als **fraunhofersche Linien** bezeichnet.
Der Erste, der hochwertige Reflexionsgitter herstellte, war der Amerikaner HENRY AUGUSTUS ROWLAND (1848–1901).

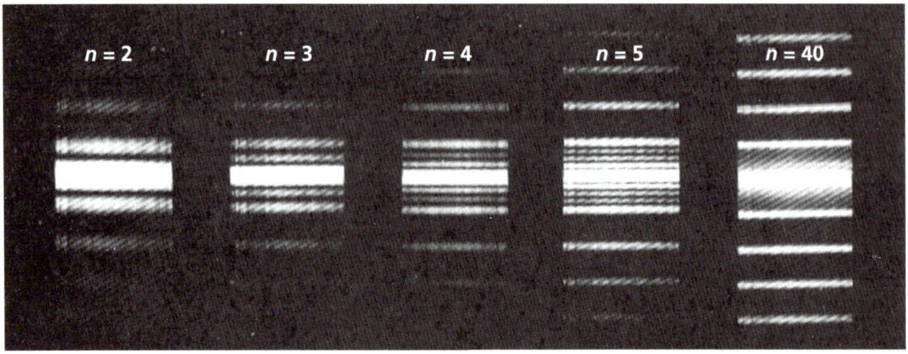


Man erhält die Gitterkonstante als Kehrwert der Anzahl der Spalte je Längeneinheit. Beträgt diese Anzahl z. B. 750/mm, so hat die Gitterkonstante den Wert:

$b = \frac{1}{750}$ mm
$= 1{,}33\ \mu m$

Als Kurzzeichen für die Gitterkonstante wird auch der Buchstabe $g$ verwendet.

Die Interferenz am Gitter kann man auch mit dem Zeigermodell erklären.

Die Farben, die man auf einer CD oder DVD sieht, sind solche Gitterspektren. Eine CD wirkt wie ein Reflexionsgitter mit einer Gitterkonstanten von 1,6 µm.

Der entscheidende Vorteil eines Gitters gegenüber einem Doppelspalt ($n$ = 2) besteht darin, dass die Maxima bei Verwendung eines Gitters wesentlich schärfer ausgeprägt sind und damit genauere Messungen möglich machen (s. Bild oben).
Die Qualität eines Gitters wird entscheidend durch die **Gitterkonstante** $b$ bestimmt. Das ist der Abstand der Mitten zweier benachbarter Spalte. Für die Lage der Maxima auf einem Schirm gelten die gleichen Überlegungen und Beziehungen wie beim Doppelspalt (↗ S. 338).

Bei einem Gitter hängt die Lage der Interferenzstreifen von der Gitterkonstanten $b$ und von der Wellenlänge ab.

Maxima: $\sin \alpha_k = \frac{k \cdot \lambda}{b}$ $(k = 0, \pm 1, \pm 2, \ldots)$

Zwischen den Maxima entstehen breite dunkle Streifen.

Bei sonst gleichen Bedingungen ist der Abstand der Interferenzstreifen abhängig von der Farbe und damit von der Wellenlänge des Lichtes.

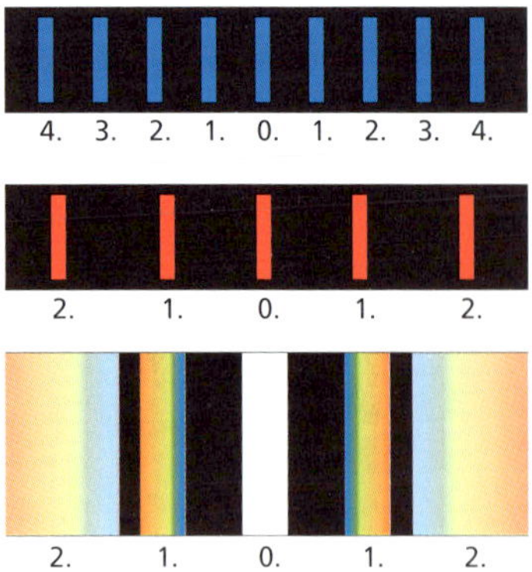


Rotes Licht hat eine etwa doppelt so große Wellenlänge wie blaues Licht. Deshalb ist der Abstand der Interferenzstreifen bei Verwendung von rotem Licht größer als bei der Nutzung von blauem Licht. Arbeitet man mit weißem Licht, so entstehen außer beim Maximum 0. Ordnung farbige Streifen, die man auch als **Beugungsspektren** oder **Gitterspektren** bezeichnet.
Der Zusammenhang zwischen Lichtwellenlänge und Abstand der Interferenzstreifen kann zur Bestimmung der Wellenlänge von Licht genutzt werden. Das spielt z. B. bei der Spektralanalyse (↗ S. 351) eine wichtige Rolle. In der unteren Abbildung ist ein solches Gitterspektrum von weißem Licht dargestellt. Dieses Spektrum ist vergleichbar mit dem, das man bei einem Prisma erhält (↗ S. 351).

*Wie kann man experimentell die Wellenlänge von Spektrallinien bestimmen?*

Genutzt werden kann dazu eine Experimentieranordnung, so wie sie nachfolgend dargestellt ist.

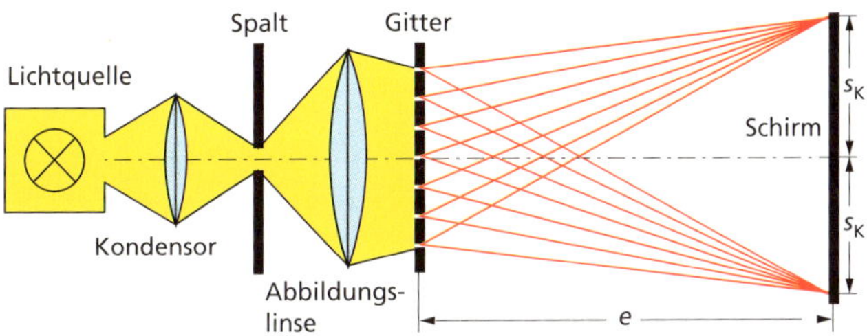


Mit dem Kondensor wird der Spalt ausgeleuchtet, mit der Abbildungslinse wird er scharf auf dem Schirm abgebildet. Dann wird das Transmissionsgitter hinter der Abbildungslinse angebracht. Aus der Gitterkonstanten, der Entfernung Gitter-Schirm $e$ und dem Abstand der Maxima $s_k$ kann man die Wellenlänge berechnen:

$$\lambda = \frac{s_k \cdot b}{e \cdot k} \qquad \text{mit } k = \pm 1 \text{ für das Maximum 1. Ordnung.}$$

Für die Messung wird ein Gitter mit 650 Spalten je Zentimeter verwendet. Die Entfernung zwischen Gitter und Schirm beträgt 1,25 m, der Abstand der beiden Maxima 1. Ordnung 96 mm.
*Wie groß ist die Wellenlänge des verwendeten Lichtes? Um was für eine Lichtquelle könnte es sich handeln?*

*Analyse:*
Zur Berechnung kann die oben genannte Gleichung genutzt werden. Die Gitterkonstante ergibt sich als Kehrwert der Spaltenanzahl je Längeneinheit. Der Abstand von zwei Maxima gleicher Ordnung ist 2 $s_k$.

Gesucht: $\lambda$
Gegeben: $b = \frac{1}{650}$ cm

$e = 125$ cm
$s_1 = 4{,}8$ cm

*Lösung:*

$$\lambda = \frac{s_1 \cdot b}{e}$$

$$\lambda = \frac{4{,}8\ \text{cm} \cdot \text{cm}}{650 \cdot 125\ \text{cm}} = \underline{5{,}9 \cdot 10^{-5}\ \text{cm}}$$

*Ergebnis:*
Das verwendete Licht hat eine Wellenlänge von 590 nm. Ein Vergleich mit Tabellenwerten ergibt: Es handelt sich um gelbes Licht. Die Lichtquelle könnte eine Natriumdampflampe sein.

Wichtig ist bei einer solchen Experimentieranordnung ihre Optimierung. Dazu gehört eine gute Ausleuchtung des Spaltes und die scharfe Abbildung des Spaltes auf dem Schirm.

Unter der Bedingung $s_k \ll e$ gilt die Beziehung:
$$\frac{k \cdot \lambda}{b} = \frac{s_k}{e}$$
(↗ S. 338). Daraus ergibt sich die nebenstehende Gleichung zur Berechnung der Welllenlänge.

Es ist zweckmäßig, alle Längen in die gleiche Einheit umzurechnen.

Natriumdampflampen senden vorrangig Licht mit zwei charakteristischen gelben Linien (589 nm, 590 nm) aus.

## Interferenz am Einzelspalt

Ein einzelner Spalt kann bei genauer Betrachtung nicht als Zentrum einer einzigen Elementarwelle angesehen werden. Vielmehr ist jeder Punkt des Spaltes Ausgangspunkt einer Elementarwelle, die sich ihrerseits überlagern. Zur genaueren Untersuchung der Verhältnisse unterteilen wir den Spalt in zwei Hälften.

Die Skizze links zeigt die Situation beim 1. Minimum. Rechts ist der Verlauf der Intensität des Lichtes (↗ S. 313) dargestellt, das man auf einem Schirm registrieren würde.

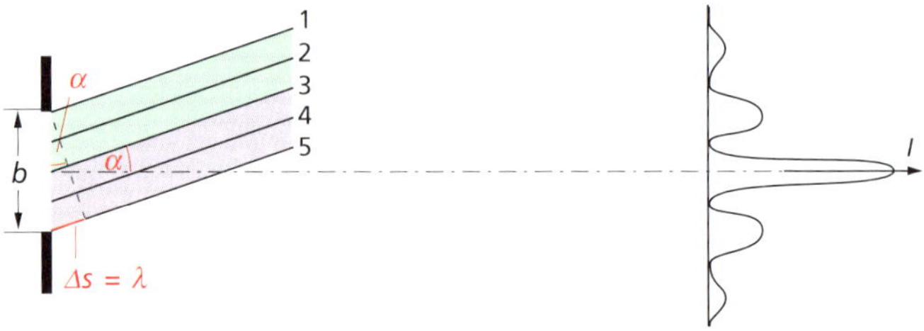


Beträgt der Gangunterschied $\Delta s$ zwischen den beiden Randstrahlen gerade $\lambda$, dann kann man zu jedem Strahl aus dem Lichtbündel der einen Hälfte einen Strahl aus dem Bündel der anderen Hälfte finden, dessen Gangunterschied gerade $\frac{\lambda}{2}$ beträgt. Die Strahlen 1 und 3 oder 2 und 4 sind Beispiele dafür. Es kommt folglich zu einer Auslöschung aller Wellen. Für das erste Minimum gilt:

$$\sin\alpha = \pm\frac{\lambda}{b}$$

Die analogen Überlegungen gelten, wenn der Gangunterschied nicht $\lambda$, sondern $2\lambda$, $3\lambda$, ... beträgt. Eine Erklärung kann auch mit dem Zeigermodell erfolgen.

Vergrößert sich der Gangunterschied allmählich, dann kommt es zu einer partiellen Auslöschung, das restliche Licht bildet die Maxima 1. Ordnung.

> Bei der Beugung an einem Spalt entstehen helle und dunkle Streifen. Für die Minima gilt:
>
> $\sin\alpha_k = \frac{k \cdot \lambda}{b}$   $k = \pm 1, \pm 2, \ldots$   $\lambda$ Wellenlänge; $b$ Spaltbreite

Zwischen den Minima liegen Nebenmaxima sehr geringer Intensität. Bei Verwendung einer kreisförmigen Öffnung entstehen neben dem Hauptmaximum 0. Ordnung (Beugungsscheibchen) dunkle und helle Ringe. Die Bedingung für die Maxima lautet:

$\sin\alpha_k = \frac{(2k+1)\cdot\lambda}{2b}$
$(k = \pm 1, \pm 2, \ldots)$

## Das Auflösungsvermögen optischer Geräte

Jedes optische Gerät, auch das Auge, verfügt über Blenden oder Fassungen, an denen Beugung auftritt. Dadurch wird ein Gegenstandspunkt nicht als Punkt abgebildet, sondern als ein **Beugungsscheibchen.** Die Beugungsscheibchen von sehr eng benachbarten Punkten überdecken sich und können dann nicht mehr getrennt wahrgenommen werden.

> Das Auflösungsvermögen ist ein Maß dafür, dass zwei Gegenstandspunkte gerade noch getrennt wahrgenommen werden können.

Das ist dann der Fall, wenn sich die Beugungsscheibchen der betreffenden Punkte gerade noch unterscheiden lassen (s. Skizze S. 343).

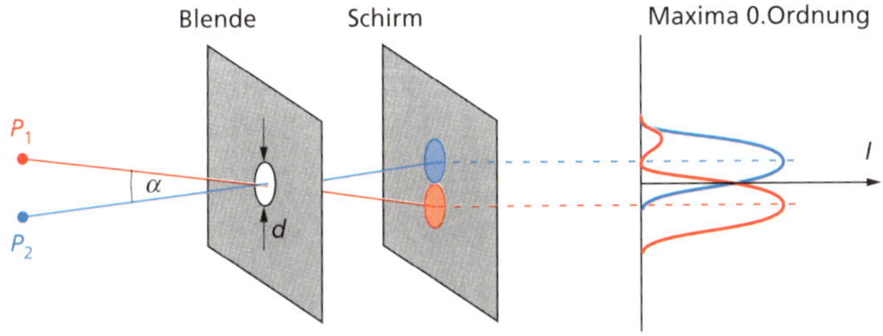


Auf dem Schirm sind die getrennt wahrnehmbaren Beugungsscheibchen gezeichnet, rechts die 0. Maxima der Intensitäten der Beugungsbilder.

Eine solche Unterscheidung ist dann möglich, wenn das 0. Maximum des Beugungsbildes des einen Punktes mindestens im 1. Minimum des Beugungsbildes des anderen Punktes liegt. Für einen Spalt gilt für das Minimum 1. Ordnung: $\sin\alpha = \frac{\lambda}{d}$. Für kreisförmige Öffnungen, so wie sie bei optischen Instrumenten und beim Auge auftreten, liefert die Theorie:

$$\sin\alpha \approx \alpha \approx 1{,}22 \cdot \frac{\lambda}{d}$$

Für kleine Winkel $\alpha$ in Bogenmaß gilt:

$\sin\alpha \approx \alpha$

Damit man zwei Punkte noch als getrennt wahrnehmen kann, muss bei kreisförmigen Öffnungen gelten:

$\alpha \geq 1{,}22 \cdot \frac{\lambda}{d}$

| | |
|---|---|
| $\lambda$ | Wellenlänge |
| $d$ | Durchmesser der Öffnung |

Das ist zugleich der **kleinste Sehwinkel,** unter dem man bei Auge und Fernrohr zwei Punkte noch als getrennt wahrnehmen kann. $d$ ist dabei beim Auge der Durchmesser der Pupille (2 mm bis 8 mm), beim Fernrohr der Durchmesser des Objektivs. Bei einem Mikroskop beträgt der kleinste Punktabstand $r$, der noch aufgelöst werden kann:

$$r \approx \frac{\lambda \cdot f}{d}$$

Dabei ist $\lambda$ die Wellenlänge, $f$ die Brennweite des Objektivs und $d$ sein Durchmesser. Die Grenze des Auflösungsvermögens liegt bei etwa $\frac{\lambda}{2}$.

Der kleinste Sehwinkel beim Auge liegt bei einer Bogenminute (1'). Bei astronomischen Fernrohren wählt man einen möglichst großen Objektivdurchmesser, um ein großes Auflösungsvermögen zu erreichen.

### Interferenz an dünnen Schichten

Die Flügel einer Libelle, eine Seifenblase oder eine dünne Ölschicht auf Wasser schillern in den unterschiedlichsten Farben. Diese Farben ändern sich mit dem Blickwinkel. Die Ursache dafür ist die Reflexion von Licht an der Vorder- und Rückseite einer dünnen Schicht und die anschließende Interferenz dieses an verschiedenen Stellen reflektierten Lichtes. Als Beispiel betrachten wir eine dünne Seifenhaut.

Auf vielen Geldscheinen und Geldkarten sind Hologramme aufgeprägt. Mithilfe der Holografie lassen sich dreidimensionale Bilder von Gegenständen erzeugen.

Bei sehr dünnen Schichten ($d \to 0$) beträgt die Phasenverschiebung aufgrund des Phasensprungs am optisch dichteren Stoff (↗ S. 345, Randspalte) $\frac{\lambda}{2}$. Es kommt zur Auslöschung. Die betreffende Stelle erscheint dunkel.

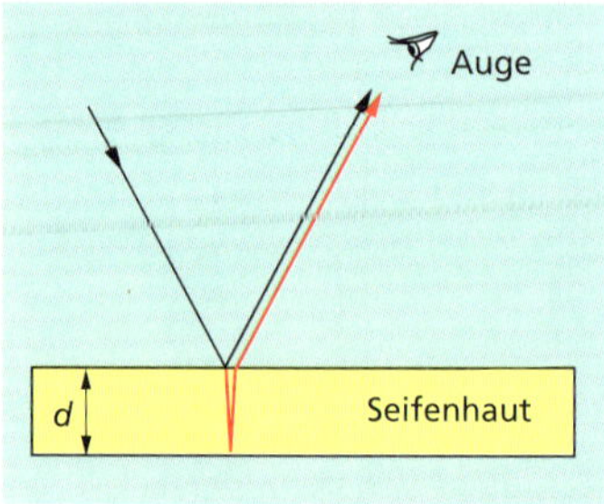


Ein Teil des auffallenden Lichtes wird an der Oberfläche reflektiert, wobei am optisch dichteren Stoff ein Phasensprung von $\frac{\lambda}{2}$ auftritt. Ein anderer Teil tritt in die Schicht ein, wird an der Rückseite reflektiert und tritt dann wieder aus. Je nachdem, mit welcher Phasenlage die Wellen zusammentreffen, kommt es zur Verstärkung, Abschwächung oder Auslöschung.

**An dünnen Schichten tritt bei Reflexion Verstärkung auf, wenn der Gangunterschied zwischen den an Vorder- und Rückseite reflektierten Wellen $\lambda$ oder ein ganzzahliges Vielfaches von $\lambda$ beträgt.**

Der Faktor $n$ (Brechzahl) ergibt sich daraus, dass die Wellenlänge in der Schicht nicht $\lambda$, sondern $\frac{\lambda}{n}$ beträgt. Auslöschung tritt auf, wenn der Gangunterschied $\frac{\lambda}{2}$ oder ein ungeradzahliges Vielfaches davon beträgt.

Bei senkrecht einfallendem Licht ist das dann der Fall, wenn gilt:

$$2\,d = \frac{2k+1}{n} \cdot \frac{\lambda}{2} \qquad (k = 0, 1, 2, \ldots)$$

Dabei bedeuten $d$ die Schichtdicke, $n$ die Brechzahl der Schicht und $\lambda$ die Wellenlänge.
Für die **Interferenzfarben** bei einer dünnen Schicht ergibt sich somit:
- Bei bestimmter Schichtdicke tritt maximale Verstärkung bzw. Auslöschung nur für eine bestimmte Wellenlänge (Farbe) auf.
- Ändert sich die Schichtdicke, so verändert sich auch die Farbe des verstärkten bzw. ausgelöschten Lichtes.
- Ändert sich der Winkel, unter dem man auf die Schicht blickt, so ändert sich ebenfalls die maximal verstärkte bzw. ausgelöschte Farbe, weil sich der Weg des Lichtes durch die Schicht verändert.

### Entspiegelung von Oberflächen

Da das gelb-grüne Licht in der Reflexion nicht mehr vorhanden ist, erscheinen die Oberflächen solcher Linsen häufig bläulich oder rötlich.

Interferenz an dünnen Schichten wird bei Objektiven und Brillengläsern zur **Entspiegelung** der Oberflächen genutzt. Dazu wird auf die Linse eine dünne Schicht mit einer Brechzahl, die zwischen der von Luft und Glas liegt, aufgedampft. Die Schichtdicke beträgt $\frac{\lambda}{4}$ des gelbgrünen Lichtes, also des Lichtes im mittleren Spektralbereich. Fällt Licht auf die Linse, so wird ein Teil von ihm an Vorder- und Rückseite der $\frac{\lambda}{4}$-Schicht reflektiert. Am optisch dichteren Stoff tritt dabei jeweils ein Phasensprung von $\frac{\lambda}{2}$ auf. Der Gangunterschied wird damit nur durch die Schichtdicke bestimmt und beträgt $2 \cdot \frac{\lambda}{4} = \frac{\lambda}{2}$. Licht dieser Wellenlänge wird ausgelöscht. Auch Licht größerer und kleinerer Wellenlängen wird abgeschwächt. Möglich ist auch, mehrere Schichten aufzubringen, die reflektiertes Licht in unterschiedlichen Wellenlängenbereichen schwächen.
Die Entspiegelung bewirkt zweierlei:
- Es werden störende Reflexe verhindert oder zumindest gemindert.
- Es wird die Lichtdurchlässigkeit erhöht, denn die Lichtmenge, deren Reflexion durch Interferenz verhindert wurde, ist im durchgehenden Licht enthalten.

Da durch die aufgedampfte Schicht die Qualität der Linsen verbessert wird, spricht man auch von **Oberflächenvergütung.**

Auf eine Glasscheibe ($n$ = 1,50) wird Kryolith aufgedampft. Das ist eine mineralische Verbindung aus Natrium, Aluminium und Fluor mit der chemischen Formel $Na_3AlF_6$, die eine Brechzahl von 1,30 hat. *Wie dick muss die Schicht gewählt werden, damit senkrecht einfallendes Licht der Wellenlänge 500 nm nicht reflektiert wird?*

*Analyse:*
Das Licht wird an der Oberfläche des Kryoliths und an der Glasschicht reflektiert. Da die Reflexion jeweils am optisch dichteren Stoff erfolgt, tritt zweimal ein Phasensprung von $\frac{\lambda}{2}$ auf. Ein Gangunterschied wird somit nur durch die Dicke der Kryolithschicht hervorgerufen. Soll Auslöschung auftreten, so muss der Gangunterschied $\frac{\lambda_K}{2}$ sein, wobei $\lambda_K$ die Wellenlänge im Kryolith ist.

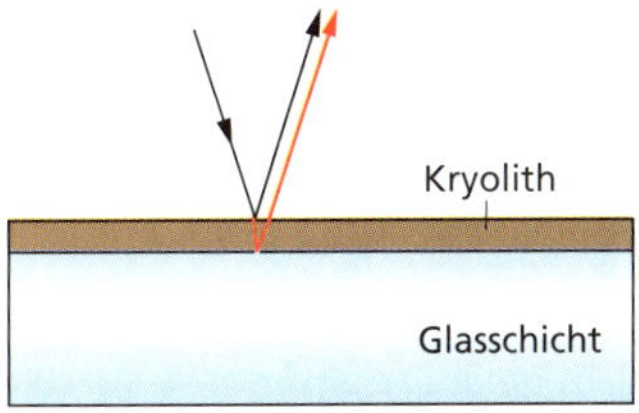


Allgemein gilt: Trifft Licht aus einem optisch dünneren Stoff kommend auf einen optisch dichteren Stoff und wird es dort reflektiert, so tritt ein **Phasensprung** von $\pi$ bzw. $\frac{\lambda}{2}$ auf.

Gesucht: $d$
Gegeben: $\lambda$ = 500 nm
$n_K$ = 1,30

*Lösung:*
Wenn ein Gangunterschied von $\frac{\lambda_K}{2}$ durch die Schicht hervorgerufen werden soll, muss gelten:

$$2\,d = \frac{\lambda_K}{2} = \frac{\lambda}{2 \cdot n}$$

Damit erhält man für die Schichtdicke $d$:

$$d = \frac{\lambda}{4 \cdot n}$$

$$d = \frac{500\ \text{nm}}{4 \cdot 1{,}30} = \underline{96\ \text{nm}}$$

Beträgt die **Wellenlänge von Licht** in Luft $\lambda$, so verringert sie sich in einem Stoff mit der **Brechzahl** $n$ auf $\frac{\lambda}{n}$.

*Ergebnis:*
Damit Licht mit einer Wellenlänge von 500 nm nicht reflektiert wird, muss die Kryolithschicht eine Dicke von 96 nm haben.

**Newtonsche Ringe**

Legt man eine schwach gewölbte Konvexlinse auf eine Glasscheibe, so beobachtet man ein Interferenzmuster. Ursache dafür ist die dünne Luftschicht. Es überlagern sich die am Übergang Glas–Luft und an der Glasplatte reflektierten Wellen. Genutzt werden können die **newtonschen Ringe** zur Prüfung von Linsen sowie der Ebenheit von Oberflächen.

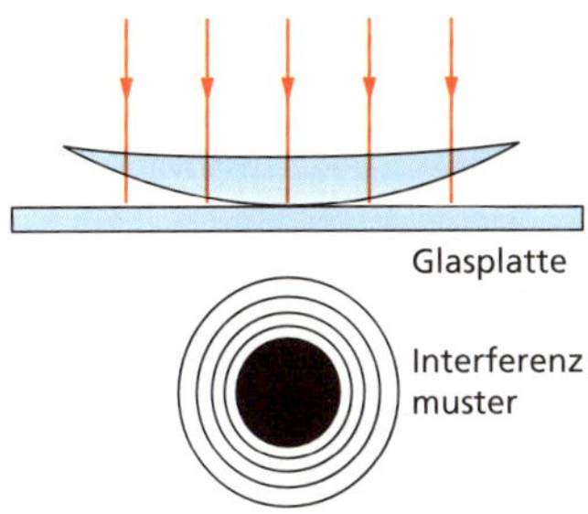


Die Bezeichnung für dieses Interferenzmuster rührt daher, weil **Isaac Newton** (1643–1727) sie als Erster untersucht hat und bei idealen Oberflächen kreisförmige Ringe entstehen.

## Interferometer

Bei dem physikhistorisch wichtigen Experiment von MICHELSON und MORLEY (↗ S. 428) zum Nachweis des Äthers wurde mit einem solchen Interferometer gearbeitet.

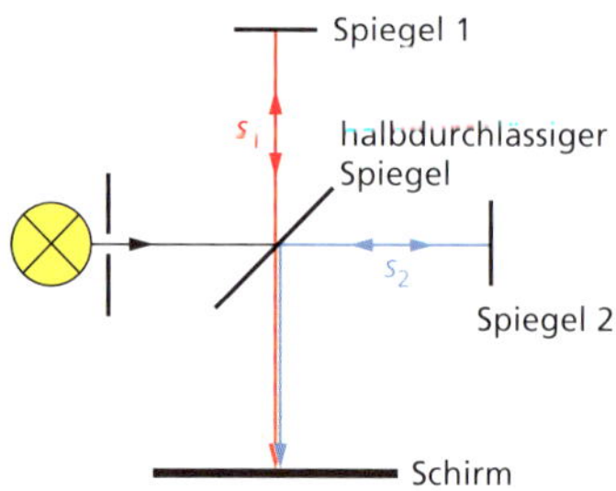


Interferometer sind Geräte, mit denen man Längenunterschiede sehr genau bestimmen kann. Man nutzt dabei die Wellenlänge des Lichtes als Einheit. Das Prinzip eines solchen Interferometers ist in der Skizze dargestellt. Das einfallende Licht wird durch den halbdurchlässigen Spiegel geteilt und legt dann die Wege $s_1$ und $s_2$ zurück. Das an den Spiegeln 1 und 2 reflektierte Licht gelangt zum Schirm, auf dem ein Interferenzmuster zu beobachten ist. Bewegt man nun z. B. Spiegel 1 um die Strecke $\frac{\lambda}{4}$, dann wird aus einem Maximum ein Minimum. Durch Abzählen der Maximum-Minimum-Durchgänge kann man die von Spiegel 1 zurückgelegte Strecke in Wellenlängeneinheiten angeben.

Je nach Aufbau kann das Interferenzmuster aus Strichen oder Kreisen bestehen.

In den Lichtweg $s_2$ eines Interferometers wird eine 6 cm lange, mit Luft gefüllte Kammer gebracht. Pumpt man die Luft aus der Kammer, so beobachtet man 96 Hell-Dunkel-Hell-Durchgänge.
*Wie groß ist die Brechzahl von Luft, wenn Laserlicht mit einer Frequenz von $4{,}4775 \cdot 10^{14}$ Hz verwendet wurde?*

Es muss sehr genau gemessen und gerechnet werden, weil sich die Lichtgeschwindigkeiten in Luft und im Vakuum nur wenig voneinander unterscheiden.

*Analyse:*
Die Wellenlänge des Laserlichtes ist wegen der geringeren Lichtgeschwindigkeit in Luft kleiner als im Vakuum. Deshalb passen in die mit Luft gefüllt Kammer beim Hin- und Rücklauf 48 Wellenlängen mehr als in die evakuierte Kammer. Daraus lässt sich die Lichtgeschwindigkeit in Luft und dann die Brechzahl berechnen.

Gesucht: $n_{\text{Luft}}$
Gegeben: 48 Wellenlängen $\quad f = 4{,}4775 \cdot 10^{14}$ Hz
$c = 299\,792{,}458 \text{ km} \cdot \text{s}^{-1} \quad l = 6 \text{ cm} \cdot 2$

Genutzt wird der Zusammenhang:
$c = \lambda \cdot f$ bzw.
$\lambda = \frac{c}{f}$

*Lösung:*
In die evakuierte Kammer passen folgende $x$ Wellenlängen:

$$x = \frac{l}{\lambda_{\text{Vakuum}}} = \frac{l \cdot f}{c_{\text{Vakuum}}} = \frac{2 \cdot 6 \cdot 10^{-2} \text{ m} \cdot 4{,}4775 \cdot 10^{14} \text{ Hz} \cdot \text{s}}{2{,}99\,792\,458 \cdot 10^{8} \text{ m}} = 179\,224$$

In der luftgefüllten Kammer sind es 48 mehr. Also gilt:

$$c_{\text{Luft}} = \frac{4{,}4775 \cdot 10^{14} \text{ Hz} \cdot 6 \text{ cm} \cdot 2}{179\,272} = 299\,712 \text{ km} \cdot \text{s}^{-1}$$

Daraus ergibt sich:

$$n_{\text{Luft}} = \frac{c_{\text{Vakuum}}}{c_{\text{Luft}}} = \frac{299\,792\,458 \text{ km} \cdot \text{s}^{-1}}{299\,712 \text{ km} \cdot \text{s}^{-1}} = \underline{1{,}000\,27}$$

*Ergebnis:*
Die Brechzahl von Luft beträgt $n = 1{,}000\,27$.

## 5.5 Polarisation von Licht

### Licht als Transversalwelle

Wenn man Licht im Wellenmodell beschreibt, dann stellen sich folgende Fragen:
- Ist Licht eine Longitudinalwelle oder eine Transversalwelle?
- Was schwingt bei Licht? Welche Größen ändern sich zeitlich periodisch?

Sendet man Licht durch spezielle Kunststofffolien, die so genannten **Polarisationsfolien,** dann zeigt sich: Sind die Polarisationsrichtungen der Folien senkrecht zueinander angeordnet, so kommt kein Licht hindurch.

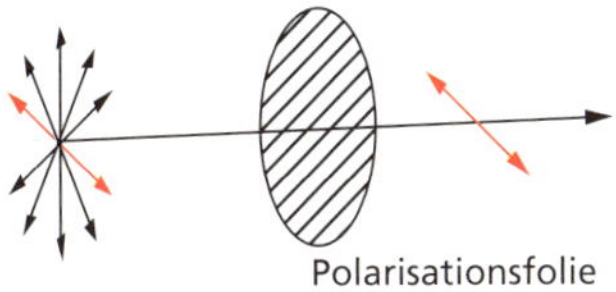
Polarisationsfolie

Bei Polarisationsfolien sind Kohlenstoffketten wie Gitterstäbe parallel zueinander angeordnet. Genauso wirken auch **Polarisationsfilter,** die man z. B. in der Fotografie verwendet, oder Metalldrähte bei hertzschen Wellen (↗ S. 305).

| 2 Folien parallel zueinander | 2 Folien senkrecht zueinander |
|---|---|
|  | 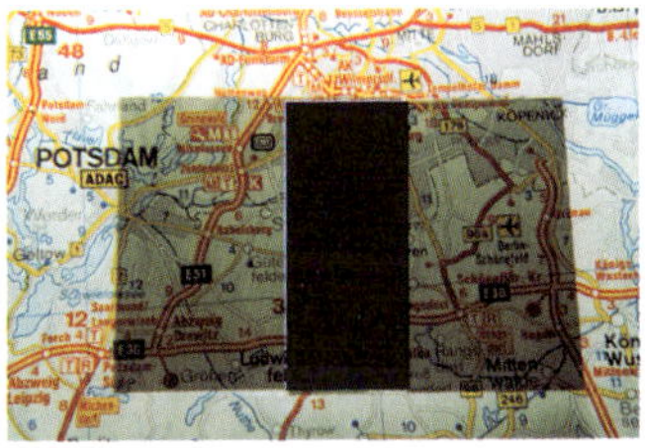 |

Licht natürlicher Lichtquellen (Sonne, Feuer) sowie der meisten künstlichen Lichtquellen schwingt in den unterschiedlichsten Ebenen. Laserlicht ist dagegen aufgrund der speziellen Art seiner Erzeugung linear polarisiert.

Offensichtlich wird das in der Regel in unterschiedlichen Richtungen schwingende Licht durch eine Polarisationsfolie **linear polarisiert,** d. h. es schwingt dann nur noch in einer Ebene. Durch eine senkrecht zur ersten gestellte Polarisationsfolie kommt dann überhaupt kein Licht mehr hindurch. Da Polarisation nur bei Transversalwellen auftritt, kann man folgern:

> Licht ist polarisierbar, verhält sich also wie eine Transversalwelle.

Michael Faraday (1791–1867) schickte 1846 linear polarisiertes Licht durch einen Glasstab, den ein ausschaltbares Magnetfeld durchsetzte. Er stellte fest, dass bei eingeschaltetem Magnetfeld die Polarisationsrichtung des Lichtes gedreht wurde und schloss daraus, dass Licht eine elektromagnetische Welle ist. Weitere Experimente stützten diese Auffassung.

Der beschriebene Effekt wird als Faraday-Effekt bezeichnet

> Licht kann als elektromagnetische Welle beschrieben werden. Damit ändern sich die Stärke des elektrischen und des magnetischen Feldes periodisch.

Damit gelten für Licht auch alle die Eigenschaften und Beziehungen, die ↗ S. 303 f. für elektromagnetische Wellen dargestellt sind.

Bei zeichnerischen Darstellungen der Schwingungsrichtung stellt man die Richtung des elektrischen Feldvektors dar.

### Polarisation durch Reflexion

Fotografiert man glatte Flächen (Glasscheiben), so treten meist starke Spiegelungen auf (Bild links). Bei Verwendung eines Polarisationsfilters werden diese Reflexionen weitgehend unterdrückt (Bild rechts).

Dieses Gesetz fand der britische Physiker DAVID BREWSTER (1781–1868) um 1815. Der Winkel $\alpha_p$ wird auch als BREWSTER-Winkel bezeichnet.

Reflektiertes Licht ist offensichtlich teilweise polarisiert. Der genaue Zusammenhang wird mit dem **brewsterschen Gesetz** erfasst.

> Stehen reflektierter und gebrochener Strahl an der Grenzfläche zwischen zwei durchsichtigen Stoffen senkrecht aufeinander, dann ist das reflektierte Licht vollständig linear polarisiert. Es gilt:
>
> $\tan \alpha_p = n$ — $n$ Brechzahl des 2. Stoffes

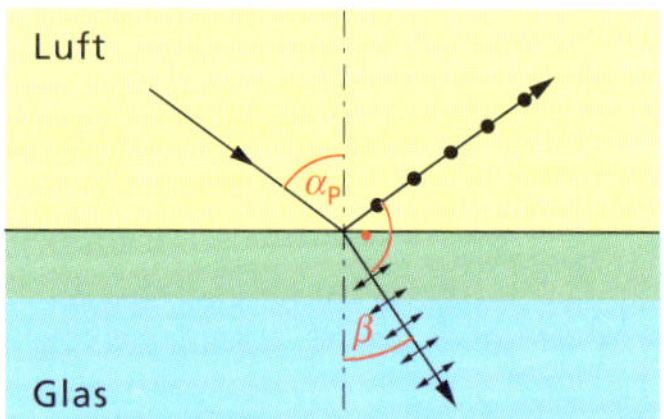


Das reflektierte Licht ist so polarisiert, dass es senkrecht zur Einfallsebene schwingt. Das ebenfalls polarisierte gebrochene Licht schwingt dagegen in der Einfallsebene. Ist die im Gesetz genannte Bedingung der Orthogonalität von reflektiertem und gebrochenem Strahl nicht erfüllt, so tritt teilweise Polarisation auf. Die oben genannte Gleichung ergibt sich folgendermaßen:

Es gilt:

$\sin(90° - \alpha) = \cos \alpha$

Außerdem ist:

$\frac{\sin \alpha}{\cos \alpha} = \tan \alpha$

$$n = \frac{\sin \alpha_p}{\sin \beta} = \frac{\sin \alpha_p}{\sin(90° - \alpha_p)} = \frac{\sin \alpha_p}{\cos \alpha_p} = \tan \alpha_p$$

### Polarisation durch Brechung

Es gibt Kristalle, in denen die Ausbreitungsgeschwindigkeit des Lichtes von der Ausbreitungsrichtung und von der Schwingungsrichtung abhängt. Zu diesen Kristallen zählt **Kalkspat,** aber auch Quarz, Glimmer oder Turmalin.

Die Doppelbrechung wurde von CHRISTIAAN HUYGENS (1629–1695) entdeckt.

> Die Erscheinung, dass Licht je nach seiner Schwingungsebene in unterschiedlicher Weise gebrochen wird, bezeichnet man als **Doppelbrechung.**

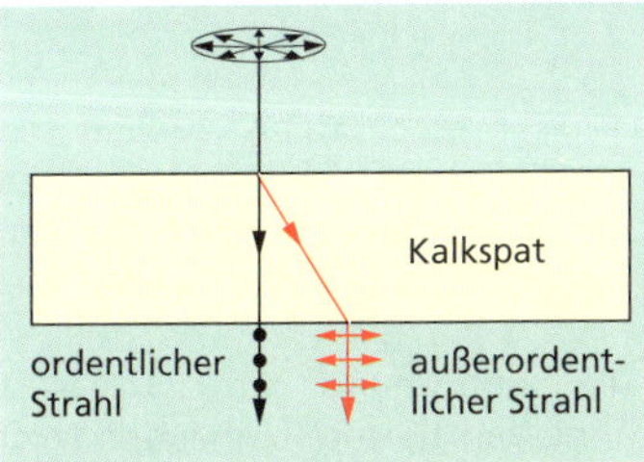


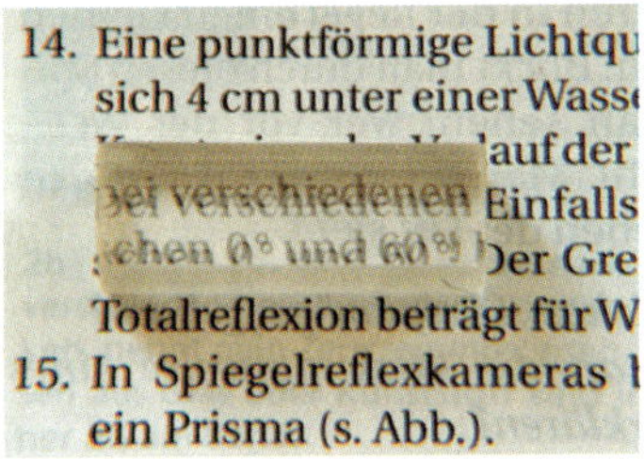


Legt man einen doppelbrechenden Kristall auf eine Buchseite, dann sieht man die Schrift doppelt (Foto rechts). Stoffe, die sich optisch nicht in allen Richtungen gleich verhalten, nennt man **optisch anisotrop.** Die anderen Stoffen heißen **optisch isotrop.**

Eine Reihe von Stoffen, z. B. Glas und viele durchsichtige Kunststoffe, zeigen unter Normalbedingungen keine Doppelbrechung. Setzt man sie aber Zug- oder Druckkräften aus oder bestehen innere Spannungen, dann gibt es dadurch Verformungen, die zu einer unterschiedlichen Ausbreitungsgeschwindigkeit des Lichtes in verschiedenen Richtungen und damit zu Doppelbrechung führen.

Doppelbrechung, die unter dem Einfluss von Verformungen (Zug- oder Druckkräfte, innere Spannungen) zustandekommt, nennt man **Spannungsdoppelbrechung.**

Der Bereich der Optik, der sich mit Spannungsdoppelbrechung beschäftigt, wird auch als **Spannungsoptik** bezeichnet.

Bringt man die betreffenden Stoffe zwischen gekreuzte Polarisationsfolien und beleuchtet sie mit weißem Licht, so ergeben sich durch Interferenz Farben, die von der Stärke der Verformung abhängen.

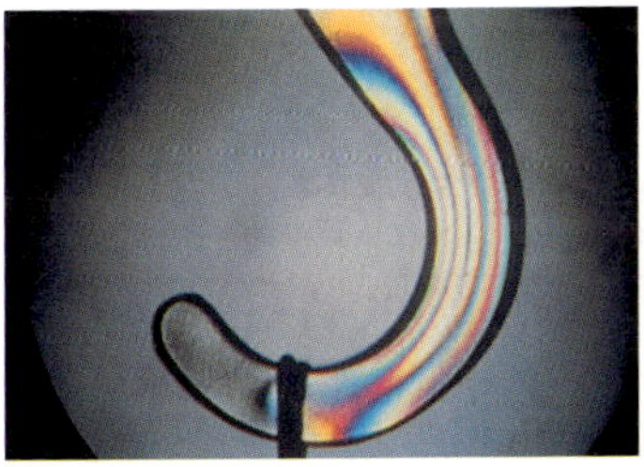

In der Technik nutzt man Spannungsdoppelbrechung dazu, um an Modellen von Haken, Brücken, Trägern usw. die Spannungen zu untersuchen, die bei Belastungen auftreten.

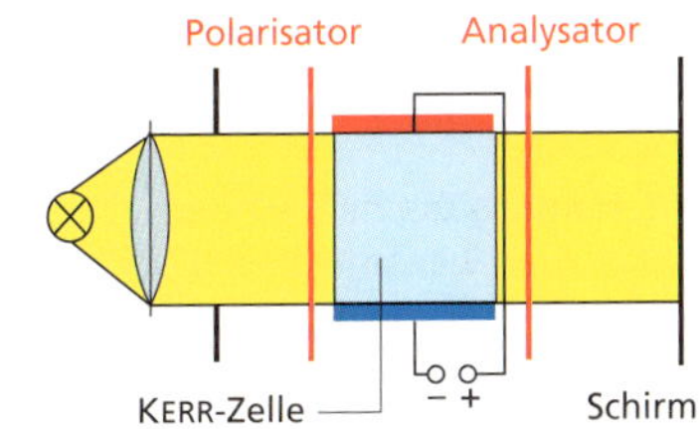


Doppelbrechung tritt bei einigen optisch isotropen Stoffen, z. B. bei Nitrobenzol, unter dem Einfluss eines elektrischen Feldes auf. Dieser Effekt wird als **KERR-Effekt** bezeichnet. Das Licht wird durch einen Polarisator linear polarisiert, durchläuft den Stoff und trifft dann auf den zum Polarisator gekreuzten Analysator. Beides sind Polarisationsfilter. Es tritt demzufolge kein Licht hindurch. Legt man ein elektrisches Feld an, so tritt ein Teil des Lichtes durch den Analysator hindurch. Auf dem Schirm ist eine Aufhellung zu beobachten. KERR-Zellen kann man zur praktisch trägheitslosen elektrischen Helligkeitssteuerung eines Lichtbündels nutzen.

Benannt ist dieser elektrooptische Effekt nach dem schottischen Physiker JOHN KERR (1824–1907), der ihn 1875 entdeckte.

## Optisch aktive Stoffe

Bestimmte Stoffe, z. B. Zuckerlösung oder Milchsäuren, drehen die Schwingungsebene des durch sie hindurchgehenden linear polarisierten Lichtes. Man nennt solche Stoff optisch aktiv. Nachweisen kann man den Effekt mithilfe der skizzierten Experimentieranordnung.

Polarisator und Analysator sind Polarisationsfilter bzw. Polarisationsfolien.

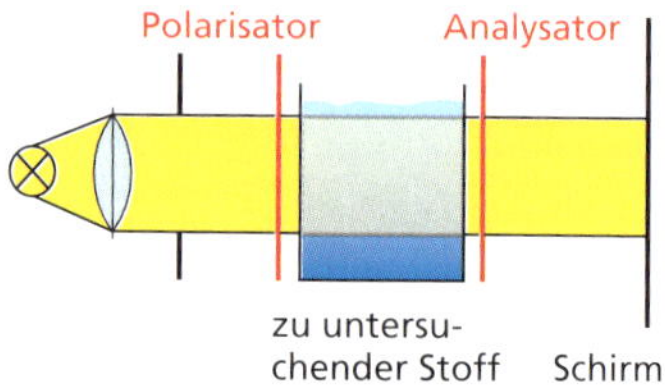


Die Anordnung wird zunächst ohne den zu untersuchenden Stoff so eingestellt, dass Polarisator und Analysator gekreuzt sind und damit durch den Analysator kein Licht hindurchtritt. Bringt man einen optisch aktive Stoff zwischen Polarisator und Analysator, so ist auf dem Schirm eine Aufhellung zu beobachten. Durch Drehung des Analysators kann man wieder Dunkelheit erreichen. Der Drehwinkel ist vom Stoff, von der Länge des Lichtweges durch den Stoff und von dessen Konzentration abhängig.

Da sich der Drehwinkel leicht messen lässt, nutzt man das beschriebene Herangehen z. B. zur Messung der Konzentration von Zuckerlösungen.

Linksdrehend bzw. rechtsdrehend bezieht sich immer auf die Blickrichtung entgegengesetzt zur Ausbreitungsrichtung des Lichtes, also in Richtung Lichtquelle.

Optisch aktive Stoffe können die Schwingungsebene des Lichtes nach links oder nach rechts drehen. Man spricht dann von linksdrehenden bzw. rechtsdrehenden Stoffen.

Rohrzucker ist rechtsdrehend, Fruchtzucker dagegen linksdrehend. Besonders interessant verhalten sich Milchsäuren. Trotz völlig identischer chemischer Zusammensetzung gibt es linksdrehende und rechtsdrehende Milchsäuren. Der menschliche Organismus erzeugt nur rechtsdrehende Milchsäuren. Bakterien, mit denen z. B. Joghurt hergestellt wird, erzeugen je nach Art des Bakteriums links- oder rechtsdrehende Milchsäuren. Die Werbung für bestimmte Joghurt-Arten nutzt die Tatsache, dass rechtsdrehende Milchsäuren leichter verdaulich sind als linksdrehende.

LCD ist die Abkürzung für das englische **l**iquid **c**ristal **d**isplay.

## Flüssigkristallanzeige (LCD)

Bei Handys, Taschenrechnern, Thermometern oder digitalen Zeitmessern nutzt man heute Flüssigkristallanzeigen. Flüssigkristall befindet sich in sieben getrennt schaltbaren Segmenten zwischen zwei abgeschlossenen Glasplatten, die mit gekreuzter Polarisationsfolie beklebt sind. Das einfallende Licht wird von einem Spiegel reflektiert. Ohne Spannung wird einfallendes Licht durch den Polarisator linear polarisiert, durch den Flüssigkristall 90° gedreht, durchläuft dann den Analysator, wird reflektiert und durchläuft die Anordnung in umgekehrter Richtung. Das Display erscheint hell; das Licht ist linear polarisiert. Wird an Segmente eine Spannung gelegt, dann dreht der Flüssigkristall die Schwingungsebene nicht mehr. Die entsprechenden Stellen erscheinen dunkel.

# 5.6 Licht und Farben

## 5.6.1 Spektren und Spektralanalyse

### Newtonsche Versuche

ISAAC NEWTON (1643–1727) hat auch umfangreiche Untersuchungen zur Natur des Lichtes vorgenommen und dabei grundlegende Versuche zu Farben durchgeführt.

**1. newtonscher Versuch:** Fällt weißes Licht auf ein Prisma, so entsteht hinter dem Prisma ein Farbband (Spektrum), die entstehenden Farben heißen Spektralfarben. Ursache für die Auffächerung des Lichtes ist die Dispersion (↗ S. 317).

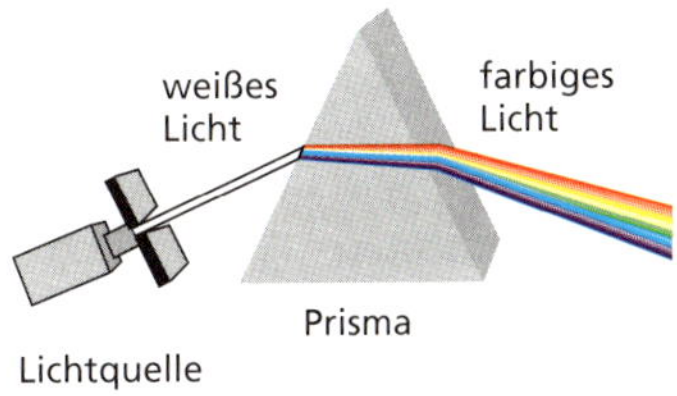


Die sechs **Spektralfarben** sind die Farben Rot, Orange, Gelb, Grün, Blau und Violett.

**2. newtonscher Versuch:** Blendet man eine Spektralfarbe aus und lässt sie wieder auf ein Prisma fallen, dann wird Licht einer Spektralfarbe nicht weiter zerlegt. Spektralfarben sind nicht aus anderen Farben zusammengesetzt. Es sind **Grundfarben.**

Auf der Grundlage seiner Untersuchungen entwarf I. NEWTON eine **Farbenlehre.** Eine völlig andere Auffassung über das Zustandekommen von Farben entwickelte JOHANN WOLFGANG VON GOETHE (1749–1832) in seiner **Farbenlehre.**

**3. newtonscher Versuch:** Führt man das im ersten newtonschen Versuch entstehende farbige Licht durch eine Sammellinse wieder zusammen, dann entsteht weißes Licht. Die Summe aller Spektralfarben ergibt Weiß.

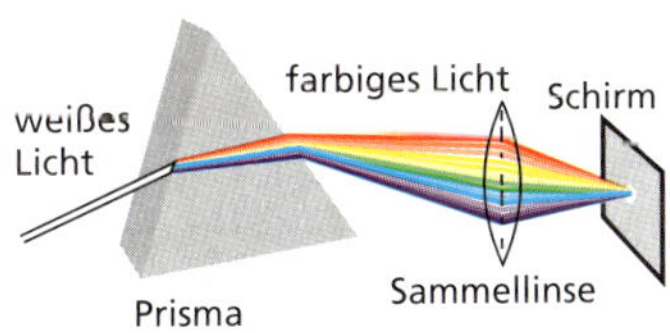


**4. newtonscher Versuch:** Blendet man einzelne Farben aus dem Spektrum aus und vereinigt das restliche Licht, so erhält man eine Mischfarbe. Solche Paare von ausgeblendeter Farbe und Mischfarbe des restlichen Spektrums nennt man **Komplementärfarben.**

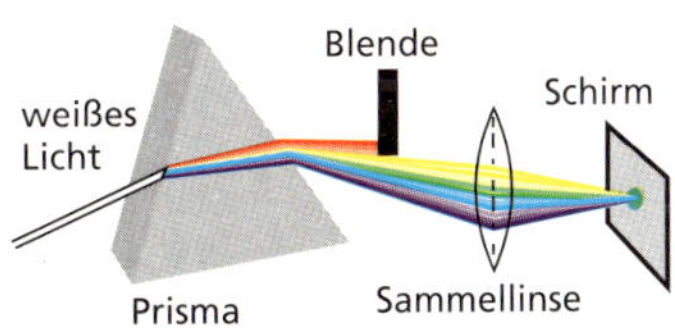


Das Wort „komplementär" ist abgeleitet vom lateinischen complere = ergänzend. Die Bezeichnung wurde gewählt, weil sich die betreffenden Farben zu Weiß ergänzen. So sind z. B. Rot und Grün **Komplementärfarben** (↗ S. 353).

> Die Zerlegung von weißem Licht in seine farbigen Anteile führt zu einem kontinuierlichen Spektrum, das die Spektralfarben Rot, Orange, Gelb, Grün, Blau und Violett umfasst. Das Licht einer Spektralfarbe ist nicht weiter zerlegbar. Die Mischung aller Spektralfarben ergibt wieder weißes Licht.

## Arten von Spektren

**Spektren** kann man nach der Art ihres Zustandekommens und nach ihrem Aussehen einteilen.

Bei Verwendung von Gittern ist eine höhere Auflösung erreichbar. Beim Prisma wird Blau, beim Gitter Rot am stärksten abgelenkt.

| **Prismenspektrum** | **Gitterspektrum** |
|---|---|
| 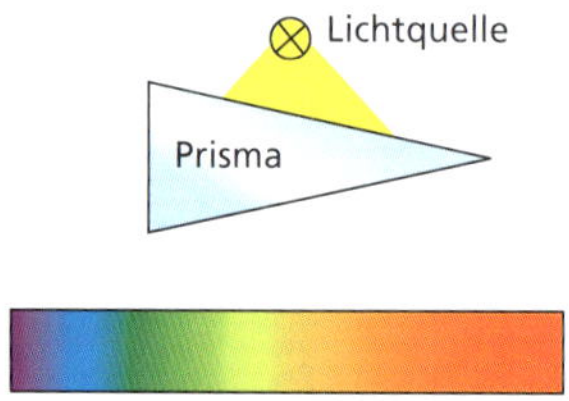<br>Das Spektrum entsteht durch Brechung und Dispersion. Es wird deshalb auch als Dispersionsspektrum bezeichnet. | <br>Das Spektrum entsteht durch Beugung und Interferenz. Es wird deshalb auch als Beugungsspektrum bezeichnet. |
| **kontinuierliches Spektrum** | **Linienspektrum** |
| 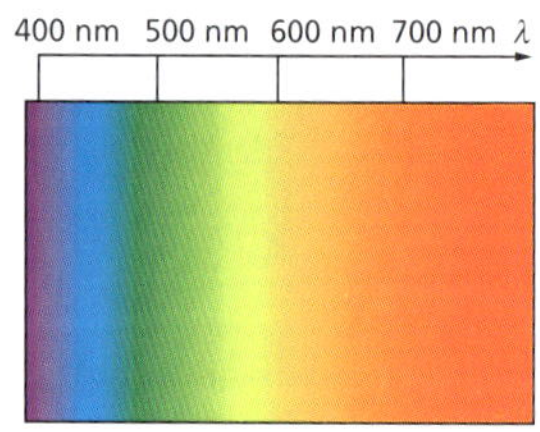<br>Das Spektrum umfasst den gesamten sichtbaren Bereich oder Teile davon ohne Lücken. | 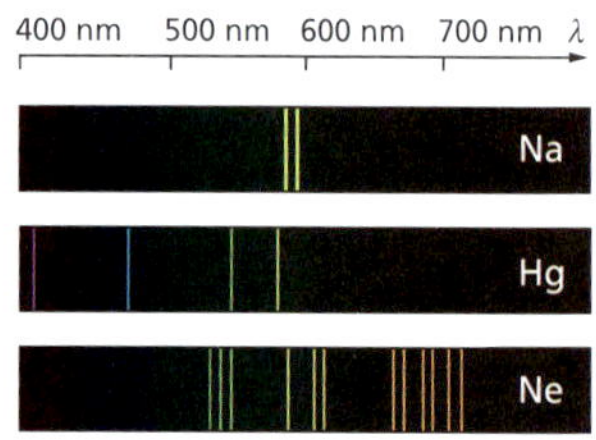<br>Das Spektrum besteht aus einzelnen, scharf begrenzten Linien, denen eindeutig eine bestimmte Wellenlänge zugeordnet werden kann. |
| **Emissionsspektrum** | **Absorptionsspektrum** |
| 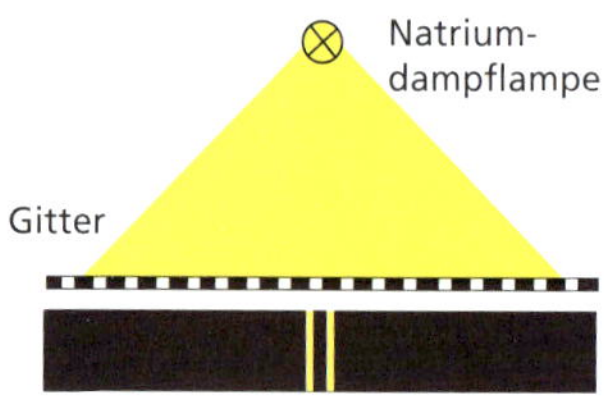<br>Es wird das Licht zerlegt, das von einer Lichtquelle emittiert wird. Ein Emissionsspektrum kann ein kontinuierliches oder ein Linienspektrum sein. | 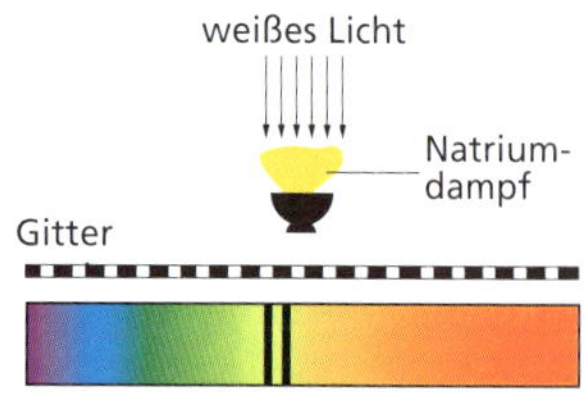<br>Es wird das Licht zerlegt, das von einer Lichtquelle kommt, vor der Zerlegung aber noch durch einen nicht selbst leuchtenden Stoff hindurchgeht. |

Kontinuierliche Spektren werden von glühenden festen Körpern sowie von Gasen unter hohem Druck ausgesendet. Linienspektren senden heiße Gase von geringerer Dichte aus. Ihr Zustandekommen lässt sich durch Vorgänge im Atom erklären (↗ S. 391 f.)

Ein Emissionsspektrum wird z. B. von der Sonne ausgesendet. Beim Durchlaufen der kühleren Gashülle der Sonne werden Teile des Spektrums absorbiert. Diese dunklen Absorptionslinien im Sonnenspektrum wurde 1814 von JOSEPH VON FRAUENHOFER (1787–1826) entdeckt und werden als **fraunhofersche Linien** bezeichnet.

### Die Spektralanalyse

Jedes Gas erzeugt entsprechend seiner Glühtemperatur, seinem Druck, seiner Dichte und seiner chemischen Zusammensetzung ein charakteristisches Spektrum. Durch dessen Analyse kann man deshalb Rückschlüsse auf die Zusammensetzung von Stoffen ziehen, von denen das Licht ausgegangen ist oder die es durchlaufen hat. Das ist das Wesen der **Spektralanalyse.** Insbesondere ermöglicht die Spektralanalyse Aussagen über die physikalischen Bedingungen und chemischen Eigenschaften an der Oberfläche oder in der Atmosphäre von Himmelskörpern.

GUSTAV ROBERT KIRCHHOFF (1824–1887) begründete zusammen mit ROBERT WILHELM BUNSEN (1811–1899) die **Spektralanalyse** mit der Arbeit „Chemische Analyse durch Spektralbeobachtungen".

So wurde z. B. das Helium, benannt nach dem griechischen „helios" für Sonne, 1868 im Sonnenspektrum entdeckt und erst 1894 auf der Erde nachgewiesen.

Die Untersuchungen von Spektren erfolgt mithilfe von **Spektralapparaten.** Das Foto zeigt einen Prismenspektralapparat. Das zu untersuchende Licht wird zerlegt und die Spektrallinien ausgemessen. Anhand von Vergleichsspektren kann man ermitteln, welche Stoffe an der Entstehung des Spektrums beteiligt waren.

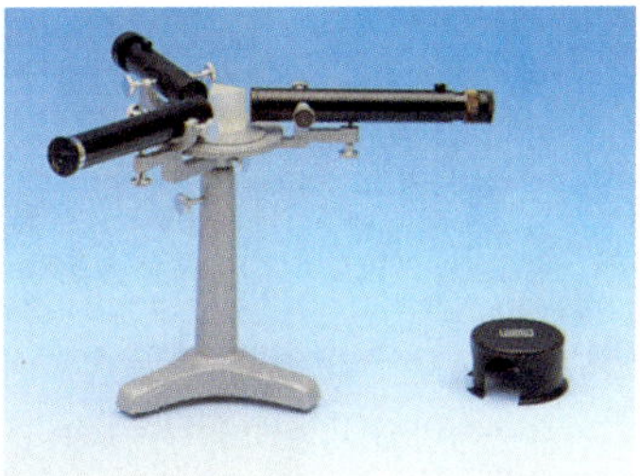

## 5.6.2 Mischung von Farben

In unserer Umgebung gibt es nicht nur Lichtquellen, die verschiedenfarbiges Licht aussenden. Auch Körper reflektieren meist nur Teile des Lichtes, das auf sie fällt. Es kommt damit ständig zu einer Mischung von verschiedenfarbigem Licht.

Die Farbe, die ein Körper hat, nennt man **Körperfarbe.** Ein Körper hat die Farbe, die sich aus der Mischung des von ihm reflektierten bzw. hindurchgelassenen Lichtes ergibt.

### Komplementärfarben

Nach dem 4. newtonschen Versuch (↗ S. 351) sind Komplementärfarben solche Farben, die zusammen wieder Weiß ergeben. In der nebenstehenden Übersicht sind die jeweiligen Komplementärfarben in den Zeilen angeordnet. Mischt man z. B. Gelb und Violett oder Grün und Rot, so erhält man jeweils weißes Licht. Dabei ist zu beachten: Rot beispielsweise kann eine reine Spektralfarbe oder eine Mischfarbe aus anderen Spektralfarben sein.

| Ausgeblendete Spektralfarbe | Mischfarbe des restlichen Spektrums |
|---|---|
| Rot | Grün |
| Orange | Blau |
| Gelb | Violett |
| Grün | Rot |
| Blau | Orange |
| Violett | Gelb |

Auch das Rot, das wir wahrnehmen, kann physikalisch eine Spektralfarbe (Licht eines kleinen Wellenlängenbereiches) oder eine **Mischfarbe** (Licht sehr unterschiedlicher Wellenlängen) sein.

## Die additive Farbmischung

Bei einer **additiven Farbmischung** wird das Licht verschiedener Farben auf dieselbe Stelle gelenkt und übereinander gelagert (addiert). Dies ist z. B. beim Farbsehen, beim Farbfernsehen oder bei der Überlagerung von verschiedenfarbigem Scheinwerferlicht der Fall.
Da man durch additive Mischung der Farben Blau, Grün und Rot alle anderen Farben erhalten kann, werden diese Farben als **Grundfarben der additiven Farbmischung** bezeichnet.

Mithilfe der drei Grundfarben und eines Farbenkreises (rechts) lassen sich die Gesetze der additiven Farbmischung formulieren. Als Mischfarben ergeben sich:

G + R = Gelb
B + G = Cyan
B + R = Magenta
B + R + G = Weiß

Die Farben werden auch als RGB-Farben bezeichnet.

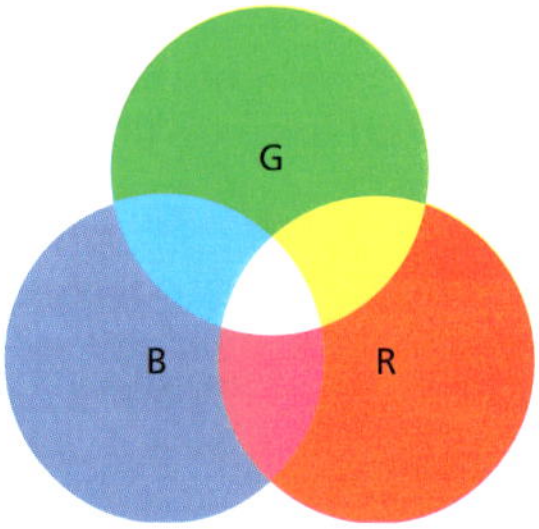


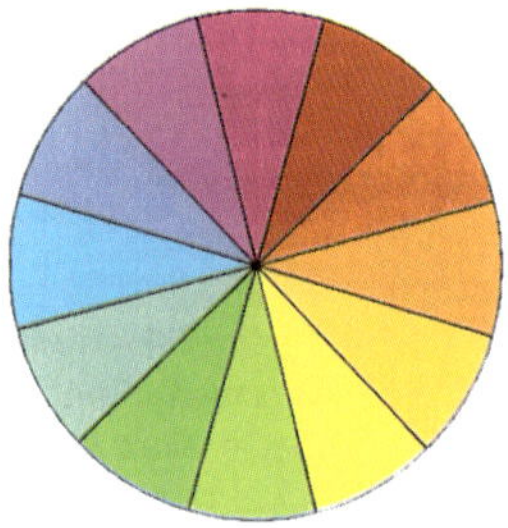

Werden Farben durch Addition gemischt, so gilt:

- Gegenüberliegende Farben des Farbenkreis ergeben beim Mischen Weiß (Komplementärfarben).
- Jede Farbe des Farbenkreises kann man durch Mischen der beiden benachbarten Farben erhalten.
- Alle Farben des Farbenkreises kann man durch Mischen der **Grundfarben** Rot, Grün und Blau erhalten.
- Durch Mischen aller drei Grundfarben erhält man Weiß.

Farbmischungen kann man auch am Computer mithilfe eines Zeichenprogramms selbst ausprobieren.

## Die subtraktive Farbmischung

Bei einer **subtraktiven Farbmischung** wird das Licht verschiedener Farben durch Farbfilter ausgeblendet oder durch Farbstoffe (Pigmente) absorbiert (subtrahiert). Das restliche Licht bildet eine Mischfarbe.
**Grundfarben der subtraktiven Farbmischung** sind Gelb, Magenta (Purpur) und Cyan (Blaugrün).

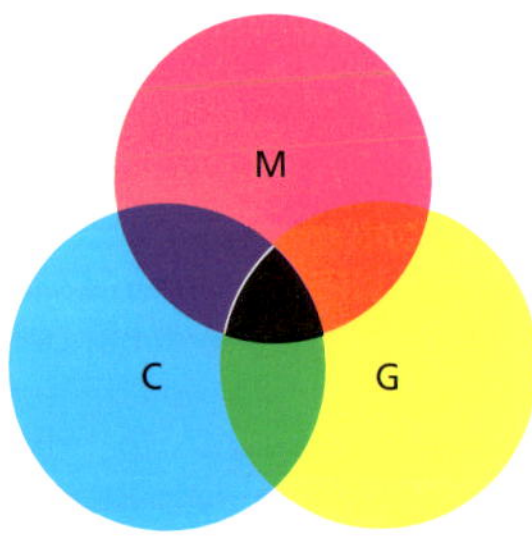


Die subtraktive Farbmischung wird bei Farbdias und beim Malen genutzt. Für die subtraktive Farbmischung gilt:

G + M = Rot
C + G = Grün
C + M = Blau
C + M + G = Schwarz

Werden Farben durch Subtraktion (Ausblenden) gemischt, so gilt:

- Alle Farben des Farbenkreises kann man durch Mischen der **Grundfarben** Gelb, Purpur (Magenta) und Blaugrün (Cyan) erhalten.
- Durch Mischen aller Farben erhält man Schwarz.

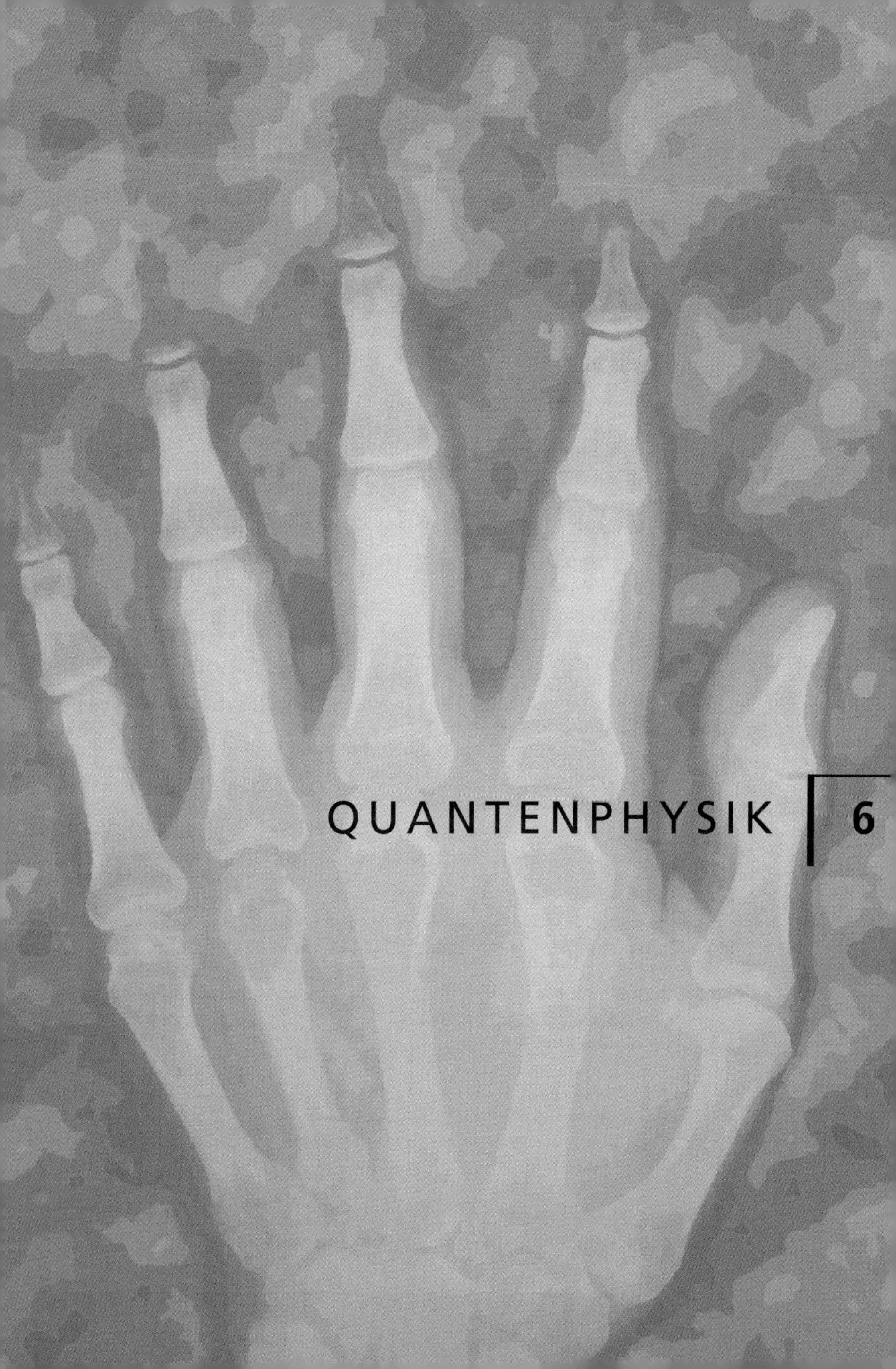

# QUANTENPHYSIK 6

## 6.1 Quanteneffekte bei elektromagnetischer Strahlung

Der Begründer der Quantentheorie ist MAX PLANCK (1858–1947), der 1900 als Professor für theoretische Physik an der Berliner Universität wirkte.

Die **Quantenphysik** oder **Quantentheorie** ist ein relativ junges Teilgebiet der Physik, das das Verhalten von Quantenobjekten (z. B. Photonen, Elektronen, Atomen) beschreibt. Damit ist die Deutung vieler Effekte möglich, die von der klassischen Physik nicht erklärt werden können oder die gar den klassischen Vorstellungen widersprechen. Die Bezeichnung „Quantenphysik" rührt daher, dass viele physikalische Objekte und Größen in der Mikrophysik nur portionsweise, also gequantelt, vorkommen. Als Geburtsstunde der Quantenphysik gilt der 18. Dezember 1900. Das ist der Tag, an dem der deutsche Physiker MAX PLANCK (1858–1947) auf einer Sitzung der Berliner Physikalischen Gesellschaft seine Strahlungsformel (↗ S. 206) theoretisch begründete und dabei die fundamentale Naturkonstante *h*, das plancksche Wirkungsquantum, in die Physik einführte.

### 6.1.1 Der äußere lichtelektrische Effekt

Entdeckt wurde der äußere lichtelektrische Effekt im Jahr 1888 durch WILHELM HALLWACHS (1859–1922). Er wird deshalb manchmal auch als HALLWACHS-Effekt bezeichnet.

Der **äußere lichtelektrische Effekt,** auch **äußerer Fotoeffekt** genannt, war einer der ersten Effekte, der die Anwendbarkeit des Wellenmodells bei Licht infrage stellte. Er wurde bei der Bestrahlung von geschmirgelten Zinkplatten mit unterschiedlichem Licht entdeckt. Experimentelle Untersuchungen zeigen:

- Bestrahlt man eine negativ geladene Zinkplatte mit ultraviolettem Licht (UV-Licht), dann wird die Platte entladen. Zu erklären ist das damit, dass durch die UV-Strahlung Elektronen aus der Zinkplatte herausgelöst werden und sich damit die negative Ladung der Platte verringert.

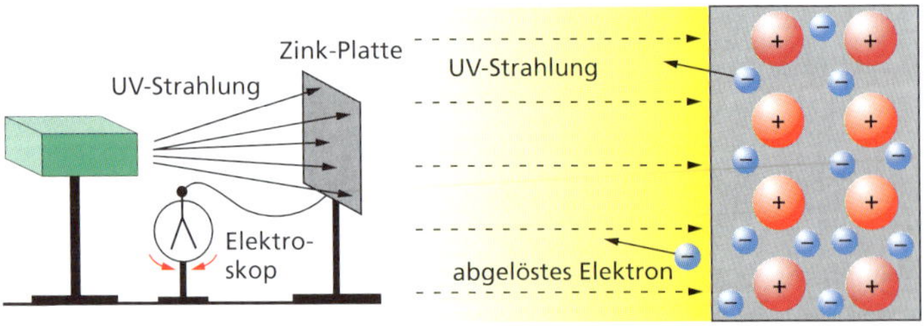


- Nutzt man statt UV-Licht sichtbares Licht, so wird die negativ geladene Zink-Platte nicht oder nur sehr wenig entladen, selbst wenn man die Lichtintensität sehr hoch wählt.
- Bestrahlt man eine positiv geladene Platte mit beliebigem Licht, so tritt kein Effekt auf.

**Inneren lichtelektrischen Effekt** nennt man dagegen die Erscheinung, dass durch den Einfluss von Strahlung Elektronen im Inneren eines Festkörpers ihre Bindung verlassen und dann als Leitungselektronen zur Verfügung stehen.

Die Erscheinung, dass bei Bestrahlung mit Licht aus der Oberfläche von Festkörpern Elektronen austreten können, wird als äußerer lichtelektrischer Effekt bezeichnet.

Genauere Untersuchungen zeigen:
- Zur Ablösung von Elektronen aus einem Festkörper ist eine bestimmte Arbeit erforderlich, die als **Austrittsarbeit** $W_A$ oder auch als **Ablöseenergie** bezeichnet wird.
- Licht mit hoher Frequenz (kleiner Wellenlänge), also z. B. UV-Licht, gibt seine Energie in größeren Portionen (Quanten) ab als Licht niedrigerer Frequenz (größerer Wellenlänge), also z. B. sichtbares Licht.
- Ist die Energieportion des Lichtes größer als die Austrittsarbeit für ein Elektron, so ist die restliche Energie gleich der kinetischen Energie dieses herausgelösten Elektrons.

UV-Licht besitzt größere Energieportionen als sichtbares Licht und deshalb auch eine größere biologische Wirksamkeit. So wird z. B. durch übermäßige UV-Bestrahlung ein Sonnenbrand hervorgerufen. Durch sichtbares Licht passiert das nicht.

Für die Energiebilanz beim äußeren lichtelektrischen Effekt gilt:

$E = W_A + E_{kin}$

| | |
|---|---|
| $E$ | Energie eines Lichtquants (↗ S. 360) |
| $W_A$ | Austrittsarbeit |
| $E_{kin}$ | kinetische Energie der Elektronen |

| Energieportion $E$ des Lichtes ist größer als die Austrittsarbeit | Energieportion $E$ des Lichtes ist gleich der Austrittsarbeit | Energieportion $E$ des Lichtes ist kleiner als die Austrittsarbeit |
|---|---|---|
| UV-Licht ($f_{UV}$ groß) | blaues Licht ($f_{blau} < f_{UV}$) | gelbes Licht ($f_{gelb} < f_{blau}$) |
| 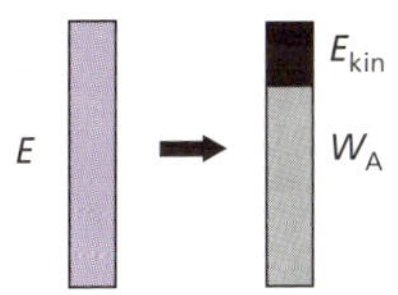  | 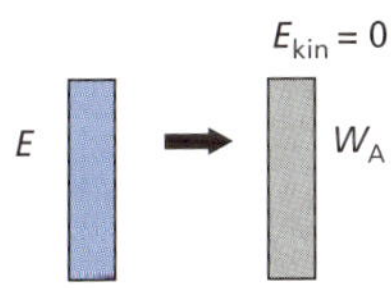  | 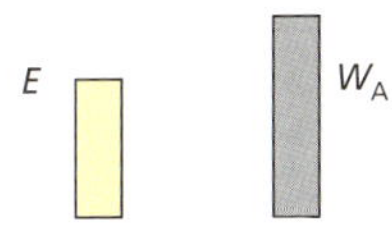  |
| $E = W_A + E_{kin}$ | $E = W_A$ | $E < W_A$ |

Ein Teil der Energie des Lichtes kann auch an die **Atome** des Festkörpers abgegeben werden. Wir betrachten hier den Fall, dass dieser Anteil null ist und damit die kinetische Energie der Elektronen den maximal möglichen Wert hat.

Die Austrittsarbeit ist eine materialabhängige Stoffkonstante, hängt also vom verwendeten Stoff ab.

### Bestimmung des planckschen Wirkungsquantums

Mithilfe einer Vakuum-Fotozelle kann man quantitativ untersuchen, wie die kinetische Energie der Elektronen von der Frequenz des verwendeten Lichtes abhängt. Licht fällt auf eine Katode aus Alkalimetall. Die austretenden Elektronen besitzen eine bestimmte maximale kinetische Energie $E_{kin}$. Es fließt ein Strom. Vergrößert man die Gegenspannung zwischen Katode und Anode, so werden die Elektronen in dem Gegenfeld abgebremst. Wenn die kinetische Energie der Elektronen nicht mehr ausreicht, um das Gegenfeld zu überwinden, ist die Stromstärke null.

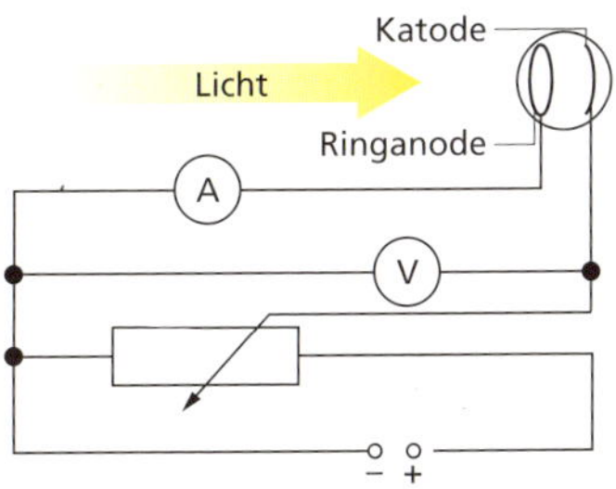


Alkalimetalle haben eine relativ geringe Austrittsarbeit, sodass schon bei sichtbarem Licht Elektronen aus der Katode austreten können.

Die beschriebene Methode wird als Gegenfeldmethode bezeichnet.

Für diesen Grenzfall gilt:

$$e \cdot U = E_{kin} = \frac{1}{2}\, m \cdot v^2$$

Dabei ist $U$ die Spannung zwischen Anode und Katode bei $I = 0$ und damit $e \cdot U$ gleich der Arbeit gegen das elektrische Feld. Bestrahlt man die Katode der Fotozelle mit Licht verschiedener Frequenz, dann erhält man einen Zusammenhang zwischen Energie und Frequenz, der als **Einstein-Gerade** bezeichnet wird und der in der nachfolgenden grafischen Darstellung für die Alkalimetalle Natrium und Caesium dargestellt ist.

Es gilt:
$1\ \text{eV} = 1{,}602 \cdot 10^{-19}$ Ws
Ein Elektron besitzt diese Energie, wenn es aus dem Ruhezustand eine Spannung von 1 V durchläuft.

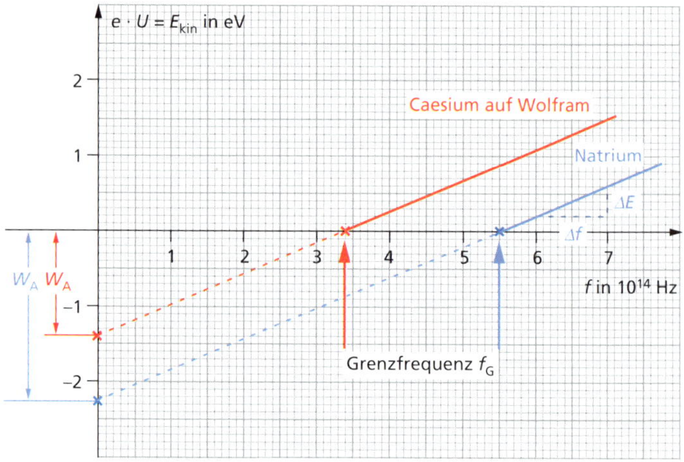


Der Anstieg der Geraden ergibt sich als Quotient $\Delta E : \Delta f$. Er ist für alle Festkörper gleich und wird als **plancksches Wirkungsquantum** oder als **Planck-Konstante** bezeichnet.

Ein Produkt aus Energie und Zeit wird in der Physik häufig als **Wirkung** bezeichnet. Daher stammt die Bezeichnung „Wirkungsquantum" für die Konstante *h*.

Das plancksche Wirkungsquantum $h$ ist eine fundamentale Naturkonstante. Sie hat einen Wert von $h = 6{,}626 \cdot 10^{-34}\ \text{J} \cdot \text{s}$.

Die Achsenabschnitte auf der Ordinatenachse sind die stoffabhängigen Austrittsarbeiten $W_A$. Damit lautet die Geradengleichung:

$$E_{kin} = h \cdot f - W_A$$

Ein Vergleich mit der Energiebilanz $E_{kin} = E - W_A$ (↗ S. 357) zeigt: Die Energieportionen von Licht der Frequenz $f$ betragen $E = h \cdot f$. Damit gilt:

Diese Gleichung wurde zuerst von Albert Einstein (1879–1955) im Jahr 1905 angegeben. Man nennt sie auch einsteinsche Gleichung für den Fotoeffekt.

Die Energiebilanz beim äußeren lichtelektrischen Effekt lautet:

$$h \cdot f = W_A + E_{kin}$$

| | |
|---|---|
| $h$ | plancksches Wirkungsquantum |
| $f$ | Frequenz des Lichtes |
| $W_A$ | Austrittsarbeit |
| $E_{kin}$ | kinetische Energie der Elektronen |

Der Schnittpunkt der Geraden mit der $f$-Achse ist diejenige Frequenz, die Licht mindestens haben muss, um Elektronen aus dem jeweiligen Metall herauszulösen. Sie wird als **Grenzfrequenz** bezeichnet.

Die Grenzfrequenz $f_G$ ergibt sich aus der stoffabhängigen Austrittsarbeit:

$f_G = \frac{W_A}{h}$ — $W_A$ Austrittsarbeit, $h$ plancksches Wirkungsquantum

Die Grenzfrequenz ist damit ebenfalls materialabhängig. Sie beträgt z. B. für Natrium $5{,}5 \cdot 10^{14}$ Hz (grünes Licht) und für Caesium $4{,}7 \cdot 10^{14}$ Hz (rotes Licht).

Für spezielle Anwendungen nutzt man Stoffkombinationen mit besonders geringer Austrittsarbeit und damit auch kleiner Grenzfrequenz, z. B. Barium auf Wolframoxid ($f_G = 3{,}1 \cdot 10^{14}$ Hz) oder Caesium auf Wolfram ($f_G = 3{,}4 \cdot 10^{14}$ Hz).

*Ist es möglich, aus einer Wolframkatode durch Bestrahlung mit Licht einer Wellenlänge von 410 nm Elektronen herauszulösen?*

*Analyse:*
Damit Elektronen aus Wolfram herausgelöst werden, muss das Licht mindestens die für diesen Stoff erforderliche Grenzfrequenz besitzen. Diese ergibt sich aus der oben genannten Gleichung, wobei der Wert für die Austrittsarbeit einem Tabellenwerk zu entnehmen ist. Die Frequenz des verwendeten Lichtes kann man aus Wellenlänge und Lichtgeschwindigkeit mit der Gleichung $c = f \cdot \lambda$ berechnen.

Gesucht: $f_G$, $f$
Gegeben: $\lambda = 410$ nm, $W_A = 4{,}54$ eV (Tabellenwert)
$h = 6{,}626 \cdot 10^{-34}$ J · s, $c = 300\,000$ km · s$^{-1}$

*Lösung:*
Für die Grenzfrequenz von Wolfram erhält man:

$$f_G = \frac{W_A}{h}$$

$$f_G = \frac{4{,}54 \cdot 1{,}602 \cdot 10^{-19}\ \text{J}}{6{,}626 \cdot 10^{-34}\ \text{J} \cdot \text{s}}$$

$$\underline{f_G = 1{,}1 \cdot 10^{15}\ \text{Hz}}$$

Für die Einheiten gilt:
$1\ \text{eV} = 1{,}602 \cdot 10^{-19}$ J
$\frac{1}{s} = 1$ Hz

Als Frequenz des verwendeten Lichtes ergibt sich:

$$f = \frac{c}{\lambda}$$

$$f = \frac{3 \cdot 10^{8}\ \text{m}}{410 \cdot 10^{-9}\ \text{m}}$$

$$\underline{f = 7{,}3 \cdot 10^{14}\ \text{Hz}}$$

Ergebnis:
Da die Frequenz des verwendeten Lichtes mit $7{,}3 \cdot 10^{14}$ Hz kleiner ist als die Grenzfrequenz für Wolfram ($11 \cdot 10^{14}$ Hz), werden aus der Wolframkatode durch dieses Licht keine Elektronen herausgelöst.

### 6.1.2 Energie, Masse und Impuls von Photonen

Wenn man Licht immer schwächer macht, zeigt sich, dass sich seine Energieportionen nicht weiter unterteilen lassen als in die Portionen $h \cdot f$. Lässt man Licht z. B. auf eine Glasplatte fallen, so wird ein Teil des Lichts durchgelassen, der Rest wird reflektiert. Lässt man sehr schwaches Licht auf die Glasplatte fallen, so wird stets eine ganze Portion durchgelassen oder eine ganze Portion reflektiert.

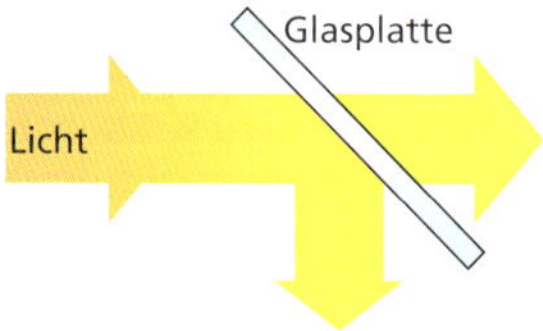


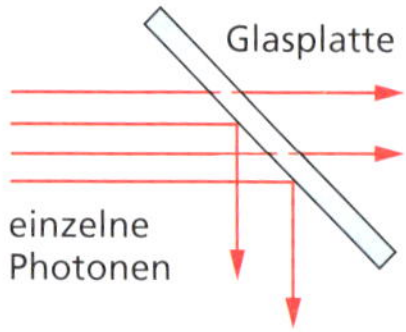


Derartige Versuche zeigen: Licht wird nicht nur in Portionen absorbiert. Es ist auch in Portionen unterwegs (↗ S. 357). Wir nennen diese Portionen **Lichtquanten** oder **Photonen.** Es gilt allgemein:

> Licht besteht aus Photonen (Lichtquanten). Die Energie eines Photons beträgt:
>
> $E = h \cdot f$ — $h$ plancksches Wirkungsquantum, $f$ Frequenz

Für diese Äquivalenz gilt die berühmte, 1905 von ALBERT EINSTEIN (1879–1955) angegebene Beziehung $E = m \cdot c^2$.

Nach der speziellen Relativitätstheorie sind Energie und Masse äquivalent (↗ S. 440). Kennt man die Energie eines Photons, so kann man auch die dazu äquivalente Masse angeben.

> Die Masse eines Photons hängt von seiner Energie ab. Es gilt:
>
> $$m = \frac{E}{c^2} = \frac{h \cdot f}{c^2} = \frac{h}{c \cdot \lambda}$$
>
> $f$ Frequenz, $c$ Lichtgeschwindigkeit, $E$ Energie, $h$ plancksches Wirkungsquantum, $\lambda$ Wellenlänge

Der Photonen-Impuls ist auch für den „Sonnenwind" verantwortlich. Dessen Wirkung zeigt sich z. B. in der Krümmung von Kometenschweifen und in der Verformung des Erdmagnetfeldes.

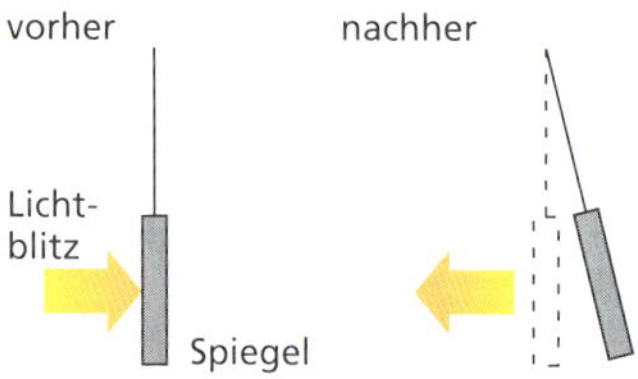


Photonen breiten sich stets mit Lichtgeschwindigkeit aus. Ihre Ruhemasse (↗ S. 439) ist null.
Dennoch haben Photonen einen Impuls, der sich experimentell nachweisen lässt.

> Der Impuls eines Photons beträgt: $p = \frac{E}{c} = \frac{h \cdot f}{c} = \frac{h}{\lambda}$

Ein Laser sendet Lichtblitze mit einer Wellenlänge von 630 nm und einer Energie von 100 J aus.
*a) Wie viele Photonen enthält ein solcher Lichtblitz?*
*b) Wie groß ist der Impuls eines Photons?*

**Laserlicht** ist Licht einer Wellenlänge bzw. Frequenz (↗ S. 400).

*Analyse:*
Die Anzahl der Photonen ergibt sich aus der Energie eines Photons und der Energie des Lichtblitzes. Der Impuls eines Photons kann mit der auf S. 360 genannten Gleichung berechnet werden.

Gesucht: Anzahl $n$ der Photonen, $p$
Gegeben: $\lambda = 630\ \text{nm}$
$E_B = 100\ \text{J}$
$h = 6{,}626 \cdot 10^{-34}\ \text{J} \cdot \text{s}$
$c = 300\,000\ \text{km} \cdot \text{s}$

*Lösung:*
a) Ein Photon hat die Energie $E = h \cdot f = h \cdot \frac{c}{\lambda}$. Damit erhält man für die Anzahl n der Photonen:

$$n = \frac{E_B}{E} = \frac{E_B \cdot \lambda}{h \cdot c}$$

$$n = \frac{100\ \text{J} \cdot 630 \cdot 10^{-9}\ \text{m} \cdot \text{s}}{6{,}626 \cdot 10^{-34}\ \text{J} \cdot \text{s} \cdot 3 \cdot 10^{8}\ \text{m}} = \underline{3{,}2 \cdot 10^{20}}$$

Für die Einheiten gilt:
$$1\ \frac{\text{J} \cdot \text{s}}{\text{m}} = 1\ \frac{\text{kg} \cdot \text{m}^2 \cdot \text{s}}{\text{s}^2 \cdot \text{m}} = 1\ \frac{\text{kg} \cdot \text{m}}{\text{s}}$$

b) Der Impuls eines Photons ergibt sich zu:

$$p = \frac{h}{\lambda}$$

$$p = \frac{6{,}626 \cdot 10^{-34}\ \text{J} \cdot \text{s}}{630 \cdot 10^{-9}\ \text{m}} = \underline{1{,}1 \cdot 10^{-27}\ \frac{\text{kg} \cdot \text{m}}{\text{s}}}$$

*Ergebnis:*
Ein Lichtblitz mit einer Energie von 100 J enthält bei Licht mit einer Wellenlänge von 630 nm (rotes Licht) etwa $3{,}2 \cdot 10^{20}$ Photonen. Das einzelne Photon hat dabei einen Impuls von ca. $1{,}1 \cdot 10^{-27}\ \frac{\text{kg} \cdot \text{m}}{\text{s}}$.

Bei einer **Reflexion** oder einer **Absorption** erzeugen Photonen wegen ihres Impulses einen Druck, der als **Strahlungsdruck** bezeichnet wird. Das Licht, das von einer Lichtquelle ausgeht, kann man sich damit als einen Strom einer riesigen Anzahl von Photonen vorstellen, die sich mit Lichtgeschwindigkeit von der Lichtquelle weg bewegen.

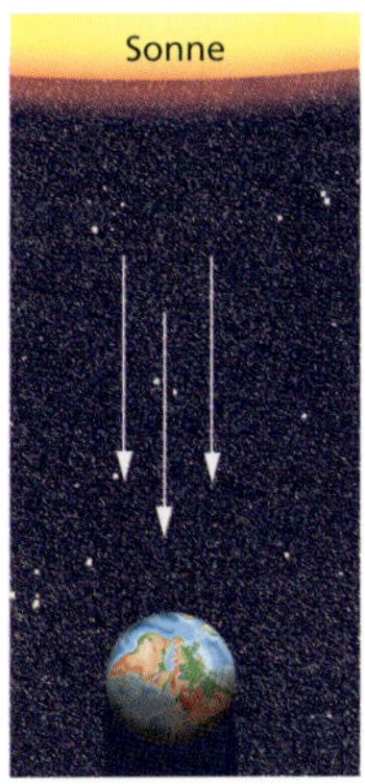


Die Sonne gibt in jeder Sekunde eine Energie von etwa $3{,}8 \cdot 10^{26}$ J ab. Diese Energie ist auf eine große Anzahl von Photonen unterschiedlicher Wellenlängen verteilt. Geht man von einer mittleren Wellenlänge von 600 nm aus, dann wären das in jeder Sekunde etwa $1{,}1 \cdot 10^{45}$ Photonen, die in den Raum abgestrahlt werden. Ein Teil davon gelangt bis zur Erdoberfläche.
Bei einer 100-W-Glühlampe sind es bei der gleichen Wellenlänge immer noch etwa $3 \cdot 10^{20}$ Photonen je Sekunde, die abgestrahlt werden.

### Interferenz einzelner Photonen

Erst ab etwa 5 Photonen reagiert eine Lichtsinneszelle mit einem Signal an das Gehirn.

Experimente am Doppelspalt, so wie sie ↗ S. 337 f. beschrieben sind, kann man auch mit einzelnen Photonen durchführen. Ein einzelnes Photon ist mit den Augen nicht wahrnehmbar. Einzelne Photonen können allerdings in Halbleitern Elektron-Loch-Paare hervorrufen (↗ S. 272 f.). Durch Verstärkung kann daraus ein messbarer Stromimpuls erzeugt werden. Baut man viele solcher Halbleiterelemente zusammen, so erhält man ein Feld von **Photonendetektoren.** Man nennt ein solches Feld **CCD-Array.** Die Skizzen zeigen die prinzipielle Versuchsanordnung.

CCD-Arrays werden z. B. auch in Nachtsichtgeräten oder zur Aufnahme sehr lichtschwacher Objekte in der Astronomie verwendet. Die Abkürzung CCD ergibt sich aus der englischen Bezeichnung **C**harge-**C**ompled-**D**evice (ladungsgekoppeltes Halbleiterbauelement).

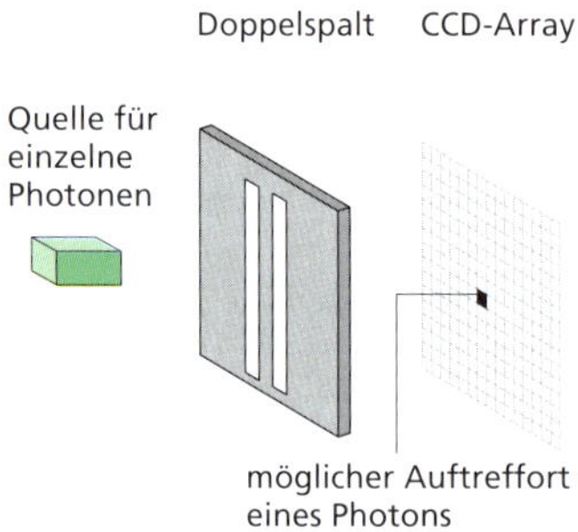


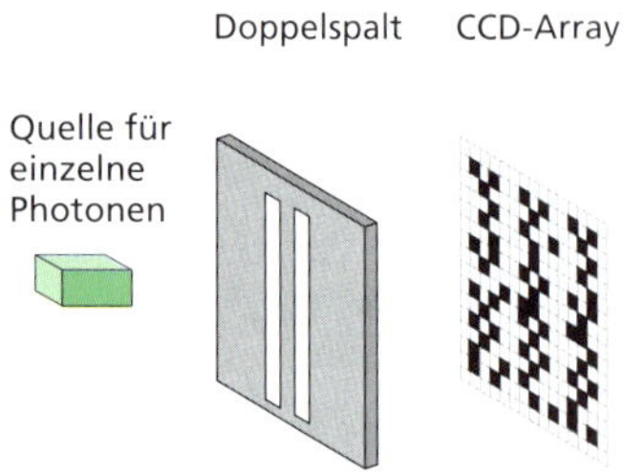


Experimente ergeben folgende Resultate:
- Jedes Photon wird stets nur an einer Stelle nachgewiesen.
- Es gibt Stellen, an denen besonders viele Photonen nachgewiesen werden. Dies sind genau die Maxima-Stellen des Doppelspaltversuchs mit normaler Lichtintensität (↗ S. 337 f.).

Registriert man viele Photonen hinter einem Doppelspalt, so stellt man ein typisches Interferenzmuster fest. Photonen zeigen Welleneigenschaften.

## 6.1.3 Röntgenstrahlung

### Entstehung von Röntgenstrahlung

Entdeckt wurde diese Strahlung im Jahr 1895 durch den deutschen Physiker WILHELM CONRAD RÖNTGEN (1845–1923), der 1901 dafür den ersten Nobelpreis für Physik erhielt.

Wenn elektrische Ladungen beschleunigt oder abgebremst werden, entsteht elektromagnetische Strahlung (↗ S. 297). Je größer die Beschleunigung ist, umso größer ist die Frequenz der entstehenden Strahlung. Lässt man Elektronen mit großer kinetischer Energie (mehrere keV) auf eine Metalloberfläche, die Anode, auftreffen, so werden sie abrupt abgebremst. Es entsteht kurzwellige elektromagnetische Strahlung, die **Röntgenstrahlung.**

Wenn Elektronen stark abgebremst werden, entsteht die kurzwellige Röntgenstrahlung.

Die Skizze zeigt den prinzipiellen Aufbau einer Röntgenröhre, mit der Röntgenstrahlung erzeugt wird. Die von einer Glühkatode emittierten Elektronen werden im elektrischen Feld zwischen Katode und Anode beschleunigt und beim Auftreffen auf die Anode stark abgebremst. Es entsteht Röntgenstrahlung **(Bremsstrahlung)**.
Röntgenstrahlung kann ähnlich wie radioaktive Strahlung mit einem Zählrohr (↗ S. 407) nachgewiesen werden. Am „Knacken" des Zählrohrs kann man erkennen:

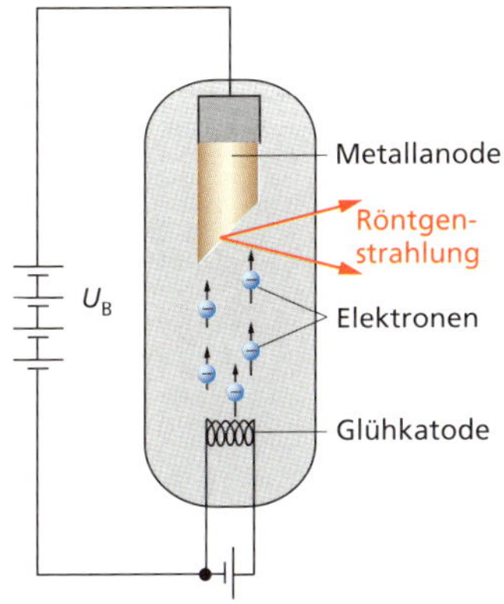


**RÖNTGEN** selbst bezeichnete die von ihm entdeckte Strahlung als X-Strahlung. Im englischsprachigen Raum spricht man auch heute von X-rays.

Die Röntgenstrahlung gibt ihre Energie wie Licht in Quanten ab.

Auch die Materie im Weltraum besteht aus geladenen Teilchen. Sie werden häufig von Neutronensternen oder von schwarzen Löchern stark beschleunigt. Die dabei entstehende Strahlung wird mit **Röntgensatelliten** (ROSAT, Chandra, XMM) nachgewiesen. Allein der 1990 gestartete Satellit ROSAT registrierte ca. 120 000 Röntgenquellen im Weltraum.

In Röntgenröhren werden die Elektronen meist mit elektrischen Spannungen im kV-Bereich beschleunigt. Die Frequenz der entstehenden Röntgenstrahlung erstreckt sich über einen weiten Bereich. Es gibt jedoch eine obere Grenze, die **Grenzfrequenz** $f_G$. Sie ist umso größer, je größer die Beschleunigungsspannung $U_B$ ist. Um dies zu verstehen, wird der Entstehungsprozess als umgekehrter Fotoeffekt gedeutet: Die bei einem Abbremsvorgang frei werdende Energie erwärmt z. T. die Anode, z. T. wird sie von Photonen davongetragen. Im Extremfall wird die gesamte kinetische Energie des Elektrons auf ein einziges Röntgen-Photon übertragen. Die maximale Photonenenergie beträgt dann also $e \cdot U_B$. Daraus können die Grenzfrequenz $f_G$ und die Grenzwellenlänge $\lambda_G$ berechnet werden.

Für die maximale Energie der Photonen einer Röntgenröhre gilt:

$$E_{max} = e \cdot U_B = h \cdot f_G = h \cdot \frac{c}{\lambda_G}$$

| | | | |
|---|---|---|---|
| $e$ | Elementarladung | $f_G$ | Grenzfrequenz |
| $U_B$ | Beschleunigungsspannung | $c$ | Lichtgeschwindigkeit |
| $h$ | plancksches Wirkungsquantum | $\lambda_G$ | Grenzwellenlänge |

*Wie groß ist die maximale Frequenz der Strahlung einer Röntgenröhre, die mit 20,0 kV betrieben wird? Berechnen Sie auch die zugehörige Wellenlänge!*

Bei Spannungen im kV-Bereich kann die anfängliche kinetische Energie der Elektronen vernachlässigt werden.

*Analyse:*
Die maximale Frequenz (Grenzfrequenz) ergibt sich, wenn man annimmt, dass die gesamte kinetische Energie eines Elektrons, die es infolge der Beschleunigung im elektrischen Feld zwischen Katode und Anode hat, beim Abbremsen vollständig auf ein Photon der Röntgenstrahlung übertragen wird.

Gesucht: $f_G$, $\lambda_G$
Gegeben: $U_B = 20{,}0\ \text{kV}$
$e = 1{,}602 \cdot 10^{-19}\ \text{C}$
$h = 6{,}626 \cdot 10^{-34}\ \text{J} \cdot \text{s}$

*Lösung:*
Aus $e \cdot U_g = h \cdot f_G$ ergibt sich für die Grenzfrequenz $f_G$:

$$f_G = \frac{e \cdot U_B}{h}$$

$$f_G = \frac{1{,}602 \cdot 10^{-19}\ \text{C} \cdot 2{,}00 \cdot 10^4\ \text{V}}{6{,}626 \cdot 10^{-34}\ \text{J} \cdot \text{s}} = \underline{4{,}8 \cdot 10^{18}\ \text{Hz}}$$

Die Grenzwellenlänge ergibt sich aus $c = \lambda \cdot f$ zu:

1 Picometer = 1 pm = $10^{-12}$ m

$$\lambda_G = \frac{c}{f_G}$$

$$\lambda_G = \frac{3 \cdot 10^8\ \text{m}}{4{,}8 \cdot 10^{18}\ \text{J} \cdot \text{s}} = 6{,}3 \cdot 10^{-11}\ \text{m} = \underline{63\ \text{pm}}$$

*Ergebnis:*
Bei einer Beschleunigung von 20 kV beträgt die maximale Frequenz der abgestrahlten Röntgenstrahlung $4{,}8 \cdot 10^{18}$ Hz. Das entspricht einer Wellenlänge von 63 pm.

Trägt man die Intensität $I$ der Röntgenstrahlung über der Frequenz $f$ auf, so erhält man das **Spektrum der Röntgenstrahlung.**

Das Spektrum der Röntgenstrahlung umfasst einen Frequenzbereich von $3 \cdot 10^{16}$ Hz bis $5 \cdot 10^{21}$ Hz. Das entspricht einem Wellenlängenbereich von $10^{-8}$ m bis $6 \cdot 10^{-14}$ m (↗ S. 309).

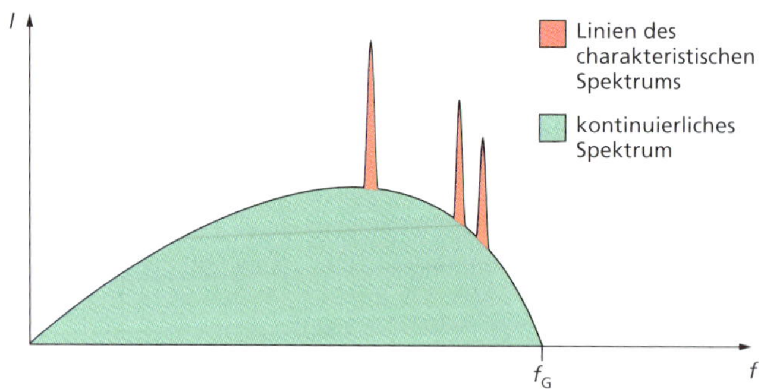


Die Röntgenstrahlung in der Anode entsteht nur teilweise direkt durch die Abbremsung der Elektronen. Diesen Anteil im Spektrum nennt man kontinuierliches Spektrum oder **Bremsspektrum.** Im Experiment beobachtet man zusätzlich ein Linienspektrum, das so genannte **charakteristische Spektrum.**

Das Spektrum einer Röntgenröhre besteht aus einem Bremsspektrum und einem charakteristischem Spektrum.

Das **kontinuierliche Bremsspektrum** kommt zustande, weil die auf die Anode auftreffenden Elektronen beim Eindringen in die Atomhülle abgebremst werden und einen Teil ihrer Energie in Form elektromagnetischer Strahlung (Röntgenquanten) unterschiedlicher Frequenz abgeben. Die Entstehung des **charakteristischen Spektrums** ist folgendermaßen zu erklären: Aufgrund der großen kinetischen Energie der auftreffenden Elektronen dringen diese bis in die Nähe des Atomkerns vor und heben kernnahe, fest gebundene Elektronen auf ein höheres Energieniveau. Auf den hinterlassenen freien „Platz" können schwach gebundene Elektronen nachrücken. Dabei wird Energie frei, die in Form von Röntgenquanten abgegeben wird und die für das jeweilige Anodenmaterial charakteristisch ist.

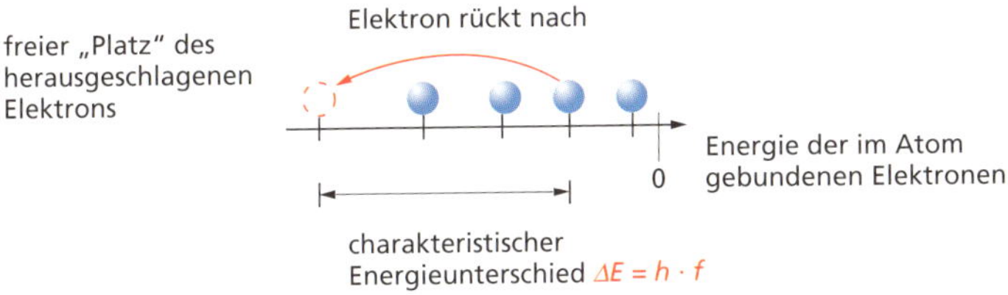


**Röntgenstrahlung** hat einige spezielle Eigenschaften, die für ihre Anwendung von Bedeutung sind:
- Röntgenstrahlung besitzt eine so große Energie, dass Zellen geschädigt und Stoffe ionisiert werden können.
- Röntgenstrahlung durchdringt viele Stoffe und wird durch verschiedene Stoffe unterschiedlich absorbiert.
- Röntgenstrahlung schwärzt Filme.
- Röntgenstrahlung kann gebeugt werden und interferieren.

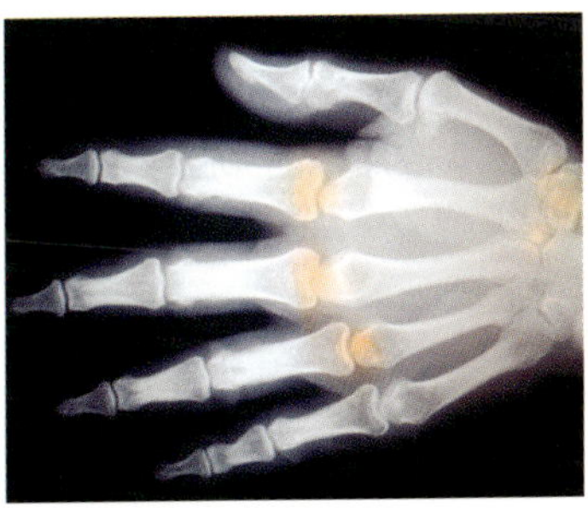

Aus diesen Eigenschaften ergeben sich charakteristische Anwendungsmöglichkeiten. In der **Röntgendiagnostik** wird der Körperteil, der untersucht werden soll, zwischen Röntgenröhre und Film gebracht. Da z.B. Knochen Röntgenstrahlung weniger gut hindurchlassen als das umliegende Gewebe, erhält man auf dem Film ein Abbild des Körperinneren. Organe wie Magen oder Darm können durch Verwendung von Röntgenkontrastmitteln dargestellt werden. Die **Röntgentherapie** wird u.a. dazu angewendet, um Tumorzellen abzutöten. Dabei nutzt man die höhere Strahlungsempfindlichkeit von krankem Gewebe.

Bei der **Werkstoffprüfung** können mithilfe von Röntgenstrahlung Schweißnähte untersucht oder Werkstücke auf Einschlüsse geprüft werden. Mithilfe der **Röntgenstrukturanalyse** (↗ S. 367) ist es möglich, die kristalline Struktur von Stoffen zu untersuchen und zu erfassen.

Die energetischen Verhältnisse der Elektronen in der Atomhülle lassen sich in einem Energieniveauschema darstellen (↗ S. 392).

Da **Röntgenstrahlen** Zellen schädigen können, sind beim Umgang mit ihnen die Festlegungen des **Strahlenschutzes** strikt einzuhalten.

In der **Röntgendiagnostik** wird mit Beschleunigungsspannungen von 50 kV bis 150 kV und möglichst kurzen Belichtungszeiten gearbeitet. In der **Röntgentherapie** wendet man auch energiereiche (harte) Röntgenstrahlung (200 kV bis 300 kV) an.

Da die Wellenlänge der **Röntgenstrahlung** in der Größenordnung von Picometern ($10^{-12}$ m) liegt, können zu ihrer Interferenz keine gewöhnlichen Doppelspalte oder Gitter verwenden. Die Spaltabstände wären viel zu groß. 1912 hatte MAX VON LAUE (1879–1960) die Idee, als „Gitter" Kristalle zu verwenden. Den experimentellen Nachweis von Röntgenstrahlinterferenzen führten seine Assistenten WALTHER FRIEDRICH (1883–1968) und PAUL KNIPPING (1883–1935). MAX VON LAUE erhielt 1914 den Nobelpreis für Physik.

WILLIAM LAWRENCE BRAGG (1890–1971) erhielt 1915 zusammen mit seinem Vater WILLIAM HENRY BRAGG (1862–1942) für die Verdienste um die Erforschung von Kristallstrukturen mittels Röntgenstrahlen den Nobelpreis für Physik.

### Interferenz von Röntgenstrahlung

Röntgenstrahlung ist elektromagnetische Strahlung und zeigt Interferenzeffekte (↗ S. 336 ff.). In Kristallen sind die Ionen in regelmäßigen Abständen *d* von mehreren 100 pm angeordnet (s. Skizze). Die Röntgenstrahlung wird an den einzelnen **Kristallebenen** (Gitterebenen, Netzebenen) reflektiert und überlagert sich.

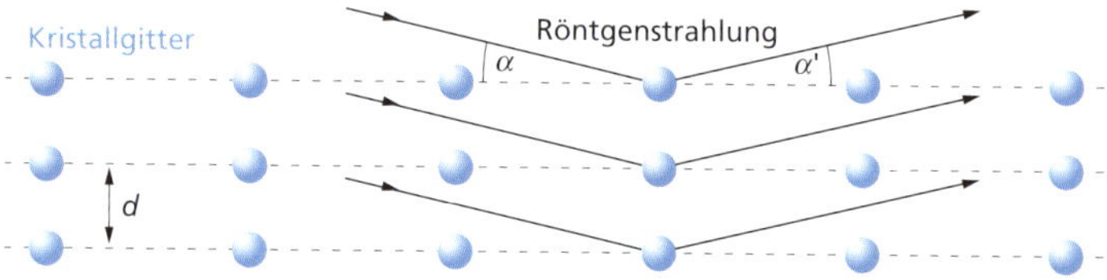


Eine Verstärkung von Röntgenstrahlung tritt nur dann auf, wenn zwei Bedingungen erfüllt sind:
- Der Winkel $\alpha'$, in dem die Röntgenstrahlung nachgewiesen wird, muss so groß sein wie der Winkel $\alpha$, mit dem die Röntgenstrahlung auf den Kristall auftrifft.
- Es muss eine 1913 von WILLIAM LAWRENCE BRAGG (1890–1971) aufgestellte Beziehung gelten, die als **BRAGG-Gleichung** bezeichnet wird.

Maxima bei Interferenz von Röntgenstrahlung an Kristallgittern sind unter folgender Bedingung zu registrieren:

| | | |
|---|---|---|
| $k \cdot \lambda = 2d \cdot \sin \alpha_k$ | $k$ | 1, 2, 3, … |
| | $\lambda$ | Wellenlänge |
| | $d$ | Abstand der Gitterebenen |
| | $\alpha_k$ | Reflexionswinkel (BRAGG-Winkel) |

Diese Beziehung kann genutzt werden, um die Wellenlänge von Röntgenstrahlung zu ermitteln oder um die kristalline Struktur von Stoffen zu untersuchen. Die BRAGG-Gleichung ergibt sich aus einfachen geometrischen Überlegungen.

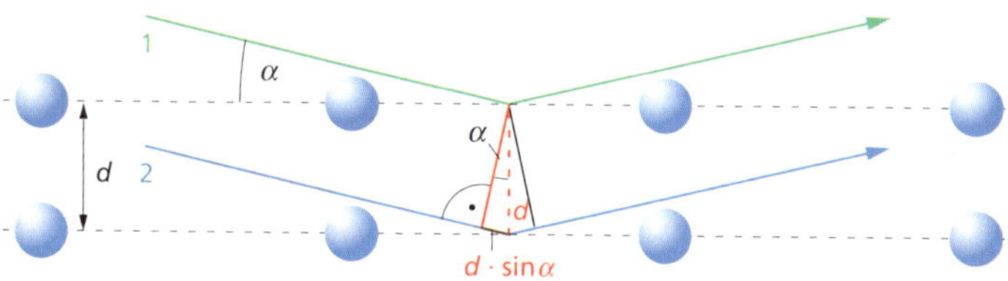


Bei Verstärkung muss der Gangunterschied von benachbarten Strahlen $\lambda$ oder ein ganzzahliges Vielfaches von $\lambda$ sein. Bei Reflexion an den Gitterebenen unter einem Winkel $\alpha$ beträgt der Gangunterschied zwischen den Strahlen 1 und 2 (s. Skizze): $\Delta s = 2d \cdot \sin \alpha$.
Mit $\Delta s = k \cdot \lambda$ ($k$ = 1, 2, 3, …) erhält man die oben genannten BRAGG-Gleichung.

### Röntgenstrukturanalyse

Die **Röntgenstrukturanalyse** ist ein Verfahren zur Bestimmung der Anordnung von Atomen oder Ionen in Kristallen unter Verwendung von Röntgenstrahlung. Dazu kann man unterschiedliche Verfahren anwenden.

In der Biologie hat man mit der Röntgenstrukturanalyse große Erfolge erzielt. Es wurde z. B. damit die Doppelhelix-Struktur der DNA aufgeklärt.

Beim **Drehkristallverfahren** wird ein Kristall einer monochromatischen Röntgenstrahlung ausgesetzt. Auf einem dahinter liegenden Detektor werden die Interferenzmuster registriert. Bei Verwendung von Film würde an Stellen maximaler Verstärkung eine Schwärzung erfolgen.

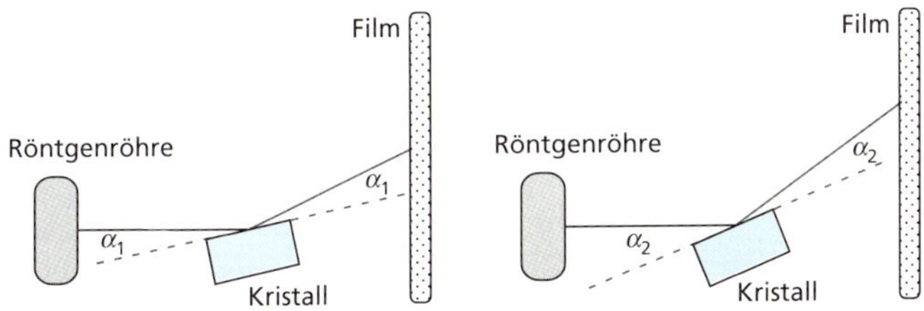


Für die Maxima gilt die Bragg-Gleichung (↗ S. 366).

Würde der Kristall bei jeder Maximum-Stelle um eine zur Verbindungslinie Röntgenröhre-Film parallele Achse gedreht, so erhielte man auf dem Film Maxima in Form konzentrischer Kreise.

Beim **Debye-Scherrer-Verfahren** wird ebenfalls mit monochromatischer Röntgenstrahlung gearbeitet. Statt eines einzelnen Kristalls nutzt man ein Kristallpulver, in dem sich eine Vielzahl von Kristallen mit unterschiedlichen räumlichen Orientierungen befinden. Damit ist stets für einige die Bragg-Gleichung erfüllt. Auf einem Film entstehen dann ebenfalls Ringe. Die Skizze unten zeigt dieses Verfahren.

Benannt ist dieses Verfahren nach dem niederländischen Physiker Peter Debye (1884–1966) und dem schweizer Physiker Paul Scherrer (1890–1969), die dieses Verfahren 1915 entwickelten.

Beim **Laue-Verfahren** wird ein Kristall mit Röntgenstrahlung unterschiedlicher Wellenlänge (so genanntem weißen Röntgenlicht) bestrahlt. Dadurch bekommt man auf einem Film Schwärzungspunkte (Maxima) an verschiedenen Stellen. Ein solches Bild wird als **Laue-Diagramm** bezeichnet.

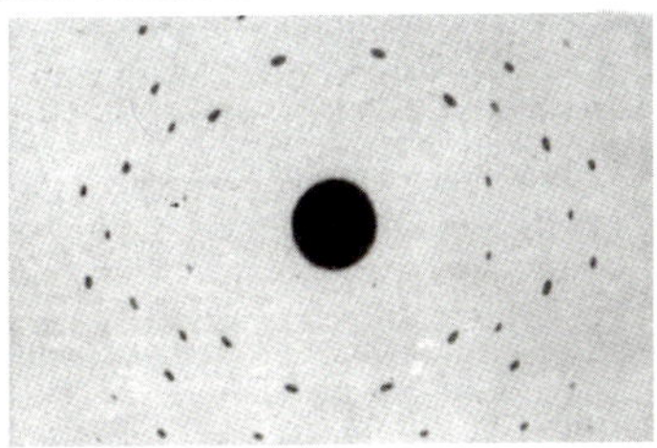

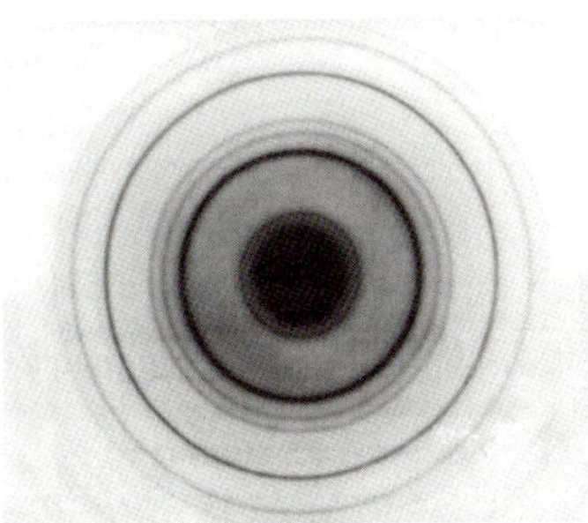

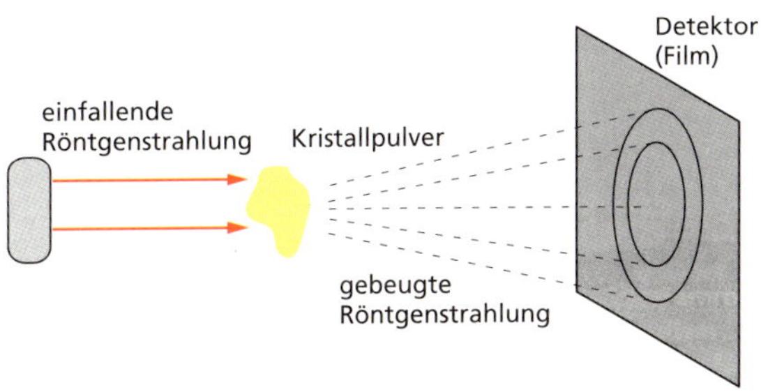

Entdeckt wurde dieser Effekt 1922 von dem US-amerikanischen Physiker ARTHUR HOLLY COMPTON (1892–1962). Er erhielt für diese wissenschaftliche Leistung 1927 den Nobelpreis für Physik.

## Der COMPTON-Effekt

Grafit enthält Elektronen mit vernachlässigbarer Austrittsarbeit. Man sagt: Die Elektronen sind frei oder lose gebunden. Wenn man Röntgenphotonen an freien Elektronen streut, so haben die Photonen nach der Streuung eine kleinere Frequenz und eine größere Wellenlänge als zuvor. Die Photonen haben Energie und Impuls an die Elektronen abgegeben. Im Experiment zeigt sich: Je größer die Richtungsänderung $\beta$ des Photons ist, umso mehr nimmt seine Wellenlänge zu, also seine Energie und sein Impuls ab. Man kann sich die Streuung als elastischen Stoß vorstellen:

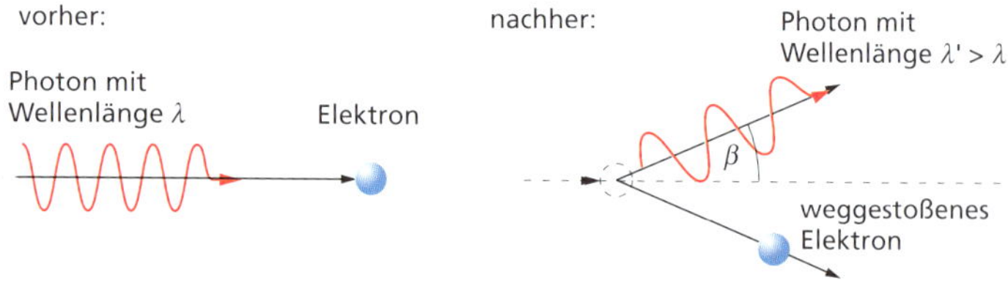


Um die Änderung der Wellenlänge auszurechnen, wendet man Energie- und Impulserhaltungssatz auf das System Photon + Elektron an. Man erhält folgendes Ergebnis:

Die Konstante $\frac{h}{m_e \cdot c}$ bezeichnet man auch als **COMPTON-Wellenlänge** $\lambda_C$. Sie hat einen Wert von:

$\lambda_C = 2{,}426 \cdot 10^{-12}$ m

Damit kann man für die Gleichung auch schreiben:

$\Delta\lambda = \lambda_C(1 - \cos\beta)$

Für die Wellenlängenzunahme $\Delta\lambda$ des Röntgenphotons in Abhängigkeit von seiner Richtungsänderung $\beta$ gilt:

$$\Delta\lambda = \lambda' - \lambda = \frac{h}{m_e \cdot c} \cdot (1 - \cos\beta)$$

$h = 6{,}626 \cdot 10^{-34}\ \mathrm{J \cdot s}$
$m_e = 9{,}109 \cdot 10^{-31}\ \mathrm{kg}$
$c = 2{,}998 \cdot 10^{8}\ \frac{\mathrm{m}}{\mathrm{s}}$

Ein Photon habe eine Wellenlänge, die gerade genau so groß ist wie die COMPTON-Wellenlänge. Es trifft auf Elektronen. Dabei beträgt die Richtungsänderung des Photons gerade 90°.
*Welche Wellenlänge und welche Energie hat das gestreute Photon?*

*Analyse:*
Die Wellenlänge ergibt sich aus der links genannten Beziehung. Die Energie des Photons kann man aus Frequenz, Lichtgeschwindigkeit und planckschem Wirkungsquantum berechnen.

Gesucht: $\lambda'$, $E$
Gegeben: $\lambda = \lambda_C = 2{,}426 \cdot 10^{-12}$ m
$\beta = 90°$

*Lösung:*
Für die Wellenlängenänderung gilt $\lambda' - \lambda = \lambda_C(1 - \cos\beta)$ und damit:

$$\lambda' = \lambda_C(1 - \cos\beta) + \lambda$$
$$\lambda' = \lambda_C(1 - \cos 90°) + \lambda_C = 2\,\lambda_C = \underline{4{,}852 \cdot 10^{-12}\ \mathrm{m}}$$

Für die Energie erhält man dann:

$$E = h \cdot f = h \cdot \frac{c}{\lambda}$$

$$E = 6{,}626 \cdot 10^{-34}\ \text{J} \cdot \text{s} \cdot \frac{3 \cdot 10^{8}\ \text{m}}{4{,}852 \cdot 10^{-12}\ \text{m} \cdot \text{s}} = \underline{4{,}1 \cdot 10^{-14}\ \text{J}}$$

*Ergebnis:*
Das gestreute Photon hat eine Wellenlänge von $2\,\lambda_c = 4{,}825 \cdot 10^{-12}$ m und eine Energie von $E = 4{,}1 \cdot 10^{-14}$ J.

**Die Quantennatur elektromagnetischer Strahlung**

Licht und Röntgenstrahlung zeigen ähnliche Eigenschaften:

| Eigenschaften | sichtbares Licht/ UV-Licht | Röntgenstrahlung |
|---|---|---|
| Hinweise auf Quanten (Photonen) | lichtelektrischer Effekt, Strahlteiler (↗ S. 360) | Grenzfrequenz, COMPTON-Effekt |
| Interferenzerscheinungen | Beugung an Gittern und dünnen Schichten | Beugung an Kristallen |

Sowohl das sichtbare Licht als auch Röntgenstrahlung sind Teile des elektromagnetischen Spektrums (↗ S. 309). Man kann die Erkenntnisse, die an Licht und an Röntgenstrahlen gewonnen wurden, auf das gesamte elektromagnetische Spektrum verallgemeinern.

Elektromagnetische Strahlung besteht aus Photonen, die die Energie $h \cdot f$ tragen. Sie sind keine Teilchen, da sie Interferenzeffekte zeigen.

Der tatsächliche Weg zur Quantentheorie und deren Entwicklung war sehr viel komplizierter und widersprüchlicher, als hier dargestellt werden kann.

Wenn die Strahlung sehr viele Photonen enthält, kann sie mit dem Wellenmodell beschrieben werden. Für eine korrekte Beschreibung aller Effekte sind Elemente aus dem Teilchenmodell und Elemente aus dem Wellenmodell zu kombinieren: Man erhält die **Quantentheorie** (↗ Abschnitt 6.2).

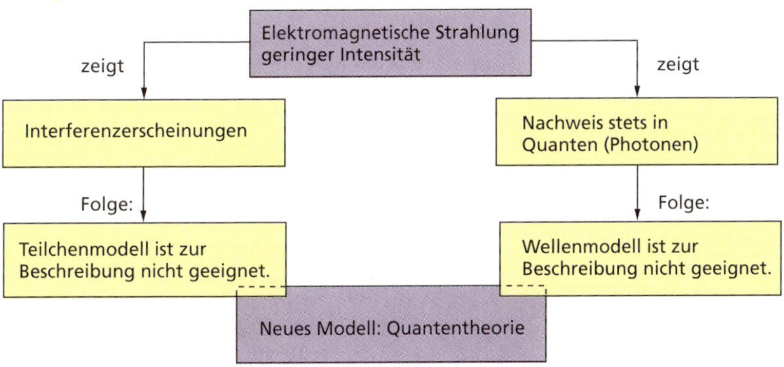

## 6.2 Interferenz von Quantenobjekten

Oft ist es zweckmäßig, Elektronen als Teilchen zu betrachten: Sie fließen wie Kügelchen im elektrischen Leiter, man kann sie zählen (MILLIKAN-Versuch), wir sehen ihre Bahn im Fadenstrahlrohr (↗ S. 237). Zur Beschreibung von Interferenz-Experimenten mit Elektronen ist das Teilchenmodell jedoch nicht geeignet.

### Elektronen im Doppelspalt-Experiment

Dieses Experiment wurde erstmalig 1960 von CLAUS JÖNSSON durchgeführt und 1961 veröffentlicht. Ausschnitte aus der Originalarbeit sind auf der CD zu finden.

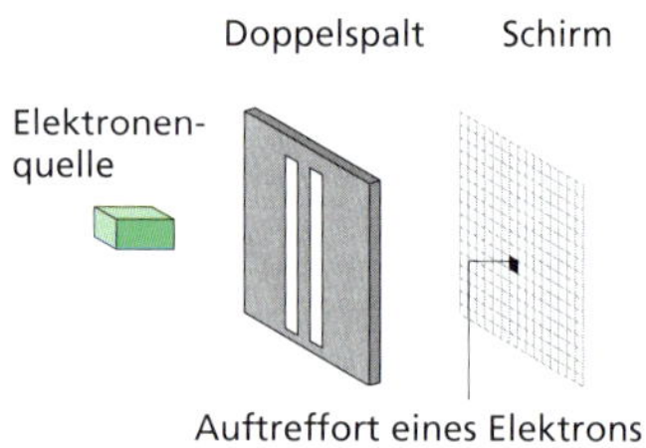


Eine Elektronenquelle sendet Elektronen mit einheitlicher Geschwindigkeit auf einen Doppelspalt. Die durchgelassenen Elektronen treffen auf einem Schirm auf. Dort wird ihr Auftreffort mit einem Feld von empfindlichen Detektoren registriert.
Wie man für sehr kleine Teilchen erwartet, wird jedes hindurchgelassene Elektron in genau einem Detektor nachgewiesen. Abgesehen davon verhalten sich die Elektronen aber ungewohnt.

### Nicht-Determiniertheit

In der klassischen Physik können wir für ein Objekt in einem beliebigen Experiment vorhersagen, wie es sich verhalten wird, wenn wir nur den Anfangszustand des Objekts genau kennen. Man sagt: Das Verhalten der klassischen Objekte ist determiniert (↗ S. 13).

Wenn wir eine Kugel auf einen Doppelspalt schießen, dann können wir vorhersagen, wie die Kugel auf ihrer Bahn beeinflusst wird, durch welchen Spalt sie fliegt und wo sie schließlich auf einem Schirm auftrifft.

Zufallsergebnisse in einem Feld würde man auch mit einer Lottomaschine erhalten, die jeweils eine Kugel zieht und anschließend automatisch auf dem Lottoschein das Kästchen ankreuzt.

| | | | | | | |
|---|---|---|---|---|---|---|
| 1 | 2 | 3 | 4 | 5 | 6 | 7 |
| 8 | X | 10 | 11 | 12 | 13 | 14 |
| 15 | 16 | 17 | 18 | 19 | 20 | 21 |
| 22 | 23 | 24 | 25 | 26 | 27 | 28 |
| 29 | 30 | 31 | 32 | 33 | 34 | 35 |
| 36 | 37 | 38 | 39 | 40 | 41 | 42 |
| 43 | 44 | 45 | 46 | 47 | 48 | 49 |

Dagegen ist das Verhalten der Elektronen nicht determiniert. Selbst wenn man alle Elektronen so gut wie möglich identisch präpariert, variieren ihre Auftrefforte stark und zufällig. Der Auftreffort für ein einzelnes Elektron kann nicht vorhergesagt werden. Ein Grund dafür ist, dass man den Anfangszustand der Elektronen nicht genau präparieren kann. Tatsächlich gibt es solche genau bestimmten Anfangszustände für Elektronen gar nicht.
Dieses Verhalten hat man auch bei Experimenten mit Neutronen, Protonen, Atomen und Molekülen festgestellt. Auch Photonen gehören zu den **Quantenobjekten** (↗ S. 369).

Elektronen, Neutronen, Protonen, Atome und Moleküle nennen wir Quantenobjekte. Das Verhalten einzelner Quantenobjekte kann in der Regel nicht vorhergesagt werden.

### Interferenz von Quantenobjekten

Man könnte versuchen, die Unbestimmtheit der Quantenobjekte zu simulieren: Ein Schussapparat feuert Kugeln mit leicht veränderlicher Richtung ab. Wenn man damit häufig durch einen Doppelspalt (z. B. durch einen Bretterzaun mit zwei Lücken) schießt, erwartet man, dass sich die Aufschläge auf dem Schirm auf zwei Streifen häufen (s. Skizze).

Dagegen zeigt sich bei Elektronen nach vielen Wiederholungen eine Verteilung wie bei Interferenzversuchen mit Licht am Doppelspalt.

| Interferenz mit Licht am Doppelspalt | mit wenigen Elektronen | mit 100 einzelnen Elektronen |
|---|---|---|
| 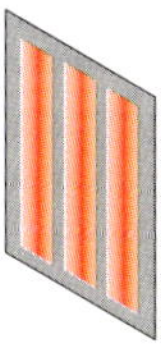 | 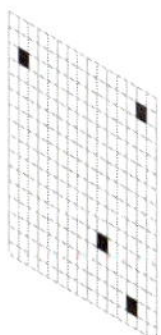 |  |

Dieses Verhalten kann man nicht beschreiben, wenn man sich Elektronen als Teilchen vorstellt. Man könnte argumentieren, das Muster käme dadurch zustande, dass sich die Elektronen auf ihrem Weg gegenseitig beeinflussen. Es tritt jedoch auch auf, wenn man nach jeder Emission eines Elektrons ein paar Sekunden wartet, sodass sich jeweils nur ein Elektron in der Anordnung befindet. Man sagt deshalb auch: Das Elektron interferiert „mit sich selbst". Derartige Interferenzmuster hat man auch in Experimenten mit anderen Quantenobjekten gefunden.

> Bei Quantenobjekten kann Interferenz auftreten. Solche Interferenzen sind im Teilchenmodell nicht beschreibbar.

Selbst mit **Fullerenen,** das sind Kohlenstoffmoleküle mit Fußballstruktur, hat man Interferenz beobachtet. Informationen dazu sind auf der CD zu finden.

Bei wenigen Elektronen können Auftreffverteilungen entstehen, die keine Ähnlichkeit mit dem Interferenzmuster der Optik haben. Je mehr Quantenobjekte aber ein Interferenzexperiment durchlaufen, umso zuverlässiger tritt das Interferenzmuster auf. Dies bedeutet: Für das einzelne Quantenobjekt kann man keine Vorhersage machen, sehr wohl aber eine Wahrscheinlichkeitsaussage für eine große Anzahl von ihnen.

Auch für die auf S. 370 beschriebene Lottomaschine, die jeweils nur ein Kreuzchen macht, können wir Wahrscheinlichkeitsaussagen machen:
Nach einer großen Anzahl von Wiederholungen erwartet man, dass die Kreuze relativ gleichmäßig verteilt sind.

**Anders als in der klassischen Physik kann man in der Quantenphysik im Allgemeinen nur Wahrscheinlichkeitsaussagen treffen.**

So lässt sich für ein Elektron im Doppelspalt-Experiment der Auftreffort nicht vorhersagen. Bei vielen Elektronen registriert man eine Verteilung, die bis auf statistische Schwankungen der Intensitätsverteilung beim Doppelspalt mit Licht entspricht.

## Die DE-BROGLIE-Wellenlänge von Quantenobjekten

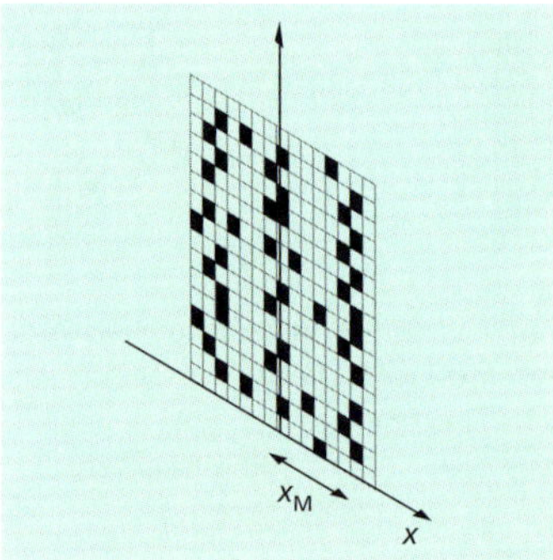


Bezeichnet man mit $x$ den Abstand des Auftreffortes von der Mittelachse des Schirms, so gibt es Abstände $x_M$, für die man besonders viele Elektronen erwartet. Wir nennen diese Stellen wie in der Optik Maxima. In der Optik kann man aus der Lage der Maxima die Wellenlänge des verwendeten Lichts berechnen (↗ S. 340 f.). Analog dazu lässt sich auch für Quantenobjekte aus den Abständen $x_M$ eine Wellenlänge ausrechnen. Man nennt sie **DE-BROGLIE-Wellenlänge.** Mit ihr können Voraussagen für alle Arten von Interferenzexperimenten mit Quantenobjekten gemacht werden. Allerdings darf man das Wort „Wellenlänge" nicht zu wörtlich nehmen: Die Materie selbst schwingt nicht, der Formalismus enthält lediglich eine Gleichung, die wie eine Wellengleichung aussieht.

Der französische Physiker LOUIS DE BROGLIE (1892–1987) forderte 1923 in seiner Doktorarbeit: Wenn Licht mit Elementen des Teilchenmodells beschrieben werden muss, dann sollte auch Materie mit Elementen der Wellentheorie zu beschreiben sein.
Er gab in dieser Arbeit eine Gleichung für die Wellenlänge von Quantenobjekten an. Man spricht in diesem Zusammenhang auch von Materiewellen.

Für die DE-BROGLIE-Wellenlänge von Quantenobjekten gilt:

$$\lambda = \frac{h}{p} = \frac{h}{m \cdot v}$$

| | |
|---|---|
| $h$ | plancksches Wirkungsquantum |
| $p$ | Impuls des Quantenobjektes |
| $m$ | Masse des Quantenobjektes |
| $v$ | Geschwindigkeit des Quantenobjektes |

Elektronen werden durch eine Spannung von $U$ = 2,0 kV beschleunigt.
*Welche Wellenlänge ist diesen Elektronen zuzuordnen? Vergleichen Sie diese mit der Wellenlänge von grünem Licht (500 nm)!*

*Analyse:*
Die Geschwindigkeit der Elektronen kann mit einem energetischen Ansatz ermittelt werden. Es gilt: $e \cdot U = \frac{1}{2}\, m \cdot v^2$
Bei bekannter Geschwindigkeit kann man die Gleichung für die DE-BROGLIE-Wellenlänge anwenden.

Gesucht: $\lambda$

Gegeben: $U = 2{,}0\ \text{kV} = 2000\ \text{V}$

$e = 1{,}602 \cdot 10^{-19}\ \text{C}$

$m = 9{,}109 \cdot 10^{-31}\ \text{kg}$

$h = 6{,}626 \cdot 10^{-34}\ \text{J} \cdot \text{s}$

*Lösung:*

Aus $e \cdot U = \frac{1}{2} m \cdot v^2$ ergibt sich $v = \sqrt{\frac{2e \cdot U}{m}}$. Damit erhält man für die Wellenlänge:

$$\lambda = \frac{h}{m \cdot v} = \frac{h}{\sqrt{2e \cdot U \cdot m}}$$

$$\lambda = \frac{6{,}626 \cdot 10^{-34}\ \text{J} \cdot \text{s}}{\sqrt{2 \cdot 1{,}602 \cdot 10^{-19}\ \text{C} \cdot 2000\ \text{V} \cdot 9{,}109 \cdot 10^{-31}\ \text{kg}}}$$

$$\underline{\lambda = 2{,}7 \cdot 10^{-11}\ \text{m}}$$

*Ergebnis:*

Bei einer Beschleunigungsspannung von 2,0 kV kann man Elektronen eine Wellenlänge von $2{,}7 \cdot 10^{-11}$ m zuordnen. Die Wellenlänge von grünem Licht ist etwa 20 000-mal größer.

Für die Einheiten gilt:

$$\frac{\text{J} \cdot \text{s}}{\sqrt{\text{C} \cdot \text{V} \cdot \text{kg}}} = \frac{\text{J} \cdot \text{s}}{\sqrt{\text{V} \cdot \text{A} \cdot \text{s} \cdot \text{kg}}} = \frac{\frac{\text{kg} \cdot \text{m}^2}{\text{s}^2} \cdot \text{s}}{\sqrt{\frac{\text{kg}^2 \cdot \text{m}^2}{\text{s}^2}}} = \text{m}$$

Die kleine Wellenlänge solcher Elektronen gestattet es, sehr kleine Strukturen aufzulösen, da das Auflösungsvermögen der Geräte von der Wellenlänge abhängig ist (↗ S. 342 f.). Das wird bei **Elektronenmikroskopen** genutzt.

**Lichtmikroskop**

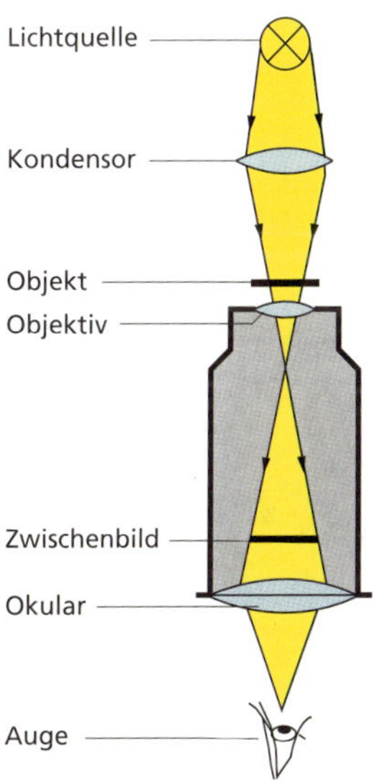


**Elektronenmikroskop**

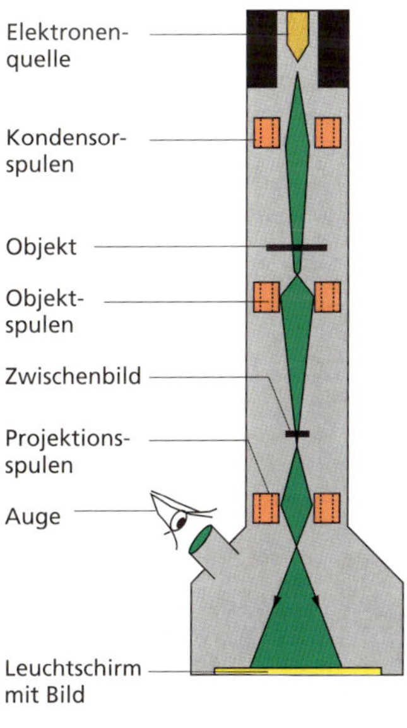


Mithilfe von **Elektronenmikroskopen** können noch Strukturen im Nanometerbereich (bis etwa 0,1 nm) aufgelöst werden. Damit ist man bis zum atomaren Bereich vorgedrungen.

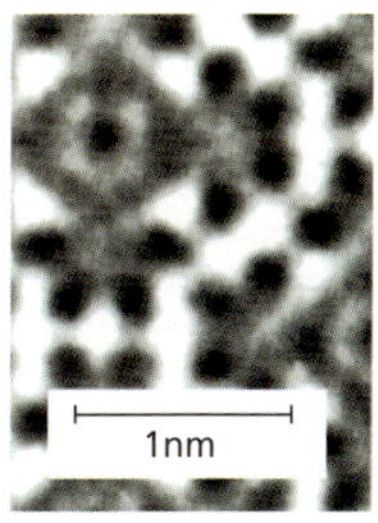

Zum Vergleich: Wenn eine Welle in den Bereich eines Bootshafens kommt, fängt nicht nur *ein* Schiff zu schaukeln an.

Aus der Darstellung zur Interferenz von Quantenobjekten könnte man folgern, dass man sich Quantenobjekte als Wellen vorstellen kann. Dagegen spricht: Wenn z. B. ein Elektron eine Welle wäre, dann müssten bei der Ortsbestimmung am Schirm wie bei einer Wasserwelle eine ganze Schar von Detektoren gleichzeitig ausgelöst werden. Es spricht jedoch immer nur ein Detektor an. Deshalb gilt allgemein für Quantenobjekte:

Man kann sich Quantenobjekte weder als Welle noch als Teilchen vorstellen. Es gibt zwar Situationen, in denen das Teilchenmodell oder das Wellenmodell eine gute Näherung darstellt. Aber eigentlich hat ein Quantenobjekt stets gleichzeitig

- etwas Welliges (was seine Ausbreitung bestimmt),
- etwas Körniges (was sich bei der Ortsmessung zeigt),
- etwas Stochastisches (was nur Wahrscheinlichkeitsaussagen erlaubt).

Mit ihren quantitativen Voraussagen ist die Quantentheorie die erfolgreichste physikalische Theorie des 20. Jahrhunderts. So konnten damit Voraussagen gemacht werden, die auf neun Stellen mit den experimentellen Ergebnissen übereinstimmen.

## Quantitative Beschreibung der Wahrscheinlichkeit *P(x)*

Obwohl man sich Quantenobjekte insbesondere in Interferenzexperimenten nicht vorstellen kann, ist es möglich, quantitative (Wahrscheinlichkeits)-Voraussagen zu machen, die es erlauben, Molekül- und Stoffeigenschaften (in Chemie, Biologie und Medizin) zu erklären und Geräte auf Halbleiterbasis (Computer, Handys usw.), Laser (CD-Spieler, Medizin), Kernspintomografen und vieles andere mehr zu bauen.

Um in der Quantentheorie quantitative Voraussagen zu machen, muss man in der Regel Phasenunterschiede berücksichtigen. Dazu eignet sich besonders das **Zeigermodell** (↗ S. 338). Dies wird hier am Beispiel des Doppelspalt-Experiments mit Elektronen demonstriert: $x$ ist wieder der Abstand eines Detektionsortes von der Mittelachse des Schirms. Dann kann man für jeden Abstand $x$ eine **Wahrscheinlichkeit** $P(x)$ angeben, mit der ein Elektron in diesem Abstand $x$ ankommt. Ist z. B. $P(x)$ für ein $x_1$ doppelt so groß wie für ein $x_2$, dann ist die Detektionswahrscheinlichkeit bei $x_1$ im Mittel doppelt so groß wie bei $x_2$. Die Funktion $P(x)$ hat den gleichen Verlauf wie die Intensitätsfunktion $I(x)$ in der Optik.

Für Maximumstellen $x_M$ ist $P(x)$ besonders groß. Entfernt man sich von der Maximumstelle, so nimmt die Funktion $P(x)$ zunächst ab, bis sie bei einer Minimumstelle 0 ist. Dann nimmt sie wieder zu.

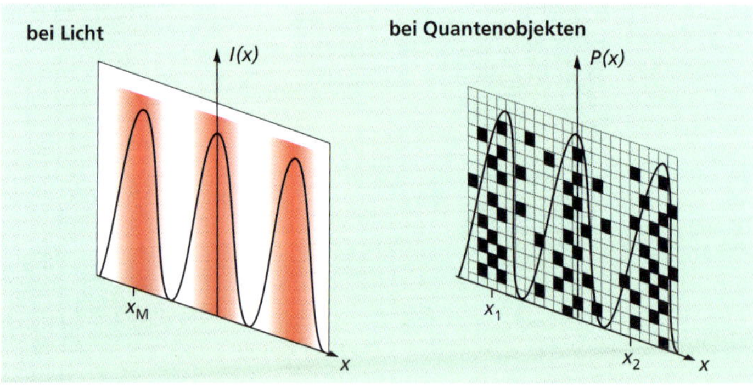

In der Optik erhält man die Intensität $I(x)$ für einen bestimmten Abstand $x$, indem man die Zeiger für die verschiedenen Elementarwellen mit den richtigen Phasenunterschieden addiert (↗ S. 338). Das Quadrat des Summenzeigers ist dann ein Maß für die Intensität $I(x)$. Genauso muss man vorgehen, wenn man Vorhersagen für Interferenzexperimente in der Quantenphysik machen will. Allerdings ist das Quadrat des Summenzeigers nun als **Maß für die Wahrscheinlichkeit** $P(x)$ zu interpretieren.

Wir betrachten als Beispiel eine Stelle $x_{2/3}$, die sich auf zwei Drittel der Strecke zwischen dem Maximum $x_0$ und dem Minimum $x_m$ befindet. Die Wahrscheinlichkeit, an der Stelle $x_{2/3}$ ein Elektron zu detektieren, ist sicher beträchtlich kleiner als an der Stelle $x_0$. Gesucht ist eine präzise Voraussage für das Verhältnis der Wahrscheinlichkeiten $P(x_{2/3})/P(x_0)$. Die Lösung ist in der folgenden Tabelle ausgeführt:

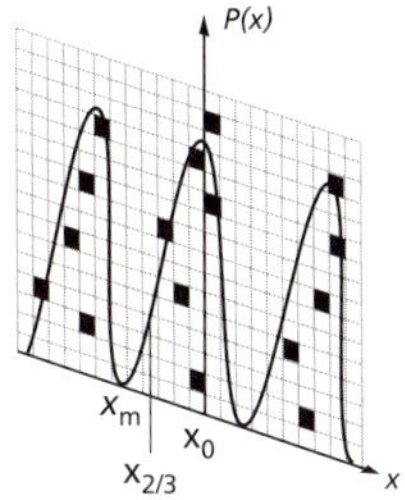


Man sagt „Maß für die Wahrscheinlichkeit", weil $P(x)$ eigentlich so normiert werden muss, dass die Gesamtwahrscheinlichkeit für eine Detektion auf dem Schirm 1 ergibt.

$x_0$ ist die Stelle, an der sich ein Maximum befindet. Der Phasenunterschied beträgt dort also 0°. Die Zeiger addieren sich zum roten Summenpfeil mit maximaler Länge 2. Für $P(x_0)$ erhalten wir also 4.

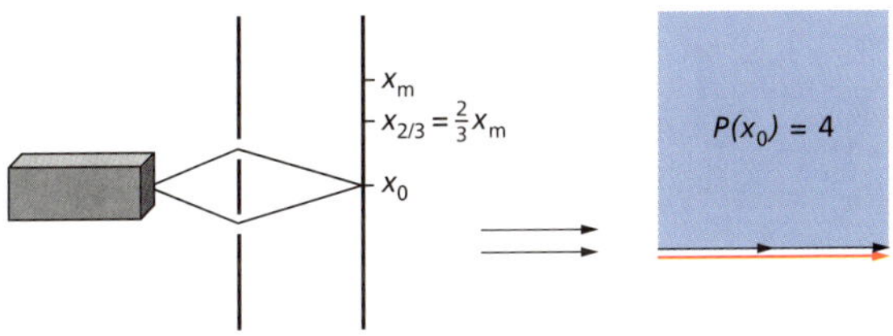


$x_m$ ist die Stelle des 1. Minimums; hier liegt also ein Phasenunterschied von 180° vor. Folglich ist die Pfeilsumme 0 und damit auch die Wahrscheinlichkeit $P(x_m) = 0$.

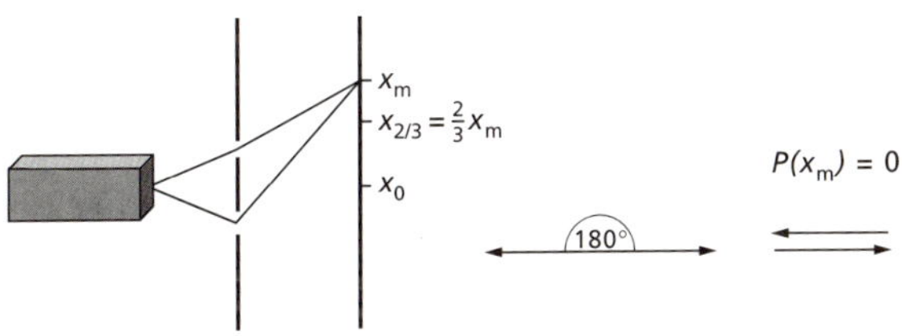


$x_{2/3} = \frac{2}{3}\ x_m$
Der Phasenunterschied an der Stelle $x_{2/3}$ beträgt demnach $\frac{2}{3} \cdot 180° = 120°$. Der Summenzeiger hat die Länge 1, für $P(x_{2/3})$ erhält man $P(x_{2/3}) = 1$.
Also ist $P(x_{2/3}) : P(x_0) = 1 : 4$.

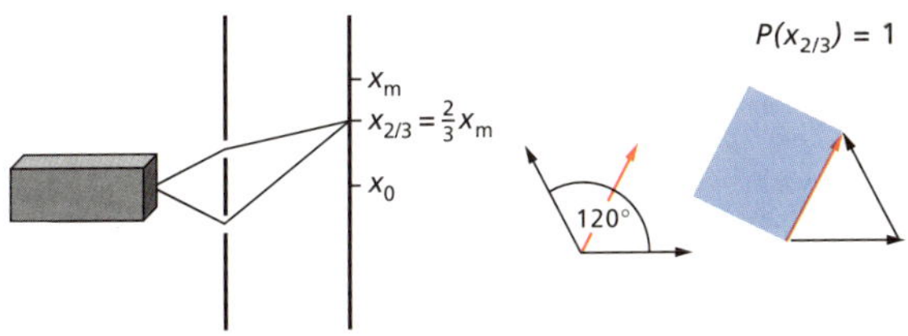


Die Wahrscheinlichkeit ein Elektron am Ort $x_{2/3} = \frac{2}{3}\ x_m$ zu detektieren, ist 4-mal kleiner als an der Maximumsstelle $x_0$.

## 6.3 Komplementarität und Unbestimmtheit

Die **Unbestimmtheit von Quantenobjekten** wird von vielen Physikern als der zentrale Wesenszug der Quantenphysik angesehen. Sie zeigt sich in praktisch allen Quantenexperimenten, also auch im Doppelspalt-Experiment. In den so genannten **Unbestimmtheitsrelationen** wird die Unbestimmtheit quantitativ gefasst.

### 6.3.1 Komplementarität bei Doppelspalt-Experimenten

#### Objektive Unbestimmtheit

Wenn man beim Doppelspalt-Experiment, z. B. mit Elektronen, einen Spalt schließt, ergibt sich nach vielen Wiederholungen die entsprechende Einzelspaltverteilung, so wie sie auch in der Optik registriert wird (↗ S. 342).

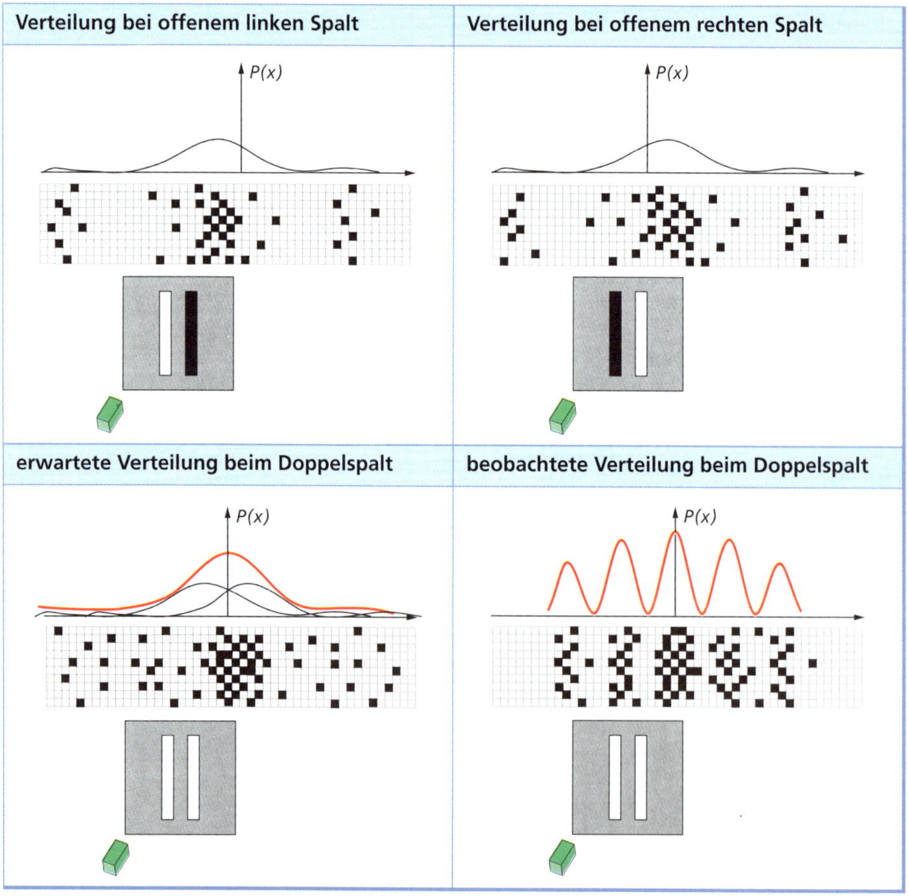

Wenn man beide Spalte öffnet, erwartet man: Das Quantenobjekt geht entweder durch den einen oder durch den anderen Spalt. Es sollte also auch zu einer der beiden Einzelspaltverteilungen beitragen. Man müsste folglich bei zwei geöffneten Spalten eine Verteilung bekommen, die der Summe der beiden Einzelspaltmuster entspricht. Stattdessen erhält man im Experiment das Doppelspalt-Interferenzmuster, wie es auch aus der Optik bekannt ist (↗ S. 337). Die Konsequenz, die man daraus zieht, ist:

Die Vorstellung, die Quantenobjekte gehen beim Doppelspaltversuch durch den einen oder den anderen Spalt, ist falsch. Durch welchen Spalt das Quantenobjekt beim Doppelspaltversuch geht, ist objektiv unbestimmt.

Es gibt andere Interpretationen der **Quantenphysik**, die eine andere Konsequenz aus dem Versuchsergebnis ziehen.

Der Begriff „objektiv" bedeutet, dass es hier um mehr geht als um subjektive Unkenntnis. Subjektive Unkenntnis wäre: Man weiß zwar nicht, durch welchen Spalt das Quantenobjekt jeweils geht, das Quantenobjekt geht aber jeweils durch einen der Spalte. Diese Vorstellung ist falsch. Wenn jedes Quantenobjekt jeweils durch einen der Spalte gehen würde, sollte es zur Summe der Einzelspaltmuster beitragen. Dass man nicht weiß, durch welchen Spalt es geht, würde daran nichts ändern. Auch die Vorstellung, dass sich das Quantenobjekt teilt und je ein Teil durch je einen Spalt geht, kann widerlegt werden: Man kann rechnerisch zeigen, dass man dann ein anderes Interferenzmuster erhalten müsste.

**Jede anschauliche Vorstellung darüber, wie ein Quantenobjekt von der Quelle zum Detektor kommt, führt zu Widersprüchen.**

| Vorstellung | Widerspruch |
|---|---|
| Quantenobjekt geht durch genau einen der Spalte | Man sollte die Summe der Einzelspaltverteilungen erhalten. |
| Quantenobjekt teilt sich und geht durch beide Spalte | Man sollte ein anderes Interferenzmuster erhalten. |

### Ortsmessung an den Spalten

Man kann durch Messungen feststellen, durch welchen Spalt ein Quantenobjekt im Doppelspalt-Experiment geht. So kann man z. B. Atome verwenden, die mit einem Laser angeregt wurden, sodass sie unmittelbar danach ein Photon emittieren. Diese Photonen kann man in Hohlräumen nachweisen.

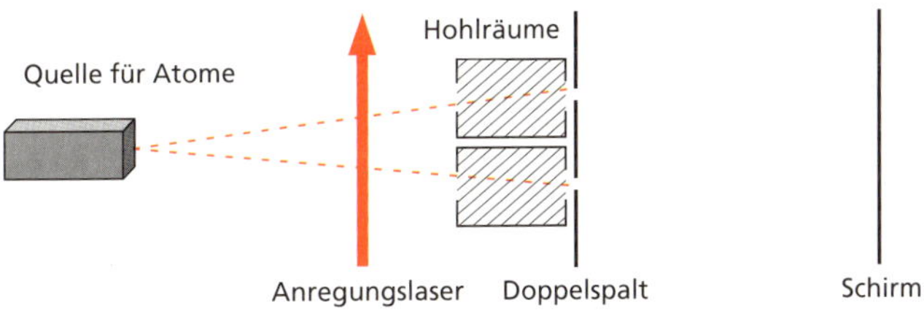


Das hier betrachtete Experiment ist ein **Gedankenexperiment**. Die tatsächlich durchgeführten Experimente sind komplizierter. Sie wurden mit Photonen oder Atomen in **Interferometern** durchgeführt. Hinweise dazu sind auf der CD zu finden.

Im Experiment zeigt sich, dass stets nur einer der beiden Hohlräume ein Signal gibt. Daraus kann man schließen, dass bei diesem Experiment das Atom stets durch genau einen der beiden Spalte geht. Dies zeigt einen allgemeinen Wesenszug der Quantenphysik:

Auch Messungen an unbestimmten Zuständen führen stets zu eindeutigen Messergebnissen.

Ein weiteres Beispiel dafür ist: Ein Elektron in einem Atom befindet sich in einem bestimmten Bereich um den Atomkern, sein Ort ist aber nicht genau bestimmt. Dennoch trifft man bei einer Ortsmessung das Elektron nicht verschmiert an, sondern stets an genau einem Punkt.

**Das Komplementaritätsprinzip**

Komplementarität ist ein von NIELS BOHR (1885–1962) in die Quantenphysik eingeführter Begriff.

Bei einer Messung am Spalt erhält man stets eindeutige Messergebnisse. Aus diesen kann man schließen, durch welchen Spalt das Quantenobjekt gegangen ist. Dies heißt aber nicht, dass auch ohne Messung das Atom durch einen der beiden Spalte geht. Sonst würde man das Doppelspalt-Interferenzmuster nicht erhalten, sondern die Summe der Einzelspaltverteilungen. Mit Messung geht das Atom hingegen durch einen der beiden Spalte. Folglich beobachtet man in diesem Falle nach vielen Wiederholungen die Summe der Einzelspaltverteilungen.

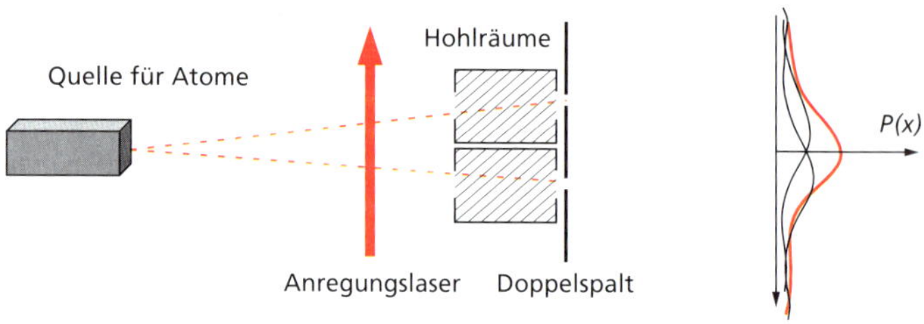


Dies kann nicht damit erklärt werden, dass der Rückstoß des emittierten Photons das Atom „aus der Bahn" wirft. Erstens hat das Atom keine Bahn (↗ S. 382) und zweitens ist der Impuls des Photons viel zu klein. Vielmehr zeigt sich hier:

In der Quantenphysik wird ein Experiment durch eine Messung vollständig verändert.

In der klassischen Physik ist das anders. Dort kann der Einfluss einer Messung im Prinzip beliebig klein gemacht werden. Dann hängt das Versuchsergebnis nicht mehr davon ab, ob gemessen wird oder nicht.
In der Quantenphysik muss man dagegen bei einem Experiment stets alle beabsichtigten oder unbeabsichtigten Messungen berücksichtigen. Es muss immer das ganze Experiment berücksichtigt werden. Man nennt dies das Prinzip der **„Ganzheitlichkeit"**.

Abhängig davon, ob man eine Messung an den Spalten macht oder nicht, erhält man also völlig unterschiedliche Versuchsergebnisse:

| ohne Messung, durch welchen Spalt das Quantenobjekt geht | mit Messung, durch welchen Spalt das Quantenobjekt geht |
|---|---|
| Doppelspalt-Interferenzmuster | Kein Doppelspalt-Interferenzmuster |
| Durch welchen Spalt das Quantenobjekt geht, ist unbestimmt. | Das Quantenobjekt geht durch genau einen der beiden Spalte. |

Das ist ein Beispiel für das **Komplementaritätsprinzip,** das für den betrachteten Sachverhalt folgendermaßen formuliert werden kann:

Die Beobachtung eines Interferenzmusters und „Welcher-Spalt-Information" schließen sich aus.

Dieses Komplementaritätsprinzip ist ein grundlegendes Prinzip der Quantenphysik. Weitere Beispiele dafür sind auf der CD zu finden.

**Die quantitative Beschreibung der Komplementarität**

Wenn bei einem Quantenexperiment ein Interferenzmuster beobachtet wird, gibt es stets mehrere klassisch denkbare Möglichkeiten, wie ein Versuchsergebnis eintreten kann. Wenn das Versuchsergebnis beim Doppelspaltexperiment z. B. der Nachweis des Quantenobjekts an einer bestimmten Stelle *x* ist, dann hat das Quantenobjekt zwei klassisch denkbare Möglichkeiten, bei *x* anzukommen. Man kann sich vorstellen, dass es durch den linken Spalt oder durch den rechten Spalt geht. Tatsächlich ist jedoch unbestimmt, durch welchen Spalt es geht. Führt man nun eine Messung an den Spalten durch, so erhält man nicht das Interferenzmuster, sondern die Summe der Einzelspaltverteilungen.

Um mithilfe der Zeiger die richtige Voraussage für *P(x)* zu bekommen, müssen wieder die Zeiger zu den klassisch denkbaren Möglichkeiten gebildet werden. Beim Doppelspalt ist dies ein Zeiger für die Möglichkeit „linker Spalt" und einer für die Möglichkeit „rechter Spalt" (↗ S. 375). Für die Addition gilt die Regel: Zeiger dürfen nicht vektoriell addiert werden, wenn sie zu Möglichkeiten gehören, welche durch eine Messung unterscheidbar sind. Wenn die Möglichkeiten dagegen nicht durch eine Messung unterscheidbar sind, müssen die zugehörigen Zeiger vektoriell addiert werden. Das Zeigermodell (↗ S. 338) muss also so abgewandelt werden:

Man muss jeweils diejenigen Zeiger vektoriell miteinander addieren, die zu Möglichkeiten gehören, welche nicht durch Messungen unterscheidbar sind. Die Zeigersummen werden quadriert, die Summe der Quadrate ergibt *P(x)*.

Beim Doppelspaltexperiment mit Ortsmessung an den Spalten erhält man nach dem abgewandelten Zeigermodell für alle *x* die Summe zweier Einheitsquadrate, also *P(x)* = 2, d. h. die richtige Verteilung bei kleiner Spaltbreite.

So werden beim Doppelspaltexperiment ohne Ortsmessung am Spalt die Zeiger vektoriell addiert. Wenn dagegen am Doppelspalt eine Ortsmessung an den Spalten durchgeführt wird, sind die Möglichkeiten unterscheidbar. Deshalb müssen die Zeiger getrennt quadriert und anschließend addiert werden. Wenn man mehr als zwei klassisch denkbare Möglichkeiten hat, müssen Gruppen von untereinander nicht unterscheidbaren Möglichkeiten gebildet werden. Innerhalb dieser Gruppen werden die Zeiger vektoriell addiert. Anschließend werden die Zeigersummen quadriert und diese Quadrate summiert.

Genauere Informationen dazu sind auf der CD zu finden.

Tatsächlich ist eine Einzelspaltfunktion bei sehr kleiner Spaltbreite in einem weiten Bereich näherungsweise konstant. Um die Einzelspalteffekte bei größerer Spaltbreite zu berücksichtigen, müssen eigentlich ganze Ketten von Zeigern gebildet werden.

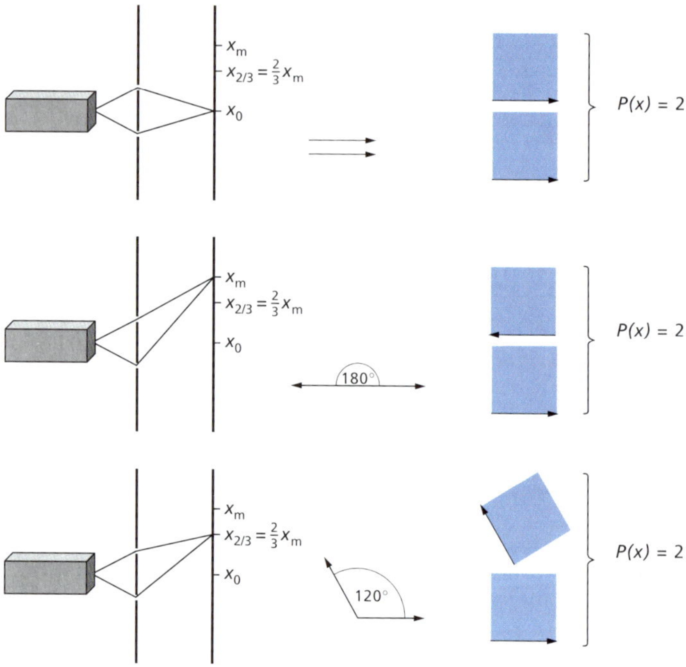


Man schießt Quantenobjekte mit einheitlicher DE-BROGLIE-Wellenlänge auf einen Dreifachspalt (s. Skizze unten). Dabei wird an einem der äußeren Spalte gemessen, ob ein Quantenobjekt durch diesen Spalt geht.

*Welche Verteilung der Quantenobjekte erhält man nach vielen Wiederholungen auf dem Beobachtungsschirm?*

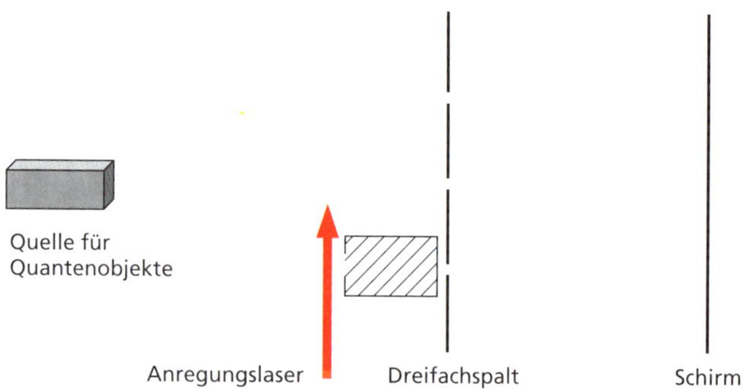

Die oberen beiden Spalte sind nicht unterscheidbar, deren Zeiger können addiert werden. Das Quadrat dieser Summe ergibt einen Anteil wie das *P(x)* vom Doppelspalt. Der unterste Spalt ist von den beiden anderen unterscheidbar. Der zugehörige Zeiger wird getrennt quadriert. Man erhält einen konstanten Anteil. Die Summe dieser beiden Anteile ergibt eine periodische *P(x)*-Funktion.

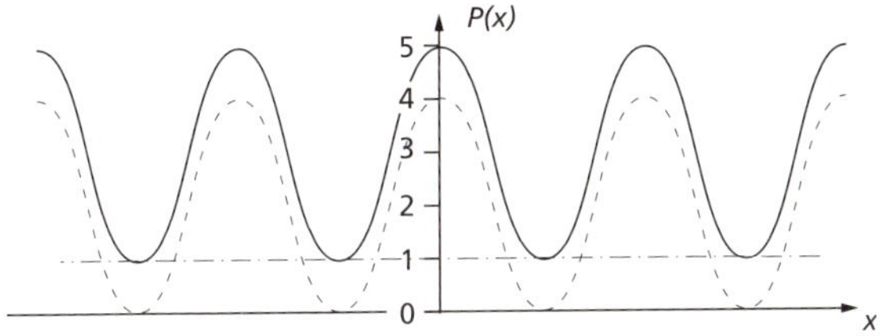


## 6.3.2 Unbestimmtheit von Ort und Impuls

### Heisenbergs Unbestimmtheitsrelation

Wenn ein Quantenobjekt durch einen Doppelspalt geht (ohne Messung am Spalt), dann ist objektiv unbestimmt, durch welchen Spalt das Quantenobjekt geht. Diese Unbestimmtheit tritt bei vielen messbaren Größen in der Quantenphysik auf. Es gilt beispielsweise:

Je bestimmter der Ort eines Quantenobjekts ist, umso unbestimmter ist sein Impuls und umgekehrt.

Was die **Unbestimmtheit** ist, hat man genau definiert:

Die Unbestimmtheit einer Größe *G* in einem Zustand zeigt sich, wenn man viele Quantenobjekte in diesen Zustand bringt. Wenn die Größe *G* bestimmt ist, bekommt man immer das gleiche Messergebnis. Je größer die Streuung $\Delta G$ der Messergebnisse ist, umso unbestimmter ist der Zustand bezüglich *G*.

Mit dieser Definition hat Werner Heisenberg aus der Quantentheorie die berühmte **Unbestimmtheitsrelation** hergeleitet. Für die Größen Ort *x* und Impuls *p* lautet sie:

$$\Delta x \cdot \Delta p \geq \frac{h}{4\pi} \qquad h = 6{,}626 \cdot 10^{-34}\ \mathrm{J \cdot s}$$

Der Ort eines Elektrons in einem Atom ist nicht genau bestimmt. Bei einer Ortsmessung wird das Elektron stets in der Nähe des Kerns angetroffen. Wenn man die Messung mehrfach macht, stellt man fest: Die Werte für den Ort *x* streuen. Die Streuung liegt in der Größenordnung des bohrschen Radius (↗ S. 391): $\Delta x \approx r_B = 5{,}29$ nm.

**Werner Heisenberg** (1901–1976) war einer der bedeutendsten theoretischen Physiker des 20. Jahrhunderts. Die berühmte Unbestimmtheitsrelation, auch **Unschärferelation** genannt, stellte er 1927 auf.

Die Streuung für den Ort wird auch mit dem Begriff **räumliche Aufenthaltswahrscheinlichkeit** beschrieben.

Wenn man die Geschwindigkeit von Elektronen im Atom misst, werden die Messergebnisse auch streuen.

*Wie groß ist die Unbestimmtheit in der Geschwindigkeit, die ein Elektron im Atom mindestens hat?*

Die Ortsunschärfe liegt in der Größenordnung des bohrschen Radius $\Delta x = 5{,}29$ nm. Für den Impuls des Elektrons gilt: $p = m \cdot v$. Die Masse des Elektrons zeigt keine Unbestimmtheit. Deshalb kann man für den Impuls schreiben: $\Delta p = m \cdot \Delta v$

Mit HEISENBERGS Unbestimmtheitsrelation folgt:

$$\Delta x \cdot \Delta p = \Delta x \cdot m \cdot \Delta v \geq \frac{h}{4\pi}$$

Die Umstellung nach $v$ ergibt:

$$\Delta v \geq \frac{h}{4\pi \cdot m \cdot \Delta x}$$

$$\Delta v \geq \frac{6{,}626 \cdot 10^{-34}\ \mathrm{J \cdot s}}{4\pi \cdot 9{,}109 \cdot 10^{-31}\ \mathrm{kg} \cdot 5{,}29 \cdot 10^{-9}\ \mathrm{m}} \approx \underline{10\ \frac{\mathrm{km}}{\mathrm{s}}}$$

Für die Einheiten gilt:

$$\frac{\mathrm{J \cdot s}}{\mathrm{kg \cdot m}} = \frac{\mathrm{kg \cdot m^2 \cdot s}}{\mathrm{s^2 \cdot kg \cdot m}} = \frac{\mathrm{m}}{\mathrm{s}} = 10^{-3}\ \frac{\mathrm{km}}{\mathrm{s}}$$

Bei Messungen der Geschwindigkeit von Elektronen würde man also im Schnitt Abweichungen von ca. 10 km/s erhalten.

Die unterschiedlichen Messergebnisse liegen nicht daran, dass die Elektronen bereits vorher unterschiedliche Geschwindigkeiten haben. Die Geschwindigkeit ist vorher objektiv unbestimmt, genauso wie beim Doppelspalt objektiv unbestimmt ist, durch welchen Spalt das Quantenobjekt geht.

Ein Objekt hat genau dann eine Bahn, wenn zu jedem Zeitpunkt sein Ort bestimmt ist. Daraus kann man auch die Geschwindigkeit und den Impuls des Objekts zu jedem Zeitpunkt ausrechnen.

Wenn Ort und Impuls der Quantenobjekte objektiv unbestimmt sind, kann man auch nicht mehr davon sprechen, dass sie sich auf Bahnen bewegen. Somit gilt:

**Quantenobjekte bewegen sich nicht auf Bahnen.**

Insbesondere bewegen sich die Elektronen im Atom nicht auf Kreis- oder anderen Bahnen, auch wenn das bei manchen Modellen angenommen wird (↗ S. 389 f.). Die Frage, wo sich die Elektronen dann im Atom aufhalten, kann nicht beantwortet werden. Auch hier versagt unsere Vorstellung.

### Interferenzmuster bei makroskopischen Objekten

Interferenzmuster deuten auf die Unbestimmtheit in Spaltexperimenten hin. Sie werden auch bei großen Molekülen, z. B. den Fullerenen, beobachtet. Dagegen wird bei makroskopischen Objekten kein Interferenzmuster beobachtet. Beim Schießen auf eine Torwand mit zwei Öffnungen erhält man mit Sicherheit kein Interferenzmuster hinter der Torwand.

Ein Grund dafür ist:
Die DE-BROGLIE-Wellenlängen von makroskopischen Objekten sind außerordentlich klein. Der Abstand zwischen den Spalten kann aber nicht kleiner gewählt werden, als der Atomabstand in Kristallen (↗ S. 366). Derart kleine Wellenlängen führen dazu, dass die Abstände zwischen den Maxima so klein werden, dass sie nicht beobachtbar sind.

Ein anderer Grund ist, dass die Wechselwirkung mit der Umgebung ein **Interferenzmuster** verhindert (↗ S. 378).
Je größer ein Objekt ist, desto schlechter kann es von seiner Umgebung isoliert

*a) Wie groß sind die DE-BROGLIE-Wellenlängen eines Balls (Masse 1 kg) und eines Staubkorns der Masse 1 µg, beide mit der Geschwindigkeit 10 m/s?*
*b) Welcher Abstand zweier Maxima im Doppelspaltmuster ergibt sich jeweils theoretisch, wenn der Spaltabstand 1 nm und der Abstand Spalt-Schirm 10 m betragen?*

*Analyse:*
Die DE-BROGLIE-Wellenlänge kann mit der betreffenden Beziehung (↗ S. 372) berechnet werden, da Masse und Geschwindigkeit bekannt sind. Für den Abstand $x$ zweier Interferenzmaxima gilt beim Doppelspalt wie in der Optik (↗ S. 338):

$$x = e \cdot \frac{\lambda}{b} \quad (1)$$

Dabei ist $e$ der Abstand Spalt-Schirm, $\lambda$ die Wellenlänge und $b$ der Spaltabstand.

Der Abstand zweier Interferenzmaxima ist in der Optik (↗ S. 338) $s_k$. In der Quantenphysik wird der Abstand (Ort) mit $x$ bezeichnet, so wie das auch in der Mechanik (↗ S. 58) üblich ist.

Gesucht: $\lambda, x$
Gegeben: $m_1 = 1\ \text{kg}$ $\quad m_2 = 1\ \mu\text{g}$
$v_1 = v_2 = 10\ \text{m} \cdot \text{s}^{-1}$
$b = 1\ \text{nm}$
$e = 10{,}0\ \text{m}$

*Lösung:*
a) Für die DE-BROGLIE-Wellenlänge gilt:

$$\lambda = \frac{h}{m \cdot v}$$

Damit erhält man:

$$\lambda_1 = \frac{6{,}626 \cdot 10^{-34}\ \text{J} \cdot \text{s}}{1\ \text{kg} \cdot 10\ \text{m} \cdot \text{s}^{-1}} \approx \underline{10^{-34}\ \text{m}} \qquad \lambda_2 = \frac{6{,}626 \cdot 10^{-34}\ \text{J} \cdot \text{s}}{1\ \mu\text{g} \cdot 10\ \text{m} \cdot \text{s}^{-1}} \approx \underline{10^{-28}\ \text{m}}$$

Bei diesen Größenordnungen sind grobe Rundungen sinnvoll.

b) Für den Abstand zweier Maxima gilt die oben genannte Gleichung (1). Damit erhält man mit der grob abgeschätzten Wellenlänge:

$$x_1 = 10\ \text{m} \cdot \frac{10^{-34}\ \text{m}}{10^{-9}\ \text{m}} \approx \underline{10^{-24}\ \text{m}} \qquad x_2 = 10\ \text{m} \cdot \frac{10^{-28}\ \text{m}}{10^{-9}\ \text{m}} \approx \underline{10^{-18}\ \text{m}}$$

*Ergebnis:-*
Die DE-BROGLIE-Wellenlängen würden für den Ball etwa $10^{-34}$ m und für das Staubkorn etwa $10^{-28}$ m betragen. Bei Interferenz am Doppelspalt unter den gegebenen Bedingungen würde der Abstand der Interferenzmaxima $10^{-24}$ m bzw. $10^{-18}$ m betragen. Solch feine Strukturen können mit keiner Messapparatur aufgelöst werden.

Der Grund für die kleinen Wellenlängen ist, dass das **plancksche Wirkungsquantum** so klein ist. Nur für Objekte, deren Masse deutlich kleiner als $10^{-20}$ kg ist, existieren Spaltsysteme, die ein auflösbares Interferenzmuster erzeugen.

### Unbestimmtheit bei makroskopischen Objekten

Makroskopische Objekte bewegen sich auf Bahnen. Für sie ist offensichtlich zu jedem Zeitpunkt Ort und Impuls gleichzeitig bestimmt. Dies steht nicht im Widerspruch zur Unbestimmtheitsrelation.

Den Ort eines Balls ($m$ = 1 kg) kann man im besten Fall auf eine Genauigkeit von einem Atomdurchmesser bestimmen. Wenn man also für $\Delta x = 10^{-10}$ m annimmt, kann man die Unbestimmtheit in der Geschwindigkeit berechnen:

$$\Delta v \geq \frac{h}{4\pi \cdot m \cdot \Delta x}$$

$$\Delta v \geq \frac{6{,}626 \cdot 10^{-34}\ \mathrm{J \cdot s}}{4\pi \cdot 1\ \mathrm{kg} \cdot 10^{-10}\ \mathrm{m}} = 5{,}3 \cdot 10^{-25}\ \frac{\mathrm{m}}{\mathrm{s}}$$

Für die Einheiten gilt:

$$\frac{\mathrm{J \cdot s}}{\mathrm{kg \cdot m}} = \frac{\mathrm{kg \cdot m^2 \cdot s}}{\mathrm{s^2 \cdot kg \cdot m}} = \frac{\mathrm{m}}{\mathrm{s}}$$

Eine derartig kleine Unbestimmtheit in der Geschwindigkeit ist mit keinem Messgerät nachzuweisen. Nur für Objekte, deren Masse deutlich kleiner als $10^{-20}$ kg ist, wird die Unbestimmtheit nachweisbar. Wie bei der Interferenz von makroskopischen Objekten ist es das plancksche Wirkungsquantum $h$, das dafür sorgt, dass Quanteneffekte unbeobachtbar klein werden.

Ausnahmen sind z. B. supraleitende Ringe, BOSE-EINSTEIN-kondensierte Gase oder Mikromagnete.

**Für makroskopische Objekte sind in der Regel keine Quanteneffekte beobachtbar.**

### Schrödingers Katze

*„Eine Katze wird eine Stunde lang in eine Stahlkammer gesperrt, zusammen mit folgender Höllenmaschine... : In einem Zählrohr befindet sich eine winzige Menge radioaktive Substanz, so wenig, dass im Lauf einer Stunde vielleicht einer der Atomkerne zerfällt, ebenso wahrscheinlich aber auch keiner. Geschieht es, so spricht das Zählrohr an und betätigt über ein Relais ein Hämmerchen, das ein Kölbchen mit Blausäure zertrümmert. Hat man dieses System eine Stunde lang sich selbst überlassen, so wird man sagen, dass die Katze noch lebt, wenn inzwischen kein Atom zerfallen ist. Der erste Atomzerfall würde sie vergiftet haben."*

ERWIN SCHRÖDINGER (1887–1961) hat sich dieses Gedankenexperiment ausgedacht, um anschaulich einen seinem Wesen nach unanschaulichen Sachverhalt zu verdeutlichen.

Das Paradoxe an der Situation ist der Widerspruch zwischen quantenphysikalischer Vorhersage und der Alltagserfahrung: Wenn man beim Doppelspaltversuch keine Messung macht, geht das Quantenobjekt weder links noch rechts durch. Analog gilt für die radioaktive Substanz: Solange man keine Messung macht, befinden sich die Atomkerne in einem Zustand „Weder zerfallen, noch nicht zerfallen". Diese Unbestimmtheit bei den Atomkernen wird über die „Höllenmaschine" mit dem Zustand der Katze gekoppelt. Nach der Quantenphysik müsste sich die Katze in einem unbestimmten Zustand „weder tot noch lebendig" befinden. Einen solchen Zustand will man aber für ein makroskopisches Objekt, noch dazu für ein Tier, nicht akzeptieren.

Aufgelöst werden kann das Paradoxon, wenn man die Wechselwirkung der Katze mit der Umgebung einbezieht: Die Katze hat Wechselwirkung mit ihrer Umgebung. Sie gibt z. B. Wärmestrahlung ab.

Wie man mit Rechnungen zeigen kann, wirken diese Wechselwirkungen im Endeffekt wie Messungen, indem sie die Interferenz unterdrücken.

# ATOM- UND KERNPHYSIK 7

# 7.1 Physik der Atomhülle

## 7.1.1 Grundexperimente der Atomphysik

### Anzahl, Größe und Masse von Atomen

Vorstellungen über den **Aufbau der Stoffe** aus kleinsten Teilchen gab es bereits in der Antike. Ein Vertreter dieser Auffassung war der griechische Philosoph DEMOKRIT (5 Jh. v. Chr.). Fundierte Vorstellungen über Atome (abgeleitet vom griechischen atomos = das Unteilbare) entwickelten sich erst ab Beginn des 20. Jahrhunderts. Für die Entstehung der Atomphysik spielten einige Grundexperimente und Beobachtungen eine herausragende Rolle.

Anknüpfend an antike Vorstellungen entwickelte der englische Naturforscher JOHN DALTON (1766–1844) eine Atomhypothese (↗ S. 167) zur Erklärung der Gesetze für chemische Reaktionen. Eine Präzisierung dieser Vorstellungen aus physikalischer Sicht erfolgte in der zweiten Hälfte des 19. Jahrhunderts in der kinetischen Theorie der Wärme (↗ S. 167 f.). Dabei ging es zunächst um die grundlegende Frage, ob es Atome wirklich gibt oder ob sie nur eine hilfreiche Modellvorstellung sind. Diese Frage wurde erst zu Beginn des 20. Jahrhunderts geklärt.
Die Anzahl von Atomen in einer bestimmten Stoffmenge bzw. Masse ergibt sich aus Überlegungen zur Teilchenanzahl (↗ S. 52).

> Die Anzahl von Atomen je Mol beträgt $6{,}022 \cdot 10^{23}$. In einem Gramm eines Stoffes sind ca. $10^{22}$ Atome enthalten.

Die Masse von Atomen kann mithilfe eines Massenspektrografen (↗ S. 240) experimentell ermittelt werden.

> Die Masse von Atomen liegt zwischen $10^{-27}$ kg und $10^{-24}$ kg.

Ein Wasserstoffatom hat eine Masse von etwa einer atomaren Masseeinheit (1 *u*, ↗ S. 53):

$1\,u = 1{,}66 \cdot 10^{-24}$ g

Der Radius von Atomen kann in unterschiedlicher Weise abgeschätzt werden.

Ein NaCl-Kristall (Kochsalz) besteht aus gleich vielen Natrium- und Chlorid-Ionen (s. Skizze).
*Wie groß ist der Durchmesser eines Natrium- bzw. Chloratoms in einem Kochsalzkristall?*

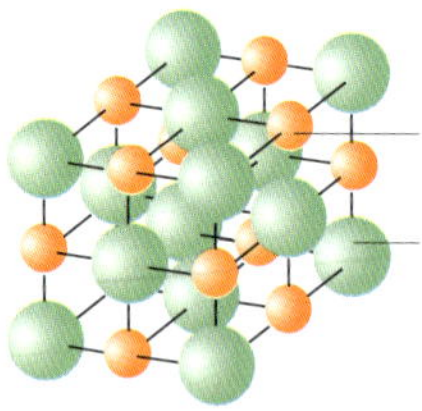


Man geht davon aus, dass die **Atome** dicht gepackt sind.

*Analyse:*
Als Modell für die Kristallstruktur verwenden wir den dargestellten Würfel, der aus vielen Elementarwürfeln (4 Na- und 4 Cl-Atome) besteht. Kann man die Kantenlänge *d* eines solchen Elementarwürfels berechnen, so erhält man eine Abschätzung für den Durchmesser eines Atoms. Ein Mol NaCl besteht aus $N_A = 6{,}022 \cdot 10^{23}$ NaCl-Teilchen und damit aus $2N_A$ Natrium- und Chloratomen.
Ein Elementarwürfel der Kantenlänge *d* besitzt das Volumen $d^3$. Für das Volumen eines Mols NaCl kann man deshalb schreiben

$$V = 2N_A \cdot d^3$$

Ein Mol NaCl besitzt die molare Masse *M* und damit unter Nutzung der Definition der Dichte $\rho = \frac{M}{V}$ das Volumen $V = \frac{M}{\rho}$. Aus den beiden Gleichungen für das Volumen lässt sich *d* abschätzen.

Gesucht: $d$ (Atomdurchmesser)
Gegeben: $M = 58{,}45\ \text{g} \cdot \text{mol}^{-1}$
$\rho = 2{,}16\ \text{g} \cdot \text{cm}^{-3}$
$N_A = 6{,}02 \cdot 10^{23}\ \text{mol}^{-1}$

*Lösung:*

$$2\,N_A \cdot d^3 = \frac{M}{\rho}$$

$$d = \sqrt[3]{\frac{M}{\rho \cdot 2 N_A}}$$

$$d = \sqrt[3]{\frac{58{,}45\ \text{g} \cdot \text{cm}^3 \cdot \text{mol}}{\text{mol} \cdot 2{,}16\ \text{g} \cdot 2 \cdot 6{,}022 \cdot 10^{23}}}$$

$$\underline{d = 2{,}82 \cdot 10^{-8}\ \text{cm} = 2{,}82 \cdot 10^{-10}\ \text{m}}$$

*Ergebnis:*
Der Durchmesser von Na- und Cl-Atomen liegt in einer Größenordnung von $10^{-10}$ m.

Dieses Ergebnis lässt sich, wie Untersuchungen an anderen Stoffen zeigen, verallgemeinern.

Der Radius von Atomen liegt in der Größenordnung von $10^{-10}$ m.

In **Gasen** kann man den Atomradius z. B. aus der **mittleren freien Weglänge** der Teilchen ermitteln. In **Flüssigkeiten** lässt sich der Atomradius aus der **brownschen Bewegung** ableiten oder mithilfe des **Ölfleckversuches** bestimmen.

**Streuversuche**

Ende des 19. Jahrhunderts konstruierte der deutsche Physiker PHILIPP LENARD (1862–1947) eine spezielle Vakuumröhre, mit deren Hilfe er den Durchgang von schnell bewegten Elektronen durch dünne Metallfolien nachweisen konnte.

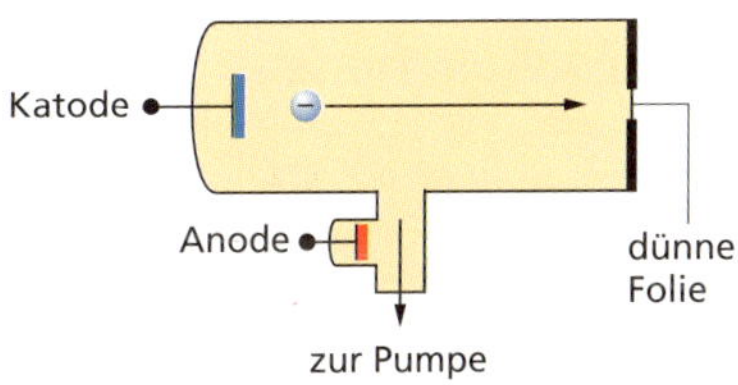


In der lenardschen Röhre wird die Luft durch Auspumpen entfernt. Durch die Spannung zwischen Anode und Katode werden die aus der Katode austretenden Elektronen stark beschleunigt. Sie bewegen sich infolge ihrer Trägheit näherungsweise geradlinig in Richtung Folie. Dabei zeigt sich: Die nur etwa 1 µm dicke Aluminiumfolie wird von den schnellen Elektronen durchdrungen. Daraus folgerte LENARD, dass man sich Atome nicht als massive Kugeln vorstellen darf.

Der britische Physiker ERNEST RUTHERFORD (1871–1937) griff den Gedanken des lenardschen Experiments auf. Er nutzte bei seinem Vorhaben aber nicht schnelle Elektronen, sondern arbeitete mit $\alpha$-Teilchen (↗ S. 388). Ein $\alpha$-Teilchen ist rund 7000-mal schwerer als ein Elektron und zweifach positiv geladen. Obwohl RUTHERFORDS „Geschosse" viel größer als die von LENARD waren, durchdrangen auch sie die dünnen Folien weitgehend ungehindert. Nur wenige von ihnen wurden aus ihrer Flugbahn abgelenkt oder reflektiert (s. Skizze ↗ S. 388 oben).

**PHILIPP LENARD** (1862–1947) erhielt 1905 für seine Arbeiten über Katodenstrahlen (schnell bewegte Elektronen) den Nobelpreis für Physik. Er war einerseits ein hervorragender Physiker, andererseits aus antisemitischen Gründen ein scharfer Gegner von A. EINSTEIN.

| Versuchsaufbau von RUTHERFORD | Deutung der Ergebnisse |
|---|---|
| 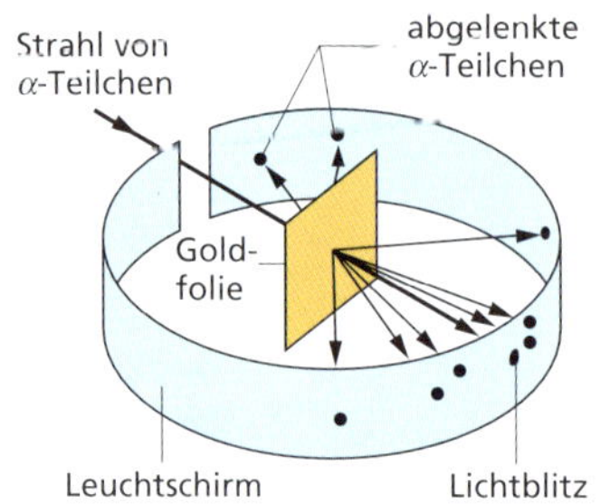 | 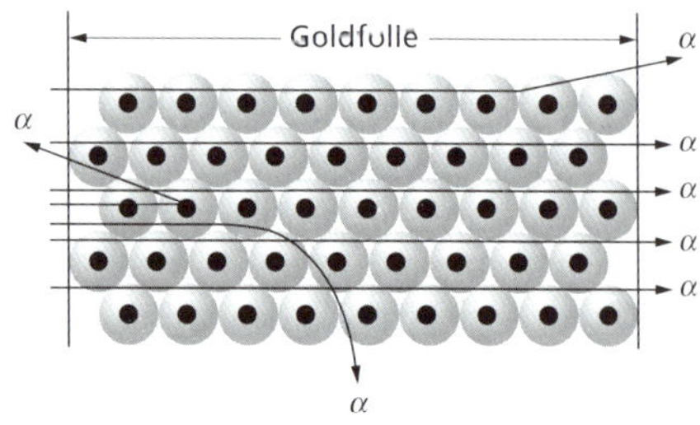 |

Aus RUTHERFORDS Versuchen ergaben sich einige Schlussfolgerungen für den Bau der Atome:

- Die weitaus meisten $\alpha$-Teilchen passierten die Atome ungehindert. Das massereiche und geladene Objekt im Atom ist daher sehr klein, sein Radius, der **Kernradius,** etwa 100 000-mal geringer als der **Atomradius.**
- Da die relativ massereichen $\alpha$-Teilchen in einigen Fällen reflektiert werden, muss ein undurchdringbares Objekt im Atom vorhanden sein. Aus den Stoßgesetzen folgt, dass dieses Objekt viel Masse in sich vereint.
- RUTHERFORD entwickelte eine Gleichung, um die Streuung der $\alpha$-Teilchen zu berechnen. Aus ihr geht hervor, dass das streuende Objekt im Atom positiv geladen ist.

ERNEST RUTHERFORD (1871–1937) erhielt 1908 den Nobelpreis für Chemie für seine Untersuchungen über den Zerfall der Elemente und die Chemie der radioaktiven Stoffe.

> Im Atom existiert ein sehr kleines Objekt, das positiv geladen ist und praktisch die gesamte Atommasse in sich vereint. Man bezeichnet es als **Atomkern.**

### Spektroskopische Versuche

Nach der Erfindung der Spektralanalyse durch G. R. KIRCHHOFF (1824–1887) und R. W. BUNSEN (1811–1899) um 1860 (↗ S. 353) bemerkte man bei spektralanalytischen Untersuchungen, dass es möglich ist, verschiedene Spektrallinien eines Elements so anzuordnen, dass man so genannte **Serienformeln** angeben kann. Eine Serienformel ermöglicht die näherungsweise Berechnung der Frequenzen von Spektrallinien. Für das Wasserstoffatom lautet die Gleichung:

$$f = R_y\left(\frac{1}{n^2} - \frac{1}{m^2}\right)$$

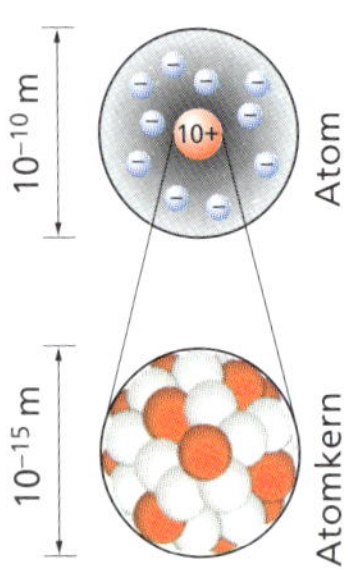



$R_y$ ist eine konstante Größe mit dem Wert $R_y = 3{,}290 \cdot 10^{15}$ Hz. Man nennt sie **RYDBERG-Frequenz**. Bei $n$ und $m$ handelt es sich um natürliche Zahlen ($n$, $m$ = 1,2,3... mit $m > n$).

Hält man beispielsweise $n = 2$ fest und variiert $m$, so ergibt sich die nach dem schweizer Physiker JOHANN BALMER (1825–1898) benannte Formel für die Frequenzen der im sichtbaren Spektralbereich liegenden Wasserstofflinien. Diese Formel gab BALMER bereits 1885 bekannt.

Die BALMER-Serienformel für das Wasserstoffatom lautet demzufolge:

$$f = R_y \left(\frac{1}{4} - \frac{1}{m^2}\right) \qquad \text{mit } m = 3, 4, 5, \ldots$$

Neben der BALMER-Serie gibt es die LYMAN-Serie ($n = 1$), die PASCHEN-Serie ($n = 3$), die BRACKETT-Serie ($n = 4$) und die PFUND-Serie ($n = 5$).

Alle Serien des Wasserstoffspektrums sind nach den Physikern benannt, die die betreffenden Serien erforschten.

## 7.1.2 Atommodelle

Atomphysikalische Forschungen haben ab etwa dem Jahre 1900 zur Formulierung verschiedener **Atommodelle** geführt hat. Nachfolgend werden einige dieser Atommodelle dargestellt. Für ihr Verständnis ist unbedingt das Wesen jedes **physikalischen Modells** zu beachten: Es stimmt nur in einigen Eigenschaften mit dem Original überein, in anderen nicht (↗ S. 21) Manche Atommodelle ermöglichen erstaunlicherweise sogar exakte Berechnungen und Vorhersagen, obwohl sie in einigen Aspekten mit Sicherheit nicht der Realität entsprechen.

Die **Entwicklung der Vorstellungen vom Atom** war ein überaus komplizierter und widersprüchlicher Prozess, an dem viele Physiker mitwirkten.

### Das rutherfordsche Atommodell

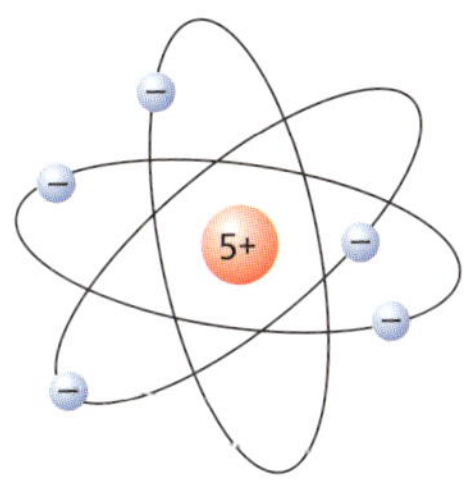


Das von dem britischen Physiker ERNEST RUTHERFORD (1871–1937) im Jahr 1911 entwickelte Atommodell wird auch als **Planetenmodell** bezeichnet. Um einen positiv geladenen Kern kreisen Elektronen auf elliptischen Bahnen. Die positiven Ladungen des Kerns und die negativen Ladungen der Elektronen kompensieren sich. Das Atom ist nach außen neutral. Fast die gesamte Masse ist im Atomkern konzentriert. Die Gesamtheit der Elektronen bildet die Atomhülle. Mit dieser Annahme von Elektronenbahnen ist aber ein Problem verbunden: Elektronen auf kreisförmigen oder elliptischen Bahnen unterliegen der **Radialbeschleunigung**. Beschleunigte Ladungen senden elektromagnetische Strahlung aus (↗ S. 297). Die Elektronen müssten daher Energie verlieren und in den Atomkern stürzen. In der Natur geschieht dies nicht – die meisten Atome sind stabil.

Die **Vorteile** des rutherfordschen Atommodells sind:
- Es ermöglicht die Erklärung der Resultate der Streuversuche (↗ S. 388).
- Es beschreibt richtig die Masse- und Ladungsverteilung im Atom.

**Nachteile** des Modells sind:
- Mit ihm kann die Entstehung der Spektrallinien nicht gedeutet werden.
- Es kann die Stabilität der Atome nicht erklären.

### Das bohrsche Atommodell

Der dänische Physiker NIELS BOHR (1885–1962) erkannte die Schwächen des rutherfordschen Modells und stellte im Jahre 1913 ein weiterentwickeltes Atommodell vor, bei dem er das Kern-Hülle-Modell mit Quantenvorstellungen verband. Die von ihm formulierten Annahmen werden als **bohrsche Postulate** bezeichnet.

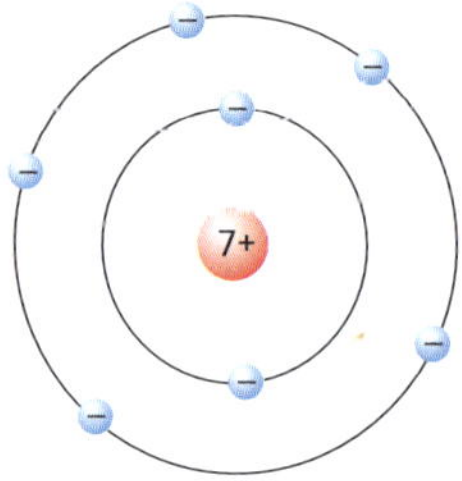


BOHR ging davon aus, dass sich die Elektronen auf bestimmten kreisförmigen Bahnen um den positiv geladenen Kern bewegen. Auf diesen Bahnen können sich Elektronen aufhalten, ohne Strahlung abzugeben. Die Stabilität der Atome wird nach BOHR durch eine (willkürliche) Forderung garantiert:

1. Es existieren stabile Bahnen, auf denen die Elektronen kreisen, ohne Photonen abzugeben.

Der dänische Physiker NIELS BOHR (1885–1962) war einer der bedeutendsten Atomphysiker des 20. Jahrhunderts und leistete auch wichtige Beiträge zur Entwicklung der **Quantenphysik.** Er wirkte in Kopenhagen und in den USA. 1922 erhielt er für seine Verdienste um die Erforschung der Atome und der von ihnen ausgehenden Strahlung den Nobelpreis für Physik.

Die Frage, welche Bahnen überhaupt möglich sind und welche nicht, beantwortet BOHR durch Einbeziehung des planckschen Wirkungsquantums (↗ S. 358) in seine Überlegungen und formuliert als weiteres Postulat:

2. Der Bahndrehimpuls $L$ eines Elektrons ist ein ganzzahliges Vielfache von $\frac{h}{2\pi}$. Es gilt:

$$L = m \cdot v \cdot r = n \cdot \frac{h}{2\pi}$$

| | |
|---|---|
| $m$ | Masse des Elektrons |
| $v$ | Geschwindigkeit des Elektrons |
| $r$ | Bahnradius |
| $h$ | plancksches Wirkungsquantum |
| $n$ | Nummer der Bahn ($n$ = 1, 2, 3, ...) |

Mit den ganzen Zahlen $n$ werden die im Atom erlaubten Bahnen gekennzeichnet. $n$ bezeichnet man als **Hauptquantenzahl.**
Die beiden genannten Postulate regeln die innere Struktur der Atomhülle. Auf welche Weise das Atom Photonen abgeben oder aufnehmen kann, ist in zwei weiteren Postulaten festgeschrieben.

3. Die Emission oder Absorption von Photonen erfolgt genau dann, wenn ein Elektron von einer erlaubten Bahn auf eine andere erlaubte Bahn wechselt.

Nach dem bohrschen Modell springt bei der **Emission eines Photons** ein Elektron von einer Bahn mit höherer Energie (kernfernere Bahn) in eine solche mit geringerer Energie (kernnähere Bahn). Bei der **Absorption eines Photons** erfolgt die Bewegung des Elektrons in umgekehrter Richtung (s. Skizzen ↗ S. 391 oben).

Der energetische Aspekt eines Elektronenübergangs von einer Bahn zu einer anderen wird in einem letzten Postulat geregelt.

4. Jeder erlaubten Elektronenbahn entspricht eine bestimmte Energie $E$ der Elektronen. Wechselt ein Elektron die Bahn, so ist die Energie des emittierten bzw. absorbierten Photons gleich der Energiedifferenz dieser Bahnen. Es gilt:

$$\Delta E = h \cdot f$$

| | |
|---|---|
| $h$ | plancksches Wirkungsquantum |
| $f$ | Frequenz der Strahlung |

**Emission eines Photons**

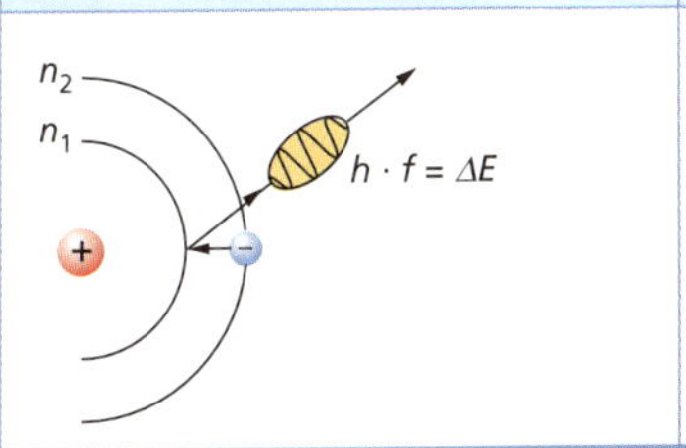


**Absorption eines Photons**

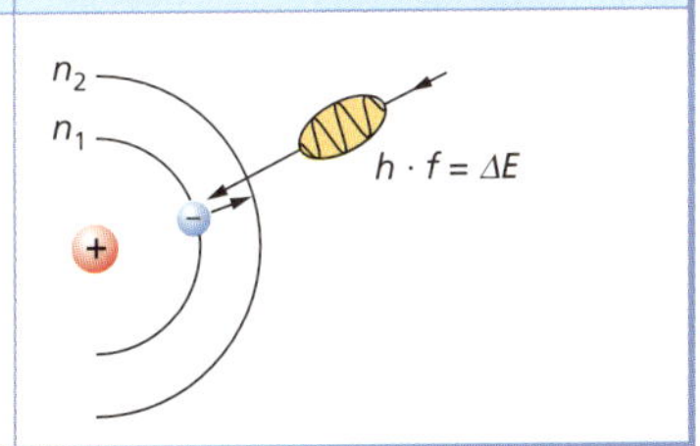


Die quantenhafte Emission bzw. Absorption entspricht den Quantenvorstellungen, die sich in dieser Zeit entwickelt haben (↗ S. 355 ff.).

Die von N. BOHR formulierten Postulate erscheinen recht willkürlich. Ihre Berechtigung erhalten sie dadurch, dass sie für das Wasserstoffatom die Frequenzen der Spektrallinien richtig vorhersagen.
Die Hauptkritik am bohrschen Atommodell betrifft die Annahme von **Elektronenbahnen** um den Atomkern (↗ S. 390). Wie bereits beim Doppelspaltexperiment mit Elektronen dargestellt ist (↗ S. 370), bewegen sich diese **Quantenobjekte** sicher nicht auf irgendwelchen Bahnen, also auch nicht auf exakt definierten Kreisbahnen.
Mithilfe des bohrschen Atommodells kann man aber beispielsweise den Radius eines Wasserstoffatoms oder die Frequenzen im Linienspektrum des Wasserstoffatoms berechnen.

*Wie groß ist der Radius eines Wasserstoffatoms?*
Wir gehen davon aus, dass sich das eine Elektron im Grundzustand ($n = 1$) befindet. Die Radialkraft, die das Elektron auf seiner Kreisbahn hält, ist dann gleich der coulombschen Kraft zwischen Atomkern und Elektron:

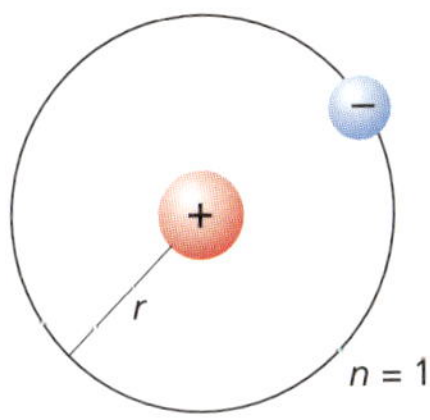


$$m \cdot \frac{v^2}{r} = \frac{1}{4\pi \cdot \varepsilon_0} \cdot \frac{e^2}{r^2} \qquad (1)$$

Nach dem 2. bohrschen Postulat (↗ S. 390) gilt für $v$:

$$v = \frac{h}{2\pi \cdot m \cdot r} \qquad (2)$$

Setzt man (2) in (1) ein und formt die Gleichung nach dem Radius $r$ um, so erhält man:

$$r = \frac{h^2 \cdot \varepsilon_0}{\pi \cdot m \cdot e^2}$$

Setzt man die betreffenden Naturkonstanten ein, so ergibt sich ein Wert von $r = 0{,}53 \cdot 10^{-10}$ m. Dieser Radius wird als **bohrscher Radius** bezeichnet.

Der Zahlenwert des bohrschen Radius stimmt in befriedigender Weise mit anderen Atomradiusbestimmungen überein. Der genaue Wert des **bohrschen Radius** beträgt:
$r_B = 0{,}529177 \cdot 10^{-10}$ m

Nach BOHR ist die Frequenz eines Photons und damit auch die einer bestimmten Spektrallinie durch die Differenz zweier Bahnenergien bestimmt. Diese Energie setzt sich aus seiner potenziellen Energie im elektrischen Feld des Atomkerns und der kinetischen Energie zusammen.

Aus diesen Überlegungen erhielt BOHR für die Energiedifferenz zwischen zwei Bahnen $n$ und $m$:

$$\Delta E = \frac{e^4 \cdot m}{8\varepsilon_0^2 \cdot h^3} \left(\frac{1}{n^2} - \frac{1}{m^2}\right)$$

Mit $\Delta E = h \cdot f$ erhält man für die Frequenz $f$ des Photons:

$$f = \frac{e^4 \cdot m}{8\varepsilon_0^2 \cdot h^3} \left(\frac{1}{n^2} - \frac{1}{m^2}\right) = R_y\left(\frac{1}{n^2} - \frac{1}{m^2}\right)$$

Der Faktor $\frac{e^4 \cdot m}{8\varepsilon_0^2 \cdot h^3}$ ist die RYDBERG-Frequenz $R_y$, die einen Wert von $3{,}289\,842 \cdot 10^{15}$ Hz hat.

Diese Gleichung entspricht der ↗ S. 388 genannten, experimentell ermittelten Serienformel für das Wasserstoffatom.

**Darstellung der Energien in einem Energieniveauschema**

Auch wenn viele Aspekte des bohrschen Atommodells mit den Erkenntnissen der Quantenphysik unvereinbar sind, beinhaltet es doch Eigenschaften, die der Realität entsprechen. Insbesondere die bei BOHR als „Bahnenergien" bezeichneten und durch die Hauptquantenzahlen charakterisierbaren Energiestufen existieren in der Atomhülle tatsächlich. Da der Bahnbegriff für Quantenobjekte nicht anwendbar ist, werden sie in der modernen Physik als **diskrete Energieniveaus** bezeichnet. Diese Energieniveaus lassen sich in ein **Energieniveauschema** eintragen, so wie es nachfolgend für Wasserstoff dargestellt ist.

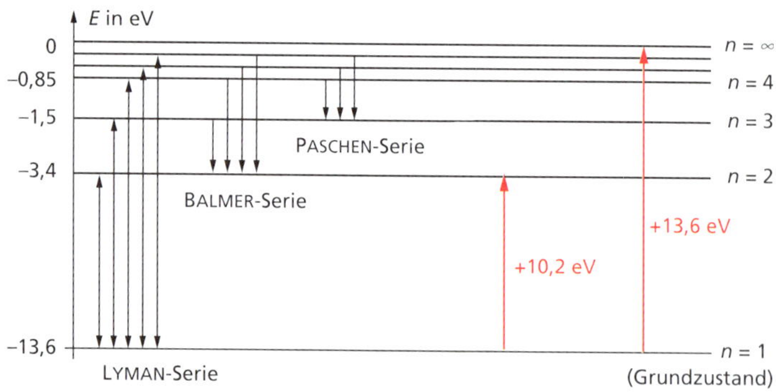


Aus einem solchen Energieniveauschema lässt sich ablesen:
- Die Energie eines Photons, das emittiert oder absorbiert wird, ist gleich der Differenz der Energieniveaus.

Für die Umrechnung der Energieeinheiten gilt:
$1\ \text{eV} = 1{,}602 \cdot 10^{-19}\ \text{J}$
$1\ \text{J} = 1\ \text{Ws}$

Wird ein Photon absorbiert und dadurch ein Elektron aus dem Grundzustand ($n$ = 1) auf das Niveau $n$ = 2 gehoben, so entspricht das einem Energiezuwachs von +10,2 eV.

- Ein Atom wird ionisiert, wenn es ein Hüllenelektron an die Umgebung verliert. Die notwendige **Ionisierungsenergie** lässt sich ablesen.

Die Ionisierung entspricht dem Übergang nach $n = \infty$ mit $r \to \infty$.

Für ein Wasserstoffatom im Grundzustand ($n$ = 1) beträgt die Ionisierungsenergie +13,6 eV.

*Liegen außer einigen Linien der BALMER-Serie noch weitere Spektrallinien des Wasserstoffs im Bereich des sichtbaren Lichtes?*

*Analyse:*
Das sichtbare Licht liegt zwischen den Wellenlängen 780 nm (rot) und 390 nm (violett). Die niederfrequenteste Spektrallinie der LYMAN-Serie stammt aus dem Übergang vom 2. in das 1. Niveau (↗ S. 392). Damit gilt für die Frequenz $f$:

$$f_L = R_y \left(\frac{1}{1} - \frac{1}{4}\right) = \frac{3}{4} R_y$$

Mit $\lambda = \frac{c}{f}$ erhält man für die größte Wellenlänge innerhalb der LYMAN-Serie:

$$\lambda_L = \frac{4c}{3R_y}$$

Entsprechend erhält man für die größte Frequenz und damit die kleinste Wellenlänge der PASCHEN-Serie:

$$f_P = R_y \left(\frac{1}{9} - \frac{1}{\infty}\right) \qquad \lambda_P = \frac{9c}{R_y}$$

(G

Gesucht: $\lambda_L$, $\lambda_P$
Gegeben: $c = 300\,000\ \text{km} \cdot \text{s}^{-1}$
$R_y = 3{,}290 \cdot 10^{15}\ \text{Hz}$

*Lösung:*
Für die Spektrallinie der LYMAN-Serie erhält man:

$$\lambda_L = \frac{4 \cdot 300\,000\ \text{km} \cdot \text{s}}{3{,}290 \cdot 10^{15}\text{s}} = 122\ \text{nm}$$

Analog erhält man für die Spektrallinie der PASCHEN-Serie:

$$\lambda_P = \frac{9 \cdot 300\,000\ \text{km} \cdot \text{s}}{3{,}290 \cdot 10^{15}\text{s}} = 821\ \text{nm}$$

*Ergebnis:*
Die größte Wellenlänge der LYMAN-Serie liegt im ultravioletten Bereich, die kleinste Wellenlänge der PASCHEN-Serie im infraroten Bereich. Nur einige Linien der BALMER-Serie befinden sich im sichtbaren Bereich des elektromagnetischen Spektrums.

Die im sichtbaren Bereich liegenden Spektrallinien des Wasserstoffs (BALMER-Serie) werden als $H_\alpha$, $H_\beta$, $H_\gamma$ und $H_\delta$ bezeichnet und haben in dieser Reihenfolge die Wellenlängen:

656,28 nm ($H_\alpha$)
486,13 nm ($H_\beta$)
434,05 nm ($H_\gamma$)
410,17 nm ($H_\delta$)

Für die Einheiten gilt:

$1\ \text{Hz} = 1\ \text{s}^{-1}$
$1\ \text{km} = 10^{12}\ \text{nm}$

Die **Vorteile** des bohrschen Atommodells sind:
- Es ermöglicht die Abschätzung des Atomradius.
- Es erlaubt die Berechnung der Spektrallinien des Wasserstoffatoms.
- Es führt erste Erkenntnisse der Quantenphysik (Emission und Absorption von Licht in Quanten) in die Atomtheorie ein.

Die **Nachteile** des bohrschen Atommodells sind:
- Es geht im Widerspruch zur Quantenphysik von der Existenz definierten Elektronenbahnen aus.
- Die bohrschen Postulate erscheinen als willkürliche Annahmen.
- BOHRS Modell erlaubt für Wasserstoff richtige Vorhersagen, versagt aber bei anderen Atomen.

## Das quantenmechanische Atommodell

Das quantenmechanische **Atommodell** ist ein mathematisches Modell. Alle bildhaften Darstellungen sind problematisch und führen nicht selten zu falschen Vorstellungen.

Das Problem, einerseits die diskreten Energieniveaus der Atome zu berechnen und andererseits auf die Vorstellung von Elektronenbahnen zu verzichten, wird durch das quantenmechanische Atommodell gelöst. Die physikalische Grundgleichung dieses Modells ist die nach dem deutschen Physiker ERWIN SCHRÖDINGER (1887–1961) benannte SCHRÖDINGER-Gleichung. Mithilfe dieser fundamentalen Gleichung der Quantenphysik kann man Wahrscheinlichkeiten berechnen, ein Elektron in einem gewissen Abstand vom Atomkern anzutreffen.

Die Normierungsbedingung ist eine Folge der statistischen Interpretation des Verhaltens von Quantenobjekten. Sie geht auf MAX BORN (1882–1970) zurück, der das Absolutquadrat der **Wellenfunktion** als Wahrscheinlichkeitsdichte für das Auffinden eines Teilchens zur Zeit $t$ am Ort $r$ deutete.

Die so berechneten Wahrscheinlichkeiten müssen einer **Normierungsbedingung** genügen. Diese besagt, dass sich ein Elektron mit der Wahrscheinlichkeit $w = 1$ irgendwo in der Atomhülle befindet. Löst man die SCHRÖDINGER-Gleichung für das Wasserstoffatom auf, so lassen sich nur solche Lösungen normieren, die der Energie von Elektronen des Wertes

$$E_n = -\frac{h \cdot R_y}{n^2}$$

entsprechen. Das sind aber genau die diskreten Energieniveaus, die z. B. auf S. 392 angegeben sind.

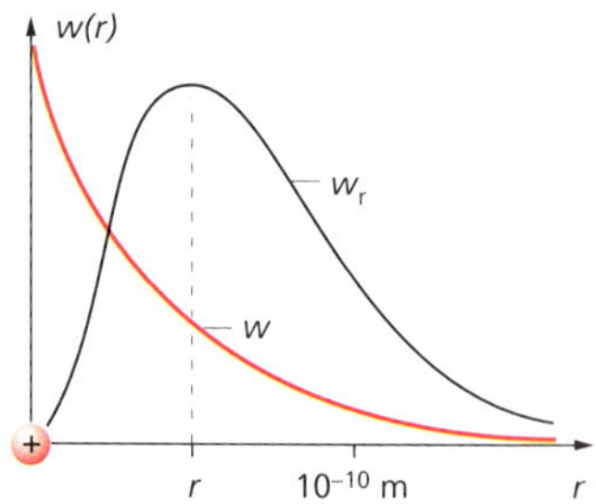


Das nebenstehende Diagramm zeigt den rot markierten Verlauf der Wahrscheinlichkeitsfunktion $w$ für das Wasserstoffelektron im Grundzustand. Dem Diagramm ist zu entnehmen: Die Wahrscheinlichkeit, ein Elektron in einem kleinen Teilvolumen im Abstand $r$ vom Atomkern anzutreffen, nimmt mit wachsender Distanz zum Kern stark ab. Will man die Wahrscheinlichkeit $w_r$ (schwarze Kurve) ermitteln, dass sich das Elektron in einer Kugelschale mit dem Abstand $r$ zum Kern aufhält, dann muss man $w$ mit dem Schalenvolumen multiplizieren. Dicht am Atomkern befindliche Kugelschalen haben ein kleines Volumen, $w$ ist jedoch sehr groß. Weiter entfernte Kugelschalen besitzen zwar ein größeres Volumen, $w$ ist aber kleiner. Diese Überlegung legt nahe: Es existiert für das Wasserstoffatom ein Maximalwert für $w_r$, der gleich dem bohrschen Radius (↗ S. 391) ist.

Man bezeichnet das quantenmechanische Atommodell daher auch als **Orbitalmodell.**

Die räumlichen Wahrscheinlichkeitsverteilungen der Elektronen in der Atomhülle werden als **Orbitale** bezeichnet. Wie genaue Rechnungen zeigen, können bis auf den Grundzustand zu einer bestimmten **Hauptquantenzahl** $n$ mehrere, voneinander verschiedene räumliche Wahrscheinlichkeitsverteilungen existieren. Diese verschiedenen Orbitale klassifiziert man durch **Nebenquantenzahlen** $l$ und $m$. Darüber hinaus kann ein Elektron unabhängig von seiner Wahrscheinlichkeitsverteilung im Raum noch selbst zwei Energiezustände annehmen, die durch die **Spinquantenzahl** $s$ charakterisiert werden.

| Quantenzahl | Bedeutung | mögliche Werte |
|---|---|---|
| Hauptquantenzahl $n$ | gibt die Nummer der Schale an und kennzeichnet das Energieniveau in der Hülle | $n = 1, 2, 3, \ldots$ |
| Bahndrehimpulsquantenzahl $l$ | kennzeichnet die verschiedenen Orbitale | $l = 0, 1, 2, \ldots, n-1$ ($s, p, d, f$) |
| Magnetquantenzahl $m$ | kennzeichnet Orbitale nach der Orientierung im Raum | $m = -l, \ldots, -1, 0, 1, \ldots, +l$ |
| Spinquantenzahl $s$ | beschreibt die Richtung der Eigenrotation des Elektrons | $s = +\frac{1}{2}, -\frac{1}{2}$ |

Orbitale können auch anschaulich dargestellt werden. Die grau markierten Bereiche geben den Raum an, in dem die Aufenthaltswahrscheinlichkeit eines Elektrons 90 % beträgt.

| 1s-Orbital | $2p_y$-Orbital | $2p_z$-Orbital |
|---|---|---|
| 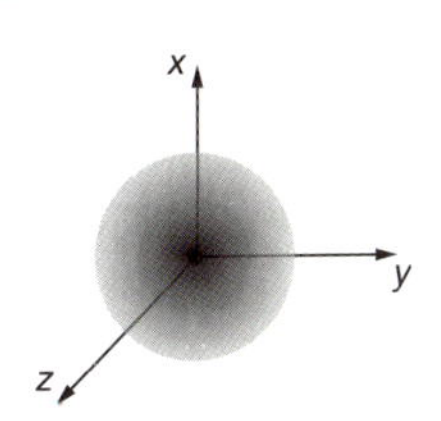  | 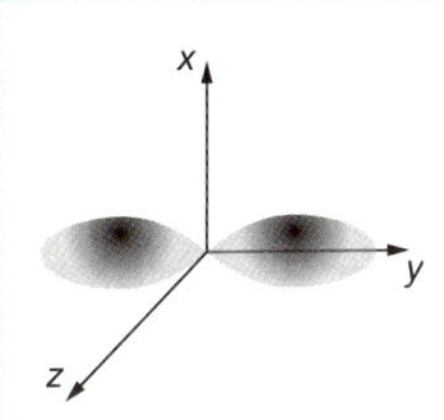  | 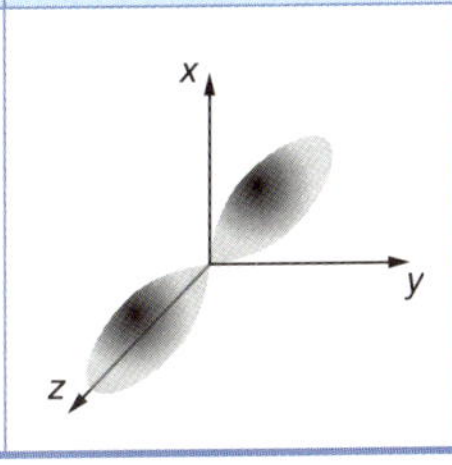  |

Die Existenz eines **Elektronenspins** bestätigt ein Versuch, der den Namen **STERN-GERLACH-Versuch** trägt.

Das 1s-Orbital beschreibt den Grundzustand des Elektrons im Wasserstoffatom.

### Das PAULI-Prinzip und das Schalenmodell

Die nachstehende Abbildung zeigt, welche Quantenzahlen sich jeweils einer Hauptquantenzahl zuordnen lassen.

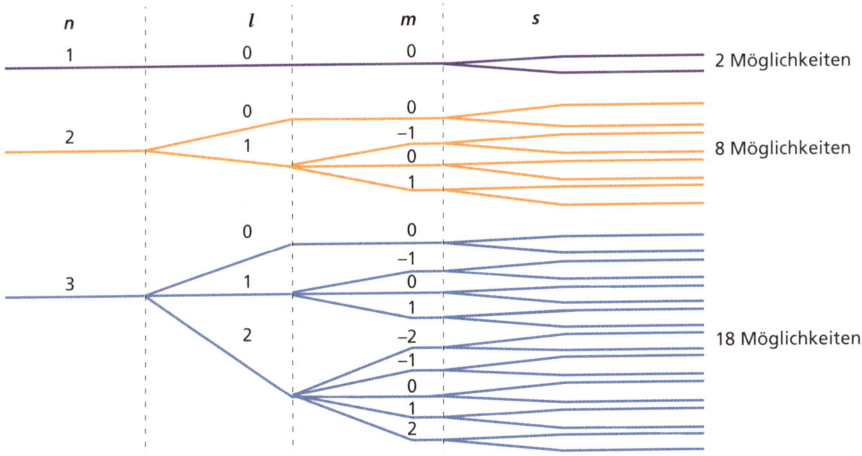

Allgemein gilt für den Zusammenhang zwischen der Hauptquantenzahl und den anderen drei Quantenzahlen:

> Einer vorgegebenen Hauptquantenzahl $n$ kann man $2n^2$ verschiedene Kombinationen der anderen Quantenzahlen zuordnen.

Die mathematischen Überlegungen zu den möglichen Kombinationen von Quantenzahlen wurden von dem österreichischen Physiker WOLFGANG PAULI (1900–1958) zu einem Grundprinzip des atomaren Aufbaus erweitert. PAULI hatte erkannt, dass in einem Atom nicht zwei Elektronen gleichzeitig in allen Quantenzahlen übereinstimmen können. Das nach ihm benannte **PAULI-Prinzip** lautet:

Für das 1924/25 formulierte Ausschließungsprinzip erhielt WOLFGANG PAULI 1945 den Nobelpreis für Physik.

> In einem Atom können niemals zwei Elektronen vier identische Quantenzahlen besitzen.

Das PAULI-Prinzip ermöglicht eine Modellvorstellung zum Bau der Atomhülle, die als **Schalenmodell** bezeichnet wird. Haben in einem Atom alle Elektronen mit einer bestimmten Hauptquantenzahl $n$ alle möglichen anderen Quantenzahlen $l$, $m$ und $s$ angenommen, dann bilden sie eine abgeschlossene Konfiguration, die als voll besetzte Schale bezeichnet wird. Damit lässt sich die Struktur des **Periodensystems der Elemente** (PSE) verstehen.

**In der 1. Periode** befinden sich Wasserstoff und Helium mit einem bzw. zwei Hüllenelektronen. Beim Helium endet bereits der **Aufbau der K-Schale,** denn nach dem PAULI-Prinzip ist es einem weiteren Elektron ausdrücklich verboten, sich in dieser Schale einzufinden (↗ S. 395).

**In der 2. Periode** beginnt mit dem Lithium das **Auffüllen der L-Schale.** Nacheinander werden die acht erlaubten Elektronen aufgenommen und bis zum Neon in die Atomhülle eingebaut.

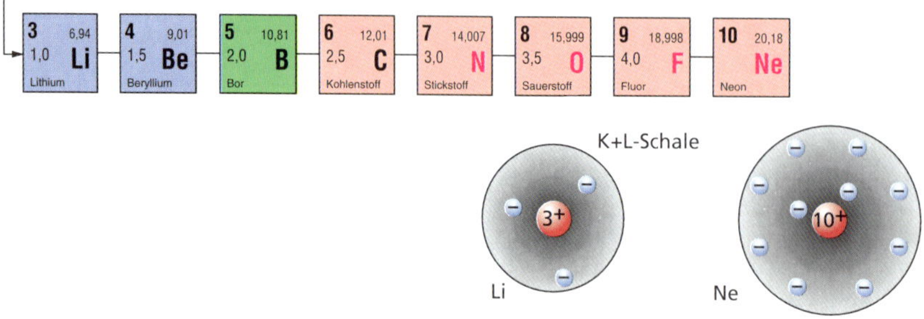

Wie Berechnungen zur Energie der Elektronen in der Atomhülle zeigen, nehmen entweder voll besetzte Schalen oder Anordnungen mit 8 Elektronen in der äußeren Schale besonders stabile Energiezustände an. Die Energieniveaus der einzelnen Elektronen lassen sich aufgrund feinerer Unterschiede in die Unterniveaus *s, p, d* und *f* aufteilen, sodass sich das folgende Energieniveauschema ergibt.

Die Schalen für $n = 1$, 2, 3, 4 und 5 werden als K-, L-, M, - N- und O-Schale bezeichnet.

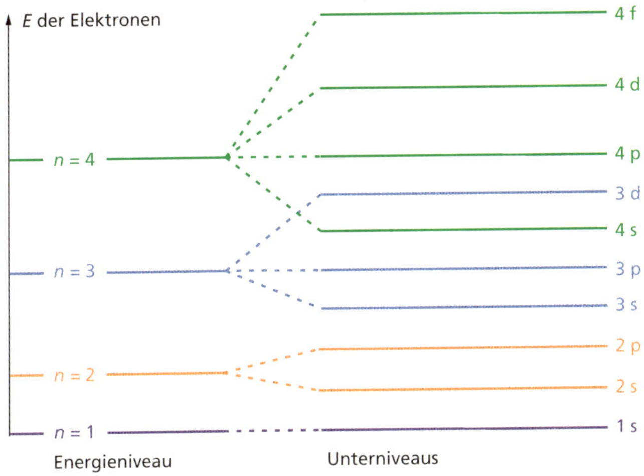


### 7.1.3 Die Energieniveaus der Atomhülle im physikalischen Experiment

Die Existenz diskreter Energieniveaus in der Atomhülle wird unmittelbar durch den **FRANCK-HERTZ-Versuch** bestätigt. Die Grundidee des Versuches besteht darin, Atome nicht durch Bestrahlung, sondern durch Stoßprozesse anzuregen. Als Stoßpartner dienen Quecksilberatome, auf welche beschleunigte Elektronen treffen. Im Experiment wird untersucht, unter welchen Bedingungen die Elektronen Quecksilberatome durch Stöße anregen.

Dieses grundlegende Experiment wurde erstmals 1913 durch die beiden deutschen Physiker JAMES FRANCK (1882–1964) und GUSTAV HERTZ (1887–1975) durchgeführt. Auszüge aus der Originalarbeit sind auf der CD unter **„FRANCK-HERTZ-Versuch im Original"** zu finden.

#### Versuchsaufbau

Kernstück des Experimentes ist eine evakuierte und mit einer geringen Menge Quecksilbergas gefüllte Röhre, die man FRANCK-HERTZ-Röhre nennt. Sie besitzt folgende Funktionsweise: Von einer Glühkatode werden Elektronen emittiert und durch eine regulierbare Spannung zwischen Katode und Gitter beschleunigt. Durch Regulieren der Beschleunigungsspannung, die an einem Voltmeter abgelesen werden kann, lässt sich die Geschwindigkeit und damit die kinetische Energie der Elektronen verändern.
Nach Passieren des Gitters durchlaufen die Elektronen ein Gegenfeld. Nur solche Elektronen, die ein gewisses Mindestmaß an Bewegungsenergie besitzen, gelangen bis zur Anode. In welchem Umfang Elektronen zur Anode gelangen, wird anhand des Stromes ermittelt, der zwischen Katode und Anode fließt.

| **Bau und Schaltung einer FRANCK-HERTZ-Röhre** | **FRANCK-HERTZ-Röhre im Original** |
|---|---|
| 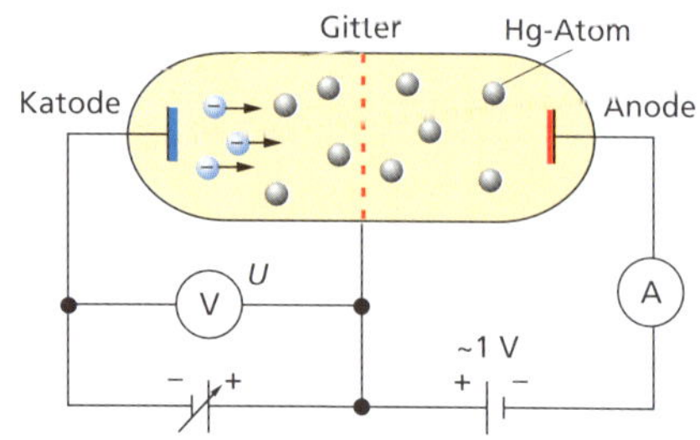 |  |



### Versuchsdurchführung

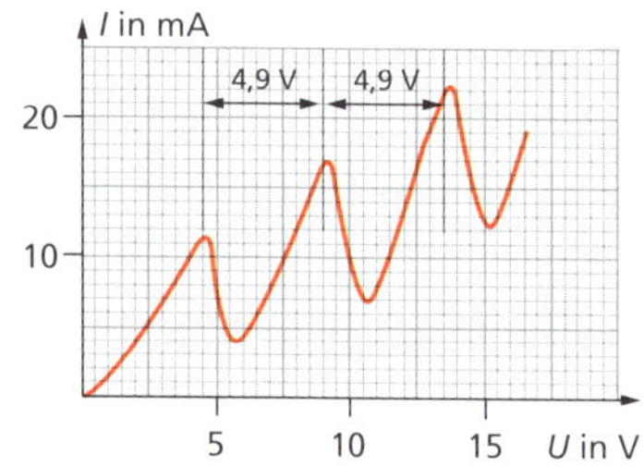


Bevor man beginnt, die Messwerte aufzunehmen, muss die gesamte FRANCK-HERTZ-Röhre erwärmt werden. Dadurch geht das Quecksilber in den gasförmigen Zustand über. Nach dem Einschalten der Katodenheizung reguliert man die Beschleunigungsspannung langsam herauf. Zunächst erhöht sich der Stromfluss durch die Röhre. Bei einer bestimmten Spannung sinkt die Stromstärke schlagartig ab. Nun erreichen nur noch wenige Elektronen die Anode. Erhöht man die Beschleunigungsspannung weiter, so steigt die Stromstärke wieder an und sinkt nach Erreichen eines erneuten Maximums wieder ab. Der Verlauf der Stromstärke in Abhängigkeit von der Beschleunigungsspannung ist im Diagramm dargestellt. Dabei zeigt sich: Die Maxima im Stromfluss stellen sich immer dann ein, wenn die Beschleunigungsspannung um 4,9 V erhöht wird.

### Deutung des Versuches

Für die Entdeckung der Gesetze, die beim Zusammenstoß eines Elektrons mit einem Atom herrschen, erhielten JAMES FRANCK (1882–1964) und GUSTAV HERTZ (1887–1975) im Jahr 1925 den Nobelpreis für Physik.

Auf ihrem Weg zur Anode stoßen die Elektronen mit Quecksilberatomen zusammen. Bei niedriger Beschleunigungsspannung erfolgen diese Stöße elastisch. Die Elektronen geben dabei keine kinetische Energie an die Atome ab und sind deshalb in der Lage, das Gegenfeld vor der Anode zu überwinden.
Erreicht die kinetische Energie der Elektronen einen bestimmten Wert, dann kommt es zu unelastischen Stößen zwischen Elektronen und Atomen. Die Quecksilberatome nehmen dabei Energie von den Elektronen auf. Diese sind dann nicht mehr in der Lage, das Gegenfeld zu überwinden – dementsprechend sinkt die Stromstärke.
Wird die Beschleunigungsspannung weiter erhöht, vergrößert sich die Energie der Elektronen wieder, der Strom steigt erneut an. Bei einer stetigen Steigerung der Spannung erreichen die Elektronen auch wieder diejenige Energie, bei der unelastische Stöße erfolgen.

Auf diese Weise können die Elektronen auf ihrem Weg zur Anode gleich zwei- oder mehrmals ihre Energie an Quecksilberatome abgeben. So erklärt sich das Auftreten mehrerer Maxima bzw. Minima in der Stromstärke-Spannungs-Kurve.
Geht man von diskreten Energieniveaus in der Hülle des Quecksilberatoms aus, dann zeigt dieser Versuch: Nur wenn die kinetische Energie eines Elektrons der Differenz zweier atomarer Energieniveaus entspricht, kann sie durch das Quecksilberatom aufgenommen werden. Die Atome sind nicht in der Lage, beliebige Energien auszutauschen.

Bei Quecksilber unterscheiden sich die Maxima jeweils um die Spannung 4,9 V.

Durch den FRANCK-HERTZ-Versuch wird die Existenz diskreter Energieniveaus in den Atomen bestätigt.

### 7.1.4 Spontane und induzierte Emission

Werden die Elektronen eines Atoms durch Energiezufuhr angeregt, so gehen sie unter Aufnahme von Energie in einen energetisch höheren Zustand über. Solche angeregten Atome kehren aber schon nach etwa $10^{-8}$ s in einen energetisch niedrigeren Zustand, meist den Grundzustand, zurück. Dieser Vorgang, bei dem Strahlung ausgesendet wird, erfolgt spontan, ohne irgendwelche äußeren Einflüsse. Er wird deshalb als **spontane Emission** bezeichnet.
Es gibt auch Atome mit angeregten Zuständen, die über längere Zeit bestehen können. Nach Anregung auf ein Energieniveau $E_2$ (s. Skizze unten) fallen die Elektronen auf ein metastabiles Energieniveau $E_1$, in dem sie zunächst verbleiben. Trifft auf ein solches angeregtes Atom ein Photon, das von einem gleichartig angeregten Atom stammt, so geht auch das angeregte Atom mit großer Wahrscheinlichkeit wieder in den Grundzustand über. Da diese Emission durch Anregung von außen erfolgt, wird sie als **induzierte Emission** bezeichnet.

Spontane Emission erfolgt bei allen herkömmlichen Lichtquellen, z. B. bei der **Sonne, Glühlampen, Leuchtstofflampen** oder **Halogenlampen.**

Die induzierte Emission wird bei **Lasern** genutzt.
Der erste funktionsfähige Prototyp eines Lasers wurde 1960 konstruiert und erprobt.

| **spontane Emission** | **induzierte Emission** |
|---|---|
| 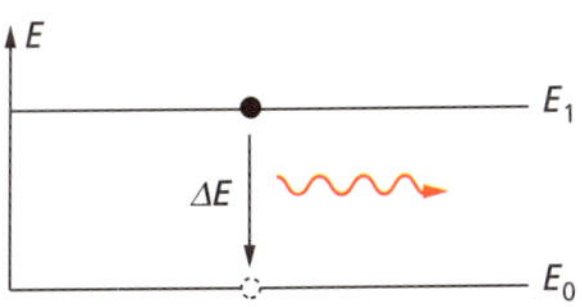  | 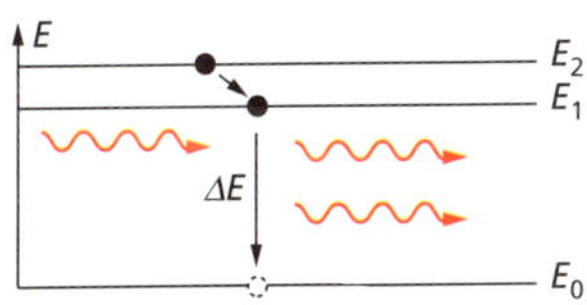  |
| Angeregter Zustand besteht nur ca. $10^{-8}$ s. Die Emission erfolgt ohne äußere Einwirkung. | Angeregter Zustand besteht mehr als $10^{-2}$ s. Die Emission wird durch Photonen stimuliert. |

Bei Atomen kann spontane oder induzierte Emission auftreten.

Die wichtigste Anwendung der induzierten Emission sind **Laser.** Den prinzipiellen Aufbau zeigt die Skizze S. 400 oben. Durch eine Energiequelle wird das Lasermedium in einen angeregten Zustand versetzt.

Das Kunstwort **Laser** ist abgeleitet vom englischen **l**ight **a**mplification by **s**timulated **e**mission of **r**adiation.

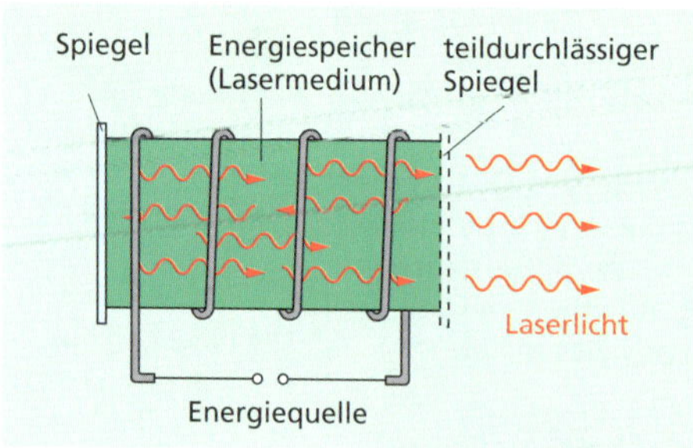


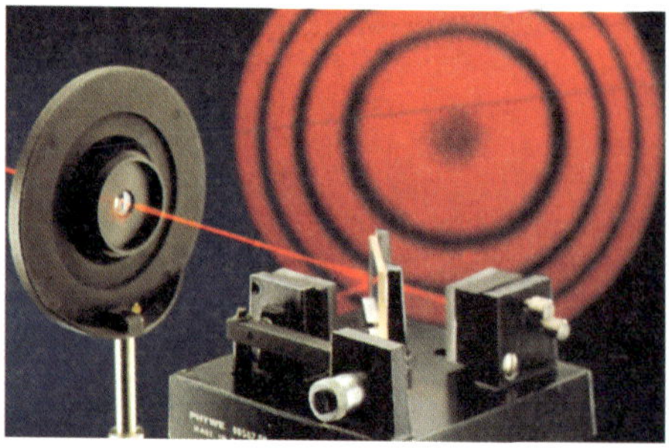

An der Entwicklung des Lasers waren die Amerikaner CHARLES T. TOWNES (geb. 1915), NIKOLAI G. BASSOW (1922–2001) und ALEXANDER M. PROCHOROW (1916–2002) maßgeblich beteiligt. Diese drei Wissenschaftler erhielten dafür 1964 den Nobelpreis für Physik. Weitere Nobelpreise für Arbeiten im Bereich der Laserphysik wurden 1981 und 1997 verliehen (↗ CD).

Geeignete Photonen rufen die induzierte Emission im Lasermedium hervor. Durch die beiden Spiegel laufen die Photonen hin und her und verstärken die induzierte Emission. Durch den halbdurchlässigen Spiegel verlässt ständig ein Teil der Photonen als Laserstrahlung die Anordnung. **Laserstrahlung** (Laserlicht) unterscheidet sich in einigen Eigenschaften vom natürlichen Licht:

- Laserlicht ist nahezu paralleles Licht.
- Laserlicht kann eine hohe Leistungsdichte von bis zu einigen Megawatt je $cm^2$ haben.
- Laserlicht ist monochromatisch, hat also eine ganz bestimmte Frequenz, die vom Lasermedium abhängig ist.
- Laserlicht ist vollständig linear polarisiert (↗ S. 347).
- Laserlicht hat eine hohe Kohärenz (↗ S. 337).

Die Eigenschaften der Laserstrahlung werden weitgehend von dem **Lasermedium** bestimmt. Es gibt **Festkörperlaser,** Flüssigkeitslaser **(Farbstofflaser)** und **Gaslaser.** Nach Dauer der Laserstrahlung kann man zwischen **kontinuierlichen Lasern** und **Impulslasern** unterscheiden.

Breit angewendet werden Laser seit Beginn der 90er Jahre des 20. Jahrhundert.

Bei CD-Playern, DVD-Laufwerken oder Strichcodelesern erfolgt die Abtastung mit Laserstrahlung. In der **Medizin** werden Laser in der Augenheilkunde (Foto links), in der Chirurgie und in der Zahnmedizin genutzt. Bei der **Materialbearbeitung** (Foto Mitte) kann Laserlicht zum Schweißen, Schneiden oder Bohren angewendet werden. Es lassen sich damit auch feinste Strukturen erzeugen. Gut eignet sich Laserlicht auch für Längen- oder Entfernungsmessungen. So wurde z. B. mithilfe eines Spiegels auf dem Mond (Foto rechts) mit Laserlicht die Entfernung Erde-Mond sehr genau bestimmt.

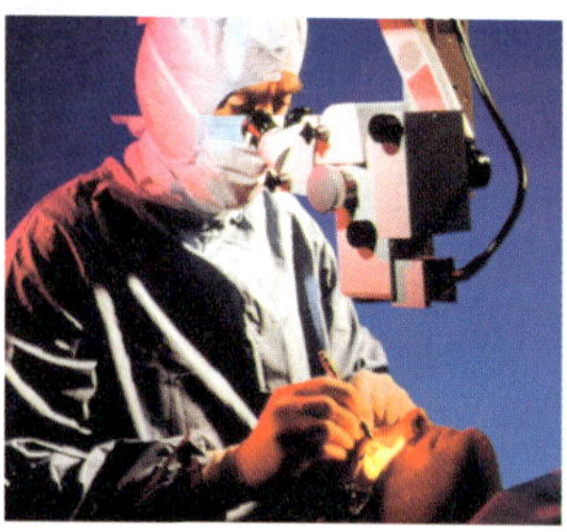

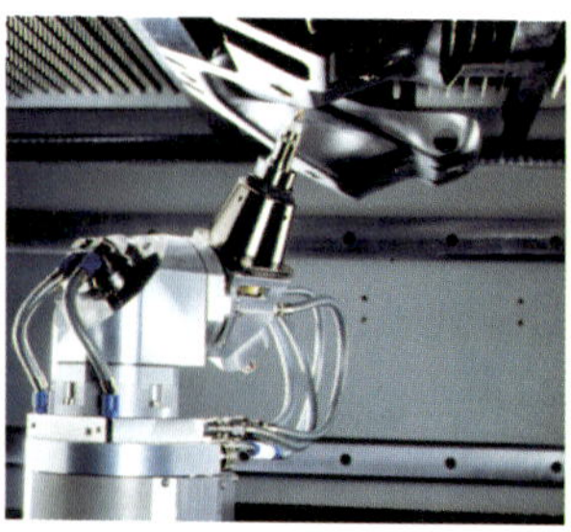

# 7.2 Physik des Atomkerns

## 7.2.1 Atomkerne, Radioaktivität und radioaktive Strahlung

### Atomkerne und ihre Bausteine

Jedes Atom besteht aus **Atomhülle** und **Atomkern.** Atomkerne sind dadurch gekennzeichnet, dass
- sie nur einen geringen Raum im Atom einnehmen,
- in ihnen fast die gesamte Masse des Atoms konzentriert ist,
- sich in ihnen die gesamte positive Ladung des Atoms befindet.

Kernbausteine **(Nukleonen)** sind die positiv geladenen **Protonen** und die elektrisch neutralen **Neutronen,** die sehr dicht gepackt sind, sodass Kernmaterie eine außerordentlich große Dichte besitzt. Sie ist für alle Atomkerne annähernd gleich groß. Ihr Wert ist nebenstehend angegeben.

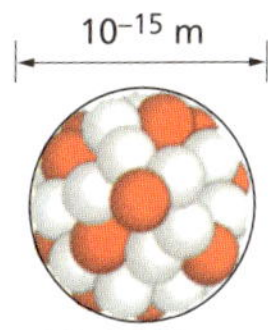


$\rho \approx 1{,}8 \cdot 10^{14}\ \text{g} \cdot \text{cm}^{-3}$

> Ein Proton $p$ trägt die Elementarladung $+1{,}602 \cdot 10^{-19}$ C und hat eine Masse von $m_p = 1{,}673 \cdot 10^{-27}$ kg.

Die Anzahl der Protonen im Atomkern wird als **Kernladungszahl** $Z$ bezeichnet. Sie ist gleich seiner **Ordnungszahl** im Periodensystem.

So hat z. B. Uran die Ordnungszahl 92. Das bedeutet: Im Atomkern eines Uranatoms befinden sich $Z = 92$ Protonen.

> Ein Neutron $n$ ist elektrisch neutral und hat eine Masse von $m_n = 1{,}675 \cdot 10^{-27}$ kg.

Die Masse des Atomkerns ergibt sich dann näherungsweise als Summe der Massen aller seiner Protonen $Z$ und seiner Neutronen $N$:

$$m_K \approx Z \cdot m_P + N \cdot m_n$$

Sie kann mithilfe von **Massenspektrografen** (↗ S. 240) ermittelt werden. Dazu verdampft man eine Stoffprobe, ionisiert und beschleunigt sie. Durch Blenden wird ein sehr feiner Teilchenstrahl erzeugt, der z. B. in ein Magnetfeld gelangt. Aus der Stärke der Ablenkung kann man auf die Masse der Teilchen schließen.
Die Anzahl aller Protonen und Neutronen in einem Atomkern wird als **Massenzahl** oder **Nukleonenzahl** bezeichnet.

> Die Massenzahl $A$ eines Atomkerns ist gleich der Summe aus der Protonenzahl $Z$ und der Anzahl der Neutronen $N$:
>
> $A = Z + N$

Der Durchmesser des Atomkerns beträgt etwa 1/100 000 des Atomdurchmessers.

Das Neutron wurde 1932 von dem englischen Physiker James Chadwick (1891–1974) entdeckt, seine Existenz wurde bereits 1921 von Ernest Rutherford vorhergesagt.

Die Massen von Proton und Neutron sind annähernd gleich und etwa 1 800-mal so groß wie die Masse eines Elektrons. Demzufolge ist auch die Masse des Atomkerns näherungsweise gleich der Masse des Atoms. Im Periodensystem sind die Atommassen meist als Vielfache der atomaren Masseeinheit (↗ S. 53) angegeben.

Der Quotient aus der Masse $m_A$ eines Atoms und der atomaren Masseeinheit $u$ wird als relative Atommasse bezeichnet. Es gilt:

$$A_r = \frac{m_A}{u}$$

Zur Kennzeichnung von Atomkernen und Elementarteilchen nutzt man in der Kernphysik meist eine **Symbolschreibweise,** die es auch ermöglicht, Reaktionsgleichungen ähnlich denen chemischer Gleichungen zu formulieren.

Üblich ist auch die Schreibweise Uran-238 oder U-238. Die Ordnungszahl kann dem Periodensystem entnommen werden.

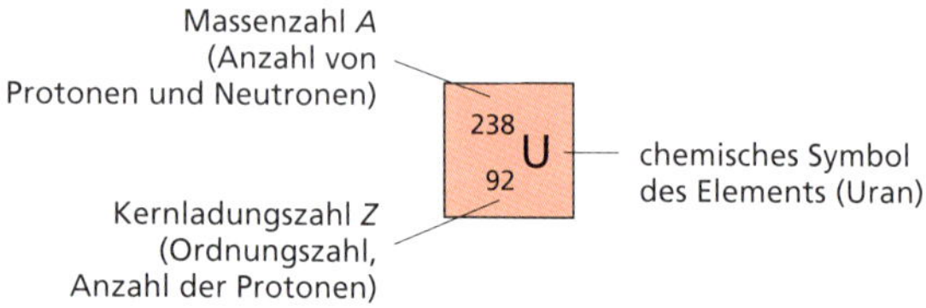


Uran hat 92 Protonen und damit das elektrisch neutrale Uranatom auch 92 Elektronen in der Atomhülle.
Die Anzahl der Neutronen *N* beträgt 238 – 92 = 146.

Für die Grundbausteine des Atoms (Elektronen, Protonen, Neutronen) ergibt sich folgende Symbolschreibweise:

| | | |
|---|---|---|
| **Elektron** | $^{0}_{-1}e$ | Masse vernachlässigbar, einfach negativ geladen |
| **Proton** | $^{1}_{1}p$ | Massenzahl 1, einfach positiv geladen |
| **Neutron** | $^{1}_{0}n$ | Massenzahl 1, nicht geladen |

## Nuklide und Isotope

Jeder Atomkern eines Elements verfügt über eine bestimmte Anzahl von Protonen und Neutronen.

Die Anzahl der heute bekanten Nuklide beträgt ca. 2 700. Die meisten davon sind künstlich erzeugt worden. Von den 2700 Nukliden sind etwa 300 stabil, die übrigen 2 400 sind radioaktiv und damit instabil.

Ein durch Massenzahl und Kernladungszahl eindeutig charakterisierter Atomkern wird als **Nuklid** bezeichnet.

$^{23}_{11}Na$ ist ein Nuklid des Natriums mit 11 Protonen, 11 Elektronen im neutralen Atom und 23 – 11 = 12 Neutronen.

Die in der Natur vorkommenden und künstlich erzeugten Nuklide werden in Form einer **Nuklidkarte** dargestellt (↗ S. 403 oben).
Die Atomkerne **eines** Elements haben alle die gleiche Anzahl von Protonen (gleiche Ordnungszahl), können aber eine unterschiedliche Anzahl von Neutronen und damit eine verschiedene Massenzahl besitzen.

Isotope sind damit Nuklide mit einer speziellen Eigenschaft (gleiche Protonenzahl).

Atomkerne mit gleicher Protonenzahl, aber unterschiedlicher Anzahl von Neutronen werden als **Isotope** bezeichnet.

Die meisten natürlichen Elemente bestehen aus Gemischen von Isotopen. So existieren z. B. bei Wasserstoff und Uran je drei natürlich vorkommende Isotope, bei Xenon sind mindestens 24 Isotope bekannt.

**Ausschnitt aus einer Nuklidkarte**

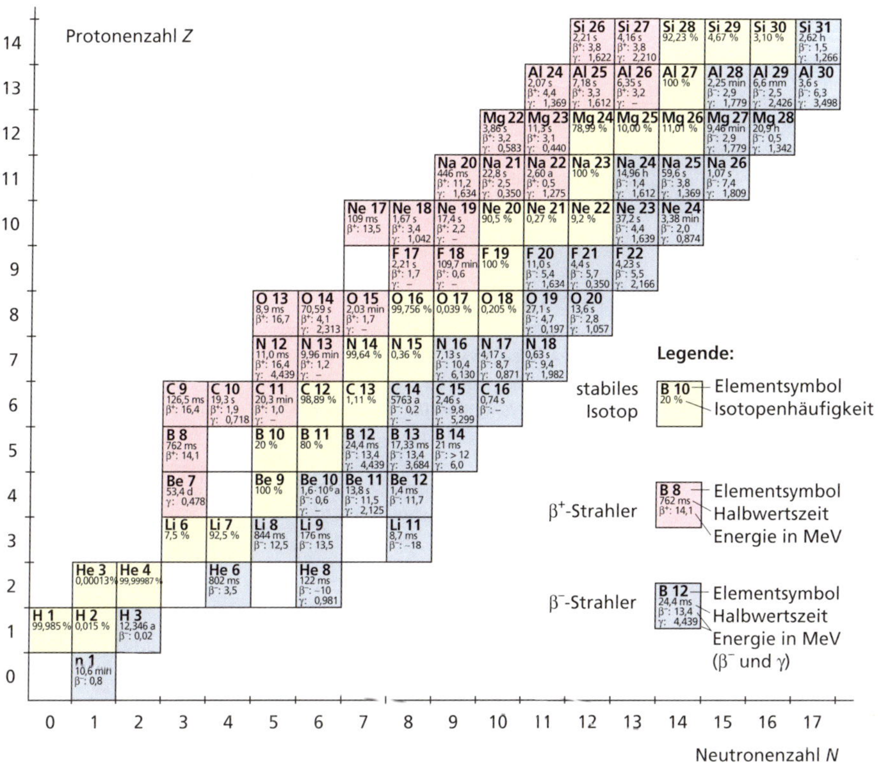


Zwischen der Kernladungszahl $Z$ und der Neutronenzahl $N$ von Nukliden gibt es einen charakteristischen Zusammenhang, den die grafische Darstellung unten zeigt.

**Die Anzahl der Neutronen wächst stärker als die Kernladungszahl.**

Elemente mit großer Kernladungszahl haben somit im Kern wesentlich mehr Neutronen als Protonen. Isotope liegen in der grafischen Darstellung jeweils auf einer horizontalen Linie.

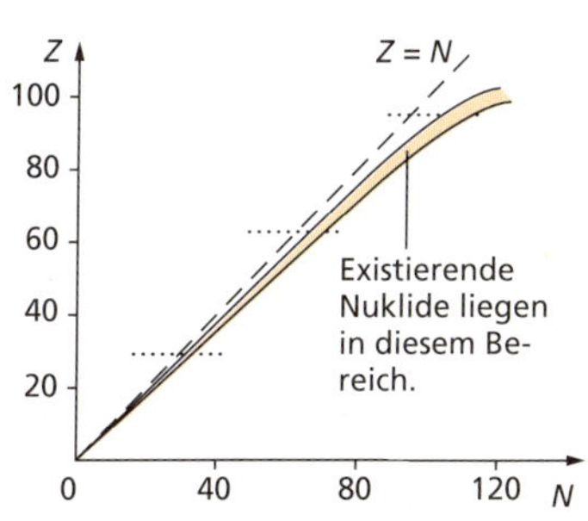


Während z. B. ein Natriumatom 11 Protonen und 12 Neutronen besitzt, sind es bei einem Uranatom (U-238) 92 Protonen und 146 Neutronen.

Weil die meisten Elemente aus einem Isotopengemisch bestehen, ist deren Massenzahl im **Periodensystem** meist keine ganze Zahl. **Isotopentrennung** kann z. B. mithilfe von **Massenspektrografen** (↗ S. 240), Diffusionsanlagen oder Gaszentrifugen erfolgen.

## Kernumwandlungen und Radioaktivität

Atomkerne können spontan zerfallen, durch Beschuss mit Teilchen aufgespalten werden oder unter bestimmten Bedingungen auch miteinander verschmelzen. In allen diesen Fällen verändern sich die ursprünglichen Atomkerne. Sie wandeln sich in neue Kerne um.

Die neu entstehenden Kerne sind teilweise stabil, teilweise zerfallen sie ihrerseits wieder. Es gibt regelrechte Zerfallsreihen (↗ S. 412).

Unter einer **Kernumwandlung** oder **Kernreaktion** versteht man die Umwandlung von Atomkernen in neue Kerne.

Bei einer Kernumwandlung wird i. A. Strahlung abgegeben, die als **radioaktive Strahlung** oder **Kernstrahlung** bezeichnet wird. Entdeckt wurde diese neue Art von Strahlung 1896 durch den französischen Physiker HENRI BECQUEREL (1852–1908). Er stellte fest, dass eine Fotoplatte geschwärzt wurde, wenn sich uranhaltige Mineralien in der Nähe befanden (s. Foto).

HENRI BECQUEREL (1852–1908) erhielt 1903 zusammen mit MARIE CURIE (1867–1934) und PIERRE CURIE (1859–1906) für die Verdienste um die Entdeckung und Erforschung der Radioaktivität den Nobelpreis für Physik. M. und P. CURIE fanden 1898 die radioaktiven Elemente Radium und Polonium. Auf M. CURIE (s. Bild) geht auch der Begriff „Radioaktivität" zurück.

Unter **Radioaktivität** versteht man die Erscheinung, dass sich Atomkerne unter Abgabe radioaktiver Strahlung verändern.

Solche Atomkerne werden als **radioaktive Nuklide** oder **Radionuklide** bezeichnet. Dabei ist zwischen natürlicher und künstlicher Radioaktivität zu unterscheiden.

| **natürliche Radioaktivität** | **künstliche Radioaktivität** |
|---|---|
| In der Natur vorkommende Radionuklide wandeln sich spontan unter Aussendung von radioaktiver Strahlung um. | Künstlich erzeugte Radionuklide wandeln sich spontan unter Aussendung von radioaktiver Strahlung um. |
| Radium-226 zerfällt unter Aussendung eines doppelt positiv geladenen Heliumkerns ($\alpha$-Teilchen) in Radon-222.<br>$^{226}_{88}\mathrm{Ra} \rightarrow {}^{222}_{86}\mathrm{Rn} + {}^{4}_{2}\alpha$ | Wird Cobalt-59 mit Neutronen beschossen, so entsteht das Radionuklid Cobalt-60, das sich unter Abgabe eines Elektrons in Nickel umwandelt.<br>$^{1}_{0}\mathrm{n} + {}^{59}_{27}\mathrm{Co} \rightarrow {}^{60}_{27}\mathrm{Co} \rightarrow {}^{60}_{28}\mathrm{Ni} + {}^{0}_{-1}\mathrm{e}$ |

Spezielle Arten von Kernumwandlungen sind die **Kernspaltung** (↗ S. 418) und die **Kernfusion** (↗ S. 420).

## Arten und Eigenschaften radioaktiver Strahlung

Bei allen Kernumwandlungen tritt **radioaktive Strahlung** auf. Es gibt α-Strahlung, β-Strahlung und γ-Strahlung. Eine Übersicht über diese drei Arten ist unten gegeben.
Radioaktive Strahlung hat eine Reihe von Eigenschaften, die für ihre Wirkungen, ihren Nachweis und ihre Anwendungen von Bedeutung sind.

> Radioaktive Strahlung besitzt Energie.

Dadurch können Gase ionisiert, Filme geschwärzt und biologische Zellen verändert werden.
**α-Strahlung** besitzt bestimmte, diskrete Energien in einer Größenordnung von 1 MeV bis 10 MeV. **β-Strahlung** hat stets ein kontinuierliches Energiespektrum mit einer maximalen Energie, die meist im Bereich von 1 MeV liegt. **γ-Strahlung** besitzt bestimmte, diskrete Energien in der Größenordnung von ebenfalls 1 MeV.

Die **Energie** der verschiedenen Arten von Strahlung kann sehr unterschiedlich sein. Sie hängt stark von der jeweiligen Strahlungsquelle ab.

> Radioaktive Strahlung kann Stoffe durchdringen.

Das **Durchdringungsvermögen radioaktiver Strahlung** ist abhängig
- von der Art der Strahlung,
- von der Energie der Strahlung,
- von der Art des durchstrahlten Stoffes,
- von der Dicke des durchstrahlten Stoffes.

Das Durchdringungsvermögen von α-Strahlung ist am kleinsten, das von γ-Strahlung am größten.

Das Verhältnis des Durchdringungsvermögen von α-, β- und γ-Srahlung beträgt etwa 1:100:10 000.

| α-Strahlung | β-Strahlung | γ-Strahlung |
|---|---|---|
| 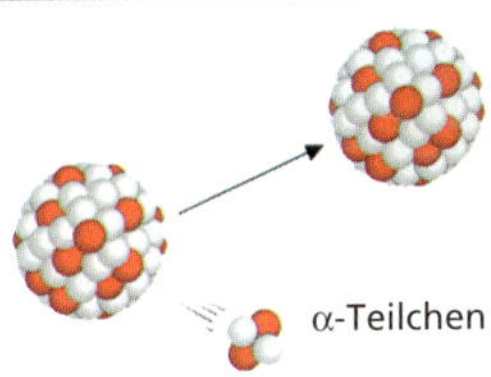  | 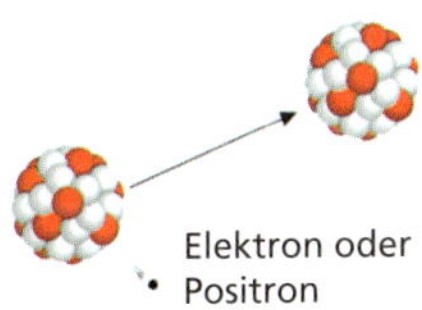  | 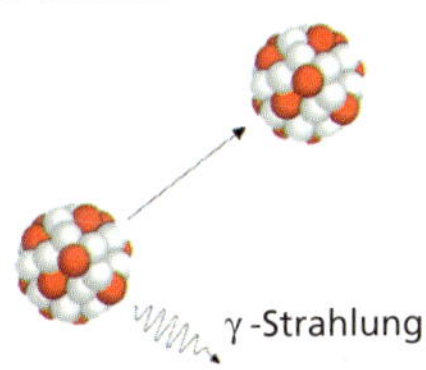  |
| Die Strahlung besteht aus doppelt positiv geladenen Heliumkernen (α-Teilchen). | Die Strahlung besteht aus negativ geladenen Elektronen ($\beta^-$-Strahlung) oder positiv geladenen Positronen ($\beta^+$-Strahlung). | Die Strahlung ist eine sehr energiereiche elektromagnetische Strahlung kleiner Wellenlänge (Photonen). |
| ${}^{226}_{88}\text{Ra} \rightarrow {}^{222}_{86}\text{Rn} + {}^{4}_{2}\alpha$ | ${}^{214}_{82}\text{Pb} \rightarrow {}^{214}_{83}\text{Bi} + {}^{0}_{-1}\text{e}$<br>${}^{30}_{15}\text{P} \rightarrow {}^{30}_{14}\text{Si} + {}^{0}_{+1}\text{e}$ | ${}^{208}_{82}\text{Pb} \rightarrow {}^{208}_{82}\text{Pb} + \gamma$ |

**Radioaktive Strahlung wird durch Stoffe teilweise absorbiert.**

Das Absorptionsvermögen eines Stoffes für radioaktive Strahlung hängt von den gleichen Faktoren wie das Durchdringungsvermögen (↗ S. 405) ab.

In Luft beträgt die Reichweite von α-Strahlung im Durchschnitt 4 cm bis 6 cm, die von β-Strahlung mehrere Meter. γ-Strahlung wird kaum abgeschwächt. Besonders geeignet zur Abschirmung radioaktiver Strahlung ist Blei. Die Dicke eines Stoffes, durch die Strahlung um 50 % geschwächt wird, nennt man **Halbwertsdicke.**

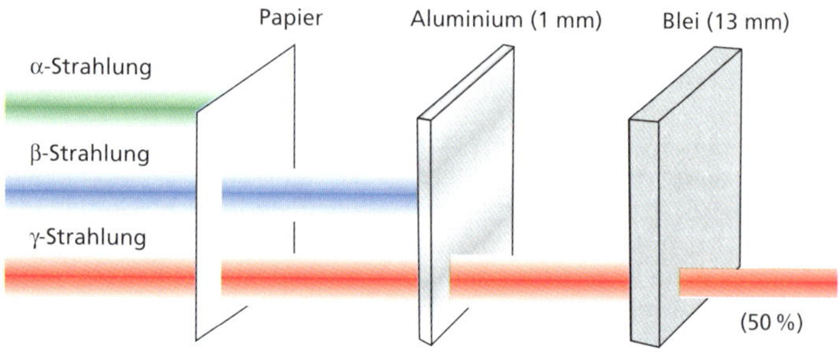


**Radioaktive Strahlung breitet sich von einer Strahlungsquelle geradlinig aus.**

α- und β-Strahlung werden aber durch elektrische und magnetische Felder abgelenkt, γ-Strahlung dagegen nicht. Die Richtung der Ablenkung ergibt sich aus der Linke-Hand-Regel (↗ S. 236).

γ-Strahlen sind elektromagnetische Wellen kleiner Wellenlänge. Elektromagnetische Wellen (↗ S. 301 f.) werden durch elektrische und magnetische Felder nicht abgelenkt.

**Ablenkung radioaktiver Strahlung**

**im elektrischen Feld**

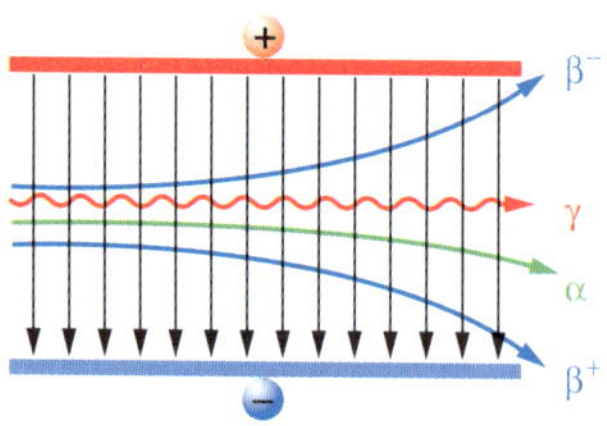


**im magnetischen Feld**

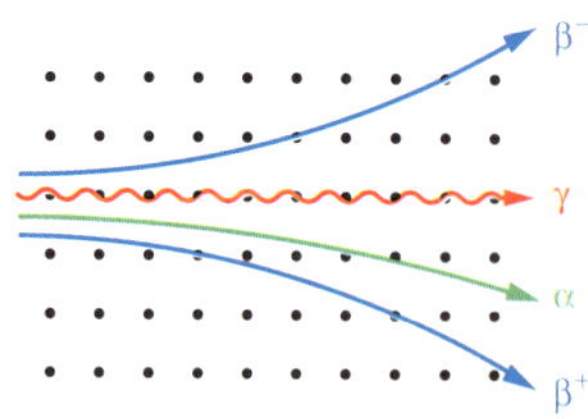


### Nachweismethoden für radioaktive Strahlung

Radioaktive Strahlung ist nicht fühlbar oder sichtbar. Nachgewiesen wird sie immer nur indirekt anhand ihrer Wirkungen. Dafür gibt es eine Reihe von Möglichkeiten.

Beim **Filmdosimeter** wird die Eigenschaft radioaktiver Strahlung genutzt, Filme zu schwärzen. Die Dosimeterplakette enthält einen lichtdicht eingepackten Film, der monatlich kontrolliert wird. Fenster aus Kupfer bzw. Blei unterschiedlicher Dicke ermöglichen es, die monatliche Strahlenbelastung abzuschätzen.

Solche Dosimeter werden vor allem von Personen genutzt, die beruflich mit radioaktiver Strahlung bzw. mit Röntgenstrahlung zu tun haben.

Das **GEIGER-MÜLLER-Zählrohr** eignet sich besonders zur Untersuchung von β- und γ-Strahlung. Es besteht aus einem mit Gas geringer Dichte gefüllten Metall- oder Glasrohr, in dessen Mitte sich ein langer Draht als Anode befindet. Die Katode wird von der Metallhülse des Zählrohres oder bei Glasrohren von einem spiralförmig gewickelten Draht gebildet.

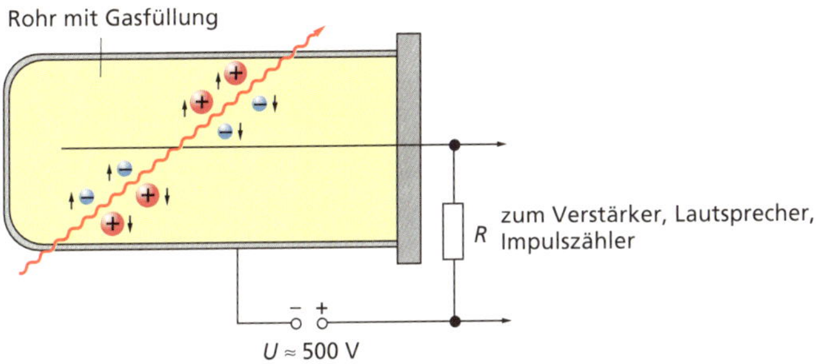


Dieses Nachweisgerät wurde 1928 von den deutschen Physikern HANS GEIGER (1882–1945) und WALTHER MÜLLER (1905–1979) entwickelt und ist nach ihnen benannt.

Zwischen Anode und Katode liegt eine Spannung von einigen 100 V. Dringt radioaktive Strahlung durch die Zylinderwand, so löst sie im Füllgas Ionisierungsvorgänge aus. Die frei gesetzten Elektronen werden zur Anode beschleunigt und ionisieren auf ihrem Weg dorthin weitere Atome des Füllgases. Treffen sie auf die Anode, so wird ein kurzer Stromimpuls ausgelöst, den man verstärken und registrieren kann.
Der Nachweis von α-Strahlung kann mit einem **Glockenzählrohr** erfolgen, dessen Aufbau dem des GEIGER-MÜLLER-Zählrohres ähnelt, das aber zusätzlich ein dünnes Folienfenster besitzt, durch das α-Strahlung ins Innere des Zählrohres gelangt. Bei Messungen mit Zählrohren ist zu beachten, dass aufgrund der natürlichen Radioaktivität stets ein **Nulleffekt** vorhanden ist. Die Bahnen radioaktiver Strahlung können mit einer **Nebelkammer** sichtbar gemacht werden.

Die erste Nebelkammer wurde von dem englischen Physiker C. P. R. WILSON (1869–1959) gebaut. Deshalb ist auch die Bezeichnung „wilsonsche Nebelkammer" gebräuchlich.
Die Länge der Nebelspur ist ein Maß für die Energie der Strahlung.

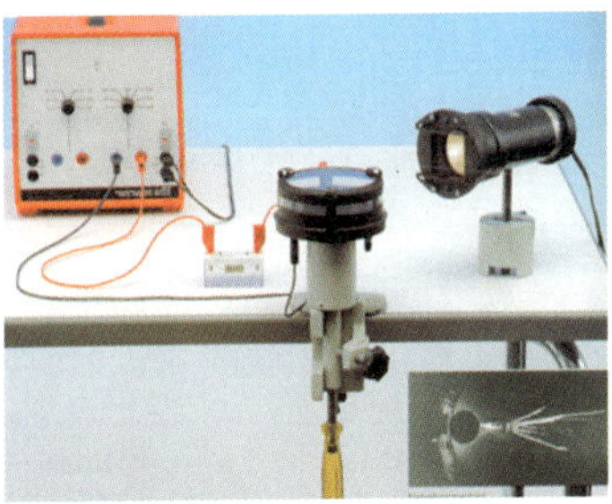

Ihre Wirkungsweise beruht auf einer Erscheinung, die man häufig am Himmel beobachten kann: Hinter Flugzeugen bilden sich Kondensstreifen. Sie zeigen die Bahn des Flugzeuges, wobei das Flugzeug selbst manchmal gar nicht zu erkennen ist. Ähnlich ist das bei einer Nebelkammer: In ihrem Inneren befindet sich Ethanoldampf. Längs der Bahnen radioaktiver Strahlung bilden sich Ionen, an die sich Dampfmoleküle anlagern und kleine Tröpfchen bilden, die bei seitlicher Beleuchtung als Spuren sichtbar werden.

Weitere Möglichkeiten des Nachweises radioaktiver Strahlung sind **Blasenkammern, Ionisationskammern** oder **Spinthariskope.**

**Szintillationszähler** eignen sich vor allem zum Nachweis von γ-Strahlung. Die Skizze zeigt den Aufbau eines solchen Zählers.

Szintillationszähler sind sehr empfindlich und eignen sich auch zum Nachweis einzelner γ-Quanten.

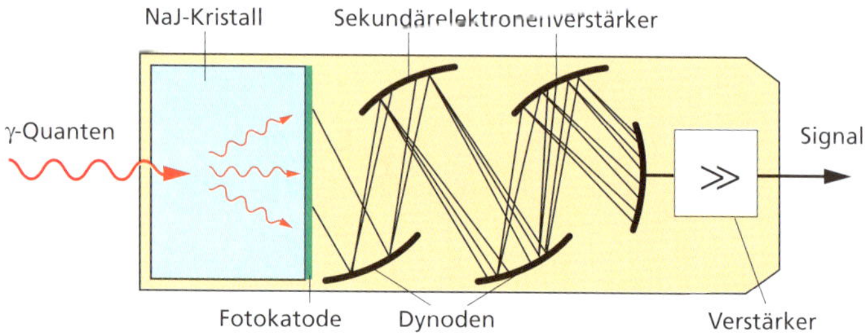


Damit kann man feststellen, wie viele Photonen mit welcher Energie am Messgerät ankommen und neben der Häufigkeit auch die energetische Verteilung ermitteln. Durch eine solche Messung erhält man ein **γ-Spektrum.**

γ-Quanten lösen im Kristall Elektronen aus dem Gitter, die ihrerseits Photonen im sichtbaren Spektralbereich hervorrufen. Diese gelangen zu einer Fotokatode und schlagen Elektronen aus deren Oberfläche. Der dadurch ausgelöste Stromstoß wird in einem **Sekundärelektronenverstärker** um den Faktor $10^{10}$ verstärkt. Die Höhe des erzeugten Stromstoßes dient als Maß für die Energie der registrierten γ-Quanten.

### Größen zur Erfassung radioaktiver Strahlung

Radioaktive Stoffe und die damit verbundene Strahlung können mit den Größen **Aktivität, Energiedosis** und **Äquivalentdosis** gekennzeichnet werden.

| **Aktivität *A*** | **Energiedosis *D*** | **Äquivalentdosis $D_q$** |
|---|---|---|
| Die Aktivität eines Körpers gibt an, wie viele Kerne $\Delta N$ in einer bestimmten Zeit $\Delta t$ zerfallen und dabei radioaktive Strahlung abgeben. | Die Energiedosis gibt an, wie viel Energie *E* eine bestimmte Masse *m* eines bestrahlten Stoffes aufnimmt. | Die Äquivalentdosis ist ein Maß für die biologische Wirkung radioaktiver Strahlung. |
| $A = \frac{\Delta N}{\Delta t}$ $A = A_0 \cdot e^{-\lambda \cdot t}$ | $D = \frac{E}{m}$ | $D_q = D \cdot q$ |
| Die Einheit der Aktivität ist ein Becquerel (1 Bq): $1\ \text{Bq} = \frac{1}{\text{s}}$ | Die Einheit der Energiedosis ist ein Gray (1 Gy): $1\ \text{Gy} = 1\ \frac{\text{J}}{\text{kg}}$ | Die Einheit der Äquivalentdosis ist ein Sievert (1 Sv). $1\ \text{Sv} = 1\ \frac{\text{J}}{\text{kg}}$ |
| Benannt ist die Einheit nach dem französischen Physiker HENRI BECQUEREL (1852–1908). | Benannt ist die Einheit nach dem englischen Physiker LOUIS HAROLD GRAY (1905–1965). | Benannt ist die Einheit nach dem schwedischen Strahlenforscher ROLF SIEVERT (1898–1966). |
| 1 g Radium hat eine Aktivität von $3{,}7 \cdot 10^{10}$ Bq. Das bedeutet: In jeder Sekunde zerfallen 37 Mrd. Kerne. | Eine Energiedosis von ca. 6 Gy führt als Ganzkörperbestrahlung zum Tod eines Menschen. | Der Qualitätsfaktor *q* hängt von der Art der Strahlung ab:<br>α-Strahlung: $q = 20$<br>β-Strahlung: $q = 1$<br>γ-Strahlung: $q = 1$ |

### Strahlenbelastung und Strahlenschutz

Aufgrund der natürlichen Radioaktivität sowie durch technische Geräte und Anlagen sind wir alle ständig einer **Strahlenbelastung** ausgesetzt. Die nachfolgende Übersicht zeigt die mittleren Strahlenbelastung in der Bundesrepublik Deutschland.

| Art der Strahlung | Äquivalentdosis |
|---|---|
| von der Umgebung (Erde) ausgehende Strahlung | 0,4 mSv/Jahr |
| kosmische Strahlung | 0,3 mSv/Jahr |
| Strahlung durch die aufgenommene Nahrung/Luft | 1,7 mSv/Jahr |
| Medizinische Untersuchungen einschließlich Röntgenuntersuchungen | 1,5 mSv/Jahr |
| Strahlung durch Kernkraftwerke, Kernwaffenversuche | 0,01 mSv/Jahr |
| Strahlung durch Bildschirm des Fernsehapparates und des Computers | 0,02 mSv/Jahr |
| Gesamtbelastung | ≈ 4 mSv/Jahr |

Der **natürlichen Strahlenbelastung** sind alle Lebewesen seit Jahrtausenden ausgesetzt. Sie ist Teil unserer natürlichen Umwelt.
Der Grenzwert für Menschen, die beruflich radioaktiver Strahlung ausgesetzt sind, liegt bei 50 mSv/Jahr. Ab 250 mSv/Jahr können Schäden auftreten, eine kurzzeitige Strahlenbelastung von über 5 000 mSv ist tödlich.

Die **durchschnittliche Strahlenbelastung** beträgt in Deutschland im Mittel 4 mSv/Jahr. Sie kann aber von Ort zu Ort sehr unterschiedlich sein. So beträgt z. B. die von der Umgebung ausgehende Strahlung (terrestrische Strahlung) in Norddeutschland (Mecklenburg-Vorpommern, Brandenburg, Schleswig-Holstein, Niedersachsen) ca. 0,15 mSv/Jahr, erreicht im Erzgebirge ca. 1 mSv/Jahr und im Bayerischen Wald 1,5 mSv/Jahr.
Radioaktive Strahlung kann Veränderungen an Zellen hervorrufen und bei hoher Dosierung zu Strahlenschäden bis hin zum Tode führen.
Bei organischem Gewebe, vor allem bei hoch entwickelten Säugetieren und beim Menschen, können zwei Arten von **Strahlenschäden** auftreten.

Dieses Piktogramm kennzeichnet eine Strahlungsquelle.

**Somatische Schäden** wirken sich auf den Gesundheitszustand des betreffenden Lebewesens (Menschen) aus.
**Genetische Schäden** wirken sich erst bei den Nachkommen aus.
Mögliche Schäden sind in der Übersicht rechts dargestellt.

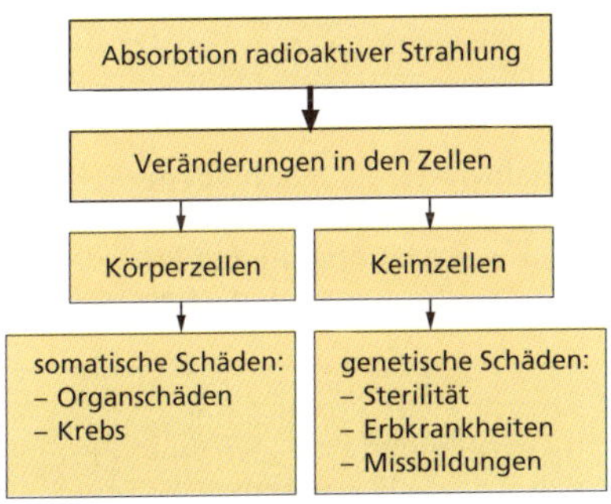


Besonders gefährlich ist eine kurzzeitige hohe Strahlenbelastung. Über Schäden durch geringe Strahlenbelastung über einen längeren Zeitraum hinweg liegen keine eindeutigen Erkenntnisse vor.

Ob Strahlenschäden eintreten oder nicht, ist vor allem abhängig von
- der Art der Strahlung, der Energiedosis und der Dauer der Einwirkung,
- der Empfindlichkeit der bestrahlten Organe. Besonders empfindlich sind Knochenmark, Lymphknoten und Keimzellen.

Eine erhöhte Strahlenbelastung tritt bei Langstreckenflügen und beim Aufenthalt im Gebirge auf.

Als Grundsatz für den Umgang mit Strahlenquellen gilt:

Die Strahlung, der man sich aussetzt, sollte so gering wie möglich sein.

Die wichtigsten Maßnahmen zum Schutz vor Strahlung sind:
- Zu Quellen radioaktiver Strahlung ist ein möglichst großer Abstand zu halten.
- Strahlungsquellen sind möglichst vollständig abzuschirmen, z. B. mit Blei.
- Mit radioaktiven Quellen sollte nur kurzzeitig experimentiert werden.
- Radioaktive Substanzen dürfen nicht in den Körper gelangen. Beim Umgang mit solchen Substanzen sind Essen und Trinken verboten.

### Gesetze des radioaktiven Zerfalls

Um die Strahlenbelastung gering zu halten, nutzt man für medizinische Anwendungen Nuklide mit kurzer Halbwertszeit, z. B. Iod-123 mit einer Halbwertszeit von 12,3 h oder Technetium-99 mit einer Halbwertszeit von 6 h.

Ist zu einem Zeitpunkt eine Anzahl $N$ von Atomen eines radioaktiven Stoffes vorhanden, so wandelt sich in einer bestimmten Zeit die Hälfte der Atomkerne um. In der gleichen Zeit zerfällt dann die Hälfte der Hälfte usw.
Diese Zeit wird als **Halbwertszeit** bezeichnet. Jedes radioaktive Nuklid hat eine charakteristische Halbwertszeit.

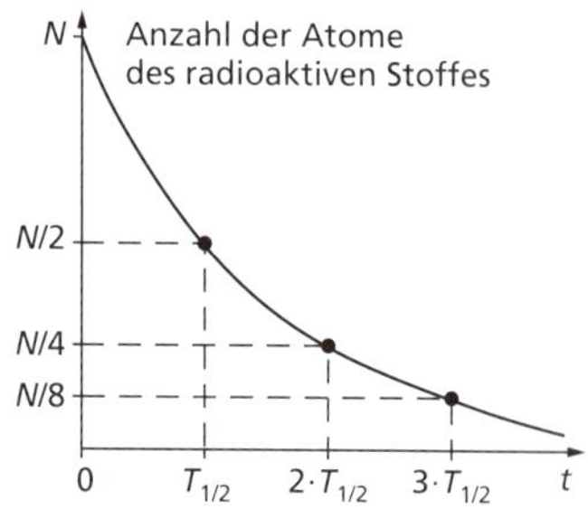


Die **Halbwertszeit** gibt an, in welcher Zeit jeweils die Hälfte der vorhandenen instabilen Atomkerne zerfällt.

Formelzeichen: $T_{1/2}$
Einheit: 1 Sekunde (1 s)

Die Halbwertszeit verschiedener radioaktiver Stoffe schwankt zwischen Bruchteilen von Sekunden und Milliarden Jahren.
Für die zeitliche Abnahme der Anzahl der Ausgangsatome kann man ein Gesetz angeben, das als **Zerfallsgesetz** bezeichnet wird.

Für $t = T_{1/2}$ ist $N_0 = \frac{1}{2} N$.
Damit ergibt sich:

$$\lambda = \frac{\ln 2}{T_{1/2}} \text{ bzw. } T_{1/2} = \frac{\ln 2}{\lambda}$$

Sind in einer Probe anfänglich $N_0$ radioaktive Atome vorhanden, dann befinden sich nach einer bestimmten Zeit $t$ nur noch $N$ Atome dieser Sorte in der Probe. Die übrigen sind umgewandelt. Es gilt:

$$N = N_0 \cdot e^{-\lambda \cdot t}$$

| | |
|---|---|
| $N$ | Anzahl der nicht zerfallenen Atomkerne einer Sorte |
| $N_0$ | Anzahl der ursprünglich vorhandenen Atomkerne einer Sorte |
| $\lambda$ | Zerfallskonstante |
| $t$ | Zeit |

*Leiten Sie aus der Definition der Aktivität und dem Zerfallsgesetz ein Gesetz für die zeitliche Abnahme der Aktivität eines radioaktiven Stoffes her!*

*Lösung:*
Die Definition der Aktivität lautet: $A = \frac{\Delta N}{\Delta t}$. Für $\Delta t \to 0$ kann man auch schreiben $A = \frac{dN}{dt}$. Setzt man für $N$ das Zerfallsgesetz (↗ S. 410) ein, so erhält man durch Differenzieren:

$$A(t) = \frac{dN}{dt} = -\lambda \cdot N_0 \cdot e^{-\lambda \cdot t} \quad (1)$$

Für die Zeit $t = 0$ ergibt sich $A(0) = -\lambda \cdot N_0 = A_0$. Eingesetzt in Gleichung (1) ergibt:

$$A(t) = A_0 \cdot e^{-\lambda \cdot t} \quad (2)$$

*Ergebnis:*
Gleichung (2) ist das gesuchte Gesetz. Für die zeitliche Abnahme der Aktivität gilt ein zum Zerfallsgesetz analoges Gesetz.

Da die Teilchenzahl proportional zur Masse ist ($N \sim m$), gilt auch für die Masse ein analoges Gesetz:
$m = m_0 \cdot e^{-\lambda \cdot t}$

Eine Probe des Gold-Nuklids Au-198 hat eine Aktivität von $1{,}6 \cdot 10^5$ Bq. Nach einem Tag beträgt sie nur noch $1{,}2 \cdot 10^5$ Bq.
*Wie groß sind Zerfallskonstante und Halbwertszeit für dieses Nuklid?*

*Analyse:*
Da die zeitliche Abnahme der Aktivität gegeben ist, kann die oben abgeleitete Gleichung (2) zur Lösung genutzt werden.

Gesucht: $\lambda$, $T_{1/2}$
Gegeben: $A_0 = 1{,}6 \cdot 10^5$ Bq
$A = 1{,}2 \cdot 10^5$ Bq
$t = 24$ h

*Lösung:*
Aus $A = A_0 \cdot e^{-\lambda \cdot t}$ oder $\frac{A}{A_0} = e^{-\lambda \cdot t}$ erhält man durch Logarithmieren:

$$\ln \frac{A}{A_0} = -\lambda \cdot t \quad \text{oder} \quad \ln \frac{A_0}{A} = \lambda \cdot t$$

Es gilt:
$-\ln \frac{A}{A_0} = \ln \frac{A_0}{A}$

Die Umstellung der Gleichung nach der Zerfallskonstanten $\lambda$ ergibt:

$$\lambda = \frac{1}{t} \cdot \ln \frac{A_0}{A} = \frac{1}{24\text{h}} \cdot \ln \frac{1{,}6 \cdot 10^5\,\text{Bq}}{1{,}2 \cdot 10^5\,\text{Bq}} = 0{,}012\ \frac{1}{\text{h}}$$

Für den Zusammenhang zwischen der Zerfallskonstanten und der Halbwertszeit gilt die Beziehung (↗ S. 410):

$$T_{1/2} = \frac{\ln 2}{\lambda}$$

Mit dem oben berechneten Wert für $\lambda$ erhält man:

$$T_{1/2} = \frac{\ln 2 \cdot \text{h}}{0{,}012} \approx 58\ \text{h}$$

*Ergebnis:*
Die Zerfallskonstante des Gold-Nuklids Au-198 beträgt $0{,}012\ \frac{1}{\text{h}}$, die Halbwertszeit etwa 58 Stunden.

### Künstliche Kernumwandlungen

Künstliche Kernumwandlungen lassen sich durch Beschuss von Atomen mit anderen Teilchen geeigneter Energie hervorrufen. Nachfolgend sind einige **historisch bedeutsame Kernumwandlungen** angegeben.
Im Jahr 1919 beschoss ERNEST RUTHERFORD Stickstoffatome mit $\alpha$-Strahlung und erhielt Sauerstoff:

$$^{14}_{7}N + ^{4}_{2}\alpha \longrightarrow ^{17}_{8}O + ^{1}_{1}p$$

ERNEST RUTHERFORD (1871–1937) realisierte damit die erste künstliche Kernumwandlung. Weitere Beispiele für Kernumwandlungen sind auf der CD zu finden.

1932 entdeckte JAMES CHADWICK (1891–1974), ein Schüler RUTHERFORDs, das **Neutron.** Dem lag folgende Kernumwandlung zugrunde:

$$^{9}_{4}Be + ^{4}_{2}\alpha \longrightarrow ^{12}_{6}C + ^{1}_{0}n$$

1934 entdeckten IRENE JOLIOT-CURIE (1897–1956) und ihr Mann FREDERIC JOLIOT-CURIE (1900–1958) die **künstliche Radioaktivität.** Durch Bestrahlung von Aluminium mit $\alpha$-Teilchen erzeugten sie Phosphor, das seinerseits in Silicium und ein bis dahin unbekanntes Teilchen, das **Positron,** zerfiel:

$$^{27}_{13}Al + ^{4}_{2}\alpha \longrightarrow ^{30}_{15}P + ^{1}_{0}n \qquad ^{30}_{15}P \longrightarrow ^{30}_{14}Si + ^{0}_{1}e$$

Die Emission von Positronen ist für künstliche Kernumwandlungen charakteristisch. Sie erfolgt nicht innerhalb der natürlichen Zerfallsreihen.

ENRICO FERMI (1901–1954) gelang nicht nur die Herstellung von Gold durch Bestrahlung von Platin mit Neutronen, sondern er erzeugte auch das erste Element mit einer Ordnungszahl von über 92, ein **Transuran:**

$$^{238}_{92}U + ^{1}_{0}n \longrightarrow ^{239}_{92}U \longrightarrow ^{239}_{93}Np + ^{0}_{-1}e$$

Bei der Entdeckung der Kernspaltung (S. 418) wurde Uran-235 mit Neutronen beschossen. Eine von vielen Zerfallsmöglichkeiten ist:

$$^{235}_{92}U + ^{1}_{0}n \longrightarrow ^{236}_{92}U \longrightarrow ^{144}_{56}Ba + ^{89}_{36}Kr + 3 \cdot ^{1}_{0}n$$

Heute werden für die Auslösung künstlicher Kernumwandlungen häufig Teilchenbeschleuniger genutzt.

**Durch künstliche Kernumwandlungen können neue Nuklide erzeugt und Transurane gewonnen werden.**

### Natürliche Zerfallsreihen

Bei in der Natur vorkommenden Radionukliden sind die entstehenden Folgekerne häufig wieder radioaktiv, sodass ganze **Zerfallsreihen** existieren, die jeweils bei einem stabilen Kern enden.

| Zerfallsreihe | Ausgangsnuklid | Endnuklid | Halbwertszeit der Zerfallsreihe |
|---|---|---|---|
| Thorium-Reihe | Th-232 | Pb-208 | $1{,}40 \cdot 10^{10}$ a |
| Uran-Radium-Reihe | U-238 | Pb-206 | $4{,}51 \cdot 10^{9}$ a |
| Uran-Actinium-Reihe | U-235 | Pb-207 | $7{,}13 \cdot 10^{8}$ a |
| Neptunium-Reihe | Pu-241 | Bi-209 | $2{,}14 \cdot 10^{6}$ a |

Die Neptunium-Reihe spielt heute auf der Erde aufgrund ihrer relativ kurzen Halbwertszeit keine Rolle mehr.

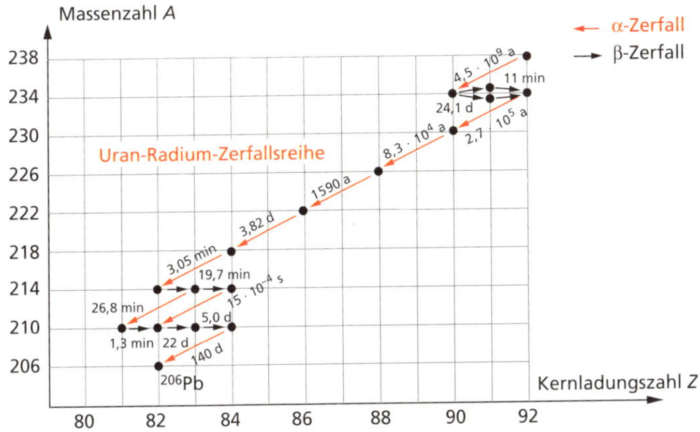


Als Beispiel für eine natürliche **Zerfallsreihe** ist links die Uran-Radium-Reihe dargestellt. Angegeben sind die jeweiligen Halbwertszeiten. Massenzahl, Kernladungszahl und jeweiliges Element sind an den Achsen ablesbar.

## Altersbestimmung mit Radionukliden

Das Alter von Gesteinen, archäologischen Funden und anderen Objekten lässt sich auf der Grundlage der in ihnen enthaltenen Radionuklide, deren Zerfallsprodukten oder der Isotopenzusammensetzung ermitteln. Die bekannteste Methode radioaktiver Zeitmessung ist die **C-14-Methode.**

Mit der C-14-Methode kann man das Alter organischer Überreste bestimmen. Die Grundlagen für diese Methode bestehen in Folgendem:

- Der radioaktive Kohlenstoff-14 entsteht in der Luft durch Kernumwandlung von Stickstoff infolge des ständigen „Beschusses" mit Neutronen der Höhenstrahlung.
  Man kann davon ausgehen, dass dieser Prozess seit Jahrtausenden vor sich geht und der Anteil an C-14-Isotopen in der Atmosphäre weitgehend gleich war und ist.
- Alle Pflanzen nehmen bei der Assimilation das radioaktive C-14 und das nicht radioaktive C-12 auf. Pflanzen werden von Tieren gefressen. Menschen essen Pflanzen und Tiere. In allen Lebewesen gibt es dadurch ein festes Verhältnis von C-14 und C-12.
- Mit dem Tod eines Lebewesens oder einer Pflanze hört die Aufnahme von Kohlenstoff auf. Der Anteil von C-14 am Kohlenstoff des toten Materials nimmt mit einer Halbwertszeit von 5 730 Jahren ab. Aus dem Mengenverhältnis von C-14 und C-12 kann auf das Alter eines Fundes geschlossen werden.

Die von dem amerikanischen Physiker WILLARD FRANK LIBBY (1908–1980) entwickelte Methode wird auch als **Radiokohlenstoffmethode** oder **Radiokarbonmethode** bezeichnet. LIBBY erhielt dafür 1960 den Nobelpreis für Chemie.
Weitere Methoden der **Altersbestimmung** sind die Tritiummethode und die Bleimethode. Auch solche Nuklide wie Kalium-40 und Rubidium-87 werden zur Altersbestimmung genutzt.

Beim Fund einer Mumie beträgt der C-14-Anteil nur noch die Hälfte des heutigen Anteils. Daraus kann man folgern: Es muss einmal die Halbwertszeit vergangen sein, also:
$1 \cdot 5730$ Jahre = 5730 Jahre.

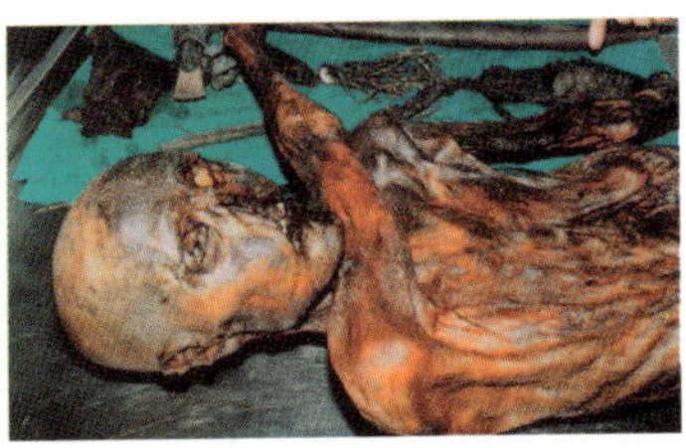

Ein berühmter Fund ist die Gletscherleiche „Ötzi" (Foto), deren Alter man in unterschiedlicher Weise zu ermitteln versuchte.

Bei allen Anwendungen radioaktiver Strahlung ist zu beachten, dass diese Strahlung Lebewesen schädigen kann und deshalb stets die notwendigen Sicherheitsvorkehrungen getroffen werden müssen.

## Anwendungen von Radionukliden in Wissenschaft und Technik

Radionuklide finden heute vielfältige Anwendungen, wobei sich die meisten dieser Anwendungen in drei prinzipielle Verfahren einordnen lassen: das **Durchstrahlungsverfahren**, das **Bestrahlungsverfahren** und das **Markierungsverfahren.**
Das Prinzip des **Durchstrahlungsverfahrens** besteht darin, dass Werkstücke (Stahlwände, Folien, Schweißnähte) durchstrahlt werden und die hindurchgelassene Strahlenintensität gemessen wird.

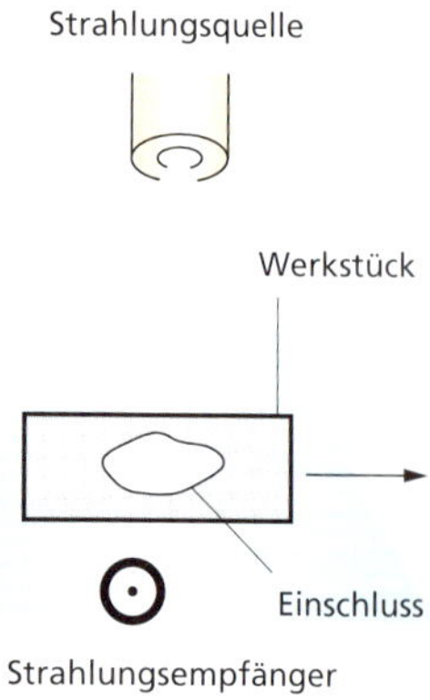


Sind Einschlüsse in einem Werkstück vorhanden oder verändert sich die Dicke von Folien, so verändert sich die absorbierte Strahlung und damit die beim Strahlungsempfänger ankommende Strahlung.
Das Durchstrahlungsverfahren wird z. B. genutzt

- zu **Dickenmessungen** (Folien- und Papierherstellung, s. Foto oben),
- zu **Füllstandsmessungen** (Bestimmung des Füllstandes von Behältern),
- zur Überprüfung der Qualität von Schweißnähten und massiven Werkstücken.

Zwiebeln

Beim **Bestrahlungsverfahren** werden Stoffe radioaktiver Strahlung ausgesetzt. Sie ruft in den Stoffen chemische, biologische oder physikalische Änderungen hervor. So wird z. B. durch radioaktive Strahlung die Keimung von Kartoffeln oder Zwiebeln verhindert und damit deren Lagerfähigkeit erheblich verbessert. In der **Tumorbehandlung** wird das Bestrahlungsverfahren angewendet, um Krebszellen abzutöten. Die Reißfestigkeit dünner Folien wird durch Bestrahlung deutlich erhöht.

Beim **Markierungsverfahren** werden Radionuklide genutzt, um den Weg von Stoffen im menschlichen Körper, bei Pflanzen und Tieren, in Rohrleitungen oder im Erdboden zu verfolgen. Zur Untersuchung der **Schilddrüse** wird radioaktives Iod injiziert. Iod reichert sich besonders stark in der Schilddrüse an. Die Stärke der registrierten radioaktiven Strahlung lässt Rückschlüsse auf die Iodkonzentration in der Schilddrüse und auf mögliche krankhafte Veränderungen zu. Das Verfahren wird als **Szintigrafie** bezeichnet. In der Technik können mithilfe des Verfahrens Dichtheitsprüfungen und Strömungsmessungen durchgeführt werden.

## 7.2.2 Kernmodelle

### Das Tröpfchenmodell

Kernmaterie hat eine außerordentlich große Dichte von etwa $1{,}8 \cdot 10^{17}$ $kg \cdot m^{-3}$ (↗ S. 401), die weitgehend unabhängig von der Atomsorte ist. Sie verhält sich wie ein inkompressibler Stoff.

In Analogie zu den ebenfalls inkompressiblen Wassertropfen kann man einen Atomkern als Gebilde beschreiben, das aus winzigen Tröpfchen zusammengesetzt ist und ein Tröpfchen bildet. Dieses Modell des Atomkerns wird deshalb **Tröpfchenmodell** genannt. Der Atomkern besteht nach diesem Modell aus Protonen und Neutronen, die dicht gepackt sind und sich insgesamt ähnlich wie ein Wassertropfen verhalten. Mithilfe des Tröpfchenmodells lassen sich einige Eigenschaften von Atomkernen gut beschreiben und erklären:

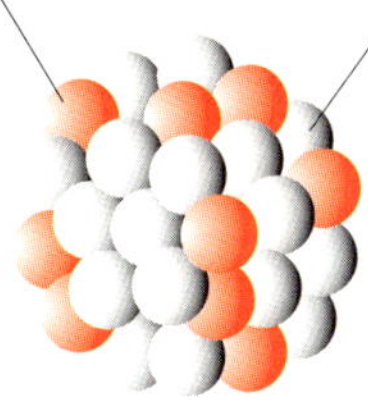


- Ein Atomkern ist in der Regel ein stabiles Gebilde, obwohl zwischen den positiv geladenen Protonen abstoßende coulombsche Kräfte wirken. Ursache für den Zusammenhalt der Nukleonen ist die **Kernkraft.** Diese anziehende Kraft wirkt zwischen jeweils zwei Nukleonen, hat eine geringe Reichweite von etwa $2 \cdot 10^{-15}$ m und ist erheblich stärker als die abstoßende coulombsche Kraft.
- Aufgrund der Packungsdichte der Nukleonen wächst der Radius des Atomkerns mit der Nukleonenzahl (Massenzahl) $A$. In guter Näherung gilt für den **Kernradius:**

  $$r = 1{,}3 \cdot 10^{-15}\,\text{m} \cdot A^{\frac{1}{3}}$$

  Er liegt damit in einer Größenordnung von $10^{-15}$ m.
- Die **Dichte der Kernmaterie** kann aus Masse und Volumen ermittelt werden

  $$\rho = \frac{m}{V} \approx \frac{1{,}67 \cdot 10^{-27}\,\text{kg} \cdot A}{\frac{4}{3}\pi(1{,}3 \cdot 10^{-15}\,\text{m})^3 \cdot A} \approx 1{,}8 \cdot 10^{17}\,\text{kg} \cdot \text{m}^{-3}$$

  Sie ist für alle Atomkerne annähernd gleich groß und hat einen Wert von etwa $1{,}8 \cdot 10^{17}\,\text{kg} \cdot \text{m}^{-3} = 1{,}8 \cdot 10^{14}\,\text{g} \cdot \text{cm}^{-3}$.
- Die **Bindungsenergie des Atomkerns** ist ähnlich wie bei einem Wassertropfen von der Anzahl der Protonen und Neutronen abhängig. Bei niedriger Kernladungszahl (Wasserstoff, Helium) sind wenige Nukleonen im Atomkern, somit die Bindungsenergie je Nukleon in Analogie zum Wassertropfen gering. Bei hoher Kernladungszahl befinden sich viele Nukleonen im Atomkern. Wegen der elektrostatischen Abstoßung der Protonen ist die Bindungsenergie je Nukleon ebenfalls nicht groß. Zwischen diesen beiden Extremen existieren Kernladungszahlen, bei denen ein Maximalwert der Bindungsenergie je Nukleon erreicht wird. Dieser Maximalwert liegt im Bereich der Elemente Eisen, Nickel und Cobalt (↗ S. 416).

Die Kernkraft wirkt zwischen Proton und Neutron ebenso wie zwischen zwei Protonen oder zwei Neutronen.

Die Kernmasse $m$ ergibt sich aus der Anzahl der Protonen und Neutronen, multipliziert mit deren Masse, wobei gilt:
$m_p \approx m_n = 1{,}67 \cdot 10^{-27}$ kg
Eine Dichte von $1{,}8 \cdot 10^{17}\,\text{kg} \cdot \text{m}^{-3}$ bedeutet: 1 $cm^3$ dieser Kernmaterie hätte eine Masse von 180 000 000 Tonnen.

Trägt man die Bindungsenergie $E_B$ je Nukleon gegen die Nukleonenzahl (Massenzahl) $A$ auf, so erhält man das nebenstehende Diagramm. Beim Bilden eines Atomkerns wird die Bindungsenergie abgegeben. Man ordnet ihr deshalb meist ein negatives Vorzeichen zu.

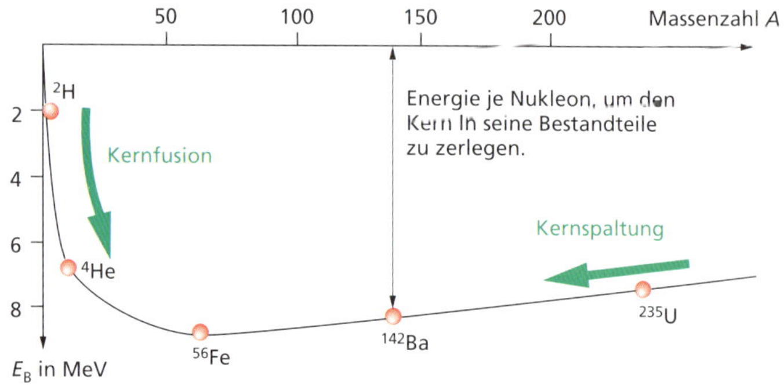


Die Bindungsenergie des Atomkerns ist unmittelbar mit dessen Masse und der der Nukleonen verknüpft. Die Masse $m$ eines Atomkerns ist stets kleiner als die Summe der Massen seiner Bestandteile. Diese Massendifferenz wird als **Massendefekt** bezeichnet.

$Z$ ist zugleich die Ordnungszahl im Periodensystem der Elemente (PSE), $N$ ergibt sich als Differenz aus Massenzahl $A$ und $Z$:

$$N = A - Z$$

Für den Massendefekt $\Delta m$ eines Atomkerns gilt:

$$\Delta m = m - (Z \cdot m_p + N \cdot m_n) < 0$$

| | | | |
|---|---|---|---|
| $m$ | Masse des Atomkerns | $m_p$ | Masse eines Protons |
| $Z$ | Anzahl der Protonen | $m_n$ | Masse eines Neutrons |
| $N$ | Anzahl der Neutronen | | |

Diesem Massendefekt entspricht nach der einsteinschen Beziehung zwischen Masse und Energie (↗ S. 440) eine Energie von

$$E = \Delta m \cdot c^2$$

Das ist genau die Bindungsenergie des Atomkerns.

Aus dem Kurvenverlauf des oben dargestellten Diagramms ergeben sich bedeutsame Folgerungen:

- Durch Zusammenfügen von leichten Atomkernen oder Kernteilchen wird Energie freigesetzt. Diesen Prozess, der im Inneren von Sternen oder bei der Explosion einer Wasserstoffbombe vor sich geht, nennt man **Kernfusion** (↗ S. 420).
- Ebenso kann man durch Aufspalten schwerer Atomkerne oder durch Abtrennen von Kernteilchen Energie freisetzen. Das geschieht bei natürlichen radioaktiven Zerfällen und bei der **Kernspaltung** (↗ S. 418).

### Das Potenzialtopfmodell

Das Kernkraftpotenzial überlagert sich mit dem COULOMB-Potenzial. Damit verändert sich der Verlauf der potenziellen Energie $E(r)$. Es entsteht ein Potenzial-

Um den Zusammenhalt der Nukleonen im Atomkern zu erklären, muss man von einer starken anziehenden Kraft ausgehen, deren Reichweite nur etwa $2 \cdot 10^{-15}$ m beträgt. Es handelt sich dabei um die ↗ S. 415 genannte Kernkraft. Das energetische Potenzial dieser Kernkraft zeigt in seinem Ortsverlauf ein kasten- oder topfförmiges Aussehen (s. Skizzen ↗ S. 417). Man bezeichnet deshalb das betreffende Modell des Atomkerns als **Potenzialtopfmodell.**

Dabei ist zu beachten, dass Nukleonen in einem Potenzialtopf nur bestimmte Energiezustände einnehmen und darüber hinaus zwischen Protonen und Neutronen zu differenzieren ist, da zwischen den Protonen zusätzlich zur Kernkraft die abstoßende coulombsche Kraft wirkt.

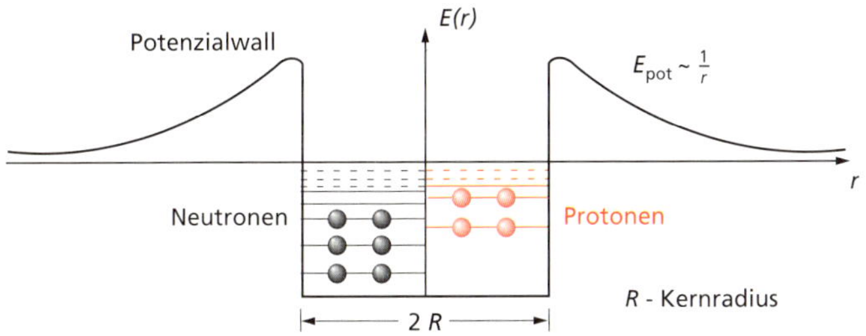


Für Protonen und Neutronen gilt jeweils das **PAULI-Prinzip** (↗ S. 396). Bei stabilen Kernen ist der Potenzialtopf für Protonen und Neutronen etwa bis zur gleichen Höhe gefüllt. Auf einem Energieniveau können jeweils zwei Protonen bzw. zwei Neutronen existieren.

Mithilfe des **Potenzialtopfmodells** kann man folgende Sachverhalte beschreiben bzw. erklären:

- Bilden freie Nukleonen einen Atomkern, so gibt jedes Nukleon einen Teil seiner Energie, nämlich die Bindungsenergie, ab. Es hat damit im Atomkern eine negative potenzielle Energie.
- Das Modell ermöglicht die Erklärung des Zustandekommens von $\alpha$-, $\beta$- und $\gamma$-Strahlung.

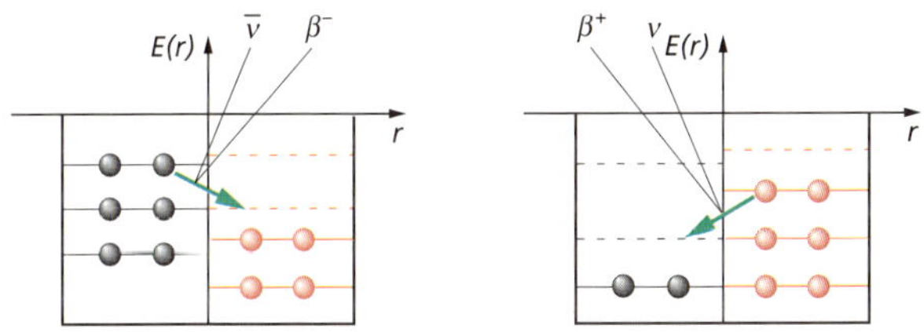


$n \rightarrow p + e^- + \bar{\nu}$ $\qquad$ $p \rightarrow n + e^+ + \nu$

Als Beispiel ist der $\beta$-Zerfall dargestellt. Der Potenzialwall (s. Skizze oben) spielt für diese Vorgänge keine Rolle.
Das mit $\nu$ bzw. $\bar{\nu}$ bezeichnete Teilchen ist ein **Neutrino** bzw. sein Antiteilchen, das **Antineutrino.**

Bei Kernen mit Neutronenüberschuss (Skizze links) kann sich ein Neutron unter Energieabgabe in ein Proton umwandeln. Zugleich werden ein Elektron und ein Antineutrino ausgesendet. Die Energie des Kerns verringert sich. Er ist jetzt anders zusammengesetzt.
Analog ist das bei Kernen größerer Protonenzahl (Skizze rechts). Aus einem Proton entsteht unter Aussendung eines **Positrons** und eines Neutrinos ein Neutron.

Bei einem $\gamma$-Strahler gehen Nukleonen unter Abgabe von Energie in einen niedrigeren Energiezustand über.
Mit dem Modell ist erklärbar, dass Neutronen leichter in den Atomkern eindringen können als z. B. positiv geladene Teilchen. Letztere können den Potenzialwall (s. Skizze oben) meist nicht überwinden. Sie werden abgelenkt. Allerdings ist es möglich, dass geladene Teilchen den Potenzialwall mit einer gewissen Wahrscheinlichkeit durchdringen. Dieser als **Tunneleffekt** bekannte Prozess erklärt den $\alpha$-Zerfall und ermöglicht den Einfang von Teilchen in den Atomkern.

Die Entstehung von $\gamma$-Strahlung im Atomkern ist vergleichbar mit der Abgabe von Licht in der Atomhülle. Für die Energie von $\gamma$-Quanten gilt wie für Photonen:

$$E = h \cdot f$$

Die **Kernspaltung** wurde 1938/39 durch OTTO HAHN (1879–1968), FRITZ STRASSMANN (1902–1980) und LISE MEITNER (1878–1968) entdeckt.

### 7.2.3 Kernenergie

#### Kernspaltung

**Unter Kernspaltung versteht man die Zerlegung schwerer Atomkerne in leichtere Atomkerne. Dabei wird Energie freigesetzt.**

Wird z.B. Uran-235 mit Neutronen beschossen, so bildet sich Uran-236. Dieses U-236 zerfällt spontan in Bruchteilen einer Sekunde in Krypton und Barium. Zugleich werden bei jeder Kernspaltung drei Neutronen frei, die ihrerseits den Prozess der Kernspaltung fortsetzen können, wenn genügend U-235 vorhanden ist.

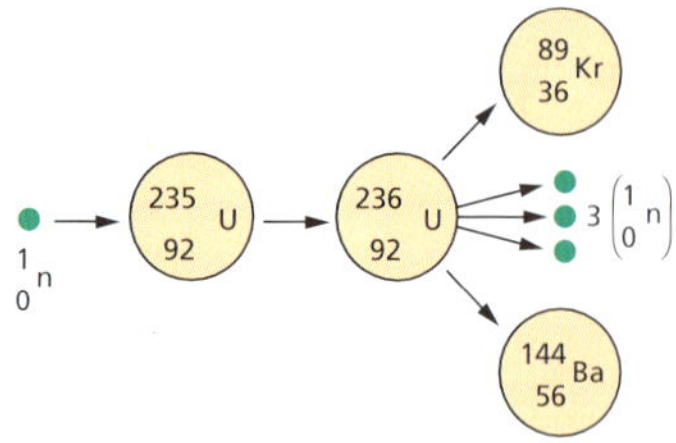


Uran kann auch in andere **Nuklide** zerfallen. Bekannt sind über 200 Zerfallsprodukte des Urans.

*Wie viel Energie wird bei der Spaltung eines Urankerns freigesetzt?*

*Analyse:*
Die freigesetzte Energie ergibt sich aus dem Massendefekt (↗ S. 416) unter Einbeziehung der Gleichung $E = m \cdot c^2$. Die notwendigen Massen können einem Tabellenwerk entnommen werden. Die Reaktionsgleichung ist oben bildhaft dargestellt.

Gesucht: $E$
Gegeben: Masse von Neutronen und Atommassen (Tabellenwerk)

Atommassen werden meist als Vielfache der atomaren Masseeinheit $u$ angegeben: $u = 1{,}660\,540 \cdot 10^{-27}$ kg

*Lösung:*
Für die Ausgangsmasse erhält man:

$$\left.\begin{aligned} m_{\text{U-235}} &= 235{,}043\,923\,u \\ m_n &= 1{,}008\,665\,u \end{aligned}\right\} \quad 236{,}052\,588\,u$$

Für die Spaltprodukte betragen die Massen:

$$\left.\begin{aligned} m_{\text{Kr-89}} &= 88{,}917\,633\,u \\ m_{\text{Ba-144}} &= 143{,}922\,941\,u \\ 3\,m_n &= 3{,}025\,995\,u \end{aligned}\right\} \quad 235{,}866\,569\,u$$

Die Differenz der Massen beträgt damit:

$$\Delta m = -0{,}186\,019\,u$$

Damit erhält man für die Energie:

$$E = \Delta m \cdot c^2$$
$$E = -0{,}186\,019 \cdot 1{,}660\,540 \cdot 10^{-27}\,\text{kg} \cdot \left(2{,}997\,925 \cdot 10^8\,\tfrac{\text{m}}{\text{s}}\right)^2$$
$$\underline{E = -2{,}776 \cdot 10^{-11}\,\text{J} \approx -173\,\text{MeV}}$$

Für die Umrechnung der Energieeinheiten gilt:
$1\,\frac{\text{kg} \cdot \text{m}^2}{\text{s}^2} = 1\,\text{J}$
$1\,\text{eV} = 1{,}602 \cdot 10^{-19}\,\text{J}$

*Ergebnis:*
Bei der Spaltung eines Urankerns wird eine Energie von etwa 170 MeV freigesetzt.

Genutzt wird die Kernspaltung vor allem in **Kernkraftwerken** zur Erzeugung von Elektroenergie.

Das erste Kernkraftwerk der Welt wurde 1954 in Obninsk bei Moskau in Betrieb genommen.
In Deutschland waren 2003 insgesamt 19 Kernkraftwerke in Betrieb, die ca. 1/3 des Elektroenergiebedarfs erzeugten.

Das Kernstück eines Kernkraftwerkes ist der Kernreaktor (Bild oben rechts), in dem eine **gesteuerte Kettenreaktion** stattfindet. Um sie zu realisieren, müssen eine Reihe von Bedingungen vorhanden sein:

- Erforderlich ist eine ausreichende Menge an spaltbarem Material. Die mindestens notwendige Masse wird als **kritische Masse** bezeichnet. Das spaltbare Material, meist angereichertes Uran mit 3,5 % U-235 und 96,5 % U-238, befindet sich in Kugel- oder Tablettenform in Brennstoffstäben (Bild rechts).
- Es müssen Neutronen existieren, die die für die Kernspaltung notwendige Geschwindigkeit haben. Das sind relativ langsame, so genannte **thermische Neutronen.** Dazu werden die bei der Kernspaltung freigesetzten schnellen Neutronen durch **Moderatoren** (Wasser, Grafit) abgebremst.
- Die Neutronenzahl und damit die Kettenreaktion muss gesteuert werden. Dazu nutzt man **Regelstäbe** aus Bor oder Cadmium. Diese Stoffe absorbieren Neutronen. Durch Hinein- oder Herausfahren der Regelstäbe wird die Neutronenzahl annähern konstant gehalten.

Die Skizze unten zeigt stark vereinfacht den Aufbau eines Kernkraftwerkes mit **Druckwasserreaktor.**
Beim Betrieb jedes Kernkraftwerkes fällt radioaktiver Abfall an. Das ist strahlendes Material mit teilweise hoher Radioaktivität. Für den Umgang mit solchem radioaktiven Abfall gibt es verschiedene Möglichkeiten.

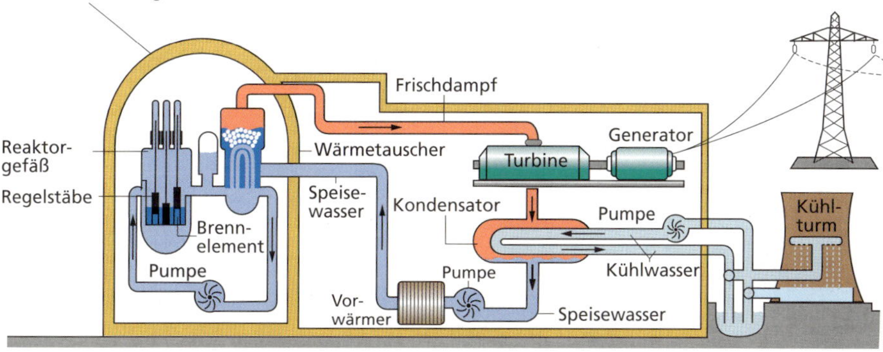

Zwischen- bzw. Endlager befinden sich in Deutschland z. B. in ehemaligen Bergwerken in Gorleben (Niedersachsen) und in Morsleben (Sachsen-Anhalt).

- Ein Teil des Abfalls muss über viele Jahrzehnte hinweg sicher in einem Endlager aufbewahrt werden. Eine solche Endlagerung erfolgt in der Regel in Schächten, z. B. in ehemaligen Salzbergwerken.
- Abgebrannte Brennstäbe können wieder aufbereitet werden. Solche Aufbereitungsanlagen existieren z. B. in La Hague (Frankreich) und in Sellafield (Großbritannien).

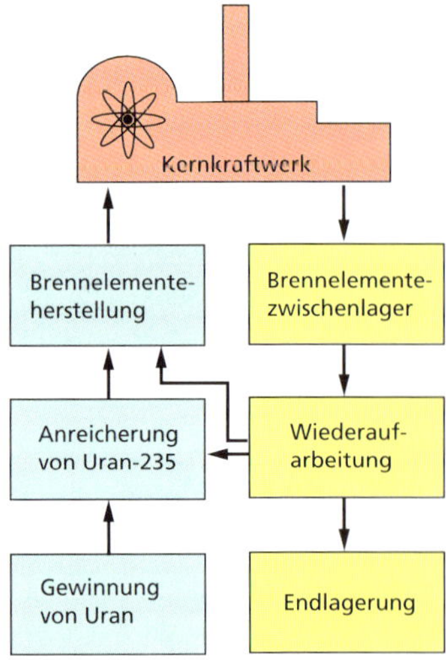


Ein **GAU** (**g**rößter **a**nzunehmender **U**nfall) ereignete sich 1986 im ukrainischen Kernkraftwerk Tschernobyl. Der letzte Reaktor dieses Kraftwerkes wurde im Dezember 2 000 abgeschaltet.

Dabei entstehen allerdings auch radioaktive Abfälle, die über Jahrzehnte hinweg sicher gelagert werden müssen. Das ungelöste Problem der sicheren Endlagerung von radioaktivem Abfall ist neben den Gefahren beim Betrieb von Kernkraftwerken ein gewichtiges Argument für einen Ausstieg aus der Kernenergie.

### Kernfusion

Unter Kernfusion versteht man die Verschmelzung leichter Atomkerne zu schwereren. Dabei wird Energie freigesetzt.

Gearbeitet wird seit geraumer Zeit auch an Fusionsreaktoren.

Kernfusionen vollziehen sich ständig im Inneren der Sonne und anderer Sterne. Nachfolgend sind vereinfacht die Prozesse dargestellt, die im Inneren der Sonne vor sich gehen. Der Vorgang wird als **Heliumsynthese** oder als **Proton-Proton-Zyklus** bezeichnet. Die Sonne setzt ihre Energie durch Fusion von Wasserstoffkernen frei. Von verschiedenen Reaktionsmöglichkeiten kommt für die Sonne nur die **Proton-Proton-Reaktion** in Betracht.

Dabei verschmelzen zunächst zwei Protonen zu einem **Deuteriumkern.** Im nächsten Schritt lagert sich ein weiteres Proton an einen Deuteriumkern an, wodurch ein **Helium-3-Kern** entsteht. Schließlich verschmelzen zwei Helium-3-Kerne zu einem **Helium-4-Kern.** Insgesamt müssen die ersten zwei Teilschritte jeweils doppelt erfolgen.

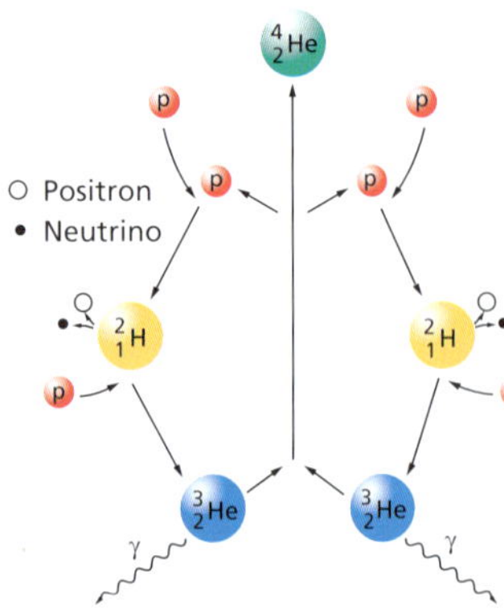


$$^{1}_{1}H + ^{1}_{1}H \rightarrow ^{2}_{1}H + e^{+} + \nu_e$$
$$^{2}_{1}H + ^{1}_{1}H \rightarrow ^{3}_{2}He + \gamma$$
$$^{3}_{2}He + ^{3}_{2}He \rightarrow ^{4}_{2}He + ^{1}_{1}H + ^{1}_{1}H$$

Bei diesem Fusionsprozess wird eine Energie von etwa 26 MeV freigesetzt.

## 7.2.4 Elementarteilchen

Bis zum Jahr 1932 waren den Physikern vier Teilchen bekannt, aus denen die uns umgebende Materie aufgebaut schien. Es handelte sich dabei um das **Elektron,** das **Proton,** das **Neutron** und das **Photon.**

> Die Grundbausteine der Materie werden als **Elementarteilchen** bezeichnet.

Die Existenz einer Reihe von **Elementarteilchen** wurde aufgrund theoretischer Überlegungen vorhergesagt und oft erst Jahre später experimentell nachgewiesen. Zu solchen Elementarteilchen gehören das **Neutron,** das **Positron** oder das **Pion.**

Es stellte sich aber bald heraus, dass es wesentlich mehr Arten von Elementarteilchen gibt.

- 1932 entdeckte C. D. ANDERSON (1905–1991) in der kosmischen Strahlung das **Positron,** das die gleiche Masse wie ein Elektron, aber die entgegengesetzte Ladung hat. Damit war das erste **Antiteilchen** gefunden.
- 1937 fanden C. D. ANDERSON und S. NEDDERMEYER ebenfalls in der kosmischen Strahlung ein Teilchen, das heute als **Myon** bezeichnet wird. Es kommt positiv und negativ geladen vor, ist 207-mal so schwer wie ein Elektron und hat eine durchschnittliche Lebensdauer von 2,2 $\mu$s.
- 1946 entdeckten G. ROCHESTER und C. BUTLER verschiedene positive, neutrale und negative Teilchen, die man als **Kaonen** und **Hyperonen** bezeichnet.
- 1947 fand C. POWELL das **Pion**, das positiv, negativ und neutral vorkommt.

In den nachfolgenden Jahren wurden weitere Teilchen entdeckt. Darüber hinaus fand man, dass zu fast jedem Teilchen ein Antiteilchen existiert.

> Es gibt eine Vielzahl von Elementarteilchen mit unterschiedlichen Eigenschaften und Lebensdauern. Zu fast allen Teilchen existiert ein Antiteilchen.

Physiker sprechen deshalb von einem **„Teilchenzoo"**, in den man versuchte, durch Systematisierungen eine Struktur hineinzubringen. Unterschieden wird zwischen den beiden Teilchenfamilien der **Leptonen** und der **Hadronen,** die wiederum in **Mesonen** und **Baryonen** unterteilt werden. Die Nukleonen werden teilweise gesondert erfasst. In der Tabelle unten sind nur wenige Beispiele genannt. Bereits 1960 waren z. B. mehr als 200 Hadronen bekannt. Die erste erfolgreiche Klassifizierung gelang 1961 M. GELL-MANN (*1929) und Y. NE`EMAN (*1925).

In der zweiten Hälfte des 20. Jahrhunderts wurde begonnen, die Eigenschaften vieler **Elementarteilchen** systematisch zu untersuchen. Bedeutende Forschungseinrichtung dieser Art sind das CERN in Genf, das DESY in Hamburg oder das FERMILAB in den USA.

| Teilchenfamilien | | Beispiele |
|---|---|---|
| Leptonen | | Elektron $e^-$<br>Positron $e^+$<br>Myon $\mu^+$ |
| Hadronen | Mesonen | Pi-Meson $\pi^+$<br>K-Meson $K^0$ |
| | Baryonen | Proton p<br>Neutron n<br>Sigma-Hyperon $\Sigma^+$<br>Xi-Hyperon $\Xi^0$ |

Für seine Beiträge zur Klassifizierung der Elementarteilchen und deren Wechselwirkungen erhielt M. GELL-MANN (*1929) 1969 den **Nobelpreis** für Physik.

| Quarks | u | d | c | s | t | b |
|---|---|---|---|---|---|---|
| Bezeichnung | up | down | charmed | strange | top | bottom |
| Ladung | $+\frac{2}{3}$ e | $-\frac{1}{3}$ e | $+\frac{2}{3}$ e | $-\frac{1}{3}$ e | $+\frac{2}{3}$ e | $-\frac{1}{3}$ e |

Auch bei Quarks kann man nicht ausschließen, dass sie aus noch elementareren Bestandteilen aufgebaut sind.

Weitere Untersuchungen führten 1964 M. GELL-MANN und G. ZWEIG zu der Annahme, dass es Teilchen mit einem Drittel der Elementarladung geben müsse, die als **Quarks** bezeichnet wurden (siehe Übersicht oben). Alle Mesonen und Baryonen (Hadronen) sind aus den 6 Quarks und deren Antiteilchen aufgebaut.

Alle Hadronen sind zusammengesetzte Teilchen. Die Mesonen bestehen aus einem Quark und einem Antiquark, die Baryonen aus drei Quarks oder drei Antiquarks.

Die Theorie für das Verhalten geladener Teilchen und ihrer Wechselwirkungen ist mathematisch anspruchsvoll. Sie wird als **Quantenelektrodynamik** (QED) bezeichnet. Diese Theorie wurde 1928 von P. A. M. DIRAC (1902–1984) begründet und im Laufe der Jahre immer weiter ausgearbeitet. Wesentlichen Anteil daran hatte u. a. der 1965 mit dem Nobelpreis für Physik ausgezeichnete R. P. FEYNMAN (1918–1988).

Die Kernbausteine Proton und Neutron, die man den Baryonen zurechnet, bestehen aus je drei Quarks in der in den Skizzen unten dargestellten Zusammensetzung.

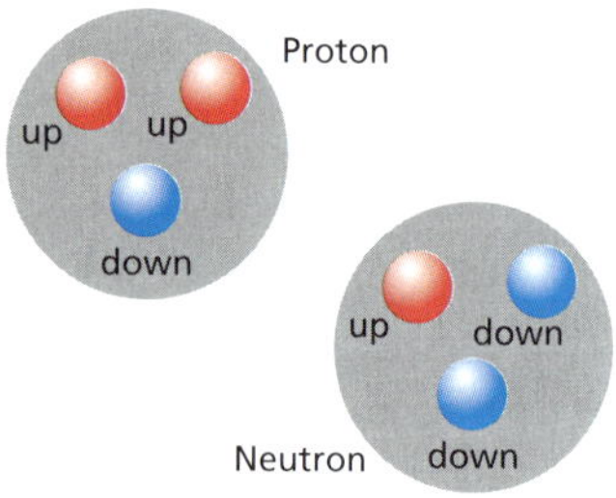


Alle Erkenntnisse über den Aufbau und die Zusammensetzung der elementaren Bestandteile der Materie sind in einem Modell zusammengefasst, das als **Standardmodell** bezeichnet wird. Nach diesem um 1975 entwickelten Standardmodell gibt es nur zwei Arten von Teilchen – die Leptonen und die Quarks – sowie die zwischen ihnen wirkenden Kräfte. Diese Teilchen, die keine messbare innere Struktur haben, treten in genau drei so genannten Familien auf: Jede Familie besteht aus zwei Quarks, zwei Leptonen (Elektron, Neutrino) sowie deren Antiteilchen.

Alle normale Materie besteht aus den Teilchen der Familie niedrigster Energie.

Nachfolgend sind diese Urteilchen der drei Familien angegeben.

| Materie | Leptonen | Quarks |
|---|---|---|
| normale Materie | Elektron<br>Elektron-Neutrino | up<br>down |
| Materie im höheren Energiezustand | Myon<br>Myon-Neutrino | charmed<br>strange |
| | Tau<br>Tau-Neutrino | top<br>bottom |

# 8 SPEZIELLE RELATIVITÄTSTHEORIE

## 8.1 Von der klassischen Physik zur Relativitätstheorie

Der deutsche Physiker ALBERT EINSTEIN (1879–1955) entwickelte in seiner 1905 veröffentlichten Arbeit „Zur Elektrodynamik bewegter Körper“ neue Vorstellungen über Raum und Zeit. Die Veröffentlichung dieser Arbeit war die „Geburtsstunde“ der speziellen Relativitätstheorie.

Wenn heute im Auto ein modernes Funknavigationssystem benutzt wird, auf einer Funkuhr die Zeit abgelesen wird oder Flugzeuge mithilfe eines satellitengestützten Systems navigieren, denkt kaum jemand daran, dass dabei auch Erkenntnisse der speziellen Relativitätstheorie eine Rolle spielen.

Am Ende des 19. Jahrhunderts waren die Grundlagen der klassischen Physik, insbesondere der newtonschen Mechanik, weitgehend systematisch erforscht. Die grundlegenden Aussagen von ISAAC NEWTON (1643–1727) beruhten auf einem erkenntnistheoretischen Fundament, zu dessen wesentlichen Bausteinen Vorstellungen über einen **absoluten Raum** und eine **absolute Zeit** gehörten. Gleichzeitig gab es einzelne experimentelle Befunde und auch theoretische Ansätze, die mit diesen allgemein anerkannten erkenntnistheoretischen Grundlagen nicht vereinbar waren. Dazu zählten Experimente zur **Äthertheorie** (Experimente von MICHELSON und MORLEY) und auch Erkenntnisse aus dem relativ neuen Gebiet der Elektrodynamik (MAXWELL-Gleichungen).

Der entscheidende Schritt gelang 1905 ALBERT EINSTEIN (1879–1955) mit seiner Arbeit „Zur Elektrodynamik bewegter Körper“, in der er neue Vorstellungen über Raum und Zeit entwickelte und damit ein verändertes physikalisches Weltbild begründete. Diese Arbeit von ALBERT EINSTEIN war zugleich die Begründung einer neuen physikalischen Theorie, der **speziellen Relativitätstheorie**. Sie wurde von EINSTEIN selbst in den folgenden Jahren zur **allgemeinen Relativitätstheorie** erweitert.

### 8.1.1 Die klassischen Vorstellungen von Raum und Zeit

PHILOSOPHIÆ
NATURALIS
PRINCIPIA
MATHEMATICA
IMPRIMATUR

Die klassischen Vorstellungen über Raum und Zeit formulierte der englische Naturforscher ISAAC NEWTON (1643–1727) im Jahre 1686 in seinem Werk „Die mathematischen Prinzipien der Naturlehre“.

Über viele Jahrhunderte hinweg hatten sich die Vorstellungen über Raum und Zeit entwickelt. Wichtige Grundlagen schufen ARISTOTELES (384–322 v. Chr., Bild unten links) und GALILEO GALILEI (1564–1642, Bild unten Mitte). ISAAC NEWTON (1643–1727, Bild unten rechts) formulierte in seinem Werk „Philosophiae Naturalis Principia Mathematica“ Grundpositionen bezüglich Raum und Zeit, die sich als Grundlagen der klassischen Mechanik glänzend bewährten:

*Der absolute Raum ist vermöge seiner Natur und ohne Beziehung auf einen äußeren Gegenstand stets gleich und unbeweglich.*

*Die absolute, wahre und mathematische Zeit verfließt an sich und vermöge ihrer gleichförmig und ohne Beziehung auf irgendeinen äußeren Gegenstand.*

Zusammenfassend lassen sich die bis ins 20. Jahrhundert hinein anerkannten Grundpositionen zu Raum und Zeit folgendermaßen kennzeichnen:

- Raum und Zeit existieren objektiv und insbesondere auch unabhängig vom Bewegungszustand eines Körpers.
- Es gibt keine Wechselbeziehungen zwischen Raum und Zeit, d. h., sie beeinflussen sich nicht gegenseitig.
- Der Raum ist unendlich ausgedehnt. Alle Punkte und alle Richtungen des Raumes sind gleichberechtigt.
- Die Zeit ist unendlich ausgedehnt und nur von einer Dimension. Alle Zeitpunkte sind gleichberechtigt.
- Raum und Zeit sind universell, d. h., die räumlichen Abmessungen eines Körpers und die Zeitdauer eines Vorganges sind unabhängig vom Bezugssystem.

Die klassische Physik geht von einem absoluten Raum und einer absoluten Zeit aus.

Schon bei NEWTON findet sich die Vorstellung, dass der absolute Raum mit einem Stoff ausgefüllt sei, der als **Äther** bezeichnet wurde. Die **Ätherhypothese** entwickelte sich im 19. Jahrhundert zu der dominierenden Vorstellung. Insbesondere ging man davon aus, dass der im absoluten Raum ruhende **Äther** der Träger der Lichtwellen sei, ähnlich wie sich in Luft die Schallwellen ausbreiten.

Die auf diesen Vorstellungen basierende **newtonsche Mechanik** galt als Kernstück der klassischen Physik und als eine abgeschlossene Theorie, die sich in der Praxis hervorragend bewährt hatte.

### 8.1.2 Inertialsysteme und das galileische Relativitätsprinzip

Bewegungen oder wirkende Kräfte können in unterschiedlichen Bezugssystemen (↗ S. 56) beschrieben werden. Eine spezielle Gruppe von Bezugssystemen sind **Inertialsysteme** (↗ S. 56), also Bezugssysteme, in denen das Trägheitsgesetz (↗ S. 76) gilt.

Befindet man sich in einem solchen Inertialsystem, dann wirkt auf einen an der Feder hängenden Körper eine konstante Kraft. Ein Stein fällt nach den Gesetzen des freien Falls. Eine Kugel rollt mit $\vec{v}$ = konstant, also geradlinig und gleichförmig. Das gilt auch in jedem Inertialsystem, das sich gegenüber einem anderen gleichförmig und geradlinig bewegt. Das ist das Wesen des **galileischen Relativitätsprinzips.**

Das Gegenstück zu **Inertialsystemen** sind **beschleunigte Bezugssysteme.** Auch ein mit der Erdoberfläche verbundenes Bezugssystem ist streng genommen wegen der Rotation der Erde kein Inertialsystem.

Inertialsysteme sind Bezugssysteme, in denen das Trägheitsgesetz gilt. Alle Inertialsysteme sind gleichberechtigt. In ihnen gelten die gleichen physikalischen Gesetze.

Damit gibt es experimentell keine Möglichkeit, ein absolutes Inertialsystem zu finden, das mit dem absoluten Raum verbunden ist.

Zur Veranschaulichung der Beschreibung von Bewegungen in Raum und Zeit werden häufig so genannte Raum-Zeit-Diagramme genutzt, die auch als **MINKOWSKI-Diagramme** bezeichnet werden, benannt nach dem deutschen Mathematiker **HERMANN MINKOWSKI** (1864–1909).

Aus dem galileischen Relativitätsprinzip folgt nicht, dass z. B. die Koordinaten und die Geschwindigkeit eines Körpers, die von zwei verschiedenen Inertialsystemen aus beschrieben werden, gleich sind. Während der Autofahrer z. B. im System S' ruht, bewegt er sich gegenüber dem System S mit konstanter Geschwindigkeit.

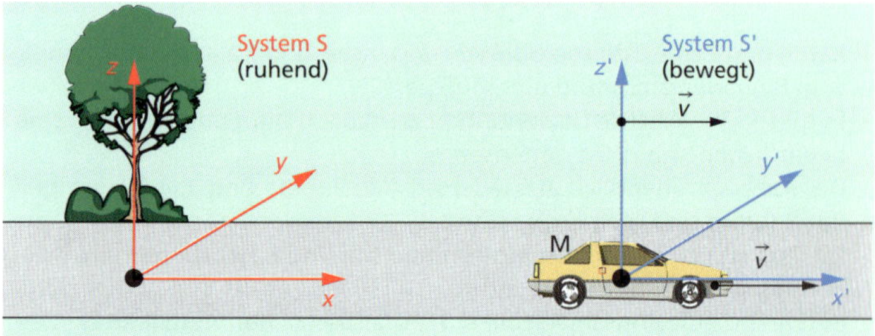


Die Gleichungen, die es ermöglichen, die räumlichen und zeitlichen Koordinaten eines Punktes von einem Inertialsystem in ein anderes umzurechnen, werden als **GALILEI-Transformation** bezeichnet.

Wir gehen von folgenden Bedingungen aus:
- Betrachtet wird die Bewegung des Massenmittelpunktes M des Autos.
- Das System S' bewegt sich bezüglich des Systems S mit konstanter Geschwindigkeit $v$ entlang der $x$-Achse.
- Zum Zeitpunkt $t = t' = 0$ ist auch $x = x' = 0$.

Dann ergibt sich als **GALILEI-Transformation:**

| Umrechnung von S nach S' | Umrechnung von S' nach S |
|---|---|
| $x' = x - v \cdot t$<br>$y' = y$<br>$z' = z$ | $x = x' + v \cdot t'$<br>$y = y'$<br>$z = z'$ |
| $t' = t$ | $t = t'$ |

Bei anderer Wahl der Bedingungen können die Transformationsgleichungen eine andere Form haben. Die Zeit vergeht in allen **Inertialsystemen** gleich. Es gilt immer $t = t'$.

In einem Inertialsystem S bewegen sich zwei Körper $K_1$ und $K_2$ mit der Geschwindigkeit $u_1$ und $u_2$ längs der $x$-Achse. Ihre Relativgeschwindigkeit beträgt $u = u_2 - u_1$.
*Wie groß ist ihre Relativgeschwindigkeit in einem System S', das sich gegenüber S mit der Geschwindigkeit v nach rechts bewegt.*

Das klassische Gesetz für die Addition von Geschwindigkeiten (↗ S. 67) gilt, wenn $u_1, u_2 \ll c$.

*Analyse:*
Auf beide Körper lässt sich die GALILEI-Transformation in der oben genannten Form anwenden. Es gilt das klassische Gesetz für die Addition von Geschwindigkeiten.

*Lösung:*
Im System S' erhält man dann für die beiden Körper die folgenden Geschwindigkeiten:

$u_1' = u_1 - v \qquad u_2' = u_2 - v$

Damit ergibt sich für die Relativgeschwindigkeit:

$$\Delta u' = u_2' - u_1'$$

$$\Delta u' = (u_2 - v) - (u_1 - v)$$

$$\Delta u' = u_2 - u_1 = \Delta u$$

*Ergebnis:*
Die Relativgeschwindigkeit zweier Körper ist unabhängig vom Bezugssystem. Sie ist eine Invariante.

In der Physik werden physikalische Größen, die einen Sachverhalt erfassen und beschreiben, als invariant bezeichnet, wenn sie beim Übergang von einem **Bezugssystem** in ein anderes unverändert bleiben, also von der Wahl des Bezugssystems nicht abhängig sind.

Mithilfe der GALILEI-Transformation kann man untersuchen, welche Größen und Gesetze der newtonschen Mechanik invariant sind, also unabhängig von der Wahl des Inertialsystems den gleichen Wert bzw. die gleiche Form besitzen.
- Bei der physikalischen Größe **Zeit** nehmen wir als natürlich an, dass sie unabhängig von der Wahl des Bezugssystems ist, also stets $t = t'$ gilt.
- Von der Wahl des Bezugssystems ist auch die **Länge** eines Körpers und damit der **Abstand zweier Punkte** unabhängig.

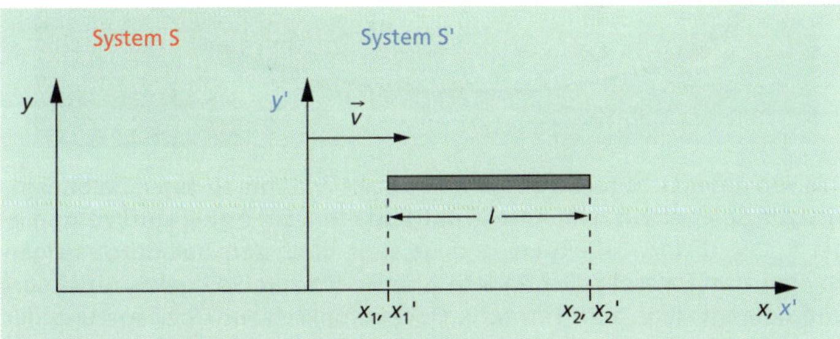


Mit $x_1 = x_1' + v \cdot t'$ und $x_2 = x_2' + v \cdot t'$ folgt
$l = x_2 - x_1 = (x_2' + v \cdot t) - (x_1' + v \cdot t) = x_2' - x_1'$

- Die **Geschwindigkeit** eines Körpers und damit auch der zurückgelegte **Weg** sind abhängig von der Wahl des Bezugssystems und demzufolge nicht invariant.
- Invariant ist dagegen die **Änderung der Geschwindigkeit** eines Körpers.
- Ebenfalls unabhängig von der Wahl des Bezugssystems sind die **Beschleunigung,** die **Masse** und die **Kraft.**

Von der Wahl des Bezugssystems unabhängig und damit invariant gegenüber der GALILEI-Transformation sind Zeit, Länge, Beschleunigung, Masse und Kraft.
Nicht invariant sind dagegen Weg und Geschwindigkeit.

Der amerikanische Physiker ALBERT A. MICHELSON (1852–1931) führte sein berühmtes Experiment erstmals 1881 in Potsdam durch und wiederholte es 1887 zusammen mit EDWARD W. MORLEY (1831–1923) in Cleveland/Ohio.

Die Apparatur war auf einer massiven Steinplatte aufgebaut, die in einem mit Quecksilber gefüllten Trog schwamm. Dadurch sollten störende Schwingungen vermieden werden.

Beim Drehen der Anordnung wurde eine Verschiebung der Interferenzstreifen erwartet, so wie sie in den Skizzen dargestellt ist. Sie trat aber bei keinem der Experimente auf.

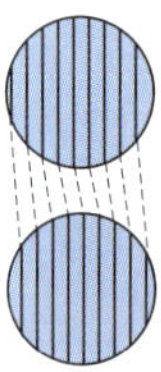

### 8.1.3 Das MICHELSON-MORLEY-Experiment

#### Ausgangspunkte und Versuchsanordnung

Ende des 19. Jahrhunderts waren die technischen Voraussetzungen gegeben, um erkenntnistheoretische Grundpositionen der klassischen Physik überprüfen zu können. Ein Ziel war der **Nachweis eines ruhenden Äthers,** in dem sich die Erde bewegt. Der Nachweis eines ruhenden Äthers wäre zugleich ein wichtiger Beleg für die Existenz eines absoluten Raumes (↗ S. 424) gewesen.
Die Idee zu diesem Experiment geht auf J. C. MAXWELL (1831–1879) zurück. Realisiert wurde es mehrfach von A. A. MICHELSON und E.W. MORLEY mit einem speziell dafür entwickelten **MICHELSON-Interferometer.**

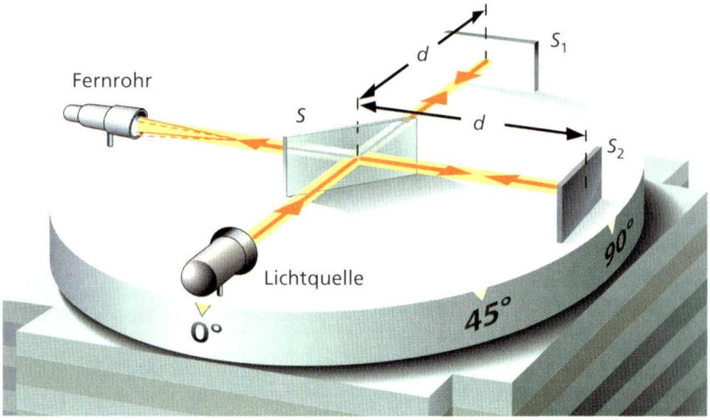


Das von einer Lichtquelle ausgehende Licht wird durch einen halbdurchlässigen Spiegel S in zwei Anteile aufgespalten. Ein Anteil läuft zum Spiegel $S_1$, wird dort reflektiert und gelangt über den halbdurchlässigen Spiegel zum Fernrohr. Der andere Anteil wird zum Spiegel $S_2$ reflektiert und gelangt dann zum Fernrohr. Dort kommt es zur Überlagerung der Anteile und damit aufgrund der vermuteten unterschiedlich langen Laufzeiten des Lichtes quer bzw. parallel zur Bewegung der Erde im Äther zu einer bestimmten Anordnung der Interferenzstreifen. Bei Drehung der gesamten Anordnung um 90° müsste sich die Lage der Interferenzstreifen ändern, da sich damit auch die Lichtwege relativ zum Äther ändern würden.

#### Das erwartete Ergebnis

Nimmt man an, dass die Strecke $SS_1$ in Richtung der Erdbewegung liegt und sich die Erde mit der Geschwindigkeit $v$ ($v = 30 \text{ km} \cdot \text{s}^{-1}$) bewegt, dann ergeben sich für den Weg $d = \overline{SS_1}$ folgende Laufzeiten für das Licht:

$$S \rightarrow S_1: \qquad t_{\text{par, 1}} = \frac{d}{c - v}$$

$$S_1 \rightarrow S: \qquad t_{\text{par, 2}} = \frac{d}{c + v}$$

Für Hin- und Rückweg parallel zur Bewegungsrichtung der Erde ergibt sich dann:

$$t_{par} = t_{par,\,1} + t_{par,\,2} = \frac{d}{c-v} + \frac{d}{c+v} = \frac{2d}{c} \cdot \frac{1}{1 - v^2/c^2} \quad (1)$$

| parallel zur Erdbewegung | senkrecht zur Erdbewegung |
|---|---|
| 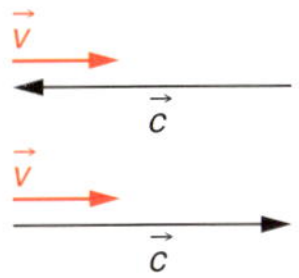 $v_{par,\,1} = c - v$ <br> $v_{par,\,2} = c + v$ | 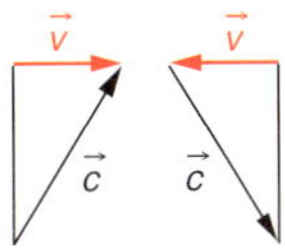 $v_{senkr} = \sqrt{c^2 - v^2}$ |

Die mehrfach verbesserte Anordnung von MICHELSON und MORLEY war ein Musterbeispiel für gerätetechnische Präzision. Obwohl die Laufzeitdifferenzen aufgrund der gegenüber der **Lichtgeschwindigkeit** ($300\,000\,\frac{km}{s}$) kleinen Erdgeschwindigkeit ($30\,\frac{km}{s}$) sehr gering waren, hätte man noch eine Laufzeitdifferenz bestimmen können, die bei etwa 1 % der berechneten Laufzeitdifferenz lag.

Die Strecke $d = \overline{SS_2}$ liegt dann senkrecht zur Richtung der Erdbewegung. Die Laufzeiten für das Licht sind bei Hin- und Rückweg gleich groß und betragen:

$$t_{senkr,\,1} = t_{senkr,\,2} = \frac{d}{\sqrt{c^2 - v^2}}$$ und damit für Hin- und Rückweg:

$$t_{senkr} = \frac{2d}{c} \cdot \frac{1}{\sqrt{1 - v^2/c^2}} \quad (2)$$

Damit ergibt sich eine Laufzeitdifferenz, da $t_{senkr} < t_{par}$ ist. Bei Drehung der Anordnung um 90° vertauschen sich die Wege und die Laufzeiten. Das müsste eine Verschiebung der Interferenzstreifen bewirken.

**Das experimentelle Ergebnis**

Zur Überraschung vieler Physiker zeigte es: Es trat bei keinem der Versuche irgendeine Verschiebung der Interferenzstreifen auf. Ein Einfluss eines Äthers auf die Lichtgeschwindigkeit wurde nicht gefunden. Das negative Ergebnis war letztlich eine Bestätigung für die Konstanz der Lichtgeschwindigkeit. Mit dieser Annahme ist das experimentelle Ergebnis widerspruchsfrei erklärbar.

> In unterschiedlich bewegten Systemen wird stets der gleiche Wert für die Lichtgeschwindigkeit gemessen. Es gibt keinen bevorzugten absoluten Raum.

Das Experiment ist ein wichtiger Beleg dafür, dass es keinen **Äther** gibt. Alle Versuche, ihn nachzuweisen, schlugen fehl.

Damit ergab sich ein fundamentaler Widerspruch zwischen Grundannahmen der klassischen Physik (Existenz eines absoluten Raumes mit Äther) und einem experimentellen Ergebnis. Ob das beschriebene Experiment ein wesentlicher Ausgangspunkt für die Überlegungen von ALBERT EINSTEIN bei der Formulierung seiner 1905 veröffentlichten speziellen Relativitätstheorie war, ist umstritten. Allerdings stellt er in den einleitenden Worten zu seinem Werk „Zur Elektrodynamik bewegter Körper" fest:

*„Die mißlungenen Versuche, eine Bewegung der Erde relativ zum Lichtmedium zu konstatieren, führen zu der Vermutung, daß dem Begriff der absoluten Ruhe nicht nur in der Mechanik, sondern auch in der Elektrodynamik keine Eigenschaften der Erscheinung entsprechen …"*

## 8.2 Grundaussagen der speziellen Relativitätstheorie

### Die zwei Postulate von EINSTEIN

Dargestellt sind die Grundzüge der SRT in dem 1905 veröffentlichten Beitrag „Zur Elektrodynamik bewegter Körper“. Im gleichen Jahr veröffentlichte A. EINSTEIN zwei weitere grundlegende Arbeiten, eine über die Photonenhypothese und eine über die atomistische Deutung der brownschen Bewegung, die der Atomtheorie mit zum Durchbruch verhalf.

Die von ALBERT EINSTEIN (1879–1955) entwickelte spezielle Relativitätstheorie, kurz auch als **SRT** bezeichnet, geht von zwei grundlegenden Postulaten aus, die relativ einfach erscheinen, aber Kernpunkte des bis dahin allgemein anerkannten physikalischen Weltbildes berühren. Das erste Postulat ist das **Relativitätsprinzip.**

> Alle Inertialsysteme sind bezüglich physikalischer Gesetze gleichberechtigt. Die fundamentalen Naturgesetze gelten in jedem Inertialsystem in gleicher Weise.

Mit der Gleichberechtigung aller Bezugssysteme ist die Vorstellung eines materiellen Äthers als Träger eines bevorzugten Bezugssystems, eines absoluten Raumes, unvereinbar.
Das zweite Postulat ist das von der **Konstanz der Lichtgeschwindigkeit.**

> Die Lichtgeschwindigkeit im Vakuum ist in allen Inertialsystemen stets gleich groß. Sie ist unabhängig vom Bewegungszustand der Lichtquelle und des Beobachters bei der Messung.
> Ihr Wert beträgt:
> $c = 299\,792{,}485\ \frac{km}{s} \approx 300\,000\ \frac{km}{s}$

J. C. MAXWELL (1831–1879) stellte fest, dass für die Vakuumlichtgeschwindigkeit gilt:

$$c = \frac{1}{\sqrt{\varepsilon_0 \cdot \mu_0}}$$

$\varepsilon_0$ ist die elektrische Feldkonstante, $\mu_0$ die magnetische Feldkonstante (↗ S. 211, 233).

Aus der Konstanz der Vakuumlichtgeschwindigkeit ergibt sich, dass sie eine Grenzgeschwindigkeit für Körper und für Energieübertragungen, damit auch für Signalübertragungen, ist.
Aus der Konstanz der Vakuumgeschwindigkeit folgt unmittelbar die Relativität des Begriffs der **Gleichzeitigkeit.** Dass Licht eine bestimmte Laufzeit hat, muss beim Vergleich verschiedener Uhren beachtet werden. EINSTEIN stellte sich **Lichtuhren** vor, die auf dem 2. Postulat beruhen.
Eine **Lichtuhr** ist eine Röhre mit spiegelnden Enden, in der das Licht hin- und herläuft. Die Laufzeit des Lichtes ist ein Maß für die Zeitdauer.

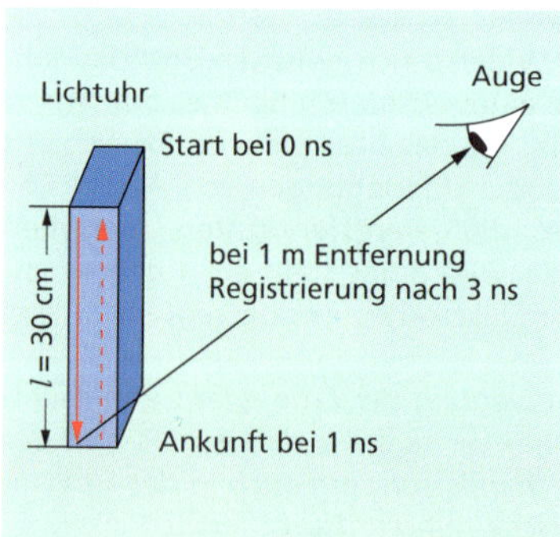


Zum Durchlaufen einer Länge von 30 cm braucht das Licht bei einer Geschwindigkeit von $300\,000\ \frac{km}{s}$ etwa $10^{-9}$ s = 1 ns. Für das Auge zeigt die Uhr aufgrund der Lichtlaufzeit schon eine vergangene Zeit. Ereignisse erfolgen in einem Bezugssystem nur dann gleichzeitig, wenn Uhren in diesem Bezugssystem synchron laufen, also die Messungen unter Beachtung der Lichtlaufzeiten erfolgen (↗ S. 432).

Hinweise zum Synchronisieren von Uhren sind ↗ S. 432 und auf der CD zu finden.

## Die LORENTZ-Transformation

Der niederländische Physiker **HENDRIK ANTON LORENTZ** (1853–1928) entwickelte zur klassischen Interpretation des **MICHELSON-MORLEY-Experiments** (↗ S. 428) die genannten Gleichungen.

Für die Beschreibung von Ereignissen von unterschiedlichen Inertialsystemen aus ist in der klassischen Physik die GALILEI-Transformation (↗ S. 426) anwendbar, wenn die Geschwindigkeiten vernachlässigbar klein gegenüber der Lichtgeschwindigkeit sind. Bei größeren Geschwindigkeiten muss eine Transformation genutzt werden, die bereits 1895 von H.A. LORENTZ entwickelt wurde und deshalb die Bezeichnung **LORENTZ-Transformation** trägt. Die betreffenden Gleichungen geben den Zusammenhang zwischen den Koordinaten der Orts- und Zeitmessungen in zwei Inertialsystemen in mathematischer Form wieder. Wir gehen davon aus, dass sich das System S' gegenüber dem System S mit der Geschwindigkeit *v* in positiver *x*-Richtung bewegt.

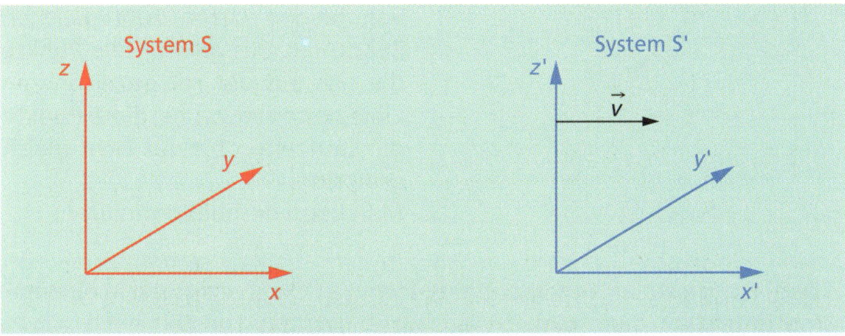


Die Gleichungen, die es in der SRT ermöglichen, die räumlichen und zeitlichen Koordinaten von einem Inertialsystem in ein anderes umzurechnen, werden als **LORENTZ-Transformation** bezeichnet.

Unter der Bedingung, dass zum Zeitpunkt $t = t' = 0$ auch $x = x' = 0$ ist und sich die Systeme mit der Relativgeschwindigkeit *v* in *x*-Richtung zueinander bewegen, gelten folgende Transformationsgleichungen:

| Umrechnung von S nach S' | Umrechnung von S' nach S |
|---|---|
| $x' = \frac{x - v \cdot t}{\sqrt{1 - \frac{v^2}{c^2}}} = k(x - v \cdot t)$<br>$y' = y$<br>$z' = z$ | $x = \frac{x' + v \cdot t'}{\sqrt{1 - \frac{v^2}{c^2}}} = k(x' + v \cdot t')$<br>$y = y'$<br>$z = z'$ |
| $t' = \frac{t - \frac{v}{c^2} \cdot x}{\sqrt{1 - \frac{v^2}{c^2}}} = k(t - \frac{v}{c^2}x)$ | $t = \frac{t' + \frac{v}{c^2} \cdot x'}{\sqrt{1 - \frac{v^2}{c^2}}} = k(t' - \frac{v}{c^2}x')$ |

Der Faktor

$$k = \frac{1}{\sqrt{1 - \frac{v^2}{c^2}}}$$

wird als ***k*-Faktor** oder als **LORENTZ-Faktor** bezeichnet (s. u.).
Für kleine Geschwindigkeiten ($v \ll c$) geht die **LORENTZ-Transformation** in die **GALILEI-Transformation** (↗ S. 426) über.

| ***v/c*** | 0,01 | 0,1 | 0,2 | 0,4 | 0,6 | 0,8 | 0,9 | 0,99 |
|---|---|---|---|---|---|---|---|---|
| ***k*** | 1,000 005 | 1,005 | 1,021 | 1,091 | 1,250 | 1,667 | 2,294 | 7,089 |

## 8.3 Relativistische Kinematik

Informationen zur klassischen Kinematik sind ↗ S. 56 ff. und ↗ S. 424 zu finden.

### Relativität der Gleichzeitigkeit

Ob zwei räumlich getrennte Ereignisse gleichzeitig erfolgen hängt davon ab, wie man den Begriff der Gleichzeitigkeit fasst. EINSTEIN betrachtete dazu ein System S, in dem an verschiedenen Orten A und B ein Ereignis vor sich geht.

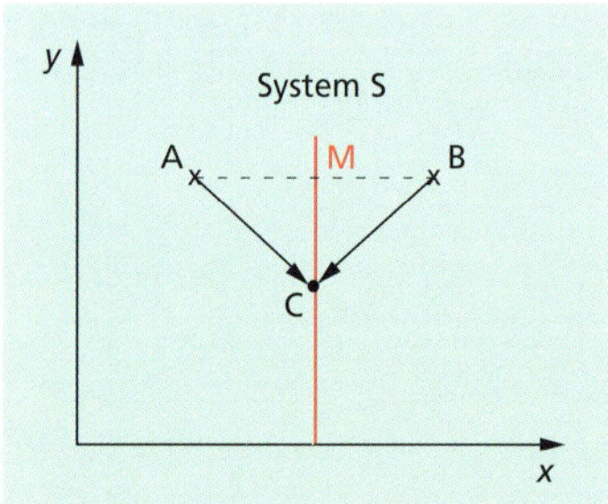


Befindet sich ein Beobachter in C und geht von den Orten A und B gleichzeitig Licht aus, dann registriert der Beobachter in C das Licht von beiden Orten zum gleichen Zeitpunkt. Das gilt für alle Punkte die sich auf der rot gezeichneten Linie befinden, da für diese Punkte die Laufzeiten für das Licht gleich groß sind.
Man kann deshalb definieren:

Diese **Definition** der Gleichzeitigkeit kann man auch nutzen, um Uhren zu synchronisieren. Zwei Uhren werden dann gestartet, wenn Lichtsignale dort eintreffen, die zum gleichen Zeitpunkt von der Mitte zwischen den beiden Uhren ausgegangen sind. Beide Uhren laufen dann synchron.

> Zwei Ereignisse an voneinander getrennten Orten erfolgen in einem Inertialsystem dann **gleichzeitig,** wenn sich das zur Zeit der Ereignisse ausgesendete Licht in der Mitte ihrer Verbindungslinie trifft.

Betrachtet man dieselben Ereignisse von einem anderen Inertialsystem S' aus, das sich gegenüber dem System S bewegt, dann erfolgen die Ereignisse nicht gleichzeitig. Das wird bei folgendem **Gedankenexperiment** deutlich, das auf A. EINSTEIN zurückgeht. Betrachtet wird die Bewegung eines sehr langen Zuges (System S'), der sich längs eines geraden Bahndammes (System S) mit hoher Geschwindigkeit bewegt. Von den Punkten A und B wird gleichzeitig ein Lichtblitz ausgesendet.

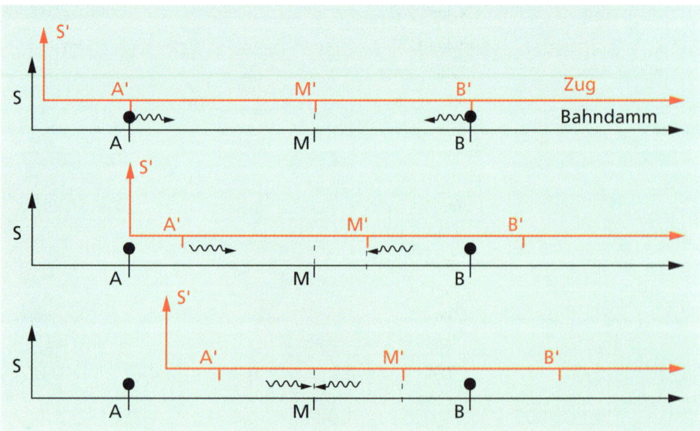


Dargestellt ist in den Skizzen der Sachverhalt aus der Sicht eines Beobachters im System S.

Für einen Beobachter, der sich am Punkt M im System S befindet, ergibt sich:

- Der Lichtblitz von B erreicht den Punkt M' im System S' früher als der Lichtblitz von A (mittlere Skizze S. 432)
- Zu einem späteren Zeitpunkt registriert der Beobachter in M beide Lichtblitze gleichzeitig.

Dieser Sachverhalt wird **Relativität der Gleichzeitigkeit** genannt.

> Zwei Ereignisse, die in einem Inertialsystem S an verschiedenen Orten gleichzeitig stattfinden, erfolgen in einem dazu bewegten Inertialsystem S' nicht gleichzeitig.

Aus der Sicht eines Beobachters im System S' stellt sich der Sachverhalt umgekehrt dar: Ein Beobachter in M' registriert die Lichtblitze gleichzeitig und für M nicht gleichzeitig.

Die **Relativität der Gleichzeitigkeit** kann auch mithilfe der **LORENTZ-Transformation** beschrieben werden.

### Relativität der Zeitmessung

Die Relativität der Gleichzeitigkeit ist mit der Vorstellung einer absoluten Zeit nicht vereinbar. Damit entsteht die Frage, wovon die Zeitdauer eines Vorganges in einem Inertialsystem abhängig ist und ob sie sich verändert, wenn man den gleichen Vorgang von einem dazu bewegten Bezugssystem aus beschreibt. Die Zusammenhänge lassen sich mithilfe eines Gedankenexperiments mit Lichtuhren (↗ S. 430) verdeutlichen.
In einem ruhenden Inertialsystem S befinden sich zwei synchronisierte Lichtuhren A und B. In einem dazu bewegten Inertialsystem S' befindet sich eine Lichtuhr C, die sich mit hoher Geschwindigkeit an A und B vorbeibewegt. Wir betrachten drei verschiedene Positionen der sich bewegenden Uhr C.

Als ruhend bezeichnet man ein **Inertialsystem,** in dem sich mindestens zwei synchronisierte Uhren befinden und das insofern gegenüber anderen Inertialsystemen ausgezeichnet ist.

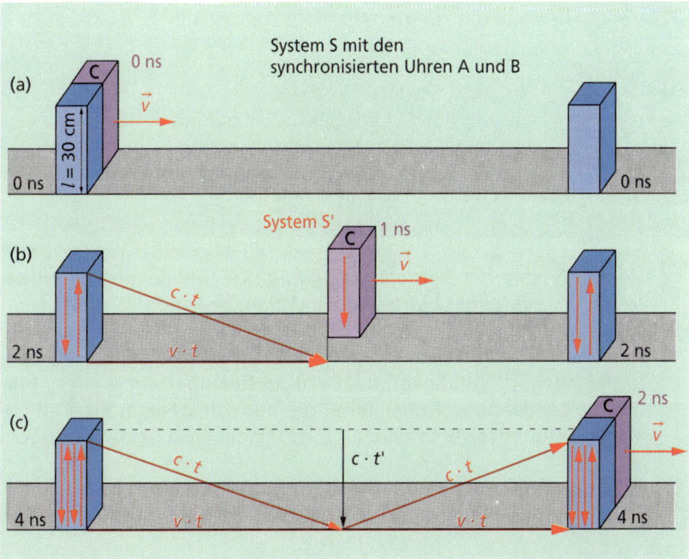


Zur Vereinfachung gehen wir bei dem **Gedankenexperiment** von folgenden Bedingungen aus:

- Wenn sich die Lichtuhr C an A vorbeibewegt, werden die synchron laufenden Uhren A und B gestartet.
- Während der Bewegung der Uhr C von A nach B läuft das Licht in den Uhren A und B viermal hin und her.

Von System S aus betrachtet ergibt sich:
- In den synchronisierten Lichtuhren A und B läuft das Licht zweimal hin und her. Bei einer Länge der Lichtuhren von 30 cm entspricht das 4 ns.
- In der bewegten Lichtuhr C verläuft das Licht schräg und hat einen wesentlich größeren Weg zurückzulegen. Es läuft in der Lichtuhr C im gleichen Zeitraum gerade einmal hin und her.

Vom System S' aus betrachtet ergibt sich:
- Das Licht läuft zwischen den beiden Spiegeln der Lichtuhr während der Bewegung von A nach B gerade einmal hin und her.

Dieser an einem speziellen Beispiel dargestellte Zusammenhang gilt allgemein.

Die Zeit, die ein Beobachter in seinem Inertialsystem misst, ist die Eigenzeit.

In seinem Ruhesystem dauert ein physikalischer Vorgang am kürzesten (Eigenzeit). Von einem dazu bewegten System aus wird die Zeitdauer des gleichen Vorgangs größer gemessen.

Abgeleitet ist die Bezeichnung Dilatation von dilator (lat.) = dehnen.

Die Erscheinung, dass für einen bewegten Beobachter die Zeit für einen Vorgang gedehnt erscheint, wird auch als **Zeitdilatation** bezeichnet. Der quantitative Zusammenhang lässt sich leicht herleiten, wenn man von Bild (c) auf S. 433 ausgeht und auf ein dort markiertes rechtwinkliges Dreieck den Satz des PYTHAGORAS anwendet.

$$(c \cdot t)^2 = (v \cdot t)^2 + (c \cdot t')^2$$

Die Umstellung dieser Gleichung nach $t$ ergibt die gesuchte Beziehung.

Die Beziehung kann auch aus den LORENTZ-Transformationsgleichungen hergeleitet werden. Unter den angegebenen Bedingungen gilt immer $t > t'$ und damit auch $\Delta t > \Delta t'$.
Da die Zeit in relativ zueinander bewegten Systemen unterschiedlich schnell verläuft, würden auch Personen in solchen Systemen verschieden schnell altern. Diese Erscheinung wird als Uhrenparadoxon oder Zwillingsparadoxon bezeichnet.

Von jedem Inertialsystem aus erscheint die Zeitdauer für einen Vorgang in einem dazu bewegten Inertialsystem gedehnt. Für die Zeitdilatation gilt:

$$t = t' \cdot \frac{1}{\sqrt{1 - \frac{v^2}{c^2}}} = t' \cdot k$$

- $t$ Zeit im Inertialsystem S
- $c$ Lichtgeschwindigkeit
- $t'$ Zeit im Inertialsystem S'
- $v$ Relativgeschwindigkeit zwischen S und S'

*Wie groß wäre die Zeitdehnung, wenn sich eine Rakete mit Ionentriebwerk mit halber Lichtgeschwindigkeit bewegen würde?*

*Analyse:*
Die Relativgeschwindigkeit des Bezugssystems beträgt $v = \frac{1}{2}c$. Faktor der Zeitdehnung ist der Term, der auch als $k$-Faktor oder als LORENTZ-Faktor bezeichnet wird (↗ S. 431). Sein Wert ist zu berechnen.

Gesucht: $k$
Gegeben: $v = \frac{1}{2}c$

*Lösung:*

$$k = \frac{1}{\sqrt{1 - \frac{v^2}{c^2}}}$$

$$k = \frac{1}{\sqrt{1 - \frac{c^2}{4c^2}}} = \frac{1}{\sqrt{1 - \frac{1}{4}}} = \frac{1}{\sqrt{0{,}75}} = 1{,}155$$

*Ergebnis:*
Bei einer Relativgeschwindigkeit, die gleich der halben Lichtgeschwindigkeit ist, beträgt der Faktor der Zeitdehnung 1,155.

Bei $v = \frac{1}{10}c$ ist $k = 1{,}005$.
Bei „normalen" Geschwindigkeiten (Flugzeug, Auto) ist *k* vernachlässigbar (↗ S. 431).

Die **erste experimentelle Bestätigung** des relativistischen Effekts der Zeitdilatation mit Uhren erfolgte 1971 durch die beiden amerikanischen Physiker JOSEPH C. HAFELE und RICHARD KEATING mithilfe von Atomuhren. 1985 wurden die Ergebnisse des HAFELE-KEATING-Experiments durch Experimente bei der D1-Mission mit der Raumfähre „Challenger" bestätigt. Hier wurde der Gang von Atomuhren in der Raumfähre und auf der Erde miteinander verglichen.

Eine ausführliche Darstellung dieses Experiments ist unter dem Stichwort **HAFELE-KEATING-Experiment** auf der CD zu finden.

Eine weitere Bestätigung für den relativistischen Effekt der Zeitdilatation ist der **Zerfall von Myonen.**

**Myonen** sind Elementarteilchen (↗ S. 421). Sie sind negativ geladen, instabil und haben eine mittlere Lebensdauer von 2,2 µs. Sie bewegen sich näherungsweise mit Lichtgeschwindigkeit ($v = 0{,}9995\,c$).

*Wie groß ist die mittlere Lebensdauer von Myonen für einen Beobachter auf der Erde?*

Analyse:
Die Lebensdauer bezieht sich immer auf ein bestimmtes Bezugssystem. Für die angegebene Lebensdauer von 2,2 µs ist das die Eigenzeit in einem Bezugssystem, in dem das Myon ruht. Gegenüber einem erdgebundenen Beobachter bewegt es sich aber mit einer Geschwindigkeit von 0,999 5 *c*. Der Beobachter registriert demzufolge eine andere mittlere Lebensdauer. Sie kann mithilfe der Gleichung für die Zeitdilatation ermittelt werden.

Gesucht: $\Delta t$
Gegeben: $\Delta t' = 2{,}2\ \mu s = 2{,}2 \cdot 10^{-6}\ s$
$v = 0{,}9995\ c$

*Lösung:*

$$\Delta t = \frac{\Delta t'}{\sqrt{1 - \frac{v^2}{c^2}}}$$

$$\Delta t = \frac{2{,}2 \cdot 10^{-6}\ s}{\sqrt{1 - (0{,}9995)^2}} \approx 69 \cdot 10^{-6}\ s$$

*Ergebnis:*
In einem Bezugssystem, in dem ein irdischer Beobachter ruht, hat ein Myon eine mittlere Lebensdauer von etwa 69 µs. Dass ist etwa das 30-fache des Wertes in einem System, das sich mit 0,999 5 *c* bewegt.

Das genannte Ergebnis wurde inzwischen in verschiedenen Experimenten mit einer hohen Genauigkeit bestätigt.

## Relativität der Längenmessung

In der klassischen Physik ist die Länge eines Körpers und damit der Abstand zweier Punkte eine invariante Größe. In relativistischer Betrachtungsweise hängt aber die Länge ebenso wie die Zeit von der Bewegung des Bezugssystems ab.
Wir betrachten dazu eine sehr schnell fliegende Rakete, die in A und B zwei synchronisierte Lichtuhren (↗ S. 432) mitführt. Sie bewegt sich mit hoher Geschwindigkeit gegenüber einem System S, in dem sich eine Lichtuhr C befindet. In diesem System wird die Zeit gemessen.

Die Länge, die ein Beobachter in seinem Inertialsystem für eine ruhende Strecke misst, nennt man **Eigenlänge.**

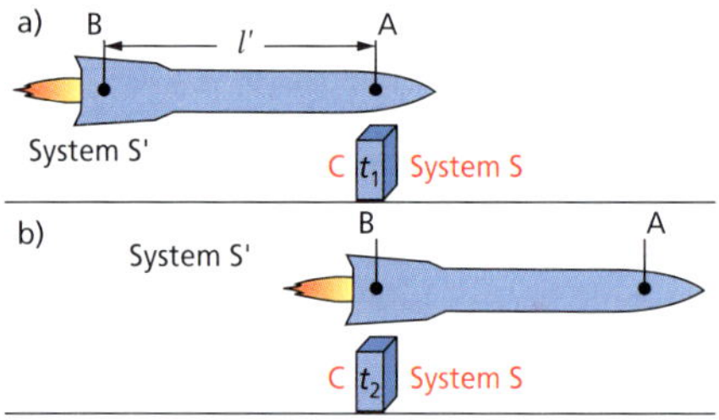


Die Zeit des Vorbeifluges wird in beiden Systemen gemessen. Für S' ergibt sich die Zeit $\Delta t'$ und damit als Abstand $\overline{AB} = l' = c \cdot \Delta t'$.
Für das System S ergibt die Zeitmessung aufgrund der Zeitdilatation (↗ S. 434) die kürzere Zeit und damit auch einen kleineren Abstand $l = c \cdot \Delta t$.

> In seinem Ruhesystem hat ein Körper die größte Länge (Eigenlänge). In einem dazu bewegten System ist die Länge geringer.

Abgeleitet ist diese Bezeichnung von contrahere (lat.) = verkürzen.

Dieser relativistische Effekt der Längenverkürzung wird als **Längenkontraktion** bezeichnet.
Mit $l' = c \cdot \Delta t'$ und $l = c \cdot \Delta t$ ergibt sich als Verhältnis der Längen:

$$\frac{l}{l'} = \frac{c \cdot \Delta t}{c \cdot \Delta t'} = \frac{\Delta t}{\Delta t'} \qquad \text{oder} \qquad l = l' \cdot \frac{\Delta t}{\Delta t'}$$

Mit $\Delta t = \Delta t' \sqrt{1 - \frac{v^2}{c^2}}$ erhält man $l = l' \sqrt{1 - \frac{v^2}{c^2}}$.

> Für die Längenkontraktion gilt die Gleichung:
>
> $$l = l' \sqrt{1 - \frac{v^2}{c^2}} = \frac{l'}{k}$$
>
> $l$ Länge im Inertialsystem S
> $l'$ Länge im Inertialsystem S'
> $c$ Lichtgeschwindigkeit
> $v$ Relativgeschwindigkeit zwischen S und S'

Unter den angegebenen Bedingungen gilt immer:

$l < l'$

$l'$ ist die Eigenlänge. Die Beziehung kann auch aus den LORENTZ-Transformationsgleichungen hergeleitet werden.

Wie die Zeitdilatation ist auch die Längenkontraktion vom $k$-Faktor (↗ S. 431) abhängig. Sie ist demzufolge bei „normalen" Geschwindigkeiten vernachlässigbar klein, spielt aber z. B. bei der Bewegung von Elementarteilchen durch Atmosphäreschichten hindurch eine Rolle, wenn sich diese Elementarteilchen mit Geschwindigkeiten nahe der Lichtgeschwindigkeit bewegen.

## Raum und Zeit

In der klassischen Physik existieren Raum und Zeit als absolute Größen völlig unabhängig voneinander. Relativität von Zeit und Längenmessung belegen: Raum und Zeit sind untrennbar miteinander verbunden. So leitete H. MINKOWSKI am 21. 9. 1908 einen Vortrag mit folgenden Worten ein:
*„Meine Herren! Die Anschauung über Raum und Zeit, die ich ihnen entwickeln möchte, sind auf experimentell physikalischem Boden erwachsen. Darin liegt ihre Stärke. Ihre Tendenz ist eine radikale. Von Stund an sollen Raum für sich und Zeit für sich völlig zum Schatten herabsinken und nur noch eine Union der beiden soll Selbständigkeit bewahren".*

> In der speziellen Relativitätstheorie sind Raum und Zeit untrennbar miteinander verbunden. Man spricht deshalb auch von der Raum-Zeit.

Der deutsche Mathematiker HERMANN MINKOWSKI (1864–1909) war einer der Lehrer von A. EINSTEIN und brachte die spezielle Relativitätstheorie um 1908 in die heute übliche mathematische Form.
Die Begriffe Vergangenheit, Gegenwart und Zukunft lassen sich mithilfe eines Ereigniskegels beschreiben.

## Addition von Geschwindigkeiten

In der klassischen Physik $(v \ll c)$ setzen sich die einzelnen Geschwindigkeiten additiv zusammen (↗ S. 67 f.). Bei gleicher Bewegungsrichtung gilt für die Beträge:

$$u = u' + v$$

Eine Folgerung daraus ist, dass ein Körper jede beliebige Geschwindigkeit erreichen könnte. Das widerspricht aber der Tatsache, dass die Vakuumlichtgeschwindigkeit eine Grenzgeschwindigkeit ist. In der Relativitätstheorie ist deshalb das genannte Gesetz nicht anwendbar.

$u$ und $u'$ sind die Geschwindigkeiten eines Objektes in den Systemen S und S', $v$ die Relativgeschwindigkeit der beiden Systeme zueinander.

> Für die relativistische Addition von Geschwindigkeiten gilt:
>
> $$u = \frac{u' + v}{1 + \frac{u' \cdot v}{c^2}}$$
>
> $u$ Geschwindigkeit im System S
> $u'$ Geschwindigkeit im System S'
> $v$ Relativgeschwindigkeit von S und S'

Für kleine Geschwindigkeiten ist $\frac{u' \cdot v}{c^2}$ vernachlässigbar klein. Damit geht die Gleichung in $u = u' + v$ über.
Der relativistische Zusammenhang zwischen den Geschwindigkeiten kann auch aus den LORENTZ-Transformationsgleichungen hergeleitet werden.

Eine Rakete (S') bewegt sich mit 0,6 $c$ in Richtung Erde (S) und schickt eine Sonde mit 0,5 $c$ relativ zur Rakete in diese Richtung. In der klassischen Physik würde sich $u = 1{,}1\ c$ ergeben, also Überlichtgeschwindigkeit, die physikalisch nicht möglich ist.

Die Geschwindigkeit muss relativistisch berechnet werden. Für die von der Erde aus gemessene Geschwindigkeit der Sonde ergibt sich:

$$u = \frac{u' + v}{1 + \frac{u' \cdot v}{c^2}} = \frac{0{,}6\,c + 0{,}5\,c}{1 + \frac{0{,}6\,c \cdot 0{,}5\,c}{c^2}} = \frac{1{,}1\,c}{1 + 0{,}30} = 0{,}79\ c$$

Die Sonde bewegt sich mit 0,79 $c$ Richtung Erde.

## Der optische DOPPLER-Effekt

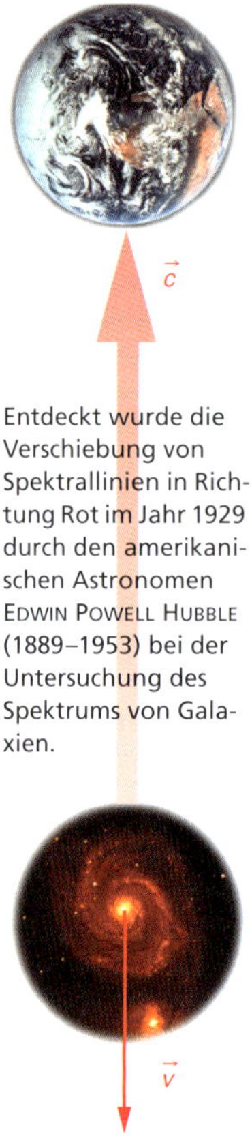


Entdeckt wurde die Verschiebung von Spektrallinien in Richtung Rot im Jahr 1929 durch den amerikanischen Astronomen EDWIN POWELL HUBBLE (1889–1953) bei der Untersuchung des Spektrums von Galaxien.

In der Akustik hängt die Tonhöhe und damit die Frequenz, die ein Beobachter registriert, von der Geschwindigkeit zwischen Tonquelle und Beobachter ab (akustischer DOPPLER-Effekt, ↗ S. 144).
Eine analoge Erscheinung tritt auf, wenn sich eine Lichtquelle mit hoher Geschwindigkeit von einem Beobachter entfernt, wie das z. B. zwischen Beobachtern auf der Erde und Galaxien der Fall ist. Dieser Effekt wird als **optischer** oder **relativistischer DOPPLER-Effekt** bezeichnet.

Sendet eine Quelle Licht aus und entfernt sie sich mit der Geschwindigkeit $v$ vom Empfänger, so ist die empfangene Frequenz kleiner als die von der Quelle ausgehende Frequenz. Es gilt:

$$f_E = f_Q \cdot \frac{\sqrt{1-\frac{v}{c}}}{\sqrt{1+\frac{v}{c}}}$$

$f_E$ vom Empfänger registrierte Frequenz
$f_Q$ von der Quelle abgegebene Frequenz
$v$ Relativgeschwindigkeit Quelle–Empfänger
$c$ Lichtgeschwindigkeit

Setzt man statt der Frequenz die Wellenlänge ein ($\lambda = c/f$), dann erhält man die Beziehung

$$\lambda_E = \lambda_Q \cdot \frac{\sqrt{1+\frac{v}{c}}}{\sqrt{1-\frac{v}{c}}}$$

Die beim Empfänger ankommenden Wellen haben eine kleinere Frequenz und damit eine größere Wellenlänge als die, die von der Quelle ausgesandt wurden. Da eine größere Wellenlänge eine Verschiebung der Lichtfarbe in Richtung Rot bedeutet, wird dieser Effekt als **Rotverschiebung** bezeichnet. Als Linienverschiebung im Spektrum ergibt sich

$$\frac{\Delta\lambda}{\lambda_Q} = \frac{\sqrt{1+v/c}}{\sqrt{1-v/c}} - 1 \qquad (1)$$

Die 1963 entdeckten **Quasare** senden eine starke Radiostrahlung aus. Es sind wahrscheinlich sehr aktive Kerne junger Galaxien. Im Jahre 2000 wurde ein Quasar mit $\frac{\Delta\lambda}{\lambda} = 5{,}8$ entdeckt.

Die Linienverschiebung lässt sich messen, wenn man eine bestimmte Spektrallinie auf der Erde mit derjenigen vergleicht, die man aus der Analyse des Spektrums einer Galaxie gewonnen hat. Bei den entferntesten, optisch noch nachweisbaren Galaxien beträgt $\Delta\lambda/\lambda \approx 0{,}7$. Aus der Umstellung der Gleichung (1) ergibt sich als Fluchtgeschwindigkeit $v$:

$$v = \frac{(\Delta\lambda/\lambda_Q + 1)^2 - 1}{(\Delta\lambda/\lambda_Q + 1)^2 + 1} \cdot c \qquad v = \frac{(0{,}7+1)^2 - 1}{(0{,}7+1)^2 + 1} \cdot c = 0{,}49\, c$$

Die Fluchtgeschwindigkeit dieser Galaxien ist etwa gleich der halben Lichtgeschwindigkeit. Die entferntesten Quasare weisen eine Rotverschiebung von etwa $\Delta\lambda/\lambda \approx 5$ auf. Das entspricht einer Fluchtgeschwindigkeit von etwa 95 % der Lichtgeschwindigkeit.

## 8.4 Relativistische Dynamik

### Relativität der Masse

In der klassischen Physik ist die Masse als Maß für die Trägheit und die Schwere eines Körpers definiert. Sie wird als konstant angesehen. Für ein abgeschlossenes System gilt der Satz von der Erhaltung der Masse. Diese Aussagen gelten uneingeschränkt für einen Beobachter in einem Inertialsystem mit Körpern, die sich gegenüber dem Beobachter mit Geschwindigkeiten bewegen, die klein gegenüber der Lichtgeschwindigkeit sind.

Die Masse eines Körpers oder Teilchens, die ein Beobachter registriert, der sich in einem Inertialsystem gegenüber den Körpern oder Teilchen in Ruhe befindet, wird als Ruhemasse $m_0$ bezeichnet.

Werden aber z. B. Elektronen durch elektrische Felder auf höhere Geschwindigkeiten gebracht, dann zeigt sich, dass die Masse nicht konstant ist, sondern mit der Geschwindigkeit zunimmt.

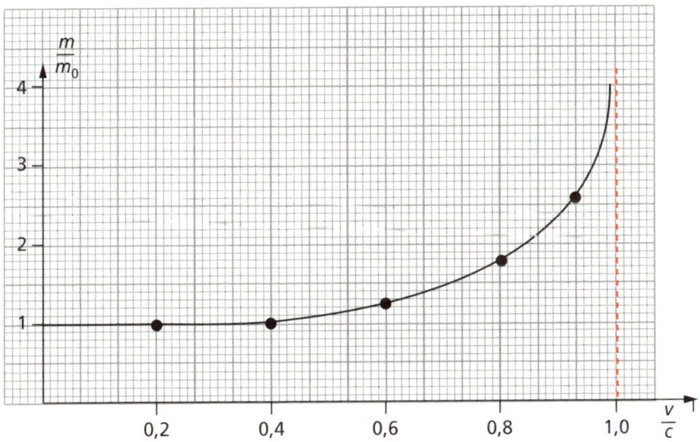


Die Masse eines Körpers oder Teilchens nimmt mit seiner Geschwindigkeit zu. Allgemein gilt:

$$m = \frac{m_0}{\sqrt{1 - \frac{v^2}{c^2}}} = k \cdot m_0$$

$m$ Masse des bewegten Körpers oder Teilchens
$m_0$ Ruhemasse
$v$ Geschwindigkeit

Die Masse $m$ eines bewegten Körpers oder Teilchens wird im Unterschied zur Ruhemasse auch als **relativistische Masse** oder als **dynamische Masse** bezeichnet.

Bereits 1904 berechnete der österreichische Physiker FRIEDRICH HASENÖHRL (1874–1915), dass der elektromagnetischen Feldenergie eine Trägheit von $E/c^2$ entspricht. Wichtige Vorarbeiten leistete auch der französische Mathematiker und Physiker JULES HENRI POINCARÉ (1854–1912).

Bei den im Alltag auftretenden Geschwindigkeiten ist die Massezunahme vernachlässigbar. Selbst bei 1/10 der Lichtgeschwindigkeit vergrößert sich die Masse nur um den Faktor 1,005 (↗ k-Faktor S. 431), also um 0,5 %.

Der Zusammenhang zwischen Masse und Geschwindigkeit kann mithilfe des Impulserhaltungssatzes hergeleitet werden. Experimentell wurde die Vergrößerung der Masse mit der Geschwindigkeit erstmals 1909/1910 durch die Physiker KAUFMANN und BUCHERER bei Elektronen nachgewiesen.

*Wie schnell müsste sich ein Körper bewegen, damit seine Masse doppelt so groß wie die Ruhemasse wird?*

Gesucht: $v$
Gegeben: $m = 2\,m_0$
$c = 3 \cdot 10^8\ \frac{\text{m}}{\text{s}}$

*Lösung:*
Die Umstellung der Gleichung $m = \frac{m_0}{\sqrt{1 - \frac{v^2}{c^2}}}$ nach $v$ ergibt:

$$v = c\sqrt{1 - \frac{m_0^2}{m^2}} = 3 \cdot 10^8\ \frac{\text{m}}{\text{s}} \cdot \sqrt{1 - \frac{m_0^2}{4m^2}} = \underline{2{,}6 \cdot 10^8\ \frac{\text{m}}{\text{s}}}$$

*Ergebnis:*
Damit die Masse eines Körpers doppelt so groß wie seine Ruhemasse ist, müsste er sich mit einer Geschwindigkeit von etwa 260 000 km/s bewegen. Das sind ca. 87 % der Vakuumlichtgeschwindigkeit.

In den meisten Fällen ist es ausreichend, mit dem gerundeten Wert $c$ = 300 000 km/s = 3 · $10^8$ m/s zu rechnen.

Die relativistische Massezunahme spielt in der Physik vor allem bei **Teilchenbeschleunigern** eine Rolle. In solchen Beschleunigern werden Elementarteilchen, z. B. Elektronen oder Protonen, nahezu auf Lichtgeschwindigkeit beschleunigt. Um die Teilchen durch Magnetfelder auf eine Kreisbahn zu zwingen, sind aufgrund der relativistischen Masse entsprechend starke Magnetfelder erforderlich.

Schon bei einer Beschleunigung durch eine Spannung von 10 000 V erreichen Elektronen ca. 20 % der Lichtgeschwindigkeit. In Beschleunigern werden k-Werte von 100 bis 50 000 erreicht.

## Äquivalenz von Masse und Energie

In einer grundlegenden Arbeit, die ALBERT EINSTEIN (1879–1955) 1905 unter dem Titel „Ist die Trägheit eines Körpers von seinem Energiegehalt abhängig" veröffentlichte, stellte er fest: *„Die Masse eines Körpers ist ein Maß für dessen Energiegehalt"*. Er traf dort die fundamentale Feststellung:

Die Gesamtenergie eines Körpers und seine dynamische Masse sind zueinander proportional. Masse und Energie sind äquivalent. Es gilt:

$E = m \cdot c^2$

| | |
|---|---|
| $E$ | Gesamtenergie eines Körpers |
| $m$ | Masse des Körpers |
| $c$ | Vakuumlichtgeschwindigkeit |

Diese Gleichung ist die wahrscheinlich bekannteste physikalische Gleichung. Sie hat fundamentale Bedeutung.

Äquivalenz von Energie und Masse bedeutet, dass jeder Form von Energie eine Masse zuzuordnen ist und umgekehrt jeder Masse eine Energie zugeordnet werden kann. Daraus ergibt sich:

- In jedem abgeschlossenen System ist die Erhaltung der Energie gleichbedeutend mit der Erhaltung der Masse. In relativistischer Betrachtungsweise umfasst somit der allgemeine Energieerhaltungssatz den Satz von der Erhaltung der Masse. Dieser wiederum wäre einem Satz von der Erhaltung der dynamischen Masse äquivalent. In der Physik ist es aber üblich, den Energieerhaltungssatz in den Vordergrund zu stellen.
- Der Zusammenhang zwischen Energie und Masse ist nicht auf mechanische Vorgänge beschränkt, sondern gilt für beliebige Vorgänge in der Makrophysik und in der Mikrophysik.

In der klassischen Physik gibt es dagegen zwei voneinander unabhängige Erhaltungssätze, den **Energieerhaltungssatz** und den **Satz von der Erhaltung der Masse.**

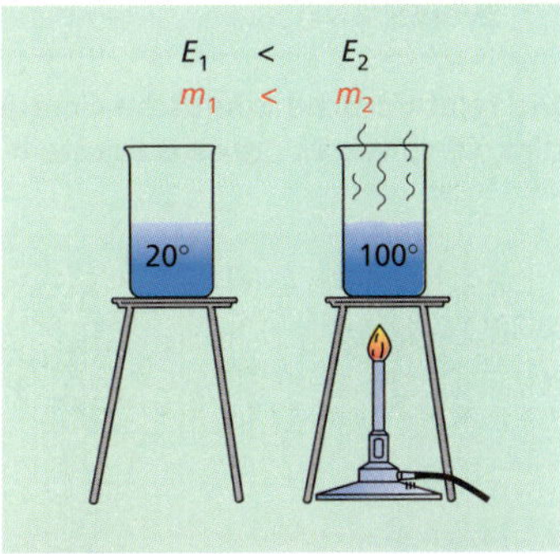


Wird einem Körper Wärme zugeführt, so erhöht sich seine thermische Energie. Das führt zu einem entsprechenden Zuwachs an Masse.
Wird z. B. 1 Liter Wasser von 20 °C auf 100 °C erhitzt, so muss ihm eine Energie von 335 kJ zugeführt werden. Das entspricht einer Masse von $\Delta m = \frac{E}{c^2} \approx 3{,}7 \cdot 10^{-12}$ kg. Abkühlung eines Körpers bedeutet Verringerung seiner Energie und damit Verkleinerung der dazu äquivalenten Masse.
Die Sonne gibt Energie in Form von Strahlung an ihre Umgebung ab. Ihre **Leuchtkraft** beträgt $3{,}8 \cdot 10^{26}$ W. In jeder Sekunde verschmelzen 567 Mio. Tonnen Wasserstoff zu 562,8 Mio. Tonnen Helium. Der **Massendefekt** beträgt in jeder Sekunde 4,2 Mio. Tonnen. Dem entspricht eine Energie von $3{,}8 \cdot 10^{26}$ J.
Bei der Kernspaltung haben die Bruchstücke zusammen eine kleinere Masse als der ursprüngliche Kern. Dem Massendefekt äquivalent ist die kinetische Energie der Bruchstücke.

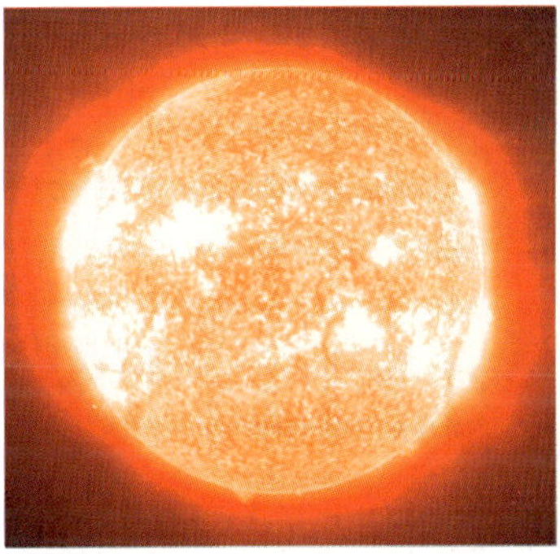

Im Alltag spielen solche Veränderungen der Masse keine Rolle. Sie bleiben unbemerkt.

Die Strahlungsleistung eines Sterns wird als **Leuchtkraft** bezeichnet.

Der Verlust an Masse, der bei verschiedenen Vorgängen auftritt, wird in der Physik als **Massendefekt** bezeichnet. Dieser Massendefekt bestimmt die Energiebilanz bei **Kernspaltung** und **Kernfusion,** aber auch bei der **Paarzerstrahlung** und der **Paarbildung.**

- Ein ruhender Körper mit bestimmter Masse besitzt aufgrund der Beziehung $E = m \cdot c^2$ eine bestimmte Energie. Analog zur Ruhemasse $m_0$ wird diese Energie als **Ruheenergie** bezeichnet. Es gilt:

$$E_0 = m_0 \cdot c^2$$

– Ein bewegter Körper verändert mit der Geschwindigkeit seine Masse und damit seine Energie. Der Energiezuwachs beträgt $\Delta E = \Delta m \cdot c^2$. Die relativistische kinetische Energie ergibt sich dann als:

$$E_{kin} = (m - m_0)\,c^2 = m_0 \cdot c^2 \left( \frac{1}{\sqrt{1 - \frac{v^2}{c^2}}} - 1 \right)$$

Zusammenfassend gilt für die verschiedenen Energien:

Statt von relativistischer kinetischer Energie spricht man meist einfach von **kinetischer Energie.** Dabei ist zu beachten: Die kinetische Energie in der Relativitätstheorie ist nicht gleich der kinetischen Energie in der klassischen Physik (↗ S. 86).

In der speziellen Relativitätstheorie ist zu unterscheiden zwischen der **Ruheenergie** $E_0 = m_0 \cdot c^2$, der **relativistischen kinetischen Energie** $E_{kin} = (m - m_0)\,c^2$ und der **Gesamtenergie** $E = E_0 + E_{kin} = m \cdot c^2 = \frac{m_0}{\sqrt{1 - \frac{v^2}{c^2}}} \cdot c^2$.

Die relativistische kinetische Energie vergrößert sich mit der Geschwindigkeit, so wie es unten dargestellt ist.

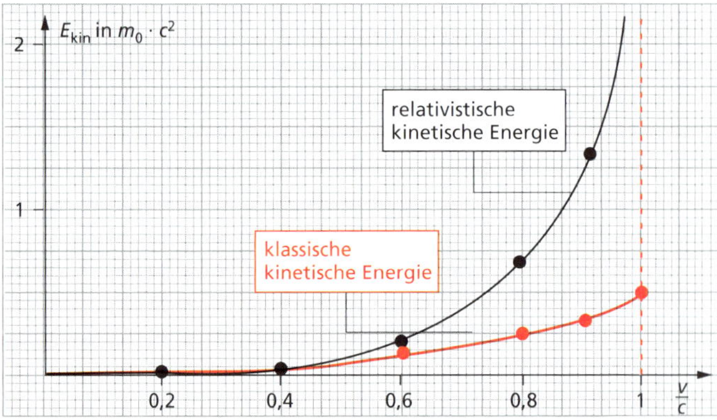


*Wie groß ist die Gesamtenergie eines Elektrons, das sich mit 90 % der Lichtgeschwindigkeit bewegt? Wie groß ist der Anteil der kinetischen Energie?*

*Analyse:*
Bei der angegebenen Geschwindigkeit muss eine relativistische Betrachtungsweise erfolgen. Es müssen Ruheenergie und relativistische kinetische Energie einbezogen werden.

Gesucht: $E$
Gegeben: $m_0 = 9{,}109 \cdot 10^{-31}$ kg

$c = 3 \cdot 10^8\ \frac{m}{s}$

$v = 0{,}9 \cdot 3 \cdot 10^8\ \frac{m}{s}$

*Lösung:*
Für die Gesamtenergie erhält man $E = \frac{m_0 \cdot c^2}{\sqrt{1 - \frac{v^2}{c^2}}}$

Damit erhält man:

$$E = \frac{9{,}109 \cdot \text{kg} \cdot (3 \cdot 10^8)^2 \text{m}^2}{10^{31} \cdot \text{s}^2 \sqrt{1 - \left(\frac{0{,}9 \cdot 3 \cdot 10^8}{3 \cdot 10^8}\right)^2}}$$

$$\underline{E = 1{,}88 \cdot 10^{-13}\ \text{J}}$$

Der Anteil der kinetischen Energie kann z. B. so ermittelt werden, dass man die Ruheenergie berechnet und die Differenz bildet.
Als Ruheenergie für ein Elektron erhält man:

$$E_0 = m_0 \cdot c^2$$
$$E_0 = 9{,}109 \cdot 10^{-31}\ \text{kg} \cdot (3 \cdot 10^8\ \tfrac{\text{m}}{\text{s}})^2 \approx 8{,}2 \cdot 10^{-14}\ \text{J}$$

Demzufolge hat die kinetische Energie den Wert $10{,}6 \cdot 10^{-14}$ J.

*Ergebnis:*
Die Gesamtenergie eines Elektrons, das sich mit 90 % der Lichtgeschwindigkeit bewegt, beträgt $1{,}88 \cdot 10^{-13}$ J oder 1,17 MeV. Davon beträgt der Anteil der relativistischen kinetischen Energie ca. 57 %.

Die Gesamtenergie ist gleich der Summe aus der Ruheenergie und der relativistischen kinetischen Energie:
$E = E_0 + E_{kin}$

Für die Einheiten gilt:
$1\ \text{eV} = 1{,}602 \cdot 10^{-19}\ \text{J}$

- Objekten, die keine Ruhemasse haben (Photonen, Neutrinos), kann eine Masse zugeordnet werden, die man auch als **Impulsmasse** bezeichnet.

Photonen haben eine Energie von 1,89 eV. *Wie groß ist ihre Impulsmasse?*

*Analyse:*
Genutzt werden zur Berechnung kann die Gleichung $E = m \cdot c^2$.

Gesucht: $m$
Gegeben: $E = 1{,}89\ \text{eV} = 1{,}89 \cdot 1{,}602 \cdot 10^{-19}\ \text{J}$
$c = 3 \cdot 10^8\ \frac{\text{m}}{\text{s}}$

Für die Einheiten gilt:
$1\ \text{eV} = 1{,}602 \cdot 10^{-19}\ \text{J}$
$1\ \text{J} = 1 \frac{\text{kg} \cdot \text{m}^2}{\text{s}^2}$

*Lösung:*

$$m = \frac{E}{c^2}$$

$$m = \frac{1{,}89 \cdot 1{,}602\ \text{J}}{10^{19} \cdot (3 \cdot 10^8 \frac{\text{m}}{\text{s}})^2}$$

$$\underline{m = 3{,}36 \cdot 10^{-36}\ \text{kg}}$$

*Ergebnis:*
Einem Photon mit einer Energie von 1,89 eV kann eine Masse von $3{,}36 \cdot 10^{-36}$ kg zugeordnet werden.

## Der relativistische Impuls

In der klassischen Physik ist der **Impuls** als Produkt aus konstanter **Masse** und **Geschwindigkeit** definiert:

$$\vec{p} = m \cdot \vec{v}$$

Für die **Kraft** gilt auch in der Relativitätstheorie:

$$\vec{F} = \frac{\Delta \vec{p}}{\Delta t}$$

Mit der relativistischen Deutung der Masse (↗ S. 439) ist es auch möglich, den relativistischen Impuls zu definieren.

Der relativistische Impuls kann berechnet werden mit der Gleichung:

$$\vec{p} = m(v) \cdot \vec{v} = \frac{m_0}{\sqrt{1 - \frac{v^2}{c^2}}} \cdot \vec{v} = k \cdot m_0 \cdot \vec{v}$$

| | | | |
|---|---|---|---|
| $m_0$ | Ruhemasse | $c$ | Lichtgeschwindigkeit |
| $v$ | Geschwindigkeit | $k$ | $k$-Faktor |

## Erhaltungssätze in der Relativitätstheorie

**Erhaltungssätze** der klassischen Physik sind der **Energieerhaltungssatz** (↗ S. 84), der **Satz von der Erhaltung der Masse**, der **Impulserhaltungssatz** (↗ S. 106) und der **Drehimpulserhaltungssatz** (↗ S. 114).

**Erhaltungssätze** als grundlegende Erfahrungssätze müssen insbesondere aufgrund der Äquivalenz von Energie und Masse für die spezielle Relativitätstheorie neu gefasst bzw. in ihren Formulierungen der Theorie angepasst werden. Wegen der Äquivalenz von Masse und Energie sind die Gesetze von der Erhaltung der Energie und der Erhaltung der (dynamischen) Masse gleichwertig. Masse und Energie sind zwei verschiedene Erscheinungsformen der Materie, die ineinander umwandelbar sind. Deshalb kann man beide Erhaltungssätze zusammenfassen.

In einem abgeschlossenen physikalischen System ist die Gesamtenergie konstant. Es gilt:

$$E = E_1 + E_2 + \ldots + E_n = \text{konst.}$$

| | |
|---|---|
| $E$ | Gesamtenergie |
| $E_i$ | Energie der einzelnen Objekte |

**Impulserhaltungssatz** und **Drehimpulserhaltungssatz** gelten auch in der speziellen Relativitätstheorie. Es ist aber zu beachten, dass die Masse von der Geschwindigkeit abhängt.

Relativistischer Impuls und relativistische Energie sind folgendermaßen miteinander verknüpft:

$$p^2 \cdot c^2 = E^2 - E_0{}^2$$

Damit sind auch **Energie** und **Impuls** miteinander verknüpft.

In einem abgeschlossenen physikalischen System ist der Gesamtimpuls konstant. Es gilt:

$$\vec{p} = \sum_{i=1}^{n} \vec{p}_i = \sum_{i=1}^{n} \frac{m_{0,i} \cdot \vec{v}_i}{\sqrt{1 - \frac{v_i^2}{c^2}}} = \text{konstant}$$

| | | | |
|---|---|---|---|
| $\vec{p}$ | Gesamtimpuls | $\vec{v}_i$ | Geschwindigkeiten |
| $\vec{p}_i$ | Impulse der einzelnen Objekte | $m_{0,i}$ | Ruhemassen der einzelnen Objekte |

In analoger Weise kann auch der Drehimpulserhaltungssatz (↗ S. 114) allgemeingültig formuliert werden.

## 8.5 Hinweise zur allgemeinen Relativitätstheorie

Wie jede physikalische Theorie besitzt auch die spezielle Relativitätstheorie einen bestimmten Gültigkeitsbereich:

- Alle Betrachtungen beziehen sich auf Inertialsysteme. Beschleunigte Bezugssysteme werden nicht betrachtet.
- Der Einfluss der Gravitation (↗ S. 115 ff.) auf Vorgänge wird ausgeblendet.

Seit 1907 arbeitete A. EINSTEIN an einer Verallgemeinerung seiner speziellen Relativitätstheorie. In Zusammenfassung seiner langjährigen Untersuchungen zu Trägheit und Gravitation veröffentlichte er 1916 die Arbeit „Die Grundlage der allgemeinen Relativitätstheorie". EINSTEIN ging dabei von zwei grundlegenden Prinzipien aus:

**Äquivalenzprinzip:**
In hinreichend kleinen Raum-Zeit-Gebieten lassen sich Trägheit und Schwere experimentell nicht voneinander unterscheiden.

In einem abgeschlossenen Kasten befindet sich ein Beobachter sowie ein Federkraftmesser, an dem ein Massestück befestigt ist. Der Beobachter kann nicht unterscheiden, ob die Auslenkung der Feder durch eine Gravitationskraft (Schwere) oder durch eine beschleunigte Bewegung des Kastens (Trägheit) zustande kommt.

**Allgemeines Relativitätsprinzip:**
Alle Naturgesetze lassen sich so formulieren, dass sie in allen lokalen Bezugssystemen (also auch in beschleunigten oder einem Gravitationsfeld ausgesetzten) gleich lauten.

EINSTEIN selbst nannte zunächst drei astronomische Erscheinungen, an denen sich die Gültigkeit der neuen Theorie nachweisen ließ: Der **erste Effekt** ist die **Periheldrehung des Merkurs.** Das Perihel ist der sonnennächste Punkt auf der elliptischen Bahn eines Planeten. Es war schon seit langem bekannt, dass sich das Perihel des Planeten Merkur im Laufe eines Jahrhunderts um etwa 43 Bogensekunden mehr verschiebt, als es nach dem Gravitationsgesetz erfolgen müsste. Mithilfe der allgemeinen Relativitätstheorie konnte die Periheldrehung des Merkurs erklärt werden.

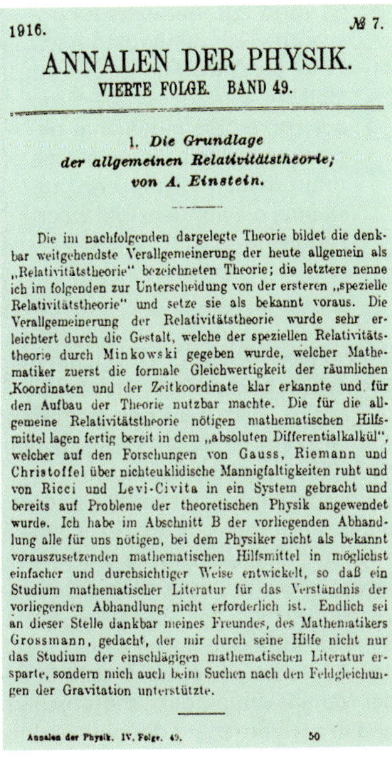
1916. № 7.

ANNALEN DER PHYSIK.
VIERTE FOLGE. BAND 49.

1. *Die Grundlage der allgemeinen Relativitätstheorie;*
*von A. Einstein.*

Die im nachfolgenden dargelegte Theorie bildet die denkbar weitgehendste Verallgemeinerung der heute allgemein als „Relativitätstheorie" bezeichneten Theorie; die letztere nenne ich im folgenden zur Unterscheidung von der ersteren „spezielle Relativitätstheorie" und setze sie als bekannt voraus. Die Verallgemeinerung der Relativitätstheorie wurde sehr erleichtert durch die Gestalt, welche der speziellen Relativitätstheorie durch Minkowski gegeben wurde, welcher Mathematiker zuerst die formale Gleichwertigkeit der räumlichen Koordinaten und der Zeitkoordinate klar erkannte und für den Aufbau der Theorie nutzbar machte. Die für die allgemeine Relativitätstheorie nötigen mathematischen Hilfsmittel lagen fertig bereit in dem „absoluten Differentialkalkül", welcher auf den Forschungen von Gauss, Riemann und Christoffel über nichteuklidische Mannigfaltigkeiten ruht und von Ricci und Levi-Civita in ein System gebracht und bereits auf Probleme der theoretischen Physik angewendet wurde. Ich habe im Abschnitt B der vorliegenden Abhandlung alle für uns nötigen, bei dem Physiker nicht als bekannt vorauszusetzenden mathematischen Hilfsmittel in möglichst einfacher und durchsichtiger Weise entwickelt, so daß ein Studium mathematischer Literatur für das Verständnis der vorliegenden Abhandlung nicht erforderlich ist. Endlich sei an dieser Stelle dankbar meines Freundes, des Mathematikers Grossmann, gedacht, der mir durch seine Hilfe nicht nur das Studium der einschlägigen mathematischen Literatur ersparte, sondern mich auch beim Suchen nach den Feldgleichungen der Gravitation unterstützte.

Annalen der Physik. IV. Folge. 49. 50

Ebenso wie die **spezielle Relativitätstheorie** ist auch die **allgemeine Relativitätstheorie** grundlegend für das physikalische Weltbild. EINSTEIN ging es mit seiner Theorie wie vielen Erfindern und Entdeckern: *„Die allgemeine Relativitätstheorie wurde in ihrer frühen Entwicklungsphase von den zeitgenössischen Physikern völlig ignoriert, wenig verstanden und von niemandem anerkannt".* (LEOPOLD INFELD, Erinnerungen an EINSTEIN)

Der **zweite Effekt** ist die Krümmung von Lichtstrahlen, die von Sternen ausgehen, im Schwerefeld der Sonne.

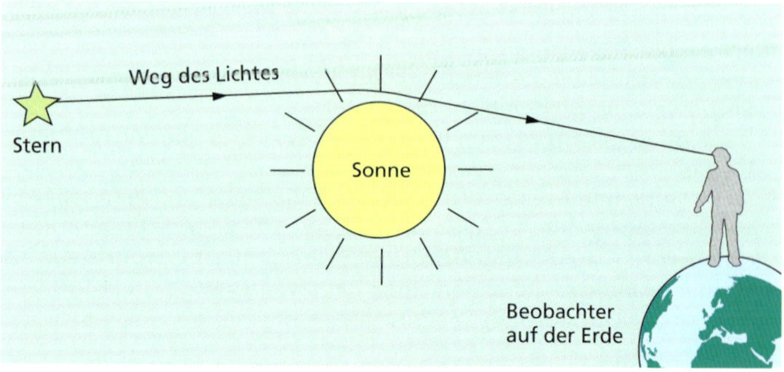


Die Bestätigung dieser Vorhersage erregte großes Aufsehen und trug entscheidend zum Weltruhm A. Einsteins bei.

Einstein berechnete eine maximale Ablenkung von 1,7 Bogensekunden. 1919 wurde der Effekt von einer englischen Sonnenfinsternis-Expedition unter Leitung des Astrophysikers Eddington erstmals bestätigt.
Eine Bestätigung für die Ablenkung von Licht durch eine große Masse sind die 1979 entdeckten **Gravitationslinsen.** Das sind massereiche Objekte (z. B. Galaxien), die das Licht eines dahinter befindlichen Objektes ablenken und dadurch Mehrfachbilder oder ringförmige Strukturen hervorrufen.

Inzwischen kennt man eine Reihe kosmischer Objekte, die nachweisbar als **Gravitationslinsen** wirken.

So wirkt z. B. der extrem massereiche Galaxienhaufen Abell 2218 als Gravitationslinse für Objekte, die sich von der Erde aus betrachtet hinter ihm befinden. Dadurch kommen die ringförmigen Strukturen zustande, die auf dem Bild zu erkennen sind.

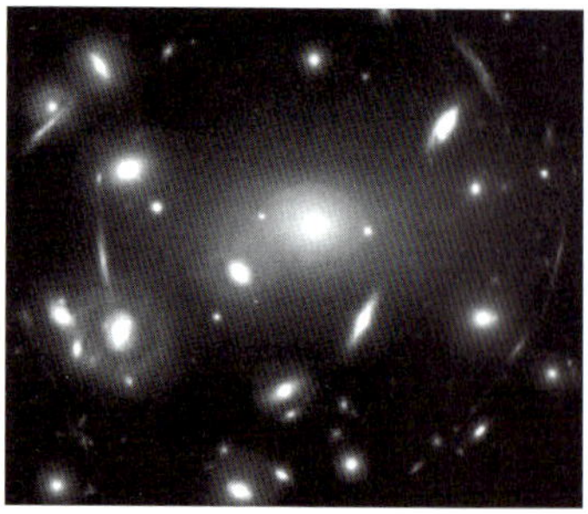

Die Existenz von schwarzen Löchern lässt sich nur indirekt belegen, z. B. dadurch, dass ein anderes kosmisches Objekt verschwindet.

Ein weiterer Beleg für den genannten Effekt ist die Existenz **schwarzer Löcher.** Das sind extrem massereiche Gebilde, deren Gravitationswirkung so groß ist, dass Licht den betreffenden Bereich nicht verlassen kann. Auch im Zentrum unserer Galaxis, dem Milchstraßensystem, wird ein solches schwarzes Loch vermutet.
Der **dritte Effekt,** den Einstein nannte, ist die **relativistische Rotverschiebung.** Auch dieser Effekt ist inzwischen nachgewiesen. So wurde z. B. eine solche relativistische Rotverschiebung bei einem weißen Zwerg (etwa erdgroße Sterne mit einer Dichte von $10^5$ bis $10^6$ g/cm$^3$) gefunden.

Inzwischen gibt es auch Belege für die Existenz von **Gravitationswellen.**

Im Unterschied zur speziellen Relativitätstheorie hat die allgemeine Relativitätstheorie noch keine direkten Auswirkungen auf unser Leben. Ihre Bedeutung liegt auch nicht in den genannten Effekten, sondern in der Vereinfachung der theoretischen Grundlagen der gesamten Physik und in der Vertiefung des Verständnisses der uns umgebenden Welt.

# 9 AUSBLICK AUF WEITERE TEILGEBIETE DER PHYSIK

# Ausblick auf weitere Teilgebiete der Physik

Informationen zu einigen speziellen Themen sind auf der CD zu finden.

Die Physik ist eine lebendige, ständig voranstrebende Wissenschaft. Untersucht man ihre historische Entwicklung, so fällt ein scheinbarer Gegensatz ganz besonders ins Auge: Einerseits bildeten sich in dem Maße, in dem man immer neue Eigenschaften der Materie untersuchte, auch immer neue Teilgebiete der Physik heraus. Andererseits zeigte sich dabei vielfach, dass ältere, zunächst eigenständige physikalische Teilgebiete in Wahrheit auf identischen oder ähnlichen Grundlagen beruhen und deshalb gar nicht unabhängig voneinander sind. Während im 20. Jahrhundert die **Quantenphysik** und die **Atom- und Kernphysik** als „modern" galten, zählen zu dieser Kategorie heute etwa die **Festkörperphysik,** die **Biophysik** oder die **Elementarteilchenphysik.** Nachfolgend werden einige Teilgebiete der Physik überblicksartig vorgestellt.

Die newtonsche Mechanik ist ein Spezialfall der **Relativitätstheorie,** die **Wellenoptik** ein Sonderfall **elektromagnetischer Wellen.**

### Die Geophysik

In der **Geophysik** befasst man sich mit dem Planeten Erde, seiner Entwicklung, seinen physikalischen Eigenschaften und den vielfältigen Wechselwirkungen zwischen den einzelnen Teilen der Erde.
Dabei werden hauptsächlich drei Systeme unterschieden: die **Atmosphäre**, die **Hydrosphäre** und der **Erdkörper**, die zusammen zur **Geosphäre** gehören.

Auch die Magnethülle der Erde, die Magnetosphäre, gehört zur Geosphäre.

| **Physik der Atmosphäre** | **Physik der Hydrosphäre** | **Physik des Erdkörpers** |
|---|---|---|
| Untersuchung<br>– physikalischer Prozesse bei der Wetter- und Klimabildung<br>– der Möglichkeiten zur Wettervorhersage<br>– der Vorgänge in der Hochatmosphäre | Untersuchung<br>– der physikalischen Eigenschaften des Meerwassers<br>– ozeanischer Strömungen und Wellen<br>– des Wärmehaushaltes der Meere<br>– des Grundwassers | Untersuchung<br>– des Aufbaus der Erde, der Erdform und der Erdrotation,<br>– der Verteilung der chemischen Elemente in der Erde,<br>– der Plattentektonik,<br>– der Erdbeben und Vulkane<br>– des Erdmagnetfeldes |
|  |  |  |
| Die von der Menschheit verursachte Emission von Treibhausgasen verändert das Weltklima. | Für die Ausbreitung und Entstehung von Flutwellen lassen sich physikalische Gleichungen formulieren. | Ein zentrales Problem der Physik des Erdkörpers ist die Vorhersage von Erdbeben oder Vulkanausbrüchen. |

### Physik der kosmischen Strukturen

Während man in der **klassischen Astronomie** nur die Bewegungen und die Positionen der Himmelskörpers studiert, lassen sich durch die Anwendung physikalischer Untersuchungsmethoden auf die Himmelskörper und die von ihnen ausgehende Strahlung Aussagen zur Entwicklung, zu den Eigenschaften und zum Aufbau der kosmischen Objekte und des ganzen Universums treffen.

| **Astrophysik** | **Kosmogonie** | **Kosmologie** |
|---|---|---|
| Untersuchung<br>– der physikalischen Eigenschaften,<br>– der Zustände,<br>– der chemischen Zusammensetzung von kosmischen Objekten und Systemen | Untersuchung<br>– der Entstehung,<br>– der Entwicklung<br>einzelner Himmelskörper sowie von Systemen aus Himmelskörpern | Untersuchung<br>– der Entstehung,<br>– der Entwicklung<br>des Weltalls in seiner Gesamtheit |
| 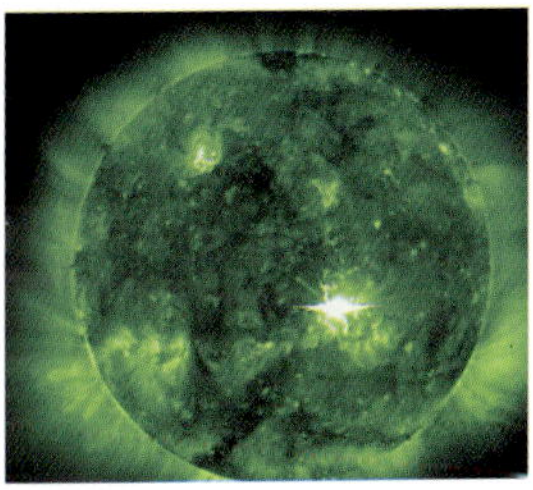 | 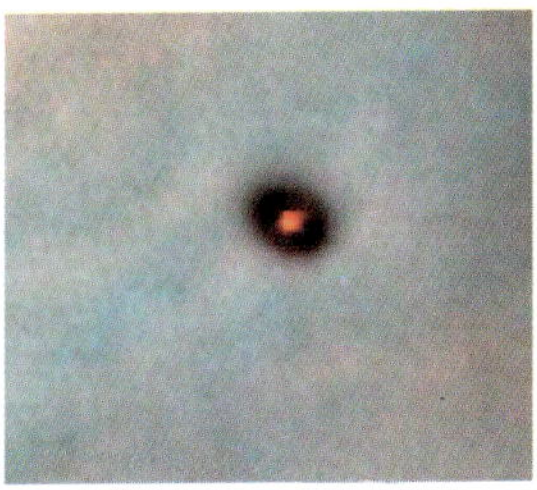 |  |
| Durch die Anwendung spezieller Filter werden Vorgänge auf der Sonnenoberfläche in einzelnen Wellenlängenbereichen untersucht. Dabei erkennt man explosionsartige Bewegungsprozesse (Flares, Protuberanzen). | Im Orionnebel werden Staubscheiben um junge Sterne beobachtet. In einigen dieser Staubscheiben bilden sich wahrscheinlich Planeten. Das Foto zeigt eine Aufnahme des HUBBLE-Weltraumteleskops. | Die Sternsysteme ordnen sich haufen-, waben- und zellenförmig im Universum an. Ein Hauptproblem der Kosmologie ist, diese Strukturbildung zu erklären. Das Foto zeigt einen Galaxienhaufen, der die Bezeichnung Stephans Quintett trägt. |

### Die Festkörperphysik

Noch vor 100 Jahren waren **Festkörper** nur als Werk- und Baustoffe von Bedeutung. Man interessierte sich daher hauptsächlich für ihre Härte, ihre Bruch- und Biegefestigkeit oder ihre thermischen Eigenschaften. Heute hat die Physik der Festkörper eine solche Bedeutung erlangt, dass man sie als eigenständiges Teilgebiet ansehen darf. Innerhalb dieses Teilgebietes existieren verschiedene Arbeitsbereiche, die aber nicht streng voneinander getrennt sind. Nachfolgend sind nur einige Beispiele angegeben.

Entscheidend für die Entwicklung der **Festkörperphysik** war die Herstellung neuer Materialien und die Nutzung neu entdeckter Festkörperphänomene.

| Physik der Festkörperstrukturen | Halbleiterphysik | Physik der Supraleitung |
|---|---|---|
| Untersuchung<br>– des Aufbaus und der Oberfläche,<br>– der mechanischen, optischen, elektrischen und magnetischen Eigenschaften,<br>– der Wärmeleitfähigkeit fester Körper. | Untersuchung<br>– der elektrischen Leitfähigkeit und ihrer Veränderung durch Dotierung,<br>– der Wechselwirkung von Halbleitern mit elektromagnetischen Feldern oder anderen physikalischen Einflussfaktoren,<br>– der Entwicklung neuartiger Halbleiterbauelemente für die Elektronik. | Untersuchung<br>– der elektrischen und der magnetischen Eigenschaften von Festkörpern, die bei meist niedrigen Temperaturen ihren elektrischen Widerstand verlieren und ein Magnetfeld aus ihrem Inneren herausdrängen (↗ S. 266). |
| 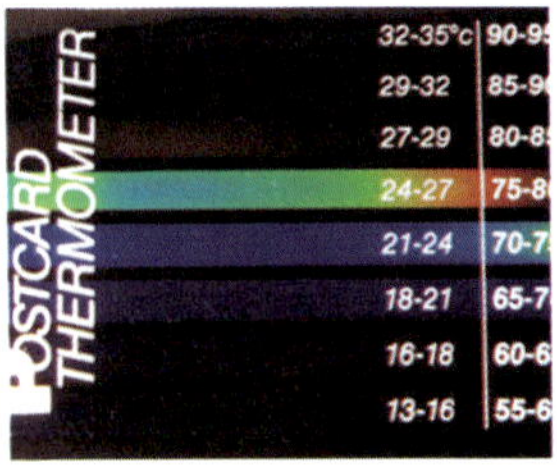 | 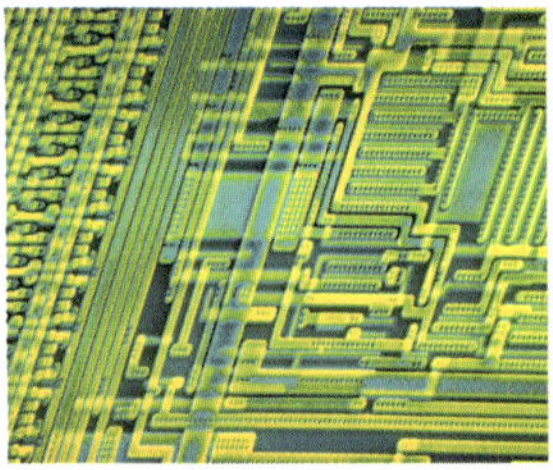 |  |
| Spezielle polymere Stoffe ändern ihre Farbe unter dem Einfluss von Druck- und Zugkräften oder bei Temperaturwechsel. Dies nutzt man zur Konstruktion einfacher Messgeräte. | Die Entwicklung hochintegrierter Schaltkreise beruht auf den Erkenntnissen der Halbleiterphysik.<br>Das Bild zeigt einen Chip in vielfacher Vergrößerung. | Man kennt heute Stoffe, die bei 130 K supraleitend werden. Kann man Werkstoffe entwickeln, die bei noch höheren Temperaturen supraleitend sind? Dann könnte man einfache verlustlose Stromleitungen bauen. |

Ein spezieller Bereich ist die **Nanotechnologie,** bei der Objekte im atomaren Bereich gezielt verändert werden können. Innerhalb der Nanotechnologie dürften die bisherigen Grenzen zwischen der Atom-, Molekül- und Festkörperphysik zumindest teilweise aufgehoben werden.

Ein wichtiger Forschungsbereich ist die **nichtlineare Physik.** Ihr kommt unter allen physikalischen Teilgebieten eine besondere Stellung zu, denn bei ihr handelt es sich nicht um ein gesondertes Arbeitsgebiet. Die Erkenntnisse der nichtlinearen Physik kommen in allen anderen physikalischen Teilgebieten zur Anwendung. In der nichtlinearen Physik werden so genannte **Rückkopplungssysteme** untersucht, die unter gewissen Voraussetzungen ein komplexes zeitliches Verhalten aufweisen und dann sehr empfindlich auf äußere Störungen reagieren.
In der Alltagswelt gibt es überraschend viele Systeme, die sich nichtlinear verhalten, beispielsweise die Erdatmosphäre, turbulente Strömungen von Gasen oder Flüssigkeiten oder biologische Systeme. Mithilfe der nichtlinearen Physik kann man Modelle erstellen, die einerseits die Bildung geordneter Strukturen in der Natur erklären und andererseits den Übergang von geordneten hin zu chaotischem Verhalten beschreiben.

# ANHANG A

# Nuklidkarte (Ausschnitt)

Anzahl der Protonen (Ordnungszahl, Kernladungszahl) Z

| Z | | | | | | | | | | | | | | | |
|---|---|---|---|---|---|---|---|---|---|---|---|---|---|---|---|
| 92 | | | | | | | | | U<br>238,029 | | U 222<br>1 µs<br>α | U 223<br>18 µs<br>α: 8,78 | U 224<br>0,7 ms<br>α: 8,47 | U 225<br>95 ms<br>α: 7,88 | U 226<br>0,2 s<br>α: 7,57 |
| 91 | | Pa<br>231,036 | Pa 213<br>5,3 ms<br>α: 8,24 | Pa 214<br>17 ms<br>α: 8,12 | Pa 215<br>14 s<br>α: 8,09 | Pa 216<br>0,2 s<br>α: 7,87 | Pa 217<br>4,9 ms<br>α: 8,33 | Pa 218<br>0,12 ms<br>α: 9,61 | Pa 219<br>53 ns<br>α: 9,90 | Pa 220<br>0,78 µs<br>α: 9,65 | Pa 221<br>5,9 µs<br>α: 9,08 | Pa 222<br>4,3 ms<br>α: 8,21 | Pa 223<br>6,5 ms<br>α: 8,01 | Pa 224<br>0,95 s<br>α: 7,555 | Pa 225<br>1,8 s<br>α: 7,25 |
| 90 | Th<br>232,038 | Th 211<br>37 ms<br>α: 7,79 | Th 212<br>30 ms<br>α: 7,80 | Th 213<br>0,14 s<br>α: 7,69 | Th 214<br>0,10 s<br>α: 7,68 | Th 215<br>1,2 s<br>α: 7,39 | Th 216<br>28 ms<br>α: 7,92 | Th 217<br>252 µs<br>α: 9,25 | Th 218<br>0,1 µs<br>α: 9,67 | Th 219<br>1,05 µs<br>α: 9,34 | Th 220<br>9,7 µs<br>α: 8,79 | Th 221<br>1,68 ms<br>α: 8,15 | Th 222<br>2,2 ms<br>α: 7,98 | Th 223<br>0,66 s<br>γ: 0,140<br>α: 7,324 | Th 224<br>1,04 s<br>γ: 0,177<br>α: 7,17 |
| 89 | Ac 209<br>90 ms<br>α: 7,59 | Ac 210<br>0,35 s<br>α: 7,46 | Ac 211<br>0,25 s<br>α: 7,481 | Ac 212<br>0,93 s<br>α: 7,38 | Ac 213<br>0,80 s<br>α: 7,36 | Ac 214<br>8,2 s<br>α: 7,214 | Ac 215<br>0,17 s<br>α: 7,604 | Ac 216<br>0,33 ms<br>α: 9,028 | Ac 217<br>0,069 µs<br>α: 9,65 | Ac 218<br>1,1 µs<br>α: 9,205 | Ac 219<br>11,8 µs<br>α: 8,664 | Ac 220<br>26 ms<br>γ: 0,134<br>α: 7,85 | Ac 221<br>52 ms<br>α: 7,65 | Ac 222<br>5,0 s<br>α: 7,009 | Ac 223<br>2,10 min<br>α: 6,647 |
| 88 | Ra 208<br>1,3 s<br>α: 7,133 | Ra 209<br>4,6 s<br>α: 7,010 | Ra 210<br>3,7 s<br>α: 7,019 | Ra 211<br>13 s<br>α: 6,911 | Ra 212<br>13 s<br>α: 6,9006 | Ra 213<br>2,74 min<br>ε,γ: 0,110<br>α: 6,624 | Ra 214<br>2,46 s<br>ε<br>α: 7,136 | Ra 215<br>1,6 ms<br>α: 8,699 | Ra 216<br>0,18 µs<br>α: 9,349 | Ra 217<br>1,6 µs<br>α: 8,99 | Ra 218<br>25,6 µs<br>α: 8,39 | Ra 219<br>10 ms<br>γ: 0,316<br>α: 7,679 | Ra 220<br>23 ms<br>γ: 0,465<br>α: 7,46 | Ra 221<br>28 s<br>γ: 0,149<br>α: 6,613 | Ra 222<br>38 s<br>γ: 0,324<br>α: 6,559 |
| 87 | Fr 207<br>14,8 s<br>ε<br>α: 6,767 | Fr 208<br>58,6 s<br>γ: 0,636<br>α: 6,636 | Fr 209<br>50,0 s<br>ε<br>α: 6,648 | Fr 210<br>3,18 min<br>ε,γ: 0,644<br>α: 6,543 | Fr 211<br>3,10 min<br>ε,γ: 0,540<br>α: 6,535 | Fr 212<br>20,0 min<br>ε,γ: 1,274<br>α: 6,262 | Fr 213<br>34,6 s<br>ε<br>α: 6,775 | Fr 214<br>5,0 ms<br>α: 8,426 | Fr 215<br>0,09 µs<br>α: 9,36 | Fr 216<br>0,70 µs<br>α: 9,01 | Fr 217<br>16 µs<br>α: 8,315 | Fr 218<br>22 ms<br>α: 7,615 | Fr 219<br>21 ms<br>α: 7,312 | Fr 220<br>27,4 s<br>γ: 0,045<br>α: 6,68 | Fr 221<br>4,9 min<br>γ: 0,218<br>α: 6,341 |
| 86 | Rn 206<br>5,67 min<br>ε,γ: 0,498<br>α: 6,260 | Rn 207<br>9,3 min<br>ε,γ: 0,345<br>α: 6,133 | Rn 208<br>24,4 min<br>ε,γ: 0,427<br>α: 6,138 | Rn 209<br>28,5 min<br>ε,γ: 0,408<br>α: 6,039 | Rn 210<br>2,4 h<br>ε,γ: 0,458<br>α: 6,040 | Rn 211<br>14,6 h<br>ε,γ: 0,674<br>α: 5,783 | Rn 212<br>24 min<br>γ<br>α: 6,264 | Rn 213<br>25 ms<br>γ<br>α: 8,09 | Rn 214<br>0,27 µs<br>α: 9,037 | Rn 215<br>2,3 µs<br>α: 8,67 | Rn 216<br>45 µs<br>α: 8,05 | Rn 217<br>0,54 ms<br>α: 7,740 | Rn 218<br>35 ms<br>γ<br>α: 7,133 | Rn 219<br>3,96 s<br>γ: 0,271<br>α: 6,819 | Rn 220<br>55,6 s<br>γ<br>α: 6,288 |
| 85 | At 205<br>26,2 min<br>ε,γ: 0,719<br>α: 5,092 | At 206<br>29,4 min<br>ε,γ: 0,701<br>$\beta^+$: 3,1 | At 207<br>1,8 h<br>ε,γ: 0,815<br>$\beta^+$ | At 208<br>1,63 h<br>ε,γ: 0,686<br>α: 5,640 | At 209<br>5,4 h<br>ε,γ: 0,545<br>α: 5,647 | At 210<br>8,3 h<br>ε,γ: 1,181<br>α: 5,524 | At 211<br>7,22 h<br>ε<br>α: 5,867 | At 212<br>314 ms<br>γ: 0,063<br>α: 7,68 | At 213<br>0,11 µs<br>α: 9,08 | At 214<br>0,76 µs<br>γ<br>α: 8,782 | At 215<br>0,1 ms<br>γ<br>α: 8,026 | At 216<br>0,3 ms<br>γ<br>α: 7,804 | At 217<br>32,3 ms<br>γ,$\beta^-$<br>α: 7,069 | At 218<br>2 s<br>γ,$\beta^-$<br>α: 6,694 | At 219<br>0,9 min<br>$\beta^-$<br>α: 6,27 |
| 84 | Po 204<br>3,53 h<br>ε,γ: 0,884<br>α: 5,377 | Po 205<br>1,66 h<br>ε,γ: 0,872<br>α: 5,22 | Po 206<br>8,8 d<br>ε,γ: 1,032<br>α: 5,2233 | Po 207<br>5,84 h<br>ε,γ: 0,992<br>α: 5,116 | Po 208<br>2,898 a<br>ε<br>α: 5,1152 | Po 209<br>102 a<br>ε<br>α: 4,881 | Po 210<br>138,38 d<br>γ<br>α: 5,3044 | Po 211<br>25,2 s<br>γ: 0,570<br>α: 7,275 | Po 212<br>45,1 s<br>γ: 2,615<br>α: 11,65 | Po 213<br>4,2 µs<br>α: 8,376 | Po 214<br>164 µs<br>α: 7,6869 | Po 215<br>1,78 ms<br>$\beta^-$<br>α: 7,3862 | Po 216<br>0,15 s<br>α: 6,7783 | Po 217<br><10 s<br>$\beta^-$<br>α: 6,539 | Po 218<br>3,05 min<br>$\beta^-$,γ<br>α: 6,0024 |
| 83 | Bi 203<br>11,7 h<br>ε,γ: 0,820<br>$\beta^+$: 1,4 | Bi 204<br>11,22 h<br>ε,γ: 0,899<br>α: 0,899 | Bi 205<br>15,31 d<br>ε,γ: 1,764<br>$\beta^+$ | Bi 206<br>6,24 h<br>$\beta^+$ | Bi 207<br>31,55 a<br>ε,γ: 0,570<br>$\beta^+$ | Bi 208<br>$3{,}68 \cdot 10^5$ a<br>ε<br>γ: 2,615 | Bi 209<br>100 | Bi 210<br>5,013 d<br>γ<br>$\beta^-$: 1,2 | Bi 211<br>2,17 min<br>γ: 0,351<br>α: 6,623 | Bi 212<br>25 min<br>$\beta^-$,γ<br>α: 6,34 | Bi 213<br>45,59 min<br>γ: 0,440<br>$\beta^-$: 1,4 | Bi 214<br>19,9 min<br>γ: 0,609<br>$\beta^-$: 1,5 | Bi 215<br>7,6 min<br>γ: 0,294<br>$\beta^-$ | Bi 216<br>3,6 min<br>γ: 0,550<br>$\beta^-$ | 134 |
| 82 | Pb 202<br>$5{,}25 \cdot 10^4$ a<br>ε | Pb 203<br>51,9 h<br>ε<br>γ: 0,279 | Pb 204<br>1,4 | Pb 205<br>$1{,}5 \cdot 10^7$ a<br>ε | Pb 206<br>24,1 | Pb 207<br>22,1 | Pb 208<br>52,4 | Pb 209<br>3,253 h<br>$\beta^-$: 0,6 | Pb 210<br>22,3 a<br>γ: 0,047<br>$\beta^-$: 0,02 | Pb 211<br>36,1 min<br>γ: 0,405 | Pb 212<br>10,64 h<br>γ: 0,239<br>$\beta^-$: 0,3 | Pb 213<br>10,2 min<br>$\beta^-$ | Pb 214<br>26,8 min<br>γ: 0,352<br>$\beta^-$: 0,7 | 133 | |
| 81 | Tl 201<br>73,1 h<br>ε<br>γ: 0,167 | Tl 202<br>12,23 d<br>ε<br>γ: 0,440 | Tl 203<br>29,524 | Tl 204<br>3,78 a<br>ε<br>$\beta^-$: 0,8 | Tl 205<br>70,476 | Tl 206<br>4,2 min<br>$\beta^-$: 1,5 | Tl 207<br>4,77 min<br>$\beta^-$: 1,4 | Tl 208<br>3,05 min<br>γ: 0,2615<br>$\beta^-$: 1,8 | Tl 209<br>2,16 min<br>γ: 1,567<br>$\beta^-$: 1,8 | Tl 210<br>1,30 min<br>γ: 0,800<br>$\beta^-$: 1,9 | 130 | 131 | 132 | | |
| 80 | Hg 200<br>23,10 | Hg 201<br>13,81 | Hg 202<br>29,86 | Hg 203<br>46,59 d<br>γ: 0,279<br>$\beta^-$: 0,2 | Hg 204<br>6,87 | Hg 205<br>5,2 min<br>γ: 0,204<br>$\beta^-$: 1,5 | Hg 206<br>8,15 min<br>γ: 0,305<br>$\beta^-$: 1,3 | Hg 207<br>2,9 min<br>γ: 0,351<br>$\beta^-$: 1,8 | Hg 208<br>42 min<br>γ: 0,474<br>$\beta^-$ | 129 | | | | | |
| 79 | Au 199<br>3,139 d<br>γ: 0,158<br>$\beta^-$: 0,3 | Au 200<br>48,4 min<br>γ: 0,368<br>$\beta^-$: 2,3 | Au 201<br>26,4 min<br>γ: 0,543<br>$\beta^-$: 1,3 | γ: 0,440<br>$\beta^-$: 3,5 | Au 203<br>60 s<br>γ: 0,218<br>$\beta^-$: 2,0 | Au 204<br>39,8 s<br>γ: 0,437<br>$\beta^-$ | Au 205<br>31 s<br>γ: 0,379<br>$\beta^-$ | 127 | 128 | | | | | | |
| | 120 | 121 | 122 | 123 | 124 | 125 | 126 | | | | | | | | |

**Element**

Pa 231,036 — Symbol; Atommasse in u

**stabiles Nuklid**

H 1 99,985 — Symbol, Nukleonenzahl; Häufigkeit im natürlichen Isotopengemisch in %

**instabiles Nuklid**

Fr 224 3,3 min γ: 0,216 $\beta^-$: 2,6 — Symbol, Nukleonenzahl; Halbwertszeit $T_{1/2}$; Energie der Strahlung in MeV (nur häufigste Werte)

**Häufigkeit der Zerfallsart**

U 229 58 min ε,γ α: 6,362 — α-Zerfall öfter als 50% (gelb) ε-Elektroneneinfang weniger als 50% (grün)

**Nuklid**

Th 232 100 $1{,}41 \cdot 10^{10}$ a — mit der Erde entstandenes radioaktives Nuklid

**Farben und Zerfallsarten**

| stabil | $\beta^+$-Zerfall ε Elektroneneinfang durch den Kern | $\beta^-$-Zerfall | α-Zerfall |
|---|---|---|---|

Kern kann spontan in leichtere Kerne zerfallen

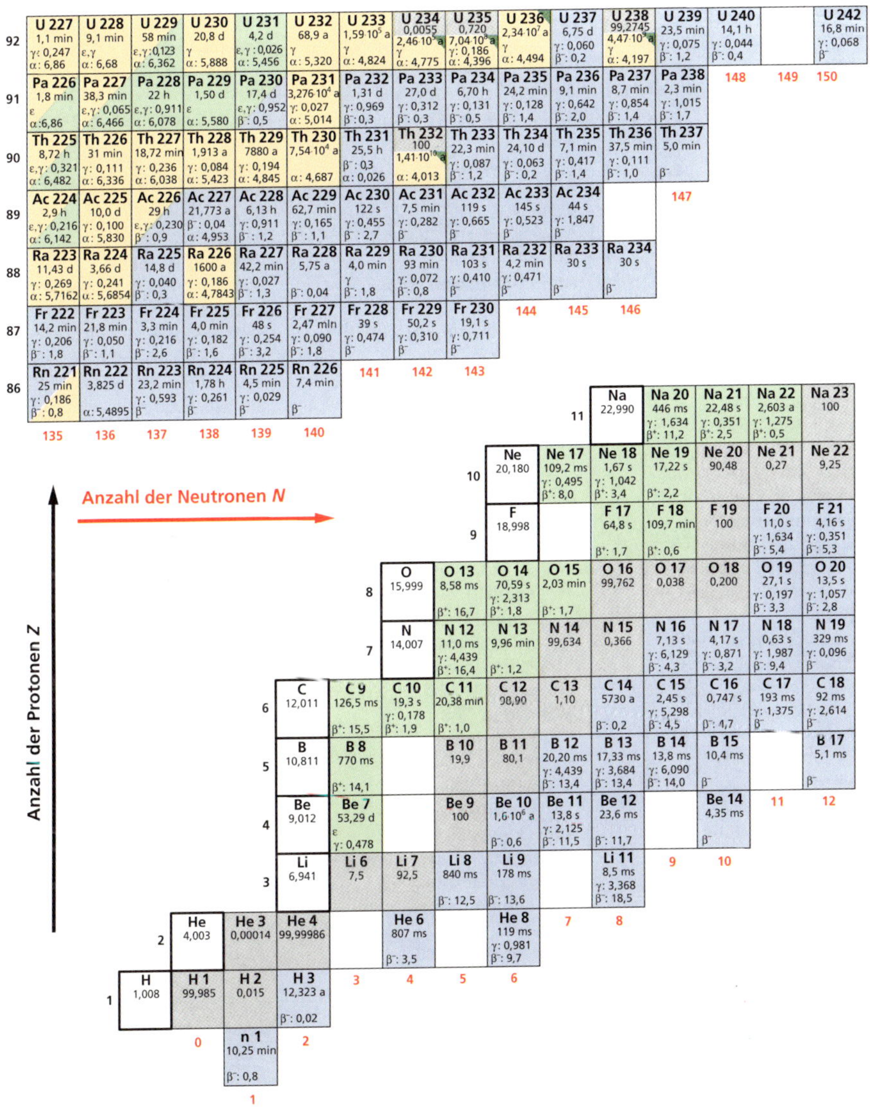


Gekürzter und vereinfachter Ausschnitt aus der Karlsruher Nuklidkarte, korrigierter Nachdruck der 6. Auflage 1995 von 1998, von G. Pfennig, H. Klewe-Nebenius, W. Seelmann-Eggebert †

# Register

## N



## O



## P

## Bildquellenverzeichnis

AEG Alotherm Remscheid: 249/2; Archiv der Archenhold-Sternwarte Berlin-Treptow: 8/1; Aus: Bergmann/Schaefer: Lehrbuch der Experimententalphysik, Bd. III, Optik, Walter de Gruyter, 1987: 373/1; Bibliographisches Institut & F. A. Brockhaus AG, Mannheim: 371/1; BMW Rolls-Royce GmbH: 190/2; Canon Deutschland GmbH: 225/1; Corel Photos: 62/1, 71/1, 71/2, 79/1, 85/6, 94/1, 103/1, 106/1, 108/1, 114/1, 146/2, 146/3, 146/4, 197/1, 323/1, 325/1, 343/1, 448/2; Courtesy of SOHO/EIT consortium (ESA und NASA): 449/1; DESY: 14/1, 440/1; Deutscher Teeverband e.V.: 197/2; DFVLR: 448/1; Dunlop AG, Hanau: 109/2; EADS: 36/1; ESA: 107/1; Hamburgische Electricitätswerke (HEW): 405/1-3; Detlef Hoche, Stuttgart: 324/1; Informationszentrale der Elektrizitätswirtschaft e. V. (IZE): 256/1, 419/3; InfraTec GmbH, Dresden: 203/2; Kernforschungszentrum Karlsruhe: 266/1; Lambda Physik Göttingen: 400/2; LEYBOLD-DIDACTIC GMBH: 15/1, 51/1, 133/1, 136/1, 141/2, 142/1, 142/2, 144/1, 169/1, 192/1, 223/1, 232/1, 234/1, 237/1, 249/3, 254/1, 319/1, 340/1, 353/2, 407/2; Lufthansa Bildarchiv: 85/2; Mannesmann Dematic AG, Wetter: 85/8; Max-Planck-Institut für Radioastronomie: 310/1; Lothar Meyer, Potsdam: 23/1, 24/1, 28/1, 29/1, 40/1, 42/1, 50/1, 57/1, 71/3, 71/5, 85/3, 126/1, 146/1, 152/1, 159/1, 190/1, 213/1, 229/1, 230/1, 230/2, 230/3, 231/1, 236/1, 258/1, 275/1, 276/1, 279/1-5, 279/7-8, 312/1, 321/1, 322/1, 326/1, 328/1, 328/2, 347/1-2, 348/1-2, 349/1, 350, 367/2, 450/1; NASA: 203/1, 203/3 (Montage), 400/4, 449/2; NASA/JPL/RPIF/DLR: 310/2, 310/3, 441/1, 446/1, 449/3; Adam Opel AG: 59/1, 76/2a-b, 78/1, 216/2; Osram GmbH: 252/1; Archiv PAETEC Verlag für Bildungsmedien: 9/1, 9/2, 10/1, 10/2, 11/1, 13/1, 22/2, 52/1, 53/1, 72/1, 76/1, 76/3, 77/1, 109/1, 115/1, 117/1, 140/2, 141/1, 143/1, 151/1, 166/1, 167/1, 173/1, 180/1. 181/1, 204/1, 214/1, 216/1, 235/1, 239/1, 246/1, 247/1, 248/1, 249/1, 293/1, 353/1, 356/1, 367/1, 381/1, 388/1, 390/1, 404/1, 404/2, 404/3, 407/3, 413/1, 424/1-5, 426/1, 428/1, 431/1, 445/1, 448/3; PhotoDisc, Inc.: 35/1, 71/4, 71/6, 85/4, 85/5, 118/1 (Montage), 306/1, 320/1, 450/2; PHYWE SYSTEME GMBH: 50/2, 51/2, 140/1, 269/1, 349/2, 349/3, 400/1, 407/1; Bernd Raum, Neuenhagen: 85/1, 324/2, 324/3; Sepp Seitz/Focus: 450/3; Siemens AG: 26/1, 85/7, 85/9, 253/1, 279/6, 320/2, 365/1, 419/1, 419/2; Trumpf GmbH & Co, Ditzingen: 400/3; Vakutech Dresden GmbH: 414/1; Patrik Vogt/Oliver Schwarz, Landau: 174/1, 188/1, 304/1, 398/1; Volkswagen AG: 22/1, 102/1, 268/1.